湖山铀矿建设经验汇编

（上）

中广核铀业发展有限公司　编

中国原子能出版社

图书在版编目（CIP）数据

湖山铀矿建设经验汇编 / 中广核铀业发展有限公司编. —北京：中国原子能出版社，2020.11

ISBN 978-7-5221-1113-1

Ⅰ. ①湖… Ⅱ. ①中… Ⅲ. ①铀矿–矿山建设–经验–纳米比亚 Ⅳ. ①TD2

中国版本图书馆 CIP 数据核字（2020）第 227517 号

湖山铀矿建设经验汇编

出版发行　中国原子能出版社（北京市海淀区阜成路 43 号　100048）
责任编辑　王　青　刘　佳
装帧设计　崔　彤
责任校对　冯莲凤
责任印制　赵　明
印　　刷　保定市中画美凯印刷有限公司
经　　销　全国新华书店
开　　本　787 mm×1092 mm　1/16
印　　张　45　　彩插　26
字　　数　1150 千字
版　　次　2020 年 11 月第 1 版　2020 年 11 月第 1 次印刷
书　　号　ISBN 978-7-5221-1113-1　　　定　价　**358.00** 元

网址：**http://www.aep.com.cn**　　E-mail：**atomep123@126.com**
发行电话：**010-68452845**

编 委 会

陈晓林　苗小虎　林泳钊　欧阳武　罗　维　周天龙　周雄威

郑克平　赵良仁　赵海强　荣建锋　胡劲松　胡承鸣　俞玉存

夏　青　高君丽　唐文生　黄伟伟　崔　斌　韩雪涛　曾志龙

黎　晓　滕　兵　潘前友　霍智敏　Augustinus Mungunda

Carlene Binneman　Hendrik Steyn

序/Preface

纳米比亚湖山铀矿是迄今全球最大的露天铀矿，是中国最大的海外铀资源投资开发项目，也是中国迄今在非洲最大的实业投资项目。自2012年联合中非发展基金成功收购以来，中国广核集团有限公司（简称中广核）一路披荆斩棘、风雨兼程，历时3年8个月，于2016年年底高质量建成投产。目前，湖山铀矿年产天然铀突破4 000 t，产量全球第二，未来可满足国内30台百万千瓦级核电机组近30年的天然铀需求，极大提升了我国天然铀的供应保障水平。

铀是核电发展的重要原料。从2005年开始，我国核电进入规模化发展新阶段，天然铀需求量快速增长，建立多元化保障体系迫在眉睫。2007年国务院批准《国家核电发展专题规划（2005—2020年）》，提出“建立国内生产、海外开发、国际铀贸易三渠道并举的天然铀资源保障体系”，全面布局，为核电安全高效发展提供坚强保障。中广核是我国核电事业发展的主力军，落实海外铀资源开发战略，保障“核电粮食”安全供应责无旁贷。彼时，海外已发现的铀矿资源早已被国际矿业巨头占据，很难介入，因此我们放眼长远，审时度势，把目光瞄准了位于非洲的新项目、大项目——湖山铀矿。期间，我们顶住了日本福岛核电厂事故带来的短期冲击，顶住了国际矿业巨头的激烈竞争，坚定践行“走出去”战略，和合作伙伴深入推进收购工作，最终成功收购。

完成收购只是项目成功开发的第一步，接下来就是高质量建设问题。湖山铀矿设计年处理铀矿石1 500万t，是全球设计矿石处理量最大的铀矿山，相应的设施规模也排全球铀矿之首。建设规模如此巨大的铀矿山，中广核尚属首次。当时，国际铀巨头们并不看好中广核，认为我们仅凭自身能力无法完成建设并顺利投入运营。虽然面对挑战，但经过慎重研究，我们最终选择独立建设和自主运营。

这一抉择源于强大的底气和自信。中广核创始于改革开放初期，伴随着我国改革开放和核电事业发展壮大，中广核已成长为中国第一、全球第三的核电企业，铸就了一支经验丰富、具有国际化视野的核电工程管理和运行人才队伍，具备主导建设湖山铀矿的基础条件。在矿建工程启动前，我们提出“举全集团之力建好湖山”，在集团内选拔工程管理专家出任斯科公司总经理，优选二十多名工程管理经验丰富、语言好的技术人员加入斯科公司工程管理团队，将核电建设经验引入矿山建设；引入南部非洲、大洋洲的国际知名工程公司及承包商参与项目建设；同时通过引进多家国内企业承担部分重要工程任务、协助采购国内设备及材料，带动国内企业“抱团出海”。

创业维艰，奋斗以成。从北京出发，转机三次、飞行 25 小时后到达纳米比亚鲸湾港机场，再开车穿过近百公里的荒漠，才能到达湖山铀矿。我清晰记得，2013 年第一次站在矿建现场，目光所到之处，茫茫戈壁、一片荒芜，只有几个用集装箱搭建的临时办公室，大西洋的冰凉海风日夜吹拂着亘古的沙漠。对于一个铀矿业的新兵，面对陌生的非洲，挑战和压力可想而知。但我们时刻牢记国家重托，在中纳两国政府的殷切关怀和鼎力支持下，在中外合作伙伴的通力配合下，建设者们凭着坚定的信念和勇气，充分利用中广核的核电建设管理经验，坚持安全第一、质量第一、追求卓越，坚守“一次把事情做好”的企业核心价值观，发扬拼搏精神，攻克了政策障碍、技术欠缺、人才匮乏、文化差异等各种难题。一年后我再次来到现场时，已经可以看到大型铀矿山的雏形。2017 年，当我第三次踏上这片热土，一座采用世界一流标准建造的大型露天铀矿矗立眼前，在广袤的沙漠中熠熠生辉。

湖山铀矿建设取得了巨大成功，实现了质量高、工期短、投资省的目标，交出了一份满意答卷。其成为纳米比亚的旗舰和标杆项目，也成为中国在非洲的一张闪亮名片，在大幅提升我国天然铀供应保障水平的同时，也为纳米比亚经济增长注入了强劲活力，是中纳和中非合作双赢的结晶。纳米比亚前后三任总统都曾经到访湖山现场，赞誉项目取得的建设成就。时任中共中央政治局常委、国务院副总理张高丽在湖山项目现场视察时表示，中广核从收购湖山铀矿到建成投产，用短短三年多的时间达到今日的规模实属不易，在“走出去”方面，“中广核是有实力、靠得住的企业”。

凡是过往，皆为序章。在湖山铀矿建设和运营过程中，中广核不断探索和丰富海外公司治理管控、工程管理、企业文化、公共关系、财务管理等方面经验，形成了“走出去”与国际化、本地化紧密结合的良好实践。

《湖山铀矿建设经验汇编》一书系统回顾和总结了湖山铀矿从项目收购到矿山建设、运营的发展历程，囊括了项目地质与资源、采矿生产、水冶工艺与运行、矿山建设、治理与经营、安健环管理等方面的内容和经验总结，对国内企业在海外，特别在非洲进行资源开发、工程建设、矿山运营、海外项目经营管理等方面具有一定的借鉴和参考价值。

中国广核集团有限公司董事长 

2020 年 3 月 20 日

前言/Foreword

在国家铀资源开发“走出去”政策指引下，中国广核集团成立铀业公司，重点开展海外铀资源开发，经过近十年的努力，成功完成非洲纳米比亚湖山铀矿项目的收购和建设。矿山投入运营后生产规模逐步提升，已成为世界知名的超大型铀矿山。

湖山铀矿的资源规模、生产规模均居世界前列，面对如此巨大的项目，铀业公司作为铀矿业的新兵，面临着巨大的压力和挑战。但中广核拥有几十年的核电工程建设、管理和运行经验，在集团的全力支持下，聘用国际知名工程管理公司为 EPCM（设计、采购与施工管理）承包商，最终克服重重困难完成了矿山建设，推动项目成功投入运营。在这一过程中积累了丰富的经验，形成了“走出去”政策与国际化、本地化紧密结合的良好实践。《湖山铀矿建设经验汇编》一书系统总结了这些经验和良好实践，内容以矿山工程建设为重点，也涉及项目资源、采矿生产、水冶工艺和生产、公司治理管控、安健环管理等方面，可供读者参考。

本书共分为五篇。第一篇为概述，涵盖项目概况、收购历程、矿建经验和湖山大事记等内容，对湖山铀矿的基本情况、收购过程和矿山建设经验进行了简要总结。第二篇为工艺与运行，详细介绍了湖山铀矿的地质与资源、矿山开采、水冶工艺与水冶生产等方面内容。第三篇为矿山建设，从工程设计、采购及合同管理、施工管理、水冶厂调试、进度控制、成本控制等方面对矿山建设工程管理进行详细论述，并对建设过程中出现的一些技术和商务问题及其解决方案进行了总结，也系统总结了海外工程管理积累的经验和良好实践。第四篇为治理与经营，主要包括董事会运作、组织及人力资源发展、财务管理、信息化、风险管理、内部控制与审计、工会关系、公共关系、生产采购及库存管理等章节。第五篇为安全与环境，涵盖矿山建设阶段和运营阶段的主要安健环风险及控制措施、环境管理、辐射防护管理等内容，同时总结了湖山铀矿项目在安健环管理方面的经验教训。

全书共分为上下两册，其中上册包含第一篇和第二篇的内容，下册包含第三篇到第五篇的内容。

本书是在编委会的统筹安排下，由参与湖山项目建设、运营的技术人员、管理人员执笔完成，部分内容如经验总结由负责公司和项目管理的高级管理者执笔，一些内容如安全与环境篇的部分内容由纳米比亚本地员工编写并经翻译成稿，全书是参与湖山项目所有人员集体智慧的结晶。编撰过程中一些专家拨冗给予悉心指导，在此深表感谢。

由于编者水平有限，书中纰漏和谬误之处在所难免，恳请各位读者批评指正。

编　者

2008 年 2 月 1 日，湖山项目取得重大找矿发现

2010 年 1 月，湖山项目勘探现场

2012 年 5 月，湖山铀矿矿建前地貌

2012 年 10 月 18 日，纳米比亚国家矿业公司入股斯科公司

2013 年 4 月 18 日，湖山项目现场举行开工仪式，矿建工程正式启动

2013 年 11 月 22 日，湖山项目签署劳资协议

2014 年 3 月 12 日，采矿生产首次爆破圆满成功

2013 年 12 月，湖山项目首批 960E 大型运矿卡车完成组装

2014 年 3 月 27 日，采矿生产首次铲装

2014 年 5 月 7 日，纳米比亚开国总统努乔马为湖山永久公路路标揭幕

群山中蜿蜒的湖山路

2014 年 5 月 8 日，中纳两国领导共同见证采矿生产正式启动

2014 年 8 月 5 日，首台 7495 电铲完成调试，操作员完成培训

2015 年 2 月，建设中的湖山铀矿水冶厂全景

2015 年 2 月 1 日，1 号矿坑预剥离

2015 年 3 月 3 日，水冶厂半自磨机和球磨机安装

2015 年 5 月 11 日，
1 号矿坑首次见矿

2015 年 6 月，逆流洗涤区（CCD）和离子交换区（IX）施工现场

2015 年 6 月，水冶厂施工现场

2015 年 6 月，尾矿坝俯瞰

2015 年 8 月 31 日，由内蒙古北方重型汽车股份有限公司自主研发的 NTE330AC 电动轮矿用车正式装船发往湖山现场

2015 年 9 月 30 日，永久供水管线正式供水

2015 年 11 月，建设中的湖山铀矿全貌

2015 年 11 月，水冶厂施工现场

2015 年 12 月 18 日，进行初级破碎站部分设备的调试

2016 年 5 月，水冶厂基本完工，准备冷热试

2016 年 12 月 30 日，水冶厂生产出第一桶合格的天然铀产品

2017 年 3 月 9 日，正在生产的水冶厂全貌

2017 年 10 月 27 日，首批湖山铀矿产品运回国内

2018 年 8 月 19 日，水冶厂月度产品产量超过 540 t 八氧化三铀，达到设计产能

晨曦中的水冶厂

传送皮带

湖山硫酸厂夜景

离子交换区域

离子交换塔掠影

蓄水池及营地

圆锥破碎机及皮带

湖山铀矿现场营地食堂

纳米比亚首位女性采矿设备操作员培训师
蕾娜特

斯科公司首届焊接技能竞赛

员工风采

员工风采

员工风采

员工风采

斯科公司首届员工运动会

与当地同事共度中国新年

湖山杯马拉松

湖山杯马拉松中的中国元素

斯科公司家庭日活动

湖山路一侧河谷中的鸵鸟群

矿山附近的斑马群

矿山附近的跳羚

矿山附近的野生芦荟

沙漠中的蜥蜴

千岁兰研究保护

千岁兰研究保护

捐助 Asser Kapere 幼儿园

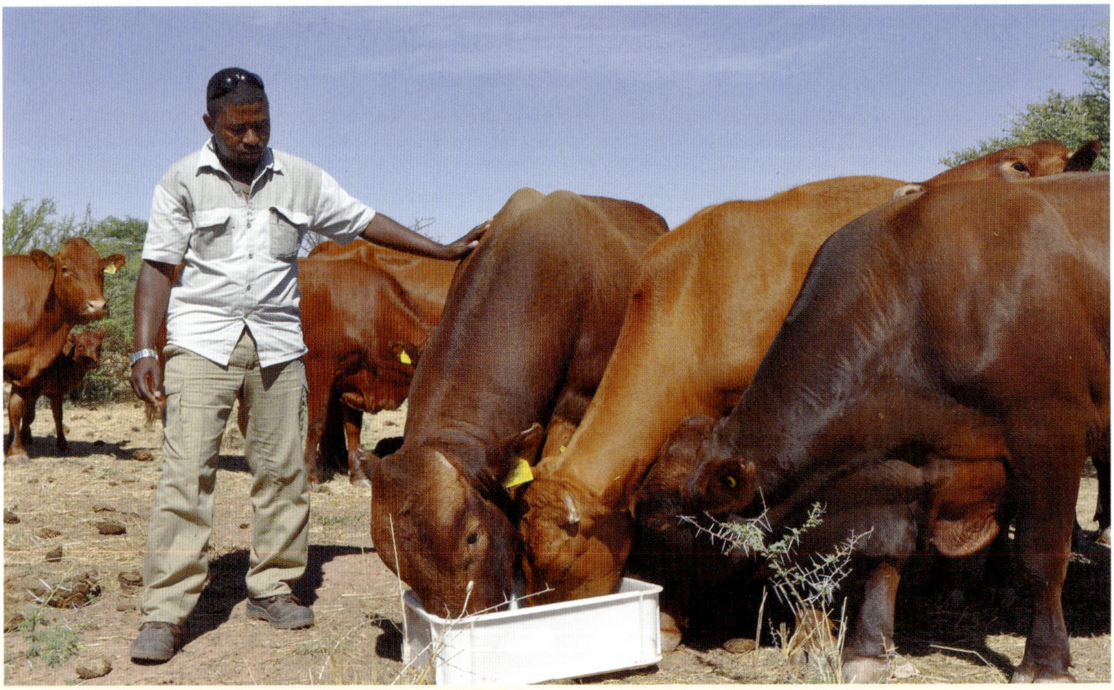
捐助 Riaan Kazondunge 饲养畜牧

目录/Contents

第一篇 概 述

第二篇　工艺与运行

第三篇 矿山建设

第四篇　治理与经营

第五篇 安全与环境

第一篇 概述

第一章　项目概况

1.1　项目综述

湖山铀矿（Husab Uranium Mine，或称湖山项目、湖山铀矿项目）位于非洲纳米比亚西部沿海地区，西距海滨城市斯瓦科普蒙德（Swakopmund）约 60 km。2007 年，斯科公司（Swakop Uranium（PTY）Ltd）首次在该地区发现铀矿化，矿化类型与附近已运行 40 多年的罗辛矿（Rössing Mine）相同，并位于同一成矿带。经过 5 年左右的勘探，斯科公司查明湖山铀矿的铀资源总量接近 30 万 t 八氧化三铀（U_3O_8），其中规模最大的 1、2 号矿带资源总量为 22.42 万 t U_3O_8，随后提交了 1、2 号矿带储量，并将其设计为首期开发的矿带。在全球单体铀矿中，湖山铀矿资源总量排名第三位，被誉为 21 世纪初世界最为重要的铀资源勘探发现之一。

（1）规划设计

根据项目前期可行性研究设计，湖山铀矿矿山采用露天开采模式，同时开采 1、2 号矿带，年设计平均剥离量为 1 亿 t，年设计平均矿石产量为 1 500 万 t。水冶厂采用常规酸法浸出工艺，年设计处理矿石 1 500 万 t，产出的最终产品为 U_3O_8，设计平均年产量为 6 500 t U_3O_8。湖山铀矿是目前世界矿石开采和水冶矿石处理量规模最大的铀矿山，其配套的采矿设备、水冶设施规模也在全球单体铀矿中排名第一。湖山铀矿首期设计生产周期 20 年，总产量接近 16 万 t U_3O_8，可保障 30 台百万千瓦核电机组近 30 年的天然铀需求，这也是中广核决定收购该项目的重要原因之一。

（2）项目原股权结构

中方收购前，原澳大利亚上市公司 Extract Resources（以下简称 Extract 公司）持有湖山项目 100%股权。

Extract 公司的主要股东为 Kalahari Minerals Plc（以下简称 Kalahari 公司，持有 42.79%）、力拓集团（14.2%）和伊藤忠商事株式会社（以下简称伊藤忠商事）（10.02%）。Kalahari 公司原为在英国证券交易所二板（AIM）上市的公司，主要股东有 Rio Tinto International Australia Pty Ltd（11.50%）、Nippon Uranium Resources（Australia）Pty Ltd（Itochu Corporation，13.76%）、APAC Resources Capital Limited（14.79%）、M&G Investment Management Limited（10.8%）、Henderson New Star（5.1%）、Blakeney Management Limited（4.51%）、JPMorgan Chase &Co（4.02%）。

（3）项目收购

从项目勘探到可研阶段，中广核铀业发展有限公司（以下简称铀业公司）持续关注项目发展，并于 2010 年正式启动收购工作。中国广核集团有限公司（以下简称中广核）和中国核工业集团有限公司（以下简称中核集团）、中非发展基金组成联合工作组开展前期工作，共同完成了尽职调查工作，后中核集团退出，中广核与中非发展基金联合完成项目收购。最初中方计划参股介入项目，但当时项目勘探快速发展，资源量增长明显，Extract 公司和 Kalahari 公司拒绝参股介入这一方式。当时也出现了其他竞争对手，包括力拓集团、伊藤忠商事及印度、俄罗斯的公司。特别是湖山项目的重要股东之一的力拓集团，由于与湖山项目紧邻的罗辛矿铀资源已接近枯竭，急需接替资源，力拓集团已开始与 Kalahari 公司和 Extract 公司讨论湖山、罗辛两矿合并的合作模式。中方考虑到湖山项目资源量巨大、经济性良好，对提高中广核天然铀供应保障能力意义重大，最终决定对 Kalahari 公司和 Extract 公司发起全面要约收购，以最终获得项目的控制权。

整个收购过程持续时间较长、跌宕起伏。2011 年 3 月 8 日，铀业公司与中非发展基金组成联合团队在英国证券交易所发布收购意向公告，拟按 2.9 英镑/股的价格对 Kalahari 公司发起全面要约收购。但随后发生的“3・11”日本福岛核电厂事故对收购工作产生巨大影响，福岛事故造成国际天然铀价格下跌，Kalahari 公司股价也相应下跌，中方认为无法按原公告价格开展收购，所以重新开始与 Kalahari 公司进行价格谈判，最终达成 2.7 英镑/股的收购价格。2011 年 5 月 11 日，英国证券交易所否决新的交易价格，中方果断发布暂停收购公告，项目收购进入三个月的“静默期”。

2011 年 8 月，项目收购工作重启，中方再次与 Kalahari 公司进行谈判，并在 11 月达成 2.435 5 英镑/股的交易价格。2012 年 1 月 5 日，中方对 Kalahari 公司发起正式收购要约，开始进行股权交易。2012 年 3 月 1 日，中方向 Extract 发布无条件收购要约。2012 年 4 月，中方相继完成 Kalahari 公司和 Extract 公司的 100%股权收购，两家公司先后从股票交易所下市，项目收购工作基本完成，总收购资金约 24.1 亿美元。

2012 年 11 月，纳米比亚国家矿业公司（以下简称国矿公司）入股斯科公司 10%股份，自此中广核、中非发展基金、国矿公司在湖山项目的持股比例为 54%、36%和 10%。

（4）公司接管

2012 年 5—6 月，中方先后接管 Kalahari 公司、Extract 公司及斯科公司董事会、经营管理，并决定 Kalahari 公司及 Extract 公司空壳化运作，斯科公司实行实体化运作，负责湖山项目的工程建设和生产运营，中方人员逐步入驻斯科公司，自此湖山项目进入了中广核主导下的新时代。为满足后续矿山建设及运营需要，斯科公司一方面在全球范围开展国际化招聘，另一方面重点加强在纳米比亚本地的招聘力度。截至 2018 年年底，经过几年的快速发展，斯科公司从数十人的勘探公司发展成为拥有 1 700 多人的大型矿业公司，已成为纳米比亚最大的矿业企业之一。

（5）矿山建设

项目收购完成后，中广核在全集团内优选有丰富工程经验的管理人员及工程技术人员加入斯科公司的管理团队及工程团队，开始策划矿山建设工作。结合前期调研，经过比选，最终选择国际矿山建设常用的 EPCM 模式（设计、采购与施工管理），EPCM 承包商为 HPJV（Husab Project Joint Venture），是国际大型工程公司 AMEC Engineering & Consulting（以下简称 AMEC）和 Bateman Projects Proprietary Limited 组成的联合体，其中 AMEC 是湖山项目收购前可行性研究的主要参与单位。经过数月谈判，斯科公司与 HPJV 于 2012 年 11 月 8 日签订 EPCM 合同，水冶厂详细设计、采购工作随后启动。业主工程团队和作为业主工程师的 HPJV 之间的管理磨合同步开启。

2013 年 4 月 18 日，斯科公司在湖山铀矿现场举行矿山建设启动仪式，现场场平土石方工作启动。在项目建设过程中，斯科公司克服当地建设资源匮乏、南部非洲工程管理经验落后、劳动效率低下、工会力量强大、工程量大幅增加等困难及问题，充分利用中广核的核电建设管理经验，在 EPCM 模式之上，加大业主对项目建设过程的管控力度和管理深度，除引入南部非洲及全球知名的承包商参与项目建设外，也引进多家央企队伍承担部分重要工程，一些基础工程项目也充分考虑纳米比亚本地企业，通过“走出去”与“国际化”、“本地化”有效结合，在极端困难的条件下，在地处沙漠的湖山厂址上通水、通路、通电，施工营地、采矿场分部工程相继建成。

2014 年 2 月 8 日，湖山铀矿水冶厂磨矿区开始浇筑混凝土，水冶厂土建施工工程正式开始。2014 年 5 月 8 日，斯科公司在湖山铀矿现场举行采矿生产启动仪式，采矿生产工作正式启动。水冶厂、尾矿坝、硫酸厂及其余热发电厂等分部工程的建设施工和调试同步推进。

2016 年 6 月，水冶厂主体工程完工，启动冷热试。2016 年 12 月 30 日，湖山铀矿生产出第一桶合格的天然铀产品，标志着湖山铀矿工程建设完工，进入试生产和达产达标阶段。

湖山铀矿建设过程中严格执行安全、质量、技术、成本、进度、环境六大控制措施，各项指标业绩优良，特别是在短短 3 年 8 个月内完成建设任务，且矿建成本严格控制在中广核下达的投资控制目标内，根据《中广核铀业斯科有限公司纳米比亚湖山铀矿矿山建设项目竣工财务决算审核报告》[①]，湖山铀矿建成价为 20.05 亿美元，比中广核下达的 22.03 亿美元的矿建概算总资金节余约 1.98 亿美元。

（6）生产运营

湖山铀矿采矿生产于 2014 年 2 月启动穿孔作业，2014 年 3 月 12 日对首采区块进行了首爆作业。2016 年 4 月，累计剥采总量首次突破 1 亿 t 且无损工事件，实现了生产安全双丰收。2016 年全年的剥采总量成功突破 1 亿 t，实现了生产的稳定提升。截至 2018 年年底，累计剥采总量达到 3.4 亿 t，采出矿石 2 300 万 t，有效支持了水冶厂的调试及生产。

第一桶天然铀产品的产出标志着湖山铀矿水冶厂生产流程全面打通，进入了试运行和达产达标阶段。2017 年至 2018 年水冶处理能力提升明显，2017 年水冶厂处理矿石 457 万 t，生产产品 1 345 t U_3O_8，2018 年处理矿石 651 万 t，生产产品 3 571 t U_3O_8。截至 2018 年年底，累计生产 4 918 t U_3O_8，其中 3 500 t 成功运回国内，有力地保障了国内天然铀的供应。湖山铀矿已成为中广核乃至我国稳定的天然铀供应保障基地。

（7）湖山成就

湖山铀矿是中广核首个在海外主导建设和运营的特大型项目，是迄今中国在非洲最大的实体投资项目，用时 3 年 8 个月且比中广核批准的投资概算节省近 2 亿美元完成了矿山建设，构建了一支融合多元文化的生产经营团队。投产后生产能力得到稳步提升，圆满完成了在非洲的天然铀生产基地建设。

湖山项目的收购、建设和运营得到了中纳两国政府的大力支持和关注，取得的成就也得到了两国政府的高度认可。纳米比亚现任及前任总统多次到项目现场访问，称赞湖山铀矿是纳米比亚工程建设的“旗舰项目”，是中纳经贸合作的“样板工程”，是充分体现中纳友谊和团结的“标杆项目”。湖山铀矿的收购、建设过程也得到国内政府部门的关注与大力

① 天职国际会计师事务所，《中广核铀业斯科有限公司纳米比亚湖山铀矿矿山建设项目竣工财务决算审核报告》，2018 年。

支持。2017 年时任中共中央政治局常委、国务院副总理张高丽实地考察湖山铀矿现场，张高丽在现场表示中广核从收购铀矿到建成投产，短短 3 年多的时间达到今日规模实属不易，在“走出去”方面，“中广核是有实力、靠得住的企业”。

再塑“走出去”铀矿的“大亚湾”，中广核通过湖山铀矿收购及建设过程，形成与国际化、本地化紧密结合的“走出去”良好实践和经验，对国内企业进行海外资源开发、工程建设、矿山运行有一定的参考价值。

1.2　铀资源概况

1.2.1　项目地理位置

湖山铀矿位于非洲西南部的纳米比亚境内。纳米比亚西濒大西洋，北部与安哥拉接壤，东部为博兹瓦纳，东南部为南非（见图 1.2.1），国土面积 82.4 万 km^2，总人口 253 万（2018 年），每平方千米平均约 3 人。人口主要集中于首都温得和克及北部地区，项目周边人口相对较少，鲸湾是纳米比亚第二大城市，人口约 6 万人，斯瓦科普蒙德为第三大城市，约有 3 万人（见图 1.2.1）。纳米比亚矿产资源丰富，矿业、渔业、畜牧业为其三大传统支柱产业，制造业等工业不发达。

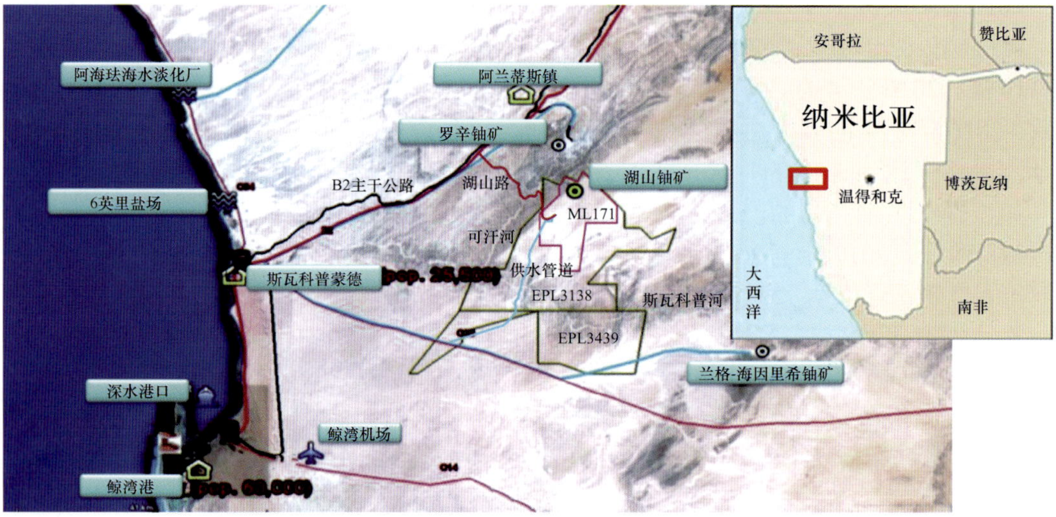

图 1.2.1　湖山铀矿项目地理位置

湖山铀矿地处纳米比亚中西部的沿海沙漠地区，西距海滨城市斯瓦科普蒙德约 60 km，距西南非洲最大的深水港－鲸湾港约 90 km，从 B2 国家主干公路至现场修建有 22 km 的沥青公路（图 1.2.1 中 B2 主干公路至项目现场红线显示的湖山路），现场距纳米比亚首都温得和克的公路里程约 260 km，总体上交通便利。项目供电来自于纳米比亚国家电网，该电网有一半以上的电力购自周边国家，供应基本可保证，矿建期间未出现大面积、长时间的断电情况。项目供水主要来自于 Orano（原阿海珐）的海水淡化厂，该厂位于斯瓦科普蒙德市北部约 30 km，年生产淡水 2 000 万 t，淡水经管道输送至斯瓦科普蒙德水厂，湖山铀矿自建 65 km 管道从此厂引水（见图 1.2.1 从斯瓦科普蒙德至湖山现场的蓝线），管道先向东南延伸再向东北进入现场。

湖山铀矿位于达马拉（Damara）造山带/成矿带，该成矿带中分布有多个铀矿床及勘探项目，北侧 8 km 为罗辛矿，该矿设计年产 4 500 t U_3O_8，已运行 40 多年，2018 年下半年被中核集团收购。湖山铀矿西南部 40 km 还有澳大利亚帕拉丁公司的兰格－海因里希铀矿（Langer Heinrich Mine），中核集团持有该矿 25%股份，2007 年投产，年生产能力约 2 300 t U_3O_8，2018 年 5 月受国际市场铀价影响进入停产维护状态。湖山铀矿西北部约 60 km 还有法国 Orano 的特雷科皮（Trekkopje）铀矿，该矿于 2012 年完成建设，但因矿石品位较低，在试运行数月后即进入停产维护状态。此外，该成矿带还有多个铀资源勘探项目，其中多个项目勘探程度较高、资源规模较大，如 Norasa、Etango、Marenica、Omahola、Tubas-TRS 等，但矿石品位普遍较低，在当前低铀价行情下基本无开发价值。除铀矿外，该成矿带内还分布有多个铜矿、铅锌矿、金矿、铁矿等。

1.2.2 项目勘探历程

斯科公司在纳米比亚共持有 EPL3138 和 EPL3439 两片勘探权区（见图 1.2.1 和图 1.2.2），面积近 600 km^2。由于地表基本为松散砂砾、砾石层及钙质结砾岩覆盖，2006 年以前，主要寻找古河道钙质砾岩型铀矿（类似于兰格－海因里希铀矿及特雷科皮铀矿），未获得找矿突破。2006 年，建立以寻找白岗岩型铀矿床为目标的找矿模型，对项目区进行了地质、构造研究，并使用磁法数据定位白岗岩型铀矿床的目标含矿层，设计钻孔进行钻探验证。

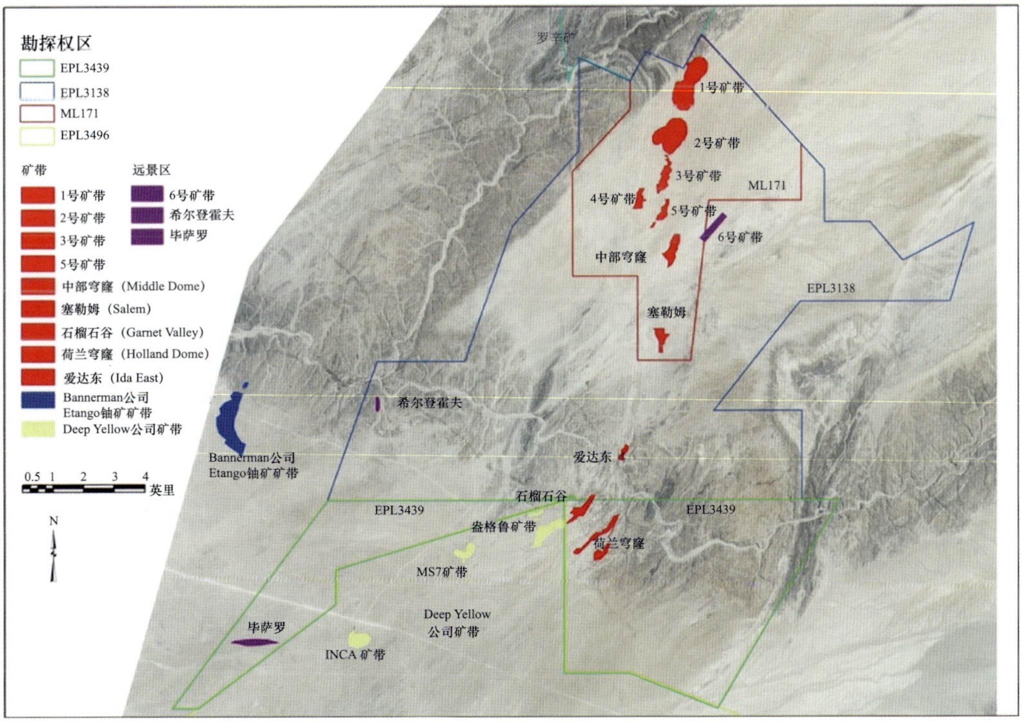

图 1.2.2 湖山铀矿项目勘探权区、采矿权区及矿带分布

2007年年底，斯科公司在EPL3138勘探权区北部施工的3个钻孔揭露到了含铀白岗岩，随后施工的钻孔控制了大范围的白岗岩铀矿化区域。2008年年初，化学分析结果证实该地区存在白岗岩型铀矿化，2008年2月1日，斯科公司首次在公开市场公布在该地区发现铀矿化。

在已发现铀矿化的基础上，斯科公司迅速圈定了重点找矿靶区，并在南北15 km的范围内开展密集的勘探工作。2009年1月27日，公布1号矿带的初步资源量估算结果（符合JORC和NI43-101标准）。2009年7月，公布了1号矿带资源量更新结果及2号矿带初步资源量估算结果。2009年10月，公布在2号矿带以南地区发现新的铀成矿带。2010年8月，在完成约40万m的勘探工作量后，项目总资源量达16.7万t，共计发现1～5号5个矿带，其中资源量主要集中于1、2号矿带（见图1.2.2）。

2009年4月，斯科公司开始项目的预可行性和可行性研究工作，2011年3月可行性研究工作完成后，向纳米比亚政府提交采矿许可证的申请，并于2011年11月30日获批，采矿权证号为ML171，位于EPL3138勘探权区内（见图1.2.1和图1.2.2），采矿权证范围囊括了已发现的1～5号矿带。

可行性研究工作完成后，斯科公司在2012年6月完成M.O.R.E.（Mine Optimisation and Resource Extension Program）计划的相关工作，即采矿优化、资源扩大计划，项目各项技术经济指标得到进一步优化提升。至此，项目前期勘探工作基本完成，具备开展矿山建设的条件。

1.2.3 铀资源储量及排名

（1）资源量

2012年8月，第三方咨询机构完成最终的资源量估算报告，1、2号矿带资源量达到22.42万t U_3O_8（截止到2012年6月的勘探工作，以100×10^{-6}为边界品位）。通过钻探还在中部穹窿和塞勒姆等区块也发现新的资源，项目资源总量提升至29.29万t，各矿带资源量数据见表1.2.1。

表1.2.1 湖山铀矿项目各矿带资源量统计表（2012年6月）

所在区域	矿带	资源量级别	矿石量/10^6 t	矿石品位（$\times10^{-6}$）	U_3O_8金属量/10^4 t
ML171	1号矿带	探明级	44.3	381	1.69
		控制级	167.2	406	6.78
		推断级	70.6	375	2.65
		探明+控制级	211.5	400	8.47
		小计	282.1	395	11.12
	2号矿带	探明级	50.9	599	3.05
		控制级	112.2	549	6.17
		推断级	49.3	422	2.08
		探明+控制级	163.1	565	9.22
		小计	212.4	532	11.3

续表

所在区域	矿带	资源量级别	矿石量/10^6 t	矿石品位（$\times 10^{-6}$）	U_3O_8 金属量/10^4 t
ML171	3 号矿带	推断级	46.1	240	1.09
	4 号矿带	推断级	20	560	1.11
	5 号矿带	推断级	44.6	282	1.26
	塞勒姆（Salem）	推断级	36.2	155	0.56
	中部穹窿（Middle Dome）	推断级	25.9	394	1.02
EPL3138 EPL3439	石榴石谷（Garnet Valley）	控制级	2.1	235	0.05
		推断级	83.7	195	1.63
	爱达中心（Ida Center）	推断级	5.2	170	0.09
	荷兰穹窿（Holland's Dome）	推断级	4.0	156	0.06
总计			762.3	384	29.29

1 号矿带资源量为 11.12 万 t U_3O_8，矿石平均品位为 395×10^{-6}，探明及控制级别资源量为 8.47 万 t U_3O_8，占总资源量的 76%，勘探程度较高。2 号矿带的资源量为 11.3 万 t U_3O_8，矿石平均品位为 532×10^{-6}，探明及控制级别资源量为 9.22 万 t U_3O_8，占 2 号矿带总资源量的 81.6%。首期 1、2 号矿带共同开发，其资源总量为 22.42 万 t U_3O_8，平均品位为 453×10^{-6}，该品位在纳米比亚同类型矿床中最高，高于罗辛矿 300×10^{-6} 的平均品位。

在采矿权证 ML171 中还有 3～5 号、塞勒姆和中部穹窿共计 5 个矿带（见图 1.2.2），其中 4 号矿带及中部穹窿品位相对较高，其他矿带品位相对较低（见表 1.2.1）。总体上这些矿带的勘探程度较低，仅有推断级别的资源量，未来有必要进一步开展勘探工作，提升勘探程度并进行开发利用方面的评价工作。

EPL3138 和 EPL3439 两片勘探权区还发现有其他 3 个矿带，位置见图 1.2.2，其资源规模相对较小，品位也不高（见表 1.2.1），在当前情况下开发的价值不大。

湖山铀矿项目资源总量为 29.29 万 t U_3O_8，折合 24.8 万 t 金属铀，与全球其他大型铀矿项目资源量进行比对，排名第四位，若与单体铀矿项目对比（Olympic Dam 为多金属矿床），则排名第三位（见图 1.2.3）。在图 1.2.3 所示的全球前八大铀矿项目中，仅有澳大利亚的 Olympic Dam、湖山铀矿、加拿大的 McArthur River 及 Cigar Lake 处于运行阶段，其他仍处于勘探或矿建准备阶段，McArthur River 铀矿因天然铀市场原因从 2018 年 2 月进入停产维护期。

2011 年 1—3 月，在项目正式收购前，铀业公司曾委托广东省核工业地质局对湖山项目 1、2 号矿带的铀资源量进行评价。在利用国内行业标准完成 1、2 号矿带资源量估算后，经过对比，广东省核工业地质局估算的 1 号矿带资源量比第三方的资源量减少 9.2%，平均品位提高 74.8%，矿石量减少 48.26%；2 号矿带资源量减少 7.2%，平均品位提高 68.39%，矿床的矿石量减少 44.88%。综合 1、2 号矿带，广东省核工业地质局认为其估算的铀资源量（332+333）与斯科公司估算的铀资源量（控制+推断）误差为 8%左右，认为斯科公司估算的 1、2 号矿带矿床铀资源量在原始数据真实准确的前提下是基本可靠的①。资源量的可靠性是项目收购的基础及前提条件。

① 广东省核工业地质局，《湖山项目铀资源量评价报告》，2011 年。

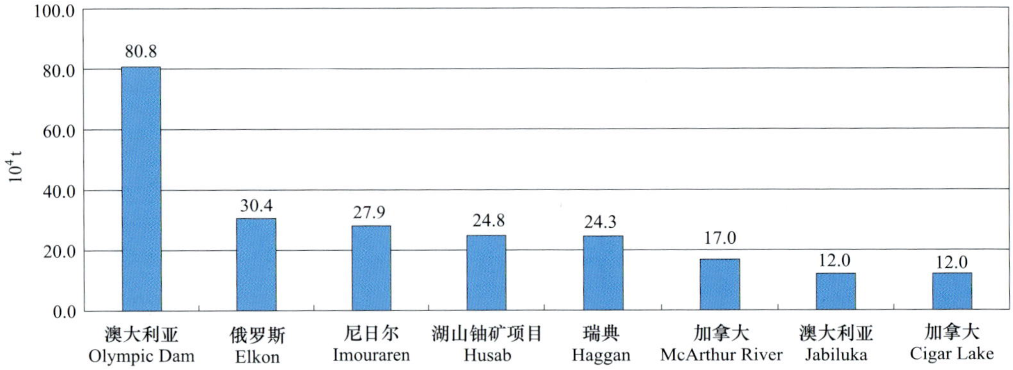

图 1.2.3 全球前几大铀矿项目资源量排名

注：资源量数据来自 WNA（世界核能协会）网站；澳大利亚的 Olympic Dam 为巨型铜－金－铀－银多金属矿床，铀为副产品；Elkon 铀矿成本预计 70 美元/磅，目前处于勘探阶段；Imouraren 铀矿成本预计 60 美元/磅，目前处于矿建暂停阶段；Haggan 为黑色页岩铀矿，暂不具备开发条件；加拿大的 McArthur River 铀矿仅包括地下采矿及水冶厂的矿石破碎及磨矿区域，后续加工在 Key Lake 处理厂进行，Cigar Lake 铀矿包括地下采矿及水冶厂的矿石破碎及磨矿区域，后续加工在 Orano 的 McClean 处理厂进行。

（2）储量

在掌握探明级及控制级资源量的基础上，斯科公司通过可行性研究及后续的采矿优化，同时结合经济和技术指标，扣除开采设计和采矿损失，对 1、2 号矿带的可采储量进行估算。以 150×10^{-6} 为矿石边界品位，1 号矿带可采矿石量为 1.53 亿 t，平均品位为 461×10^{-6}，2 号矿带可采矿石量为 1.483 亿 t，平均品位为 577×10^{-6}。

1、2 号矿带合计矿石总储量为 3.013 亿 t，矿石平均品位为 518×10^{-6}（边界品位为 150×10^{-6}），可采金属量为 15.61 万 t U_3O_8（详见表 1.2.2）。

表 1.2.2 1、2 号矿带储量表（2013 年 8 月）

矿带	矿石量			废石量	剥采总量	剥采比	矿石品位			U_3O_8 金属量
	证实的	概实的	合计				证实的	概实的	平均	
	10^6 t	10^6 t	10^6 t	10^6 t	10^6 t	废石:矿石	$\times10^{-6}$	$\times10^{-6}$	$\times10^{-6}$	10^4 t
1 号	34.8	118.2	153.0	1 003.8	1 156.8	6.56	438	468	461	7.053
2 号	47.7	100.6	148.3	823.1	971.4	5.55	607	562	577	8.557
总计	82.5	218.8	301.3	1 826.8	2 128.2	6.06	536	511	518	15.61

1.3 矿山规模

与其他硬岩型（如花岗岩、火山岩型）铀矿相比，湖山铀矿的矿石品位相对较低，要实现一定的经济效益，必须提高矿石开采和处理量，以摊薄单位生产成本。湖山铀矿年设计采出矿石 1 500 万 t、水冶厂年处理矿石 1 500 万 t，为全球年开采及处理矿石量最大的铀矿，对应的采矿生产及水冶生产设备规模也排名全球第一。

（1）采矿生产规模

湖山铀矿 1、2 号矿带矿体厚大，埋藏较浅。其中 1 号矿带见矿深度 30～60 m，矿体最大垂直埋深约 410 m，2 号矿带见矿深度 60～100 m，矿体最大垂直埋深约 380 m，两矿带地层地质条件简单，岩石强度高，岩体整体性好，围岩稳固，且水文地质条件好，无灾害性地下水体或裂隙涌水，总体上适合露天开采。

矿山年设计平均剥采量为 1 亿 t、年均开采矿石 1 500 万 t，此规模使湖山铀矿成为有史以来规模最大的单铀矿山，同时也是目前世界特大型露天矿山中唯一的一座单铀矿山。

1 号矿坑最终开采境界：长 3 050 m（顶部）×宽 1 030 m（顶部）×深 412 m；2 号矿坑最终开采境界：长 2 055 m（顶部）×1 530 m（顶部）×深 380 m。全寿期内采出矿石 3 亿 t，剥离废石 18 亿 t，排土场最终高度超过 200 m，长约 6 km，宽度超过 1.3 km，规模巨大（见图 1.3.1）。

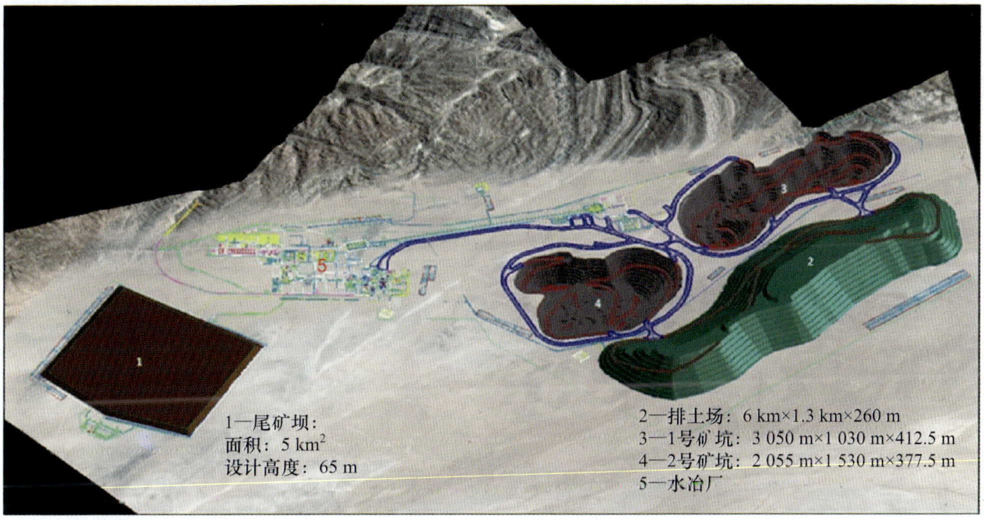

图 1.3.1 湖山铀矿现场布置

主要采矿设备和辅助设备均选用国际矿业行业知名品牌，以卡特彼勒和小松公司设备为主体，辅以 Joy Global、Atlas 等公司部分辅助设备，另外为促进国家重装设备“走出去”，引进了中国北方重汽股份有限公司制造的 327 t 和 236 t 矿用电动轮卡车，其中 327 t 的 NTE330 卡车是中国该载重系列矿用卡车在国外矿山生产应用的“首台套”产品。在设备选型上，湖山铀矿都选用了先进、高效的特大型系列设备，如孔径 311 mm 的 MD6640 电动牙轮钻机和 MD6540 柴油牙轮钻机、61.2 m^3 斗容的 7495ERS 电动绳铲及 31.4 m^3 斗容的液压铲、327 t 载重的 960E－ⅡK 和 NTE330 重型矿用卡车、L1850 前装机以及 D475 履带式推土机等，设备规模及总体规模均居世界露天铀矿之首。

采矿生产采用先进的人工智能应用，除应用专业的地质建模、生产计划编制、爆破设计等软件外，湖山铀矿还建立了先进的中心控制调度室，采用美国 Modular Mining System 公司的系列矿山管理软件系统，包括 Dispatch 调度系统、Provision 定位系统和 MineCare 设备监测系统。重型卡车采用了双能源驱动系统，在矿坑和排土场爬坡路段卡车将传统的柴油驱动改为电力驱动，可以大量减少燃油消耗，提高 50%以上爬坡速度，大大提高了卡车运输效率，这种电力辅助架线系统是中国企业在境内外所投资矿山中的首次应用。

湖山铀矿建设了重卡维修车间、辅助设备维修车间、焊接车间、电气及电缆维修车间、轮胎维修车间、洗车场、备品备件库及办公设施、生产服务设施、培训中心等辅助设施。培训中心配备了3座可移动式箱式模拟机培训室，为操作员提供设备模拟操作培训配备了5台设备操作模拟机，其中钻机1台、液压铲1台、电动绳铲1台、960E卡车2台，在操作员培训中发挥了重要作用。

（2）水冶厂设施规模

湖山铀矿水冶厂的设备及设施规模在全球铀矿中是最大的。水冶厂的工艺流程为：原矿→粗碎→磨矿→筛分→浓密→搅拌浸出→逆流洗涤→吸附→淋洗→淋洗液过滤→萃取→饱和有机相洗涤→反萃取→氨气沉淀→产品浓密→离心洗涤→ADU（重铀酸铵）煅烧→U_3O_8产品包装。采出的矿石用卡车运送到初级破碎机料仓，破碎机可将最大块度1.5 m的矿石破碎到250 mm以下，破碎后的矿石经过组合皮带输送至中间料堆进行堆存，中间料堆为巨大的封闭堆场，以尽可能降低含矿粉尘的逸散，中间料堆可存储矿石23万t，其中有效矿石存储9万t，满足水冶厂48 h的磨矿需求（见图1.3.2）。

图 1.3.2　湖山水冶厂现场

中间料堆矿石通过给料机和皮带送至磨矿系统，磨矿系统由半自磨机、球磨机和圆锥破碎机组成，磨矿排出的矿浆经过筛分和浓密后得到合格粒度及浓度的矿浆，采用酸法搅拌浸出工艺进行铀的浸出，实现金属铀从矿石到水溶液中的迁移。浸出后的矿浆经过逆流倾析洗涤（CCD）系统进行固液分离，获得清澈含铀浸出液送至后续工序提取，而洗涤后的尾渣则泵送到尾矿坝。铀的提取采用“淋萃流程”，由离子交换和溶剂萃取两道工序组成，使浸出液中的铀和杂质得到进一步分离，以提高产品纯度，有效地保障了产品的质量。

提取获得的反萃取合格液采用“中和法”沉淀，以氨气作沉淀剂，生产重铀酸铵中间产品，重铀酸铵产品经浓密、洗涤、离心脱水后在750 ℃煅烧窑中进行煅烧，生成U_3O_8产品。经过装桶、装箱之后运输到鲸湾港销往中国及世界各地。

初级破碎机处理能力高达 4 000 t/h，矿石输送单条皮带长 3 km，中间料堆可存储 23 万 t 矿石。磨矿系统的半自磨机电机功率 13 500 kW，直径为 10.77 m，球磨机电机功率 8 500 kW，直径为 6.51 m。浸出区有 10 个浸出槽，直径 15.7 m、高 18 m，逆流洗涤区主要由 7 台高效浓密机组成，浓密机直径为 40 m、高 3 m，设备规模及生产规模排名世界铀矿前列。离子交换区的 9 列离子交换塔单塔直径 6.24 m，塔高近 30 m，在目前同类型设备中规模最大。另建有地上堆积尾矿坝，设计库容 3 亿 t，占地面积 5 km^2，最大高度 65 m，规模位居世界铀矿行业前列。湖山铀矿自建硫酸厂年产酸能力达 50 万 t，余热发电达 14.5 MW，集发电于一体的硫磺制酸厂在纳米比亚尚属首例，也是纳米比亚生产规模最大的硫磺制酸厂。

湖山铀矿水冶厂设计年处理矿石 1 500 万 t，矿石进料品位为 400×10^{-6}～600×10^{-6}，年平均生产产品 6 500 t U_3O_8，有望成为年产量排名世界第二的超大型铀矿山。2018 年，湖山铀矿共计生产 3 571 t U_3O_8，产量排世界铀矿第四位，并在露天铀矿中排名第一，即湖山铀矿已成为世界最大的露天铀矿（见表 1.3.1）。

表 1.3.1 2018 年世界前十大铀矿山产量排名

排名	铀矿	所在国家	运营商	类型	U_3O_8 产量/t
1	雪茄湖（Cigar Lake）	加拿大	卡梅科（50%）	地下	8 172
2	特尔库特与蒙库姆（Tortkuduk & Myunkum）	哈萨克斯坦	卡特科合资/阿海珐（Katco JV/Areva）	地浸	3 774
3	奥林匹克坝（Olympic Dam）	澳大利亚	必和必拓	副产品/地下	3 723
4	湖山（Husab）	纳米比亚	中广核	露天	3 571
5	英凯（Inkai）	哈萨克斯坦	英凯合资/卡梅科	地浸	3 130
6	罗辛（Rössing）	纳米比亚	中核（69%）	露天	2 479
7	布德诺韦克奇（Budenovskoye）2 期	哈萨克斯坦	Karatau JV	地浸	2 454
8	兰杰（Ranger）	澳大利亚	力拓（68%）	露天	1 999
9	南英凯（South Inkai）	哈萨克斯坦	Betpak Dala JV/Uranium One	地浸	1 907
10	布德诺韦克奇（Budenovskoye）1、3、4 期	哈萨克斯坦	Akbastau JV/Kazatomprom – Uranium One	地浸	1 823

注：数据来源于 WNA 网站；加拿大的麦克阿瑟河（McArthur River）铀矿从 2018 年 2 月处于停产维护状态，无铀产品产出，故未列入。

1.4 开发建设，意义重大

湖山铀矿项目的成功收购、建设和运营，对中国广核集团、对国家、对中纳及中非关系建设、对纳米比亚本地经济和社会发展都具有非常重要的意义。

（1）提升了天然铀供应保障能力

湖山铀矿设计年平均生产 6 500 t U_3O_8，首期可稳定生产 20 多年，总产量超过 15 万 t

U_3O_8，可保障 30 台百万千瓦机组运行近 30 年的天然铀需求，大大提高了中广核的天然铀保障能力。后期湖山项目还具有较大的资源扩大潜力，矿山寿期延长潜力较大。湖山铀矿项目的收购，使中国广核集团顺利实现了“十二五”资源控制目标，并完成了在非洲的战略布局，随着项目的建设和运营，中国广核集团也完成了非洲的铀资源开发和生产基地建设。

湖山铀矿年产量接近全球产量的 10%，随着湖山铀矿完成建设并投入运行，中广核已进入全球十大天然铀生产商之列，进一步提升了在国际天然铀市场的影响力，在国际天然铀市场拥有更多的话语权。

近年来国际市场铀价一直在低位徘徊，湖山铀矿的建设及投运也是重要的影响因素之一，因湖山铀矿投产，市场预计中国从市场直接采购的天然铀减少，价格难以大幅上涨。维持在低价位，有利于降低在国际市场采购天然铀的成本。

（2）带动“走出去”

湖山铀矿的投运，进一步提升了国家的天然铀保障能力，是国家铀资源开发“走出去”政策的成功实践。中广核除自身“走出去”外，还带动多家中央企业及国内技术装备“走出去”，实现了“抱团出海”。在工程建设阶段，斯科公司积极引进中国企业参与项目建设，先后有中国建筑、中国电建、中国五矿、中国核建和中国兵器五家央企承担部分重要施工任务和生产服务，在中国兵器采购的载重 327 t 的 NTE330 卡车是该载重系列矿用卡车在国外矿山生产应用的“首台套”产品，从南昌矿机、中电电气、徐州重工和大连深蓝泵业等多家中国企业采购的多种类型设备，大力推动了中国企业及技术装备“走出去”。

（3）树立中非、中纳合作的丰碑

湖山铀矿对推动中非合作、中纳合作均有一定的政治意义及经济意义。湖山铀矿已成为纳米比亚对外交流的一张名片及标杆。纳米比亚现任总统哈格·根哥布在与国家主席习近平会晤及与中国代表团交流时多次提及该项目。2015 年 8 月和 2016 年 3 月，根哥布总统先后邀请当时访问纳米比亚的赞比亚共和国总统埃德加·伦古和马里共和国总统易卜拉辛·凯塔参观项目现场，几位总统盛赞湖山项目取得的巨大成绩及对中非合作的贡献。伦古表示：“项目投资巨大，令人折服，它是中国人民对非洲承诺的象征。”凯塔表示：“此次到访湖山项目给我留下了十分深刻的印象和重大的收获！非常感谢能有机会亲眼目睹一个全新的纳米比亚在崛起的道路上迈出的重要一步，纳米比亚万岁！伟大的纳中两国合作万岁！中非合作万岁！”

湖山铀矿对推动中非经贸发展也有一定积极意义，项目达产后，预计每年使中纳（中非）贸易增长 5 亿美元以上，进一步深化了中纳、中非的经贸合作。

（4）促进纳米比亚的发展

湖山铀矿历时 3 年 8 个月完成矿山建设，随后生产运行还将持续超过 20 年时间，有效地推动了当地的劳动就业、矿业发展、基础设施建设及中小企业发展、社区建设等，同时带动当地矿山相关配套支持产业及城镇的发展，在推动纳米比亚经济发展中发挥着重要的作用，实现了企业对纳米比亚政府的承诺。

纳米比亚是一个高失业率国家，失业率一般为 30%左右，湖山铀矿的建设和运营对提高当地劳动就业有积极影响。工程阶段为 4 500 名当地人提供了临时工作岗位，矿山运营高峰期，可为当地提供长期就业岗位 1 800 人，加上承包商约 500 人，共计可创造 2 300

个长期就业岗位。截至 2018 年年底，斯科公司拥有员工近 1 700 人，已成为纳米比亚最大的雇主之一，员工中 95%以上为纳米比亚当地人。斯科公司招聘的大部分员工为无经验或经验不多的人员，公司先后投入 2 亿纳元开展员工培训，提高人员的操作水平和技术能力。2014 年—2017 年，斯科公司资助 12 名弱势群体学生完成大学学业，同时资助多名品学兼优的学生到中国留学，一方面提升了当地人员知识、技术水平，另一方面为矿山后续发展提供了人才储备。

湖山铀矿修建了一条长 22 km 的道路及 65 km 的供水管道，通过供电线路建设改善了当地的供电设施，有效推动了当地供水、供电、道路等基础设施建设。

斯科公司以基金会的形式有组织、有计划地常年开展各级、各类社会援助和社区支持活动，截至 2018 年，先后投入 1 500 万纳元支持当地社区发展，包括健康福祉、中小企业发展、救灾、减贫、教育与儿童发展、环境保护等，得到了纳米比亚中央政府到地方政府的一致认可。

湖山项目对推动纳米比亚国家的经济发展具有非常重要的意义。湖山铀矿的投产，进一步提升了纳米比亚的天然铀总产量，使纳米比亚在全球产铀国产量排名中有望提升至第三位，成为全球最为重要的天然铀生产国之一。项目达产后，年产值接近 100 亿纳元，可使纳米比亚年度 GDP 增长 6%左右（相对于纳米比亚 2016 年 1 600 亿纳元的 GDP 总额）。未来每年将缴纳 10 亿纳元（约 7 000 万美元）的税收，使纳米比亚税收增加约 5%。

第二章　收购历程

非洲铀资源丰富，进入非洲进行铀资源开发、建立非洲铀资源开发基地是中广核保障核燃料供应的重要战略部署之一，湖山铀矿项目的成功收购，使这一战略得以顺利实现。自2009年年底中广核将湖山铀矿项目作为重点开发项目至2012年5月完成收购，先后历时近两年半。收购早期，中广核集团快速反应，和中非基金结成合作伙伴共同推进项目收购，成功阻止了竞争对手的介入。整个收购过程跌宕起伏，从参股收购到100%并购，经历“3·11”福岛核电厂事故及多次收购价格谈判，设置对项目至关重要的多项前提条件，开展纳米比亚政府工作，推动英国及澳大利亚证券市场等国家监管机构的审批，最终将这一超大型铀矿项目“收入囊中”，实现了海外铀资源开发的重大突破。

2.1　枕戈待旦，剑指湖山

2007年10月，国务院正式批准《核电中长期发展规划（2005—2020年）》，标志着我国核电发展进入了新阶段。规划中提出了核电发展的总体目标，同时为提高核燃料保障能力，提出“坚持内外结合，合理开发国内资源、积极利用国外资源的原则，适度超前发展核燃料产业，建立国内生产、海外开发、国际铀贸易三渠道并举的天然铀资源保障体系”。

随着《核电中长期发展规划》的发布，为确保国内天然铀的稳定供应，同时为响应国家“走出去”资源开发战略，中广核成立铀业公司重点推进海外铀资源开发工作。经过研究，铀业公司将中亚、澳大利亚、非洲、加拿大四个铀资源丰富的国家和地区作为海外铀资源开发的重点区域，并力争建立四大海外铀资源开发基地。2007年—2009年，铀业公司通过并购、参股项目先后进入中亚的哈萨克斯坦和澳大利亚铀资源开发市场，下一步则是进入铀资源相对丰富的非洲和北美地区。非洲地区的纳米比亚、尼日尔、南非等国家铀资源丰富、天然铀产量较高，是在该地区开展铀资源开发的重点国家。而纳米比亚政局和社会环境相对更为稳定、投资环境良好、矿业相对较为发达，天然铀年产量最高时排名全球第四，是在非洲地区开展铀资源开发的重中之重。

为加快海外铀资源开发步伐，铀业公司紧盯国外铀矿项目的新进展，湖山项目早在2008年即进入海外资源开发人员的视野，2009年密切跟踪项目发展，并于2009年12月与Extract公司签订保密协议获取了项目资料，开始对项目进行技术研究。在初步判断技术可行的基础上，2010年6月完成在中广核集团的项目立项，开始正式推进项目收购前期工作。早期的收购目标为项目公司19.9%的股份，但这一意向遭到Kalahari公司的否决，Kalahari公司建议可以向其发起要约收购。随着项目资源量的扩大及尽职调查的完成，铀业公司调整收购目标，力图全面控制这一超大型的铀资源项目，最终确定向Kalahari公司发起全面要约收购，在相继完成 Extract 公司的收购后得以全面控制项目。一场轰轰烈烈的收购工作就此展开，这场收购也被认为是当年全球资本市场的重大并购项目之一。

2.2 结成中方合作伙伴，排除外部干扰

（1）中方合作伙伴

由于项目并购资金巨大，中广核一直寻求合作伙伴共同开展项目收购。在收购早期，中核集团与中广核集团存在竞争关系，Extract 公司与两家均有接触，双方均希望主导项目收购。2010 年 9 月在国家部委的协调下，中广核与中核集团组成联合工作组，由中广核主导，共同开展项目收购前期工作。随后中非基金也积极加入，三方成立联合工作组开展项目尽职调查工作。

2011 年 3 月，在准备向英国证券市场发出收购意向公告（2.4 公告）前夕，中核集团宣布退出收购，但中非基金仍坚定支持中广核的项目收购工作，双方成立收购主体，中非基金作为财务投资人持股 40%，中广核持股 60%。

（2）力拓的竞争与合作谈判

在收购过程中及收购后，中方和力拓集团就项目合作曾进行过多轮谈判，双方一度签订战略合作协议，但最终由于合作模式、项目估值等未达成一致而终止合作。力拓集团是中方收购湖山项目的主要竞争对手，力拓在中方收购前已是项目的主要股东之一，并在 2011 年年初向原 Extract 公司和 Kalahari 公司推荐罗辛矿与湖山矿的合并方案。在中方的收购工作展开后，力拓也多次劝说中方放弃收购。力拓提出可以将部分产品包销给中方，若中方执意收购，力拓不排除竞价的可能。相对于两矿合并方案，中方的现金收购在资本市场上更具吸引力，加之中方对湖山矿独立发展的信心和严谨细致的工作方式，使 Kalahari 和 Extract 公司的股东最终倒向中方，力拓最终也并未进行竞价而是将所有股权出售给中方，使项目收购工作得以顺利展开。

在中方完成收购后，力拓试图继续推进两矿联合开发方案，中方也对罗辛矿开展了尽职调查。力拓认为中广核缺乏矿山建设及运行经验，难以主导完成矿山建设并顺利运营，所以其提出的联合开发方案严重低估湖山项目的价值，而大幅抬高罗辛矿现有设施的价值，双方最终未就两矿联合开发达成一致。随后中广核迎难而上，将核电建设经验引入湖山矿建，充分利用南部非洲市场及国际市场，同时引入国内央企承担部分重要工程，在 3 年 8 个月内及控制概算范围内完成建设任务并顺利投入运营，证实了自身的实力，也消除了他人的质疑。

2.3 快速反应、谨慎决策

（1）高效决策是基础

作为 21 世纪初最重要的铀资源勘探发现，湖山项目一直得到国际矿业巨头、核电新兴国家、资本市场的关注，当时力拓、日本的伊藤忠、M&G、APAC、Henderson、JP 摩根等

均为重要股东，分别占项目4%～20%的股份，其中力拓最多，占股接近20%，在项目上拥有最大的话语权。另外，多家印度、俄罗斯公司也密切关注湖山项目，并已在项目现场开展相关调研工作，因此早期中广核的竞争对手众多。

2011年2月中旬，力拓向Extract公司提出两矿合并方案，拟将湖山项目与罗辛铀矿项目合并成立一家新公司，将新公司推动上市，力拓控股合并后的新公司。同时力拓也积极与纳米比亚政府进行磋商及洽谈，并拟在2011年2月21日Extract公司的股东会上通过该方案，从而进入排他期。若要阻止力拓方案的通过，需要立刻向英国市场发布收购报价函及收购意向公告。时间紧迫，铀业公司立即行动，向中广核集团报告，同时与合作伙伴、财务顾问、法律顾问等沟通，审查内外部尽职调查报告及财务模型等，快速、高效地完成铀业公司的审批并上报中广核集团。2011年2月20日，经集团公司审议后同意向Kalahari公司发出报价函，价格为每股3.16英镑。2011年2月28日，中广核审议同意铀业公司代表中方团队与Kalahari公司签订执行协议并联合发布2.4公告。

2011年3月5日，财务顾问发现Kalahari公司有一笔数额较大的未支付款项，与Kalahari公司重新进行价格谈判，最后达成2.9英镑/股的收购价格。3月8日，铀业公司按2.9英镑/股的价格在英国市场发布收购意向公告（根据英国《收购与合并城市法典》2.4条款，面向Kalahari公司所有普通股股东发出的全面收购要约，也称2.4公告），项目收购工作迈出了最重要的一步。

铀业公司和中广核集团公司的快速反应及高效决策是项目成功收购的基础，报价函及收购意向公告的发出将项目拉入中方希望的轨道上，也顺利阻止了竞争对手方案的通过。

（2）谨慎决策是关键

项目投资额巨大，内外部影响大，整个收购过程涉及多次关键决策，中广核始终按谨慎评估、慎重决策的原则进行。发布收购意向公告的决策建立在完成技术、财税、法律尽职调查的基础上，并聘请国内专业评估机构进行采冶技术及资源储量评估，是在技术、经济、财税、法律等均可行的基础上进行的。

“3·11”日本福岛核电厂事故后，目标公司股价下跌，国际市场天然铀价格下跌，在新价格被英国市场否决后，中广核果断决定暂时放弃收购，要求重新进行技术经济评估，在新市场行情下估算新的收购价格，这对收购成本的控制发挥了重要作用。在多次艰难谈判后，于2011年11月达成2.435 5英镑/股的最终交易价格，比最早报价（3.16英镑/股）下降22.9%，相当于节约近6.8亿美元。

在2010年年底到2011年2月完成首次尽职调查后，2011年11月还对项目进行了补充尽职调查，通过现场的放射性测井、取样分析对比，验证项目铀资源、矿石品位的可信度。

2011年4月，在审议项目投资申请时，中广核集团提出在采矿权证获批、贷款比例及利率、税收等条件满足的前提下可以开展项目收购，这些条件对项目至关重要，真正体现了谨慎决策的原则。2011年，铀业公司针对这些前提条件深入开展工作，并在年底前相继完成。2011年12月，中广核集团审议正式收购要约时认为前期设置的各项条件均已达成，同意按双方最终达成的价格发起对Kalahari公司的要约收购，收购工作进入具体实施阶段。

2.4　一波三折，降价收购

（1）“3.11”福岛核电厂事故的影响

在 2011 年 2 月 21 日发出 Kalahari 公司并购报价函（收购价格为 3.16 英镑/股）后，3 月 8 日在英国市场发布收购意向公告（2.4 公告，收购价格为 2.9 英镑/股），项目开发人员长舒一口气，一年多的努力终于有了成果，但随后日本“3.11”强烈地震引发的海啸及福岛核电厂事故令我们的心再次悬起来。

福岛核电厂事故对世界核电行业造成较大影响，也影响到了铀资源市场，事故发生后天然铀现货价格下跌，在当时最低跌至 49.25 美元/磅，比震前 67.75 美元/磅下跌 27.3%，但长期价格未发生明显变化。事故发生后国外各铀资源公司的股价也迅速下滑，跌幅多在 20%～30%，Kalahari 公司股价最多下降 30.5%。虽然随后天然铀价格有一定回升，但在多个国家宣布放弃核电发展时，国际市场铀价进入下降通道，一些铀资源开发公司对前景持悲观态度，使对湖山项目的收购少了一些竞争对手，也为进一步压低收购价格创造了有利时机。

福岛核电厂事故后天然铀市场及铀资源相关上市公司股价的变化，中方已不可能按 2.4 公告的价格展开收购。2011 年 4 月，经过艰难的谈判，与 Kalahari 公司达成 2.7 英镑/股的新交易价格，但此价格未获英国并购委员会的批准，Kalahari 公司上诉。5 月 11 日，听证委员会驳回 Kalahari 公司的上诉，中广核发布暂停收购公告（2.8 公告）：铀业公司不再以 2.4 公告中规定的 2.9 英镑/股的价格进行收购，铀业公司已与 Kalahari 公司董事会就新的价格达成一致，将在伦敦证券交易所规定的静默期后进行交易活动；根据相关规定，因已得到 Kalahari 公司董事会推荐或达成协议，静默期为 3 个月。2011 年 8 月，通过德意志银行（财务顾问）与英国并购委员会的沟通，确认静默期结束，可继续开展项目收购准备工作，但中广核认为前期确定的投资决策前提条件仍未满足，决定暂缓发布正式收购公告（2.5 公告）。

2011 年 10 月 10 日，Kalahari 公司向市场发布公告，表明重新与中广核讨论可能的要约收购。2011 年 11 月，中广核与 Kalahari 公司在北京进行会谈，经过两天的交锋，最终达成 2.435 5 英镑/股的新交易价格。2011 年 11 月 10 日，Kalahari 公司向市场发布公告，仍在与中广核就交易继续讨论，按英国《收购与合并城市法典》2.6 条款规定，中广核不晚于 12 月 8 日下午 5:00 发布 2.7 公告（正式收购要约公告）。2011 年 11 月 30 日，经过多方努力，纳矿能部向斯科公司颁发采矿证。2011 年 12 月 5 日，中广核集团审议项目要约收购相关事宜，会议认为项目要约收购的条件已经具备，批准在 2011 年 12 月 8 日前发布 2.7 公告，并按 2.435 5 英镑/股的价格对 Kalahari 公司进行要约收购。12 月 8 日，在英国市场发布 2.7 公告，正式展开对 Kalahari 公司的收购。

福岛核电厂事故虽然使项目并购大幅拖延，但中广核在此过程中压低了收购价格，节约了大量的收购成本，把不利变为有利，并最终完成项目收购。

（2）价格谈判

价格是资本市场并购最为关键的因素，卖方希望达成更高的价格以获得更多的收益，买方希望更低的价格以控制成本。中方要约收购湖山项目，重点与 Kalahari 公司进行价格谈判，Extract 公司的股价按 Kalahari 公司的价格进行折算。与 Kalahari 公司在 10 个月时间内先后进行了 4 次谈判，最终达成双方都可以接受的价格，使项目收购得以顺利进行。中广核在每次谈判前均进行充分的分析，提出完整的方案，并给谈判小组明确的授权。

2011 年 2 月，双方进行价格的第一次谈判，参考 Kalahari 公司股价，最终达成 3.16 英镑/股的价格，当时 Kalahari 公司股价约为 3 英镑/股，有一定的溢价。

2011 年 3 月 5 日，中方财务顾问尽职调查显示 Kalahari 公司有一笔数额较大的未支付费用，项目工作组希望能将价格下调，随后向 Kalahari 公司提出新的报价。在与 Kalahari 公司的谈判中，双方就价格达成一致，新价格为 2.9 英镑/股。

2011 年 3—4 月，受福岛核电厂事故影响，国际市场天然铀价格及 Kalahari 公司股价下跌，中方认为受外部重大因素影响难以按之前的价格进行交易，否则宁愿放弃项目收购。2011 年 5 月初，双方经过艰苦的谈判，达成 2.7 英镑/股的新交易价格。但这一价格遭英国并购委员会的否决，中方决定暂停项目收购。

2011 年 11 月，经过经济模型分析，中方确定谈判策略，按至少在 2.7 英镑/股价格的基础上下降 10%为目标与 Kalahari 公司进行最终的价格谈判，最终达成 2.435 5 英镑/股的价格。

4 次价格谈判促成了 4 次降价，是中广核充分利用外部有利时机、精打细算取得的成果，有效地降低了项目收购成本。

（3）政府审批

项目收购涉及英国上市公司 Kalahari 公司、澳大利亚上市公司 Extract 资源公司和纳米比亚的斯科公司，需要获得英国并购委员会（UK Takeover Panel）、澳大利亚证券和投资委员会（ASIC）、澳大利亚国外投资审查委员会（FIRB）、纳米比亚竞争委员会（NCC）的审批。湖山项目收购时，聘请德意志银行为财务顾问，英国 Ashurst、澳洲 Minter Ellison 为法律顾问，协助推动收购和审批相关工作。

英国方面主要是英国并购委员会按《收购与合并城市法典》对收购要约及公告进行审批，除否决了一次价格变更外，其余均正常获批。

澳大利亚的审批涉及国外投资审查委员会（FIRB）、证券和投资委员会（ASIC），由于 Extract 资源公司的核心资产位于纳米比亚，所以通过澳大利亚两大机构的审批相对容易。早在 2011 年 4 月 13 日，澳大利亚国外投资审查委员会（FIRB）即审批同意铀业公司对 Extract 公司的 100%收购。澳大利亚法律顾问与财务顾问于 2011 年 9 月 2 日向澳大利亚证券委员会（ASIC）提交了审批文件，9—10 月对 ASIC 提出的问题进行了答复。2011 年 10 月中旬，ASIC 的审批文件已定稿，将在铀业公司正式发布 2.7 公告时出具审批文件。2011 年 12 月 8 日，ASIC 发出同意铀业公司进行 Extract 公司收购的审批文件。

2011 年 12 月 12 日，向纳米比亚竞争委员会递交了初步申请材料，12 月 19 日递交核准申请，12 月 26 日递交补充核准申请。2011 年中广核在纳米比亚开展了大量政府工作，推动采矿权证的获批，与纳米比亚政府就纳国矿公司入股斯科公司达成一致，随后项目收购审批顺利通过，2012 年 1 月 10 日获得竞争委员会（NCC）的正式批准，同意项目收购交易（不附带任何条件）。

（4）股权交割

在 2012 年 12 月 8 日发布 2.7 公告（正式收购要约）并完成相关政府部门、机构的审批后，项目收购进入股权交割期，由于前期工作准备充分，资金按时到位，股权交易得以顺利进行。

2012 年 1 月 5 日，Kalahari 公司收购要约公告正式在伦敦交易所公告栏发布，1 月 9 日，Kalahari 公司股东开始在登记公司正式登记。

2012 年 2 月 3 日，在伦敦交易所发布要约无条件公告。

2012 年 2 月 14 日，中广核发布公告，将于 2 月 28 日关闭 Kalahari 公司收购要约，并在随后两周内完成剩余股份的收购；向 ASIC（澳大利亚证券和投资委员会）提交关于收购 Extract 公司的无条件要约文件，并在 ASX（澳大利亚证券交易所）发布。

2012 年 2 月 20 日，在伦敦交易所发布强制收购公告，宣布 2 月 21 日进入强制收购期，将在 6 周后强制收购剩余股份，以获得 Kalahari 公司 100%股权，并最终使其从伦敦 AIM 市场下市。

2012 年 2 月 28 日，Kalahari 公司要约关闭并进入强制收购期。

2012 年 3 月 1 日，发布 Extract 公司无条件收购要约公告，正式进入要约期，开始接受股东登记；Extract 公司董事会发布被收购方文件，推荐股东接受要约。

2012 年 3 月 29 日，发布 Extract 公司强制收购公告，收购 Extract 公司股东未出售股份。

2012 年 4 月 2 日，Extract 公司收购要约结束，启动 Extract 公司剩余股份的收购工作。

2012 年 4 月 16 日，Extract 公司从 ASX 下市。

2012 年 5 月 17 日，Extract 公司收购的最后一笔资金全部支付到位，Extract 公司收购工作全部完成。

2012 年 5 月 21 日，Extract 公司全部股份登记到中方下设的收购主体名下，收购 Kalahari 公司和 Extract 公司的市场操作全部完成，总的收购资金约 24.1 亿美元。

2.5 项目成功收购的关键

湖山铀矿项目是中广核铀资源开发“走出去”最大的投资项目，能够成功完成收购，与国家的支持、中广核全集团的参与和支持、国家开发银行及中非基金的大力支持、纳米比亚政府的支持等密不可分。

自 2007 年 10 月国务院正式批准《核电中长期发展规划（2005—2020 年）》，中国进入核电发展的新阶段，为保证核电的快速发展，国家对核燃料的保障能力非常重视，并大力鼓励并支持企业铀资源开发“走出去”。但前几年的海外铀资源开发并不顺利，无大的突破，除中广核参股哈萨克斯坦的谢米兹拜伊铀矿、伊尔科利铀矿正常生产外，其他基本处于勘探阶段或完成矿建后停产（如尼日尔的阿泽里克铀矿）。在得知中广核牵头收购的湖山铀矿项目为世界级的超大型铀矿后，国家相关主管机构给予项目收购最大的支持，批准同意项目收购，确保项目收购的顺利进行。

为推进湖山项目，中广核成立了项目领导小组、工作小组，定期组织会议，研究讨论项目推进过程中出现的各种问题，提出解决方案，同时进行风险把控。基于项目对自身天然铀保障的巨大意义，从中广核集团到铀业公司，上下一心，坚定做成项目的决心和克服任何困难的勇气，集团公司各主要领导身先士卒，多次亲赴纳米比亚、英国、澳大利亚开展工作，深入开展政府部门及相关机构的工作，推动项目收购涉及的各项审批，推动纳米比亚颁发采矿权证，与政府达成纳国家矿业公司入股项目的协议等，在收购工作最终决策前完成各项预设的前提条件，为后续收购工作的推进打下了坚实的基础。

项目能够成功收购也离不开国家开发银行及中非基金的支持，国家开发银行为项目收购提供了大额贷款，为项目收购提供了牢固的资金保障。在收购的关键时刻，特别是在“3·11”福岛核电厂事故发生时，中非基金始终能够坚定地和中广核站在一起，共同推动项目收购，若没有中非基金的积极参与，项目收购工作可能会终止，中方则可能会失去介入湖山铀矿的时机。

项目成功也离不开纳米比亚政府的支持，纳米比亚与中国为传统友好国家，是中国人民的老朋友。纳米比亚铀资源丰富，而中国则需要大量的铀资源，两国合作的前景广阔，在得知中方意图收购湖山项目时，纳米比亚老一辈领导人及现任政府首脑均给予支持，中广核高层领导出访纳米比亚时得到“开国总统”、现任总统的多次接见，均对中方的大规模投资持支持态度，并殷切希望中广核参与到纳米比亚的矿业开发中。中方也充分考虑纳米比亚国家利益，同意并支持纳国家矿业公司入股项目10%股份，纳米比亚政府也及时批准了项目采矿权证及收购申请，保证了项目收购工作的顺利进行。

第三章　矿建经验

在 2012 年 4 月项目成功收购后至 2018 年年底，湖山项目先后经历了以下阶段：

① 2012 年 5 月—6 月，公司接管；

② 2012 年 7 月—10 月，矿建策划；

③ 2012 年 11 月—2013 年 4 月，矿建准备；

④ 2013 年 4 月—2016 年 12 月，工程建设；

⑤ 2017 年 1 月—2018 年 12 月，生产爬坡（达产达标）。

这一时期基本以矿山建设为重点，中广核举全集团之力最终成功将项目建成并投产。在这一过程中，我们在治理管控、劳资关系、工程管理、人员外派、合法合规经营、企业文化建设、财务管理等方面积累了丰富的经验及良好的实践，这些经验及实践是项目成功建设、投入运行的关键。

3.1　正确引领

湖山项目是中国广核集团第一个“走出去”主导投资、建设和运营的特大型海外项目，组织适应海外投资、建设和运营的董事会及其运作显得尤为重要，而斯科公司董事会作为三个股东的受托机构，也必须体现股东（尤其是大股东）意志，并严格落实股东要求。为此，早在项目收购阶段，中广核就开始筹划董事会的接管及董事人选遴选。2012 年 5 月，在完成 Kalahari 公司和 Extract 公司收购后，中广核决定由原铀业公司总经理余志平担任 Kalahari、Extract 两家公司的董事长。按照斯科公司实体化运作、负责湖山铀矿建设和运营的部署，为确保后续工作的有效衔接和顺利展开，余志平多次会见原 Kalahari 公司和 Extract 公司董事，最终两名英籍董事和一名纳米比亚当地董事留任或转任斯科公司董事。此外，中非基金派出 2 名董事、中广核派出董事 4 名，共计 9 名董事（后纳米比亚国矿公司入股后派出 1 名董事，共计 10 名董事）组成斯科公司董事会，其中铀业公司原总经理余志平出任董事长，拥有丰富核电工程管理经验的郑克平出任执行副董事长。这些安排确保了中方在董事会中的话语权和控制权，有利于推动股东战略的落地，也有利于矿山工程建设的开展；几位外籍及纳米比亚当地董事的加入也保证了斯科公司董事会的国际化属性，他们熟悉国际市场资本运作、纳米比亚当地法律法规及矿山经营等，并在纳米比亚当地拥有较为深厚的关系，有利于项目在当地各项工作的展开，也有利于项目本地化发展；中方董事中有熟悉国内财税、资产管理方面的专家，可以保证公司经营运作符合国资委和中广核的相关管理规定，保证公司的合法合规经营。

在中方接管时，斯科公司仅是一个拥有几十名员工的小型勘探公司，经营班子远未达到大型项目矿山建设的要求，这一阶段董事会对公司发展发挥着重要的引领作用，为经营班子搭建、项目策划、公司及项目发展等出谋划策，董事们也积极开展纳米比亚当地关系建设，为斯科公司在当地的经营和可持续发展创造了良好的条件。作为大股东，中广核在项目建设之初就明确了湖山矿建的系列目标，如“在 36 个月内完成矿山建设”“确保项目总投资额在集团批准的概算范围内”“将湖山铀矿建设成为国际一流的铀矿山”等，这些目标为斯科公司的发展指明了方向。斯科公司在矿建阶段也一直向这些目标奋进，并成功完成矿山建设，落实了股东的要求。

为保证董事会的高效运作，在董事会之下设置专门委员会，发挥专家作用，极大地提高了决策效力，并推动各专题快速发展。通过研讨，董事会下设审批委员会、审计及风险委员会、可持续发展委员会、薪酬及提名委员会，各委员会每年不定期召开会议，对各自管理范围内的重大事项进行审议，并将审议意见及建议向董事会报告。其中最为关键的是审批委员会，由于矿建阶段涉及较多重大工程合同及相关事项的审批，高效决策是矿建进度控制和投资控制的重要保证，该委员会成员主要由股东派出的董事担任，按董事会批准《授权管理规定》对其授权范围内的事项进行审批，效力与董事会批准的效力相同，审批委员会的运作大大加快了工程相关合同类文件的审批，在保证矿建进度方面发挥了重要作用。

在中方接管斯科公司的初期，公司组织机构、管理体系尚不健全，董事会还实际扮演着全面引领公司各项业务推进的角色，并在经营班子建设、工程管理、财务监督、风险控制、政府及社区关系建设等方面发挥了重大的作用。2012 年年底，在董事会的主导下，任命郑克平为执行副董事长兼总经理（CEO），同时在国际市场招聘多位高级管理者加入管理层，斯科公司的经营班子得以完整搭建。随后，董事会关注点集中在安全、工程、生产、财务、市场及可持续发展等对公司及项目发展至关重要的领域，主要对公司战略规划、生产经营、财务管理、重大商务合同、风险管理等进行决策控制，并在这些领域发挥着上下贯通、前后方协调、监督促进的作用，为矿山建设保驾护航。在当地董事的支持下，董事会积极开展在纳米比亚当地的关系建设，利用在纳米比亚召开董事会的机会，董事长及相关董事多次拜访当地政府首脑及相关政府部门，积极寻求政府对湖山铀矿建设及斯科公司的支持。

在治理管控方面，董事会通过授权体系，构建高效的治理结构。授权体系首先明确了职责授权，参照中广核对下属公司的管控要求，斯科公司第一次董事会即审批通过了《授权管理规定》，明确董事会和经营层之间的职责和权限，规范权力行使，也促进经营班子能力的形成，同时树立中方总经理在现场指挥的绝对权威，以保障各项管理指令的下达和执行。《授权管理规定》也是斯科公司分级再授权的基础，加上《财务授权规定》等，规范各个管理层在具体事项上的授权，切实将“董事会授权下的总经理负责制”落实到位，保障管理权限的有序传递。授权管理措施确保了责任清晰、风险监控、指挥高效，真正落实了重大事项集体决策和分级负责要求。

规范董事会会议制度，董事会会议每年召开三到四次，多在纳米比亚当地召开，视需要召开战略务虚会和专题会，会议期间以书面传签决议形式审批相关事项。每位董事有 1 票表决权，议案按照“简单多数”原则通过，出现平局时董事长可再多投一票。董事会下属各委员会每年不定期召开会议，对各自管理范围内的重大事项进行审议，并将审议意见及建议向董事会报告。

进入生产运营期后，董事会由“全面引领业务开展”转型为“战略推动、监督指导”，董事调整为以中方和当地董事为主，董事会重点关注矿山生产爬坡、成本控制、产品销售等，并为矿山的稳定经营出谋划策。

3.2　中方主导

（1）一个很特殊的难题

在中方收购前，斯科公司的管理模式很特殊。分别有在伦敦上市的 Kalahari 公司、在澳洲上市的 Extract 公司和在纳米比亚的斯科公司，三家公司是作为一个整体来运作的，Kalahari、Extract 公司负责项目战略、资本市场筹划以及财务和资金管控，斯科公司主要负责项目现场勘探和可行性研究管理等技术工作，他们聘请一家咨询公司（GTI）在现场负责这些工作，咨询公司的总经理就是斯科公司的总经理，咨询公司的员工基本上也是斯科公司的员工。这种模式在项目勘探阶段有其合理性，但中方收购后，Kalahari 公司、Extract 公司下市，仅保留斯科公司作为湖山铀矿建设和运营单位，在这种情况下，斯科公司的管理模式需要做重大改变。

斯科公司原总经理是在纳米比亚当地从业多年的职业经理人，有相当多项目的管理经验，考虑到可研和矿山设计工作的延续性，同时也希望公司的技术力量尽可能保留，当时中广核选择该总经理继续留任。矿建工作启动后，原总经理也非常敬业，希望把项目做好，但日常工作中他难以接受中广核的管理体系和管理要求，强调中广核作为股东只要及时注入项目建设所需资金，其他方面不要“干涉”经营团队，甚至以 GTI 团队撤出湖山项目来要挟中方。在这种情况下，加深了中方对矿建工程控制的担忧。

在铀业公司和斯科董事会的支持下，中方下定决心组建中方主导的经营团队，并自己主导矿山建设。2013 年 1 月，更换斯科公司总经理，转由中广核外派人员担任，并对原属于 GTI 的雇员采取直接与斯科公司签订雇用合同的方式，最终大部分人员留任。对于刚踏上非洲土地的外派经营团队来讲，这是一个严峻的挑战，实践证明，这也是成功实施矿建工程的关键举措之一。以湖山施工营地选址为例，更换总经理后公司的第一个重大决策是改变原总经理计划在离湖山现场 30 余千米的阿兰蒂斯镇建设施工营地的安排，考虑到如此安排将增加施工人员、供应商、承包商大量的通勤时间和交通成本，也会增加交通安全风险，对施工工效带来负面影响。同时，对于在现场建设营地、居住大批施工工人可能带来不安定因素风险的忧虑，公司有信心采取有效的应对措施。在权衡利弊后，公司在很短时间内毅然做出决策将施工营地改建在湖山现场，取名“湖山村”。事实证明，生活设施齐全的“湖山村”给参建者提供了极大方便，给项目节省了管理成本，发挥了重要的社会经济效益，纳米比亚国家领导人、中国政府高层的多次来访中均对“湖山村”的居住环境、设备设施给予高度评价。

（2）中方主导下的经营班子

通过集团内优选、本地及国际化招聘，斯科公司逐步搭建起了在中方主导下的经营班子。首先，任命执行副董事长担任总经理（CEO），树立了湖山项目总指挥的绝对权威。CEO 管理经验丰富、职业操守优秀，能够保证斯科公司董事会的履职和决策能力，对推行斯科公司的规范治理和科学授权创造了有利条件。CEO 郑克平同志本人是中广核集团工程管理领域的佼佼者、领头人，不仅具有多个国家特大核电项目的管理经验，还拥有优良的专业能力、领先的国际视野，是项目战略落实的坚强核心和坚固保障。

中广核还在集团、铀业公司内优选具有丰富管理经验、财务管理经验的人员担任公司运作高级副总裁、总会计师（CFO），充分保证了项目工程阶段财务管理、成本控制、人力资源管理、信息化建设及综合管理等的良好发展。项目工程阶段的首要任务是工程建设，在领导班子中设置工程副总裁，负责管理矿建相关的设计、采购、施工等，最初聘用国际或本地人才，并在 2012—2014 年先后更换了 3 位，均无法满足公司及项目要求，最终由拥有丰富工程经验的中广核高级管理人员担任，项目工程管理开始由中国人主导，使工程相关各方面的工作更加顺畅。

湖山矿建项目是当时中广核“走出去”最大的投资项目，自身在公司经营管理方面尚有欠缺，需要更多有国际化公司及项目管理经验的人士。为此结合公司实际情况，通过广泛搜寻，在法国和英国各确定一名高级管理人员，分别担任合规与风险管理副总裁、商务及公司发展副总裁，其中合规与风险管理副总裁为曾在大亚湾核电厂工作过的法国电力公司管理人员，商务及公司发展副总裁原为 Kalahari 公司的高级管理人。他们的加入逐步成为中方管理公司及项目的好帮手，在他们的帮助下，公司审计、风险管理、内部控制、合同商务、战略发展、经营考核等方面的管理水平不断提升，建立了一整套较规范的管理制度和严格有序的运行机制，形成了一套富有特色的管理体系，并最终获得英国船级社所属的英国劳氏质量认证中心（LRQA）的 ISO9001（国际质量管理体系）、ISO14001（国际环境管理体系）、OHSAS18001（国际职业健康安全管理体系）三个标准体系一体化的认证证书，管理水平得到认可。

本地化也要求经营班子中有纳米比亚本地管理者，考虑到项目生产运行主要由当地人负责，从管理及沟通便利考虑，在经营班子中设置运营高级副总裁及人力资源综管副总裁，分别负责矿山的运行管理及人力资源发展，在他们的努力下，几年内公司迅速从 30 余人的勘探公司发展到拥有 1 700 余名员工的大型铀矿生产企业。

（3）国际化经营班子安排的优势

中方主导下的经营班子有分别来自中国、纳米比亚和其他国家的管理者，这种安排首先有利于各方面的沟通，包括与各股东的沟通尤其是与中广核及铀业公司的沟通汇报，还包括与纳米比亚各方及国际市场的沟通。中方主导下，有利于中方股东要求的落地，使矿山建设、运营、公司经营等按股东的意志发展，满足股东利益要求。这套经营班子也便于接受上级单位的监督检查，国内检查团组开展工作时主要由中方班子成员组织，当地同事提供支持，纳米比亚当地机构检查时由当地同事组织、中方人员支持，可以满足各方面检查的需求。在中方主导下，中方员工的力量和能力可以完全得到发挥，避免了在当地管理者主导下有力使不出的情况出现，也更有利于项目的建设和运营。

3.3 劳资关系

尽管中纳两国政府间的友好关系为项目建设创造了良好的外部环境，但与当地的文化差异、有经验管理人员稀缺、当地员工忠诚度缺失、活跃的工会组织给公司经营和矿建带来了重大挑战。虽然矿业是纳米比亚的四大支柱产业之一，但当地有大型工程经验的专业人才稀少、稳定性不足，且当地雇员无论是管理层还是普通工人，人员流动性较大，这样的传统给尚处于成长期的斯科公司在聘用和留住所需人才方面增添了诸多难度。

由于历史原因，纳米比亚当地不同肤色人群间存在固有隔阂。当地劳工工会有很强的组织性和鼓动性，组织工人向雇主争取更高的经济利益和更好的工作条件，工会享有代表工人与公司进行集体谈判和组织合法罢工的权力，且受法律保护，当地政府和企业、外来企业都不得不直面工会的诉求和挑战。在当地更有企业由于历史原因造成工会代表进入企业管理层，使得企业经受更大的来自工会的压力。

工会关系敏感且涉及面广，稍有不慎都有可能导致难以修复的后果。斯科公司从矿建到采矿生产，先后经历了与纳米比亚金属行业工人工会、矿业行业工人工会的斡旋和谈判。公司始终保持如履薄冰的心态，通过缜密计划、友好协商、大胆实践，使得工会组织在矿建期的活动较为平稳和理性，发生工会事件的严重性和后果远低于当地同行水平。

矿建施工期，高峰期现场施工工人数量超过 5 000 人，以当地人为主，还有来自中国、南部非洲特别是南非等国人员。纳米比亚金属行业工会组织率先进驻湖山（在纳米比亚，有众多不同工会组织，工人自愿加入。一旦在同一地点有大部分工人加入某一工会组织，其余人员一般会自然参加，而且工人必须个人缴纳工会费），形成了代表施工工人与雇主谈判、争取利益的平台。从雇佣关系上，斯科公司并不是劳资双方的直接一方，但作为终极雇主/业主，斯科公司难以置身度外，与其消极等待问题给项目造成被动，不如主动扛起调和工会和施工单位矛盾的大旗。为此，公司主动干预并积极协调斡旋，促进矿建时期承包商与工人的劳资关系合理平稳。公司先后组织签订适用于业主、施工企业、雇员（以工会为代表）的《湖山项目劳工协议》、《湖山矿建期项目劳工协议》、《互认协议》（Special Husab Preject Recognition and Procedural Agreement）、《实质协议》（Husab Project Substantive Agreement，关于薪酬、福利、工作时间等实质问题的协议）等，涵盖劳资双方的权利和义务、集体谈判结构、争端解决流程、劳动用工方式、劳动报酬和调薪机制、劳动纪律、工作时间、许可加班时间上限、非法罢工处置办法等，在营造良好的用工环境方面发挥了有力的促进作用。协议还特别设置了与施工损工事件、死亡事故挂钩的奖励和惩罚机制，在保障项目安全作业方面发挥着积极作用。

随着 2014 年采矿生产的开始，斯科公司作为雇主、运营工人作为雇员的劳资关系摆在了公司管理者面前。到 2015 年 2 月，在雇员人数达到法律规定数量后，公司与代表劳方的纳米比亚矿业工人工会（斯科分工会）签订《互认协议》，为双方启动薪酬福利的谈判铺平了道路。

2015 年 10 月，首次薪酬福利谈判正式提上议程，这次谈判不仅直接关系到公司生产经营目标，也将体现劳资双方的博弈能力、谈判地位以及赢得政府支持的态度和力度。天时、地利、人和有赖于创造和维护，作为刚立足的外来投资者、经营者，我们更需要稳定的劳资关系。

在组织策略上，经公司 CEO 和斯科分工会负责人友好协商，明确 CEO 本人既不牵头谈判也不合适牵头谈判、公司方面由人力资源总监（当地人）牵头与工会谈判、CEO 站在“中立”的角度必要时予以调解、平衡。这个策略为谈判留出了缓冲空间，对最终达成双赢的谈判成果奠定了重要基础。而董事长、CEO 在内部牢牢把握谈判方向、积极斡旋当地利益关联方，对谈判成果起到了至关重要的推动作用。还有一些重要工作如公司财务线的成本测算和人资线与当地其他铀矿工会协议条件的对标等，都为促成双赢协议做出了重要贡献。

对于工会希望加入经营层等原则性问题，公司予以明确反对并得到了工会的理解。

经过 3 个月的谈判、调解过程，2016 年 1 月 29 日，劳资双方签订了 3 年期《实质协议》，根据这个协议，湖山相对于当地其他两大主要矿业雇主的加薪水平是最低的，涉及的成本也是最低的，如表 3.3.1 所示。

表 3.3.1　首次谈判结果行业对标

项目	斯科公司	行业平均水平
基础调薪	三年均约 7%	对标矿山 A：三年分别为 8%、7%、8% 对标矿山 B：三年分别为 ×（数据丢失）、8%、8.25%
住房补贴	1 000 纳元（16 年） 2 000 纳元（17 年） 2 500 纳元（18 年）	对标矿山 A：人均约 7 500 纳元，每年约 8%递增 对标矿山 B：人均约 4 600 纳元，每年约 8%递增
医保比例	公司 60% 员工 40%	对标矿山 A：公司约 82%，员工 18% 对标矿山 B：公司约 60%，员工 40%
倒班补贴	6%	对标矿山 A：约 8% 对标矿山 B：约 6%

3.4　关键环节

对于一个全新企业，一切制度从零起步。公司在抓矿建工程的同时，努力建立健全一整套规章制度，向制度要效益，探索积累了成功经验，并取得了重要成果。

（1）财务及投资控制成果显著

中广核刚接收斯科公司时，财务力量非常薄弱，只有两名出纳人员，远远不能满足湖山铀矿建设的财务需要。通过多渠道、广搜寻，先后招聘了 18 名分别来自纳米比亚、英国、南非、澳大利亚等国的人才充实队伍，搭建起了国际化的财务组织。同时派遣 4 名中方财务人员就职关键岗位，确保中方股东对财务的管控。同时逐步探索出一套国际化财务管理模式，建立起既满足当地要求又满足国内管控要求的制度程序体系，确保湖山铀矿建设及矿山运营的顺利进行。

在中广核的大力支持下，斯科公司与国家开发银行成功签订矿建长期贷款合同，保障了工程建设资金需求。积极协商国内单位，签订十几项股东贷款协议作为短期资金补充，并根据融资情况使用低成本资金，盘活了短期资金补充池。同时向当地银行积极推介项目，获取授信，以便开具银行保函和信用证，保障结算的顺利进行。在短期资金盈余时，和当地银行协商，采用竞价方式，使用多种理财产品取得盈余收益。通过种种措施，实现了财务费用的控制目标。

利用南非兰特的汇率变化适时开展套期保值工作，获取了较大收益，在控制矿建投资成本方面发挥了重大作用。

推广成本节约文化，推出“金点子”奖励政策，对员工提出的成本控制、节约方案进行奖励，在控制矿建、运行成本中发挥了积极作用。竭力推进税收筹划，创新税务方案，每年节约税收 5 000 万纳元。与纳米比亚税务局密切沟通，赢得信任，获得关税优惠、增值税返还周期缩短、资本弱化豁免等多项优惠政策。

推动会计信息系统建设，实现中广核首个境外 SAP 项目。从矿建开始就着手建设会计信息系统，充分调研了矿业特点，于 2013 年 6 月成功上线 FICO 模块。配合 SAP 系统上线，实施 UPM 在线审批，基本实现 ERP 系统全覆盖，推动矿山的精益化管理。通过努力，实现了中广核首个海外项目财务共享，提高了斯科公司的管理和信息化水平，也实现了国内管控的目标。

为培育当地财务员工的文化认同感，提高协作水平，将外籍财务骨干派遣到国内参加中广核集团和铀业公司的学习、培训和交流，加深了当地员工对中广核及中国的了解，对相互协作、相互促进产生了积极影响。

（2）企业文化建设赢得当地员工认同

中方接管斯科公司以后，一直秉持中广核“一次把事情做好”的核心价值观，对工程和生产运行坚持高标准、严要求，将中广核企业文化的基因植入湖山项目。

在传承中广核企业文化过程中，斯科公司也结合纳米比亚实际情况逐渐创造、塑造自身的文化体系。斯科公司长期在纳米比亚运营，主要依托当地员工，需要培育当地员工对于公司及企业文化的认同，企业文化的建设深刻影响着公司扎根纳米比亚的进程。

建设斯科公司的企业文化，首先立足并尊重当地矿业行业的特点和习惯，矿业为纳米比亚的支柱产业，但矿业人才不足，人员学历及技能水平总体较低，劳动生产率不高，工会活动活跃等。企业文化建设还要符合纳米比亚相关法律和政策要求，如劳动法、平等就业法案等。斯科公司为中广核下属公司，在进行企业文化建设时还要植入中广核的优秀企业文化，引进和弘扬中广核企业文化精髓。还要结合公司员工的国际化来源，包容和融合不同的优秀文化元素。

在中方接管斯科公司之初，文化差异造成的冲突是存在的，中方员工勤劳、敬业，可以做到以工作为中心，任何工作都认真负责，关键时候拼命干、加班干，而当地员工则大多缺乏这样的工作热情。矿建之初斯科公司曾三次更换工程副总裁，也是文化冲突的一种表现。前三位项目总监分别来自纳米比亚、南非、法国，虽然有一定的管理经验，但与项目需要相比，工作紧迫感不够、责任心不足，与团队中方管理层及员工沟通协调存在一定困难，最后董事会决定由具有丰富核电工程管理经验的中广核人员担任，对顺利推进项目建设发挥了积极影响。

在中方接管不久，公司就着手企业文化建设，通过研究当地文化，同时借鉴中华优秀文化、吸纳中广核文化，将高绩效文化确立为企业文化的核心，以增强团队意识、建设活力团队、提高工作效率、追求卓越的工作质量，继而推动形成公司愿景、使命和价值观。

通过企业文化的建设、宣传和实施，斯科公司员工关系趋于融洽，不同国家、不同种族的员工在工作主动性、讲求成本和质量的工作文化方面得到了很大的改善，铺垫了企业发展的和谐、积极向上的土壤。

（3）成功建设集团海外首个 ERP 项目

湖山项目顺应信息化发展趋势，以中广核集团“统一领导、统一规划、统一标准、统一建设、统筹投资、集中运维”为原则，打造中广核首个国际信息化精品工程，为实现“数字化铀矿山”建设打下坚实的基础。

推进矿山经营管理变革，实现信息流、实物流、资金流等动态数据全方位立体式在线管控。湖山项目实施了中广核首个海外 ERP 项目，该项目委托中广核信息技术中心（CIT）以总承包的模式实施。ERP 工程分多个阶段进行，历时三年，跨越了矿建、采矿生产、水冶生产阶段，先后完成了人力资源、财务管理、物料管理、生产计划、工厂维护等五大传统系统的搭建，还创新完成了安健环、生产计划、智能制造等三大全新系统的搭建。其中智能制造系统中的车队管理系统、轮胎管理系统、燃油管理系统和生产执行系统等第三方应用系统与 ERP 系统高效整合，极大地提高了生产、财务等部门的管理效率。为进一步满足纳米比亚严格的法规和环保要求，ERP 系统还实施了一系列领先的安全、健康、环境控制方法，推进业主对废水、废气、辐射、危险品等物资的管控等。通过 EPR 项目的实施，湖山项目真正实现了管理集成、运作灵活、信息透明、流程可追溯的目的，大大提升了矿山的运营水平。

在水冶生产方面，湖山项目同样实现了“数字化”。湖山铀矿水冶工艺是传统的常温硫酸浸出工艺，通过采用国际先进的“生产控制系统”，使传统工艺迸发新的活力。如采用单一友好的“工业以太网”代替“三线联接”连接设备，大大提高了集成度、数据量和简洁度，实现了控制层、监控层、生产管理层与企业层的无缝集成；对于工厂控制系统（PCS），采用世界知名厂商最先进的 Plant Pax 系统，加强了设计、操作、修改、升级的模块化，使湖山项目成为非洲首个运用全厂统一开放和可扩展集成架构的项目；在 PCS 配置上，率先采用“制造智能服务器”以 Web 报表形式将数据汇聚到单个决策系统，用户可以实时访问所有生产数据。总体上湖山水冶厂的自动化和集成化在世界铀矿山中达到了较高的水平。

除此之外，湖山铀矿在品位测定、采矿调度、矿废分离、生产培训、消防技术等领域都实施了一流的“数字化”措施，提高了矿山生产技术水平。

通过信息化工程，湖山铀矿实现了信息数字化、生产自动化、管理一体化、决策处理可视化的目标，是中广核探索海外信息化建设的良好实践。

（4）中广核廉洁采购文化植根湖山

湖山项目从矿建到生产运营准备，采购工作量巨大，在公司接管伊始，对于外派团队来讲，面临对当地供应链市场及法规不熟悉、当地采购环境差异、EPCM 承包商及当地员工采购自由裁量权偏大、各预算部门自行采购等问题。如何守住采购这一花钱的“阀门”，推进企业采购制度建设，对控制项目成本具有重大意义。

为此，公司参照中广核集团的采购文化并结合当地经验建立公司的采购程序、制度等，并组织培训宣贯，让本地员工熟悉、理解并接受中广核的采购文化，采购活动不规范的现象很快得以扭转。

对于公司采购，在公司层面成立采购委员会（TOB，Tender of Board）进行集体决策，引入集团的 SAP、UPM 等系统，实现采购系统审批，在国内也能掌握湖山项目的采购情况。践行中广核集团的采购审计要求，审计见证开标，对采购过程进行监督。

对 EPCM 范畴的采购活动，经中方团队与 HPJV 协商优化了采购程序，在关键节点（比如供应商推荐、开评标、短名单、合同推荐等）设立业主团队审批环节，为业主和股东参与项目进度控制、引入优质资源参与竞争、重大商务问题决策、风险控制、降低项目成本等创造了重要条件。

“一切按程序办事”的优秀企业文化、外派人员的经验、高度责任感和事业心、廉洁透明的中广核采购文化在湖山矿得到了继承和发扬，为保障湖山矿山建设做出了应有的贡献。

（5）合法合规，管控风险，提升公司软实力

湖山项目是中广核跨境、跨界、跨市场、跨文化的重大投资项目，风险管控尤为重要，也是“走出去”行稳致远的保障。为此，董事会、经营层始终予以高度重视。

公司从湖山矿建启动之时就着力建设管理体系，不断完善质量管理体系、环境管理体系、职业健康和安全管理体系整合的“三标一体”管理体系，将“三标一体”融合到公司管理之中，有效促进了公司的规范化运作。2017 年 5 月，斯科公司获得“三标一体”认证证书，在工程完工、项目投产初期获取“三标一体”证书，这在纳米比亚矿业领域是第一次，也充分体现了斯科公司的管理水平。

在全面风险管理方面，公司将其与日常经营管理、内部控制活动紧密结合，将各项风险管理控制措施落实到具体的业务管理活动中。

完善的管理体系离不开有效的治理和监督机制，借助中广核的经验并结合当地文化，与矿建同步推进的风险管理、内部控制和内部审计，彰显了先进管理理念和中广核的管理特色。同时，公司还开创性地建立了风险管理、内部控制、内部审计、合规和管理体系“五位一体”的协同运作模式，为人才高效利用创造了有利条件。

（6）中流砥柱，彰显中方外派人员的作用

在湖山矿建过程中，高峰期中广核派出近 70 名中方员工，相对于工程高峰期现场近 5 000 名施工人员，70 名中方员工看似势单力薄，但就是这些中方员工，在整个矿建过程中发挥了中流砥柱的作用。

在矿建准备阶段，中广核选拔、派出了一批优秀员工开赴湖山一线，在公司经营管理层中担任 CEO、高级副总裁、CFO 等高管，铀业公司、工程公司、信息技术中心等也先后派出骨干支持湖山矿建，为矿山建设的顺利进行提供了重要保障。为最大程度发挥外派人员的作用，公司对外派人员的岗位时常进行动态调整，外派期间多人岗位变动在 3 次以上。在公司的部署安排下，绝大部分外派员工都“一岗多责”，工作中既要做好本职岗位工作，还要发挥好股东代表的作用，在线掌握跨本职岗位的重要信息和动态，必要时通过中方渠道、中方高层予以协调处理。矿建期间，几乎每一个周末，也包括众多夜晚，办公楼的会议室都有外派员工召开专门会议。

“一岗多责”虽然增加了外派员工的工作负荷，但对项目建设有不可或缺的积极作用。在工程设计初期，外派南非的工艺技术人员为改变 EPCM 管理松散的局面、提升中方人员话语权，沉下心来，逐字逐页审查设计图纸，先后发现了 800 多处工艺、机械图纸错误，避免了 1 500 万兰特的损失，在 EPCM 承包商面前树立了业主权威；管道设计模块人员深入 EPCM 设计流程，挖掘进度薄弱点，制定了 12 项改进措施，将图纸出版周期缩短三分之一；成本控制人员把牢 6 类变化审批，控制了 1 500 多项影响进度和成本的变化事项，实现了预算控制的高度预见性和一致性，实现了矿建成本控制目标；现场施工管理人员坚守一线、任劳任怨，依靠几位中方人员覆盖施工全场，施工经理一周召开十几个例会，紧

密督促 EPCM 项目总落实行动；土建施工管理人员每天三分之二的时间扎根现场，在烈日暴晒下毫不畏缩，一钉一铆监督承包商完成工作。在生产第一桶铀的冲刺阶段，5 名中方调试人员拿起铁锹、奔赴一线，将阻断矿石输送的皮带清理干净，让物料畅通；组织“24 小时值班队伍”，一日两班、一班两人紧盯现场，解决困难，保障第一桶铀尽早产出。

中方外派人员的高度责任感、高昂的工作热情和精神面貌也感染着周边同事。EPCM 承包商的设计、采购、进度控制等人员逐渐改变懒散的工作作风，和中方员工一起专心致志地工作；EPCM 技改团队群策群力，寻求提升运行效率、安全和产量的方法，解决生产瓶颈；施工一线工人主动学习，争取各种培训机会，一心一意提高技能，为项目创造价值。

3.5 矿建模式

湖山作为绿地项目，“走出去”经营面临的重大问题首先是矿建模式的选择。湖山项目规模大、工期长、非标设计多，要实现矿建安全、进度、投资、技术、环境等控制目标，必须要有一支专业化的管理队伍，确定这支专业化的队伍，成为了矿建启动的关键。

管理者从大亚湾核电厂的建设经验中得到了启发。在 20 世纪 80 年代大亚湾核电厂建设之初，中国也没有大型商用核电厂的建设经验，在国家支持下引进国际先进的法国电力集团的核电技术，形成了一套完善的设计、采购、施工管理体系，建成了我国大陆首个大型商用核电厂——大亚湾核电厂。今天，中广核有丰富的核电建设运营经验作为基础和后盾，在利用好铀矿山技术和矿山管理经验、把握好大型工程运作基本规律的前提下，我们有信心开创中广核新行业、新领域的发展新局面，把湖山项目建设好、运营好。

基于矿山工程的非标性，加上项目投资额巨大，在海外很难找到愿以 EPC 模式承接的承包商，项目业主通常选择一家兼具设计、采购、施工管理能力的工程公司担当业主工程师的角色，即国际矿业界通用的 EPCM 模式。考虑到前期工作的延续性和南部非洲市场的实际情况，斯科公司聘请了 AMEC（国际著名工程公司）和 Bateman（南非专业工程公司）的联合体作为 EPCM 承包商（Husab Project Joint Venture，简称 HPJV），承担业主工程师职责。同时，考虑到中广核自身拥有的核电建设经验，有别于一般业主通常聘用第三方顾问公司担当“业主团队”管理 EPCM 承包商的做法，斯科公司在中方接管后，即成立以从国际市场聘用的有矿建经验的专业技术管理人员、集团外派人员和当地雇员为一体的业主工程团队，置换原顾问公司嵌入斯科公司的“业主团队”，实施对 EPCM 承包商更加全面和深入的管控，以最大程度地保护股东利益和更加高效地推进湖山项目矿山建设。

EPCM 模式的有利之处是可以弥补矿山投资者技术和管理的短板，投资者借助 EPCM 专业技能开展项目设计、采购、施工管理工作。对湖山项目而言，可以通过参与 EPCM 的所承担的工作，培养业主特别是集团派遣人员的铀矿专业能力，这与大亚湾工程时期 EDF PS 合同（工程服务合同）的做法类似。

EPCM 模式对项目业主的不利之处是工程成本和进度的控制难度，这与国际上 EPCM 合同惯用的计价模式有关：以投入的人工时计价、非总价固定合同，同时 EPCM 承包商不对工期提供保证。基于此，铀业公司/斯科公司在 EPCM 合同谈判阶段，没有囿于固有的 EPCM 合同模式，而是在选择该模式并利用该模式优势的同时，对合同内容增加了多处有利于业主对 EPCM 管控的创新内容，这些内容包括人工成本利润的分享机制；项目进度、投资、安全的奖惩机制；中国供应链能力的使用；加班工时审批机制；人工费率双层浮动机制；业主对项目的审批权限、审计权利等。这些约定前瞻性地将业主团队的管理嵌入到 EPCM 承包商的工作中，合同执行中充分发挥了业主管控、配合、推动项目进程的至关重要的作用，圆满实现了项目建设目标。

业主管控下的EPCM模式集中体现了中广核对湖山项目矿建的管理思想。一是以HPJV按国际通用的矿业设计、采购、施工管理流程嵌入湖山项目管理，可以缩小业主与不同承包商的行为差异，建立起各参建方能够快速适应的运作平台；二是充分把握业主的主导作用。“主导”体现在业主准确贯彻股东意志、业主对项目过程的全方位管理、监督和风险控制，关键时刻业主主导重大问题的处置和解决，牢牢把握工程整体目标；三是建立高效授权体系，明确业主内部、HPJV 内部、业主与 HPJV 之间的权责划分，缩短业主审查时间，提高审批效率；四是充分认识 HPJV 利益驱动和管理薄弱环节的不利因素，对此，业主在重点领域设置过程监控点，及时敦促 HPJV 提高管理有效性和工作效率改进。得益于对 EPCM 合同内容的创新和业主对项目的管控，EPCM 合同最终结算费用相比一般 EPCM 的成本节约费用超过 20%，从一个侧面体现了湖山 EPCM 模式的成功。

践行“一次把事情做好”、寓监督于服务之中是湖山矿建管理的重要工作法宝。在项目初期，HPJV 对业主的监管超出他们之前的惯常做法而很有抵触，随着 HPJV 真正理解到业主的管控要求和所发挥的作用，双方的工作文化逐渐转入融合和融洽阶段。

在湖山“首矿”实施 EPCM 模式受益于中广核的核电建设经验的启发。湖山矿建的 EPCM 模式不是简单照搬矿业通常 EPCM 模板，而是在此基础上，从合同内容和工程实践中植入了带有中广核烙印的创新。实践证明，发挥 EPCM 模式的优势和业主团队全程管控的优势，形成双方的合力，对项目的顺利推进起到极其重要的作用。

3.6 走出去、国际化、本地化

在全球治理体系和国际秩序深刻变革的时代，央企必须主动融入全球化生产网络，实现国际化发展。“走出去”战略是国家发展开放型经济、全面提升对外开放的重大举措。湖山项目就是中广核集团牢牢把握“走出去”这一历史机遇的重大决策。

湖山矿建的指导思想“‘走出去’与国际化和本地化紧密结合”为矿山成功建设奠定了重要基石。正是坚决贯彻这一指导思想，使得矿建过程中遇到的各种障碍和问题得以及时解决，项目得以成功建设。

“走出去”需要人才的支撑。湖山项目收购完成后，首先是接管董事会。2012 年，任命铀业公司原总经理余志平为斯科公司董事长，原 Kalahari 公司和 Extract 公司主要董事加入新的董事会，组建了国际化董事会。同时从集团内部选拔人员担任总经理（CEO）、总会计师（CFO）、主管人力资源的副总裁及工程管理负责人等重要岗位。

“走出去”还包括“经验走出去”和“产能走出去”。湖山矿建一是在工程管理、成本控制、施工管理等方面有效借鉴核电经验，形成了一整套适应于当地矿建、行之有效的管理制度；二是在国内强项领域引进央企参与矿建，带出产能、弥补当地产业链的短板和不足。

（1）抱团出海，央企承包商在湖山发挥了难以替代的作用

湖山矿建启动后，在完成详细设计的同时，最为关键的是现场施工。这需要一支有技能、能打硬仗、吃苦耐劳的队伍，斯科公司包括铀业公司对此进行了深入的思考。

经过几十年的快速发展，我国工程建设能力和设备制造能力已有长足进步，若干建设单位在核电厂的建设中与中广核长期合作，建立了互信，也有一些企业走了出去，在非洲承担大型项目建设。大型央企靠得住、信得过、顶得上，特别是在施工延误时，能迎难而上、冲锋陷阵、挽回工期损失，若在湖山项目引进央企，会有“召之即来、来之能战、战之能胜”的效果。同时国家鼓励央企“抱团出海”，在更广阔的海外市场增强央企合作。经过采购择优选择，中建二局、中水十一局、中核建二三公司、中冶十九局、五矿恩菲、兵器工业集团、中广核工程公司信息技术中心等获得湖山工程合同。

为充分发挥央企优势、助推工程目标，业主对央企承包商实施了若干管理策略，督促央企本部对现场团队支持，特别是人力动员、资金流转、原材料采购方面全力保障湖山项目。督促项目部加强对本地劳工的招聘、技能培训和提升。推动学习和遵循 EPCM 国际先进的安全管理制度，将湖山项目施工安全管理措施落实到位。搭建央企互帮互助、协作共进的关系网络，凝聚战斗力，实现共赢。

在业主推动下，央企铆足干劲，为湖山项目的施工进度推动做出了特别的贡献。央企承包商还以工程大局为重，以“基于合同但超越合同”的合作方式推动工程进展。例如在 2014 年年初，由于设计变更，现场混凝土工程量大增，没有一家承包商可以承接，业主将任务交给中水十一局。在自身资源紧缺的情况下，中水十一局毅然答应，积极调整策略、增派力量，迎难而上，最终按期完成全部新增混凝土的浇筑。2015 年 11 月，硫酸储罐底板严重变形，若不及时解决将严重耽误调试启动，HPJV 和原承包商均无能力组织修复，业主请来中核建二三公司支持，二三公司在项目紧迫关头暂时搁置商务谈判，立刻组织设计与抢修，一鼓作气完成两个槽罐的修复，消除了工程瓶颈。

回顾矿建历程，参建央企在现场施工期间急流勇进，发挥了冲锋号、领头羊的作用，为湖山项目进度、成本、技术、质量目标做出了卓越的贡献。央企通过参与湖山矿建也结出硕果、赢得声誉，如中核建二三公司承建的水冶厂预制罐、钢结构供货和矿浆区安装工程，因优良的焊接质量和高超的安装技术，赢得“中国建设工程鲁班奖”。央企在湖山项目的合作真正实现了互利共赢、优势互补，是“抱团出海”的良好实践，也充分佐证了中广核力主“引进央企”参建这一战略谋划的前瞻性和引领性。

（2）同步推进国际化、本地化也是湖山矿可持续发展的需要

中国虽然有几十年开发利用铀资源的辉煌历史，但由于铀资源禀赋较差，多为中小型的铀矿山，缺乏大型铀矿山设计、建设和运营的经验。南部非洲以矿业闻名于世，从殖民时代开始，矿业是南非、纳米比亚等国家的主要支柱产业，有设计、建设、运营大型矿山的丰富经验，这是我们选择立足国际市场、实施国际化的基本出发点。另一方面，项目在收购前已完成预可研、可研和初步设计，已完成采矿和水冶厂建设的初步招投标工作，已对有意参与建设的承包商完成了预选工作，这是选择全球采购的重要基础。首先是主要设备采购，其次是建设队伍选择，除选择当地有一定实力的承包商外，还优选了多家央企参与项目建设，事实证明这是非常必要的。这种安排既发挥国内建设力量的技术管理优势，又可以帮助提升当地劳动力的技能，为融入当地市场、营造和谐劳资关系、顺利推进项目

建设创造了有利条件。

在设计、工程管理承包商甄选上，斯科公司选择了国际一流、有多年大型铀矿建设经验的知名工程公司 AMEC 和 Bateman 承担湖山项目的设计、采购、施工管理，搭建了较好的技术平台。对于设备供应商的选择，立足南部非洲，优先选择 NCP、Flsmith 等当地领先的供应商为湖山供货。斯科公司还积极引进国际人才，在设计管理、商务管理、风险控制等领域发挥重要作用。通过这些措施，打牢了湖山项目国际化的根基。

对于地处非洲的湖山铀矿，立足本地，更大程度地扩大本土化既是纳米比亚政府的要求，也是中广核的需要。在纳米比亚推进本地化确实给项目带来巨大挑战，但只有驾驭挑战，才能赢得生机和发展；只有最大可能地雇佣当地员工、使用当地资源、惠及当地人民，在当地扎根生长，才能走向国际化。为响应纳米比亚总统提出的"新经济平等振兴计划"，在矿建阶段，斯科公司大力邀请纳米比亚本地公司参与湖山项目建设，如选择 Group 5 等一批一流本地施工承包商承担重点施工项目，据统计湖山工程采购总额的 43.12%授予了纳米比亚公司（含在纳米比亚注册的公司）；在矿建阶段为当地创造 4 500 个以上的临时就业岗位，生产运营阶段为当地提供 2 000 个以上的永久就业岗位，连带就业岗位达数万个之多；在生产准备阶段，大力推进生产维修人员的本土招聘、培训、授权、上岗工作，实施技能提升计划；积极参与支持纳米比亚减灾、扶贫、社区发展等公益性事业。为当地社会做出重要贡献。通过一系列本地化措施，有力支持了当地就业和社会经济发展，赢得了纳米比亚政府和历任总统的高度认可和赞赏，为成功矿建奠定了扎实基础。

"'走出去'与国际化和本地化紧密结合"的指导思想也必将是公司扎根本地可持续发展的重要保障。

3.7　举集团之力

对于中广核集团，矿山建设是一个新的领域，不仅对于铀业公司，对于中广核集团也是一个巨大的挑战。在 2012 年项目成功收购后，中广核集团贺禹董事长提出要举全集团之力，高质量完成湖山矿建。整个集团高度重视，成立湖山项目领导小组协调各方支持，主要领导多次到湖山现场指导工作。

作为斯科公司的直接大股东，铀业公司责无旁贷，总经理直接担任斯科公司的董事长，指定一名副总经理专门负责湖山项目在国内的各项事宜，成立矿建支持部门专门协调前后方各项工作，同时也要求其他部门给予前方最大的支持。铀业公司向前方派出多名经验丰富的人员担任斯科公司高级副总裁、预算经理、财务主管及多位部门经理，还派出 20 名优秀毕业生赴湖山现场的机械、水冶、电气、仪控、合同、进度等模块实习、工作。经过几年锻炼后，多位新员工成为斯科公司相关部门的关键管理者，他们在湖山现场得到了最好的成长。

矿山建设期间，集团公司及各下属公司、部门付出最大努力支持湖山铀矿建设，工程公司先后派出核电工程管理经验丰富、具有国际化经验的高级管理者出任斯科公司总经理及工程副总经理，还派出 20 多名专业核电工程人担任工程团队负责人和各个模块负责人，形成了业主工程管理的核心，保证了湖山矿建工程的顺利进行。

中广核信息技术中心派出多位员工支持湖山现场信息化建设、打造 IT 管理团队，还负责建设 SAP 系统、网络服务器、通信系统、客服支持体系等，为将湖山铀矿打造成为世界一流的数字化矿山打下了坚实的基础。

中广核集团财务部、财务公司、保险公司等组织经验丰富的人员组成金融团队，全力推动项目资金筹措、银行贷款、工程保险、美元套期保值等，有力地保障了项目工程建设资金，并在控制矿建成本方面做出了突出贡献。

在水冶厂进入达产达标阶段后，针对生产运行中出现的各种问题，中广核运营公司派出运行小分队支持水冶厂的运行及维修工作，提高了水冶厂重点区域的维修响应速度和管理水平，使水冶生产稳步提升，矿石处理能力及产品生产能力节节攀升。

各核电业主也给予湖山项目很大支持。湖山铀矿投资额巨大，相应的风险也较大。由于大部分产品销售给中广核的核电厂，经过深入沟通，铀业公司与各核电业主达成“风险共担、利益共享”的合作机制。在市场铀价低迷时，铀矿的风险相对较高，在与核电业主进行天然铀贸易时适当提高天然铀销售价格，以支持湖山铀矿的正常运行，通过共同承担风险确保湖山铀矿的正常生产。在市场铀价高时，在进行天然铀销售时适当控制价格，以降低核电业主天然铀的采购成本，让利于核电业主，实现利益共享，这一机制使湖山铀矿具有更强抵御市场变化带来的风险的能力。

在全集团的支持下，湖山项目顺利从收购过渡到开工建设再到投产运行，高效有序地完成了接管、矿建谋划、组织搭建等矿建准备工作，紧锣密鼓、循序渐进，并在投资控制目标内完成矿山建设，采矿及水冶生产能力和水平逐步提升，矿山管理和经营逐渐向好的方向发展。可以说中广核全集团的支持是湖山项目成功的保障，没有全集团的支持，湖山项目就不可能成功完成建设。

3.8　奋力推进

集团的支持和良好的开局为成功建设奠定了重要基础，也为建设团队战胜困难增添了信心。由于地理环境、工业基础、文化及法律差异、管理理念差异等因素，湖山矿建过程中各种困难和挑战层出不穷，但铀业公司、董事会、外派团队、经营团队经受住了巨大的挑战，充分发挥团队的智慧，在奋力拼搏中驾驭湖山项目朝着既定目标前行。

地处纳米比亚的一号庞大工程所设定的计划工期是极具挑战性的，HPJV 工作难以满足工程紧凑的进度需要。组织和资源方面，HPJV 首任项目总监自身缺乏管理意识和经验，无法组织强有力的团队服务于项目；尽管 HPJV 是国际知名工程公司组成的联盟，拥有完善的工程管理程序，但 HPJV 投入湖山项目的作业人员拥有其公司长期雇员身份的人员比例不到 10%，大部分人员是随着项目需要而临时聘用的，随聘随用，缺乏系统性。设计方面，项目前期完成的初步设计缺乏深度，造成详细设计工程量大幅上升，导致实际工程量比初步设计工程量增加了 2.2 倍，给项目成本和进度带来巨大压力。采购方面，设计延误影响了采购供货进程，设计变更给采购工作增添了更多困难，订货延期反过来导致设计接口延误，影响设计固化进程。施工图纸延误给施工前期造成进度延误和索赔风险，由于承包商进场后缺乏图纸，造成施工受阻、窝工情况，增加了承包商索赔的理由。EPCM 施工管理缺乏有效措施，临时组建的 HPJV 现场施工管理人员主人翁意识不强，对支付审查、设计变更、人力动员、接口协调等工作不时会出现轻率行事、武断决策。工程后期发现的设计缺陷给施工带来诸多返工，影响施工进度。调试设计缺乏、调试管理能力与湖山大矿需求不相匹配。

荆棘丛生、挑战重重，所有这些都给业主的管控增添了巨大工作量。

但湖山工程团队迎难而上，以有利于维护股东权益、有利于项目建设、有利于公司可持续发展为宗旨，在极其艰难的环境中坚定推进项目朝着正确的方向迈进。

进一步加强业主设计管控力量。一方面，聘用熟悉矿业设计的南部非洲专业人员担任业主技术经理，参与管理 EPCM 设计。另一方面，从中广核工程公司、铀业公司选派技术熟练的人员担当业主设计管理人，对 HPJV 在线监控；针对专项设计任务，建立专家评审制，邀请中广核内部专家及外部专家联审，把控设计质量；优化沟通机制、信息共享机制和设计顺序，设置分区经理、设计分包、运行审查以加强对设计进度的把控，实现设计固化。从 2013 年每月设计进展 2.7%提升到 2014 年每月设计进展 4.8%，月度图纸签出量从 200 多张增加到 600 多张，随着施工图纸交付量的增加，施工延误逐渐消除。

厘清施工管理权限，强化中方引导。通过变更程序，突出强化中方主导，特别是当双方产生争议时，确保施工顺序、场地交接、人力动员的优化；中方人员审批合同工期变更、合同成本变更，把牢工程目标；中方对 HPJV 拟聘关键施工管理人员进行面试，确保 HPJV 组织能力；中方参与施工设施验收等。通过这些措施，中方从被动到主动，从表象到内里，真正掌握一线实际情况，把清主脉，聚焦问题，逐步实现改进，使施工完成量从每月 3%的南部非洲类似大型工程的一般水平跃升至 6%的优秀水平，扭转了前期施工严重延误的被动局面。

合力攻破施工返工。在 CCD 溢流槽冒槽、硫酸罐底板变形、萃取槽地面问题等问题出现后，业主将设计、施工、采购、调试等力量汇集起来，集中发力，通过设计审查、资源调配、方案制定，迅速完成设备的返修和安装，将影响降至最小。

对于水冶厂的冷热试，建立冷试/热试/生产的动态组织，实现生产过渡。第一，在施工阶段，业主就督促 HPJV 招聘调试人员，建立冷试团队。经过努力，HPJV 锁定了一批技术精湛、经验丰富的冷试队伍，这支队伍在施工末期就已完成冷试手册和众多冷试管理文件。在冷试执行过程中，尽管业主更换了几位冷试经理，但冷试团队内部协作从未间断，且日益加强，仅 2 个月就完成了 10 300 根管道的冲洗和测试、120 余台设备的水试，发挥了冷试团队的作用。第二，热试由业主主导，在迎接热试期间，业主策划“调试大队伍”建设，即打造一支跨调试和生产的动态组织，实现调试与生产的平稳过渡。为此，安排有经验的冷试人员加入业主热试团队，招聘优异的人员担任热试经理，同心合力，完成文件编制及热试管理。此外，业主匠心独运，将生产人员充实到热试队伍，使其尽早锻炼、及早上岗，打牢系统移交基础。第三，实施“两阶段”热试顺序，保障热试进度。“两阶段”的第一阶段为 2016 年 10 月，在前端加入废石和水，物料到达中间“母液池”不再向下进料，从而完成上游设备的稳定性检测，也避免酸液造成的安全风险和金属损失；第二阶段是 2016 年 11 月下游可热试时在上游加入矿石和硫酸，置换第一阶段的废石和水，当物料抵达“母液池”后继续下送，经铀离子浓缩直至沉淀工序，最终生产出八氧化三铀，完成整个工艺。“两阶段”最终保证了进度，避免了人为操作事故，是实现第一桶铀尽早成功出产的法宝。

至项目完工，累计开挖土石方 205 万 m^3，浇注混凝土 16 万 m^3，安装钢结构 6 万 t，铺设管道 270 多千米，架设电缆 1 400 多千米，这是中广核集团、铀业公司、斯科公司董事会正确领导、全体参建者努力、外派人员无私奉献、奋力拼搏的成果！

3.9 首桶铀的产出

行百里者半九十。工程最后关头往往是险象环生、矛盾交织的时段，一分一秒考验着团队磨合和勇气，丝毫容不得松懈。为此，业主悉心谋划，首先加强调试的安全管理，落实各项安全制度、安全设施、安全措施，确保第一桶铀安全产出。调整组织结构，优化责任划分，强调以调试工作为主导，辅助部门全力配合。最关键的关头适逢圣诞节假期，要求重要承包商到场支持，特别是产品车间的设备供应商，为铀生产最后冲刺保驾护航。

2016 年 12 月，干区、矿浆区、溶液区单体设备调试完成，要成功生产出八氧化三铀产品，还必须打通区域间的关键点并保证稳定运行。但当时矿浆区泵阀故障频繁、浓密机压耙现象严重，严重影响上游生产能力，导致中游母液池液位低，继而阻断下游离子交换塔的收料。业主团队，特别是公司管理层扎根一线研究寻找突破口，终于在 12 月 22 日发现机会：此时物料抵达中游，生产指标稳定，在年底前有打通下游出“首桶”的希望！公司管理层当即要求相关部门为实现年底前出产品的目标再次发起冲刺。同时电话联系在澳大利亚进行圣诞休假的产品区供货商 ACE 公司 CEO 兼技术总监格里尼做好来纳工作准备，格里尼最终于 12 月 26 日抵达湖山现场主持产品区“首桶”产品的调试工作。

在关键阶段，针对磨机给料密封圈、油脂喷淋管、电机联轴器等零配件加强采购和维修，确保磨机运行时间；优化磨矿及皮带参数，减少磨机跳停时间；增加关键设备巡检力度，延长运转时间；在浓密机因压浆停运、皮带因故障跳停时，中外方管理层、业主团队义无反顾，和当地普通员工一起拿起铁锹、脚踏淤泥，爬到耙架和皮带处铲走矿浆、矿石，以最快的速度使设备恢复运行。

千淘万漉虽辛苦，吹尽黄沙始到金。12 月 24 日，第一批淋洗合格液进入溶剂萃取区；12 月 26 日，溶剂萃取区的反萃合格液进入产品沉淀区，最后一区，成败在此一举。在这个一丝一扣容不得半点瑕疵的关头，业主团队组建了“中方 24 小时轮班队伍”，八位中方人员一日三班、每班两人，分守现场和控制室，确保最后的胜利。12 月 26 日 11:00，反萃合格液进入沉淀槽；21:00，沉淀重铀酸铵进入浓密机；12 月 28 日 14:00，重铀酸铵进入离心机；12 月 30 日 14:00，重铀酸铵进入煅烧炉；12 月 30 日 20:00，煅烧完成；12 月 30 日 21:56，闸门开启，首桶八氧化三铀装桶、下线，随后经检测产品质量完全合格，调试取得圆满成功！

2016 年 12 月 30 日 21:56 顺利产出第一桶合格的天然铀，产品车间掌声雷动、欢呼雀跃。控制室技术员飞奔出门，维修工放下扳手跑来，驻厂承包商代表丢下图纸，簇拥到闸门前方。中方员工、纳米比亚本地员工、澳大利亚设备供应商代表挽手相抱、喜极而泣，多年的汗水凝聚成今天的成功，欣慰彼此的信任孕育今日的辉煌，全体人员为曾经的坚持和拼搏呐喊，为湖山铀矿喝彩！

得获喜讯，纳米比亚总统和集团贺禹董事长给予热烈祝贺！

中广核董事长贺禹在 2017 年集团工作会议中对湖山项目产出第一桶合格产品高度赞赏，他表示："经过三年多的艰苦奋斗，湖山矿产出第一桶合格的天然铀。湖山项目是集团首次进入铀矿建设领域，而且是在海外建设的全球第二大铀矿，但我们的团队经受住了考验。项目的安全质量优异，没有发生人员重伤及死亡；节省了造价，作为重大建设项目没有超概。这是很了不起的事情！"

纳米比亚总统根哥布在得知湖山出产品的回信中写道："知悉湖山项目已产出第一桶铀，我深表感谢。对于这项特殊成就，我十分高兴。我相信，湖山项目和斯科公司未来将取得更多成就。湖山项目作为在纳表现突出的投资项目之一，对于我国矿业领域和国民经济意义重大。此前我有幸多次到访湖山项目，管理层、公司运作和现场生活、工作环境都给我留下了非常积极的印象。我祝愿斯科公司能在纳米比亚再创佳绩，继续彰显中纳两国相互尊重和双赢的关系。"（见图 3.9.1）

Republic of Namibia
The President

February 07, 2017

Zheng Keping
Chief Executive Officer
Swakop Uranium
P. O. Box 8667
SWAKOPMUND

Dear Mr. Keping,

RE: FIRST PRODUCTION OF URANIUM FROM THE HUSAB MINE

I acknowledge, with thanks and appreciation, receipt of your letter dated January 2, 2017, in which you have conveyed to me the welcomed news regarding the first production of uranium ore concentrates at Husab mine.

I am pleased to note this special achievement, which I believe is the first of many to come for the Husab mine and Swakop Uranium. The Husab mine is one of the outstanding investments to have taken place in our mining sector and within our economy as a whole. I have had the privilege to visit the mine on several occasions and each time the management, operations and conditions at the mine have left me with a very positive impression.

I would like to wish Swakop Uranium continued success in Namibia, and may your operations continue to reflect the mutual respect and win-win relationship that exists between the People's Republic of China and the Republic of Namibia.

Yours sincerely,

HAGE G. GEINGOB

图 3.9.1　纳米比亚总统就成功出产第一桶铀向斯科公司发来贺信

三年多来，在中广核、铀业公司、斯科董事会的正确领导下，在兄弟单位的大力支持下，斯科公司全体员工，特别是外派干群，不辱使命、不畏艰难、无私奉献，在古老的纳米布沙漠建起了一座现代化的矿山，矿建成本比初始集团下达的目标节省近 10%，建成了中广核在海外最大的铀资源供应保障“粮库”。

回顾三年多的奋斗历程，湖山项目从收购到建设完成，中广核人用智慧、勇气和汗水征服了纳米布沙漠，树立了中广核海外工程建设和管理能力丰碑。“‘走出去’与国际化和本地化紧密结合”的成功实践为铀业公司乃至集团积累了宝贵的项目建设成功经验，在中广核核燃料发展史上谱写了新的篇章。

第四章　湖山十年大事记（2008—2017 年）

2008 年

2 月 1 日，Extract 公司首次在公开市场宣布发现罗辛南铀矿（Rossing South Project，2010 年改为 Husab Project，中文译为“湖山项目”或“湖山铀矿”）。

2009 年

1 月 27 日，Extract 公司公布 1 号矿带的初步资源量估算结果（符合 JORC 和 NI43－101 标准），拥有推断级资源量约 49 000 t U_3O_8。

7 月，Extract 公司公布 1 号矿带资源量更新结果及 2 号矿带初步资源量估算结果，合计约为 12 万 t U_3O_8。

10 月，Extract 公司公布在 2 号矿带以南地区发现新的铀成矿带。

12 月 13 日，中广核铀业公司与 Extract 资源公司签订保密协议，湖山项目收购前期工作正式启动。

2010 年

6 月 3 日，中广核集团公司下发《关于同意收购 Extract 公司股权立项的批复》，同意项目立项及以控股收购湖山项目为目标开展相应工作。

8 月 10 日，Extract 公司公布新的资源量估算结果，项目总资源量达 16.7 万 t U_3O_8，共计发现 1～5 号 5 个矿带，其中 1、2 号矿带资源量为 14.8 万 t U_3O_8。

9 月 14 日，铀业公司与中国国核海外铀业有限公司、中非基金有限公司组成联合工作组，由铀业公司牵头，正式启动尽职调查工作。

11 月 20 日，国家能源局副局长钱智民访问纳米比亚，与开国总统努乔马及矿能部人员举行会谈，中广核集团董事长贺禹陪同参加，努乔马及矿能部对中广核开发纳米比亚铀矿资源表示支持。

11 月 24 日—12 月 6 日，中方联合工作组奔赴纳米比亚、南非、澳大利亚三地开展项目尽职调查工作。

2011 年

1 月 25 日，《湖山项目环境影响评估研究报告》通过纳米比亚环境及旅游部批准。

2 月 20 日，中广核总经理办公会审议同意铀业公司向 Kalahari 公司发出附加条件的报价函，价格为 3.16 英镑/股。

2 月 28 日，完成技术、经济、财税、法律尽职调查报告终稿。

2 月 28 日，中广核总经理办公会审议同意铀业公司代表中方团队与 Kalahari 公司签署执行协议并联合发布全面要约公告（2.4 公告）。

3 月 2 日，中国国核海外铀业有限公司来函表示退出项目收购。

3 月 4 日，中非发展基金有限公司来函确认共同参与项目收购，并承担 40%份额。

3 月 7 日，铀业公司在伦敦股票交易所发布对 Kalahari 公司的全面要约公告（2.4 公告）。

3 月 8 日，英国并购委员会批准 2.4 公告（全面要约公告）。

3 月 11 日，日本发生强烈地震并引发海啸，造成福岛核电厂事故，铀业公司开始评估事故对项目收购的影响。

4 月 5 日，Extract 公司宣布完成湖山项目可行性研究工作。

4 月 10 日，中广核集团副总经理兼总会计师施兵出访纳米比亚，先后拜访了开国总统、总统、总理、矿能部部长、外交部部长等，寻求对项目收购及发放采矿权证的支持。

4 月 13 日，澳大利亚国外投资审查委员会（FIRB）审批同意对 Extract 公司的 100%收购。

4 月 18 日，中广核总经理办公会审议湖山项目投资申请，提出在相关条件（贷款比例及利率、采矿权证、经济技术评价等）满足的情况下同意铀业公司按不高于 2.9 英镑/股的价格对 Kalahari 公司进行要约收购，以及连带对 Extract 公司的要约收购。

4 月 27 日，中广核党政联席会议审议湖山项目投资申请，同意铀业公司按不高于 2.9 英镑/股的对价要约收购 Kalahari 公司 51%以上的股份，并连带收购 Extract 公司股份。

5 月 4 日，Kalahari 公司发布公告表示与铀业公司已就收购价格达成一致，新的交易价格为 2.7 英镑/股，但此价格未通过并购委员会批准，Kalahari 公司准备上诉。

5 月 6 日，Kalahari 公司向听证委员会提交上诉材料。

5 月 11 日，英国听证委员会驳回 Kalahari 公司上诉，铀业公司发布暂停收购公告（2.8 公告），项目收购进入 3 个月的静默期。

5 月 17 日，铀业公司与力拓进行会谈，讨论湖山项目可能的合作及合作方式。

5 月 19 日，国家发展改革委员核准《中广核铀业发展有限公司联合中非发展基金有限公司投资收购英国卡拉哈里公司和澳大利亚伊克斯塔特公司纳米比亚罗辛南铀矿资产项目》。

6 月 17 日，商务部批复同意中广核铀业发展有限公司向中国铀业发展有限公司增资收购英国卡拉哈里公司和澳大利亚伊克斯塔特公司股权项目。

7 月 22 日，湖山项目配套基础设施的环境影响评估（EIA）研究报告通过纳米比亚环境及旅游部批准。

7 月 24—29 日，铀业公司代表团出访纳米比亚，与纳国家矿业公司进行会议，拜访相关政府部门。

8 月 10 日，Extract 公司发布公告，湖山资源总量增加至 23.3 万 t U_3O_8，其中 1、2 号矿带资源量为 19 万 t U_3O_8。

9 月 7—9 日，中广核副总经理兼总会计师施兵带队出访纳米比亚，拜会纳米比亚总统、矿能部部长，与纳国家矿业公司签订合作谅解备忘录。

9 月 28—30 日，与纳国家矿业公司在北京进行会谈，就入股价格、融资方案等进行会谈。

10 月 10 日，Kalahari 公司发布公告表明重新与中广核讨论可能的要约收购。

11 月 5—6 日，与 Kalahari 公司在北京进行谈判，最终达成 2.435 5 英镑/股的新交易价格。

11 月 10 日，Kalahari 公司发布公告，正在与中广核就交易继续谈判，可能的要约收购价格为 2.435 5 英镑/股。英国并购委员会批准同意进入收购限制期，要求在 28 天内（12 月 8 日前）发布 2.7 公告（正式收购公告）。

11 月 25 日，中广核集团副总经理高立刚在访纳期间将 Husab Project 命名为“湖山项目”。

11 月 30 日，纳米比亚矿能部授予湖山项目采矿许可证 ML171。

12 月 5 日，中广核集团总经理部办公会审议湖山项目要约收购申请，会议认为湖山项目要约收购的条件已经具备，批准在 2011 年 12 月 8 日前发布 2.7 公告，并按 2.435 5 英镑/股的价格发起对 Kalahari 公司的要约收购。

12 月 8 日，英国收购委员会同意铀业公司向市场发布 2.7 公告；澳大利亚证券和投资委员会（ASIC）批准同意开展 Extract 公司的收购。

12 月 8 日，铀业公司与中非基金合资组建的联合体——金牛矿业有限责任公司（“金牛公司”）发布 2.7 公告，宣布对 Kalahari 公司进行全面收购要约。

2012 年

1 月 5 日，金牛公司在伦敦股票交易所发布对 Kalahari 公司的正式全面收购要约。

1 月 10 日，纳米比亚竞争委员会（NCC）批准同意项目收购交易。

2 月 3 日，Kalahari 公司发布要约无条件公告。

2 月 14 日，铀业公司发布公告，将于 2 月 28 日关闭 Kalahari 公司收购要约，并在随后两周内支付剩余的股东；向澳大利亚证券和投资委员会提交收购 Extract 公司无条件要约文件。

3 月 1 日，金牛公司在澳洲股票交易所发布对 Extract 公司的无条件收购要约的公告。

3 月 16 日，召开 Extract 公司董事会，完成对 Extract 公司董事会的接管。

4 月 4 日，金牛公司完成对 Kalahari 公司的收购，Kalahari 公司从伦敦股票交易所 AIM 市场下市。

4 月 16 日，Extract 公司从澳洲股票交易所下市。

6 月 26 日，召开中方收购后斯科公司的首次董事会，任命了公司董事、总经理（CEO）、首席财务官（CFO）、首席运营官（COO）等，并审议通过了公司章程、组织机构等。在董事会后，斯科公司董事长余志平率团先后拜访了纳米比亚总理、外交部长、矿能部长、内政与移民部常秘等政府官员，就派驻人员的工作许可、中纳政府间签署合作协议等事项寻求支持。

10 月 18 日，纳米比亚国家矿业公司入股斯科公司协议签字仪式在纳米比亚首都温得和克举行，纳米比亚矿能部长 Isak Katali、中国驻纳米比亚大使忻顺康，中广核集团总经理张善明、铀业公司总经理兼斯科公司董事长余志平，国矿公司董事长 Mandi Samson、总经理 Eliphas Hawala 等出席。

10 月 19 日，中广核集团总经理张善明拜会纳米比亚开国总统努乔马。

11 月 8 日，斯科公司与 AMEC 公司、Tenova Bateman 公司在北京签署了湖山项目 EPCM 合同。

11 月 23 日，纳米比亚国家矿业公司以 2.15 亿美元认购斯科公司 10%的股份，成为斯科公司的第三大股东。

2013 年

1 月 21 日，中广核总经理部办公会审议同意湖山铀矿矿山建设项目投资并同意启动矿山建设工作。

2 月 18 日，中国广东核电集团有限公司党政联席会议关于中广核铀业发展有限公司纳米比亚湖山铀矿矿山建设项目的决议同意湖山铀矿矿山建设项目，同意启动矿山建设工作。

2 月 18 日，湖山项目场平土石方工程开工。

4 月 12 日，国家发展改革委审批同意湖山铀矿矿山建设项目。

4 月 17 日，中广核集团董事长贺禹、副总经理郑东山一行在纳米比亚总统府拜会了纳米比亚总统 Hifikepunye Pohamba，贺禹介绍了中广核集团发展情况及湖山项目进展，恳请纳政府在湖山项目的开发上给予进一步支持，保护投资者利益。

4 月 18 日，湖山项目开工仪式在项目现场举行，纳米比亚矿产和能源部部长 Isak Katali、中广核集团董事长贺禹为项目开工揭牌。

4 月 19 日，中广核集团董事长贺禹一行拜会纳米比亚开国总统努乔马。

4 月 20 日，中广核集团董事长贺禹正式命名 Swakop Uranium 公司为“中广核铀业斯科有限公司”（简称“斯科公司”）。

4 月 23 日，国家发展改革委正式下发《关于中广核铀业发展有限公司和中非发展基金有限公司在纳米比亚投资湖山铀矿矿山建设项目核准的批复》，同意投资湖山铀矿矿山建设项目，项目总投资为 27.74 亿美元。

5 月 29 日，商务部颁发《关于同意中广核铀业发展有限公司向中国铀业发展有限公司增资的批复》，明确增资用于在纳米比亚投资湖山铀矿矿山建设项目。

6 月 28 日，首批大型运矿卡车车斗运抵现场。

8 月 27 日，湖山项目尾矿坝选址修改环评报告获批。

9 月 9 日，湖山项目第一罐混凝土在采矿设备综合设施——重卡维修车间浇注。

9 月 18 日，斯科公司董事长余志平赴总理府拜访纳米比亚总理。

10 月 11 日，斯科公司与纳米比亚大学签署了战略合作备忘录，为进一步开展校企合作奠定了坚实基础。

10 月 30 日，湖山项目第一台 6060FS 液压铲完成组装。

11 月 14 日，纳米比亚劳工与社会福利部长 Doreen Sioka 女士参观了湖山项目现场，高度赞扬项目进展和公司对劳工关系问题的妥善安排，表示劳工部将在项目劳工关系方面给予积极协助。

11 月 22 日，斯科公司与纳米比亚金属业工人工会（MANWU）和纳米比亚建筑业联合会（CIF）签署项目劳资协议，对稳定湖山铀矿项目劳工队伍、保证矿山顺利建设具有里程碑意义。

11 月 27 日，中广核集团副总经理郑东山、铀业公司董事长周振兴赴总统府拜访纳米比亚总统 Hifikepunye Pohamba，向总统汇报了项目进展，并向总统基金捐献了 10 万纳元，用于扶贫及帮助就业。总统对湖山项目进展给予肯定，表示希望斯科公司做到合法合规经营，建立良好的劳资关系，为纳米比亚社会发展做出贡献。

12 月 11 日，中广核总经理部办公会审议湖山项目矿建工程概算，同意湖山项目矿建 22.03 亿美元的计划总资金。

12 月 12 日，湖山项目水冶厂两个原水池开闸储水，标志着湖山项目水冶厂首个永久水池施工完成。

12 月 20 日，湖山项目首批两台 960E 大型运矿卡车组装完成。

12 月 26 日，斯科公司和中国国家开发银行签订湖山项目矿建专项贷款协议。

2014 年

2 月 8 日，湖山项目水冶厂磨矿区开始浇筑混凝土垫层，水冶厂土建施工正式拉开序幕。

2 月 24 日，湖山项目第一台液压钻机投入首采区穿孔作业，为第一台投入正式生产的重型采矿设备，穿孔作业的启动标志着湖山项目开始进入正式的开采工艺环节。

3 月 4 日，湖山项目与纳米比亚电力公司成功联网，实现项目首次由外部电源供电。

3 月 12 日，斯科公司董事长余志平为湖山项目采矿生产“第一爆”仪式下达爆破指令，采矿生产首次爆破成功起爆。

3 月 27 日，湖山项目采矿生产首次铲装、运输作业在 1 号矿坑首采区启动。

4 月 9 日，在中国国务院总理李克强、纳米比亚总理根哥布的共同见证下，中广核集团董事长贺禹与纳米比亚国家水务公司首席执行官 Dr Shivute、纳米比亚金属业工人工会秘书长 Justina 在中国海南省三亚市签订湖山项目供水供电协议和劳工协议。

4 月 21—25 日，中广核集团副总经理兼总会计师施兵、斯科公司董事长余志平赴斯科公司调研，听取了斯科公司工作报告，考察了湖山项目建设现场，对财务管理、企业经营和产品销售等工作进行指导，并在温得和克拜会了纳米比亚司法部长 Utoni Nujoma 及警察总长 Sebastian Ndeitunga。

5 月 7 日，湖山项目永久进场道路和桥梁正式通车，纳米比亚开国总统努乔马为道路路标揭幕，为道路开通剪彩。

5 月 8 日，采矿生产开工仪式在湖山现场举行，纳米比亚总统波汉巴、开国总统努乔马，中国国家原子能机构副主任王毅韧等出席了开工仪式，纳米比亚总统波汉巴向中广核集团董事长贺禹授牌，宣布湖山铀矿正式进入采矿生产阶段。

5 月 27 日，斯科公司与纳米比亚理工大学签订《协议备忘录》。

6 月 30 日，斯科公司总部从纳米比亚首都迁往湖山现场附近的斯瓦科普蒙德市。

7 月 1 日，湖山项目采矿“永久排土场”投入使用。

7 月 9 日，纳米比亚国家计委主任 Tom Alweendo 率队考察湖山项目现场，深入了解了项目建设的进展及矿山运营情况。

7 月 15 日，水冶厂浸出区第 12、13 号槽基础正式移交安装承包商，标志着水冶厂的现场安装工作正式启动。

7 月 31 日，举办以“同一个团队 + 同一种文化 = 安全、卓越和质量”（One Team + One Culture = Safety，Excellence and Quality）为主题的高绩效企业文化全员宣讲会，拉开企业文化建设的序幕。

8 月 8 日，首台 7495 电铲投入采矿生产运行。

8 月 17—19 日，中国国务院国资委副主任孟建民率团赴纳米比亚考察湖山项目，中广核集团副董事长张炜清等陪同考察，斯科公司组织召开了参建央企座谈会，孟建民对湖山项目的国际化建设模式给予高度评价，希望斯科公司进一步采取措施降低建设和运营成本，并希望央企加强合作、分享经验，将湖山项目建设成央企“走出去”的样板工程，最终推动央企的产能、技术、产品走向世界。

9 月 23 日，水冶厂半自磨机土建基础正式移交安装承包商，磨矿区机械安装正式启动。

10 月 8 日，纳米比亚环境与旅游部副部长 Pohamba Shifeta 考察湖山项目矿山建设及生产现场，在实地了解湖山项目矿建及生产情况后，环境与旅游部批准了湖山项目运营夜班车在国家公园夜间行驶的豁免。

11 月 7 日，与中国北方重汽股份有限公司签订 3 台 NTE330 矿用电动轮卡车采购协议，是中国该载重系列矿用卡车在国外矿山生产应用的“首台套”产品。

11 月 11 日，公司发布《水冶厂调试大纲》。

11 月 18 日，水冶厂离子交换系统首批两台淋洗塔吊装顺利完成。

11 月 29 日，破碎机首件设备吊装完成。

11 月 30 日，155.2 m 长的储矿堆主隧道浇筑完毕。

12 月 13 日，浸出、逆流洗涤、离子交换、溶剂萃取、尾渣排放区域的三维施工图（PDMS）设计完成。

2015 年

1 月 23 日，印度尼西亚驻纳米比亚大使一行参观湖山矿现场，并表示期待在湖山矿达产以后再次拜访。

3 月 18 日，斯科公司 CEO 郑克平拜访了即将就任总统的根哥布，向他展示了项目现场图片，汇报了项目进展情况，根哥布表示，在当前铀价低迷、同行企业举步维艰的市场环境下，斯科公司能够继续推进湖山项目建设并取得重要进展，值得赞赏；他很高兴地看到斯科公司为纳米比亚就业和经济发展所做的贡献，鼓励公司围绕湖山项目为促进纳米比亚经济发展和创造就业机会所做的工作加强宣传。

3 月 22 日，中华人民共和国国家主席习近平主席特使、交通运输部部长杨传堂在参加纳米比亚新任总统就职典礼后访问湖山铀矿，看望了现场施工的中资企业人员，鼓励大家团结协作，把湖山铀矿早日建成。

3 月 28 日，中华人民共和国国务委员兼国防部长常万全上将访问斯科公司，常万全国务委员表示为湖山项目进展感到鼓舞，并高度评价湖山项目体现了中广核集团对国家“走出去”战略意义的深刻领会；斯科公司在项目建设过程中充分照顾当地社区的诉求，吸纳当地工人就业为中国下一步“走出去”起到很好的表率作用。常万全国务委员鼓励湖山矿通过不同途径加强宣传，尤其是宣传湖山矿合作共赢的对外投资理念。

4 月 27 日，中国驻纳米比亚大使馆政务参赞吴伟陪同中国驻埃及大使宋爱国、驻南非大使田学军、驻肯尼亚大使刘显法、驻英国公使倪坚、驻阿联酋大使常华、驻埃塞俄比亚大使腊翊凡及驻刚果（金）大使王同庆等 7 位驻外使节到斯科公司参观、考察。

6 月 4 日，纳米比亚警察总署署长访问斯科公司和湖山项目。

6 月 15 日，纳米比亚矿能部新任部长坎乔则率团访问斯科公司和湖山铀矿项目现场，中国驻纳米比亚大使忻顺康等陪同出席。

7 月 21 日，纳米比亚新任劳工部部长厄奇·恩穆提纳率团访问了斯科公司湖山楼总部及湖山项目现场。

7 月 28 日，永久供水管线工程顺利通过竣工验收。

8 月 27 日，纳米比亚总统根哥布陪同赞比亚总统埃德加·伦古访问湖山铀矿现场，根哥布总统高度赞扬湖山项目所取得的建设成就，希望湖山项目能早日全面投产，到时他将率团再来湖山，见证奇迹。

8 月 30—31 日，国家能源局副局长刘琦考察湖山项目，并拜会了纳米比亚矿能部部长。

9 月 5 日，第一届“湖山杯”马拉松赛顺利举办。

9 月 30 日，永久输水管线开始向现场输水。

12 月 5—6 日，中广核集团总经理张善明调研斯科公司和湖山项目现场，考察了北重卡车组装厂、采矿区、采矿模拟机和水冶厂，详细了解采矿生产、水冶生产流程和建设情况，并与外派员工代表进行了座谈。

12 月 23 日，完成初碎站－储矿堆一号皮带冷试工作。

12 月 28 日，磨机区球磨机因焊接引发内衬起火，经过约 6 小时的现场灭火，扑灭明火。

2016 年

1 月 7—14 日，铀业公司总经理余志平受集团公司委托，赴斯科公司指导湖山项目球磨机失火事故的善后处理，并考察湖山项目工程建设、生产准备和经营等工作的进展。

1 月 21 日，斯科公司 CEO 郑克平拜会纳总理，向总理汇报了湖山项目进展、球磨机火灾事故处理等事宜，并就员工签证、现场警力派驻等提出支持诉求。

1 月 29 日，斯科公司与纳米矿业工人工会（MUN）签订《雇佣条件实质协议》，对未来三年（2016 年 1 月 1 日—2018 年 12 月 31 日）的员工住房补贴、年度涨薪、医保分摊等进行了约定。

2 月 13 日，开始进行水冶厂空气管道打压及冲刷试验，为水冶厂冷试进行准备。

3 月 19 日，纳米比亚总统根哥布陪同马里共和国总统凯塔访问湖山项目采矿生产和水冶厂建设现场。

3 月 19 日，水冶厂破矿区第一、二、三号矿石输送皮带开始联动调试。

4 月 5 日，斯科公司向纳米比亚社区捐赠的太阳能项目并网发电。

4 月 9 日，采矿生产采剥总量突破 1 亿吨大关。

5 月 28 日，初破区施工完成，移交冷试团队。

6 月 30 日，水冶实验室正式投运。

7 月 5 日，斯科公司 CEO 郑克平率团拜访纳米比亚总统府，根哥布总统对中广核投资开发湖山矿、积极响应“共同繁荣计划”表示感谢，对斯科公司给予当地员工的技能培训、住宿条件、本地化政策、中国承包商分包培养当地中小企业模式表示赞赏。

7 月 29 日，纳米比亚总理 Saara Kuugongelwa－Amadhila 率团访问湖山项目，先后考察了营地食堂和宿舍、2 号矿坑、采矿设备模拟机、实验室和水冶厂，纳总理对湖山项目建设、推动技能提升、女性赋权及项目对纳米比亚经济发展所做出的贡献表示高度赞赏，并留言“湖山项目在纳米比亚矿业领域和纳中两国关系间建立了一座丰碑”。

8 月 13 日，斯科公司第二届“湖山杯”马拉松赛开幕，吸引了来自纳米比亚、肯尼亚和南非等国家的选手及当地民众、中资企业员工共约 550 名专业选手和跑步爱好者参与。

9 月 7 日，国土资源部副部长张德霖一行考察湖山铀矿项目现场，在现场表示中广核在短时间将宏大的湖山铀矿在沙漠中拔地而起，非常震撼，希望项目上下继续拼搏，按计划投产并实现达产。

9 月 7 日，在国土资源部副部长张德霖及中广核集团副总经理兼总会计师施兵等的见证下，水冶厂配属硫酸厂正式投产。

9 月 25 日，中共中央书记处书记、全国政协副主席杜青林率团访问斯科公司，鼓励斯科公司继续努力，推动项目早日投产。

10 月 15 日，水冶厂启动第一阶段热试。

12 月 30 日，水冶厂成功生产出合格的 U_3O_8 产品，生产流程全线打通，也标志着湖山矿建工作基本完成。

2017 年

1 月 13 日，硫酸厂制酸系统的性能考核正式完成，硫酸厂经过连续 72 小时 100%负荷运行，系统状态良好，指标满足设计要求。

3 月 7 日，中央电视台记者专程赴纳米比亚拍摄《中国企业在海外：开创“湖山模式”，中广核在非开发全球最大铀矿》新闻节目，节目于 3 月 13 日在中央电视台财经频道《环球财经连线》播出。

4 月 4 日，外交部副部长张明访问斯科公司。

4 月 21 日，英国船级社所属的英国劳氏质量认证中心（LRQA）完成湖山矿水冶厂 ISO9001（国际质量管理体系）、ISO14001（国际环境管理体系）、OHSAS18001（国际职业健康安全管理体系）三个标准体系一体化（简称“三标一体”）的认证。

4 月 30 日，新华社非洲总分社总经理王季达率团访问斯科公司。

5 月 10 日，水冶厂完成首次全面整治性小修，共历时 18 天。

6 月 30 日，硫酸厂余热发电站完成连续 72 小时性能考核。

7 月 31 日—8 月 3 日，国务院国有资产监督管理委员会国有重点大型企业监事会部风涛主席一行访问斯科公司。

8 月 27 日，中共中央政治局常委、国务院副总理张高丽视察湖山铀矿现场，张高丽表示，中广核从收购铀矿到建成投产，短短 3 年多的时间达到今日规模实属不易，在“走出去”方面，“中广核是有实力、靠得住的企业”。张高丽强调湖山铀矿要时刻把安全放在首位，保证人才队伍的高端稳定，解决关键性技术问题，确保生产万无一失。

9 月 8 日，首批天然铀产品从鲸湾港装船启运回国。

10 月 27 日，首批 260 t 天然铀产品历时 48 天途径大西洋、印度洋和太平洋，最终抵达上海港，顺利通关。

第二篇

工艺与运行

开篇语

纳米比亚铀资源丰富，资源总量约为 44.2 万 t 铀（生产成本＜USD 130/kgU），占全球资源总量的 7%，排名世界第 5 位（据 2018 年 IAEA 红皮书）。该国铀矿类型主要为白岗岩型和钙结岩型，如罗辛铀矿和湖山铀矿为白岗岩型，兰格－海因里希铀矿和特雷科皮铀矿为钙结岩型，目前仅有罗辛铀矿和湖山铀矿在产，其余两个矿山因市场价格原因处于停产维护状态。2018 年纳米比亚共计生产 5 525 t 铀，排名世界第四（据 WNA 网站），所以纳米比亚是世界重要的天然铀生产国之一，也是中国企业进行海外铀资源开发的重点国家之一。

纳米比亚主要的金属矿藏（如铀、金、铅、锌、铜等）均位于该国中西部及北部的达马拉造山带，造山期多期次的花岗岩侵入及后期的岩浆热液活动，形成了多种矿藏广泛分布的达马拉成矿带。湖山铀矿位于达马拉成矿带的中西部，富铀的岩浆和热液在有利的部位叠加富集成矿，形成了包括湖山铀矿在内的多个超大型及大型铀矿床。新生代多数时间该区处于风化剥蚀状态，富铀岩石和长期的干旱气候条件形成表生钙结岩型铀矿，如兰格－海因里希等大型铀矿。湖山铀矿的含矿主岩为白岗岩，白岗岩是花岗岩类变种之一，含少量云母，几乎不含暗色矿物，所以呈灰白色、白色，由于白岗岩本身铀含量较高，再叠加成矿热液作用，可在有利的构造、岩层、岩石环境下形成铀矿床。该类铀矿床一般具有资源量巨大、品位低、采选冶性能好等特点，也是一种非常重要的铀矿类型。

湖山铀矿的铀矿化发现于 2007 年，经过 5 年左右的勘探，共发现 29.29 万 t U_3O_8 的资源量，资源总量排名世界前几位，其中首期开发的 1、2 号矿带共计 22.42 万 t，平均品位为 453×10^{-6}。经过可行性研究，1、2 号矿带矿石总储量为 3 亿 t，矿石平均品位为 518×10^{-6}（边界品位为 150×10^{-6}），可采金属量为 15.61 万 t U_3O_8，生产周期超过 20 年。矿区内主要的含矿地层为罗辛组地层，其中的矿体形态较为复杂，受地层和构造控制，矿体沿走向、倾向有分枝、复合、尖灭、再现，主矿体呈板状、团块状，厚度从 3～145 m 不等，平均厚度约 20 m，沿走向最长延伸 1 200 m。矿石中主要原生铀矿物以晶质铀矿为主，次要铀矿物及含铀矿物主要有铀钍矿、铀石、铀钍石、钛铀矿和硅钙铀矿。

1、2 号矿带矿体埋深最深达 500～600 m，主矿体位于 60～400 m，适合露天开采。湖山铀矿先后采购了以卡特彼勒和小松公司等国际矿业行业知名品牌的大型露天采矿设备，同时引入部分国产设备，2014 年 2 月开始首采区块的采矿作业，3 月进行了首爆并进行装运作业，经过 1 年多的预剥离，于 2015 年 5 月开始矿石开采，2016 年实现了 1 亿 t 的剥采总量，至 2018 年年底，累计矿岩剥采总量为 3.4 亿 t，采出矿石 2 300 余万 t，有效支持了水冶厂的试车及投产初期的生产。

湖山水冶厂的建设始于 2013 年 4 月，2016 年 6 月完成主体工程建设，随后启动冷热试工作，并于 2016 年 12 月 30 日生产出第一桶合格的天然铀产品，打通了水冶生产工艺流程。在之后几年的生产过程中，通过技改逐步解决了刀闸阀缺陷带来的矿浆泄漏问题、皮带断裂问题、设备腐蚀问题、浸出搅拌桨损坏问题、振动筛结垢、振动筛横梁断裂、CCD压耙、矿浆冒槽等一系列问题，同时进行了组织机构及管理人员优化、生产及维修管理优化，引入中广核核电运行支持小分队，水冶厂生产能力逐年提升，2018 年度共计生产 3 571 t U_3O_8，产量排当年世界铀矿山年产量第四位，并在露天铀矿山中排名第一，已成为世界知名的铀矿山之一。

本篇包括地质与资源、矿山开采、水冶厂三章，内容涵盖湖山铀矿的铀矿地质、铀资源储量、采矿设备选型、采矿生产管理、设备维修、水冶工艺、水冶生产等。通过本篇，读者可以了解湖山铀矿的基本情况、生产情况及运营初期遇到的各种问题，对新建矿山及新运营矿山有一定的参考意义。

第一章　地质与资源

1.1　湖山铀矿的发现

自 1928 年首次在纳米布–罗辛地区发现铀矿化以来，纳米比亚就一直吸引着全球铀矿地质工作者的关注。该地区大规模的铀矿地质勘探始于 20 世纪 60 年代，由于铀矿市场逐渐兴盛，西方勘探公司蜂拥而至，利用各种找矿方法进行铀资源勘查，并取得了很好的找矿成果。1966 年力拓公司（Rio Tinto）获得了罗辛地区的铀矿勘探权，经过 5 年的勘探，发现了闻名于世的白岗岩型超大型铀矿床，1972 年启动矿山建设工作，1976 年投产运行。后来在罗辛矿周边还发现了若干小型的铀矿床与铀矿点，确定了两种主要的矿床类型：与白岗岩有关的侵入岩型铀矿床（如 Norsas、Etango 铀矿项目）和表生钙结岩型铀矿床（如兰格–海因里希及特雷科皮铀矿床），形成了世界上著名的纳米比亚达马拉铀成矿带。20 世纪 80 年代初，由于铀价下跌，该区的铀矿勘查和开发工作迅速萎缩。整个 20 世纪 90 年代基本未开展任何勘探工作。

2003 年以后，随着世界铀价的攀升，纳米比亚掀起新一轮的铀矿勘查热潮，多家铀矿勘探公司在达马拉铀成矿带进行大规模的铀资源勘查工作，多个铀矿床被发现，湖山铀矿是其中最重要的发现（见表 1.1.1）。

表 1.1.1　纳米比亚已知铀矿床资源量统计表（据 2010 年公开资料）

矿床名称	类型	探明和控制资源		推断级资源量	
		U_3O_8 资源量/t	品位（$\times10^{-6}$）	U_3O_8 资源量/t	品位（$\times10^{-6}$）
罗辛（Rössing）	白岗岩型	250 000	230	12 499	170
兰格–海因里希（Langer Heinrich）	钙结岩型	57 500	460	9 200	510
特雷科皮（Trekkopje）	钙结岩型	42 324	130	3 000	110
湖山（Husab）	白岗岩型	99 000	415	42 385	370
瓦伦西亚（Valencia）	白岗岩型	29 038	110	3 231	110
埃坦戈（Etango）	白岗岩型	57 240	170	24 592	150
玛瑞尼卡（Marenica）	钙结岩型 白岗岩型	4 692	98	48 462	81
瑞普泰（Reptile）	白岗岩型 钙结岩型	9 051	290	18 321	120

2006 年航空磁测数据表明，湖山铀矿探矿权北端砂砾平原之下的达马拉地层本质上与北边的罗辛矿地区地层相似。因此，探矿权北端被认为是一个重要的浅色花岗岩型铀矿化

勘探靶区，进一步铀矿勘查工作就此展开（见图 1.1.1）。

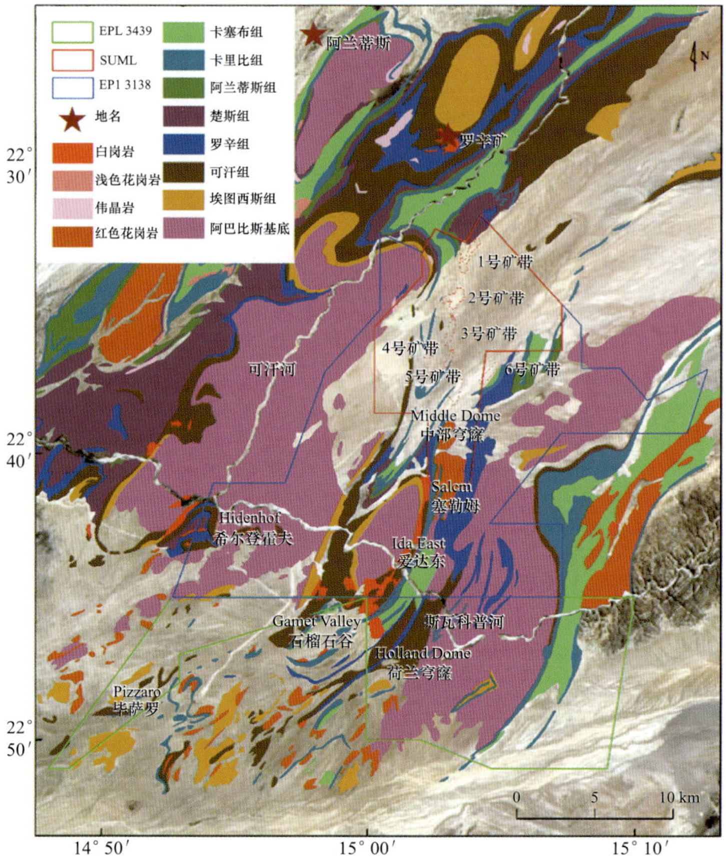

图 1.1.1　湖山铀矿项目各铀矿床（点）及勘探权区、采矿权区分布

最初的钻探工作始于 2007 年 4 月，目的是确定可汗组和罗辛组接触带的不整合面是否有浅色花岗岩（白岗岩）侵入。为了试验勘探模型，设置 4 条勘探线，间距 1.6 km、垂直钻孔、孔间距 80 m，覆盖北东向的地磁数据低值区（解译为罗辛矿含矿地层的延伸带）。

2007 年年底，勘探线 7 506 000 mN 上的 3 个钻孔验证了勘探模型，揭穿的异常铀矿化与含灰色石英的蚀变浅色花岗岩有关，铀矿化位于覆盖层 40 m 之下。2007 年年底继续进行反循环钻斜孔作业，贯穿大范围的白岗岩铀矿化区域。

2008 年年初的化学分析结果进一步证实了新发现的白岗岩型铀矿。在此基础上，迅速圈定了重点勘查的找矿靶区。靶区内共布设了 117 条勘探线，共计 15 km 长。至 2010 年 8 月，共计完成约 40 万 m 的钻探工作量，其中大部分为反循环钻孔，少部分为金刚石钻孔。勘探线工程间距 25～1 600 m，钻孔间距 25～100 m。经过钻探，发现了 1、2、3、4、5 号矿带等共 5 个矿带（见图 1.1.2）。1 号矿带查明沿走向延伸约 2 500 m（7504900N 线至 7507400N 线），2 号矿带沿走向延伸约 2 500 m（7502400N 线至 7504900N 线），3 号矿带沿走向延伸约 2 000 m（7500400N 线至 7502400N 线），4 号矿带沿走向延伸约 1 200 m（7490400N 线至 750600N 线），5 号矿带沿走向延伸约 1 000 m；证实了一个近南北延伸、基本连续的大规模铀矿化带，累计走向长度约 9.4 km，资源潜力十分可观。

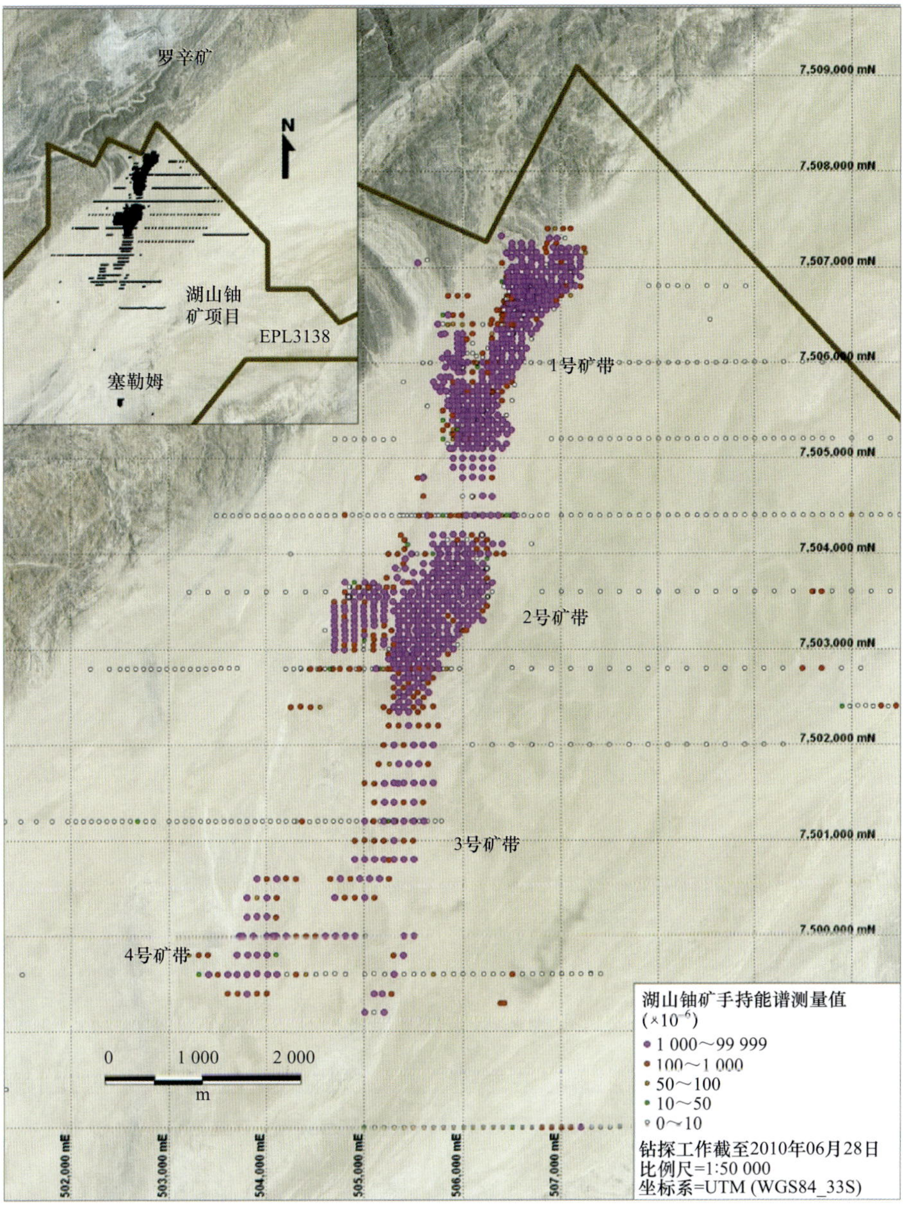

图 1.1.2　湖山铀矿床施工钻孔分布

2010 年之后勘探工作继续进行，2012 年由澳大利亚 Coffey 咨询公司完成资源评估确定了最终的铀资源量，湖山铀矿铀资源规模接近 30 万 t U_3O_8，平均品位 233×10^{-6}，其中首期开发资源量近 23 万 t U_3O_8，平均品位 453×10^{-6}，成为十多年来世界铀矿勘查的重大发现之一！

1.2 项目自然地理状况

1.2.1 项目位置

湖山铀矿项目位于纳米比亚西部的纳米布沙漠地区，北距罗辛铀矿床约 8 km，包括 2 个独家勘探权（编号 EPL3138 和 EPL3439）和 1 个采矿权（编号 ML171），矿权区总面积约 637 km^2，其中 ML171 采矿权位于 EPL3138 勘探权北部，面积约为 100 km^2（见图 1.2.1）。

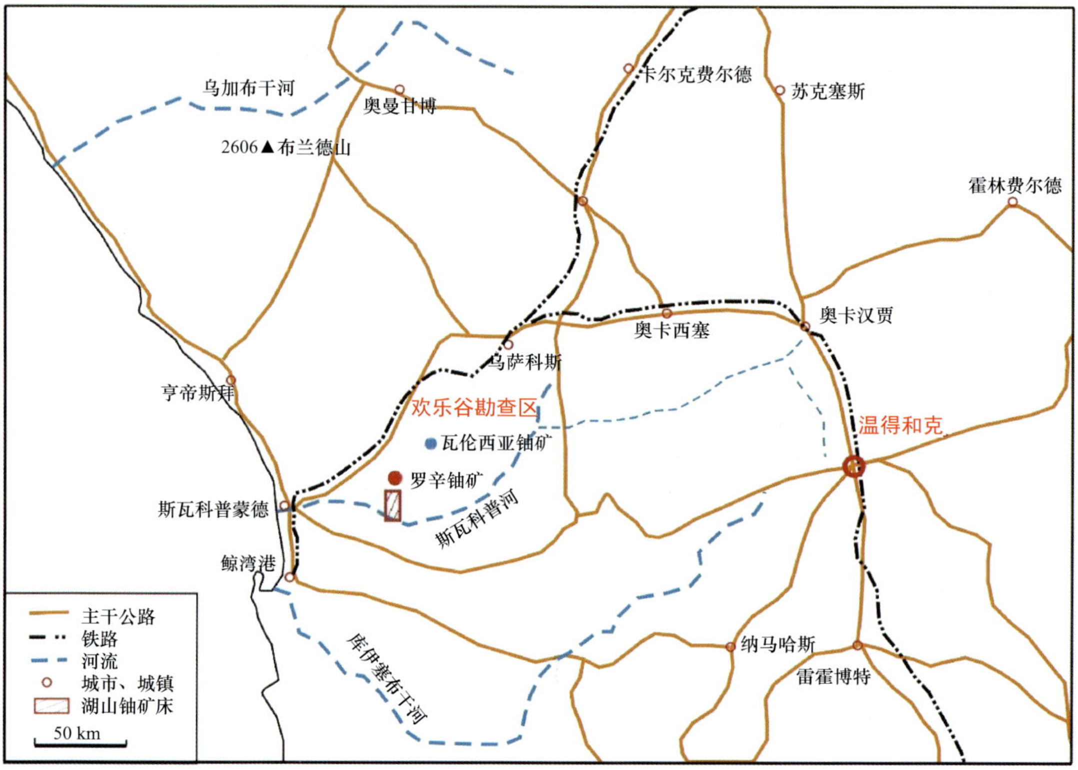

图 1.2.1 湖山铀矿交通位置示意图

湖山铀矿位于纳米比亚中西部埃龙戈（Erongo）行政区斯瓦科普蒙德市以东约 60 km，西南距西南非洲最大的深水港——鲸湾港 90 km，东距首都温得和克 200 km（见图 1.2.1）。铀矿西侧有鲸湾港—斯瓦科普蒙德—温得和克主干公路（B2）和铁路通过。主干公路自建有沥青道路直达湖山铀矿，矿区内有自建道路通行，交通便利。

1.2.2 自然地理

纳米比亚全国大部分地区为高原，海拔 1 000～2 000 m（首都温得和克海拔 1 700 m）。大部分地区气候属于亚热带干旱、半干旱气候，西南部干旱少雨，东北部则降水较多，年降水量从西南到东北从 10 mm 增至 700 mm。年平均气温 18～22 ℃，分春（9—11 月）、夏（12—2 月）、秋（3—5 月）、冬（6—8 月）四季，雨季集中在 1—3 月，多为突发雷阵雨；终年温和，温差变化不大。

项目所在地区为干旱温和的沙漠气候，降雨稀少，强降雨（降雨量大于 20 mm）偶尔发生，年平均降雨量只有 10 mm。项目区域位于大西洋沿岸雾区外围，夏天平均温度超过 25 ℃，最高温度可达 40 ℃；冬天温度相对温和，早晚凉爽，日最高温度约为 20 ℃。季风一般来自大西洋，以西南风为主，偶尔有来自内陆的强东北风，会带来高温、沙尘天气。气候对项目工作影响不大，在东风季节时出现的沙尘暴会影响现场的生产、生活。

湖山铀矿地表以平坦的沙漠平原为特征，平原上生长有稀疏的植被，其下为 0～60 m 厚的砂砾和粗砂覆盖（见图 1.2.2）。项目西侧受可汗河影响，沿北东向暴露出高低不平的冲沟，有岩层出露。

图 1.2.2　湖山铀矿工作区地形地貌

位于探矿权 EPL 3138 东部的湖山群以崎岖的小山链为特征，出露斯瓦科普群组岩石，从南边的 Witpoortberg 延伸经过 Husaberg，到 Marmor Pforte 再到北边的 Chuosberg。这些小山脉和可汗河之间为较广阔的内陆山区平原，该平原上除了偶尔出现的小山丘外，大部分地势起伏较小，地表为典型的沙漠风蚀地貌，由钙质胶结的地表砂和粗砂组成，局部有岩层出露（见图 1.2.2）。

项目西侧的可汗河为斯瓦科普河的支流，可汗河向南东延伸汇入斯瓦科普河，斯瓦科普河再向西延伸连接大西洋。两条河流基本为干河，偶有在上游或沿河流域内发生大规模降水时可见河谷有洪水通过，但一般会很快断流。河谷多为沙漠地貌，局部区域因地下水较浅或为地下水排水通道，地表植被茂盛，建有农场或牧场。

1.2.3　经济状况

纳米比亚国土面积约 82.43 万 km^2，人口约 253 万（2018 年）。经济以矿业、渔业和农牧业为支柱产业，近年来旅游业发展迅速，实行混合经济体制，私人资本、外国资本和国有资本为国民经济主体。政府强调与私营经济部门建立合作伙伴关系，制定优惠政策，大力吸引外资进入，经济运行总体平稳，人均 GDP 为 5 505 美元（2018 年），在非洲国家中排第七位。

纳米比亚工业不发达，仅在食品饮料、纺织服装、皮革加工、木材加工和建材化工等方面有小规模的私人企业；矿业是纳米比亚传统支柱产业，90%的矿产品出口。电力供应主要从南非和博茨瓦纳进口，基本能够满足需求。

1.3 铀矿地质概况

1.3.1 区域地质概况

（1）区域构造背景

纳米比亚大地构造单元可分成三大块体，北部为刚果（Congo）克拉通，东南部为卡拉哈里（Kalahari）克拉通，西部和中部为达马拉造山带（见图 1.3.1）。

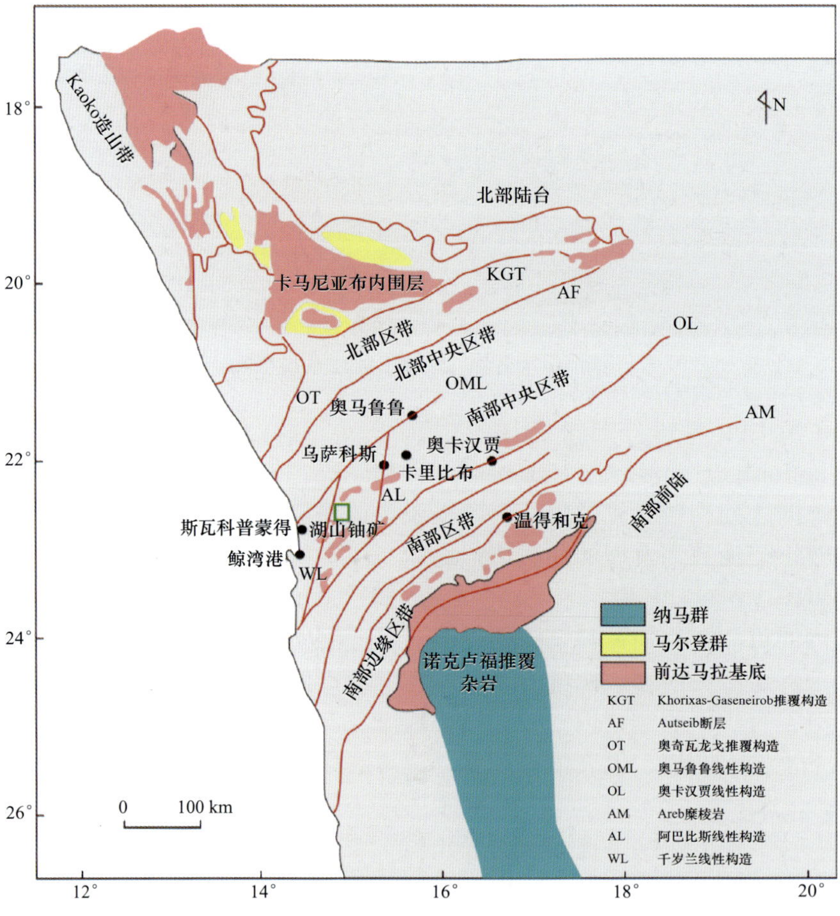

图 1.3.1 湖山铀矿区大地构造位置及湖山铀矿位置（据 Miller，2008）

下段厚度为 0～29.61 m，由大理岩、钙质硅酸岩、黑云母片岩、绿泥石片岩组成。大理岩呈灰－灰绿色，细晶－中晶结构，块状构造，主要成分为方解石，可见有条带状、斑点状绿泥石化。钙质硅酸盐为灰绿－绿色，等粒变晶结构，块状构造，主要成分为绿帘石、透闪石、辉石等。钙质硅酸岩与其他岩石接触部位多发育黄铁矿脉，脉宽 0.1～13 cm 不等，黄铁矿结晶程度高。黑云母片岩为鳞片粒状变晶结构，条带状构造，主要成分为石英、长石、黑云母等，可见有条带状绿泥石化。绿泥石片岩呈灰绿色，鳞片粒状变晶结构，条带状构造，主要成分为石英、长石、绿泥石等，岩石蚀变较强，推测为黑云母片岩绿泥石化所致。罗辛组原岩从重力沉积岩至化学沉积岩，岩石化学成分差异大，岩石物理性能各异，是成矿的有利围岩，变质程度达中角闪岩相。与上覆楚斯组（NCh）呈角度不整合接触。

3）楚斯组（NCh）

楚斯组厚度为 20～290.4 m，在整个湖山背斜均有出露，在核部及西翼地层较薄，东翼较厚。上段主要为灰黑色黑云母片岩，鳞片变晶粒状结构，条带状构造，主要成分为石英、长石、黑云母等。中段主要岩性为灰色－浅红色花岗质片麻岩，不等粒变晶结构，片麻状构造，主要成分为石英、斜长石、微斜长石、黑云母等。蚀变弱，硅化强，可见石英顺层呈条带状分布。下段岩性主要为破碎状黑云母片岩，呈灰黑色，鳞片粒状变晶结构，片麻状构造，主要成分为石英、长石、黑云母等，可见有石英砾石夹杂，推测为含砾泥岩或含砾粉砂岩原岩中的砾石硅化重结晶所致。整套地层变质程度达角闪岩相。与上覆阿兰蒂斯组（NAr）整合接触。

4）阿兰蒂斯组（NAr）

阿兰蒂斯组出露于湖山背斜两翼，厚度为 0～194 m。西翼出露较少，东翼较多，尤其是东北向靠近 1 号矿带较为发育。主要岩性为堇青石片麻岩夹片麻岩及黑云母片岩。呈灰黑色，鳞片粒状变晶结构，片麻状、条带状构造，主要成分为石英、长石、黑云母等，豆荚状石英构造明显，局部红色石榴石呈团块状、斑状分布。黄铁矿化明显，呈星点状，细脉状分布。绿泥石化沿层里面发育，局部呈环状分布。与上覆卡里比组（NKb）整合接触。

5）卡里比组（NKb）

卡里比组主要出露于湖山背斜两翼，厚度为 0～235 m。西翼出露较少，东翼较多，尤其是东翼外围厚度较大。主要岩性为白云质大理岩、大理岩夹黑云母片麻岩和混合岩化片麻岩。灰白色－土黄色，细晶－中粗晶结构，块状构造，主要成分为方解石。原岩为白云质灰岩、砂质泥岩和泥质粉砂岩，变质程度达角闪岩相。发育有绿泥石化、高岭土化。与上覆卡塞布组（NKs）整合接触。

6）卡塞布组（NKs）

卡塞布组厚度为 0～118.32 m，主要出露于湖山背斜东翼，上段主要为灰黑色堇青石石榴子石片麻岩，鳞片粒状变晶结构，具有片状构造，条带状构造，主要成分为长石、石英、黑云母等，以含天蓝色堇青石及红色石榴子石颗粒或集合体为主要特征，豆荚状构造明显，可见绿泥石化顺层分布。局部夹钙硅质岩，粒状变晶结构，块状构造，主要成分为绿帘石、透闪石、辉石等。下段主要为灰黑色黑云母片岩及含砾片麻岩，鳞片粒状变晶结构，具有片状构造，条带状构造，主要成分为石英、长石、黑云母等。石英顺层呈条带状，豆荚状分布。

整套地层黑云母占 10%～20%，原岩为泥质砂岩和泥质粉砂岩，变质程度达中角闪岩相。

与上覆第四系呈不整合接触。

7）第四系（Q）

第四系厚度为 0～89 m，主要为松散砂、砾石层及钙质结砾岩。砾石粒径不等，细–中–粗砾皆有，磨圆度好，主要为石英及燧石。钙质结砾岩主要分布在 45～75 m 范围内，胶结物主要为钙质，可见方解石及石膏等。

（2）矿区构造

湖山铀矿区主体构造为一组北北东向–北东向的区域倒转背斜和向斜，组成了整个达马拉中心部位主体地层格架（见图 1.3.5）；在穹窿构造翼部，常伴随有断裂，这些断裂一般都切穿了所有产铀白岗岩体，矿化富集部位受构造控制明显。2 号矿带所在的湖山背斜为埃图西斯复式背斜南东翼的一个次级褶皱，基本控制着工作区地层展布、岩体及矿体的空间分布。该背斜总体轴向北北东向，区内长约 2 km，向南倾伏。背斜轴向为 25°，轴面倾向南东，倾角 65° 左右，沿背斜两翼有花岗岩体侵入，核部为可汗组，两翼由罗辛组、楚斯组等构成。南东翼较陡，倾角 35°～55°，北西翼较缓，倾角为 15°～25°。两翼及转折端为铀矿体的赋存部位。

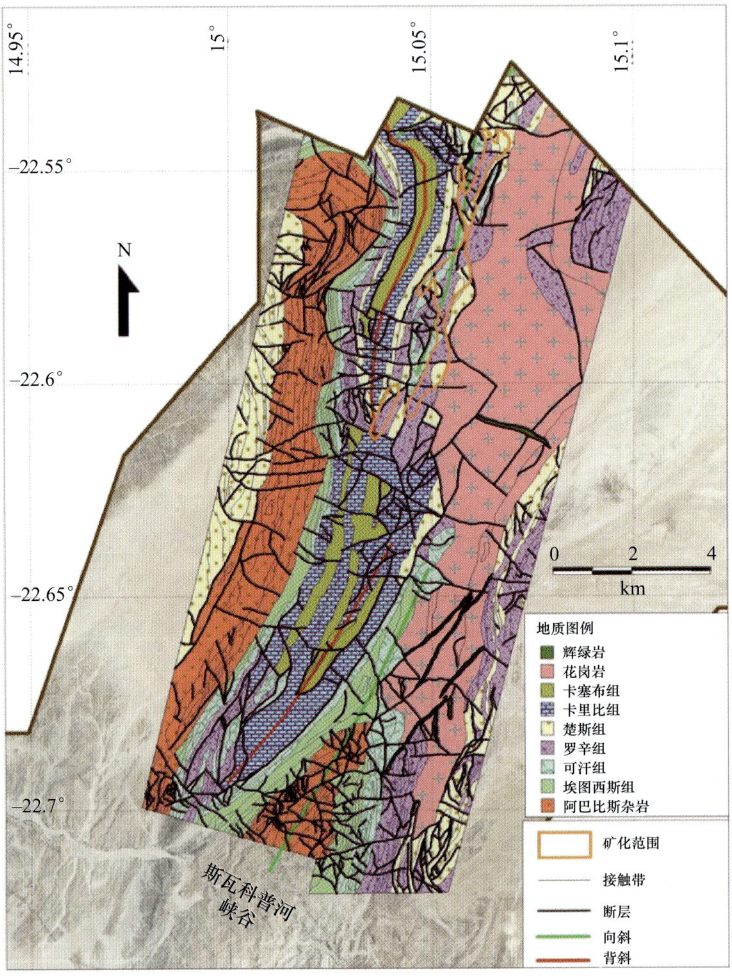

图 1.3.5 湖山铀矿构造

（3）岩浆岩

区内岩浆岩发育，主要出露于2号矿带工作区东部，主要为侵入位于卡塞布组顶部的灰色花岗岩及侵入在罗辛组、楚斯组及可汗组岩层中的白岗岩。白岗岩规模大，常以北东向延伸的岩株产出，是矿床的成矿主岩。

根据花岗岩的产状、结构构造、矿物成分，对照区域白岗岩（浅白色花岗岩）类型划分，分别将其划分为A型花岗岩、B型花岗岩、C型花岗岩、D型花岗岩、E型花岗岩、F型花岗岩（见表1.3.3）。铀矿化与D型花岗岩、E型花岗岩及F型花岗岩有关。

表1.3.3　湖山铀矿不同类型白岗岩野外地质特征表（高阳，2012）

白岗岩类型	颜色	结构	野外矿物鉴别特征	常侵入层位
A	浅灰白至淡红色	细粒到中粒结构	以白色长石为主	可汗组
B	白色	细粒到伟晶结构	含有石榴子石、电气石和黑云母	楚斯组 卡里比组
C	白到浅粉红色	中粒至伟晶结构	石英洁净，含有磁铁矿、褐铁矿和电气石	可汗组
D	白色	中粗粒结构	发育原生铀矿化，白色长石，烟灰色石英，表面可见β硅钙铀矿	罗辛组 可汗组 楚斯组
E	红到粉红色， 有氧化晕圈	细粒至伟晶结构	与D型相似，或者全部由烟灰色/黑色石英和粉红色长石构成	可汗组 罗辛组
F	红色	粗粒至伟晶结构	红色的粗粒－伟晶状钾长石，乳白色石英，副矿物为磁铁矿和褐铁矿	可汗组

1）A型花岗岩

A型花岗岩在六类白岗岩中形成时间相对最早，为浅灰白－淡红色，中细粒，呈现糖粒状结构，块状构造，岩石塑性变形发育，部分A型白岗岩中黑云母的定向作用显示了片理构造（见图1.3.6）。岩石主要由石英（20%～35%）、钾长石（30%～55%）、斜长石（15%～35%）、黑云母（<3%）组成，含有少量白云母。岩石中的副矿物为锆石、磷灰石，还有少量的绿帘石及针铁矿等不透明矿物（见图1.3.6）。

图1.3.6　A型白岗岩

图1.3.7　B型白岗岩

图 1.3.8　C 型白岗岩

图 1.3.9　D 型白岗岩

图 1.3.10　E 型白岗岩

图 1.3.11　F 型白岗岩

2）B 型花岗岩

B 型花岗岩侵入在罗辛组岩层中，主要沿碎裂的石英片岩侵入，交代同化石英片岩。脉岩规模较大，宽 5～10 m，断续长达 1 000 m 以上。灰白色，地表呈浅肉红色，中细粒花岗结构–变晶结构，块状构造。主要矿物成分：石英，他形粒状，含量约占 30%，有些部位占 70%；长石，晶体粒径 2～4 mm，含量一般占 65%～70%，有些部位仅占 30%；黑云母含量约占 2%；副矿物为石榴子石和赤铁矿（见图 1.3.7）。

3）C 型花岗岩

C 型花岗岩侵入在可汗组岩层中，主要沿岩石片理面、片麻理面侵入，与围岩侵入接触关系明显，沿脉多，规模大小不一。岩性特征：灰白色–浅肉红色，中粒花岗岩结构，块状构造；矿物成分：长石，晶体粒径 3～5 mm，含量约 75%；石英，晶体粒径 2～4 mm，含量约占 23%；黑云母，含量约 2%；副矿物主要为磁铁矿、赤铁矿、电气石（见图 1.3.8）。

4）D 型花岗岩

D 型花岗岩是矿床的含矿主岩。侵入的层位有楚斯组、罗辛组，脉体规模大小不一，大者宽 100 m，长 400 m，呈岩株出现，小者宽 1 m，长不足 20 m。主要含矿脉岩呈脉状、似层状，长度和延伸较大。岩性特征：灰白色–浅肉红色，粗粒花岗结构–花岗伟晶结构，块状构造；矿物成分：长石，含量变化较大，40%～90%，一般在 75%左右，部分发生高岭石化和伊利石化蚀变；石英含量一般在 24%左右，在矿化较好地段，石英含量可达 50%～

60%，且颜色变为烟灰色；黑云母含量约 1%；脉体中常见结晶分异出来的石英团块，石英团块中可见自形程度高的晶簇状电气石；晶质铀矿以副矿物的形式存在于脉岩之中（见图 1.3.9）。

5）E 型花岗岩

E 型花岗岩是矿床的次要含矿岩石。侵入的层位有可汗组、楚斯组、罗辛组，主要产出于罗辛组底部和可汗组上部。含矿岩石主要呈似层状与脉状产出，品位较低，厚度为 3～28 m，通常作为罗辛组结束进入可汗组的标志性岩石。颜色为红色到粉红色，粗粒花岗结构 – 花岗伟晶结构，矿物成分与 D 型相似，或全部由烟灰色石英和粉红色长石构成（见图 1.3.10）。

6）F 型花岗岩

F 型花岗岩侵入在花岗岩内外接触带，形态不规则，产状多变，透镜状为主，规模较小，一般宽 2～10 m，长 10～100 m。岩性特征：灰白色，花岗伟晶结构，块状构造。矿物成分：长石，晶体粒径一般大于 20 mm，含量约占 70%；石英，常呈团块状产出，在岩石中含量约占 27%；黑云母，晶体片径大于 30 mm，常在石英团块的边部集中产出，含量约占 3%；电气石以副矿物形式存在于石英团块和黑云母团块中。脉岩中发现铀矿化（见图 1.3.11）。

（4）蚀变与矿化特征

矿床范围内主要的蚀变类型有高岭石化、伊利石化、硅化、黄铁矿化以及绿泥石/绿帘石化等。

1）高岭石化

该蚀变主要发育在花岗岩和花岗伟晶岩中，长石蚀变生成高岭石和伊利石并呈长石假象分布在花岗岩中。当遇后期构造破碎时，高岭石常常水解变为白色高岭土（见图 1.3.12）。

图 1.3.12 湖山铀矿 HUDD469 孔 561～562 m 处高岭土化

2）伊利石化

主要发育在矿化花岗岩和花岗伟晶岩中，表现为长石、黑云母等矿物蚀变生成淡绿色伊利石，呈长石假象分布在花岗岩中（见图 1.3.13）。

图 1.3.13　湖山铀矿 HUDD456 孔 444～445 m 处硅化（烟灰色石英）、伊利石化富矿白岗岩

3）硅化

矿床中的硅化比较普遍，主要表现为烟灰色石英交代长石等矿物，使正常的灰白色花岗岩变为灰色，甚至灰黑色（见图 1.3.13），其他矿物含量急剧减少，常伴生高岭石化、伊利石化和黄铁矿化；另外在微斜长石的边部也出现次生的石英晶体和钠长石晶体。

4）黄铁矿化

矿床中黄铁矿化分布局限，主要位于阿兰蒂斯组与罗辛组，黄铁矿以两种不同的形式存在，一是呈星散状分布于强硅化花岗岩脉体及接触带附近，晶型完好，自形程度高；二是以细脉状穿插在花岗岩的裂隙中。

5）绿泥石/绿帘石化

绿泥石/绿帘石化主要发育在片麻岩和黑云母片岩中，表现为黑云母等矿物蚀变为草绿色绿泥石，是矿床中最为普遍的蚀变现象（见图 1.3.14）。绿帘石化主要发育于片麻岩和黑云母片岩及大理岩中，单独发现较少，多与绿泥石化伴生出现（见图 1.3.15）。

图 1.3.14　湖山铀矿片麻岩中的绿泥石化

图 1.3.15 湖山铀矿大理岩中的绿帘石化

（5）蚀变分布规律及与矿化关系

高岭石化蚀变为最大范围的蚀变，在含矿主岩白岗岩和花岗伟晶岩中普遍可见，分布范围广，具面状特征，不同部位只是发育强弱不同。

硅化、伊利石化是矿化蚀变。矿化白岗岩均有不同程度的烟灰色石英和淡绿色伊利石出现，不含矿的白岗岩少见烟灰色石英和伊利石化，呈正常的灰白色花岗岩。

黄铁矿化蚀变是富矿的指示性蚀变。黄铁矿化蚀变多发育在富矿部位，并常见岩石的破碎、碎裂，黄铁矿呈星点状散布在其他矿物之间，或呈细脉充填在裂隙中。高岭石化、伊利石化、硅化、黄铁矿化蚀变叠加地段一般是富矿部位，蚀变越强矿化越富。

（6）矿体地质

矿区内主要含矿地层为罗辛组，部分矿体出现于楚斯组、阿兰蒂斯组以及卡里比组等地层。含矿主岩为白岗岩，另在含矿白岗岩与片岩、片麻岩接触部位一般发育几厘米到几十厘米宽的混染带，使岩脉与围岩界限模糊，混染带中黑云母明显增多，常常发育铀矿化。不同地层围岩略有不同，卡里比组含矿岩性主要为大理岩、钙质硅酸岩，与围岩岩性相差不大。阿兰蒂斯组的围岩主要为片岩、片麻岩。楚斯组围岩主要为黑云母片岩、花岗片麻岩。罗辛组围岩主要为堇青石片麻岩、黑云母片岩等。岩石的热液蚀变较强，具有明显的硅化、高岭石化、伊利石化、绿泥石化、绿帘石化，金属矿化以黄铁矿化为主，局部可见磁铁矿化、褐铁矿化。

矿区内矿体形态较为复杂，受地层和构造控制，产状与地层产状基本一致，矿体沿走向、倾向有分枝、复合、尖灭再现、膨大缩小现象。

1）1、2 号矿带

1 号矿带的地质构造为南倾背斜型构造，可汗组的片麻岩上覆盖有罗辛组变质沉积物和蚀变的钙质硅酸盐岩的混合物，罗辛组上覆楚斯组的黑云母片岩和片麻岩。白岗岩岩体通常发育次平行叶理，这种现象可在 1 号矿带南端的岩心和露头处观察到。1 号矿带矿化岩体主要侵入于湖山北部穹窿的东翼，少量矿体在南部呈钩状分布于穹窿的转折端和西翼，矿体走向变化于 0°～20°，倾角变化于 35°～80°（见图 1.3.16）。

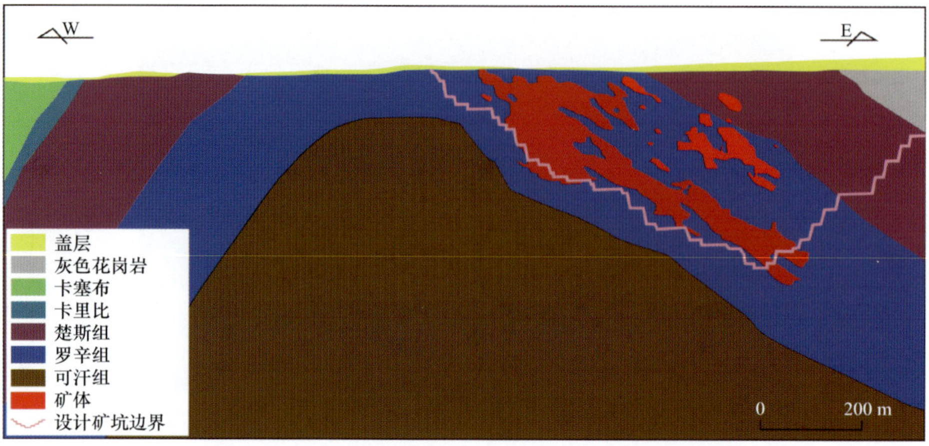

图 1.3.16 湖山铀矿 1 号矿带 22.544° E 地质剖面图

2 号矿带矿化岩体呈近似平整的鞍型侵入于湖山南部穹窿，矿体主要侵入于穹窿北部区域的转折端及两翼，矿体的走向变化于 30°～170°，矿体的倾角较 1 号矿带缓，多变化于 5°～30°（见图 1.3.17）。

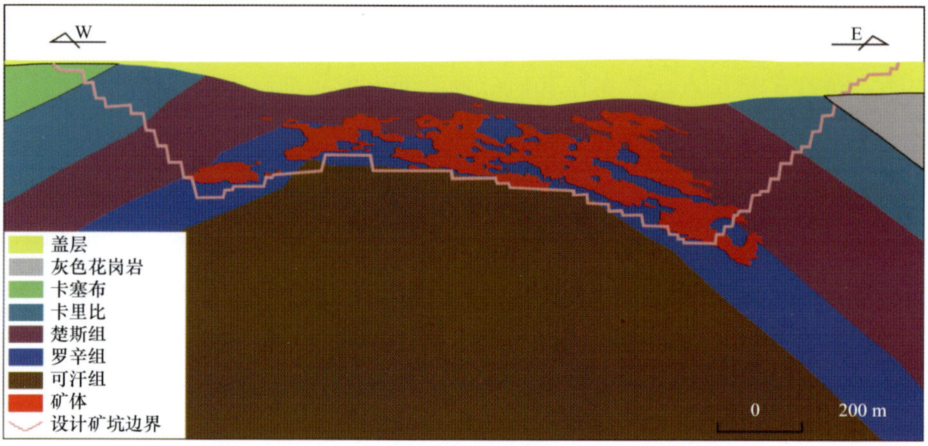

图 1.3.17 湖山铀矿 2 号矿带 22.575° E 地质剖面图

1、2 号矿带的矿体圈定以钻孔岩性编录结果为基础，以白岗岩分布模型和地层产状为依据，以 75×10^{-6} 作为矿化区域边界品位，最终确定矿石/废石界线并圈定矿体。

1 号矿带圈定的矿体厚度从 3～145 m 不等，平均厚度为 23 m；共有 42 个矿体，沿走向长度 125～1 100 m，沿倾向方向埋深 50～500 m。

2 号矿带圈定的矿体厚度 3～82 m，平均厚度为 19 m；共有 29 个矿体，沿走向长度约 1 200 m，沿倾向方向埋深 70～600 m。

2）3、4、5 号矿带

3、4、5 号矿带位于湖山铀矿主矿体的南部延伸带内，共计施工勘查钻孔 415 个，累计进尺 78 191 m（见图 1.3.18）。

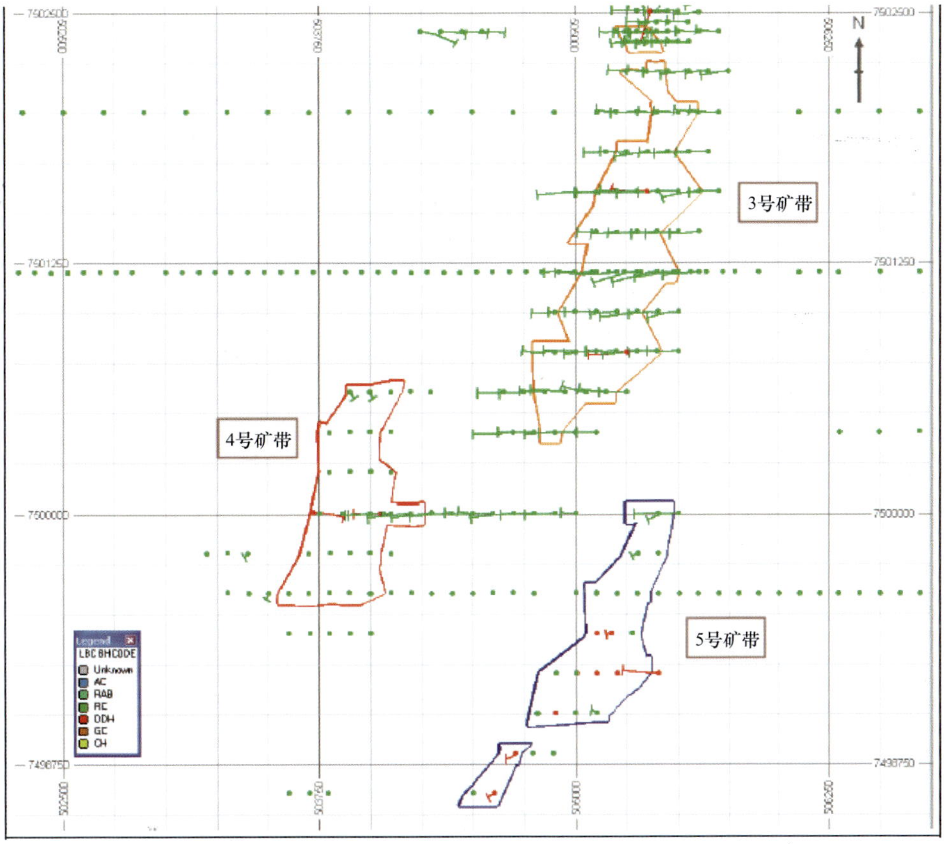

图 1.3.18　湖山铀矿 3、4、5 号矿带矿体平面展布图

3、4 号矿带矿体倾向北东，厚度为 3～79 m，平均厚度为 16 m；5 号矿带矿体倾向北北东，厚度为 2～30 m。3 个矿体平面分布形态基本一致，总体呈南—北向延伸，沿走向延伸约 1 300 m，沿倾向延伸 100～400 m。

3）其他矿带

湖山铀矿除 1～5 号矿带，勘探权区内爱达穹窿区域的地勘工作始于 2006 年，开展了航空放射性测量、航磁测量、地面放射性测量、地表露头调查、刻槽取样等工作，发现呈北东—南西向延伸近 10 km 长的铀异常带，其南西为 Reptile 铀业公司的 INCA 铀矿床。随后的大间距钻探工作陆续揭露荷兰穹窿、石榴石谷和爱达中心 + 爱达东等几个铀矿床（见图 1.3.19 和图 1.3.20）。

爱达穹窿地区发育的地层与罗辛矿床的类似，阿巴比斯组杂岩体和埃图西斯组在穹窿的核部出露，罗辛组大理岩和可汗组片麻岩主要出露于穹窿的东部，且上可汗组的片麻岩发生有明显的铜矿化。在穹窿的南部和东南部因产生紧闭褶皱，使该地区的罗辛组和可汗组地层增厚或重复出现。矿化白岗岩侵入于此处罗辛组和可汗组的接触带，主要就位于可汗组的片麻岩中。该矿床发育的近南北向断裂，使铀发生活化运移，在地层表面及断层接触面上产生板菱铀矿和脂铅铀矿等次生铀矿物进行叠加富集。

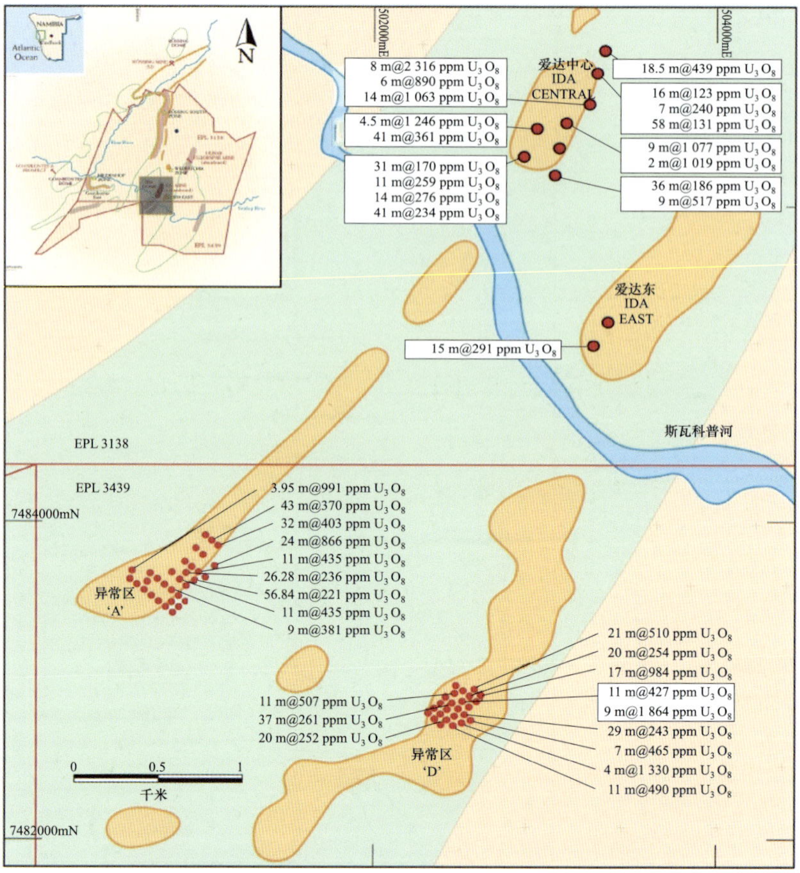

图 1.3.19　湖山铀矿爱达穹窿地区铀矿化分布

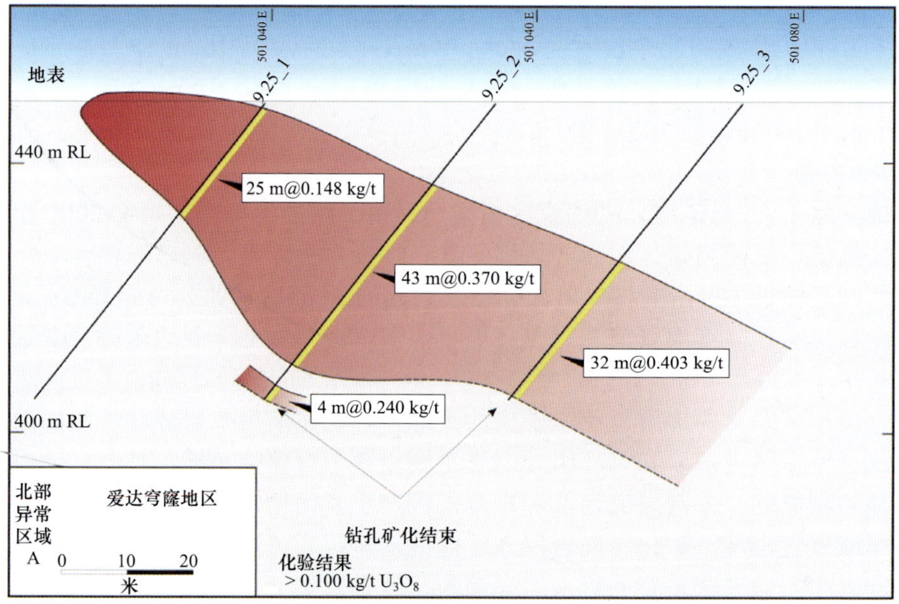

图 1.3.20　湖山铀矿爱达穹窿地区铀矿体勘探线剖面

（7）主要含矿岩石和围岩

1）含矿主岩

在楚斯组及罗辛组等含矿层中，含矿主岩主要为白岗岩和少量花岗伟晶岩，另在含矿白岗岩与片岩、片麻岩接触部位一般发育几厘米到几十厘米宽的混染带，使岩脉与围岩界限模糊，混染带中黑云母明显增多，常常发育铀矿化，铀矿化强度与黑云母含量有一定的正相关关系，但仅限于脉体两侧几十厘米范围内，有时含在铀矿化脉体中的围岩残留体也发育铀矿化，厚度可达数米。在覆盖层中可在局部的钙质结砾岩中发育有铀矿化。在卡里比组的大理岩及钙质硅酸盐中发育有少量铀矿化。

2）矿化围岩

不同层位矿体围岩不同：卡里比组含矿岩石主要为大理岩、钙质硅酸盐岩，与围岩岩性相差不大；阿兰蒂斯组主要为片岩、片麻岩；楚斯组主要为黑云母片岩、花岗片麻岩；罗辛组主要为堇青石片麻岩、黑云母片岩等。

（8）铀矿物

湖山铀矿的矿石类型简单，为铀－高硅酸盐岩型矿石，SiO_2 含量大于 70%，矿石主要由石英、长石和黑云母等硅酸盐矿物组成，其他矿物少量，碳酸盐矿物极少见到。

1）矿石结构、构造

矿石的结构较为简单，主要有自形粒状结构，少量具碎裂结构；构造以块状构造为主，少数为角砾状构造和网脉状构造等。

2）矿石物质组分

① 主要铀矿物

主要原生铀矿物以晶质铀矿为主，大部分呈较好的自形程度高的晶体单颗粒，有的晶质铀矿粒径较大，在后期出现不同程度的碎裂（见图 1.3.21 和图 1.3.22）、溶蚀等现象。常被造岩矿物如斜长石、黑云母包裹，镜下观察晶质铀矿与黑云母、长石矿物接触部位易形成放射晕圈，为其明显的鉴定特征。

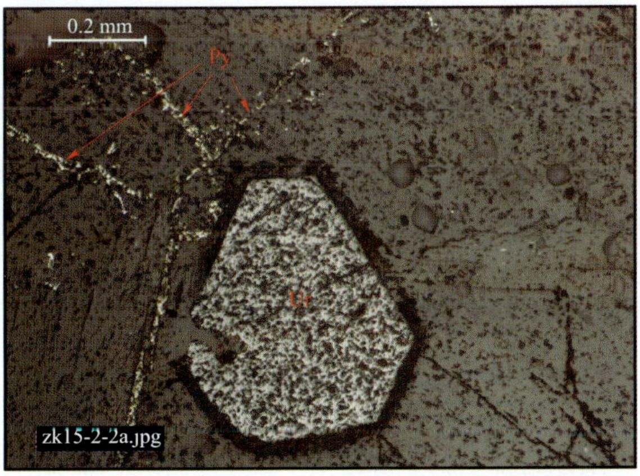

图 1.3.21　湖山铀矿自形程度高的晶质铀矿（Ur），附近有黄铁矿脉（Py）（反射光）

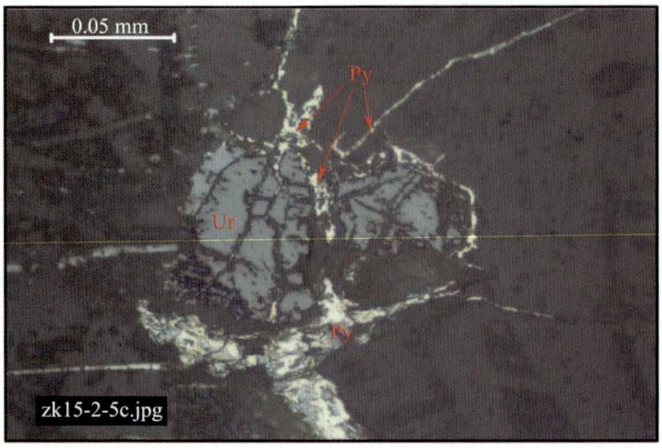

图 1.3.22　湖山铀矿晶质图铀矿（Ur）后期发生碎裂，裂隙中充填着黄铁矿（Py）脉（反射光）

② 次要铀矿物及含铀矿物

次要铀矿物及含铀矿物主要有铀钍矿、铀石、铀钍石、钛铀矿和硅钙铀矿，有时含少量的独居石、磷钇矿等含铀矿物，后者以副矿物的形式存在于 D 型花岗岩脉中。

a. 钍铀矿

钍铀矿为富含钍的晶质铀矿（见图 1.3.23）。多与晶质铀矿、铀石共同出现，电子探针观察中，钍铀矿的反射色较晶质铀矿低，但高于铀石的反射色。

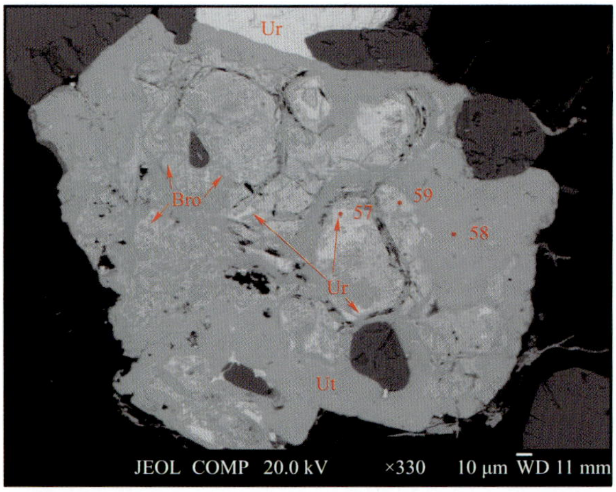

图 1.3.23　铀钍石（Ut）中包含钍铀矿（Bro）残余，
钍铀矿内包含着晶质铀矿（Ur）残余（电子探针图，点号为探针点）

b. 铀石

铀石是以 U^{4+}和 SiO_4^{4-}为主要成分的化合物，在电子探针测量后，铀石中总量往往达不到 100%，这是因为铀石中含有一部分水存在。铀石分为两种，一种具有较好的晶形，晶体呈粒状；另一种呈细脉状围绕在原铀矿物周围，或与伊利石、黄铁矿、碳酸盐等共生（见图 1.3.24）。在电子探针结果中发现，铀石中都包含钍，有的钍含量较高。

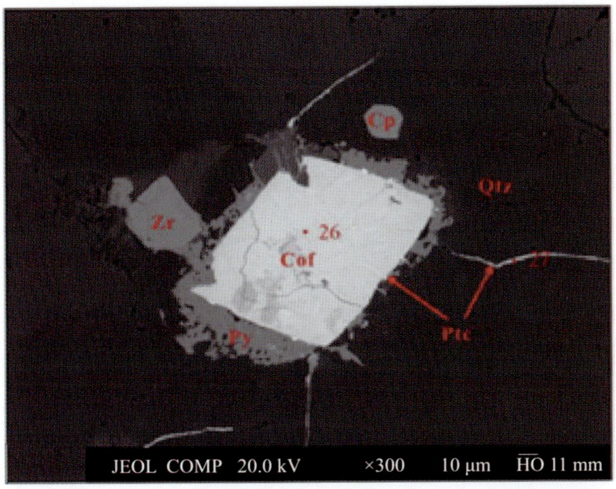

图 1.3.24　自形铀石（Cof）被黄铁矿（Py）包围，周围石英（Qtz）中见有沥青铀矿脉（Ptc）（电子探针背散射图）

c. 铀钍石

铀钍石为富含铀的钍石（见图 1.3.23）。该地区存在较多的钍石，在显微观察中发现铀钍石内部成分不均一，造成明显的色差，经过电子探针研究，这种情况是由于铀钍石中铀钍含量不同造成，部分铀钍石中铀的含量较高，达到 35%。

d. 钛铀矿

钛铀矿仅在局部少量存在，与晶质铀矿共同出现。该地区岩石中含有许多含钛的副矿物，如金红石、锐钛矿。

e. 硅钙铀矿

在地表及近地表可见，镜下观察，硅钙铀矿主要以集合体的形式存在，集合体呈放射状、束状和致密块状，以两种形式赋存：一种为保留原晶质铀矿形态、原地转变而来（见图 1.3.25），另一种为由晶质铀矿活化出的铀经过化学反应而沉淀，沿着岩石解理、矿物裂隙及粒间呈脉状、网脉状出现（见图 1.3.26）。

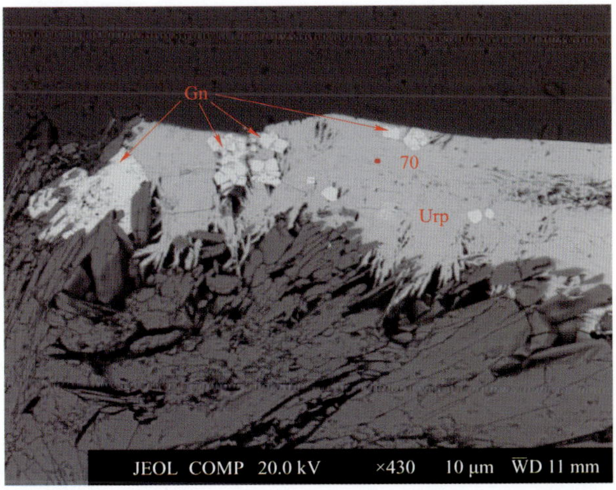

图 1.3.25　硅钙铀矿（Urp）与晶形较好的方铅矿（Gn）共生（电子探针图，点号为探针点）

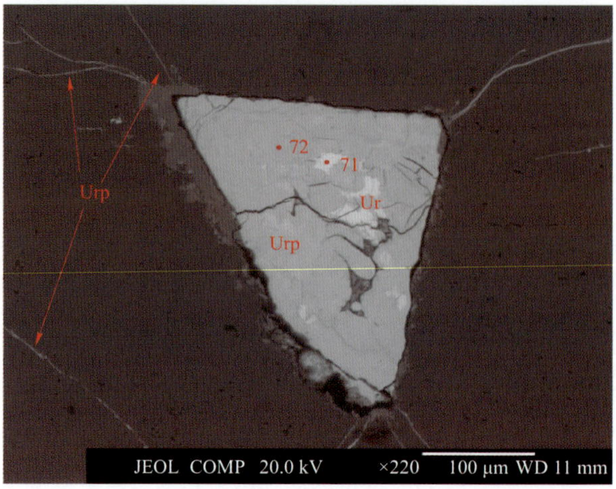

图 1.3.26 硅钙铀矿（Urp）交代晶质铀矿（Ur），使晶质铀矿呈交代残余状，缘裂隙中也充填着硅钙铀矿（电子探针图，点号为探针点）

3）矿石化学成分

① 常量元素

从铀矿石的化学分析结果看，矿石属于高硅富铝矿石，岩石全碱含量 1.4%～11.02%，平均值 7.49%，主体为碱性岩；成分 $Al_2O_3 > CaO + Na_2O + K_2O$，为过铝质岩，体现岩浆来源的壳源物质改造特点。

② 微量元素

铀矿石的各种微量元素含量均较低，无明显异常，均未达到综合利用价值。对铀矿水冶工艺有明显影响的 Nb 元素含量均低于花岗岩背景值 40×10^{-6}，对水冶工艺影响不大。U 与其他微量元素也无明显的相关性，无具备指示意义的微量元素。

4）脉石矿物

脉石矿物主要为石英、微斜长石、斜长石、黑云母和少量的绢云母、绿泥石、方解石、萤石、辉沸石等。

① 石英

石英为主要造岩矿物，含量 50%以上，最高达 90%，岩石中石英有乳白色和烟灰色两种，铀矿化富集的部位主要为烟灰色石英，但两种石英均普遍常见波状消光。

② 长石

长石主要有微斜长石、斜长石，含量 10%～45%，常见被钠长石交代，后期多发生高岭石化和伊利石化蚀变。微斜长石表面有条纹状钠长石，有时两个微斜长石搭界处发生钾长石对错交代，形成一些新生的钠长石，有时在新生的钠长石中出现蠕英石。

③ 黑云母

黑云母含量为 3%左右，鳞片状、粒状，在白岗岩与围岩接触带附近含量增多，在粗粒白岗岩和花岗伟晶岩中黑云母常形呈粗大的鳞片状、条带状、团块状（见图 1.3.27），往往黑云母多的部位铀含量增高。在强蚀变的烟灰色、灰色含黄铁矿白岗岩中黑云母含量明显减少，被高岭石、伊利石交代，局部可见白云母化和绿泥石化蚀变现象。

图 1.3.27　花岗伟晶岩中团块状黑云母

④ 其他金属矿物

其他金属矿物有黄铁矿、磁黄铁矿、赤铁矿、黄铜矿、辉钼矿等，均以细小的副矿物形式出现。

（9）矿床成因及找矿标志

1）成矿特征

根据上述铀矿床成矿地质特征及成矿地质条件分析，可以看出湖山铀矿的成矿具有以下特征：

① 矿床成矿受一定的地层（罗辛组、楚斯组）层位控制，矿体主要赋存在罗辛组、楚斯组下部，同时与一定的岩性（白岗岩）有关，矿体主要呈似层状、厚脉状、透镜状，呈相互近于平行的脉带展布。

② 构造运动使含矿地层产生裂隙，为岩浆迁移提供了一个重要的通道，也为后期热液成矿活动提供了导矿、容矿空间。

③ 矿体附近围岩蚀变较强，主要蚀变有硅化、伊利石化、高岭石化以及黄铁矿化等，其中硅化、伊利石化等热液蚀变主要出现在矿化富集部位。

④ 大理岩赋存的地层是矿床产出的有利层位，$CaCO_3$遇到岩浆和热液时容易与流体发生反应，释放出CO_2，CO_2是铀成矿的有利矿化剂，能够促使围岩中的铀活化迁移。

⑤ D、E 型白岗岩发育且直接控制了铀矿化，湖山铀矿的富铀白岗岩主要为 D 型白岗岩，少量为 E 型白岗岩，D、E 型白岗岩相对于其他类型的白岗岩表现出富铀贫钍的特征。

2）控矿因素分析

从矿床地质特征可以看出，铀矿体明显受岩性、地层、构造控制，成矿与热液活动关系密切，表明铀的富集是一个长期而复杂的过程，它取决于是否有适宜的成矿地质条件，以下就岩性、地层、构造、热液活动对铀成矿的控制作用作简要阐述。

① 岩性对成矿的控制作用

D、E 型白岗岩的发育直接控制了铀矿化，铀矿化主要发育在 D 型白岗岩中，少量产于 E 型白岗岩及其接触的变质岩围岩之中，在铀矿床中，矿体的产出部位基本上与 D、E 型白岗岩相对应。

② 地层对成矿的控制作用

含矿白岗岩主要侵入于罗辛组，楚斯组也有发育富铀席状白岗岩，因罗辛组存在着较强的不均一性，不同岩性界面是构造的薄弱带，诸如黑云母片岩、大理岩、钙硅质岩、堇青石片麻岩等夹层交互产出，为区域变形提供了有利的脆–塑性流变响应，从而易发生构造错移，甚至破碎，有利于白岗岩的侵入，为成矿形成有利的空间。

③ 构造对成矿的控制作用

铀的富集受构造控制较为明显，矿床的空间定位与穹窿状构造有关，铀矿床发育在背斜的核部及两翼。湖山铀矿与 F4 的北北东向千岁兰线型构造有着明显的空间关系，这个断层走廊很可能是白岗岩岩浆迁移和花岗岩侵位延伸空间的一个重要通道，且该侵位构造为由塑性变形到脆性变形的过渡，受控于特殊层位可汗–罗辛组边界或可汗–楚斯组边界的控制，罗辛组在此边界消失或变薄；白岗岩与该层位大理岩接触时，导致液相中 CO_2 浓度增高，引起岩浆沸腾，促使次生铀矿物在局部层位富集成矿。

④ 热液蚀变对成矿的控制作用

岩心观察发现伊利石化、硅化等蚀变的叠加地段是富矿的产出部位。白岗岩在主体成矿作用下会形成中低品位的铀矿化，当白岗岩在后期的热液蚀变改造作用下叠加富集，形成较高品位的矿石。

3）矿床成因：三阶段成矿模式初步分析

湖山铀矿的形成，在时间上经历了原始富铀沉积变质岩与多期次花岗岩作用和岩浆重熔作用以及后期构造、热液改造三个阶段。

第一阶段：原始富铀的沉积变质岩和多期次的花岗岩化作用导致铀的初步富集和铀源层形成阶段。

第二阶段：造山作用后期岩浆重熔作用阶段。该过程中，当熔体遇到以 $CaCO_3$ 为主的大理岩时，熔体与大理岩易发生化学反应，导致液相中的 CO_2 浓度增高，使铀源层和围岩中的 U 更易迁出进入流体，在地层接触部位或地层转折部位等有利空间引起岩浆沸腾，促使晶质铀矿等铀矿物结晶，局部富集形成一般品位的重熔岩浆侵入岩（白岗岩）型铀矿。

第三阶段：后期构造、热液改造作用阶段。在第二阶段已形成低品位白岗岩型铀矿的基础上，局部在后期构造、热液作用叠加和改造下，铀得到进一步富集形成较富的热液型铀矿。

4）找矿标志

湖山铀矿的找矿标志可以归纳以下几点：

岩性标志：罗辛组与楚斯组内白岗岩分布地段是找矿的有利地段，湖山铀矿铀矿化受 D、E 型白岗岩控制明显。

矿化蚀变标志：白岗岩型铀矿的蚀变种类主要有硅化、高岭石化、伊利石化和黄铁矿化，其中硅化和伊利石化是矿化蚀变，蚀变叠加部位是富矿的产出部位，而黄铁矿化为主要含矿层罗辛组的识别标志。

脉石矿物标志：烟灰色石英为富铀矿的主要标志，往往烟灰色石英颜色越深标志着铀矿化越富集。

构造标志：湖山铀矿的空间定位与穹窿状构造有关，铀矿化发育在背斜的核部及两翼，穹窿状构造可以作为找矿的间接标志。

1.4　地质资源建模和资源量估算

矿床的资源量、储量、矿石量、品位及其空间分布是对矿床进行技术经济评价、可行性研究、矿山规划设计以及开采计划优化的基础，是矿山投资决策的重要依据。因此，品位估算、矿体圈定和资源量估算是一项影响深远的工作，其质量直接影响到投资决策的正确性和生产规划及开采计划的优劣。

准确估算出一个矿床的资源量、品位绝非易事。一般大部分矿体深埋于地下，即使有露头，也只能提供靠近地表的局部信息。进行矿体圈定和资源量估算主要依据勘查阶段获得的技术数据和有限的钻孔岩矿心取样分析数据。已知数据量相对于被估算的量往往是一比几十万乃至几百万的关系，即对 1 t 岩心进行取样化验的结果，可能要用来推算几十万乃至几百万吨的资源量和品位。因此，矿体圈定和资源量、品位估算不仅是一项十分重要，而且是一项极具挑战性的工作。做好这一工作不仅要求掌握现代理论知识与手段，应用它们对有限的已知数据进行各种详细、深入的定量、定性分析；同时也要求从事这一工作的地质和采矿工程师具有科学的态度和求实精神。

本节重点介绍了当今世界上常用的资源量、品位估算方法，包括探矿数据的分析、处理和用于品位估值的方法等，并对湖山铀矿 1、2 号矿带地质模型构建和资源模型建设过程进行了阐述。

1.4.1　资源量/储量概念

根据澳大利亚 JORC 规范的定义，资源量（Mineral Resources）是指富集或产在地壳上或地壳内的具有内蕴经济价值的，其性质和质量具有最终经济开采合理前景的物质。根据特有的地质现象和专门知识，了解、估计或解释矿产资源赋存的位置、品位、地质特征和连续性。资源包括潜在资源和矿产资源，矿产资源可以根据地质工作程度的不断增加，分为推断的（Inferred）、推定的（Indicated）和测定的（Measured）三个级别（见图 1.4.1）。

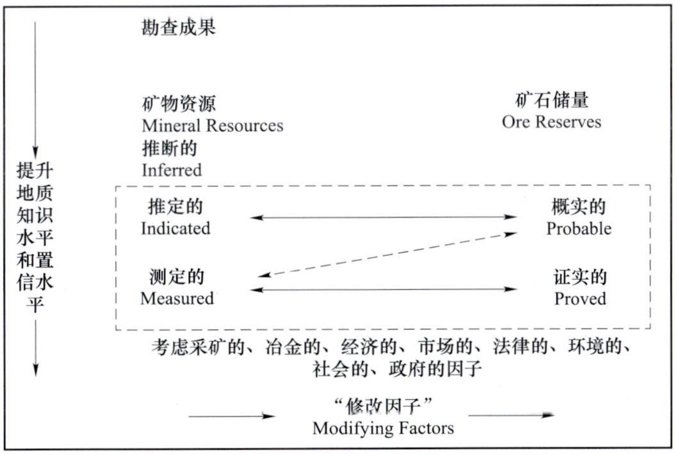

图 1.4.1　澳大利亚 JORC 矿产资源/储量分类框架

（行业分类标准，被世界上绝大多数矿业公司使用，国际认同性高）

矿石储量（Ore reserves）：是控制的和探明的资源中经济可采部分，它包括开采时贫化率和损失率，已经进行了可行性研究做出恰当的评估，包括当前的采矿、冶炼、经济、市场、法律、环境、社会和政府因素进行研究。随着置信水平不断提高，矿石可分为概实的矿石储量（Probable）和证实的矿石储量（Proved）（见图 1.4.1）。

1.4.2　地质与资源建模方法及流程

（1）地质和资源建模工作流程

建立面向地质矿产勘查业务的三维矿床数学模型，其流程主要由以下 5 部分组成（如图 1.4.2 所示）。

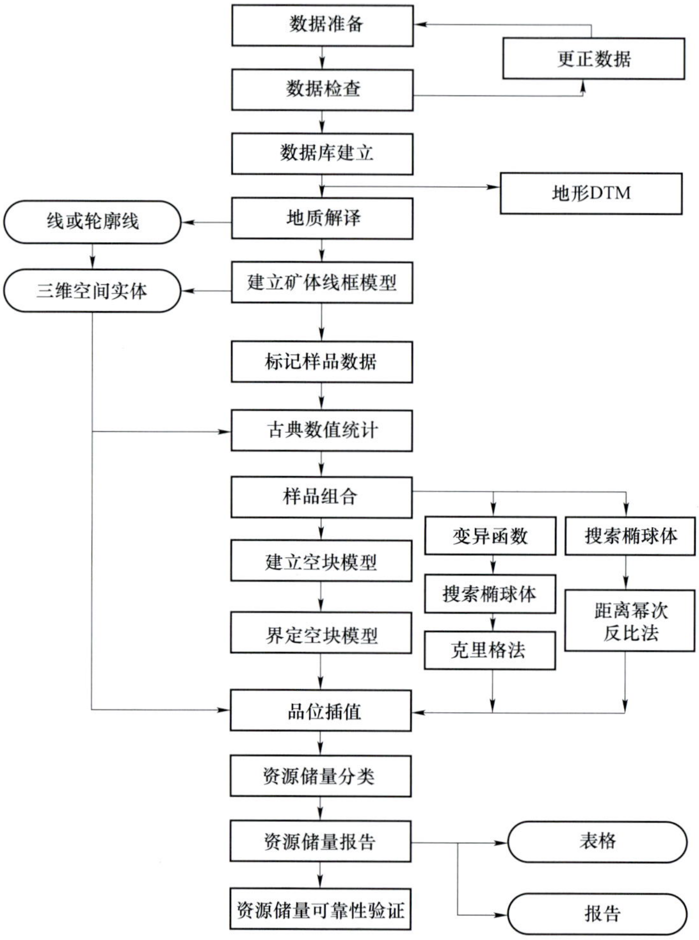

图 1.4.2　湖山铀矿地质与矿体建模基本流程

① 地质矿产勘查信息数据库构建，依据勘探编录规范和数据完整性和一致性原则完成数据的检查、录入和核对、校正。

② 根据工业指标划分各单工程的工业矿段，拟定矿体连接方案，在勘探剖面图上构建地质体及矿体的边界线。

③ 构建矿体及地质体的三维实体模型，在矿体及地质体的空间域内进行规则块体的细

分，构建出待估值的矿块模型。

④ 基于地质统计学及其他统计学理论完成区域化变量分析、模型套合及块体赋值。

⑤ 按勘查报告规范，统计输出各类成果表格和图件。

（2）地质勘查数据库建设

完整的地质矿产勘查数据库是地质勘查成果编制和资源量估算的基础。地质矿产勘查包含基础地质、矿床地质、勘探地质、水文地质、环境地质等多个专业的测量、分析及成果数据，涉及多种不同的数据格式，信息量巨大。

主要的数据格式有：① 地质图件，如地形地质图、勘查剖面图、矿体投影图等；② 表格资料，如取样分析结果表、钻孔岩心鉴定成果等；③ 物化探解译图像及遥感影像；④ 文字报告；⑤ 数据库文件。这些多元、异构的数据在解译过程、编录方法和存储格式上都有较大差异，必然会形成诸多的"信息孤岛"。所以必须按照国家和行业相关规范与标准，对数据进行标准化转换，实现地质矿产勘查数据库的统一集成与存储。

（3）钻探质量和钻孔取样

用于矿体圈定与资源量、品位估算的数据主要来源于探矿钻孔的岩心和岩屑取样。2007年4月至2012年之间，Major钻探公司和Wallis钻探公司负责完成湖山铀矿的金刚石钻探，共完成金刚石钻孔490个，累计进尺222 752 m，最深的钻孔深度为703 m，单个钻探回次长度3 m。反循环钻进由Major钻探公司、Ferro钻探公司、Metzger钻探公司、Wallis钻探公司和纳米比亚反循环钻进服务公司完成，共完成 2 264 个反循环钻孔，共计钻进467 123 m，最大钻孔深度为415 m。

科菲矿业公司（Coffey Mining）进行的岩心审查显示，湖山铀矿钻探的岩心回收率较高，由钻探数据库得出的岩心采取率平均值接近99%。除了少数钻孔，数据库中涉及的所有钻孔几乎都经过井斜核验。检查结果显示，钻探公司的业绩良好，其日生产率、样品回收都在可接受范围内，并且符合安全标准。

（4）基础数据核验

在原始数据编录阶段，由于人工输入、原始记录错误等因素，可能会把一些错误信息记录到地质勘查数据库中。因此在数据建库工作完成之后，对勘探编录数据进行有效性与正确性检查，确保原始录入信息的完整性与准确性十分必要。

检查的主要内容包括两方面：

地质勘查数据准确性检查：以地质地形图、区域地质图等已形成的图幅坐标范围为基准，对录入勘查工程的开孔坐标、测量基本信息进行检查，保证坐标数据的合法性。然后对勘查线基本信息、勘查线测量点、勘查工程基本信息、勘查工程测量点信息、勘查工程取样信息、勘查工程岩性描述信息等内容和测量数据进行检查，防止逻辑上的错误或数据越界。

地质勘查数据完整性检查：对勘查数据库中的录入数据进行全面统计，对尚未录入的信息进行列表显示，例如录入的勘查线中是否存在勘查工程，勘查工程的孔斜，分层、取样等测量信息是否已编录完整，勘查工程中是否已进行岩心取样鉴定及化学分析结果表的录入等。

科菲矿业公司选取了湖山铀矿 484 021 个样品并获得分析结果，上述数据在被载入用于建立资源模型之前，开展以下核检。

① 钻探深度和测量井深的匹配性；
② 数据格式正确性，且日期正确；
③ 从实验室送回的样品编号与取样记录编号匹配性；
④ 使用了有效代码，如岩性记录、地层代号等；
⑤ 化学样品取样和送样质量控制；
⑥ 实验室分析结果的可信度；
⑦ 钻孔孔口坐标的精确度；
⑧ 钻孔轨迹测量的精确度，对偏差数据进行可信度检查，移除地磁对测量数据的影响；
⑨ 检查前 1 000 个试验间隔是否与原始的实验室文件相符；
⑩ 孔口位置和钻孔轨迹的 3D 分析。

科菲矿业公司发现湖山铀矿的岩石密度测量存在以下问题：
① 测量过程不规范，获得的密度数据精确度不高；
② 记录欠规范、存在漏洞，存在记录错误。

但参与检验的数据和检验过程未发现重大错误，认为湖山铀矿的数据库品质较高，并且适用于资源量估算。

（5）数据预处理和样品组合

数据前期准备和处理是地质统计学矿床模型构建的基础，其中数据预处理和样品组合最为关键，对后期变异函数获得和理论模型的构建都有较大的影响，本节将通过极值样品处理介绍数据准备与处理过程。

极值样品（特高品位）是指样品品位值远高于绝大多数样品的品位（或平均品位）。例如，在一个铀矿床取样 1 000 个，这些样品的平均品位为 600×10^{-6}，其中有 10 个样品的品位在 $10\,000\times10^{-6}$ 以上，那么这 10 个样品就可以被看做是极值样品。极值样品虽然少，但对平均品位的影响相当大，为使品位的分析计算结果更接近实际，常常在实践中采用以下处理方法。

① 限值处理：即将极值样品的品位降至某一上限值。比如在上述例子中，将高于 $10\,000\times10^{-6}$ 的样品统一按 $2\,000\times10^{-6}$ 处理；

② 删除处理：即将极值样品从样本空间中删去，不参与分析计算。

使用上述处理方法时应非常谨慎。虽然极值样品在数量上占样品总数的比例很小，但由于其品位很高，对矿石的总体品位和金属量的贡献值却很大。在正常、稳定的经济环境中，采矿生产的利润率一般为 15%左右。因此，不加分析地进行限值或删除处理会严重歪曲矿床的实际品位和金属含量，人为地降低矿床的开采价值，很可能将本来能够获取正常利润的矿床，人为地变成没有开采价值，从而导致错误的投资决策。

对极值样品的最佳处理方法是经过对探矿区域的地质构造和成矿机理进行深入分析，将这些样品的发生区域（或构造）划分出来，在进行品位与资源量的分析估算时，这些样品只参与其发生区域的品位与资源量估算，而不把它们外推到发生区域之外。但是在大多数情况下，由于钻孔网度大，已知的地质信息满足不了这种区域划分的要求，这种情况下可以将矿床看成是由两种不同的矿化作用形成的：样品中占绝大多数的、正常的样品，可以看作是由主要矿化作用产生的样本空间；极值样品是由次要矿化作用产生的样本。然后利用统计学方法计算出空间任一点属于每一类矿化作用的概率，再根据这些概率估算矿床的品位与资源量。

湖山铀矿采用多重指示克里格方法进行品位和资源量的估算。该方法把正常样品（主要矿化）和极值样品（次要矿化）加以区分，再利用统计学方法计算出空间任一点属于每一类矿化作用的概率，因此需要对特高品位进行处理。

（6）取样数据的统计学分析

对取样数据进行上述的预处理后，再开展统计学分析，可以获得不少有关矿床的有用信息。因此，统计学分析往往是取样数据分析的第一步。开展这项工作的主要目的是：

① 研究品位的统计分布规律及其特征值。

② 研究品位的变化程度。

③ 判别样品是否属于不同的样本空间，在此基础上大致判断适用的品位估算方法：普通克里格法、指示克里格法、多重指示克里格法等。

④ 根据样品的分布特征，初步估计矿床的平均品位以及对于给定边界品位的矿量和矿块平均品位。

（7）取样品位的统计分布规律研究方法

为了确定取样品位的统计分布规律，首先将取样品位绘成直方图。图中横轴为品位，竖轴为落入每一品位段的样品占样品总数的百分比。从直方图的轮廓线形状可以看出品位大体上属于何种分布类型，从直方图的横轴方向的分散程度可以看出取样品位的变化程度。

图 1.4.3 给出的是几种常见的品位分布情况。图 1.4.3（a）显示品位变化程度中等的正态分布，这样的分布在矿体厚大的层状或块状的硫化类矿床（如铜矿）最常见；图 1.4.3（b）显示品位变化小的正态分布，常见于铁、镁等矿床；图 1.4.3（c）显示对数正态分布（即品位的对数值服从正态分布），品位变化大，此类分布常见钼、锡、钨以及贵金属（如金、铂）矿床；图 1.4.3（d）显示“双态”分布，即分布曲线是由两个不同的分布形式组合而成的，说明样品来源于不同的样品空间。不同类型的矿床，其取样品位服从不同的统计分布规律，但大多数矿床的品位服从正态分布或对数正态分布。

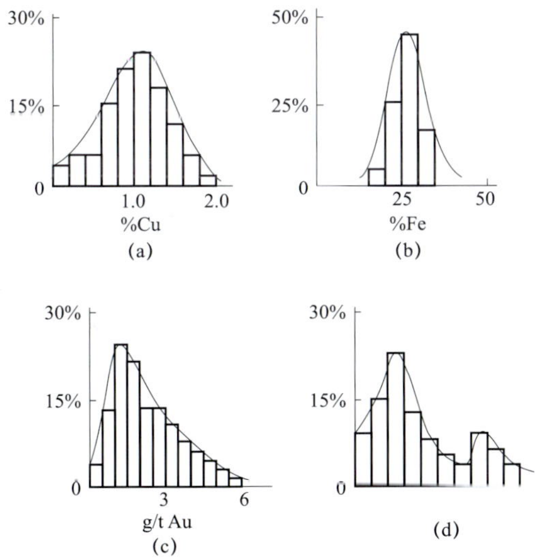

图 1.4.3　几种常见的样品品位统计分布图（据 Mario E. Rossi，2014）

（8）边界品位

边界品位是用于区分矿石与废石的临界品位值，矿床中高于边界品位的部分是矿石，低于边界品位的是废石，所以边界品位定的越高，矿石量就越小。因此，边界品位是一个重要的参数，它的取值将通过矿石量及其空间分布而影响矿山的生产规模、开采寿命和矿山开采规划。在一定的技术经济条件下就一定的矿床而言，存在着一系列使矿山实现经济效益的边界品位，但是只存在一个使整个矿山的总经济效益达到最大的最佳边界品位。

将一系列边界品位和与之相对应的矿石量绘成曲线就能形成品位–矿量曲线（见图 1.4.4），由上面对边界品位的定义可知，品位–矿量曲线是一条递减曲线。由于品位–矿量曲线指明了任一给定边界品位条件下的矿石量，它是对矿床进行技术经济评价的重要依据。

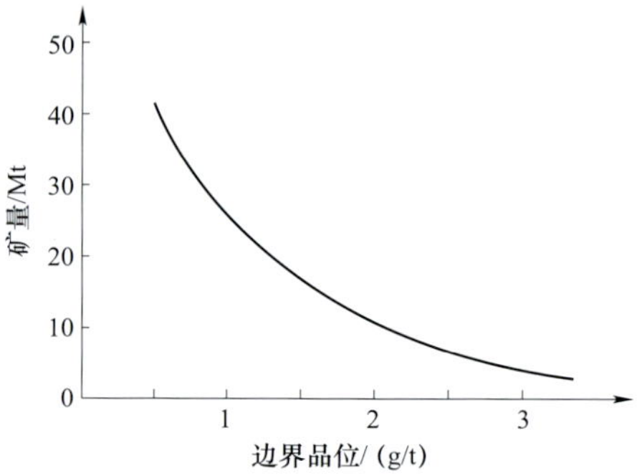

图 1.4.4　品位–矿量曲线示意图

在应用品位–矿量曲线进行品位、矿量分析时，必须注意以下几点：

① 对于露天矿山，矿石不是以公斤级为单位采出。对于选定的开采设备和台阶高度，存在所谓的最小选别单元（SUM），矿床中的矿石是以 SUM 为单元采出的，其体积比样品大得多，如果把整个矿床分为体积为 SUM 的小块（称为单元体），那么这些单元体的品位分布较样品分布更为集中。因此，根据样品分布计算的品位–矿量曲线并不能用来精确地预报将被采出的品位–矿量曲线关系。

② 单元体的真实品位是未知的，“单元体是否是矿石”不是根据其真实品位确定的，而是根据对单元体品位的估计值确定的。由于估计有误差，根据估计值得出的品位–矿量曲线也与实际情况有一定的差别。

（9）样品组合处理

样品组合是将不等长的样品长度和品位统一到等长的样品上。根据地质统计学原理，为确保得到各参数的最优无偏估计量，所有的样品数据应落在相同的承载上，即同一类参数的地质样品段的长度应该一致。因此，在估算之前，必须按照一定长度对长度不等的样品数据进行组合，并统计分析其分布特征。样品组合有多种方式，如按钻孔长度组合、按样品长度组合、按台阶高度组合、混合组合等。湖山铀矿为了建立合适的矿体模型，1、2 号矿带以 75×10^{-6} 作为废石与矿石的分界线，把每 1 m 样品的化学分析结果按 3 m、5 m 等多种长度组合进行统计分析。

例如，1 号矿带复杂的、多期次成矿的特点适合使用多重指数克里格（MIK）建模方法，利用矿化域可以尽量多地圈定满足要求的矿石。目前有多种建立软边界的方法，在对 3 m 和 5 m 组合样品进行了多次对比验证后，确定了以下方案：

① 在矿石品位圈闭体内建立矿块模型；

② 以 75×10^{-6} 为边界品位，按照矿块划分指示参数，使用 3 m 和 5 m 组合方法对钻孔数据处理后圈定的矿体非常接近；对矿块单元做进一步的分析显示，这两种结果的矿体连续性较好。因此，有理由认为这种方法在降低贫化率、优化资源回收率方面具有优势。

经过对比分析，最终选择按 3 m 长度组合方案圈定的矿体，结合数据分布特征将矿体进步划分为 3 个主要的分区，具体为北部分区的 101 和 111（见图 1.4.5），中－南部分区的 201 和 301，西部分区的 401。

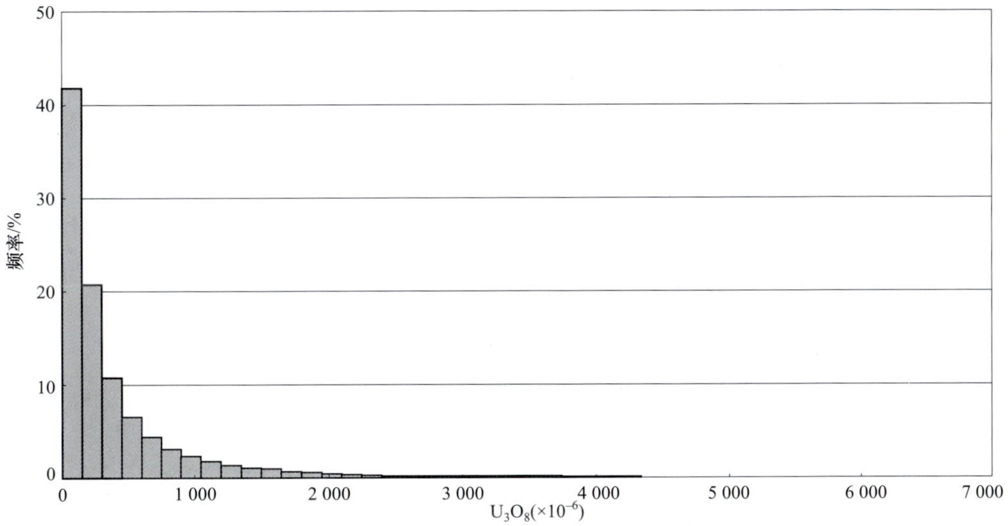

图 1.4.5　湖山铀矿北部矿化域的组合样品分布直方图

按照独立的椭球体搜索原则，在 1 号矿带识别出的 5 个次级区域建立品位指示模型，并在这些区域按不同的组合样方案划分软边界。每个次级区域可以参考临近区域的情况调整软边界的形状，以保证这些区域被合理定义，相关的估算参数见表 1.4.1。

表 1.4.1　湖山铀矿 1 号矿带各区块 3 m 组合样的品位分布特征表

子矿化域	北部区域（101 和 111）	中部和南部区域（201 和 301）	西部区域（401）	全部
样品数量/个	12 582	10 103	3 409	26 094
最小值（$\times10^{-6}$）	1.37	1.55	1.44	1.37
最大值（$\times10^{-6}$）	82 084	12 325	11 325	82 084
平均值（$\times10^{-6}$）	341.38	339.06	343.33	340.74
中值（$\times10^{-6}$）	107.15	126.18	121.34	115.15
标准偏差	1 126	604.18	631.42	896.92
方差	1 255 381	361 754	337 701	777 949
变化系数	3.30	1.78	1.84	2.63

（10）地质/矿体模型构建

构建矿区地质模型的意义在于对矿区成矿地质体空间形态、相互接触关系有更加深入的认识。在地质建模中研究人员可以根据个人对矿区地质与矿体的认识对模型进行适当的删减、光滑等处理，以达到突出主要成矿要素的目的。通过剖面矿体建立剖面间矿体（地质体）的对应关系，构建矿体和地质体三维表面模型，以直观反映地质体间的接触关系与空间形态，为矿产地质研究提供更为精确的模型。目前国外常用的矿业专业软件均采用线框建模技术生成矿体表面模型，其原理是将两两相邻的矿体形态控制点以直线形式相连，形成一系列多边形，并将这些多边形面拼接形成一组多边形网格来模拟矿体边界，该建模技术与矿产勘查业务结合最为紧密。其建模流程为：首先根据勘探剖面建立矿体的三维线框模型，然后按照剖面间矿体面的对应关系、矿体产状等因素通过轮廓线重构技术将剖面间矿体进行连接生成三维矿体表面模型。在进行剖面矿体轮廓线拼接过程中，需要解决以下几个问题：① 如何确定剖面间矿体的对应关系；② 采用何种算法对轮廓线进行连接；③ 在剖面矿体连接过程中，如何处理由于地质构造的复杂性，而产生剖面间对应面数目不一致的情况（如一对多、多对多等），即分叉与复合处理。

在实际地质矿产勘查数据处理中，由计算机提供多种拼接和分叉处理方法；矿区地质工程师通过分析矿体产状与地质构造背景而综合确定矿体（地质体）形态是最符合实际操作流程的方法。

业内建模的常用工作流程：先由计算机绘制出有钻孔位置和样品岩性的平面、剖面工程图，钻孔及其样品岩性由专业软件自动绘制，但钻孔之间各岩性连接的地层界限，则由地质人员根据地质解释连接成不同岩性的分界线。这样，钻孔岩性即通过人工地质解释扩大到剖面，众多的剖面通过专业软件自动拟合成为地层/矿体模型。这种一体化的建模方法既保证了钻孔岩性的正确，又有地质人员的解释，使地层/岩性模型的建立更为准确。

1）三维地质模型的构建

湖山铀矿提供近地表地形的立体模型和基于反循环钻和金刚石钻钻孔岩心编录结果所确定的岩性单元。湖山铀矿在品位估算之前建立地质模型，为模型中待估单元块赋予特定的地层/岩性代码（见表 1.4.2），用以表示含矿层（带）与非含矿层（带）的空间分布规律。这对限制品位估值的范围，准确圈定矿体和估算资源量具有重要意义。在 Coffey 模型的基础上，2016 年湖山矿对原有地质编录数据进行了检查和校正，并使用 Leapfrog 软件进行修订，获得最新的地层模型（见图 1.4.6）。

表 1.4.2 湖山铀矿 1 号矿带地层/岩性分类及代码表

地层/岩性	代码
松散砂粒/地表覆盖层	700
卡里比组	500
楚斯组	400
罗辛组	300
钙质硅酸盐岩	350

续表

地层/岩性	代码
可汗组	200
白岗岩	100
花岗岩/片麻岩	600

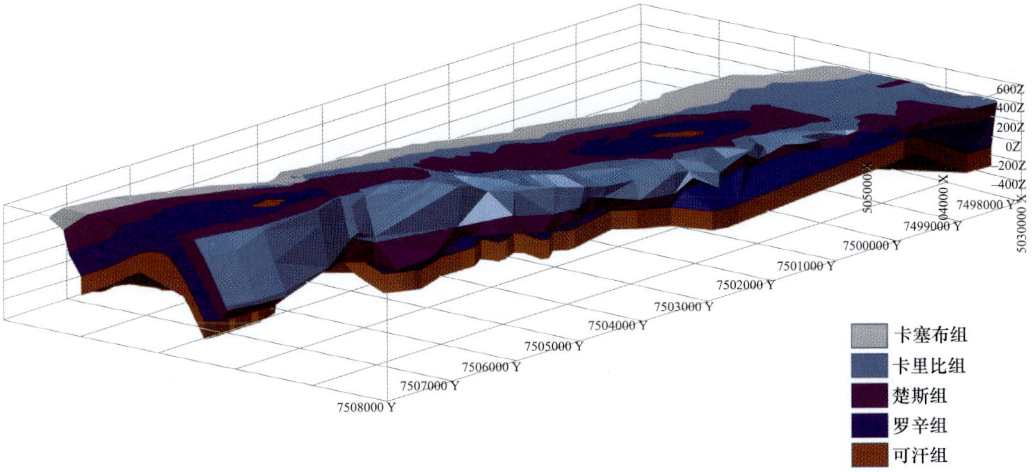

图 1.4.6　1、2 号矿带地层模型

2）三维矿体实体模型的构建

矿体圈定（含外推），是在三维空间（X、Y、Z）长、宽、厚三个方向圈闭的“体”。无论是楔形（尖头）尖灭还是方形（平头）尖灭，均应当是闭合线。矿体圈定的实质就是把属于同一矿体的可采边界线连接起来，我们对资源量估算的可靠性很大程度上是取决于矿体圈定的可靠性。

目前行业内有两种矿体圈定技术方法，一种是显式建模。按照传统方法，为得到规范、可靠的矿床地质统计学资源量估算结果，国内通常按照国家固体矿产勘查资源量估算矿体连接规范，严格按剖面和剖面间矿体面的对应关系生成三维矿体实体模型。剖面间矿体以直线相连，同时在矿体的边界处，应基于梯台、楔形与锥形等三种方式对矿体进行尖灭处理。基于上述规范构建的矿体模型，后期矿床地质统计学资源量估算提供空间约束。

另外一种是隐式建模（矿化域建模），依据控矿条件和矿体定位标志，边界品位和相关参数，通过计算模拟自动识别废矿石边界，进而生成虚拟的矿体模型。

湖山铀矿属于国外资源项目，在开发建模过程中没有按照传统方法构建三维实体矿体模型，而是采用隐式建模方法，利用编程把样品组合数据与废/矿边界品位关联，在圈连条件的约束下，借助专业软件工具完成矿体自动圈连，然后人工修改错误明显的地方，形成矿化域（矿体软边界）模型（见图 1.4.7～图 1.4.9）。

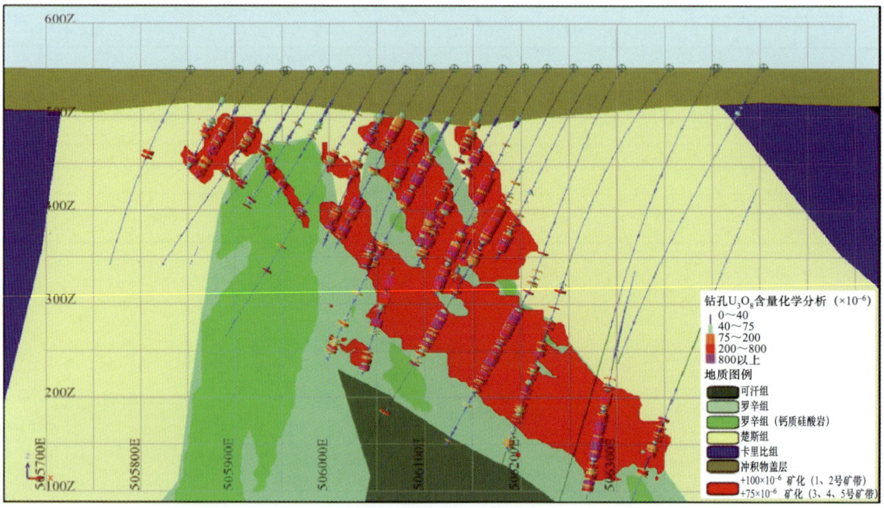

图 1.4.7　湖山铀矿 1 号矿带勘探线剖面揭露的矿体展布图

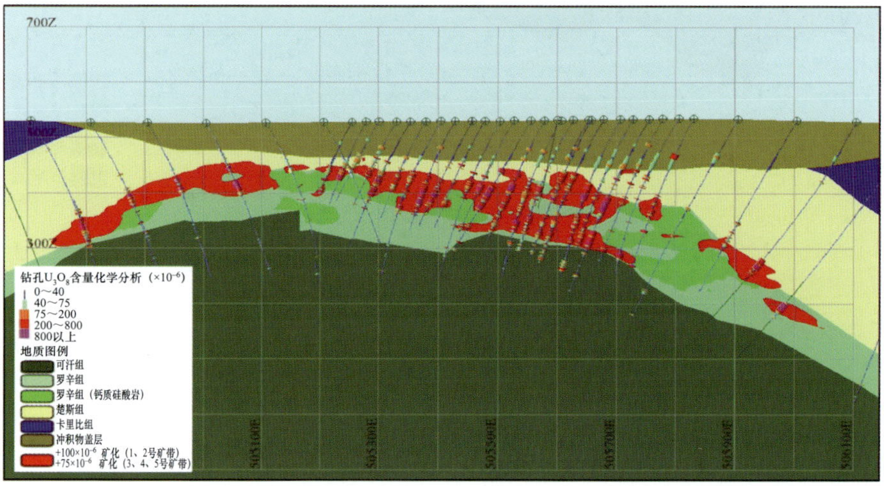

图 1.4.8　湖山铀矿床 2 号矿带勘探线剖面揭露的矿体展布图

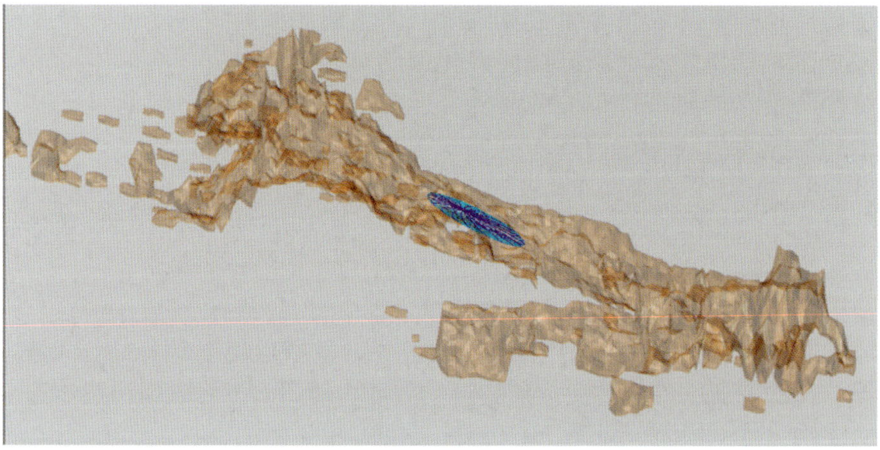

图 1.4.9　湖山铀矿 1 号矿体三维视图

1.4.3　品位与资源量估算

本节主要介绍国际上通行的地质统计学方法，即借助专业矿业软件生成的可视性强的建模理论和方法，同时加入湖山铀矿的数据处理结果。

（1）地质统计学概述

矿体内部特征和外部形态的空间变化规律，是正确确定勘探方案、估量方法、开拓和开采方案的重要依据。而矿床矿体的定位、定形、定质、定量是否符合客观实际，又关系到矿山建设、开发能否做到多快好省的大问题。地质统计学从理论和实践上提供了解决上述问题的途径。与此同时，找矿勘查技术方法不断更新，仪器分析及自动化记录程度不断提高，可被利用的信息、数据量非常庞大，用传统方法和经验对这些信息资料做出定性分析和判断，显然不能满足现代化社会的需要。于是地质学、统计学及计算机等高科技技术逐步走到一起，形成了新兴的边缘交叉学科。地质统计学由法国巴黎国立高等矿业学院G・马特隆教授于1962年所创立，主要是为了解决矿床储量计算和误差估计等问题而发展起来的。由于它的先进性，20世纪80年代以来已在国际采矿业广泛应用。它在研究和解决矿产资源定量评价方面已充分显示出其强大的生命力，不但在地质科研、找矿勘探、采矿设计及矿山地质等矿业领域显示出优越性，取得了日益明显的社会经济效益，而且已经成为能表征和估计各种自然资源的工程学科。

地质统计学是以区域化变量理论为基础，以变异函数为主要工具，采用不同的克里格方法，研究那些在空间上既有随机性又有结构性的自然现象的科学。因此，凡是要研究空间分布数据的结构性和随机性，并对这些数据进行最优无偏内插估计，或要模拟这些数据的离散性、波动性时，均可应用地质统计学理论及相应的方法。

在矿业工作中，经常要研究的问题有：查明成矿的控矿因素，了解矿化的空间分布规律，制定合理的勘探或取样网度，查明矿体中有用或有害组分或矿体厚度的空间分布模型，即变异性模式，确定矿床总体储量的估计量、局部块段储量的估计量以及估计引起的误差等，所有这些问题均可借助于地质统计学的理论及方法进行研究。以下将对地质统计学的基本原理、概念和方法进行简要介绍。

（2）地质统计学的基本原理

1951年，南非矿业工程师D.G.Kriging提出地质统计学的基本思想，1962年法国G・马特隆教授第一个建议把地质统计学作为一门独立的学科，他把地质统计学定义为：“应用随机函数理论和方法对自然界各种地质现象进行勘查和估量的一门学科。”它具有自己的理论、方法和研究对象。地质统计学的基本理论是区域化变量的理论，其主要工具是变异函数，是地质统计学的重要组成部分。核心方法是克里格（Kriging）差值法，该方法起源于采矿中的估计问题，即根据一个矿块内部或外部的不同矿样，来求取该矿块的平均品位的最佳可能估计；其主要研究对象是矿体地质的变化性质和变化程度及其相应的勘探方法、储量计算方法和矿床评价预测问题。有时，地质统计学也被称为克里格法、矿床模型。

（3）区域化变量理论

区域化变量是地质统计学发展中最基本的概念，传统上许多统计技术并不考虑样品的空间分布，因此所有的结果是出于单一总体在研究区服从一定的已知概率分布而考虑的。地质统计学实际上是处理空间依据性，任何空间上分布的变量均称作区域化变量，由于许多地质特征与地理位置有关，故可以作为区域变量来处理。区域化变量是指以空间点 X 的三个直角坐标（x，y，z）为自变量的随机场 Z（x，y，z）$=Z$（x）。当对它进行了一次观测后就得到了它的一个现实 Z（x），它是一个普通的三元实值函数或空间点函数。

区域化变量是一个具有两个似乎矛盾性质的变量，即它既有结构性，又具有随机性（变异性）。所谓结构性是指某些地质参数在点 X 与 $X+h$ 处的数值 Z（X）与 Z（$X+h$）具有某种程度自相关性，这种自相关依赖于分隔该两点的向量 h 和矿化特征，而随机性则是指区域化变量具有不规则的特征。通常，一个矿床的矿石品位在三维空间中的变异性由两部分组成：局部随机的不规则变化成分，一般的结构连续性。

具体到地质科学和采矿工程来看，区域化变量具有以下几种属性：

① 空间局限性。区域化变量被限制于一定空间，该空间称为区域化几何域。区域化变量是按几何支撑定义的。

② 连续性。不同的区域化变量具有不同程度的连续性，这种连续性是通过相邻样品之间的变异函数来描述的。

③ 异向性。当区域化变量在各个方向上具有相同的性质时称为各向同性，否则称为各向异性。

④ 区域化变量在一定范围内呈一定程度的空间相关，当超出这一范围之后，相关性变弱乃至消失。

⑤ 对于任一区域化变量而言，特殊的变异性可以叠加在一般规律之中。

区域化变量的选择包括：

① 量的种类或意义，如矿石品位、厚度、体重、线金属储量等。

② 支架的大小（或样品的重量、长度、体积）。

③ 区域的范围。即所研究的变量空间分布的范围，是整个矿体，矿床或矿体、矿床的一部分，或矿床开采的整个范围。

选择区域化变量应遵循的原则有：

① 据矿体地质变化性质和变化程度，选择那些变化最大的标志作为区域化变量。

② 所选择的区域化变量要有可加性（即通常所说的可比性）。

③ 根据研究目的来选择变量的适当性。

④ 要求研究区内变量有均匀性。上述可加性、适当性与均质性原则，必须灵活使用。

在地质统计学中，随机函数的概念提供了基本的区域化变量统计模型，区域化变量在满足二阶平稳假设或内蕴假设或准平稳假设及准内蕴假设、正定条件等前提下，用变异函数透过随机性来反映矿化范围内的空间结构性。

（4）变异函数及结构分析

变异函数是一个距离函数，它描述不同位置变量的不相似性，其值越大，相关性越差，反之亦然。通常变异函数值随距离矢量 h 的增大而增大，当 h 达到一定值，变异函数达到最大值，而后保持这个常数不变。变异函数可简单地分为理论变异函数和试验变异函数。理论变异函数是被矢量 h 分隔的两点 X 和 $X+h$ 的区域变量值 Z（X）与 Z（$X+h$）的增量的方差；但在实践中，样品的数目总是有限的，我们把有限实测样品构制的变异函数称之为试验变异函数。如果存在一些怪异的取样值，如特高品位、空白值，在计算单向变异函数之前需做适当的调整。解决的方法包括截断不稳定取样值或从数据集合中删除这些样品，从而得到稳健的变异函数。

结构分析是从分析试验变异函数曲线的结构特征入手，定量地总结矿体特征及局部特征，以查明矿体地质变量的空间变化规律，最终目的是建立矿体变异函数模型，它是储量估算的基础。

区域化现象的结构分析在于构造一种变异函数的模型，以通过一定的运算方法来表征区域化变量的主要特征。变异函数模型实际上是全部有效结构信息定量比的概括。常见的变异函数模型可分为基台值和无基台值模型两大类。在这两大类模型中又可分为若干小类，详见表 1.4.3。

表 1.4.3　变异函数结构模型

变异函数理论模型	有基台值模型	原点处为线性型	球状模型及指数模型
		原点处为抛物线型	高斯模型
		原点处为间断型	纯块金效应模型
	无基台值模型	幂函数模型	对数或代维依斯模型
		线性模型	抛物线模型
	可以有基台或无基台模型		孔穴效应模型

目前，在矿山上应用最广泛的是球状模型，即有基台模型。球状模型的一个主要特点是：在原点附近的小范围内表现出线性行为；但在较大距离时变得平稳；当 h 为变程 a 时达到极限值。模型的另一个特点是原点的切线在三分之二变程时便达到基台值，这在拟合变异函数时是非常有用的。球状模型的主要结构参数有：块金常数 C_0、基台 C、极限变程 a（见图 1.4.10）。

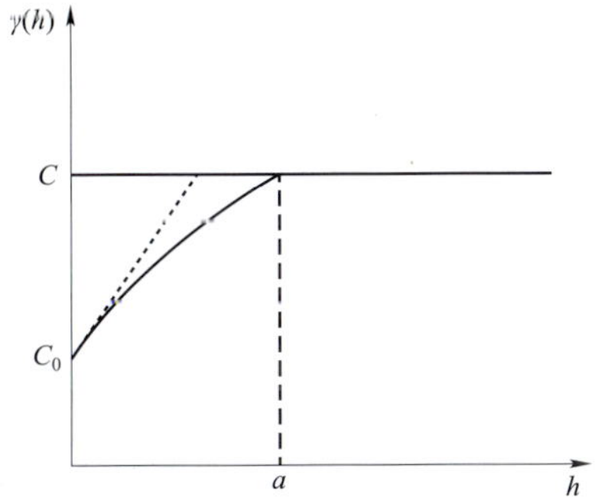

图 1.4.10　变异曲线图

变程 h 指区域变化量在空间上具有相关性的范围。在变程范围之内，数据具有相关性；而在变程之外，数据之间互不影响，即在变程以外的观测值不对估计结果产生影响。

极限变程 a 反映了变量的影响范围。一般情况下随样品点间距离增大，变异函数值趋于增大，使变异函数达到一定的平稳值时的空间距离即为极限变程。但 $h \leqslant a$ 时，任意两点间的观测值有自相关性，这个自相关性随 h 的变大而减小；当 $h > a$ 时就不再具有相关性。a 的大小反映了研究对象中某一区域化变量的变化程度。

基台值 C_0+C 代表变量在空间上的总变异性大小，即为变差函数在 h 大于变程时的值，为块金值和拱高之和。

拱高 C 在取得有效数据的尺度上，可观测得到的变异性幅度大小。当块金值为 0 时，基台值即为拱高。

块金值 C_0 变异函数如果在原点间断，在地质统计学中称为块金效应。表现为在很短的距离内有较大的空间变异性，无论 h 多小，两个随机变量都不相关。它可以由测量误差引起，也可以来自矿化现象的微观变异性。在数学上，块金值相当于变量纯随机性的部分。

（5）矿区理论变异函数模型拟合与结构分析

1）块金值的获取

块金值反映了矿石品位的微观变化，如取样分析误差、岩心采取的不连续、矿物组成的变化均会使样品的品位发生变异，具体在变异函数图上，即表现为在原点处的一种不连续性。在理论模型拟合时，块金值的确定很大程度受经验的影响更大。针对块金值的获取一般可以采用以下几种方法：

① 沿着勘探工程取样方向计算变异函数，获得变异函数曲线前几个滞后距的连线与 Y 轴的截距即为块金值。

② 可以沿特定的方向，如矿体走向方向计算变异函数，将获得的前几个稳定函数点的连线与 Y 轴求交点，生成块金值。

③ 除上述两种方法外，通过计算较小滞后距下全方向实验变异函数也是较为常用的块金值获取方法。

2）变差图的最优拟合及结构模型的检验

通过前述作出稳健实验变差函数之后，在充分考虑地质因素的基础上，再根据实验变差函数曲线的特征，选择一个合适的理论变差函数模型，对其进行最优的拟合，从而得出一条较好的理论变差函数曲线。

由于理论变差函数模型的选择及拟合方法的不同，对同一实验变差函数可以拟合出不同的理论变差函数模型。我们构制理论变差函数模型的最终目的往往是供克里格估值之用。因此，如果理论变差函数模型确定得好，较为符合实际，就应该最终体现在克里格估值的结果上。用实测点周围的信息对实测点进行克里格估值；如果估计值与实测值之差的平方均值最小，说明变差函数符合实际，这也即是所谓的交叉验证法。

（6）评价模型精确度的指标

构建理论变异函数模型和搜索领域，目的是应用克里格方法进行资源量的估算。由于理论变异函数模型的选择和拟合方法不同，对同一实验变异函数能够拟合出不同的理论变异函数模型，因此需要通过合适的指标对构建的模型进行评价，从而更加客观地对拟合的模型进行检验。

由于地质统计学资源量估算方法是一种最优无偏的线性内插估计方法，因此如果理论模型构建得好，符合实际地质情况，那么各实测点上克里格估计值与实测值之差的平方平均值应最小，即误差均值、误差均方值均趋近于 0，这种方法称为“交叉验证法”。

1）搜索领域设置对估值精度的影响

在应用克里格法进行资源量估算时，一个非常重要的环节是建立待估位置的搜索领域，通常被称为“搜索椭球”。目前普遍的方式是以待估点为球心构建一个空间椭球体，包含在内的样品即为参与估值的样品。该空间椭球体的轴长和方向依据变异函数的变程和方向确定。在实际应用中选择哪些样品对待估块点（或块段）进行估值，是地质人员十分关心的问题，即搜索范围、搜索方式、搜索样品数等参数的确定依据。

2）数据空间变异性对估值的影响

逐步变动法是目前比较常用的样品搜索及限制搜索领域的方法，即沿着搜索椭球轴方向将椭球分成八个或四个象限。设置每个象限搜索样品的上限值，上限值以外的样品将不参与估值。同时该方法也被应用在估计矿石的储量级别分类中，通过判断不同象限中样品的个数获得估计点周围样品的分布和距待估点距离来评价待估点的工程控制程度。那么八分圆搜索方式中每个象限的上限值设置成多少才能保证估值的精度，区域化变量的结构性对搜索样品个数设置是否有影响，是每个资源评估师需重点考虑的问题。

3）搜索半径设置对估值的影响

除了搜索方式，搜索椭球半径的确定也是估值样品选择的主要参数，搜索椭球半径的设置一般与变异函数三方向上的变程一致。但是当变程很小时也要对搜索半径进行适当的调整。由于在详查或勘探前期，如果变异函数在垂直于勘探线方向的变程很小甚至小于勘探线的间距时，会导致该方向上被搜索到的样品太少或没有对估值结果产生影响，因此建议将搜索椭球的半径设置为勘探线间距的 1.5 倍。

4）数据方差、品位上限值对克里格估值方法选择的影响

根据以往的研究，克立格估值方法的选择与待估域内矿体品位的整体分布特征有关，如果数据服从正态分布，那么可以使用简单克里格（SK），普通克里格（OK）及泛克里格方法；若数据不服从正态分布，则使用对数正态克里格、指示克里格和中位数克里格方法较为合适。而当数据既不服从对数正态分布也不服从正态分布，而且数据的变异系数很大，特高品位不易处理时，使用指示克里格方法较为合适。同时数据的偏度也可作为克里格估值方法选择的依据，当偏度＞6 时，应用正态对数克里格方法较为合适；当偏度＜6 时，普通克里格方法较为合适。

5）小结

搜索领域设置对估值精度的影响：并非参与估值的点数越多估值就越精确。搜索椭球范围设置的大小对待估块段的品位精度、估值矿体的边界范围都有很大的影响。被包含进行来的组合样品点就越多，在进行克里格方程组推估时，外围的样品点会对待估点（块段）生成负的权值，导致品位出现偏差。同时也会将原本一些非矿位置（特别是矿体的外推边界范围处）点或块段赋予了品位值而扩大了矿石量。因此在进行估值时，需要对搜索领域的样品点进行限制。应该说设置搜索象限的上限值也是一种限制搜索范围的方法。除了搜索范围和搜索限制，还有其他一些因素需要考虑，例如高品位段的样品，这类样品的长度一般较短，影响范围没有其他样品大，这时就要对这些样品进行单独的处理；而一些脉状或薄层状矿体由于矿体的厚度较薄，因此在搜索时要对椭球垂直方向进行范围的限制。

（7）1、2 号矿带资源量估算

湖山铀矿的资源量估算由澳大利亚科菲矿业公司承担完成，下面以 1 号矿带为例介绍资源量估算过程。

1）矿体变量分析

科菲矿业公司利用指示临界值，根据变量分析结果把 1 号矿体分为 5 个矿化域（见图 1.4.11）。

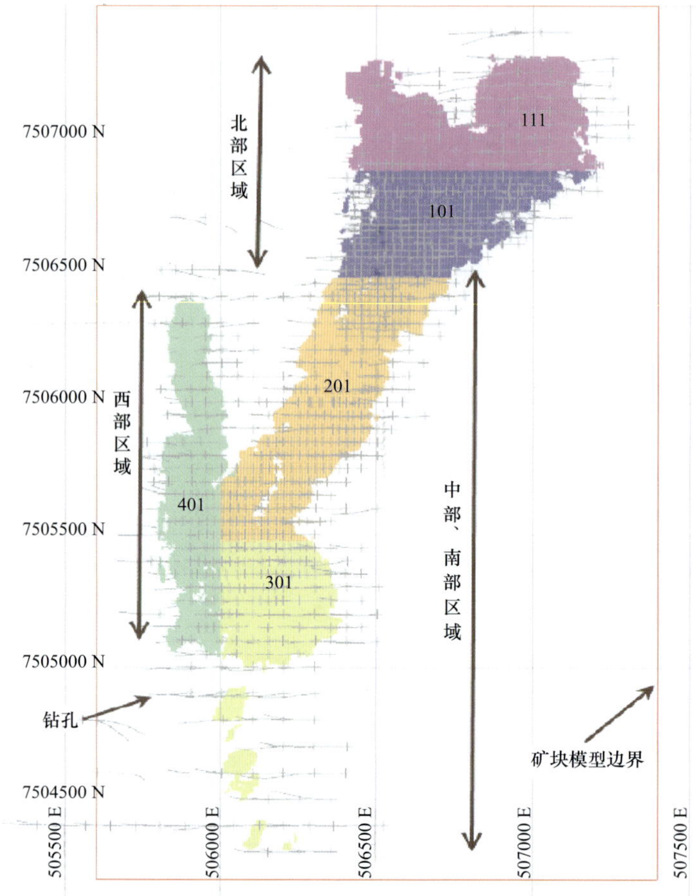

图 1.4.11 湖山铀矿 1 号矿带矿化域划分及变量分析区域展示

变量图是定义某一函数的通用词，该函数表现变量的变化性与两个样品间距的关系。理论变异函数分析模型用于分析矿化带 3 m 复合体的空间变化性，经过计算和分析，获得最终的变量以及估值参数（见表 1.4.4、表 1.4.5 和图 1.4.12）。

表 1.4.4 湖山铀矿 1 号矿带各分区变异函数及结构分析结果表

指示阈值（$\times 10^{-6}$ U_3O_8）	块金	结构 1				结构 2			
		临界变异值 1（C1）	交域/m			临界变异值 2（C2）	交域/m		
			最大值	中值	最小值		最大值	中值	最小值
指示变量—北部区域									
35	0.4	0.4	30	35	15	0.2	80	80	50
57	0.4	0.4	30	35	15	0.2	80	80	50
84	0.4	0.4	30	36	15	0.2	80	80	50
115	0.45	0.35	30	35	15	0.2	80	80	45
160	0.5	0.3	25	25	12	0.2	80	80	55
247	0.5	0.3	25	25	12	0.2	80	80	55

续表

指示阈值（×10⁻⁶ U_3O_8）	块金	结构 1				结构 2			
		临界变异值 1（C1）	交域/m			临界变异值 2（C2）	交域/m		
			最大值	中值	最小值		最大值	中值	最小值
403	0.55	0.25	23	20	12	0.2	70	70	45
560	0.55	0.25	25	20	12	0.2	70	70	45
846	0.55	0.25	25	26	12	0.2	50	50	40
1 400	0.55	0.25	25	25	12	0.2	50	50	40
2 000	0.6	0.2	20	20	10	0.2	45	45	35
3 500	0.6	0.2	20	20	10	0.2	45	45	35
指示变量—中部和南部区域									
31	0.45	0.35	30	30	20	0.2	100	85	65
58	0.45	0.35	30	30	20	0.2	100	85	65
90	0.45	0.35	30	30	20	0.2	100	86	66
136	0.45	0.35	30	30	20	0.2	100	85	65
203	0.45	0.35	30	28	20	0.2	85	60	30
308	0.45	0.35	30	28	20	0.2	85	60	30
503	0.55	0.25	30	28	12	0.2	75	75	25
667	0.55	0.25	30	28	12	0.2	75	75	26
903	0.55	0.3	25	25	8	0.15	40	40	15
1 300	0.55	0.3	25	25	8	0.15	40	40	16
1 800	0.65	0.25	15	15	6	0.1	20	20	10
2 873	0.65	0.25	13	15	6	0.1	20	20	10
指示变量—西部区域									
31	0.45	0.3	40	20	11	0.25	157	45	35
58	0.45	0.3	40	20	11	0.25	167	45	35
90	0.45	0.3	40	20	11	0.25	157	45	35
130	0.45	0.3	40	20	11	0.25	157	45	35
195	0.6	0.25	40	18	11	0.25	140	55	30
304	0.5	0.25	40	18	11	0.25	140	55	30
500	0.5	0.25	35	16	11	0.25	110	50	25
653	0.6	0.25	35	16	11	0.25	110	50	25
897	0.55	0.25	25	13	11	0.2	85	45	20
1 400	0.55	0.25	25	13	11	0.2	85	45	20
2 121	0.65	0.25	15	11	6	0.1	50	40	12
2 958	0.65	0.25	15	11	6	0.1	50	40	12

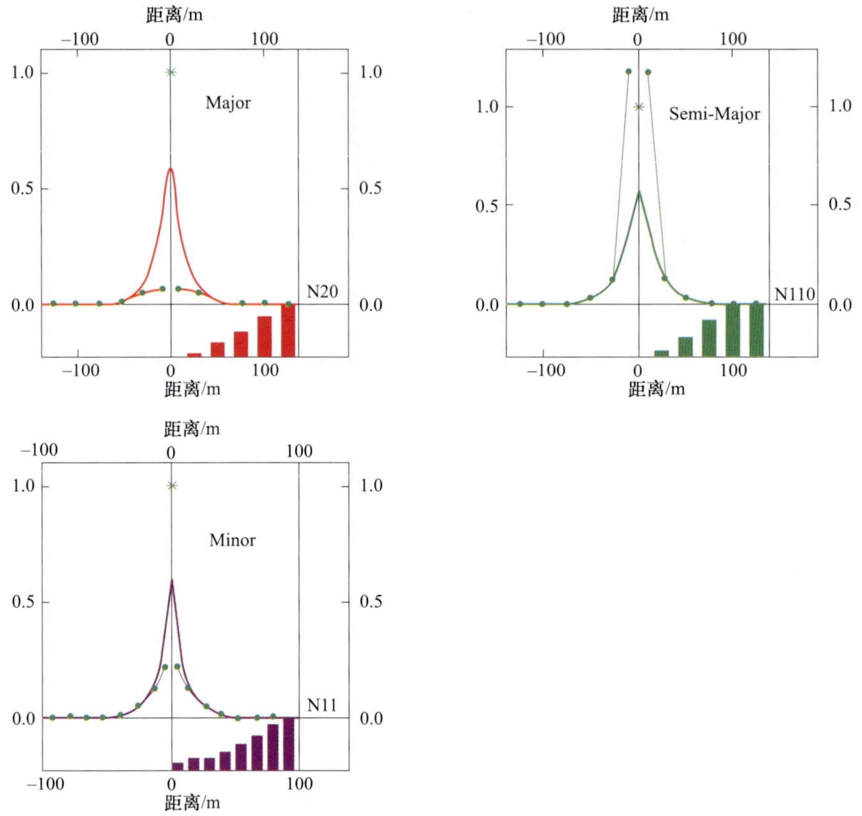

图 1.4.12　湖山铀矿 1 号矿带北部区域理论变异函数分析模型

2）矿块模型

科菲矿业公司使用 Surpec 软件按照 25 m（长）×25 m（宽）×15 m（高）的尺寸建立湖山铀矿矿体的矿块模型，每个矿块又按照 1.25 m（长）×1.25 m（宽）×0.75 m（高）尺寸划分子块体，所有的块体没有做空间旋转处理。依照采矿设计要求，这些矿块按 12.5 m（长）×12.5 m（宽）×7.5 m（高）处理，最终获得预计的可采储量（见表 1.4.5 和图 1.4.13）。

表 1.4.5　湖山铀矿 2 号矿带矿块划分模型参数

	北向（*Y*）	东向（*X*）	垂直方向（*Z*）
最小坐标值	7 501 900	503 500	−200
最大坐标值	7 504 900	508 250	625
矿块尺寸/m	25	25	15
子块体尺寸/m	1.25	1.25	0.75
旋转度	0°	0°	0°
矿块总计	3 714 760		

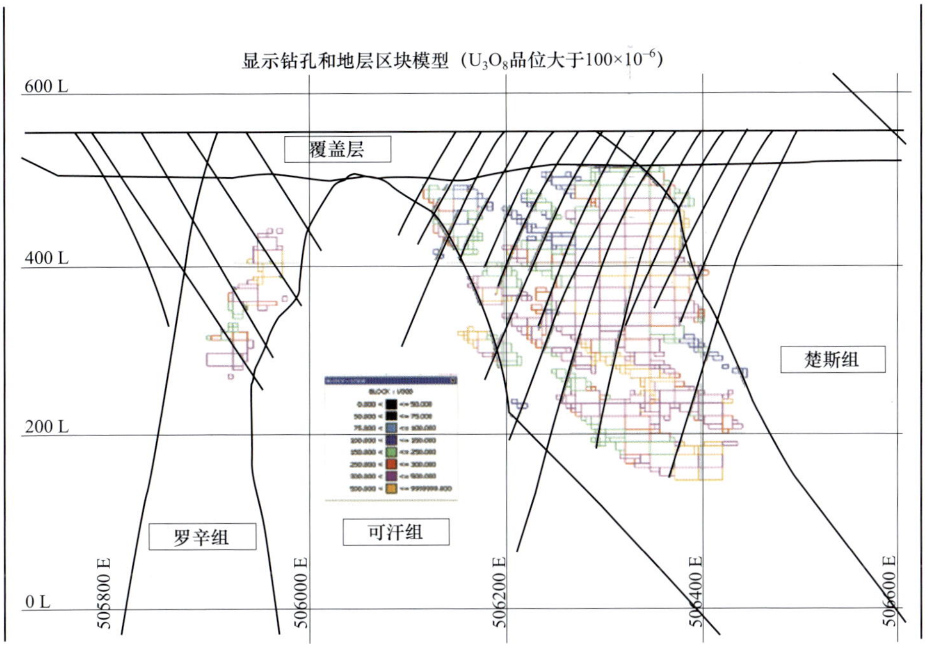

图 1.4.13　湖山铀矿 1 号矿带矿块模型纵剖面展示图（7505850N）

3）边界品位

对高于和低于均值的数据分布和金属占比的分析后，总共挑选出 13 个指示参数（见表 1.4.6）。因为在 3 个分区内识别出一些极端值，13 个指示区的数据中值被确定是用于支撑流程调整的最佳数值。封顶数值只应用在服务变差分析和支持计算值调整，但是不会应用于估算流程。

表 1.4.6　湖山铀矿 1 号矿带各区域矿石品位的指标分析结果

样品区间	样品区间上限值/个	平均品位（$\times10^{-6}$）	百分比/%
矿化域	101 和 111		
1	35	17.918	21.936
2	57	45.158	10.173
3	84	70.589	10.356
4	115	98.476	9.577
5	160	135.946	9.712
6	247	200.378	10.054
7	403	315.387	9.561
8	560	475.687	4.634
9	846	684.01	4.928
10	1 400	1 075.799	4.149
11	2 000	1 672.586	2.003
12	3 500	2 584.134	1.907
13	>3 500	5 005.39	1.009

续表

样品区间	样品区间上限值/个	平均品位（$\times 10^{-6}$）	百分比/%
矿化域	201 和 301		
1	31	14.015	21.528
2	58	43.592	10.106
3	90	73.511	10.136
4	136	111.216	9.957
5	203	167.042	9.72
6	308	251.694	9.552
7	503	395.783	9.829
8	667	578.355	4.781
9	903	776.519	4.82
10	1 300	1 077.79	3.979
11	1 800	1 617.749	3.395
12	2 873	2 418.039	1.277
13	>2 873	3 915.133	0.921

4）资源量估算参数

湖山铀矿按照规则的网度完成钻探施工，按标准筛选出的钻孔数据和样品用于识别和划分矿化带。

1 号矿带的北部区、中–南部区和西部区具有不同的变量特征，因此这 4 个区域分别进行估算操作。按照矿体空间产出特征，以及 6 个独立的搜索参数和变量方向分析的这些矿体目标，并开展资源量估算（见表 1.4.7）。

表 1.4.7　湖山铀矿 1 号矿带各分区分块建模参数表

矿化域		轴向			搜索距离/m			离散值			样品数	
分区	分区代号	方位角	倾向	倾角	主轴	次轴	短轴	*X*	*Y*	*Z*	最小值	最大值
1 号矿体—以 75×10^{-6} 为边界圈定的矿体搜索参数（5 m 长度的组合样品）												
北部	101	20	0	−35	60	60	20	1	1	1	16	24
	102	20	0	−35	100	100	40	1	1	1	16	24
	111	0	0	−35	60	60	20	1	1	1	16	24
	112	0	0	−35	100	100	40	1	1	1	16	24
中部	201	30	0	−40	60	60	20	1	1	1	16	24
	202	30	0	−40	100	100	40	1	1	1	16	24
南部	301	20	0	−50	60	60	20	1	1	1	16	24
	302	20	0	−50	100	100	40	1	1	1	16	24
西部	401	0	0	−80	60	60	20	1	1	1	16	24
	402	0	0	−80	100	100	40	1	1	1	16	24

续表

矿化域		轴向			搜索距离/m			离散值			样品数	
分区	分区代号	方位角	倾向	倾角	主轴	次轴	短轴	*X*	*Y*	*Z*	最小值	最大值
1 号矿体—MIK 方法搜索参数（3 m 长度的组合样品）												
北部	101	20	0	−35	60	40	20	3	5	2	18	30
	101	20	0	−35	90	60	30	3	5	2	18	24
	101	20	0	−35	120	80	40	3	5	2	12	18
	111	0	0	−35	60	40	20	3	5	2	18	30
	111	0	0	−35	90	60	30	3	5	2	18	24
	111	0	0	−35	120	80	40	3	5	2	12	18
中部	201	30	0	−40	60	40	20	3	5	2	18	30
	201	30	0	−40	90	60	30	3	5	2	18	24
	201	30	0	−40	120	80	40	3	5	2	12	18
南部	301	20	0	−50	60	40	20	3	5	2	18	30
	301	20	0	−50	90	60	30	3	5	2	18	24
	301	20	0	−50	120	80	40	3	5	2	12	18
西部	401	0	0	−80	60	40	20	3	5	2	18	30
	401	0	0	−80	90	60	30	3	5	2	18	24
	401	0	0	−80	120	80	40	3	5	2	12	18

MIK 用于定义和控制领域尺寸的参数为 3 m（*X*）×5 m（*Y*）×2 m（*Z*），任一个三维块体的子块体都有明确的估值。

5）估算结果验证

所有相关的统计信息都存有记录，以保证后续的验证和审查，这些记录包括：

① 每个块体使用的样品数量；

② 每个块体中心距离相关样品的平均距离；

③ 指示矿块适用的估算参数；

④ 参与块体估算的钻孔数量以及包含的组合样品数。

优先使用可视化和统计审查评估结果，具体通过以下步骤实施：

① 开展 E 型方法与数据群的均值的分析比对，包括选择合适用于计算数据丛的权重值；

② 开展 OK 方法与数据群的均值的分析比对，包括选择合适用于计算数据丛的权重值；

③ 可视化检查矿体横/纵剖面图和平面图。

完成评估方法的可选择性分析，测试 MIK 和 OK 模型的内插参数的敏感性。所有品位的变量统计值在可选择性分析已注明。针对原始的和偏离的组合结果，对比 CCDF 验证 MIK 方法建立的块体模型，块体估算结果的趋势与预测的偏离组合结果吻合。如图 1.4.14 所示，验证图显示所有区域的块体模型和 CCDF 偏离分级结果具有良好的一致性。

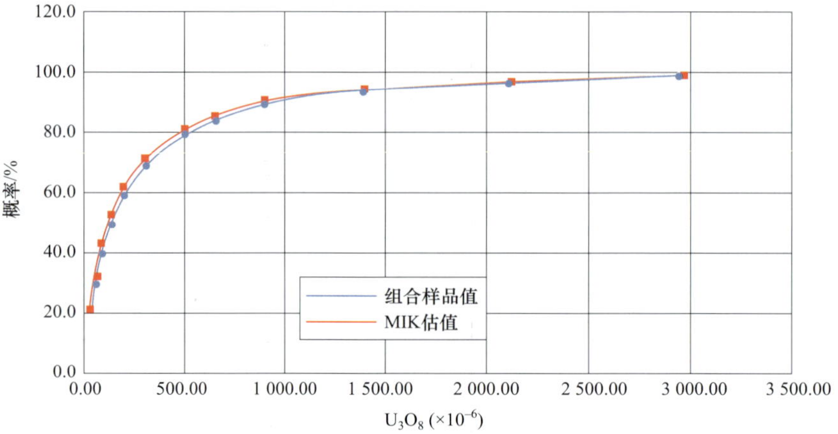

图 1.4.14　湖山铀矿 1 号矿带 401 区域模型估算检验结果

6）资源评估报告

在完成品位估算验证后，依据可信度级别，从高到低具体细分为探明级、控制级和推断级三个级别（见图 1.4.15、见图 1.4.16 和表 1.4.8）；不在上述三种级别范围内的矿体，定义为未达到信用级别的资源量。参照澳大利亚 JORC 和加拿大 NI43－101 报告规范，湖山铀矿的 1、2 号资源量级别划分的原则如下：

① 探明级资源量所处的区域矿体的连续性很好，可用的样品数据间隔 25 m×25 m～25 m×50 m；

② 控制级资源量所处的区域矿体的连续性较好，可用的样品数据间隔 50 m×50 m～50 m×100 m；

③ 推断级资源量所处区域的矿体的连续性一般，可用的样品数据间隔 100 m×100 m～100 m×200 m。

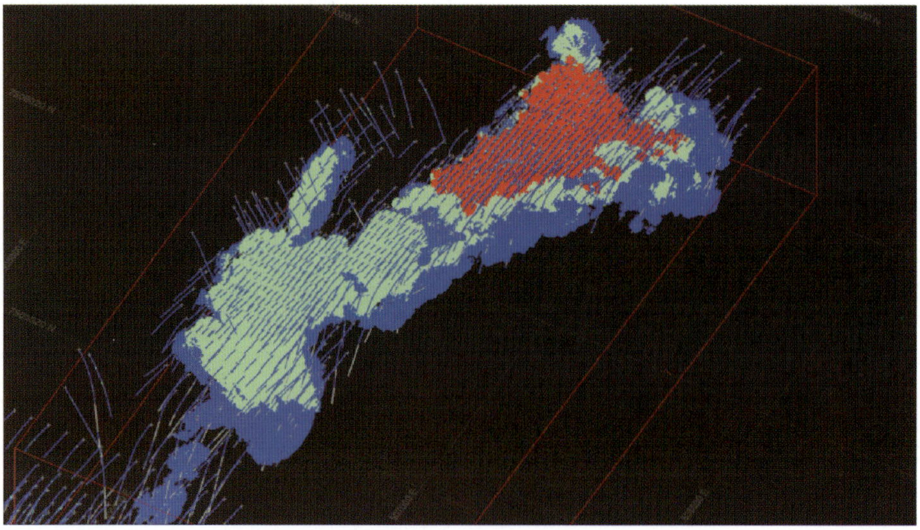

图 1.4.15　湖山铀矿 1 号矿带三级资源量平面分布

注：红色—探明级，绿色—控制级；蓝色—推断级

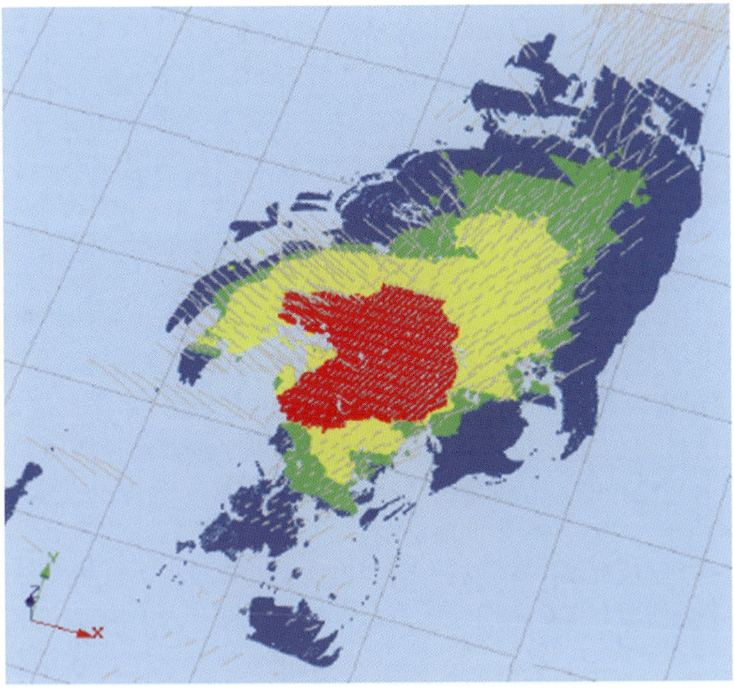

图 1.4.16　湖山铀矿 2 号矿带三级资源量平面分布图

注：红色—探明级；黄色—控制级；绿色—推断级；蓝色—未分级

湖山铀矿的 1、2 号矿带储量是指在掌握探明级和控制级资源量的基础上，通过可行性研究，综合经济和技术指标，扣除开采设计和采矿损失，能实际采出的数量。通常使用矿石量和平均品位表示，以 150×10^{-6} 作为边界品位，估算得出 1、2 号矿带的矿石总储量是 301.3×10^{6} t，矿石采出平均品位是 518×10^{-6}（见表 1.4.8）。

表 1.4.8　湖山铀矿 1、2 号矿带资源量/储量一览表

<table>
<tr><th rowspan="2">矿带</th><th colspan="4">资源量</th><th colspan="3">储量</th></tr>
<tr><th>级别</th><th>矿石量/10^6 t</th><th>U_3O_8（$\times10^{-6}$）</th><th>U_3O_8/10^4 t</th><th>矿石量/10^6 t</th><th>U_3O_8/10^4 t</th><th>U_3O_8（$\times10^{-6}$）</th></tr>
<tr><td rowspan="3">1 号</td><td>探明级</td><td>44.3</td><td>381</td><td>1.69</td><td rowspan="7">301.3</td><td rowspan="7">15.61</td><td rowspan="7">518</td></tr>
<tr><td>控制级</td><td>167.2</td><td>406</td><td>6.78</td></tr>
<tr><td>探明＋控制级</td><td>211.5</td><td>401</td><td>8.47</td></tr>
<tr><td rowspan="3">2 号</td><td>探明级</td><td>50.9</td><td>599</td><td>3.06</td></tr>
<tr><td>控制级</td><td>112.2</td><td>549</td><td>6.16</td></tr>
<tr><td>探明＋控制级</td><td>163.1</td><td>565</td><td>9.22</td></tr>
<tr><td colspan="2">合计</td><td>374.6</td><td>472</td><td>22.42</td></tr>
</table>

1.5 矿业权维护

1.5.1 矿业权管理法规概述

根据纳米比亚发布的《矿产勘查开采法案（1992）》，在纳米比亚合法注册的有限责任公司（含外商在纳米比亚注册的全资子公司、控股的合资公司及参股的合资公司）及纳米比亚自然人均可从事矿产资源勘查和开采活动。其矿类许可证有 6 种：非独家探矿许可证（NEPL）、探矿许可证（RL）、独家探矿许可证（EPL）、矿床保留许可证（MDRL）、采矿许可证（ML）和采矿请求权（MC）。其中探矿独家许可证（EPL）、矿床保留许可证（MDRL）、采矿许可证（ML）和采矿请求权（MC）较为重要，其延续要求详情如下。

① 探矿独家许可证（EPL）：可延续 2 次（矿能部部长认为理由充分时，可延续超过 2 次），每次可延续两年，在矿业权到期前 90 天提交延续申请；延续需提供的材料：矿业权延续申请表、矿业权区位置图、矿业权有效期内地质勘查报告、自然人身份证明或公司注册证书、地质技术员简历、资金证明、区内已有矿业权持有人的同意信等，并交纳矿业权延续申请费。

② 矿床保留许可证（MDRL）：可延续 1 次（矿能部部长认为理由充分时，可延续超过 2 次），每次延续不超过两年，在矿业权到期前 90 天提交延续申请。延续需提交的材料：矿业权延续申请表、矿业权区位置图、公司注册文件、独家勘查权地质报告、矿石储量报告、开采可行性研究、地质师简历、资金证明、已有矿业权人同意信。

③ 采矿许可证（ML）：可不断延续至矿山闭坑，每次延续 15 年，在矿业权到期前 12 个月内提交延续申请；延续需提交的材料为：矿业权延续申请表、自然人身份证明或公司注册证书、采矿证、矿业权区位置图、地质报告、计算储量、岩土报告、环境影响评价、环境保护计划、地质技术人员简历、资金证明、技术可行性、矿山开发计划、预计支出、金融可行性研究、相关计划、已存在的其余矿业权人同意信等文件，并交纳矿业权延续申请费。

④ 采矿请求权（MC）：可不断延续，每次延续两年，在矿业权到期前 90 天提交延续申请，延续需提供的材料：矿业权延续申请表并交纳延续申请费。

1.5.2 湖山铀矿矿业权延续历史

与湖山铀矿相关的矿业权有两种，分别为独家探矿许可证（EPL）和采矿许可证（ML）。截至 2016 年 12 月底，湖山铀矿持有 EPL3138、EPL3439 以及 ML171 三个矿业权证（见表 1.5.1），其中 ML171 采矿许可权证有效期至 2036 年，期间不需要更新维护。

截至 2016 年 12 月底，EPL3138 和 EPL3439 分别已完成 5 次和 4 次延期申请，均有一次因延期申请内容论证不充分而减持面积。例如 EPL3439，其第 4 次权证延期时需要减持，对减持区域筛选的理由如下：

EPL3439 减持区域铀异常背景值较低，历史上在其周边没有发现较好铀矿化或铀矿床的报告，也没有其他资源勘查公司在附近工作（见图 1.5.1）。

表 1.5.1　湖山铀矿探矿权维护（EPL）更新延续历史表

许可证第 X 阶段	EPL3138	EPL3439
1	2004—2007	2006—2007
2	2007—2009	2007—2011
3	2009—2011	
4	2011—2013.04	2011—2013.11
5	2013.04—2015.04（ML171 作为削减范围）	2013.11—2015.11（削减 25%）
6	2015.04—2017.04	2015.11—2017.11

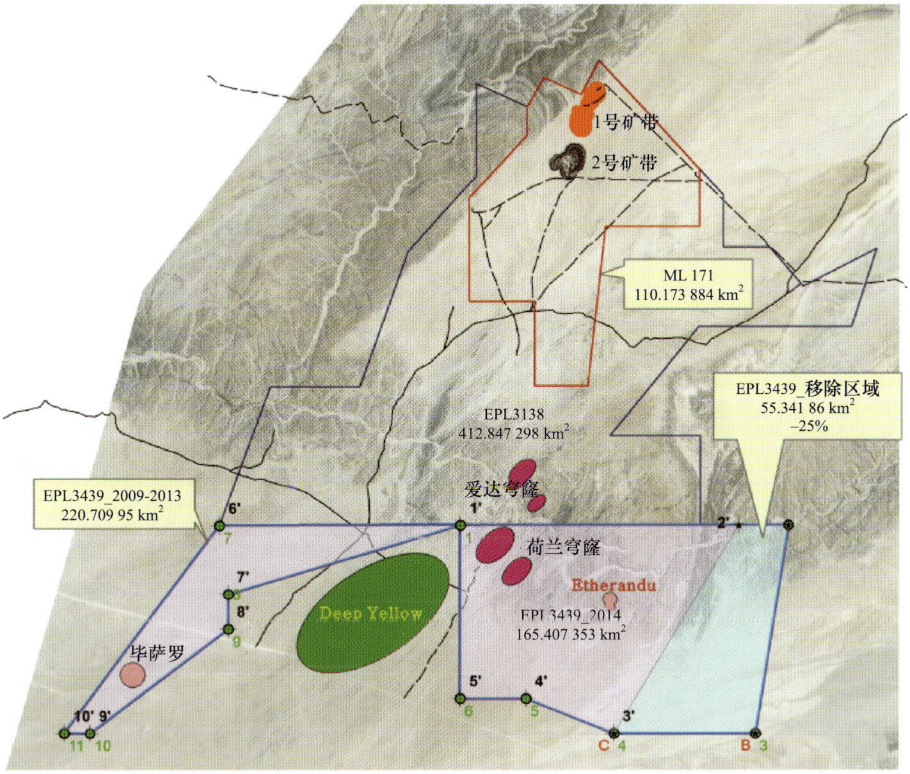

图 1.5.1　湖山铀矿 EPL3439 及周边铀矿床（矿点）分布示意

外围勘查工作集中在 EPL3439 内已发现的铀矿床或矿化点，没有足够的时间和精力投入到减持区域。

计划保留区域分布有矿化点（毕萨罗）、铀矿床（荷兰穹窿）和空白区，与其他资源勘查公司（如 Deep Yellow）的铀矿床临近，具有更好的找矿潜力和合作开发的潜力。

1.5.3　探矿独家许可权区维护

（1）探矿独家许可权区勘探费用

自 2004 年获取勘探许可证以来，湖山铀矿逐步扩大勘探投资。2008 年年初发现高品位铀矿化之后，在许可证第三阶段（2009—2011 年），2 个勘探权区的总费用高达 4.6 亿纳元（见图 1.5.2）。随着湖山铀矿的开发重点向矿山生产转移，后三个阶段勘探费用大幅降低，到许可证第六阶段（2015—2017 年），勘探总费用为 9 300 万纳元，其中钻探项目费用占比约 70%（见图 1.5.3）。

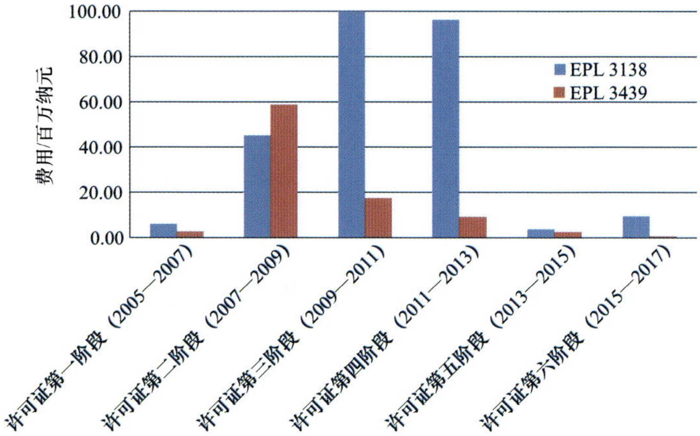

图 1.5.2 湖山铀矿许可证各阶段费用支出

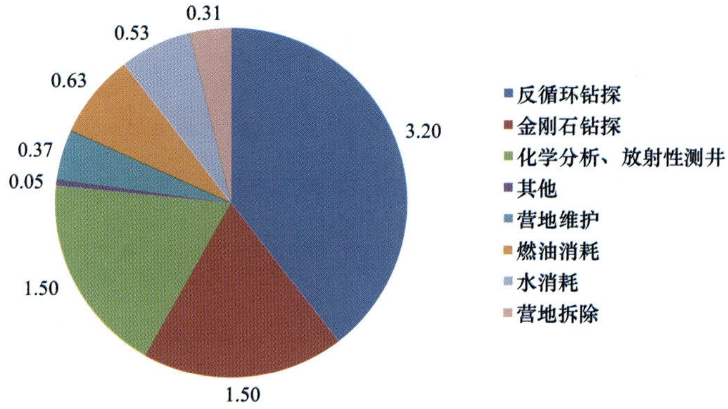

图 1.5.3 湖山铀矿许可证第六阶段预算（百万纳元）

（注：截至 2016 年 12 月底，许可证第六阶段只完成部分支出）

（2）探矿独家许可权区维护工作

1）野外地质填图项目

通过收集、整理以及分析矿区技术资料等前期工作，甄选出探矿权区中最有可能成矿的潜力带。在野外地质填图规范要求的指导下，实地考察靶区，划分岩石类型并测量地表岩层的放射性，概略性分析该区域地层演变形态及成矿条件，为更近一步的钻探提供合理的依据。

在野外地质填图过程中，有几项技术性的操作具有优化空间。譬如对于较大的填图区域，采用 ARCGIS 软件放大调整谷歌地图并地理配准，且利用该区域明显的标志物进行坐标定位，更易于划分岩石和地层边界。

2）钻探项目

钻探项目开始之前主要有靶区选定、预算申报、合同签署三大工作内容。通过航磁航放解释、野外地质填图以及铀矿化规律研究等圈定铀成矿有利地段作为勘查的目标靶区，在此基础上部署勘查工程并开展钻探设计；同时提前一年向公司申报预算；最终由斯科公司商务部提供价格策略、资源管理部提供技术支持，共同完成承包商评估并签署合同。

钻探准备工作主要分为室内和室外准备。室内工作包括钻孔设计、责任分工、车辆调配、挑样工培训、消耗品清单整理等；室外工作包括野外视察、钻孔部署、环境巡视以及钻孔 GPS 定位。其钻孔设计的原则、责任划分以及环境审查是保证钻探项目高质量完成的重要环节，简述如下：

① 钻孔设计：根据钻探量设计钻孔位置、钻孔角度以及钻探深度，并遵循边钻探、边研究、边调整的策略。

② 责任划分：项目主管整体把控钻探情况，如钻探合同编制、钻探成本审核、钻探成果审核等并给出进一步建议；地质工程师负责钻探过程的前后期工作，包括钻探准备、钻孔部署、钻探监管以及钻探评估；挑样工由地质工程师监管，主要接口承包商工作。

③ 环境审查：斯科公司安全环境部门要求所有在勘探权区开展的活动都需要进行环境审查及报备，主要关注钻探区域的稀有植物，并设计进场路线。

3）施工管理

钻探项目在实际执行过程中，面临诸多问题，特别是钻探服务合同的部分技术条款对双方责任的定义不严谨，导致在钻探过程中关于进度和质量出现了较多争议，下面以 2016 年湖山铀矿 6 号矿带钻探项目为例，筛选典型问题进行说明。

钻探项目开始之前，钻探设备进场费用核算。按照合同规定，设备运移路程按照小时计费。实际上，由于承包商人员不足，设备分钻机、钻杆装运车、油罐车和增压机 4 个部分运移，总耗时 33.5 h。资源管理部认为此项费用应该按照设备某部分运移耗时最长部分结算。最终经过协商，费用按照钻机和其他设备附件两个类型计算。

钻探合同规定钻探过程中产生的废样。按合同规定由承包商负责处理，并以废样外运耗时收费，但是没有明确约定每小时的输送量。施工期间，承包商使用小型皮卡车送样，单次运量少，总计小时数太高；最终双方商定废样外运由资源管理部门负责。

钻探合同明确规定钻孔偏斜的质量控制标准，当偏斜超出最大限度（见图 1.5.4）时，要按每米费用率扣除一定的费用。但在施工过程中，双方对合同中提到的每米费用率产生分歧，资源部门认为每米费用率是指整个钻孔总费用折算到每米的费用，而承包商认为每米费率是指钻孔每米固定费用。

钻探合同中明确规定了金刚石钻探和反循环钻探的每日工作量分别约为 25～30 m 和 100 m，但是缺乏由承包商导致的误工赔付条款，这意味着业主失去了一种控制钻探进度的手段。钻探过程中，钻机故障率高和维修不及时，导致反循环钻探的每日进尺量十分不稳定，其平均每日钻探量仅为 70 m，达不到合同规范要求。

通过以上问题的分析，有以下几方面值得关注：

① 与承包商签署的合同务必规范、严谨，责任划分明确，在实际钻探过程中才会减少成本风险，保证进度。

② 钻探过程中要及时监控和分析已出现或可能出现的质量问题，严格管控，保障钻探顺利且高质量进行；钻探后从多个维度评估钻探质量，按合同执行激励或赔付条款。

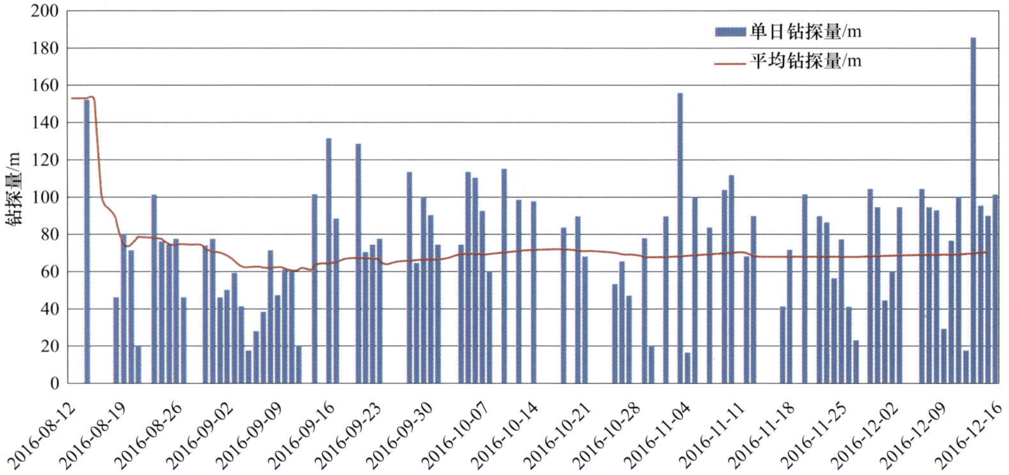

图 1.5.4　湖山铀矿 2016 年 6 号矿带钻探项目反循环钻探每日进展

1.6　地质资源与生产模型管理

勘探阶段侧重于从宏观层面认识矿床地质特征、矿体赋存状态、品位及资源量分布情况。随着矿山生产，矿山各类数据（地质编录、炮孔测井等）逐步丰富，可从已揭露的信息更清楚地认识矿体赋存。为了指导矿山生产，铀业公司于 2017—2018 年开展了“湖山铀矿矿石品位控制技术研究”，将目前由地质资源模型与品位控制模型所组成的地质模型体系，升级为分层次、分业务、更稳健的集“地质资源模型、中期资源模型、台阶预测模型、品位控制模型”三位于一体的地质资源—品位控制模型体系（见图 1.6.1）。

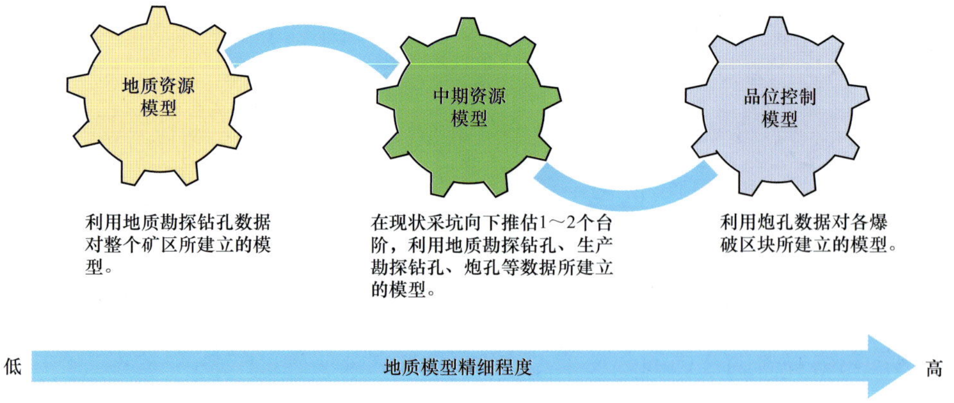

图 1.6.1　地质资源—品位控制模型体系

1.6.1　中短期资源模型

湖山铀矿的中期资源模型是建立在生产补充勘探的基础上，可用于指导矿山未来1～3年开采计划的编制工作。生产补充勘探是指在矿山已经开始生产后，还需要对矿体进行详细控制，以明确矿体的具体走向、产状以及规模大小，这一过程需要在之前已经进行的勘探工作基础之上进行补充性工作，包含进一步的工程加密和外围探矿。

随着湖山铀矿剥离面越来越大，得到的铀矿品位分布的数据越来越多，对矿体分布的了解也越来越深，发现与设计模型不一致的问题也越来越多，鉴于以下几点，在生产过程中有必要对生产区域进行补充加密勘探并更新现有模型。

① 以往在2号矿坑勘探最小网度为25 m×50 m，而矿体的不连续性大于预期，厚度与预期有差异，该网度无法很好地控制矿体。

② 资源模型的参数是以勘探网度为基础的，过大的搜索范围及无矿体边界导致现有2号矿坑资源模型的吨数和品位都高于实际生产，这对制订合理的排产计划非常不利。

针对这些问题，2017年决定在2号矿坑内加密钻探，将网度缩小至25 m×25 m，同时控制深度至2018年年底。设计钻孔分布图见图1.6.2和图1.6.3。

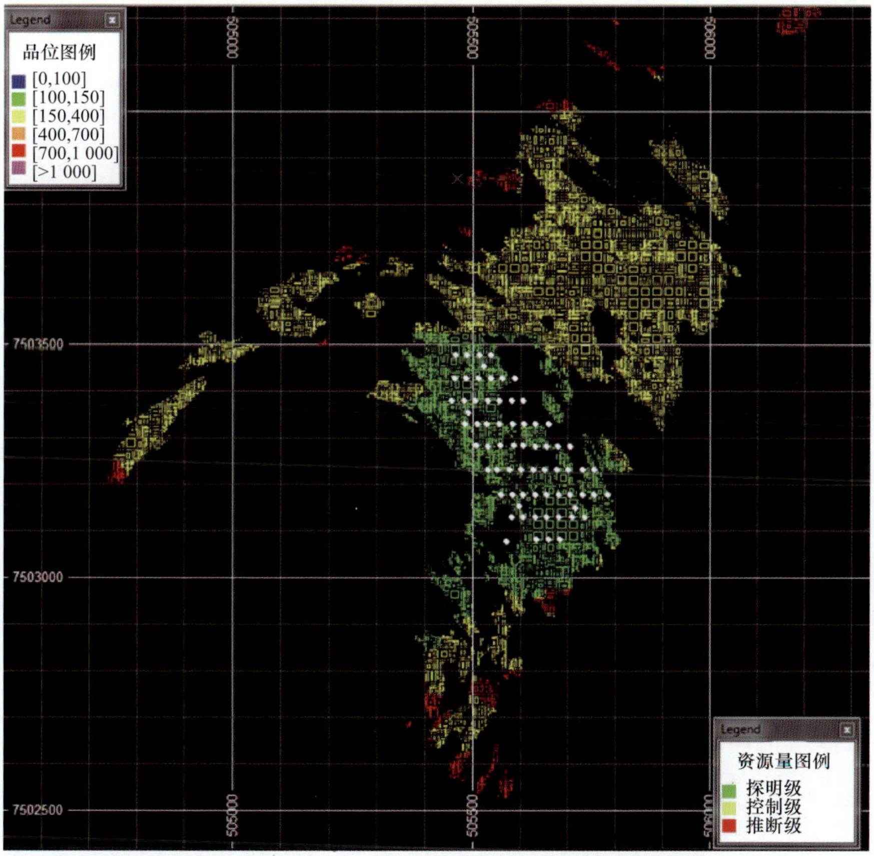

图1.6.2　2号矿坑加密钻平面设计图

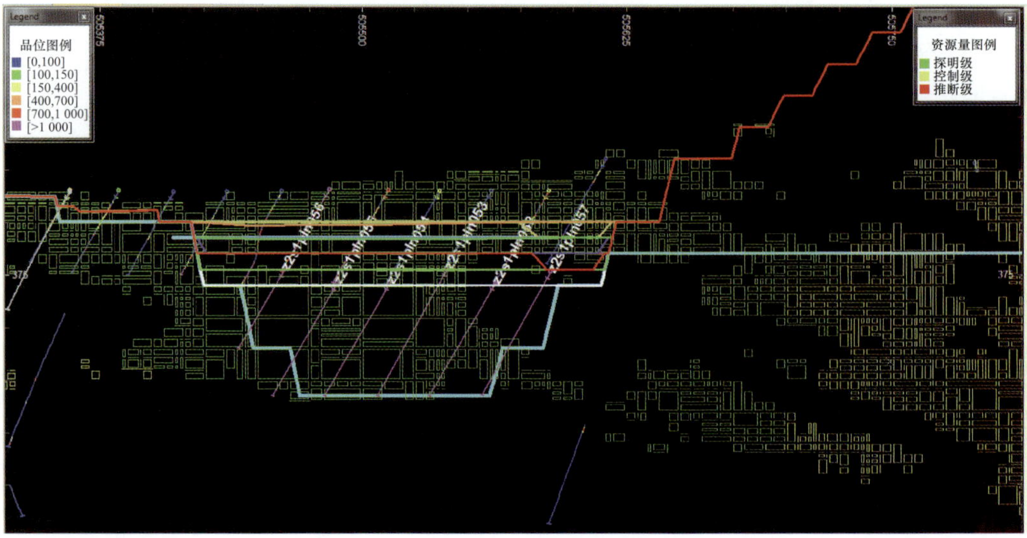

图 1.6.3　2 号矿坑加密钻 7503500 剖面设计

该项目计划完工 129 个钻孔，由于坑底境界变化部分钻孔无法施工，再加上已达到数据网度要求，最终完工 98 个钻孔。将钻孔数据与 MIK 模型进行对比图如图 1.6.4 所示，红色曲线圈出位置为矿化差异区域。

图 1.6.4　2 号矿坑加密钻探钻孔分布

对补充勘探结果进行估算，矿量差异（见表 1.6.1）。由此可见，合理的补充勘探可以为理清控矿因素、矿体赋存条件起到有力的数据支持，为精细化采矿生产提供依据。

表 1.6.1　矿量和矿石品位差异对比表

	22 台阶		23 台阶		24 台阶		25 台阶	
	品位（$\times 10^{-6}$）	矿量/t	品位（$\times 10^{-6}$）	矿量/t	品位（$\times 10^{-6}$）	矿量/t	品位（$\times 10^{-6}$）	矿量/t
储量模型								
低品位 LG	310	403 397	318	405 099	329	211 804	334	229 900
中品位矿石 MG	534	614 901	533	606 676	546	405 113	537	412 314
高品位矿石 HG	864	495 108	859	502 606	835	513 397	834	452 619
特高品位矿石 VHG	1 341	494 799	1 340	490 707	1 279	679 287	1 271	630 592
总计	769	2 008 205	769	2 005 088	878	1 809 602	856	1 725 425
中期资源模型								
低品位 LG	329	338 515	325	340 217	327	185 783	361	224 261
中品位矿石 MG	529	507 065	525	526 437	509	311 488	554	391 719
高品位矿石 HG	854	425 738	805	475 151	831	432 403	823	408 488
特高品位矿石 VHG	1 246	465 414	1 295	455 576	1 275	594 328	1 245	581 675
总计	642	1 736 732	631	1 797 853	812	1 523 992	928	1 606 143
总计值偏差	−17%	−14%	−18%	−10%	−8%	−16%	8%	−7%

1.6.2　台阶预测模型

通过地勘数据、炮孔数据、地质编录等预测出生产台阶下部 1～2 台阶矿体形态、品位分布，为新台阶区块设计、计划、穿孔等提供依据，用于指导采矿生产。在资源模型与品位控制模型之间，基于地质资源模型、地质编录、炮孔测井等数据，利用品位空间插值、智能预测等技术构建台阶预测模型，完善地质模型体系。

台阶预测模型是孤立的、局部模型，一个月完成一次，核心技术是研究基于地勘、炮孔化验数据动态更新下一台阶矿块模型地质数据。台阶预测模型主要包括模型建立、样品数据处理和品位模型构建三部分。

理论上构建台阶预测模型时需先依据资源模型、生产勘探数据、地质编录及开采面揭露对地质资源模型更新，以更新后的资源模型为约束。但湖山矿的矿体边界前后差异较大，无规律性，很难进行修正；即使构建，可靠性也不高，并且费时费力。经研究，此种中期资源模型构建方法不适合采用，所以本次台阶预测模型构建均采用无约束建模。样品处理阶段，为屏蔽区域外炮孔数据影响，利用已采区的 DTM 模型向上偏移 3.75 m、下移 3 个台阶，形成样品域模型，并对样品域模型内的地质钻孔数据、炮孔测井数据组合形成估值样品数据；最后的品位模型构建阶段，通过样品数据统计、数据转换等手段分析确定品位分布特征，选取合适的估值方法进行品位插值，并利用图形验证和交叉验证等手段对估值结果验证。

以湖山矿 2 号矿坑为例，其正在开采的区域为 21 台阶，因此采用 20 台阶的数据对 21～23 台阶的模型进行推测（见图 1.6.5）。

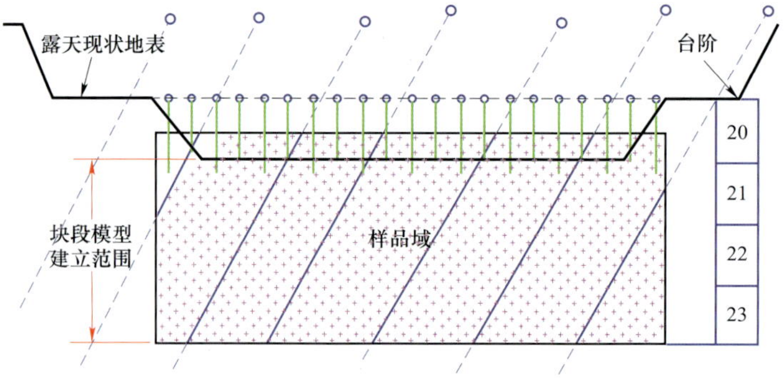

图 1.6.5　2 号矿带中期资源模型范围模型

首先，以 1 m 测井数据，结合孔口信息构建 20 台阶 D001～D028 共计 28 个爆区炮孔数据库。为了屏蔽其他台阶炮孔数据的影响，对样品域模型内的地质钻孔、炮孔过滤，并组合形成估值样品数据。

应用中期模型钻孔数据库，对中期资源范围模型品位估值。考虑到数据容量与品位控制模型相当，估值方法与参数沿用品位控制模型研究成果：估值方法采用距离幂次反比法、幂次为 2，椭球体参数 8 m×8 m×4 m，估值时块段模型尺寸为 3.125 m×3.125 m×1.5 m。估值后考虑实际采矿作业，对块段模型尺寸优化处理，将尺寸调整为 3.125 m×3.125 m×7.5 m。

以品位控制模型成果数据为基准，对原 MIK 模型、台阶预测模型计算结果进行系统对比与分析，台阶预测模型所推测的爆区数据与品位控制模型无论是矿量、品位还是品位分布均接近，而 MIK 模型则存在波动性大、偏差性大（见图 1.6.6）。

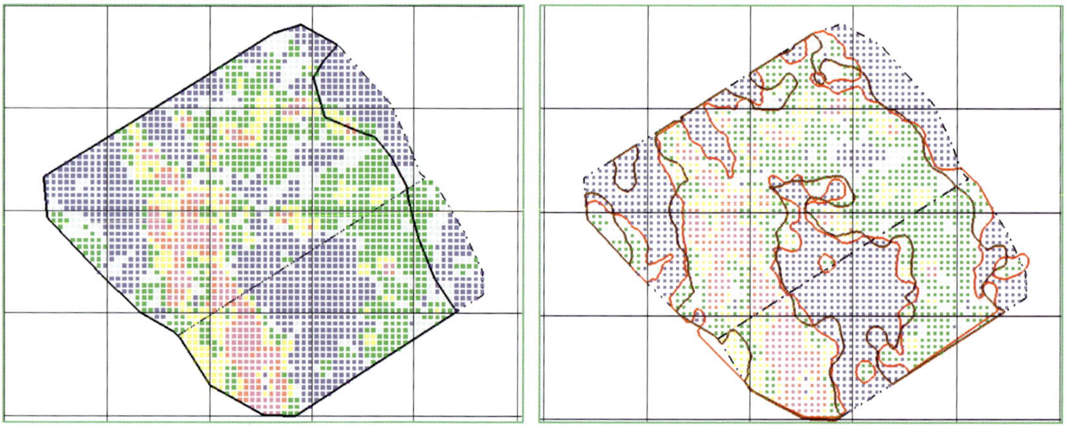

(a)　　(b)

图 1.6.6　模型对比

（a）品位控制模型与 MIK 矿体边界；（b）中期资源模型与品位控制模型矿体边界

综上所述，构建介于地质勘探模型、品位模型之间的台阶预测模型，将会使矿山地质模型体系更稳健，也可更科学指导台阶区块划分、爆破设计与计划编制。

1.6.3　品位控制模型

品位控制模型是基于爆破孔数据库，应用空间插值方法生成的能展现矿岩分布的品位块段模型，应用于矿块划分与指导铲装。其准确性、可靠性直接影响矿山贫损指标控制（见图 1.6.7）。

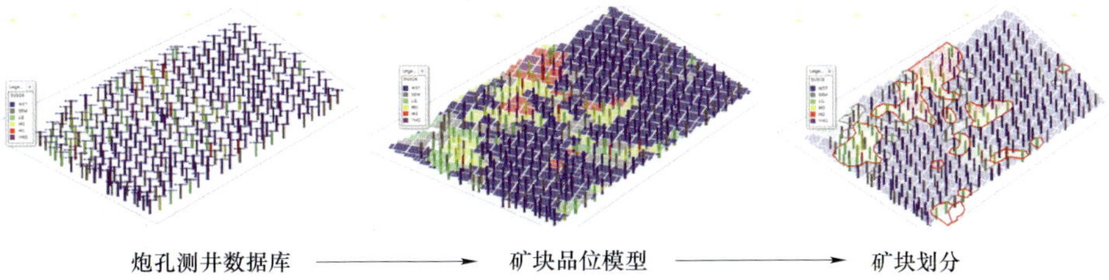

图 1.6.7　品位控制模型建模与应用

爆破孔数据库内的数据主要来自爆破孔的测井与编录，爆破孔筛选、爆堆岩性编录、酸耗取样和测井。区块爆破之前确保区块内所有爆破孔进行了上述工作，且获得的数据通过 Datashed 数据库管理软件上传更新至湖山铀矿生产数据库。

首先爆破孔筛选，钻机穿孔过程中，品位控制操作工对每个爆破孔均进行孔口岩屑堆的放射性探测（手持能谱仪）；之后对手持能谱仪结果大于 80×10^{-6} 或者资源模型中为矿石区域的孔口岩屑取样进行酸耗测试，同时要求测井团队进行测井工作。地质工程师需对所有的爆孔岩屑进行岩性编录，用于获得区块的地质信息（见图 1.6.8）。

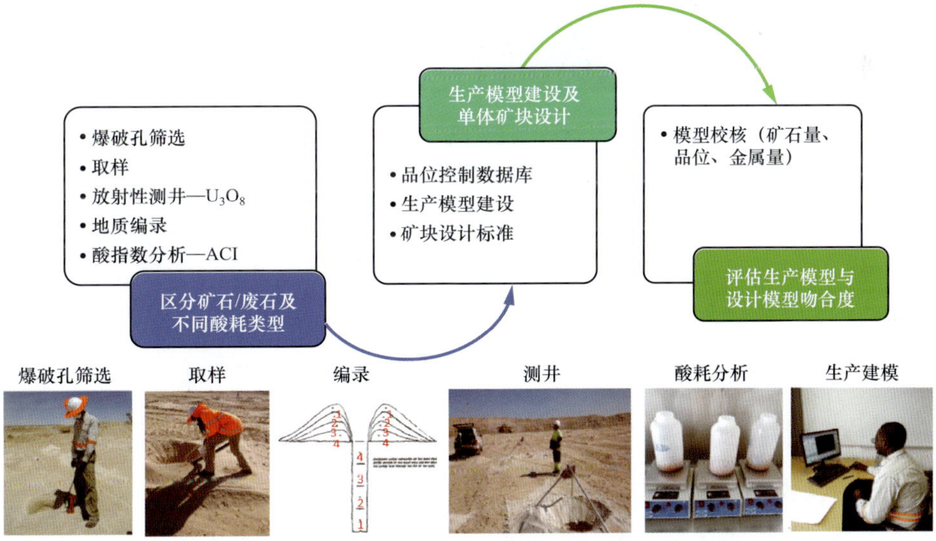

图 1.6.8　现场测井与编录地质工作流程

湖山铀矿品位控制模型采用南非 Bloy 公司开发的基于 Datamine 的 Blockbuster 软件，其建模过程及参数如下。

① 参数定义：包括估值域、估值方法、变异函数、搜索参数、样品数据管理等参数。定义完成的参数存放到服务器端，客户端可读取参数，但不能修改。目前基本参数块体尺寸 6.25 m×6.25 m×7.5 m，参与 U_3O_8 估值的样品数 1 号矿带最小为 3 个、最多为 24 个，2 号矿带最小为 3 个、最多为 12 个；搜索半径、椭球体方位与角度应用地质资源模型参数；在属性估值时，除 ACI 使用距离幂次反比法（IDW）外，其他的都使用普通克里格法（OK）。

② 按钻孔类型、时间间隔等约束从数据库中提取、下载与显示炮孔数据。

③ 输入爆区名称或选择名称，提取爆区边界，并根据炮孔品位（$\times10^{-6}$）圈出与定义矿岩边界（100～150 为次经济品位，150 以上范围为矿石），使矿样与岩样估值时不相互干扰。

④ 读取钻孔数据，依据原模型参数创建块体模型，从地质资源模型中获取岩性、产状、体重等属性，并依据服务器端提供参数进行品位估值。

⑤ 根据块体属性划分与动态调整矿块范围，按类型报告线框内的各类指标，基本遵循“低品位紧、高品位松”原则，见图 1.6.9（a）。

⑥ 以样长为 0.25 m 的放射性测井数据，绘制爆区矿体厚度图。

⑦ 设计成果文件上传至模块系统。

⑧ 设计成果文件上传至调度系统，用于指导后续铲装。

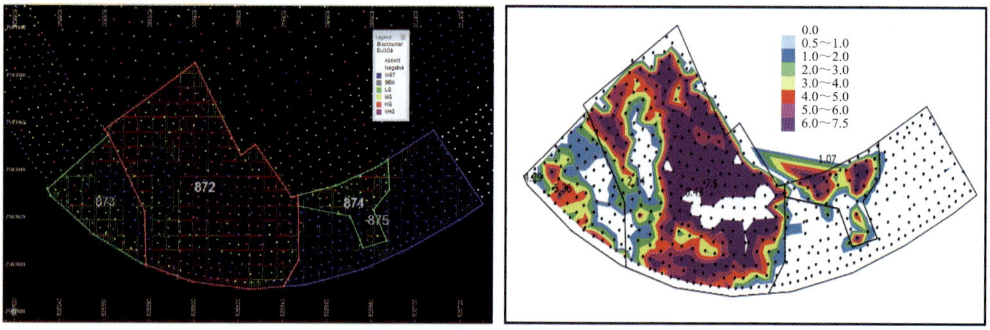

(a) (b)

图 1.6.9 品位控制模型成果图

（a）2B22L018 区块品位控制模型；（b）2B22L018 区块矿体厚度模型

1.7 矿石品位测定及控制

1.7.1 爆破孔放射性测井及生产应用

（1）背景及需求

湖山铀矿在勘探时期采用岩粉（或岩心）化学分析方法确定矿体品位，伽马测井方法使用较少并且仅仅用来指导取样。由于化学分析方法存在成本高、周期长、爆破孔取样代表性不佳等问题，因此湖山铀矿自 2015 年 5 月开采矿石以后采用放射性伽马测井方法确定矿石品位，相对于化学分析方法，放射性测井方法既能大大缩短数据的获取时间，又能大幅度降低数据获取的成本，数据能更好地代表地层矿化信息，极大提高了生产效率。但由于对测井工作认识不足以及质量控制不到位，也缺少相应的工作规范和培训，导致地质生产模型与设计模型之间在品位上存在较大差异，主要表现在测井品位高于实际矿石品位、实际矿石品位低于设计模型品位。

为解决伽马测井不准问题，特设立了课题《放射性测井用于湖山铀矿生产中爆破孔测量的工程应用研究》，通过仪器设备的标定及检测、各种地球物理参数的收集、测井车改装、软件开发等方面，来验证放射性测井在该地区的适用性并解决测井结果不准等问题，同时建立相应的测井技术和操作流程。

（2）测井仪器性能评估

为了对比和验证测井解释结果以及选择具有代表性的爆破孔岩粉取样方法，在 1 号采坑的 9 号台阶专门选择了两个爆破区块 1B09D011（以下简称 11 号区块）和 1B09D013（以下简称 13 号区块）开展试验工作，在每个区块上各选择了 30 个爆破孔进行测井和取样试验工作。

湖山铀矿爆破孔测井是由当地承包方 TGSN 来完成的，测井仪为 BDVG42－740、BDVG42－1131 和 BDVG42－1124。在 2 号矿带勘探所用的测井仪是四川省核工业地质调查院（以下简称川核院）的 FD－3019－7385 和 FD－3019－7419。

而在试验区块 11 和 13 只用了 BDVG42－1131 测井仪，此外，为了研究岩粉污染情况，在 13 号试验区块川核院的 FD－3019－7385 测井仪对 RC 钻孔也进行了测量。

为了获得正确可靠的数据，在伽马测井工作中，对仪器的测量范围和灵敏阈以及仪器读数的稳定性、准确性和测量结果的一致性，即通常所说的“三性”必须进行检查，根据已有资料对所用仪器性能进行评价。

1）测量范围与灵敏阈

伽马测井仪铀含量测量范围应为 $0\sim50\,000\times10^{-6}$eU，灵敏阈应达到 10×10^{-6}eU。而 BDVG42－740 号测井仪的量程只有 $5\,500\times10^{-6}$，BDVG42－1131 号测井仪的量程只有 $7\,000\times10^{-6}$，测量范围偏低，无法满足高品位矿石测量需求（见表 1.7.1）。

表 1.7.1　BDVG42 测井仪铀含量测量范围

序号	仪器编号	实际测量范围（$\times10^{-6}$）	要求测量范围（$\times10^{-6}$）	备注
1	740	5 500	50 000	量程偏低
2	1131	7 000	50 000	量程偏低
3	6678、6683、7206、7210、7296、7298、6684、3274、3784、3829、4424、4425、4427	10 930	50 000	基本满足要求

自 2017 年开始，斯科公司陆续购置了 12 台 GEOVISTA 的伽马探管，经过标定显示，该批仪器测量范围达到 1%eU，基本满足伽马测井的生产要求。

2）含量灵敏度系数的使用范围

γ 测井仪含量灵敏度系数的使用范围通过矿石有效原子序数（$Z_{有效}$）确定。试验区块 11 和试验区块 13 分别各取了 5 个矿石样，总共 10 个样送南非 NECSA 实验室做化学全分析，计算公式如下。

$$Z_e=\left(\sum P_Z \cdot Z^{2.3}\right)^{\frac{1}{2.3}} \tag{1}$$

式中：Z——矿石中元素的原子序数；

P_Z——矿石中原子序数为 Z 的元素含量；

Z_e——矿石的有效原子序数。

计算出矿石有效原子序数分布范围为 12.0～14.8，平均有效原子序数为 13.3，均方差为 0.89，变异系数为 0.07（见表 1.7.2）。

表 1.7.2　矿石有效原子序数统计

类别	样本数	最大值	最小值	均值	均方差	变异系数
$Z_{有效}$	10	14.8	12.0	13.3	0.89	0.07

矿石的有效原子序数平均值在 9～21 范围内，变异系数小于 0.2。据《γ 测井规范》（EJ/T 611—2005），湖山铀矿所使用的 γ 测井仪含量灵敏度系数可以采用模型站标定的数据，从而确定伽马测井在湖山铀矿适用。

3）稳定性检查

① 短期稳定性检查

γ 测井仪在测量范围内的任何一固定 γ 照射量率值的点上连续工作 8 h，所测量的 γ 照射量率的相对偏差应不大于 5%（每组 γ 照射量率测量值为 30 个，组间间隔时间为 1 h），γ 照射量率的相对偏差按式（2）计算：

$$\delta_1=\frac{N_i-N_0}{N_0}\times100\% \tag{2}$$

式中：δ_1——γ 照射量率相对偏差，以%表示；

N_i——第 i 组 γ 照射量率测量平均值，单位为脉冲每秒（cps）；

N_0——预热 10 min 后，第一组 γ 照射量率测量平均值，单位为脉冲每秒（cps）。

计算结果表明 BDVG42 和 FD－3019 测井仪短期稳定性检查结果符合要求（见表 1.7.3、表 1.7.4 和表 1.7.5）。

表 1.7.3　BDVG42 测井仪短期稳定性检查

序号	仪器编号	偏差范围/%	偏差限/%	稳定性	备注
1	740	－0.49～0.55	5	合格	偏差＜5%
2	1131	0.82～1.57	5	合格	偏差＜5%

表 1.7.4　FD－3019 测井仪短期稳定性检查

序号	仪器编号	偏差范围/%	偏差限/%	稳定性	备注
1	7385	－1.23～1.45	5	合格	偏差＜5%
2	7419	－2.64～1.07	5	合格	偏差＜5%

表 1.7.5　GEOVISTA 测井仪短期稳定性检查

序号	仪器编号	偏差范围/%	偏差限/%	稳定性	备注
1	3273	−0.64～1.45	5	合格	偏差<5%
2	3274	−0.1～1.65	5	合格	偏差<5%
3	4224	−0.47～0.11	5	合格	偏差<5%
4	4225	−0.85～0.89	5	合格	偏差<5%
5	4227	−1.09～0.44	5	合格	偏差<5%
6	3929	−1.32～0.73	5	合格	偏差<5%

② 长期稳定性检查

γ 测井仪使用前后应在检查短期稳定性的同一固定 γ 照射量率值的点上进行长期稳定性检查。每一次检查 γ 照射量率测量值为 5 个。当仪器长期稳定性 γ 照射量率相对偏差大于 5% 时，该仪器应重新校准，符合要求后，方可投入使用。γ 照射量率的相对偏差按式（2）计算：

$$\delta_2 = \frac{N_j - N_0^1}{N_0} \times 100\% \tag{3}$$

式中：δ_2——γ 照射量率相对偏差的数值，以%表示；

N_j——第 j 次 γ 照射量率测量平均值的数值，单位为脉冲每秒（cps）；

N_0^1——γ 测井仪使用前第一次短期稳定性检查八组 γ 照射量率测量平均值的数值，单位为脉冲每秒（cps）。

可见，BDVG42 测井仪长期稳定性检查相当偏差，有时超过偏差限 5%，说明长期稳定性不佳（见图 1.7.1 和图 1.7.2）。

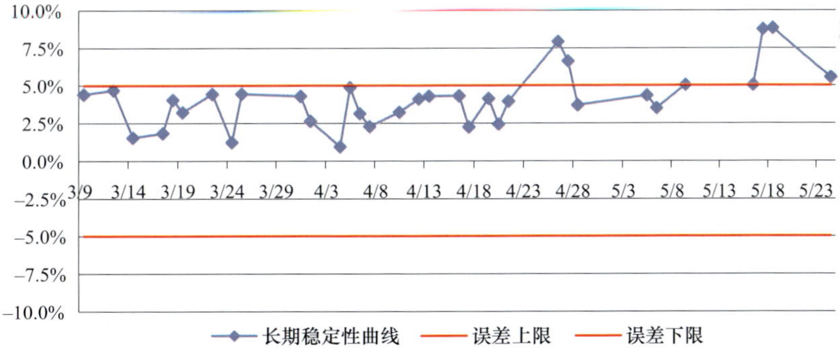

图 1.7.1　BDVG42－740 测井仪长期稳定性检查

4）准确性检查

① 在矿石模型标准上的检查

承包方 TGSN 的 BDVG42－1124 和 BDVG42－1131 探管在附近帕拉丁公司所属兰杰矿山矿石模型标准上进行检测，其测量值与模型值的相对误差远大于误差限 5%，表明这两台仪器的准确性不合格（见表 1.7.6 和图 1.7.3），经分析，不合格原因是 TGSN 的测井仪器标定系数存在问题。

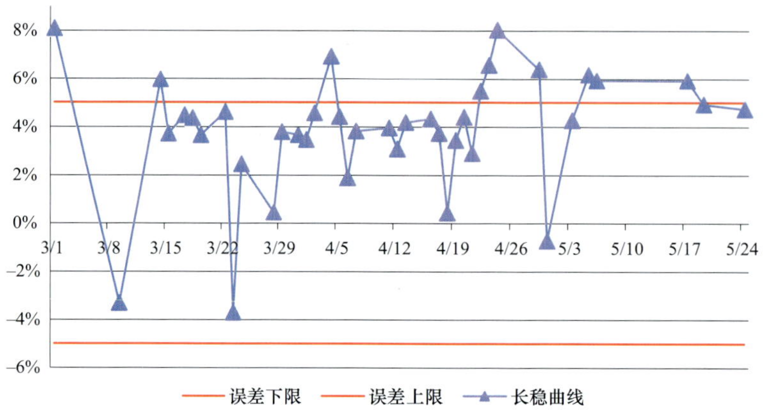

图 1.7.2 BDVG42－1131 测井仪长期稳定性检查

表 1.7.6 BDVG42 测井仪准确性检查

序号	模型值（×10⁻⁶）	仪器编号	测量值（×10⁻⁶）	误差/%	误差限/%	准确性
1	940.5	1124	1 079.74	14.8	5%	不合格
2		1131	1 077.03	14.5	5%	不合格

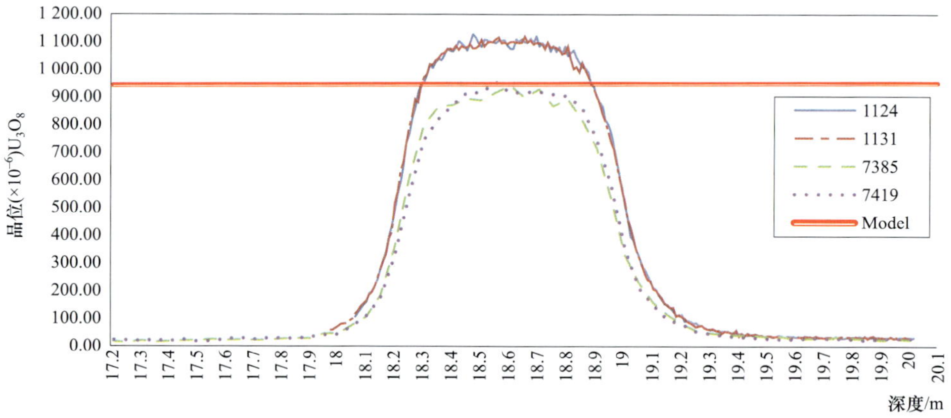

图 1.7.3 TGSN 及 TSC 在兰杰矿模型测量对比

川核院的 FD－3019－7385 和 FD－3019－7419 测井仪在兰杰矿山矿石模型标准上进行检测，其测量值与模型值的相对误差小于误差限 5%，表明这两台仪器的准确性合格（见表 1.7.7 和图 1.7.3）。

表 1.7.7 FD－3019 测井仪准确性检查

序号	模型值（×10⁻⁶）	仪器编号	测量值（×10⁻⁶）	误差/%	误差限/%	准确性
1	940.5	7385	910.8	－3.2	5%	合格
2		7419	911.3	－3.1	5%	合格

斯科公司购置于 GEOVISTA 的伽马测井探管，均经过国内石家庄计量站标定满足规范要求，并且都在兰杰矿模型井中进行了对比测试，均满足小于±5%的要求，仪器准确性满

足要求。

② 涨落性检查

利用 BDVG42－740 和 BDVG42－1131 探管的短期稳定性测量数据，用统计推断法中的“X^2 检验法”检查其 γ 测井读数，其结果均符合正态分布，说明仪器涨落性合格（见表 1.7.8）。

表 1.7.8 BDVG42 测井仪涨落性检查

序号	仪器编号	统计量 X^2	分布临界值 X	准确性	备注
1	740	4.63	14.07	合格	统计量＜分布临界值
2	1131	6.775	14.07	合格	统计量＜分布临界值

川核院分别利用 FD－3019－7385 和 FD－3019－7419 测井仪的短期稳定性测量数据，用统计推断法中的“X^2 检验法”检查其 γ 测井读数，其结果均符合正态分布，说明仪器涨落性合格（见表 1.7.9）。

表 1.7.9 FD－3019 测井仪涨落性检查

序号	仪器编号	统计量 X^2	分布临界值 X	准确性	备注
1	7385	5.69	14.07	合格	统计量＜分布临界值
2	7419	8.63	14.07	合格	统计量＜分布临界值

③ 非线性检查

γ 测井仪在其量程范围内，在固体镭源标准上实际测量的 γ 照射量率与理论值的相对误差即为非线性，其值应不超过 5%。

TGSN 于 2016 年 10 月初在中国石家庄放射性勘查计量站对 BDVG42－740 和 BDVG42－1415 测井仪进行了标定，其非线性未超过 5%，说明这两台仪器的非线性合格（见表 1.7.10）。

表 1.7.10 BDVG42 测井仪非线性检查

序号	仪器编号	非线性测量值/%	非线性要求值/%	非线性	备注
1	740	1.5	5.0	合格	测量值＜要求值
2	1415	1.3	5.0	合格	测量值＜要求值

川核院的 FD－3019－7385 和 FD－3019－7419 测井仪于 2015 年 6 月在中国石家庄放射性勘查计量站进行过标定，其非线性均未超过 5%，说明仪器的非线性合格（见表 1.7.11）。

表 1.7.11 FD－3019 测井仪非线性检查

序号	仪器编号	非线性测量值/%	非线性要求值/%	非线性	备注
1	7385	1.3	5.0	合格	测量值＜要求值
2	7419	2.0	5.0	合格	测量值＜要求值

5）一致性检查

① 在矿石模型标准上的一致性检查

TGSN 的 BDVG42－1124 和 BDVG42－1131 测井仪在兰杰矿山矿石模型标准上进行检测，两台仪器测量值的相对偏差 0.25%，小于 5%，表明这两台仪器的一致性合格（见表 1.7.12）。

表 1.7.12　BDVG42 测井仪一致性检查

序号	仪器编号	测量值（$\times10^{-6}$）	一致性误差/%	误差限/%	一致性
1	1124	1 079.74	0.25	5%	合格
2	1131	1 077.03			

川核院的 FD－3019－7385 和 FD－3019－7419 测井仪在兰杰矿山矿石模型标准上进行检测，两台仪器测量值的相对偏差 0.05%，小于 5%，表明这两台仪器的一致性合格（见表 1.7.13）。

表 1.7.13　FD－3019 测井仪一致性检查

序号	仪器编号	测量值（$\times10^{-6}$）	一致性误差/%	误差限/%	一致性
1	7385	910.8	0.05	5%	合格
2	7419	911.3			

② 用 t 检验法进行一致性检查

以 BDVG42－740 和 BDVG42－1131 测井仪的短期稳定性检查数据为基础，用 t 检验法进行一致性检查，结果表明 BDVG42 所用两台仪器的读数存在显著性差异，一致性不合格（见表 1.7.14）。

表 1.7.14　BDVG42 测井仪统计法一致性检查

序号	仪器编号	统计量	临界值	一致性	备注
1	740	60.89	1.96	不合格	统计量＞临界值
2	1131				

t 检验结果表明川核院所用两台仪器的读数无显著性差异，一致性合格（见表 1.7.15）。

表 1.7.15　FD－3019 测井仪一致性检查

序号	仪器编号	统计量	临界值	一致性	备注
1	7385	1.03	1.96	合格	统计量＜临界值
2	7419				

③ 在检查孔上的一致性检查

BDVG42－740 和 BDVG42－1131 测井仪这两台仪器在检查孔 CH02 的相对偏差为 1.92%，在检查孔 CH04 的相对偏差为 2.76%，可见一致性较好（见表 1.7.16）。

表 1.7.16　BDVG42 测井仪在检查孔上的一致性检查

序号	仪器编号	一致性偏差/%		偏差限/%	一致性
		检查孔 CH02	检查孔 CH04		
1	740	1.92	2.76	5%	合格
2	1131				

据了解，上述统计法确定的两台仪器的不一致性可能是当时的测量条件不一致所致，因此，还不能盲目否定其一致性，况且 BDVG42－740 又在中国进行了正规标定，建议在使用过程中注意其工作性能的稳定情况。

（3）测井影响因素的确定

湖山铀矿在勘查期间未进行过放射性物探参数取样分析和测试工作，而现在以伽马测井解释结果作为矿石铀品位控制方法，需要开展相关放射性物探参数分析和测试工作，主要应进行铀镭平衡系数、射气系数、钍钾元素干扰、矿石有效原子序数、矿石湿度和密度等相关参数的研究工作。

1）铀镭平衡系数（K_p）

在试验区块 11 和试验区块 13 针对不同品级和不同岩性的 DD（金刚石钻）矿心分别各取了 5 个铀镭样，总共 10 个样送南非 NECSA 实验室进行分析测试，方法是高纯锗 γ 能谱方法。

根据测量结果计算的铀镭平衡系数（K_p）值为 0.90，显示偏铀，但这部分样品分布在较小的区域，代表性不强。

另外根据 2016—2018 年采取的近 300 个铀镭平衡样品结果，平均平衡系数为 1.01；大于 150×10^{-6} 的样品共计 129 个，平均值为 1.00，因此可初步判断湖山铀矿铀镭处于平衡状态。图 1.7.4 所示为铀镭平衡系数与铀含量的散点图。

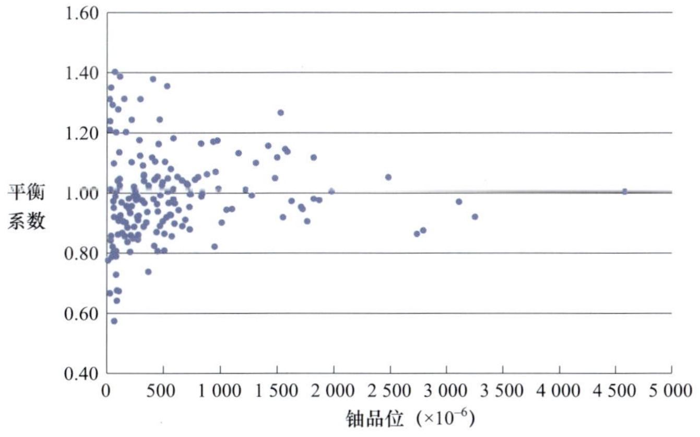

图 1.7.4　湖山 1、2 号矿坑铀矿铀镭平衡散点图

由于湖山铀矿在勘探时期采用化学分析方法确定铀品位，因此未取铀镭平衡样品，进入开采阶段后采用放射性测井方法确定铀品位，才开始采集样品进行分析。取样均来自爆破孔的岩粉堆，无法得到样品岩性和地层信息，也无地层氧化界面信息，因此无法系统研究铀镭平衡与岩性、地层等方面的分布关系。鉴于该矿为白岗岩型原生铀矿，铀镭平衡受外界影响极小，因此根据已有样品可认为整个矿床铀镭处于平衡状态。

2）射气系数（η）

湖山铀矿床在勘探期间未进行过射气系数测量，本次测量射气系数采用了实验室样品法和钻孔法，实验室法是在实验室条件下对样品进行射气测量，钻孔法是在野外天然条件下对钻孔进行射气测量。

① 实验室测定射气系数

在试验区块 11 和试验区块 13 针对不同品级的金刚石钻岩心分别各取了 5 个样进行射气测量，总共 10 个样送南非 NECSA 实验室进行测试。

其中 3 个样测量结果显示负值，另外 3 个样测量结果很小，低于检出限，其余 4 个样测量结果分布范围为 8.08%～18.1%（见表 1.7.17）。

表 1.7.17　实验室射气系数测量结果

序号	样号	孔号	射气系数/%	不确定度	检出限	岩性
1	69189	H08	−2.9	0.019	0.064	Iak
2	69190	H16	−0.29	0.019	0.063	Iak
3	69191	J10	2.9	0.020	0.064	Iak
4	69192	R18	−2.0	0.021	0.067	Iak
5	69193	T17	2.6	0.020	0.064	Iak
6	69194	K06	4.1	0.020	0.063	Iak
7	69195	M10	13.7	0.022	0.063	Mgn
8	69196	O04	8.08	0.023 0	0.067	Iak
9	69197	Q06	18.1	0.024	0.064	Mgn（cd）
10	69198	Q08	12.6	0.025	0.068	Iak

对各个样品同时进行了铀含量测量，射气系数与铀含量相关系数 0.08，显然二者不具有相关性。

矿石样品的射气系数通常与样品的岩性、孔隙度和样品粒度大小有关。从结果可以看出大多数白岗岩射气系数较小或未能测出，而片麻岩和堇青石片麻岩的射气系数较高。

② 钻孔法测定射气系数

在湖山 1 号采坑附近专门施工了 3 个钻孔（EM1、EM2、EM3）用于测定天然产状下矿石的射气系数（见图 1.7.5 和图 1.7.6）。

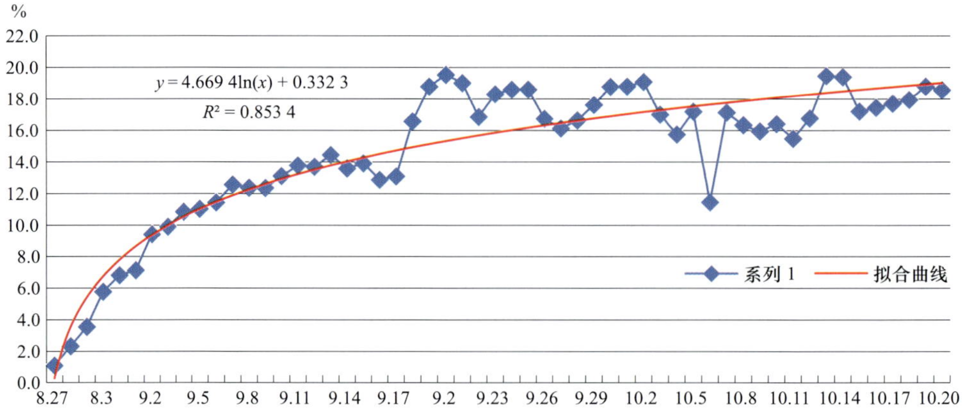

图 1.7.5　EM2 孔的射气系数测量曲线

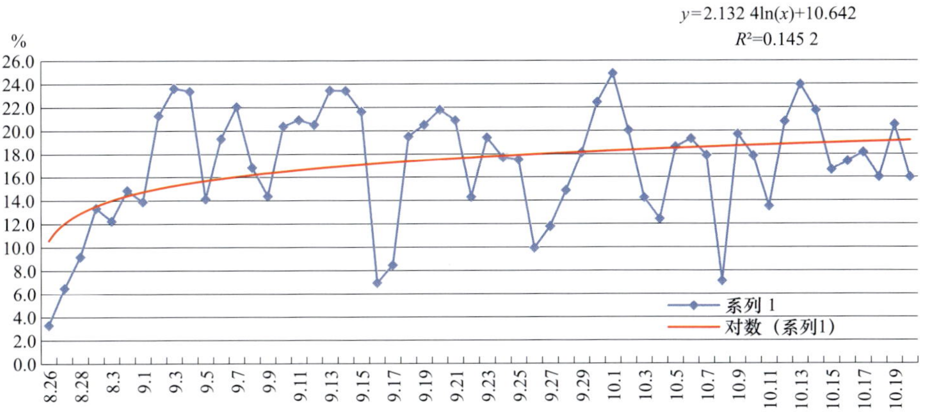

图 1.7.6 EM3 孔射气系数测量曲线

经过 5 周以后射气积累基本达到饱和，异常孔 EM1 射气较弱，受背景场影响而不明显，矿化孔 EM2 和 EM3 测定的射气系数均为 18%。

射气系数与矿石类型、矿石的成分、结构等有关，所以必须在具体条件下测定。不同岩石的射气系数变化很大，通常致密岩石的射气系数较小，而疏松岩石的射气系数较大。

测量结果表明，爆破对射气孔 EM2 影响相对较小，对射气孔 EM3 影响较大，而 EM2 孔含矿岩性为白岗岩（Iak）和浅色花岗岩（Mpg），EM3 孔含矿岩性为白岗岩（Iak）和片岩（Zz），这两个钻孔位于 1 号采坑旁，接近地表，可能有不同程度的氧化和风化作用，岩石裂隙较深部发育，射气作用较强，受爆破作用明显。通过对采坑内部个别试验孔观测未发现其测量结果受爆破影响。

3）钍钾干扰因素

① 钍干扰因素

湖山矿区在勘探期间共有 7 694 个岩粉样分析过钍含量。2016 年 5 月在试验区块 11 和试验区块 13 对 60 个爆破孔共 789 个岩心样进行过铀、钍和钾的分析，在 3 个射气钻孔 EM1、EM2、EM3 共取岩粉样 97 个用于铀、钍和钾的分析。

钍的分析数据共 8 580 个，去除 551 个无效数据及异常数据，其余 8 029 个数据参与分析计算，数据利用率 93.6%。

通过对 8 029 个样品的钍铀含量分析测试结果进行统计对比，初步得出钍铀比的分布规律：钍含量主要与铀含量相关性较好，按铀品位进行了统计分析，一般对于低品位铀矿石钍铀比较高，而随着铀品位增高，钍铀比逐渐降低（见表 1.7.18 和图 1.7.7）。

表 1.7.18 钍铀比与铀含量相关性

序号	铀品级	铀含量	钍含量	钍铀比	样品数量
1	＜50	31	48	1.50	437
2	50～100	77	56	0.76	2 006
3	100～150	123	61	0.50	1 118
4	150～200	175	72	0.42	769
5	200～250	224	76	0.34	574

续表

序号	铀品级	铀含量	钍含量	钍铀比	样品数量
6	250～300	275	88	0.32	388
7	300～350	323	90	0.28	321
8	350～400	375	107	0.29	245
9	400～450	426	104	0.24	252
10	450～500	474	116	0.25	194
11	500～600	549	126	0.23	282
12	600～700	651	137	0.21	233
13	700～800	750	142	0.19	152
14	800～900	849	150	0.18	148
15	900～1 000	947	142	0.15	111
16	1 000～1 200	1 104	190	0.17	176
17	1 200～1 500	1 341	216	0.16	166
18	1 500～2 000	1 708	267	0.16	162
19	2 000～3 000	2 442	331	0.14	142
20	＞3 000	5 603	671	0.12	153

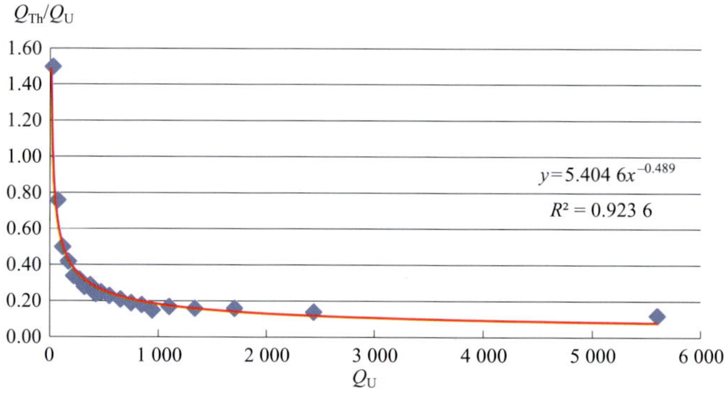

图 1.7.7　Q_{Th}/Q_U 与 Q_U 回归曲线

经过相关分析，得到钍铀比与铀含量的回归方程：

$$Q_{Th}/Q_U=5.404\ 6Q_U^{-0.489} \tag{4}$$

其中：Q_U——样品分析铀含量；

Q_{Th}/Q_U——钍铀含量之比。

② 钾干扰因素

勘探期间共有 288 个样品分析了钾，其中绝大多数为岩心样，此外还有少量岩粉样。2016 年 5 月在试验区块 11 和试验区块 13 对 60 个爆破孔共取岩心样 789 个用于铀、钍、钾分析，在 3 个射气钻孔 EM1、EM2、EM3 共取岩粉样 97 个用于铀、钍、钾分析。

钾的分析数据共 1 174 个，去除 12 个无效数据及异常数据，剩余 1 162 个数据参与计算，数据利用率 99.0%。钾含量平均值 3.70%。该数据小于规范要求的钾含量不大于 10% 的要求，因此在测井解释时可不进行修正（见表 1.7.19）。

表 1.7.19 钾含量统计结果

类别	样本数	最大值	最小值	均值	均方差	变异系数	偏度	峰度
K/%	1162	8.00	0.20	3.70	1.86	0.50	0.10	−0.90

（4）测井解释模型及流程

1）测井解释模型的建立

对原始测井数据进行死时间修正以及干扰因素的修正，建立了测井解释模型。该模型的解释流程是对原始测井数据进行相应仪器的死时间（τ）校正、钻孔井液及套管吸收修正，然后扣除钍、钾干扰所引起的 γ 铀当量，最后进行铀镭平衡系数和射气系数修正，并用适当的解释方法（比如通常所用的给定含量法或五点反褶积分层解释法）进行铀含量解释（见表 1.7.20 和图 1.7.8）。

表 1.7.20 测井解释模型

修正次序	修正因素	修正公式	系数来源
1	死时间修正	$N_1=N_0/(1-\tau N_0)$	τ 通过标定确定
2	井液及铁套管修正	$N_2=N_1/[(1-\mu_1)(1-\mu_2)]$	根据仪器配套参数或相应测井规范
3	γ 当量铀含量换算	$Q_\gamma=K\times N_2$	K 通过标定确定
4	钾干扰修正	$Q_{U1}=Q_\gamma-K_K\times Q_K$	K_K 根据仪器配套参数或相应测井规范
5	钍干扰修正	$Q_{U2}=Q_{U1}/[1-K_{Th}\times(Q_{Th}/Q_{U分析})]$	K_{Th} 根据仪器配套参数或测井规范
6	铀镭平衡修正	$Q_{U3}=Q_{U2}/K_p$	K_p 实际测量
7	射气修正	$Q_U=Q_{U3}/(1-\eta)$	η 实际测量

测井解释流程如图 1.7.8 所示。

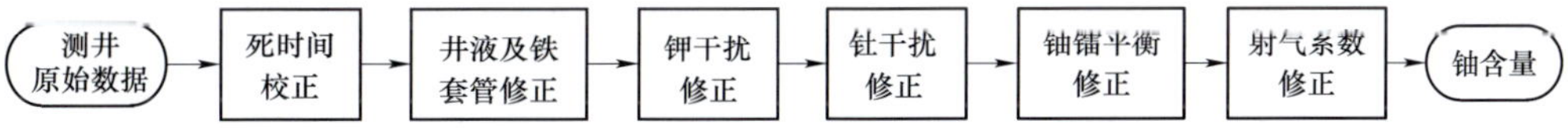

图 1.7.8 测井解释流程图

2）测井解释模型的运用和检验

① 测井解释模型的运用

根据已确定的各项修正系数（见表 1.7.21），利用测井解释模型，对 11、13 区块的爆破孔原始测井数据进行解释和修正。

表 1.7.21 测井解释所用系数

序号	修正因素	系 数
1	死时间修正	$\tau=5.27$ μs
2	井液及铁套管修正	$\mu_1=0$，$\mu_2=0$

续表

序号	修正因素	系 数
3	γ 当量铀含量换算	$K=0.125\ 8$
4	钾干扰修正	$K_k=1.90$，$Q_k=3.70\%$
5	钍干扰修正	$K_{Th}=0.36$，$Q_{Th}/Q_U=5.404\ 6$，$Q_U^{-0.489}$
6	铀镭平衡破坏修正	$K_p=1$
7	射气修正	$\eta=0\%$

a. 死时间的选择

由于 BDVG42－1131 探管还未标定，其死时间 τ 暂时采用最新标定的 BDVG42－740 探管和 BDVG42－1415 探管的最小者，即 BDVG42－740 探管的 5.27 μs。

b. 换算系数的选择

由于试验区块使用的 BDVG42－1131 探管还未标定，而探管 BDVG42－740 和探管 BDVG42－1415 原来的换算系数比新标定的高 20%，因此，暂时将 BDVG42－1131 探管换算系数在原来基础下调 17%，通过计算得出换算系数 $K=0.125\ 8$。

后期斯科购置的仪器换算系数，根据标定证书系数即可。

c. 铀镭平衡系数和射气系数的选择

试验区块共测试了 10 个铀镭样和 10 个射气样，再加上后期取样，样品数接近 300 个，但对于整个湖山铀矿样品数量依然较少，其代表性受到了限制。根据已有数据显示湖山铀矿铀镭基本处于平衡状态，铀镭平衡系数取 $K_p=1$；射气系数取 $\eta=0\%$，随着下一步工作的开展，可继续进行深入研究。

② 测井解释模型的验证

试验区块参与试验的钻孔共 60 个，选择岩心采取率大于 85%，样品分析结果达到 150×10^{-6}，测井曲线与岩心样品分析结果形态差异不大，样品分析钍含量无异常偏高现象的钻孔，共计 38 个钻孔。实际参与对比的钻孔共计 26 个。

整孔对比时采用 1～10 m 的数据。试验区块含矿爆破孔测井解释结果与岩心样品分析结果对比情况见表 1.7.22。

表 1.7.22 测井解释结果与岩心样品分析结果对比

钻孔号	矿段			整孔（1～10 m）		
	测井结果	岩心分析	厚度	测井结果	岩心分析	厚度
	$\times10^{-6}$	$\times10^{-6}$	m	$\times10^{-6}$	$\times10^{-6}$	m
H04	664	627	1.20	178	147	9
H08	2 456	2 704	6.70	1 837	2 016	9
H10	3 249	3 536	2.45	902	969	9
H16	5 238	4 754	8.00	4 680	4 234	9
J04	615	532	7.93	556	453	9
J06	157	159	3.00	72	73	9
J08	4 337	4 404	6.00	2 921	2 942	9

续表

钻孔号	矿段			整孔（1～10 m）		
	测井结果	岩心分析	厚度	测井结果	岩心分析	厚度
	$\times10^{-6}$	$\times10^{-6}$	m	$\times10^{-6}$	$\times10^{-6}$	m
J10	1 522	1 269	7.16	1 270	1 034	9
J12	1 299	1 418	1.74	343	309	9
J14	390	510	7.09	329	407	9
J16	163	133	1.00	66	63	9
R14	478	555	1.94	230	197	9
R18	184	135	5.17	143	104	9
T17	234	251	8.02	233	229	9
T19	216	177	1.00	84	66	9
T21	541	653	4.76	314	367	9
K02	339	316	7.00	281	258	9
K06	505	632	4.70	320	382	9
K08	1 458	1 507	6.88	1 088	972	9
K10	165	171	6.00	134	140	9
M10	197	210	1.29	112	101	9
O06	180	187	4.20	129	124	9
Q06	771	854	5.00	497	523	9
S06	111	115	5.00	92	88	9
U06	345	315	3.00	174	181	9
U10	162	112	2.00	100	69	9
	矿段系统偏差：f=1.006 0			整孔系统偏差：f=1.016 5		

采用系统偏差对比方法，系统偏差计算公式：

$$f=\frac{\sum_{i=1}^{n}Q_{Ji}\times H_{Ji}}{\sum_{i=1}^{n}Q_{Yi}\times H_{Yi}} \tag{5}$$

式中：Q_{Ji}——矿段（或整孔）测井解释铀含量，$\times10^{-6}$；

H_{Ji}——矿段（或整孔）厚度，m；

Q_{Yi}——矿段（或整孔）样品分析含量，$\times10^{-6}$；

H_{Yi}——矿段（或整孔）样品长度，m；

i——爆破孔编号。

③ 测井解释模型的评价

通过测井解释结果与岩心样品分析结果对比可知，矿段系统偏差f=1.006 0，整孔系统偏差f=1.016 5，对二者来说 0.9<f<1.1 即矿段测井系统相对偏差（相对于样品）为 0.60%，整孔测井系统相对偏差为 1.65%，对二者来说均小于 10%。因此，验证了测井解释模型的正确性和可靠性。

1.7.2 矿石酸耗指数测定

（1）酸耗指数含义

湖山铀矿采用常规酸法搅拌浸出工艺进行铀的提取，矿石耗酸量是重要的控制参数之一。根据实验数据，硫酸的消耗主要发生在反应前 2 h 内，且前半小时的平均耗酸量约占整体耗酸量的 50%～60%。因此，利用前半小时的耗酸量（简称酸耗指数）可以大致估计整个浸出过程的耗酸量。2013—2015 年，斯科公司根据采矿计划中前三年的开采境界，从勘探样品库中挑选样品开展了矿石酸耗试验，并得出实际耗酸量与酸耗指数之间的线性关系，为矿山生产提供了一种快速测定矿石耗酸量的方法。

（2）取样方法

由于湖山铀矿的矿石品位是通过伽马测井的方法获得，因此炮孔的岩粉取样仅用来做酸耗指数测定。取样范围为所有测井的炮孔，取样方法为沿着孔口岩粉堆均匀选取 6 个点，采用穿插法分别取 6 个样品，混合成约 2 kg 的组合样，同时内插 10%的重复样作为质量控制样品。取样工作由资源管理部门的取样工人负责。

（3）测定方法

样品的分析在水冶厂实验室进行，在样品被送至实验室之后，需要进行称重、干燥、粗碎、缩分、细碎、消解、过滤及滴定等操作。在消解环节，将 100 mL 1 mol/L 的硫酸加入到 50 g 的样品中，用磁力搅拌器搅拌 30 min。在滴定环节，取 5 mL 过滤后的上述溶液，加入 50 mL 去离子水，再用自动滴定仪加入适量 0.25 mol/L 的碳酸钠进行中和，最终根据加入碳酸钠的量来计算酸耗指数。

（4）质量控制

每个炮孔所代表的矿岩区域质量约为 500 t，而每次选取的组合样质量约为 2 kg，经过实验室缩分后则仅有 50 g 的样品用于酸耗指数测定，因此质量控制在整个过程中显得至关重要。如前所述，在现场对炮孔进行取样时，每隔 10 个炮孔需要取 1 个重复样作为质量控制样品，一并送往实验室进行分析。在获得酸耗指数测定结果后，利用散点图、精度分布图、相对偏差图及排序图等工具对重复样进行检查，以评估某批次的样品结果是否通过并发现可能的异常值。

1.7.3 卡车扫描站品位计量及应用

（1）卡车扫描站作用

矿石的贫化由内部贫化和外部贫化两个原因造成的，内部贫化是由于采矿生产的限制而无法将矿体内的废石剔除而引起的。一般来说，在资源量估算时已经包含了内部贫化；外部贫化一般是由矿体范围以外的原因引起，包括爆破位移、矿体边界划分不准确等，贫化现象导致开采矿石品位的降低。

矿石开采中，许多次经济品位的矿石由于无法划入可采品级的区块而不得不倒入废石堆而引起金属量的损失。因此引入放射性卡车扫描站计量的方法对矿车进行扫描，通过扫描测量出卡车上矿石的品位，从而区分矿石和废石，并进一步根据矿石品位决定该卡车矿石堆放到不同等级的储矿堆。

引入卡车扫描站主要能解决如下问题：

① 区分矿石和废石，包括从次经济品位区块挑选矿石，从矿石区块分离出废石。

② 根据扫描结果将矿石划分为不同品级，并且按照品级进行配矿和堆放，根据扫描结果实现给初破站精确喂料，计算采矿过程中的贫化率和损失率。

（2）卡车扫描站部件及参数

扫描站由钢铁框架、3 个探测器、卡车识别装置、数据处理电脑、LED 显示器、照明系统、太阳能板、电池组、电数传电台和服务器等组成（见图 1.7.9）。其中框架尺寸为宽 15 m×高 10.2 m，总重为 7 t；NaI 探测器晶体体积分别为 0.5 L、1 L、0.5 L；扫描站测量系统为动态扫描，要求卡车速度为 3～8 km/h 匀速通过（见图 1.7.10）。

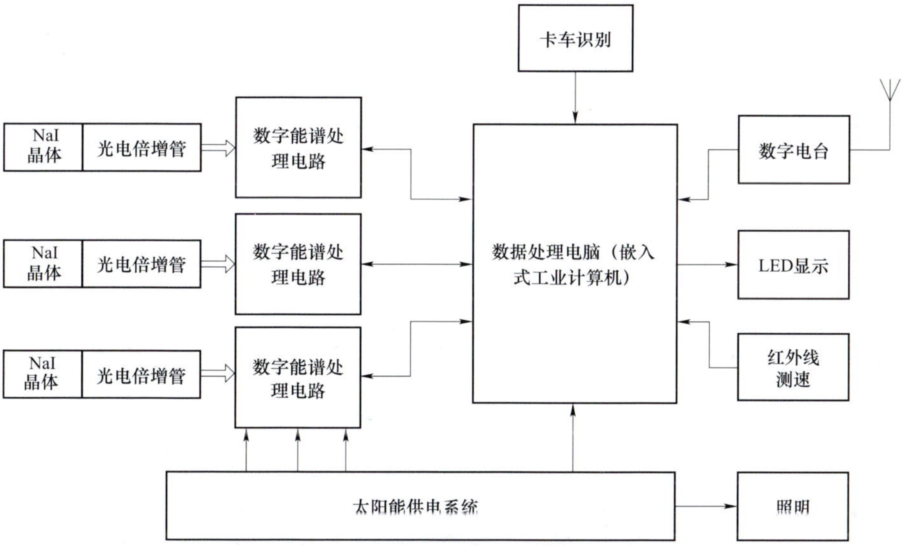

图 1.7.9　湖山铀矿扫描站工作部件

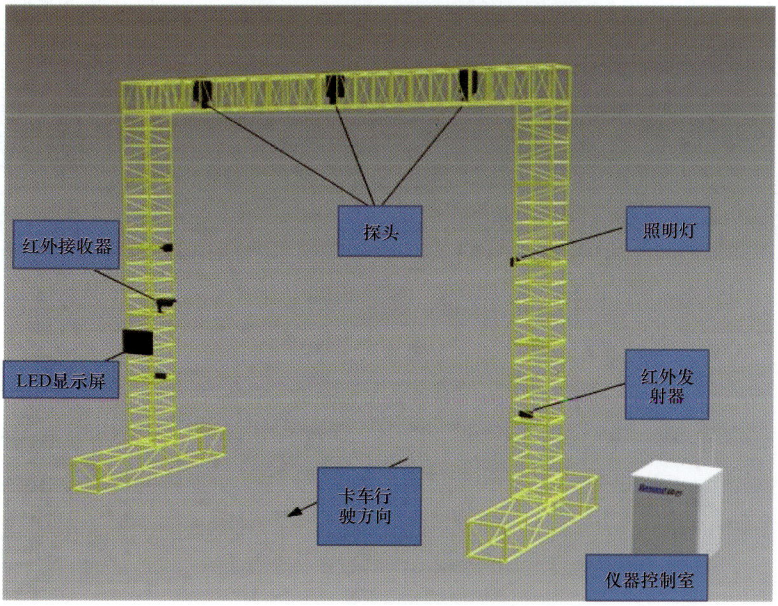

图 1.7.10　湖山铀矿扫描站构造示意图

卡车扫描站技术指标：

① 框架可移动，以便于随着开采进度的进行将扫描站安置在合适的位置。

② 卡车动态测量，速度为 3～8 km/h。

③ 根据卡车车斗不同类型（共 5 种），分别提供修正方法。

④ 同一车矿石，在未重新装载矿石的情况下，两次重复测量误差不大于 7.5%（品位大于 150×10^{-6}）。

⑤ 扫描站测量范围 50×10^{-6}～$5\,000\times10^{-6}$。能区分 6 个不同品位的矿石或岩石：

a. 废石：0～100×10^{-6}；

b. 次经济品位矿石：100×10^{-6}～150×10^{-6}；

c. 低品位矿石：150×10^{-6}～400×10^{-6}；

d. 中品位矿石：400×10^{-6}～700×10^{-6}；

e. 高品位矿石：700×10^{-6}～$1\,000\times10^{-6}$；

f. 特高品位矿石：＞$1\,000\times10^{-6}$。

⑥ 数据实时传输至服务器；

⑦ 电池系统可单独供电超过 24 h；

⑧ 连续无故障运行不低于 4 300 h。

图 1.7.11　扫描站运行示意

（3）卡车扫描站准确性

1）标定

扫描站标定方法是利用不同品级的矿石，经过初步破碎并各自混合均匀，形成 6 个品级的标准矿石，再进行取样分析得出每个物料堆的平均品位；然后用卡车装载进行扫描，扫描后的矿石用定向辐射仪进行网格扫面，根据化学分析的钍含量，扣除钍的干扰后，计算出基于定向辐射仪的品位参数，最后利用最小二乘法方法得出仪器的换算系数和底数。

最终得出系数见表 1.7.23。

表 1.7.23　门式扫描站标定系数表

标定方法	卡车型号						性能评述
	960		260		330		
	系数	本底	系数	本底	系数	本底	
去除钍影响的定向辐射仪数据	0.127	－16.48	0.168	－57.03	0.128	－0.01	合理

2）重复性

重复性评价为同一车矿石反复多次扫描，对比其结果。根据 2019 年 3 月 14 日的标准物料堆的检测数据，对 6 个物料堆均进行了 5 次扫描，结果见表 1.7.24。

表 1.7.24　门式扫描站重复性检验结果表

品级	第一次	第二次	第三次	第四次	第五次	最大误差
废石	26	23	24	26	27	4%
次经济	150	151	146	152	148	4.1%
低品位	361	370	363	355	375	5.6%
中品位	369	371	375	376	373	1.9%
高品位	1 157	1 120	1 122	1 145	1 153	3.3%
特高品位	1 252	1 227	1 264	1 253	1 278	4.2%

除了废石外，其他 5 个物料堆的最大误差为 5.6%，满足误差小于 7.5%的要求，因此扫描站重复性合格。

3）准确性

为验证门式扫描站的准确性，首先选取了一些爆破区块，将所有的矿石和废石均进行扫描，将扫描的结果与品位控制模型进行对比来评价；其次用扫描的结果与水冶厂的产品进行比较，结果见表 1.7.25。

表 1.7.25　扫描站品位与爆破区块的品位控制模型对比表

区块及品级	品位控制模型/t	调度/t	扫描/t	区块品位（$\times10^{-6}$）	扫描站品位（$\times10^{-6}$）	误差
2B25L003_HG2_1	133 925	130 023	118 418	932	928	0%
2B25L003_MG2_1	152 210	154 681	137 062	445	492	11%
合计	286 135	284 704	255 480	673	694	3%
2B25L024_HG2_1	141 488	130 247	106 394	946	991	5%
2B25L024_WS_1	16 528	8 337	8 055	98	88	－11%
合计	158 016	138 584	114 449	857	928	8%
2B26D015_HG2_1	18 847	15 496	14 868	788	767	－3%
2B26D015_HG2_2	13 931	13 469	11 876	740	719	－3%
2B26D015_LG3_1	10 459	13 680	13 363	371	381	3%
2B26D015_VHG2_1	17 367	23 919	19 919	1 073	952	－11%
2B26D015_VHG2_2	18 974	19 482	17 938	1 683	1 496	－11%
合计	79 578	86 046	77 964	1 000	910	－9%

续表

区块及品级	品位控制模型/t	调度/t	扫描/t	区块品位（$\times10^{-6}$）	扫描站品位（$\times10^{-6}$）	误差
2B26L024_VHG2_1	47 139	39 780	37 031	1 038	1 143	10%
2B26L024_VHG2_2	3 610	5 276	4 952	1 429	1 324	−7%
2B26L024_MG2_1	17 107	21 761	16 514	508	699	38%
2B26L024_WS_1	5 912	6 115	3 761	46	171	271%
2B26L024_WS_2	5 221	5 985	3 921	32	182	469%
合计	78 989	78 917	66 179	800	936	17%
2B26L027_HG3_1	88 113	92 250	79 054	784	829	6%
2B26L027_MG2_1	84 026	86 794	84 596	423	482	14%
2B26L027_WS_1	7 351	8 681	7 849	51	68	34%
2B26L027_WS_2	5 564	4 915	2 653	74	110	48%
合计	185 054	192 640	174 152	570	620	9%
废石 WS	40 576	34 033	26 239	70	110	57%
低品位矿石 LG	10 459	13 680	13 363	371	381	3%
中品位矿石 MG	253 343	263 236	238 172	442	503	14%
高品位矿石 HG	396 304	381 485	330 610	890	910	2%
特高品位矿石 VHG	87 090	88 457	79 840	1 202	1 186	−1%
总计	787 772	780 891	688 224	732	760	4%

由于爆破区块的绝大部分矿石和废石均经过了扫描站扫描，因此结果可信度高。由上表可看出，总体上扫描站品位较品位控制模型的品位高约 4%，结果远远小于 10%的误差限，可见扫描站的精度良好。

表 1.7.26 所示为供矿品位（扫描站扫描结果）与水冶厂估算品位的月度对比结果，从表中可看出，2019 年 1—5 月扫描站的供矿品位比水冶厂估算品位低约 2%，能较好地契合产品金属量。

表 1.7.26　2019 年扫描站供矿品位与水冶厂估算品位对比表

供矿与反算品位	1 月	2 月	3 月	4 月	5 月	平均误差
扫描站平均品位	569	527	562	586	556	
水冶厂反算品位	555	581	581	586	561	
相对误差	2%	−9%	−3%	0%	−1%	−2%

综上所述，门式扫描站的准确性达到设计要求，能满足湖山铀矿的矿石废石筛选和划分矿石品级，能有效提高生产效率。

1.7.4 储矿堆矿石堆存

储矿堆是用来堆放超出初破站需求部分的矿石，其作用有以下几点：可以作为平衡采矿生产能力和破碎能力的缓冲区，当采矿量大于破碎量时储存矿石，当破碎量大于采矿量时消耗储矿量；将不同酸耗和品位的矿石混合可以为水冶厂提供相对稳定酸耗和品位的矿石供应；区分高低品位矿石堆放，可以在合适的时候只投放高品位矿石以获得更高的短期经济回报。

湖山铀矿的储矿堆按照4种不同品位和3种不同酸耗的矿石一共分为12个不同矿石类型的储矿堆。首先基于品位分为4种：低品位（LG，150×10^{-6}～400×10^{-6}），中品位（MG，400×10^{-6}～700×10^{-6}），高品位（HG，700×10^{-6}～$1\,000\times10^{-6}$），特高品位（VHG，＞$1\,000\times10^{-6}$）；待品位划定，在每个品位区间内将基于酸耗指数（ACI）分为三种：低酸耗（0～10 kg/t），中酸耗（10～25 kg/t）和高酸耗（＞25 kg/t）。在后期的生产过程中，由于LG1、LG2和LG3堆放空间限制，分别创建了LG1/A、LG2/A、LG2/C和LG3/A，它们的品位及酸耗区间与LG1、LG2和LG3相同；LG2/B、LG2/D的创建用于堆放品位250×10^{-6}～300×10^{-6}，酸耗区间为0～25 kg/t的矿石，以满足水冶厂的供矿需求；LG2/C的创建用于堆放150×10^{-6}～200×10^{-6}，酸耗为10～25 kg/t的矿石。目前湖山铀矿共18个储矿堆，分别见表1.7.27和图1.7.12，分布于初碎站附近区域。

表 1.7.27 矿石种类分类表

矿石类型	品位（$\times10^{-6}$）	酸耗指数 ACI/（kg/t）
废石（WASTE）	＜100	
次边界经济矿石（SEM）	100～150	
低品位低酸耗矿石（LG1）	150～400	0～10
低品位中酸耗矿石（LG2）	150～400	10～25
低品位高酸耗矿石（LG3）	150～400	25+
中品位低酸耗矿石（MG1）	400～700	0～10
中品位中酸耗矿石（MG2）	400～700	10～25
中品位高酸耗矿石（MG3）	400～700	25+
高品位低酸耗矿石（HG1）	700～1 000	0～10
高品位中酸耗矿石（HG2）	700～1 000	10～25
高品位高酸耗矿石（HG3）	700～1 000	25+
特高品位低酸耗矿石（VHG1）	＞1 000	0～10
特高品位中酸耗矿石（VHG2）	＞1 000	10～25
特高品位高酸耗矿石（VHG3）	＞1 000	25+

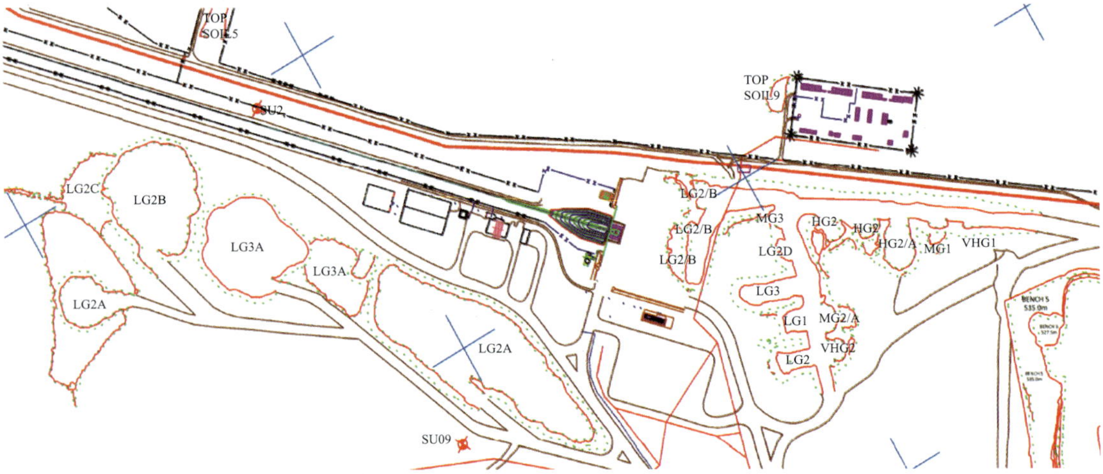

图 1.7.12　储矿堆分布

1.7.5　品位控制主要问题及解决方案

（1）生产模型建模精度和适用性问题

品位控制模型是基于炮孔数据库创建的，用于指导矿块划分与铲装的地质模型，其准确性、可靠性直接影响爆破及铲装过程中贫损指标控制，其精确建模关键技术在于研究确定合理的属性空间插值方法与参数。

目前，湖山铀矿品位控制模型单元块尺寸、估值域、估值方法、变异函数、搜索参数、样品数据管理等方法与参数均沿用地质资源模型（MIK）参数，估值方法选用普通克里格法。由于爆区数据为小区域数据，而估值直接沿用整个矿区地质特征的参数是不合适的。为了得到更准确的品位控制模型，需对爆区数据开展统计分析、交叉验证等研究，优选出合适的估值参数及方法。

首先，从建模流程分析，目前的建模流程没有对数据进行统计分析以及估值验证这两个环节。克里格方法进行估值时，需要先对数据进行统计分析，只有（近似）服从正态分布时，才能使用，且需要进行变异函数计算与拟合选取相应参数；此外，估值验证是品位控制模型建模的重要环节，只有估值结果被验证是可靠的、合理的，才能够用于指导实际生产。因此，湖山铀矿目前的建模流程存在不合理之处。

其次，目前湖山铀矿直接沿用整个矿区地质特征的搜索椭球体以及变异函数参数进行估值。但爆区数据为小区域数据，每个爆区的变异性均不相同，地质资源模型的参数不能够反映矿体局部的空间变异性，因而直接采用是不合理的。

除以上不合理的部分外，还有一部分是可以优化的，例如组合样长、单元块尺寸等。首先是组合样长，大部分露天矿没有手段获取炮孔内部信息，基本采用岩粉样代表炮孔品位。但湖山铀矿可通过沿孔分段测井取样，获取炮孔内部的品位信息。目前以 7.5 m 组合样代表一个孔，反而模糊化了原始数据的准确性。其次是单元块大小，目前单元块尺寸为 6.25 m×6.25 m×7.5 m，而炮孔的网度大都为 6 m×6.5 m，局部甚至达到了 4 m×4 m，单元

块 X、Y 方向如果使用 6.25 m×6.25 m 的尺寸进行估值，那么就相当于用估计值来代替实测值，这显然是不可取的，相比于实测值，估计值降低了数据的准确度。为了得到更准确的品位控制模型，目前正在对爆区数据开展统计分析、交叉验证等研究，优选出合适的估值参数及方法（见图 1.7.13）。

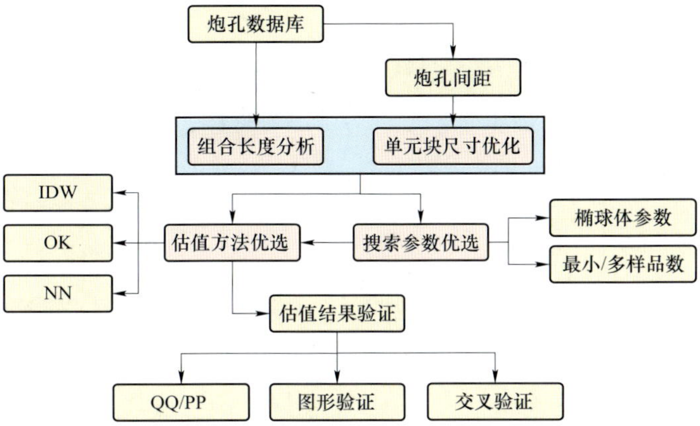

图 1.7.13 品位控制模型研究思路

估值参数优化内容包括组合样长度、单元块尺寸，样品搜索策略（包括搜索椭球体和最小、最大样品数）。正在开展的研究工作涵盖多参数方案设计、计算、验证与对比分析工作：如组合样长度由 7.5 m 调整为 1 m；块尺寸由 6.25 m×6.25 m×7.5 m 调整为 3.125 m×3.125 m×1.5 m/2.5 m，估值完后，再沿 Z 方向合并为采矿台阶高度（目前为 7.5 m）。搜索椭球体估值方法就距离幂次反比法和普通克里格法进行了对比分析，分析过程中最大样品数分别选取 8 个、12 个、15 个、24 个分别进行分析研究等。

最终通过对炮孔数据的分析研究，确定了组合样长为 1 m；在此基础上，结合炮孔网度，确定单元块尺寸为 3.125 m×3.125 m×1.5 m。搜索椭球体参数研究表明，最优搜索半径分别为 8 m×8 m×4 m；最小、最多样品数研究确定了最小样品数为 3，最大样品数为 15。

在确定了估值参数后，使用泰森多边形法、最近距离法（NN）、距离幂次反比法（IDW）以及普通克里格法（OK）等 4 种方法开展了估值方法优选研究。首先采用了交叉验证、不同估值方法的相互验证以及图形验证对估值结果的可靠性和合理性进行分析；然后相继对矿量及平均品位、各爆区区间矿量及平均品位、品位分布进行系统对比。经分析表明，距离幂次反比法（IDW）和普通克里格法（OK）的估值结果在矿量、品位与分布均接近，且与原始估值结果相差不大，但考虑到克里格方法操作的复杂性而难以在现场实施，最终推荐湖山铀矿应使用距离幂次反比法（IDW）作为品位控制模型的估值方法。研究的相关成果正在与现有建模参数进行平行验证，经证实后将尽快推广使用。

（2）关于供矿量和供矿品位计量一致性问题

从采矿生产至水冶厂的配矿进料，共计有品位数值 5 个（G1～G5），吨数数值 4 个（W1～W4），品位和吨数的监测点分布见图 1.7.14。

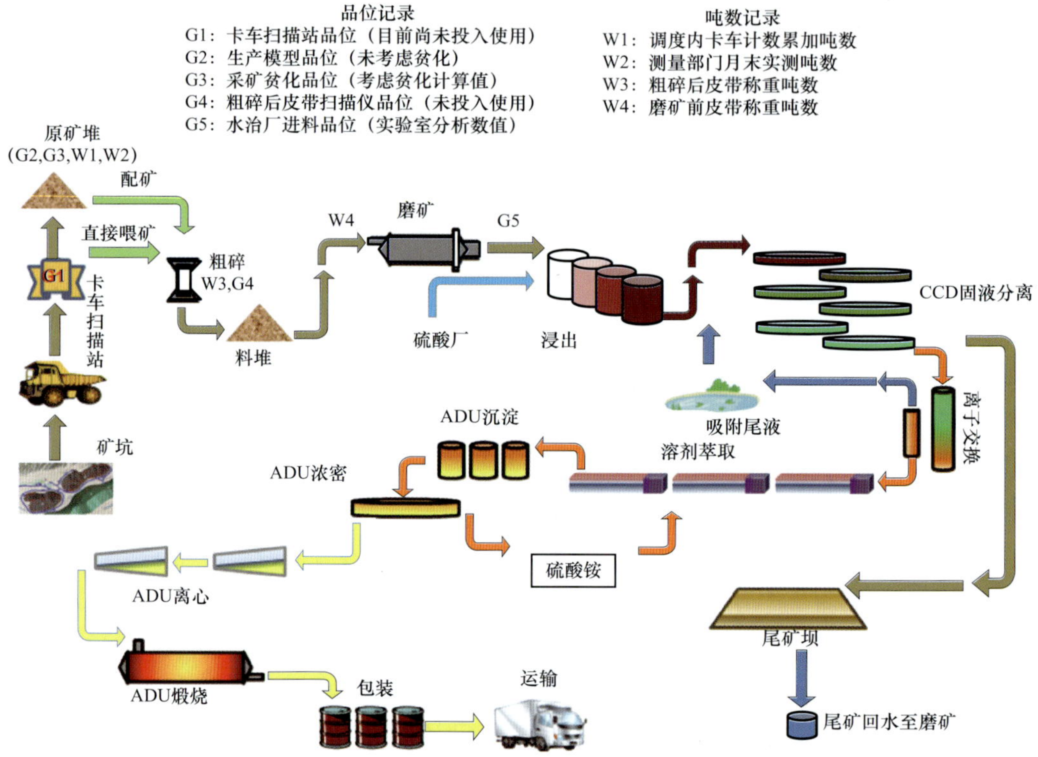

图 1.7.14　水冶厂流程图和品位及重量监测点分布

截至 2017 年除 G1（卡车扫描站品位）和 G4（皮带扫描仪品位）的品位监测点未投入使用外，其余的品位和吨数监测点均有数据记录，并对各监测点的数据实行天、周、月、年度分析和对比。2017 年对比跟踪见图 1.7.15 和表 1.7.28。

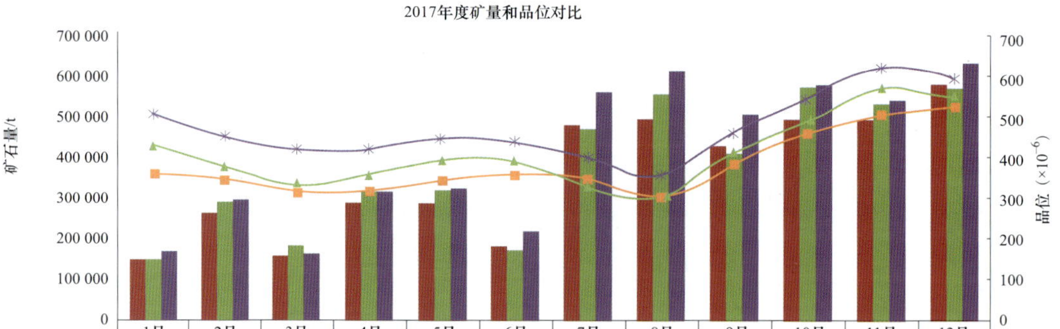

	1月	2月	3月	4月	5月	6月	7月	8月	9月	10月	11月	12月
初碎吨数/t	150 121	264 543	159 789	289 049	290 111	182 749	479 624	496 217	428 616	496 426	494 104	582 947
球磨机吨数/t	151 583	291 410	185 046	319 157	322 558	174 085	471 933	558 582	411 919	576 517	535 210	571 127
调度吨数/t	168 191	296 531	165 770	318 455	325 856	218 684	561 603	612 752	505 541	581 059	540 848	635 083
进料品位 ($\times10^{-6}$)	361	348	317	321	346	358	347	304	385	462	508	526
生产模型品位 ($\times10^{-6}$)	506	452	418	418	445	440	400	355	460	542	623	592
采矿贫化品位 ($\times10^{-6}$)	429	379	334	354	393	390	331	307	409	489	573	551

图 1.7.15　水冶厂进料与采矿送料矿量和品位周趋势图

2017 年的水冶厂进料品位较实际采出品位（计算值）偏低 6%（25×10^{-6}），较生产模型品位偏低 17%（81×10^{-6}）。若水冶厂分析时效性、准确度和精确度达到要求，则 17%为采矿综合贫化值，实际采出品位计算时存在约 11%误差值。湖山铀矿的品位对比结果通常为生产模型品位＞采矿贫化品位＞水冶厂分析品位。

2017 年的调度系统吨数较初碎站皮带称重数据高出约 14%，较水冶厂球磨机前皮带称重数据较初碎站皮带称重数据高出约 8%（见表 1.7.28）。因此湖山铀矿区的重量数据对比结果为：调度系统吨数＞球磨机前皮带称重＞初碎站皮带称重。

表 1.7.28 水冶厂进料与采矿送料矿量和品位年度对比表

2017 年度进料矿量、品位和金属量对比（2017－01－01—2017－12－31）			
数据来源		矿量	品位
调度	生产模型①	4 930 373 t	480×10^{-6}
	采矿贫化②		424×10^{-6}
初碎站③		4 314 295 t	暂无
球磨机④		4 569 129 t	399×10^{-6}

注：
① 生产模型品位未考虑后期采矿贫化和损失，吨数为调度数据；
② 采矿贫化考虑后期采矿贫化和损失，品位经计算后获得，吨数为调度数据；
③ 初碎站吨数包含碎矿时加入的水分，干矿吨数约为湿矿的 98%；
④ 球磨机吨数为磨矿进料数值，品位为现场实验室分析获得的进料品位。

造成品位间差异的原因可能受到多种因素的影响。首先，在矿石爆破和装运的过程中存在爆破移位问题和铲装过程的矿废边界控制问题。爆破过程中的移位距离和边界控制精确度目前尚未有手段进行衡量。采矿贫化品位的获得也仅仅是认为矿块内超装的部分按照废石（0 品位）处理，金属量不变，通过计算获得的品位。计算过程中欠考虑的问题是，移位过后和边界控制不精确的条件下，到底多少吨的废石混入矿石内仍然不得而知，因此此品位数据可作为参考使用。其次，水冶厂的品位数据获得过程中存在着取样方式不具代表性（取样器故障的情况下为人工抓样）、现场实验室分析的准确度和精确度偏低、实验室使用的 XRF 分析方法精确性存在误差和实验室品位分析过程缺乏必要的质量控制体系。以上的种种问题造成水冶厂的品位可信度偏低，因此在对比的过程中无法确定哪个品位可作为对比的依据。

造成吨数差异的因素亦是多方面的影响。首先是卡车自带的车辆称重系统缺乏校正，导致普遍存在吨数偏高的现象。其次是水冶厂的破碎站皮带和球磨机皮带的精度存在误差，且需要进行例行性校正。由于磨机后的皮带精确度较高，因此目前普遍的做法为使用磨机后的皮带数据作为衡量吨数的依据。

鉴于铀矿的放射性特点，湖山铀矿引进了门式扫描站项目，其工作特点是能够对卡车装运后矿石品位进行逐车测量，其测量的最终结果可以得到破碎站后的皮带扫描站验证。扫描站仍处于测试阶段，其测试品位较水冶厂的进料品位和生产模型数据系统性偏低，但其品位的变化趋势和规律与生产模型相似，证明其经过进一步的标定后，可投用到矿山生产中的可行性。

（3）测井在岩粉钻中适用性问题

根据前面章节的分析，放射性测井方法在湖山矿区，在金刚石钻孔和爆破孔中应用结果误差较小，满足生产需求，但在反循环（岩粉钻，RC）钻孔中误差较大。

为确定在RC钻孔中伽马总量测井的准确性，2016年测井项目验证过程中，选取了30个钻孔进行测量对比验证，结果见图1.7.16；表1.7.29所示为川核院在湖山进行勘探中的部分金刚石钻和RC钻孔化学分析与测井解释结果的对比，从对比结果可看出，RC钻孔的测井结果比化学分析结果偏高约40%，显示测井在RC钻孔存在较大误差。

表1.7.29　2号矿带矿床样品化学分析与伽马测井解释对比系统误差

钻孔类型	矿段数	样品化学分析			伽马测井解释			系统误差（相对误差）
		厚度/m	U_3O_8 平均品位/%	米百分值/（m·%）	厚度/m	U_3O_8 平均品位/%	米百分值/（m·%）	
DD	38	266.10	0.052 6	13.988 2	269.00	0.054 4	14.627 6	1.045 7（4.57%）
RC	13	99.00	0.018 6	1.845 3	98.40	0.026 5	2.609 7	1.414 3（41.43%）

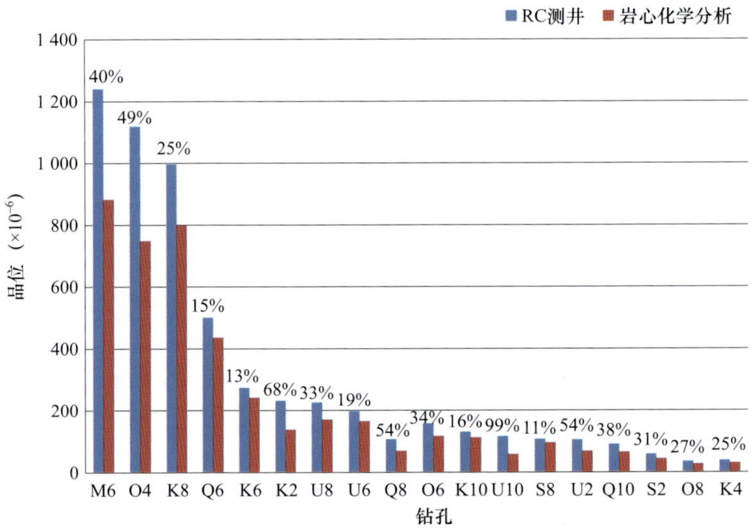

图1.7.16　RC测井与爆破孔岩粉分析结果对比图（13区块）

在图1.7.16中，RC测井米百分数比岩心化学分析高32%。造成这种误差的原因是因为RC钻杆是双层钻杆，钻杆夹层为高压空气进入，中间通道为高压空气和岩屑反出通道，而钻杆和井壁间压力较小，导致岩粉在井壁容易附着而造成岩粉污染，影响测井准确度。因此可知，由于RC钻孔岩粉污染较为严重，伽马测井方法在RC钻孔中有较大的误差，因此不适用。

第二章 矿山开采

2.1 概 述

湖山铀矿是21世纪初全球范围内发现的最大铀矿，随着矿山的建成投产，最大设计剥采总量1.45亿t、年均矿石开采量1 500万t的规模使湖山铀矿成为单铀矿山历史上规模最大铀矿山，同时还是迄今为止跻身世界特大型露天矿山唯一的一座单铀矿山。

2012年9月，湖山铀矿矿山开采生产准备工作启动，陆续完成生产部门筹建、人员招聘、设备采购、设备现场组装、操作工和维修工培训、外包服务合同招投标、设计审查与生产计划确定、矿建支持等工作。经过一年半周密有序的生产准备，2014年2月26日第一台钻机开启了1号矿坑首区块穿孔作业，并于2014年3月12日在首区块进行了首爆作业，标志着湖山铀矿进入了矿山预剥离阶段。

2014年5月8日在湖山现场举行了采矿生产投运典礼，标志着湖山铀矿采矿生产工作正式启动。2014年在重点培训设备操作员和进行设备磨合的情况下，完成剥离量648万t，圆满完成年度生产计划和培训目标。2015年全年实现剥采总量6 945万t。2015年5月11日1号矿坑首次见矿，全年采出矿石84万t。同年1月，开始2号矿坑1期的预剥离生产，全矿进入两矿坑同时生产阶段。5月完成了全部4班操作员整体培训工作，采矿生产开始进行四班三倒工作，矿山进入全天候连续生产运营状态。2016年剥采总量1亿t，首次实现突破年度剥采量1亿t。同年7月底2号矿坑1期见矿，全年共计采出矿石量540万t。2017年实现剥采总量7 820万t，全年矿石开采量783万t。矿山投产至2017年年底，累计完成采剥总量2.54亿t，采出矿石1 407万t。

湖山铀矿致力于建设成为世界一流矿山，而矿山管理和技术、设备装备水平、人工智能应用等是反映露天矿水平最重要的内容，湖山铀矿对此进行了较大投入和重点建设。

① 在矿山管理和技术方面，从筹建开始就组建了一支国际化的生产管理和技术人才队伍，既有纳米比亚当地的地矿专业人员，也有来自南非等国家大型矿业集团及矿山具有丰富从业经验的管理和技术人员，还有中方外派人员。随着矿山运行逐步正常化，非纳籍人员比例逐渐降低，属地化管理和技术人员比重不断提升。

② 在设备装备方面，湖山铀矿主要生产设备和辅助设备均选用国际矿业行业知名品牌，以卡特彼勒和小松公司设备为主体，辅以Joy Global、Atlas等公司部分辅助设备，另外为促进国家重装设备品牌“走出去”，引进了中国北方重汽股份有限公司制造的327 t和236 t矿用电动轮卡车，其中327 t的NTE330卡车是中国该载重系列的矿用卡车在国外矿山生产应用的“首台套”产品。在设备选型上，湖山铀矿选用了先进、高效的特大型系列设备，如孔径311 mm的MD6640电动牙轮钻机和MD6540柴油牙轮钻机、61.2 m^3斗容的

7495ERS 电动绳铲及 31.4 m^3 斗容的液压铲、327 t 载重的 960E－ⅡK 和 NTE330 重型矿用卡车、L1850 前装机以及 D475 履带式推土机等。

③ 人工智能应用方面，除专业的地质建模、生产计划编制、爆破设计等软件应用，湖山铀矿建立了先进的中心控制调度室，采用美国 Modular Mining System 公司的系列矿山管理软件系统，包括 Dispatch 调度系统、Provision 定位系统、MineCare 设备监测系统，其中的 Dispatch 生产调度系统，可以实时跟踪设备的状态，采集设备运行数据信息，调度人员根据设备情况实时向现场管理人员反馈信息，发送调度指令，使整个生产系统始终处于优化和高效的运行状态。Provision 系统用于生产设备作业的精确定位，如钻机钻孔三维定位、铲装设备和场平设备的底板和边界控制等。MineCare 系统用于设备状况的监测，能够及早发现设备运行中的异常状况，预防设备故障的发生。

④ 除上述高端配置外，湖山铀矿重型卡车采用了双能源驱动系统，在矿坑和排土场爬坡路段卡车将传统的柴油驱动调整到电力驱动，可以减少燃油消耗，同时爬坡速度提高 50% 以上，大大提高了卡车运输效率，该电力辅助架线系统是中国企业在境内外投资矿山中生产应用的首座矿山。

作为一座新建大型矿山，初期的生产受到了不断出现的管理、技术、操作、维修等各方面问题的影响和制约，致使湖山铀矿采矿生产启动后出现了一定的波动性，生产连续稳定性不足，生产质量与高水平矿山存在差距。系统总结湖山铀矿采矿生产存在的主要问题有：

① 设备可动率和实动率低；

② 矿山开采损失和贫化率高；

③ 穿爆质量问题（钻孔质量、底板控制、塌孔现象、大块等）；

④ 爆破安全事故；

⑤ 设备运行及操作事故；

⑥ 设备总成、大部件故障；

⑦ 员工技能、生产管理等人因因素。

随着问题的不断解决和改善，湖山铀矿采矿生产在波动中不断提升，同时生产过程中也根据生产状况和同行矿山经验进行技术改进和优化，排土场改造方案、爆破孔底托盘应用、矿坑运输道路优化、排土顺序优化等，在提高生产效率和降低生产成本等方面发挥了积极的作用。

自 2014 年 2 月矿山预剥离开始至 2016 年 4 月，历时 2 年时间完成第一个 1 亿 t 剥采量里程碑，而至 2017 年 4 月完成第二个 1 亿 t 剥采量产能仅仅用时 1 年时间，充分表明湖山铀矿采矿生产具备良好的爬坡达产能力，矿山生产早期的良好表现也为湖山铀矿建设成为世界一流矿山奠定了坚实的基础，也迈出了坚实的步伐。

2.2 开采方式及主要技术参数

2.2.1 开采方式

选择和确定开采方式是矿山开发的一项重要先决技术条件，选择何种开采方式，首先受技术和经济条件的制约，另外要考虑社会因素的影响，满足环境保护的要求。

金属矿床开采总体上可分为露天开采和地下开采两种方式，根据两种方式的不同运用和组合又可衍生出露地联合开采、露天转地下开采两种方式。在技术和经济性方面，矿山开采方式的选择主要是根据矿床的赋存条件决定的。

露天开采是矿山开发优先考虑的方式，当矿床满足下述条件时，不需进行详细的技术经济评价即可直接选择露天采矿，首先矿体出露地表或浅埋深矿体；二是矿体围岩要有一定的稳定性；三是环境要求，如无地表建筑、水体、道路、农田、文物、旅游景点等；四是要兼顾考虑气候条件的影响。对照湖山铀矿开采的 1、2 号矿带矿床条件，完全符合赋存状态和环境条件的要求，因此确定采用露天开采。

① 湖山铀矿设计开采的 1、2 号矿带，1 号矿带见矿深度 30～60 m，矿体最大垂直埋深约 410 m，2 号矿带见矿深度 60～100 m，矿体最大垂直埋深约 380 m，两矿带矿体厚大，见矿位置浅，总体埋深中等，是可以采用露天开采的典型矿床。

② 湖山铀矿地层地质条件简单，岩石强度高，岩体整体性好，围岩稳固，且水文地质条件好，无灾害性地下水体或裂隙涌水，允许矿山寿命周期内岩石的开挖暴露。

③ 湖山铀矿地处纳米比亚中西部的 Namib 沙漠地区，矿区位于埃龙戈国家公园内，地势平坦，无居民及生活、生产相关设施的障碍，厂区内有可就近布置的排土场、尾矿库场地。

④ 矿区所在地区常年干旱少雨，偏高温，无极端高温天气。季风气候，每年有少量沙尘天气。除强沙尘天气及短时的浓雾外，湖山铀矿没有影响露天开采的极端气候现象。

湖山铀矿采用露天开采方式不仅能够充分发挥其优势，而且露天开采的劣势在湖山铀矿并没有明显的体现，露天开采是湖山铀矿最佳的开采方式。

① 可以充分发挥露天开采生产能力大的优势。湖山铀矿设计年平均矿石开采量 1 500 万 t，高峰期设计年矿石开采量超过 2 000 万 t，满足低品位矿必须以生产规模获得经济效益的特征。

② 作业条件好。作业环境舒适度高，劳动强度小，体力和重体力工作量少。

③ 安全和职业健康条件好。露天矿作业暴露于自然环境，与地下矿山相比，不易受岩石冒落塌方、有害气体侵害、粉尘危害、地下涌水等危害生产安全及人身安全的威胁，特别是对于铀矿类的放射性矿山，露天开采较地下开采在降低放射性危害方面具有明显的优势。

④ 自动化程度高，作业灵活。露天矿开采空间限制小，适于大型机械化、自动化设备作业，极大地提高了劳动生产率和设备作业效率。人员劳动生产率是地采矿山的几倍甚至十余倍，这对于适应纳米比亚劳动力市场人力规模小、人才匮乏是非常有利的。

⑤ 矿石损失贫化小。开放的作业空间，为控制开采提供了有利条件。湖山铀矿矿体形态多变，总体上矿体厚大，但形状不规则，脉状矿体变化起伏大，夹石多，采用露天开采能够较好地控制矿石损失和贫化。

⑥ 采矿成本低。通常情况下地采成本是露天开采的一倍以上。

⑦ 矿建时间短。

⑧ 环境影响小。露天采矿破坏地表植被，裸露岩石，生产过程产生粉尘、爆破烟尘、

车辆尾气、噪声等污染源，由于湖山铀矿地处荒芜的戈壁沙漠，自然植被极弱，最重要的是矿山周边无居民，开采活动的最大影响仅是对附近少量野生动物产生一定的影响，总体上铀矿开采对环境的影响不大。

⑨ 露天矿占用土地多，且有地质灾害风险。裸露矿坑和排土场占用大量土地，庞大的排土场在暴雨等天气条件下有发生滑坡和泥石流的风险，但湖山铀矿矿区场地条件优越，采场和排土场受限条件少，当地降雨稀少，灾害性暴雨概率极小。

⑩ 极端气候因素少，除极少数的沙尘暴和浓雾天气外，湖山铀矿生产几乎不受其他气候因素的影响。

综上所述，湖山铀矿的赋存条件、环境条件都适合采用露天开采方式，而从经济效益考虑，开采成本、矿建周期、损失贫化、规模效益等因素都显示出露天开采的优势。湖山铀矿采用露天开采，是自然、环境、经济和社会等综合条件的最佳选择。

2.2.2 分期开采

分期开采是将最终开采境界划分成几个小的中间境界（称为分期境界），与全境界开采相比，台阶在每一分期内只推进到相应的分期境界。当某一分期境界内的矿岩采完时，开始下一分期境界上部台阶的采剥作业，即开始分期扩帮或扩帮过渡，逐步过渡到下一期境界内的正常开采，如此逐期开采、逐期过渡，直至推进到最后一个分期，即最终开采境界。

湖山铀矿 1、2 号两矿坑均采取 5 期分期开采方式，生产期采用分期过渡、分期接续、多期共采的方式，前后期采深一致后，实行并期开采，扩大深部采区的作业面。图 2.2.1 所示为湖山铀矿 1、2 号矿坑分期开采平面布置图。

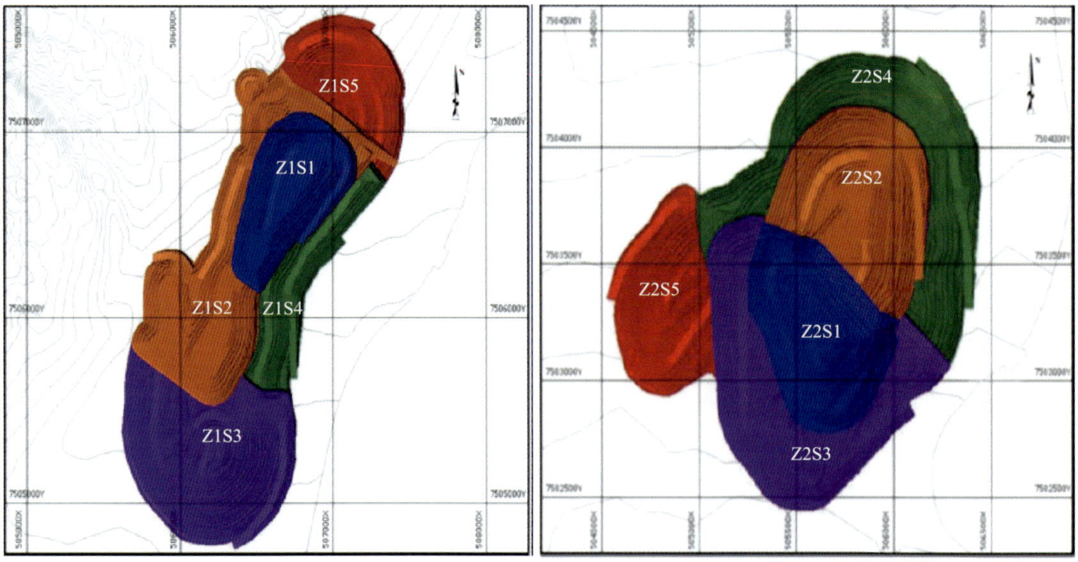

(a) (b)

图 2.2.1 湖山铀矿 1、2 号矿坑分期开采平面布置图

分期开采可以大大减少初期剥离量，降低初期剥采比，减少初期投资并实现早期见矿。1 号矿坑一期在开采第二年即开始见矿，1、2 号矿坑一期预剥离量仅 7 000 多万 t，占全矿覆盖层总岩石量的 1/6～1/5。

分期开采可以合理安排分期过渡和分期接续时间，平衡剥采比，实现最优开采顺序和生产计划。分期开采对生产技术手段和管理水平要求较高，这也主要体现在分期过渡和分期接续，过早过渡则会增加前期剥岩量，若过渡太晚，或者设备水平及能力未达到分期开采的配套要求，下一分期不能及时见矿或矿量不足，而前一分期开采已经结束或产量下降需要下一期矿量补充。湖山铀矿已陆续开始 1、2 号矿坑二期的剥采工作，以实施多期共采的运营策略，2 号矿坑一期、二期衔接略有脱节，由于开采速度差异，导致一、二期台阶落差偏大，一期继续延深工作面受到一定限制，生产效率将下降，二期台阶下降速度慢，尚未见矿，无法提供矿石供给，两期开采短时间不能并期，对 2 号矿坑的高效开采和供矿造成了一定影响。

至 2018 年，湖山铀矿采矿已投产运行 4 年多，生产中两个重要问题将影响未来分期采矿生产，一是由于设备、生产管理、员工技能等各种因素的影响，采矿实际生产产能与设计能力还存在较大差距；二是开采矿石量和矿石品位与设计存在一定误差。分期开采能否安全供矿存在隐患，需进行必要的风险分析，制定风险应对策略。

分期开采生产管理难度较大，集约化管理水平要求高，分期开采和全境界开采之间存在系统优化问题。影响分期开采整体经济效益主要有 4 个参数：最佳分期数；各分期境界的最佳位置、大小和形状；相邻分期间的最佳过渡时间；分期内和分期间的最佳开采顺序。矿山开采过程中，矿体资源、开采计划执行、矿石需求、经营策略等都会随时变化，影响分期开采经济效益的优化参数组合也是动态变化和发展的。因此，湖山铀矿在运营期内，需要根据矿山自身条件、公司发展要求以及市场等条件的变化适时进行设计优化和计划调整，以实现开采成本最低化和经济效益最大化。

2.2.3　矿山开拓

矿岩运输是露天矿生产的主要工序之一，在露天矿生产工艺中地位十分重要，一般新建矿山运输设备的投入占矿山建设投资的 40%～60%，运输费用占生产成本的 40% 以上。

露天矿开拓系统是指建立地面至各工作水平的运输通道。露天矿开拓系统的建立与运输方式、运输设备和运输线路布置等密切相关。开拓系统是为最有效地开采运出矿石服务的，布置方式服从运输矿石的最终目标，并且可能在实施过程中根据矿山情况的变化而进行调整和变化。

（1）运输方式

露天矿开拓运输根据运输设备分为三大类：

① 公路开拓运输；

② 铁路开拓运输；

③ 联合开拓运输。

其中联合开拓运输又根据联合内容的不同分为不同的联合类型，主要联合方式有：

① 公路—铁路联合运输；

② 公路/铁路—破碎站—带式运输机（皮带运输）联合运输；

③ 公路/铁路—平硐溜井联合运输等。

随着大型矿用运输卡车的广泛应用，公路运输逐渐取代铁路成为露天矿的主要运输方式。与铁路开拓运输相比，公路开拓具有坑线形式简单、开拓坑线展线较短、对地形适应能力强等优点。公路运输存在的最大弱点是合理运距的影响，超过合理运距范围，矿山经济性将减弱甚至亏损。

除单一开拓运输，由各种单一开拓组合而成的联合开拓运输得到越来越多的开发和应用。露天矿初期一般只采用单一开拓运输方式，但随着采深的增加，单一运输方式在生产效率和经济效益方面会出现劣势，因此矿山会根据自身条件和环境特征采用不同的联合开拓运输。公路—破碎站—带式运输机是 20 世纪末以来逐渐兴起的一种露天矿运输方式，在国内外大型金属露天矿山得到普遍的应用。该方式实现了部分连续运输矿岩物质，是固体矿产开采作业物料间断运输向连续运输的一种进展和突破，也称作半连续运输。

湖山铀矿通过对比分析卡车单一运输与卡车—破碎站—皮带联合运输方式，最终选择卡车单一运输为矿山全寿期运输方式。湖山铀矿全寿期矿岩运距范围为 3～9 km，与大型电动轮自卸卡车的合理运距范围 3～6 km 相符，所以选用卡车单一运输方式是合理可行的。

分析卡车—基平站—皮带联合运输方式在湖山铀矿应用的可行性，存在以下优缺点：

① 皮带运输成本低廉，有利于降低采矿成本，同时更节能、更环保；

② 大量矿岩运输工作量由皮带代替，可大幅减少卡车数量；

③ 初期投资成本高；

④ 半移动破碎站的转移尽可能间隔较长时间，至少 6 个月以上，理想情况在 18 个月以上；

⑤ 灵活性差，破碎站及坑内皮带装置均为半固定装置，运行期间为固定装置，装卸灵活性差，需配置必要的辅助设备配合；

⑥ 设备迁移、故障停机时会全线停产，对生产影响大。

在湖山铀矿采用联合运输存在一个重要缺陷就是分期开采的分期矿坑境界小，矿坑下沉速度快，分期下沉 4～6 个台阶高度，破碎站转移时间短。每次系统装置的移动，将占用至少一周时间进行破碎站拆装、移动皮带机延长等工作，造成采矿生产停产。以湖山铀矿开采下沉速度，每 2～3 个月就需转移破碎站设施，在技术和经济上都不合理。其次在各分期并采前，各分期是独立的开采系统，这就需要在各个分期建设独立皮带系统，投资和运行管理都不可行。在可靠性方面，卡车运输是间断性单体设备的生产方式，设备出现故障不影响其他设备的生产运行，而破碎站—皮带系统则为连续生产方式，一旦出现故障即会造成全线停产，而当地矿山缺乏该运输方式的应用经验和管理经验，对在湖山铀矿的应用存在风险。综合分析，湖山铀矿不适宜采用卡车—破碎站—皮带联合开拓运输方式。

（2）线路布置方式

公路开拓运输线路的布置形式因汽车运输灵活性而变化多样，线路一般随采场的下沉和外扩而移动变化，动态移动是露天矿坑内运输线路的基本特征，特别是陡帮开采、分期开采矿山，这一特点表现更为突出。线路布置形式根据地形和矿体条件，可以分为直进式、折返式、螺旋式，以及这些方式组合而成的联合布置方式。

湖山铀矿设计选用螺旋式线路。矿山位于戈壁沙漠，地势平坦，地形简单，是典型的深凹式露天矿山，矿区地层简单，工程地质和水文地质条件良好，上下盘围岩稳固，同时湖山铀矿采用分期开采方式，分期境界长宽相差不大，上述特征完全符合螺旋式运输线路布置方式的使用条件。

螺旋式运输道路曲率半径大，卡车运输条件好，通过能力大。与折返式相比，因没有折返曲线，扩帮工程量较小。此外，湖山铀矿设计采用卡车电力辅助架线系统，该系统运行的基本条件是有足够长的坡道长度，与折返式频繁拐弯折返的布置方式相背。

（3）坑内道路设计

1）车道数量

湖山铀矿坑内、坑外运输道路均采用双向单车道设计。

2）道路宽度

运输道路宽度按照车辆最大宽度尺寸乘以车道对应宽度系数，湖山铀矿采用正常的坡道宽度：

W=10.5 m（960 E 卡车最大宽度）×车最大宽度系数（双车道对应系数 3.5）=36 m

设计采用电力辅助架线系统，系统安装需沿道路建设变电站、电杆及基础、架线、配重等设施，系统设施需占用必要的道路及空间，因此架线区段道路需要加宽，根据供应商要求，架线段道路设计宽度加宽 8 m，即架线段道路宽度 44 m。

考虑行车安全，弯道处需对转弯内侧进行加宽，以保证车辆顺利转弯，加宽宽度依据经验公式计算获得。

3）道路坡度

露天矿坑内坡道的坡度一般考虑车辆上坡的经济性、下坡的安全性、设备选型等因素，根据经验或类比同类矿山使用情况选取。表 2.2.1 所示为通常条件下矿山道路坡度参考表。

表 2.2.1　通常条件露天矿山坑内道路坡度参考表

条件	坡度/%
最大坡度	8～15
通常最优	8
架线式辅助汽车	≤12

湖山铀矿采用电力架线辅助系统，不仅可以极大地提升运矿卡车的爬坡速度，而且驱动力更平稳，有利于采用较大的爬坡坡度，减少运输距离，提高设备运量，同时减少坡道的建设量，以及坡道占用矿坑的空间，同时可以减少剥离量，降低成本。湖山铀矿设计采用的坑内道路坡度为 10%。

4）道路断面设计参数

湖山铀矿运输道路主要供运矿卡车运输通过，重载状态下卡车总重约达到 580 t，且为动载加载于道路。经计算，湖山铀矿重型卡车道路设计参数为：1.5 m 厚夯实地基底层、1 m

厚砾岩基层、350 mm 厚砾岩基层（粒径 95～130 mm）、150 mm 厚砂砾岩面层（粒径 25～32 mm），见图 2.2.2。

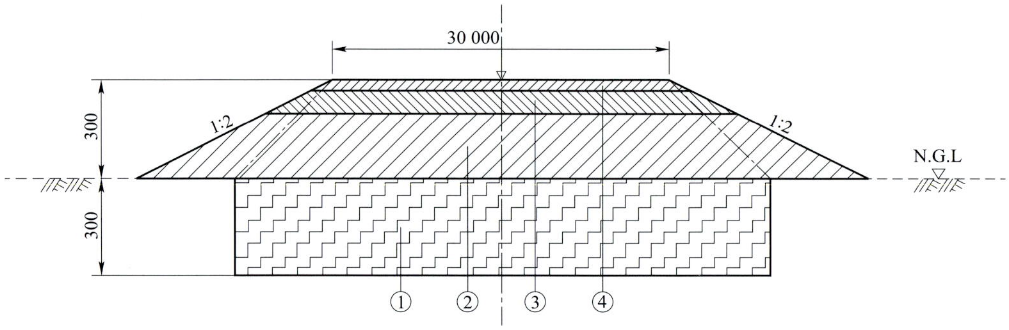

图 2.2.2　重卡运输道路设计断面图

注：① 1.5 m 地基底层；② 1 m 砾岩基层；③ 350 mm 砾岩基层；④ 150 mm 砂砾岩面层

道路施工前需首先将道路设计范围内的覆土表层清理掉，且不少于 300 mm。施工中各分层必须进行夯实处理，其中地基底层和 1.35 m 厚的砾岩基层夯实次数不少于 30 次。

2.2.4　主要技术参数

（1）矿山服务年限

随着采矿生产的进行，可供开采的资源储量逐渐减少，直至枯竭，矿山服务年限是指一个矿山从投产到关闭的时间周期。湖山铀矿首期设计开采 1、2 号矿带矿体，设计投产时间 2015 年 1 月，闭坑时间 2033 年 12 月，生产服务年限 19 年。

湖山铀矿采矿部分于 2014 年 3 月开始试生产，至 2017 年年底完成总剥采量 2.54 亿 t，比设计的全寿期同期计划量少 0.84 亿 t，从前期生产实际看，湖山铀矿生产服务年限将延长。

（2）可采储量（包括矿石损失及贫化）

可采储量是指工业储量中可以采出的部分，即工业储量减去设计损失的储量。设计储量是资源储量分类中探明程度比较高、可作为大中型矿山企业进行矿山设计和建设投资依据的储量。

湖山铀矿以 2012 年 8 月勘探资源量为基础，设计资源包括探明资源量和控制资源量，但不包括推断资源量，以 150×10^{-6} 为可采边界品位，确定的湖山铀矿设计可采储量（包括设计损失和贫化）为 3.01 亿 t 矿石量，矿石平均品位为 518×10^{-6}，其中 1 号矿坑矿石储量 1.53 亿 t，平均矿石品位为 461×10^{-6}，2 号矿坑矿石储量 1.48 亿 t，平均矿石品位 577×10^{-6}。

（3）开采境界

露天开采境界指由露天采场的底面和坡面所限定的可采空间的边界。露天矿开采境界的确定，实质上是控制剥采比的大小，合理的开采境界是控制剥采比不大于经济合理剥采比。在露天矿设计中要控制的剥采比有境界剥采比、平均剥采比和生产剥采比。

经济合理剥采比：是指露天开采在经济允许条件下的最大剥采比，其值为一理论限值，是确定露天开采的重要技术经济依据。

境界剥采比：是指露天开采境界每增加一个单位深度所引起的岩石增量与矿石增量的比值。

平均剥采比：是指露天开采境界内岩石总量与矿石总量的比值。

生产剥采比：是指露天矿开采某一时间内所剥离的岩石量与所采出的矿石量的比值。

以控制剥采比确定露天矿开采境界需遵循的原则如下：

① 圈定的露天开采境界应保证露天采场采出的矿石盈利，境界剥采比不大于经济合理剥采比，并满足平均剥采比不大于经济合理剥采比。

② 圈定的露天矿边坡角不大于边坡稳定所允许的边坡角，以保证露天采场安全生产。

③ 充分利用资源，发挥露天开采的优越性，尽可能将较多的矿石圈定在开采境界内。

湖山铀矿 1 号矿坑最终开采境界（见图 2.2.3）：长 3 050 m（顶部）× 宽 1 030 m（顶部）× 深 412 m，2 号矿坑最终开采境界：长 2 055 m（顶部）× 宽 1 530 m（顶部）× 深 377.5 m（顶部），1 号矿坑全寿期平均剥采比为 6.6:1，2 号矿坑全寿期平均剥采比为 5.5:1，两矿坑合计平均剥采比 6.06:1。

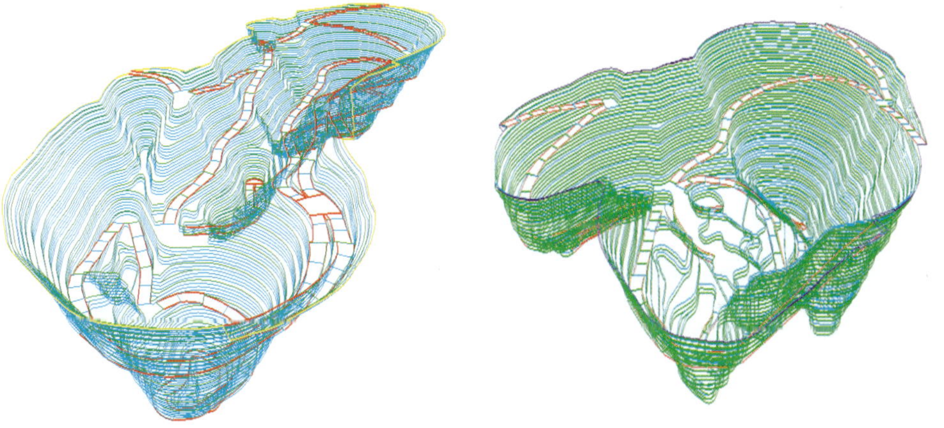

(a)　(b)

图 2.2.3　1、2 号矿坑最终开采境界三维模型图

（a）1 号矿坑；（b）2 号矿坑

（4）岩石力学参数

矿山岩石力学是研究在自然和采动影响造成的矿山应力场中，有关矿山岩体、矿山工程对象和结构物的强度、稳定性和变形的科学。岩石力学在矿山设计、建设、生产过程中起着极其重要的作用，以露天矿边坡坡度角选择为例，坡角选择过陡，会使边坡不稳定，无法进行正常采矿作业，甚至有安全风险；坡角选择过缓，又会加大剥离量，增加采矿成本。然而，要使矿山工程既安全稳定又经济合理，必 161

须通过准确预测矿山工程岩体的变形与稳定性和正确的采矿工程设计来保证。

湖山铀矿在矿坑开采范围钻取岩石岩心样品进行了基础力学实验研究，获取了单轴抗压强度、抗剪强度等岩石力学参数数据，作为湖山铀矿边坡稳定性分析和边坡角确定的参数依据。

湖山铀矿开采境界内，地层共分为三层：地表砂砾覆盖层、中间钙结砾岩层和深部硬岩层，地表砂砾覆盖层为松散岩体，钙结砾岩层岩石强度低、整体性差，深部硬岩层岩石强度高，属中硬岩石，各层岩石实验结果分别见表 2.2.2～表 2.2.4。

表 2.2.2　覆盖层砂砾岩岩石力学参数表

参数名称	平均值	最小值	最大值	标准差
抗剪强度ϕ/（°）	31	19	45	7
黏聚力 c/MPa	14	0	69	18
容重/（kN/m^3）	20			

表 2.2.3　钙结砾岩岩石力学参数表

参数名称	平均值	最小值	最大值	标准差
单轴抗压强度/MPa	12.1	0.7	50.6	10.6
弹性模量/MPa	3 860			
泊松比	0.3			
GSI	50	40	60	7
mi	11	8	14	2
容重/（kN/m^3）	20.3			

表 2.2.4　深部硬岩岩石力学参数表

参数名称	平均值	最小值	最大值	标准差
单轴抗压强度/MPa	93	26	191	40
弹性模量/MPa	55 430			
泊松比	0.3			
GSI	75	36	94	9
mi	23	10	32	11
容重/（kN/m^3）	26.7			
JRC	9.6	1.5	20	5.4
摩擦角/（°）	37.6	34	45	2.76

（5）台阶及最终边坡角

台阶是露天矿采场的基本构成要素，进行采矿和剥岩作业的台阶称为工作台阶。台阶包括台阶高度、坡面角、台阶平台等要素。

台阶高度是露天矿的一个非常重要的参数，与矿岩性质、开采强度和采场作业设备有关，也紧密影响采矿生产效率。一般大型露天矿山的台阶高度为 12～15 m。当岩层稳固性较好条件下，允许采用较陡边坡角，可以考虑 2 个或多个台阶合并成一个高台阶，以减少剥离量，提高经济效益。当矿体倾角较缓，矿石品级多，需分采进行品位控制时，则要采用低台阶。湖山铀矿台阶高度选用 15 m，为适应湖山铀矿矿体整体性差的特点，矿石区块开采时采用 7.5 m 分层开采，围岩区 15 m 台阶一次开采。另外，湖山铀矿深部硬岩岩层强度高，岩体整体性好，设计采用 2 个台阶并段处理，即硬岩层为 2 个台阶开采后设置 1 个平台，并段后台阶高度达到 30 m。

台阶坡面角是指台阶坡面与水平面间的夹角，台阶坡面角大小取决于矿岩性质、岩层构造以及爆破方式等因素。湖山铀矿砂砾覆盖层、钙结砾岩层及深部硬岩层的台阶坡面角分别为 45°、70°、80°（见表 2.2.5）。

台阶平台是露天矿边坡上设置的拦截及清理滚石的平台，起边坡安全防护作用。

表 2.2.5 湖山铀矿边坡台阶技术参数表

岩层	台阶参数	单位	1 号矿坑	2 号矿坑
砂砾岩	高度	m	15	15
	坡面角	(°)	45	45
	平台宽度	m	4.5	4.5
	内边坡角（不含坡道）	(°)	35	35
钙结砾岩	高度	m	15	15
	坡面角	(°)	70	70
	平台宽度	m	8	10
	内边坡角（不含坡道）	(°)	48	44
深部硬岩	高度	m	15	15
	坡面角	(°)	80	80
	平台宽度	m	15	15
	内边坡角（不含坡道）	(°)	56.1	56.1

最终边坡角是指通过到达最终境界的非工作帮最上一个台阶的坡顶线和最下一个台阶的坡底线所做的假想斜面与水平面的夹角。边坡角是台阶及平台等系列要素构成的露天境界参数，应为边坡稳定临界值与最小剥离量间最优的函数。

湖山铀矿砂砾岩覆盖层和中间钙结砾岩层厚度小，几乎不受坡道设置影响，其最终边坡角与内边坡角一致。深部硬岩层考虑了岩体稳定性差异，整个矿坑开采范围按照岩体稳定性等级分为 7 个分区，并考虑坡道空间对边坡角的影响，两矿坑最终边坡角按照岩体分区确定。图 2.2.4 显示了岩体的 7 个分区图，表 2.2.6 所示为 1、2 号矿坑的最终边坡角参数。

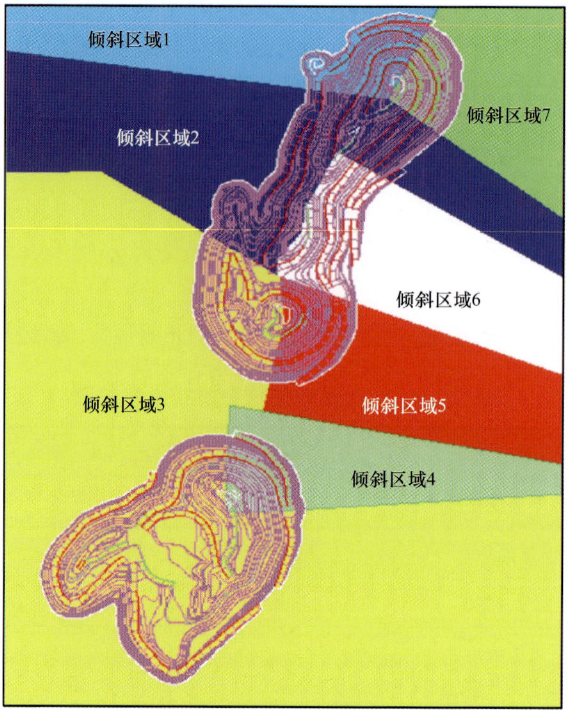

图 2.2.4　湖山铀矿采矿区岩体分区图

表 2.2.6　湖山铀矿 1、2 号矿坑最终边坡角参数

岩层	区域	单位	最终边坡角
砂砾岩	Z1、Z2 矿坑	(°)	35.0
钙结砾岩	Z1 矿坑	(°)	48.0
	Z2 矿坑	(°)	44.0
深部硬岩	1 区	(°)	42.0
	2 区	(°)	41.0
	3 区	(°)	45.0
	4 区	(°)	42.5
	5 区	(°)	43.0
	6 区	(°)	40.0
	7 区	(°)	44.0

（6）矿石损失率及贫化率

1）矿石损失

矿石损失率是指矿石（或金属含量）丢失的程度，即损失矿石量或金属量占该采场或

采场区段内矿石储量或金属量的百分比。

采矿过程中矿石不能全部采出，这些损失在采场中的未采下和采下未运出的工业矿石或金属含量，称为矿石损失，损失分为开采损失和非开采损失。开采损失是指在采矿过程中与采矿方法、采矿和放矿作业质量有关的损失，它包括回采范围内未能采下和不能回收的残矿及各种矿柱的矿石损失，已落矿但未能放出或运出采场的矿石损失。非开采损失是指在采矿过程中开采方法及开采条件无关的矿石损失，主要包括因地质、水文条件、开采技术条件、安全条件等不能开采的矿石损失。

矿石损失率计算公式：

$$q=[(Q-Q')/Q']\times 100\%$$

式中：q——矿石损失率；

Q——采区工业储量；

Q'——采出净矿石量。

湖山铀矿设计矿石损失率为2.7%，其中1号矿坑2.8%，2号矿坑2.5%。

2）矿石贫化

采出的矿石，由于有废石的混入，致使采出矿石品位低于工业品位，即矿石贫化。品位降低的程度通常用百分比表示，称为矿石贫化率。

矿石贫化率是采矿设计中的一个十分重要的技术参数，就设计而言，选取准确与否直接影响矿山技术经济指标的可靠性，而对生产来说，贫化率的高低直接关系到矿山的经济效益。

矿石贫化率有视在贫化率和实际贫化率，视在贫化率是指假定混入废石的品位为零计算得出的贫化率值，实际贫化率是指将混入废石的真实品位计算在内得出的贫化率值。

视在贫化率计算公式：

$$\rho=[(\alpha-\alpha')/\alpha]\times 100\%$$

式中：ρ——视在贫化率；

α——原生工业矿石品位；

α'——采下的矿石品位。

实际贫化率计算公式：

$$\rho'=[(\alpha-\alpha')/\alpha-\alpha''']\times 100\%$$

式中：ρ'——实际贫化率；

α——原生工业矿石品位；

α'——采下的矿石品位；

α'''——混入废石的品位。

湖山铀矿设计实际矿石贫化率为2.4%，其中1号矿坑0.0%，2号矿坑4.8%。

（7）主要采矿设备设计参数

设备技术参数选取的准确度直接影响设备的配置、生产计划的执行力等，露天矿装载、运输设备是实现矿岩剥采生产能力最关键的环节和最终工序，装运设备的选择在露天矿设计中是最重要的内容。表2.2.7～表2.2.9分别为湖山铀矿铲车、卡车设计参数。

表 2.2.7 铲车装载循环时间和卡车载重参数

岩层		砂砾岩及钙结砾岩		深部硬岩	
台阶高度/m		7.5	15	7.5	15
参数	单位	液压铲 6060	电铲 7495	液压铲 6060	电铲 7495
铲斗装载容积	m^3	34.0	61.0	34.0	59.0
装满系数	%	90.0	100.0	90.0	100.0
计算最大装载容积	m^3	30.6	61.0	30.6	59.0
矿岩松散容重	t/m^3	1.67	1.67	1.80	1.80
理论单斗装载量	t	56.0	108.3	56.0	108.3
计算单斗装载量	t	51.2	102.0	55.0	106.0
铲斗利用率	%	91.0	94.0	98.0	98.0
单斗装载循环时间	min	0.52	0.57	0.52	0.57
卡车车斗装满系数	%	95.0	95.0	95.0	95.0
车斗容积	m^3	195.0	195.0	195.0	195.0
车斗装载容积	m^3	185.3	185.3	185.3	185.3
车斗理论装载量	t	322.0	322.0	322.0	322.0
最大可能装载量	t	309.7	309.7	332.8	332.8
理论装载斗次	斗	6.05	3.04	6.05	3.14
实际装载斗次	斗	6.0	3.0	6.0	3.0
实际卡车载重	t	306.9	305.9	329.8	317.9
首斗落斗时间	min	0.5	0.5	0.5	0.5
等车时间	min	0.35	0.35	0.35	0.35
车位调整时间	min	1.5	1.0	1.5	1.0
装载时间	min	3.1	1.64	3.1	1.64
总装载时间	min	4.95	2.99	4.95	2.99

表 2.2.8 装载生产率表

参数	单位	砂砾岩及钙结砾岩		深部硬岩	
		液压铲 6060	电铲 7495	液压铲 6060	电铲 7495
日历时间	h	8 664	8 664	8 664	8 664
设备可动率	%	85.7	84.5	85.7	84.5
可动时间	h	7 427	7 321	7 427	7 321
设备出动率	%	94.8	98.8	94.8	98.8
设备运行时间	h	7 037	7 230	7 037	7 230
有效运行效率	%	66.3	73.0	66.3	73.0
有效运行时间	h	4 668	5 276	4 668	5 276
单位生产能力	t/h（净装载时间）	3 375	5 477	3 627	5 788
	Mt/a	17.4	32.4	18.7	33.7

表 2.2.9 卡车运输固定时间消耗参数表

参数	单位	液压铲 6060	电铲 7495
排队等候时间	s	45.0	45.0
装载面停车时间	s	72.0	60.0
装载时间	s	186.0	98.4
小计（总装载时间）	s	303.0	213.4
粗破站排队时间	s	45.0	0.0
卸载面停车时间	s	45.0	60.0
卸载时间	s	48.0	48.0
小计（总卸载时间）	s	138.0	108.0
总计（运输固定总时间）	s	441.0	311.4

2.2.5 全寿期开采计划

湖山铀矿位于中部达马拉造山带内，该区域地形主要为一系列北北东至北东走向的区域性背斜构造和向斜构造。湖山铀矿铀矿化主要赋存于达马拉造山带中间地带的含铀浅色花岗岩（白岗岩）中，铀矿物主要为沥青铀矿，其次为次生铀钒酸盐（钒钾铀矿）。

湖山铀矿（ML171 采矿权）主要由 6 个矿床组成，矿床沿北西—南东走向，地势呈北高南低缓倾，地层自上而下分别为砂砾岩松散覆盖层、钙结砾岩冲积岩层、含铀白岗岩层，含铀白岗岩上覆岩层沿北西—南东矿床走向逐渐加厚，最北端 1 号矿带有矿体出露地表，目前开采的 1、2 号矿带矿化地层深度 0～100 m。1、2 号矿带是湖山探矿权（EPL3138，EPL3439）范围内最大的两个铀矿床，1、2 号矿带勘探资源量 22.42 万 t U_3O_8（边界品位 100×10^{-6}），占全矿区总勘探资源量（29.29 万 t U_3O_8）的 76.54%。1、2 号矿带设计可采资源量相近，但 2 号矿带可采矿石品位较 1 号矿带高 25%（见表 2.2.10）。

表 2.2.10 湖山铀矿资源量表

	矿石量/Mt	平均品位（$\times10^{-6}$）	边界品位（$\times10^{-6}$）	U_3O_8/（$\times10^4$ t）
总资源量	762.1	384	100	29.29
1 号矿带勘探	282.1	395	100	11.12
2 号矿带勘探	212.4	533	100	11.30
1+2 号矿带勘探	494.5	453	100	22.42
1 号矿带设计	153.5	461	150	7.08
2 号矿带设计	148.3	577	150	8.56
1+2 号矿带设计	301.8	518	150	15.64

矿山开发以既满足矿山企业需求和要求，又能使得经济利益最大化为最优目标。矿山资源是长期地质运动的天然产物，赋存形态各异，因此科学合理地开发规划至关重要，确定合理的开采顺序，进行合理资源配置，研究制订合理的长期采矿生产计划，是矿山科学开发和可持续发展的必要条件。一般来说，先浅后深、先富后贫、先易后难是矿山开采首

要考虑的可行性要素条件，即尽可能以最低的投资尽早采出矿石量，先采富矿即可实现同等费用下单位金属量的成本降低。对于湖山铀矿开采顺序，充分分析和研究了湖山铀矿自身特征，选用了短期见矿、尽早获益的开采方式，在首采段选择、两矿坑开采衔接、台阶下沉速率等都进行了研究。主要表现在：

① 1 号矿带覆盖层薄，且有部分矿体出露地表，较 2 号矿带具有预剥离量少、可提早见矿的优势。位于中部偏北的矿体具有厚度大、品位较高、覆盖层较薄的特点，开采技术条件较好，因而确定为 1 号矿坑一期，即湖山铀矿首采区，见图 2.2.1。

② 1 号矿带矿体埋深浅，但矿石平均品位低于 2 号矿带，因此若要取得良好的经济效益，需要 2 号矿带尽早投产。因此，湖山铀矿设计计划 1 号矿坑投产 12 个月后开始 2 号矿坑一期预剥离生产，实际在 1 号矿坑投产 10 个月后即开始进行 2 号矿坑首采区的预剥离生产。

③ 2 号矿坑首采区和开采顺序以矿石品位为优先考虑因素，以矿石品位高、矿体厚大作为首采和顺序开采的前提条件，以实现提早采出高品位矿石，依此条件，设计选择 2 号矿带中南部平均品位最高且矿体完整、连续性好的区块作为一期首采，见图 2.2.1。

④ 为提高供矿矿石品位，降低冶炼成本，实现项目提早获益、尽早收回成本，2 号矿坑投产后，加强 2 号矿坑的开采强度，增大富矿的采出量和供矿能力。

⑤ 台阶下沉速率是指开采延深的速度，合理的下沉速率是采掘平衡的重要保障，也是做好组织生产的重要因素。湖山铀矿采用分期开采、多期并采的方式，其中单期开采下沉速度快，平均每期下沉 4～8 台阶（30～60 m），个别分期达到 10～12 个台阶（75～90 m）。

（1）全寿期剥采计划

全矿总剥离量共计 21.28 亿 t，其中 1 号矿坑 11.57 亿 t，2 号矿坑 9.71 亿 t，设计开采年限 19 年，年平均剥采量 1.12 亿 t，设计年剥采量 0.61 亿～1.45 亿 t（见图 2.2.5）。

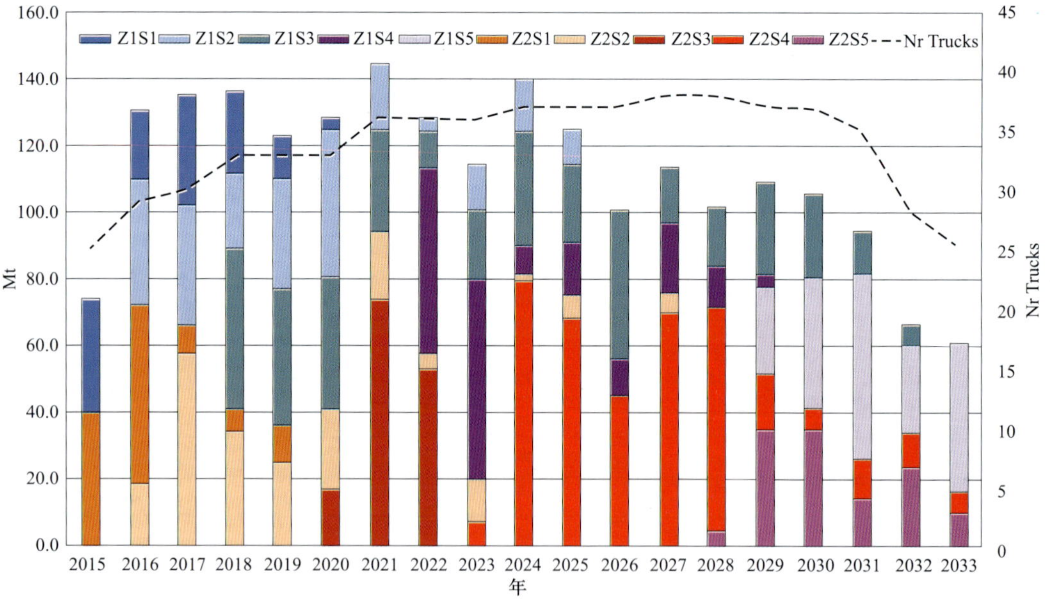

图 2.2.5 湖山铀矿全寿期剥采计划

（2）全寿期矿石开采计划

矿山可采矿石量共计 3.01 亿 t（包含矿石损失和贫化），矿石平均品位为 518×10^{-6}，其中 1 号矿坑矿石量 1.53 亿 t，矿石平均品位 461×10^{-6}，2 号矿坑矿石量 1.48 亿 t，矿石平均品位 577×10^{-6}。年平均矿石开采量 1 584 万 t，设计年矿石开采量 120 万～2 130 万 t，平均剥采比 6.06:1。全寿期矿石开采计划见图 2.2.6。

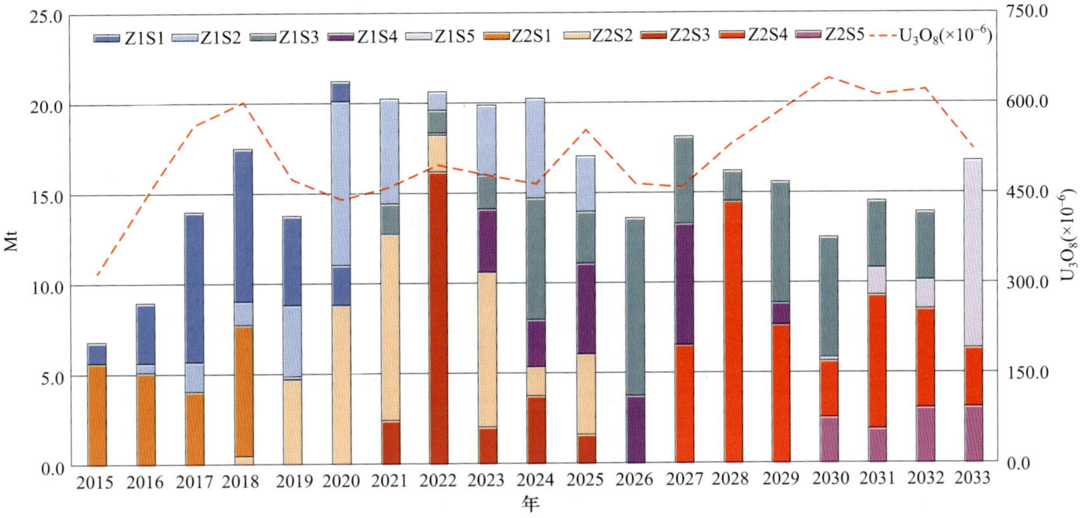

图 2.2.6　湖山铀矿全寿期矿石开采计划

（3）水冶厂供矿计划

全寿期可采出并供应水冶厂的矿石量为 3.01 亿 t，考虑水冶厂达产和末期减产，水冶厂设计服务年限 21 年，年平均矿石处理量 1 430 万 t，扣除达产和减产因素，水冶厂稳产期年矿石处理量 1 500 万 t。在水冶厂末期 3 年，矿山已闭坑停产，期间 3 年矿石来源于早期的低品位储备矿石。图 2.2.7 所示为水冶厂供矿计划示意图。

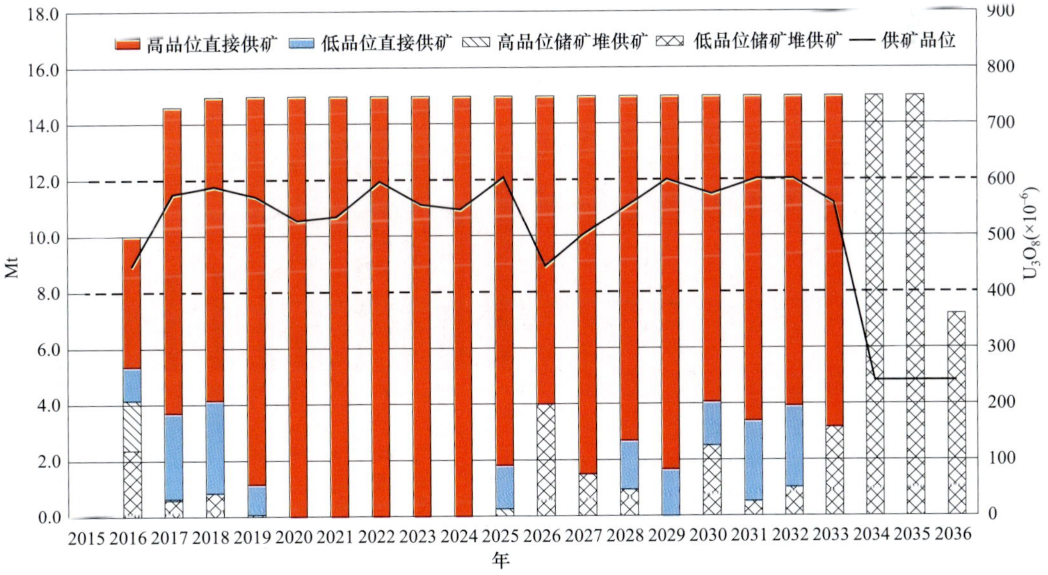

图 2.2.7　湖山铀矿全寿期水冶厂供矿计划

（4）开采下沉速率

湖山铀矿各分期开采下沉速度大多在 4～8 个台阶（30～60 m），个别分期达到 10～12 个台阶（75～90 m），由于分期境界小，各分期开采下沉速度较快。

图 2.2.8 和图 2.2.9 分别为 1 号矿坑四期和 2 号矿坑四期开采下沉速率计划图。

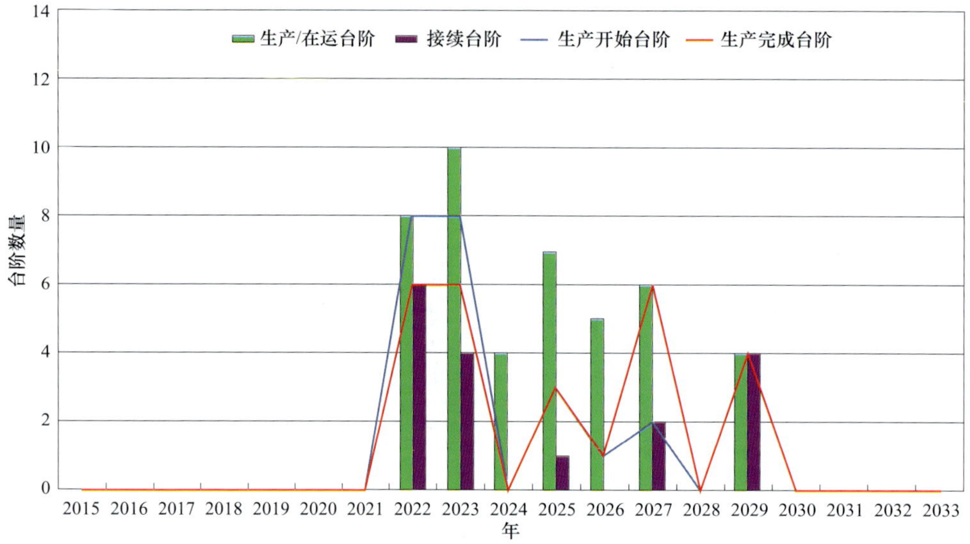

图 2.2.8　Z1S4（1 号矿坑四期）开采下沉速率计划

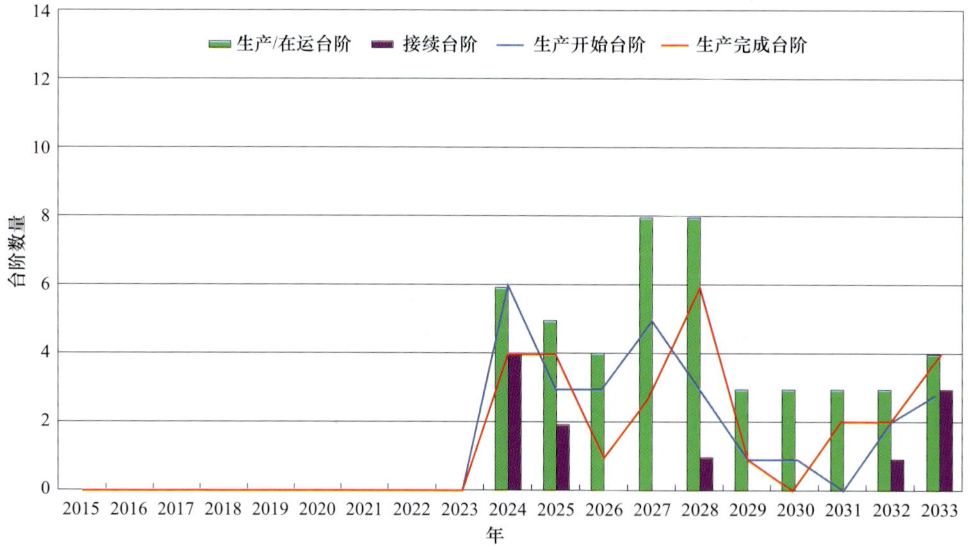

图 2.2.9　Z2S4（2 号矿坑四期）开采下沉速率计划

（5）全寿期设备配置计划

湖山铀矿设计高峰期最大设备数量为 81 台，钻机、铲车、327 t 卡车三大关键设备的高峰最大配置数量分别为 12 台（包括 311 mm 孔径电钻 3 台、165 mm 孔径柴油钻 8 台、

165 mm 孔径预裂钻机 1 台）、6 台（电动绳铲 3 台、液压铲 3 台）、38 台（见表 2.2.11）。

实际生产中，对设备配置和采购进行了部分调整，至 2017 年年底，钻机已采购投入生产 12 台，其中 311 mm 孔径电钻 3 台、311 mm 孔径柴油钻 1 台、165 mm 孔径柴油钻 4 台、165 mm 孔径预裂钻机 4 台；铲车按照设计进行了采购；运矿卡车已采购 327 t 卡车 26 台，另外采购 2 台 236 t 卡车用于矿石二次搬运供矿。后续新增钻机、卡车需根据需求和积累的经验选择机型和配置数量。

表 2.2.11　湖山铀矿全寿期重型设备配置明细

类别	名称	2014年	2015年	2016年	2017年	2018年	2019年	2020年	2021年	2022年	2023年	2024年	2025年	2026年	2027年	2028年	2029年	2030年	2031年	2032年	2033年	2034年	2035年	2036年
主要设备	卡车	11	25	29	30	33	33	33	36	36	36	37	37	37	38	38	37	37	35	28	25	2	2	1
	绳铲	2	3	3	3	3	3	3	3	3	3	3	3	3	3	3	3	3	2	2	1			
	液压铲	1	3	3	3	4	4	4	4	4	4	4	4	4	3	3	3	3	3	3	3			
	牙轮钻	1	2	3	3	3	3	3	3	3	3	3	3	3	3	3	3	3	3	1	1			
	潜孔钻	3	7	8	8	8	8	8	8	8	7	8	6	6	7	8	6	5	5	5	5			
	小计	18	40	46	47	51	51	51	54	54	53	55	53	53	54	55	52	51	48	39	35	2	2	1
辅助设备	预裂钻			1	1	1	1	1	1	1	1	1	1	1	1	1	1	1	1	1	1			
	大型前装机	1	1	2	2	2	2	2	2	2	2	2	2	2	2	2	2	2	2	2	2	2	2	1
	小型前装机	1	2	2	2	2	2	2	2	2	2	2	2	2	2	2	2	2	2	2	2			
	履带式推土机	4	7	7	7	8	8	8	8	8	8	8	8	8	7	7	7	7	6	6	5	1	1	1

续表

类别	名称	2014年	2015年	2016年	2017年	2018年	2019年	2020年	2021年	2022年	2023年	2024年	2025年	2026年	2027年	2028年	2029年	2030年	2031年	2032年	2033年	2034年	2035年	2036年
辅助设备	轮式推土机	2	4	4	4	4	4	4	4	4	4	4	4	4	4	4	4	4	4	4	4	1	1	1
	洒水车	3	3	4	4	4	5	6	6	6	6	6	5	5	5	5	5	3	2	1	1	1	1	1
	铺路机	2	2	3	3	3	3	3	3	3	3	3	3	3	3	3	3	2	2	1	1	1	1	1
	小计	13	19	23	23	24	25	26	26	26	26	26	25	25	24	24	24	21	19	17	16	6	6	5
合计		31	59	69	70	75	76	77	80	80	79	81	78	78	78	79	76	72	67	56	51	8	8	6

（6）人力需求与配置

湖山铀矿采矿运营（不包括采矿设备维修和资源管理）设计高峰最大人员需求量为670人，其中自有人员526人，承包商人员144人，外包服务包括爆破服务、道路除尘管理和轮胎管理等三个项目，爆破服务设计计划高峰最大人员需求量109人，道路除尘管理21人，轮胎管理14人。表2.2.12所示为湖山铀矿全寿期人力需求明细表。

表2.2.12　湖山铀矿全寿期人力需求明细

年份		2015	2016	2017	2018	2019	2020	2021	2022	2023	2024	2025	2026	2027	2028	2029	2030	2031	2032	2033	2034	2035	2036
斯科公司	管理	7	7	7	7	7	7	7	7	7	7	7	7	7	7	7	7	7	7	7	7	7	7
	技术	15	15	15	15	15	15	15	15	15	15	15	15	15	15	15	15	15	15	15	15	15	15
	操作员	397	445	449	475	480	485	499	499	492	504	485	485	486	493	474	453	428	371	345	118	106	88
	小计	419	467	471	497	502	507	521	521	514	526	507	507	508	515	496	475	450	393	367	140	128	110
承包商	爆破	87	101	107	107	107	107	109	109	109	109	109	107	109	95	95	95	95	89	81			
	轮胎	14	14	14	14	14	14	14	14	14	14	14	14	14	14	14	14	14	14	14	11	11	3
	除尘	21	21	21	21	21	21	21	21	21	21	21	21	21	21	21	21	21	21	21			
	小计	122	136	142	142	142	142	144	144	144	144	144	142	138	130	130	130	130	130	124	92	11	3
合计		541	603	613	639	644	649	665	665	658	670	651	649	646	645	626	605	580	523	491	232	139	113

2.3　矿山建（构）筑设施

2.3.1　排土场

排土场是露天矿排放废石（土）的场所，是露天矿相对永久的工程建筑设施，废石排放周期贯穿于采矿全寿命期。

（1）选址

湖山铀矿区地处沙漠地带，采区范围内无居民、建（构）筑物和地表植被等的影响，且区域内地势平坦，地表砂砾地层坚固稳定，水文地质条件优越，为就近排土、降低排废成本提供了非常优越的条件。

湖山铀矿排土场布置在 1、2 号矿坑东侧（见图 2.3.1），边界受到一定环境条件的制约。排土场沿 1、2 号矿坑平行延伸，距矿坑最终边界 100～150 m，北侧排至矿权边界线内，东侧至斯瓦科普古河床排水沟，南侧毗邻 3～6 号矿带及千岁兰保护区。

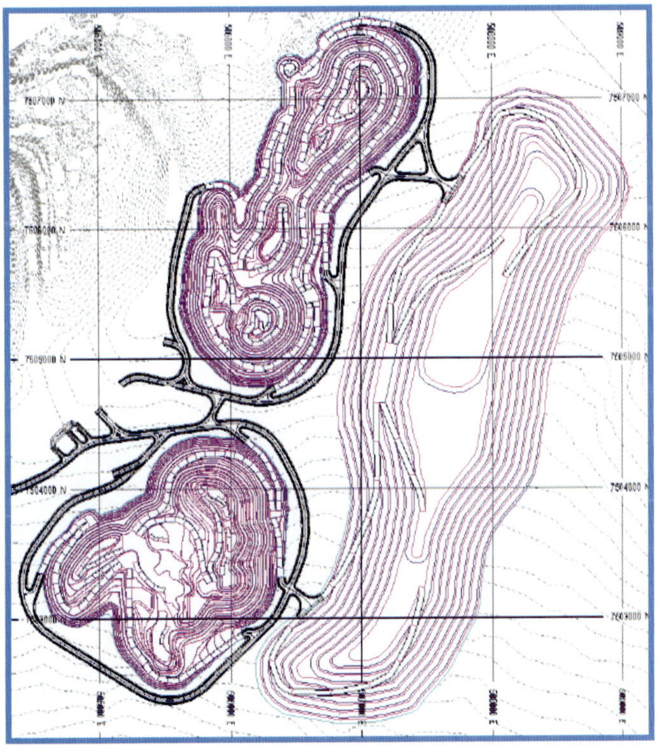

图 2.3.1　湖山铀矿 1、2 号矿坑及排土场位置布置图

（2）排土方式

湖山铀矿矿体分散，形态不规则，矿体贯穿矿坑延深方向，且两矿坑同步开采，不具备较大规模的内排条件，因此设计排土方式全部采用外排。

（3）排土工艺

湖山铀矿排土场紧邻矿坑，排土距离短，运距在卡车运输的经济距离之内，容易发挥卡车运输机动灵活、管理和操作简单的特征和优势，因此设计采用汽车－推土机排土工艺。

排土工艺程序：运输卡车将剥离的废石（土）运至排土场指定排放点卸载，然后推土机清理残留废石、平整排土工作平台、修筑卸载区安全挡墙以及整修排土场平台运输道路。

（4）排土场技术参数

境界尺寸：长×宽×高=5 100 m×（1 300～1 635）m×270 m；台阶高度：15 m；台阶坡面角为卸载岩石的自然安息角：34°～38°；总边坡角不大于29°。

2.3.2 坑口生产服务设施

坑口生产服务设施主要是指设置矿坑附近便于服务生产的建（构）筑物设施，根据生产需求，遵循服务便利、布置灵活的原则，湖山铀矿在1、2号矿坑周围设置有生产值班办公室及培训中心、加油站及设备日常维护中心、储矿堆、加水站、地磅、骨料破碎站等永久设施。

（1）生产值班办公室及培训中心

该建筑物位于1、2号矿坑与水冶厂初碎站之间，用于生产班组管理人员办公、倒班值班、班前安全会议、操作员理论和模拟操作培训等。

培训中心由两部分组成，办公楼内设有电教室，为操作员提供课堂教学和网络的理论培训，办公楼外设置有3座可移动式箱式模拟机培训室，为操作员提供设备模拟操作培训，湖山铀矿共采购5台设备操作模拟机，其中钻机1台、液压铲1台、电动绳铲1台、960E卡车2台。

（2）加油站及设备日常维护中心

该建（构）筑物由加油站、储油罐、轮胎储存场3部分组成，用于运矿卡车、洒水车等车辆加油、点检维修、补气、应急轮胎更换等（见图2.3.2）。

图 2.3.2　加油站及日常维护中心

加油站设有加油枪 2 条，可同时供 2 台设备同时加油，站内建有油脂罐和氮气充气站，分别用于车辆点检维修的润滑维护维修和轮胎补气。加油站南侧设有 6 个地上储油罐，油罐容积 500 m^3/个，用于加油站燃油库存和补给。加油站北侧设置有卡车轮胎存放设施，用于日常生产过程中损坏轮胎的应急更换。

卡车加油与点检维修同步进行，充分利用了加油期间的停车时间，因此加油站内设置有点检维修工具库房和零星部件储存设施。

（3）储矿堆

储矿堆位于初碎站东北侧，用于采出矿石的分类储存和配矿供矿设施。储矿堆以废石堆筑的平台为基建设施，根据水冶厂对矿石品位和酸耗的多指标要求，按品位分为 4 类：低品位（300×10^{-6}～400×10^{-6}）、中品位（400×10^{-6}～700×10^{-6}）、高品位（700×10^{-6}～$1\,000\times10^{-6}$）、特高品位（$>1\,000\times10^{-6}$）；按酸耗分为 3 类：低酸耗（0～10 kg/t）、中酸耗（10～25 kg/t）、高酸耗（>25 kg/t）。组合品位和酸耗指标将采出矿石分为 12 类进行储存，分别为：低品位低酸耗、低品位中酸耗、低品位高酸耗、中品位低酸耗、中品位中酸耗、中品位高酸耗、高品位低酸耗、高品位中酸耗、高品位高酸耗、特高品位低酸耗、特高品位中酸耗、特高品位高酸耗，矿堆沿平台走向在两侧共布置有 12 个分类矿石储存点（见图 2.3.3）。

储矿堆在平台两端均设置出入口双向坡道，坡道及平台车道宽度均为 36 m，坡道坡度 10%。供矿矿石在矿堆底部装载、配矿，运至初碎站破碎，采出矿石则根据分类准则在矿堆顶部平台运至相应类别的储矿点卸矿。

另外，除直接供矿和配矿的储矿堆，每年采出矿石中有一定的低品位矿石不能处理，需集中储存以备后续生产配矿或项目尾期进行集中冶炼，因此按照酸耗指数不同，将这些矿石在 2 号矿坑和初碎站附近布置有数个低品位集中储存堆。

图 2.3.3　储矿堆

（4）加水站

加水站用于洒水车加水服务，设置有 2 座，分别位于排土场南北两端的入口附近，设于重卡道路侧翼并与道路相连。

加水站的作用是便于洒水车就近加水，减少洒水车取水运输距离，节省取水花费时间和费用。另外，水站储罐储水可以作为矿区临时停水期间的短时库存，避免临时断水原因导致停产。

加水站通过地下供水管道输送至水塔水罐，供水根据水罐液位自动控制，水罐容量为300 m^3。

（5）地磅

湖山铀矿设置地磅 1 座，位于排土场北端，与 1 号矿坑加水站隔路相对。

地磅主要用于空载和重载运矿卡车的称量，作用是定期对运矿卡车进行空、重载称重，校核卡车称量系统和载重读数系统的准确性，对问题车辆进行校正。

湖山铀矿车辆载重校核地磅额定称重重量为 600 t。

（6）骨料破碎站

骨料破碎站位于 1 号与 2 号矿坑之间的空隙带上，用于为湖山项目采矿和水冶厂生产需求规格的碎石材料，采矿生产需求方面主要包括运输道路面层铺设、矿坑工作面底板人工垫层、爆破孔填塞料等，水冶厂需求方面主要是尾矿库的库内栈道平台的提升和外围坝墙的砌筑材料。

湖山铀矿采矿、水冶碎石骨料年需求总量约 150 万 t，需求和设计参数明细见表 2.3.1。

表 2.3.1　湖山铀矿骨料破碎站需求明细

序号	需求项目	骨料粒径/mm	单位产量/（t/h）	周需求产量（112 h/周）/t	年需求产量（52 周）/t
1	尾矿库库内栈道	0～350	67	7 500	390 000
2	尾矿库坝墙	50～350	25	2 800	145 600
3	坑底工作面及卡车道路	0～50	84	9 400	488 800
4	250＋mm 爆破孔填料	14～22	66	7 400	384 800
5	165 mm 爆破孔填料	8～14	4	450	23 400
	总计				1 432 600

设计包括两条破碎工艺生产线，根据需求分级生产不同粒级的碎石骨料，分级筛分后产出较大数量的 0～8 mm 细粒及粉料，不满足生产对骨料的技术要求，实际生产中考虑配比各级骨料混合使用。设计按 2 班/天工作制，每天运行 16 h。表 2.3.2 所示为骨料破碎站设计参数明细，图 2.3.4 所示为骨料破碎站工艺布置图。

骨料原料采用矿坑采出的废石和矿石，由卡车运至破碎站供料平台，再由前装机铲运至颚式破碎机受料仓，然后进行分级破碎。工艺生产采用全自动控制系统，由操作员在控制室操作控制，另外破碎站设有设备维修间及备品备件库房等辅助设施。

表 2.3.2　湖山铀矿骨料破碎站设计参数明细

序号	工艺流程	骨料粒径/mm	设计产能/（t/h）	计划运行时间/（h/周）	周生产能力/（t/周）	年生产能力/（t/a）
1	工艺线 1－1	50～350	312	9	2 808	146 016
		14～22	47	9	423	21 996
		8～14	35	9	315	16 380
		0～8	46	9	414	21 528

续表

序号	工艺流程	骨料粒径/mm	设计产能/（t/h）	计划运行时间/（h/周）	周生产能力/（t/周）	年生产能力/（t/a）
2	工艺线 1－2	14～22	75	103	7 725	401 700
		8～14	55	103	5 665	294 580
		0～8	70	103	7 210	374 920
工艺线 1 合计		50～350			2 808	146 016
		14～22			8 148	423 696
		8～14			5 980	310 960
		0～8			7 624	396 448
3	工艺线 2	0～350	300	25	7 500	390 000
		0～50	200	47	9 400	488 800
总计		50～350			2 808	146 016
		0～350			7 500	390 000
		0～50			9 400	488 800
		14～22			8 148	423 696
		8～14			5 980	310 960
		0～8			7 624	396 448

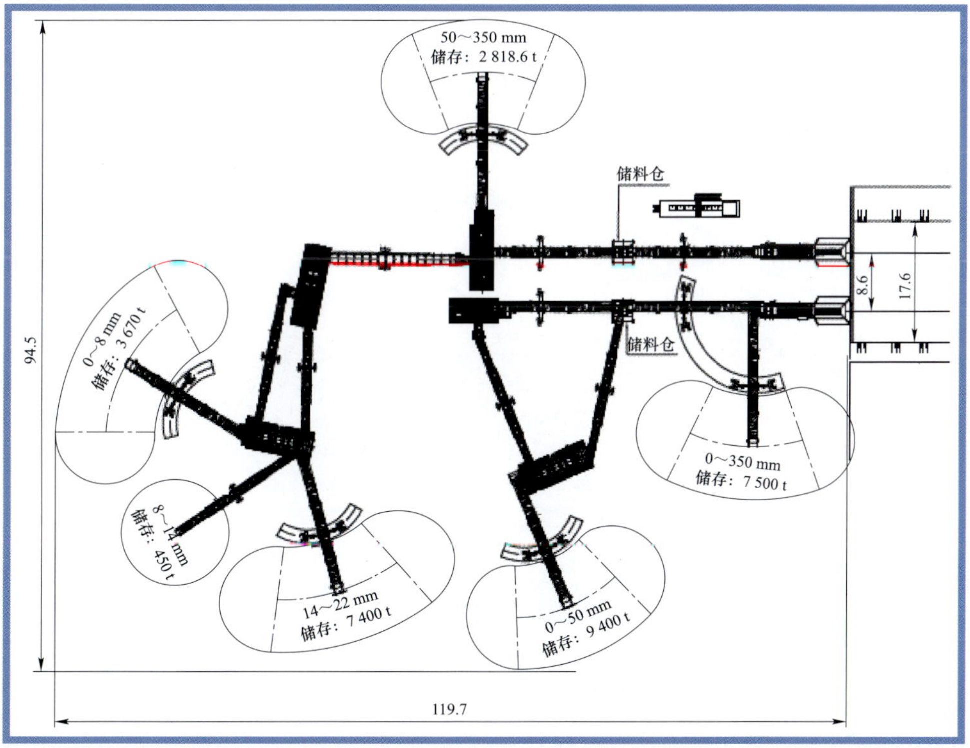

图 2.3.4　骨料破碎站工艺布置图

2.3.3 设备维修建筑设施

设备维修建筑设施是湖山铀矿重要的生产辅助设施，是实现设备维修功能，完成设备维护维修任务，支持采矿生产正常进行的基础设施，包括维修车间、库房、办公设施以及其他辅助设施。

设备维修分为坑内维修及车间维修，坑内维修是指在矿坑生产现场进行的维修，主要用于难以长距离移动的重型履带式设备，如铲车、电钻等，设计未配置坑内维修建筑设施，采用现场根据维修需要即时组织维修人员、工具、备件进行维修。卡车等车辆点检与加油同时进行，因此借用加油站配置部分点检相关的维修设施。除点检外其余采矿设备维修设施均集中布置于采矿综合服务区，位置位于水冶厂与1、2矿坑之间。

（1）卡车维修车间

该车间为用于电动轮自卸运矿卡车和钻机设备维修的建筑设施，包括定期维修、状态故障维修、除总成外的大中修等工作（见图2.3.5中的1）。

车间设置有车间办公室、零星备件仓库、维修工具库房、员工维修工具箱、润滑油脂加注设施、焊接台架等辅助设施，车间安装轨道桁吊2台，吊车额定起吊重量40 t，另外配有1台辅助起重机构，额定起吊重量10 t。吊车高度距卡车最大高度（车斗直立高度15.7 m）5 m，即吊车距车间地面最低高度为20.7 m。

车间地面要求强度能够承担卡车行驶动载载荷，设计可容纳总重量650 t，钻机维修区设计采用防履带碾压的特种混凝土地面。地面设有排油污管沟。车间共布置有6个卡车维修工位，2个钻机维修工位。

图2.3.5 采矿综合设施区域布置

1—卡车维修车间；2—辅助设备维修车间；3—小松备件仓库；4—资源管理部、采矿部办公室；5—维修部办公室；6—洗浴更衣室；7—轮胎维修办公室；8—轮胎维修车间；9—洗车场；10—润滑油站

（2）辅助设备维修车间

该车间为用于除卡车及坑内维修设备的其余辅助生产设备维修的建筑设施，承担辅助设备的定期维修、状态故障维修、大中修等工作（见图 2.3.5 中的 2）。

车间设有车间办公室、零星备件仓库、维修工具库房、员工维修工具箱、润滑油脂加注设施、焊接台架等辅助设施。安装轨道吊车 1 台，额定起重重量 5 t，吊车距设备最大高度的距离为 4 m。

地面采用混凝土地面，设计承重荷载 35 t，地面设有排油污管沟。

车间共布置有 6 个设备维修工位。

（3）焊接车间

焊接车间主要用于卡车车斗、铲车及装载机铲斗等 GET 大部件焊接维修的建筑设施（见图 2.3.6）。

车间设有车间办公室、零部件及焊接耗材仓库、维修工具库房、员工维修工具箱、焊接台架、钢构件机加工台架等辅助设施。安装轨道桁吊 2 台，额定起重重量 80 t，另配置辅助起重机构 1 台，额定起重重量 10 t。吊车与起吊设备最大高度间的间隙 5 m。另外，车间外设有原料堆放场，用于焊接用钢材及构件的存放和储备，并设有废旧部件、构件回收站，对拆卸下来的设备旧部件进行回收、登记，如铲斗的铲齿、钢护套等。

地面采用混凝土地面，设计承重荷载 650 t。

图 2.3.6　焊接车间

（4）电气及电缆维修车间

该车间主要用于铲车、钻机等设备的电气、仪表装置以及设备电缆的维修，鉴于铲车、钻机等重型履带式设备的主要维修是在生产现场进行的，而设备中需要拆卸、检查、精密维修的电气及仪表装置需要在室内进行。另外，电铲、电钻等设备的拖拽电缆和电缆连接机构在矿坑恶劣环境作业条件以及误操作等多种因素，拽断或其他局部损坏现象频发，也需要专业维修车间进行修理。

车间设有车间办公室、电气及仪表设备检测装置、电缆切割及联结设备及操作台架、焊接台架、员工工具箱等。

（5）轮胎维修车间

轮胎维修车间用于湖山铀矿全部轮式采矿设备的轮胎维修工作，由 3 部分组成：重型设备轮胎维修车间、轻型车辆轮胎维修车间和轮胎存储场，重型设备和轻型车辆轮胎维修车间为 2 个独立建筑（图 2.3.5 中的 8）。

重型设备维修车间用于维修重卡、前装机等设备轮胎，轻型车辆轮胎车间主要用于加油车、洒水车等采矿辅助生产设备的轮胎维修。维修车间设有室外轮胎拆卸场、轮胎拆卸夹持机、车间办公室、轮胎修补设备及车间、氮气充气站、胎压检测装置、工具室等。轮胎存储场是存放库存轮胎及拆卸下的待修理轮胎的场所，存储场与车间相邻，轮胎运输距离短，便于维修操作。

轮胎维修内容包括轮胎拆卸、更换以及简单修理，轮胎维修只对轮胎小尺度且不损坏内部结构的轮胎简易维修，延长轮胎使用寿命。

（6）洗车场

洗车场是用于车辆定期清洗及坑内故障设备维修前清洗的设施，由设备清洗台、高压冲洗喷头、自动控制系统、排水系统等组成。洗车场设计有高压、低压冲洗喷头，可用于不同设备全方位冲洗（图 2.3.5 中的 9）。

对设备进行定期清洗或修前清洗是保证设备的清洁，一是防止粉尘对设备及其部件的污染，特别是电气、仪表以及润滑机械部件的粉尘污染，造成设备故障或劣化加速；二是防止散热部件覆盖积压粉尘，阻止散热，造成设备故障或事故；三是覆盖粉尘不利于故障诊断、排查及修理；四是湖山铀矿含放射性粉尘对维修人员的人身健康有影响，修前需尽可能清洗干净。

洗车场布置于进矿重卡道路出入口和卡车维修车间之间，利于待修设备先清洗再进入维修间维修的优化原则。

洗车场设计有污水处理系统，清洗设备污水经处理后用于矿坑洒水除尘用水，作为废水循环利用，减少原水用量，节约了用水，也降低采矿用水成本。

（7）备品备件库

湖山铀矿采矿设备备品备件仓库包括两部分：一是 OEM 寄售库；二是自有仓库。

OEM 寄售库是斯科公司提供给设备供应商使用，由设备供应商提供备品备件及仓库管理，斯科公司根据备件实际使用量支付费用的方式。湖山铀矿在现场建有 2 座寄售库，分别由设备供应商巴罗世界和小松提供备件及管理（见图 2.3.5 中的 3）。库房设有备件领用出库管理系统、备品备件分类存放货架、室外大部件存放场。

斯科公司自有仓库主要用于部分供应商的少量设备及业主备用的战略备件和市场竞争采购的 GET 备件等，备件存放于湖山项目的中心仓库。

（8）润滑油站

该设施用于采矿设备润滑油脂集中存放管理的设施，通过泵送管道输送至重卡维修车间、辅助设备维修车间、加油站等润滑油加注系统装置，另外可给润滑油脂车直接加注油脂，运至矿坑用于设备维修维护（见图 2.3.5 中的 10）。

润滑油站设有 3 个润滑油贮存罐，罐容积均为 23 m^3。另外，在润滑油站设置有 1 个废油回收罐，用于设备维护维修后废弃油脂的回收利用，废油罐的容积为 23 m^3。

（9）设备组装场及其他设施

设备组装场用于到场重型设备的现场组装场地，主要用于需拆解运输大型设备，现场设有卡车和钻机、铲车 2 块设备组装场地，分别用于生产准备期和运营期电动轮自卸卡车和钻机、铲车设备的现场组装和调试。

随着采矿投产，新采购设备陆续减少，设备组装场利用率大为下降，因此，为充分利用已建设的场地和设施，钻机、铲车组装场设备组件库房改为Barloworld备品备件库，并设有Barloworld办公区、斯科公司铲钻设备维修办公用房，液压缸、变压器等大部件库存场。重卡组装场除预留用于新增车辆的组装场地外，利用场地设置了小松、北重、小承包商等办公设施，以及车斗等的存放场。

2.3.4　综合办公及生产服务设施

（1）采矿综合办公楼

采矿综合办公楼用于采矿及相关支持部门技术和管理人员办公、会议的建筑设施。人员包括采矿、资源管理、采矿生产安全管理、IT技术支持、人力现场服务等，办公楼内除办公、会议用房，还设有采矿生产中心调度室、操作员餐厅等生产及服务设施（见图2.3.5中的4）。

（2）采矿设备维修办公楼

采矿设备维修办公楼位于重卡维修车间和辅助设备维修车间之间，用于采矿设备维修管理及技术人员办公、会议的建筑设施。办公人员包括设备维修、设备安全管理、承包商技术支持等（见图2.3.5中的5）。

（3）洗浴、更衣室

洗浴、更衣室是用于采矿生产及管理、技术人员在矿坑作业后洗浴更衣的建筑设施，湖山铀矿作为一座放射性铀矿，作业后洗浴、更换洁净服装是员工保护职业健康非常必要的措施。洗浴、更衣室由浴室和洗衣房组成，浴室采用淋浴，更衣柜内采用污、净分区，作业污染衣物与洁净衣物隔离存放，确保污染污物隔离。洗衣房用于更换下的污染衣物的集中洗涤，集中烘干（见图2.3.5中的6）。

洗浴、更衣室的服务对象包括斯科公司采矿作业人员和爆破、道路管理、轮胎管理等承包商的施工作业人员，还有进入矿坑进行生产管理和其他活动的管理、技术人员、外来参观考察人员等。按照倒班制度和错峰洗浴措施，洗浴、更衣室设计淋浴间（1个喷洒/间）共210间，更衣柜525个。

洗浴热水来源由电锅炉加热获得，洗浴室设计安装有4台1 t立式电加热锅炉。

洗浴、更衣室人流单向流动，防止矿山铀矿物质放射性污染。

（4）地质实验室及岩心库

该设施位于焊接车间南侧，用于矿山开采期间开展生产加密钻探的实验及化验的建筑设施，如岩矿鉴定分析、放射性测井仪器校正等，由室内实验室和室外岩心库组成。室外岩心库用于运营期间全部钻探岩心的存放和管理。

2.3.5　爆破服务设施

爆破服务设施是指提供矿山爆破的原材料贮存、生产、运输、爆破器材存放等的综合设施，现场爆破设施包括1座散装炸药厂及3个爆破器材库，炸药厂位于东北端靠近矿坑一侧，爆破器材库位于西南端靠近水冶厂一侧，两者安全间距2 000 m。两处爆破建筑设施均位于破碎站及粗破矿石运输皮带西北一侧，远离采冶作业区和作业人员，以确保安全。

（1）散装炸药厂

散装炸药厂是炸药原材料贮存、上料、炸药基质制备等的厂房设施，主要包括多孔粒状硝酸铵颗粒存储库房、地面站上料系统、乳胶基质制备车间、乳胶基质原料库房、柴油罐、锅炉房、设备维修间、厂区办公室等（见图 2.3.7）。另外，炸药运输配置有散装炸药混装运输车 MMU、爆破孔填料机、炸药器材器件运输车等设备装备。

硝酸铵颗粒是矿山爆破散装炸药的主要原材料，是散装炸药最大消耗原料。湖山铀矿设计有 4 座硝酸铵仓库，总库容 4 500 t，设计正常库存量不低于矿山 30 天爆破需求量，也不低于 3 000 t 总量。

地面站上料系统是硝酸铵物料机械化搬运的仓储设备，主要起中间储存、系统缓冲和均衡作业等作用。料仓装置由上料仓和进料、卸料、控制、计量、分配和除尘等分支系统组成。工艺流程如下：① 硝酸铵经斗式提升机提至上料仓，然后由料仓加入混装车干料箱；② 将柴油过滤，通过输送泵输入混装车燃油箱；③ 将混装车干料箱与燃油箱中的物料按一定比例混制后装入炮孔。设计上料塔 2 座，料仓容量 30 t。

乳胶基质车间是制备乳化炸药及重铵油炸药用基质物质的车间，是炸药厂的重要生产车间。湖山铀矿设计乳化炸药使用比例占到总炸药消耗的 50%以上，炸药厂设计生产产能 100 t/天。

湖山铀矿爆破设计采用 3 种炸药类型，分别是：铵油炸药、重铵油炸药、乳化炸药。铵油炸药用于浅层松软岩层，重铵油炸药用于深部较坚硬岩石，乳化炸药用于深部坚硬岩石和含水层岩石爆破。根据设计和实际生产进展，湖山铀矿采购散装炸药混装车 MMU8 台，其中铵油炸药车 2 台，重铵油混装车 3 台（可替换用于铵油炸药车），乳化炸药车 3 台。

湖山铀矿爆破设施设计炸药生产能力 5 万 t/a，即铵油炸药、重铵油炸药、乳化炸药的年总供应能力达到 5 万 t。

图 2.3.7　散装炸药厂

（2）爆破器材库

爆破器材库是存储爆破器材、器件、成品炸药的库房设施，包括导爆管、导爆索、电子雷管、起爆弹、成品药卷、连接卡等（见图 2.3.8）。

湖山铀矿共设计有 3 个爆破器材库，采用导爆器材、炸药器材分别存储的方式。器材库采用防爆设计，库内严禁使用可导爆的引爆源，器材库外围分别设置防爆构筑物，湖山铀矿设计采用防爆土围堤，堤高高于库房高度，围堤分层夯实填筑。

图 2.3.8　爆破器材库

（3）矿坑供电设施

矿坑采用 132 kVA 供电系统直接变电配电供给矿山生产使用，矿坑用电范围主要包括电铲及电钻等电力生产设备、卡车辅助架线系统、其他动力及照明系统。矿坑供电设施包括：33 kVA 半移动变电站 2 座、6.6 kVA 撬式移动变压器 5 台、33 kVA 环矿坑架空高压电路。

33 kVA 半移动变电站是将引入矿区的 132 kVA 供电电压降压至 33 kVA，然后输送至环矿坑 33 kVA 高压供电线路，供矿坑采矿生产使用。

湖山铀矿坑内电铲、电钻设备的电力电压为 6.6 kVA，设计通过采用 6.6 kVA 撬式移动变压器将 33 kVA 高压供电线路降压后送至设备使用，每台变压器的最大负荷可同时接驳 2 台电铲或 1 台电铲加 2 台电钻，多台设备共用 1 台变压器，可以更灵活地配置设备组合。环矿坑高压供电线路沿矿坑边界外围架设，可通过实时转移撬式移动变压器方式，保证电铲、电钻设备坑内全方位生产。

卡车电力辅助架线系统是通过将高压电线电源接入架线系统自建变压器系统，变压后传输至架线系统的架空供电线路，再通过卡车受电弓导入卡车电力驱动装置，卡车由柴油驱动变换为电力驱动模式。

2.4　工艺及设备选型

国内外铀矿床的开发主要有 3 种开采工艺技术，分别是地下井工开采、常规露天开采和地浸采铀工艺技术。依据湖山铀矿的矿体赋存特点，该矿属于矿体大、埋存浅、地质构造和水文条件相对简单的特大型低品位铀矿床，确定采用常规露天开采方法以及高产高效的公路开拓运输方式，整个开采工艺流程包括穿孔、爆破、铲装、运输。

对于露天矿采矿生产，设备选型是影响整个矿山运营非常重要的一个方面。影响设备选型的因素较多，主要包括七大因素：第一，资源条件相关因素；第二，地形、交通、气象等因素；第三，矿山规模以及产量；第四，设备配套使用情况；第五，设备技术水平、备件供应、保养；第六，设备投资以及生产所需费用；第七，卫生以及安全技术要求。

对于露天矿，制定相应的工艺设备组合配套方案是非常重要的，这不仅会影响相应的投资，还会影响相应的生产技术经济指标。所以必须从多个设备组合配套方案中选出最合理的方案，保证技术上的最优化及经济上的最优化。

在选取最优化露天矿工艺设备组合配套方案时，必须把矿山生产规模当作最初出发点，以此来确定矿山工艺设备的最终等级，还要把设备装运过程作为最核心的过程，明确与设备装运对应的设备穿孔、运输以及其他辅助设备。在相关工艺设备选型过程中，必须了解它们相互之间的关系。选型离不开配套，配套如何又决定了设备选型如何。结合该原理，必须设计出相应的工艺设备组合配套方案。

露天开采设备的选择与采矿工程施工设计息息相关，开采工艺决定开采设备，开采设备又反过来影响开采工艺的开采成本、技术参数等，因此开采设备的选择与开采工程工艺相辅相成，缺一不可。大型露天采矿设备的使用，不仅可以简化采矿工程、提高采矿效率、节省人力物力，还可以降低采矿所需的成本、提高采矿的经济效益、提高矿物质的利用率。在采矿生产过程中，要想提高采矿的效率，必然要提高运矿的速率。当今运输设备的连续化是提高运输效率的有效手段，使用大型的运输设备，可以有效提高矿物质的运输效率。合理的设备选型和匹配不但能让采矿工程合理顺畅，而且能有效降低开采成本。露天开采设备选型过程一般是先选择合适的铲装设备，并确定与之配套的运输设备，然后选择穿孔设备，主体设备合理配套之后，再选择确定辅助设备。

湖山铀矿设计开采的 1、2 号矿坑可采储量为 3.01 亿 t 矿石，设计寿命 19 年，平均剥采比 6.06:1，废石量 18.28 亿 t，寿期内采剥总量为 20.28 亿 t。稳产期年平均开采矿石量约 1 650 万 t，设计最大年采剥总量约 1.45 亿 t。矿山将每年运行 365 天，24 小时作业，采用 3 班倒、每班 8 小时的轮班制度。

矿坑设计采用水平台阶开采工艺，台阶高度分为 7.5 m 的矿石台阶和 15 m 的废石台阶两种。

表 2.4.1 所示为项目可研设计阶段部分设备厂商提供的设备信息。

表 2.4.1　设备供应商设备信息一览表

机械装置	卡特彼勒	阿特拉斯科普柯	小松	比塞洛斯	久益	日立	山特维克	利勃海尔
大型电动爆破孔钻机（250～311 mm）		×		×	×		×	
柴油驱动爆破孔钻机（149～230 mm）		×		×			×	
大型电动挖掘机（等级：700 t）			×	×	×	×		
液压柴油挖掘机（等级：550 t）			×			×		×
带有岩锤的实用液压挖土机	×		×			×		
实用液压挖土机	×		×	×		×		×

续表

机械装置	卡特彼勒	阿特拉斯科普柯	小松	比塞洛斯	久益	日立	山特维克	利勃海尔
前悬式装载机	×		×		×			
矿用卡车	×		×	×		×		
水罐车	×		×	×		×		
平地机	×		×					
轮式推土机	×		×					
中型履带推土机（等级：70 t）	×		×					
大型履带推土机（等级：105 t）	×		×					
轮胎搬运车	×		×					

基于上述文件，进行了详细的技术经济比选，最终确定了湖山项目所采用的露天开采主设备与辅助设备类型。表 2.4.2 所示为经过项目可行性研究后得出的采矿设备需求数量和能力汇总。

表 2.4.2　采矿设备需求数量和能力汇总

设备类型	功能	需求量（前 18 个月）/台	全寿期需求量/台	年发动机小时数/h	平均生产效率
电钻	生产区块穿孔	2	3	6 966	25 m/h
液压钻机	生产区块穿孔和边坡预裂孔	3	6	6 556	43 m/h
电铲	作业面废石装载	2	3	7 212	4 256 t/h
卡车	矿石和废石运输	18	39	7 130	544 t/h
水车	重卡道路、排土场、矿堆等的除尘	3	3	5 268	—
大型前装机	矿石倒运	2	4	6 966	—
移动岩石破碎机	大块二次破碎	2	2	1 144	—
平地机	重卡道路维护	3	3	5 565	—
轮式推土机	道路和作业面维护	5	6	6 505	—
履带式推土机	坑内工作面和排土场维护	6	8	5 367	—

2.4.1　穿孔

钻机是最容易被忽视的一种设备，因为穿孔费用在生产成本中占比较小，但是钻机也是最容易实现自动化的露天开采设备。

牙轮钻机适用于各种硬度矿岩的钻孔作业，大中型矿山钻孔设备首先考虑选用牙轮钻机，同时选用电力驱动型。露天设备的选择以矿山规模为基础，矿山生产能力的大小决定设备大小。

对于矿岩中硬的中小型矿山以及有特殊要求的，如钻边坡预裂孔、锚索孔、放水孔等选用潜孔钻机更为合适。国外几家优秀牙轮钻机生产商生产的牙轮钻机工作可靠，寿命长，但价格昂贵，零部件供货周期长，是否选用需进行综合分析后确定。

经过调研国外其他类似规模硬岩型矿山穿孔设备使用情况，得出了湖山铀矿对钻机车队的钻孔要求和规范。

（1）钻孔直径和钻头最大负载

① 15 m 高台阶的钻孔直径应为 250～311 mm，目标钻孔直径为 311 mm，且钻头最大负载范围为 118 000～150 000 lbs[①]。

② 7.5 m 高台阶的钻孔直径应为 149～230 mm，光面爆破及预裂爆破的钻孔直径要求为 165 mm，且钻头最大负载范围为 45 000～55 000 lbs。

（2）钻孔类型及最大深度

① 15 m 高台阶的钻孔直径为 250～311 mm：使用单通道电动旋转装置进行钻孔，钻孔深度至少为 19 m，垂直倾斜 20°，倾斜角度可以以 5° 增量进行调节，用于以一定角度对新鲜围岩进行表面钻探。

② 7.5 m 高台阶的钻孔直径为 149～230 mm，台阶高度为 15 m 时光面爆破及预裂爆破的钻孔直径要求为 30 m；使用可以在 7.5 m 台阶上钻探单个通道的多通道柴油钻机，在必要时能够切换至潜孔冲击钻探模式。这些钻机能够钻探垂直倾斜 30° 的钻孔，倾斜角度可以 5° 增量进行调节，用于对新鲜围岩进行有角度的预裂钻孔。

经过综合的技术经济比较，尤其是考虑到湖山铀矿的台阶类型，最终选择了两种钻机类型，分别是 250～311 mm 的电动牙轮钻机和 149～230 mm 的柴油液压牙轮钻机。

在前期对于国际上主流矿山进行过大型露天矿山设备调研的基础上，经过严格的技术经济比选，湖山铀矿选择的钻机供应商为凯特比勒，型号分别为凯特 MD6290 和 MD6640。其中 MD6290 为柴油驱动钻机，MD6640 为电钻。

MD6290 和 MD6640 主要技术参数如表 2.4.3 所示。

表 2.4.3　钻机技术参数表

钻机性能参数（矿山寿命）	电钻 MD6640	柴油钻 MD6290
钻孔直径	311 mm	165 mm
瞬时钻入速率	27.6 m/h	54.0 m/h
运行效率	73%	73%
平均钻入速率	23.4 m/h	41.0 m/h
平均可用性	85%	80%
平均有效可用性	95%	95%
钻机使用率	80%	76%
平均每年发动机时数（不包括产能提升）	6 966 h	6 556 h

针对选取的上述两种类型的生产钻机与台阶类型和穿孔孔网参数的匹配关系如表 2.4.4 所示。

---

① 1 lbs = 0.453 592 4 kg。

表 2.4.4　穿孔设备与矿岩类型对照表

序号	穿孔设备类型	孔径/mm	台阶高度/岩石类型
1	凯特 MD6640	311	15 m 废石台阶
2	凯特 MD6640	251	15 m 覆盖层
3	凯特 MD6290	165	7.5 m 矿石台阶
4	凯特 MD6290	165	15 m 废石台阶

2.4.2 爆破

湖山铀矿主要有两种岩石类型，一种是以钙结砾岩为主的覆盖层，第二种是以花岗岩为主的基岩/新鲜岩石，所以采用常规露天矿台阶爆破。

爆破设计规范供以下岩块和基本台阶组合使用：

① 生产爆破，上覆岩石——爆破，台阶，311 mm 爆破孔；

② 生产爆破，基岩——爆破，台阶，311 mm 爆破孔（矿石和废料爆破孔）；

③ 矿石生产爆破——7.5 m 台阶，165 mm 爆破孔；

④ 光面爆破——15 m 台阶，165 mm 爆破孔；

⑤ 预裂爆破——15 m 台阶，127 mm 爆破孔；

⑥ 预裂爆破——30 m 台阶，165 mm 爆破孔。

表 2.4.5 和表 2.4.6 分别是湖山铀矿废石台阶和矿石台阶的工艺参数。

表 2.4.5　15 m 废石台阶穿孔参数

参数名称	单位	311 mm 钻孔	270 mm 钻孔	251 mm 钻孔
岩段密度	t/m³	2.80	2.80	2.80
爆破孔直径	mm	311	270	251
台阶高度	m	15.0	15.0	15.0
台阶高度/孔径		48.2	55.6	59.8
分钻	m	2.5	2.2	2.0
分钻因子	m	8.0	8.0	8.0
爆破模式—抵抗线	m	7.9	7.0	6.5
间距	m	9.1	8.1	7.5
炮泥	m	6，2	5，4	5，0
填塞因子	m	20.0	20.0	20.0
装填密度	g/cc	1.25	1.25	1.25
装载因数	kg/m	95.0	71.6	61.9
装药长度	m	11.3	11.8	12.0
装药量	kg	1，070	842	741
炸药比	kg/bcm	0.99	1.00	1.02
地面炸药比	kg/bcm	1.32	1.27	1.27

表 2.4.6　7.5 m 矿石台阶穿孔参数表

7.5 m 高台阶内矿石的 D&B 设计			
参数名称	单位	165 mm 钻孔	140 mm 钻孔
岩段密度	t/m^3	2.80	2.80
爆破孔直径	mm	165	140
台阶高度	m	7.5	7.5
台阶高度/孔径		45.5	53.6
分钻	m	1.3	1.1
分钻因子	m	8.0	8.0
爆破模式－抵抗线	m	4.2	3.6
间距	m	4.8	4.1
炮泥	m	3.3	2.8
填塞因子	m	2.0	20.0
装填密度	g/cc	1.25	1.25
装载因数	kg/m	26.7	19.2
装药长度	m	5.5	5.8
装药量	kg	148	112
炸药比	kg/bcm	0.97	1.00
地面炸药比	kg/bcm	1.32	1.29

针对上述钻爆设计，湖山铀矿主要采用 3 种炸药类型，分别是铵油炸药、重铵油炸药和乳化炸药，全部为散装炸药。爆破车辆主要采用多功能炸药混装车（MMU）（见图 2.4.1），对散装炸药进行混装；填塞车（BOB Cat）用于爆破孔的骨料填塞。

图 2.4.1　湖山铀矿多功能炸药混装车

2.4.3　装载

选择合理的挖掘机是一个较为复杂的过程，矿岩物理机械性质、矿山采剥总量、开采工艺和设备性能是确定挖掘机选型的主要条件。合理型号的挖掘机保证每个工艺环节的生产设备间配套，保证生产设备的工作效率。可供选择的挖掘机有电铲挖掘机和液压挖掘机，这两种挖掘机的选型都要根据相应的环境来确定。从挖掘机斗容来看，需要斗容大时适合选择电铲；需要斗容小时选择液压铲。从电力条件、矿石种类来看，电力条件好、矿石种类少时选择电铲挖掘机。在其他情况下，若设备价格与生产效率产生冲突时，应当综合考虑，从整体衡量选择牺牲一定生产效率但价格低的生产设备，这种情况一般出现在进口设备与本土设备选择之间。

综合考虑矿石和废石剥离总量、矿坑台阶类型以及纳米比亚当地供电、设备移动性等情况，确定了两种铲车类型，分别是凯特 7495 电铲和凯特 FS6060 液压铲（见图 2.4.2 和图 2.4.3）。

图 2.4.2　湖山铀矿 FS6060 液压铲及 960E 卡车

图 2.4.3　湖山铀矿 7495 电铲

7495 电铲和 FS6060 液压铲的主要技术参数如表 2.4.7 所示。

表 2.4.7　湖山铀矿装载设备主要技术参数表

装载设备	主要技术参数
凯特 7495 电铲	• 电驱动 • 斗容：61.2 m^3 • 装载量：108 t • 用于废石装运（15 m 废石台阶） • 装载效率：4 256 t/h • 铲车工作重量：1 350 t
凯特 FS6060 液压铲	• 液压驱动 • 斗容：31.4 m^3 • 装载量：56 t • 用于矿石装运（7.5 m 废石台阶） • 装载效率：2 455 t/h • 铲车工作重量：576 t

2.4.4　运输

运输占据露天开采总成本的 40%～60%，因此运输设备的选择最为重要。露天矿采场运输设备的选择主要取决于开拓运输方式。矿岩运输距离较短时，首先考虑采用单一汽车运输方案；矿岩运输距离较长，是采用单一汽车运输还是联合开拓运输，必须通过技术经济比较综合确定。影响开拓运输方式选择的主要因素是矿山自然地质条件、开采技术条件、经济因素等。铁路开拓运输由于其局限性，在新建矿山中应用已经越来越少。

当采用汽车运输时，需要考虑其与挖掘机的匹配问题，一般情况下运距为 1 km 时单车装载 2～4 斗，运距为 2 km 时单车装载 3～5 斗，运距为 3～5 km 时单车装载 4～6 斗的配合方案。

针对卡车的选型，可研报告做了详细的技术经济论证，并选出的 5 种组合方案如下：

① 方案 1：比塞洛斯 495HR2 绳铲/比塞洛斯 R340B 液压铲和日立 EH5000 卡车。

② 方案 2：比塞洛斯 495HR2 绳铲/小松 PC5500 液压铲和小松 860E 卡车。

③ 方案 3：凯特 7495 绳铲/凯特 FS6060 液压铲和小松 960E 卡车。

④ 方案 4：小松 PC8000 液压铲/小松 PC5500 液压铲和小松 860E 卡车。

⑤ 方案 5：小松 PC8000 液压铲/小松 PC5500 液压铲和小松 960E 卡车。

作为评估的一部分，对选择的 5 种方案进行了矿山寿命的净现值成本（NPC）分析（见表 2.4.8）。

表 2.4.8　运矿卡车配置方案比较分析表

	方案 1	方案 2	方案 3	方案 4	方案 5
	495HR2/RH340B/EH5000	495HR2/PC5500/860E	7495/FS6060/960E	PC8000/PC5500/860E	PC8000/PC5500/960E
净现值成本/千美元	851 871	868 772	814 742	909 187	833 853

续表

	方案 1	方案 2	方案 3	方案 4	方案 5
	495HR2/RH340B/EH5000	495HR2/PC5500/860E	7495/FS6060/960E	PC8000/PC5500/860E	PC8000/PC5500/960E
相对于方案 3 的变化	5%	7%	0%	12%	2%
排名	3	4	1	5	2

凯特 7495 绳铲/凯特 FS6060 液压铲与小松 960E 卡车的组合方式净现值成本最低，被湖山铀矿选为优先选用的主要生产车队。

小松 960E 主要性能参数见表 2.4.9。

表 2.4.9　960E 运矿卡车技术参数表

长途卡车性能参数（矿山寿命）	目标
卡车有效载荷	327 t
卡车填充系数	95%
卡车加速—通过台车提升	24.5 km/h
卡车加速—不通过台车提升	11.5 km/h
卡车速度—矿坑中平稳	25 km/h
卡车速度—前坑平稳	40 km/h
卡车速度—平稳倾卸	25 km/h
卡车速度—下行斜坡（未负载）	35 km/h
运行效率	73%
平均生产速率	544 t/h
平均卡车周期	27.7 min
平均可用性	87%
平均有效可用性	95%
卡车使用率	82%
平均每年发动机时数（不包括产能提升）	7 130 h

2.4.5　辅助生产设备

辅助设备的选择根据主要生产设备而定，当采用大型设备时，辅助设备也应相应提高规格。履带推土机通过平整爆堆、清理表土层、道路建设等以支持铲装、运输设备，偶尔也进行边坡修整。对于硬岩矿山，要求推土机的使用时间是挖掘机使用时间的 20%～30%，设计过程中可以通过此原则，根据所选用的挖掘机和自卸汽车载重量大小进行选择。通常在自卸卡车载重量 100 t 以上时，选择功率大于 380 kW 的履带式推土机。平地机的选择依据运输道路的长短以及行车密度来选取，运输道路长、行车密度大的矿山，应考虑选择更大功率的平地机，一般大型矿山应考虑功率大于 198 kW 以上的平地机。轮式推土机作为辅助设备的主要原因是其高机动性能以及有能力补充履带推土机和平地机的作用，根据已选择的履带式推土机和平地机功率大小来选取，选择的轮式推土机功率，通常考虑大于已选择的平地机功率，但小于已选择的履带式推土机功率。

表 2.4.10 所示为湖山铀矿选用的辅助设备列表。

表 2.4.10　辅助设备一览表

设备名称	设备型号	第 1 批购置数量/台	第 2 批购置数量/台
大型前装机	LeTourneau L1850	1	
小型前装机	小松 WA1200	1	1
履带式推土机	小松 D375	4	2
履带式推土机	小松 D475		4
平地机	小松 GD825	2	1
洒水车	小松 HD785－7	3	
轮式推土机	小松 WD600	2	2
边帮清帮机	小松 PC850	1	1
轮胎装卸机	IMT	1	
破碎锤	小松 PC850	1	1
电缆卷缆机	小松 WA600	2	1
加油车	小松 HM－400	1	1
润滑油（脂）车	小松 HM－400	1	1
低挂拖车	小松	1	
合计		21	15

2.5　采矿生产管理

采矿生产管理是整个矿山运营方面最核心的部分，负责组织和协调采矿部门各个组织模块协同和高效的工作，对采矿生产整个流程进行全面的过程管理，确保了采矿生产安全、顺利、平稳和经济运行。

2.5.1　组织结构

采矿部门的组织结构在采矿准备及生产阶段有所不同。

采矿运营准备阶段，初期下设技术服务分部、采矿生产分部、采矿培训分部和采矿维修分部。准备阶段后期，由于公司部门调整，采矿维修分部与水冶维修分部等整合成为与采矿部平级的维修部门，所以采矿运营准备阶段主要下设技术服务分部、生产分部和采矿培训分部。组织结构见图 2.5.1。

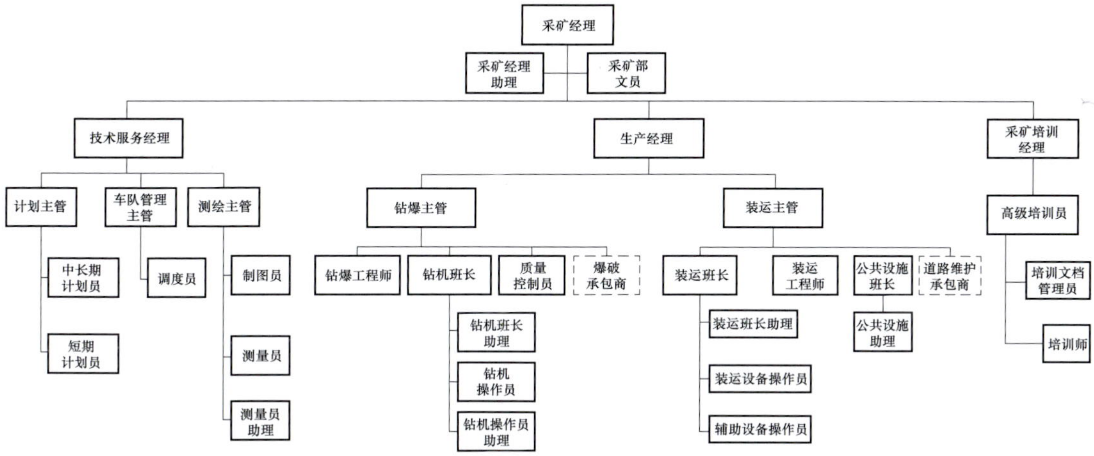

图 2.5.1 运营准备阶段采矿部组织结构

生产爬坡阶段，随着采矿生产量持续爬坡，结合生产实际，与运营准备阶段相比，不再设计划主管、生产经理和采矿培训经理，采矿经理直接对钻爆主管、装运主管和采矿培训负责，组织结构见图 2.5.2。

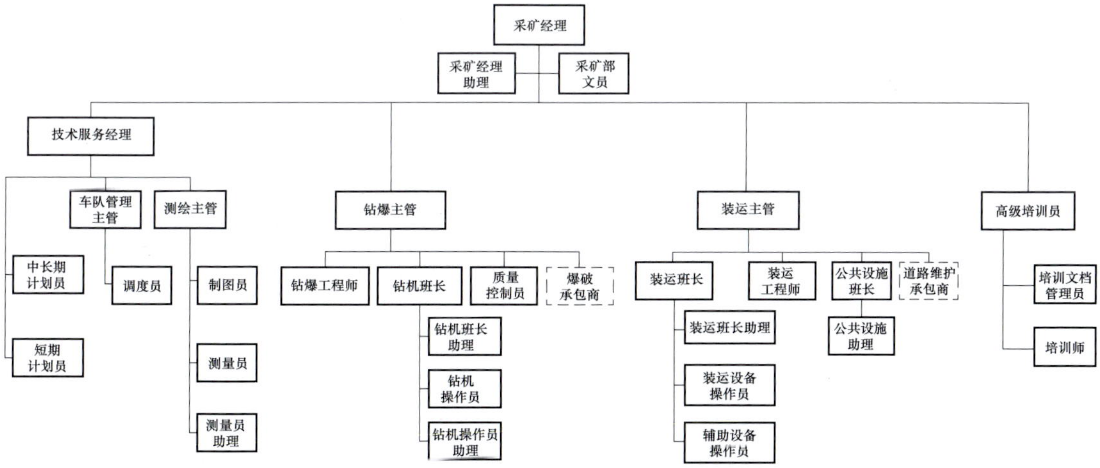

图 2.5.2 生产爬坡阶段采矿部组织结构

全面生产阶段，随着采矿生产的进行，采矿部门要集中力量关注采矿生产量、生产质量和采矿成本，由于采矿培训任务相对运营准备和爬坡阶段任务减少，按照公司统一安排，培训工作由人力资源部门统一管理，采矿培训部门从采矿部门划出；另外为提高管理效率，部门只设部门级管理层和主管级管理层，取消原二级经理层级，采矿经理直接管理所有主管。部门级管理为采矿经理和副经理，主管级分为钻孔和爆破主管、装运和运输主管、测绘主管、车队管理主管。组织结构见图 2.5.3。

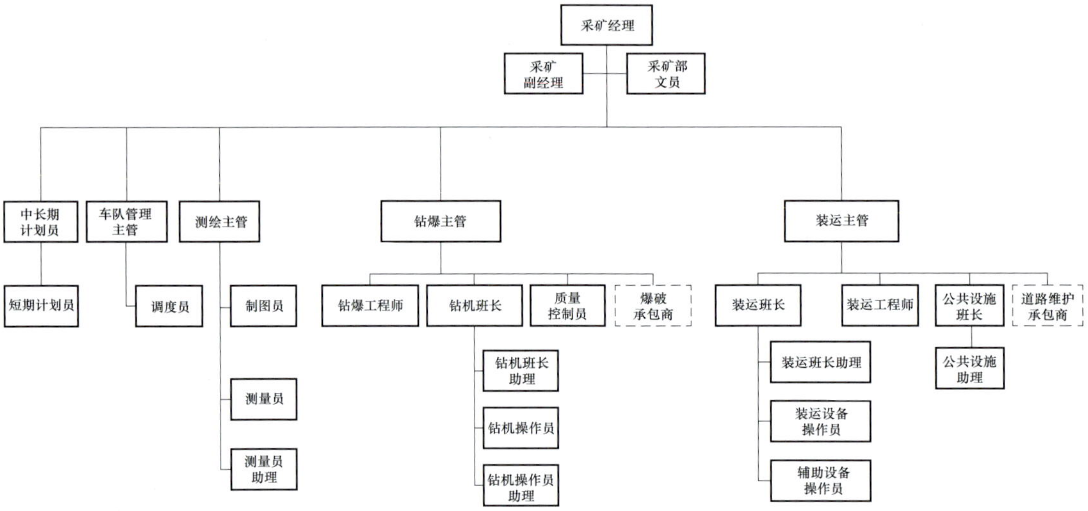

图 2.5.3　全面生产阶段采矿部组织结构

2.5.2　矿场生产管理

（1）工程测量

工程测量团队设有主管 1 名、绘图师 1 名、高级测量员 2 名、测量员 2 名、协助测量员 5 名。工程测量团队拥有高精度 GPS 测量定位仪 2 套、三维扫描仪 1 套，还采购了 MICOSTATION 和 SURPAC 等设计软件。工程测量是矿区内各作业区边界控制、定位、工作量计量等的一项重要辅助作业，主要内容包括：矿坑境界的测量定位；矿坑开采区块的测量定位；运输坡道倾角的测量控制；工作面底板标高的测量；台阶坡面角及矿坑边坡角的测量控制；炮孔定位；矿岩边界测定；排土场边界及边坡角控制；剥采量方量测量；储矿堆矿石存量测量；月度、年度矿坑及排土场境界图；矿坑边坡稳定性点位移监测及数据采集等。

每天早会期间，现场作业团队会提出测量需求，并在登记单上填写，测量团队根据需求清单，按照轻重缓急完成相应测量工作。其中炮孔放线和炮孔复测是最频繁的一项工作，需要耗费大量的时间。每月月底要进行开采方量统计，绘制出整个矿坑和排土场的月末境界图，与上月进行对比，计算出本月开采方量。同时每月也要对储矿堆体积进行测量，每月月末跟踪测量，测算出储矿堆的矿石存量。对于运输坡道倾角的定位、矿岩边界测定、底板标高测定等都按照实际需求进行测量，及时完成。

（2）穿爆作业

穿爆作业包括穿孔和爆破两个工序，其中穿孔作业是由斯科公司的钻机操作员进行作业，而爆破作业是通过外委服务来完成；经过一系列技术、商务谈判，最后确定由国内的北方爆破工业有限公司与北京奥信化工有限公司组成的联营体承担湖山项目的爆破服务工作（该联营体在纳米比亚注册了公司，名字为：北方矿业纳米比亚有限公司，以下简称“北方矿业”）。

穿孔作业试生产第一年，主要对操作员进行培训（注：每一个班次的操作员需要单独培训约 15 周），逐步增加作业班次，至 2015 年 5 月，正式实现四班三倒。每班操作员的配备按运行设备数量乘以富余系数，约 1.2（主要考虑病假、事假、年假、旷工等），现场人员管理比较困难，尤其是在“考虑病假、事假”（发薪周）经常由于操作工人无故旷工或者其他缘由请假出现“设备等人”的情况，一般情况下需要多配备操作员以确保设备持续工作。

钻孔作业的现场管理，钻机班组分 4 个班组进行作业，每个班组设立班组长统筹负责两个矿坑的钻孔作业管理，班组长之下设立两个助理班组长，分别负责每个矿坑。钻机班组长主要负责钻孔作业的现场管理，包括钻机工作面的布置、设备的管理、电缆的管理（与维修部门的接口）、协调测量部门对钻孔区块进行孔位布点、钻孔计划的安排、操作人员的管理。4 个钻机班组长主要向钻爆工程师和钻爆主管汇报。而钻爆工程师及钻爆主管负责钻爆的生产计划、班组的绩效管理、维修计划等设备管理与维修部门的接口、爆破设计的审核、承包商的日常管理等。

爆破作业由北方矿业负责，主要负责钻孔验收、爆破设计、炸药和起爆器材供应、装药、连线和起爆；业主钻孔团队完成钻孔后将钻孔区块交至北方矿业，验孔合格后，由北方矿业负责具体爆破作业工序，包括放置启爆弹和装药、爆破网路连线、起爆和爆后检查。

爆破所需的起爆器材和散装炸药均由北方矿业自主生产或者外购。其中散装炸药在试生产前期均是通过外购南非炸药生产商的乳胶基质（同时提供炸药混装车），并在现场即炸药混装车上进行混装制备乳化炸药，至 2015 年 8 月，湖山铀矿负责自主建设、运营的炸药生产基础设施一期铵油炸药生产线投入生产后，可以在湖山现场制备铵油炸药，此后爆破所需的炸药均在现场提供；起爆器材依然通过南非、中国等多渠道进行采购。

由于穿孔和爆破两个工序的责任主体不一致，经常出现钻、爆两个边界工序的责任不清晰，主要表现在验孔质量、重钻标准执行不严（偶尔有业主干预等原因）导致爆破质量责任主体不清晰，而且合同没有对爆破质量、成本节约等问题约定相应的奖惩机制。

钻和爆两个工序作为采矿生产过程中最开始的两个工序，前期生产面临不少的问题，钻孔质量和钻机操作员的技能水平问题，钻机可动率偏低造成爆破存料少，致使铲车待料停产，不时出现“紧急爆破”；爆破质量问题，尤其 1 号矿坑边坡爆破问题。在后续的生产过程中，重点关注提升设备可动率和可靠性，持续提升操作员技能水平，持续提高钻孔及爆破质量，生产有一定改善。

（3）装运作业

露天矿山装运作业是采矿生产的重要组成部分，湖山铀矿采用的是常规的铲车—汽车装载运输方式，即采用装载设备电铲、液压铲或前装机将矿岩物料装进与之匹配的自卸卡车内，由卡车将不同的物料运输到不同的目的地卸载。装运形式和特点与一般的金属露天矿山相似，主要任务是将采场采出的矿石装载运送到破碎站和储矿场，同时把剥离的废石运送到排土场。其特点如下所述。

1）设备大

装载设备方面，湖山铀矿的装载设备包括铲斗有效容积 61.2 m^3 的 CAT7495 绳铲 3 台，铲斗有效容积 31.4 m^3 的 CAT6060 液压铲 3 台，铲斗有效容积 20 m^3 的勒图尔勒 L1850Q 前装机 1 台和铲斗有效容积 15 m^3 的小松 WA1200 前装机 2 台。其中 CAT7495 绳铲主要用于坑内废石的装载，CAT6060 液压铲车主要用于坑内矿石的装载，L850 和 WA1200 前装机主要用于原矿堆的二次搬运、坑内零星堆料搬运以及坑内坡道、道路安全路肩堆筑；运输设备方面，湖山铀矿的运输设备包括额定载重量 327 t 的小松 960E－2k 卡车 23 台，额定载重量 330 t 的北重卡车 NTE330 卡车 3 台，同时还有主要用于原矿堆二次运输的北重 NTE260 卡车 2 台。随着矿坑的开拓，道路运输路线会有所加长，同时爬坡道路也会加长进而降低卡车的行驶速率等，因此后期卡车数量会有所增加。

2）矿山道路运输路线相对集中

矿山道路运输系统是根据地形条件、矿体赋存条件和开采规模，以一定的方式布置在一个比较固定的范围内，所以运输路线往往集中在相对的区域内。

3）矿山运输道路路况较为复杂

矿山的道路修筑困难，使用期较短，所以坡度大、转弯多，设计的卡车转弯半径仅为 16 m，最大纵向坡度达 10%。卡车载重大、灰尘大，损坏快，路况较为复杂，养护工作量大。

4）矿用车辆维修保养量大

矿用汽车装载量大，结构复杂，作业条件差，所以维修工作量大，保修周期短。因此，湖山铀矿根据开采设计建有设施较完备的卡车修理车间和保养场。

5）矿山运输从业人员技术水平不高

湖山铀矿地处西南非洲的纳米比亚，工业基础薄弱、国民受教育程度不高，矿山运输车辆操作员和维修工人大多专业训练不足，技术水平较低，同时技术管理人员不足。

6）影响矿区运输安全的有害因素较多

与一般的露天矿类似，汽车运输是重车上坡运行，车辆负载加大，损坏速度快，修理周期短。但有时为了维护底板，卡车运输骨料或者表土重载下坡，在矿区运输路线复杂、坡多弯急的条件下，汽车极易超速行驾失去控制，这就要求汽车转向及制动系统装备齐全、性能可靠。

此外，湖山铀矿设计采用电架线辅助运输系统，利用电力驱动代替柴油驱动、牵引卡车行驶。其带来的优势使卡车上坡行驶速度增加 1 倍左右，减少燃油消耗以降低燃料成本，降低尾气排放有利于环保；但也存在着一些劣势，每台卡车需进行改装，增加了一笔额外的改装费用，增加了架线系统的建设和维护费用，从矿山境界本身上讲，需要增加道路宽度，矿坑境界需要扩大，增加了剥离量和相应的剥离成本。

为了保障装运作业顺利进行，在加强矿山道路运输安全、质量和生产效率管理工作方面采取了以下措施。

1）加强安全教育和技术培训

提高从业人员的技术素养，增强从业人员的安全意识，是实现安全生产的重要保证。矿山运输从业人员业务技能高低，安全意识强弱，与矿山车辆安全事故的发生有着直接的关系。为避免和减少因人的因素而造成的车辆事故，湖山铀矿一方面采取操作员“安全月”和“班前会”等形式强调安全意识和分享经验反馈，另一方面采取严格的岗前培训—培训考核—持证上岗—生产跟踪的培训考核体系，提高操作员自身素质，牢固树立“安全第一”的思想，从而保证矿山运输车辆的安全运行。对于一线的管理人员，通过参加公司组织的“一线管理者”课堂培训和部门组织的“有经验员工分享会”等形式加强他们的管理能力。

2）建章立制，建立健全矿山道路运输安全管理体系

① 健全矿山道路运输安全管理责任体系。采矿部经理为矿山装运作业安全第一责任人，安全部门有专门的安全员日常巡查矿区作业区域的安全情况、每一个班也有接受过公司安全培训的有资质的安全代表，同时每班的班长或区域班长会定期或不定期对设备操作员进行操作规范检查。② 建立矿山设备安全检查制度。要求设备操作员每天操作设备前和下班离开设备时对车辆进行检查，重点检查转向和制动系统等，并记录在案。③ 建立了矿山道路检查制度。装运模块定期联合道路管理承包商、轮胎管理承包商对矿山运输道路进行检查并及时修整，使矿山道路基本符合开采设计的要求，保持安全条件不降低。④ 建立了设备操作人员资格审查和设备定期检测检验和保养制度。要求矿山设备操作人员必须具备相应的技术上岗资格和特种作业上岗资格。矿山设备做到定期进行检测检验，凡不具备上岗资格和检测检验不合格的操作员和设备一律不得进入矿区作业。⑤ 制定了一套矿山设备车辆准入条件和淘汰标准。保证设备技术状况的优良，保障矿山运输车辆在进入矿山作业时必须具备良好的安全性能。

3）强装备，以装备提升带动运输安全条件提升

对矿山运输车辆在不改变原有构造的前提下增加有效的辅助安全设施，如“断气刹车装置”和“滴水冷却装置”，同时车辆在日常维修保养过程中加强对转向装置和制动装置的维修保养。

4）加强联合监管，从体制上规范矿山装运作业整个流程

矿山装载运输作业的管理涉及安全生产监督管理部门、设备操作员培训的培训部门、采矿技术监督管理部门、采矿测量的质量判定、装运工程师的技术指导等。因此只有各个部门和相关人员从各自职责出发，从安全管理制度、质量等方面进行规范和完善才能综合提高矿山道路运输安全。依靠科学的管理方法，采取严格的管理制度，加强安全、质量和生产效率管理基础工作，以保证矿山设备的安全、经济、高效运行，更好地完成矿山装运任务。

（4）计划管理

采矿计划包括确定矿山服务年限计划、短期计划和中期计划。为了满足矿山采矿和选矿的要求，需要制订相应的采矿计划，其可按不同的时间段划分。矿山整个服务年限内的计划为长期计划，一般以年为单位；而中、短期计划则要准确到每月、每天和每个爆破工作面等。湖山铀矿的生产计划审批机制如图 2.5.4 所示。

1）中长期计划管理

编制矿山开采长期规划，要以市场为导向，以效益为目标，根据最优化的投资及最大的净现值编制矿山的长期开采规划，或以现有的工程布置、生产能力、设备能力及生产的需要以及合理的生产安排及最小的生产成本为目标编制矿山的长期开采规划，并定期用更新后的模型滚动编制长期规划。

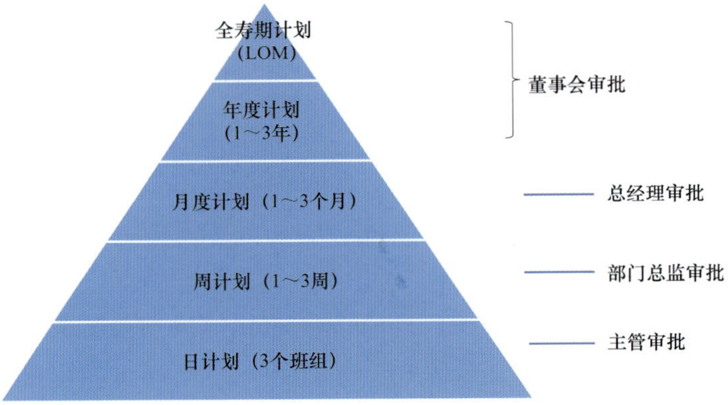

图 2.5.4　湖山铀矿采矿生产计划及审批层级

露天矿矿山工程进度计划是根据批准的露天矿设计文件中阐明的设计决定、技术原则及按市场调节所确定的有用矿物产量及质量指标要求等进行编制，并以图表形式表现矿山工程在空间和时间上的计划安排，是露天矿建设及生产的主要指导性文件之一。通过矿山工程计划的编制，确定各时期矿山工程的空间位置、有用矿物量及剥离量（剥采比）、所需的主要采运设备数量等。据此编制矿山工程项目投资概算，并计算成本和评价露天矿经济效益。

编制矿山工程进度计划受众多因素影响，并在一定范围内和条件下进行具有一定预见性和相对稳定性的复杂的再创造工作，其编制的合理与否，直接影响着露天矿建设和生产工作及经济效益。

计划编制工作的核心是在保证露天矿矿山工程发展时空关系及有关约束条件的前提下，进行采、运、排工程量计算和具体的计划安排。以往采用手工编制计划时，由于受工作量和时间的限制，只能对少数方案进行对比分析，对计划的编制质量有一定影响，有时和生产实际脱节较大。20 世纪 80 年代以来，国外一些主要采矿国家，如美国、加拿大、澳大利亚等国的有关公司、研究部门相继推出了一系列商业化的计算机综合采矿设计系统（这些系统都具备计划编制功能），并提出了若干应用计算机编制开采进度计划的方法，归纳起来有以下几类：

① 系统模拟法

这是一种将模拟露天开采和模拟手工编制计划结合起来进行搜索寻优的方法。它以计划编制人员为主体，以计算机为辅进行多方案对比，以达到近似寻优的目的。目前，在应用计算机编制计划方面，这类方法占主导地位。

② 数学综合优化法

这是一种利用数学模型求算最优解的方法。但由于计划编制受复杂多变的地质条件、开采技术和众多不确定因素的影响，建立的数学模型往往不能反映实际情况。因此，其实用效果并不理想。

③ 综合法

这是一种以系统模拟为基础，在模拟开采的结果满足矿山工程发展要求的前提下，再就某一目标进行数学优化的方法。目前，这一方法基本上仅着眼于采掘环节的优化，而不是统筹兼顾整个工艺系统的各个环节。若同时考虑整个工艺系统，则在算法上因条件复杂而难以实现。由于编制露天矿开采计划时，面对的是复杂多变的矿山地质条件、开采技术和众多的不确定因素，对于不同的露天矿，计划编制过程中遇到的特殊问题较多，因此，难以圆满地解决由计算机自动计算以形成适用性较强的、通用的计划编制系统。近年来，关于计划编制的技术发展趋势为针对具体露天矿的特定条件研究开发计算机计划编制系统。露天矿开采计划编制工作的另一个特点是计算和绘图工作量很大，考虑到现场工程技术人员对矿山的各种特定条件和存在的技术问题非常了解，因此，采用以设计人员为主体，应用 CAD 技术并在一些环节上采用 CAD 与优化相结合的方法，即利用计算机快速、准确的数据处理和灵活的图像功能与现场工程技术人员综合分析和决策能力的优势结合起来，发挥人机各自的特长，完成计划的编制并满足各种约束条件。

长期计划/全寿期计划是确定矿山建设规模、不同时期资源需求的基本依据，即设备、人力和物资需求、财务收支和设备添置与更新等，也是对矿山进行可行性评价的重要资料；确定了矿山的整体生产目标和开采顺序，编制出年度排产计划、年末境界图，测算出总体采矿成本、设备和人力需求计划等，为制定短期计划提供指导。

中期计划（年度）考虑设备位置与移动、短期配矿、运输通道等更具体约束条件；是长期计划的实现，也是对长期计划可行性的检验。中期计划是 1+2 年的滚动计划，第一年具体到月份，后两年具体到季度，编制出未来 3 年的详细生产计划，包括排产计划、月末境界图等，给出水冶厂的供矿量、矿石品位和酸耗，编制出设备年度中修和大修计划、设备可动率、年度备件需求计划、维修成本等，测算出生产设备需求量、人力需求计划及炸药、燃油、电力、水等需求量，算出详细的采矿生产成本。

2）短期计划管理

短期计划（月、周、日）是年度计划的具体实现，为日常生产提供具体操作指令。

短期生产计划的编制，是在长期规划的基础上，根据不同的开采方法，编制矿山短期生产计划、建立采矿生产模型，并用生产数据进行开采过程中的矿体边界控制，定期更新生产数据并调整计划。

短期计划按台阶开采顺序制定作业安排，即每天的生产运行和计划，安排开采工作面，统计各台阶、各区域的矿岩量及各元素的品位，并以此为基础，进行生产爆破计算机设计，圈定矿体，建立采矿生产模型，并用当前的生产数据进行配矿、现场品位控制，协调车、铲作业。

编制短期计划时还包括配矿计划，即使资源得到最大限度的利用，并保持水冶厂进料品位、酸耗等指标的稳定，对送到水冶厂的原矿品位和酸耗进行合理的调配。

湖山铀矿月度生产计划采用的是 1+2 个月的滚动计划，第一个月具体到周，后两个月为月平均。月度生产计划内容包括上一个月的生产情况分析，如生产总量、可动率、使用率和生产效率等指标；未来 3 个月详细的生产计划，包括开采区域、排土区域、设备分布、开采总量、矿石量和品位、配矿计划等；水冶厂的供矿量、矿石品位和酸耗，月度维修计划、备件需求计划，同时列出重点关注事项和行动计划等。

月度生产分析如图 2.5.5 所示。

湖山铀矿周生产计划采用的是 1+2 个周的滚动计划，第一周具体到每天，后两周为周平均。周计划包括上一周的生产评估与差异分析，有生产总量、可动率、使用率和生产效率等关键指标；未来三周详细的生产计划，如开采区块顺序、排土点、爆破计划、生产优先区域、生产总量、日配矿计划等；设备可动率、日计划维修、一周备件需求计划；水冶厂的每日供矿量、矿石品位和酸耗；重点关注事项和行动计划等。

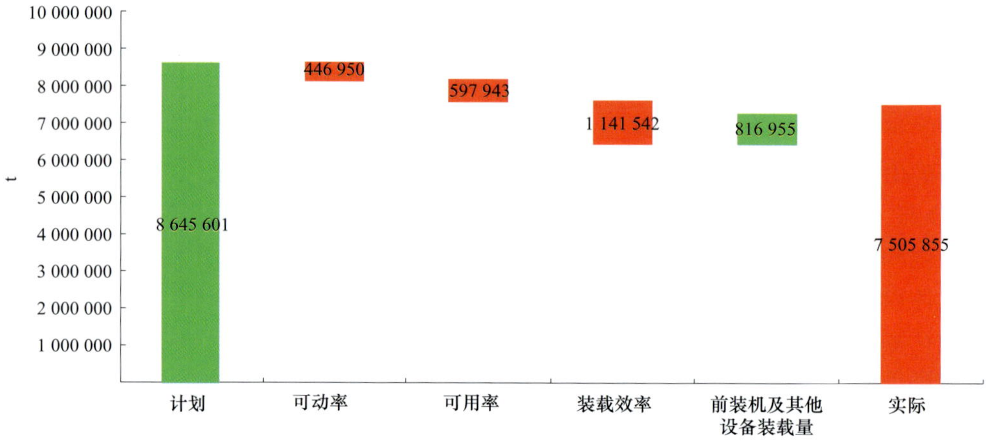

图 2.5.5 采矿月度生产分析

湖山铀矿周生产计划中的每周生产情况统计见图 2.5.6。

图 2.5.6 周计划完成情况统计

湖山铀矿日生产计划要具体到一天中的 3 个班组。日生产计划包括对前一天工作情况的评估与总结，重点关注生产效率和设备使用情况；每个班组的生产计划，包括生产总量、设备生产具体位置、排土点、生产优先区域等。

（5）中控管理系统

湖山铀矿作为世界级的铀矿山，所采购的设备都是全球范围内知名厂商的成熟设备。因此，矿山在运营过程中能否充分发挥设备的能力、效率优势对于矿山的长期稳健和低成本运营至关重要，而中控智能调度系统的应用属于最为关键和核心的一个环节。

湖山项目的采矿生产调度系统建构如图 2.5.7 所示。

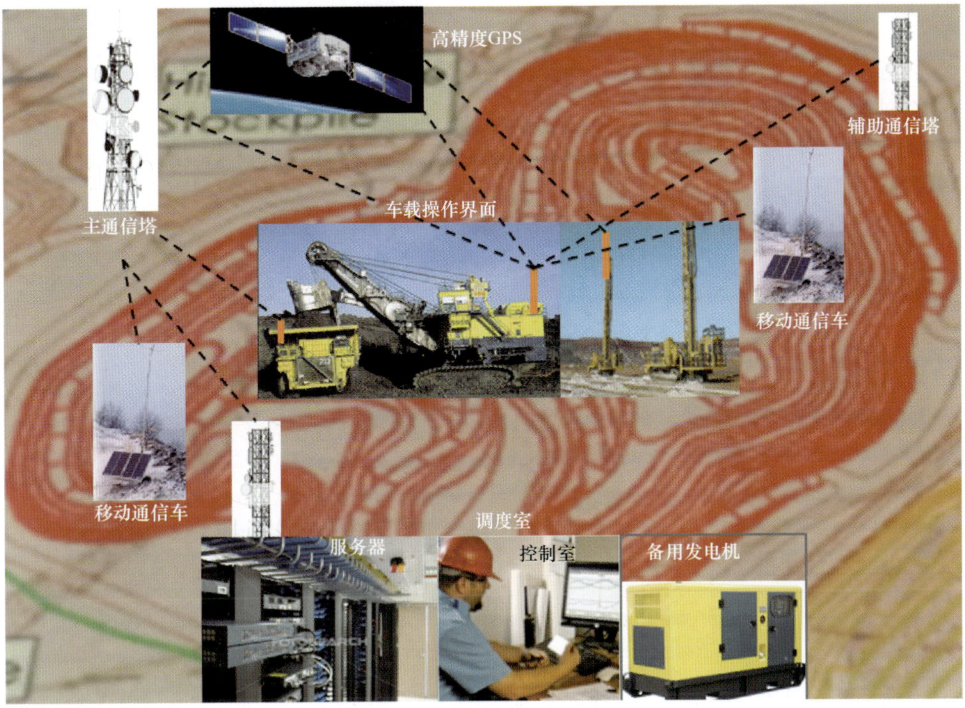

图 2.5.7　湖山项目生产调度系统架构

该系统有三大核心功能：依据实时装载效率实现对卡车车队的智能调度，提升生产效率，俗称卡调系统；应用于铲车、钻机和推土机的高精度 ProVision 系统，实现对于钻孔和装运的精确控制；进行设备健康在线监测的 Minecare 系统。

相应的调度界面与各子系统之间的关系和整个矿山调度系统的核心功能如图 2.5.8 所示。

图 2.5.8　湖山铀矿生产调度核心功能模块

1）调度系统

卡车调度系统作为中控系统的核心模块，主要功能是实时根据卡车的即时装载效率，调节派遣的卡车数量，并且实时地显示各个铲车和卡车的运行速度、位置和装载的物料类型等。

图 2.5.9 和图 2.5.10 所示为卡调系统的实时运行状况。

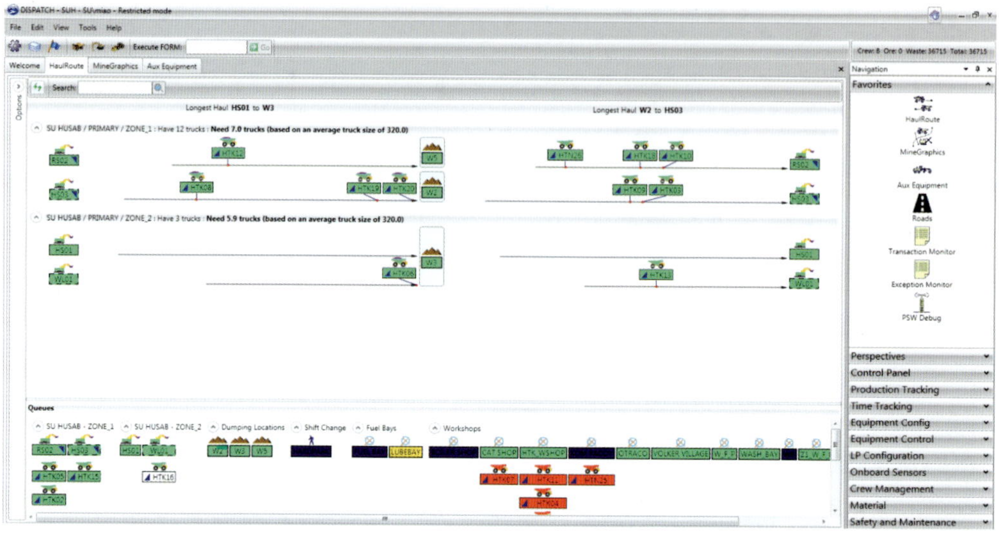

图 2.5.9　卡车实时动态运行状况

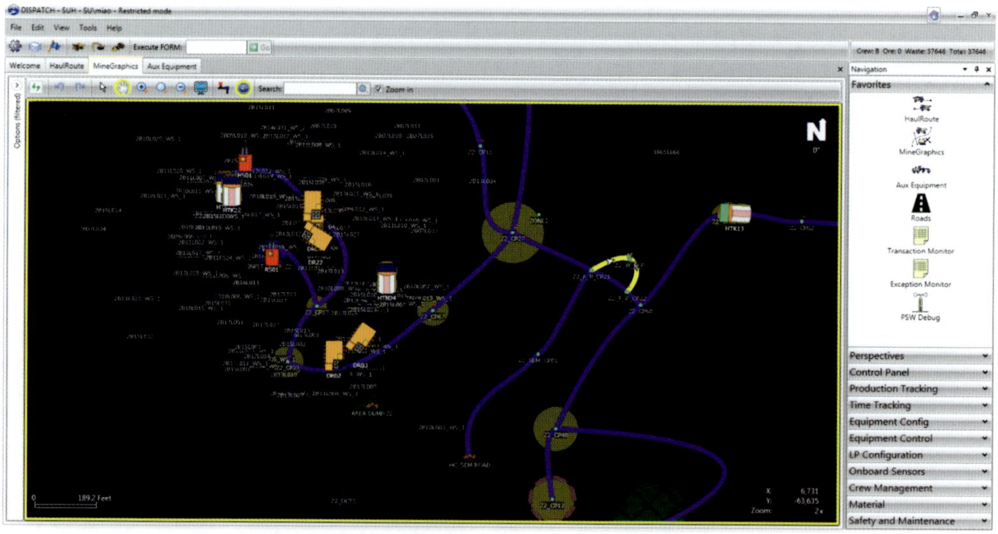

图 2.5.10　矿场各作业区设备实时运行状况

2）定位控制系统

湖山铀矿的高精度定位系统主要应用于三类设备，分别是铲车、钻机和推土机。

应用于铲车的高精度定位系统主要作用是在矿山生产地质模块出具采矿区块装运图后，将标记有矿岩分界线的装运图纸上传至系统中，用于指导铲车司机根据岩石类型分别进行矿石和废石的装载。铲车高精度系统界面如图 2.5.11 所示，其中不同的颜色代表采矿生产区块不同的岩石类型。

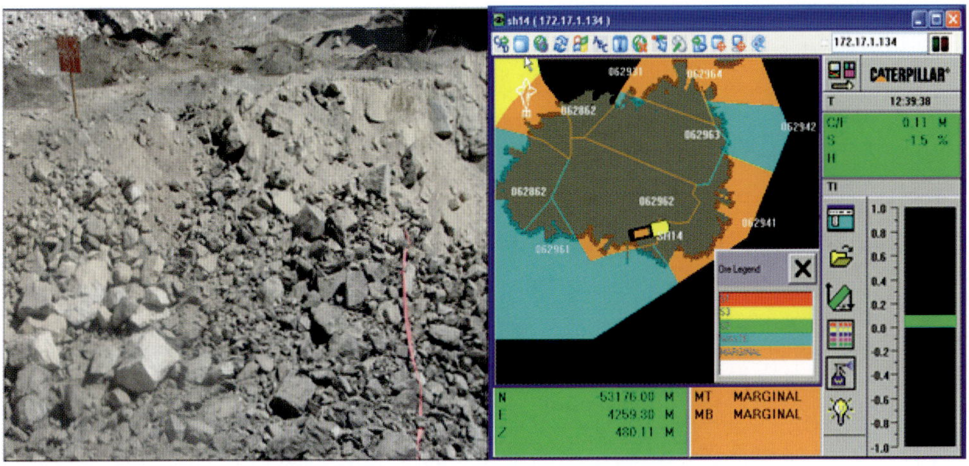

图 2.5.11 ProVision 精确定位系统铲装作业应用示意

应用于钻机的高精度定位系统主要作用是进行钻孔质量的生产管控。穿孔作业作为露天矿采矿工艺第一个环节，其成孔质量将直接影响后续的工艺环节，如爆破以及装运。

高精度定位系统以可视化的方式在采矿调度室和钻机司机操作室显示穿孔深度及水平位置与设计的偏差情况，从而实现对于采矿钻孔生产质量的精确控制。

钻机高精度调度系统界面如图 2.5.12 所示。

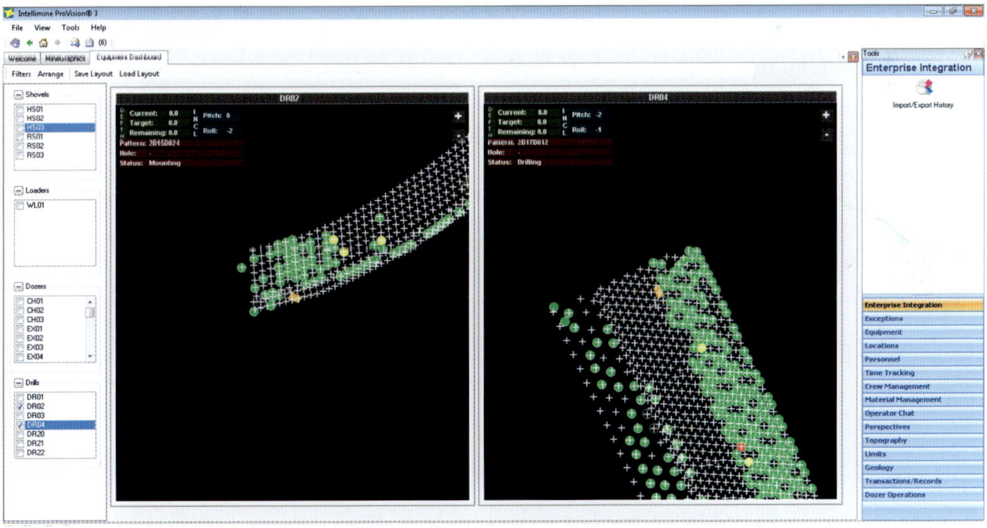

图 2.5.12 ProVision 精确定位系统穿孔作业应用示意图

3）设备监测系统

设备维修情况将直接影响设备的可动率和单位采矿成本。造成设备停机的原因主要有两类，一类是计划性维修保养，第二类是非计划性维修。如果非计划性维修比例偏高则表明设备的故障率高或整体维护情况较差。而作为中控系统子系统之一的设备监测系统则可以较好地展示设备运营过程中的关键性参数与指标，可以大幅度降低非计划性维修的比例，提高设备的维修水平。

设备监测系统，主要功能是通过将 Modular 系统接入 OEM 设备原厂商数据接口，实时获取主要关键采矿设备总成件的运行数据，以便于逐渐实现事后维修与预防性维修的平衡。

（6）道路除尘管理

湖山铀矿地处纳米比亚西部戈壁地区，水资源严重缺乏，且用水成本非常高。一方面基于减少直接用水除尘，进而降低用水成本，另一方面保护轮胎，降低采矿运行成本，湖山铀矿采用一种特殊的化学试剂抑制道路扬尘，并向矿坑和排土场等区域推广。

湖山铀矿道路除尘管理外包给南非一家专业的道路管理承包商 Dust–A–Side（以下简称 DAS），其主要工作范围是矿区主要运输道路（半永久及永久道路）的维护和防尘，以及业主要求区域的维护与防尘，首期合同 3 年。DAS 负责除尘产品的供应、人员、设备和产品储存设施的运行和管理，以满足道路除尘产品的硬化和维护，保证卡车在较少飞尘或无尘的道路上安全行驶。

日常工作主要包括道路硬化和道路维护。道路维护主要分为 4 个不同的等级：

① 日常维护：清扫设备，清扫尘土、低浓度降尘液维护。

② 坑维修：路坑维修小组负责面积较小的路坑维修。

③ 泥清除：使用平地机将路面淤泥（来自矿坑或排土场）清除并使用低浓度降尘液维护道路。

④ 重新固化：道路由于履带式设备移动等破坏路面，需重新固化路面。

整体合同履行良好，斯科公司也从中受益，主要体现在：

① 成本：节约用水，减少了用水成本支出，与传统用水除尘相比，每平方米每年可节约 60 纳元。

② 道路质量：使用防尘产品的道路质量明显优于未使用防尘产品的道路。

③ 管理：外包给 DAS 公司，可减少斯科公司对道路的人力、物力投入。

但也存在以下风险及问题：

① 安全风险：DAS 使用设备与矿山大型设备有交叉，在道路上作业需加强交流和监督。

② 业主与 DAS 配合问题：卡车操作员发现道路粉尘过大时，应通知 DAS 清扫，不应擅自用洒水车除尘，造成被硬化的道路破坏。

（7）轮胎管理

湖山铀矿运输作业采用卡车—公路运输方式，共有小松 960E–ⅡK、NTE330 和 NTE260 大型卡车 28 台，还包括一些采矿辅助支持的轮式采矿设备。据不完全统计运输费用约占采矿成本的 40%，而轮胎费用又占运输费用的 20%～30%，因此控制轮胎费用是降低矿石开采成本、提高矿山经济效益的一个重要组成部分。湖山铀矿将包括卡车轮胎在内的所有采矿设备的轮胎管理都外包给全球先进的专业轮胎管理商 Otraco 公司。通过专业化管理，卡车轮胎平均寿命能够达到 8 500 h 以上，且平均运行 11 000 km。但非正常损坏的轮胎数量仍较多，表 2.5.1 所示为 2015—2017 年各类轮式设备轮胎非正常损坏统计情况。

表 2.5.1　轮胎损坏统计表（投产至 2017 年年底）

年份	非正常损坏数量/条		损坏轮胎平均运行小时数/h		损坏轮胎平均运行距离/km	
	运矿卡车	辅助设备	运矿卡车	辅助设备	运矿卡车	辅助设备
2015	7	6	3 730	2 875	43 851	13 061
2016	75	9	6 570	6 497	80 974	29 838
2017	70	29	7 254	7 259	91 183	61 546

轮胎非正常损耗的直接原因分析如下；

① 割伤剥离：是指轮胎在运行中割伤后没有及时拆卸修补，再继续运行一段时间后引起轮胎胎面局部剥离、脱空、掉块等现象。据统计，2015—2017 年因割伤剥离报废的轮胎约占报废总量的 62.5%。湖山铀矿大型卡车轮胎均为钢丝子午线轮胎，耐磨性能强，但抗冲击力和韧性一般，易被割伤。被割伤的原因一般分两种：一种是由于在坡道和转弯处时有运载卡车掉下石块以及在铲车装载面和卸载面未及时清理干净石块，卡车轮胎压在掉块上导致轮胎割伤；另外，在天气状况不好的情况下，例如大雾天气，影响操作员对路面情况的查看，极易碾压尖石割伤轮胎。若不及时修复，卡车在行驶中因轮胎承受应力不均导致伤口扩散，空气、水逐渐随着轮胎伤口渗入钢丝层，使钢丝层氧化、锈蚀、折断，与胎面胶渐渐分离，从而使伤口不断增大、加深，难以抵抗外来冲击，稍微碰撞就可能发生轮胎爆裂。而爆裂的轮胎一般难以修复，只能按报废处理。

② 局部磨损：是指由于轮胎接触路面的差异导致磨耗不均匀而引起的胎面磨损，这种磨损直接破坏轮胎结构，对轮胎寿命有致命的影响。产生局部磨损大致有 6 种情况。

a. 长时间在一个平台作业，固定的坡道和弯道，很容易造成轮胎偏磨；

b. 陷车后不牵引，靠强制冲车出陷坑导致轮胎的某一部位速磨，这种情况在表土装载面处常见；

c. 冬季雾大，另一方面洒水过多，致使路面湿滑，卡车在起步、制动、上下坡时轮胎产生的滑移现象；

d. 司机在行驶过程制动时，不是采用“点刹”刹车而是猛踩刹车进行紧急制动，致使轮胎局部与地面发生很大摩擦，轮胎受摩擦后温度急剧升高，直接破坏了其性能，长时间使用制动，不仅导致轮胎窜位、跑偏，而且对轮胎的耐磨性和胎体强度损害严重；

e. 司机起步速度过快，轮胎的前进推力大于附着力，轮胎产生原地打滑，导致驱动轮或后排轮胎中其中一条短时间内持续摩擦；

f. 卡车在满负荷状态上坡时，后轮承受压力较大，卡车随轮胎产生横向和纵向移滑，使轮胎某一块胎面胶越磨越深，久而久之磨掉胶层露出钢丝层，使轮胎面与地面失去圆周滚动作用，轮胎局部磨损已趋极限。

③ 冲击爆裂：当轮胎在负载中撞到一个较硬物体时，就会引起急剧变形，并在胎体部产生非常大的应力集中，那么轮胎就有可能受到损伤。如果这种碰撞恰好发生在卡车超载、超速的情况下，轮胎撞到尖锐的石块或坚硬物料时，所承受的应力和变形过大，往往会直接导致轮胎爆裂。针对冲击爆裂这一情况，在卡车驾驶培训时，进行了相应的应急处理培训。宣讲其带来的危害，例如当其中一侧某一条轮胎突然爆裂后，轮胎爆裂瞬间发生的冲击波会严重伤害周围人员或设备，操作员应立即做出应急判断和处理。对不同的情况采取

不同的措施，载重情况下，后轮胎发生爆裂应立即卸载，等候维修处理。如果前轮爆裂，可能会导致卡车侧翻、大梁扭曲，悬挂和羊角轴严重损坏，直接损失不可估量，所以要求在轮胎日检和检测方面特别注意。

以上 3 种轮胎损伤原因是装运作业中最为常见原因，并直接影响着轮胎使用寿命，也关系到安全生产和成本消耗。只有科学、安全、正确地使用轮胎，才能物尽其用并产生应有的经济效益。

除了以上常见的原因，造成轮胎损耗还有“人为”原因，简述如下：

① 卡车司机工作责任心与素质问题。部分卡车操作员工作责任心和节约意识不强，作业中不注意观察道路及环境，不爱护轮胎，随意碾压石块等。个别卡车操作员操作技术差，不严格执行操作规程，超速、超载、急刹车，在坡道、转弯处、排土场、采装作业面不减速慢行，倒车时冲撞挡墙等。特别是超速，会导致刹车次数增加，据业内人士分析，刹车次数每增加 30%，轮胎的寿命减少 40%。还有设备检查不认真，不注意观察轮胎磨损、漏气、有无割伤裂纹等，致使卡车带病作业。

② 工程质量、道路及联合作业人员配合问题。这方面的原因较多，常见的有以下几种：修筑坡道坡度大，导致轮胎重心偏移，重力分配不均，运距远，使轮胎长时间处于疲劳状态；平地机作业时，长距离刮路，将路两边的物料刮到路中央，致使卡车司机无法躲避石块；日常保养道路不到位，路面坑洼不平，坡道、转弯处掉块清理不及时；履带推土机、轮式推土机司机对排土、采装作业面平整、清理不彻底，小坑、碎石、斜面等也会加剧轮胎的磨损；电铲司机装偏车，装的过满，上面盖大块，使轮胎超负荷，同时也造成行驶中易掉石块，轮胎碾压、触碰后遭受损伤。

③ 轮胎的检查和维修保养问题。不按时进行轮胎气压检测、预防性修补和二次紧固，轮胎维修人员不按程序保养，发现不符合规定的问题不认真彻底处理。例如，在安装轮胎时图省事不按“三角法”或“十字法”紧固轮胎螺丝，即使按规定紧固，有时螺丝也达不到规定扭矩。

针对轮胎损坏的原因，湖山铀矿制定了一系列轮胎损耗预防措施：

① 加强培训，提高素质。轮胎管理专业人员一方面在设备操作员培训期间开展“轮胎安全意识”培训，另一方面利用每月安全会议为操作员剖析轮胎非正常损坏原因，教导如何提高轮胎使用寿命。培养操作员节约意识，增强工作责任心，在工作中坚决做到按规程操作。采矿设备培训师定期或不定期对卡车司机进行业务培训，帮助尽快提高其操作技能水平，了解掌握各种气候和复杂作业条件下正确操作设备，预防轮胎意外损伤，降低轮胎磨损。

② 优化平整道路，改善作业环境。根据生产需要，建筑坡度较缓的临时斜坡道。将道路路基修建一次性做到位，推铲刮平。

③ 定期维修保养且加大维修力度。严格执行保养计划，强化轮胎日检工作，对卡车轮胎气压、磨损程度仔细检查，对需要更换的轮胎提出建议，做好记录和反馈工作。全面开展轮胎预防性修补工作，发现轮胎割伤及时修补。起步要平稳，行驶速度保持均匀，一般情况不得急刹车、急转弯，遇到情况必须提前减速慢行，以免对轮胎造成冲击载荷。发现后轮打石器弯曲变形、夹石块，轮胎冒烟或有焦糊味时，应立即停车检查。

湖山铀矿在卡车轮胎使用和管理工作中，按照防控措施实行了精细化管理。轮胎管理工作取得了阶段性成果，通过加强轮胎保护意识和轮胎维护保养，降低了轮胎的非正常消耗，延长了使用寿命，保障了安全、经济、高效生产。

（8）矿山边坡安全管理

露天矿山边坡安全管理是影响露天矿作业安全的非常重要的一项内容，相关安全监测系统与技术手段的综合应用可以极大地改善边坡的安全状态。综合非洲地区以及国内大型露天矿山比较常用的一些监测手段，大型露天矿山基本上采用多种监测手段相结合的方式建立边坡安全监测监控网，各种监测系统之间采集的数据可以相互验证。

湖山铀矿主要采用“位移监测系统”和“现场巡检、编录”手段，未来计划引入“雷达扫描系统”，对各个系统现叙述如下。

1）位移监测系统

图 2.5.13 所示为湖山铀矿引入的点位移监测系统布置图。该系统的主要原理是依据相关的工程地质工作，在露天矿生产边坡，尤其是永久或者半永久的台阶面上选取一些具有标志性或指示性的监测点，通过基站扫面的方式，实时验算标志点是否发生位移以及位移的大小，进而结合岩体力学的相关理论综合判断露天矿边坡是否会发生失稳及危险程度。

图 2.5.13　边坡位移监测现场布置示意

2）雷达扫描系统

雷达扫描系统是国内外露天矿山进行边坡安全监测最为主要的技术手段之一，其特点是覆盖面广，扫描频率高，并可以通过反算快速建立不同扫描时间段的边坡面三维模型，可以精确对照不同时间点整个边坡面的变化情况。

考虑到湖山铀矿目前矿坑开采深度还比较浅，加上边坡雷达扫描系统相对成本较高，该系统暂未正式引入湖山铀矿的边坡监测体系。

3）现场巡检、编录

边坡现场巡检和编录属于边坡安全管理的日常例行工作，其主要工作内容是通过每天的巡检，尤其是爆破后的巡检，及时发现可能存在的安全隐患，并将相关信息进行编录，并及时分发给矿坑作业的各线管理技术人员（见图 2.5.14）。

针对特别重大的隐患，则需要制定相应的整改与解决措施，确保矿坑的边坡的安全，并在极端情况下不发生大规模失稳灾害。

(a) (b) (c)

图 2.5.14　矿坑边坡现场巡视检查结果示意

2.6　设备维修方式与内容

设备在使用过程中，随着零部件磨损程度的不断增加，设备技术状态随之逐渐劣化，从而导致设备的功能和精度难以满足产品质量和产量的要求，另外设备在运行过程中还经常发生各种不可控的意外故障，既有人因故障也有环境因素故障。设备技术状态劣化或发生故障后，为了恢复其功能和精度，采取更换或修复磨损、失效的零部件，并对局部或整机检查、调整的技术活动，就称为设备维修。

斯科公司维修部全面负责采矿生产设备的管理与维修工作，包括设备的日常维护保养、故障维修、外委服务、状态监测及技术分析等，以保证设备可动率处于能够满足生产需要的水平，确保实现生产计划和目标，同时保证设备操作员充足的工作时效，减少因设备故障造成的操作员闲置。

矿山生产工况条件恶劣，在运行状态下对设备的损毁程度高，不仅要求设备自身质量高，而且对设备的操作管理以及维护保养、维修管理都提出了很高的要求，特别是采用大型、特大型生产设备的矿山，在生产高效的前提下，给设备管理工作、保障设备高效运行提出了更高要求。

湖山铀矿有各类采矿生产设备 85 台（不包括爆破承包商管理的爆破设备），详细见表 2.6.1。

表 2.6.1　湖山铀矿采矿设备一览表（至 2017 年年底）

序号	设备名称	制造商	设备型号	设备数量
1	液压钻机	Atlas	Flexiroc D65	4
2	液压钻机	Caterpillar	MD6290	4
3	液压钻机	Caterpillar	MD6540	1
4	电动牙轮钻机	Caterpillar	MD6640	3
5	液压铲	Caterpillar	CAT 6060FS	3
6	电动绳铲	Caterpillar	CAT 7495ERS	3
7	前装机	LeTourneau	LT1850	1
8	前装机	Komatsu	WA1200－6	2
9	前装机	XCMG	LW1200K	2
10	电动轮自卸卡车	Komatsu	960E－ⅡK	23
11	电动轮自卸卡车	NHL	NTE330	3
12	电动轮自卸卡车	NHL	NTE260	2
13	履带式推土机	Komatsu	D475A－5E0	3
14	履带式推土机	Komatsu	D375A－6	6
15	轮式推土机	Komatsu	WD600－6	4
16	洒水车	Komatsu	HD785－7	3
17	加油车	Komatsu	HM400－2	2
18	油脂车	Komatsu	HM400－2	2
19	挖掘机	Komatsu	PC850－8R1	2
20	破碎锤	Komatsu	PC850－8R1	2
21	震动压路机	Komatsu	CS78B	1
22	平地机	Komatsu	GD825A－2	3
23	125 t 平板拖车	ETT	ETT TRAILER	1
24	120 t 低挂拖车	Ilcor Engineering	DNL－WB32－92	1
25	电缆卷盘车	Komatsu	WD600－3	2
26	移动发电机	Caterpillar	C175	2
	合计			85

2.6.1　计划维修

20 世纪 50 年代，复杂设备开始出现，社会化大生产也使修理设备的时间成为影响生产效率的重要因素，人们通过经验积累，发现故障总在某些部位发生，因此在维护时就针对性修理这些部位。针对这种预先定时采取维修的处理措施，美国人率先提出了“预防性定期维修”的概念，定期维修方式极大地减少了故障和事故，减少停机损失，大大提高了生产效益。在此基础上，英国人提出了“计划维修”概念，对设备预防性维修建立起了完善的管理体系。

计划维修是按照预定计划进行的以一定时间为基础的预防维修方式，具有周期性的特征，是根据设备磨损规律，预先确定维修类别、维修间隔期及维修工作量，可以预计所需的备件、材料种类及数量，因此可以作较长时间的安排，计划的制订是以设备实际开动时数为依据。计划维修适用于已掌握磨损规律的设备和在生产过程中难以停机检修的流程生产、动能生产、自动流水线以及大批量生产中使用的主要设备。露天矿采矿生产设备都是动能驱动单体移动设备，设备规格型号分类鲜明，长期以来对设备的疲劳和磨损规律有了较为深刻的认识和掌握，因此计划维修方式非常适合露天矿设备的应用，该方式也在全世界矿业行业中得到广泛推广，对提高矿山生产效益、降低采矿生产成本发挥着巨大作用。

计划维修的核心内容是对设备进行定期检查和维修，定期维修的理论依据是浴盆理论。长期的生产实践证明，大多数设备正常寿命周期内其故障率是时间的函数，故障曲线称之为浴盆曲线，见图 2.6.1，曲线呈两端高而陡倾、中间低而平缓，形状像浴盆。浴盆曲线具有明显的阶段性特征，按照曲线形态，分为三个故障阶段：第一阶段是在设备刚投入使用时，由于设备未经磨合，故障率较高，称作早期故障期；第二阶段是在设备稳定运行阶段，随着使用时间的增加，设备故障减少，故障率渐渐趋于稳定，称为故障偶发期；第三阶段是在设备寿命周期末期，设备老化严重，故障重新高发，故障率陡升，称为严重故障期。

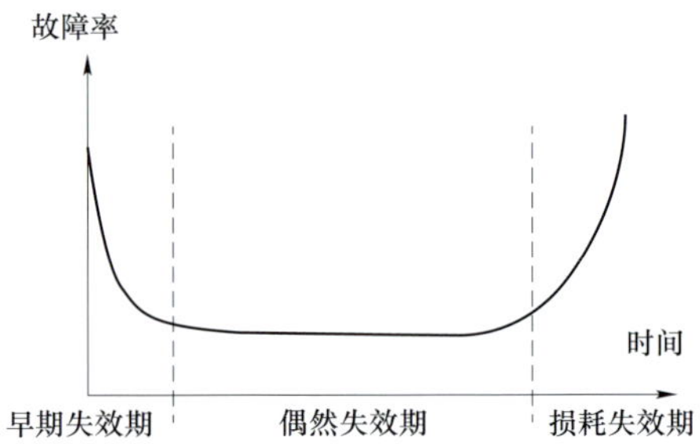

图 2.6.1　浴盆曲线示意图

依据典型的浴盆曲线理论，人们认为在严重故障期到来之前对设备进行拆检，更换磨损失效的零部件，防止设备功能性故障出现，使设备在人力有计划的控制状态下保持完好的可运行功能性态。

① 可以防止和减少突发故障的发生。

② 可以预防和排除隐形故障（不拆解就难以发现和预防的故障）。

③ 适用于已知设备寿命分布规律而且有明显耗损期的设备，这种设备故障的发生、发展和使用时间有明确的关系。

④ 使生产和修理均能有计划地进行，定期维修便于预计所需要的备件和材料，便于安排维修人员，便于制订设备使用计划和维修计划，充分体现了计划性强、可操作性强的优点。

计划维修根据时间周期长短、修理内容的不同分为不同的类别，一般划分类别有：定期小修、中修、大修、项修等。

（1）日常维护、检查

日常点检作业是设备点检的基础作业，是防止设备劣化、维护保养设备的重要方法。通常情况下，设备日常点检由设备操作工（或岗位维修工）根据点检标准，按照确定的点检路线和作业活动内容逐项进行点检检查，并把检查结果填写在点检卡上。湖山铀矿设备采用操作工和维修工分别开展日常点检的维修制度，强化设备日常维护、检查的作用，提升设备的基础维护能力。

1）操作员检查、维护

设备操作员既是设备的操作者，也是设备的维护者，不仅需要在故障后报修，而且需要在设备运行操作过程中对设备进行必要的检查，甚至进行简单的维护、维修工作。湖山铀矿设备操作员在交接班过程中由交班人员对设备进行检查，主要是通过感官检测方式进行检查，包括设备是否存在可见的跑、冒、滴、漏现象，是否有紧固件脱落或明显松动，操作室仪表盘、操作机构等的使用性能等。

湖山铀矿操作员交接班设备检查过程中对检查内容逐项检查，检查结果填写在设计表格内，检查完成后由两班交接班操作员签字确认。表 2.6.2 所示为电动轮卡车交接班检查表。

表 2.6.2　电动轮卡车交接班检查表

序号	检查内容
1	检查登车扶梯是否完好，如扶梯完好，顺扶梯上驾驶室平台清洁并调整反光镜
2	检查确定车载电瓶开关处于开启或者运行位置上
3	目视巡查平台，确定平台整体状况完好无杂物，之后进入驾驶室
4	开启所有外部车灯，包括双闪；在巡检过程中要确定车灯可见；之后下车，继续进行地面巡视
5	确定所有大灯以及其他指示灯是否可发光，表面是否清洁
6	确定左前方指示灯外部清洁并且可发光
7	从水箱检测窗孔中检查发动机冷却液液位
8	目视检查轮胎以及轮辋总成是否存在较深切口，轮胎压块是否遗失、轮胎花纹深度是否足够、安装是否正确、轮胎紧固螺母是否丢失、轮胎充气是否正确
9	目视检查液压油箱是否存在损坏或者泄漏痕迹，通过油箱可视窗孔检查液压油位是否正常
10	目视检查油箱附近液压以及其他部件是否存在损坏或者泄漏痕迹
11	目视检查车厢缓冲垫是否存在磨损、损坏或者调节间隙不正常
12	确定左后方指示灯外部清洁并且可发光
13	检查所有尾灯、停车灯、警示灯（转向信号灯）、电制动以及车灯能够正常发光，并且外部表面清洁
14	确定右后方指示灯外部清洁并且可发光
15	确定右前方指示灯外部清洁并且可发光
16	目视检查水箱以及水箱隔栅有无杂物或损坏痕迹
17	顺扶梯上平台，目视检查制动电阻栅以及电控柜有无损坏，电控柜门是否关闭，空气进气口有无杂物
18	检查灭火系统状况
19	目视检查制动系统储能器及其他部件是否存在泄漏，损坏或者其他不正常状况
20	检查自动润滑系统是否泄漏
21	回到驾驶室，关闭指示灯开关

2）专业维修工点检

点检是通过人的感官或借助工具、仪器，按照预先设定的周期和方法，对设备的规定部位（点）进行有无异常的预防性周密检查的过程，以使设备的隐患和缺陷能够得到早期发现、早期预防、早期处理。点检是设备管理的一项基本制度，通过点检可以准确掌握设备技术状况，维持和改善设备工作性能，预防事故发生，减少停机时间，延长设备使用寿命，降低维修费用，保证正常生产。

湖山铀矿采矿设备采用日点检制度，点检由维修部专业维修工完成，电动轮自卸卡车在矿区加油站点检，其他设备在坑内设备作业区就地点检。主要检查内容包括：

① 检查紧固件有无松动；

② 各种指示灯和仪表读数是否正常；

③ 各转动部位是否转动灵活，有无卡转、堵转现象；

④ 设备润滑是否正常；

⑤ 各气压部件气压是否在正常规定范围之内，气路接头是否有漏气现象；

⑥ 是否有漏油、温度过高现象；

⑦ 水管及接头有无漏水现象；

⑧ 设备的其他异常现象。

表 2.6.3 所示为电动轮卡车日点检工单表。

表 2.6.3　电动轮卡车日点检工单表

序号	检查内容	责任人
1	检查发动机支架螺栓及发动机与主发电机连接部位螺栓的紧固情况	机械工
2	检查发动机及其附件的工作是否正常，有无损坏变形、渗漏及渗漏的具体部位	机械工
3	检查发动机进、排气系统（包括空滤、进气管、排烟管、防火布及各种卡子、胶套、吊耳等）是否齐全有效、合适可靠	机械工
4	检查全车各润滑点的润滑状况是否良好、相关管路有无渗漏及润滑泵的工作状态是否正常	机械工
5	检查发动机风扇皮带的松紧状况、皮带轮的工作状况，水箱的紧固情况、百叶窗的开启情况等是否正常	机械工
6	检查液压泵、传动轴、高低压滤芯等是否工作正常，检查相关管路、弯头、密封等有无渗漏、老化、磨损	机械工
7	检查举升缸、举升分配阀、分流器等是否工作正常，检查举升控制回路的相关管路、弯头、密封等有无渗漏、老化、磨损	机械工
8	检查转向油缸、转向蓄能器、流量放大器等是否工作正常，转向机构传动件及连接件是否弯曲、松动、裂纹，转向控制回路的相关管路、弯头、密封等有无渗漏、老化、磨损	机械工
9	检查制动盘、制动活塞、制动蹄片、制动蓄能器、停车制动器等是否工作正常，检查制动控制回路的相关管路、弯头、密封等有无渗漏、老化、磨损	机械工
10	检查柴油箱、液压油箱的固定情况及箱体和相关管路有无渗漏现象	机械工
11	检查车架、后桥壳、牵引座、元宝梁、后尾梁、厢斗等结构件的开焊、开裂、变形情况	机械工
12	检查电动轮、主发电机、前后悬挂、举升缸、转向油缸等总成件的连接紧固情况和前桥以及前桥主销是否工作正常	机械工
13	检查驾驶室、护栏、甲板及车梯有无变形、开焊、松动，检查倒车镜是否齐全完好等	机械工
14	检查厢斗销轴处调整垫片的磨损情况及缓冲垫是否完整、有效，检查牵引销、前后悬挂的防尘套和各关节部位的防尘圈是否完好有效	机械工
15	检查牵引座压盖螺栓的紧固情况、后桥门是否变形及平衡梁、全车各类销、孔、座、轴承、销片等是否工作正常	机械工
17	检查液压柜内各种压力表工作是否正常，各种阀件及管路是否渗油	机械工
18	检查自动灭火系统管线是否破损及齐全有效，运行记录中是否存在需要处理的问题	机械工

续表

序号	检查内容	责任人
19	检查其他部位是否正常	机械工
20	检查全车灯光、仪表及线路是否工作正常	电工
21	检查主发电机、电动轮及电阻栅散热电机工作是否正常、连线有无松动及烧痕，表面是否光洁	电工
22	检查全车各电气柜（箱）内的情况，包括各电气元件的固定情况、绝缘状况，连线有无松动或烧焦等现象，接触器触头接触是否良好，动作是否灵活、可靠	电工
23	检查全车线束、电缆是否有磨损或断裂	电工
24	检查充电机、电瓶、空压机及线路是否工作正常	电工
25	检查驾驶室各种电气开关、润滑接线、转向释放延时器、各类保险、信号保护盒及线路是否完好	电工
26	检查发动机 QUANTUM　ECM 系统是否工作正常	电工
27	检查电动轮、主发电机、发动机传感器及线路是否工作正常	电工
28	检查各种磁力开关、压力开关、电磁阀及线路是否工作正常	电工
29	检查主回路、滤波箱、接地电阻箱的紧固及工作情况	电工
30	检查运行记录中是否存在需要处理的问题	电工

（2）定期小修

定期小修是工作量最小的计划维修，针对不同维护维修内容，不同间隔时段小修内容也存在差异。对于大型露天采矿生产设备，设备复杂化、智能化程度高，同时工作环境复杂多变、工况条件恶劣，设备故障多发，隐性故障多。对于实行定期维修的设备，小修的主要内容主要是根据掌握的设备磨损规律，更换或修复在维修间隔期内即将失效的零件，以保证设备的正常功能。

小修是设定在中修、大修期间的包含多个不同维修内容的维修方式，通过不同间隔周期的小修，及时发现和排除故障隐患，减少设备的偶发故障，是计划维修中频次最高、工作量最大的一种维修种类。按照时间间隔划分，湖山铀矿采矿设备的定期小修主要有 250 h、500 h、1 000 h、2 000 h 4 种。小修工作内容见表 2.6.4。

表 2.6.4　小修工作内容

对象	序号	250 h 保养项目
发动机	1	取发动机油样，送油脂化验室进行油样化验
	2	更换发动机机油
	3	更换机油滤芯，预先用机油充满
	4	更换柴油滤芯，预先用燃油充满
	5	切割开第一个机油滤芯，检查有无杂质
	6	检查冷却液位，必要时添加
	7	检查并处理“三漏”（漏水、漏柴油、漏机油）现象
	8	检查发动机及支架的固定螺栓紧固情况
	9	检查发动机减振器、风扇及风扇护罩的工况

续表

对象	序号	250 h 保养项目
发动机	10	检查涡轮的工况
	11	检查水箱护罩、前脸、平台及水箱支撑的固定情况
	12	检查鼓风机护罩、冷却导风管、接口等情况
	13	清理空气粗滤芯及集尘杯
	14	检查进排气管、卡子、防火布，必要时修理或更换
	15	检查调整风扇皮带张紧度
	16	检查调整充电机皮带张紧度
	17	检查预润滑泵是否工作正常
制动系统	1	清理制动器上的油污及尘土、碎石
	2	检查后制动刹车蹄片，厚度小于 0.125"（3.22 mm）时，更换刹车蹄片
	3	检查前制动刹车蹄片，刹车材料厚度小于 0.125"（3.22 mm）时，更换刹车蹄片
	4	检查前后轮刹车盘的厚度，最大磨损处厚度小于 0.70"（17.2 mm）时，更换刹车盘
	5	检查、修复、处理制动管路、制动头、制动阀件的渗漏
	6	送车前检查停车制动的工作情况
	7	确保电动轮护罩正确安装并且没有损坏
自动润滑系统	1	检查林肯泵油桶润滑脂是否注满
	2	检查各润滑点（轴承）是否润滑良好
	3	检查分配器各注油嘴是否漏油
液压系统	1	发动机熄火 150 s 后，箱斗落下，检查液压油位是否在上视窗位置以上，必要时添加
	2	取液压油样
	3	检查处理液压管路，阀件的泄漏情况
	4	检查举升倒挡互锁开关工作是否正常
悬挂	1	检查前悬挂固定销子球碗是否损坏
	2	检查前悬挂是否渗油，必要时停机处理
	3	检查前悬挂高度，必要时调整，左右同时调整
	4	检查后悬挂高度，必要时调整，左右同时调整
	5	检查后悬挂固定销子球碗是否损坏
电动轮及后轮	1	取后轮齿轮油样
	2	更换后桥呼吸气滤芯，清理周围杂物
	3	检查呼吸管是否畅通
	4	清理后桥内的油污，使内部保持干净
	5	检查后桥门锁是否可靠，密封是否良好
	6	检查电动轮固定螺栓紧固情况
	7	检查并清理磁塞
	8	检查电动轮是否漏油

续表

对象	序号	250 h 保养项目
自动灭火系统	1	检查管路是否完好无损
	2	检查是否有足够的灭火粉
	3	检查手提灭火器的紧固情况
	4	检查手提灭火器是否在质保期，是否损坏，是否用完
	5	检查小氮气瓶安装是否完好，是否被排放
	6	检查自动灭火传感器线路是否有磨损挤压
总体检查	1	检查转向制动储能器固定情况
	2	检查扶手、梯子固定情况，是否损坏
	3	检查平台，电器柜固定情况，检查胶垫是否损坏
	4	检查柴油箱、液压油箱固定情况
	5	检查驾驶室门锁及密封情况
	6	检查转向油缸、横拉杆轴承固定情况
	7	检查箱斗缓冲垫磨损情况及紧固情况
	8	检查排石链固定情况
	9	检查前轮轴承和电动轮齿轮润滑剂
	10	检查鼻锥螺栓紧固情况及轴承防尘胶套是否损坏
	11	检查大箱销套，挡板及固定情况
	12	检查方向盘、传动杆、万向节
	13	检查车体各部裂纹情况，并做好记录
	14	清理平台表面脏物，检查防滑材料是否良好，必要时更换
	15	排放柴油箱内的水和沉积物
	16	清理驾驶室空气滤芯
	17	更换空气粗滤芯
电气检查	1	检查远光灯、近光灯、变光开关、示宽灯、减速制动灯、尾灯、停车灯、倒车喇叭、倒车灯、后桥维修灯、状态故障灯、驾驶室照明灯、发动机维修灯、转向指示、承重灯、梯灯、警告灯及线束等情况
	2	检查电瓶，必要时更换
	3	检查电瓶连线、螺丝、隔板等
	4	测量电瓶电压（打开大灯测量）、充电机电压（低怠速时测量）、均衡箱连线及紧固情况
	5	检查电瓶线路、充电机皮带及地线等，清除电瓶箱内油污
	6	检查驾驶室内的电压表、转速表、计时表、油位表、电喇叭、暖风机、空调
	7	检查停放制动压力开关、轮制动锁开关、加速回路的连锁等
	8	检查转向压力指示灯与蜂鸣器，在 2 100 psi 时，停止工作
	9	检查端子排和线束
	10	检查润滑定时器及电磁阀、转向泄放及驾驶室除尘
	11	检查插头的松紧、卡件压条、卡件槽、接触器触点等

续表

对象	序号	250 h 保养项目
电气检查	12	检查门把手、电流互感器（变色、紧固）、灭弧罩、辅助开关、RP 接触器、反馈开关、鼓风机压力开关、左右侧电动轮速度/温度传感器等
	13	检查各部件紧固情况、各部件连接情况、接地故障盘、隔离放大器、控制柜照明灯、线束和端子排
	14	测量冷却风压力报警______s，测量高怠速______r/min，检查控制柜低角螺栓紧固情况
	15	测量接地电阻，各接触器控制线要远离高压部分
	16	检查制动风机碳刷长度及自由度（小于 40 mm 时更换，测长边）
	17	电气柜除尘
	18	检查主发电机上部接线、发动机上部各传感器及线路
	19	清理电动轮灰尘
	20	将电脑连接到西门子和康明斯系统，下载“事件”文件，检查事件内容，下载异常事件数据并存盘，删除事件记录
	21	检查司机座套调节情况，如调节不好，重新调节
	22	检查风挡雨刷器及喷水器情况
	23	检查落斗限位接近开关（保持干净）
	24	检查桡性空气通道及后桥压力情况
	25	检查全车插头紧固及线束有无破损
	26	检查主发电机、电动轮散热风机工作情况
	27	检查全车各类传感器及踏板电阻的阻值电压

（3）中修

中修是中等部分维修的简称，是根据设备的实际情况，对状态劣化已难以达到生产工艺要求的部件进行针对性维修。中修时要进行部分拆卸、检查，更换或修复失效的零部件，必要时对基准件进行局部维修和调整精度，从而恢复所修部分的精度和性能。中修项目中都包括各类小修项目的全部维修内容。中修是介于小修和大修之间的一种维修类别，大型复杂总成件一般不做拆解检查和更换，中修的工作量视实际情况而定。

湖山铀矿主要采矿生产设备中修情况见表 2.6.5。

表 2.6.5　湖山铀矿主要采矿生产设备中修一览表

序号	设备名称	中修间隔时间/h	主要维修内容
1	钻机	6 000	发动机的喷油器和涡轮增压器更换，钻架裂纹检查，空压机轴封更换，散热片清洗和保压测试，举升液压缸密封更换等
2	铲车	8 000	发动机的喷油器和涡轮增压器更换，前端铲斗臂和大臂裂纹检查，液压缸密封更换，散热片清洗和保压测试，主泵轴承更换等
3	大型前装机	10 000	发动机的喷油器和涡轮增压器更换，前后桥焊接裂纹处理，散热片清洗和保压测试，液压缸密封更换
4	电动轮卡车	12 000	发动机的喷油器更换和涡轮增压器更换等
5	推土机	6 000	发动机的喷油器更换和涡轮增压器更换，液压缸密封更换等

（4）大修

设备大修是指对设备进行全面修理，使设备完全恢复精度和额度功率，设备大修需要对设备所有零部件进行清洗检查，更换或检查主要零部件，调整机械和操作系统，配齐安全装置和必要附件，按设备出厂性能进行验收。

按照时间顺序，设备大修可以划分为 3 个阶段：准备阶段、大修阶段和验收阶段。

准备阶段：设备大修前 3～6 个月，设备部门开始组织大修准备工作，包括根据设备的日常运行记录、检修记录、润滑记录以及机台故障报告记录确定大修任务并制定大修项目，确定详细的时间进程安排。需要技术改造的设备，应制定出详细的技改方案。

大修前 2 个月，要确定好大修备品备件供应计划和大修实施计划，同时要确定对外委托（外协）项目，大修开始前 1 个月左右要确定承包商及进场准备工作。

大修阶段：是大修工作的具体实施阶段，是大修工作最重要的部分，工作量大，任务复杂，涉及人员多，费用高，需要严密的组织协调以及很高的技术和系统管理的水平。

验收阶段：验收工作贯穿于整个大修过程，是保证大修质量和水平的基本防线，验收完成后，修后设备需经过试车确认没有问题后才标志大修工作结束。

露天矿重型采矿设备尺寸大，结构复杂，甚至一些设备总成件都远远超过普通设备的重量、尺寸和复杂程度，且总成件的大修周期存在差异，因此对于有些重型采矿设备，除整机设备大修外，还有一些大型总成件需要进行单独大修。如电动轮自卸卡车的发动机、电动轮等。

以 960E 卡车大修为例，其大修过程及技术标准如下：

① 清洗，将需要大修的车辆进行彻底的清洗，为后续的工作做好清洁工作，因为部分车辆在运行到大修期时，会在后桥、发动机车架等部位堆积很多杂物，这些杂物会对后期的工作造成干扰。清洗作业时使用的是高压水枪，严禁将枪头对准作业人员及电瓶柜等部位，防止造成人身伤害和设备损坏。

② 拆除大厢，作业过程参见总成更换工艺。

③ 起台位，配合轮注车间拆除前后轮。

注意：多工种作业，需设专人沟通协调，且因大修作业以机工为主，一般由熟悉作业流程的机修工长作为现场协调人员。

④ 拆主发电机、前轮毂及横拉杆。大修作业，场地较大，可以前后同时进行作业，因此，主电机和前轮毂及横拉杆同时拆除。

注意：多人在同场地内作业，必须保证互不干涉，尽量避免公用设备工具，防止伤害他人，同时防止被他人伤害。

⑤ 前悬挂、后悬挂拆除。

注意：拆除前后悬挂需要使用天车或者吊车将车架吊起，方便拆除悬挂销子。使用天车需要作业人员有天车操作资格证书，杜绝无证作业，需要吊车配合作业时，需要专业的吊装作业人员作业。并由现场机工工长负责协调各工种作业人员，确保指挥手势统一。

⑥ 拆除发动机。使用专用的发动机吊装工具，确保吊具载荷满足吊装需要。吊索没有断股破损，作业人员需持证上岗作业。

⑦ 拆除电气控制柜及电阻栅柜。

注意：作业过程需电工确认线路、卡件完全断开，使用专用吊具吊装电气柜，防止触

电或者损伤设备

⑧ 拆除举升缸、驾驶楼。

注意：

a. 举升缸内有大量液压油，作业过程中需要将油路完全封堵后作业，确保废油能被收集到指定位置。

b. 驾驶楼拆卸时需确认所有管路、电路线均已完全拆除，并释放了压力，不得带压、带电作业。

⑨ 拆下大架上全部管路及电气线路。

⑩ 将拆下的总成件，分类放置检查，确认无故障且功能完备后放置到指定位置。

注意：设备的合理放置可以极大地提高大修效率，同时能保证总成件的利用率，节省成本，并为下一步的安装做好准备。

⑪ 采用与上述相反的顺序重新装配设备，并启动试车，保证大修卡车的性能完备，没有跑冒滴漏现象。

960E 卡车大修需要符合如下的技术标准：

① 外观整修（钣金；加固、更换、恢复、除锈、刷漆）：

大梯：外观平整，无裂痕、无变形；

软梯：规范有效，长短合适；

各检查梯：齐全规范，无损坏、断裂；

左右护栏：牢固、完整，无开焊、变形；

盲镜杆、左右倒车镜及架：牢固合适；

发动机前脸及字牌：外观整齐、固定结实、齐全有效，字号清晰；

水箱护罩、水箱拉杆、百叶窗：配备齐全、无缺损；

排烟管及包布：固定合理牢固，包扎完整有效；

S 型风筒及拉杆、扁风筒及围裙布：全部无变形，无损坏，位置安装合理；

左右平台尾翼、左右字牌：配备齐全，字牌清晰，无损坏；

驾驶室门窗及密封：门窗开关自如，门锁有效，密封严实；

电气柜吹风筒：无破损；

司机主副座：座椅完整无损，调整自如；

风挡玻璃：无裂痕，清晰明亮；

暖风机固定座及挡板：牢固结实；

电阻栅及扩展箱壳体：外观整齐，无变形，螺丝紧固良好；

主电机磁场大罩盖：牢固，密封，有效；

电瓶箱：无变形，无破损，盖板完整有效；

尾灯架：牢固，整齐；

外接启动盒：无变形，接线柱完好无烧蚀；

润滑油筒：外观干净整洁无油污，桶盖固定紧密；

林肯泵：工作正常，固定牢靠；

空滤架总成：固定牢靠，无损坏、变形；

燃油箱呼吸器：齐全有效。

② 管路布置（紧凑、平顺、固定、拆除、隔离、更换）：
各润滑管路：管路布置规范整齐，无破损，路路畅通，无泄漏；
各灭火管路：管路布置规范整齐，无破损，路路畅通，无泄漏；
进气系统管路：固定牢固，连接管路处无渗漏；
高压滤芯、滤网及固定座：配备齐全有效，固定牢固；
流量放大阀、举升滑阀进出油管：合理固定，长度合适，无漏油；
液压泵至转向、举升高压滤芯油管：无泄漏，管路布置合理，固定结实；
停车制动电磁阀回油管：长度合适，整齐合理；
举升缸缓降回油管：无渗漏，整齐合理；
储能器至后桥停车制动油管：固定整齐无破损，长度合适；
工作制动、停车制动油管：无漏油，固定整齐；
后桥主风筒：完好有效，固定结实；
后桥内各种油、电管线：布置合理，规范整齐，无破损残缺；
电动轮大线及尾灯灯线：无破损裸露，固定整齐；
大箱举升、限位电磁阀：电磁阀灵活可靠，工作稳定；
发动机眉毛水管：长度合适，无泄漏；
机油压力管：长度合适，固定合理，无泄漏；
暖风水管：无破损、泄漏，长度合适，固定良好；
发动机线束：固定整齐，布置合理，无破损；
燃油来、回油管：接口牢固，无泄漏；
马达、电瓶电缆线：无破损，接点紧固，无氧化，线束整齐规范；
外接启动电缆线：长短合适，接头坚固可靠；
左平台上下各种铁管、软管：无变形，无破裂，固定合理、整齐。
③ 处理“三漏”（维修要求：紧固、重装、更换、清理、清洗）：
液压油箱及油管、接头：无渗油、泄漏，外表干净；
卸载阀及油管、接头：无渗油、泄漏，外表干净；
举升滑阀及油管、接头：无渗油、泄漏，外表干净；
液压泵及油管、接头：无渗油、泄漏，外表干净；
举升缸及油管、接头：无渗油、泄漏，外表干净；
转向机及油管、接头：无渗油、泄漏，外表干净；
转向缸及油管、接头：无渗油、泄漏，外表干净；
流量放大阀及油管、接头：无渗油、泄漏，外表干净；
排放歧管阀及油管、接头：无渗油、泄漏，外表干净；
储能器及油管、接头：无渗油、泄漏，外表干净；
中继阀及油管、接头：无渗油、泄漏，外表干净；
停车制动及油管、接头：无渗油、泄漏，外表干净；
后悬挂及充气嘴：高度适合，气嘴有效，周围干净无污；
电动轮：无断螺丝，工作正常，无故障；
前悬挂及充气嘴：高度适合，气嘴有效，周围干净无污；
羊角：无漏油；

水泵及水管：工作正常，无漏水；
燃油泵及油管、接头：工作正常，无漏油；
水箱及水管：接头紧密，无漏水；
主水管：胶套无破损，吊链牢靠，不漏水；
异型胶套：无明显磨损，不漏水；
眉毛水管：无漏水，接头紧密；
暖风水管：无漏水，接头紧密；
暖风小水箱：无漏水；
油底壳：无渗漏；
机油过滤器：不漏油；
中冷器：螺丝齐全有效，密封垫完好，不漏水、不漏气。
④ 结构件稳固（紧固、加强、修理、更换）：
左右平台：平整规范，稳固安全，无变形；
发动机前脸：安装合理、规范，无变形；
中平台及盖：齐全规范，无变形；
左右斜立板、三角底座：无变形，牢固可靠；
空滤架总成：固定结实，无变形；
大箱销座：无明显磨损，与销配合间隙合理；
大箱防砸垫及底座：防砸垫齐全，无明显磨损，座底平整；
摆杆销、摆杆座：配合良好，润滑良好，螺丝无松动；
鼻锥体及销：轴承润滑好，无破裂和明显的松旷；
驾驶室：整洁干净，无变形，门窗、门锁完好；
电器柜：门开关自如，无变形，地脚无松动；
电阻栅：外罩无变形，地脚无松动；
液压泵及泵架：安装牢固，对中良好；
液压油箱：固定螺栓齐全，无开裂，无渗漏，干净整洁；
柴油箱：固定螺栓齐全，无渗漏；
水箱：固定牢靠，无漏水，散热良好；
电动轮：螺丝齐全，无松动，无短缺，无漏油；
大箱：无明显变形及大的漏孔；
发动机：无异音、无漏水、漏油、燃烧良好，工作稳定。
⑤ 系统性能测试（见表 2.6.6）。

表 2.6.6　系统性能测试

测试项目	测试标准
转向系统	转向系统压力测试 3 000 psi
循环时间	6 min
系统温度	55～60 ℃
4000 安全阀开启压力	4 000 psi

续表

测试项目	测试标准
储能器 N2 压力	1 400 psi
举升系统—举升压力	2 750 psi
动力下降压力	0～1 500 psi
液压油箱气压	大气压力
制动系统—制动压力	2 750 psi
停车制动压力	3 000 psi
润滑系统—润滑系统压力	2 750～3 050 psi
发动机转速	1 900 r/min
机油压力	45～75 psi
功率	3 500 hp
水温	71～92 ℃

（5）项修

项修是项目维修的简称，它是根据设备的实际情况，对状态劣化已难以达到生产工艺要求的部件进行针对性维修。项修时，一般要进行部分拆卸、检查、更换和修复失效的零件，必要时对基准件进行局部维修和调整精度，从而恢复所修部分的精度和性能。

项修的工作量视实际情况而定，作为一种单项维修方式，项修具有安排灵活，针对性强，停机时间短，维修费用低，能及时配合生产需要，避免过剩维修等特点。

露天矿大型采矿设备，零部件尺寸大，部件数量多，结构复杂，工况恶劣，采用项修是必不可少的一种方式，对与定期维修时间非同步失效和劣化的零件进行单独更换或修理，弥补了定期维修中部分部件不能及时维修的缺陷。此外由于是单部件维修，计划安排相对灵活方便，既可以尽可能合并于其他的维修项目，也可以安排于生产间隙，或者安排在维修人员充裕的情况，平缓维修工作强度。总之，项修在复杂的生产条件下发挥着越来越重要的作用，在生产实践中得到越来越广泛的应用和推广，并取得良好的经济效益。

设备项修工作内容及主要项修项目见表 2.6.7 和表 2.6.8。

表 2.6.7　设备项修工作内容

项目类别	拆解程度	修复程度	刮研程度	精度要求	表面修饰
工作内容	针对检查部位，部分拆卸分解	根据维修项目，对维修部件进行修复，更换不合格的零部件	根据维修项目决定刮研部位	按照预定要求进行精度验收	补漆或不修饰

表 2.6.8　湖山铀矿采矿设备主要项修项目表

序号	设备名称	主要项修项目或部件/部位
1	钻机	举升系统、推压系统和回转系统
2	液压铲	液压系统和铲斗及底盘系统

续表

序号	设备名称	主要项修项目或部件/部位
3	电铲	钢丝绳、底盘、铲斗
4	大型前装机	铲斗、轮胎和辅助泵
5	电动轮卡车	轮胎、车斗和前悬挂系统
6	推土机	底盘系统、铲刀和液压油缸

（6）积压工作处理

由于正常工作中部分计划维修工作未按计划完成或实施，造成计划维修工作内容的积压，主要体现在定期小修项目和项修项目。造成维修工作积压是主客观因素综合影响的结果，主要反映在以下几个方面。

① 维修人员数量不足，部分计划维修不能按时进行和完成，特别是一些项修项目，经常延后或忽略，造成工作积压。

② 设备故障率高，非计划维修量大，计划维修不能得到正常保证，造成很多计划维修工作积压。

③ 维修管理不到位，忽视日常管理，使得部分维修计划未予实施。

④ 备品备件供应不及时，部分项修不能及时进行，造成积压。

工作积压对于像湖山铀矿这样大型的设备管理和维修系统是正常存在的现象，少量积压工作通过科学的管理和调节能够顺利解决和处理，不会对设备的整体状态产生大的影响，也不会对生产造成不良影响。但是如果工作积压超过合理界限，将对设备和生产带来巨大隐患甚至严重后果，积压工作过量，一是会给后续补救工作带来超量的工作负荷，打乱已有的工作计划和秩序。二是如果积压工作迟迟不能得到处理，会对设备的完好运行带来隐患，直至设备出现不应有的故障，使设备由预防维修变为被动的事后故障维修，不仅增加了维修工作量，更为严重的是极大地增加了设备维修费用。三是容易使设备故障率不断提升，设备可动率持续处于低水平状态，造成设备长期处于故障频发、故障维修的恶性循环过程。

湖山铀矿在早期实际生产过程中，由于受到上述几方面主客观因素的影响，设备维修造成了很多积压工作，对设备的完好运行产生了较大的负面作用，是湖山铀矿采矿设备长期处于低可动率水平的一个重要因素。此外，积压工作越多，故障率越高，非计划维修量也越大，使得计划维修完成率和质量越低，积压工作不仅难以解决，而且是越来越多，形成循环往复的恶性循环。

鉴于湖山铀矿采矿设备出现的问题和背后的根源，维修部于 2017 年开展了以钻机设备为试点的积压工作处置专项工作，经过对积压工作的处理，钻机设备故障率有所下降，而可动率有了明显的提升，可动率从治理前的 60%提高到 70%以上，主要的作用是保证计划维修工作得以实施，维修系统运转变得顺畅，也为陆续解决其他设备的积压工作提供了经验和借鉴。自 2017 年下半年起，继钻机设备积压工作处理并取得积极效果后，湖山铀矿开始陆续对铲车、卡车等各类设备的积压工作进行解决处理。

作为一个大型矿山设备管理系统，出现计划维修工作滞后或积压是难以避免的问题，采取利用工作间隙或者人员富余力量，尽早对积压工作进行处理和解决是非常必要的措施，而一旦放之任之，将会造成积压工作愈积愈多，最终会引发设备故障频发，陷入维修不及时与高故障率之间的恶性循环，从而严重影响采矿生产的正常进行。因此湖山铀矿对设备维修中积压工作的专项集中处理解除了设备存在的很多故障隐患，对解决一直存在的低可动率状态起到了积极的作用，同时也要求湖山铀矿维修部门更应重视计划维修工作的按时实施和完成，避免和减少积压工作的出现，要坚决避免出现积压工作的长期滞留和累积现象，做到出现工作积压要及早安排计划，及时进行处理。

2.6.2 状态监测维修

状态监测维修是通过对设备采取一些状态监测技术，如红外技术、振动监测技术等，将设备可能发生功能故障的各种物理信息进行周期性检测、分析、诊断，根据对物理信息的分析推断出系统设备所处的运行状态，以设备运行状态的发展情况为依据安排必要的预防性维修计划。状态监测通常有两种监测方式：一是离线监测，即由检测人员利用简便的检测仪器对设备固定部件或规定项目进行定期检查；二是在线监测，也叫远程监测，是将监测仪器仪表嵌入设备内部，监测系统在设备运行中自动采集数据，通过对采集数据的分析获得设备劣化或故障发展的趋势。

状态维修的要点在于设备监测和故障诊断、识别，因此，状态维修对监测和诊断技术有较高的要求，受设备监测精度和人员技术水平的影响较为明显。其主要特征有：

① 依赖于监测数据的准确性，对传感器的精确度和可靠性具有较高的要求。

② 对监测环境具有一定要求，环境干扰多容易使监测数据产生奇异值，使数据失真，结果是误警率高，对生产产生负面作用。

③ 通常设置有一定的报警阈值，到达阈值后进行维修，阈值的设置较难，并对设备维修成本具有直接的影响。

状态维修在露天矿矿山设备维修管理中起着非常重要的作用，随着高新技术的发展和网络技术的普及，在越来越多的矿山中得到推广和应用。矿山设备主要状态监测的内容有：油品监测、温度监测、压力监测、振动监测、部件磨损及松动监测等。湖山铀矿状态监测小组使用的工具清单见表 2.6.9。

表 2.6.9 湖山铀矿设备状态监测使用工具

工具	型号	序列号	工具编号	备注
手持式温度枪	FLUKE 971	2418208	SUCM001	
MAJOR TECH 万用表	MS-XPL 07256	150124950	SUCM002	
MAJOR TECH 红外测温仪	MT694	160506463	SUCM003	
表盘指标	MITUTOYO	TQN996	SUCM004	
	MITUTOYO	TQT980	SUCM005	
磁性底座	—			
红外成像仪				
FLIR T640	N/A	55906695	SUCM006	
FLIR T660	N/A	55907343	SUCM007	
FLIR C2	N/A	720054528	SUCM008	

续表

工具	型号	序列号	工具编号	备注
FLIR C2	N/A	720054519	SUCM009	
FLIR C2	N/A		SUCM010	
前视红外仪				
FLIR VS70	N/A	14-VS70-0000871	SUCM011	
衔接探针 VSA2-1	N/A	14-A2-1-00089	SUCM011-1	
FLIR VS70	N/A	14-VS70-0000971	SUCM012	
衔接探针 VSA2-1	N/A	14-A2-1-00149	SUCM012-1	
激光对中仪				
数据记录仪 E540	12-0700	96422	SUCM013	
激光发射器	12-0766	96280	SUCM014	
	12-0777	96301	SUCM015	
数据记录仪 E540	12-0700	111070	SUCM016	
激光发射器	12-0776	110860	SUCM017	
	12-0777	110880	SUCM018	
无线激光对中仪				
二极管激光	12-0791	98714	SUCM019	
接收器	12-0309	99131	SUCM020	
数据记录仪 E740	12-0418	119178	SUCM023	
激光发射器	12-0433	118962	SUCM024	
	12-0434	118982	SUCM025	
液位激光发射器	12-0022	119126	SUCM026	
蓝牙附件	120436	119047	SUCM027	
蓝牙附件	12-0436	119046	SUCM028	
振动仪				
OneProd Falcon-EX	N/A	10647	SUCM021	EX APT2074A
WLS 三轴加速计	N/A	50158	SUCM021-1	
OneProd Falcon-EX	N/A	10649	SUCM022	EX APT2074A
WLS 三轴加速计	N/A	50141	SUCM022-1	
OneProd Falcon (standard)	N/A	11465		
超声波设备				
Paradish		524160088	SUCM029	Parabolic Dish
超声波探测器		280160085	SUCM030	FUR270
裂纹监测工具				
Elcometer 厚度工具	N/A	SA14275	SUCM031	
Elcometer 厚度工具	N/A	TH05431	SUCM032	
Elcometer 油漆厚度	N/A	SF16739	SUCM033	

续表

工具	型号	序列号	工具编号	备注
Techtra 磁轭	N/A	220400	SUCM034	KY-2
iPree 硬度计套件	N/A	160623LH213A	SUCM035	Model: PRLH210
R.B Annis 磁力计	N/A	1740	SUCM036	
Goldiluk 光度计	N/A	1755	SUCM037	Model: GAL-2L
Goldiluk 紫外线计 GUVUA-1L	N/A	260	SUCM038	21011
外径千分尺	N/A		SUCM039	
TA Absolute: 0~150mm 游标	N/A		SUCM040	
Labino 灯套件（YOKE）	N/A		SUCM041	
永磁体	N/A		SUCM042	PM50 "Yoke"
Labino Light UVG3 Flash	N/A		SUCM043	

（1）油品监测

油品监测技术是通过分析被监测设备在用润滑剂（或工作介质）的性能变化和携带的磨损微粒的情况，获得设备的润滑和磨损状态的信息，评估和分析设备的工况，预测设备故障并确定故障的原因、类型以及故障所属零件的技术。与人的体检功能类似，油品监测技术也是通过对设备的液态介质进行化验、分析，对设备的性能、状态进行诊断，换言之就是对设备进行"体检"，如图 2.6.2 所示。

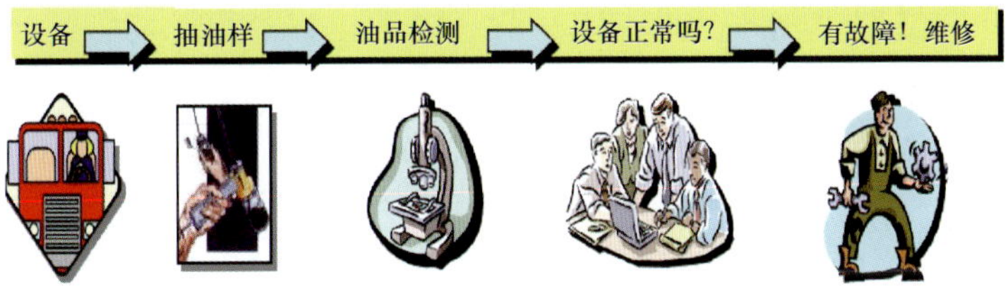

图 2.6.2　设备油品监测技术示意图

油品监测在工业中的应用非常广泛，在长期的实践应用表明，该技术适用于低速重载、环境恶劣（如噪声大、振动源多、尘埃严重等）、往复运动和采用液态或半液态润滑剂并以磨损为主要失效形式的设备的监测，这些也完全符合露天矿生产设备的特征，推动了该技术在露天矿设备维修中的应用和发展，也为矿山企业的发展创造了可观的经济效益。利用油品监测技术，可以延长设备的换油期或正确选用润滑剂并以此取得经济效益。更为重要的是通过及时预报潜在故障可以避免故障的发生，或者使处于正常运转的设备减少不必要的维修，从而增加效益。

目前设备油品监测常用方法有常规理化性能分析法、光谱分析法和铁谱分析法。常规理化性能分析法是通过对润滑剂理化指标的监测，达到对机械磨损状态间接监测的目的，防止因润滑材料的劣化而导致机械故障与零件失效，理化性能分析法的主要监测指标有润滑剂黏度、水分、总碱值、机械杂质含量以及凝点、灰分、闪点、油性等性能指标。光谱分析法是利用光谱方法鉴别润滑油中磨粒的成分和数量，依此鉴定被监测对象磨损状态的方法。该方法具有操作简便、分析速度快、精度高、分析容量大的优点。铁谱分析法始于

20 世纪 70 年代，是利用高梯度、强磁场，将润滑剂中所包含的磨粒按其粒度大小有序地沉积下来，然后利用其他分析方法对磨粒进行定性和定量的分析。其实质是根据润滑剂中磨粒的形貌、尺寸、数量和成分的分析，识别磨损零件以及磨损的类型和程度等。

湖山铀矿建有专门的油品分析实验室，设备油品监测采用油液理化性能监测、发射光谱分析、铁谱分析方法，分析内容主要包括：油品黏度、水分、颗粒度、铁、铜、镍、二氧化硅等，各监测指标设置有阈值，其作业流程是：维修部门将油品样送交油品分析实验室，实验室进行分析检测，完成后向维修部反馈检测结果和报告，维修部可靠性部门根据检测数据结果进行技术分析，确定设备磨损状态以及判断是否需要采取必要的维修措施。

（2）红外热成像监测

红外热成像技术是一种先进的用于检测温度和设备故障的技术，该技术于 20 世纪 90 年代初用于海湾战争，成为海湾战争所用高科技武器中最闪亮的科技技术之一，随之该技术逐渐应用于民用技术领域，如工业、农业、工程、医疗、考古、交通、消防、地质、公安防等，成为解决工程和生产领域温控和故障诊断的一种先进技术手段。

红外热成像运用光电技术检测物体热辐射的红外线特定波段信号，通过光电信息技术处理，将该信号转换成可供人类视觉分辨的图形和图像，并可以进一步计算出温度值。红外热成像技术使人类超越了视觉障碍，使人可以“看到”物体表面的温度分布状况。目前红外热成像仪主要采用非致冷焦平面阵列技术，集成数万个甚至数十万个信号放大器，将芯片置于光学系统的焦平面上，不需光机系统而取得目标的全景图像，从而大大提高了灵敏度和分辨率，并进一步地提高目标的探测距离和识别能力。

由于红外热成像对物体温度分布所持有的“可见”功能和特性，为设备故障检测提供了一种先进、便捷的技术手段。红外技术是反映物体温度的技术方法，因此主要用于设备的热隐患故障检测，如电气设备的不良接触，以及机械部件过热等。

湖山铀矿矿山重型开采设备装有大量的电气装置和线路、元器件，线路连接点众多，短路故障多发，故障检测任务繁重。另外，矿区供电范围大，架空供电线路长，检修任务重。所有重型设备机械部件大，承重载荷大，零部件焊接工作量大，对这些部件的故障预防监测、修后检测是十分重要和必要的。利用红外技术进行温度监测在湖山铀矿采矿设备和供电线路检修中已得到成功运用，取得了良好的实践结果和生产效益。红外技术在湖山铀矿的主要应用范围包括：架空线供电线路、电气控制柜、开关柜、承重底盘、焊接点等（见图 2.6.3）。

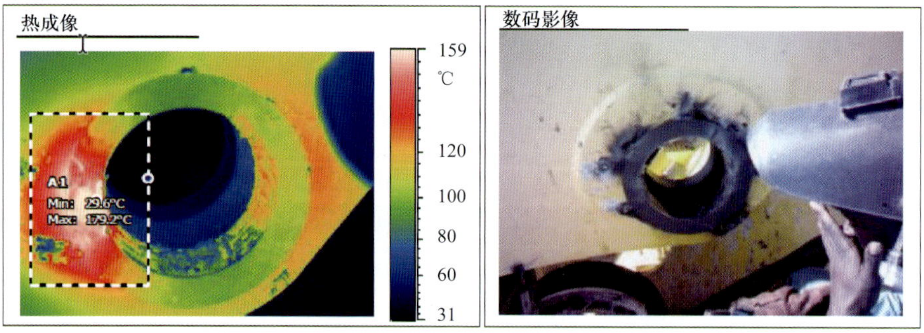

图 2.6.3　机械部件红外热成像监测示意

（3）振动监测

对于旋转机械或往复运动的设备，绝大多数故障都是与机械运动或振动密切相关的，振动检测是针对旋转类设备各种预防性维修的核心内容。振动监测就是通过对机器或结构在工作状态下的振动状态监测，对机器或结构进行故障诊断、环境控制、等级评定等，测量机器或结构的受迫振动，获得被测对象的动态性能，包括固有频率、阻尼、响应、模态等。

振动诊断是对运行或非工作状态的系统给予激励，测出响应，对数据处理后，与事先制定的标准进行比较，判断系统内部结构的破坏、裂纹、松脱、磨损、老化等各种影响设备正常运转的故障。

振动是机器运行的伴生现象，包含着丰富的机器运行状态信息。一般来说，随着故障的出现和发展，机器的振动也会发生明显的变化。在正常运行状态下，机器振动量级较低，当运行状态出现变化时，会产生额外的振动或使振动加剧，振级增大，且各类故障与振动现象的变化之间常有较直接的对应关系，其特征易于识别，因此振动监测技术在机械设备的状态监测和故障诊断中有着十分广泛的应用。

振动是机器或设备动态运行反映出的物理特征，产生振动的因素是多方面的，主要有：

① 零件间的滚动和摩擦；

② 回转往复件的不平衡力；

③ 旋转机件或部件的不对中、不对称；

④ 其他如设备制造误差、运动件间的间隙等；

⑤ 微小振动与其他部件产生共振形成大的振源。

振动监测是采用振动测量及辅助的数据采集和分析系统进行和完成的，测量参数包括位移、速度和加速度。振动监测系统由 4 部分组成：传感器、测量仪器、记录仪器、分析仪器。传感器是通过将振动量转换为电信号，然后传输至测量系统的仪器装置。传感器按照测量参数的类别可分为位移传感器、速度传感器和加速度传感器 3 种。对于旋转设备的振动监测，通常采用的是相对位移传感器，对一般通用机械设备，多采用测量绝对振动量的压电式加速度传感器。传感器是发送振动信息的核心系统，因此对传感器的测量范围、精度、环境条件等都有基本的要求，包括需要有较宽的动态范围，强弱信号都能测到；宽的频率响应范围；在频率响应范围内具有良好的线性；对环境灵敏度低；结构坚固、工作可靠、能长时间保持稳定性。测量仪器的作用是对接收的传感器信号进行信号放大、处理和显示。

振动监测参数的选择应根据系统振动特点进行合理选定，所选参数应最能直接反映故障的严重性。从测量精度的角度选择，低频时宜测量位移，中频时宜测量速度，高频时宜测量加速度。对于测量方向，不同的故障引起不同的振动方向，一般测量 3 个相互垂直的方向的振动，即轴向、径向和垂向，如对中不良引起轴向振动，转子不平衡引起径向振动，机座松动引起垂直方向振动。

湖山铀矿采矿设备绝大多数为轮式或履带式运动设备，包括大量的结构件、总成件、电气装置等，运行中振动现象明显，因振动引发的故障频率高，因此采用振动监测手段对湖山铀矿采矿设备进行故障诊断和故障预防有着重要意义，不仅可以降低设备故障、有效保障设备的正常运行和采矿生产，同时为降低维修费用、提升生产效益起到非常积极的作用。湖山铀矿采用的设备振动监测仪器为法国法康（Falcon）的多种振动分析仪，主要监测设备部件和内容包括发动机、电动机、泵等转动设备以及轴承、齿轮等各种对中零部件。图 2.6.4 所示为湖山铀矿用于轴对中监测的示意图。

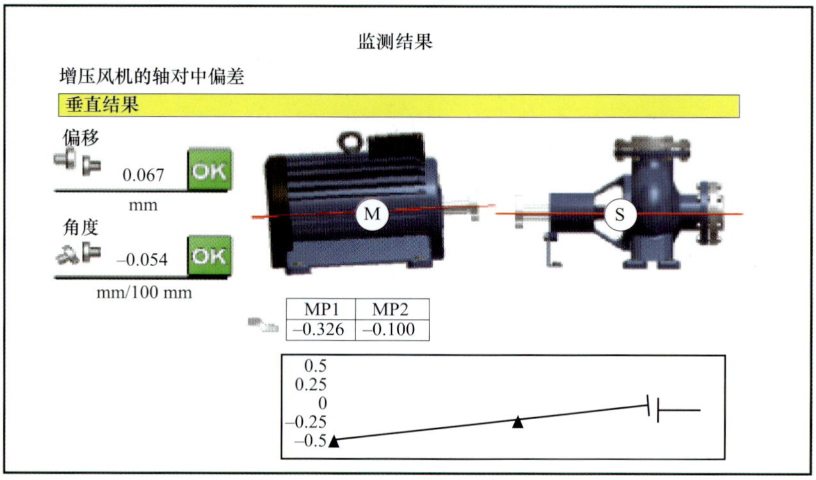

图 2.6.4　湖山铀矿轴对中（振动）监测示意图

（4）磨损、损伤监测

一般露天矿采矿设备具有尺寸大、零部件多、结构复杂等特点，其设备均服务于矿山剥采作业的岩石挖掘活动，很多机械部件及结构件受设备自身重荷压力、转动扭矩、岩石冲击等重复作用，设备零部件及结构件容易出现磨损损伤、变形等劣化现象，特别是与岩石接触的 GET 部件。

由于外部载荷的不断重复作用，设备部件尽管承载在设计的许应应力范围内，但仍会出现疲劳破坏现象，有磨损或冲击产生的形变，有疲劳产生的裂纹甚至断裂等。疲劳损坏具有长期性和周期性的特征，在稳定的疲劳磨损及变形阶段后，由于部件劣化程度严重，承受外荷能力急剧下降，变形和破坏速度快速提升，对部件本身的使用寿命产生严重危害，更为严重的是会对整体组合部件造成损害或破坏，若不对该部件进行及时修理或更换，可能会造成严重的后果，如履带轴承磨损、破坏会引发履带板的松弛、断裂。另外，尽管设备零部件及结构件寿命具有一定的周期性，但由于设备运行的作业过程和环境条件存在差异，以及部件材料自身的构造及制造产生的差异，部件的实际使用寿命周期也存在很大差别，这样如果不考虑实际，盲目按照设计寿命周期进行部件维修或更换，会造成不必要的浪费，增加设备管理成本。因此加强有关零部件及结构件的磨损损伤、变形监测，特别是损伤、变形后期加速阶段，对部件最佳修理和更换时间做出分析和选择，可以取得最佳经济效益。

湖山铀矿对数量大、价值高的 GET 等零部件及组合件采用了定期及不定期监测的措施，即在正常运行期间，按照计划定期对 GET 部件进行检测，当临近设计寿命周期或检测发现异常，则根据部件的实际状况进行定期监测，提升监测密度。磨损损伤、变形检测有多种不同的方法，湖山铀矿采用精度高、操作简便的卡尺、千分尺、测距仪等通用测量工具，图 2.6.5 所示为卡车车斗磨损情况检测结果。

图 2.6.5　卡车车斗损伤破坏检测结果

（5）胎压监测

胎压监测系统（TPMS）是通过记录轮胎转速或安装在轮胎中的电子传感器，对轮胎的各种状态进行实时自动监测。胎压监测有两种方法：一种是间接式胎压监测系统，是通过轮胎的转速差判断轮胎是否异常；另一种是直接式胎压监测系统，通过在轮胎内加装电子传感器装置，在车辆静止或行驶过程中对轮胎气压和温度进行实时自动监测，对轮胎高压、低压、高温设置阈值并进行自动报警。

湖山铀矿采矿设备中轮式设备占比大，承重载荷大，特别是重型运矿卡车，目前已投入运行的重型卡车包括载重 327 t 的 960E－ⅡK 和 NTE330 共计 26 台、载重 236 t 的 NTE260 卡车 2 台。由于载重量大，运输路况和装卸工作面工况条件差，在湖山铀矿卡车安装胎压监测系统对延长轮胎使用寿命、保护车辆安全、避免车辆事故具有重要的实际意义。

湖山铀矿在 327 t 重型电动轮自卸卡车安装了胎压监测系统，在卡车轮胎内侧布线并安装传感器，通过无线网络将监测信息传递至远程接收装置（见图 2.6.6 和图 2.6.7），技术人员对轮胎状态、环境进行实时监测，对接收数据进行整理、分析，对不良状况轮胎进行及时处置，并根据轮胎运行情况，研究优化卡车最佳胎压范围，提高轮胎使用寿命。

(a)

(b)

图 2.6.6　湖山铀矿 HTK23 卡车轮胎监测系统布线及传感装置布置

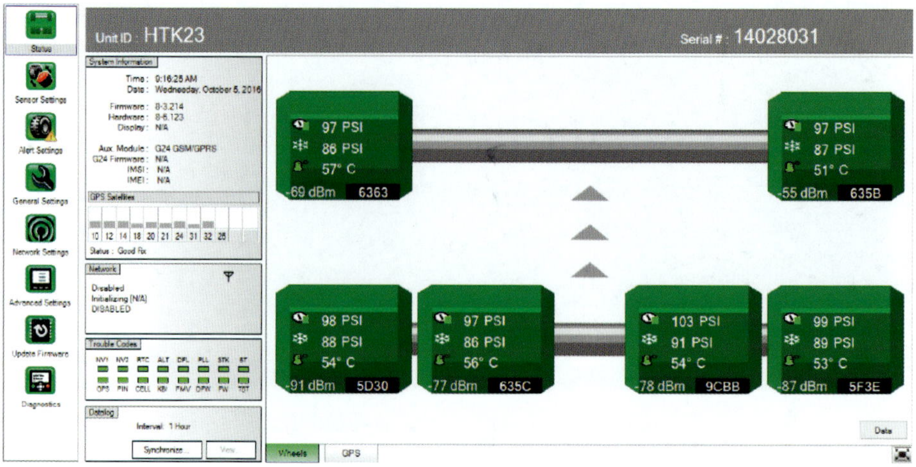

图 2.6.7　HTK23 卡车各轮胎实时监测数据结果

2.6.3　设备故障维修及主要技术指标

故障维修也是非计划维修，是除固定的计划维修内容和状态维修以外，对设备运行中的突发故障而进行的修理工作，具有突发性、不可预测性的特征。计划维修占用总工作时间比例基本不变，与之相反，非计划维修由于故障发生的偶然性，在时间和工作量方面都无法预测，其占用总工作时间的比例也无法预知，修复时间和故障频率成为反映设备可否正常使用的动态因素指标。

（1）设备主要技术指标

1）设备可动率

设备可动率（Availability/%）是反映设备管理和维修水平的一个重要技术指标，是指设备可用时间与总工作时间的比值。在设备可动条件下，设备可以根据实际需求具备随时开机运行的能力。通常情况下，设备处于完好状态即认为是可动的，也就是说当设备在维修以外的时间都是可动的。计划维修和状态维修是在维修计划下进行和开展的，占用维修时间比例基本固定，而非计划维修具有的不确定性和偶然性，使其维修占用时间比例同样不可预测和确定，这也造成了设备可动率的时间波动性，是反映和影响设备可动率变化的根本因素。设备可动率的计算公式如下：

设备可动率（%）＝可用时间（h）/总工作时间（h）×100%

2）平均故障间隔时间

平均故障间隔时间（Mean Time Between Failure，MTBF）是指设备在两次故障之间能够运行的平均时间，是反映设备维修保养质量和设备质量的重要指标。故障间隔时间越长，说明设备的可靠性越高，质量越好；另一方面说明设备的维护维修质量好，减少了故障发生次数。反之，故障时间短，故障率频繁，则说明设备可能存在质量缺陷或者设备维修质量差。故障间隔时间长，可以保障设备尽可能长时间的连续运行，对生产正常运行起到重要的保障作用。而如果故障时间越短，设备运行中断过多，不仅造成返修频繁影响生产，而且设备不断地起停也使生产的稳定受到影响。因此，对设备进行实时的可靠性分析和研究，提高维修质量，提升故障间隔时间，减少故障发生次数，是维修管理的重要内容和课题。平均故障间隔时间计算公式如下：

平均故障间隔时间（h）=维修总时间（h）/维修次数

3）平均维修占用时间

平均维修占用时间（Mean Time To Repair，MTTR）指设备维修一次平均使用的时间，是衡量维修响应时间、维修技能以及设备故障程度的重要技术指标。设备故障具有突发性，故障发生并报修后，维修部门需要根据报修情况组织人员进行现场查看、诊断，这种设备因故障中断运行至维修人员介入的时间间隔即为维修响应时间，响应时间越长，说明维修反应越慢，无效的时间浪费越严重。在同样故障类型和程度情况下，技工的技能水平越高，所花费的维修时间就越短，因此平均维修时间指标在通常情况下反映了维修技工的技能水平。另外，除了人因因素外，维修时间与故障严重程度以及故障维修难度密切相关，故障越严重，故障维修难度越大，花费的维修时间越长。平均维修占用时间计算公式：

平均维修占用时间（h）=维修总时间（h）/维修总次数

图 2.6.8～图 2.6.11 所示为 2015 年 11 月—2016 年 10 月湖山铀矿主要采矿设备 MTBF 和 MTTR 统计分析图。

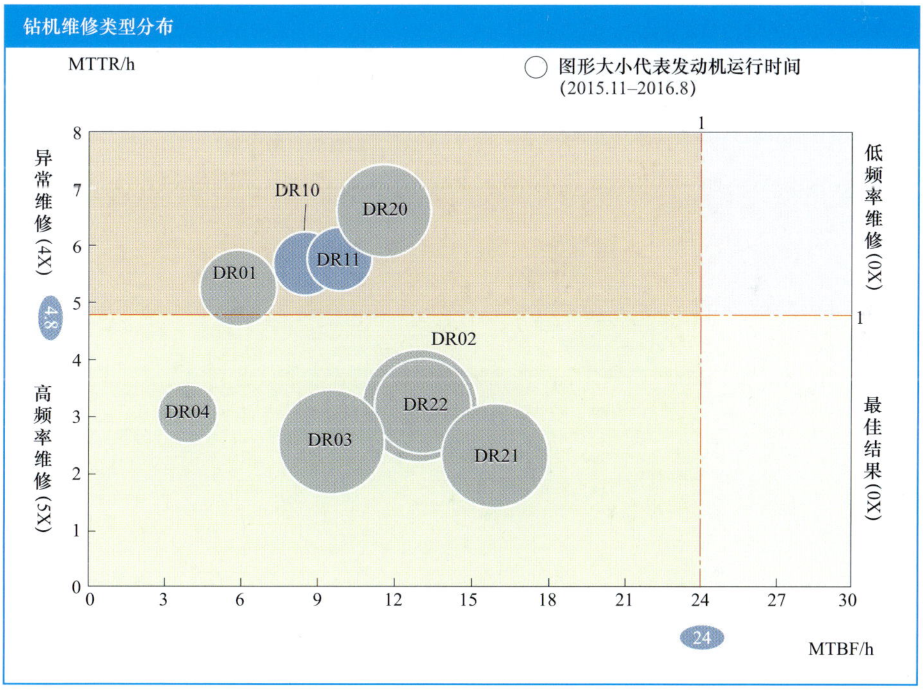

图 2.6.8　钻机 MTBF 和 MTTR 统计分析图

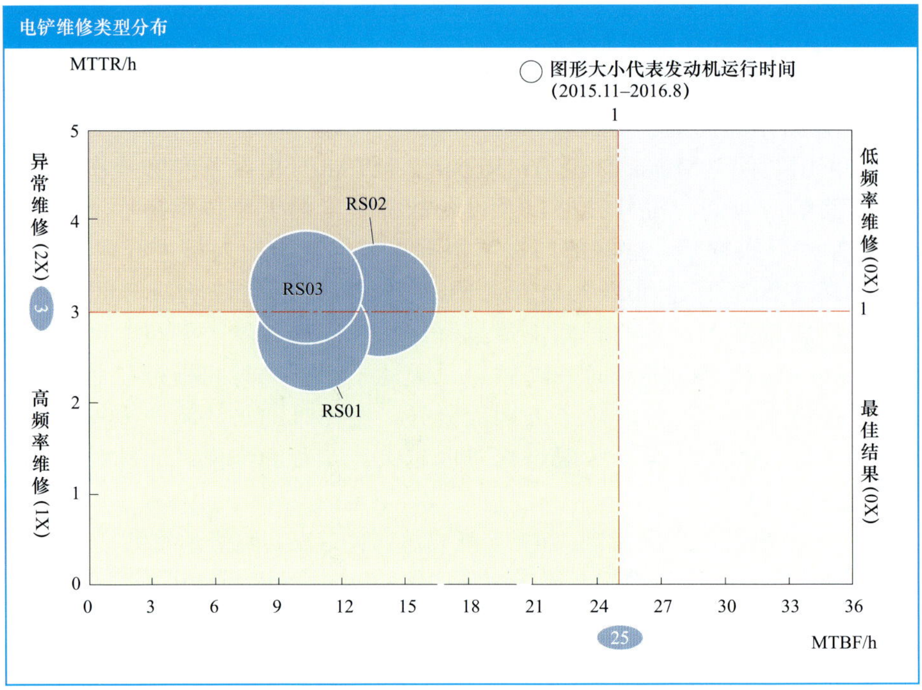

图 2.6.9　电动绳铲 MTBF 和 MTTR 统计分析图

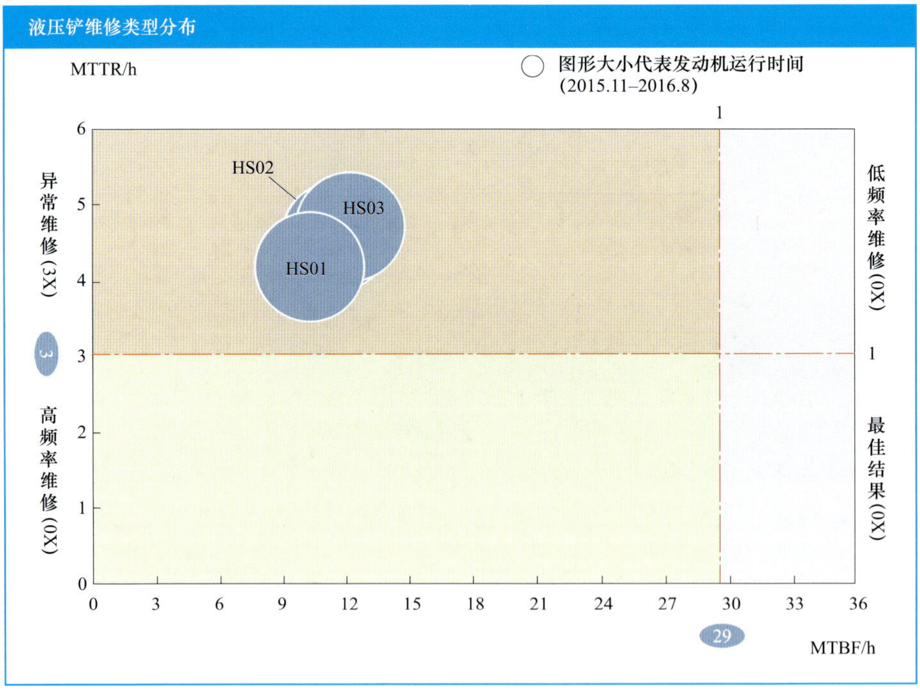

图 2.6.10　液压铲 MTBF 和 MTTR 统计分析图

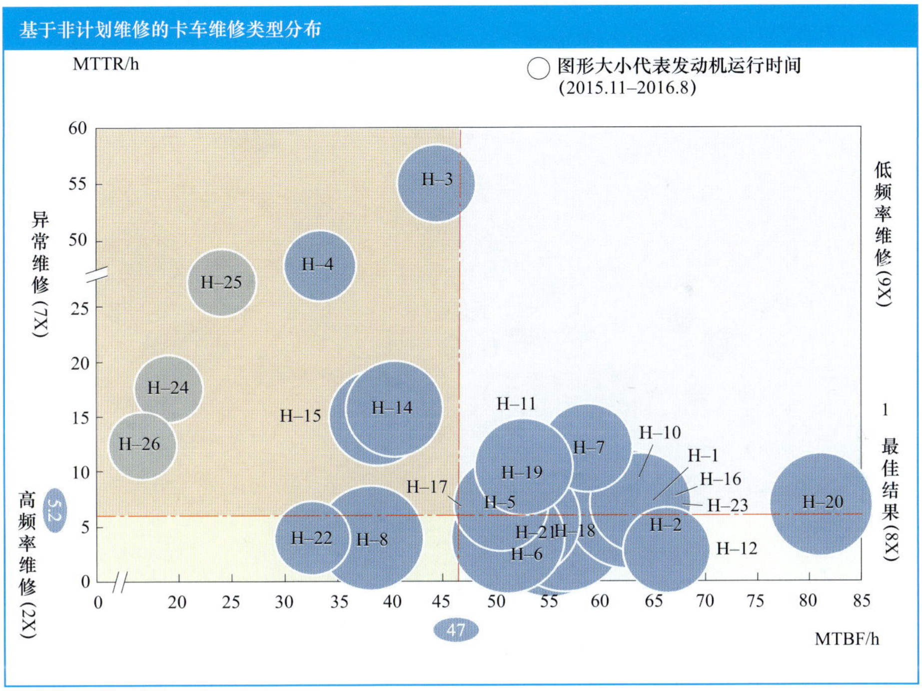

图 2.6.11　960E 卡车 MTBF 和 MTTR 统计分析图

（2）主要故障维修分析

设备故障具有突发性、偶然性特征，但从长期统计分析看，设备故障仍存在一定的规律，以维修时间和故障频次为分析指标，可以将设备故障分为以下 4 类：

① 修理耗时短、发生频率低的故障，该类故障对设备的损坏和运行影响小，设备维修中注意及时维修即可。

② 修理耗时短、发生频率高的故障，该类故障对设备损坏影响不大，但故障频繁，停机次数增加，对设备可动率影响明显，需要采取优化设计、更新材料等措施消除或降低该类故障的发生，如设备常见的跑冒滴漏故障。

③ 修理耗时长、发生频次低的故障，一般属于非常见故障，故障诊断和排除难度大，需加强提高员工技能水平，不断降低维修用时。

④ 修理耗时长、发生频次高的故障，该类故障为多发性大故障，对设备的损坏和可动率影响都非常大，维修费用高，多见于大部件、总成件等，需要设备管理方面予以高度重视，加强计划维修和可靠性监测等预防性维修，提高员工维修技能，减少故障维修花费时间，努力使该类故障少发生，或发生后尽快修复，降低该类故障对设备可动率的影响。

图 2.6.12～图 2.6.15 所示为湖山铀矿主要采矿设备故障维修分布规律图。

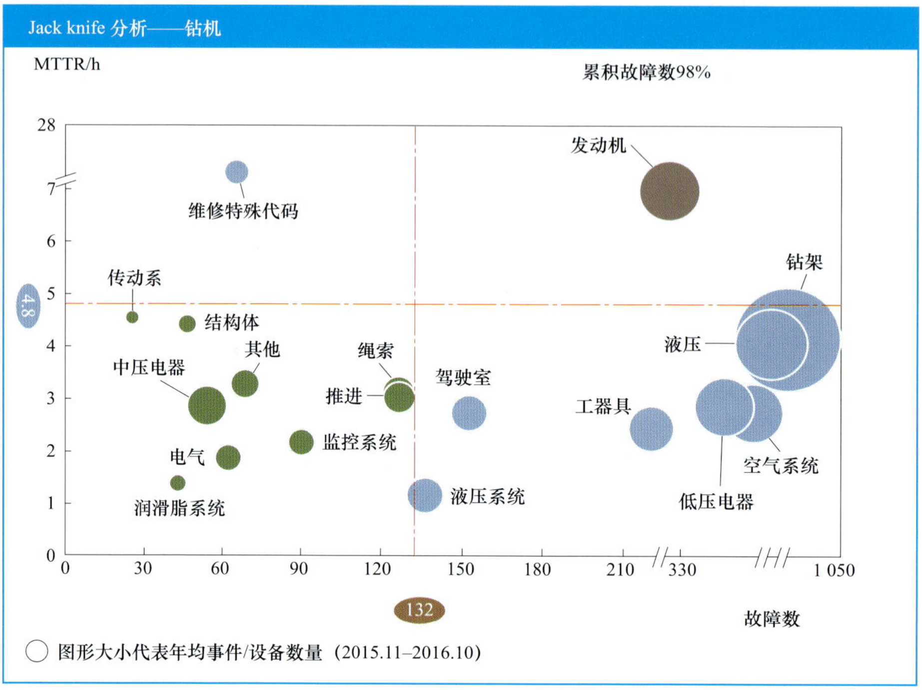

图 2.6.12　钻机故障维修分布规律图

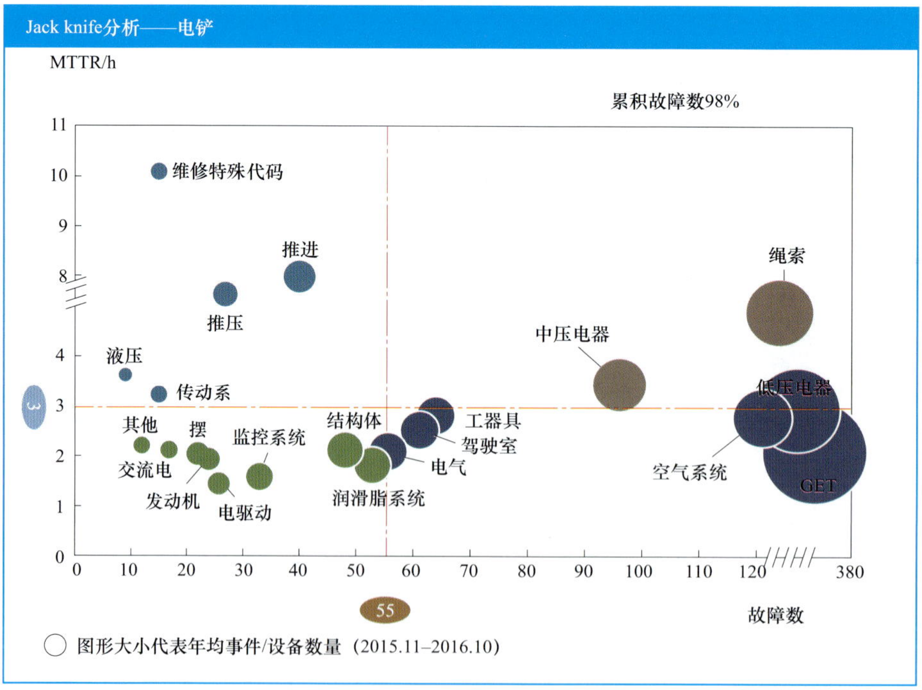

图 2.6.13　电动绳铲故障维修分布规律

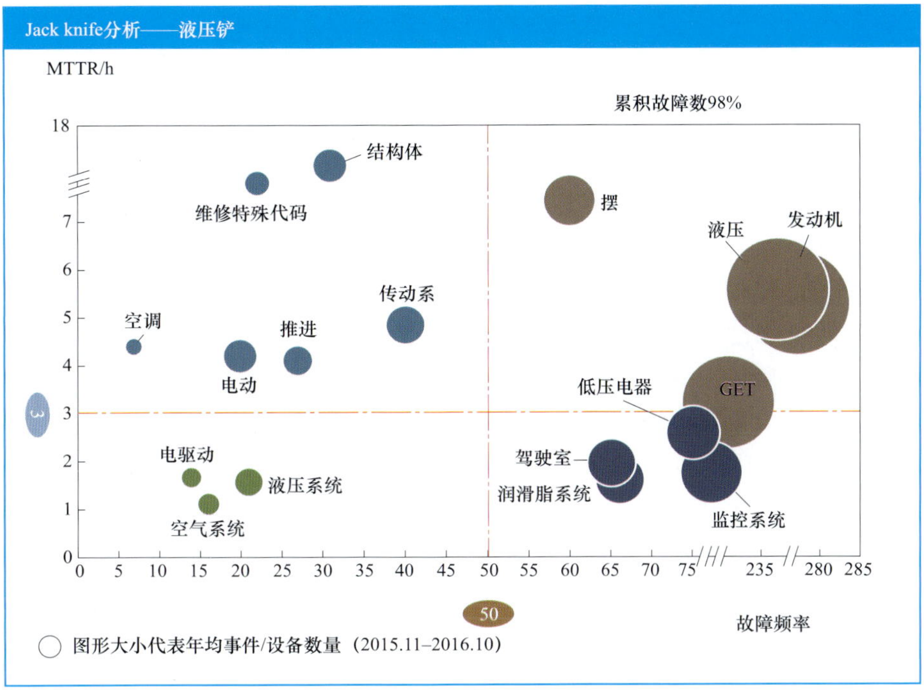

图 2.6.14　液压铲故障维修分布规律

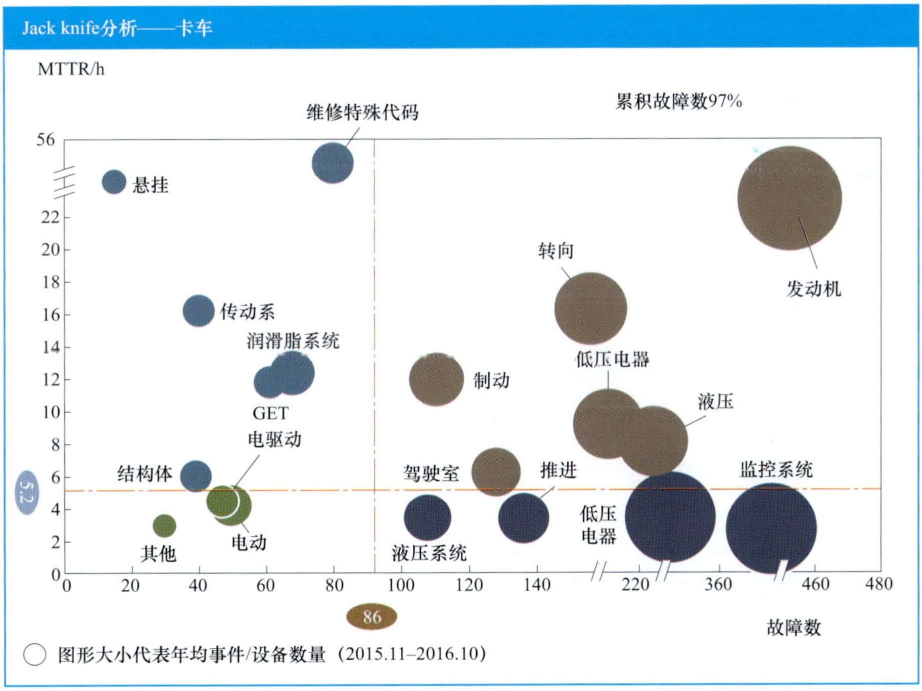

图 2.6.15　960E 卡车故障维修分布规律图

2.7 设备维修模式及管理

设备维修管理是指依据厂矿企业的生产经营目标，通过一系列的技术、经济和组织措施，对设备寿命周期内的所有设备物质运动形态和价值运动形态进行的综合管理工作。

做好设备维修管理工作对企业竞争和发展起着越来越重要的作用，现代生产主体不仅由人向设备的转移，而且设备自身也向大型化、智能化的方向不断发展和转移。随着各企业设备支出成本的比例不断增加，保持良好的设备完好状态，提高设备的运行能力，降低设备寿命期维修、管理成本，成为企业生产水平及市场竞争力的核心内容之一，受到各厂矿企业的高度重视。对于露天矿山生产，矿山设备是生产的首要要素，设备采购、维护维修以及生产原材料消耗（电力、燃油等）也是露天矿最大成本来源。因此，做好设备的全寿期管理工作，对于露天矿的高效生产和降低生产成本有着至关重要的意义和作用。

2.7.1 维修管理组织架构

湖山铀矿采矿、水冶厂生产及辅助设备由维修部负责维修管理，根据生产系统和设备维修类别，维修部下设 4 个功能管理模块：水冶厂设备维修、采矿设备维修、工程设备维修、可靠性管理。管理架构见图 2.7.1。

水冶厂设备维修：负责全水冶厂设备及工艺管线、阀门等的在线维修及管理（后组织机构调整时并入水冶部门）。

采矿设备维修：负责所有采矿生产设备的维护维修工作。

工程设备维修：主要负责 3 部分工作内容。高压电气系统，负责厂区所有变配电系统、高压供电线路的检查、维修和日常管理工作；工程及工具类设备，主要为非生产类设备的维修管理，包括叉车、吊车、拖车以及维修用工器具等；中心维修车间，主要负责水冶厂工艺设备的离线维修和测试、非标机械部件的加工制作、全厂区设备零部件的焊接维修等工作。

可靠性管理：负责水冶厂及采矿设备的可靠性状态监测、可靠性技术分析、设备管理策略等。

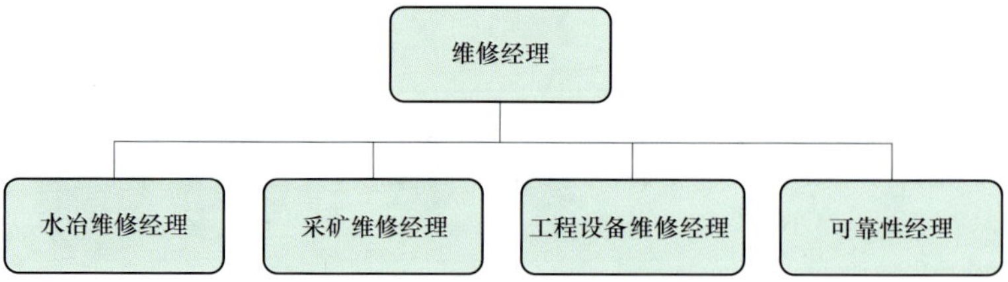

图 2.7.1 维修部管理组织架构

采矿设备维修模块包括了除焊接外所有采矿生产设备的维修工作，按照主要设备供应商及维修地点分为两部分：一是以卡特彼勒为主要供应商、大部分维修工作在矿坑内完成的铲车、钻机等设备；二是以小松为主要供应商、大部分维修工作在维修车间完成的卡车及辅助设备。

分类设备维修管理由维修主管负责，下设维修班组，维修班组由技工（机械、电气及仪表等）、外部技术支持协调员、辅助工等组成。另外，还包括外委设备供应商技术支持团队人员。图 2.7.2 所示为采矿设备维修组织架构。

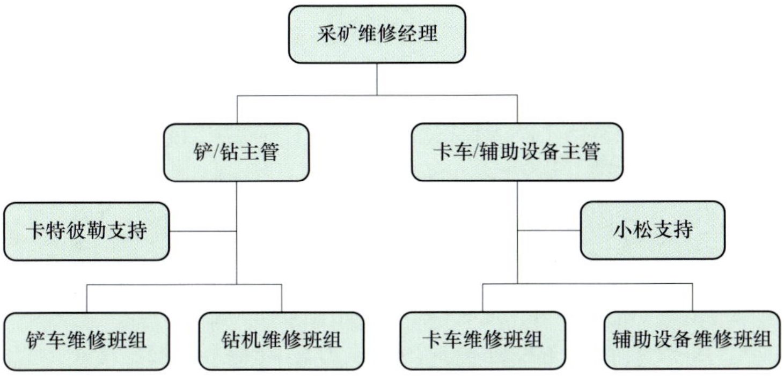

图 2.7.2　采矿设备维修组织架构

采矿生产设备维修模块的主要工作职责和范围如下：① 保证设备达到计划可动率目标；② 按计划完成设备维护、维修工作内容；③ 研究和制定设备改造方案；④ 编制预算费用；⑤ 编制和执行设备管理制度和安全操作规范；⑥ 员工技能培训；⑦ 维修车间管理；⑧ 维修工具管理。

维修部工程设备维修模块中设有一个焊接团队，由中心维修车间焊接组和采矿设备焊接车间焊接组组成，其中中心维修车间焊接组主要承担车间内维修设备及制备件的焊接工作，采矿设备焊接车间焊接组主要承担车斗和铲斗焊接车间以及其他坑内履带设备、其他车间维修设备等的焊接工作（见图 2.7.3）。

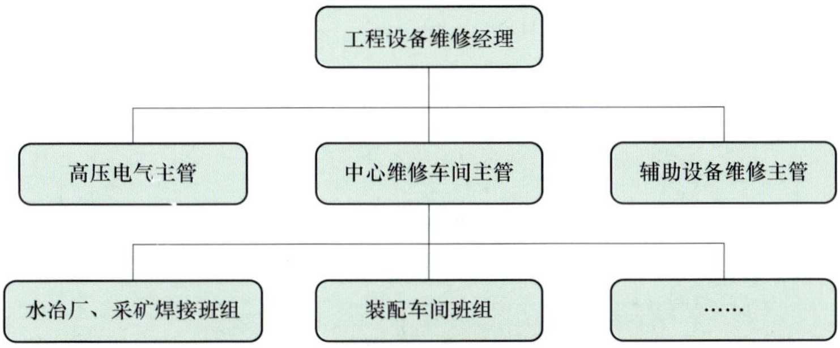

图 2.7.3　采矿设备焊接组组织架构

可靠性模块设有水冶设备可靠性管理、采矿设备可靠性管理、电力系统 3 个技术团队，主要负责设备管理和设备维修策略的制定和研究、设备运行可靠性的状态监测和技术分析、设备故障或损坏的根源性技术分析、SAP 维修管理、文档管理等。图 2.7.4 所示为可靠性管理模块组织架构。

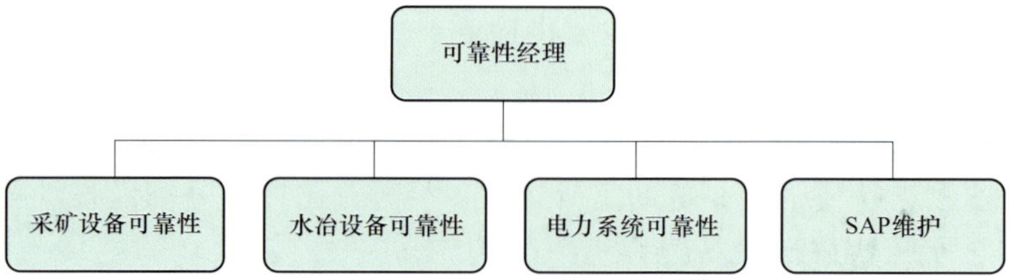

图 2.7.4　设备可靠性管理组织架构

2.7.2　采矿设备维修策略与方式

设备是露天矿生产的关键核心，开采工艺的各工序生产内容都是由专业设备完成的，因此做好设备管理工作成为露天矿生产的最重要工作之一，需遵循的原则主要包括：

① 保持良好的设备可动率，确保采矿生产高效进行，提高生产效率；

② 选择最佳维修策略，降低设备维修成本，避免过度维修和失修；

③ 降低事故发生的可能性，特别是减少恶性事故的发生。

依据上述原则，因地制宜地制定自身企业的设备维修策略和方式，达到既满足生产需求又节省成本的最佳方案，是企业探索并追求的目标。

（1）自主维修+OEM 支持的维修模式

湖山铀矿作为一座新建矿山，矿山建设和生产经营都有多种可行的选择方式，设备的维修管理亦然。

纳米比亚劳动力市场技工人才不足，特别是具有大型矿山重型设备维修经验的成熟技工严重匮乏，给矿山人力资源招聘带来巨大压力。但非洲作为一个庞大的以矿业开发为经济支柱的矿山资源市场，在南非等较发达国家，设备制造商及诸多服务机构建立了较为完善的设备管理服务体系，如维修总包服务、培训、备品备件供应、大修服务等，而维修外包也成为南部非洲地区广泛采用的维修管理方式之一，特别是技术工人短缺的国家以及采用先进的、自动化程度高的重型大型设备的矿山。因此，在矿山设计阶段，考虑到纳米比亚劳动力市场的实际情况并借鉴其他矿山的经验，湖山铀矿采矿设备维修选择采用前 5 年全部外包，由设备供应商维修的 MARC（Maintenance and Repair Contract）合同，后再由湖山铀矿接收实施自主维修。

湖山铀矿设备供应商集中，其中卡特彼勒和小松供应采矿设备的绝大多数，因此采用设备供应商实施 MARC 维修管理具有一定的良好条件，其工作内容主要包括：① 所有设备的维护、维修工作；② OEM 提供所有必须的维修工器具；③ 提供设备维护和操作培训；④ 备品备件供应和库存管理；⑤ 设备维护的数据采集、整理、分析和报告；⑥ 绩效目标执行；⑦ 持续改进和技术创新。

MARC 合同的费用支出由固定费用和可变费用两部分组成：一是固定费用支出，涵盖日常管理费用和人力劳务费用等；二是可变费用支出，是指合同执行期间所使用的备品备件及其他消耗品费用。

对于湖山铀矿初期的现实条件及面临的困难和纳米比亚国家的整体人才状况，采用 MARC 合同的维修策略的优点是显而易见的，一是利用 OEM 已有系统的管理和技术优势，能够快速建立湖山铀矿的维修队伍和管理系统，降低生产初期维修管理风险；二是管理简化，所有的维修系统管理由承包商负责，业主只负责与承包商的协调工作。同时，采用MARC合同的劣势也非常明显：① 成本费用较高；② 业主对维修管理系统难以有效控制；③ MARC合同期结束后，整个维修系统向业主的移交面临很大难题；④ 维修移交业主后，过渡期内可能会对生产产生不利影响。

对于选择适宜湖山铀矿的设备维修模式，不仅公司内部进行了充分的研讨，还邀请Bluefield、中国神华集团等专家团队进行了专家论证。经多番论证，认为采用自主维修为主、辅以OEM技术支持的维修模式有利于湖山铀矿的运营和发展。湖山铀矿维修迟早要建立自己的维修队伍，避免受制于人，与其5年的MARC合同过渡并带来交接期的困难和动荡，选择在开始时就培养建立自主维修队伍利大于弊。同时，湖山铀矿作为一座新建矿山以及中广核投资运营的第一座大型露天矿，缺乏大型矿山设备维修的经验和基础，在初期阶段难以摆脱对OEM的依赖，需要OEM提供必要的技术支持和服务，既能保障正常生产，同时通过OEM支持逐渐培养自己的维修队伍，提升自主维修能力。

自主维修加OEM技术支持的主要内容包括：

① 斯科公司负责所有维修计划、发展规划的制订与实施；

② 斯科公司负责所有的设备维修管理；

③ 斯科公司负责设备的日常维护、维修实施工作等；

④ OEM为湖山铀矿提供技术培训；

⑤ OEM为湖山铀矿提供必要的技术支持服务；

⑥ OEM负责备品备件供应保障。

（2）预防性维修策略

预防性维修即计划性维修，是按照预定的间隔时间或按规定的准则实施维修，通常包括保养、监控、使用检查、功能检测、定期拆修和定期报废等维修工作类型。通过预防性维修，目的是降低产品失效的概率或防止功能的退化。

预防性包括3种维护方式，分别是定期维修、状态维修和主动维修。定期维修是传统的预防性维修，不管设备的运行状态如何，都根据规定的维修间隔或设备运行的时间，按照计划的时间和内容进行维修。由于定期维修是根据设备的磨损、劣化规律分析统计而来的，这种无条件的按时维修和更换，容易出现设备没有出现问题就进行了维修或部件更换，而导致维修过度现象，造成资源浪费和生产成本增加。

状态维修借助先进的仪器设备，如红外测试仪、光电传感器、电子扫描、实验室化验分析系统等，定期进行设备检测，通过监测数据采集、整理、分析，诊断设备故障或故障隐患，以及设备劣化发展趋势的判断和管理。由于状态维修是通过仪器和专家诊断为基础，致使状态维修的有效性和可靠性具有不确定性和局限性。

① 故障诊断依赖于监测数据的准确性，要求仪器有较高的精确度。

② 需要环境条件满足检测要求，环境干扰易造成数据失真、奇异，导致虚警，甚至做出错误诊断，产生不必要的修理。

③ 通常需要设置阈值，到达阈值后进行维修，而阈值的设定受人因因素制约，阈值设置不合理会给维修发出错误指令。阈值设置过低，会导致谎报率高，造成维修过度及成本浪费；若阈值范围设置过高，会导致设备故障不报，造成失修而预防维修失效。

主动维修是寻求查找设备发生故障的根源，通过根源性分析（RCA），来消除故障根源，控制故障因素，对解决复杂故障、大故障以及重复发生的技术性故障有着非常重要的作用。以根源性分析（RCA）为手段的主动维修方式，对维修技术能力和理论水平有较高的要求，同时由于引起设备故障的因素错综复杂，交织搭错，为主动维修的实施造成很多困难，往往通过主动维修只能控制引发故障的部分可控因素，而不能完全防止故障的发生。

这种全面、主动的预防性维修方式已成为全世界厂矿企业设备的主要维修方式，同样在矿山行业得到了普及应用，特别对于露天矿山，设备均为移动单体设备，设备运行环境条件恶劣，采用预防性维修对提高设备可动率、保障采矿的正常生产发挥着更为重要的作用。湖山铀矿采矿设备维修普遍采用了预防性维修的上述 3 种方式，涵盖了采矿生产所有设备。对于预防性维修中最主要的内容——定期维修，湖山铀矿严格执行维修周期和修理内容，对设备故障的预防起到了积极的防治作用，但对设备实际状态的考虑有所忽略，从实际需求和控制成本方面考虑，对定期维修进行必要的优化和研究，制定符合湖山铀矿的维修策略，是今后湖山铀矿设备维修需要改进和提升的方向。一方面，设备的运行和劣化与设备自身质量和环境条件密切相关，特别是矿山设备，环境条件差异大，既受矿山自身地质条件的制约，还受到采掘质量的重大影响，只简单根据计划时间和内容进行维修和部件更换显然会造成很多浪费现象。另一方面，在环境条件差且变化大的矿山，设备操作也是设备状况趋势变化的核心要素之一，因此以单体设备为组成的露天矿设备的操作水平和操作员责任心的差异也对设备损坏的时间起到了关键作用，对一刀切的定期维修的局限性产生了影响。再一方面，湖山铀矿定期维修和更换是按照 OEM 推荐的零部件及消耗品（润滑油、脂等）的寿命周期（LCC）进行的，通常情况下，OEM 提供的 LCC 都较为保守，完全按此执行，容易造成浪费，增加成本。此外，在主动维修方面，湖山铀矿尚缺乏高技能维修人才，复杂和疑难故障的根源性分析（RCA）对 OEM 和其他外部专家的依赖性大，自我解决能力不足，同时耗费时间长，解决问题不及时。

（3）运修分离管理模式

设备运修管理模式是运行和维修进行独立管理，可以起到设备使用单位和设备维修单位相互制约、相互监督的作用，可以促进设备使用和维修水平的提高。

运修分离管理模式在大型化、高度机械化和集团化的现代企业得到广泛运用，国内外大型矿业公司也更多采用生产运行与维修分离的管理模式，特别是有多个生产运营矿山的企业，该管理模式便于统一管理、统一调度，便于专业化管理，便于实现最佳的优化资源配置。但运修分离也存在固有缺点和不足，主要是运修分离后，在设备发生状态故障时的责任界定和处置，容易导致使用与维修责任之间出现相互推诿现象，不利于设备的管理。

湖山铀矿在运营生产准备阶段即确立了运修管理的方式，在实际生产过程中实施情况良好，发挥了运修分离管理的优势，起到了使用与维修相互监督、相互促进的作用。但同时在设备故障时，特别是部分典型故障的重复发生和频繁发生现象，在运营和维修之间也出现了相互推卸责任甚至相互指责的现象。湖山铀矿对于设备故障责任的界定没有专门的部门和机构予以仲裁，设备管理存在一定缺失，需要制定切实可行的办法，能够有效监督、考核设备的执行落实情况，科学、公正地界定设备管理责任，发挥运修分离管理的最佳作用。

（4）总成件外委大修模式

露天矿采矿设备主要由大型、重型移动式设备组成，分为履带式和轮胎式移动设备两类。这些设备中有许多价值昂贵、组成复杂的总成件，且总成件的定期大修是露天矿设备维修非常重要的内容之一。

湖山铀矿现有各种采矿生产设备 80 余台，总成件大修采用了可研阶段的设计思路，考虑当地的维修技能水平和人才数量短缺，充分利用南非集中的 OEM 及代理机构已建立的成熟的技术团队及服务网络，将主要总成件大修委托 OEM、总成生产制造商或其代理服务机构，湖山铀矿没有建设大修设施及设备投入。

湖山铀矿的总成件外委大修策略在非洲地区国家较为普及，符合当地人才能力和数量不足的特征，风险小。但对于湖山铀矿这样的世界级矿山，选用最先进的大型采掘设备，设备及总成件制造商均为业界少数国际知名公司，这种总成件外委大修模式也带来诸多缺点：

① 总成件是设备的核心部件，组成结构复杂，要求技术能力高。如果全部外委大修，则不能称为具有完全的自主维修能力，会受到总成件制造商的制约。

② 总成件价格昂贵，占设备总价比例高，相应维修费用占比也高，据统计露天矿设备总成件大修费用占总维修费用的 60%以上。如果受制于自主维修能力，只能靠外委总成件制造商进行大修，维修费用将居高不下。

③ 不利于高端技术人才的培养，培养具有大修能力的技术人员，既是提升维修水平的需要，也能够在一定程度上牵制制造商对矿山企业的控制。

大型设备总成件自主维修能力的建设对降低矿山企业的设备管理风险，大幅降低维修费用有着非常显著的意义，这在国内很多大型的露天煤矿及非煤矿山都得到了印证，对湖山铀矿建设一定的自主大修能力的必要性提供了借鉴。

（5）备品备件供应模式

湖山铀矿结合自身特点采用以寄售制为主的备品备件供应方式，辅以部分设备、部分市场竞争性备件和战略性备件自主库存管理。

寄售制把备品备件仓库提供给供应方使用，由需求方或供应方管理，需求方根据生产需要到仓库取货，领取后将单据交给供应方，并根据单据进行定期结算。寄售制方式由供应方将物品“寄存”在需求方的仓库，并最终将物品“出售”给需求方，整个过程需求方不需担负库存费用，只是按实际使用支付，是一种名副其实的“零库存”管理模式。寄售制模式构建了紧密的供需合作关系，供需协同、信息共享、缩短采购供应周期，降低采购成本。

湖山铀矿地处工业较为落后的纳米比亚，采矿设备供应商主要集中于卡特彼勒和小松两家世界知名的设备制造商，适合采用寄售制模式。寄售制方式下斯科公司无须考虑残余库存回购，消除了库存压力和库存损失的影响。业主与供应商的沟通渠道更加通畅，减少了备品备件的采购环节，大大缩短了备品备件供应周期。另外一个明显的优势是可以充分利用 OEM 在周边矿山、周边地区以及周边国家的其他寄售仓库或基地形成联储联备的联合体，快速解决备品备件储备不足和短缺的问题。

寄售制在湖山铀矿的应用发挥了该模式的优势，同时也出现了其固有缺点所带来的问题，一方面采用寄售制，定价机制上供应商的控制力更强，备品备件价格普遍高于自主库存的采购价格，因此维修中备品备件费用较高，且难以降低，不利于生产成本的控制。另一方面寄售制把库存成本压力放到了供应商一边，为降低库存成本压力，供应商容易出现备货不足甚至拖延供货的现象，这会严重影响设备的维护维修工作的正常进行。在湖山铀矿，备品备件供应不及时导致设备停机的现象时有发生，对设备的使用和正常生产运营产生了一定的消极作用。因此解决库存不足和供应不及时是湖山铀矿面临和需要解决的切实问题。

寄售制的价格劣势很明显，湖山铀矿在寄售基础上，对于市场竞争性的高值备品备件采取了直接采购方式，如车斗、铲斗、履带等 GET 部件，通过市场招标采购，大大降低了采购价格，节省了维修成本费用。另外，对于需要库存储备的战略性备件，如发动机、电动轮、齿轮箱等，湖山铀矿采用合理储备的方式，基本满足生产中设备状态故障时的应急更换，而大修用周转总成件的维修考虑部分由斯科公司储备，部分由 OEM 提供，起到了既能满足维修需要、降低备件采购成本的目的，又减少了高值部件的大量库存，采用特殊时期与供应商联合供应的方式，以减少库存成本的压力。竞争性备品备件的直接采购和战略性备品备件的自主库存方式形成了对寄售制方式的有效补充，发挥了各自方式的优势，形成了湖山铀矿的较为完备合理的备品备件供应管理体系。

除卡特彼勒和小松两家主要供应商，湖山铀矿还采购有其他设备供应商的少量设备，由于各供应商的设备数量少，不适宜采用寄售制方式，因此这些设备采用由斯科公司采购并库存管理的模式，通常一次采购较长周期的备品备件量，日常因特殊情况的备件短缺通过单独采购进行补充。这些少量设备，由于备件备用周期长，一次性采购量大，库存成本偏高，而且容易造成残余库存。

湖山铀矿采购了中国北方重型卡车公司生产的“首台套”电动轮自卸矿用卡车 NTE330 共计 3 台，采用斯科公司自主库存方式，北重卡车在湖山铀矿的成功使用，矿山逐渐扩大了采购量，截至 2018 年已新购 4 台 NTE260 卡车，均已投运。随着北重卡车数量的增加，湖山铀矿需考虑北重卡车备品备件供应逐步改为寄售制模式。

2.7.3 设备维修工作流程

湖山铀矿采矿设备维修是以工单为基础的闭环流程，不管是预防性维修还是状态故障维修都是通过从创建工单到关闭工单的闭环过程实现，流程见图 2.7.5。

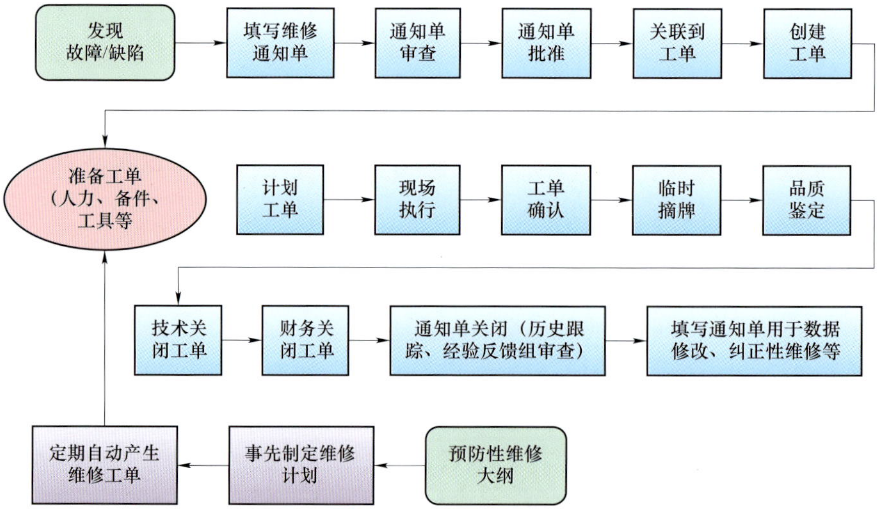

图 2.7.5　设备维修工作流程示意

2.7.4　维修计划管理

设备维修计划是指导企业在计划期内对机器设备进行维护保养和检查修理的计划，是企业生产经营计划的重要组成部分，通常由设备管理部门或设备维修部门负责编制。

设备维修计划按照维修类别可以划分为设备大修计划、设备中修计划、设备小修计划、设备项修计划、设备定期检查和调整计划、设备预防性检查计划等。

设备维修计划按照时间周期采用年度计划、月度计划和周计划 3 种，其中在年中会根据年度实际计划执行情况、公司生产经营计划调整等进行年中计划调整，计划编制由维修部负责。

年度计划是确定年度生产目标的重要依据，也是确定年度维修预算的依据。一般情况下，年度计划只能对维修类别和修理时间上做出大致的安排。湖山铀矿编制设备年度修理计划主要包括：

① 确定年度的大、中修计划，预定维修的时间、停机天数、修理费用等；

② 根据设备运行计划目标和工时数，估算各月度计划维修的维修量和停机时数，确定各月度计划维修工作量；

③ 根据以往年度状态故障发生频率、维修工时以及计划改进提升目标，预估状态故障维修工作量和停机工时；

④ 依上述维修类别计划，确定设备的年度计划可动率和年度维修预算。

月度计划是对年度的分解执行，修理项目需要确定，需要对备品备件的需求和供应做出具体计划。湖山铀矿采用的月度计划为 3 个月的滚动计划，当月为执行计划，后 2 个月为预测修理计划，这样便于对中期维修工作量和备品备件需求的预估和采购。

① 如有大、中修，需要制订明确的大、中修实施计划，包括备品备件准备计划、明确的停机开始修理时间、维修工时、人力数量、备品备件和消耗品明细等；

② 除大、中修外的计划维修根据设备运行计划和生产计划进行安排，依据维修工作量分布到各周；

③ 根据设备上一周期故障情况以及设备的状态条件，预测状态故障的概率比例；

④ 依上制订月度维修工作计划和预测设备可动率。

湖山铀矿采矿设备维修中，周计划是用于衔接生产的周期最短的计划，周计划采用 4 周滚动计划编制方式，第 1 周为实施、执行计划，后 3 周为大致维修计划。周计划中所有的计划维修工作均细化到工时、人力、备品备件及消耗品的具体用量，周计划用于各车间、团队的日维修工作指南和考核依据。

2.8　生产员工培训

湖山铀矿所处的纳米比亚位于非洲西南部，当地地广人稀，矿业相对发达，对于矿冶人力需求，存在着市场现状、国家政策等方面的制约和困扰，主要方面包括：

① 纳米比亚人口总量少，人才市场专业人才数量不足，而湖山铀矿正常运营期需技术、管理、操作、维修、辅助等各类人员将占纳米比亚整个国家矿业从业人员15%以上；

② 整体教育水平低，除部分从其他矿山招聘的有经验的技工外，大部分新招员工文化素质不高，技能水平低，难以胜任岗位工作；

③ 国家对用工本地化政策限制严格，外籍员工比例原则不能超过5%，此限制成为想通过以外籍熟练技工解决当地人才不足问题的最大障碍；

④ 技术人才、管理人才、熟练技工等的严重短缺，造成当地矿业行业人才一直处于求大于供的状态，矿山之间人才竞争激烈，人员流动性大；

⑤ 湖山铀矿为一座设计最大年剥采总量达到1.4亿t的大型露天铀矿山，选用设备均为世界最先进的重型开采设备，设备规模大，主要设备在纳米比亚其他矿山没有同型号设备使用，这给设备操作和维修带来了很大的挑战和困难。

⑥ 培训资源有限，对培养矿山人才构成挑战。

尽管通过招聘部分其他矿山有一定从业经验的人员，但大部分员工仍是毫无经验的新手，要建设一支合格的运营队伍面临严峻的考验，利用综合有效的技能培训就成为解决员工技能问题的唯一可行手段。

2.8.1 采矿操作工培训

（1）培训策略与目标

湖山铀矿是一个采用大型采矿设备开采的露天矿山，大型先进的采矿设备需要有合格的操作员驾驭，这样才能发挥出最大生产能力，培养合格的采矿设备操作员，是进行采矿生产的必要条件。

纳米比亚独立时间较晚，科学技术水平落后，整体受教育程度低；国家整体人口少，工业基础薄弱，从事采矿生产活动的工人更少；当地工人几乎没有操作过如此大规模设备的经验；由于矿山设备大、价值高等多种因素，斯科公司决定自己开发一套完整的设备操作员培训方案，以保障矿山安全、经济、高效的可持续稳定发展。

在培训策略方面，斯科公司首先将新招聘的操作员完全按照新手来培训，使每一个操作员都严格接受斯科公司的培训及考核流程。另外，由于招聘采矿操作员和采矿生产开始的时间紧促、需招聘的采矿设备操作员数量多，斯科公司采矿部采取先由设备供应商的培训人员对斯科公司采矿设备培训人员先培训，在斯科公司采矿设备培训人员能够完全胜任对新手的培训后，再由其对前期招聘的矿坑区域管理人员进行设备操作培训，与此同时满足前期采矿计划的完成。

总之，斯科公司在采矿设备操作员培训方面采用“默认零矿山设备操作经验，培养成合格的采矿设备操作员”的培训策略，以达到能够安全、高效驾驭相对应的采矿设备，实现设备效能最大化。

（2）培训方案与计划

1）培训方案

采矿操作员培训流程包括1周的入职认知培训、2周设备理论培训、5周的模拟机培训（仅限于主要采矿设备）和8周的实操培训，完成后对设备操作员进行考核评估，通过考核评估的操作员将拥有独立驾驶采矿设备的资格。在后续6个月的生产实践过程中，还需通过定期的操作水平评估，通过后便能成为一名合格的采矿设备操作员。若在某一阶段未通过考核评估的操作员，继续当前阶段的培训。

操作员入职培训包括入职测试和驾驶体检、公司文化宣讲和矿山安全知识培训、矿山灾害和风险以及相关程序的培训、设备理论培训计划介绍、设备基础理论介绍和培训后考核评估。培训内容和培训流程见图 2.8.1。

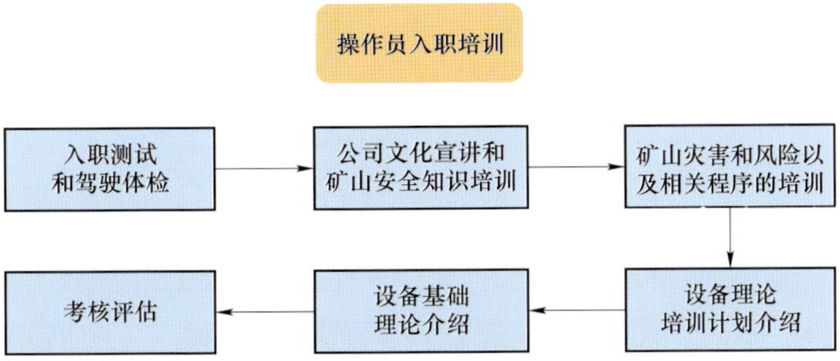

图 2.8.1　采矿操作员入职培训流程

设备理论培训包括公司文化、设备介绍、设备安全知识介绍、轮胎保护培训、操作风险识别、其他相关风险识别、设备检查流程培训、设备价值宣讲、设备操作前动员和理论培训评估。培训内容和培训流程见图 2.8.2。

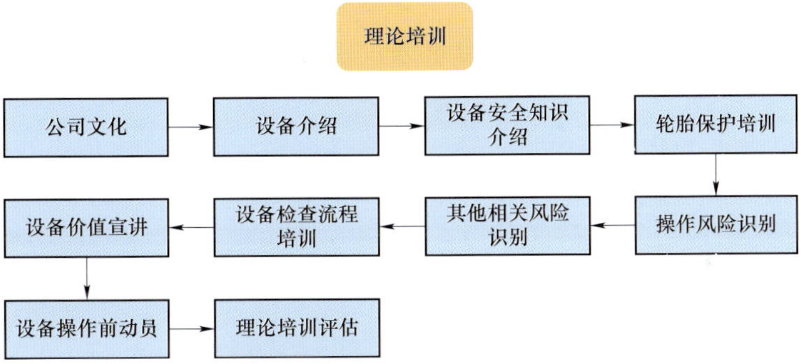

图 2.8.2　采矿操作员理论培训流程

实操培训包括设备外观检查、零部件辨识、启动和停车操作培训、原地操作程序培训、实操介绍、开始运行操作、上路培训、独立驾驶资格评估考核、最终岗位评估考核、移交生产部门，流程见图 2.8.3。

2）培训计划

在保证斯科公司采矿设备培训师通过设备供应商培训人员的充分培训后，采矿培训中心通过优先培训并考核合格的矿坑区域管理人员参与采矿试生产，一方面满足试生产的需要，另一方面及时反馈设备运行中在操作方面的问题，为优化培训方案作指导。然后根据采矿计划安排，逐步培训操作员并分配到不同班次。

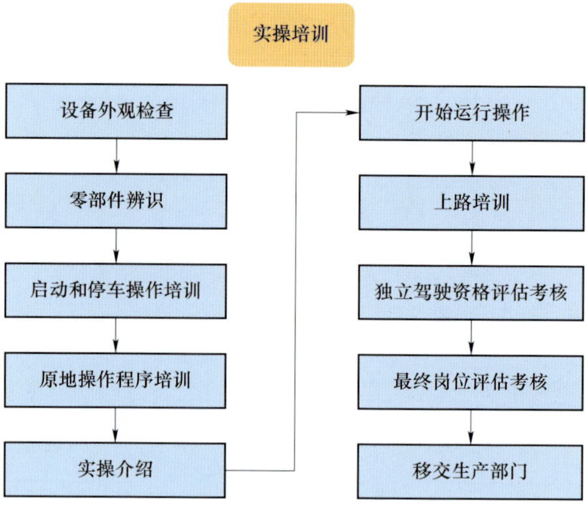

图 2.8.3　采矿操作员实操培训流程

2.8.2　设备维修工培训

（1）培训目标与策略

1）培训目标

维修工培训的目标是通过采用综合有效的培训方式，逐步达到由斯科公司维修团队实现除总成件大修外的完全自主维修能力。实施步骤分为三步：第一年达到具有承担全部设备维护工作的能力（占全部维修工作量的 80%），设备供应商承担全部的设备修理工作（占全部维修工作量的 20%），斯科公司员工参与修理并作为实操培训的重要组成；第二年斯科公司维修人员承担全部的设备维护工作，并通过培训，能够逐步自主完成简单的修理工作（约占设备修理工作量的 50%），设备供应商承担剩余 50%的疑难和复杂修理工作，斯科公司维修工参与；第三年实现全部维护维修工作由斯科公司维修团队完成的目标。图 2.8.4 所示为维修培训实施步骤示意。

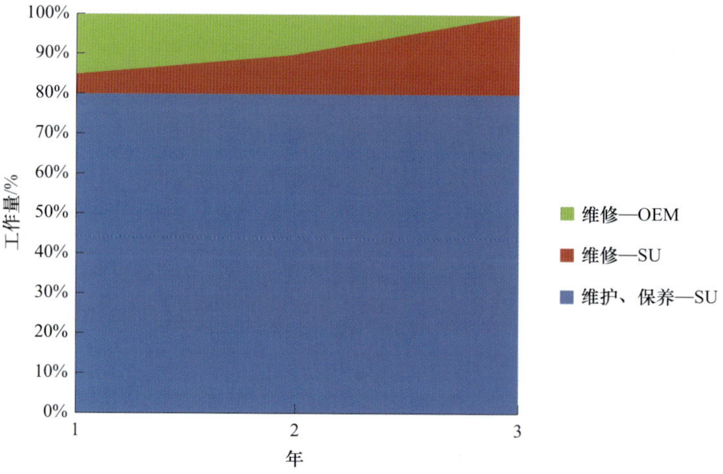

图 2.8.4　湖山铀矿维修培训实施步骤示意

2）培训策略

① 专项、专题理论知识培训策略

理论培训是通过理论知识的学习，掌握设备的结构组成、工作原理、操作指南、维修要点、故障识别与排除、故障分析等基本理论知识，使维修人员对设备本身及操作和维修等内容有全面系统的认知。

露天矿设备是由不同类型单体设备组成的集合，设备功能类别多，能源驱动既有电力也有燃油，且设备都配置有复杂的仪控系统，所以要求维修技工配置既要有掌握该设备类型的机械维修技工，还要有掌握该设备的电气、仪表维修技工，以及焊工等通用维修人员。因此露天矿设备维修技工的理论培训不宜采用统一集中的授课培训方式，而适宜采用分期的专项、专题培训方式。

湖山铀矿利用约 2 年时间，由卡特彼勒、小松、LeTourneau 等设备供应商指派专业工程师赴矿山现场进行专项、专题培训 20 多场，涉及钻机、铲车、卡车、前装机、推土机及其他辅助设备，内容包括设备机械原理及维修、电气设备知识及维修、仪控原理及系统维修基本知识。培训组织灵活，参训人员数量少，易于互动，且有利于对多种设备有维修兴趣和意愿的人参与学习，培训效果良好。

② 以修代训的实操培训策略

以修代训或以干代训是用实际工作的形式代替培训的方式，其实质是受训维修工直接上岗进行维修操作，在工作中掌握和积累工作能力和经验，该培训方式有利于受训员工更快地掌握工作技能，达到更好的培训目的。

第一阶段为设备维护技能培训，包括设备点检、定期小修等，招聘有经验的维修工进行独立操作，新手维修工在熟练工（师傅）或 OEM 技术工程师的监督、指导下进行操作，第一阶段后，达到所有维修工具有完成设备维护工作的技能。

第二阶段为简单修理技能培训，该阶段是在 OEM 技术工程师的指导下，独立或配合参与一般故障的处理，通过一定时间的摸索和积累，部分人员具备能够识别、鉴定简单故障，并能够承担简单故障的修理和部件更换工作。

第三阶段为复杂故障修理技能培训，与 OEM 技术工程师或在其指导下工作，通过该阶段的在岗实操培训，斯科公司能够自主完成全部的设备维护和修理工作。

湖山铀矿经过近 3 年以干代训的培训过程，基本实现了设定的培训目标，但掌握复杂故障修理技能的人员数量尚存在缺口，复杂故障的识别和维修能力还有不断改进和提升的必要和空间，部分复杂故障的维修还需要 OEM 的技术支持才能解决。

③ 择优选拔、分级培养的培训策略

设备维修按照维修工作量的大小和维修难易程度分为 3 个层级。底层的设备维护保养工作，工作量占 80%，但工作简单，易于操作和掌握。位于中间层级的简单修理工作，工作量占总量的 10%左右，要求维修工具备一定的理论知识水平，清楚设备的结构组成和系统组成。位于最高层级的复杂维修，工作量占总工作量的 10%左右，故障处理不仅需要维修工有熟练的维修技能，还需要熟悉设备机理，掌握一定的理论知识。

根据设备不同层级维修工作量的不同和对维修工技能水平的不同要求，湖山铀矿采取择优选拔、分级培养的培训策略，分阶段培养出满足需求的维修队伍。第一阶段普通维修工培训，经过培训全部维修工具备设备基本维护保养工作能力，承担设备的基础养护工作；

第二阶段是简单故障维修工培训，在第一阶段表现优秀的人员中选拔30%左右进行简单故障维修培训，经过培训能够达到简单维修的能力，达标人员在80%以上；第三阶段为复杂故障维修培训，在第二阶段的学员中再选拔出约15%的优秀者进入高级维修培训，并最终有不低于总培训人员10%的人成为高级维修技工，能够独立承担复杂疑难故障的维修和设备更换工作。

（2）培训方案与计划

湖山铀矿从生产准备到爬坡达产的过程中，生产和生产支持队伍是逐步建立和发展的，设备维修队伍也是根据生产爬坡的实际情况和设备数量的不断增加，陆续招聘上岗执业，因此技工的技能培训不是一次集中培训可以完成的工作。

根据维修人员招聘计划，采用循环式培训制度，分批分级培训，完成培训并考核合格，则进入高一级培训和维修工作，直至从招聘入职的新手通过培训手段分别成为维护保养、简单修理、复杂修理等不同级别的技工。图 2.8.5 所示为采矿设备维修人力与培训计划图。

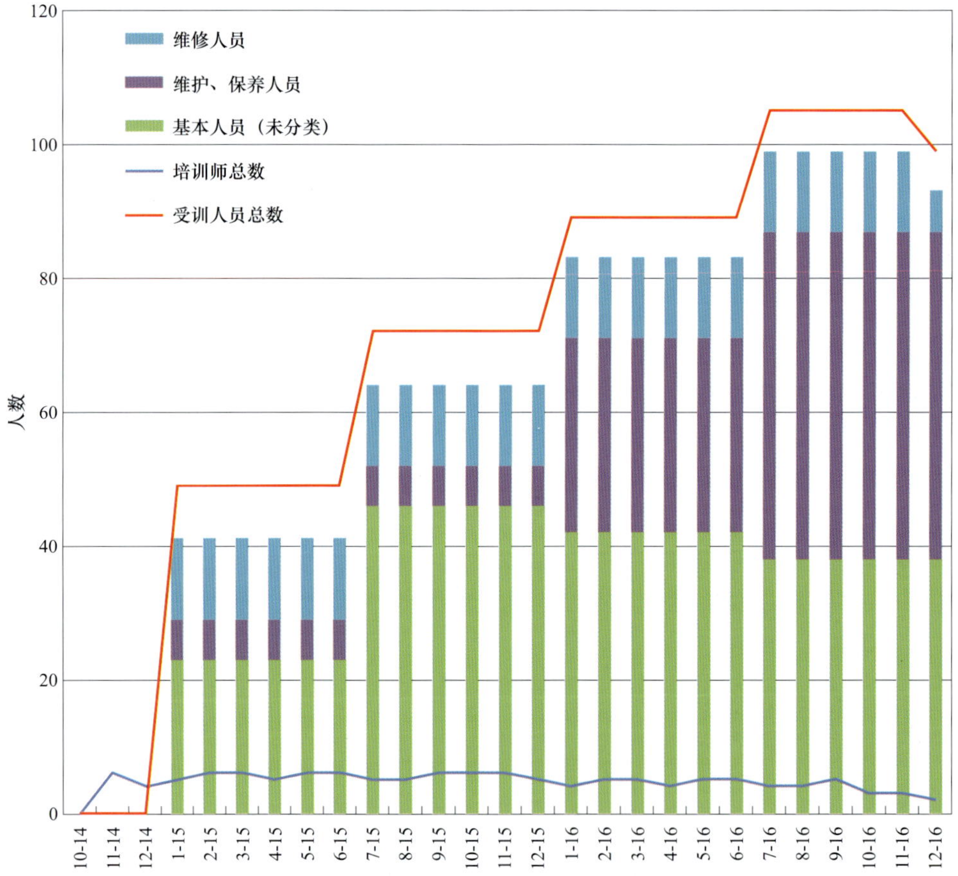

图 2.8.5　采矿设备维修人力与培训计划

湖山铀矿从长期稳定高效运营的需求和发展考虑，高度重视员工培训和人才培养工作，制定了员工技能培训和各级人才培养方案及规划。维修技工、管理人员都是采用逐步培养、逐级提升的方式，逐步建设和形成能够胜任设备维修及管理的团队，建设成为世界一流矿山所需要的基础技能和管理能力。

矿山对于维修人才在技术和管理方面的发展提升提供了发展通道，为优秀人才个人职业发展提供了平台，为公司的发展培养了植根于公司文化的所需人才，为实现公司的高端目标奠定了基础。该培养计划包括三个方面：一是各级技工培养；二是初级管理到中级管理培养；三是中级管理到高级管理培养。

图 2.8.6 所示为不同等级技工的培养发展路线。

对于教育程度为 N3+Trade（职业资格 N3）的人员，1 年后职级从 B4 晋升 C1，从无工作经验到具备设备保养能力，3 年后职级从 C1 晋升 C2，业务能力水平达到具备设备拆卸和修理能力，5 年后职级从 C2 晋升 C3，达到熟练工水平，能够维修复杂疑难故障。对于有 N6+Trade/S4/T3（职业资格 N6 或 S4/S3）教育背景的员工，1 年后职级从 C1 晋升 C2，具备计划维修保养能力，3 年后从 C2 晋升 C3，具备复杂维修技能。

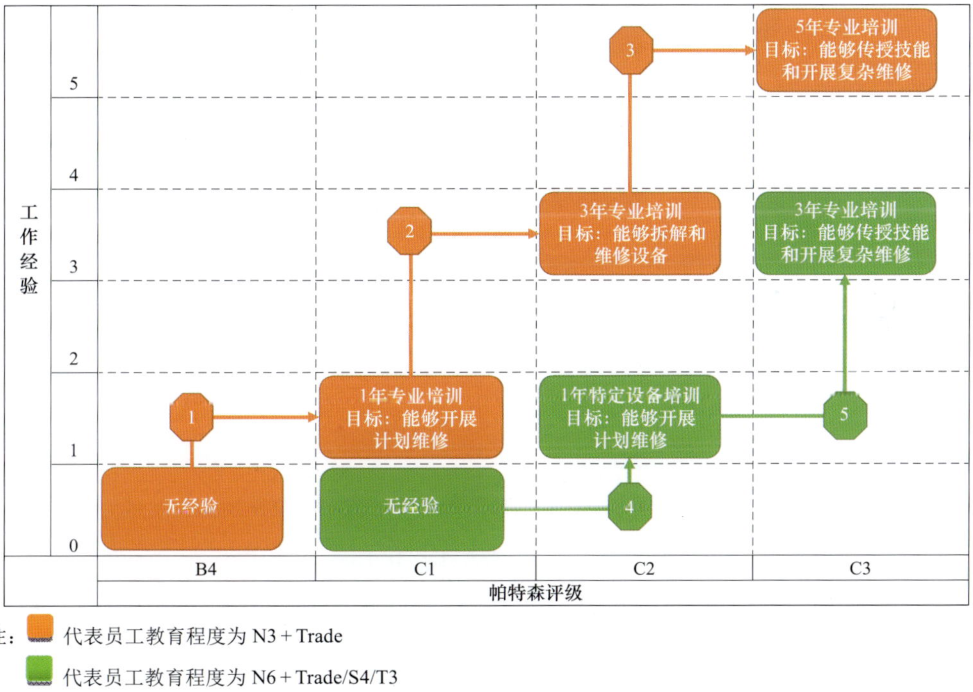

图 2.8.6 技工培养发展路线

图 2.8.7 所示为初、中级管理培养发展路线图。对 N3+Trade 和 N6+Trade/S4/T3 教育程度的 C4 职级的无管理经验员工，2 年后具有晋升 C5 职级的初级管理层级资格，5 年和

8 年后分别具有晋升 D1、D2 中级管理层级的资格。对教育程度为 B.Tech（技术学士）且无管理经验的 C5 级员工，3 年培养后可晋升 D1 职级中级管理岗位，5 年后可晋升 D2 职级中级管理层级。对 B.Sc/B.Eng（科学或工程学士）背景的员工，3 年可从 D1 晋升至 D2 的中级管理层级。

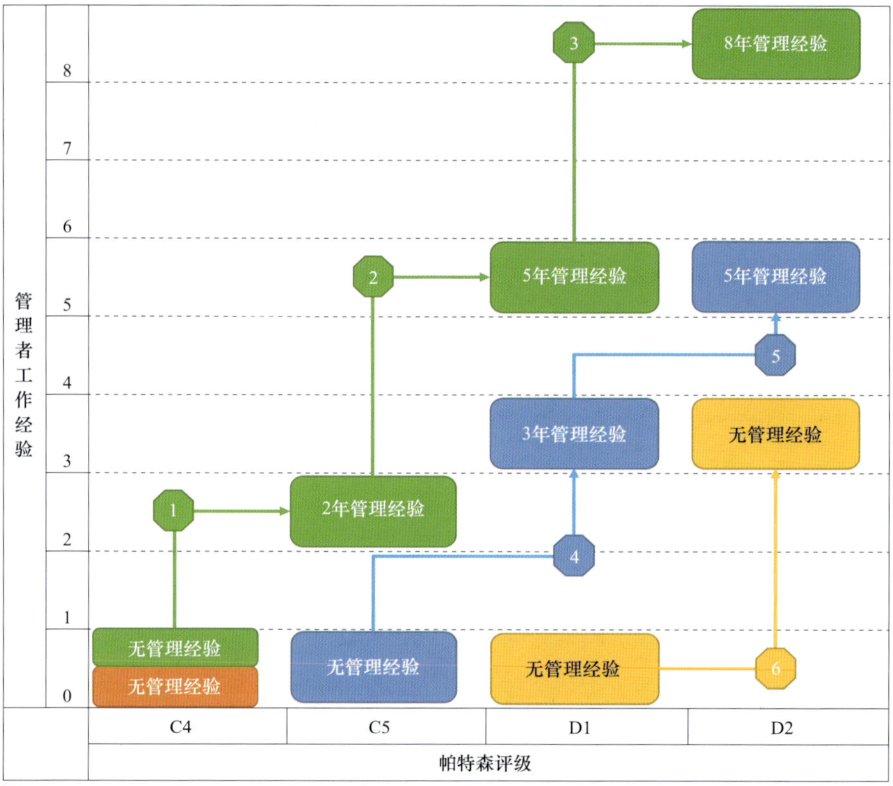

注：代表员工教育程度为 N3 + Trade

代表员工教育程度为 N6 + Trade/S4/T3

代表员工教育程度为 B.Tech.

代表员工教育程度为 B.Sc/B.Eng.

图 2.8.7　初、中级管理培养发展路线

图 2.8.8 所示为中、高级管理培养发展路线图。B.Tech（技术学士）学历、具有 7 年初级管理岗位经验但没有中级管理岗位经验的员工，3 年的工作培养后可晋升至 D5 职级的中级岗位。对 B.Sc/B.Eng（科学或工程学士）背景、具有 5 年初级管理岗位经验但没有中级管理岗位的员工，2 年工作培养后可晋升至 D5 职级的中级管理层级，5 年后具有从 D5 晋升 E1 高级管理岗位的资格。

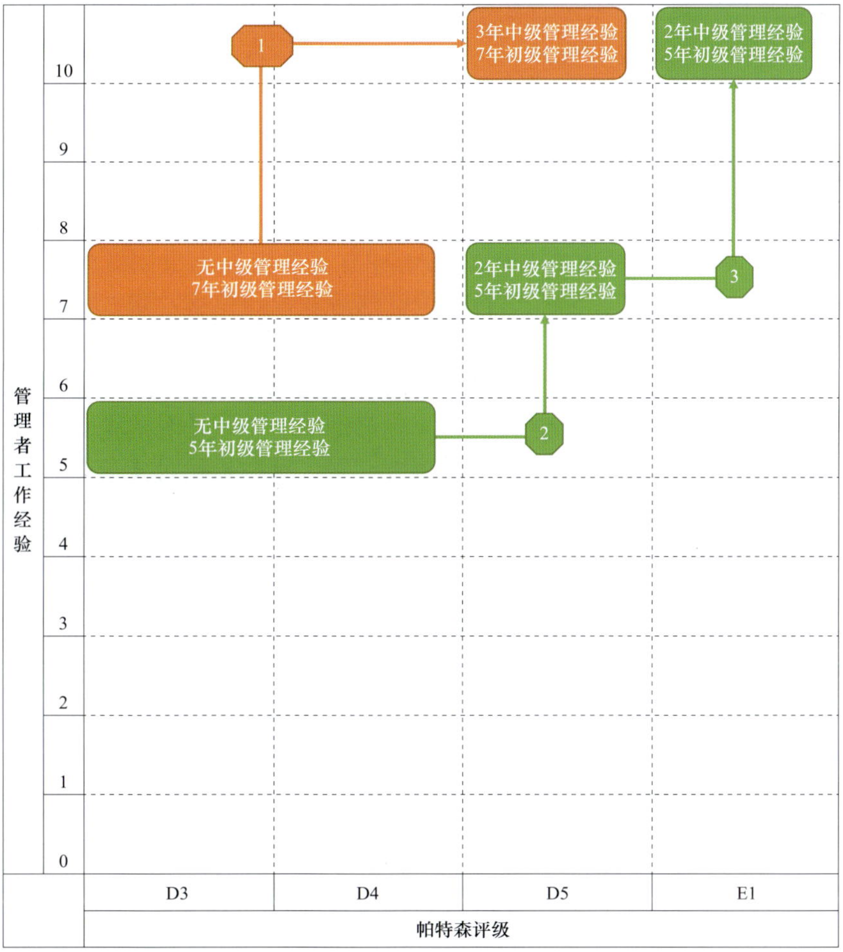

注：代表员工教育程度为 B.Tech.

代表员工教育程度为 B.Sc/B.Eng.

图 2.8.8　中、高级管理培养发展路线

2.9　生产运营主要问题及解决方案

自矿山投产以来，采矿生产遇到了各种各样的问题，严重制约着生产能力的提升，影响着生产爬坡，如钻孔定位偏移及孔深控制问题、钻孔塌孔问题、底板控制问题、预剥离层爆破大块问题、爆破根底问题、生产设备事故问题、总成大部件设备故障问题、设备可动率问题、装载铲齿脱落问题、设备匹配问题等。虽然出现了各种各样的问题，但经过不断地努力，通过加强操作员培训、提升现场管理、完善相关程序等措施，克服了一个接一个的生产问题，使生产能力得到了逐步提升。还有些问题没有得到彻底解决，仍然时有发生，需要进一步提升管理和操作水平，控制相关问题的发生。

（1）钻孔定位偏移及孔深控制问题

钻孔作业工序作为采矿生产流程的第一个工序，钻孔作业稳定、高质、高效地完成是采矿生产顺利进行的重要前提和保障。

在采矿前两年试生产过程中，钻孔作业的质量提升计划是采矿生产质量的重点和难点工作，主要包括孔位和孔深的控制。一是由于现场工作环境恶劣，实际操作存在困难；二是钻机操作员自身技能也处于逐步提升的阶段；三是现场管理人员缺乏质量意识，对钻机操作员及钻孔助理缺乏有效的监督。

钻孔的定位主要通过两种方式实现，第一种方式是工程测量团队使用手持式高精度GPS（精度：±0.1 mm）对每个钻孔进行定位，然后摆放定位牌；第二种方式在钻机设备上安装高精度 GPS 系统（即调度系统中的 Provision 模块）实现钻机自动定位。在第二种方式未能稳定、持续投入使用之前，生产操作员一直利用定位牌进行钻孔定位，但由于定位牌放置后受外界因素（来往车辆、天气、人为移动等）影响容易对原始孔位造成偏差，而且钻机在孔与孔之间挪动，由于操作员的视野受限（操作员助理未能积极协助钻机定位的工作），孔位偏差较大。另外如果按照垂直抵抗线（即“排”）的方向钻孔，每一排的起始孔定位很关键，因为第一个孔往往作为后续钻孔参照，如果每一排的起始孔定位偏差较大，很有可能出现整排孔偏差都较大的情况。

钻孔的孔深也主要通过两种方式进行控制，第一种为工程测量团队使用手持式高精度GPS（精度：±0.1 mm）对每个钻孔孔深进行控制，第二种通过钻机自带的孔深测量系统进行孔深控制。孔深的控制总体较好，通过对一个区块的设计总钻进米数与实际钻孔米数对比，孔深控制比较好，偶尔存在超钻的现象，主要针对部分易塌孔或者岩性较为破碎的区块；操作员会有意识地超钻 1 m 左右，避免后续重钻。为了进一步确保孔深达标，在完成钻孔后，按照标准程序要求钻孔助理第一时间进行测量，与设计孔深进行对比（避免孔深测量系统不准的情况）。如果孔深未达到设计孔深，则要求立即重钻。但是部分钻孔由于塌孔，即孔壁或者孔口的钻孔岩屑回填至钻孔内，造成堵孔或者孔深未达到设计孔深，需要进行重钻。总体的重钻率保持 3%～5%，但对于部分硬岩破碎区域，重钻率平均达到 10%。

（2）钻孔塌孔问题

钻孔塌孔问题是矿山进行钻孔作业经常出现的典型问题，因为堵孔、塌孔等原因需要再次钻孔，一般包括两种情况，一种是在原设计孔位重新钻孔或者在设计孔位附近重钻新孔，行业一般使用重钻率这一指标来进行考核计算。日常生产应尽可能降低重钻率，重钻可能发生在装药之前或者装药之后（非洲矿山的操作惯例允许区块装药完之后，在爆破员的监督下进行重钻），重钻如果发生在装药之后，在一定程度增加了安全风险。与其他矿山对标，世界一流的矿山重钻率约为 3%，湖山可研和设计的重钻率也是 3%，但该设计参考值略微偏高，在硬岩台阶很难实现，而且在不同岩性的条件下，钻孔成孔难易程度不同。

塌孔的原因主要和钻机操作员的技术水平和岩性条件有关。前期试生产时的操作员大部分是由“新手”培训而来，操作员的操作水平处于提升和经验积累阶段。前期钻孔生产尤其在硬岩台阶，塌孔率（重钻率）明显偏高；主要原因是钻机在开孔时的操作且前期所有钻机均采用干式钻孔（考虑放射性测井的要求和现场工业用水紧缺），塌孔现象频繁；尤其针对小台阶小孔径的钻孔，一次成孔率不高，重钻率甚至达到 20%～30%，极大地限制了钻机设备的生产能力，也影响钻机的生产效率。为了降低塌孔率，对现有设备进行改装，对湿钻进行试验（当时仅 MD6290 柴油钻机可以增加水箱，可作为干湿两用），试验结果表明湿钻可以更好地利用岩屑的黏性，做到“护壁”的作用，钻机（小孔径）在硬岩台阶的成孔率明显提高。另一方面，需要持续培训操作员的操作技能，针对不同岩性条件采用不同钻进参数进行开孔，以达到降低塌孔率、降低重钻率的效果。

（3）底板控制

主要通过钻孔深度控制、位移偏差控制和 GPS 高精度装载管理实现实际底板高程与设计底板高程差异的控制。湖山铀矿分别采用 15 m 和 7.5 m 台阶开采，直径 311 mm 钻孔和 165 mm 钻孔布置在 15 m 台阶上，直径 251 mm 和 165 mm 钻孔布置在 7.5 m 台阶上，实现一次钻孔一次爆破。钻孔参数如表 2.9.1 所示。

表 2.9.1　钻孔技术参数表

台阶高度/m	7.5		15	
孔径/mm	165	251	165	311
岩石类型	白岗岩	白岗岩	砂砾岩/钙质结砾岩	砂砾岩/钙质结砾岩
孔网设计参数（排间×孔间）/（m×m）	4×4.6	5.5×6.5	4×4.6	7×8
设计超深/m	2	1.5	2	2
装药类型	乳化炸药	乳化炸药	铵油/重铵油炸药	铵油/重铵油炸药
装药高度/m	5.5	4.5	11	11

装载时，主要采用 CAT7495 绳铲装载 15 m 台阶爆破区域，CAT6060 液压铲车装载 7.5 m 台阶爆破区域。当前的底板容忍标准在 ±1 m，由于钻孔和铲车的规模都较大、矿山岩层表土松散易塌孔、操作员的水平较低很难做到更精确控制。

底板的高低不平，一方面给钻爆和装运带来负面影响。例如上一个台阶高低不平，直接导致下一个台阶钻孔深度不一致、装药量不一致，导致爆破效果不好。底板高低不平也会直接损坏履带设备的行走装置和轮式设备的轮胎，另一方面会增加矿石的损失和贫化。湖山铀矿采用放射性测井建立品位控制模型，按照当前标准，每 7.5 m 组合成一个模型参数，如果欠挖造成底板高低不平，则会导致矿石的损失，如果超挖造成底板高低不平，若对应下一个台阶是废石时，就会造成矿石贫化。

为了增强底板的控制，使实际底板高程和设计底板高程尽可能一致，湖山铀矿采取了以下措施。

① 在钻爆设计阶段，使用合理的超深。根据采矿实际情况总结经验，使用更合理的孔网参数和超深设计。

② 钻孔阶段，严控控制钻孔位置和钻孔深度，对偏离容忍范围内的钻孔都实行重钻。

③ 装药阶段，对超过设计孔深且多余容忍深度的钻孔进行回填后再装药。

④ 装运阶段，保证推土机与铲车联合作业，以确保增加装载区域底板控制的进度。

通过一系列措施的实施，7.5 m 台阶的底板控制质量有了较大改善，15 m 台阶的底板也有向好的方面发展的趋势。

（4）预剥离层爆破大块问题

自采矿试生产以来，预剥离层的爆破一直是湖山试生产爆破阶段的难点，爆破设计的方案也随着调整，从可研报告最开始的“自由挖掘（Free digging）”到后续的不断增加单耗来提高爆破质量。

截至 2017 年年底共爆破约 1.2 亿 t 钙结砾岩，主要分布在 2 号矿坑 1 期和 1 号矿坑 2 期。其中 2 号矿坑矿体埋藏深，表土钙结砾岩层厚约 60 m，钙结砾岩爆破的问题主要出现在 2 号矿坑。

钙结砾岩是一种硬度较低孔隙率大的钙结质黏土，考虑岩性较软、密度偏低，251 mm 孔径爆破孔网参数设计为 8.9 m。而实际生产爆破中出现诸多问题，比如大块率高（二次破碎和爆破频繁），表土台阶冲孔严重，地表形成长条形裂缝等，岩石移动小（无地表隆起等），局部出现根底、孤岛等，从而导致电铲铲装效率低，设备事故率高，并且在一定程度上影响设备可动率。

钙结砾岩的爆破质量及效果受多种因素影响，包括炸药选型、爆破设计参数优化、爆区形状优化、软硬岩交界面台阶爆破、起爆延时等多个方面。

1）炸药选型

在 2 号矿坑 11 台阶钙结砾岩爆破过程中首次普遍出现大块、装载面坚硬等问题，现场考虑试用爆速更高、威力更大的乳化炸药，选取 2 号矿坑第 11 台阶第 16 区块（2B011D016）对乳化炸药和铵油炸药的性能进行试验，该区块设计孔网参数为 5 m 孔网参数，孔径 165 mm，装药示意图及爆破效果如图 2.9.1 和图 2.9.2 所示。

从图 2.9.2 可以明显看出，铵油炸药区破碎效果明显比乳化炸药区好，乳化炸药区地表无隆起且爆堆无明显移动。

考虑到钙结砾岩的岩石特性，岩石偏软、孔隙率发达等，采用铵油炸药最为合适。采矿试生产前期现场多孔粒状硝酸铵上料塔施工尚未完成，只能外购南非的乳胶基质，并在现场混装乳化炸药进行爆破，实际爆破效果并不明显，岩石移动和地表隆起小，另外由于表土孔隙率大，乳化炸药流失，单耗高。另外考虑炸药成本，铵油炸药的密度远小于乳化炸药，相同装药高度，铵油炸药消耗量远低于乳化炸药，因此建议在钙结砾岩爆破中，坚持采用铵油炸药，只有在含水炮孔或特别坚硬的硬岩中，考虑乳化炸药及重铵油炸药。

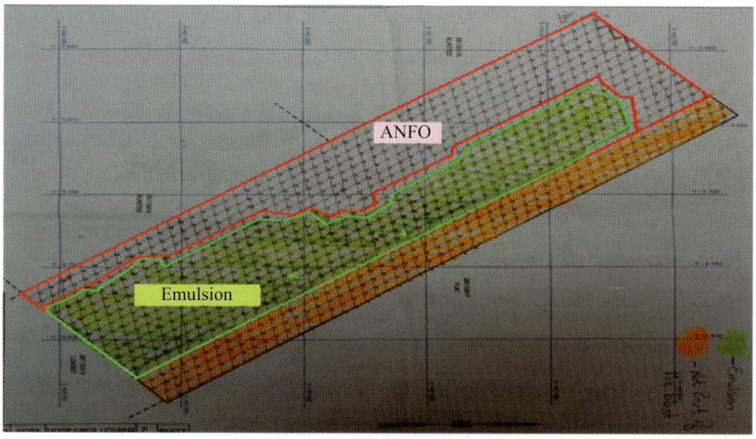

图 2.9.1　区块装药种类示意

注：红圈内为铵油炸药，绿圈内为乳化炸药

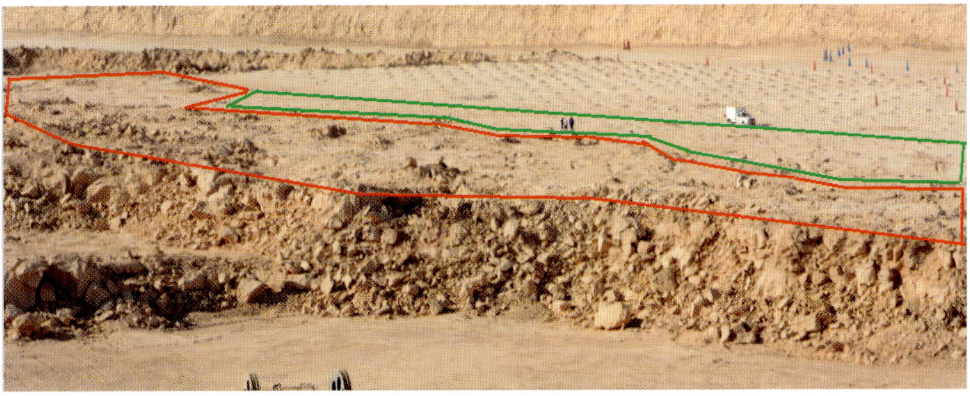

图 2.9.2　铵油炸药与乳化炸药爆破效果

2）孔网间距参数

2 号矿坑表土钙结砾岩的覆盖层超 60 m，钙结砾岩随着深度的变化，岩石的性质也发生变化，炸药能量的利用率也有不同，所需的单耗亦不一样。总体上单耗在不断增加，最初的爆破设计低估了该特殊岩层的易爆性。

关于 2 号矿坑钙结砾岩的爆破设计，11 台阶以上的台阶，对于 251 mm 孔径设计孔网参数均在 8 m 设计孔距左右，最大扩大至 8.3 m，总体大块较少。

2 号矿坑第 11 台阶部分爆破区块 2B011D013、14、15 仍沿用上部台阶 8 m 的孔网参数进行爆破，大块率高且部分区块装载面坚硬，出现大面积的根底及孤岛，需二次钻孔爆破。随后调低设计参数至 7.1 m 进行爆破，以及采取加密钻孔或者增加辅助浅孔，爆破效果得到改善。

2 号矿坑第 13 台阶，相同孔径设计孔网参数调低至 6.3 m×7.3 m，随后扩大至 6.7 m×7.8 m 及 7 m×7 m，总体爆破质量有所提升，大块率降低。同时第 13 台阶单次爆破区块较为合理，但区块形状极度不规则，导致区块边角区域容易出现根底。

2 号矿坑第 15 台阶，电钻 251 mm 孔径孔网参数保持 6.7 m×7.8 m，随后降到 6.5 m×7.5 m 及 6.3 m×7.3 m，部分区块爆破大块率高，初步得出区块形状对大块产生有很大影响的结论。

综合分析 2 号矿坑各台阶爆破区块，第 11 台阶及第 15 台阶大块率高且出现大范围根底的原因主要有几下方面。

① 钙结砾岩层节理裂隙较发育，同一台阶存在数组软弱夹层，导致炸药能量分布不均，大块率高。

② 总体上钙结砾岩的强度逐渐增强，爆破设计参数需要微调并且适当增加单耗；孔网参数过大（抵抗线过大），导致大块率高和根底出现。

③ 实际钻孔孔位偏差较大，实际孔排距与设计相差较大，导致根底和大块产生。

④ 实际爆区形状，“L”形夹角位置夹制作用大，易出现大块。

⑤ 部分爆破区块纵深大，后排夹制作用大。

3）填塞高度优化

生产爆破均采用直径约 19～31 mm 骨料填塞，采用骨料填塞可以适当降低填塞高度，提高药柱重心和炸药能量分布，改善台阶顶部爆破大块。

一般 15 m 台阶采取 2 m 超深，填塞高度设计为 4.5～5 m，图 2.9.3 所示为 2B011D017 区块适当降低填塞高度至 3.5 m，爆破结果对比如图 2.9.4 所示，大块率明显降低。

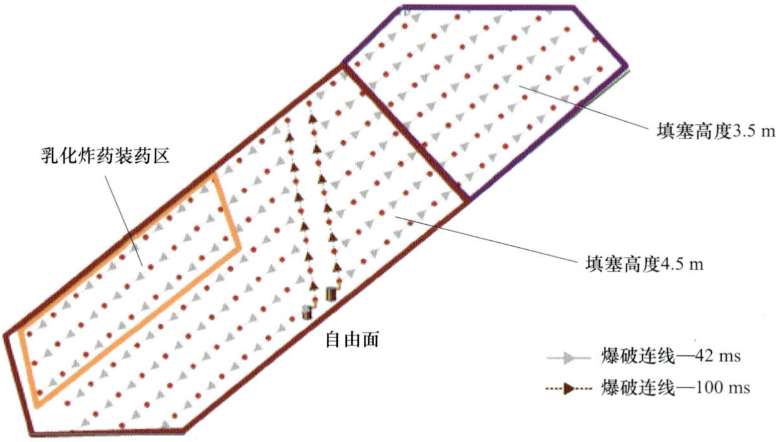

图 2.9.3 孔口填塞高度优化分布示意

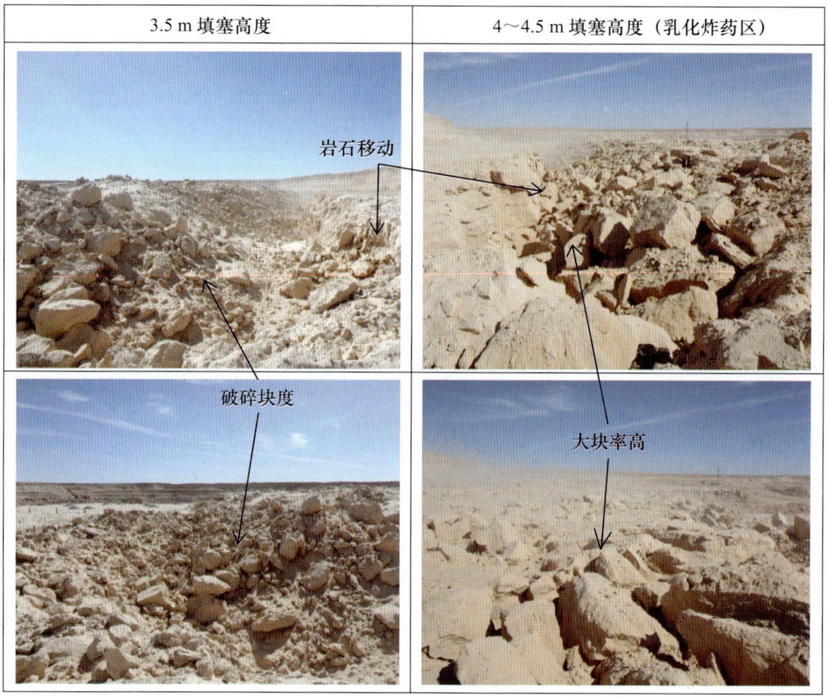

图 2.9.4 不同填塞高度爆破效果对比

经过对比分析，推荐设计参数见表 2.9.2。

表 2.9.2 爆破设计参数表

矿坑	台阶	孔径/mm	孔网参数/（m×m）	超深/m	填塞高度/m
Z2	B08—B10	251	8×9/7.5×8.7	2	4.5～5.5

续表

矿坑	台阶	孔径/mm	孔网参数/（m × m）	超深/m	填塞高度/m
Z2	B11—B13	251	7 × 8/6.7 × 7.8/6.5 × 7.5	2.5	4～4.5
	B15—B17	251	6.7 × 7.8/6.3 × 7.3	2.5	4～5
	B07—B10	311	9 × 10/8 × 9	2	5～5.5
	B11—B13	311	8 × 9/7.5 × 8.5	2.5	4～4.5
	B15—B17	311	8 × 9/7.3 × 8.3	2.5	4～5
	B07—B10	165	5 × 6/5 × 5.8	1.5	5～5.5
	B11—B13	165	4.2 × 4.8/4.4 × 5.5	1.5	4～4.5
	B15—B17	165	4 × 4.6	1.5	4～5

4）爆破区块形状优化

通过实践发现，爆破区块的纵深和单次爆破排数，爆破区块的形状对爆破质量都有影响，如 2B011D013、2B011D014 区块纵深超 250 m（超过 30 排），后排夹制作用大，大块率高，2B011D015 区块纵深约 220 m，爆破后大块多，且局部出现孤岛。总体爆破后大孔网参数偏大，后排夹制作用大，导致爆破效果不好。但同时考虑湖山项目采用斗容大的电铲，为了降低爆破频繁度以及铲车移动，需尽可能增加一次爆破量，计划周爆破 2～3 次（考虑两个矿坑，每个矿坑各两期）。故建议爆破区块尽量不超过 150 m，如果存在爆区纵深太长，后排需加密钻孔或增加辅助孔，适当增加单耗。

爆破区块尽量规整，避免遗留三角形边角（见图 2.9.5），由于上一次爆破后冲效应和岩层倾角的影响，容易造成台阶坡面角较小，再加上钻机安全作业距离的限制，穿孔位置靠后，会导致边界孔底盘抵抗线大，易形成根底。

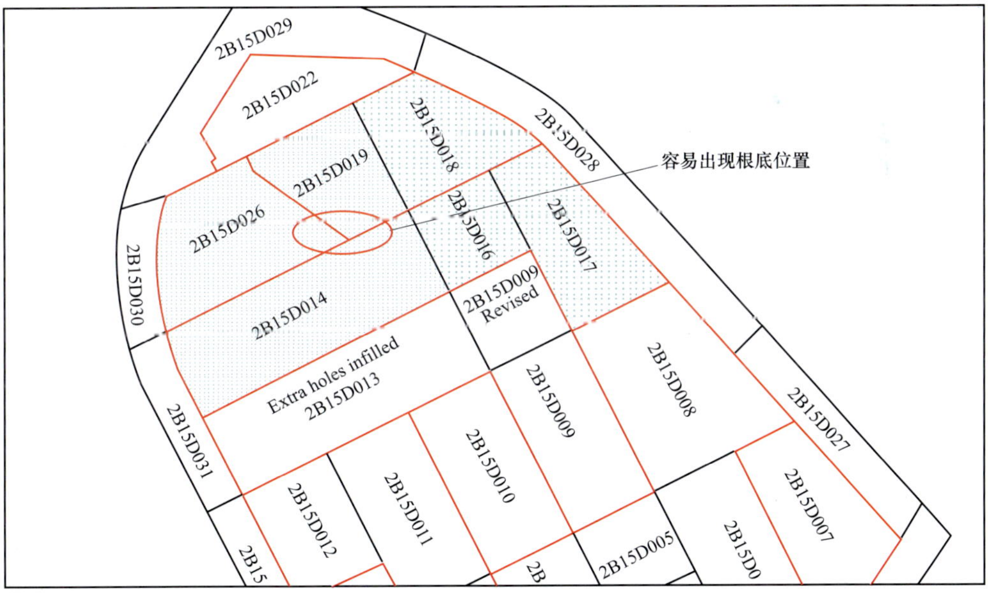

图 2.9.5　爆破“三角”夹制隐患示意

避免爆破“L”形爆破区块，“L”形夹角夹制作用大，炸药能量利用差，大块率高。图 2.9.6 所示为 2 号矿坑第 15 台阶爆破区块边界图，大部分区块采用“L”形状爆破，实际铲装时发现“L”形夹角处，大块率高，且“L”形对角线纵深越长，夹制作用越明显。

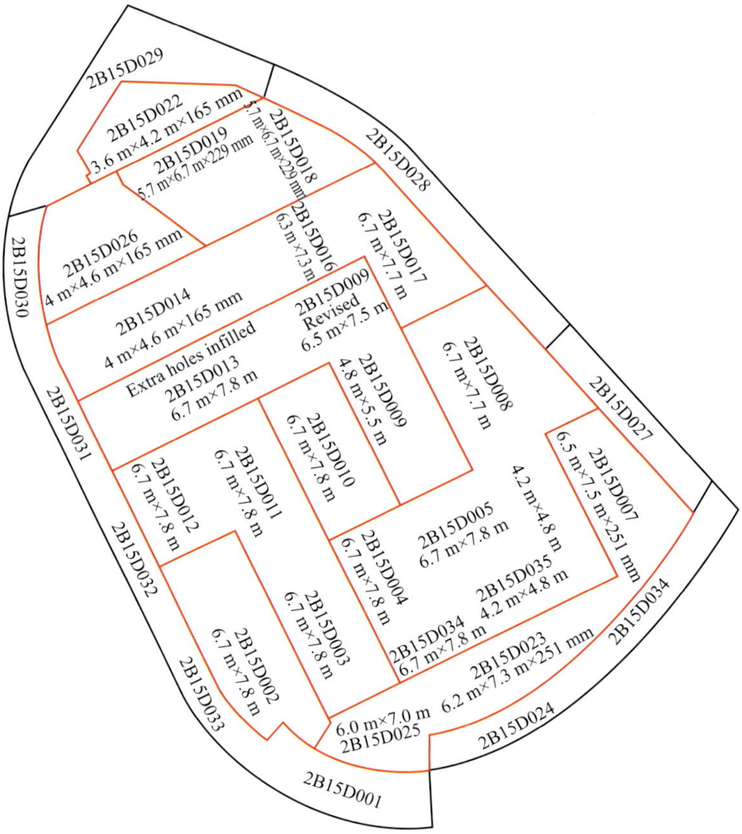

图 2.9.6 “L”形多自由面爆破分区示意

图 2.9.7 所示为通过数值模拟的“通过型爆破区块岩石的移动方向”，容易形成根底。

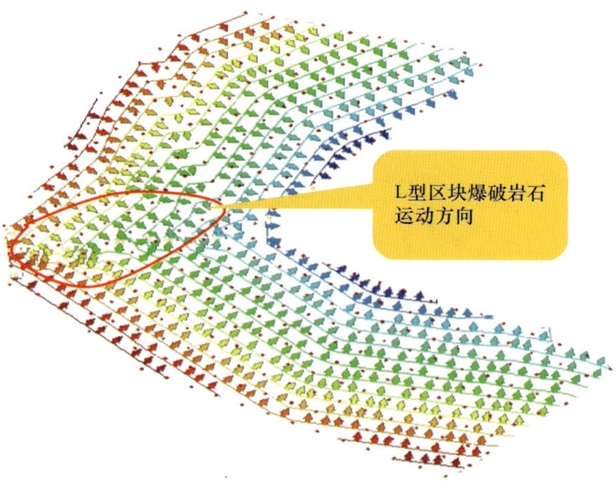

图 2.9.7 “L”形爆破分区岩移模拟示意

5）钻孔质量优化

钻孔质量主要包括孔位（*X*、*Y*）偏差和孔深偏差，孔位偏差导致实际抵抗线和孔间距与设计相差较大，易形成大块和根底，孔深偏差导致超深不足。建议持续使用高精度GPS进行钻孔定位，确保钻孔实际孔位与设计相符。针对孔深控制，钻机操作员在钻孔完成之后需要立刻复测孔深。坚持重钻标准，对于不合格孔坚持进行重钻。

6）起爆设计和延时优化

对于钙结砾岩爆破，考虑钙结砾岩的岩石特性，岩石具有较强的吸收性，爆轰波需要作用较长的时间才会形成自由面，建议适当增加孔排间延时 75 ms/100 ms。同时使用“V”形起爆连线法，如图 2.9.8 所示。

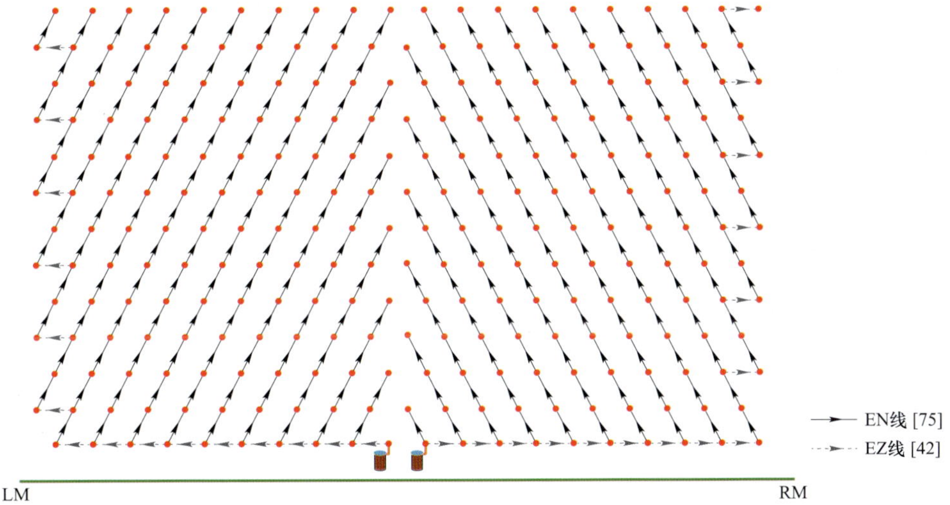

图 2.9.8 “V”形爆破设计图

7）软硬岩交界面爆破优化

1 号矿坑第 5、6 台阶，2 号矿坑第 15、17 台阶，作为软硬岩交界面，炸药能量分布不均，底部易形成根底，顶部容易出现大块。曾尝试分段装药方式，分段装药对于优化炸药能量垂直分布，避免炸药爆轰产生的高温高压气体通过软弱夹层流失。但采取分段装药，装药效率降低，单孔需要同时布置连双起爆弹及双孔内导爆管雷管，考虑现场爆破任务重，很难大范围采用分段装药结构。

采用更强威力的起爆弹，目前 15 m 台阶爆破普遍采用 400 g 起爆弹，对于软硬岩交界面可更换为 600 g 的起爆弹，更好地集中炸药能量在底部，适当地消除根底。

采用混合装药方法，底部可以采用更强威力的重铵油炸药，顶部采用威力较弱的铵油炸药，能更好地抵抗底部阻力和改善底板爆破情况。对于底盘抵抗线偏大的前排孔亦可以采用混合装药。

（5）爆破根底问题

爆破根底问题是大型矿山爆破的常见典型问题，其频繁出现一方面影响铲车的装运效率，而且处理成本高，小范围的根底通过履带式推土机进行处理或者直接用液压铲车进行处理，会造成铲车待机时间增长、装运效率降低且增加铲车铲齿等的消耗。由于处理根底铲车对液压缸的动力要求高，在前三年的试生产过程中，处理根底过程中铲车故障率偏高。

鉴于爆破根底诸多不利影响，综合考虑整体生产效率，应尽可能地降低爆破根底出现的频率。

一般情况下根底的出现主要是由以下几类原因造成。

① 小范围塌孔率高且无法进行重钻或者漏孔（常见的为边界孔等，一般两个爆破区块相邻的位置经常出现根底）。

② 部分孔深不到位，重钻标准执行不严。

③ 爆破孔网参数偏大，出现大范围根底，台阶底板偏高。

④ 孔位偏差较大，造成实际爆破孔网参数远大于设计参数，部分区域出现根底。

下面结合实际生产，对产生的根底的原因逐一分析并找出规避的方法。

① 针对小范围塌孔或者边界孔漏孔造成的根底。小范围塌孔很可能是因为局部地质条件十分破碎，不易成孔或者上一台阶的浮渣未清理干净等原因造成，一般常见的处理方法采取湿钻方式补钻新孔，而且最好钻大孔径孔（成孔率高）。对于边界孔漏孔问题，如果边界孔靠近自由面方向，由于超挖问题导致无法布孔，必要时可补钻斜孔，如果边界孔在其他方位，加强现场管理人员对爆破区块的验收检查，将边界孔作为重点检查内容。

② 对于孔深不到位导致出现根底，原因可以归纳为两方面，一方面由于首次钻孔孔深控制不严格，孔深未达到设计孔深，另一方面由于爆破区块验收标准执行不严。关于重钻标准的确定也经过一段时间的评估、讨论和验证；主要包括钙结砾岩和硬岩爆破两个阶段，在预剥离层（钙结砾岩）的爆破过程中，由于表土岩性较为松散，尤其在小孔钻进过程中，孔口或者孔壁岩石经常回填至孔底，导致孔深不够。考虑到表土钙结砾岩的爆破性质（主要为松散爆破）对孔深要求不严，最后确定在表土层中对孔深的重钻没有明确要求，对硬岩台阶确定的孔深欠深不能超过设计孔深 1 m，超过 1 m 后必须按规范要求进行补充钻深或重新钻孔。

③ 关于爆破孔网参数偏大，容易出现较大范围的根底，而且整体底板总体偏高，根底问题出现的同时伴随大块等问题。为了在单耗控制（成本）和提高生产效率（效率）达到一个平衡，实现资源的最佳配置，只能通过不断的试验和调整。前期在钙结砾岩的爆破过程，经常出现比较大范围的根底（底板偏高），主要原因和电铲操作的局限性和较为激进的爆破孔网参数。最后在实践中不断调整孔网参数，以“铲”调“爆”。

④ 孔位偏差较大造成根底，本质上就是部分区域爆破孔网参数远大于设计参数，导致部分区域爆破效果过于破碎，而部分区域爆破效果差，炸药能量未能充分利用，造成能量浪费。出现根底后，根据出现爆破根底的范围区域，充分分析该区域的钻孔质量（设计孔位与实际孔位、设计孔深与实际孔深对比）、爆破设计的综合评估判断，确定根底的出现是由于设计的爆破孔网参数偏大还是实际的爆破孔网参数。

总体上针对根底的治理，还是坚持“预防为主，治理为辅”的原则，尽可能在设计和钻孔环节进行规避，尤其在新台阶的起始几个区块爆破时，可以采取略微保守的设计参数进行爆破，爆破后参考爆破结果及时对后续区块进行调整。

（6）生产设备事故问题

2014—2017 年，采矿生产未发生重特大安全生产事故或者人员伤亡事故，但是作为新建矿山，设备之间的剐蹭或者碰撞等设备类事件时有发生，对采矿生产造成了一定影响。

通过分析与统计设备类事故，有以下认识：

① 事故在不同操作经验的操作员中都有分布，包括新手、有操作员执照的操作员以及有一定操作经验的熟手，没有明显的规律性。

② 大多数事故发生在关键的重型设备，如铲车、钻机和卡车等，是对生产有重大影响的风险所在，需要引起关注和重视。

③ 事故分析显示，绝大多数事故并非因过度疲劳所致。

④ 无因工作时间过长而引发事故。

主要事故类型可分为 5 类：岩石从重卡前檐滚落砸坏车辆（27.03%）、装载工作面岩石滚落砸中装载设备（21.62%）、倒车碰撞事故（21.62%）、电钻及电铲电缆拽断和钻杆折断事故（8.11%）、其他事故（21.62%）。

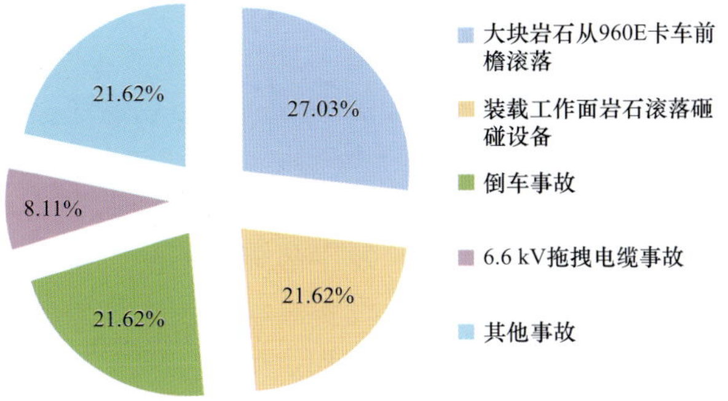

图 2.9.9　采矿重型设备事故类别及比重

对于各类设备事故进行了原因分析与统计见图 2.9.9。

（7）总成大部件设备故障问题

重型采矿设备装配有大量的高值、复杂的总成件、大部件，这些部件的维修更换不仅费用高，而且花费时间长，会造成设备长时间停机，影响正常生产。

湖山铀矿在生产过程中，部分关键设备的总成件、关键大部件出现损坏故障，有些故障在不同设备相继发生，给矿山的稳定生产造成了很大障碍，特别是铲车等上游工序设备的长时间故障停机，造成卡车及辅助设备只能停机待产，出现完好设备闲置的现象。不仅高昂的设备维修费用增加了生产成本，设备闲置引起的操作工误工、产量下降也造成了单位生产成本的上升。

经过三年多的生产运营，在湖山铀矿出现的设备大部件复发性故障主要有以下几个方面。

1）电动绳铲钢丝绳失效问题

2014 年 11 月—2015 年 9 月，湖山铀矿 3 台电动绳铲的提升钢丝绳共计出现 22 起提前失效破坏，其中有 5 起是由于事故破坏，另有 17 起是由于钢丝绳从卡箍拽出或松弛造成钢丝绳失效破坏。17 起钢丝绳破坏的最短使用寿命仅 5 h，最长使用寿命 867 h，平均寿命 233 h，远低于 1 000 h 的计划目标。

钢丝绳频繁损坏故障使采矿生产连续性受到了严重影响，斯科公司及 OEM 对出现的问题高度重视和关注，多次进行现场勘察、会诊，利用实验室实验手段对钢丝绳技术指标进行了测试，并加强了现场监测手段，采取了改进措施予以解决。主要包括以下内容。

① 拉拽试验结果显示钢丝绳拽出卡箍的拉拽力略低于设计拉力，最大低幅 12.5%。

② 通过拉伸断裂试验，静力拉伸断裂荷载 160 t（相当于铲车装载荷载 400 t）。若以 109 t 设计装载容量计算，其断裂加速度要达到 3.67 g 以上，实际生产是不可能达到的，实验结果说明钢丝绳技术指标完全满足使用要求。

③ 钢丝绳偏离缠绕卷筒时引起偏心和提升荷载分布不均。

④ 钢丝绳在卷筒最小缠绕小于 2 圈时，会极大提升对钢丝绳卡箍的荷载，甚至超过容许荷载的 50%以上。

⑤ 铲斗齿插入底板后产生的动载对钢丝绳的载荷有很大影响。

⑥ 爆破岩石大块率高也加大了提升和推拉钢丝绳的作用力。

⑦ 安装摄像装置对钢丝绳进行实时监测。

⑧ 钢丝绳卡箍安装紧固夹板。

⑨ 剥离钢丝绳外层保护膜。

经过钢丝绳处理及操作改进，钢丝绳松弛失效问题得以解决，钢丝绳寿命达到设计寿命以上。

2）发动机、发电机故障

发动机是设备的核心总成件之一，一旦发生故障，不易查找故障根源，修复难度大，成本费用高。湖山铀矿在运营爬坡期，多台设备发动机发生过大的故障，甚至有超过千万纳元的卡车发动机因故障不能修复而报废，造成巨大的经济损失，并对生产产生重大影响，比如小松 HTK04 卡车发动机故障导致该车停车时间长达 8 个多月。

2016 年设备的主总成件如发动机、发电机等出现故障高发问题，仅 2016 年钻机设备就发生 4 起发动机严重故障，卡车发动机严重故障 3 起，以及卡车主发电机和其他电机损坏故障。钻机发动机最短寿命仅 3 100 h，约为大修周期的 1/5，而 3 台卡车发动机故障的平均时间约 7 000 h，仅为第一次大修时间的 1/3 左右。

这些总成件损坏性大故障的发生有客观因素的影响，但人员因素也是引起故障的重要根源，值得引起重视和改进：

① 润滑液中金属碎屑严重超标，说明有金属部件磨损严重。

② 润滑液中有砂砾颗粒物混入，说明有密封失效。

③ 存在油品监测不及时现象，导致未能及时发现故障隐患。

④ 油品监测结果分析、反馈不及时，故障隐患不能及时排除。

⑤ 未按监测结果进行检查、修理。

⑥ 操作员未对故障预警及时报警以及维修人员对报警处理不及时、处理方式不得当等。

3）电动绳铲行走齿轮箱故障

行走齿轮箱是电动绳铲的主要部件之一，每台价值 1 百万美元以上，湖山铀矿 3 台电铲共计有 6 台行走齿轮箱，有 5 台出现过程度不等的严重故障，甚至报废更换。损坏的齿轮箱最短使用时间仅 9 000 h，最高 14 000 h，距 50 000 h 的正常寿命时间相距甚远。

引起电铲行走齿轮箱故障的主要原因有：

① 油品监测发现大多数损坏的齿轮箱中存在金属物超标甚至明显金属屑颗粒物，说明齿轮箱内有零部件损坏（见图 2.9.10）。

② 行走过于频繁，铲车移动时间达到总机时的 14%，超过一般矿山 5%～7%的一倍甚至更多。

③ 底板不平整，甚至工作面有大块浮石，移动时齿轮箱壳体被撞裂，致使内部齿轮出现移位进而引发轴承损坏。

④ 轴承润滑不良，从而造成轴承损坏及散架，撞击齿轮箱轴承并损坏，致使整个齿轮箱及轴承严重损坏。

⑤ 存在技能不足及误操作的问题，特别在铲装作业中 90° 转向及原地磨车等违反规范的操作，使得设备出现异常受力状态，导致设备故障。

电动绳铲齿轮箱在短时间内陆续发生严重故障，是矿山行业内一个罕见的典型案例，从设备故障表露的现象和故障根源分析，引起齿轮箱过早损坏既有维护维修不到位的原因，也有频繁移动和错误操作等操作方面的因素，以及齿轮箱在设计、制造方面存在的问题。因行走齿轮箱故障造成湖山铀矿数百万美元的经济损失，同时造成了电铲的陆续长时间停机待修，最长单机停机维修时间长达 3 个月以上，致使长时间内电铲可动率在较低的水平，对采掘生产产生了非常不利的影响，同时连带多台卡车及辅助生产设备待机闲置和操作员待工。

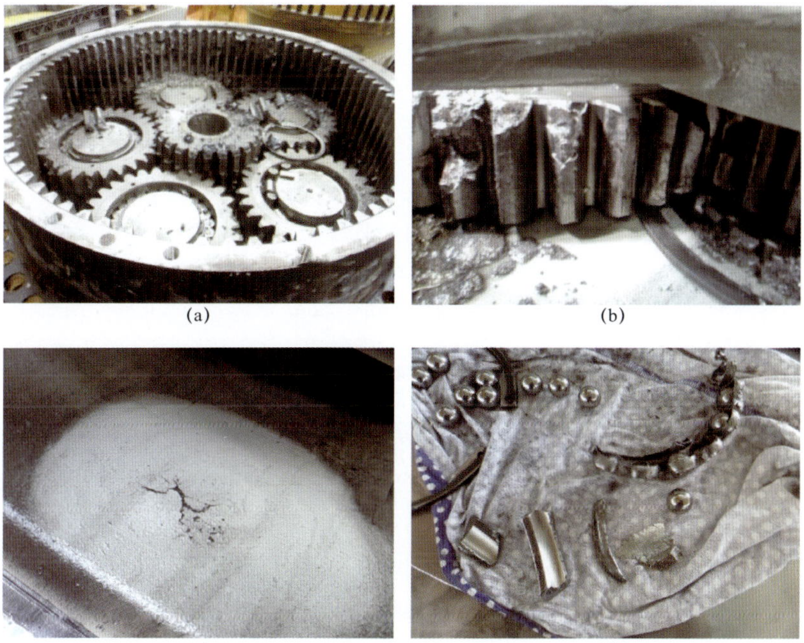

(a) (b) (c) (d)

图 2.9.10 电铲行走齿轮箱故障

4）液压铲举升臂断裂故障

举升臂是支撑铲斗的承载结构件，是液压铲的重要大部件之一，在生产过程中承受重力荷载、振动荷载、冲击荷载以及摩擦等多种外力的复合作用，受力状态复杂多变，因此部件设计、材料、操作、维护保养等是该部件正常使用及避免故障及损坏发生的关键因素。

湖山铀矿 3 台液压铲的举升臂在使用 12 000 h 左右举升臂顶端部位都先后发生断裂故

障，且断裂程度严重，不宜修复使用，只能更换新的部件，分析原因主要有以下几点（见图 2.9.11）。

① 设计存在一定的缺陷，由于断裂部位都集中于顶端部位，开裂方式相似，且其他矿设备亦有类似故障发生，分析认为是装载时应力集中超过了设计承载力造成结构破坏。

② 操作存在不规范现象，有时操作过速造成对部件的瞬时过载冲击，容易引发构件损伤或破坏。

③ 维护维修不到位，润滑不足，部件受力状态劣化，加速疲劳破坏。另外在部件出现微裂隙损伤时，未及时检查发现，造成损伤不断发展至裂纹扩大，或者虽发现有裂纹破坏，但未及时进行修理，使其逐渐发展扩大，最终造成部件在突变外力作用下直接断裂。

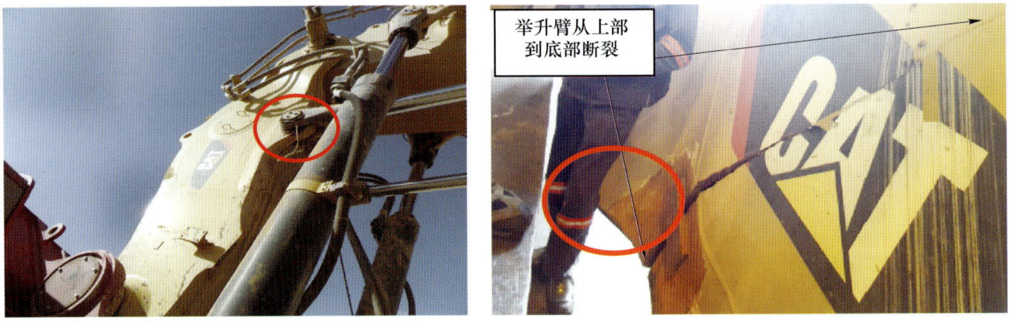

(a) (b)

图 2.9.11　02 号、03 号液压铲举升臂断裂故障

5）履带式设备履带及附件寿命短

履带板及附件是矿山设备中的一项重要的消耗类高价值部件，在设备管理成本中有着举足轻重的作用。从湖山铀矿的运营情况看，履带设备的履带板及附属部件使用寿命偏低，增加了设备维修成本，同时更换频繁既增加了维修时间、降低了设备可动率，也影响了采矿生产。

综合分析，湖山铀矿履带寿命低有以下影响因素：

① 爆破底板高差大，或工作面场地平整质量差，使得工作面底板高低不平，行走时造成履带板局部受力，引起应力集中，履带板断裂。

② 操作不规范，装载后收斗时回收幅度过大，撞击到履带板，致使履带板断裂、报废。

③ 行走太频繁，履带板销及销孔磨损严重，超过磨损极限。

④ 岩石硬度大，软岩中砂砾组分比例大，对履带磨损严重。

6）其他重大部件故障

① 液压铲引导轮磨损故障

液压铲多次出现引导轮轴磨损严重，造成引导轮报废的故障。经分析主要原因是维修管理问题，维修时没有定期检查引导轮油位，密封漏油后没有及时发现，干磨造成最终故障。

② 液压铲铲斗故障

湖山铀矿招标采购的 ESCO 公司液压铲铲斗，设计和制造都有明显问题和缺陷，使用中所有开斗油缸都出现开裂、漏油等现象，且长时间未得到有效解决。

③ 电铲频繁过热停机

矿山运营初始期间，3 台电铲在正常环境下经常发生过热报警自动停机问题，导致停机停产，困扰生产的正常进行。经多方检测、分析，发现设备散热量大，造成 IGBT 周围环境温度超过报警阈值，通过更换冷却系统，调整设备散热对 IGBT 的影响，消除了过热停机误报问题。

（8）设备可动率问题

设备可动率是衡量设备处于完好状态可以运转的技术指标，也是衡量设备管理水平和能力最重要的指标。露天采矿是通过不同的设备运动来实现的一种生产活动，设备可动是保证采矿生产的必要条件，也是首要条件。因此，合理的设备匹配，良好的可动率水平，是露天矿生产的最重要工作内容之一。

设备可动率是受多因素影响和制约的技术指标，包括设备自身性能和质量、人力及技能水平、故障频率、故障严重程度、备品备件供应、响应速度、操作水平、设备运行环境条件等。湖山铀矿试生产以来，采矿设备可动率一直未达到设计目标，与行业高水平相比也存在较大差距，成为制约湖山铀矿采矿生产能力的首要要素。

图 2.9.12 所示为湖山铀矿主要生产设备（钻、铲、卡车）与同行业矿山对比图（2015 年 11 月—2016 年 10 月）。从图中数据对比可以看出，湖山铀矿铲车可动率（Availability）较行业平均水平差距达到 10%以上，钻机约 5%，卡车基本与行业平均水平持平，但与行业高水平矿山相比则都存在程度不同的差距，而铲车可动率差距达到 15%以上，成为影响湖山铀矿生产的最主要设备。

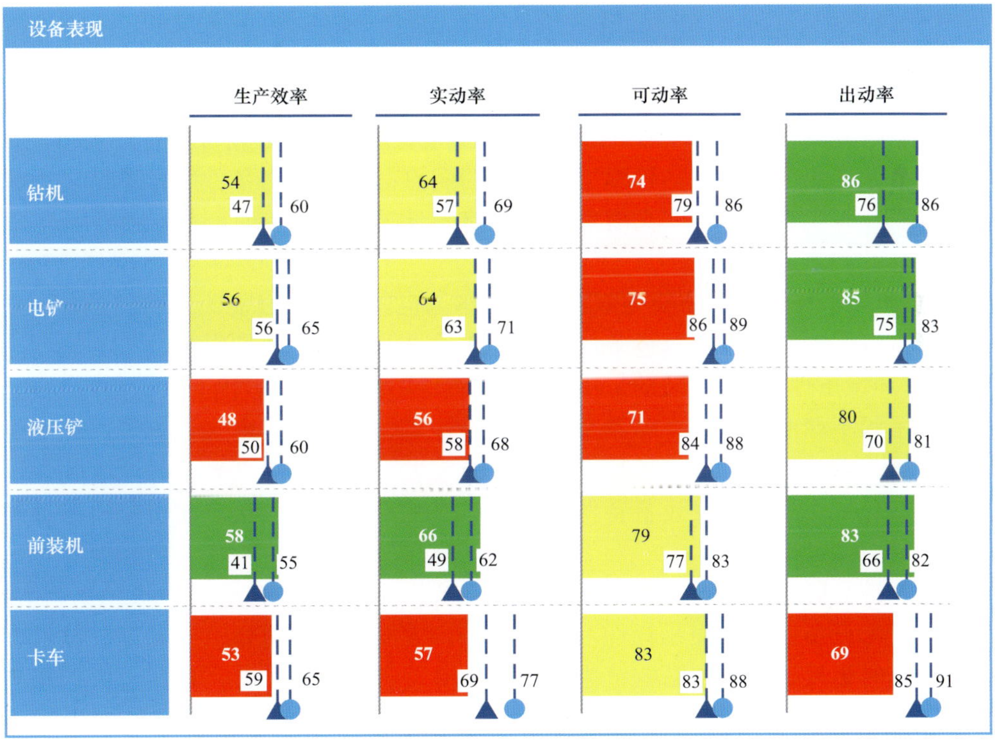

图 2.9.12 湖山铀矿主要采矿设备可动率行业对比

▲—行业平均水平；●—行业高水平

设备可动率低是一个一直存在且解决成效不佳的难题，综合分析，主要是受到以下因素的影响：

① 维修工数量。受当地人力市场影响，招聘具有大型露天矿设备经验的熟练技工和有培养潜力的中高教育背景的员工面临很大的挑战，维修队伍到岗员工数量较计划和实际需求量一直存在较大的缺口，这造成维修任务量重、维修滞后、维修质量难以保证，甚至有计划维修遗漏现象。致使设备故障频率越来越高，维修人员始终不足，且任务越来越重，形成一个恶性的循环圈。

② 技工技能水平。当地招聘员工教育水平低、专业技能水平差，且数量少，更为困难的是湖山铀矿采用设备基本为行业最大型号系列的先进设备，大多数设备在纳米比亚矿山均为独有设备，即使对聘任的熟练技工也面临挑战。在实际维修工作中，维修花费时间长，故障诊断困难甚至发生误诊断现象，维护维修质量不高，都体现了技工技能水平不足的问题。

③ 故障频率高。湖山铀矿采矿设备状态故障发生频率高，从主要设备对比看，钻、铲、卡车三大设备平均故障间隔时间（MTBF）指标较同行业平均水平高 1 倍以上，而与高水平矿山相比则要高 3 倍以上。

④ 故障严重程度。湖山铀矿设备大、故障多，故障大且发生频次高，花费的维修时间就长，对比三大设备维修平均花费时间（MTTR）指标，一般高于行业平均水平 1 倍，高于行业高水平矿山水平 2 倍左右，对设备可动率产生了较明显的作用。

⑤ 备品备件供应。备品备件供应不及时给湖山铀矿设备维修制造了很大困难，是造成设备低可动率的重要影响因素之一。分析总结主要有以下原因：一是 OEM（原厂家）现场备品备件库库存不足，备件种类和数量缺乏储备，或是断件后不能及时补充，特别是湖山铀矿非 VMI 备件（非供应商备件）的库存和供应与双方约定的计划目标有一定差距，维修中缺乏更换备件现象常常发生，体现了寄售制的弱点；二是战略备件库存不足，大故障时没有备件可以及时更换，而这些高值复杂的战略备件采购和供应时间长，对设备可动率影响较大。

⑥ 操作水平。与维修工技能类似，当地操作工也同样存在技能不足的问题，不规范操作动作多，设备保护意识差，对设备加速劣化或故障发生起到助推作用。

⑦ 作业环境条件差。除通常的矿山恶劣环境条件外，湖山铀矿较一般矿山细粒粉尘多，扬尘易进入密封不严的总成件、容器及其他油气管道、连接件、电气设备等，从而引发设备事故或故障。湖山铀矿矿区地处沙漠地带，温差大，高温时温度高，累计时间长，易造成设备在过热环境作业，引发设备备件过热损坏，也易老化，甚至多次引起设备过热着火事故。

（9）装载铲齿脱落问题

铲齿是铲车设备中的易损易耗件，容易磨损，需要不定期更换，以保证铲装效率。若铲齿磨损未及时更换，会严重影响铲齿的生产效率，甚至磨损铲斗，造成更大的损失。铲齿也需要定期检查，防止铲齿脱落，混入矿石影响后续生产。

铲齿尺寸较大，若倒入圆锥破碎机中会导致破碎机卡涩，造成初碎机停机，严重影响破矿的进展。破碎机卡死时需要人工清理破碎机中的矿石，取出被卡的铲齿，耗费大量的人力和时间，一般处理此类问题需要 3～5 天时间，严重影响了水冶厂的正常生产。

在 2017 年发生过多起铲齿卡住破碎机的事故，甚至在半个月内发生了两起，严重影响水冶厂的生产。针对此问题，组织多部门讨论研究解决措施，完善相关程序。经讨论，制定出如下措施：

① 采矿操作员交接班对 GET 状态进行全面检查，两班操作员对检查结果签字确认。

② 操作员在当班中段时间对 GET 进行一次自检，自检结果签字确认。

③ 维修部门对铲齿、护套等部件进行编号（钢印），安装、丢失、回收等都要按照编号核实、记录。

④ 每日点检须对铲齿、护套等部件采取敲击检查，衬板等部件进行目测检查，点检工作由操作员监督完成，检查结果维修工、操作员共同签字确认。

⑤ 新部件更换必须归还旧部件，或者采矿部门出具的部件丢失记录报告。

⑥ 发现部件丢失，立即停止该设备的生产作业，并立即停止继续向该作业面卸载矿石的储矿堆卸矿。

⑦ 若确认装运全部为废石且运至排土场，则不再采取寻找措施，对丢失部件进行记录；若确认装运全部为矿石且运至储矿堆，必须在作业面和运送矿石的储矿堆进行找寻，直到找回丢失部件并记录；若装运为部分矿石部分废石，不能确认丢失部件去向，则须首先按照运至矿石堆的情况进行找寻，若不能找回再按丢失处理。

⑧ 现场监督员在监控矿石装运过程中，同时负责监控铲车铲齿和护套，发现有 GET 部件脱落，即时报告并终止生产，进行处理。

⑨ 奖励措施。对非职责情况下发现或处理 GET 脱落、丢失，进行一次性奖励。

在制定出相应措施后，立即完善相关程序，并对基层员工进行宣讲，落实交接班点检工作，严抓铲齿安装、更换管理，密切监督铲齿脱落情况，把相关程序落实到位。经过一系列整改措施的落实，铲齿频繁脱落问题得到了很好的控制。

（10）设备匹配问题

经过早期阶段的设备磨合和生产检验，湖山铀矿主要开采设备匹配度良好，特别是铲车、卡车在装车斗次、装车满载率以及设备尺寸等方面的匹配都满足设计目标。但生产过程中仍存在部分设备与实际生产匹配不佳的情况，主要是 L1850 前装机、履带式推土机、PC850 挖机 3 种设备。

1）LT1850 前装机

LT1850 前装机主要用于储矿堆矿石的二次搬运装载和坑内辅助装载，是湖山铀矿生产运行中的主要辅助设备之一。生产中主要与 327 t 重型卡车匹配，但由于臂长不足，导致装载中出现了系列问题，而且对于不同车型和车斗，问题的反应程度也有所不同，小松卡车车斗问题最为严重，配置 VR Steel 车斗和 DT 车斗的小松卡车、北重卡车由于车帮或车架本身低，反映出的问题较轻。

装载中主要的问题如下（见图 2.9.13）：

① 装载臂与车帮容易碰撞，车帮和装载臂出现明显碰撞损伤；

② 因臂长不足以及操作员视线高度不够，装车极易发生偏载现象，长此以往对卡车车架结构有很大伤害，也会降低卡车的使用寿命。

③ 装载时前装机与卡车距离过近，易发生轮胎碰撞，甚至危害到电动轮的安全。

(a)

(b)

图 2.9.13 LT1850 装载现场

解决方案：① 从国内采购2台载重较小的NTE260电动轮自卸卡车用于矿山二次搬运，车身高度降低，解决了臂与车帮以及轮胎之间的碰撞问题，该车宽度也较 327 t 卡车小，能够很好地解决和控制偏载问题；② 坑内使用 LT1850 进行采剥装载时，只匹配车身较低的 NTE330 和装配 VR Steel、DT 车斗的 960E 卡车，避免装载标准小松车斗的 960E 卡车。

2）推土机

湖山铀矿设计选用小松 D375 履带式推土机用于矿坑装载工作面底板的清理、平整等工作，当采剥进行到花岗岩硬岩层后，岩石硬度很大，使推土机对起伏底板的犁平以及前刮板的铲底速度较慢，与电动绳铲高效的推进速度脱节，致使工作面清理时间过长，铲车待机停产时间长，降低了铲装效率。

解决方案：采购目前最大功率 D475 矿用推土机 3 台，专用于电动绳铲工作面的清理工作。对于原设计采用的 D375 推土机，替换原计划 D375 的采购方案，已采购投用的 D375 推土机配置于液压铲、前装机、排土场及储矿堆等工作面的清理工作。

3）PC850 挖机

挖机主要用于边坡台阶坡面修整和不稳定岩石的清理，在软岩层台阶，利用挖机对欠挖坡面进行补挖及修整，形成设计要求的坡面角和平整度。在硬岩层台阶，挖机的作用是对台阶坡面进行清帮，清理装载后台阶坡面遗留下的浮石和不稳固岩石，防止生产中不稳固岩石脱落造成安全事故。

设计选用挖机的主要问题是臂长不足，不能覆盖 15 m 高台阶的全部坡面范围，不能对上部坡面范围进行修整和清理。

解决方案：① 现有挖机在清帮作业前，在操作面垫筑人工垫层，清帮后再将垫层移除，增加了工作量和成本；② 采购 1 台 100 t 长臂挖机，满足全矿使用要求。

（11）设备单位生产能力问题

单体设备生产能力是设备的可动率、设备出动率（即设备可动情况下的实际运转比例）以及设备在单位时间内的生产能力指标有关，在设备状态（可动率、出动率）一定的情况下，矿山生产将主要取决于设备单位生产能力。设备单位生产能力指标也是设计输入的关键技术参数，是确定设备配置和资本投入预算的重要依据。

湖山铀矿三大设备在实际生产中与设计参数、行业对标以及团队计划目标存在一定偏差，需在生产中从设备配置、生产管理、操作技能等方面进行调整和改进。

1）钻机

湖山铀矿中心作业区主要采用两种钻机类型，一种是孔径 311 mm 的电钻和柴油钻机，另一种为孔径 170 mm 和 250 mm 的中小孔径柴油钻机。设计大孔径钻机钻进速率 24.7 m/h（硬岩），实际运行中平均钻进速率约为 16 m/h。设计中小孔径钻机钻进速率 42.5 m/h，实际平均钻进速率约为 23 m/h。

钻机穿孔作业能力的受控因素比较复杂，各影响因素无法进行量化评估。首先是其作业对象的性质，岩性差异对穿孔作业能力起决定作用；其次是设备选型及功能参数；三是人因因素的影响，操作员技能水平和生产管理水平对穿孔作业产能也起着举足轻重的影响，主要体现在作用量的波动性方面。湖山铀矿实际生产与设计存在较大差距，主要原因为在设计阶段对湖山铀矿岩性认识和掌握不足，选取参数较为激进，解决措施只能通过实际生产指标更新设备的配置方案，增加钻机数量。另外，在生产中不同钻机之间、同一钻机班次之间的钻进速率有差异，很多情况下波动较大，说明生产作业中管理、操作存在问题，有效作业时间有提升空间，操作员技能水平有较大差别，需要在生产作业中加以提高改进，包括加强技能培训，使操作和管理达到高水平行列。

2）铲车

湖山铀矿 3 台液压铲设计单位装载能力为 2 455 t/h，目标装载能力为 2 600 t/h，实际生产平均装载约为 2 300 t/h，实际装载与设计和目标值分别相差 5%、10%左右。3 台电动绳铲设计装载能力为 4 256 t/h，目标装载能力中期为 4 500 t/h，长期为 5 000 t/h，实际生产能力约为 3 800 t/h。实际装载力与设计及目标值的差距主要体现在管理和操作上的不足。

现场采取的主要措施为：

① 提高单斗装载量。液压铲有效斗容 31.4 m^3，可装载量 56 t，实际生产单斗平均装载量约 51 t，相差约 10%；电铲有效斗容 61.2 m^3，可装载量 109 t，实际生产平均单斗装载约 102 t，相差 6%。因此提升实际生产中单斗装载量至设计水平，可提高铲车的单位生产能力 6%～10%。

② 减少卡车等待时间。装运环节卡车调整等待装车占用时间较长，影响单位时间装载能力，采用双侧装载方式，一侧装车，另一侧调车，可以避免因调车而停止装载的时间，提升装载能力。

③ 提高操作员技能水平，降低单斗装载循环时间。经过几年的运营，采矿设备操作员的水平已经达到比较熟练和稳定的水平，就铲车而言，单斗装载平均循环时间达到 34 s，与行业先进水平的 25～30 s 还存在较大差距。

3）运输卡车

湖山铀矿采矿主要运输设备为 327 t 载重的电动轮自卸卡车，目前有小松 23 台 960E 和中国北方重型汽车股份公司 3 台 NTE330 共计 26 台 327 t 卡车，辅以载重量 236 t 的 2 台 NTE260 卡车用于矿石二次搬运。

湖山铀矿卡车运输的主要问题体现在装载量不足，额定载重量 327 t 的大型车辆，实际生产统计载重量平均为 306 t/车，与额定载重相差约 7%。解决装载量偏低问题是湖山铀矿需要改进的一个重要事项，卡车一个装卸的循环时间是与运输路线相关的，与微小的装载量差额无关，这也意味着在运输时间不变情况下，年运输量即剥采总量将降低 7%，同时微小装载量差值几乎不影响装运总的成本，意味着摊销的装载、运输的单位成本将提升约7%。因此湖山铀矿需加强现场监督管理，改变已形成的装载习惯，适当提高液压铲和电铲的单斗装载量，使卡车装载达到额度值，挖掘设备合理利用的潜能，提高装运量，降低单位矿岩剥采成本。

2.10 技术改进与优化

随着采矿生产的进行，原始设计逐步暴露出一些漏洞和问题，对采矿生产安全和经济性产生影响，例如排土场设计最终高度过高，严重影响采矿后期的运输成本和排土场安全管理；炸药单耗偏高，抬高了采矿生产成本；矿坑设计局部不合理，影响采矿生产安全等。针对这些暴露出的问题，及时进行改进与优化，提高采矿生产的安全性和经济性。

2.10.1 排土场方案优化

原可研报告设计可采储量为2.05亿t，废石剥离量为15.00亿t，排土场设计为废石、尾矿渣混合堆，总排放量为17.05亿t，排土高度达到210 m。此后随着地质勘探工作的进一步深入和不断的设计优化，矿石储量和废石剥离量都有了较大的增幅，设计可采储量增加到3.01亿t，废石剥离量18.27亿t，排土场设计进行了调整，排土场容量增大，并由混合堆改为单排废石堆。最终设计排土场排放量18.27亿t，堆高达260 m。图2.3.1所示为2014年排土场最终设计平面布置图。

高排土场在安全稳定性和堆排成本方面存在明显的劣势。安全性方面，随着堆高的增加，净荷载压力增大，对地基承载能力要求也相应增大。高度越高，排土场边坡滑坡、垮塌的概率会成倍增加，对排土场边坡控制和堆排技术和质量要求越高。另外，此设计堆高也超过可研设计限定和政府批准的210 m堆高。因此，降低排土高度对提升设施安全性有着十分重要的意义和作用。成本方面，堆场越高，运输爬坡长度越长，而爬坡运输费用远远高于平地条件下的费用，降低排土场高度对节约采矿生产成本也有明显的作用。除以上两方面的显著意义外，降低排土场高度还可以降低风季扬尘量和尘土飘送距离，这对于地处国家公园和千岁兰风景保护区的矿区特殊地域、减少有害扬尘污染及侵害对环境和生态具有十分重要的意义。

降低高度唯一可行方式只能通过扩大排土范围来实现，现有排土场西侧已紧邻矿坑边界线，而南侧受到3～6矿带以及千岁兰保护带的严格制约，因此可能的外扩区域仅有北侧和东侧可以考虑。经过研究论证，有以下4种可选方案。

方案一（见图2.10.1）：排土场东扩方案，排土场范围向东扩展并覆盖现有的古河道引水沟渠，该引水沟在雨季起疏导雨水灌溉南部下游千岁兰的作用，如果被排土场覆盖，需要采取必要的措施解决疏水问题。可实施方案有：一是在现有河道原址建造人工疏水涵沟，将疏水沟渠改为人工暗河道；二是现有疏水沟改道，在新的排土场东侧建设人工疏水沟。

该方案排土场高度将由260 m降低至120 m，通过经济测算，全寿期排土费用可节省1.26亿美元（未包括疏水沟渠改建的费用），其中资本费用节省3 900万美元，运营费用节省8 700万美元。

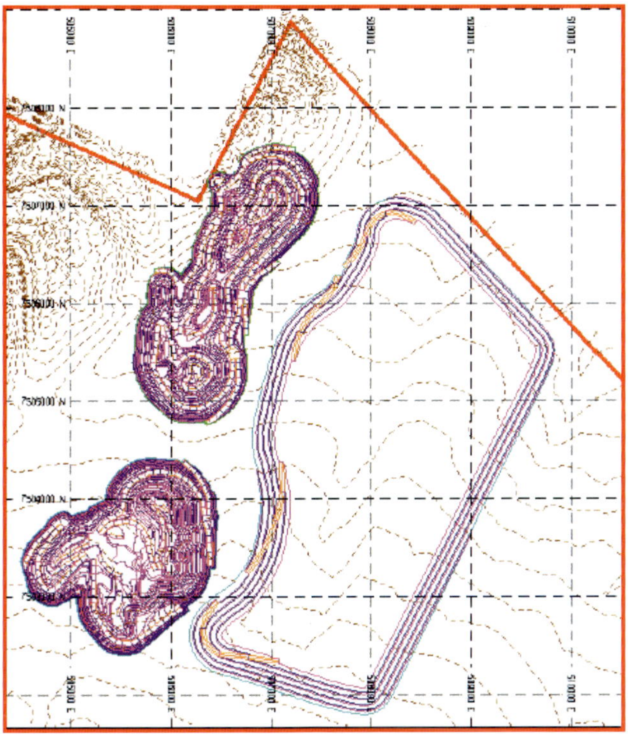

图 2.10.1　方案一排土场平面布置

方案二（见图 2.10.2）：沿排土场走向向北外扩，排土场高度降低至 120 m，该方案存在的问题是北端超出湖山铀矿的采矿权边界（图中红线）。

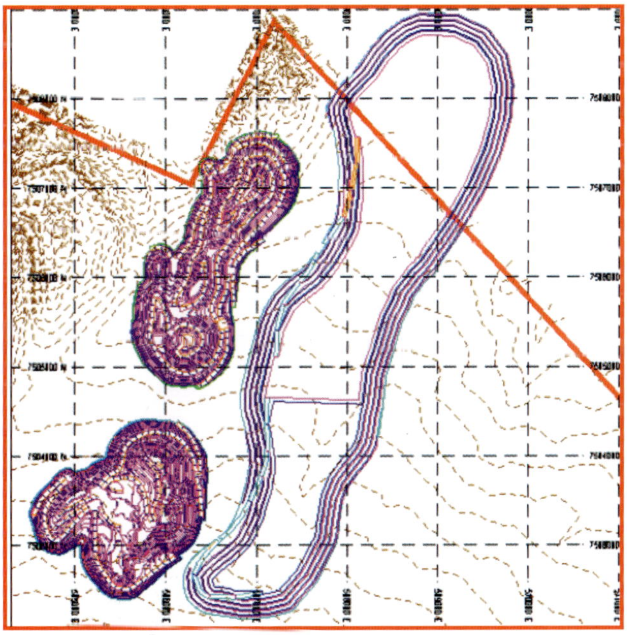

图 2.10.2　方案二排土场平面布置

经济测算结果，该方案可节省总投资 6 700 万美元，其中资本费用 3 500 万美元，运营费用 3 200 万美元。

方案三（见图 2.10.3）：与方案二相似，仍为单向北扩，但排土高度调整为 150 m，北端仍超出湖山铀矿矿权边界范围。

该方案可节省排土总费用 7 800 万美元，其中资本费用 3 400 万美元，运营费用 4 400 万美元。

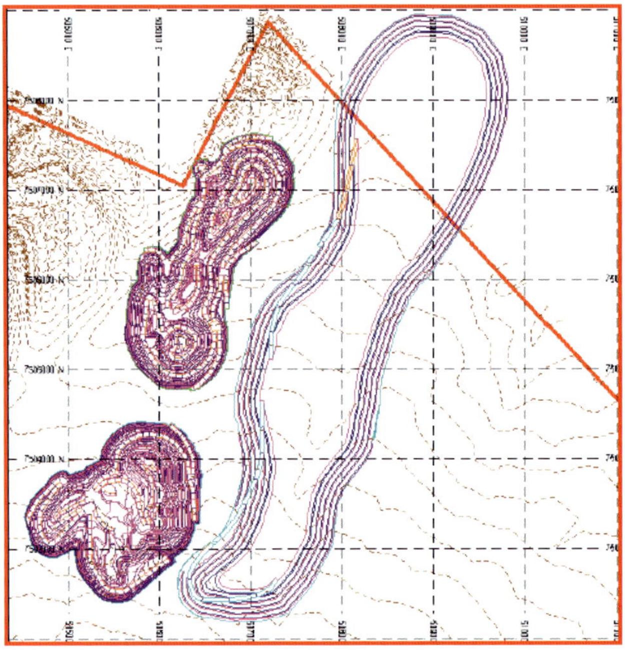

图 2.10.3　方案三排土场平面布置

方案四（见图 2.10.4）：向东、北两方向同时外扩，不考虑两方向的环境条件限制，而是以最低投资费用为目标，结果为东向将覆盖现有疏水沟渠，同时北端排土范围将超出矿权边界，排土场高度降低至 120 m。

该方案经济测算结果约降低总排土费用 1.4 亿美元（不包括疏水沟渠改建费用），其中资本费用 4 100 万美元，运营费用 9 900 万美元。

综上四种可选方案，方案二、三排土场范围超越湖山铀矿矿权边界，占用相邻矿业公司的矿权用地，实施难度较大，而方案四尽管经济测算结果最佳，但面临覆盖疏水沟和北端越矿权边界的双重制约。综合比较方案一经济效益较好，且实施难度小，为最终选定的实施方案。在按方案一完成可行性研究及环境影响评价后，已向纳米比亚环境部门提出优化申请。

2.10.2　爆破孔底托盘应用

爆破孔孔底托盘应用是指在形成设计要求的钻孔后，装爆破器材和炸药前，在爆破孔中放入特殊的托盘以达到孔底与炸药之间形成一定高度的空气间隔的一种间隔装药方式，

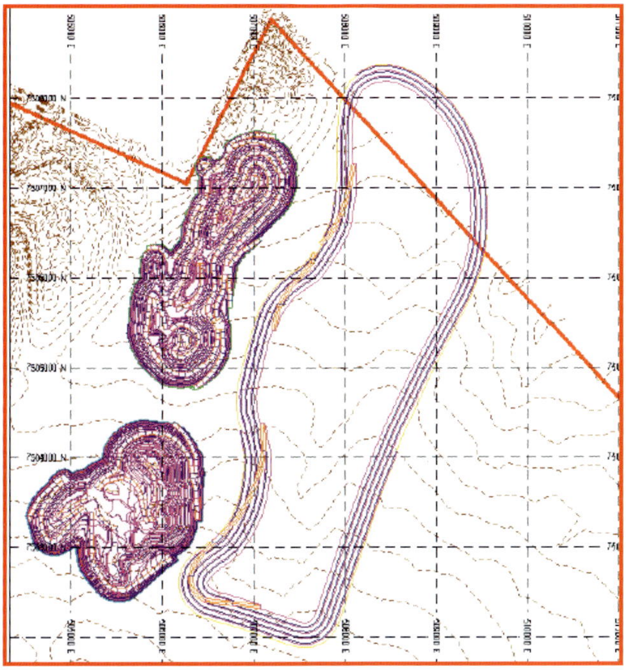

图 2.10.4　方案四排土场平面布置

图 2.10.5 所示为孔底托盘原理示意。其在保证爆破质量的前提下直接的效益是降低炸药消耗，随着应用的不断推广和深入，未来预期将达到通过降低超深或省略超深设计的方式从而降低钻进米数。

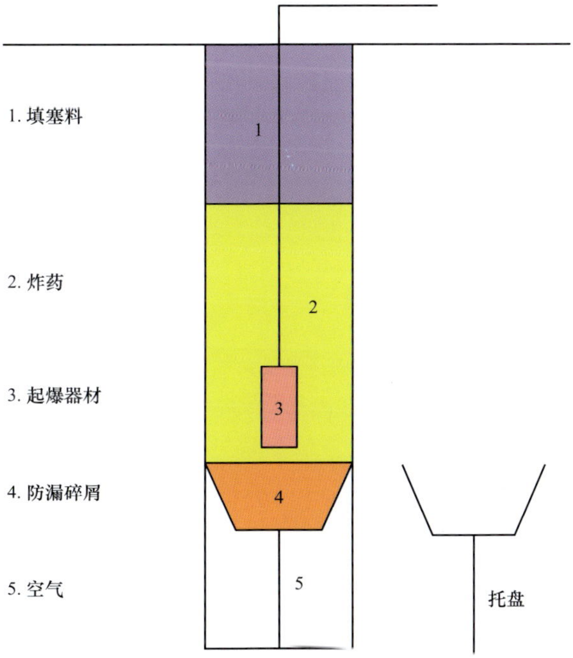

图 2.10.5　孔底托盘原理示意

2017 年 8 月，在 1 号矿坑 1 期 11 台阶 31 号区块（以下简称 Z1S1B11D031）进行了爆破孔孔底托盘应用试验，试验过程见图 2.10.6。

图 2.10.6 爆破孔孔底托盘操作步骤示意

爆破后分析，使用了托盘的区域岩块尺寸和未使用托盘区域岩块尺寸基本相同，甚至使用了托盘后的区域岩块粒度更小（见图 2.10.7 和表 2.10.1）。另一方面铲车在两个区域的装载效率基本相同，在使用了托盘区域的装载速率略低于未使用托盘的区域的装载速率，约低 3.5%。底板平整度方面，使用托盘的区域不仅没有根底，而且比未使用托盘区域的底板平整。

图 2.10.7 托盘实验后现场观察对比

表 2.10.1 孔底托盘与常规爆破岩石块度对比表（Z1S1B11D031 区块）

粒度分布/%	工程	常规爆破	孔底托盘
	块度/mm	块度/mm	块度/mm
F10	8.84	4.67	32.95
F20	29.66	18.58	64.19
F30	62.11	41.97	94.26
F40	100.79	84.3	123.48
F50	133.05	122.58	148.65
F60	163.01	156.14	173.46
F70	194.97	191.23	200.85
F80	232.61	232.02	233.59
F90	286.42	289.76	280.53
最大块度（99.95%通过）	475.46	479.92	411.68

根据试验结果，使用托盘区域与未使用托盘的区域在爆破块度上相差不大，装载效率也不相上下；在底板控制方面，使用托盘的大部分区域底板控制在标高内，且部分略低于控制标高；与传统装药方式相比，在 7.5 m 台阶 251 mm 孔径的爆破孔中，可节约炸药 24%。总体上托盘空气间隔炸药方式在保证爆破质量的前提下降低炸药消耗是有意义的，值得在湖山铀矿推广应用。

2.10.3 生产中矿坑设计优化调整

湖山铀矿 2 个矿坑同时开采，每个矿坑共分 5 期开采，1 号矿坑长 3.05 km，宽 1.03 km，采深 412.5 m，占地 2.81 km^2，矿石量 1.54 亿 t，平均品位 461×10^{-6}，剥采总量为 11.57 亿 t；2 号矿坑长 2.06 km，宽 1.53 km，采深 377.5 m，占地 2.43 km^2，矿石量 1.48 亿 t，平均品位 577×10^{-6}，剥采总量为 9.71 亿 t。

在按原设计进行生产时，发现局部地段存在矿坑设计缺陷，影响了采矿生产安全，增加了采矿生产成本，为此对矿坑原始设计进行优化调整，以提高采矿生产安全和开采经济性。

① 1 号矿坑 2 期东北部区域铲车作业时，操作空间狭窄，原始设计此处最窄宽度小于 50 m，影响了采矿生产安全（见图 2.10.8）。为了提高作业空间和安全性，优化了北部边界设计，将最窄宽度增加到 75 m 以上，满足铲车作业空间需求，保证了生产安全。

② 1 号矿坑 2 期西北部，永久斜坡道原始设计弯曲点较多，局部地区还出现急转弯，影响后期的架线布置和运行效率，也增加了现场实际操作的难度。对局部矿坑境界和永久斜坡道进行了优化设计，尽量保持边界的平滑，避免急弯拐点，确保现场操作简单高效，提高采矿生产运行效率。

③ 1 号矿坑 2 期南部开采时，废石运到排土场的距离较长，增加了废石的运输成本。通过优化，在 2 期的东南部增加一个斜坡道（并非永久斜坡道，在 3 期扩帮时会开采此斜坡道），缩短这部分废石运到排土场的距离，以提高采矿生产的经济性，降低生产成本（见图 2.10.9）。

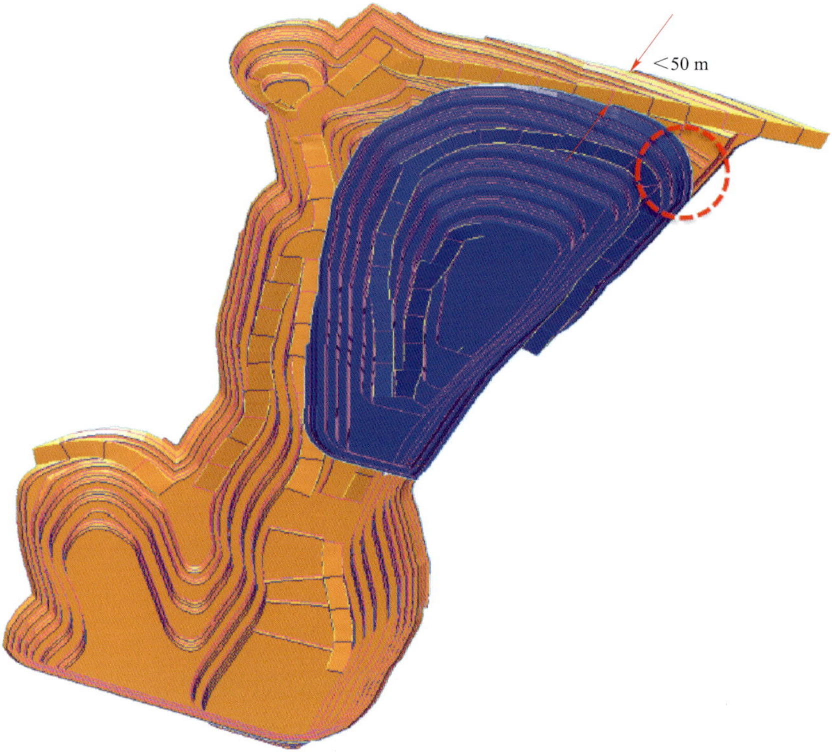

图 2.10.8　1 号矿坑 2 期北部原开采设计图

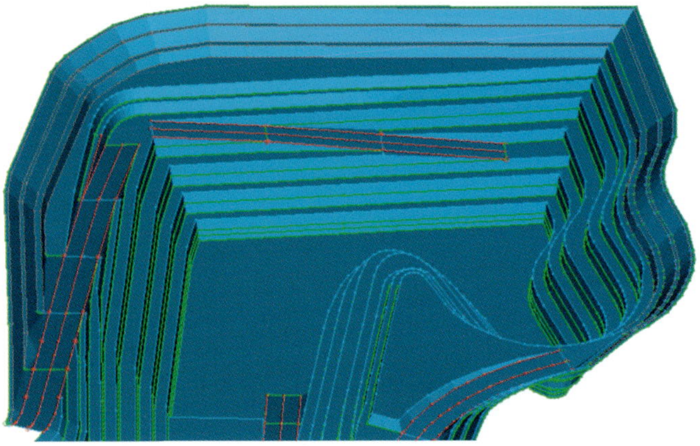

图 2.10.9　1 号矿坑 2 期南部新增的斜坡道设计图

④ 在进行 2 号矿坑 2 期开采时，与 1 期的高度落差达到了 60 多米，当 2 期进行逐台阶开采时，1 期边坡平台被 2 期顶部滚落的废石堆满。随着 2 期继续开采，顶部的废石滚落已填满的安全台阶并落入 1 期矿坑底部，严重影响 1 期的安全生产。

针对此严重的安全隐患，决定优化调整 1 期的边坡设计。原始设计在第 15 台阶安全台阶宽度为 10 m，优化设计后增加到 30 m，以阻止顶部废石滚落到 1 期底部，避免了对 1 期的生产安全的影响。具体设计变更见图 2.10.10，实施后的现场见图 2.10.11。

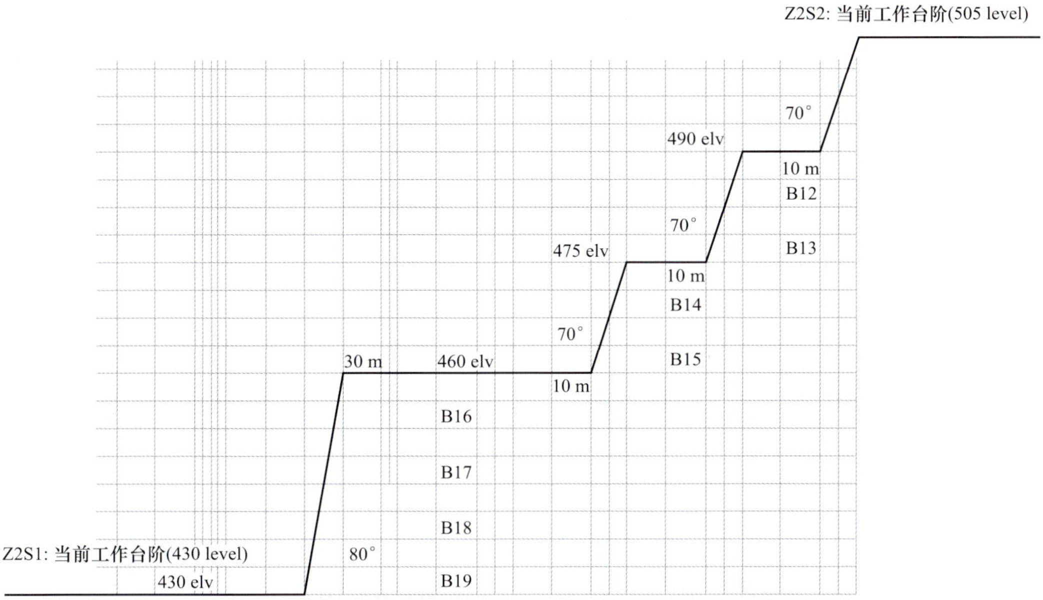

图 2.10.10 2 号矿坑 1 期台阶第 15 台阶优化后的安全平台宽度设计

图 2.10.11 2 号矿坑 1 期第 15 台阶优化设计后的现场实景

第三章　水冶厂

3.1 概　述

湖山铀矿项目的可行性研究报告于2011年3月完成，并于2012年5月完成M.O.R.E.（采矿优化及资源量升级）研究报告，M.O.R.E.报告对可研工艺流程进行了简化与完善，水冶厂的工艺流程确定为：原矿→粗碎→磨矿→筛分→浓密→搅拌浸出→逆流洗涤→吸附→淋洗→淋洗液过滤→萃取→饱和有机相洗涤→反萃取→反萃合格液炭过滤→氨气沉淀→产品浓密→离心洗涤过滤→ADU煅烧→产品U_3O_8称重包装，经过装桶之后就可以运输到鲸湾港装船销往世界各地。

对于单体铀矿水冶处理厂，湖山铀矿的水冶厂设备、设施规模为世界之最。初级破碎机处理能力高达4000 t/h，矿石输送单条皮带长3 km，中间料堆可存储23万t矿石，磨矿系统的半自磨机电机功率 13 500 kW，球磨机电机功率 8 500 kW，9 列离子交换塔，单塔直径6.24 m，塔高近30 m，在同类型设备中规模最大。另建有3亿t库容量的地上堆积尾矿坝，其规模位居世界铀矿行业前列。水冶厂设计年处理1 500万t矿石，也是全球年矿石处理量最大的铀矿。

浸出后矿浆在逆流洗涤（CCD）环节进行固液分离后，底流矿浆先泵送至尾渣输送区，再经泵输送至尾矿坝。尾矿中接近50%的水可被回收利用，年回水量500多万m^3。尾矿回水分为上层回水和下层回水，上层回水杂质较多，回收后部分用于尾矿输送管线的冲洗，其余泵送至工艺水池用作磨矿工艺用水；下层回水杂质较少，回收后用作尾矿输送相关泵的轴封水。

尾矿坝占地面积5km^2，设计容量为3亿t，最大高度为65 m，为满足环保要求，底部铺设了防渗膜，防止含酸废水渗漏造成环境污染。

湖山铀矿年度水需求量为900万m^3，水源来自纳米比亚水务局斯瓦科普蒙德基础水库。自建供水工程，包括从水库至湖山铀矿的一条 65 km、直径 600 mm 的供水管线，沿途经过的4座加压泵站、4座变电站及1座管线桥等设施，供水能力为1 250 m^3/h。

为了保证水冶厂供酸稳定，现场自建年产50万t浓硫酸的酸厂，配套了3.5万t带先进皮带卸料系统的硫磺堆场和3.8万t的硫酸储酸系统，该酸厂是纳米比亚最大的硫磺制酸厂。硫酸厂内还建有利用制酸余热发电的 15 MW 发电机组，电能除供应硫酸厂生产消耗外，将有约10 MVA的电能通过33 kV配电网络向水冶厂其余用电设备供电，利用余热发电对减少矿山用电成本有重要意义。湖山铀矿前期规划用电容量为 50 MVA，生产运营高峰预计用电最大容量为63 MVA。外部电源由同塔双回132 kV线路从距离矿区22 km的纳米电力利普斯（Lithops）变电站引入湖山铀矿主变电站。主变电站安装有两台 40 MVA、132 kV/33 kV 的变压器，通过与其相邻的33 kV主配电站向水冶厂的13个配电站供电。配电站有6.6 kV和525 V两个电压等级为湖山铀矿水冶厂各区域用电设备供电。

为了保证在失去外部电源情况下水冶厂机械设备运行安全，湖山铀矿还安装有 7 台 1 600 kW、容量总计为 11.2 MW 的应急柴油机组。该柴油机组通过主配电站的 33 kV 母线为水冶厂及办公区域提供应急电源。

湖山水冶厂于 2013 年 4 月开工建设，2016 年 6 月主体工程完工、启动冷热试，并在 2016 年 12 月 30 日产出第一桶合格的天然铀产品。随后水冶厂进入达产达标阶段，2017—2018 年产量稳步提升，2017 年水冶厂处理矿石 457 万 t，生产 1345 t U_3O_8 产品，2018 年处理矿石 651 万 t，生产 3571 t U_3O_8 产品。

本章主要从水冶试验、水冶工艺、生产运行及生产初期存在的问题对湖山水冶厂进行简要介绍。

3.2　水冶试验

3.2.1　水冶试验研究概况

水冶试验是铀矿项目可行性研究的重要组成部分，是项目矿建前必须完成的主要内容。湖山铀矿床发现于 20 世纪初，随着勘查工作的进行水冶工作也分步开展。在水冶性能研究方面分几个阶段进行了试验研究，包括：小型试验、扩大试验、M.O.R.E.计划以及前三年矿样酸耗试验。

（1）小型试验

旨在探索湖山铀矿石的浸出性能，获取湖山铀矿水冶处理工艺及参数。主要包括：

① 2008 年 7—10 月在澳大利亚帕斯 Ammtec 公司进行的浸出性能研究；

② 2009 年 3 月开始在澳大利亚悉尼 ANSTO 实验室进行的试验研究；

③ 2009—2010 年在帕斯的 SGS 矿物实验室配合扩大试验进行的小型试验验证及参数优化试验研究。

（2）扩大试验

主要是利用试验工厂设施进行放大试验，进一步验证并优化小型试验参数，为设计提供依据。主要包括：

2010 年 3—5 月在 SGS 矿物实验室进行的全流程扩大试验，试验规模 9.6 t；

2010 年由南非 Mintek 研究院进行的大规模破磨扩大试验，试验规模约 130 t。

另外，在小型试验和扩大试验期间，分别在 ANSTO 和 SGS，配合试验的进行，由供应商进行了一些矿浆的浓密试验、絮凝剂筛选及过滤试验等。

（3）M.O.R.E.计划

2011—2012 年，在资源量升级的同时开展了 M.O.R.E.计划工作，对水冶工艺和工艺参数进行了进一步优化，并根据试验结果对可研进行了升级。

（4）运行前三年矿样酸耗试验

2014 年，斯科公司委托纳米比亚 Gecko 实验室对湖山项目采矿计划中前三年的岩粉样进行浸出试验研究，共完成 952 份样品的试验和相关分析工作，考察酸耗、氧化剂消耗、加铁量以及浸出率等指标。

3.2.2 小型试验

（1）试验样品

1）样品取样

2008 年 7—10 月在帕斯的 Ammtec 公司进行的浸出性能研究，试验样品选用了 1 号矿带单一钻孔 RDD002 的样品，对 P80=106 μm 以及较粗粒度 P80=1 mm 以下的样品进行了浸出试验比较；2009 年 3 月开始在悉尼的 ANSTO 进行的浸出试验研究，试验初期样品选自 1 号矿带 4 个不同的钻孔，代表矿体不同的长度、宽度及深度，进行了浸出条件研究。随后为了适应矿床前几年的开发水平，增加了部分钻孔，力求样品能代表生产前几年水平；2009—2010 年在帕斯的 SGS 矿物实验室进行了小型试验，主要进行了 2 号矿带样品的小型试验研究。

2）样品矿物学分析

从水冶性能研究试验的样品所进行的矿物学分析表明：湖山铀矿主要岩性为含铀淡色花岗岩（如白岗岩、伟晶岩），其次为黑云母片岩和钙硅酸盐，另有少量片麻岩和沉积物。两个矿带各种岩性含量分布如表 3.2.1 所示。

表 3.2.1 1 号、2 号矿带各岩性分布

矿带	各种岩性分布/%					
	淡色花岗岩	钙硅酸盐岩	黑云母片岩	片麻岩	沉积物	钙质结砾岩
1 号	70	15	11	3	1	
2 号	76.7	5.8	12.9	2.2	2.0	0.3

从表 3.2.1 看出，2 号矿带的岩性应好于 1 号，酸耗应更低。

主要铀矿物为沥青铀矿，其次为铀石，另有少量硅酸钍矿和钛铀矿。通过白岗岩样品试验的原矿和尾渣的矿物学研究表明，矿石中的沥青铀矿、铀石和硅酸钍矿大部分已经浸出，而含总铀量约 2%的钛铀矿在试验条件下虽受到侵蚀但几乎未被浸出，仅在提高酸度和温度后可以浸出。

ANSTO 试验的样品中未检出难溶的铀矿物（如铌钛铀矿），仅有两个样品检出微量的铌钛铀矿。样品中碳酸盐含量较低。从样品全分析显示，含钙大部分在 3%以下，平均 1%～1.5%，其中个别样品（钙硅酸盐岩）含钙在 5%以上。

（2）矿石的破磨性能

小型试验阶段，大部分岩芯样品都是 1/4 或 1/2 岩心大小。由于样品太小无法进行单轴抗压强度（UCS）和破碎功指数（CWI）试验，但可用于磨矿流程参数如半自磨磨矿（SMC）参数、磨损指数（AI）、邦德棒磨功指数（BRMWI）和邦德球磨功指数（BBMWI）等的确定。为此，单独施工两个完整岩心样品（RDD018 和 RDD019）用于破碎试验。扩大试验的岩心样品也进行了磨矿试验。

根据两个矿区的岩心样品进行的破磨试验表明：

① 矿石的抗压强度中等，破碎功指数约为 7 kWh/t；不影响破碎机选型。

② 半自磨适应性试验表明矿石是较为柔软的，平均破碎模型参数 A×b 为 65～78，落锤指数 DWI 为 3.6～4.2 kWh/m^3。

③ 磨损指数为 0.34～0.36，磨损主要发生在破碎与磨矿的易损部件及磨矿介质，工艺设计时可以通过选型来减少易损件的磨损水平。

④ 矿石的邦德棒磨功指数（BRMWI）和邦德球磨功指数（BBMWI）数据表明：磨矿粒度 P80＜400 μm 时，粒度越细功指数迅速提高，而磨矿粒度 P80＞400 μm 时，工作指数相差不大。产品粒度在 800 μm 左右时棒磨功指数为 12.4～13.4 kWh/t，达到一般水平。

⑤ 磨矿性能与矿石粒度相关。

（3）矿石的浸出性能

矿石的浸出试验分三个阶段在 3 个试验室完成。第一阶段在 Ammtec 用单一钻孔样品 DRR002 进行了不同粒级的浸出可行性试验研究；2009 年 3 月开始，由 ANSTO 针对 1 号矿带样品进行了一系列试验，获得了相应的浸出参数；随后，SGS 矿物实验室用 1 号、2 号矿区样品继续进行了浸出条件的优化，并将原浸出时的 pH 控制和氧化还原电位控制更改为浸出余酸控制和 Fe^{3+}浓度的控制。试验结果表明：

① ANSTO 和 SGS 矿物实验室获得了相似的试验结果，结果重复性较好。

② 在不同的矿石粒度下，各条件下的酸耗没有差别，最佳磨矿粒度选择不受酸耗影响，由浸出率、磨矿功率以及过滤性能等确定。

③ 磨矿粒度在 212～1 000 μm 确定范围内，浸出率相差 2.2%，即渣品位相差约 20×10^{-6}，粒度＜300 μm 差时可获得最佳的浸出率；经 AMEC 完成各种磨矿粒度下投资及运行费用的净现值计算，P80＝355～710 μm 及运时都可作为最优选择。试验优化选择 P80＝710 μm，因为粒度较粗可增加过滤速度、减少水分流失，有利于后续的过滤作业。

④ 余酸控制在 2.5～5.0 g/L 是有效的。余酸控制太高对铀浸出作用不大，但却加大了杂质的浸出；余酸控制太低会产生铁矾沉淀，余酸拟控制 4～5 g/L 为宜。

⑤ 控制二价铁含量比控制氧化还原电位更有效，浸出初期铁含量最少应为 0.5 g/L，浸出大部分时间保证三价铁含量 2 g/L 左右。

⑥ 温度降至 30 ℃时，浸出动力学降低，但浸出 12 h 后浸出率并无多大影响。

⑦ 白岗岩和黑云母片岩等矿石，酸耗约为 2%左右，浸出率达 90%；钙质硅酸盐矿石达到相同浸出率，酸耗约为 4.6%。

⑧ 浸出过程中采用返回生产溶液作生产水可以节约 10%左右的酸耗。

⑨ 浸出渣中的铀集中在 38 μm 以下的尾渣中，11%的重量中含 33%的铀。矿物学研究表明，钛铀矿主要存在于细粒级矿中，这也是铀的主要损失来源。

（4）矿石的浮选

在 SGS 矿物实验室进行了浮选试验。结果如下：

① 矿石粒度在 355 μm 时仅有 50%的回收率，粒度降至 150 μm、75 μm 时回收率有较大改善。浮选要求比浸出更细的矿石粒度。

② 采用不同浮选剂在 pH2.5 和中性 pH 下进行浮选均可获得较高回收率，浮选渣品位低于浸出渣品位。

③ 浮选剂消耗的单位成本比浸出耗酸单位成本还高。

未开展进一步的浮选试验。

（5）堆浸适应性研究

试验仅选择个别岩心样品进行了摇瓶试验和柱浸试验，试验在 Ammtec 和 ANSTO 完成：

① 矿石破碎至 12.5 mm，以摇瓶方式进行的堆浸适应性试验获得了 58%～81%的浸出率。

② 矿石破碎至 6.3 mm 和 12.5 mm 分别进行柱浸，浸出 100 天后浸出率分别为 68%和 64%，渣品位分别为 138×10^{-6} 和 167×10^{-6}，而同一矿样搅拌浸出尾渣品位为 35×10^{-6}。

柱浸试验结果如表 3.2.2 所示。

表 3.2.2　柱浸试验结果与搅拌浸出对比

破碎粒度/mm	原矿品位（$\times10^{-6}$）	尾渣品位（$\times10^{-6}$）	浸出率/%	酸耗/（kg/t）
6.3	420	138	68.2	33
12.5	460	167	64.1	32
P80＝500 μm（搅拌浸出）	468	35	93.0	45

从结果来看，堆浸回收较低。但应当指出的是，试验样品代表性差，堆浸条件探索还很不完善，在后续矿建过程中同时进行了低品位矿石的堆浸性能研究，从已经完成的室内试验结果来看，采用伴酸熟化制粒堆浸，浸出率可以达到搅拌浸出的浸出率水平。

（6）浓密、过滤试验

试验在 ANSTO 完成，由于粗颗粒沉降较快，试验主要针对浸出产生的细颗粒进行絮凝沉淀。试验包括絮凝剂的筛选、浓密、过滤等，试验发现 CIBA Magnafloc 351 絮凝剂絮凝效果较好，产出清液清晰度较高，絮状物易过滤。75 μm、150 μm、300 μm 絮凝浓密的沉淀效率分别是 0.66 t/（m^2·h）、0.89 t/（m^2·h）、0.98 t/（m^2·h），底流密度分别达到 53.9%、61.7%、72.2%。

浸出矿浆的过滤试验包括浸出矿浆的粗细砂分离、细砂絮凝浓密、浓密底流与粗砂再组合、过滤等。试验通过浸出矿浆直接过滤和组合过滤对比，组合过滤获得了较好过滤性能的滤渣。

（7）离子交换试验

试验所用浸出液组成见表 3.2.3。

表 3.2.3　浸出液组成

元素	Al	Ca	Cl	Fe	Fe^{2+}	K	Mg	Mn	Mo	Na
含量/（mg/L）	2 950	570	156	3 860	2 800	772	2 320	1 400	＜1	612
元素	P	S	SO_4^{2-}	Si	U	U_3O_8	V	Zr	pH	ORP（mV）
含量/（mg/L）	17	13 000	39 000	1 100	1 161	1 369	14	＜1	1.5	～400

试验采用了广泛应用于铀工业的强碱凝胶型阴离子交换树脂 Amberjet 4400 Cl，结果如下：

① 在标准吸附条件下（pH＝1.5、T＝40 ℃）、浸出液浓度为 1.4 g/L 时获得较高的吸附容量，达 77 g/L，即每升湿树脂中的 U_3O_8 含量为 77 g；在预期浸出液浓度为 400 mg/L 时，吸附容量亦可达 65 g/L。

② 饱和树脂中杂质含量低，尤其是铁。饱和树脂中 Fe/U 为 0.18%。

③ 一个单柱交换循环后测得树脂中 Si 浓度约为 3 g/L。树脂经反复离子交换循环时需监控树脂中 Si 含量，以确定树脂是否 Si 中毒，用碱再生。

④ 离子交换过程中钒能有效地获得分离。

⑤ 用 1 mol/L 酸解吸是适合的，解吸 10 倍体积足以使贫树脂含量达到 1 gU_3O_8/L 湿树脂以下。

⑥ 解吸液相当清晰，但由于解吸液硫酸盐浓度太高，用过氧化氢直接沉淀铀前需进行石膏沉淀处理。

⑦ 采用过氧化氢沉淀能定量回收铀，沉淀母液浓度［U］=1.6 g/L。

⑧ 试验生产的过氧化铀符合较宽松的转化（Converdyn）质量要求。试验所用石灰质量较差，造成了产品的污染，尤其如铁。通过改善石灰质量，可以预期产品质量的改善以适应所有规范。

（8）溶剂萃取试验

试验采用 5%阿拉明 336+2%异癸醇+Shellsol 2046 作萃取剂，试验结果如下：

① 试验获得的最大平衡容量为 5.7 g/L，铀的萃取非常有利。

② 饱有物理特性不利，铀含量大于 3 g/L 时可观察到乳化物的生成。

③ 饱有中杂质含量较低。

④ 饱有用硫铵/氨水反萃，效果较好。

⑤ 反萃后用氨水沉淀重铀酸铵，所获产品符合技术规范要求。

总的来说，离子交换效果更好：可以获得较高的平衡容量、合理的铀选择性、适当地吸附淋洗动力学以及较低的杂质含量以获得较纯产品。

从离子交换合格液中回收沉淀铀所获得产品分析见表 3.2.4。

表 3.2.4 产品质量分析与转化厂技术规范

元素	产品/%		技术规范/%		
	UO_4	ADU	卡梅科	康弗登	法国金属铀及六氟化铀转化公司
Al	0.10	0.05			0.10
Ag	<0.003	<0.003		0.01	
As	<0.003	<0.003	0.01	0.01	1.00
Ba	<0.003	<0.003		0.01	
Ca	0.37	<0.03	3.00	0.05	1.00
Cd	<0.003	<0.003		0.01	
Cr	<0.003	<0.003		0.01	
Fe	0.25	0.01	1.00	0.15	
K	0.03	0.05		0.20	
Mg	<0.03	0.02	3.00	0.02	
Mn	0.004	0.004			
Mo	<0.003	<0.003	0.10	0.10	0.05
Na	0.28	0.03		0.50	1.00
Na+K	0.31	0.07	1.00		
PO_4^{3-}	0.34	0.08	0.20	0.10	1.00
Pb	<0.003	<0.003		0.01	
S	0.22		1.00		
SO_4^{2-}	0.66	1.31		1.00	3.00
Se	<0.003	<0.003		0.01	
Si	0.13	0.05	0.50		

续表

元素	产品/%		技术规范/%		
	UO_4	ADU	卡梅科	康弗登	法国金属铀及六氟化铀转化公司
SiO_2	0.28	0.1		0.50	0.50
Th	<0.003	<0.003	0.50	0.10	
Ti	0.02	<0.003	0.50	0.10	
U	79	71		75	
V_2O_5	<0.01	<0.005			0.30
Zr	<0.003	0.013	0.10	0.01	0.20

实际生产中，吸附饱和容量可能低于平衡容量，而且由于浸出液浓度较低饱和容量也会更低，小型试验结果应用于如固定床、半连续或连续模拟离子交换工艺，还需要试验验证。

扩大试验最终选择了离子交换和溶剂萃取的联合流程（淋萃流程）进行了试验。

（9）放射性选矿

放射性选矿试验由 UltraSort 完成，试验表明放射性选矿对低于 250×10^{-6} 的矿石没有效果。

（10）其他试验

1）重液选矿

试验表明在选出的轻相中含有较高的铀，重介质选矿对该矿石没有效果。

2）凝聚剂试验

在离子交换和溶剂萃取试验中存在二氧化硅聚合的迹象，在溶剂萃取扩大试验中加入 Polysil 凝聚剂用于相分离，需要 RM1250 60～80 mg/L 以减少萃取过程中杂物的形成。RM1250 被加入到进入萃取流程的解吸液中。

3）软锰矿筛选

软锰矿活性试验对 6 个样品进行了比较，罗辛矿使用的摩洛哥样品 UF74 具有较低的铁含量及高的锰铁比，并且由于其粒度较细不需要破磨可直接进入搅拌系统使用。

4）赤铁矿试验

试验采用南非阿斯芒公司的赤铁矿作为浸出过程加入的铁源，结果表明该铁源对于浸出过程三价铁的增加是有效的。后来的扩大试验表明流程本身已有足量的三价铁。

另外，试验初期，还进行了矿区周边获得的石灰石的试验，以用于可能需要的中和工序。中和工序在最终流程选择时取消。

3.2.3 扩大试验

（1）水冶工艺扩大试验

水冶工艺扩大试验于 2010 年 3—5 月在澳大利亚帕斯的 SGS 实验室进行。试验采用淋萃流程，通过粉碎后的矿石再制浆，经浸出、浓密、过滤、连续离子交换、溶剂萃取、SDU 沉淀及溶解再沉淀生产 UO_4 产品；样品同小型试验，共取样 106 个，9.6 t。其中 1 号矿带样品主要取自 13 个工艺孔中的 44 个样品，2 号矿带主要选自 15 个钻孔中的 62 个样品。

扩大试验分三个阶段进行：第一阶段为 2010 年 3 月 22—31 日进行的为期 10 天的可靠性运行，运行过程中所有试验设备均参与运行并被试样填充，矿石样品来自 2 号矿带；第二阶段和第三阶段主要进行了在稳定条件下前三年生产矿石的处理试验，2010 年 4 月 12—27 日的第二阶段连续 15 天的运行，给料分别来自 2 号矿带（Z2）和 1 号矿带第一年（Z1Y1）生产矿石；第三阶段于 2010 年 5 月 7—21 日完成，分别处理了 1 号矿带第二年（Z1Y2）和第三年（Z1Y3）的矿石。

第一阶段采用的磨矿工艺，在第二阶段开始时换之以干磨、用返回吸附尾液制浆工艺。试验主要验证工艺流程的稳定性、验证工艺效率及主要试剂消耗指标、制取产品样品并为最终可行性研究提供设计依据。

试验结果如下：

1） 试验流程

试验流程见图 3.2.1。

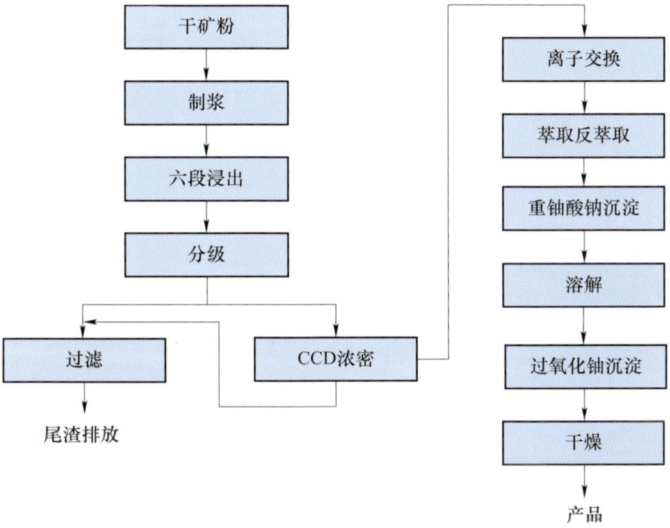

图 3.2.1　扩大试验流程

2） 主要试验设备及数量

浸出设备：6 个浸出搅拌槽；

分级设备：Kason 振动筛（模拟旋流器）106 μm；

浓密机：ϕ200×1 800，57 L（溢流至 CIX，底流至过滤）；

过滤设备：0.1 m^2 Larox PF01 压滤器（模拟带机），两台并联；

吸附设备：10 段半逆流吸附槽，氮气搅拌；

解吸设备：8 段半逆流解析槽；

混合澄清器：混合室（$W \times L \times H$）50 mm × 50 mm × 40 mm；

澄清室（$W \times L \times H$）50 mm × 160 mm × 40 mm；

沉淀设备：10 L 平底搅拌容器。

试验装置如图 3.2.2～图 3.2.6 所示。

图 3.2.2　浸出试验装置

图 3.2.3 吸附装置

图 3.2.4 解吸装置

图 3.2.5 萃取装置

图 3.2.6 沉淀装置

3） 试验结果

试验结果见表 3.2.5 和表 3.2.6。

表 3.2.5 扩大试验结果

矿样	Z2	Z1Y1	Z1Y2	Z1Y3
原矿品位（×10⁻⁶）	328～329	328～329	328～329	467
浸出率/%	88	85	88	89
酸耗/（kg/t）	19	21	22	24
软锰矿消耗/kg/t	2.7	2.7	2.5～3.0	2.5～3.0
尾渣品位（×10⁻⁶）	38	49	43	54
浸出液 U/（mg/L）	709	792	832	1 268
浓密底流含固量/%	40～50	40～50	40～50	40～50
浓密絮凝剂消耗/（g/t）	57	51	41	24
浓密溢流悬浮固体/（g/L）	＜1.5	＜1.5	＜1.5	2.9
浓密溢流含铀/（mg/L）	217		278	461

续表

矿样	Z2	Z1Y1	Z1Y2	Z1Y3
过滤洗涤效率/%	95～98			
过滤絮凝剂消耗/（g/t）		4～5	4～5	4～5
滤饼含铀/（g/t）	44	56	34	40
滤饼水分/%	17～19			
吸附原液含铀/（mg/L）	210	273	295	464
吸附尾液含铀/（mg/L）	9	29	30	67
吸附效率/%	95	91	89	85
解析效率/%	96～100			
离子交换效率/%	92	91	89	80
解析液浓度/（g/L）	3.7	6.0	4.4	6.0
萃原液浓度/（g/L）	3.6	6.0	4.3	5.6
萃余水浓度/（mg/L）	8	16	16	60
萃取效率/%	100	100	100	99
洗涤平衡 pH	1.0			
洗水含铀/（mg/L）	20～50			
反萃液含铀/（g/L）	9.4	21.7	12	15.4
反萃取效率/%	～100	～100	～100	～100
溶液 pH	11 降至 10	11 降至 9	10 降至 8	10 降至 8
SDU 沉淀剂浓度/（g/L）	19	19	9.5	9.5
SDU 沉淀效率/%	99			
溶解剂用量/（t/tSDU）	1.165			
UO_4 沉淀返晶率/%	—	—	200	364

表 3.2.6　UO_4产品组成

组分	U	Mn	K	V/（mg/L）	Zr	Th	C
含量/%	67.0	0.01	0.02	0.09	0.02	—	＜0.01

SDU 产品溶解再沉淀后，Th 含量得到分离。

从结果看，产品质量达到 ASTM－C969 矿石浓缩物标准和 ASTM－C787 UF_6 浓缩标准。

4）试验结论

① 湖山铀矿床主要铀矿物为沥青铀矿（UO_2）和铀石[$U(SiO_4)_{1-x}(OH)_{4x}$]，约占 95%；其他如钛铀矿[$U,Ca,Ce)(Ti,Fe)_2O_6$]小于 5%。所有铀矿物以细浸染状存在于脉石矿物中。

② 主要脉石矿物为石英和长石（斜长石和钾长石），以及少量云母、绿泥石、高岭土和碳酸盐。

③ 浸出渣中钛铀矿为主要铀矿物。

④ 磨后矿石再制浆平均停留时间为 45 min，制浆排料平均含固量为 71%。

⑤ 制浆过程来自返回的吸附尾液的硫酸约 1 kg/t，在制浆中被消耗，使浆体 pH 升高至 4.0。吸附尾液中大部分三价铁被析出，这与氧化还原电位下降至 170 mV 相关；总硫、铝的还原也很明显；可溶性硅、磷和钒亦有沉淀生成。制浆过程少量铀被浸出，约 1%～4%。

⑥ 4 个样品 Z2、Z1Y1、Z1Y2、Z1Y3 的浸出率分别达到 88%、85%、88%和 89%；总酸耗分别为 19 kg/t、21 kg/t、22 kg/t 和 24 kg/t；软锰矿消耗在 2.5～3.0 kg/t；浸出尾渣含铀分别为 38×10^{-6}、49×10^{-6}、43×10^{-6} 和 54×10^{-6}；浸出液含铀分别为 709 mg/L、792 mg/L、832 mg/L 和 1 268 mg/L。浸出余酸 2～4 g/L。

⑦ 浸出后矿浆分级后，经细砂浓密和粗细砂混合过滤，获得的浸出液浓度从 Z2 样品的 217 mg/L 到 Z1Y2 样品的 278 mg/L，再到 Z1Y3 样品上升到 461 mg/L。过滤尾渣样品中水分 17%～19%，水相铀浓度 16～52 mg/L。

⑧ 对应 4 个样品的离子交换的吸附尾液浓度分别为 9 mg/L、29 mg/L、30 mg/L 和 67 mg/L；吸附效率分别是 95%、91%、89%、85%；解吸效率达到 96%～100%；合格液浓度分别为 3.7 g/L、6.0 g/L、4.4 g/L 和 6.0 g/L。

⑨ 4 段萃取可以达到萃取效果，萃取效率除 Z1Y3 样品略低外，几乎达到 100%。饱和有机相采用酸化水或 UO_4 洗涤液一段洗涤，可以有效除去饱有和夹带水相的铁；之后采用 NaOH 或 SDU 沉淀母液进行两段逆流洗涤，可以除去大量的 HSO_4^- 离子。饱有采用三段反萃，反萃合格液浓度分别达到 9.4 g/L、21.7 g/L、12.0 g/L 和 15.4 g/L；反萃效率几乎达到 100%，反萃第 1 段几乎达到反应完全。

⑩ SDU 沉淀采用理论计量过量的 NaOH 沉淀，保持返晶率 400%，沉淀效率可达 99%以上，产品含铀 67.6%；SDU 产品经再溶解和 UO_4 沉淀，用 NaOH 控制沉淀 pH，沉淀效率达到 100%，产品含铀 67%，产品质量符合 ASTM 标准。

（2）磨矿扩大试验

2010 年 7 月—2011 年 2 月在 MINTEK（南非国家矿业技术研究院）针对湖山铀矿石进行矿石性能研究试验。试验内容主要包括矿石破磨性能参数试验、半自磨工艺流程试验两大部分内容。

磨矿扩大验证试验矿样取自 1 号矿区西北部表层矿，其中 130 t 用于验证试验，还有部分用于矿物学研究。

1） 试验矿样的预处理

从原矿样本中鉴别出两种类型的岩石，估计样本包含 80%的Ⅰ类型岩石和 20%的Ⅱ类型岩石。

将原矿样本按粒级进行分类。根据粒度分配（用于小型粉碎试验），从各种粒级的矿石中重新获取约 1 t 的子样本。手工将大块样本分为三种粒级，即 212 mm 以上、150～212 mm 和 106～150 mm。使用滚筒筛将剩余的 106 mm 的材料分为以下粒级：75～106 mm、50～75 mm、40～50 mm、20～40 mm 和 20 mm 以下。此操作目的在于确保分别输送不同粒级的矿石到磨机，以避免因粒级而出现潜在分离。筛过的不同粒级的矿石应分开混合并装进散袋。

使用铲运机（LHD）和搅拌器混合四批（每批 1 t）小于 20 mm 的材料，提取 1 t 标准子样本，用于粒度分配。使用 19 mm、16 mm、13.2 mm、9.5 mm、4.75 mm 和 4 mm 矿筛将子样本进行手动筛分。小于 4 mm 粒级的材料用机械搅拌器进行进一步混合，随后选取 40 kg 的子样本进行进一步粒度分析。对样本进行一次格槽分离，再对一半样本进行旋转分离，以获得 2 kg 子样本用于粒度分析。

MINTEK 可用的 SAG 磨机只能用于粉碎最大粒度为 212 mm 的矿石。因此接收的原矿粉碎后可实现 100%的 212 mm 过筛率。使用挖掘机破碎锤粉碎大于 212 mm 粒级的矿料。

图 3.2.7 显示了验收材料的粒度分布数据和破碎后新粒度分布（由固有小于 212 mm 粒级矿料和粉碎大于 212 mm 粒级矿料组成）。验收物料的粒度为 P80=212 mm，随后将其粉碎为粒度为 P80=150 mm 的物料。开采矿石和粉碎大于 212 mm 粒级矿料所使用的方法显然没有产生很多的细粒级物料，如在验收和粉碎物料中，小于 38 μm 含量均显示出较低的质量百分比。

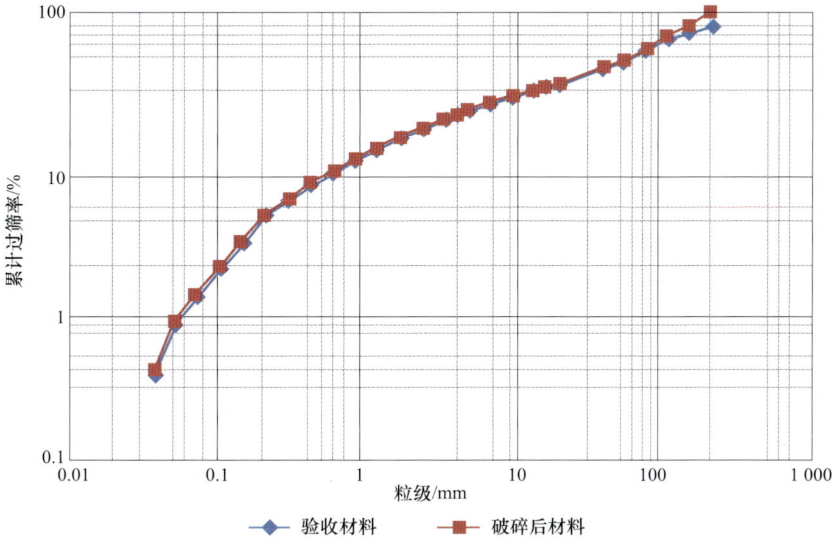

图 3.2.7 验收和粉碎材料的粒度分布

2） 矿石破磨性能参数试验

性能参数测试试验包括：SAG 磨机粉碎（SMC）试验、邦德球磨机和棒磨机易磨性（BRWI）、邦德可破碎性试验、单轴压缩强度（UCS）试验、邦德磨蚀试验、压磨式粉碎机和 JKTech 磨损试验。

相关的试验结果汇总见表 3.2.7。

表 3.2.7 矿石破磨性能参数试验结果

小型破磨试验	样本	值
300 μm 时的邦德球磨功指数	复合物	13.50 kWh/t
850 μm 时的邦德球磨功指数	复合物	12.78 kWh/t
1 180 μm 时的邦德棒磨功指数	复合物	13.06 kWh/t
邦德可破碎性功指数	样本 1	8.6 kWh/t
邦德可破碎性功指数	样本 2	8.8 kWh/t
邦德磨蚀指数	样本 1	0.328 5
邦德磨蚀指数	样本 2	0.278 8
单轴压缩强度（UCS）试验	样本 1	131.7 MPa
单轴压缩强度（UCS）试验	样本 2	149.2 MPa
SMC 试验（26.5～31 mm）	样本 1	$A\times b=93.29$； $ta=0.58$； DWi＝2.76 kWh/m³
SMC 试验（26.5～31 mm）	样本 2	$A\times b=56.16$ $ta=0.43$； DWi＝4.77 kWh/m³

3）半自磨（SAG）工艺试验

进行了三个磨矿工艺的磨矿试验：与棒磨机和卵石破碎机组成的 SRC 工艺、与球磨机和卵石破碎机组成的 SABC 工艺和与卵石破碎机组成的 SSSAG 工艺。图 3.2.8～图 3.2.11 所示为磨矿试验工艺流程，其中 SRC 流程示于图 3.2.8 和图 3.2.9。

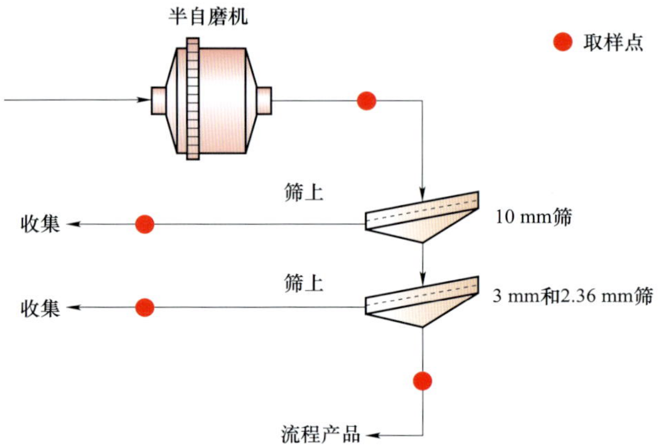

图 3.2.8　SRC 工艺流程（A）

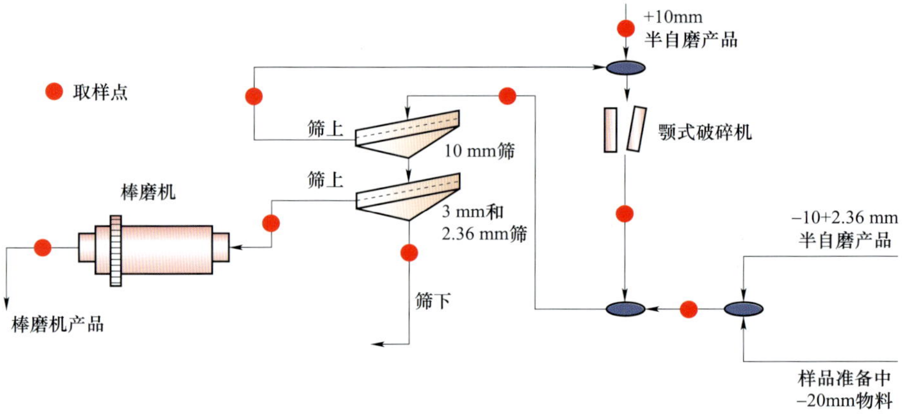

图 3.2.9　SRC 工艺流程（B）

4）选用的试验设备

① SAG 半自磨机

试验采用ϕ1.68 m×0.56 m SAG 磨机，在 30%的筒体负载下运行。试验装球量为 15%v/v，总 877 kg，采用 120～125 mm、100～110 mm、90～95 mm、80～85 mm、70～75 mm 不同粒级钢球各 20%配比。磨机运行临界速度为 75%。磨机卸料装置包括 18 mm 的格栅圆孔和 12 个 55 mm×100 mm 卵石出口。将 SAG 磨机及其电机和变速箱安装在测力传感器上，此传感器可精确记录 5 kg 以内的进料质量。将 SAG 磨机上的所有仪表连接至计算机，以记录牵引功率（电力和机械）、进料量和磨机输送率。该计算机不仅能记录数据还能提供过程控制（可设置固体输送率模型或磨机负载模型）。

② 球磨机

中期试验使用的球磨机为ϕ0.90 m×1.4 m，总装球量 860 kg，磨球尺寸为 60～50 mm、50～

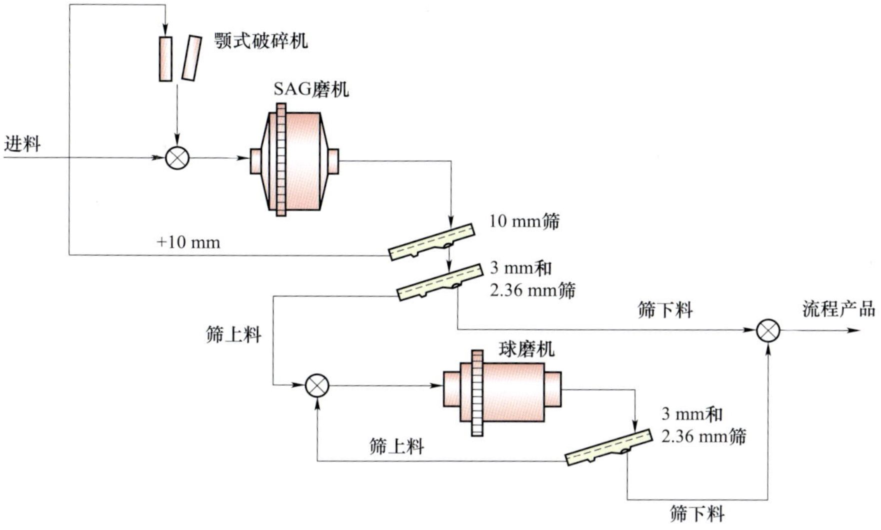

图 3.2.10　SABC 工艺流程

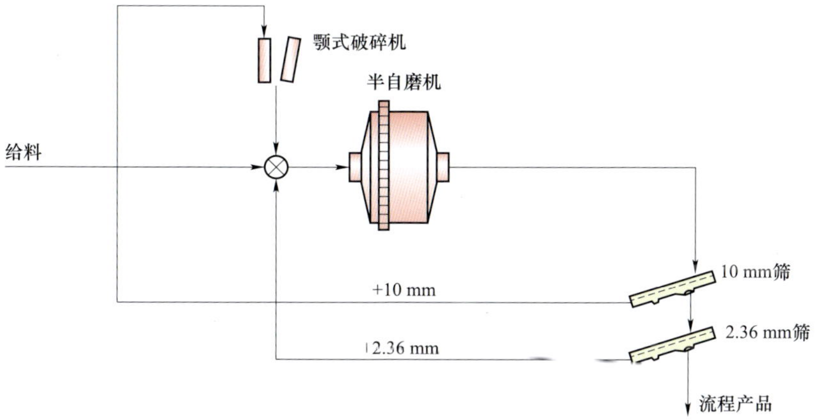

图 3.2.11　SSSAG 工艺流程

40 mm、40～30 mm、30～20 mm 各 25%。球磨机配有橡胶衬里和同等大小的升降器。磨机以恒定速度 26.6 r/min（即 61%的临界速度）运行。SABC 回路试验期间，用一个便携式功率计来记录球磨机所耗的牵引电气功率。也可用较小的球磨机（直径为 0.7 m、长度为 1.2 m）实现磨矿目标。

③ 棒磨机

棒磨机为ϕ0.7 m×1.4 m，在 66%的临界速度下运行，配有波形升降器。棒磨机试验进料负荷为 30%，总装棒量 880 kg，磨棒尺寸为 60～50 mm、50～40 mm、40～30 mm、30～20 mm 各 25%。

④ 破碎机

试验采用颚式破碎机用于砾石破碎，破碎机未配备牵引功率的记录仪表，破碎机的排料口尺寸为 10 mm。

（5）试验结果

1） SRC 流程

在流程 A 中 SAG 磨机卸料口使用了两个不同的底层矿筛（分别为 2.36 和 3 mm），进行

SRC 流程 A 回路筛分对比（见图 3.2.8）。平均进料速率恒定为 1.9 t/h，接近设定值，实际磨机负载接近设定负载。

相比 2.36 mm 的矿筛，3 mm 的矿筛可产生更粗的磨矿粒级。使用 2.36 mm 矿筛，磨矿粒级接近于目标粒级（P80＝780 μm）。

流程 B 中使用 3 mm 的矿筛进行试验，该矿筛产生较粗糙的产品粒级分布（P80＝1 180 μm），其中含有少量－106 μm（18%）颗粒；而 2.36 mm 的矿筛可产生 P80＝750 μm 的平均产品粒级分布，其中含有－106 μm 22%的矿粒。

棒磨机电功率在稳态下手动记录，平均值为 3.11 kW。总比能为 3.85 kW/t。

2） SABC 回路

在 SAG 磨机卸料口和球磨机卸料口使用两个不同筛孔尺寸的闭路矿筛，分别进行了两个 SABC 流程试验。第一个试验采用 3 mm 的矿筛（位于 SAG 磨机排料矿筛底层）和 3.2 mm 的矿筛（位于球磨机卸料口）进行。试验结果表明：在 SAG 磨机卸料口获得的筛下物料比目标粒级（P80＝780 μm）粗，而球磨机排料口中的筛下物料粒度比目标磨矿粒度细。

第二个试验分别采用 2.36 mm 的矿筛（位于 SAG 磨机矿筛底层）和 2.36 mm 的矿筛（位于球磨机卸料口）。使用一个较小的球磨机（直径为 0.7 m、长度为 1.2 m），以避免物料过度研磨。试验表明：在 SABC 流程中，SAG 磨机数据随运行时间而变，磨机负载和平均进料均与各自的设定值接近。球磨机进料为 30%时，测得的平均电功率为 9 kW。直径为 0.9 m 的磨机记录该功率值（使用 3 mm 的矿筛）。当使用小球磨机时不能记录该功率。

3） SSSAG 流程

试验持续时间约为 9.5 h。在运行期间，对控制系统进行配置，将磨机负载控制在 1 280 kg。但是，随后对控制系统重新配置，将磨机进料速率控制在 2 100 kg/h，以实现磨机负载的设定值。

对 SAG 磨机卸料中的 65%～70%（w/w）的目标固体物料进行碾磨，该范围为 AG/SAG 碾磨应用中的标准范围。磨机卸料口的双层振动矿筛配有 10 mm 和 2.36 mm 的筛板。将 10 mm 筛上料（卵石流）输送至颚式破碎机（排料口为 10 mm）。使用铲斗升降器将破碎机产品和 2.36 mm 筛上物料进行混合，并返回至 SAG 磨机。记录输送量、磨机负载、小齿轮和电功率等数据。

运行期间提取 3 种样本，且对 3 种样本的平均数据进行质量平衡。数据表明磨机负载质量稳定。SAG 磨机仅需要 5.1 kWh/t 的能量实现所需碾磨（P80＝780 μm），卵石产出循环比为 12%（w/w 新进料）。

3.3 水冶厂工艺

湖山水冶厂根据矿石特性和实验研究结果，将矿坑中的矿石按照酸耗和品位进行配矿，经过破碎、磨矿工序破碎至规定粒度，矿石通过常规硫酸浸出尽可能将铀金属从矿石中转移到溶液中，然后通过逆流洗涤工序，将矿浆中富含铀的浸出液和尾渣分离，废渣排入尾矿坝储存，浸出液进入离子交换工序和溶剂萃取工序。在离子交换和溶剂萃取工序，浸出液将进行纯化和浓缩，绝大部分杂质将被除去，然后通过沉淀、离心和煅烧工序，最后生成最终产品 U_3O_8 黑色粉末。另外湖山现场配套建有年产 50 万 t 硫酸的制酸厂，库容量 3.01 亿 t 的尾矿库以及试剂配置、供水等设施。

工艺流程见图 3.3.1。

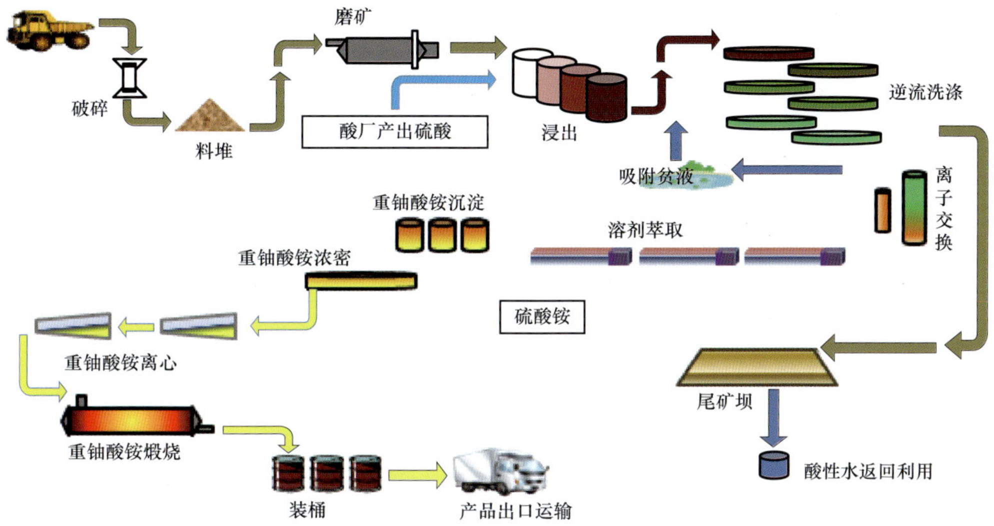

图 3.3.1　湖山水冶厂流程

3.3.1　破矿区

水冶厂破矿工序（按照设计编码为 3010 区域）主要是将从矿坑及矿堆运来的大块度矿石进行破碎，以满足后序磨矿工序的处理。

（1）工艺

1）工艺流程

矿石从矿坑通过 320 t 重卡直接运送到储矿堆或初次破碎的原矿仓，矿石可通过两侧卸载，该原矿仓可装载 3 辆重卡车的矿量约 960 t。原矿直接进入初次破碎机（又称旋回破碎机），再通过矿石缓存矿仓、铁板给料机、短皮带 3010－CV－001、长距离输送皮带 3010－CV－002、布料移动皮带 3010－CV－003 分配到储料堆。矿石输送过程中有除铁器、金属探测器、铀矿石品位测量仪、矿石称量系统（见图 3.3.2）。

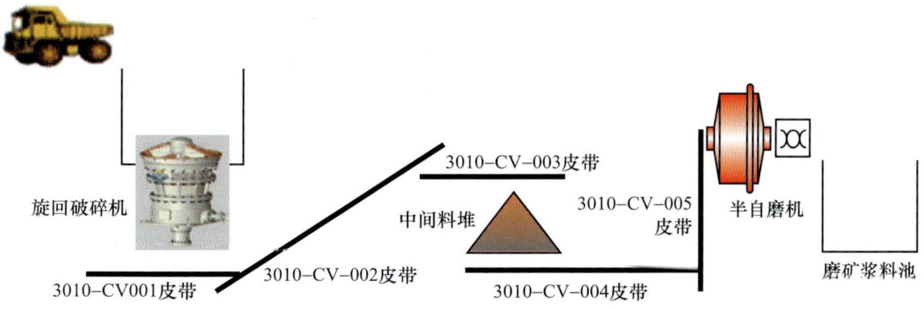

图 3.3.2　3010 破矿工序工艺流程

2）储矿堆

储矿堆堆存能力 23 万 t，其中有效堆存能力 9 万 t，在检修初次破碎机或停机检修皮带情况下可供 2 天的磨矿生产量。储料堆的矿石通过堆底 6 个下料口，每个口有 2 台共有 12 台铁板给料机，生产时采用 6 开 6 备运行方式将矿石分配到 3010－CV－004 皮带上，再通过 3010－CV－005 皮带接力送至半自磨机（见图 3.3.2）。

3） 粉尘控制

初次破碎机是粉尘的主要来源，特别是卡车倾卸过程中的原矿仓。装载矿石时用水对矿石进行润湿，倾卸矿石时，使用原矿仓旁的一组喷雾除尘装置。该系统配备传感器和联动装置，使这些喷雾除尘仅在卡车倾卸矿石时联锁操作。破碎后所有矿石倾卸点能产生粉尘的地方，为了将逸散的粉尘排放减少到最低程度都配有通风及收尘系统。

初次破碎机和储矿堆位置配备独立的管道收尘系统。整个破碎回路中所有粉尘产生位置，包括转运点、破碎机卸料口和给料机下料口均配置了吸尘罩以减少粉尘的扩散。通过负压将粉尘收集到文丘里除尘器，回收洗涤器的排出物通过泵送入半自磨机进料槽。

4） 工艺参数及控制

破矿区域工艺参数见表 3.3.1。

表 3.3.1　破矿区域工艺控制参数

	项目	单位	数值	备注
1	工作时间	%	50	
2	年工作小时	h	4 380	
3	原矿仓	t	960	
4	破碎缓冲矿仓	t	640	
5	初碎后矿石卸料方式		铁板给料机	
	给料速率	t/h	3 425	
6	矿石进料最大尺寸	mm	1 500	
7	出料尺寸	mm	250	
8	储料堆存			
	类型		矩型覆盖	
	储量	t	90 000	
	时间	h	48	
9	储矿堆铁板给料机			
	数量	台	12	6 开 6 备
	给料能力	t/h	325	

（2）设备

1） 破矿区主要设备（见表 3.3.2）

表 3.3.2　破矿区主要设备

序号	设备名称	单位	数值	电机功率	处理能力
1	旋回破碎机	台	1	600 kW	最大处理量：4000 t/h
2	重型铁板给料机	台	1	160 kW	长：10.5 m 宽：3.25 mm 高：1.4 m 重量：35.5 t 最大处理量：3938 t/h

续表

序号	设备名称	单位	数值	电机功率	处理能力
3	皮带机 CV001	台	1	70 kW	带长：48.2 m 带宽：1 800 mm 带速：2.3 m/s 提升高度：3.45 m
4	皮带机 CV002	台	5	355 kW/台	带长：2 983 m 带宽：1 350 mm 带速：4.2 m/s 提升高度：46.2 m
5	皮带机 CV003	台	1	160 kW	带长：168 m 带宽：1 500 mm 带速：3.2 m/s 提升高度：2 m
6	皮带机 CV004	台	1	132 kW	带长：245 m 带宽：1 500 mm 带速：2.4 m/s 提升高度：0 m
7	皮带机 CV005	台	1	185 kW	带长：125.5 m 带宽：1 200 mm 带速：3.22 m/s 提升高度：16.5 m
8	铁板给料机	台	12	22 kW	长：7 m 宽：2.6 mm 高：1.1 m 重量：15.5 t 最大处理量：360 t/h

2） 设备介绍

① 初次破碎机

湖山水冶厂粗碎设备采用 IMS 工程的旋回破碎机（见图 3.3.3），设备电机功率 600 kW，最大进料粒度 1 500 mm，出料粒度小于 250 mm，最大处理量 4000 t/h。

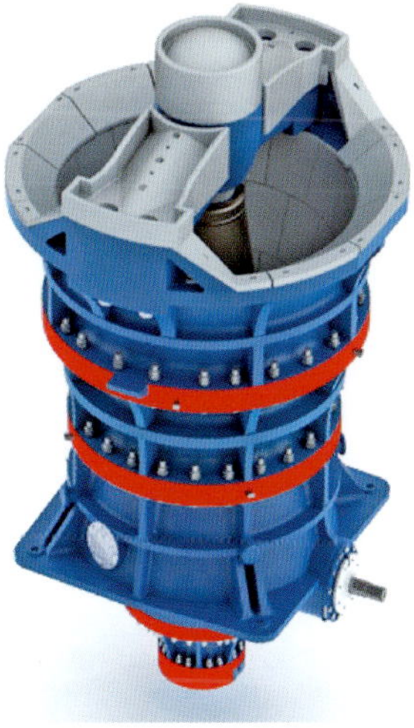

图 3.3.3 旋回破碎机

② 铁板给料机

矿石通过旋回破碎机粗碎后排入缓冲矿仓，在矿仓的底部有一台重型铁板给料机，长×宽×高=10.5 m×3.25 m×1.4 m，重量：35.5 t，最大处理量：3938 t/h。矿石通过重型铁板给料机排放到 3010－CV－001 皮带上（见图 3.3.4）。

图 3.3.4 铁板给料机

③ 皮带输送

矿石入储矿堆前经过了 3010－CV－001、3010－CV－002、3010－CV－003 三条皮带。在 CV001 皮带出料口前装有 1 台带式磁力除铁器，将采矿坑带来的铁块清除。CV001 皮带长 48.2 m，为 1 条短皮带，由 1 台 70 kW 的皮带滚筒机带动（见图 3.3.5）。CV002 皮带由 5 台 355 kW 的同步电机控制，该皮带长 2 983 m，提升高度达到 46 m。CV002 皮带上装有矿石称量系统测量进入水冶厂矿石量。CV003 皮带是 1 条在储矿堆上方可前后移动的布料皮带，其运行方式按照定期的前后移动方式，也可根据实际情况在固定位置进行矿石排料。

图 3.3.5 CV001 和 CV002 皮带输送

④ 除尘器

在粗碎站与储矿堆旁各建有除尘装置。在矿石跌落排放点设有管道与除尘装置相连，将扬尘通过除尘器负压吸入除尘器，沉淀后的矿浆通过管道定期排放（见图 3.3.6）。

图 3.3.6　除尘系统

3.3.2　磨矿区

磨矿工序（按照设计编码为 3020 区域）主要将粗碎后的矿石进一步加工，磨至规定粒径，以达到设计的浸出率。

（1）工艺

1）磨矿工艺流程

储矿堆的矿石通过 3010−CV−004 及 3010−CV−005 皮带输送到半自磨机进料斗，在进料斗中添加磨矿工艺水、半自磨钢球。半自磨机将矿石磨细，控制矿浆浓度为 73%w/w 固体量。磨碎后的浆料通过半自磨机出料端安装的孔径为 12.5 mm 的滚筒筛筛分并洗涤，筛上大于 12.5 mm 的矿石通过 3020−CV−001 皮带送至砾石破碎机料仓，筛下矿浆排至泵槽，再通过矿浆泵泵送至振动筛筛分（见图 3.3.7 和图 3.3.8）。

图 3.3.7　水冶厂鸟瞰图

1—储矿堆；2—磨矿区；3—浸出区；4—逆流洗涤区（CCD 区）；5—离子交换区；6—溶剂萃取区；7—产品区；8—原水池；9—贫液池；10—吸附原液池；11—尾矿坝；12—硫酸厂；13—中心仓库；14—中心维修车间

在 3020−CV−001 皮带机上配有带式磁力除铁器和金属探测器，以保证砾石破碎机运行安全。砾石破碎机料仓的矿石通过电磁振动给料机输送入 2 台砾石破碎机，单台处理能力为

150 t/h。破碎的矿石通过 3020−CV−002 皮带机送至 3010−CV−005 返回到半自磨机。在 3020−CV−002 皮带上配有皮带称，计量半自磨筛上的矿石返回量。

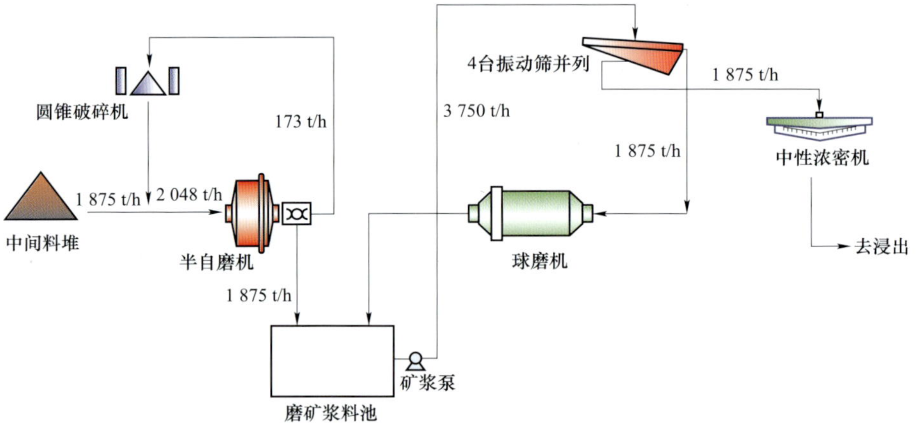

图 3.3.8　3020 区域磨矿系统工艺流程

半自磨滚筒筛下的矿浆通过矿浆泵泵送至高位矿浆分配器至 4 台振动筛，矿浆通过 630 mm 的筛板筛分，筛上粗颗粒通过 3020−CV−003 皮带到球磨机进料斗，在进料斗中加入钢球和水控制磨矿浓度为 75%w/w 固体量，球磨后的矿浆流入泵池，再通过矿浆泵泵送至振动筛筛分，从而使系统形成磨矿闭路循环（见图 3.3.8）。振动筛下矿浆自流至浸出区域浓密机，控制筛下粒度指标 P80=343 μm。

2） 磨矿工艺参数及控制

磨矿区域工艺参数见表 3.3.3。

表 3.3.3　磨矿区域工艺参数

	项目	单位	数值	备注
1	工作时间	%	91.3	
2	年工作小时数	h	8 000	
3	处理能力	t/h	1 875	
4	半自磨（运行）装球量	%v/v	12	
5	半自磨卸料密度	%w/w	73	
6	半自磨钢球型号		煅球	
	尺寸	mm	125	
	消耗量	kg/t	0.4	
7	半自磨卸料分布			
	F100	mm	75	
	F80	mm	6	
	F50	μm	600	
	F20	μm	180	
8	砾石破碎进料			
	F100	mm	75	
	F80	mm	40	

续表

	项目	单位	数值	备注
9	球磨机（运行）装球量	%v/v	29	
10	球磨矿浆卸料密度	%w/w	75	
11	球磨机钢球型号		高铬钢	
	尺寸	mm	75	
	消耗量	kg/t	0.6	
12	球磨机进料尺寸分布			
	F100	mm	12.5	
	F80	mm	1.56	
	F50	μm	702	
	F20	μm	99.6	
13	球磨机卸料分布（筛孔尺寸/mm）			
	0.837	%	100.0	
	0.600	%	99.3	
	0.400	%	84.8	
	0.300	%	75.4	
	0.210	%	62.5	
	0.148	%	51.3	
	0.105	%	41.2	
	0.074	%	32.6	
	0.052	%	25.6	
	0.037	%	20.3	
14	振动筛进料分布（筛孔 12.5 mm）			
	F100	mm	12.5	
	F80	mm	1.3	
	F50	μm	390	
15	振动筛下料尺寸（630 μm 筛孔）			
	P100	μm	600	
	P80	μm	343	
	P60	μm	194	
	P40	μm	100	

（2）设备

1）磨矿区 3020 主要设备（见表 3.3.4）

表 3.3.4 磨矿区主要设备

序号	设备名称	单位	数值	电机功率	处理能力
1	半自磨机	台	1	2 × 6 750 kW	直径（内衬）：10.77 m 有效磨矿长度：5.29 m
2	半自磨滚筒筛	台	1		直径：4.2 m 长度：5 m
3	砾石破碎机	台	2	460 kW	处理量：150 t/h

续表

序号	设备名称	单位	数值	电机功率	处理能力
4	砾石振动给料机	台	2	3.2 kW	长：3 149 mm 宽：1 160 mm 高：1 105 mm 给料量：150 t/h
5	矿浆泵	台	2	1 100 kW	流量：4 402 m^3/h 扬程：40.54 m 重量：18 075 kg
6	球磨机	台	1	2 × 4 250 kW	直径（内衬）：6.51 m 有效磨矿长度：10.21 m
7	振动筛	台	4	45 kW	长：8.2 m 宽：5.0 m 高：4.1 m 重量：19 300 kg
8	皮带 CV001	台	1	37 kW	带长：120.7 m 带宽：600 mm 提升高度：19.5 m
9	皮带 CV002	台		15 kW	带长：32 m 带宽：600 mm 提升高度：3.4 m
10	皮带 CV003	台		45 kW	带长：42 m 带宽：1 200 mm

2） 设备介绍

① 半自磨机

半自磨机的作用主要是将粗碎的矿石进一步细磨，从破磨的目的和节约能量考虑，破磨流程的基本原则是多碎少磨，湖山水冶厂半自磨机采用南非新概念厂的设备（见图 3.3.9）。半自磨机由 2 台总功率 13 500 kW 的同步电机驱动，磨机直径 10.77 m，磨矿有效长度 5.29 m，单位小时处理量 1875 t/h。

图 3.3.9 半自磨机和球磨机

② 砾石破碎机

半自磨机筛上的粗颗粒矿石基本上是硬度较大、较难磨碎的砾石，将半自磨机筛上的粗矿石进行破碎后再返回半自磨机可提高磨矿效率。湖山水冶厂半自磨机后配制了 2 台南非 IMS 工程的砾石破碎机，砾石破碎机电机功率 460 kW，单台处理量 150 t/h（见图 3.3.7 中磨矿区右侧高台）。

③ 球磨机（见图 3.3.9 中半自磨机右侧）

球磨机的作用是将矿石进一步细磨，湖山水冶厂采用的是溢流型球磨机，设备来自南非的 NCP 公司，由 2 台总功率 8 500 kW 的电机驱动，球磨机直径 6.51 m，长度 10.21 m。在进料粒度小于 12.5 mm、F80＝1.56 mm 条件下处理能力为 1875 t/h。

④ 振动筛（见图 3.3.10）

破碎和磨矿后的矿石是各种大小不等颗粒的混合物，为了控制粒度分布，需要进行粒度分级，可以利用多孔的工作面进行分级，也可以按颗粒沉降规律进行分级。湖山水冶厂磨矿分级系统由 4 台振动筛组成，设备规格长×宽×高为 8.2 m×5.0 m×4.1 m，单台振动筛处理能力为 1 608 m^3/h，重量为 19 300 kg，振动电机功率 45 kW。湖山矿浆物料通过 630 μm 筛孔后，630 μm 以下的颗粒去中性浓密机，筛上粗颗粒料返回球磨机。物料透筛概率的大小与颗粒尺寸有关，颗粒尺寸越小，透筛概率越高，筛分效率就越高。

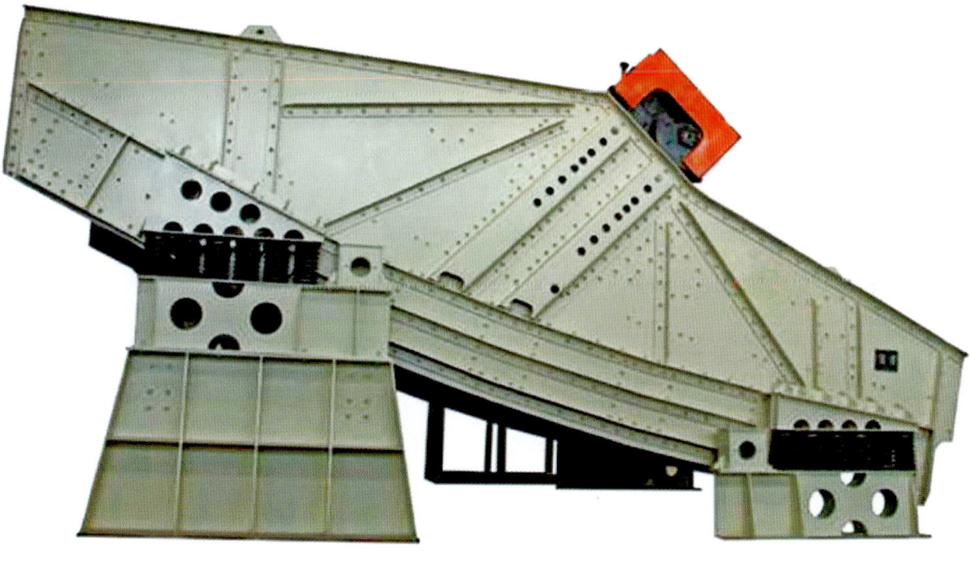

图 3.3.10　振动筛

⑤ 矿浆泵

磨矿后的矿浆泵采用 Flsmidth 公司的设备，电机功率为 1 100 kW，处理能力 4 402 m^3/h，扬程 40.52 m，重量 18 075 kg，采用一用一备的运行模式。

3.3.3　浸出区

浸出区（按照设计编码为 3030 区域）是用化学试剂把矿石中的铀转化为可溶性的铀酰离子，该工序使用的化学试剂包括浓硫酸、硫酸亚铁和软锰矿，分布位置见图 3.3.7 中的 3。

（1）工艺

1）中性浓密

矿浆经振动筛筛分后自流进入高效浓密机，溢流工艺水进入磨矿水槽，与其他区域的工艺水一起供磨矿区使用。

在浓密机中加入絮凝剂增加矿浆的沉降速度，控制底流浓度58%w/w固体量，通过矿浆泵泵送到浸出给料槽，在流入浸出给料槽时，在管线安装有矿浆自动取样系统，对矿浆进行自动取样，以分析进入水冶厂的原矿品位。

2）浸出

浆矿从浸出给料槽泵送到浸出槽1（或浸出槽2），浸出槽共10个串联排布（见图3.3.11），浸出槽底设有除砂泵送系统，以减少粗颗粒矿石占用槽体积，保证浸出时间。在单个槽出现事故后，为了保证生产的连续性，在浸出槽与槽之间设有旁路系统。浸出完成后，矿浆通过浸出排料槽泵送到浓密洗涤区域。

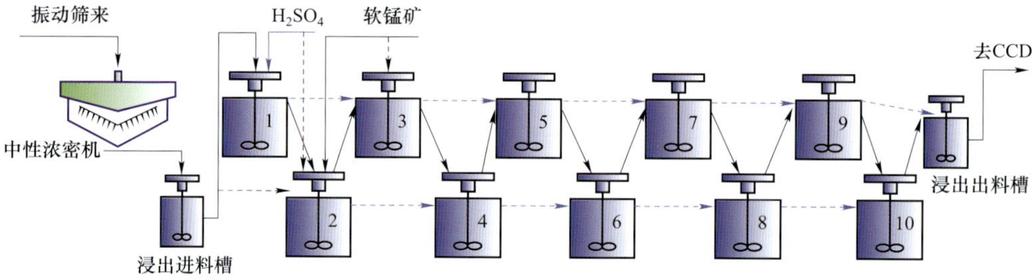

图 3.3.11　3030 浸出区域工艺流程

3）浸出生产及控制

湖山水冶厂铀矿采用酸法浸出工艺，硫酸作为浸出剂。在铀矿石中铀矿物或含铀矿物的可溶性主要与铀的价态有关，以六价铀形式存在的铀矿物是易溶的，以四价铀形式存在的铀矿物只要有适当的氧化剂存在，也可以迅速溶解。湖山铀矿在浸出生产初期加入了部分硫酸亚铁以增加浸出体系铁离子含量，加入氧化剂软锰矿以提高铁离子氧化性能，促进四价铀氧化为六价铀，以提高铀的浸出效率，其化学反应式如下：

$$UO_3+H_2SO_4=UO_2SO_4+H_2O$$

$$UO_2+H_2SO_4+1/2O_2=UO_2SO_4+H_2O$$

$$MnO_2+2Fe^{2+}+4H^+=Mn^{2+}+2Fe^{3+}+2H_2O$$

$$2Fe^{3+}+UO_2=UO_2^{2+}+2Fe^{2+}$$

浸出区域工艺控制参数见表3.3.5。

表 3.3.5　浸出区域工艺控制参数

序号	项目	单位	数值	备注
1	中性浓密机（运行）底流浓度	%	58	
2	絮凝剂			
	消耗量	g/L	40	
	稀释浓度	g/L	0.25	

续表

序号	项目	单位	数值	备注
3	浸出时间	h	12	
4	浸出温度	℃	35～40	
5	余酸	g/L	3	
6	Fe^{3+}	g/L	＞2	
	Fe^{3+}/Fe^{2+}		＞1.2	
7	浸出率	%	93.5	
8	浸出渣		31×10^{-6}～38×10^{-6}	
9	MnO_2	kg/t	1.9	
10	电位	mV	500	

（2）设备

1）浸出区主要设备（见表 3.3.6）

表 3.3.6　浸出区主要设备统计

序号	设备名称	单位	数值	电机功率/容积	能力
1	中性浓密机	台	1	2×30 kW	规格：40 m（直径）×3.1 m（高）
2	浸出进料槽	台	1	977 m^3	规格：Φ10.2 m（直径）×11.995 m（高）
3	浸出出料槽	台	1	977 m^3	规格：Φ10.2 m（直径）×11.995 m（高）
4	磨矿水槽	台	1	3 450 m^3	规格：Φ21 m（直径）×9.962 m（高）
5	浸出槽	台	10	3 475 m^3	规格：Φ15.7 m（直径）×17.95 m（高）
6	搅拌电机	台	10	315 kW	上下浆叶直径：6.65 m 搅拌轴长：14 m
7	中性浓密机砂泵	台	2	330 kW	流量：2 537.05 m^3/h 扬程：15.22 m
8	磨矿水泵	台	2	710 kW	流量：3 340 m^3/h 扬程：39 m
9	轴封水泵	台	2	45 kW	流量：170 m^3/h 扬程：49 m
10	浸出进料泵	台	2	355 kW	流量：2 537.05 m^3/h 扬程：13.44 m
11	浸出出料泵	台	2	355 kW	流量：2 602.36 m^3/h 扬程：17.99 m
12	除砂泵	台	6	110 kW	流量：750 m^3/h 扬程：20.12 m

2）主要设备

① 浓密机

振动筛筛下的矿浆浓度为 33%，为提高矿浆浓度降低酸耗用量，在进入浸出槽前设有浓密机来提高矿浆的浓度。浓密机直径为 40 m，高 3.1 m，运行电机 30 kW，当矿浆浓度增高、扭力增加，提升电机（30 kW）会自动提升耙架以确保生产稳定运行。

② 浸出槽

浸出槽共有 10 个，直径 15.7 m，高 17.95 m，从 1 号槽到 10 号槽，槽的溢流开口逐步降低使物料呈自流状态流动，浸出搅拌电机功率为 315 kW。

3.3.4 逆流洗涤区

逆流洗涤工序（按照设计编码为 3040 区域）是为了充分回收铀，将矿浆中的浸出渣排出，得到浊度较低的清液，实现固液的分离。该工序包括了 7 台高效浓密机和 1 台清液浓密机，是水冶厂降低浸回差的最重要工序。

（1）工艺

1）逆流洗涤

浸出排出的矿浆经浸出排料槽泵送至 CCD1 的给料槽（或 CCD2 给料槽），与 CCD2 溢流槽清液及絮凝剂进行混合进入直径为 40 m 的高效浓密机（CCD1）。CCD1 的溶液溢流至清液浓密机的进料槽（3040－TK－102），底流泵送下一洗涤设备 CCD2 给料槽与 CCD3 溢流槽清液及絮凝剂进行混合进入高效浓密机 CCD2，以此类推（见图 3.3.12）。整个洗涤过程为逆流洗涤，CCD 底流矿浆用矿浆泵输送，CCD 溢流通过溢流槽收集用泵输送至下一级 CCD 进料槽搅拌混合。

洗涤用水采用离子交换工序的吸附尾液，从 CCD7 的进料槽加入。洗涤液按照 CCD7－6－5－4－3－2－1 的流动方式加入。浸出后的矿浆按照 CCD1－2－3－4－5－6－7 的流动方式，直至排放到 3090 尾矿排放工序。絮凝剂按照 CCD 各搅拌槽的用量加入，也可根据实际情况进行调节。

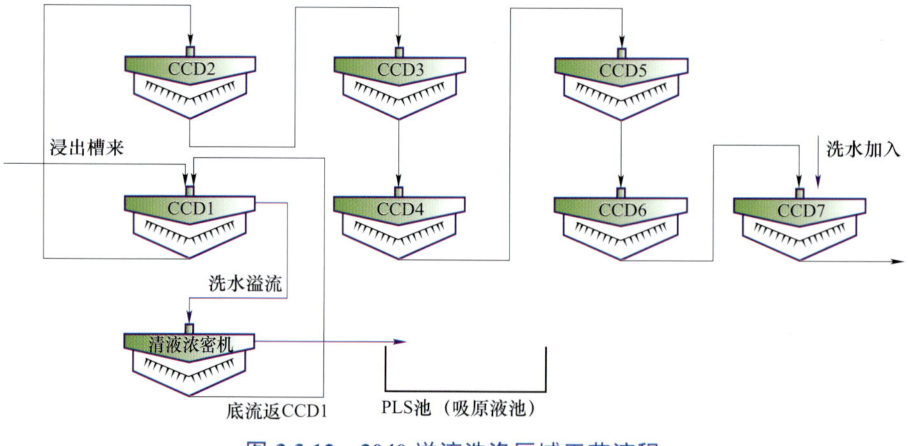

图 3.3.12　3040 逆流洗涤区域工艺流程

2）清液浓密洗涤

CCD1 的上清液自流到清液浓密机给料槽与加入的絮凝剂混合流入直径为 37 m 的清液浓密机。清液浓密机溢流流入 PLS（吸附原液池），底流通过泵送至 CCD1 给料槽，对清液浓密机底流矿浆内的铀进行洗涤回收。

3）CCD 区域工艺参数（见表 3.3.7）

表 3.3.7 CCD 区域工艺参数

序号	项目	单位	数值	备注
1	洗涤比	m^3/m^3	2.09	
2	沉降速率	t/（m^2·h）	1.49	
3	底流浓度（运行）	%	58	
4	絮凝剂（设计消耗量）			
	稀释浓度	g/L	0.25	
	CCD1	g/t	70	
	CCD2	g/t	63	
	CCD3	g/t	57	
	CCD4	g/t	51	
	CCD5	g/t	46	
	CCD6	g/t	41	
5	清液浓密机	%	20	
6	清液浓密机絮凝剂			
	絮凝剂浓度	g/L	0.25	
	消耗	g/m^3	2	
7	外排尾渣品位		31×10^{-6}～38×10^{-6}	
8	尾矿水铀含量		5×10^{-6}	

（2）设备

1）逆流洗涤区主要设备（见表 3.3.8）

表 3.3.8 逆流洗涤区主要设备

序号	设备名称	单位	数值	电机功率	处理能力
1	浓密机	台	7	2×30 kW	规格：40 m（直径）×3.0 m（高）
2	CCD 进料槽	台	7		规格：4.5 m（直径）×4.16 m（高）
	搅拌电机	台	7	7.5 kW	
3	CCD 溢流槽	台	6		规格：4.5 m（直径）×5.1 m（高）
	CCD2 立式水泵	台	2	250 kW	流量：2 195 m^3/h 扬程：14 m
	CCD3 立式水泵	台	2	280 kW	流量：2 890 m^3/h 扬程：15 m
	CCD4 立式水泵	台	2	250 kW	流量：2 820 m^3/h 扬程：14 m
	CCD5 立式水泵	台	2	280 kW	流量：2 755 m^3/h 扬程：16 m
	CCD6 立式水泵	台	2	250 kW	流量：2 757 m^3/h 扬程：14 m

续表

序号	设备名称	单位	数值	电机功率	处理能力
3	CCD7 立式水泵	台	2	250 kW	流量：2 570 m^3/h 扬程：14 m
4	矿浆沙泵 CCD1－5	台	10	250 kW	流量：2 849 m^3/h 扬程：14 m
	矿浆沙泵 CCD6－7	台	4	400 kW	流量：2 523 m^3/h 扬程：21.98 m
5	清液浓密机	台	1		直径：37 m
6	PLS 池	台	1		
7	吸附进料泵	台	2	220 kW	流量：3 146 m^3/h 扬程：15 m

2）设备介绍

① 浓密机

CCD 区共有矿浆洗涤浓密机 7 台，直径为 40 m，高 3 m，CCD1 和 CCD2 为进料浓密机，CCD6 和 CCD7 为排出尾矿的出料浓密机（见图 3.3.7 中的 4）。为了使矿浆洗涤效率提高，在每个浓密机进料前设有搅拌槽，使矿浆与洗水及絮凝剂搅拌充分，提高洗涤作业效率。

在每个浓密机溢流口设有溢流槽，溢流洗液采用泵送至上一级浓密机进料槽进行充分搅拌混合。

② 矿浆泵

CCD 区共有大型矿浆泵 14 台，其中 CCD6 与 CCD7 的矿浆泵电机功率较大，达到 400 kW，主要考虑要将尾渣泵送到尾矿区的矿浆排放槽。

③ 水泵

每台 CCD 的溢流槽洗涤液采用立式泵输送。

④ 清液浓密机

为了提高浸出液的清晰度，在 CCD 洗涤后增加了 1 台清液浓密机，以确保离子交换溶液的浊度。

⑤ 吸附原液池（PLS 池，见图 3.3.7 中的 10）

池面长 170 m，宽 100 m，池底长 122 m，宽 55 m，有效容积 75 600 m^3，可维持吸附 24 h 的使用量。为了防止铀金属的损失和溶液对环境的影响，在池底铺有双层 HDPE 防渗透膜。

3.3.5 离子交换区

离子交换工序（按照设计编码为 3050 区域）利用离子交换法实现铀溶液的纯化，整个离子交换过程都在离子交换塔中进行。因为在硫酸浸出液中，铀与硫酸反应呈络阴离子形式，所以可以用阴离子交换树脂从硫酸浸出液中选择性地吸附铀，在吸附过程中使铀与浸出液中的其他元素杂质分离，从而达到纯化的目的。

（1）工艺

湖山离子交换区域由 9 台并联的离子交换塔组成，每列包含 1 个单独的 6.24 m 直径×27.50 m 高的吸附塔和 1 个单独的 3.39 m 直径×25.60 m 高的淋洗塔，4 台树脂转移罐：1 台用于饱和树脂洗涤及转运，1 台用于淋洗后的树脂洗涤及转运，2 台并联的转移罐用于树脂再生和转运。

公用的储存区为每个机列内部的吸附、淋洗和再生部分配有辅助设施。

以下以其中的一列进行说明，工艺流程如图 3.3.13 所示。

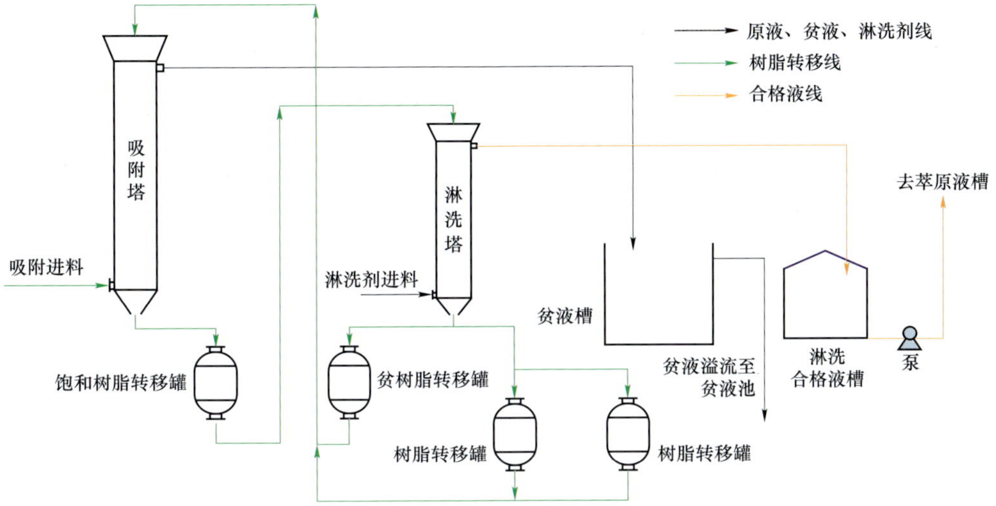

图 3.3.13 离子交换区工艺流程

1） 吸附

吸附工序采用 NIMCIX 吸附塔，吸附塔（3050–CM–101）由 12 级 1.25 m 高的间隔组成。在最底层多孔板上装有 U 形托盘，目的是在停车时将树脂依然保持在有效反应区。在稳定状态下，每一层板装上树脂。设计 284×10^{-6} U_3O_8 的吸附原液从吸附塔底部进入，以一定速度将树脂流态化。随着吸附原液的上移，铀离子逐渐被吸附到树脂中。

在最上一级吸附层的上面安装喇叭状圆锥口，以降低吸附贫液流速，实现固液完全分离。设计控制的 3.54×10^{-6} U_3O_8 吸附贫液从吸附塔顶部排出，通过自流至贫液筛（3050–SC–002/003/004/005）上。贫液筛将液体里残留的树脂过滤回收，吸附贫液排至贫液返回槽（3050–TK–003）。贫液筛回收的树脂流入树脂补充槽（3050–TK–001）。从吸附贫液返回槽溢流的贫液排向贫液池（3050–PD–001）。贫液分别进入磨矿工艺水槽（3030–TK–003、磨矿用水）和 CCD7（或 CCD6）进料槽（3040–TK–701/601，CCD 洗涤用水）。贫液池的洗水量不足时可通过原水进行补充调节。

吸附操作采用间歇操作，当停止吸附时树脂会下沉。一定体积的湿树脂会从塔底排到转移槽（3050–PV–101），这使得相同体积的树脂从上而下依次转移。在饱和树脂的转移中，一定体积的解吸树脂从解吸树脂转移槽（3050–PV–102）或树脂再生转移槽（3050–PV–103/104）转移到吸附塔顶端进料口。在经过一定体积的饱和树脂排放、解吸树脂或再生树脂补充后，重新进行吸附作业。

饱和树脂转移槽的容积等于塔内一个层床的湿树脂体积（WSR）。在树脂排放和塔底清洗过程中，进入转移槽的液体会通过滤网自动排放到了吸附原液返回槽（3050–TK–002），这些溶液被泵入吸附原液池。当排放到饱和树脂转移槽装有一个层床容量的湿树脂后（设计的饱和树脂容量 27.1 g/L U_3O_8），将进行如下几个步骤把树脂中残留的吸附原液和饱和树脂转入解吸塔。

① 吸附原液清除：通过压缩空气将饱和树脂转移槽中的吸附原液压缩吸附液返回槽。

② 淋洗剂洗涤：将淋洗剂加入饱和树脂转移槽，对饱和树脂进行清洗，多余的淋洗剂通过该槽的筛网排放到3050－PP－49/50泵泵送到3060－TK－017槽，再泵送到3020浸出系统。

③ 树脂浸泡：用淋洗液对饱和树脂进行浸泡，主要是将饱和树脂空隙中的浸出液挤出，减少淋洗合格液中杂质含量。

④ 淋洗剂清除：通过压缩空气将树脂转移罐内的洗涤溶液排至淋洗剂槽。

⑤ 饱和树脂转运：用淋洗液作为载体，将饱和树脂从转运槽泵送至淋洗塔顶部。

⑥ 转移槽清空：残留的淋洗液排放到淋洗液槽（3050－TK－021）。

离子交换树脂配制槽用于接收通过贫树脂筛后的吸附尾液。如果任何一个吸附塔停机需清空时，该槽的容量足够接收吸附塔的溶液量。树脂配制槽的溶液是通过吸附尾液筛网自流至吸附尾液池。吸附尾液和树脂也可从树脂配制槽的椎体底部计量回流至各吸附塔。

新配制的树脂也可通过该槽，与原水混合并泵送至离子交换区域的任意一个吸附塔。

2）淋洗

饱和树脂在40 ℃条件下采用100 g/L H_2SO_4的淋洗液，使贫树脂铀含量被淋洗至1 g/L WSR U_3O_8。淋洗剂配制采用两部分混合而成，一部分来自3060区域溶剂萃取的萃余液，另一部分来自淋洗槽（3100－TK－039），由原水和浓硫酸配制而成。混合的淋洗剂采用套管式加热器加热供淋洗使用。

采用流化塔作为淋洗塔。设计和操作与吸附塔类似，除了最底层板为泡罩板。塔内装填饱和树脂，淋洗剂自下而上泵入塔内，通过一定流速将树脂流态化。铀离子随着淋洗剂的流动逐渐从树脂转移到溶液中。

在淋洗塔最高一级的上面安装喇叭状圆锥口，以降低液体流速，实现固液完全分离。设计控制的淋洗合格液浓度为4.27 g/L U_3O_8，从淋洗塔顶部流出，自流到淋洗合格液筛上（3050－SC－021/022）。通过筛子将淋洗合格液内的树脂回收，再流入淋洗合格液槽（3050－TK－021）中。淋洗合格液通过泵送至砂滤器（3060－VP－001），再送至3060区域的萃原液槽（3060－TK－001），另一部分作为经过处理后的饱和树脂流动介质，将饱和树脂泵送至淋洗塔。

淋洗与吸附类似也采用间歇操作，当停止淋洗剂操作时树脂下沉。一定体积的湿树脂会从塔底排到贫树脂转移槽（3050－PV－102），这使得相同体积的树脂从上而下依次转移。在解吸树脂的转移中，一定体积的饱和树脂从饱和树脂转移槽（3050－PV－101）转移到淋洗塔顶端进料口。在经过一定体积的解吸树脂排放、饱和树脂补充后，淋洗剂淋洗作业重新开始。

解吸树脂转移槽的容积等于塔内一个层床的湿树脂体积（WSR）。在树脂排放和塔底清洗中，进入转移槽的多余液体自流排放到3050－PP－010/011泵泵送到了淋洗剂槽（3050－TK－020）。当贫树脂转移槽装有一个层床容量的湿树脂后（设计的贫树脂铀含量1.8 g/L U_3O_8），有以下几个步骤将残留的酸性淋洗剂和贫树脂转入吸附塔。

① 淋洗剂清除：通过压缩空气将淋洗剂压缩到淋洗剂槽。

② 贫液清洗：使用贫液将贫树脂中的淋洗剂清洗。

③ 树脂转移：使用贫液将贫树脂转移至吸附塔顶。

④ 贫树脂转移槽清空：将贫树脂槽中残留的贫液排放到贫液返回槽（3050－TK－003）。

3）再生

在离子吸附过程中硅会被吸附到树脂上，在树脂淋洗过程中不会被充分解吸下来，采用强碱除硅可减小硅对树脂的中毒。当树脂吸附作业每进行 10 个循环后就会有 1 次树脂再生的操作，将再生树脂从解吸塔排入任意一个再生树脂槽中（3050－PV－103/104）。

再生树脂转移槽的容量等于塔内一个层床的湿树脂体积（WSR）。在树脂排放和塔底清洗中，进入转移槽的多余液体自流排放到 3050－PP－010/011 泵再泵送至淋洗剂槽（3050－TK－020）。当转移槽装有一个层床容量的湿树脂后，有以下几个步骤将残留的酸性淋洗剂和已再生的树脂转入吸附塔。

① 淋洗剂清除：通过压缩空气将淋洗剂压缩到淋洗剂槽。

② 初步洗涤：使用原水清除残留的淋洗剂至淋洗剂槽。

③ 初步洗涤清干：使用压缩空气将残留的原水排净。

④ 碱洗：使用碱洗槽中 5 g/L NaOH 溶液将残留的酸中和，废液被排放到再生废液槽（3050－TK－033）。

⑤ 再生：采用 50 g/L NaOH 强碱溶液将树脂再生。前面 1.5 倍层床体积的废液排入再生废液槽，后面 10.5 倍层床体积的强碱液排入再生剂槽（3050－TK－031）。

⑥ 再生剂清除：使用压缩空气将残留的强碱溶液压缩到再生剂槽中。

⑦ 再生后清洗：使用原水将残留的再生剂转移至碱洗液槽（3050－TK－030）。

⑧ 再生后清干：使用压缩空气将残留的原水压缩至碱洗液中。

⑨ 酸洗：使用酸洗槽（3050－TK－032）的 10 g/L H_2SO_4 将残留的碱中和，并初步将树脂硫化。酸洗废液排放至再生废液槽中。

⑩ 酸洗后清除：使用压缩空气将残留的弱酸置换到再生废液槽中。

⑪ 硫化：使用硫酸储存槽的 50 g/L H_2SO_4 将树脂充分硫化。废酸液返回至酸洗槽。

⑫ 贫液清洗（逆向）：使用贫液将残留的空气置换，并将树脂流态化。

⑬ 树脂转移：使用贫液将树脂传输到吸附塔顶端。

⑭ 转移槽清空：残留的贫液排放到贫液槽。

4）离子交换生产与控制参数

在硫酸浸出液中存在硫酸铀酰的阴离子配合物，阴离子交换树脂在硫酸溶液中对铀的吸附选择性很高，既可以得到较高的铀容量，又使铀达到纯化。因此，强碱性阴离子交换树脂从铀矿的硫酸浸出液中提取铀，得到了广泛的应用。

在树脂内部，存在无数微型孔道，只是肉眼无法看到。溶液中的离子通过这些孔道扩散到树脂内部，并与树脂中活性官能团上的交换基进行交换。

铀在浸出液中有 4 种存在形式：UO_2^{2+}、UO_2SO_4、$UO_2(SO_4)_2^{2-}$、$UO_2(SO_4)_3^{4-}$。因此，铀可以被阳离子树脂吸附，也能被阴离子树脂吸附。

化学反应（阴离子交换）：

$$R_2SO_4+UO_2(SO_4)_2^{2-}=R_2UO_2(SO_4)_2+SO_4^{2-}$$

$$2R_2SO_4+UO_2(SO_4)_3^{4-}=R_4UO_2(SO_4)_3+2SO_4^{2-}$$

式中，R——树脂（电荷越大，越易被吸附）。

表 3.3.9 所示为离子交换区的生产控制工艺参数。

表 3.3.9　离子交换区的生产控制工艺参数

序号	项目	单位	数值	备注
1	吸附原液平均浓度（U_3O_8）	mg/L	284	
2	吸附贫液（U_3O_8）	mg/L	3.54	
3	饱和树脂铀含量（U_3O_8）	g/L WSR	27.1	
4	吸附空塔线速度	m/h	12.4	
5	树脂损耗	%	12	
6	淋洗剂			
	空塔线速	m/h	3	
	浓度（H_2SO_4）	g/L	100	
	加热温度	℃	40	
7	贫树脂			
	铀含量（U_3O_8）	g/L WSR	1.8	
	硅含量（Si）	g/L WSR	10	
8	树脂再生			
	浓度	g/L NaOH	50	
	时间	h	24	
	碱洗浓度	g/L NaOH	5	
	酸洗	g/L H_2SO_4	10	
	硫化	g/L H_2SO_4	50	
	再生树脂硅含量	g/L WSR	<1	

（2）设备

1）离子交换区主要设备表（见表 3.3.10）

表 3.3.10　离子交换区主要设备表

序号	设备名称	单位	数值	电机功率	处理能力
1	吸附塔	台	9		规格 6.24 m（直径）×27.823 m（高）12 层
2	淋洗塔	台	9		规格 3.36 m（直径）×24.381 m（高）　6 层
3	饱和树脂转移罐	个	9		规格 2.3 m（直径）×6.5 m（高）　25 m^3
4	贫树脂转移罐	个	9		规格 2.3 m（直径）×6.5 m（高）　25 m^3
5	树脂再生罐	个	18		规格 2.3 m（直径）×7.5 m（高）　29 m^3
6	贫树脂筛	台	3	7.5 kW	规格 8.8 m（长）×5.0 m（宽）×2.5 m（高）
7	淋洗合格液筛	台	2	5.5 kW	规格 6.6 m（长）×5.0 m（宽）×2.5 m（高）
8	贫液储槽	个	1		规格 20 m（直径）×8 m（高）
9	贫树脂输送泵	台	2	280 kW	流量：932 m^3/h 扬程：52 m
10	淋洗合格液槽	个	1		规格 16.3 m（直径）×8 m（高）

续表

序号	设备名称	单位	数值	电机功率	处理能力
11	饱和树脂输送泵	台	2	315 kW	流量：932 m^3/h 扬程：56 m
12	淋洗剂储槽	个	1		规格 18.5 m（直径）×8 m（高）
13	淋洗泵	台	2	45 kW	流量：242 m^3/h 扬程：31 m
14	贫液池	个	1		
15	CCD 洗涤泵	台	2	400 kW	流量：3 186 m^3/h 扬程：27 m

2） 主要设备

① 吸附塔（见图 3.3.7 中的 5 和图 3.3.14）

NIMCIX 吸附塔为多级流化塔，塔规格 6.24 m（直径）×27.823 m（高），共 12 层，每层 1.25 m，每层塔开有人孔与视镜方便操作过程的观察与停机时的检修。在塔底层装有 U 型托盘防止饱和树脂转移时控制树脂转移的量，在其他各层的隔板上开有园型孔孔径 25 mm，开孔率 1.3%。在吸附操作时树脂呈流化状态分散于溶液中，将溶液中有价金属铀离子吸附，其优点是塔内树脂装填量小于密实移动床。

② 淋洗塔（见图 3.3.7 中的 5 和图 3.3.14）

淋洗塔规格 3.36 m（直径）×24.381 m（高），共 6 层，每层 2.5 m，与吸附塔相同每层塔开有人孔与视镜方便操作过程的观察与停机时的检修。在塔底层装有 U 型托盘防止贫树脂转移时控制树脂转移的量，在其他各层的隔板上开有圆型孔孔径 12 mm，开孔率 1.27%。淋洗塔中由于塔内物料酸性强度远高于吸附塔，日常生产要加强设备的巡检，发现问题及时处理，防止强酸对设备、人体的腐蚀。

图 3.3.14 吸附塔及淋洗塔现场

③ 树脂转移罐

树脂转移罐包括了饱和树脂转移罐 9 台，贫树脂转移罐 9 台，树脂再生及转移罐 18 台，罐的体积在 25～30 m³/台。罐的结构主要有罐体、上封头、下封头、滤网等组成，树脂在罐中通过完成一系列的工艺生产步骤对树脂进行处理。

3.3.6 溶剂萃取区

物质在两互不相溶溶液中的转移过程称为萃取。湖山溶剂萃取法采用的有机相由有机萃取剂（5%阿拉明 336）、稀释剂（92.5%磺化煤油）和改性剂（2.5%异葵醇）组成，水相为离子交换后的淋洗合格液。溶剂萃取的过程是两相混合然后分离的过程，由于两相互不混溶，必须通过搅拌才能达到两相均匀混合，使物质能在两相之间达到分配平衡的目的。

（1）工艺

溶剂萃取区（按照设计编码为 3060 区域）的作用主要是将经过离子交换后的合格液进一步提纯，有两条并列生产线。主工艺过程为萃原液过滤、萃取、有机相洗涤、反萃取和反萃液活性炭过滤等。溶剂萃取区布置及一列的工艺流程见图 3.3.7 中的 6 和图 3.3.15。

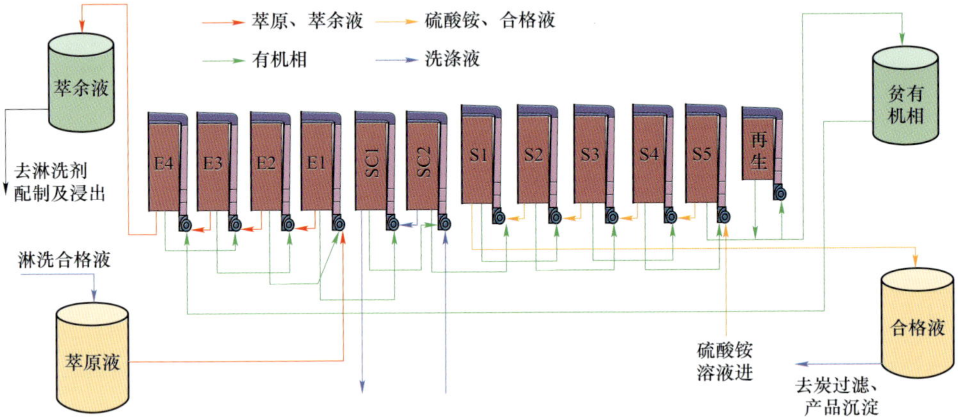

图 3.3.15　溶剂萃取区工艺流程

1）萃原液过滤

从离子交换区解吸液储槽（3050－TK－021）来的解吸液通过砂滤器（3060－VP－001）去除悬浮颗粒。砂滤器定期用原水反洗，反洗废液进入反洗液池，并泵入 CCD7 的进料槽，以回收铀。

过滤后的解吸液进入溶剂萃取进料槽（3060－TK－001），该槽有 3 h 的缓冲能力。解吸液通过泵送至 2 条萃取生产线，2 台加热器加温至 40 ℃。

2）萃取

萃取工艺包括 4 台混合澄清器组成萃取、2 台混合澄清器的洗涤、5 台混合澄清器的反萃取，为了提高有机相的萃取能力配有 1 台混合澄清器用于有机相再生。萃原液通过萃取进料泵输送至萃取 E1 的搅拌室，在搅拌室中与 E2 的有机相进行混合，然后在 E1 澄清室进行有机相分层。萃原液与有机相呈逆流状态，将溶液中的铀萃取到有机相中，实现铀离子从水相向有机相的转移，其化学过程为：

$$[(R_3NH^+)_2SO_4^{2-}]_{org}+UO_2(SO_4)_2^{2-}\rightarrow[(R_3NH^+)_2UO^2(SO_4)_2^{2-}]_{org}+SO_4^{2-}$$

水相从 E1 依次流至 E4 直至排入萃余液槽（3060－TK－122），此时水相铀离子浓度减小，并从萃余液槽排放至三相分离器（3060－VP－003），以回收夹带的有机相。

有机相与水相形成对流。反萃后的贫有机相从贫有槽（3060－TK－121）泵送至萃取混合澄清器 E4。贫有机相依次从 E4 流入 E1，在此过程中有机相的铀离子浓度逐步提高。饱和有机相从 E1 进入洗涤混合澄清器（SC1）。

3） 洗涤

从萃取 E1 溢流的饱和有机相进入洗涤混合澄清器（SC1）搅拌室与 SC2 的洗涤溶液混合。洗涤溶液将有机相夹带的萃原液和杂质洗出，特别是重硫酸盐、氯离子、铁离子等。饱和有机相从 SC1 流至 SC2，再溢流至反萃取混合澄清器（S1）搅拌室。

洗涤溶液既可以由 10%硫酸与去离子水组成，又可以是稀释的碱液，前者是主要的洗涤方式。从洗涤工序排出的废液可以进入废液收集槽（3060－TK－012）并从这里间歇地排到溶剂萃取进料槽（3060－TK－001）或者直接进入萃余液槽。

4） 反萃取

经洗涤的有机相从洗涤工序 SC2 进入反萃混合澄清器（S1）的搅拌室，在与反萃剂 100 g/L 的$(NH_4)_2SO_4$（硫酸铵溶液）混合时，将铀离子从有机相转移到水相，化学反应如下：

$$[(R_3NH^+)_4UO_2(SO_4)_3^{4-}]_{arg}+4NH_4OH \rightarrow (4R_3N)_{org}+(NH_4)_2SO_4+(NH_4)_2[UO_2(SO_4)_2]+4H_2O$$

洗涤 SC2 来的饱和有机相从反萃取第一段（S1）搅拌室进入，有机相的流动方向依次为 S1、S2、S3、S4、S5。反萃取剂硫铵溶液从 S5 的搅拌室进入，反萃取剂的流向依次按照 S5、S4、S3、S2、S1。二者之间互为逆流将有机相中的铀离子反萃到水相中，从而达到纯化的目的。

在混合澄清器的反萃取过程中，为了提高反萃效率防止铀离子的沉淀，通过加入氨水调节各反萃取段的 pH。各段的 pH 控制值约为 S1＝3.5、S2＝3.8、S3＝4.2、S4＝5。

反萃取溶液在刚开始试生产时需采用配制的硫酸铵溶液进行填槽，正常生产后利用产品沉淀的母液作为反萃取剂。为提高反萃的效果，在反萃剂溶液进入反萃时通过换热器将硫酸铵溶液加至 40 ℃。

5） 有机相再生

为清理有机相中的杂质，S5 反萃后流量 10%的贫有机相溢流至再生混合澄清器（3060－TK－107），与配制好 210 g/L 的碳酸钠溶液进行搅拌混合，采用 100 g/L 的氢氧化钠溶液调节 pH，将有机相中的杂质清除。

再生废液排入再生废液槽（3060－TK－126），后泵入尾矿槽。经再生的有机相返回再生有机相槽（3060－TK－121）并循环使用。

6） 乳化物处理

两列溶剂萃取工序共用一套乳化物处理装置，使用便携式手动泵从萃取、洗涤、反萃各槽将中间层乳化物抽取至乳化物贮槽（3060－TK－011）。抽入地坑中的乳化物也泵入该槽。

通过静止分层后，水相、有机相可以从乳化物贮槽中回收，分别进入水相回收槽（3060－TK－012）、有机相回收槽（3060－TK－015）或者乳化物处理槽（3060－TK－013）。在淤泥澄清槽上有取样口，可以检查油水分层情况并将水相泵出。

乳化物中的淤泥可定期泵入乳化物处理槽，在槽内，用稀释剂或者稀硫酸混合对乳化淤泥破乳。处理后的乳化淤泥泵入乳化物离心机（3060－CF－001）以实现三相分离。水相若符合条件可以泵回水相回收槽（3060－TK－012）并进入溶剂萃取进料槽；如果条件不适合则返回淤泥处理槽继续处理。有机相如果条件符合可以泵回有机相回收槽（3060－TK－015），如果条件不符合则返回乳化处理槽继续处理。离心机处理后的乳化淤泥固体通过料车运送至尾矿坝。

7）消防设施

溶剂萃取区分为第一序列、第二序列、乳化物处理区等。水冶厂区域之间相距至少 30 m，同区域的各工序相距至少 15 m。因此，任意区域一旦发生火灾，距离可以保证火势不蔓延到另一个区。

在溶剂萃取区，一旦任意混合澄清器和相关槽罐发生火灾，槽内的有机相将自动排放到溶剂萃取区的废液池（3060－PD－001），再启动混合澄清器上部的消防设施。这样的设计是为了迅速减少火灾需要的燃料，将着火时间、财产损失、试剂损失减到最小。

消防设备配置有泡沫灭火喷头。在启动消防设施前需将混合澄清器内的物料先排放，再启动泡沫灭火系统，目的是防止有机相的飞溅使火灾蔓延。

8）有机相回收

溶剂萃取工序中水相如果夹带有机相，将造成试剂材料的损失，也增加火灾控制的风险。为将萃余水相中夹带的有机相回收，使用有机相净化器（3060－VP－003）加强对有机相的综合回收；使用活性炭滤装置（3060－VP－004）对反萃取合格液中的有机相回收。

9）溶剂萃取区生产与控制参数

溶剂萃取的工艺过程，除了萃取和反萃取这两个主要工序以外，还包括负载有机相的洗涤和贫有机相再生两个工序。

湖山水冶厂采用典型的淋萃流程，有机相从离子交换的淋洗合格溶液中萃取铀，在萃余水相中回收夹带的有机相后，一部分泵入配制淋洗剂，另一部分泵送到浸出工序作为浸出剂；饱和的有机相采用洗涤剂，通过洗涤去除部分杂质；后用反萃取剂把铀转入水相，得到反萃取合格液，泵送至产品沉淀区生产“黄饼”。反萃取后有机相中的杂质，采用碳酸钠和氢氧化钠试剂对有机相进行再生，使杂质转入水相，有机相再生返回萃取。萃取—洗涤—反萃取—再生—萃取，加上从水相中回收有机相，为溶剂萃取工艺的全部生产过程。溶剂萃取区域工艺参数见表 3.3.11。

表 3.3.11　溶剂萃取工艺参数

序号	项目	单位	数值	备注
1	萃原液浓度（U_3O_8）	g/L	4.27	
2	萃取温度	℃	40	
3	萃取级数	级	4	
4	萃取流比 O:A		1.03	
5	混合停留时间	s	60	
6	混合相比 O:A		1.0～1.2:1	
7	有机相线速度	cm/s	<4.0	
8	萃余液（U3O8）	mg/L	5	
9	电位（最大值）	mv	500	
10	饱和有机相浓度（U_3O_8）	g/L	4.13	
11	洗涤级数	级	2	

续表

序号	项目	单位	数值	备注
12	洗涤流比 O:A		20	
13	洗涤水铀浓度	g/L	0.274	
14	反萃取级数	级	5	
15	有机相线速度	cm/s	<4.0	
16	反萃取流比 O:A		1.4	
17	反萃取剂浓度（NH_4）$_2SO_4$	g/L	100.71	
18	贫有机相铀含量	mg/L	5	
19	反萃取合格液浓度	g/L	5.76	
20	反萃取（氨水 $NH_3 \cdot H_2O$）	g/L	80	
21	反萃取 1 段（pH）		3.5	
	反萃取 2 段（pH）		3.8	
	反萃取 3 段（pH）		4.2	
	反萃取 4 段（pH）		5	
22	有机相再生级数	级	1	
23	流比 O:A		8	
24	混合相比 O:A		1.2～1.5:1	
25	再生试剂 Na_2CO_3	g/L	210	
26	pH		10.5	
27	pH 控制试剂 NaOH	g/L	100	

（2）设备

溶剂萃取区主要设备见表 3.3.12。

表 3.3.12 溶剂萃取区主要设备

序号	设备名称	单位	数值	电机功率	处理能力
1	混合澄清器				
	萃取	台	8	7.5 kW	0.865 m（直径）×2.5 m（高）
	洗涤	台	4	7.5 kW	0.865 m（直径）×2.5 m（高）
	反萃取	台	10	7.5 kW	0.865 m（直径）×2.5 m（高）
	再生	台	2	2.2 kW	0.865 m（直径）×2.5 m（高）
2	槽罐	个	21		SX 区各类溶液槽罐总数
3	泵	台	113		SX 区各类泵总数
4	有机相回收器	台	1		规格：4.4 m（长）×2.3 m（宽）×5.2 m（高） 处理量：210 m^3/h
5	三相物离心机	台	1		分别配备 3 台电机：主电机 11 kW、溶液电机 4 kW 和有机相电机 0.25 kW

主要设备介绍如下：

① 混合澄清器

混合澄清器包括搅拌室与澄清室，搅拌室规格：ϕ2.03 m×2.8 m，澄清室规格 12.17 m×6.2 m（见图 3.3.16）。在每级的设备内互不相溶的两种液相进行搅拌混合和澄清分相的两个过程，实现铀在不同液相的传质与分离，从而达到纯化的目的。

（a）　　（b）

图 3.3.16　混合澄清器

② 有机相回收器

有机相回收器长 4.4 m、宽 2.38 m、高 5.2 m，该设备主要是将水相中的有机相进行回收，减少有机相的损失。

③ 三相物离心机

三相物离心机分别配备 3 台电机：主电机 11 kW、溶液电机 4 kW 和有机相电机 0.25 kW。从萃取系统抽出的乳化物，通过泵送至三相物离心机进行离心分离，有机相返回贫有机相槽利用，水相返回萃余水槽泵送至浸出系统，固体装箱运尾矿坝。

3.3.7　产品回收区

产品回收区（按照设计编码为 3080 区域）包括产品沉淀、产品浓密、离心、煅烧和包装等步骤。水冶厂产品沉淀是将反萃取中的合格液从溶液中转移到固体中的化学过程，之后进行固–液分离和煅烧。从溶液中将铀沉淀完全，要有较好的过滤和沉降性能，以及容易干燥，是沉淀工艺需考虑的主要因素。

采用氨气作为沉淀剂，得到的工业重铀酸铵（ADU）是一种由不同性质的化合物所组成的混合物，包括：重铀酸铵、碱式硫酸铀酰和氢氧化铀等，各种成分的具体比例取决于沉淀的条件（温度和 pH 等）。湖山水冶厂产品沉淀工艺采用连续沉淀法得到铀浓缩物，产品细晶连续返回，返回率 500%以上增大晶核的粒径，以利于后续产品的加工（见图 3.3.17）。

（1）工艺

1）产品沉淀

向反萃取合格液加氨气使其中的铀离子沉淀，沉淀出来的铀以重铀酸铵（ADU）形式存在。化学反应式如下：

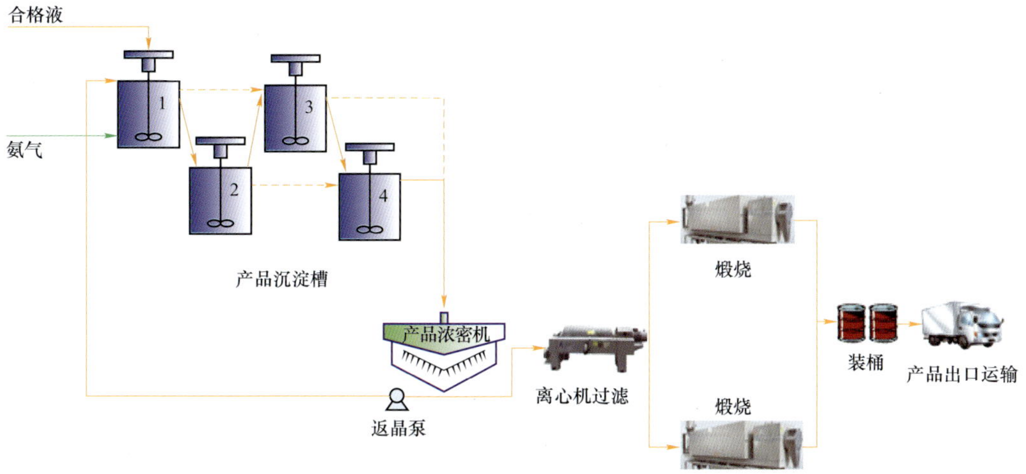

图 3.3.17　产品沉淀与煅烧区工艺形象图

$$2UO_2(SO_4)_3^{4-}+6NH_3=(NH_4)_2U_2O_7+4SO_4^{2-}$$

或
$$2UO_2SO_4+6NH_4OH=(NH_4)_2U_2O_7+2(NH_4)_2SO_4+3H_2O$$

在沉淀过程中很容易生成碱式硫酸铀酰：

$$2UO_2SO_4+2NH_3+6H_2O=(UO_2)_2SO_4(OH)_2\cdot 4H_2O+(NH_4)_2SO_4$$

或
$$2UO_2SO_4+2NH_4OH+4H_2O=(UO_2)_2SO_4(OH)_2\cdot 4H_2O+(NH_4)_2SO_4$$

也可能生成水合氧化物：

$$UO_2SO_4+2NH_4OH+(x-1)H_2O=UO_3\cdot xH_2O+(NH_4)_2SO_4$$

在沉淀过程同时生成上述化合物时，在一定条件下可能会相互转化，在溶液中碱过量或存在硫酸盐时，水合氧化物（或氢氧化物）可以转化为重铀酸铵或碱式硫酸铀酰。

产品沉淀过程产生的硫酸铵母液，经 ADU 过滤器（3080－VP－011）回收产品中的细晶。沉淀母液一部分返回至溶剂萃取区作为反萃剂，多余的部分进入尾矿槽排入尾矿坝。

产品沉淀序列包括 4 个机械搅拌沉淀槽（3080－TK－020/021/022/023），氨气通过压缩空气一起进入每一个沉淀槽。氨气进入点分布于槽锥形部位的上中下及前后位置，沉淀 pH 由氨气的加入量控制。沉淀槽 1 溢流到沉淀槽 2，并依次溢流到沉淀槽 4（3080－TK－023），再排入 ADU 浓密机（3080－TH－002）。

每个沉淀槽都可连接到 ADU 排浆泵（3080－PP－100），在进行产品沉淀槽排空时将槽内的产品回收。

浓度为 25%w/w 的浓密机底流浆体一部分被泵送到 ADU 初级离心机进料槽（3080－TK－028），一部分通过 ADU 返晶泵（3080－PP－022/021）被返回到 ADU 沉淀槽 1，以增加晶核的粒度。

ADU 浓密机上清液溢流到 ADU 溢流槽（3080－TK－025），并从此槽泵送至 ADU 叶片式压滤机（3080－VP－011），以回收沉淀母液中的细晶。过滤后的母液存放在 ADU 贫液槽（3080－TK－035），从此处泵入到溶剂萃取区用作反萃剂，多余的母液泵入尾矿槽排放至尾矿坝。从过滤器回收的固体通过 ADU 固体回收槽（3080－TK－036）被排入产品沉淀槽 1（3080－TK－020）。

洗涤工序包括串联的两组对流离心机，以除去 ADU 浆体里面残留的杂质，确保最终产品质量合格。

在 ADU 初级离心进料槽中，ADU 浆体与 ADU 次级离心废液混合。混合液泵入 ADU 初级离心机（3080－CF－001），滤清液返回到 ADU 沉淀槽 4，以回收其中的溶解铀，固体转入再制浆槽（3080－TK－031）。在再制浆槽中，固体与去离子水混合，控制适合的溶液密度，从此泵入 ADU 二级离心机（3080－CF－002）。二级离心机滤清液转入初级离心机进料槽，二级离心机固体转入 ADU 煅烧车间进料槽（3080－TK－037）。初级、二级离心机都可分别实现旁路，初级离心机的固体也可以直接进入 ADU 煅烧车间进料槽。

2）产品煅烧

ADU 干燥、煅烧、包装设备由阿德莱德供应商提供，包括两组并列生产线，以一组为例描述其工艺设计。

第一步由离心机完成。ADU 浆体（30%w/w）从 ADU 洗涤工序排入“黄饼”进料槽，从此进入干燥离心机。离心机的滤清液被排入溶剂萃取萃余液槽（3060－TK－016）回收，生产的固体（75%w/w）通过螺旋输送机水平进入煅烧炉，煅烧至水分低于 2%的最终产品 U_3O_8，其中煅烧温度为 750 ℃。煅烧化学反应式如下：

$$9(NH_4)_2U_2O_7 \xrightarrow[750\ ℃]{加热} 6U_3O_8 + 14NH_3 + 15H_2O + 2N_2$$

U_3O_8 产品被输送到产品料斗中，可以提供 5 天的储存量。输送产品粉末为封闭的管式输送器，并配有排空和冷却装置，最终 U_3O_8 产品被包装在 205 L 的铁皮桶中。包装过程是全自动的，时间是每天 8～12 h、每周 5 天。空桶被传送带送至指定位置装桶，装满后被送至下游工序进行密封、洗涤、干燥、贴标，被叉车装进集中区存放，最终装进集装箱运走。

煅烧尾气含有氨气、氮气、二氧化硫、二氧化碳。这些尾气中的有毒成分经稀硫酸洗脱，经洗涤的尾气排入大气。

在包装区域设有吸尘点，粉尘被吸入袋滤室。

对应每一组煅烧线分别设置一组尾气洗涤装置。为了防止辐射粉尘和毒气泄露，洗涤装置回收从煅烧和包装区域逸出的 U_3O_8 粉尘、氨气、其他气体。洗涤装置包括一台文丘里洗涤器、填料塔、除雾器、干燥风扇、烟囱。洗涤废液进入废液槽，其中有挡板以助于细粒沉降。洗涤废液返回 ADU 沉淀槽 1 或者沉淀槽 2，干净尾气通过烟囱排入大气。

3）产品回收区控制与生产参数（见表 3.3.13）

表 3.3.13　产品回收区控制与生产参数表

序号	项　　目	单位	数值	备注
1	沉淀时间	h	4	
2	沉淀试剂		NH_4OH	
3	沉淀 pH		7.3	
4	合格液加热温度	℃	35	
5	沉淀循环返回量	%	500	
6	沉淀母液铀含量（U_3O_8）	mg/L	10	
7	产品浓密机底流密度	%w/w	25	

续表

序号	项　　目	单位	数值	备注
8	ADU 洗涤			
	方法/级数		离心机/2	
	洗涤方式		对流	
9	煅烧进料固含量	%	75～85	
10	煅烧方式		水平旋转干燥炉	
11	进料量	t/h	1.26	
12	煅烧温度	℃	750	
13	产品含水量	%w/w	<1	
14	煅烧产品斗储存量	h	72	
15	圆桶容量	L	205	
16	产品指标			美国标准
	U	%	65	
	As	%	0.05	
	B	%	0.005	
	Ca	%	0.05	
	Mg	%	0.02	
	H_2O	%	2	
	P	%	0.1	
	K	%	0.2	
	SiO_2	%	0.5	
	Ti	%	0.01	
	^{234}U	μg/gU	56	
	Zr	%	0.01	
	Br+Cl+I	%	0.05	
	F	%	0.01	
	Fe	%	0.15	
	Mo	%	0.1	
	Na	%	0.5	
	Th	%	0.1	
	V	%	0.1	美标 0.06
	CO_3	%	0.2	
	S	%	1	

（2）设备

1）产品回收工序设备（见表 3.3.14）

表 3.3.14　产品回收工序设备

序号	设备名称	单位	数值	电机功率	处理能力
1	产品沉淀槽	台	4	7.5 kW	槽规格：5.6 m（直径）×10.765 m（高）
2	产品浓密机	台	1		25 m（直径）×2 m（高）
3	卧式离心机	台	2	22 kW	2 500 kg/h，产品浆浓度 25%
4	产品返晶泵	台	2	3 kW	流量：15.9 m^3/h 扬程：11 m
5	沉淀母液输送泵	台	2	45 kW	流量：167 m^3/h 扬程：42 m
6	产品离心机输送泵	台	2	1.5 kW	流量：3.03 m^3/h 扬程：11.8 m
7	一次产品离心机泵	台	2	2.2 kW	流量：8.95 m^3/h 扬程：6.2 m
8	二次产品离心泵	台	2	1.5 kW	流量：7.05 m^3/h 扬程：6.1 m
9	叶滤机	台	1		4.2 m（长）×2.9 m（宽）×3.5 m（高），400 m^2，165 m^3/h
10	煅烧炉	台	2	460 kW	直径：975 mm 产品进料含水量：25% 处理量：730 kg/h
11	产品自动包装系统	套	1		包括：产品储料槽、输送机、称重、自动取样、冷却等设施

2）设备介绍

① 产品沉淀

产品沉淀槽共 4 个，规格为 5.6 m（直径）×10.765 m（高）的锥形结构槽，槽体积约 192 m^3，槽呈串联布置并设有旁路系统，在某个槽出现故障时确保能继续生产（见图 3.3.18）。

图 3.3.18　产品沉淀槽

② 产品浓密机

产品浓密机与水冶厂其他区域的浓密机外型结构基本相同，直径 25 m、高度 2 m（见图 3.3.19）。从产品沉淀槽流出的产品细晶进入产品浓密机，控制底流浓度约 25%w/w。在浓密机的底部产品细晶部分通过泵送后工序离心洗涤，另有部分返回到产品沉淀槽，控制返晶率达 500%，增加产品的晶核粒径。

图 3.3.19　产品浓密机

③ 产品离心过滤机

产品离心过滤洗涤采用水平式自动卸料离心过滤机，物料输送采用螺杆泵，洗涤水采用纯水车间的去离子水，物料进料与洗水进料呈对流方式，充分地洗涤产品中的杂质，以保证产品的质量。

④ 叶滤机

叶滤机主要对产品浓密机溢流中的细晶进行回收，设备处理能力 165 m^3/h，设备规格为 4.2 m（长）×2.9 m（宽）×3.5 m（高），过滤面积为 400 m^2。回收的细晶返回产品沉淀槽，溶液主要是硫酸铵溶液，可作为反萃取剂循环利用（见图 3.3.20）。

图 3.3.20　叶滤机

3.3.8 尾矿区

（1）工艺

1）尾矿输送

尾矿输送设施（按照设计编码为 3090 区域）主要由尾矿分配箱、尾矿槽、尾矿输送泵、尾矿管线等组成（见图 3.3.21）。

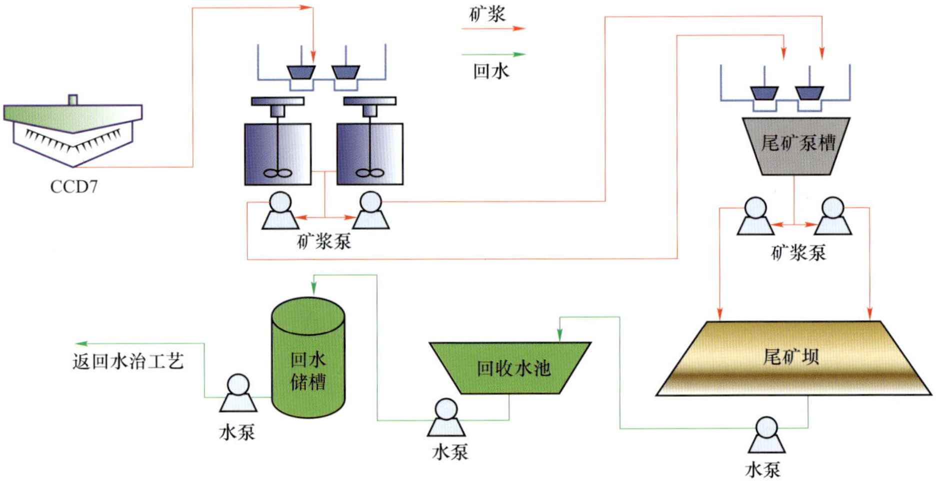

图 3.3.21 尾矿输送系统

浸出矿浆通过逆流浓密洗涤后从 CCD7（或 CCD6）底部泵入（3090－BX－001）矿浆分配箱，可任意切换到尾矿排料槽（3090－TK－001/002），再通过尾矿输送泵（3090－PP－001/011）泵送至尾矿区。

矿浆被排放至矿浆分配箱（2020－BX－001），再通过矿浆泵（2020－PP－003/004 或 PP－013/014）泵入尾矿坝。

尾矿坝（按照设计编码为 2020 区域）设置北高南低，以利于矿浆向南部流动，在坝的中间设有中间坝将坝分为东坝和西坝，在中间坝的两侧分别设有 3 组溢流井，每组 2 个。在井内装有潜水泵、在尾矿坝顶装有移动船埠将回水泵至水池（2020－XM－001），进行澄清处理，溢流至回水池（2020－XM－003）通过沙滤及潜水泵送至尾矿回水槽，再分配到水冶厂作为尾矿泵的管道冲洗用水。

在尾矿坝四周设有回收水渠、防渗漏监测井和泵池，当尾矿坝内溶液渗透时可回收利用。

2）尾矿区运行控制参数（见表 3.3.15）

表 3.3.15 尾矿区工艺参数

序号	参数	单位	数值	备注
1	矿浆浓度	%	57	
2	坝面回水量	m^3/h	581	
3	坝底渗透回水量	m^3/h	83	

（2）设备

1）设备表（见表 3.3.16）

表 3.3.16　尾矿区主要设备表

序号	设备名称	单位	数值	电机功率	处理能力
1	尾矿槽	台	2	75 kW	规格：10.2 m（直径）×11.965 m（高）
2	尾矿泵（3090）	台	2	755 kW	流量：2 523.31 m^3/h 扬程：46.44 m
3	尾矿泵（2020）	台	2	755 kW	流量：2 031 m^3/h 扬程：84.5 m
4	尾矿泵（200）	台	2	800 kW	流量：2 321 m^3/h 扬程：51.9 m
5	尾矿坝面回水泵	台	2	160 kW	流量：674 m^3/h 扬程：42 m
6	回水槽	台	1		规格 12.5 m（直径）×12 m（高）
7	回水泵	台	2	132 kW	流量：532 m^3/h 扬程：41 m

2）设备介绍

① 尾矿坝

尾矿坝初级坝面宽 9 m，坝体周长 7.8 km，坝内将规格为 100 m×7 m 的 HDPE（高压聚乙烯）焊接成底部防渗漏层，防止溶液的渗漏（见图 3.3.7 中的 11）。

尾矿坝设计库容量 3 亿 t，堆高 65 m。

② 尾矿坝溢流井

在尾矿坝中间设有 3 组 6 个溢流井，每个溢流井直径为 1.8 m，建立在 2.5 m 厚的混凝土石墩上。在初始阶段使用第一组，当第一组溢流井内水位达到 8 m 时，将井口封闭，启用第二组溢流井，当第二组溢流井内水位高度达到 4 m 时，同样，封闭第二组溢流井，启用第三组溢流井（溢流井分布于尾矿坝中间坝两侧）。

3.3.9　试剂配制区

试剂配制区（按照设计编码为 3100 区域）设置有软锰矿溶解、硫酸亚铁溶解、絮凝剂稀释、凝聚剂溶解、氢氧化钠溶解、碳酸钠溶解、有机相配制、氨气储存、硫酸铵配制、柴油储罐等。

（1）软锰矿溶解

软锰矿为黑色散装固体粉末，主要作为铀矿石浸出中的氧化剂。软锰矿溶解系统设在浸出槽旁，主要考虑就近的设计原则（见图 3.3.7 中的 3）。

将软锰矿吊装到料斗中（3100–BN–001），通过螺杆输送机送至软锰矿混合槽（3100–TK–001）中与水混合，配制成 40%w/w 的浆体。浆体通过泵送至带有机械搅拌的软锰矿储存槽（3100–TK–002），从该槽软锰矿被泵入浸出区。

（2）硫酸亚铁溶解

原矿中若缺少铁离子，将会影响浸出效率，需要从外部补充硫酸亚铁。与软锰矿相同硫酸亚铁溶解装置也设在浸出区域旁，以利于节省投资及能耗。

袋装硫酸亚铁被运输到现场，使用电动葫芦（3100－HT－006）将袋装硫酸亚铁吊起并将物料排放到混合槽（3100－TK－104），原水溶解后转送至储存槽（3100－TK－111），从该槽泵入浸出区。

（3）絮凝剂稀释

现场设置有一个絮凝剂配置厂（3100－VP－011），共有两列并行的絮凝剂制备线，位于逆流洗涤区南东侧。使用叉车将袋装絮凝剂转移到混合区，使用 1 t 电动葫芦（3100－HT－002）吊装并排空絮凝剂到筒仓中。根据需要，使用螺旋进料机（3100－FE－011）和鼓风机（3100－BL－011）将絮凝剂装到混合槽（3100－TK－011），与在线混合器混合生产 5.0 g/L。一旦混合后，两列制备线的物料再统一被原水稀释到 2.5 g/L，并输送到投配槽，该槽提供 24 h 储存量。絮凝剂从该槽泵送至中性浓密机、CCD 浓密机、澄清浓密机中。

（4）凝聚剂稀释

设计上，通过罐车将 50%v/v 凝聚剂投递到现场，通过卸载泵（3100－PP－084）将凝聚剂卸载到储存槽（3100－TK－083），然后凝聚剂与原水在凝聚剂制备槽（3100－TK－081）中混合。混合后的凝聚剂存储在凝聚剂槽（3100－TK－082）中，后泵送到澄清浓密机中。

目前该装置未使用，主要考虑在清液浓密机中已加入絮凝剂，后续离子交换及溶剂萃取工序中也能除铁，今后可视产品质量情况决定是否启用。

（5）氢氧化钠溶解

1 t 包装的氢氧化钠运输到现场，通过电动葫芦（3100－HT－007）将袋子吊起并放置到破袋机上（3100－BS－110）向螺旋进料机进料（3100－FE－110），最终排到氢氧化钠混合槽（3100－TK－110）。氢氧化钠混合阶段产生多余的热量，通过冷却器冷却（3100－HX－110）。冷却的溶液通过湿式洗涤器（3100－SR－110）返回到混合槽。从混合槽，氢氧化钠溶液被泵送至储存槽（3100－TK－071）。

根据需要，氢氧化钠溶液与不同量的水混合制得各种稀溶液。

在溶剂萃取区，氢氧化钠溶液主要用于调节洗涤工序和再生工序的 pH。在离子交换区，氢氧化钠溶液被用作再生工序的洗涤水。根据需要，氢氧化钠溶液也泵入硫酸厂中和酸厂的烟气。

（6）碳酸钠溶解

袋装的 99.8%w/w 碳酸钠投放到现场，使用电动葫芦（3100－HT－004）将袋子吊起，将碳酸钠排放到容器（3100－BN－091）。使用螺旋进料器（3100－FE－091）将碳酸钠转运到混合槽中（3100－TK－091），在其中与去离子水混合生成 210 g/L 碳酸钠溶液，并存储在储存槽（3100－TK－092）中。根据需要，碳酸钠溶液泵被泵送至溶剂萃取区作有机相再生剂。

（7）有机相配制

溶剂萃取主要的试剂有机相由萃取剂（5%阿拉明 336）、相调节剂（2.5%异葵醇）和稀释剂（92.5%磺化煤油）组成。

阿拉明 336 和异葵醇采 210 L 桶装，日常放置在试剂仓库储存管理。由于该两种试剂年用量不大，因此设有 6 个月周转能力。

有机相配制时，萃取剂和相调节剂分别通过泵（3100－PP－061/062）从桶中将试剂抽入有机相配置槽。配置好的有机相从配置槽转入溶剂萃取区。

磺化煤油通过卸料泵（3100–PP–065）从槽罐车上卸载到储存槽（3100–TK–061）存放。在进行有机相配制时再通过泵（3100–PP–060）从该槽泵送至有机相配置槽（3100–TK–062）。有机相的配制按体积分数比例搅拌混合。

（8）氨气储存

使用槽罐车将氨气输到现场，存放在 6 个氨气储存罐里面（3100–TK–101/201/301/401/501/601），氨气储罐位于溶剂萃取区的南西侧（见图 3.3.7）。从储存槽区，氨水通过蒸发器（3100–TK–107）被蒸发并输送至 4 个 ADU 沉淀槽和氨水配制槽。

在氨水配制中，氨气与去离子水通过 NIM 在线混合器混合并储存在氨水储存槽（3100–TK–102）中。氨水溶液的浓度通过 NIM 混合器温差控制实现，配制好的氨水溶液通过泵送至溶剂萃取区用来调节反萃取的 pH。

（9）硫酸铵溶解

袋装硫酸铵运输到现场，储存在专门区域。使用葫芦将袋装硫酸铵吊起并将硫酸铵排入储存槽（3100–TK–103），在该槽内与原水混合被溶解。硫酸铵溶液被泵送至 ADU 贫液槽（3080–TK–035）。

硫酸铵溶液只在水冶厂试生产时短期内配制，随着生产的进行，产品沉淀中的母液硫酸铵逐步作为反萃取剂循环使用。

（10）柴油

槽罐车将柴油卸载到柴油储存槽（3100–TK–106），并根据需要输送到用户。

3.3.10　供水设施

水冶厂供水设施包括：原水供应、消防水、采矿设施区供水、原矿破碎区供水、水冶厂供水、生活用水供应、去离子水制备、轴封水供应、工艺水、冷却水、热水制备和压缩空气等。

（1）原水供应

湖山铀矿年度水需求量约为 900 万 m^3，水源来自纳米比亚水务局斯瓦科普蒙德基础水库。供水工程，包括从水库至湖山铀矿的一条 65 km、直径 600 mm 的供水管线，以及沿途经过的 4 座加压泵站、4 座变电站及 1 座管线桥等设施，供水能力 1 250 m^3/h。

外部供水通过管道输送到水冶厂后注入原水槽（3120–TK–001）和消防水槽 1（3120–TK–002），后者通过连通管向消防水槽 2（3120–TK–003）注水。两个水槽的水溢流到生活水槽（3120–TK–011）。原水槽通过 4 组泵将水泵入各个用户。原水槽溢流到原水池（3120–PD–002），其中的水又可以返回到原水槽（见图 3.3.7 中的 8）。

（2）消防水

消防水供应 3 个区：采矿设施区、原矿设施区、水冶厂，包括水冶厂消防泵站、原矿区消防泵站。在消防泵站中，包括电泵、柴油泵以及电压力补充泵。消防系统压力依靠电压力补充泵维持，以避免过早的开启电泵。一旦使用消防水，系统压力会降低，触发消防泵的自动开启。一旦停电不能启动电泵，柴油泵将启动。

（3）采矿设施区供水

采矿设施区的消防水与生活用水共用一套管路，位于原矿设施区的消防泵（3120–PP–052/053）既向用户提供民用水又向消防管补充压力。

（4）原矿设施区供水

原矿设施区的生活用水和消防水共用两个槽，从该槽既供应生活用水又供应消防用水。一旦消防水管压力不足，柴油泵会启动补充压力。

（5）生活用水供应

生活用水储存在 3120–TK–011 槽中。槽罐配有两台向水冶厂淋浴输水的泵（3120–PP–012/013）、两台向采矿设施输水的泵（3120–PP–052/053），供应各个用户的饮用水、卫生间用水、淋浴用水。

采矿设施区和原矿设施区的生活用水与消防水均共用一组泵。

（6）去离子水制备

原水槽向去离子水厂（3120–VP–002）供应原水，利用反渗透技术生产去离子水，废水排入工艺水池。去离子水储存在相应储存槽（3120–TK–004）中。去离子水通过两台泵（3120–PP–016/017）泵入各个需水用户。

（7）轴封水供应

原水槽向轴封水槽（3120–TK–005）提供轴封水，轴封水主要用在水冶厂各个用户中。由于尾矿区较供水地点远，为降低投资及生产成本，尾矿区采用从尾矿坝底回收酸性较小的水作为轴封用水。

（8）工艺水

原水、尾矿上清液向工艺水池（3120–PD–003）补充水。工艺水槽（3120–TK–007）接收反渗透废水、营地再生水、硫酸厂冷却水，该槽溢流到工艺水池。从工艺水槽泵出的工艺水可用于原矿区的除尘，从工艺水池泵出的工艺水排入贫液池和磨矿工艺水槽，以补充其水位。

（9）冷却水

在冷却塔中使用强制对流的空气与水接触生产冷却水，冷却废水排入工艺水槽（3120–TK–007）。使用冷却水泵将冷却水从地坑排到试剂区冷却稀硫酸、再生剂、氢氧化钠。返回的冷却水收集在地坑（3120–SU–001）中，并从此泵入冷却塔。原水补充至冷却水槽，以弥补蒸发、夹带等产生的水损失。除垢、防腐等化学药品将添加至系统中以保证水质。

（10）热水制备

去离子水以及返回的热水注入热水进料槽（3120–TK–010），热水从进料槽被泵至加热器，加热萃原液、反萃取合格液、溶剂萃取区收集的三相物和离子交换区的淋洗剂等。加热后的热水返回热水进料槽。热水锅炉会定期排放一部分水以防止结垢，排出的水泵入工艺水槽（3120–TK–007）利用。

（11）压缩空气

使用 4 台空压机（3120–CP–001/002/003/004）向全厂提供 750 kPa（g）压缩空气。压缩空气储存在空气压缩罐中（3120–PV–001），从该空气罐再被压缩至其他两台空气收集罐（3120–PV–004/005）和用户。

仪表用空气制备：压缩空气进入两个空气过滤器（3120–FL–001/003）并进入一组空气干燥器（3120–DR–001/002），以去除压缩空气里的水分。在每个干燥器的出口处装有过滤器以移除任何残留的油滴和杂质。仪表空气储存在仪表空气收集罐（3120–PV–002）中，再输送到水冶厂各个仪表空气罐和用户中，硫酸厂的仪表用空气也通过该处空压机制备。

3.3.11 实验室

湖山项目实验室是非洲地区矿山行业规模最大的实验室，由 Torre Industries 旗下的 Set Point 和 Wear Check 负责设计，并提供为期三年的技术管理服务。实验室占地面积约 1 400 m^2，总投资 2 000 多万元人民币，于 2014 年 10 月开工建设，2016 年 6 月 30 日正式投入运营，每年处理样品量可达 22 万件，每年分析项目达到 45 万项以上，可满足湖山项目资源勘探、生产勘探、水冶工艺控制和环境监测等全矿山所需的生产样品分析需求。同时采用最新的实验室信息管理系统（LIMS）进行样品信息的采集、跟踪和管理，并与水冶厂生产管理系统（MES）进行数据交换。

（1）设施与设备

湖山理化实验室由中心分析实验室、冶金实验室和油品分析实验室 3 部分组成，负责湖山项目所有样品的检测工作，同时也担负着新方法的开发、LIMS 系统的使用和维护、数据发送以及样品的存放等任务。中心分析实验室承担湖山矿山生产和环境监测等全矿山所需的样品分析，功能区划分包括样品制备区、样品化学处理区、仪器分析区、样品存储区、办公室、档案室等区域；油品分析实验室主要负责采矿、水冶设备维修维护有关的油品质量分析以及水冶厂溶剂萃取有机相分析工作。

理化实验室建筑布局按照分析流程进行设计，例如将天平室设置在中心位置，以便于所有分析人员均可以高效便捷地完成操作。实验室安装了先进的 LIMS 数据处理系统，样品从接收开始，直到数据的发送，整个过程全部自动化，整个流程都可以通过 LIMS 来监控，大大提高了工作效率。

理化实验室主要有颚式破碎机、细碎机、自动缩分机、碳硫仪、水质分析仪、自动滴定仪、电感耦合等离子原子发射光谱（ICP－OES）、X 射线荧光光谱分析仪（XRF）等实验室常用的仪器设备。油品实验室主要有气相色谱仪、分光光度计、闪点测试仪等设备，并安装了高效的除尘系统和通风系统，确保实验室的工作环境安全、健康。仪器设备配置明细见表 3.3.17。

表 3.3.17 理化实验室设备配置明细

仪器名称	数量	用途
Laboratory jaw crusher 实验室颚式破碎机	2 台	样品粗碎 1～2 mm
Rotary disk mill（pulveriser）旋转盘磨机	2 台	样品细碎至 200 目，0.075 m
Filter/Vacuum Press 压滤机	1 台	用于固液分离样品，一次可同时分离三个样品
Rotary sample splitter 旋转分样机	1 台	缩分样品
scale（252 g）±0.000 1 g 天平	6 台	样品称量
Big scale（30 kg）±0.01 kg 大型天平（30 kg）	2 台	样品称量
PSD shaker PSD 筛分仪	1 台	测定 PSD
Sieve series（small and big）筛子	若干	粒度分析
Hand held pH，ORP，Conductivity probes 手动 pH，电位，电导测量装置	2 台	样品测定
Drying Ove 干燥箱	5 台	用于样品或试剂干燥
milling machine 磨样机	3 台	磨样及混匀

续表

仪器名称	数量	用途
pressed machine 压片机	2 台	制备 XRF 样品
Buchner funnel and air pumpfiltration 布氏漏斗和真空泵	1 套	固液分离
纯水制备设备	1 套	制备去离子水
自动分取器	3 台	液体样品自动分取
碳硫测定仪	1 台	测定碳和硫
离心机	2 台	离心样品，最大量 50 mL
ACI 测定仪	2 台	ACI 测定
马弗炉	2 台	烧样，熔矿
磁力搅拌器	2 台	搅拌，滴定分析
机械搅拌器	1 台	机械搅拌
恒温水浴锅	1 台	冶金实验
振荡器	2 台	熔矿
干燥器	1 台	标样和标准试剂存放
冷藏柜	1 台	标准溶液储存
Fume cupboard 通风橱	3 套	熔矿
ICP-OES 7000 系列	4 台	样品分析
美国热电 XRF	2 台	样品分析
离子色谱仪	1 台	阴离子测定
Fusion machine 熔样机	1 台	样品熔融

理化实验室配置了 4 台美国赛默飞世尔科技公司生产的 ICAP 7400 ICP−OES 原子发射光谱仪与原子吸收光谱仪，分析范围广、稳定性强、灵敏度高，能够校准水冶厂溶液中范围波动大的铀和其他元素含量，检测元素浓度范围从 g/L 到 mg/L 数量级。能够专门分析水冶厂溶液、有机相、环境样品和最终产品，在停机时每台设备可以相互备用。

样品制备是分析的重要环节，设备和程序必须确保分析的样品具有代表性。颚式破碎机将岩粉样和岩心样破碎至 2 mm 以下，确保代表性样品按要求进行分样。Retsch 磨机能将样品磨碎至 350 μm（和水冶厂磨矿粒度相同），可以保证样品粒度和水冶厂实际粒度相同。旋转盘磨机可将样品磨成 75 μm。

XRF1 主要用于地质样品和水冶厂尾矿元素如铀、钍、铁和硅的分析，XRF2 主要用于铀的分析和最终产品的追踪，这 2 台 XRF 在停机或维修期间可相互备用。

Thermo Gallery 自动光度分析仪对水冶厂溶液和环境样品中的硝酸盐、硫酸盐和氯化物进行光度测量。每小时 200 次测试，检测限可达到十亿分之一的高精度水平，可以完成非常精确的样品稀释操作。

带有感应炉的 ELTRA CS−800 碳硫分析仪适合同步测定无机物样品中的硫和碳。该仪器可以同时精确分析碳和硫的浓度，主要用于水冶厂产品（U_3O_8）中的碳酸盐和硫的含量测定。

有 4 台自动滴定仪，主要用于精确测定待测溶液浓度以及化学反应结束时的 pH 或氧化还原电位，测定酸耗指数、三价铁离子/二价铁离子浓度、硫酸和碳酸钠浓度等。

理化实验室还有各种便携式仪器如密度计、分光光度计、pH 计、信息管理系统手持扫描仪等，用于测定如浊度、pH、电导率、氧化还原电位、溶解氧及实验室信息管理系统的信息录入。

油品实验室有多种仪器进行油品检测，Tanaka fxe−400s 硫分析仪用来测量柴油中的硫含量，高硫燃料在燃烧过程中会形成具有腐蚀性的硫酸，导致缸套和活塞的腐蚀，通过检测保证柴油质量。

傅里叶变换光谱红外光谱仪（FTIR）可测定机油氧化和降解的副产品含量，FTIR 主要测量烟尘、氧化物、硫酸盐和硝酸盐，也可以用来评估和筛选燃料、水和总碱值（TBN），为油品更换提供最有价值的信息，是一项非常重要的测试项。最终用户可以根据油品中添加剂消耗量来制定油品更换计划。

Analex 铁谱分析仪（PQ）测量油中的磨屑，PQ 指数可以测量油样中的总铁含量，通过这种测量可以确定磨屑的总量。PQ 指数可以快速地识别颗粒轮廓特征来判断磨损的趋势。

Perkin Elmer Clarus 580 气相色谱仪测量机油中的燃料稀释的程度，气相色谱法用于检测机油样品中未完全燃烧的燃料的含量，以判断燃油和添加剂的稀释程度。气相色谱法也用于监测水冶厂有机试剂的纯度和降解程度，确保水冶厂保持较高的萃取效率。

ISL 黏度计测定 40 ℃和 100 ℃时油品的黏度（CST），油的黏度是其最重要的物理性质之一，黏度可通过流体的阻力测定。在重力作用下，在一个指定的温度，黏度大小决定了油膜的厚度，油膜可以防止金属表面之间的接触。

瑞士万通自动电位滴定仪测定油品的总碱值（TBN）和总酸值（TAN），所有发动机油中含有添加剂可以与酸中和，生成氧化物。总碱值是一个非常重要的监测参数，它反映了在油中有多少添加剂仍然有效，以此可判断何时需要更换机油。总酸值衡量油品中酸性化合物的含量，它是由氧化和酸性降解副产物所产生的。随着总酸值的增加，黏度会提高，进而润滑油的效果减弱，导致磨损量增加。

Tanaka automated Pensky−Martens 闭杯式闪光点测试仪是用来测量柴油机的闪光点，柴油的闪点温度是燃料点燃使用点火源的最低温度。闪点与燃料的挥发性成反比，在考虑燃料安全储存和处置时，是一个重要的参数。

实验室还建有通风和除尘系统，满足净化空气的要求，可以及时排出有毒气体或粉尘，保证操作人员的健康。

（2）理化实验室平面布置

湖山理化实验室的平面布置以化学分析实验室为中心，周围布置仪器分析实验室、药品储藏室、清洁室、办公室。两翼分别布置油品分析实验室、冶金实验室、样品储藏室、样品制备室（见图 3.3.22）。

（3）分析能力与人员配置

理化实验室分析样品主要分为 4 大类，年分析量约为 22 万件，其中环境样品 120 个/月，冶金样品 1 个/周，地质样品 8 000 件/月，水冶样品和油品样品 10 000 件/月。

根据上述工作量，理化实验室岗位设置实验室经理、副经理各 1 名，SET POINT 现场经理、副经理各 1 名，化学分析师 10 名，操作员 21 人，助理操作员 41 人，共计 76 人。中心分析实验室采取 4 班 3 倒的模式 24 h 不间断运行，油品实验室周一至周五白班运行。

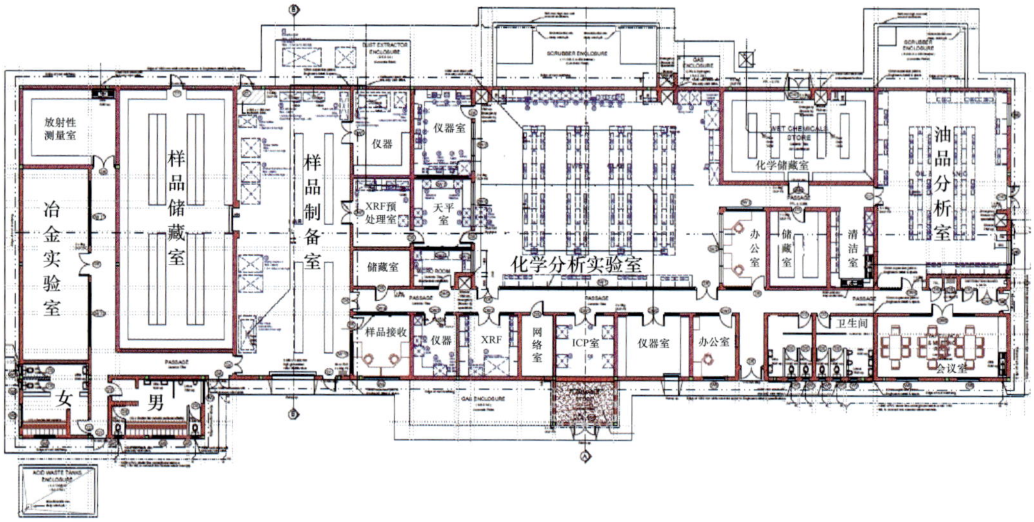

图 3.3.22 湖山理化实验室平面布置图

（4）人员培训

理化实验室人员培训由公司级培训、实验室理论培训、实验室实操培训 3 个部分组成，由斯科公司培训部门和实验室共同负责，定期安排培训。

公司级培训包括企业文化、安全、工作票、车辆等培训内容，确保员工熟悉和掌握公司的各项规章制度。

实验室理论培训基于实验室的分析方案，按照不同区域和分析项目进行培训和考核，确保员工掌握实验室的安全管理、试剂管理、质量控制管理、设备仪器工作原理、不同分析项的操作步骤和方法等内容。

实验室实操培训是通过员工在线操作进行一对一培训和考核，确保员工掌握实操步骤、方法和技巧，提高其分析速度和质量。实验室员工均通过公司级、实验室理论和实操三级培训，并按照要求进行定期的“回炉”培训。

3.4 水冶生产

湖山水冶厂的建设始于 2013 年 4 月，经过 3 年多的建设，于 2016 年 6 月完成主体工程建设，启动冷热试工作，经过单体试车、空负荷联动试车、负荷联动试车，于 2016 年 12 月 30 日生产出第一桶合格的天然铀产品，打通了水冶生产工艺流程，也标志着水冶厂工程建设完工，并进入生产爬坡阶段。

水冶厂投产前几年的生产并不顺利，特别在前两年，与世界上其他新投产水冶厂相似。如在 2017 年，设备缺陷、故障较多影响磨机运行，加上操作人员不熟练造成的设备故障、停机以及维修效率低造成的故障处置时间过长等原因，还有计划维修多及外部停水影响，造成水冶厂矿石处理量偏低，特别是上半年，每月处理矿石 15～32 万 t，月生产产品仅 10～106 t U_3O_8。下半年在逐步解决阀门泄漏、CCD 压耙、冒槽、腐蚀、皮带断裂等问题后，水冶厂运行逐渐稳定，月处理矿石最高达 57 万 t、生产产品 277 t U_3O_8，实现了生产爬坡。进入 2018 年，先后进行了组织机构及管理人员优化、生产及维修管理优化，建立了以计划为龙头的生产管理体系，引入中广核核电运行支持小分队，同时解决了浸出搅拌浆连续损坏、振动筛结垢、振动筛横梁断裂等问题，水冶厂生产能力快速提升，2018 年全年共计生产 3571 t U_3O_8，产量排当年世界铀矿年产量第四位，并在露天铀矿中排名第一，使湖山铀矿成为世界知名的铀矿山之一。

3.4.1　生产组织概况

在生产准备阶段及运行第一年，水冶生产和维修分为两个独立部门运作，存在责任划分不清、协调难度大、工作效率低下等问题，对水冶生产影响较大。经过研究，2018 年年初对水冶生产部门及维修部门进行组织机构调整及优化，将水冶维修纳入水冶部管理，生产及维修共同运作，同时在部门组织中减少经理层级，从原来的部门总监—生产或技术经理—主管变为部门经理—主管，也参考核电厂运行经验设置值长制，值长值班期间负责全厂的运行及维修工作。组织机构的调整大大提高了工作效率，对后续的生产爬坡产生了积极影响。

在最新的组织机构中，水冶部设置正副经理，正职由当地有丰富运行管理经验的人员担任，副职由中方员工担任。以下主要分为生产和维修两大部分，全部门拥有员工约 500 人，其中生产运行人员 300 人，维修人员 120 人，其余员工为实验室人员。

生产部分分为水冶运行、计划和水冶技术、实验室共 3 个模块，维修部分包括破磨区维修、硫酸厂维修、矿浆区维修、溶液区维修、设备可靠性、电仪等 6 个模块，每个模块设模块主管，模块主管以下一般为班长、工程师等，再以下为操作员、维修技工等。水冶部组织机构见图 3.4.1。

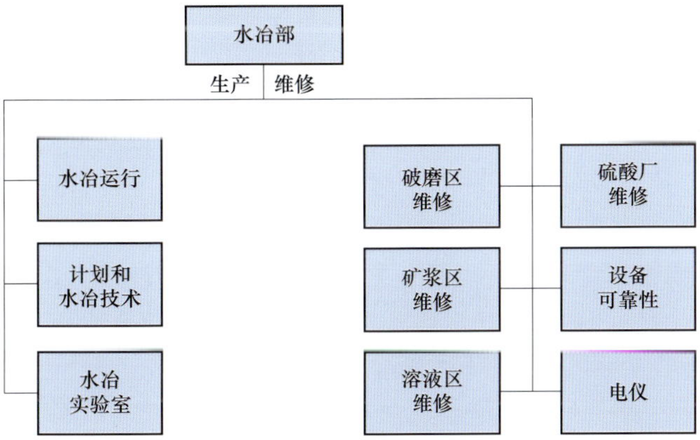

图 3.4.1　水冶部组织机构

水冶组织机构分以下两个部分进行简要说明。

（1）水冶生产

水冶运行模块按照值长制运作，值长当值期间负责水冶厂整体的生产及维修工作，值长以下为班组长，包括破磨区、矿浆区、溶液区、试剂区、尾矿区、硫酸厂区等的班组长，班组长以下为操作员，负责各区具体操作。值长、班组长及运行班组均采取四班三倒、全年 365 天工作制，每日 8 时、16 时、24 时为倒班时间。

计划和水冶技术模块主要负责生产计划的制定与跟踪、水冶技术问题的分析和处理等（如工艺参数的优化、金属计量、数据分析等），主管以下为计划员、水冶工程师等，均为白班值班（工作日 8:00－16:00）。

水冶实验室的管理及运作上一节已述及。

（2）水冶维修

水冶维修主要负责水冶厂各区域设备系统的日常点检、巡检、状态检测、日常维修保养、大中修等工作，包括 6 个模块（见图 3.4.1），其中破磨区主要负责破矿区、磨矿区的维修相关工作，硫酸厂维修主要负责硫酸厂设备的维修工作，矿浆区主要负责浸出、逆流洗涤、试剂及公共辅助设施、尾矿等区域的维修工作，溶液区负责离子交换、溶剂萃取、产品等的维修工作，可靠性模块主要负责全厂设备的状态检测工作，电仪维修模块负责全厂的电器、仪表及控制系统的维修和维护。

维修人员大部分为白班（8:00－16:00）值班，有少数人员参与倒班，如安排机械、电气、仪表等专业的少量人员进行应急值班。

3.4.2　生产爬坡

自 2017 年起，水冶厂进入生产爬坡阶段，虽然出现的问题较多，但总体上实现了生产能力的提升。如图 3.4.2 所示，自 2017 年到 2018 年，水冶厂矿石处理量及产品产量总体有明显的爬坡趋势，矿石处理量从 2017 年最低的 15 万 t/月爬升到 2018 年最高的 72 万 t/月，产品产量从 2017 年最低的 10 t/月提升到 2018 年最高的 560 t/月，该月实现了 540 t U_3O_8 的单月达产目标，也通过了产品区的性能考核工作，满足设计要求。

由于设备问题、计划维修、外部停水、初破因金属卡涩等主要原因，造成爬坡过程中生产有起伏，多个原因叠加更是拉低了月度矿石处理量及产品产量（见图 3.4.2 中 2017 年 6 月和 2018 年 3 月）。从 2018 年开始，除前述进行水冶部门组织优化外，还建立了以计划为龙头的生产管理体系，加强日常生产及维修工作的计划性，尽可能提高设备运行时间；梳理影响生产及达产的重大技术问题，前后方成立工作组加快推动形成解决方案；成立专门班组（如磨机班）推动重点设备、区域的生产运行及维修工作；加强采矿生产中金属异物管理，如铲齿，使矿石中金属异物得以减少，也减少了初碎机被卡涩的事件；从中广核运营公司引入有丰富经验的维修管理人员支持水冶设备的维修管理工作，提高了水冶维修的系统性及工作效率。各种措施的落实使 2018 年下半年的水冶生产实现了稳步提升，使年度产品产量也达到了新高。

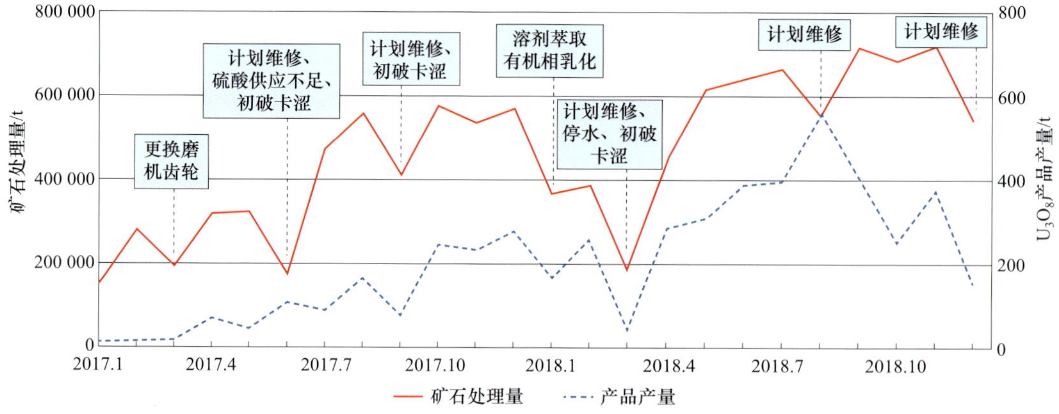

图 3.4.2　2017－2018 年月度矿石处理量及产品产量趋势

2017 年到 2018 年全年的各项生产指标也提升明显，见表 3.4.1，2017 年全年共计处理矿石 457 万 t，2018 年共计处理矿石 650 万 t，比 2017 年提升 42%；磨机运行时间及单位小时处理量是决定矿石处理量多少的关键因素，磨机运行时间 2018 年比 2017 年提升 32%，磨机单位小时矿石处理量则提升 9%。2018 年提高了矿石进料品位，比 2017 年提高 45%，浸出率及回收率也提升 8%～9%，对产品产量的提升意义重大。最终 2018 年产品产量达 3571 t U_3O_8，比 2017 年提升 166%，实现了突破，也为下一步继续提升打下了坚实的基础。

表 3.4.1　2017 年和 2018 年水冶厂生产指标对比

生产指标	单位	2017 年	2018 年	增长率
矿石处理量	万 t	457	650	42%
磨机运行时间	h	3 206	4 224	32%
单位小时处理量	t/h	1 425	1 550	9%
进料品位	$\times 10^{-6}$	400	580	45%
浸出率	%	83	90	8%
回收率	%	79	86	9%
产品产量	t	1 345	3 571	166%

3.5　水冶生产中存在的问题与解决方案

由于为新建水冶厂，湖山水冶厂从热试到达产达标阶段经历了各种各样的问题，早期经历了阀门泄漏、皮带断裂、磨机跳停、除铁器跳停、设备管道腐蚀、振动筛结垢等问题，对生产产生较大影响。2017—2018 年进行了多项技改，有些问题已解决，有些问题还在处理中，以下简要列举几项典型的设备改造加以说明。

3.5.1　皮带机转换料斗的改造

水冶厂破矿区及磨矿区共有 8 条皮带，皮带之间的衔接主要通过转换料斗作为缓冲，物料实现在皮带间的转移。在生产初期的运行过程中，发现皮带物料在通过转换料斗时存在堵料现象，主要原因是部分转换料斗在设计计算时模拟的溜槽体积偏小（见图 3.5.1），导致部分空间存在堵料的问题，影响生产的顺利进行。

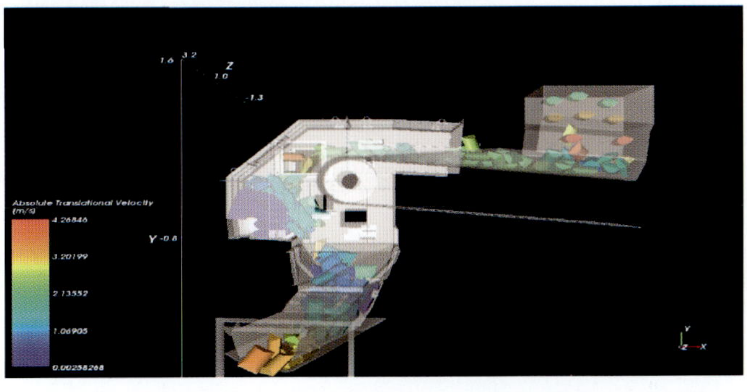

图 3.5.1　某转换料斗运行模拟图（蓝色块体表明物料堵塞）

根据现场的实际物料粒度以及运行情况重新进行了模拟，对其中 3 个转换料斗进行了小改，扩大了溜槽体积，1 个转换料斗进行了整体更换，改造后的转换料斗不再成为瓶颈，总体运行顺畅。

3.5.2 矿浆刀闸阀改造

（1）Clarkson 刀闸阀使用情况

水冶厂前端处理量为 1875 t（干矿）/h。矿浆区各工序设施之间，由于浓度不同，矿浆流量在 2 000～4 000 m^3/h 不等。因此输送管道大部分选用了 ϕ500 mm、ϕ600 mm 的大口径管道。为了便于布置管道，设计时选用了更为轻便的刀闸阀。

前期经设计方对比评选，最终采购型号为：Clarkson 生产的 KGD 型对夹式刀闸阀，总安装数量在 200 台以上，其中包括 DN800 规格 2 台，DN750 规格 24 台，DN600 规格 24 台，DN500 规格超过 100 台。

Clarkson 刀闸阀原属于 Pentair 旗下专门生产并推广刀闸阀的厂商之一，后被艾默生（EMERSON）收购。KGD 型阀门是专门针对浆料工况下稳定运行、方便维修而设计的一种新型刀闸阀。其设计特点是无阀座腔，消除了固体颗粒的堆积，从而保证了运行的可靠性。另外采用了对夹的结构，和最先进的 Mark Ⅲ 弹性衬套技术，保证了现场维修能方便快捷地更换密封衬套，具体结构见图 3.5.2。

图 3.5.2　刀闸阀结构

阀门材料阀体为铸铁、阀板为 SAF2205 双相不锈钢，设计上确保了阀门在开通状态下没有金属接触矿浆，在关闭状态下阀板不会因为底部阀座腔积料而关闭不严。可以说，阀门在选型时是做了充分考虑的。

但是从安装阶段、冷试阶段到热试阶段来看，所选择的 Clarkson 刀闸阀未能达到工况对阀门的要求，具体表现为：

在安装阶段，因为安装位置的管道法兰面有钢衬胶、不锈钢、钢衬塑等 3 种不同的材质，不同材质的摩擦系数在同等压力下（对应安装时的力矩）产生的摩擦力和支持力不同，所以导致部分位置的阀门密封圈被压坏。现场通过增加金属垫层的方式试图调整两侧压力，但是收效甚微，见图 3.5.3。

冷试阶段，由于安装时阀门两侧力矩一致时对应的密封圈位置不会恰好位于中心线位置，同时阀板行程较长，所以经常出现阀板开关过程中切坏橡胶密封圈的情况，见图 3.5.4。

热试阶段，由于矿浆的加入，阀板和密封圈之间的阻力大增。密封圈出现大量损坏，同时由于热试阶段系统处于酸性环境，一旦出现小的泄漏，漏点会因为磨蚀和腐蚀的双重作用，急速扩大。在这一阶段，刀闸阀大量出现泄漏问题。由于流量大，泄漏的矿浆很快就充满了各区域围堰，严重影响了调试工作和现场的工作环境。

（2）问题分析及解决方法

由于阀门泄漏较为严重，且范围较广、数量较多，在系统运行时，每小时泄漏的矿浆可达

（a）　　　　　　　　（b）

图 3.5.3　刀闸阀密封圈损坏

（a）　　　　　　　　（b）

图 3.5.4　阀板开关时密封圈损坏

100 m³ 以上，调试工作几乎无法继续进行。但是如果等待泄漏问题完全解决又需要几个月时间，工程进度无法保障。为了保障试车工作的继续进行，技术团队采取了封堵阀体的临时措施。我们在研究了产品手册后发现，Clarkson 的 KGD 型阀门在底部设置了开放的排料口，便于在阀门开关过程中排出因闸板运动而泄漏的浆液。考虑到水冶厂酸性体系的特性，我们选用了 316 L

不锈钢材料加工了“阀体底部挡板”。挡板安装后，暂时解决了泄漏的问题，调试工作得以继续推进。

但是由于泄漏出的矿浆对阀体内部会产生腐蚀，同时由于阀体底部的矿浆堆积，又加剧了密封圈的损害。所以，临时措施只能作为应急处理。

（3）Clarkson 刀闸阀形式分析

Clarkson 阀门的拆解图如图 3.5.5 所示。

该类阀门主要部件包括：

① 阀体；

② MarkⅢ套管（橡胶）（见图 3.5.5 中的 B）；

③ 刀闸板（见图 3.5.5 中的 C）；

④ 执行机构。

从拆解图及现场照片来看，主要依靠橡胶套管实现介质与阀体的分离及密封两种功能，理论上如果介质较为“温和”，即温度、压力、酸度、氯离子等含量较低时，可以满足使用要求，但生产现场无法提供如此“温和”的工况条件，同时这种对夹阀门的设计初衷是考虑到现场安装的方便和维修（更换密封件）快捷。但这种设计却带了以下负面影响。

① 所使用的整体两片式橡胶衬套未能嵌入阀体之内，虽然能够实现介质与阀体的隔离，从而达到降低阀体材质的要求，但缺点更明显。

a. 橡胶对橡胶的密封形式，依靠阀体的螺栓实现橡胶变形，从而达到密封效果，而刀板开关过程中容易造成机械损伤；

b. 矿浆夹带的固体颗粒容易在橡胶缝隙中沉积，且无法清理，从而造成机械硬损伤；

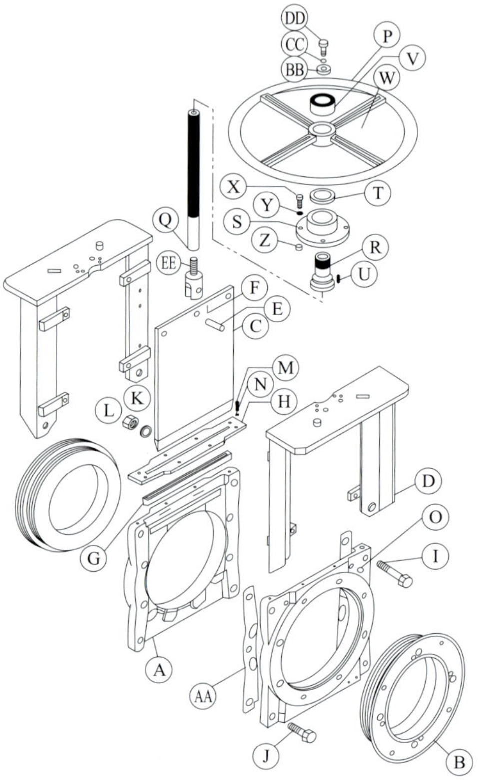

图 3.5.5　Clarkson 刀闸阀拆解图

c. 为了提高橡胶耐氯性，增加了硬度，但抗疲劳性能减弱，易在运作过程中受到损伤；

d. 温度及介质的压力将上述问题严重化，使得橡胶密封面出现变粗，加剧了损坏的过程。

② 防矿浆冲刷作用极弱，容易受矿浆颗粒、刀板开关等过程等作用而出现磨损、划伤，使用寿命缩短。

③ 对夹式刀闸阀的安装要求较高，具体体现在需要保证阀门较好的平整性、与管道的垂直性、螺栓受力的均匀性，并需要充分考虑维修对阀门上述要求的影响等。

依据现场情况、阀门样本、相关资料等信息判断，该类阀门不能较好适用于湖山水冶厂的矿浆介质工况，出现阀门大面积损坏的情况具有必然性，属于设计选型错误。

（4）解决方式

在分析了产生泄漏的原因后，技术人员咨询了中国恩菲、中国瑞林等有丰富矿山设计经验的公司，选定了替换阀门的选型条件：

① 采用相同标准的轻型刀闸阀，不对管道系统产生影响，降低技改成本。

② 采用一体式阀体，从根本上杜绝外漏。

③ 采用固定（或浇筑式）密封组件，以提高阀门使用寿命。

④ 尽量采用相同的执行机构或者气动结构，以便充分利用原有阀门的动力系统。

根据以上技术特点，技术人员选用了 3 种不同品牌的刀闸阀进行测试，都获得了不错的试验结果，这些阀门的主要技术特点如下（见图 3.5.6）。

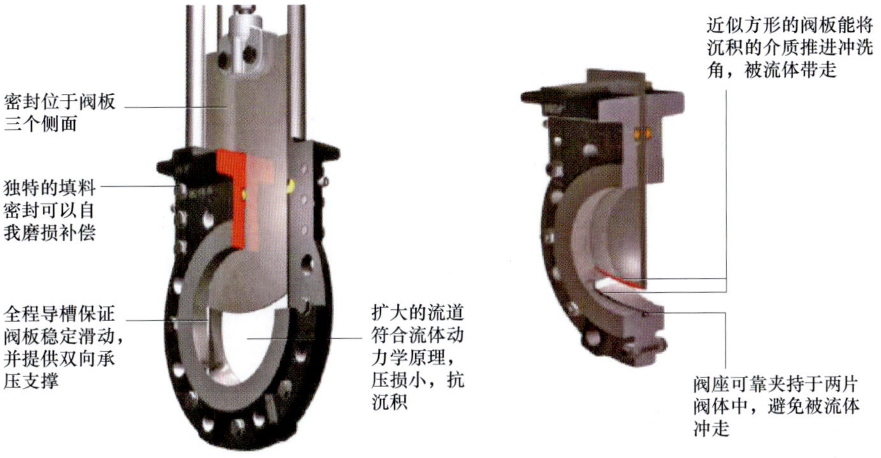

图 3.5.6　测试刀闸阀主要特点

① 阀体底部平滑，有冲洗角和略带弧度的方形阀板匹配，避免矿浆颗粒的沉积。

② 方形阀板前端的棱角可以清理阀体导槽内阀座表面沉积物，能避免泄漏或阀板卡住，实现阀门任意方向安装。

③ 阀座采用“暗箱”式设计模式，免受流体冲刷、密封效果优良，其表面与阀体保持一致，保证阀体流道平滑，避免沉积，有效避免磨损和划伤阀座，这将延长寿命和保证密封效果。

④ 破垢或清理矿浆沉积功能明显，阀板前部呈刀口形状，阀门关闭时与阀体形成剪刀，将杂质切断。

⑤ 填料密封：前沿和后沿分别设置刮刀，阀板动作时自动清洁阀板表面沉积物和附着物，以保护填料；菱形弹性体外面包覆耐磨材料组成复合填料，适度旋紧位于阀体外部侧面的调整螺钉，菱形弹性体受挤压膨胀，而使填料压紧在阀板上实现良好密封；长时间运行可能导致螺钉调整到底，这时退出螺钉，添加弹性体可以补充填料，无需拆卸阀门。

⑥ 刀闸阀为双向零泄露密封。

⑦ 硬化的不锈钢阀板大大提高阀板的耐磨能力，有效抗击矿浆的冲蚀。

⑧ 自动阀门执行机构具有快开、缓闭功能，有助于清洁底部密封面和避免因快速关闭而造成的撞击。

从上述阀门的特点可以看出，这类阀门形式与原设计刀闸阀形式有本质上的差别，特别是在密封面的设置、清理矿浆沉积或结垢、防止高黏性介质的黏连、温度及压力波动等方面具有明显的优势，故而能够较好地适应湖山水冶厂的实际工况条件。

选型成功后，技术人员根据每个阀门的工作位置和工作强度，制订了更换计划，用一年的时间，对所有阀门进行了替换。替换后的阀门没有再出现泄漏问题，水冶系统的稳定性得到了提升，现场工作环境也大大改善。

3.5.3 浸出搅拌浆改造

湖山项目浸出区由 1 台浸出给料槽（3030－TK－002），1 台浸出排料槽（3030－TK－001），以及 10 台浸出槽（3030－TK－004～013）组成（见图 3.5.7）。

图 3.5.7　浸出区现场布局

主要参数如下：

浸出槽尺寸：直径 15.7 m，高度 17.95 m，容积：3 475 m^3

搅拌浆样式：双层，每层双叶

搅拌浆尺寸：直径 6.65 m，主轴长 14 m

搅拌浆型号：Ekato HWL2400 A

搅拌浆功率：315 kW

工艺流程：经中性浓密机调配好的固含量均匀的矿浆被泵入浸出给料槽中，在给料槽中再次均匀制浆后泵入浸出槽中，10 台浸出槽内矿浆在重力的作用下逐级自流到下一个浸出槽中，最后经浸出排料槽排到 CCD 区域。

（1）主要问题

设计时考虑到设备排布，平台布置等因素，所有 10 个浸出槽设计成了相同的结构，并按照同一高度布置，槽内搅拌浆也采用相同的设计。理论上方便维修，同时便于优化搅拌浆的备件采购和替换。但该设计造成一号浸出槽和十号浸出槽中搅拌浆距离液位的位置相差较大，每个浸出槽中搅拌强度和搅拌效率都不相同。不仅会造成能量的浪费，同时也会出现搅拌浆的异常磨损。

搅拌浆的材质为钢衬胶，衬胶在搅拌强度集中点较容易损坏。衬胶损坏后，钢制桨叶将会在很短的时间内发生严重损毁（见图 3.5.8）。

由于在运行状态下，通过目视的方式无法及时发现搅拌浆的损坏情况，往往会造成槽底积料，而形成较大的死区（有时死区甚至可以达到浸出槽容积的 60%以上），对维修更换搅拌浆、重启浸出槽造成很大的困扰。

（2）问题分析及解决方法

由于难以目视检测的方式发现搅拌桨的细微损毁，同时衬胶搅拌桨损坏时间随机性较大，无法有针对性地制订维修更换计划，所以需要更换搅拌桨材质，找到更稳定的搅拌桨，以便制定合适的维修策略，稳定生产。

由于现有的钢衬胶损坏较快，且价格较贵，在没有找到合适的材料之前，尽量寻找更为经济的替代品。在生产管理上，合理开启罐底的除砂泵进行除砂，降低死区高度，避免死区粗颗粒矿浆对搅拌桨造成更严重的磨损。

对搅拌系统进行重新设计，对每个浸出槽进行定制化设计，不但能降低能耗，而且能提高生产效率，提高浸出率。

（3）优化方案

保持原搅拌驱动装置设计思路及浸出槽工艺管路体系不变，仅将原碳钢衬胶的桨叶及轴改为双相不锈钢 S31803（SS2205）。改造后，因浓度梯度并未改变，大颗粒仍会磨蚀桨叶，但测试结果好于钢衬胶桨叶，未出现突然停槽沉槽的现象。因搅拌体系和工艺管路体系未作任何改变，不锈钢桨叶测试时浸出槽内仍然会出现底部物料积底现象，槽体有效反应容积率仍不高。

图 3.5.8　损坏的搅拌桨

采用 SS22015 双向不锈钢制作的搅拌桨安装后运行正常，在月度例行检查中未发现大的损伤，直至运行 7 个月时才发现少量磨损，但未发现均匀减薄，如图 3.5.9 所示。

图 3.5.9　双向不锈钢搅拌桨使用后情况

至此浸出搅拌桨可以稳定运行，后续将会陆续替换剩余搅拌桨。

前文提到的搅拌桨效率问题、能耗问题，还需要进一步对每个浸出槽的搅拌桨进行搅拌模拟，以便根据不同液位做定制化的设计，最后达到搅拌效率和能耗的平衡。同时，由于能效比的提升，磨损也会相应下降，从而进一步延长搅拌桨的寿命。

3.5.4 氨气蒸发器扩容

在产品沉淀区域，产品沉淀需要加入氨气中和含铀溶液中的酸，在溶剂萃取区，反萃工序中需要用氨气配置硫酸铵溶液，为此湖山项目设计了液氨储存以及与之配套的蒸发器系统。

根据设计值，蒸发器系统的功率要求为 550 kg/h 液氨的处理量。但在实际使用中，由于夜间温度低，实际操作中系统残酸控制不到位等原因，导致氨气用量远大于设计值。经过 HPJV、第三方咨询公司等多方计算，最终确定，考虑到全厂用氨气的量、昼夜温差以及操作波动等因素，氨气蒸发器的功率应该提升到 826～904 kg/h。

下面详述具体分析过程，供需关系参数分析见表 3.5.1。

表 3.5.1 氨气的实际需求量与设计值的对比

		合格液 U_3O_8 含量/（g/L）		最大瞬时流量/（m^3/h）	U_3O_8 瞬时转移量/（kg/h）		实际氨气需求量/（kg/h）		设计氨气需求量/（kg/h）
		平均值	最大值		平均值	最大值	平均值	最大值	
设计值		5.76		156.8	903.16				450
实际值	7.17	4.87	13.27	137.4	670	1 824	334	909	450
	9.17	5.46	9.52	125.6	751	1 196	374	596	450
	10.17	6.30	9.86	158.1	866	1 559	432	777	450
	11.17	6.69	13.63	150.7	920	2 054	458	1 023	450
	平均值	5.8	11.6	143.0	802	1 658	399	826	450

从表 3.5.1 可以看出，以设计平均值 903.16 kg/h U_3O_8 转移量需要 450 kg/h 氨气的基准值计算，在最大 U_3O_8 转移量为 1 658 kg/h 的情况下，需要 826 kg/h 的氨气供应量。

同时，基于设计值的合格液最大瞬时流量下所需最大氨气量，也做了敏感性分析，见表 3.5.2。

表 3.5.2 氨气最大需求量分析

		合格液中最大 U_3O_8/（g/L）		最大瞬时流量/（m^3/h）	U_3O_8 瞬时转移量/（kg/h）		设计需求量（NH_3/U_3O_8）	理论氨气需求量/（kg/h）	设计氨气需求量/（kg/h）
		平均值	最大值		平均值	最大值	平均值	最大值	
设计值		5.76		156.8	903.16				450
实际值	7.17	4.9	13.3	156.8	764.4	2 081.2	380.84	1 036.95	450
	9.17	5.5	9.5	156.8	856.8	1 493.2	426.89	743.98	450
	10.17	6.3	9.9	156.8	988.3	1 545.9	492.41	770.23	450
	11.17	6.7	13.6	156.8	1 049.7	2 136.7	523.02	1 064.61	450
	平均值	5.83	11.57	156.8	914.78	1 814.24	456	904	450

从表 3.5.1 及表 3.5.2 可以看出，技改目标值为：826～904 kg/h。

由于生产正在进行，使用氨气的产品沉淀区和溶剂萃取区又在主工艺路径上，无法长时间停车技改。经多次协商，最终确定利用现有蒸发器系统，在此基础上再增加一套并行蒸发器。这样不但能压缩工期有利于实施，而且便于备件管理及降低备件成本。

经过工厂制造、离线安装、离线测试、上线测试等工序后氨气蒸发器扩容工作完成，经实际测试，扩容后的系统满足产品沉淀满负荷生产的氨气需求，技改完成。新增的液氨蒸发器仍为电加热方式，与原设计为同一型号，便于替换和采购备件。

湖山铀矿建设经验汇编

（下）

中广核铀业发展有限公司　编

中国原子能出版社

图书在版编目（CIP）数据

湖山铀矿建设经验汇编 / 中广核铀业发展有限公司编. —北京：中国原子能出版社，2020.11

ISBN 978-7-5221-1113-1

Ⅰ. ①湖…　Ⅱ. ①中…　Ⅲ. ①铀矿–矿山建设–经验–纳米比亚　Ⅳ. ①TD2

中国版本图书馆 CIP 数据核字（2020）第 227517 号

湖山铀矿建设经验汇编

出版发行　中国原子能出版社（北京市海淀区阜成路 43 号　100048）
责任编辑　王　青　刘　佳
装帧设计　崔　彤
责任校对　冯莲凤
责任印制　赵　明
印　　刷　保定市中画美凯印刷有限公司
经　　销　全国新华书店
开　　本　787 mm×1092 mm　1/16
印　　张　45　　彩插　26
字　　数　1150 千字
版　　次　2020 年 11 月第 1 版　2020 年 11 月第 1 次印刷
书　　号　ISBN 978-7-5221-1113-1　　　　定　价　**358.00** 元

网址：**http://www.aep.com.cn**　　　　E-mail：**atomep123@126.com**
发行电话：**010-68452845**

编　委　会

陈晓林　苗小虎　林泳钊　欧阳武　罗　维　周天龙　周雄威

郑克平　赵良仁　赵海强　荣建锋　胡劲松　胡承鸣　俞玉存

夏　青　高君丽　唐文生　黄伟伟　崔　斌　韩雪涛　曾志龙

黎　晓　滕　兵　潘前友　霍智敏　Augustinus Mungunda

Carlene Binneman　Hendrik Steyn

序/Preface

纳米比亚湖山铀矿是迄今全球最大的露天铀矿，是中国最大的海外铀资源投资开发项目，也是中国迄今在非洲最大的实业投资项目。自2012年联合中非发展基金成功收购以来，中国广核集团有限公司（简称中广核）一路披荆斩棘、风雨兼程，历时3年8个月，于2016年年底高质量建成投产。目前，湖山铀矿年产天然铀突破4 000 t，产量全球第二，未来可满足国内30台百万千瓦级核电机组近30年的天然铀需求，极大提升了我国天然铀的供应保障水平。

铀是核电发展的重要原料。从2005年开始，我国核电进入规模化发展新阶段，天然铀需求量快速增长，建立多元化保障体系迫在眉睫。2007年国务院批准《国家核电发展专题规划（2005—2020年）》，提出“建立国内生产、海外开发、国际铀贸易三渠道并举的天然铀资源保障体系”，全面布局，为核电安全高效发展提供坚强保障。中广核是我国核电事业发展的主力军，落实海外铀资源开发战略，保障“核电粮食”安全供应责无旁贷。彼时，海外已发现的铀矿资源早已被国际矿业巨头占据，很难介入，因此我们放眼长远，审时度势，把目光瞄准了位于非洲的新项目、大项目——湖山铀矿。期间，我们顶住了日本福岛核电厂事故带来的短期冲击，顶住了国际矿业巨头的激烈竞争，坚定践行“走出去”战略，和合作伙伴深入推进收购工作，最终成功收购。

完成收购只是项目成功开发的第一步，接下来就是高质量建设问题。湖山铀矿设计年处理铀矿石1 500万t，是全球设计矿石处理量最大的铀矿山，相应的设施规模也排全球铀矿之首。建设规模如此巨大的铀矿山，中广核尚属首次。当时，国际铀巨头们并不看好中广核，认为我们仅凭自身能力无法完成建设并顺利投入运营。虽然面对挑战，但经过慎重研究，我们最终选择独立建设和自主运营。

这一抉择源于强大的底气和自信。中广核创始于改革开放初期，伴随着我国改革开放和核电事业发展壮大，中广核已成长为中国第一、全球第三的核电企业，铸就了一支经验丰富、具有国际化视野的核电工程管理和运行人才队伍，具备主导建设湖山铀矿的基础条件。在矿建工程启动前，我们提出“举全集团之力建好湖山”，在集团内选拔工程管理专家出任斯科公司总经理，优选二十多名工程管理经验丰富、语言好的技术人员加入斯科公司工程管理团队，将核电建设经验引入矿山建设；引入南部非洲、大洋洲的国际知名工程公司及承包商参与项目建设；同时通过引进多家国内企业承担部分重要工程任务、协助采购国内设备及材料，带动国内企业“抱团出海”。

创业维艰，奋斗以成。从北京出发，转机三次、飞行25小时后到达纳米比亚鲸湾港机场，再开车穿过近百公里的荒漠，才能到达湖山铀矿。我清晰记得，2013年第一次站在矿建现场，目光所到之处，茫茫戈壁、一片荒芜，只有几个用集装箱搭建的临时办公室，大西洋的冰凉海风日夜吹拂着亘古的沙漠。对于一个铀矿业的新兵，面对陌生的非洲，挑战和压力可想而知。但我们时刻牢记国家重托，在中纳两国政府的殷切关怀和鼎力支持下，在中外合作伙伴的通力配合下，建设者们凭着坚定的信念和勇气，充分利用中广核的核电建设管理经验，坚持安全第一、质量第一、追求卓越，坚守“一次把事情做好”的企业核心价值观，发扬拼搏精神，攻克了政策障碍、技术欠缺、人才匮乏、文化差异等各种难题。一年后我再次来到现场时，已经可以看到大型铀矿山的雏形。2017年，当我第三次踏上这片热土，一座采用世界一流标准建造的大型露天铀矿矗立眼前，在广袤的沙漠中熠熠生辉。

湖山铀矿建设取得了巨大成功，实现了质量高、工期短、投资省的目标，交出了一份满意答卷。其成为纳米比亚的旗舰和标杆项目，也成为中国在非洲的一张闪亮名片，在大幅提升我国天然铀供应保障水平的同时，也为纳米比亚经济增长注入了强劲活力，是中纳和中非合作双赢的结晶。纳米比亚前后三任总统都曾经到访湖山现场，赞誉项目取得的建设成就。时任中共中央政治局常委、国务院副总理张高丽在湖山项目现场视察时表示，中广核从收购湖山铀矿到建成投产，用短短三年多的时间达到今日的规模实属不易，在“走出去”方面，“中广核是有实力、靠得住的企业”。

凡是过往，皆为序章。在湖山铀矿建设和运营过程中，中广核不断探索和丰富海外公司治理管控、工程管理、企业文化、公共关系、财务管理等方面经验，形成了“走出去”与国际化、本地化紧密结合的良好实践。

《湖山铀矿建设经验汇编》一书系统回顾和总结了湖山铀矿从项目收购到矿山建设、运营的发展历程，囊括了项目地质与资源、采矿生产、水冶工艺与运行、矿山建设、治理与经营、安健环管理等方面的内容和经验总结，对国内企业在海外，特别在非洲进行资源开发、工程建设、矿山运营、海外项目经营管理等方面具有一定的借鉴和参考价值。

中国广核集团有限公司董事长 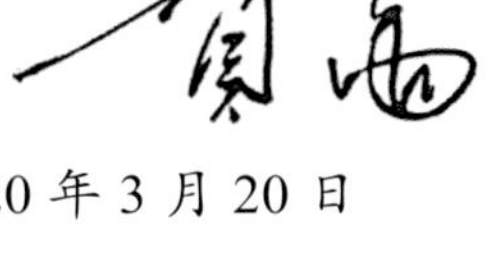

2020年3月20日

前言/Foreword

在国家铀资源开发“走出去”政策指引下，中国广核集团成立铀业公司，重点开展海外铀资源开发，经过近十年的努力，成功完成非洲纳米比亚湖山铀矿项目的收购和建设。矿山投入运营后生产规模逐步提升，已成为世界知名的超大型铀矿山。

湖山铀矿的资源规模、生产规模均居世界前列，面对如此巨大的项目，铀业公司作为铀矿业的新兵，面临着巨大的压力和挑战。但中广核拥有几十年的核电工程建设、管理和运行经验，在集团的全力支持下，聘用国际知名工程管理公司为 EPCM（设计、采购与施工管理）承包商，最终克服重重困难完成了矿山建设，推动项目成功投入运营。在这一过程中积累了丰富的经验，形成了“走出去”政策与国际化、本地化紧密结合的良好实践。《湖山铀矿建设经验汇编》一书系统总结了这些经验和良好实践，内容以矿山工程建设为重点，也涉及项目资源、采矿生产、水冶工艺和生产、公司治理管控、安健环管理等方面，可供读者参考。

本书共分为五篇。第一篇为概述，涵盖项目概况、收购历程、矿建经验和湖山大事记等内容，对湖山铀矿的基本情况、收购过程和矿山建设经验进行了简要总结。第二篇为工艺与运行，详细介绍了湖山铀矿的地质与资源、矿山开采、水冶工艺与水冶生产等方面内容。第三篇为矿山建设，从工程设计、采购及合同管理、施工管理、水冶厂调试、进度控制、成本控制等方面对矿山建设工程管理进行详细论述，并对建设过程中出现的一些技术和商务问题及其解决方案进行了总结，也系统总结了海外工程管理积累的经验和良好实践。第四篇为治理与经营，主要包括董事会运作、组织及人力资源发展、财务管理、信息化、风险管理、内部控制与审计、工会关系、公共关系、生产采购及库存管理等章节。第五篇为安全与环境，涵盖矿山建设阶段和运营阶段的主要安健环风险及控制措施、环境管理、辐射防护管理等内容，同时总结了湖山铀矿项目在安健环管理方面的经验教训。

全书共分为上下两册，其中上册包含第一篇和第二篇的内容，下册包含第三篇到第五篇的内容。

本书是在编委会的统筹安排下，由参与湖山项目建设、运营的技术人员、管理人员执笔完成，部分内容如经验总结由负责公司和项目管理的高级管理者执笔，一些内容如安全与环境篇的部分内容由纳米比亚本地员工编写并经翻译成稿，全书是参与湖山项目所有人员集体智慧的结晶。编撰过程中一些专家拨冗给予悉心指导，在此深表感谢。

由于编者水平有限，书中纰漏和谬误之处在所难免，恳请各位读者批评指正。

编　者

目录/Contents

第一篇 概 述

第二篇 工艺与运行

第三篇 矿山建设

第四篇　治理与经营

第五篇 安全与环境

第三篇

矿山建设

开篇语

湖山铀矿矿山建设项目包括采矿和水冶两大部分的设施建设，2012 年 11 月与南非 AMEC 和 Bateman 公司成立的联合体——HPJV（Husab Project Joint Venture）签订 EPCM 合同，随后启动现场的场平工作，2013 年 4 月 18 日项目正式开工，计划工期约 36 个月。

EPCM 模式是中广核在工程建设领域一个重要的尝试。湖山铀矿作为中广核在海外建设的第一个矿山，而且是一个超大型的建设项目，我们缺乏这方面的经验，需要聘用一家兼具设计、采购、施工管理能力的工程公司担当业主工程师角色。考虑到前期工作的延续性和南部非洲工程建设领域的实际情况，最终聘请了 AMEC（国际著名工程公司）和 Bateman（南非专业工程公司）的联合体 HPJV 作为 EPCM 承包商，承担业主工程师职责。同时，考虑到中广核自身拥有的核电建设经验，我们成立了以从国际市场聘用的有矿建经验的专业技术管理人员、中广核集团外派人员和当地雇员为一体的业主工程团队，实施对 EPCM 承包商更加全面和深入的管控，以最大程度地保护股东利益和更加高效地推进湖山项目矿山建设。由于 EPCM 合同一般以投入的人工时计价，采用非总价固定合同，所以在成本和进度控制方面有较大的难度，但我们在合同中增加了人工成本利润的分享机制、项目进度、投资、安全的奖惩机制、加班工时审批机制等多项有利于业主的条款，并将业主工程团队的管理嵌入到 EPCM 承包商的工作中，在合同执行中充分发挥了业主管控、配合的作用，圆满地完成了项目建设任务，并将矿建投资控制在概算范围内，不失为中国企业在非洲乃至海外进行工程建设投资的范例，这些经验对在海外进行工程项目投资建设有较好的参考价值。

自 2012 年 11 月正式签订 EPCM 合同后，矿建项目的详细设计、采购工作相继启动，现场也启动了“三通一平”工作。2013 年 4 月 18 日在现场召开的矿山建设启动仪式标志着湖山矿建工程正式启动。2014 年 2 月，水冶厂磨矿区基础开始浇筑混凝土，湖山水冶厂土建施工工作拉开序幕。2014 年 7 月水冶厂浸出区基础移交安装承包商，水冶厂现场安装工作启动。2016 年 2 月，开始进行水冶厂空气管道打压及冲刷试验。2016 年 6 月，水冶厂设备安装工作基本完成，移交冷试团队，冷试工作启动。2016 年 10 月，启动水冶厂的热试，2016 年 12 月 30 日水冶厂生产出第一桶合格的天然铀产品，标志着湖山铀矿工程建设完工。

湖山铀矿最终是在 3 年 8 个月的时间里完成建设，虽有一定的超期，但整个矿建历程是在克服各种困难的情况下完成的，这些困难在国内鲜见或难以想象，如纳米比亚当地建设资源匮乏、南部非洲工程管理经验落后、劳动效率低下、工会力量强大、工程量大幅增加等，并最终能够将矿建投资严格控制在中广核下达的概算范围内，实属不易。在此过程中，在各个方面积累了大量的经验和教训，如 EPCM 合同管理、工程进度控制、成本控制、合同采购、施工管理、水冶厂调试、引入国内央企队伍、一些工程技术问题的解决等，这些经验和教训在本篇各章节均有一定体现，请读者参考。

本篇重点介绍了湖山铀矿工程建设涉及的各个方面，主要内容包括工程设计、采购及合同管理、施工管理、水冶厂调试、进度控制、成本控制和工程建设相关的一些技术专题、商务专题的讨论，是湖山矿建中方工程管理团队心血的结晶。由于工程完工后管理团队人员的流动，部分内容可能总结不到位，请读者谅解。

第一章 概 述

1.1 湖山矿建项目管理模式

1.1.1 矿建工程概况

湖山矿建项目包括采矿和水冶（含尾矿设施、硫酸厂）两大部分，其中采矿部分于 2013 年 4 月开始建设，2014 年 3 月进行首爆并启动生产。

水冶厂及矿区辅助设施的主要情况如下：2012 年 11 月签订 EPCM 合同后，现场开始场平工作，2013 年 4 月 18 日项目正式开工，计划工期约 36 个月。

主要工程建设内容包括：

① 场外临时基础设施：临时供水、临时道路。

② 场外永久基础设施：永久供水、供电、道路。

③ 场内基础设施：施工营地、场内道路、采矿综合设施、水冶综合设施。

④ 水冶厂：破碎、磨矿、浸出、逆流洗涤、离子交换、萃取、试剂冷储、产品制备包装等工艺区设施及辅助设施（维修间、控制室、实验室、培训中心）等。

⑤ 尾矿设施：尾矿库及环保监测设施。

⑥ 硫酸厂（年产 50 万 t 浓硫酸）。

⑦ 炸药库及炸药生产设施。

工程总量见表 1.1.1。

表 1.1.1 工程量汇总

专业	单位	工程量
土石方	m^3	4 126 954
土建（混凝土）	m^3	155 704
建筑物	m^2	40 603
钢结构	t	58 784
钣金	t	4 239
机械	台	1 564
管道	m	278 143
电缆	m	1 425 141
仪表	I/O	6 983
人工时	h	26 322 112

2016 年 10 月，湖山项目水冶厂及其辅助设施完成冷试，进入热试和试生产阶段，2016 年 12 月 31 日成功生产出第一桶天然铀。

项目的主要形象节点如图 1.1.1 所示。

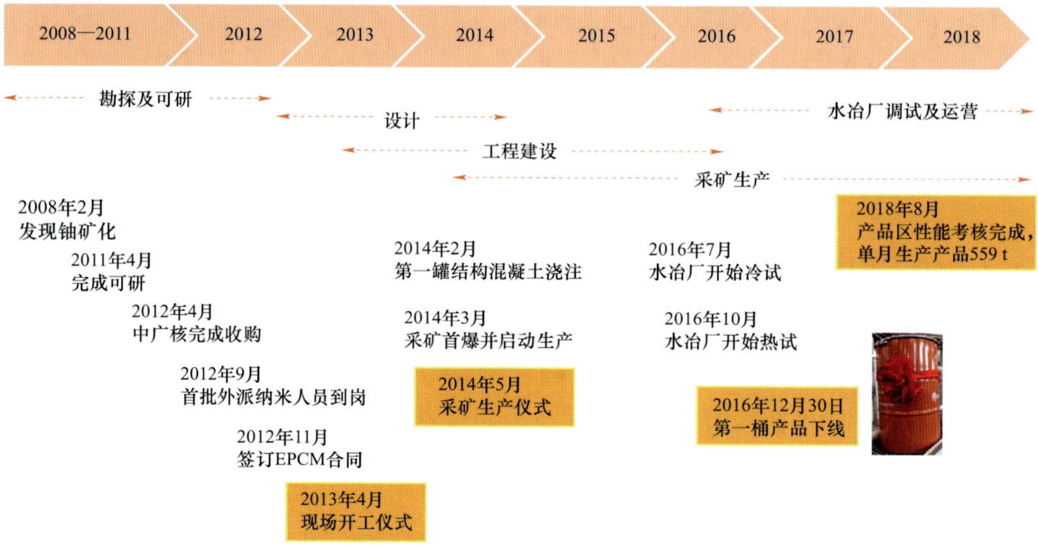

图 1.1.1　项目主要形象节点

1.1.2　合同管理模式

湖山铀矿工程建设采用国际上矿山建设常用的 EPCM 模式（Engineering，Procurement，Construction Management——设计、采购与施工管理），EPCM 承包商为 HPJV（国际大型工程公司 AMEC 和 Bataman 组成的联合体），工程合同普遍采用 FIDIC 合同模板，HPJV 被指定为业主工程师进行管理，业主工程团队管理 HPJV，并进行工程决策。

HPJV 主要负责水冶厂、场内基础设施的设计、采购及施工管理，工程施工承包合同均由业主在 HPJV 支持下直接与合同商签订，业主委托 HPJV 对各项工程的设计、采购、施工进行管理，但决策权在业主。HPJV 按“人工工时”的方式计费。

工程合同关系见图 1.1.2。

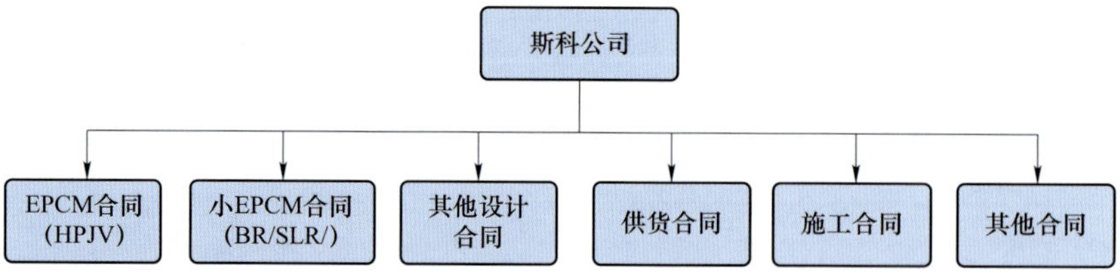

图 1.1.2　工程合同关系

工程项目管理的关系见图 1.1.3。

借鉴中广核的核电建设管理经验，成立工程商务联合工程部，加大业主对项目建设过程的管控力度和参与深度，加强与 EPCM 承包商、工程承包商的沟通和协作，确保项目按安全、进度、质量、投资控制目标推进。

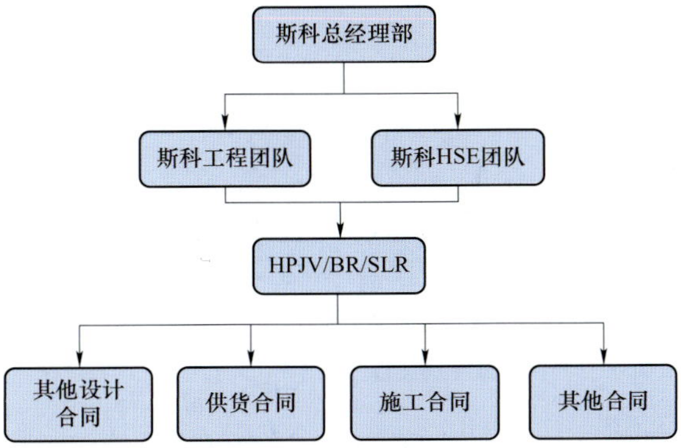

图 1.1.3　工程项目管理关系

另外，部分合同如硫酸厂、尾矿坝等未委托 HPJV 管理，而是由业主工程团队直接管理。

1.2　工程团队组织机构及人员组成

1.2.1　团队人员组成

工程团队是由工程部和商务合同部两个部门组成的联合工程部（PJT，后改为 PJD），由斯科公司工程副总裁兼任项目总经理，领导联合工程部。

联合工程部人员由业主团队的外方人员和中方外派人员组成。初期，项目总经理、技术经理等关键岗位由外方担任，后陆续由中方人员担任。中方人员主要由铀业公司的外派人员（新毕业生和部分社招人员）和中广核工程公司外派人员组成。2012 年 9 月，中方首批外派人员到岗。

工程公司外派人员按工程公司与铀业公司（斯科公司）签署的《湖山项目技术支持服务合同》进行派遣，工程公司内部成立纳米比亚项目团队，选拔、派遣技术支持服务人员，参与湖山项目建设。

工程团队中方外派人员分别担任公司副总裁/项目总经理、项目副总经理、施工经理、合同总监、合同经理、进度经理、各技术专业经理等重要岗位，高峰期有 33 人，承担了整个工程项目的管理工作。

1.2.2　组织机构

工程团队的基本组织机构见图 1.2.1。

根据项目不同阶段的管理特点，工程团队的组织机构做过多次调整，总体上可分为以下两类：

① 设计采购型：这一阶段的工作重心是设计和采购，工作地点在南非约翰内斯堡。

② 施工调试型：这一阶段的工作重心是施工和调试，工作地点在纳米比亚现场。

调整的主要内容是根据项目需求，在各个子团队中调整资源，由于海外工程项目的特点和人员补充难度，中方员工调换岗位较频繁。

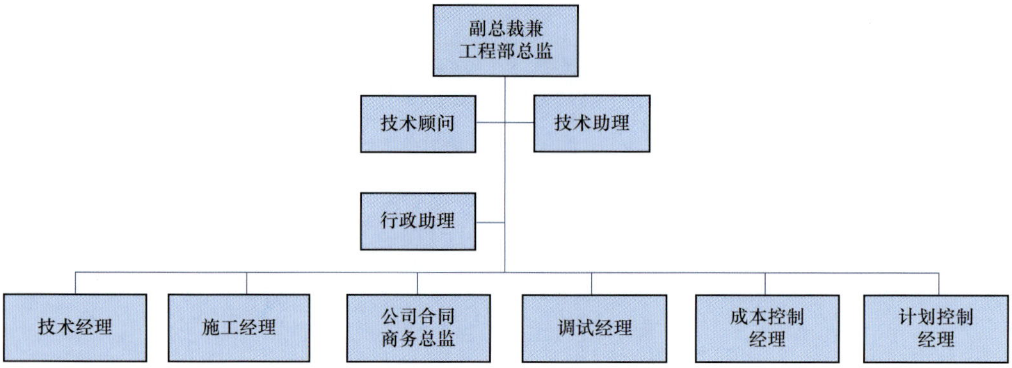

图 1.2.1　工程团队基本组织机构图

1.3　主要经验成果小结

1.3.1　南部非洲法律法规

纳米比亚缺乏成体系的国家级工业法规、标准，湖山项目所适用标准主要为“外国”标准，如南非标准、欧洲标准、国际标准等。中方人员此前仅接触过某些专业的国际标准，对其他标准涉足较少，对适用标准无从知晓和判断。这些都给项目建设带来了国内所不能想象的困难。

由于自然环境及生态比较脆弱，纳米比亚对环境保护有严苛的要求和限制。湖山铀矿位于埃龙戈地区的国家公园内，项目所在地离人口密集区斯瓦科蒙市约 66 km，离阿兰迪斯镇约 38 km。湖山项目在水土保护、废物排放、水资源再利用、动植物保护等方面做了很大的投入，并与政府监管部门保持着良好的信息沟通和交流。

纳米比亚当地法律对劳动时间、本地工人比例、最低工资水平有很严格的要求和限制。斯科公司积极与政府及工会沟通，确定了现场承包商的加班时间及补偿标准。

另外，斯科公司也通过合同向各个承包商提出了保证雇佣本地员工的具体要求。承包商虽原则上能遵守这些要求，但由于一些特殊技术工种纳米比亚无法满足要求，只能雇佣外国员工。这些供需矛盾在某些时期可能会引发罢工事件的发生，如 GROUP FIVE 公司在工作即将完成、退场时，因继续雇佣了一部分外国的技术工人而引起了本地工人的不满，造成了一起长达 19 天的罢工事件。

1.3.2　当地资源情况

纳米比亚地广人稀，矿业、渔业、畜牧业为其三大传统支柱产业，制造业不发达。当地资源匮乏、技术较为落后、劳工技能水平较低。建设湖山铀矿这样全球设施规模最大的露天矿，需要动员、整合的人力资源、工业资源之多、之复杂、之专业，远远超出了纳米比亚所能提供的。同时纳米比亚当局对本地化又提出了较高的要求，这些都对项目的造价、进度、质量控制带来了比较大的困难和不确定因素。尤其是施工、调试阶段，现场的缺件在当地难以获取，有时候小到 1 个螺栓都要到南非进行购买。

为此，斯科公司采取了多项措施，确保项目资源的掌控：

① 灵活的用人机制；

② 全球化采购；

③ 引进中国供货商；

④ 本地化；

⑤ 建立以南非约翰内斯堡为中心的采购组织；

⑥ 良好的政企关系，以保证特殊工种及专家的及时服务及出入境。

1.3.3 海外工程管理经验

湖山项目是中广核第一个作为业主公司在海外进行建设管理的大型项目，工程规模和总投资不亚于一个核电厂项目。对海外项目的管理，有难以预料的困难和挑战，包括文化、行业习惯、资源调动、法律环境、劳工关系等，中广核派出团队承担业主工程团队主要工作岗位，全程参与了湖山项目的管理和建设，积累了丰富的复杂环境下的海外工程管理经验。

1.3.4 初试 EPCM 合同模式

湖山项目采用 EPCM 合同管理模式，EPCM 模式有别于国内核电项目常用的 EPC 和 PMC 模式，一般适用于尚未进行深入设计，项目成本、范围、进度控制有一定风险，需要业主深入参与的项目，是矿业及新项目常用的项目管理模式，在海外工程上有一定的市场。

湖山项目是中广核第一次尝试 EPCM 模式，既有教训，也有收获。无论是为将来作为业主公司管理 EPCM 承包商，还是作为承包商一方尝试以 EPCM 合同模式承揽工程都有参考意义。

EPCM 模式下工程建设需要特别关注两个方面：

（1） 设计变化

在 EPCM 模式下，在 EPCM 合同签订时项目设计并没有全部完成，需要在项目推进过程中逐渐完善，这样就导致项目实际进展与预期产生偏差。因此，针对 EPCM 模式设计尚未完成、尚未固化的特点，业主应对项目在实际进展中可能碰到的各类问题做到充分估计，并加强管理。例如，由于设计未全部完成，对承包商的进一步细化设计应加强管理，对其中存在的问题做到充分知悉，避免设计变更失控。对于重要合同，在发标之前应确保设计完成，工作范围明确，避免合同签订后，由于设计变更或工作范围变化导致合同金额大增。

（2） 项目管理及与承包商的沟通

EPCM 模式下项目实质风险仍在业主，包括安全质量、工期、成本等。与承担项目风险相对应，业主拥有项目的决策权和管理权，而 EPCM 承包商仅仅作为一个顾问工程师的角色替业主管理项目。这种模式下好的方面是业主能够深入项目，知悉项目进展，管理项目进展。但为达到有效管理项目并承担风险，对业主团队的管理能力和经验提出了较高的要求，如果因业主团队的决策能力、决策效率影响项目工作，业主需要承担相应后果。

另一个方面，由于 EPCM 模式下业主深入项目进行管理和决策，这就要求业主团队和

EPCM 承包商之间的沟通保持畅通，避免因沟通障碍降低工作效率，甚至耽误工作。在湖山项目开始初期，业主与承包商存在较大的沟通障碍，业主通过各种途径发出各类要求或指示，而承包商则投入大量精力来应付这些要求或指令，往往由于双方对同一个要求的目的理解不一致，导致沟通不畅。工程团队针对该状况，与 HPJV 共同梳理业主参与项目管理及各类业主审批流程，确定各类工作流程和审批程序，并给双方团队人员宣贯，做到有程序可依，业主审批点明确。随着不断磨合，双方沟通效率及业主审批效率得到大幅提高。

1.3.5 FIDIC 合同管理

FIDIC 是国际咨询工程师联合会的缩写，FIDIC 作为国际上权威的咨询工程师机构，多年来所编写的标准合同条件是国际工程界几十年实践经验的总结，合理地规定了合同各方的职责、权利和义务，程序严谨、可操作性强，如今已在工程建设、机械和电气设备的提供等方面，在非洲、美洲、欧洲等地区广泛应用。

湖山项目绝大部分合同均采用 FIDIC 合同，各种合同模板在湖山项目得到广泛的应用，工程管理团队积累了丰富的 FIDIC 合同管理、合同争议解决等相关经验。涉及的 FIDIC 合同如下：

① 红皮书：《施工合同条件》

② 黄皮书：《设备与设计－建造合同》

③ 银皮书：《EPC/交钥匙项目合同条件》

④ 白皮书：《顾客/咨询工程师模式服务协议》

⑤ 绿皮书：《简明合同格式》

1.3.6 多元文化下的公司管理

业主斯科公司拥有员工约 1 600 人，来自 9 个国家（纳米比亚、中国、南非、赞比亚、津巴布韦、英国、法国、澳大利亚、加拿大），行业背景、文化背景、工作习惯等各不相同。在管理工作中，不仅将中广核的文化进行了传承，也相应地积累了多元文化下的公司管理经验，对以后的国际化项目和“走出去”有参考意义。

1.3.7 工程控制/成本控制

湖山项目在中方收购之前，已经完成了可研报告及成本概算的编制。在项目延期的情况下，成本仍然可控，除了汇率变化利好的因素之外，其国际水准的工程预算和成本控制方法是关键，极具参考意义。

在编制预算之初，主要的采购包都在市场上进行了预招标，相应的预算都非常准确，贴近市场行情。在项目执行期间，所有的范围变化、设计修改，全部量化到可以用工时和合同金额进行衡量，便于项目管理者进行权衡和决策。事实证明这套成本控制方法是有效的，湖山项目实现了工程成本控制目标。

第二章　工程设计

2.1　设计团队及管理

由于铀矿建设本身的特殊性、高风险性，国际矿业总承包市场上通常不接受 EPC（即设计、采购、施工总承包）模式，而 EPCM（即设计、采购、施工管理服务）模式为较为通用的模式。HPJV 作为斯科公司聘用的湖山铀矿建设的 EPCM 总承包商，负责湖山铀矿的设计、采购、施工管理服务，其负责设计如下几个主要部分：① 水冶厂；② 场内基础设施；③ 原矿区；④ 临建设施；⑤ 场外基础设施及其接口；⑥ 尾矿区及其相关接口设施等。设计工作主要在南非约翰内斯堡 HPJV 总部进行。

（1）设计组织机构及其人力管理

设计团队随着工程进展、工作负荷的变化，从 2012 年 10 月 15 日开始至项目建成，呈动态变化，其中最高峰每月仅 HPJV 南非总部设计的人工时已超过 3.2 万小时——累计设计总人工时约 50 万小时，相关 HPJV 总部设计和现场施工人力资源动态曲线详见图 2.1.1。

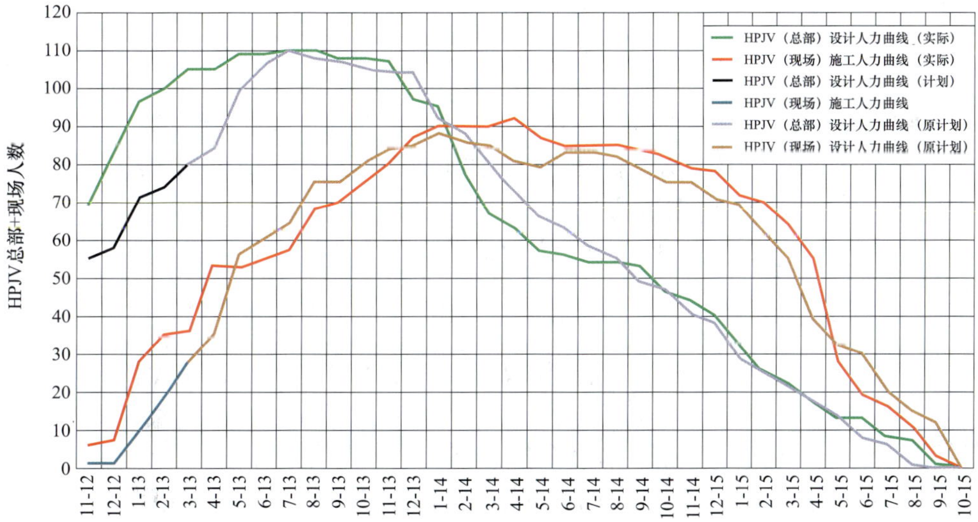

图 2.1.1　HPJV 总部设计和现场施工人力资源动态曲线

HPJV 总部设计团队由一位项目设计总经理、一位设计经理、四大区域主设计以及专业设计人员组成，高峰期设计人员高达 100 多人。四大区域具体划分如下：

① 区域 1：水冶厂区域

② 区域 2：采矿和原矿综合设施区域

③ 区域 3：全厂总体布置及公共设施

④ 区域 4：电仪

（2）设计过程控制及质量管理

根据湖山项目矿建工程需要，特别是作为技术密集、投资密集的项目，设计工作中人才是最主要的因素，设计人员相关的专业包括：水冶、土建、建筑与结构、机械、管道、暖通、电气、仪控、三维建模等。

湖山铀矿在 HPJV 总部（南非约翰内斯堡）设计工作涉及的学科多、人员素质要求高，在矿建初期由于人力资源不足，主要通过加强 HPJV 招聘不断充实设计力量。在设计质量管理方面，HPJV 分别从设计策划、设计输入、设计分析、设计输出、设计评审、设计验证、设计确认、设计变更各子过程分别编制了相关的控制要求并出版了相应的控制程序，详细规定了 HPJV 总部（南非约翰内斯堡）设计团队的核心业务控制流程，见图 2.1.2。

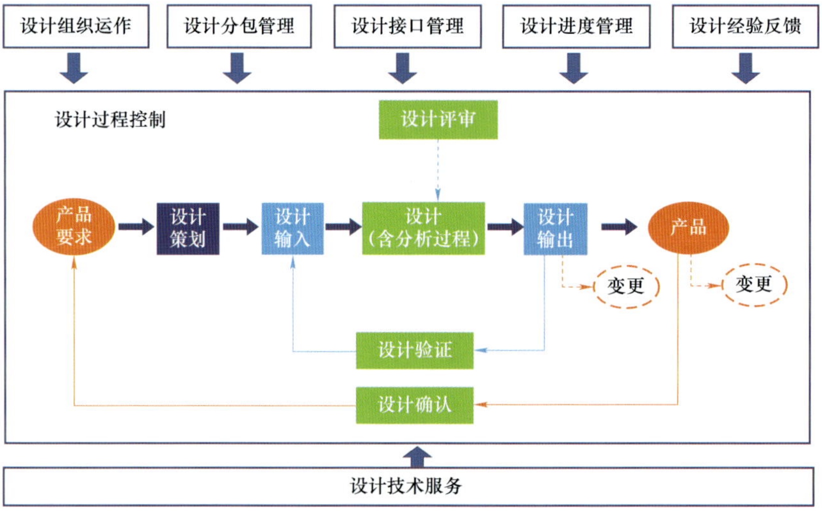

图 2.1.2 HPJV 总部（南非约翰内斯堡）设计团队核心业务控制流程

除此之外，斯科公司还聘请了专业人员组成工程部（以下简称 PJT）和业主生产运营团队，这些人员均由中外联合团队打造，起到了核心作用。具体措施如下。

1）工作方法正确，重点明确

在设计过程中，PJT 不仅侧重结果控制，也侧重于过程控制，不断促使 HPJV 加强与项目相适应的设计与采购能力，包括：优化与项目相适应的组织机构；引进先进的管理技术和管理经验；应用先进的工艺技术和工程技术；重视其成员素质及培训；采用国际范围的采购网；配备高水平的信息管理技术和计算机应用技术等。

2）狠抓设计优化，收效明显

业主督促 HPJV 根据工程进展情况对设计进行了优化，进而也在工程质量的提高、进度的缩短以及投资的降低等方面也将产生重大影响。PJT 对 HPJV 设计管控的主要内容如图 2.1.3 所示。

3）技术与计划准备充分

为了缩短建设周期，业主在设计初期就将技术和资源融入到 HPJV 的设计中，充分考虑长周期供货设备的选型采购，缩短设备的采购周期，并且在设计的同时，还通过考虑施

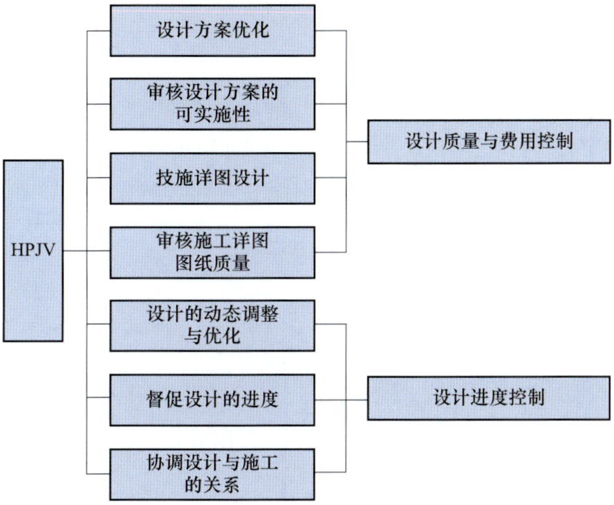

图 2.1.3　PJT 对 HPJV 的设计管控

工工艺、结构形式和施工方法等，缩短项目的施工周期。从工期总体计划角度，设计与采购的协调工作尤为重要，因部分设备的采购直接影响到施工图完成及土建施工进度。在 PJT 的要求下，HPJV 建立了统一的计划平台，结合设计与采购各自的控制节点，从源头上理顺了设计、采购、施工间的接口，加强了相互之间的协调工作和整体控制。

2.2　基础设施设计

基础设施包括场内外的水、电、路及设备维修、仓库、办公等相关设施，本部分重点通过采矿综合厂房、进场道路、供水管线的土建设计及相关内容对基础设施设计进行简述。

2.2.1　采矿综合区厂房设计

（1）概述

湖山铀矿采矿综合区位于水冶厂的东侧，占地面积约 7.5 万 m^2，按功能分类，包括重型卡车维修车间、辅助设备维修车间、焊接车间、备品备件仓库、洗车场、更衣室、办公室、门禁室、保安亭等 20 多个房屋建筑，HPJV 负责设计和协调，办公室、门禁室、保安亭等附属建筑的设计分包给南非一家专业性设计单位——LYT。

该区域土石方施工由 WBHO 承担，混凝土工程、钢结构工程、附属建筑施工由中建二局（纳米比亚公司）承包完成。由于主要采矿设备供应商和矿用设备检修机具等设备由南非本土公司提供，施工单位与设备机具供应商无合同关系，这就要求业主工程部在现场土建变更以及施工单位与设备供应商配合中扮演更加重要的角色。

在加大中方对项目建设管控力度的同时，还必须面对因文化背景、风俗习惯差异带来的交流困难、沟通不畅等跨文化沟通方面的问题。为此，斯科公司工程部在土建接口管理与设计管理中发挥了桥梁和纽带的作用。

以下主要从厂房的钢结构设计、土建设计、主体结构设计的依据和原则等几个方面进行归纳总结。

（2）采矿综合区厂房的钢结构设计

湖山铀矿作为世界级的铀矿，矿用设备也都选用世界上先进的大型矿用设备，如小松960E运矿卡车、北重NTE330运矿卡车、卡特彼勒7495电铲、卡特彼勒6060液压铲、大型钻机等。基于设备选购与使用相结合、日常维护与检修相结合、正确操作与精心保养相结合的矿用设备管理理念，湖山铀矿设计和建造了相配套的采矿综合区厂房及配套的办公设施。

1）厂房主体结构简介

采矿综合区厂房及办公建筑主要包括大型运矿卡车维修车间、辅助设备维修车间、重型/轻型卡车洗车场、重型/轻型轮胎维修车间、汽车吊维修车间、车斗铲斗焊接车间、加油站、电气及维护备品备件库等，钢结构总量约2 000 t（见表2.2.1）。

表2.2.1　采矿区厂房构件及钢结构量

	构件数量/件	钢结构总量/t
重型/轻型卡车洗车场	662	46.7
大型运矿卡车维修车间	4 680	570.5
辅助设备维修车间	2 253	240.6
车斗铲斗焊接车间	1 776	181.2
重型车辆轮胎维修车间	498	43.1
轻型车辆轮胎维修车间	275	29.8
轻型车辆维修车间	735	104
加油站	531	76.4
施工仓库	535	45.7

2）钢结构设计主要内容

以大型运矿卡车维修车间厂房为例（见图2.2.1和图2.2.2），该维修车间长（纵向）72 m，宽（横向）65 m。根据不同的需要和结构的稳定性，设计柱横向轴线间距分别为6.5 m和6.8 m两种，横轴线共11个；纵向轴线间距为8 m和15 m两种，纵轴线共7个。

按照厂房的功能，该厂房钢结构设计内容包括：

① 维修车间主桁车梁及连接构件；

② 厂房屋架、上下弦水平支撑、垂直支撑、檩条、撑拉杆、风机口支架、天沟等；

③ 山墙钢柱、屋面钢梁；

④ 操作钢平台梁、柱及支撑；

⑤ 辅助桁车梁；

⑥ 屋面檩条、拉撑连接件、斜拉杆、垂直吊杆。

钢材的选用遵照湖山项目《钢结构通用设计准则》，例如：

① 框架柱、框架梁、楼面梁、吊车梁等各类构件采用H型钢的翼缘板及腹板，除特殊注明外，均采用SANS 50025－2：2009的S355JR钢。

② 连接螺栓的选用：除施工图特殊注明以外，均采用扭剪型高强度螺栓，考虑湖山项

目现场的气候条件，所有螺栓和垫片必须满足 SANS 14713－2 的热镀锌防腐工艺。所有高强螺栓为 M20，性能等级为 8.8 级，并带有扭矩系数和紧固轴力的检验报告（南非标准中简称为“TB”）。

钢结构工程的涂料防腐设计，主要指上述部位的钢结构，根据具体部位的防火等级不同，施工时必须根据设计要求进行。

图 2.2.1　卡车维修车间完工

图 2.2.2　卡车维修车间钢结构安装

3）采矿综合区厂房土建设计的特点

混凝土施工质量直接关系到结构安全性和建筑使用年限，是土建工程质量的基础，如同焊接质量与安装的关系一样，要有精益求精的追求。以下从混凝土角度简要介绍该区域土建工程方面的特点。

（3）混凝土设计的技术特点

设计规范：HPJV 根据南非标准 SANS：1200G《混凝土（结构）》的要求，针对各厂房钢筋混凝土的质量技术要求编制了《混凝土作业通用技术规范》（P2195－03000－02－102－006）；另外，针对不同部位包括防撞柱、上料平台、挡风墙、防酸、防潮等特殊混凝土还编制了专用技术规格书，多达 27 份，对于混凝土施工的各过程均有控制。同时，还列明了施工单位需在施工中对于混凝土生产、运输、浇筑、养护等方面严格遵守的质量控制措施。因此，良好的混凝土设计方面的技术要求有利于混凝土的质量控制，良好的技术控制保证了混凝土在施工阶段的质量。

混凝土的技术特点：混凝土的种类较多、强度跨度大，从 C15～C50；混凝土的生产质量控制严格，C50 结构混凝土连续 10 组的强度标准差不大于 3.5 MPa；大体积混凝土中心温度不得高于 75 ℃（内外温差不大于 25 ℃）；混凝土配合比需经过严格的试验验证及审批。具体技术特点如下：

水泥：满足 SANS 50197－1 和 SANS 1491 标准的要求，包括品种、熟料组分、比表面积、水化热、化学成分。

骨料：根据 SANS 1083 关于混凝土骨料的技术要求，制定了关于种类、最大粒径、强度、密度、颗粒级配、含泥量、泥块含量、硫化物（SO_3）含量、针片状颗粒含量、云母含量、轻物质含量等规定。

外加剂：品种、减水率、泌水率比、含气量、凝结时间差、抗压强度比、收缩率比、钢筋锈蚀。

粉煤灰：满足南非标准 CEM Ⅰ 或 Ⅱ 的要求并外加最少不低于 30%粉煤灰，从而提高混凝土的耐蚀性和抗裂性。具体包括：品种、细度、烧失量、需水量比、三氧化硫含量。

1）混凝土的配合比设计的技术要求

通常混凝土配合比试验需经过初步试验、可行性试验、配合比审批三个阶段。科学的配合比设计及论证是保证混凝土质量的关键点，湖山铀矿土建工程配合比设计的技术要求主要表现在以下三个方面：

① 新拌混凝土阶段的性能要求；

② 水硬化过程和硬化后混凝土的物理力学性能要求；

③ 混凝土结构服役期的耐久性和其环境荷载对性能的要求。

配合比设计阶段的首要前提是对原材料的质量管理，包括生产过程管理、进场验收、仓储管理。湖山铀矿大型矿用设备维修厂房区域的混凝土配合比设计流程详见图 2.2.3。

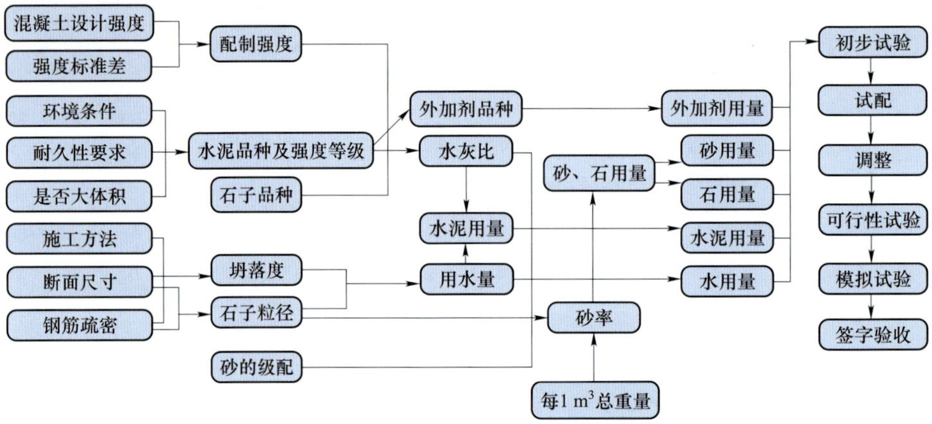

图 2.2.3　混凝土配合比设计流程

2）配合比设计的控制要点

土建设计规范主要依据南非规范，由于 HPJV 对混凝土材料质量方面的要求较高，但施工单位（中建二局纳米比亚公司）对这些要求并未完全掌握，特别是当地一些特殊材料的技术性能与国内标准存在很大差别，加上纳米比亚当地的供应商及实验资源匮乏，导致施工单位按照技术规范书采购的混凝土材料很难保证配合比设计的要求。因此，施工单位在项目土建初期浪费了不少的时间和精力，对工期有一定影响。配合比设计的主要控制要点包括：

① 试验条件的控制：试验室及成型室的温湿度要求、养护室温湿度要求、试验设备/仪器的数量和人员的到位等情况。

② 混凝土性能试验：坍落度、温度、含气量、密度、抗压强度（3 d 抗压、7 d 抗压、28 d 抗压、28 d 抗拉、90 d 抗压）、90 d 弹性模量、抗渗性能等应满足设计要求并有相对稳定的富余系数。

③ 原材料控制：控制原材料称量误差，满足结构相关要求。所有原材料误差小于等于 0.5%，保证混凝土的最小水泥用量、最大水灰比、骨料最大粒径等。

④ 试块：控制好试块的养护、硫化处理和试验等试验过程，对试验结果及时跟踪；确

保试验的准确性；对试验结果及时统计、分析和验证，以便尽早确定试验是否成功。

（4）主体结构设计依据及原则

根据矿用设备进入检修区域频次和总体布置设计情况，在该区域土建设计过程中需要遵循和考虑一些设计原则，同时为了使设计的结构既可靠又经济，必须进行以下两方面的研究。

1）研究各种荷载在结构中所产生的作用

矿用设备维修车间各厂房设计依据主要考虑矿用设备检修各车间、各区域的矿用设备检修时的荷载以外，还满足必要的厂房基本功能要求，包括：必要的空间大小；设备的安装、运行要求；抗震设计；抵抗设计风载；抵抗各种外力影响；其他如通风隔热、防火等。具体通过详细的结构计算得出如下结论，包括：

① 本工程设计使用年限为 20 年，风荷载按百年一遇基本风压取值（基本风压为 1 kN/m^2）。

② 根据设备外形确定厂房的总体轮廓布置，例如大件设备检修荷载大小及作用位置按大件设备检修摆放图分析计算，大型车辆检修时的停放位置必须按照设备检修摆放图限位停放。

③ 各维修车间均设有不同规格型号的桥式吊车，桥式吊车不考虑非正常运行条件。以重型运矿卡车维修车间为例，桁车在设备安装和检修时需起吊最终构建为卡车车斗（约净重 50 t），框架计算和吊车梁计算均按照 Condra（NamCrane）提供的资料，吊车最大轮压按 400 kN 计算。

④ 为了满足起吊和安装用桁车的行走要求，设计了桁车梁。根据吊车荷载，各维修车间均设有格栅板、楼梯，屋面活荷载标准值及设计框架用活荷载折减详见《湖山铀矿采矿综合设施钢结构通用设计规范》（P2195－03000－03－120－001～14，总计 14 份）。

⑤ 防腐与涂装设计工作考虑还应喷涂防火涂料保护所采用的耐火极限。

⑥ 所有柱脚螺栓满足《湖山铀矿项目灌浆材料及布置规范》（P2195－03000－03－120－001），其主要遵照 SANS 1083、SANS 5861－3、SANS 5863、CRD－C621 等南非相关标准。

⑦ 建筑外观，满足与厂区总体色彩保持一致。

2）主体结构设计及计算方法

需研究结构或构件抵抗这些效应的内在能力，这也是土建设计技术核心。本区域上部结构主要包括钢筋混凝土结构、钢结构以及砌体结构共三大部分。基于厂址数据及地震反应谱、地面加速度和震区系数等设计输入，具体的计算步骤应划分为 4 步，具体包括：

步骤 1：整体框架的三维空间分析（静态分析、动态分析），得出各节点内里和弯矩。

步骤 2：单个混凝土结构构件及底板基础的计算。

步骤 3：单个钢结构构件的计算。

步骤 4：其他特殊结构的计算，如围护结构、钢轨承重地面、木质屋架等。

综上所述，通过上述两方面的研究，设计输出的成果主要包括：主要活荷载取值，主要建筑材料技术指标，混凝土主钢筋保护层以及钢筋连接锚固，框架及楼板构造要求，砌体填充墙，与水、电、通风等专业以及非结构构件的相关要求。出于对各厂房及检修设备的重要性的考虑，本项目大型矿用设备维修区在土建设计对安全系数的取值偏向保守。

（5）小结

总体而言，针对本工程的设计输入是设计过程控制中特别要细心、谨慎的一个环节，涉及内外部、上下游，很多设计问题都是由于在这个环节的失误造成的，小则引发设计修改，大则引起现场返工甚至重大质量事件。

基于这一套设计思路，本工程的设计一方面来自于成熟的工业厂房设计中所积累的宝贵经验，同时，湖山铀矿大型矿用设备维修区域各建筑物主要结构计算和主要建筑材料（混凝土、钢材等）基本上采用南非 SANS 系列标准。因此，湖山铀矿大型矿用设备维修区域各建筑物的土建整体设计概念和设计过程及设计方法是全面的、系统的、有条理的和科学的，对其他大型检修厂房的设计有一定的启发和帮助。

2.2.2 进场道路设计

进厂道路全长约 22 km，道路起点为斯瓦科蒙至温得和克的 B2 公路，终点为厂区大门，道路设计为双向双车道，设计限速 80～100 km/h，在跨越 Khan 河谷段设计一座跨度 150 m 长的混凝土桥梁，道路设计使用年限 20 年。

（1）方案选取

湖山矿可行性研究阶段，借鉴罗辛矿经验，曾提出建设一条铁路和一条公路的设想，铁路用于从鲸湾港运输大体量的硫磺或硫酸等原料，同时将铀产品运输至鲸湾港，公路将用于满足通勤和其他小批量货物的运输需求。

地质勘查发现 Khan 河谷地形崎岖、空间有限，不适宜建设铁路。通过经济性评价，验证了建设一条公路和一条铁路费用要高于建设一条高级别公路的费用。综合考虑功能、地形地貌、环境、建设成本等因素，最终决定建设一条高级别的公路用于满足湖山矿原料、产品运输及通勤需要。

（2）线路选取

通过前期的地质调查、现场勘查以及对历史路线（旧铁路）的研究，最终确定了 22 km 进场公路的线路，如图 2.2.4 所示。

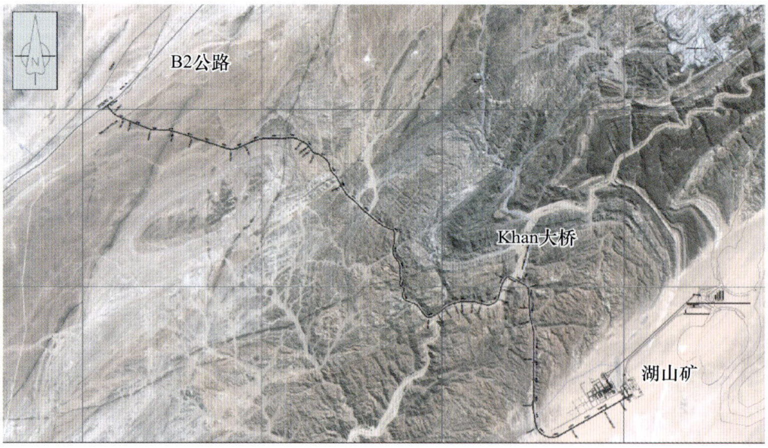

图 2.2.4　湖山矿进场道路路线

① 进场公路与纳米比亚国家级公路 B2 在斯瓦科普蒙德－温得和克 46 km 处交叉相连。

② 0～5 km 路段穿过一片较平坦的区域，坡度约 1%。

③ 5～12 km 路段沿一条支线河谷直通 Khan 河谷，坡度约 3%。由于这段路程地形崎岖、复杂，考虑到通车安全，设计限速为 80 km/h。

④ 12～15 km 路段沿着 Khan 河谷而建，15.5 km 处设计一座跨度 150 m 的大桥跨越 Khan 河谷。

⑤ 15～20 km 路段沿支线河谷爬升，坡度约 5%。

⑥ 20～22 km 路段处于平坦区域，坡度约 1%。

（3）道路设计

进场道路设计以纳米比亚交通部颁发的道路设计规范为标准。

1）设计单位

进场道路设计单位是纳米比亚当地的一家工程咨询公司 Lithon，该公司同时也承担道路施工的监理工作。

2）几何设计

道路设计为双向双车道，道路宽 11 m，其中单向路面宽 3.5 m，路肩宽 2 m（0.5 m 沥青层路肩，1.5 m 回填层路肩），考虑到道路多个路段坡度较大，为保证不同类型的车辆能够安全、快速通过，在坡度较大的路段在爬坡向设计 800 m 长超车道，以利于轻型车辆安全超越重型车辆。

3）路基设计

① 交通量和受力情况分析

湖山矿每年有大约 60 万 t 的原料及产品运输，在此基础上考虑大约 25 万 t 的货车自重量，道路每年需承受的总重量大约为 85 万 t。按照单车 4 轴，单轴重 8～9 t 考虑，道路每天需承受 280 轴次的量，同时设计需考虑通勤大巴的轴次（60 轴次）。因此，道路的设计轴次为 160 000 轴次/年 × 20 年（单轴轴载为 80 kN，且考虑载荷系数为 1.3）。

因此，道路 20 年的使用年限内设计交通量和载荷为 320 万轴次（单轴轴载为 80 kN）。

② 场地地质条件分析

根据道路路线地质勘查报告以及钻探数据，道路沿线土层分布见表 2.2.2。

表 2.2.2 湖山矿进场道路场地地层分布

分层/mm	岩土描述	岩土分类
0～300	松散的粉砂（级配较差）	G7/G8
300～800	松散粉砂到粗级配的石英砂/砾石混合层，约 10%路线长度可见基岩	G7/G9
800～1 500	密实粉砂层到密实的石英砂层	G7/G8
＞1 500	极致密的细砂层和石英砂/砾石层	G6～G8

考虑到桥梁设计的特殊要求，对桥梁位置的地质条件进行了更为详细的勘探，通过动力触探发现，大桥所处位置基岩埋深 9～10 m。

③ 路基设计参数

结合地质工程勘查和勘探，按照城市道路结构的标准，综合考虑经济、动荷载、使用年限、当地环境等因素，道路多为填方区，也包括部分挖方区，回填部分道路的结构设计如下：

路面：热拌沥青混合料面层。

路基：150 mm G2 人工筛选石子；200 mm C4 基层；150 mm G7 基层。

④ 桥梁设计参数

Khan 大桥为钢筋混凝土板式桥，桥长 150 m，桥面宽 9.4 m，其中包括路面宽度 7.6 m 及旁道和护栏宽 1.8 m（见图 2.2.5）。考虑到基岩埋深，下部结构选择桩基+T 型桥墩支撑着上部结构，桥面每跨长度为 20 m。根据水文历史资料，该桥设计可抵御当地百年一遇的洪水。

图 2.2.5 Khan 大桥施工

（4）小结

2010 年开始湖山矿区进场道路路线的调研勘察工作，2013 年开始动工，2015 年完成道路建设并顺利通车，从勘察选线到施工完成，历时五年多的时间。

湖山矿区进场道路整体穿越纳米比亚国家公园，环境要求极其苛刻，沿途清理植物必须向当地环境管理部门进行审批、报备，并要严格保护纳米比亚国宝级植物——千岁兰。而湖山进场道路能够顺利按照计划目标完成建设，最重要的一个原因是做好了前期的勘查选线和道路设计工作，成功修改路线避开了一百多株千岁兰，避免了环境保护因素对道路施工的影响。道路设计又因地制宜，不仅借鉴了原德国殖民时期的旧铁路路线，而且充分因地取材，道路路基所用的回填土有一部分利用了矿坑内的开挖土，路面的骨料直接来源于沿线的花岗岩采集点，这些都离不开前期完备的勘查和设计工作。因此，道路项目按目标完成的关键是做好前期的调查、勘查和设计工作，在设计阶段已充分考虑到后期影响施工进展的关键性问题。

2.2.3 供水管线设计

（1）供水管线概述

根据湖山铀矿的可行性研究报告、环境影响报告等，湖山铀矿运行期淡水主要来源于纳米比亚西北部海水淡化厂，供水管线起点为斯瓦克蒙水务局储水库，终点为湖山矿原水池，总长度 65 km，包括 48 km 球墨铸铁管和 17 km 玻璃钢复合管，设计供水能力为 1 200 m³/h。

供水管线输水主要满足现场营地及办公区生活用水、工业生产用水、除盐水用水、场地及消防用水。

（2）设计相关单位及分工

纳米比亚国家水务局（NamWater）：纳米比亚国营供水公共事业单位，作为纳米比亚政府和工业的唯一供水企业，NamWater 掌握湖山矿供水管线工程（官方名称为斯瓦克蒙德南部供水管线，后简称为 SSWSS）的产权并负责供水管线后续的运营。

Erongo RED：Erongo 区域负责电力调配和销售的企业（电力来源于纳米比亚电力局），在供水管线工程中，Erongo RED 负责泵站配电设备部分的 EPC，以及所有设备的供电服务。电费以及建设相关费用由 NamWater 向 Erongo RED 支付。

斯科公司：供水管线的投资方及最终用户。

设计总包方：Seelenbinder Consulting Engineers（简称 SCE）及所联合的多家设计分包单位构成，包括 ENVES、MRCE、iLiFA 和 iConsult。该工程包括输水管线、提升泵站、泵站高位水池、输电线路等相关配套设计等。策划、招标过程中将 SSWSS 工程划为两个独立的施工合同，其一是输水管线、检修道路、相关附属设施，其二为提升泵站、泵站高位水池、配电房、跨河管线桥等设施。

（3）设计原则

设计所遵循的总体原则为：第一，供水管线工程按照规划容量一次规划、土建一次建成，设备一次安装。第二，设计过程中通过充分技术经济性比选，选择出最适宜的工程方案。第三，设计及施工中注重新技术和新材料的应用，各建（构）筑物尽可能地减少占地，在严格遵守纳米比亚国家公园环境保护的相关法律法规的情况下，力求节约资源并减少对生态、环境的破坏。具体如下：

输水保证方面：湖山铀矿生产、生活所使用的淡水为普通用水，同时厂区内配套蓄水池等设施。因此，当供水管线输水干线任何一段发生故障时，仍能够保证相关设备在一段时间内的安全运行。

地下管线：地下管线总长约 17 km，设置地下管线主要是考虑到当地原生态地貌保护、野生动物迁徙通道保护、河床保护等要求。管线沿线为自然陆地，地势平坦开阔，有利于机械设备进场施工，容易满足施工要求。施工方案选用开槽填埋法，施工周期较短、费用较低，施工期和运行期不对附近公路的道路通行条件造成影响，并对该区域地下水和生态环境扰动小。

（4）线路布置

本工程起点为纳米比亚水务公司位于斯瓦克蒙市的水库，向东、东北方向延伸，直达项目终点湖山铀矿蓄水池。首段 12.8 km 位于 Dorob 国家公园内，其他管段位于 Nambib Naukluft 国家公园内，由 4 个提升泵站、检修道路、检查井等辅助工程构成。泵房包含水泵、电机、调速装置、流量计、配电及控制装置等，同时为每个泵房配有一座配电站，除第一个作为取水泵房外，其他 3 个泵房均配有一定容量的泵站高位水池（见图 2.2.6）。

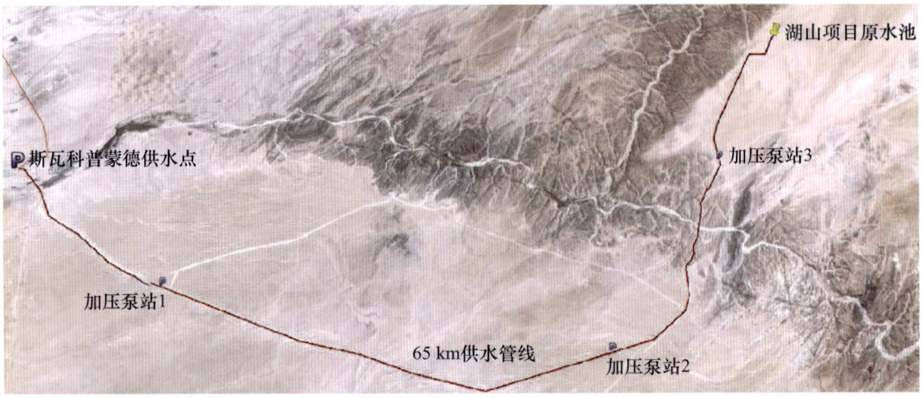

图 2.2.6　供水管线线路布置

（5）管材选型

本工程的管线线路长，运行切换较为复杂，为了保证给水系统的安全可靠，还需要最大限度考虑减少管道阻力，节能降耗，方便施工。

管材费用也是影响造价的关键因素，根据长距离输水管线的设计经验，目前工程领域所普遍采用的管材为无缝钢管、球磨铸铁管、PE 管、钢骨架复合管等。

设计对长距离淡水输水管的管材进行了充分的技术比较，见表 2.2.3。

表 2.2.3　长距离输水管线管材对比

	优点	缺点
无缝钢管	① 强度高； ② 制作及运输方便，可在现场制作； ③ 可架空敷设或直埋	易腐蚀，需进行防腐处理，管径小于 DN800 内防腐困难
球磨铸铁管	① 可承受较高的内压； ② 膨胀系数小，耐水、耐腐蚀性能较好； ③ 使用寿命长	① 受外力碰撞容易破裂； ② 对管件及管道的连接要求高，安装较复杂； ③ 内壁和外壁需作防腐处理
PE 管	① 内壁光滑，输送阻力小； ② 管线伸缩较大，具有良好的柔性； ③ 轻质，施工方便	① 抗压强度小，受外力碰撞易破裂； ② 易老化； ③ 管道承压等级较低，温度折减系数较大
钢骨架复合管	① 内壁光滑，输送阻力小； ② 管线伸缩量较大，具有良好的柔性； ③ 轻质，施工方便	① 抗压强度小，道路下辐射易破裂； ② 易老化； ③ 电热熔接口对基础地段沉降变化反应敏感
玻璃钢复合管（GRP）	① 良好的电绝缘性能和粘结性能； ② 较高的机械强度和耐热性； ③ 耐酸碱； ④ 成型收缩率小	造价相对较高

综合考虑可研报告、工程地质勘查报告，以及在一些特殊区域（如 Swakop 河床）进行的详勘报告结果，地上明敷线路宜球磨铸铁管，地下穿越线路宜采用玻璃钢复合管（GRP）。

（6）设计结论

根据 ASTM A106 设计规范，管材的屈服强度选取为 415 MPa，外径为 609.6 mm，壁厚为9.52 mm。输水管线的额定运行压力为2 500 kPa，橡胶膨胀接头最大承受压力为27 bar。

通过综合的技术经济性比较，本项目作为内陆长距离输水工程采用地表明敷与地下穿越相结合的方案，其中选定地上明敷线路采用球墨铸铁管（GMS）较优，地下穿越线路采用玻璃纤维管（GRP）。

（7）设计标准及规范

本工程设计依据当地法规、行业规范、标准执行，具体如下：

① 地形图以及用地红线图。

② SANS 1200 土石方、管沟、道路、钢筋混凝土工程设计规范等。

③ SANS 0400 国家建筑设计规范。

④ SANS 10100－2 混凝土施工。

⑤ 各设计相关单位提供的有关专业条件及设计资料。

⑥ BS 534 供水、气、污水的铸铁管、连接件设计规范。

⑦ SANS 1748 系列 关于玻璃纤维（GRP）管材设计规范。

⑧ ASTM D3262/D3517/D3754 玻璃纤维（GRP）通用技术规范。

⑨ ASTM D638 塑性管材拉伸性能检测规范。

⑩ ASTM D 2290 密封圈材料通用设计规范。

⑪ ISO 2531—2009 铸铁管选型、连接件、附件、试验通用设计规范。

⑫ SANS 10044 焊接规范。

⑬ SANS 10064 钢结构及金属材料表面防腐设计规范。

⑭ SANS 10112 PE 管安装设计规范。

⑮ SANS 10142 低压电气设计及安装技术规范。

⑯ ISO－R657 角度设计标准。

（8）小结

本项目设计和实施是一项系统工程，从材料的选择到结构的设计，都与采购、施工是相互紧密联系的。斯科公司工程部一方面加强了对 SCE 设计方的管理，很好地解决了地方协调关系复杂、接口繁多、产权及维护管养等问题，使工程得以顺利和快速地推进。另一方面，随着各个设计阶段的不断深入，斯科工程部联合设计单位，对管线设计、施工方案不断优化，极大地节省了工期，减少了资源及成本浪费。2015 年 7 月底，湖山铀矿永久供水管线工程顺利通过竣工验收，整个供水系统于 2015 年 9 月底建成投用，极大地保证了湖山水冶厂的调试及“第一桶”合格产品的产出。

2.2.4　电气设计

湖山铀矿的外部电源引接自纳米比亚电力公司（以下简称纳电）的利普斯变电站，并通过厂内的 132/33 kV 变电站及 33 kV 配电站分配到矿坑及水冶厂。通过 132/33 kV 移动变电站向矿坑、矿坑附属建筑及初碎站供电；通过紧邻厂内 132/33 kV 变电站的 33 kV 配电站向水冶厂各区域配电站及为办公维修设施提供电源的 33 kV 架空线供电。

（1）厂外电源系统

湖山铀矿与纳电签订供电协议为湖山铀矿提供为期 10 年最大 50 MVA 的电力。纳米比亚电力系统主干电网电压等级分为 400 kV、220 kV、132 kV。400 kV 主要用于从南部非洲电力池主力电源供应国家－南非获得电力，而 220 kV 和 132 kV 两个电压等级则主要用于向主要城市及大型矿山供电。

湖山铀矿外部电源由同塔双回 132 kV 线路从距离矿区 22 km 的纳电利普斯变电站引入湖山铀矿主变电站。132 kV 电压等级的选用主要是考虑到临时结合永久的供电方案，利普斯变电站建设投用时间较晚，而且纳电有 1 台可用的 220/132 kV 变压器可为湖山铀矿提供建设期用电。

厂外电源系统建设主要由纳电负责，共分为电网扩建和电网接入两部分。电网扩建部分主要包括奥姆布如（Omburu）变电站电容补偿装置和奥姆布如至可汗变电站 220 kV 架空线路，可汗至利普斯变电站 220 kV 架空线及 220 kV、40 MVA 电容补偿装置，利普斯变电站建设，库色布至利普斯变电站出线和 220 kV 进线改造，罗辛变电站保护改造，瓦蒙德至利普斯变电站 220 kV 线路保护改造，罗辛至利普斯变电站 OPGW 线路，可汗至利普斯变电站 220 kV 线路，利普斯至瓦蒙德变电站 220 kV 线路，瓦蒙德至库色布变电站 220 kV 线路，罗辛/瓦蒙德至利普斯变电站线路连接。电网接入部分包括利普斯至湖山铀矿 2 × 132 kV 出线回路、利普斯变电站 2 × 220/132 kV、40 MVA 变压器、2 × 132 kV 利普斯至湖山铀矿线路。厂外电源系统与湖山铀矿连接如图 2.2.7 所示。

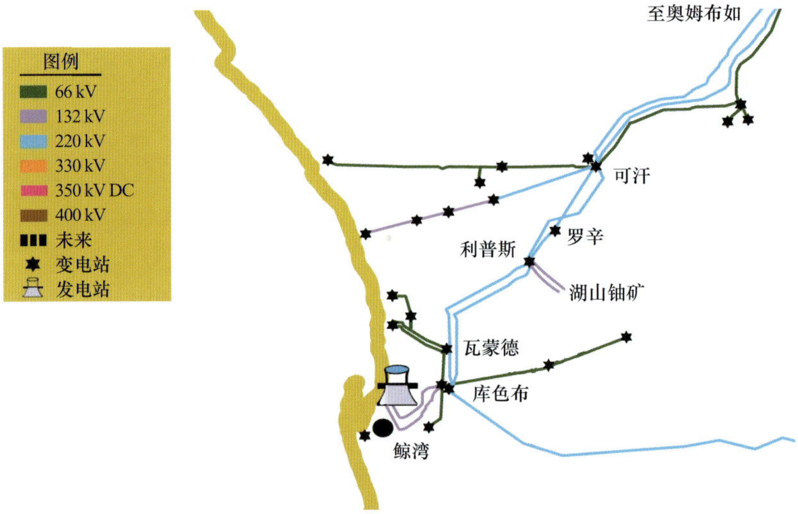

图 2.2.7　湖山铀矿厂外电源连接图

利普斯变电站于 2015 年 10 月 25 日送电，湖山铀矿正式获得供电协议承诺的用电容量。

（2）厂内电源系统

湖山铀矿作为一个拥有大型采矿用电设备及大型水冶用电设备的现代化矿山，由于采用了大量的电机设备、整流设备和变频设备，致使其功率因数偏低并伴有谐波污染。依据纳电的要求，将湖山铀矿的功率因数在工程初期内控制在 96%以上、长期控制在 98%～99%，并且加入滤波装置以控制变频整流设备所产生的谐波在电网侧可接受的范围内。功率因数补偿及滤波装置分为两部分，一部分连接于为水冶厂供电的 33 kV 母线上，用于水冶厂部分的功率因数补偿及滤波，一部分将安装于矿坑供电系统。

水冶厂部分功率因数补偿及滤波装置的设计主要基于适应纳米电力的峰谷分时电价，最优化的补偿装置数量及尺寸满足纳米电力的谐波限制要求。该装置由 1×1.5 MVAr 标准三次谐波滤波器、1×3.5 MVAr 二阶阻尼五次谐波滤波器、1×2.0 MVAr 标准七次谐波滤波器和 1×3.5 MVAr 标准十一次谐波滤波器组成，上述安排主要考虑到现场的球磨机和半自磨机产生的谐波。2×6 750 kW 的半自磨机采用 24 脉冲变频装置，而 2×4 250 kW 的球磨机采用 12 脉冲变频装置，这两个变频装置为水冶厂主要的谐波污染源。由于水冶厂采用的 33 kV 变压器一侧为角形接线，所以对于电网侧的主要谐波污染为奇次谐波，而对于 24 脉冲及 12 脉冲变频装置产生的奇次谐波主要是十一次以上的奇次谐波，该功率因数补偿及滤波装置主要滤除十一次及以上的奇次谐波。

功率因数补偿及滤波装置布置在 33 kV 主开关站的两侧，并与水冶厂的 33 kV 母线通过电缆相连，其控制装置布置在 33 kV 主开关站内，PFC（功率因数校正）主要设备见图 2.2.8。

该装置的投切基于湖山铀矿的 132 kV 负荷。滤波器的投入必须按顺序 3 次→5 次→7 次→11 次的顺序投入，反之亦然。控制器投切的延迟时间一般在 5～10 分钟之间。

该系统设计由承包商 REDWING 完成，并对后续工程完工的验收负责，而施工则由承包商 REACTIVE POWER 完成。相应设计与施工相分离的模式进行合同招标，设计承包商负责设计与最终验收，施工承包商负责设备采购及施工，对于承包商的要求低，适合小规模设施的建设，使得设计目标实现有保证，施工结果得到有效验收，业主最终接收合格工程。

湖山铀矿的电力系统保护配置要保证快速可靠并有选择性的切除湖山铀矿配电网络的电气故障，保证电气设备免于故障电流的破坏，尽可能避免电气设备过载，并且保证湖山铀矿电气保护与上游纳米比亚电力保护相配合。

湖山铀矿的保护设置经过 ETAP 软件模拟验证，以保证保护设置的合理性（见图 2.2.9）。经验证，湖山铀矿的电气保护可以发现几乎所有的电气故障，但在极端环境（沙尘天气）条件下的厂区架空线路的高阻接地故障不包含在内。同时，由于 33 kV 架空线上无通讯设备，33 kV 架空线路无法实现快速地清除电气故障，而且 33 kV 架空线路的相间及三相短路故障风险较高，为了避免由于 33 kV 架空线路短路故障进而引起低电压并造成全厂电动机跳闸，所有的 33 kV 架空线路的过流保护动作设置为高快速过流保护。

依据纳电的要求，电气故障应尽快在 33 kV 配电网络内清除，所以在主配电站至磨机配电站、主配电站至硫酸厂和主配电站至应急柴油机回路加装电缆差动保护。

此外，只有在两台 132/33 kV 变压器同时运行时，湖山铀矿的 33 kV 配电网络电气保护将具有最好的选择性，如果其中一台变压器退出运行，湖山铀矿的 33 kV 配电网络电气保护的选择性将变差。

综上所述，湖山铀矿的电气系统应尽量保持两台 132/33 kV 变压器同时在线运行，以提高电气系统的可靠性和电气保护的选择性。并尽可能减小 33 kV 架空线路的故障电流以保证不会在短路故障时造成全厂电压过低进而造成全厂电动机跳闸。保护设备还应进行定期检定。

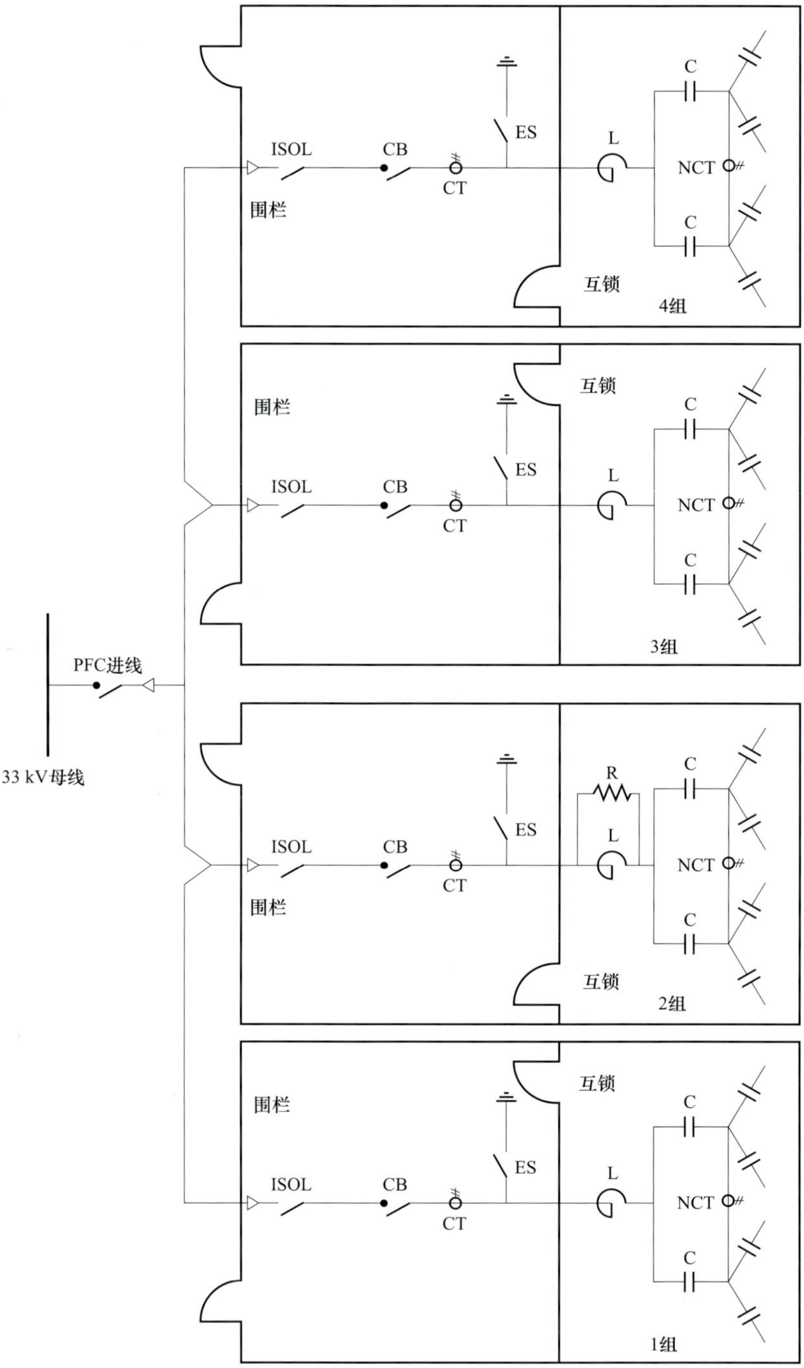

图 2.2.8　PFC 主要设备

保护整定合同供应商 TDx 直接介入开关设备设计和设备的出厂检验，以保证电气保护设备参数与短路计算结果相一致。同时，湖山铀矿电气保护整定还受上游纳电利普斯变电站建设影响，随着上游变电站的扩建，上游输入短路容量将显著提高，湖山铀矿变电站的保护整定计算需重新验证。

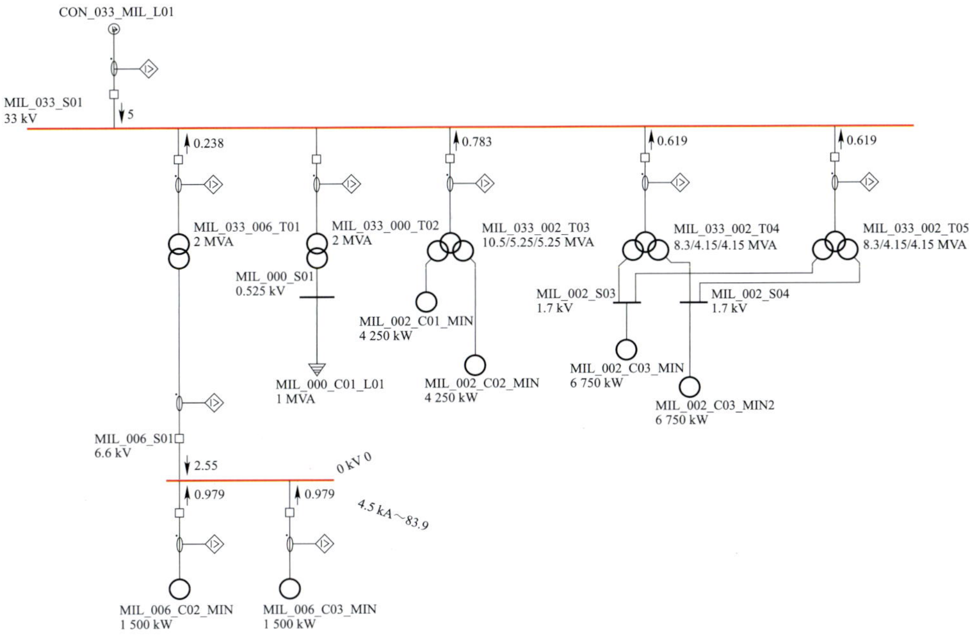

图 2.2.9 磨机配电站电气保护 ETAP 模拟图

2.3 工艺系统设计

2.3.1 破碎区（3010）

（1）破碎

矿石由运输卡车从矿堆或矿坑直接运往原矿仓（3010－BN－001），该原矿仓可容纳两辆卡车的矿量，可从两侧卸载，原矿仓直接把矿料供给旋回破碎机。矿石经旋回破碎机破碎后被送入矿仓（3010－BN－002），矿仓下面设置有铁板给料机（3010－FE－001）。矿石从矿仓经铁板给料机送入皮带传送至水冶厂的储矿堆：破碎站出料短皮带，为破碎区1 号皮带（3010－CV－001），长约 100 m；从破碎站到储矿堆长约 3 km 的 2 号皮带（3010－CV－002）；储矿堆顶部带布料小车的 3 号皮带（3010－CV－003）。生产时矿石由铁板给料机输送至 1 号皮带，经卸料斗转移至 2 号皮带，由 2 号皮带提升至储矿堆顶部，再通过带布料小车的 3 号皮带均匀排放至储矿堆。1 号皮带上装有带式磁铁（3010－MS－001）和金属探测器（3010－MD－001），以清除矿石中可能混入的金属。2 号皮带（3010－CV－002）上装有一个重量测量计（3010－WT－001）来测量粉碎矿石的吞吐量。

（2）储矿

粗矿石由带布料小车的 3 号皮带（3010－CV－003）和相关的倾卸皮带装置（3010－TP－003）送进。锥形贮料堆能存放两天的贮备矿石输送量，顶部完全覆盖以减少粉尘排放污染。

储矿堆回收系统由一列装有 12 台储矿堆回收给料机的列车组组成（3010－FE－002/003/…../012），其中 6 开 6 备。回收给料机将矿石输送到储矿堆卸料输送皮带（破碎区 4 号皮带，3010－CV－004），后者将物料输送至半自磨进料输送皮带（破碎区 5 号皮带，3010－CV－005）。半自磨进料输送皮带上装有 1 个重量测量计（3010－WT－002），用来测量供给到半自磨机矿石的输送量。

（3）除尘系统

粗矿破碎是主要的粉尘来源，特别是在卡车将矿石倾倒到原矿仓的过程中，通过安装多组喷雾器，在卡车倾倒矿石时进行润湿，减少粉尘带来的污染。该系统设计配有传感器和联锁装置，当卡车倾倒时，喷雾器会自动启动运行并最大限度地减少水消耗。防尘喷雾装置还安装在破碎区域中的所有矿石转移点，如皮带的卸料斗，以最大限度地减少粉尘的排放。抑尘水箱（3010－TK－001/004）设置在初级破碎机和贮料堆上，提供喷雾水以抑制粉尘。

在初级破碎机及储矿堆提供单独的管道除尘系统。抽吸罩位于破碎流程中主要粉尘生成位置，包括转移点、破碎排料和供料器，以保证符合空气质量标准。回收区域的收集管道连接到初级破碎洗涤器（3010－SR－1001）或回收除尘吸尘器（3010－SR－002），每个吸尘器具有文丘里入口、旋风分离器、干燥风扇和烟囱。初级破碎洗涤器流出物被泵送到初级破碎干燥橇（3010－XM－002），同时回收洗涤器流出物被泵送到半自磨进料斗（3020－HP－001）。洗涤过的空气通过洗涤器烟囱排放到大气中。

贮料堆回收排气扇 1 和 2（3010－FA－011/012）也安装在贮料隧道的末端，以确保贮料堆下方有足够的空气通风。

2.3.2 磨矿区（3020）

磨矿区域主要作用是将矿料细碎到需要的粒度，方便后续铀矿物的浸出，由 1 个在闭合回路中工作的半自磨机、2 个砾石破碎机和 1 个带筛网的闭路球磨机（SABC 线路）组成。

（1）磨矿回路

储矿堆中的矿石直接输送到半自磨机进料斗（3020－HP－001），在进料斗中添加工艺水以达到目标磨矿固体密度 75%w/w。矿石由半自磨机（3020－ML－1001）处理后，磨碎的浆料通过一个 12.5 mm 孔径的半自磨滚筒筛（3020－SC－001）分离，并用工艺水（来自浸出进料浓密机溢流）洗涤，输送到磨机出料斗（3030－HP－03）。未通过筛子的矿料被传送到砾石破碎机进料仓（3020－BN－001）。砾石破碎机进料输送皮带（磨矿区 1 号皮带，3020－CV－001）配有带式除铁器（3020－MS－001）和金属探测器（3020－MD－101）。砾石破碎机进料仓的矿料被排放到两个振动砾石破碎机供给机（3020－FE－001 和 3020－FE－004），每一个供给机都能把矿料输送到一个单独的砾石破碎机（3020－CR－001/002）。砾石破碎机将破碎好的矿料排放到输送机带（3020－CV－002）上，皮带上配有称重仪（3020－WT－001），以测量砾石回收量，输送皮带将物料再次输送到半自磨进料输送皮带（3010－CV－005）上。

过半自磨滚筒筛的物料和球磨机的产品被输送到磨机出料斗（3030－HP－03）。在出料斗中加入磨矿工艺水稀释浆料，稀释浆液被泵送到细筛分配箱（3020－DB－001），该分配箱将浆液分配到任何一个或全部的四个细筛（3020－SC－003/004/005/006）中。通过球磨进料输送机带（3020－CV－003）将未通过细筛的矿料输送到球磨机进料料斗（3020－HP－002）中。在球磨机进料料斗中加入磨矿工艺水，使其达到75%w/w 固体排放的目标。过筛的浆料被送至浸出给料浓密机给料箱（3030－BX－001）中。设计的浸出料粉碎尺寸为 80%通过 343 μm 的筛子。

（2）加球回路

球仓的底端设有供给器，供给器对排出钢球的数量进行计数。供给速率也可以通过变速电机（VSD）来增加或减少加入到磨机中的钢球数量。供给器将钢球排放到柔性输送装置上，由输送装置自动将钢球送入球磨机或半自磨机进料溜槽中。

如果钢球添加系统脱机，可通过电磁铁和提升机装载钢球到吊桶中，吊桶由塔式起重机吊起并排放到相应的磨矿进料溜槽中。

2.3.3 浸出区（3030）

浸出区用来将矿石中的铀浸出，设备主要包括用于提高浆液密度的进料准备区域和用于铀溶解的一连串浸出反应器。浸出反应在常温常压下进行，使用 Fe^{3+}作为氧化剂，酸（氢离子）对铀溶解不是最主要的反应，而是在 Fe^{3+}的还原和氧化反应中，Fe^{2+}被 MnO_2（软锰矿）氧化成 Fe^{3+}，氢离子用以保持产生 Fe^{3+}的阳离子浓度。

$$2Fe^{2+}+MnO_2+4H^{+}\rightarrow 2Fe^{3+}+Mn^{2+}+2H_2O$$

通过首先将 UO_2 氧化成六价（U^{6+}或 $UO_2{}^{2+}$），沥青铀矿（UO_2）从固相浸出成可溶的硫酸盐状态。

$$UO_2+2Fe^{3+}\rightarrow UO_2^{2+}+2\,Fe^{2+}$$

铀以六价形式进入溶液并与硫酸根离子形成稳定的阴离子络合物。

$$UO_2{}^{2+}+3\,(SO_4)^{2-}\rightarrow [UO_2(SO_4)_3]^{4-}$$

（1）中性浓密区

来自 3020 区域振动筛的筛下料浆进入浸出浓密进料箱（3030－BX－001），并被转移到中性浓密机（3030－TH－001）中。加入絮凝剂使矿浆沉降，浓密机底流以 58%w/w 固体量被泵送到浸出进料槽（3030－TK－002）。

浓密机溢流水被排放到磨矿工艺水槽（3030－TK－003）中，该水槽连接到磨矿区，用于磨矿和过筛使用水。磨矿工艺用水的补充同时也有来自于 2020 区（尾矿坝）回收的水。

（2）浸出槽

从浸出进料槽（3030－TK－002）开始，矿浆被泵送到串联配置的十台浸出槽（3030－TK－004 至 013）中，矿浆在浸出槽中停留十二小时。每个浸出槽都连接一个旁路管道和阀门，如果某个浸出槽脱机，可以关闭阀门进行维修，不影响其他浸出槽工作。

来自溶剂萃取区（3060）的萃余液选择性绕过浸出槽 2 加到浸出槽 1 中。所有的浸出槽都可以加入浓硫酸，以保证目标残留游离酸为 3 g/L。向浸出槽中加入软锰矿作为氧化剂，以确保 Fe^{3+}: Fe^{2+}保持在 1.2 以上。在磨矿过程中消耗的铁和从矿石中浸出的铁可以维持浸出液中 Fe^{3+}＞2.0 g/L，如果浆料中的铁不足，则可在第一和第二浸出槽中加入硫酸亚铁。

从浸出槽 10 溢出的浸出矿浆被输送到浸出排料槽（3030－TK－001/002）中。

所有浸出罐中均安装了一套除砂多头管系统，允许按需重新分配固体，该系统由五个除砂多头管管泵（3030－PP－110/111/112/113/114）组成，由手动阀连接到每个浸出罐的底部。

2.3.4 浓密区（3040）

矿浆从浸出排料槽排出后，被依次泵送到七个逆流洗涤浓密机（CCD）中第一个。其中 CCD 1 洗涤浓密机溢流液体被称为母液（PLS），PLS 液体由重力作用输送到 CCD 1 溢流槽（3040－TK－102）中，溢流槽供给 PLS 澄清浓密机（3040－CL－801）。

在 CCD 1 底流 58%w/w 固体的矿浆中含有浸出溶液，矿浆被稀释和重新分配，以最大限度地回收溶解铀，以上通过七级逆流洗涤浓密机循环实现，所有 CCD 洗涤浓密机都是通过内部稀释来完成高速率浓缩。

矿浆按顺序从 CCD 1 向下移动到 CCD 7，离子交换（3050 区）的贫液加入 CCD 7，澄清的溢流将在 CCD 中的逆流移动、洗涤。

洗涤的残渣（CCD 7 底流）通过尾料区（3090）被转移到尾矿坝（2020）。

（1）逆流洗涤流程

矿浆从浸出排料槽（3030－TK－001）泵送至 CCD 1 进料槽（3040－TK－001），经絮凝后与 CCD 2 溢流液体混合，并同 PLS 澄清池底流一起被输送到 CCD 1 洗涤浓密机（3040－TH－101）中，CCD 1 洗涤浓密机中溢流液体流入到 CCD 1 溢流槽中，并进入 PLS 澄清池。

CCD 1 下溢矿浆（58%w/w 固体）被泵送到 CCD 2 进料槽（3040－TK－201），在与 CCD 3 溢出液混合，絮凝并将通过重力作用流入 CCD 2 洗涤浓密机（3040－TH－201）中，在 CCD 2 溢流槽（3040－TK－202）中，收集 CCD 2 洗涤浓密机中溢流液并输送到 CCD 1 进料槽。CCD 2 下溢低浓度矿浆被泵送到 CCD 3 进料槽（3040－TK－301）。

以此类推，CCD 6 下溢浆料被泵送到 CCD 7 进料槽（3040－TK－701），并与来自 3050 区的贫液混合，经絮凝后输送到 CCD 7 洗涤浓密机（3040－TH－701）中。CCD 7 溢流液体被收集在 CCD 7 溢流槽（3040－TK－702）中，并输送给 CCD 6 进料槽。CCD 7 底流浆液被泵送到 3090 区的尾料罐（3090－TK－001/002）。

（2）PLS（母液）的净化和贮存

CCD 1 溢流液体被浓缩并絮凝后，供给 PLS 澄清浓密机（3040－CL－801）中，通过澄清后，最大限度地减少溶液中固体的含量，然后将澄清液排放到下游的 PLS 池（母液池）中，最终排入 3050 区（离子交换）。

澄清浓密机中底流被泵回 CCD 1 进料槽。澄清浓密机中溢流液体的悬浮物固体总量＜100 mg/L，然后泵送到 PLS 池中。

母液从 PLS 池（3040－XM－806）泵送到离子交换（IX）进料槽（3040－TK－810）后，或者被三组泵泵送到 IX 吸附柱，或者溢流返回到 PLS 池。

2.3.5 离子交换区（3050）

离子交换与溶剂萃取是浓缩纯化铀离子的过程，合称淋萃流程，见图 2.3.1。离子交换区域包括 9 对离子交换塔。每 1 对塔包含 1 个将铀离子从液相吸附到固相的吸附塔和 1 个将铀离子从固相解吸到液相的淋洗塔。从淋洗塔解吸出来的解吸液就是部分纯化的液体。

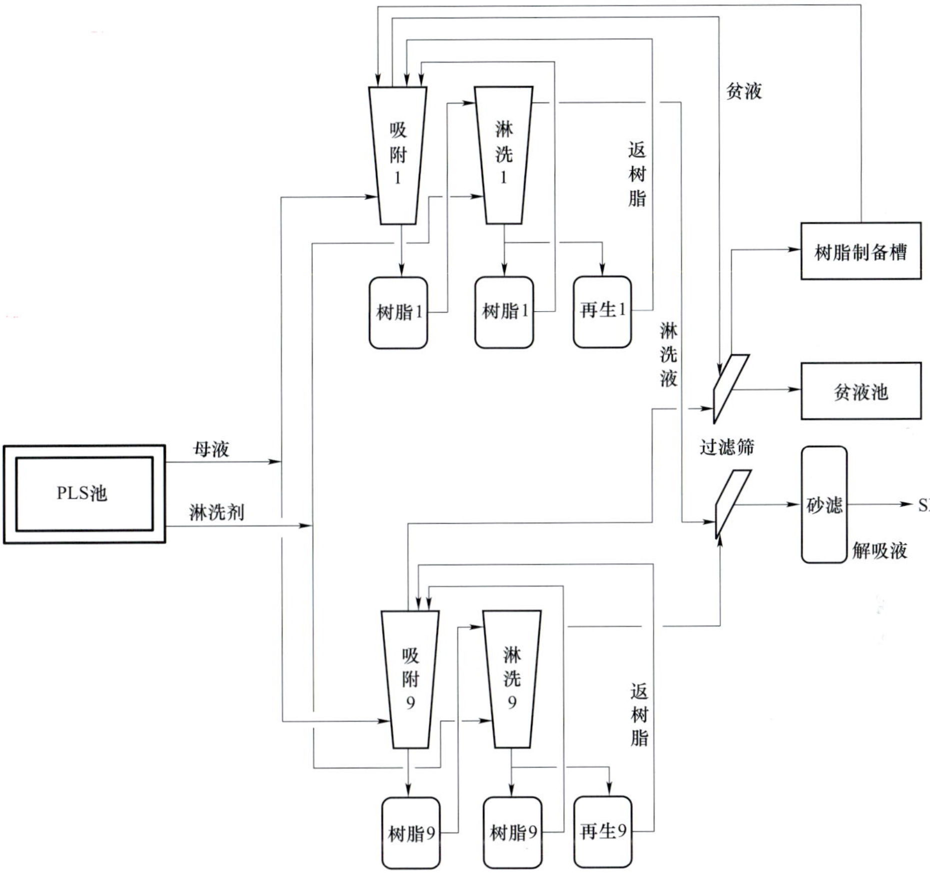

图 2.3.1　离子交换系统示意图

转移槽是用来洗涤、再生、转移树脂的容器。每 1 对塔包含 4 个转移槽：1 个槽是用于洗涤和转移负载树脂、1 个槽是用于洗涤和转移解吸树脂、2 个槽是并列用于再生解吸树脂。

在 4 个槽的下方设有公共泄水集管，每一种液体都有单独的泄水支管。9 对离子交换塔排放的每种液体汇入各自的公共泄水集管，通过集管尽头的泵输入下游。

槽罐区用于服务吸附、解吸、再生各个阶段。

下面以第 1 对离子交换塔为例，描述工艺设计。

（1）吸附工序

吸附工序采用 NIMCIX 吸附塔。吸附塔（3050－CM－101）由 12 级 1.25 m 高的隔层组成，隔层为多孔板。在最底层多孔板上装有 U 形托盘，目的是在停车时将树脂依然保持在有效反应区。在稳定状态下，每一层板装上树脂。284 mg/L U_3O_8 母液从塔底泵上，以一定速度将树脂流态化。随着母液上移，铀离子逐渐被吸附到树脂中。

在最上一级吸附层的上面安装喇叭状圆锥口，以降低液体流速，实现固液完全分离。3.54 mg/L 的 U_3O_8 贫液从吸附塔顶部排出，通过重力泄下到贫液筛（3050－SC－002/003/004/005）上。贫液筛将液体里残留的树脂过滤掉，使干净液体排到贫液返回槽（3050－TK－003）。被贫液筛滤下的树脂被转移到树脂补充槽（3050－TK－001）。从贫液返回槽溢流的贫液排向贫液池（3050－PD－001）。贫液分别进入磨矿工艺水槽和 CCD 7 进料槽。如有需要，贫液也可以返回到尾矿槽。贫液池的水量可以通过原水补充。

当吸附塔停止进料时，此时树脂下沉。一定体积的湿树脂会从塔底排到转移槽（3050－PV－101），这使得相同体积的树脂从上而下依次转移，实现固液逆流。母液快速将塔底残留的树脂冲回塔上部。在负载树脂的转移中，一定体积的解吸树脂从解吸树脂转移槽（3050－PV－102）或树脂再生转移槽（3050－PV－103/104）转移到吸附塔顶端进料口。在经过一定体积的负载树脂排放、解吸树脂或再生树脂补充后，母液流动重新开始。

负载树脂转移槽的容积等于塔内一个层床的湿树脂体积（WSR）。在树脂排放和塔底清洗中，进入转移槽的多余液体自动排放到了母液返回槽（3050－SC－101），这些溶液被泵入母液池。当转移槽装有一个层床容量的湿树脂时（27.1 g/L U_3O_8），有如下几个步骤将残留的母液并将树脂转入解吸塔：

① 母液清除：通过压缩空气将母液置换到母液返回槽。

② 淋洗剂淋洗：淋洗剂被加入转移槽清洗树脂，多余的淋洗剂转入溶剂萃取萃余液排放槽（3060－TK－017）。

③ 树脂浸泡：负载树脂在淋洗剂中浸泡一段时间，将 Fe^{3+}从树脂中初步解吸。

④ 淋洗剂清除：使用压缩空气将淋洗剂清除，排入溶剂萃取萃余液排放槽。

⑤ 解吸液清洗：用解吸液替代压缩空气，将转移槽内的树脂流态化。

⑥ 树脂转移：用解吸液作为流动载体，将树脂从转移槽冲刷到淋洗塔的顶端。

⑦ 转移槽清空：残留的解吸液排放到解吸液槽（3050－TK－021）。

树脂补充槽有两个作用，分别是回收流出的树脂和添加新鲜树脂。在其顶端装有贫液筛和解吸废液筛，用于回收树脂。新鲜树脂通过电动葫芦投放到树脂补充槽内，并与贫液混合。树脂溶液通过位于树脂补充槽底部的喷射器到达任意吸附塔，喷射器的喷射载体也是贫液。

（2）淋洗工序

负载树脂通过与 100 g/L、40 ℃ H_2SO_4 逆流淋洗，被解吸至铀容量浓度为 1.8 g/L WSR。淋洗剂由溶剂萃取萃余液、浓硫酸混合而成，通过热水加热。

采用 NIMCIX 塔作为淋洗塔。设计和操作与吸附塔类似，除了最底层板为泡罩板。塔里装填负载树脂，淋洗剂自下而上泵入塔，通过一定流速将树脂流态化，铀离子随着淋洗剂的流动逐渐从树脂转移到液相。

在最上一级吸附层的上面安装喇叭状圆锥口，以降低液体流速，实现固液完全分离。4.3 g/L U_3O_8 解吸液从淋洗塔顶部排出，通过重力泄下到解吸液筛（3050－SC－002/003/004/005）上。解吸筛将液体里残留的树脂过滤掉，使干净液体排到解吸液槽（3050－TK－021）。一部分解吸液泵送至砂滤器（3060－VP－001），剩余部分返回到树脂转移槽作为流动介质。

当淋洗塔停止进料时，树脂下沉。一定体积的湿树脂会从塔底排到转移槽（3050－PV－102），这使得相同体积的树脂从上而下依次转移，实现固液逆流。淋洗剂快速将塔底残留的树脂冲回塔上部。在解吸树脂的转移中，一定体积的负载树脂从负载树脂转移槽（3050－PV－101）转移到淋洗塔顶端进料口。在经过一定体积的解吸树脂排放、负载树脂补充后，重新开始淋洗。

贫树脂转移槽的容积等于塔内一个层床的湿树脂体积（WSR）。在树脂排放和塔底清洗中，进入转移槽的多余液体自动排放到了淋洗剂槽（3050－SC－102）。当转移槽装有一个层床容量的湿树脂时（1.8 g/L U_3O_8），有如下几个步骤将残留的酸性淋洗剂和树脂转入吸附塔：

① 淋洗剂清除：通过压缩空气将淋洗剂置换到淋洗剂槽。

② 贫液清洗：使用贫液将空气置换，并将树脂流态化。

③ 树脂转移：使用贫液将树脂转移至吸附塔。

④ 转移槽清空：残留的贫液排放到贫液返回槽（3050－TK－003）。

（3）再生工序

硅被吸附到树脂上，但不会被充分解吸下来，使用强碱除硅减小树脂的污染。每 10 个循环中有 1 次树脂再生，待再生树脂从解吸塔排入任意一个再生树脂槽中（3050－PV－103/104）。

再生树脂转移槽的容积等于塔内一个层床的湿树脂体积（WSR）。在树脂排放和塔底清洗中，进入转移槽的多余液体自动排放到了淋洗剂槽（3050－SC－102）。当转移槽装有一个层床容量的湿树脂时，有如下几个步骤将残留的酸性淋洗剂和已再生的树脂转入吸附塔：

① 淋洗剂清除：通过压缩空气将淋洗剂置换到淋洗剂槽。

② 初步洗涤：使用原水清除残留的淋洗剂至淋洗剂槽。

③ 初步洗涤清干：使用压缩空气将残留的原水替代。

④ 碱洗：使用碱洗槽的 5 g/L NaOH 将残留的酸中和并逐步将树脂羟化（碱浓度高会引起渗压震扰）。废液被排放到再生废液槽（3050－TK－033）。

⑤ 再生：使用 50 g/L NaOH 强碱将树脂再生。前面 1.5 倍层床体积的废液排入再生废液槽，后面 10.5 倍层床体积的强碱液排入再生剂槽（3050－TK－031）。

⑥ 再生剂清除：使用压缩空气将残留的强碱溶液置换到再生剂槽中。

⑦ 再生后清洗：使用原水将残留的再生剂转移至碱洗液槽（3050－TK－030）。

⑧ 再生后清干：使用压缩空气将残留的原水置换至碱洗液中。

⑨ 酸洗：使用酸洗槽（3050－TK－032）的 10 g/L H_2SO_4 将残留的碱中和，并初步将树脂硫化。酸洗废液排放至再生废液槽中。

⑩ 酸洗后清除：使用压缩空气将残留的弱酸置换到再生废液槽中。

⑪ 硫化：使用硫酸储存槽的 50 g/L H_2SO_4 将树脂充分硫化。废酸液返回至酸洗槽。

⑫ 硫化清洗：使用压缩空气将残留的强酸置换到酸洗槽。

⑬ 贫液清洗：使用贫液将残留的空气置换，并将树脂流态化。

⑭ 树脂转移：使用贫液将树脂传输到吸附塔顶端。

⑮ 转移槽清空：残留的贫液排放到贫液槽。

2.3.6 溶剂萃取区（3060）

溶剂萃取工序接受部分浓度的解吸液，并进一步将其纯化、浓缩，生产负载铀离子 OK 液（合格液），见图 2.3.2。

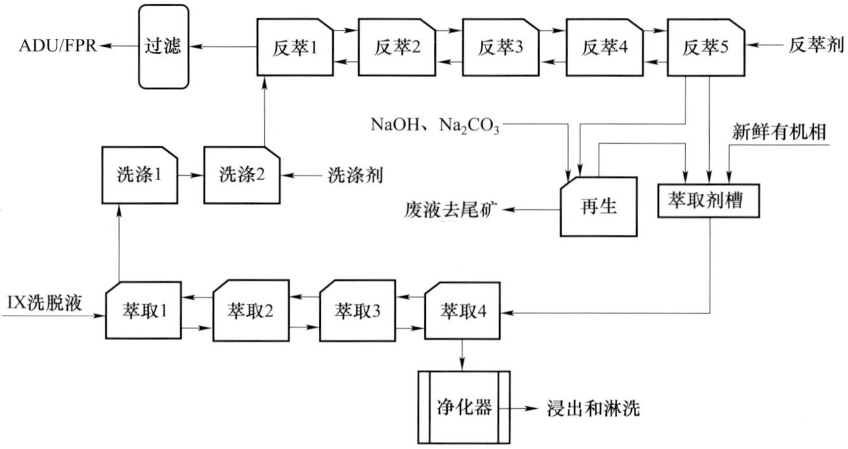

图 2.3.2　萃取工艺流程框图

溶剂萃取工序包括解吸液过滤、2 列并列的混合澄清器、OK 液过滤、淤泥处理工序。萃取剂为 5%v/v 阿拉明 336、2.5%v/v 异葵醇、壳牌 D70 煤油的混合物。

（1） 解吸液过滤

从离子交换区输送来的解吸液通过砂滤器（3060－VP－001）去除悬浮颗粒。砂滤器定期用原水反洗，反洗废液进入反洗液池，并从这里泵入 CCD 7 的进料槽，以回收溶解铀。

过滤后的解吸液进入溶剂萃取进料槽（3060－TK－001），该槽提供 3 h 的缓冲能力。解吸液被分成 2 股，分别进入 2 列混合澄清器。在进入之前，先经过热水加热。

（2） 混合澄清器

每列混合澄清器包含 4 个萃取、2 个洗涤、5 个反萃、1 个再生阶段。洗涤、反萃阶段是有机相连续，油/水比是 1～1.2。第 1 个萃取阶段是水相连续、剩余萃取阶段是有机相连续。再生阶段是水相连续。所有混合澄清器放置在高出地面的平台上，以实现重力排放。

混合槽呈圆柱形，加盖，底部包含水相、有机相进口室。混合槽包含搅拌器和叶轮，起搅拌、泵送作用。油水混合物通过廊道排放至澄清器，在其内流经转向叶片，实现液体均匀散布。有机相和水相由于不混溶性和比重差别而分离。各相分别收集至单独的廊道中。通过溢流堰将有机相和水相分别排出。

将泡沫消防系统安装到所有含有机相的容器中。

以序列 1 为例，以下描述溶剂萃取的工艺设计。

（3） 萃取

过滤的解吸液泵送至萃取混合澄清器 1（见图 2.3.2 中的萃取 1）（3060－TK－101），在其中与有机相对流，实现铀离子从水相向有机相的转移，化学过程为：

$$\left[(R_3NH^+)_2SO_4^{2-}\right]_{org} + UO_2(SO_4)_2^{2-} \rightarrow \left[(R_3NH^+)_2UO_2(SO_4)_2^{2-}\right]_{org} + SO_4^{2-}$$

水相从萃取 1 依次流至萃取 4 直至排入萃余液槽（3060－TK－122），此时水相铀离子浓度减小，并从萃余液槽排放至 Jameson 净化器（3060－VP－003），以移除夹带的有机相。

有机相与水相形成对流。反萃后的有机相从有机相槽（3060－TK－121）泵送至萃取混合澄清器 4（见图 2.3.2 中的萃取 4）。负载有机相依次从萃取 4 流入萃取 1 直至洗涤混合澄清器 1（3060－TK－105，见图 2.3.2 中的洗涤 1），在此过程铀离子不断浓缩。

（4）洗涤

从萃取 E1 排出的富铀有机相进入洗涤混合澄清器（3060－TK－105），与洗涤溶液对流。洗涤溶液将有机相夹带的母液、其他吸附的杂质洗出，特别是重硫酸盐、氯离子、铁离子。富铀有机相从 Sc1 流至 Sc2（3060－TK－106），经洗涤的富铀有机相从 Sc2 流至反萃取混合澄清器 S1（3060－TK－108）。

洗涤溶液既可以由 10%硫酸与去离子水组成，又可以是稀释的碱液，前者是主要的洗涤方式。这样的设计实现两列洗涤既可用不同的洗涤液又可用相同洗涤液，只是 Sc1 只能使用去离子水或者碱液，不能使用酸液。混合器（3060－MX－101/102）用于混合碱液和水或者酸液和水。洗涤液是在线配置的，配置点在洗涤液槽（3060－TK－125）的出口管上。可以分别向各个混合澄清器加入洗涤液或者只给 Sc2 加入洗涤液然后将洗涤废液从 Sc2 排到 Sc1。

从洗涤工序排出的废液既可以进入废液收集槽（3060－TK－012）并从这里间歇地排到溶剂萃取进料槽（3060－TK－001）或者直接进入萃余液槽。

（5）反萃

经洗涤的有机相从洗涤工序进入反萃混合澄清器 S1，在其中与反萃剂对流，将铀离子从有机相转移到水相，化学反应如下：

$$\left[(R_3NH^+)_4UO_2(SO_4)_3^{4-}\right]_{org} + 4NH_4OH \rightarrow (4R_3N)_{org} + (NH_4)_2SO_4 + (NH_4)_2\left[UO_2(SO_4)_2\right] + 4H_2O$$

每个反萃混合澄清器的 pH 通过 NH_4OH 持续调节，除了 S5 用 ADU（重铀酸氨）贫液调节。通常 S1＝3.5 pH、S2＝3.8 pH、S3＝4.2 pH、S4＝5 pH、S5 与 S4 相同且通常是确保最终相分离。使用 pH 计测量 pH。

部分反萃有机相从 S1 进入 S2（3060－TK－109）并最终进入 S5（3060－TK－112）。S5 反萃后的有机相进入反萃有机相槽（3060－TK－121）或者进入再生混合澄清器（3060－TK－107）。

反萃溶液是 ADU 贫液。水相与有机相对流，从 S5 依次进入 S1 最终进入 OK 液（合格液）槽（3060－TK－130）。从 OK 液槽，液体泵入碳滤器（3060－VP－004）以进一步吸附和移除夹带的有机相。从碳滤器出来的 OK 液进入换热器（3060－TK－003）加热。换热器是水作为加热介质。

OK 液有用组分是硫酸铀酰胺，浓度是 5.75 g/L U_3O_8。

（6）再生

为保证有机相里面的杂质被充分移除，10%流量的 S5 反萃后的有机相被抽出来与稀释的碳酸钠溶液在再生混合澄清器（3060－TK－107）对流。使用 NaOH 调节 pH，使用 pH 计测量 pH。

再生废液排入再生废液槽（3060－TK－126），从这里间歇性地泵入尾矿槽。经再生的有机相返回再生有机相槽（3060－TK－121）并从这里循环使用。

（7）淤泥处理回路

2 列溶剂萃取工序公用一套淤泥处理设施。使用手动抽吸泵从萃取、洗涤、反萃收集淤泥并转移到淤泥澄清槽（3060－TK－011），地坑泵也泵入该槽。通过静止分层，水相、有机相可以从淤泥澄清槽中回收，分别进入水相回收槽（3060－TK－012）、有机相回收槽

（3060－TK－015）或者淤泥处理槽（3060－TK－013）。在淤泥澄清槽上有取样口，可以用它来检查油水分层并泵出。

淤泥是间歇性地泵入淤泥处理槽。在槽内，淤泥与稀释剂或者稀硫酸混合以消除乳液形成。处理后的淤泥泵入淤泥离心机（3060－CF－001）以分出 3 相：水相、有机相、固相。水相若符合条件可以泵回水相回收槽（3060－TK－012）并从此进入溶剂萃取进料槽；如果条件不适合则返回淤泥处理槽继续处理。有机相如果条件符合可以泵回有机相回收槽（3060－TK－015），如果条件不符合则返回淤泥处理槽继续处理。淤泥固体颗粒通过料车移至尾矿坝。

（8）消防设施

溶剂萃取区分为：第一序列、第二序列、淤泥处理区。每一个区都与其他区相距至少 30 m，或与水冶厂其他区相距至少 15 m。任意区一旦发生火灾，距离可以保证火灾不从一个区蔓延到另一个区。在设备被烧损的情况下，确保生产损失量不超过 50%，受损的设施同步修复。

一旦任意混合澄清器和相关槽罐发生火灾，其内的有机相将自动排放到 SX 废液池（3060－PD－001），在此之前均通过捕火器。这样的设计是为了迅速减少火灾需要的燃料，将着火时间、财产损失、试剂损失减到最小。

相关设备配置有泡沫灭火喷头，但值得注意的是需确保其中的物料先排走再激活泡沫系统，这样是为了防止有机物的沸溅。

（9）有机相除杂

离开溶剂萃取的水相如果夹带有机相，将增加火灾风险、扰动工艺、损害设备。为确保离开溶剂萃取的水相中不夹带有机相，使用净化器（3060－VP－003）移除萃取和洗涤废液中的有机物，使用碳滤器（3060－VP－004）移除反萃液里面的有机物。

被净化器移除的有机相通过重力进入淤泥澄清槽，饱和的碳滤介质则通过车辆运送到尾矿坝。

萃取和洗涤的废液经过净化器后被分成两股流体，其中一股流体进入萃余液槽（3060－TK－016）并进入淋洗剂制备槽，另一股流体进入 SX 泄流槽（3060－TK－017）并进入浸出槽 1。从碳滤器排出的 OK 液进入沉淀工序。

2.3.7 沉淀煅烧包装区（3080）

（1）沉淀、离心、洗涤

处理流程如图 2.3.3 所示，向 OK 液加氨气使铀离子沉淀，沉淀出来的铀以重铀酸铵（ADU）形式存在。化学反应式如下：

$$NH_3 + H_2O \rightarrow NH_4OH$$

$$2(NH_4)_2UO_2(SO_4)_2 + 6NH_4OH \rightarrow (NH_4)_2U_2O_7 + 4(NH_4)_2SO_4 + 3H_2O$$

ADU 沉淀过程产生硫酸铵贫液，硫酸铵贫液一部分返回至溶剂萃取区作反萃剂，一部分进入尾矿槽。贫液也作 ADU 贫液过滤器（3080－VP－011）的反洗剂。

ADU 通过沉淀、洗涤、煅烧，包装在 205 L 桶中，最终通过集装箱运出。

ADU 沉淀序列包括 4 个机械搅拌沉淀槽（3080－TK－020/021/022/023），氨气伴随着空气被注入每一个沉淀槽，沉淀槽的 pH 由氨气控制。沉淀槽 1 溢流到沉淀槽 2，并依次溢流到沉淀槽 4（3080－TK－023）。沉淀浆体从沉淀槽 4 排入 ADU 浓密机（3080－TH－002）。

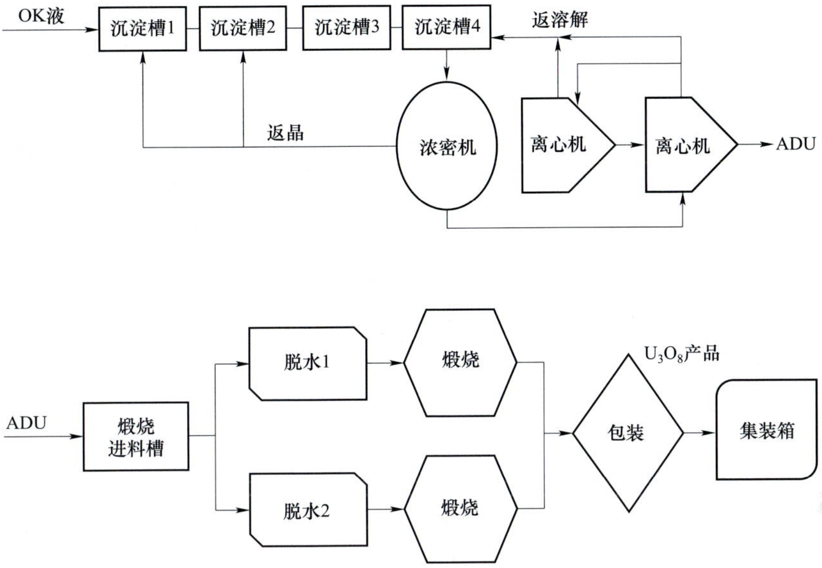

图 2.3.3 沉淀煅烧流程框图

每个沉淀槽都连接了 ADU 排浆泵（3080－PP－100）以排空沉淀槽并回收物料。

浓度为 25%w/w 的浓密机底流浆体一部分被泵送到 ADU 初级离心机进料槽（3080－TK－028），一部分通过 ADU 反晶泵（3080－PP－022/021）被返回到 ADU 沉淀槽 1，以提高结晶表面积。

ADU 浓密机上清液溢流到 ADU 溢流槽（3080－TK－025），并从此槽泵送至 ADU 贫液过滤器（3080－VP－011），以清除残留固体。过滤后的 ADU 贫液储存在 ADU 贫液槽（3080－TK－035），从此泵入到溶剂萃取区用作反萃剂，多余的贫液泵入尾矿槽以排除过多的硫酸铵。从过滤器回收的固体通过 ADU 固体回收槽（3080－TK－036）被排入 ADU 沉淀槽 1。

洗涤工序包括串联的两组对流离心机，以除去 ADU 浆体里残留的杂质，确保最终产品质量合格。

在 ADU 初级离心进料槽中，ADU 浆体与 ADU 次级离心废液混合。混合液泵入 ADU 初级离心机（3080－CF－001），滤清液返回到 ADU 沉淀槽 4，以回收其中的溶解铀，固体转入再制浆槽（3080－TK－031）。在再制浆槽中，固体与新鲜去离子水混合，获得适合的溶液密度，从此泵入 ADU 次级离心机（3080－CF－002）。次级离心机滤清液转入初级离心机进料槽，次级离心机固体转入 ADU 煅烧车间进料槽（3080－TK－037）。初级离心机的固体也可以直接进入 ADU 煅烧车间进料槽。初级、次级离心机都连接了旁路管线。

（2）煅烧、尾气排放

ADU 干燥、煅烧、包装是由澳大利亚阿德莱德供应商统一完成，它包括两组并列生产线，以一组为例描述其工艺设计如下。

干燥第一步是由离心机完成。ADU 浆体（30%w/w）从 ADU 洗涤工序排入“黄饼”

进料槽，从此进入干燥离心机。离心机的滤清液被排入溶剂萃取萃余液槽（3060－TK－016）以被回收，生产的固体（75%w/w）通过螺旋运输机水平进入煅烧炉，煅烧至水分低于 2% 的最终产品 U_3O_8，其中煅烧温度为 700～850 ℃。煅烧化学反应式如下：

$$9(NH_4)_2U_2O_7 \xrightarrow{700\sim850\ ℃} 6U_3O_8 + 14NH_3 + 15H_2O + 2N_2$$

U_3O_8 粉末被输送到产品料斗中，其可以提供 5 天的储存时间。粉末通过封闭的管式输送器输送，并配有排空和冷却装置。最终产品 U_3O_8 粉末被包装在 210 L 的桶子，包装过程是全自动的，设计每天包装 8～12 h，每周 5 天。空桶被传送带送至指定位置装桶，装满后被送至下游工序进行密封、洗涤、干燥、贴标，被叉车装进集中区存放，最终装进集装箱运走。

煅烧尾气含有氨气、氮气、二氧化硫、二氧化碳。这些尾气中的有毒成分被稀硫酸洗脱，经洗涤的尾气排入大气。

在包装区域设有吸尘点，粉尘被吸入袋滤室。

对应每一组煅烧线分别设置一组尾气洗涤装置。为了防止辐射性的粉尘和毒气泄露，洗涤装置回收从煅烧和包装区域逸出的 U_3O_8 粉尘、氨气、其他气体。洗涤装置包括一台文丘里洗涤器、填料塔、除雾器、干燥风扇、烟囱。洗涤废液进入废液槽，其中有挡板以助于细粒沉降。洗涤废液返回 ADU 沉淀槽 1 或者 2，干净尾气通过烟囱排入大气。

2.3.8 厂内尾矿区（3090）

来自 3040 区（固体/液体分离）CCD 7 的尾矿、3060 区（溶剂萃取）的 SX 的再生废水、3080 区（ADU 沉淀）的 ADU 沉淀的贫液和 3050 区（离子交换）的 IX 废水都通过尾料分离箱（3090－BX－1001）转移到尾矿槽（3090－TK－001/002）中。

分离箱可以设置为输送到罐 1 或罐 2，水箱与均衡器管道相连。如果尾矿被排放到罐 1 中，浆料从平衡管移到罐 2，然后被尾矿泵 11（3090－PP－011）泵送到尾矿增压料斗 2020 区中。如果浆液排放到罐 2 中，浆料从尾矿罐 1 泵送（3090－PP－001）到尾矿增压罐。作为一种选择，两个罐系统可以彼此独立操作，即如果浆料排放到罐 1 中，将利用泵 1 从罐 1 排出。

在需要时，在尾矿管道冲洗槽（3090－TK－003）装满尾矿上清水和工艺用水，用于在停工/停工前冲洗两条尾矿管线。该系统还有另一种冲洗方法，其中冲洗水将被泵入泥浆排出的槽中。正在使用的泥浆泵，无论是 3090－PP－001 还是 3090－PP－002，都可用于冲洗管道。

尾矿区有一个专用的轴封箱，根据尾矿泵要求提供压盖密封水。

2.3.9 尾矿坝（2020）

来自 3090 区（尾矿排放）的尾矿浆料输送到尾矿坝（TSF），尾矿坝（2020－XM－002）底部衬砌以防止有害物质渗入地下。

尾矿通过尾矿增强器分流箱（2020－BX－001）转移到尾矿增压料斗（2020－HP－001）中。尾矿增压料斗被分成两个隔间。隔间彼此独立运作。如果浆液排放到隔间 1，则尾矿增压泵 1（2020－PP－003）将浆料泵送至尾矿坝。如果浆液排放到隔间 2，则尾矿增压泵

2（2020 – PP – 013）将浆液泵送到尾矿坝。

尾矿坝（2020 – XM – 002）有一个含两个上清水泵（2020 – PP – 050/051）的上清水塔，用于上清水收集。尾矿坝的渗流流进 4 个不同的渗灌泵。第一个（2020 – SP – 002）将尾料泵入第二（2020 – SP – 003）中，然后泵入第三个泵（2020SP – 04）中。第三和第四个泵（2020 – SP – 005）将尾料泵入渗水池。尾矿渗水池（2020XM – 001）中的尾料通过尾矿渗露泵泵送至尾矿库渗水罐（2020 – TK – 004）。尾矿渗漏水被泵送至碾磨工艺水槽（3030 – TK – 003）中。

从尾矿坝收集的上清水被泵入淤泥沉淀池。然后将上清水溢流到尾矿上清水池（2020 – XM – 003）中，然后将其从池中泵入尾矿上清水罐（2020 – TK – 003）中，将罐中的上清水用作尾矿升压管道至尾矿坝的冲洗水。将多余的上清水送到尾水冲洗池（3090 – TK – 003），尾矿管道冲洗池内的上清水用于尾矿管道的冲洗。

2.3.10 试剂区（3100）

（1）软锰矿

软锰矿主要在浸出工艺中作为氧化剂，为散装固体粉末。软锰矿被转载到料斗中（3100 – BN – 001）。将软锰矿与原水在槽（3100 – TK – 001）中混合，间歇性地配置成 40%w/w 的浆体。浆体被加入到带有机械搅拌的软锰矿储存槽（3100 – TK – 002）中，从该槽软锰矿被泵入浸出区。

（2）絮凝剂

现场设置有一个絮凝剂配置厂（3100 – VP – 011），有两列并行的絮凝剂制备线。使用叉车将袋装絮凝剂转移到混合区，使用 1 t 电动葫芦（3100 – HT – 002）吊装并排空絮凝剂到筒仓中。根据需要，使用螺旋进料机（3100 – FE – 011）和鼓风机（3100 – BL – 011）将絮凝剂装到混合槽（3100 – TK – 011），与在线混合器混合生产 5.0 g/L。混合后两列制备线的物料再统一被原水稀释到 2.5 g/L，并输送到投配槽，该槽提供 24 h 储存量。絮凝剂从该槽被泵送至中性浓密机、CCD 浓密机、澄清池。

（3）SX 试剂

在 SX 试剂区，稀释剂、萃取剂、改良剂用于配置 SX 有机相。从有机相配制槽开始，有机相配转送到 SX 区相关设备中。

（4）稀释剂

使用稀释剂卸料泵（3100 – PP – 065）从槽罐车上将 Shellsol D70 煤油卸载到储存槽（3100 – TK – 061）。稀释剂再通过泵（3100 – PP – 060）从该槽泵送至有机相配制槽（3100 – TK – 062）。萃取剂、改良剂也加入该槽。由于稀释剂可燃，在储存槽和稀释剂分配区装有消防设施。

（5）萃取剂和改良剂

阿拉明 336 和异葵醇分别作为萃取剂、改良剂投入 210 L 桶中混合。该桶有 6 个月的储存能力。根据需要，萃取剂和改良剂分别通过风动泵（3100 – PP – 061/062）泵入有机相配制槽。配制好的有机相从配制槽转入溶剂萃取区。

（6）氢氧化钠

袋装氢氧化钠通过电动葫芦（3100 – HT – 007）将袋子吊起并放置到破袋机上

（3100－BS－110）并向螺旋进料机进料（3100－FE－110），最终排到氢氧化钠混合槽（3100－TK－110）。氢氧化钠混合阶段产生多余的热量，通过冷却器冷却（3100－HX－110）。冷却的溶液通过湿式洗涤器（3100－SR－110）返回到混合槽。从混合槽，氢氧化钠溶液被泵送至储存槽（3100－TK－071）。

根据需要，氢氧化钠溶液与不同量的水混合制得各种稀溶液。

在溶剂萃取区，氢氧化钠溶液用于调节洗涤工序和再生工序的 pH。在离子交换区，氢氧化钠溶液用作再生工序的洗涤水。根据需要，氢氧化钠溶液也泵入硫酸厂。

（7）絮凝剂

通过散装槽罐车将 50%v/v 凝聚剂投递到现场。通过卸载泵（3100－PP－084）将凝聚剂卸载到储存槽（3100－TK－083）。凝聚剂与原水在凝聚剂配制槽（3100－TK－081）中混合，混合后的凝聚剂存储在凝聚剂投送槽（3100－TK－082）中，稀释的絮凝剂被泵送到澄清器中。

（8）碳酸钠

袋装的 99.8% w/w 碳酸钠投放到现场，使用电动葫芦（3100－HT－004）将袋子吊起，将碳酸钠排放到容器（3100－BN－091）。使用螺旋进料器（3100－FE－091）将碳酸钠转运到混合槽中（3100－TK－091），在其中与去离子水混合生成 210 g/L 碳酸钠溶液，并存储在储存槽（3100－TK－092）中。根据需要，碳酸钠溶液被泵送至溶剂萃取区作有机物再生剂。

（9）氨气和氢氧化铵

使用槽罐车将氨水运输到现场，存放在 6 个氨水储存罐中（3100－TK－101/201/301/401/501/601）。从储存槽区，氨水通过蒸发器（3100－TK－107）被蒸发并输送至下游，用于 ADU 沉淀工序中。

氨气同样与去离子水在 NIM 在线混合器中混合，生成氨水，并储存在氨水储存槽（3100－TK－102）中。NIM 混合器使用温差控制生产稳定浓度的氨水，生产的氨水被泵送至溶剂萃取区的反萃工序。

（10）硫酸铵

袋装硫酸铵运输到现场，储存在专门区域。使用葫芦将袋装硫酸铵吊起并将硫酸铵排入储存槽（3100－TK－103），在该槽内与原水混合溶解。

硫酸铵溶液只用在水冶厂开车时，即无 ADU 贫液生产以供溶剂萃取区使用。硫酸铵溶液暂泵送至 ADU 贫液槽（3080－TK－035），需要多次间歇制备硫酸铵溶液以填满贫液槽。

（11）硫酸亚铁

一旦原矿中缺少铁离子，会影响浸出效率，需要从外部补充硫酸亚铁。

使用电动葫芦（3100－HT－006）将袋装硫酸亚铁吊起并将物料排放到混合槽（3100－TK－104），在其中被原水溶解。硫酸亚铁被转送至储存槽（3100－TK－111）并从该槽泵入浸出区。

（12）柴油

槽罐车将柴油卸载到柴油储存槽（3100－TK－106），并根据需要输送到用户。

2.3.11 公用工程区—水、气（3120）

（1）水

1）原水

纳米比亚水务局供应的海水淡化水通过管道注入原水槽（3120－TK－001）和消防水槽 1（3120－TK－002），后者通过连通管向消防水槽 2（3120－TK－003）注水。两个水槽的水溢流到共用水槽（3120－TK－011），原水槽通过 4 组泵将水泵入各个用户。原水槽溢流到原水池（3120－PD－002），其中的水又也可以返回到原水槽。

2）消防水

消防水供应三个区：采矿设施区、原矿设施区、水冶厂，包括水冶厂消防泵站、原矿区消防泵站。在消防泵站中，包括电泵、柴油泵以及电压力补充泵。消防系统压力依靠电压力补充泵维持，以避免过早的开启电泵。一旦使用消防水，系统压力会降低，触发消防泵的自动开启。一旦停电不能启动电泵，柴油泵将启动。

① 采矿设施区

采矿设施区的消防水与公共用水共用一套环管，位于原矿设施区的消防泵（3120－PP－052/053）既向用户提供公共用水，又向消防管补充压力。

② 原矿设施区

原矿设施区的民用水和消防水共用一对槽，从该槽既供应公共用水又供应消防水。一旦消防水管压力不足，柴油泵会启动补充压力。

③ 水冶厂

水冶厂消防管网与消防水槽（3120－TK－002/003）连接，使用压力补充泵（3120－PP－010）维持系统压力，以避免过早地启动电泵（3120－PP－009）。一旦消防水被使用，系统相应压降会触发电泵自动启动。

3）公共用水

公共用水储存在饮用水槽（3120－TK－011）中。槽罐配有 1 对淋浴器泵（3120－PP－012/013）（1 用 1 备）、1 对采矿设施水泵（3120－PP－052/053）（1 用 1 备），这些泵供应各个用户饮用水、卫生间水、淋浴水。淋浴器连接到环管上，以确保水返回，环管向民用水槽排水。

采矿设施区和原矿设施区的民用水与消防水均分别共用 1 组泵。

4）去离子水

原水槽向去离子水厂（3120－VP－002）供应原水，利用反渗透技术生产去离子水，浓水排入工艺水池。去离子水储存在相应的储存槽（3120－TK－004）中。去离子水通过 1 对泵（3120－PP－016/017）（1 用 1 备）泵入各个用户。

5）轴封水

原水槽向轴封水槽（3120－TK－005）提供轴封水。轴封水使用在水冶厂各个用户中，另有 1 套单独的轴封水系统供应厂内尾矿区、尾矿加压区。

6）工艺水

原水、尾矿上清液向工艺水池（3120－PD－003）补充水。工艺水槽（3120－TK－007）接收反渗透废液、营地再生水、硫酸厂冷却水。该槽溢流到工艺水池。从工艺水槽泵出的工艺水用于原矿区的除尘。从工艺水池泵出的工艺水排入贫液池和磨矿工艺水槽，以补充其水位。

7）冷却水

在冷却塔中使用强制对流的空气与水接触生产冷却水，冷却废水排入工艺水槽（3120－TK－007）。使用冷却水泵将冷却水从地坑排到试剂区冷却稀硫酸、再生剂、氢氧化钠。返回的冷却水收集在地坑（3120－SU－001）中，并从此泵入冷却塔。原水补充至冷却水槽，以弥补蒸发、夹带等产生的水损失。除垢、防腐、杀虫剂等化学药品将添加至系统中保证水质。

8）热水

去离子水以及返回的热水注入热水进料槽（3120－TK－010）。从热水进料槽，热水被泵至加热器，加热 OK 液、溶剂萃取进料液、溶剂萃取淤泥静置槽、淋洗剂等。加热后的热水返回热水进料槽。热水锅炉会定期排放一部分吹扫液以防止结垢，排出的吹扫液排入工艺水槽（3120－TK－007）。

（2）污水处理厂

污水处理厂位于营地，污水处理废液收集在地沟泵（7010－PP－001/002）并回到工艺水池。

（3）压缩空气

使用 4 台空压机（3120－CP－001/002/003/004）向全厂提供 750 kPa 压缩空气。压缩空气被储存在空气收集瓶 1（3120－PV－001），从该瓶再输送至其他 2 台空气收集瓶（3120－PV－004/005）和用户。

压缩空气进入 1 对空气过滤器（3120－FL－001/003）及 1 组空气干燥器（3120－DR－001/002），以移除压缩空气中的水分。在每个干燥器的出口处装有微滤器以移除任何残留的油滴和杂质，生产仪表空气。仪表空气储存在仪表空气收集瓶 1（3120－PV－002）中，再输送到其他地方的仪表空气收集瓶和用户中，包括硫酸厂。

2.3.12 硫酸厂

（1）设计概述

湖山硫酸厂采用成熟的硫磺制酸工艺，项目由中国恩菲负责设计，HPJV 负责设计的管理工作。设计分初步设计和详细设计，2014 年 2 月设计启动，同年 10 月底结束。湖山硫酸厂是央企“抱团出海”的经典工程，项目在设计执行过程中有以下特点：硫酸厂设计进度控制良好，在设计过程中，承包商由设计经理统筹，协调各部门的力量推进设计的进度，虽然设计启动有所滞后，但经过加班加点追赶，最终未对现场施工工作造成影响；设计采用跨区域协同的工作模式，设计单位在中国，设计管理方在南非，项目现场在纳米比亚。工作协同过程中，虽然由于时差、语言、文化等因素的影响，造成沟通成本增加，但业主及时要求 HPJV 聘任华裔工程师作为中间沟通桥梁，提高沟通效率。

硫酸厂及附属电厂，整体设计控制良好，但设计过程中也存在如下问题。

1）设计采购包划分的问题

HPJV 对硫酸厂采购包的划分不科学、不全面，造成界面、接口繁杂。酸厂及附属电厂土建设计由 HPJV 负责，中水负责施工，恩菲负责安装调试。硫磺堆场、硫酸储罐由第三方分包设计，土建施工方由中水施工，安装又由南非 Group 5 公司承担，调试由 HPJV 和业主组织实施。业主为了减少界面，对分包进行了小部分变更，土建设计由 HPJV 全部转移恩菲，避免了设计输入互相延误、接口多的局面。

2）设计标准与项目要求存在差异

湖山硫酸厂及附属电厂可采用的标准有 SANS、ISO、EN、BS、AS，不包括中国标准和规范。由于中国设计规范和以上几个国家地区的规范标准上存在差异，中国企业不熟悉国外标准，HPJV 工程师又对中国标准很陌生。最后，除了强制性标准之外，最终 HPJV 同意湖山硫酸厂设计要通过南非工程师进行校核和转化，以满足项目标准的要求，HPJV 工程师最后要在图纸上签字，现场按图施工。由于标准的差异和国外工程行业普遍对中国标准的认同感比较弱，中国设计走向国际的道路任重而道远。

3）未进行系统的设计审查

HPJV 作为业主工程师，除了各专业工程师审查把关之外，只是对工艺设计的 HAZOP（风险及可操作性）进行了系统分析，但是对于硫酸厂和附属电厂的设计并未进行完整系统的审查，对硫酸厂设计的管理能力薄弱。

总之，虽然设计标准基本未采用当地标准而采用了中国标准进行设计，但由于中国是硫酸生产大国，硫磺制酸工艺设计成熟，从现场运行的效果来看，工艺顺畅、指标正常。

（2）硫酸厂主要设计

1）制酸工艺

制酸过程中发生的主要反应如下：

$$\text{S（固态）} \rightarrow \text{S（液态）}$$

$$\text{S（液态）} + O_2 = SO_2$$

$$SO_2 + 1/2\ O_2 = SO_3$$

$$SO_3 + H_2O = H_2SO_4$$

$$2NaOH + SO_2 = Na_2SO_3 + H_2O$$

$$2NaOH + SO_3 = Na_2SO_4 + H_2O$$

2）熔硫及储存

固体硫磺通过铲车加入上料料斗，再通过皮带输送机送入熔硫槽。在皮带输送机上方设置石灰加料装置通过螺旋给料往皮带上的硫磺连续加入生石灰，其目的是中和固化硫磺内的酸。在皮带输送机上方设置除铁器，用于去除固体硫磺内的铁类物质。熔硫槽温度为 145～150 ℃，硫磺经熔硫槽内设的加热蒸汽管加热并经搅拌后熔化。熔化后的液体粗硫自流口流至过滤槽内，再经过滤泵送入液硫过滤器，除去其中的杂质颗粒，流入液硫中间槽。过滤槽、液硫中间槽温度为 135～140 ℃。

液硫中间槽内液体硫磺通过液硫中间泵送入液硫储槽，液硫储槽的规格为 ϕ10 m×11.283 m，液硫储存能力为 1 140 t。液硫储槽温度为 135～140 ℃。

液硫储槽内的液体硫磺自流至精硫槽，由精硫泵输送至焚硫炉。精硫槽温度为 135～140 ℃。

在液硫通过过滤器前，需先由在助滤槽中的助滤泵往液硫过滤器内泵入混有助滤剂的液硫（助滤剂通过助滤槽上的加料口人工加入），在过滤网上形成一定的助滤剂涂层，以保证过滤效率。助滤槽温度为 135～140 ℃。

熔硫槽、过滤/助滤/中间槽、精硫槽内均设有蒸汽加热管，用蒸汽间接加热或保温，使硫磺保持液体状态。熔硫系统所用蒸汽在系统开车时因本系统锅炉未产生蒸汽，由启动锅炉房引入蒸汽。

各个槽内用来加热、保温的蒸汽冷凝后，经过疏水器后汇集到一起排放。

熔硫蒸汽压力 0.6 MPa（g），保温蒸汽压力 0.4 MPa（g）。

液硫管道均为夹套管，内管为硫磺，外管为蒸汽。

3）焚硫及转化

来自精硫泵出口的液体硫磺加压后通过两根磺枪喷入焚硫炉，焚硫所需的空气经空气鼓风机加压送入干燥塔，在干燥塔内与 98.4%的浓硫酸逆流接触，空气中的水分被吸收，出干燥塔的空气水分含量小于 0.1 g/Nm^3，进入焚硫炉与硫蒸气混合燃烧生成含 11.0% SO_2、0.33%SO_3，温度在 1 068 ℃左右的高温炉气，经废热锅炉回收热量后，温度降至 420 ℃，进入转化器一段催化剂床层进行转化，出口温度升至 614 ℃左右，烟气从下方进入高温过热器，自下而上依次冲刷水平布置的高温和低温两段过热器管束，降温至 440 ℃进转化器二段催化剂床层进行第二次反应。二段出口气体温度升至 515 ℃左右进入换热器降温至 441 ℃后，进入转化器三段催化剂床层进行第三次反应。三段反应出口气体温度升至 465 ℃，依次进入冷热交换器和省煤器 3B，温度降至 170 ℃送至中间吸收塔。在中间吸收塔中未被吸收的气体，经冷热换热器和热热换热器加热后，气体温度升至 425 ℃进入转化器第四段催化剂层进行第四次反应。第四次反应的 SO_3 气体，气体温度升至 446 ℃经中温过热器回收其热能后，SO_3 气体温度降至 425 ℃进入转化器第五段催化剂层进行第五次反应，第五次反应的 SO_3 气体温度升至 426 ℃经低温过热器和省煤器 5A/5C 回收其热能后，温度降至 140 ℃后进入最终吸收塔，SO_3 被吸收后的气体通过烟囱放空。

为了调节各段催化剂层气体进口温度，设置了必要的副线和阀门。

硫磺燃烧所需的干燥空气由干吸工段提供。

系统开车时，转化系统采用开工预热器系统将转化器温度升至反应温度。

利用柴油在开工预热炉中燃烧产生热量，来加热从空气鼓风机送过来的经干燥后的空气，用热的干燥空气对催化剂加热升温。

4）干燥吸收

干燥吸收采用三塔二槽，中间吸收和最终吸收共用一个循环槽，干燥和吸收均采用 98.4%硫酸喷淋，循环槽采用卧式槽。

① 空气干燥

空气经空气过滤器过滤后，由空气风机加压送入干燥塔，通过喷淋 98.4%硫酸吸收空气中的水分使空气干燥。干燥后的空气送往焚硫炉。

吸收水分后的硫酸自塔底流入干燥酸循环槽，由设在循环槽上部的酸泵送入最终吸收塔。

② 气体吸收

中间吸收：由省煤器 3B 进入中间吸收塔的 SO_3 气体，其中的 SO_3 被 98.4%的喷淋硫酸吸收后返回转化工段。吸收 SO_3 后的酸自塔底流入循环酸槽，由设在循环槽上部的酸泵送入中间吸收塔酸冷却器，经循环冷却水冷却后泵入中间吸收塔。同时引出部分 98.4%硫酸送入成品酸冷却器，经循环水冷却后进入成品酸槽，由设在槽上部的酸泵送至酸库。在吸收酸循环槽设加水口，加入除盐水调节循环酸浓度至 98.4%。

最终吸收：由省煤器 5A/5C 进入最终吸收塔的含 SO_3 气体，其中的 SO_3 被 98.4%的喷淋硫酸吸收后由烟囱放空。吸收 SO_3 后的酸自塔底流入吸收酸循环槽，由设在循环槽上部的酸泵送入最终吸收塔酸冷却器冷却后，送至干燥塔。

开车母酸：开车用硫酸，由酸库泵送入干燥吸收工段的干燥酸循环槽和吸收酸循环槽。

5）尾气吸收

尾气吸收采用氢氧化钠作为吸收剂。

SO_2 与氢氧化钠的反应为：$SO_2+2NaOH=Na_2SO_3+H_2O$

SO_2 与亚硫酸钠的反应为：$SO_2+Na_2SO_3+H_2O=2NaHSO_3$

Na_2SO_3 具有吸收 SO_2 的能力，继续吸收 SO_2 生成酸式盐 $NaHSO_3$，而 $NaHSO_3$ 不能与 SO_2 作用，所以需补充 NaOH 溶液。

来自最终吸收塔含 SO_2 的尾气进入尾气吸收塔。通过循环泵将含吸收剂循环液送入尾气吸收塔内喷淋，烟气中的 SO_2 被氢氧化钠或亚硫酸钠吸收，脱除了二氧化硫的烟气从尾气吸收塔顶部排出进入烟囱排放。氢氧化钠溶液由管网送至碱液槽，通过碱液泵送至尾气吸收塔，通过 pH 控制补充吸收反应消耗的氢氧化钠。

6）空气风机站

空气经过滤器过滤后，由空气鼓风机加压送入干燥塔。

为降低噪声，空气风机置于隔声罩内，在隔声罩的顶部，设置两台轴流风机强制通风。

（3）酸厂主要设备

1）熔硫槽

为全焊接垂直圆筒型容器，碳钢制。为防止硫磺蒸汽腐蚀，分别在壳体上部 1 m 高处衬耐酸砖，槽内分布有 8 组蒸汽盘管，对加入的固体硫磺进行加热熔化，同时通过搅拌桨搅拌促进熔化。设备上部设硫磺溢流口，加热后的硫磺溢流流出。底部采用锥形底并连接阀门，用于排放沉淀杂质。

2）过滤槽、助滤槽、液硫中间槽

为节约能源，减少占地，过滤槽、助滤槽、液硫中间槽设计为联体槽，用于熔融硫磺的过滤、中间贮存和助滤剂预涂。

设备为方形焊接碳钢立式槽，槽内分隔成 3 个槽，上部连通。壳体上部 1 m 高处衬耐酸砖。

过滤槽是为液硫过滤器而设置。为维持温度和减少粗液硫的杂质沉淀，在槽内设置了 2 台搅拌器和 14 组蒸汽盘管。粗液硫通过设置在顶盖上的 2 台粗硫过滤泵输送到液硫过滤器。过滤槽顶盖上设有较多的安装检修人孔和蒸汽的放空口，并设有液位计口、测温口等。

助滤槽是为液硫过滤器预涂助滤剂而设置。槽内设有 1 台搅拌器和 8 组加热盘管。在助滤槽中加入硅藻土，供液硫过滤机进行预涂。助滤槽的顶盖上除硅藻土的加料口以外，还有 2 台助滤泵（1 开 1 备）接口、人孔及放空口等。

为了临时贮存过滤后液硫设置中间槽。槽内设 8 组保温蒸汽盘管，顶盖设二台液硫中间泵（1 开 1 备）用于液硫至液硫贮罐。

3）液硫过滤器

液硫过滤器是由过滤罐、滤网板、拉出封头机构等组成。过滤时助滤剂在助滤槽中与物料混合后，通过助滤泵在滤网上形成滤饼层。一旦达到稳定的滤饼层，细小的助滤剂颗粒会提供无数的细微通道，困住悬浮的杂质，使清澈的液体通过，这样物料就通过滤饼层进行实际过滤。当滤网板表面的滤渣达到一定厚度，或过滤压力达到 0.4 MPa 时，停止进料，用压缩空气或蒸汽吹干滤饼，拉出滤网板，开动振动装置，滤渣因重力和振动卸下，对于黏稠滤饼需人工帮助清渣。

4）液硫储罐

操作参数：液体硫磺，135～150 ℃。

设备规格：内径为 10 000 mm，高度为 9 000 mm。

结构和材质：结构为立式储罐，材料采用碳钢，顶盖采用球顶。内部及顶盖外部设置蒸汽加热管。

5）转化器

转化器设 5 段触媒层，1～3 段作为 SO_2 气体的一次转化，4、5 段作为 SO_2 气体的二次转化，内部从上至下分为 5 段，分别为五、四、三、二、一段。催化剂采用孟山都公司的低压降钒催化剂。每层催化剂上下各铺厚度 50 mm 的耐高温瓷球。催化剂层上方预留有高度 150 mm 的空间以便日后增加产量时，增装催化剂。

转化器为全焊接垂直圆筒型设备，材料全部为 304 奥氏体不锈钢，设备内部构件由桩（立）柱、隔板和大开孔的篦子板组成，为积木式稳固结构。桩柱和立柱用于支撑设备隔板和大开孔篦子板，篦子板上铺金属丝网和装填触媒。

转化器的气体进口设有导流板，使气体能均匀地分布在整个催化剂床层上。

为保证各段之间不漏气，提高转化率，各段之间采用了整体隔板，并在隔板和壳体之间采取了特殊的密封结构。在隔板上铺设了隔热层以减少各段之间的热传导。

设备外部设保温层。

在催化床上部留有足够的净空，方便催化剂的装填。为方便催化剂的筛分，1 段转化设在转化器底部。

每段催化剂层上下各设人孔 1 个，并设有温度和压力测点。

6）焚硫炉

焚硫炉是 1 台卧式、内衬耐火砖和保温砖的一次扩大型圆筒形炉。设置测温点和检修人孔。液硫由安装在炉头的 2 支雾化、喷雾角度大、雾化行程短且能均匀分散的机械雾化磺枪喷入炉内。调整精硫泵变频器的输出频率和/或转动磺枪尾部的手轮就可调节液硫的流量。

为便于观察炉内火焰燃烧情况，在侧面设置了视镜。为了强化硫磺与空气均匀混合，在进炉处设置了特殊的空气旋流装置。

7）气–气换热器

气–气换热器为列管式换热器，设备换热管按同心圆方式排列，壳程采用碟式和环式折流板。该换热器采用恩菲专长技术，具有气体流向合理、无死角、传热效率高的特点。与其他结构形式的换热器相比，换热面积相同时可节省 20%的阻力损失。

换热器留有富裕量，以使设备在脏工况也能正常运行。

换热器顶部和底部各设 1 个人孔，下管板和底板处设排污口。

8）开工预热器

开工预热器是一种新型的制酸装置上的间接升温转化起动装置，提供热风给预热器进行热交换，所产生出口烟气温度是可调的，通过预热器与空气热交换后产生热空气再进入转化器内升温。

9）干燥塔

空气从塔下部进入，与从塔上部喷淋下的98.4%的浓硫酸接触，去除空气中的水分。

设备规格：内径为5 500 mm；高度为15 155 mm。

结构和材料：该塔钢结构部分采用两种材料，下部为碳钢（内衬防腐衬里），上部采用316 L 不锈钢。顶盖为锥形，塔底为碟形，出酸口设置在碟形底的底部，塔下部（与液体接触部分）内衬隔离层和耐酸瓷砖，填料支撑采用大开孔球拱，填料高度3 800 mm，分酸系统为管式分酸器，分酸点25 个/m^2，塔上部安装有金属丝网的除雾器。

10）中间吸收塔

经过一次转化的烟气从塔下部进入，与从塔上部喷淋下的98%的浓硫酸接触，吸收转化后的SO_3生成硫酸。

设备规格：内径为5 700 mm，高度为20 840 mm。

结构和材料：该塔钢结构部分采用两种材料，下部为碳钢（内衬防腐衬里部分），上部采用316 L 不锈钢。顶盖为锥形，塔底为碟形，出酸口设置在碟形底的底部，塔下部（与液体接触部分）内衬隔离层和耐酸瓷砖，填料支撑采用大开孔球拱，填料高度3 800 mm，分酸系统为管式分酸器，分酸点 25 个/m^2。塔上部安装有悬挂式纤维除雾器，纤维除雾器采用钢花板支撑，花板上设有导液装置，纤维除雾器所用纤维为国外进口。

11）最终吸收塔

经过二次转化的烟气从塔下部进入，与从塔上部喷淋下的 98.4%的浓硫酸接触，吸收转化后的SO_3生成硫酸。

设备规格：内径为5 700，高度为14 890 mm

结构和材料：同中间吸收塔。

12）干燥酸循环槽

操作参数：浓硫酸，70～80 ℃。

设备规格：内径为2 654 mm，长度为8 000 mm。

结构和材质：该设备为全焊接卧式圆筒型容器，两端采用碟形封头，3 个鞍式支座，内衬耐酸瓷砖。槽设1个泵口，循环酸泵采用立式离心泵，设备上还设有检查维修用人孔、通气孔以及各种仪表接口。

13）成品酸槽

工作介质：98.4% H_2SO_4

介质温度：≤40 ℃

设计压力：常压

设备规格：内径为4 000 mm，高度为2 250 mm；

结构和材料：该设备为全焊接垂直圆筒型容器，底部采用平底，内衬青石棉和耐酸瓷砖。槽设二个泵口，酸泵采用立式离心泵，设备上还设有检查维修用人孔、通气孔以及各种仪表接口。

14）尾气吸收塔

尾气吸收塔是1台立式逆流式空塔。烟气从塔下部进入，与从塔上部喷淋的循环液接触，利用酸碱中和原理去除尾气中的 SO_2，塔体为全玻璃钢。设置两层喷淋和检修人孔。

15）空气风机

主要参数如下：

空气风机入口温度：25 ℃

空气风机出口温度：68 ℃

空气风机入口压力：－1.0 kPa

空气风机出口压力：48 kPa

16）余热锅炉

余热锅炉为中压火管锅炉，结构形式为卧式单锅壳单汽包自然循环锅炉，采用露天布置。锅炉本体由鞍式支座支撑在水泥基础上，并设有滑动支座，以满足炉体膨胀量的要求。

余热锅炉由锅壳、汽包、进出口烟箱和锅炉范围内管道等四部分组成。来自焚硫炉的高温烟气由进口烟道分流，纵向冲刷受热面，在出口烟道内汇流引出。为避免高温烟气直接冲刷锅壳的前管板，在前管板表面浇筑耐高温的耐火保护层。进出口烟箱上设有人孔，可以在计划停车期间，进入检查保护层的完好程度。出口烟箱底部设有排酸口，锅壳底部设有排污口。

汽包位于锅炉本体上方，由上升管和下降管支撑。炉水通过下降管进入锅炉本体受热面，吸热后再通过上升管进入汽包进行汽水分离。来自省煤器的锅炉补给水进入汽包后，沿汽包长度范围内设置了给水分配管，可将锅炉给水与炉水均匀混合，避免给水与温度较高的汽包外壁直接接触，从而降低汽包外壁温差和热应力。汽包上设有安全阀、水位计、压力表等接管口。

锅壳采用优质碳素钢。烟管穿接于锅壳两侧管板，为防止高温烟气直接冲刷并形成对锅壳前管板热冲击和磨损，在前管板表面浇注耐高温的耐火保护层，并在每根烟管进口处安装了锆质耐高温保护套管。

前后烟箱均设置人孔，作检修用。锅壳共有 4 个支座，其中炉气进口端为固定支座，其余为滑动支座。滑动支座底板与混凝土基础预埋板之间采用聚四氟乙烯板作为滑动板，使锅炉的各部分在运行时能按设计预定方向自由膨胀。

17）热管省煤器

采用水平夹套式热管省煤器，露天布置。省煤器为立式矩形箱体结构，由进出口集箱和带螺旋翅片的蛇形管组成。

常规热管省煤器是由垂直布置的单根热管，加上串联的垂直套筒组成，运行实践表明，串联的垂直套筒结构复杂、可靠性低、容易发生水侧泄漏事故，一旦发生事故检修十分困难，且连带引起烟气侧热管表面露点腐蚀，危及系统安全。

水平夹套式热管省煤器，由专门研制的水平夹套式热管元件组成，锅炉给水在热管中心通过，热管真空腔为环型结构，每个热管元件形成独立结构，互不干扰，加之独特的膨胀和密封专利技术，使含 SO_3 的高温烟气与水管彻底隔离，能确保整个省煤器安全、高效、稳定运行。

热管省煤器采用耐低温腐蚀的夹套式热管为基本换热元件。夹套式热管元件由外管、内管以及内外管之间一定量的工质制成夹套式热管元件，而且热管元件水平放置，内部的工质处于真空状态。其工作原理是：外管吸收烟气热量，内部的液态工质迅速蒸发成蒸汽，蒸汽加热内管中的锅炉给水，释放热量同时凝结成液体。如此往复循环，使烟气的热量源源不断地加热给水。由于热管以相变方式进行工作，因此传热效率高，为了强化管外换热，与烟气进行热交换的外管装设了翅片，增大传热面积。

热管省煤器的基本结构是将多根夹套式热管串联起来构成蛇形盘管，烟气冲刷夹套管外，锅炉给水流经套管管内。当腐蚀性烟气流过由隔板组合形成的箱体空间时，与热管套管外表面进行热交换后，套管内的工质被汽化，加热热管内侧锅炉给水。由于热管内汽、液两相处于饱和平衡状态，因此热管管壁具有良好的等温性。

本设计采用的热管省煤器能够提高热管管壁温度，使之保持在烟气酸露点温度之上，从而避免露点温度腐蚀，提高设备的使用寿命，保证生产的正常进行。

18）低温过热器

低温过热器采用立式布置，由进出口联箱和带螺旋翅片的蛇形管组成。来自转化器五段出口的烟气由上部进入箱体，横向冲刷受热面后由过热器下部出口引出。受热面错列布置，结构紧凑。过热器管束一端焊接在管板上，另一端则焊接在密封板上。

低温过热器管子采用翅片蛇形管，蛇形管的直段带翅片，弯头部分是光管，直段翅片管位于箱体通道箱内，进出口集箱位于弯头箱外面，一侧弯头位于弯头箱内，另一侧弯头则位于花板外，方便检修。

19）中温过热器

中温过热器的结构采用立式矩形箱体结构，露天布置。来自转化器四段出口的烟气从下方进入，横向冲刷水平布置的过热器管束，然后由出口引出去转化器五段。

中温过热器由进出口集箱和带螺旋翅片的蛇形管组成，蛇形管的直段带翅片，弯头部分是光管，直段翅片管位于箱体通道箱内，进出口集箱和弯头设置在两端的弯头箱内，以方便安装与检修。

20）高温过热器

高温过热器采用立式矩形箱体结构，露天布置，材质为合金钢。来自转化器一段出口的烟气从下方进入，横向冲刷水平布置的高温和低温两段过热器管束，然后由出口引出去转化器二段。

在两段过热器之间设有喷水减温器，以调节出口蒸汽温度不超过额定值。减温器和连接管道均在箱壳外面。

两段过热器均由进出口集箱和带螺旋翅片的蛇形管组成，蛇形管的直段带翅片，弯头部分是光管，直段翅片管位于箱体通道箱内，进出口集箱和弯头设置在两端的弯头箱内，以方便安装与检修。

蛇形管基管和进出口集箱采用 SA－213 TP321；螺旋片采用 304；外壳采用 304。

21）减温器

喷水减温器是将水直接喷入过热蒸汽中，使水加热蒸发，吸收蒸汽中热量达到调节过热器温度的目的。

减温器采用水室式，由文丘里喷管、水室和混合管组成。采用文丘里喷管可以增大喷水与蒸汽的压差，改善混合。在文丘里管喉口处布置多排小孔，喷射水首先引入喉口处的水室，再由喷孔喷入汽流，喷孔水速约 1 m/s，喉口处的蒸汽流速为 70～120 m/s。由于喷水减温器是直接接触的原理工作的，具有惯性小、调节灵敏、易于自动化、调节幅度大的优点。

22）启动锅炉房

酸厂由冷态启动时，余热锅炉还未运行，为了保证熔硫用蒸汽和化工工艺保温用蒸汽，正常时由硫磺制酸余热锅炉供给蒸汽，在启动时由启动锅炉供汽，以满足上述生产工艺用汽。

23）发电站

发电站设置 1 套额定功率 15 MW 凝汽式汽轮发电机组，利用余热锅炉产生的过热蒸汽，供凝汽式汽轮发电机组发电。余热锅炉系统产生的过热蒸汽参数为 3.82 MPa（g）、450 ℃，考虑到高温过热器出口至汽轮机主汽门间管路上的温度、压力损失，确定汽轮机进汽参数为 3.43 MPa（a）、435 ℃。

进入汽轮机的过热蒸汽，除带动发电机发电外，通过凝汽式汽轮机一级非调整抽汽口抽取总用汽量 10 t/h，压力 1.0 MPa（a）的低压蒸汽，作为制酸工艺的设备保温和硫磺熔化用蒸汽。其中，4 t/h 低压蒸汽由一级抽汽通过减温减压后获得 0.4 MPa（g）、152 ℃的饱和蒸汽用于制酸工艺的设备管道保温；6 t/h 低压蒸汽经过减温后获得 0.7 MPa（g）、170 ℃的饱和蒸汽用于制酸工艺的硫磺熔化。其设备如表 2.3.1 所示。

表 2.3.1　发电站设备清单

设备名称	指标数值
凝汽式汽轮机	N15－3.43，15 MW P＝3.43 MPa，T＝435 ℃
发电机	QF－K15－2，15 MW 6.9 kV，3 000 r/min
主凝汽器	F＝1 750 m^2
凝汽器用二级减温减压器	P＝0.6/0.02 MPa（a） Q＝85 t/h，T＝160/60 ℃
旁路凝汽器	F＝665 m^2
旁路凝汽器用二级减温减压器	P＝0.6/0.02 MPa（a） Q＝75 t/h，T＝160/60 ℃
汽封加热器	LQ－20，F＝20 m^2
空气冷却器	440 kW
本体疏水扩容箱	Φ219×6，L＝800
均压箱	Φ245×8，L＝1 330
射水抽气器	SC－12
射水泵	Q＝192 m^3/h，H＝46 m
冷油器	YL－20，F＝20 m^2
油箱	V＝3.3 m^3
滤油器	
交流启动油泵	Q＝104 m^3/h，H＝50 m
交流润滑油泵	Q＝37.5 m^3/h，H＝20 m
直流润滑油泵	Q＝37.5 m^3/h，H＝20 m

续表

设备名称	指标数值
通风泵	Q=25 kg/h，P=49～98 Pa
凝结水泵	Q=115 m^3/h，H=86 m
电动锅炉给水泵	Q=85 m^3/h，H=600 m
疏水泵	Q=50 m^3/h，H=55 m
旋膜大气除氧器	P=0.02 MPa，Q=85 m^3/h
疏水扩容器	V=1.5 m^3
电动双钩桥式起重机	20/5 t，L_k=16.5 m
凝汽器用一级减温减压器	P=3.82/0.6 MPa，Q=80 t/h，T=450/175 ℃
除氧器加热用减温减压器	P=3.82/0.4 MPa，Q=10 t/h T=450/185 ℃
工业用汽用减温减压器	P=3.82/0.9 MPa，Q=12 t/h，T=450/310 ℃
液体硫磺保温用减温减压器	P=0.9/0.5 MPa，Q=4 t/h，T=310/160 ℃
减温器	P=0.9 MPa，T=310/180 ℃
轴封抽风机	
疏水箱	V=25 m^3
事故油池	10 m^3
滤水器	
射水箱	10 m^3

24）除盐水站

除盐水站设计产能 40 m^3/h，其工艺流程：原水→原水箱→原水泵→杀菌剂、絮凝剂→多介质过滤器→阻垢剂加药系统→保安过滤器→反渗透高压泵→反渗透装置→除碳器→中间水箱→中间水泵→混床→除盐水箱→除盐水泵→加氨调节装置→出水到用户（至除氧器）。其主要设备：多介质过滤器、保安过滤器、脱碳塔、反渗透装置（RO）、混床等。

25）循环水站

循环水站由制酸循环水系统和发电站循环水系统组成。

硫酸循环水为中间吸收酸冷器、最终吸收酸冷器、成品酸冷器，设备排出的热水利用余压送至冷却塔上部，冷却后水自流至冷水池，再用冷水泵加压返回用水设备，循环使用。风机冷却用水接自厂区生产给水管道，循环回水有压排至硫酸循环水冷水池作为补水。硫酸循环水系统由冷水泵、冷却塔、石英砂过滤器、加药装置和冷水池组成。

发电站循环水为发电凝汽器、空冷器和冷油器冷却用水。设备排出的热水利用余压送至冷却塔上部，冷却后水自流至冷水池，再由冷水池自流进入吸水池。高压给水泵和射水池冷却水接自厂区生产给水管道，排出的循环回水余压流进发电站冷水池，发电站循环水系统补水。吸水池中的冷却水由冷水泵加压返回用水设备，循环使用。发电站循环水系统由冷水泵、冷却塔、石英砂过滤器、加药装置和冷水池组成。

2.4 仪控设计

2.4.1 仪控概述

（1）仪控系统功能

水冶厂仪控系统为各区域工艺设备提供各类控制、保护和信息监测手段，以保证水冶厂安全、可靠、经济地运行。

（2）设计法规标准规范

① ANSI/ISA88 批处理；

② ANSI/ISA95 企业系统与控制系统集成；

③ IEC61512－1 批量控制；

④ ANSI/ISA S5.1（R1992）仪表图形符号及标识；

⑤ IEC61131 可编程控制器；

⑥ IEC60079 爆炸性气体环境电气设备；

⑦ IEC60227 额定电压 450/750 V 及以下的聚氯乙烯绝缘电缆；

⑧ IEC600529 设备防护等级；

⑨ IEC60825 光纤通信系统；

⑩ IEC60793 光纤产品规范；

⑪ IEC61511 流程工业安全仪表系统；

⑫ SANS10108－2014 爆炸危险区域分级。

（3）仪控系统总体结构

水冶厂仪控系统的结构在垂直方向上可分四层，如图 2.4.1 所示。

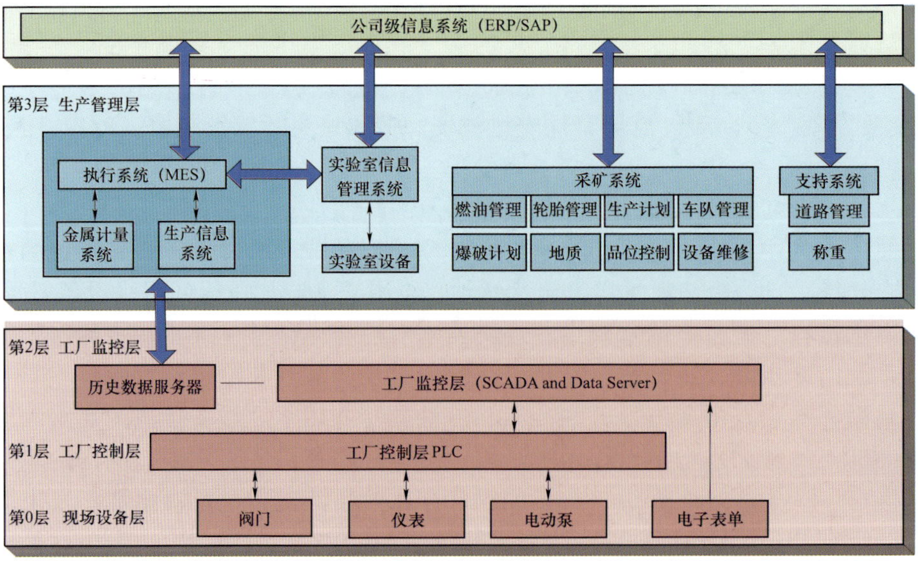

图 2.4.1 仪控系统结构

① 现场设备层（第 0 层）；

② 工厂控制层（第 1 层）；

③ 工厂监控层（第 2 层）；

④ 生产管理层（第 3 层）。

其中第 1 层和第 2 层为仪控系统的核心，统称为过程控制系统（PCS）。PCS 采用罗克韦尔自动化公司成熟的 PLANTPAx 分布式控制系统，该系统采用全厂统一的开放、可扩展的集成架构和网络技术实现畅通的信息环境，使用单一的接口友好的工业以太网（Ethernet/IP）完成多种任务，并实现工厂控制层、监控层、生产管理层与企业层（ERP）的无缝集成。PCS 以开放式通信标准为基础，其主干网充分利用 Ethernet/IP 技术、同一平台、同一系统、同一组态方法，可有效降低成本。PLANTPAx 采用生产/消费技术，设备的输入信息或输出状态可以被所有的控制器共享。

（4）PCS 的总体结构

PCS 系统可分上下两层。其中：

① 上层（仪控系统第 2 层）：是全厂集中监视与操作层，收集并保存各个区域的实时生产数据、历史数据、报警信息、事件记录等，对各个作业工序进行远程集中监视、操作及生产指导。通过 Ethernet/IP 网络将生产信息传送给生产管理系统。通过防火墙向外部系统单向传送数据，保证了 PCS 安全性。

② 下层（仪控系统第 1 层）：是自动控制层，配置了高性能控制器，完成数据采集、逻辑处理、控制算法运算。按照水冶厂生产工序及工艺系统控制要求，根据上一级操作员的指令和控制程序的设定，对生产流程与装置进行可靠的控制，以保证全厂生产安全可靠、连续稳定、高效地运行。

（5）PCS 的网络结构

PCS 的网络结构以各层交换机为核心，由光纤主干网链接成网络：

① 核心层交换机：位于公司 IT 部门机房，通过防火墙接外部网络，核心层交换机相当于一个总出口，只处理到本地区域外的数据交换。

② 汇聚层交换机：位于核心层和接入层之间，为 3 层（Layer3）交换机，是多台接入层交换机的汇聚点，通过将本地数据交换机流量在本地的汇聚交换机上交换，能够处理来自接入层设备的所有通信量，可以减少核心层交换机的负担。因此与接入层交换机比较，有更高的性能、更少的接口和更高的交换速率。它提供到核心层的上行链路，通过防火墙接核心层交换机并带 1 GBps 端口，最低上行速率 10 GBps。

③ 接入层交换机：是 1 层/2 层（Layer1/2）交换机，直接面向用户连接或访问网络。在每个第 2 层接入交换机与第 3 层汇聚交换机之间存在双重连接时，即构成冗余星形拓扑。设备连接到第 2 层交换机接入层目的是允许终端用户连接到网络，因此接入层交换机具有低成本和高端口密度特性。接入交换机是数量最多的交换机，连接控制硬件和工作站。采用 ALLEN－BRADLEY 的斯达 Stratix 8000 型交换机（带 100 MBps 端口，最低上行速率 1 GBps），所有的 2 层设备通过 2 层存取交换机与 1 层和 3 层设备相连接，连接 MCC 传感器。

④ 思科公司是罗克韦尔的技术合作伙伴。思科 Catalyst 3760G、Catalyst 3750、Stratix8000 为接入层交换机，Stratix2000 非管理型交换机用于装有 Point I/O 的 TypeE

RIO 柜。

⑤ PCS 控制系统网络以太主干网在上层采用高可靠性的双星形网络拓扑，在每个区域网段各类管理型交换机连接到附近的带 Ethernet/IP 的设备，如在同一厂房内采用铜缆，远距离的采用光缆，从区域变电站到现场远程 I/O 采用多模光缆，从区域变电站到中央服务器采用单模光缆。在部分不宜敷设光缆的地方，采用 Prosoft 无线通讯装置。在现场，常规的 I/O 通过带 Ethernet/IP 通讯卡的 FLEX I/O 模块连接到控制器（PLC 柜），通过输出 4～20 mA 的 HART 模块连接调节阀。

（6）PCS 系统配置

1）系统冗余

① 核心层交换机 1:1 冗余配置；

② 汇聚层交换机 1:1 冗余配置；

③ 2 层存取交换机 1:1 冗余配置；

④ 光纤主干网络 1:1 冗余配置；

⑤ 所有操作员站均为全功能站，可互相备用；

⑥ 现场网络采用星形拓扑，独立运行互不干扰；

⑦ MCC 的 DeviceNet 采用环网结构，局部断点不影响全网运行；

⑧ 所有服务器、工作站和控制柜均采用 UPS 供电；

⑨ 采用生成树（Spanning Tree Protocol（STP））在网络中建立树形拓扑，消除网络中的环路，并且实现交换机间路径冗余；

⑩ 设置虚拟局域网（VLAN），将有共同需求的主机组成一个网段，简化网络管理，减少不必要的网络广播，防止网络风暴的发生；

⑪ 采用 IGMP SNOOPING（Internet 组管理协议），将 IP 多播数据包只转发到需要该数据包的交换机端口，能有效地减少 Ethernet/IP 上与 I/O 控制相关的多播传输通信量。

2）服务器

PCS 的服务器有以下七类：

① 冗余配置的人机接口服务器（HMI server）。

② 冗余配置的数据服务器（data server）。

③ 冗余配置的历史数据服务器（Historian data server）。

④ 冗余配置的域服务器（primary /second domain server）。

⑤ 能源管理服务器（Energy Metrix Server）：

采用罗克韦尔的 PowermonitorⅡ（简称 PMⅡ）和 Powermonitor3000TM（简称 PM3000）电力监控器。前者用于配电站，后者用于主开关站。湖山矿采用的 PM1000 有两种型号，TR2 型用于 525V 马达控制中心，可以监测电压、电流、频率、功率、功率因数，EM2 型用于 33 kV 配电柜，功能更加强大，还可以提供功率需求（实际功率需求和预测功率需求）和能量记录。PM5000 具有事件记录、最值记录、瞬态记录、故障录波、事故预报分析、电网质量分析和电能需求管理等功能。

⑥ 制造智能服务器（Vantage point server，HMI Web Server）：

通过基于 Web 的报表软件将所有数据汇聚到单个决策支持系统中，可实时访问所有生产数据和趋势，可以实时发布报表。

⑦ 许可与资产管理服务器（Asset center server）：

资产管理是对 PlantPAx 系统的扩展，它将维护和工厂操作添加至核心组件。其中包括全面的诊断、校准、实时监视功能以及审计设备和网络健康功能，从而可提高总体资源可用性。该服务器主要功能有：

● 安全访问控制系统：通过 FTSecurity 管理操作员站、工程师站和各服务器的用户密码，即使机器从局域网断开依然执行安全权限，防止对正在运行的过程或文件进行未经许可或不必要的修改。可以检测非法用户。

● 对自动化设备进行归档和审计追踪：确定谁在何时对何种设备做了何种修改，管理资产配置文件，维护所有系统文件的版本，确认设备中当前配置或文件、程序版本是否正确有效。

● 组态过程仪表：管理仪表校准和系统技术指标，管理校准的需求、规范、进度、校准结果和报告。

● 灾难恢复：备份和恢复运行设备的配置。

● 用户通知功能：当预先定义的系统事件发生时，会用邮件主动通知指定用户以下信息：完成的、已取消的或者失败的调度、上载或比较事件状态。

● 源控制文件提醒：利用集中的 SQL 数据库提供自动的版本控制，确保正确的文件管理，支持的文档包括组态、程序、操作规程等。

（7）操作员站和工程师站

工作站包括：

① 主控室操作员站：共 6 台，包括浸出区、磨矿区、试剂区/公共设施区、逆流洗涤区（CCD）、离子交换区、溶剂萃取区/产品区的操作员站。每个操作员站基本配置为 1 台主机带 3 个 23 寸显示器，前排 4 个操作员站另外各配 1 台 85 寸大屏幕显示器（见图 2.4.2）。

图 2.4.2　主控室布局

② 就地操作间：12 台为 Viewpoint 用户，只用于监视，不能操作。

③ 工程师站：2 台。

④ 其他 2 层设备还包括打印机、网络存储器（Network attached storage，NAS），NAS

在一个局域网上占有自己的节点，无需应用服务器的干预，允许用户在网络上存取数据。

⑤ 远程桌面系统（Remote Desktop Services（RDS））：通过登录 RDS 可在公司内网浏览 PCS 数据。

2.4.2 仪控设计准则

（1）输入/输出信号

模拟量输入：所有模拟量输入采用 Ethernet/IP 或者带 HART 协议的 4～20 mA（带隔离的回路供电），压力、温度变送器和调节阀均采用回路供电，最大输入阻抗 250 Ω。

模拟量输出：采用 4～20 mA 电流回路，最小输出阻抗 600 Ω。模拟量输入和输出均采取电气隔离。

开关量输入：干节点，通过数字模块。

开关量输出（MCC）：24 VDc 数字模块，每个输出 60 mA。

开关量输出（现场）：24 VDc 继电器模块，每路最大输出电流 2 A。

电机驱动：Ethernet/IP。

供电电压等级：

① 单相 110 VAC：现场 UPS 给网络设备和仪表供电、RIO 柜和 MCC；

② 单相 220 VDC：控制室设备（服务器、工作站、网络设备等）的 UPS。

24 VDC：不带 Ethernet/IP 的仪表。

气动信号：20～100 kPa（表压），仪表用压缩空气须干燥无油，供气压力在 450～700 kPa。

（2）备用容量（见表 2.4.1）

表 2.4.1 备用容量

电源	I/O	CPU 处理时间	通信占用	内存占用
50%	25%	50%	50%	50%

（3）供电供气要求

各区域 PCS 间 UPS：30 kVA，自持 30 min（有厂级后备应急发电机组）；主控室 PCS 服务器的 UOPS：60 kVA，自持 2 h（有就地后备柴油发电机组）。

（4）设备采购包进入 PCS 的原则

设备采购包的仪控要求：原则上所有机械设备均应优先考虑有全厂 PCS 统一控制，所有信号均送 PCS，供货界限是设备采购包或安装承包商供货的就地端子接线箱。

有些机械包自带控制器和软件，统一选用规定的罗克韦尔系列产品，并能直接通过 Ethernet/IP 协议与 PCS 通信，PCS 提供监视、控制、状态显示、报警和历史趋势等功能。对于关键的控制功能和保护功能需要通过硬接线接入 RIO 柜或 MCC 柜，数据通信仅限于非关键的控制功能，机械供应商提供带控制程序备用控制器（CPU）以便在出现故障时直接更换。

出于安全考虑，有些复杂的大型机械，如旋回破碎机、砾石破碎机和浓密机等，带有就地控制柜（Local Control Panel），LCP 上可以显示关键的参数，并可以进行简单的启/停操作。所有的联锁信号、跳机信号和紧急停机信号，包括用于设备保护或是用于工艺联锁的都应满足故障安全原则。

每个机械包至少要提供以下跟仪控有关的文件：

① D04 Instrument list
② D06 工艺描述
③ D07 工艺控制原理
④ D08 联锁清单
⑤ D09 因果关系表
⑥ D11 PCS I/O listing

2.4.3 仪控设备

（1）控制站

1）I/O 规模

水冶厂主厂（不含 FPR 和酸厂）I/O 总数 7 177，见表 2.4.2。

表 2.4.2 控制站 I/O 规模

区域	原设计 I/O 数	最终 I/O 数	增加百分比
3010	316	420	33
3020	645	812	26
3030	399	533	34
3040	617	920	49
3050	1 904	2 092	10
3060	645	704	9
3080	190	331	74
3090	71	120	69
3100	352	666	69
3120	299	336	12
2020	110	243	121
总数	7 177		

2）远程 I/O 柜

远程 I/O 柜，包括 6 种型号共计 376 台，见表 2.4.3。

表 2.4.3 远程 I/O 柜类型及数量

地点	功能	类型	数量/台
变电站盘柜	PLC	PLC	8
	RIO	RIO_C	6
	PCS	Network_C	10
现场网络柜	IT 网络柜	Network_A	5
	墙挂式网络柜	Network_B	70

续表

地点	功能	类型	数量/台
现场 I/O	RIO（大）	RIO_A	101
	RIO（小）	RIO_B	8
	电磁阀箱 SVB	RIO_D	60
	无线通讯柜	RIO_E	17
	危险区 RIO	RIO_F	11
	危险区隔离柜	ISP	8
	仪表供电柜	IBDB	39
	模拟接线箱	JBA	13
	数字接线箱	JBD	14
合计	376		

严格地说，PCS 的 RIO 柜是属于分布式 I/O，即远程站点没有 CPU 模块而只带 I/O 模块，通过 1794AENT Ethernet/IP 通信模块和本区域的 PLC 通信，PLC 上的 CPU 读取分布式 I/O 的数值。

PCS 系统采用的分布式 I/O 的类型：

① 1734 Point I/O：带有 1～4 点的极端模块化的块 I/O，并内置 DeviceNet 接口。

② 1794 FLEX I/O：一种灵活方便的、经济的模块化分布式 I/O，可以提供与大型的机架安装的 I/O 相同的功能，而无需较大的空间。

工业 Ethernet/IP 实现与电气设备（包括 VSD 和 MCC）集成，降低了应用成本。可以实时信息访问，便于缩短故障处理和响应时间。

3）分布于各区域的 PLC 柜/PCS 柜

各区域变电站配有 PLC 柜和 PCS 柜各 1 台 PLC 柜。其中 IX（离子交换）区域的 PLC 柜有 5 个控制器，其余区域各有 1 台控制器。控制器型号为 Controllogix1756-L75。

Controllogix 控制器是 PCS 的核心控制组件，可以提供过程控制、顺序控制、离散控制和传动控制等控制功能。每台 I/O 控制器可以独立运行，即使在与工厂监控级（Level2）发生故障或失去通讯情况下，上述功能仍将继续。在失电后重新上电的情况下，能自动恢复监控功能而不需要与其他设备通信，能通过控制网络或专用链路实现对等网络（peer-to-peer）通信。

（2）现场仪控设备

主要由现场仪表、执行机构和供电设备组成，主要有以下几类：

分析仪表：包括 ORP、pH 计、电导率计、氯离子含量、SO_2、铀含量分析仪。

自动滴定仪（Fe^{2+}、Fe^{3+}）采用抽取式取样方式，测量 Fe^{2+}/Fe^{3+}的比值和 pH。

密度计：DN80 以下的管道采用科式密度计，DN80 以上可采用核子密度计或者超声波密度计。保证满管流体，一般在垂直或斜坡管道上安装。

流量计：导电性（≥5 μS/m）的流体或矿浆优先采用电磁流量计。在非导电性的气体或干净的液体（如除盐水）可采用涡街流量计，氨气采用热式质量流量计（T-mass）。

料位计：超声波液位计用于开口的容器，如槽和地坑等；雷达料位计用于加压的罐体或在有泡沫、冷凝水的场合。核子料位计用于裙边给料机进料斗料探测。

溜槽堵塞传感器：微波探测器。

界面液位计：用于超声波测量浓密机固－液分界面高度。

压力变送器：用于测量浓密机背压。

温度变送器：RTD（Pt100，三线制），测量低于 500 ℃，回转窑采用热电偶测温。

1）仪表采购

现场仪表除了机械包自带以及单独采购的以外，其余在框架协议 FA-002 下的两个采购包 CN-001（1310 台）和 CN-001A（430 台）进行采购，供货商为 Endress+Hauser（E+H）。

E+H 是罗克韦尔的技术合作伙伴。为了减少集成来自过多不同仪表厂家的产品所带来的技术风险，罗克韦尔在实验室测试了多种来自第三方的带 HART 协议和 Ethernet/IP 等接口的设备与 PLANTPAx 系统的兼容性，特别针对 E+H 的每种仪表提供了“集成文档”和“互用性说明”。集成文档用于指导仪表与系统的安装、配置、调试和投运。互用性说明旨在表明 E+H 的仪表按照双方共同制定的测试程序各自进行测试后，确认满足 PLANTPAx 的性能要求，如 Promag 53 系列电磁流量计可以直接链接到 Ethernet/IP 网络。这两份文件使集成更加容易，节约成本，提高整个系统的质量和品质，大大降低了风险，同时结合资产管理软件对智能仪表的在线诊断和预防性维修提供了条件。

仪控的执行机构主要包括控制阀、调节阀和电气设备。控制阀分为通断式阀门和调节阀，通断式阀门带气动头、电磁阀和位置开关。通断式阀门在框架协议 FA-001 下分四个合同进行采购：ME-041，G091，G-094 和 G097，共计 5961 台。

阀门有关的主要问题：

供货进度：76 台安全阀和泄压阀因厂家更换，导致供货延误，采用空运。

阀门质量问题：矿浆区 KG1 型刀闸阀使用中严重泄漏，全部更换（见相关章节）。IX 区安全阀密封不严造成泄漏，造成钢结构和其他设备严重腐蚀。

调节阀在 CN-006 采购包中采购，共 202 台，供货商为 DLM 公司。调节阀带驱动头和定位器，主要类型及使用场合见表 2.4.4。

表 2.4.4　调节阀类型

类型	使用场合
针型阀、球心阀	蒸汽、SO_2、压缩空气、干净流体 DN≤100
蝶阀	酸性流体、压缩空气、干净流体
球阀	用于关断非洁净流体
隔膜阀、夹管阀、刀闸阀	矿浆
液压驱动闸阀	大口径尾矿排放，手动

调节阀的主要问题是 IX 区域的阀体材质选择不当，被管道泄漏的酸性液体及外部酸雾浸蚀导致破损，先后有 12 台送回原厂返修。

2）电气及电机驱动设备接口

① 与主变电站接口

主变电站的开关通过保护继电器（VAMP 系列和 SEL 系列）与控制器接口。

② 与 MCC 接口

在 MCC 中，智能启动器通过 Ethernet/IP 连接到控制器，功率监测回路通过 A-B 公司的 PowerMonitors 1000/5000 系列连接到控制器。现场急停按钮和安全拉线开关通过硬接线直接接入智能 MCC，一旦触发可以直接使得接触器因失电断开。

电机启动方式主要分三类：带变频器（VSD）变频启动、带软启动器的软启动（Soft Starter，SST）和带马达保护的直接启动（DOL）。另外旋回破碎机采用串联液体电阻方式启动。

③ 与 VSD 的接口

PowerFlex 755 型 VSD 带 EtherNet/IP 通讯口，直接连接到 MCC 网络柜中的 Stratix8000 交换机。

④ E3+和软启动器

6 台电机控制柜（bucket）组成一个 DeviceNet 环网连接到网关 193DNENCATR，环网上的单点故障不会影响通讯。193DNENCATR 带双 RJ-45 端口，它是 DeviceNet 到 EtherNet/IP 的转换模块，可以同时扫描 6 个 DeviceNet 的设备。DNENCATR 支持罗克韦尔的设备级环网（Device Level Ring，DLR）以太网环形拓扑，多台 DNENCATR 串联形成一个环网以太网，即使网链在某个点中断情况下仍能保持通讯。该环网通过 1783-ETAP（嵌入式技术交换机）连接到 MCC 网络柜中的 Stratix8000 交换机，该交换机与 PCS 机柜中的 CISCO3010 交换机通讯。

E3 是多功能、固态、基于微处理器的电子式电机过载保护继电器，可用于 5000A 以下的鼠笼式感应电机保护。湖山水冶厂使用的是增强版（E3+），内置 DeviceNet，4 个输入点，可编程保护功能：过载、欠载、缺相（仅限于脱扣）、失速（仅限于脱扣）、堵转、相间电流不平衡、接地、热敏电阻。

3）仪表电缆

主要仪用电缆类型：

A 类：仪表模拟信号电缆：阻燃 PVC 护套双绞线或三芯电缆（每芯 7 股以上），聚酯铝箔独立屏蔽，黑色（非本安）和浅蓝色（本安）。

B 类：PCS 网络光缆（单模：黄色；多模：橙色；连接头：SPF 双 LC）。

C 类：PCS 数据铜缆。

D 类：开关信号电缆。

E 类：仪表接地电缆。

F 类：消防系统 UTP 电缆。

G 类：Ethernet/IP RJ-45 Cat6a 网线，UTP 双绞线，4 对（8 芯），用于现场仪表与 RIO 柜。主控室服务器、工作站、交换机以及 MCC 的交换机与 VSD/DOL 柜等连接。

P 类：仪表供电电缆。

W 类：光纤复合架空地线，用于矿坑到主开关站的光纤通讯。

仪表电缆设计总长度为 374 km。

（3）危险区域的仪控

1）危险区域划分原则

湖山铀矿采用 IEC 标准对危险区域进行分级（与中国类似）。

0 区：连续出现或长期出现爆炸性气体混合物的环境，连续存在危险性大于 1000 h/年。

1 区：在正常运行时可能出现爆炸性气体混合物的环境，断续地存在危险性 10～1000 h/年。

2 区：在正常运行时不可能出现爆炸性气体混合物的环境或即使出现也仅是短时存在的爆炸性气体混合物的环境，事故状态下存在的危险性 0.1～10 h/年。

0 区一般只存在于密封的容器，贮罐等内部气体空间，湖山水冶厂不存在 0 区。危险区域主要有 3060 溶剂萃取区域、3100 区域的的氨气系统以及溶剂、稀释剂系统以及硫磺装卸系统。其分级均处于 1 区，Ⅱ组（爆炸性气体），种类 2（适用于 1 区），温度等级为Ⅱ组第 3 档（T3），即气体点燃温度为 200℃，电气设备可允许表面温度为 200℃。

危险区域的仪表均采用本安型（Ex（i））即在正常运行或在标准试验条件下所产生的火花或热效应均不能点燃爆炸性混合物的电气设备。

2）安全栅

危险区的仪表与非危险区的仪表通过 MTL4500 系列隔离式安全栅进行隔离。该安全栅除具有限压与限流的作用之外，还带有电流隔离的功能。它以安全栅的电路作为本安电路，实现限流和限压，并用光电器件隔离本安电路与非本安电路，因为电源、输入、输出相互隔离，组成系统时不需要接地，信号完全浮空，检测和控制回路的信号稳定性和抗干扰能力大大加强，从而提高了整个系统的可靠性。

其中回路限能单元为安全栅的核心部分。此外，辅助包括用于驱动现场仪表的回路供电电路和用于仪表信号采集的检测电路。信号处理单元则根据安全栅的功能要求进行信号处理。

3）布置与连接

所有控制器及 I/O 模块都布置在危险区域以外。在处于危险区域的现场 I/O 和远程 I/O 柜之间增加安全隔离柜（ISP 柜），ISP 柜内布置有 MTL4500 系列安全栅。安全栅带有背板，单个 I/O 可以自由添加或移除。ISP 柜和 RIO 柜背靠背布置。该型安全栅的优点是用预先接好线的多芯电缆连接安全栅背板和远程 I/O 柜里的 I/O 模块。

防爆回路的设计需要经过专业机构（Explolab）的认证。

2.4.4 仪控设计

根据 EPCM 合同，HPJV 承担所有初步设计和施工设计任务。根据设计文件清单（EDL），仪控类设计文件总数 1 581 份。

（1）文件类型

1）初步设计文件

① 仪控设计准则

② 通用仪表规范

③ 仪控系统总体结构图

④ 仪表电缆规范

⑤ 仪控材料规范

⑥ 通用仪表盘柜规范

⑦ 机械包电气仪控要求

2）合同采购类文件

① 采购要求

② 工作范围

③ 设备规范

④ 合同规范

⑤ 计算书

⑥ 技术评标报告（TEAR）

3）施工设计文件统计

施工设计文件统计见表 2.4.5。

表 2.4.5　仪控设计文件统计

代号	文件名	数量/份
120	仪表典型安装图 Hook－up	69
121	综合布置（仪表、盘柜布置及电缆路径）	143
125	仪表数据表	21
148	仪表类清册（仪表、电缆、I/O）	69
151	端接图	664
153	盘柜内部接线图	151
154	仪表回路图	11
156	盘柜内部布置图	118
157	电缆方块图	141

（2）仪控设计组织

仪控设计专业由电仪区域设计经理负责。最高峰时共有 14 名设计、审查人员，其中专业主管 1 名，高级设计人员 4 人（PH/LM/LG/SC），工程师 3 人（RE/JD/LR），系统设计人员 2 人（ML/PV），以及绘图员 3 人（AA/CD/SL）。

2.4.5　专用仪控系统（生产管理系统）

生产管理系统位于仪控系统总体结构的第 3 层（Level3），由生产信息系统（MIS）、金属计量系统（MAS）和实验室管理系统（LIMS）组成。

（1）管理信息系统 MIS

MIS 集成来自 PCS、MAS、FMS（车队管理系统）和 LIMS 的信息。执行物料质量和库存的计算，报告各类 KPI 信息，为日常运行决策提供厂级管理信息。湖山矿的 MIS 采用施耐德电气公司的 Ampla 系统。

1）主要功能模块

① 停机模块：通过分析停机原因，持续改进生产过程，统计计划和非计划停机报告，以及低效运行的设备监测报告。将复杂的停机事件分解为常见原因，有利于做出决定。

② 维修模块：收集设备操作和维修的基本数据，帮助优化设备性能。

③ 绩效模块：实时计算 KPI 并以图形仪表盘形式显示，如全局设备使用效率、生产

收益和单位产出能耗。

④ 物料模块：收集物料数量、移动和工厂端的存量信息。提供管理跟踪库存和物料移动的方法。

⑤ 计划模块：是 ERP 和现场生产之间的桥梁，用于生产监控和计划工具；计划维修时间和待机时间；帮助制订维修计划。

⑥ 生产模块：可以看到整体运营状况，材料、消耗品、能源消耗、尾矿和产品产出。支持单点手动录入生产数据。

⑦ 质量模块：从 PCS 提取质量数据，报告和管理整个制造周期的质量。

⑧ 知识模块：在线录入操作日志、记录影响生产的关键信息，例如设备的非正常启动，可以快速查找设备信息（如图纸、手册等）。

2）MIS 与外部接口

MIS 位于仪控总体结构的第 3 层，它又包括 3 个子层。

① 应用层

应用层位于服务器侧执行 MIS 不同模块的功能，提供与其他系统的集成机制和数据交换。采用 Matricon 的历史数据存取服务连接器（OPC HAD）通过 Ampla 数据服务器进行数据收集；按照 PCS 在历史数据服务器提供的 MES 所需要的关键工艺数据的标签提取数据。

② 集成层

提供与 PCS 之外的其他所有系统集成所需的 Staging table（即临时数据库，又称数据驿站，它是将数据置于特定的地点以供用户访问），以及用于报表功能的 Data Mart 数据库（即数据集市）。数据集市是满足特定的部门或者用户的需求，按照多维的方式进行存储（包括定义维度、需要计算的指标、维度的层次等）生成面向决策分析需求的数据立方体。采用数据集市来收集所有来自于 MIS 的数据，主要目的是开发一种数据立方体并使用 SQL2012 商务智能工具进行快速数据分析和生成报表。数据集市的实施包括抽取、转换和装入三个过程（即 ETL）。

抽取：从 MIS 的 Repository 数据库提取数据。

转换：使用表格和视图把数据转换成易于理解的格式。

装入：数据被装入在线分析处理（OLAP）数据库，用于快速分析和生成高级报表。

③ 可视化显示层

提供用户与 Ampla 的互动手段，包括显示与分析。

MIS 与外部接口如表 2.4.6 和图 2.4.3 所示，MIS 通过 SAP Mii（制造集成与智能）与 ERP 的集成。

表 2.4.6 MIS 接口表

编号	接口内容	信息来自	信息去往	描述	接口交换方式
1	样品分析结果	LIMS	MIS	MIS 通过数据库查询方式提取 LIMS 服务器中的分析结果	中间数据库
2	工艺数据（实际生产数据、物料及能源消耗、库存、工艺质量、停机时间、设备状态等）	PCS	MIS	MIS 从 PCS 的历史数据服务器提取数据然后存放于 MIS 数据库和就地的集市	OPCHDA（Object Oriented Process Control HistoricalData Access）

续表

编号	接口内容	信息来自	信息去往	描述	接口交换方式
3	绩效数据、报表数据（计算的 KPI：MTTR/MTBF、可用率、处理量、金属平衡、实际消耗等）	MIS	SAP Mii	MIS 将数据写入就地中间数据库供 SAP Mii 提取	中间数据库
4	计划数据（生产目标、大修计划等）	SAP Mii	MIS	SAP Mii 发送	中间数据库
5	维修通知	MIS	SAP Mii	MIS 将数据写入就地中间数据库供 SAP Mii 提取	中间数据库
6	矿石转运	FMS	SAP Mii	SAP Mii 从车队管理系统提取矿车运输量数据并写入 MIS 的中间数据库	中间数据库
7	工艺数据（实际生产数据、库存、工艺质量、实验室分析结果等）	MIS	MAS	MIS 将 MAS 所需的数据写入就地中间数据库	中间数据库
8	物料平衡与报表数据（协调后的生产数据、协调后的库存等）	MAS	MIS	MAS 将物料平衡数据写入 MIS 中间数据库	中间数据库

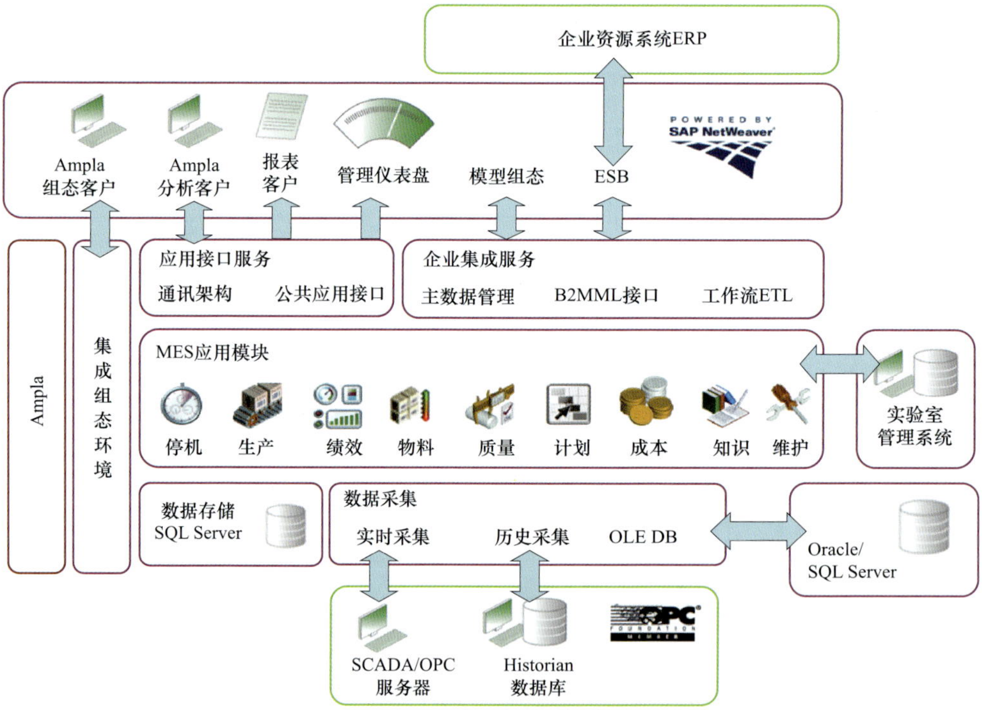

图 2.4.3　MIS 外部接口示意

3）主要生产报表类型

MIS 系统主要生产报表类型见表 2.4.7。

表 2.4.7　MIS 系统主要生产报表类型

编号	报表名	描述	周期
1	每日生产简报	主要 KPI 数据	每天
2	详细的铀压槽报告	本月至统计日各区域铀压槽量即移动情况	每天
3	每日水消耗简报	包含水库存量、各工艺环节耗水量	每天
4	详细试剂消耗简报	每种试剂总消耗量、单位产品消耗量、库存量、最低库存要求等	每天
5	月度生产简报	全厂整体绩效	每月
6	执行报告	显示主要 KPI 与计划相对照的高级报表	每天

（2）金属计量系统 MAS

1）金属计量系统的功能

MAS 是向运行团队提供监视、跟踪、平衡和协调生产信息的系统。目的是提供精确的生产信息用于决策对铀的有效提取和回收。MAS 还通过 MIS 提供用于生产管理的报表信息。湖山的金属计量系统采用 Tripple Points Technology 公司的 Algosys Metallurgical Accountant（AMA）系统。采用金属计量系统后，金属计量结果可以避免简单地使用 EXCEL 表格做计量工具从而导致公式和数据被不留痕迹地修改的现象发生。AMA 系统满足 AMIRA P754 Code of Practice。

2）MAS 的接口

所有的数据均来自于 MIS，MIS 将 MAS 需要的数据放在 MAODS 中间数据库（staging database），MAS 也将处理结果放回该数据库，通过 MIS 向外发布。MAS 数据流和工作流分别见图 2.4.4 及图 2.4.5。

3）AMA 的软件模块

MAS 由 6 个主要的软件模块组成：

① 金属计量数据库（MA DB）

金属计量数据库包含一系列用于存放物料平衡所需的数据和产生的数据的关系式数据表。物料平衡数据存放在“撷取数据帧（captures）”中，为物料平衡计算每一步骤特定的数据帧。MA DB 也存放物料平衡以外的数据，如运行参数、停机时间和试剂消耗量等。

② 金属计量报表数据库（MA Reporting DB）

由于 MA DB 是设计用于具有灵活性、可追踪和快写要求的场合，无法与报表和数据挖掘等功能相契合。为此，专门开发了用于存放经过认可数据的报表数据库，该数据库与在线分析处理数据立方体（OLAP Cube）相连接，该立方体用于计算月度（MTD）、年度（YTD）生产数据以及品位、回收率等。

③ 金属计量服务（MA Services）

金属计量服务是用于执行产生物料平衡所需步骤的一系列程序（见图 2.4.6）。一旦所需的先决条件得到满足，计量服务模块会自动执行，每次执行完所指定的任务后会在 MA DB 中产生一个数据帧。

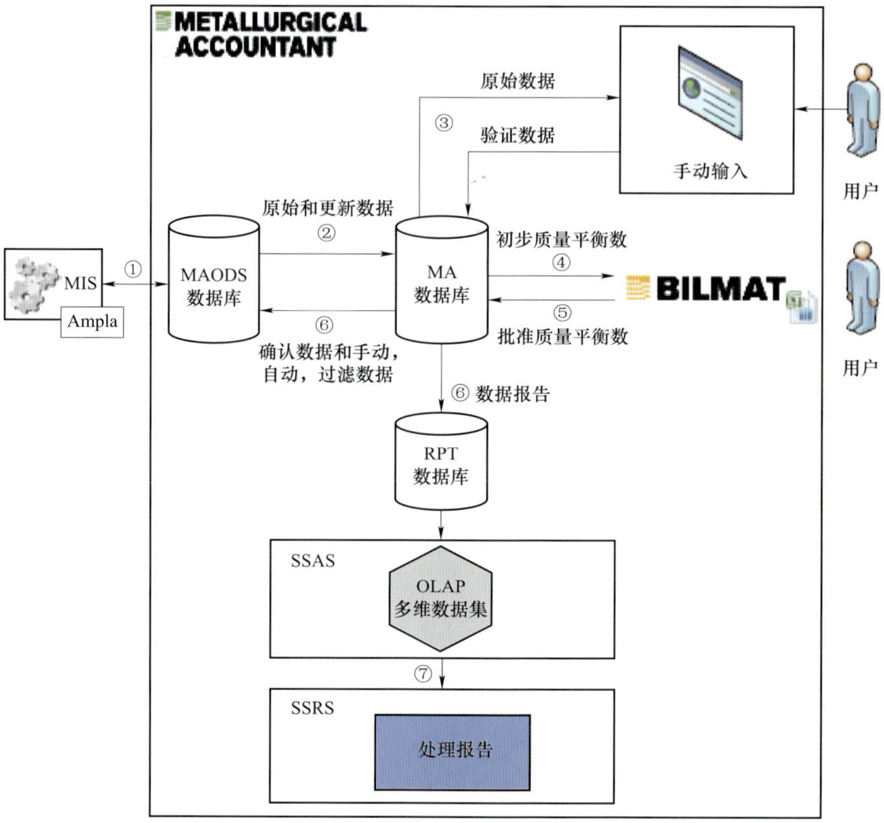

图 2.4.4　MAS 数据流

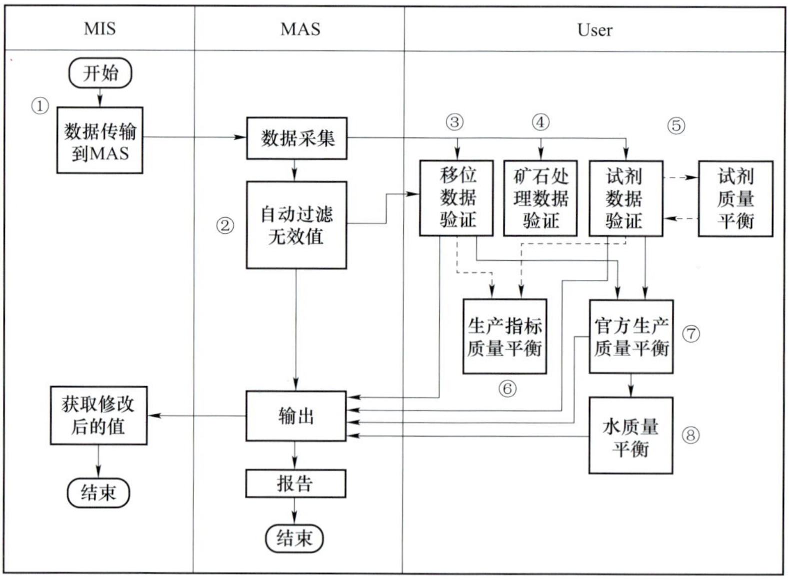

图 2.4.5　MAS 工作流

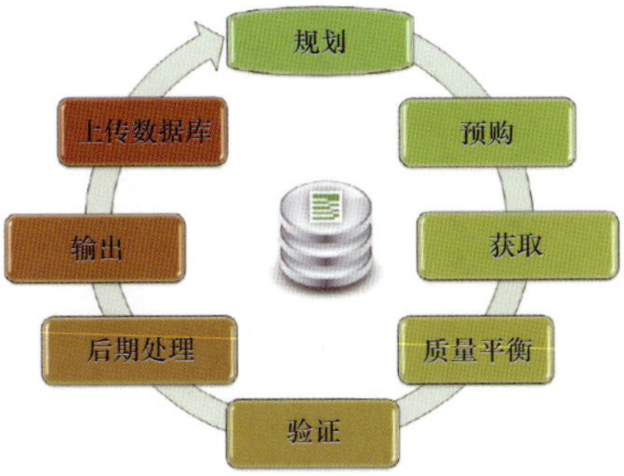

图 2.4.6　金属计量服务循环

④ Algosys Web Portal：是 Algosys 网页浏览门户，水冶工程师通过此门户对数据进行确认。

⑤ Algosys Excel Tools（Algosys Excel 工具）：它是 AMA DB 和微软的 Excel 软件之间的接口，把质量平衡数据导入到一个用来做数据协调的 Excel 模板，加以确认和/或进一步调整之后送给水冶工程师批准。

⑥ Bilmat（数据协调软件）：数据协调是 MAS 的核心功能。原始测量数据不可避免带有误差（如采样误差、分析误差等），需要进行确认。数据协调就是去除不一致和数据中不合理的数据，从而产生唯一的一组权威数据。数据协调的原理可概括为：选取测量数据的校正值，使其既满足整个装置和单元设备的物料、能量平衡关系，同时又使其与测量值之差的平方和最小，并能估计出未测数据，诊断故障源。从数学上看，数据协调就是求满足一组等式和不等式约束条件方程组的最小二乘解的优化问题。BILMAT 软件是 AMA 的数据协调引擎，它使得对数据的变化降至最小，对最不准确的数据进行修补，全部自动完成。

（3）实验室信息管理系统（LIMS）

湖山矿实验室每天 24 h 运行，每月处理约 2 万个样品，进行 3 万次实验。为了使实验室能高效地运作，建立了实验室信息管理系统（LIMS）。

LIMS 将人员、仪器、试剂、方法、环境、文件等影响分析数据的因素有机结合起来，采用先进的计算机网络、外设接口、数据库技术和标准化的实验室管理流程，组成一个开放的体系，实现分析任务网上分配、检测数据自动采集、快速发布、信息共享、分析报告自动生成、质量保证体系顺利实施、成本严格控制、人员量化考核、实验室管理水平整体提高等各方面提供技术性支持，是连接实验室、生产部门、质量管理部门及客户的信息平台。

湖山的 LIMS 包括 LabWare LIMS 和 WEARCHECK LIMS，后者用于采矿、水冶及电气的油品分析，分析结果送外部机构确认，两个系统独立运行。以下主要介绍 LabWare LIMS，LabWare 是 LabWare AFRICA 公司的产品。

1）LabWare 功能

① 样品的接受、登记、打条码、追踪

② 记录分析结果

③ 与实验室仪器接口

④ 分析结果的确认

⑤ 向外部系统发布结果（MIS/MAS、SAP 和地质）发布分析结果

⑥ 提供报表与趋势分析

⑦ 全部活动的审计日志

⑧ 实验室的事务管理

2）LIMS 与仪器的接口

多数仪器通过自带的 RS-232 串行接口连接 LIMS 系统（如分光光度计、碳硫仪、PH/电导率计、水质分析仪等）；部分仪器向 LIMS 传输文件包（如 ICP-OES，XRF），另有少数仪表需要手工输入（如色谱仪、浊度仪等）。

在 LIMS 不在线期间的实验结果需要手动输入，采用两种方式：FLAT FILE（CSV）和提供 GUI 手动输入。

3）用户权限

① 超级用户（superuser）：可以使用全部功能和数据。

② 高级用户（poweruser）：可以使用操作方面的功能，如打开样品、实验生效、数据修改、配置等。

③ 操作用户：只能使用基本的操作功能，如打开样品、分析结果的截取。

④ 报表用户：只能使用报表和趋势功能。

LabWare 包含第三方统计过程控制（SPC）质量分析工具 NWA Quality Analyst，可以对 LIMS 检验结果进行综合分析。该工具也为 MAS 所用。从接收到样品到出具报告的这段时间称为样品周期（Sample Turnaround），它是用于考核实验室工作效率的一个重要参数。

4）报表功能

LabWare 采用 SAP 公司的水晶报表（Crystal Reports），具有以下功能：与任何数据源连接，包括 Access、Excel、XML 文件和 csv 等数据。快速创建灵活、特性丰富的报表，包括条形图、饼图、曲线图、甘特图、雷达图、气泡图、漏斗图等 20 多种图形。可以进行高精度的网络输出和打印输出，并集成到 Web 和 Windows 应用程序中。

第三章　采购及合同管理

3.1　采购组织

在可研阶段，当时的业主公司就已委托 AMEC 开始采购的准备及组织工作，重要的采购包均进行了市场调研和一轮招标过程。

2012 年 11 月 8 日签署 EPCM 合同，依据该合同性质，项目所有采购工作委托 HPJV 进行，采购的组织依托 HPJV（AMEC）的采购平台以及相关采购程序，业主对发标、开标、评标、合同推荐等关键节点进行控制。HPJV 协助对项目的全成本进行管理和控制，EPCM 合同中设定了控制目标和激励制度。项目采购、支付、成本控制管理及所有数据基于 HPJV 的 Convero 系统及 Sharepoint 平台，在项目结束后将移交给斯科公司。

基于项目 EPCM 项目管理及工程建设向生产准备转移等特点，湖山项目建设阶段的采购组织简述如下，组织关系见图 3.1.1。

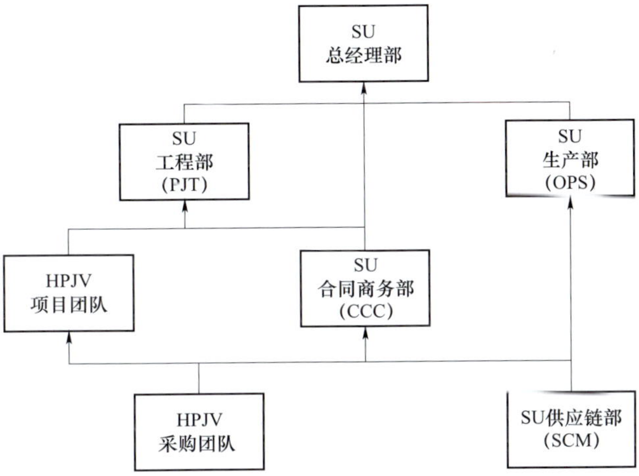

图 3.1.1　湖山项目采购组织

（1）HPJV 采购团队

EPCM 承包商组织内的采购团队，约 12 人，后期派驻现场 6 人负责现场合同的执行和现场零星采购。其向业主采购团队、HPJV 项目总进行汇报，同时联络 HPJV 设计团队、进度成本控制团队等。

（2）业主公司合同采购部（CCC）

业主公司的合同采购团队，人员全部来自股东方，由中广核选派，共 5 人。向项目总（工程部总监）及 CEO 汇报，联系工程部内其他团队、指导 HPJV 采购团队。

同时，在工程建设期间，采矿生产工作逐步启动，水冶运行物资也在同期采购，此部分工作内容不属于 EPCM 合同范围，由业主公司负责。CCC 部门负责部分采购，后期组建单独的 SCM（供应链部）负责采购，接受 CCC 的指导。

CCC 同时扮演了公司合同商务组织和制度建设、工程建设与生产准备运营之间的桥梁等角色。

（3）业主公司供应链部门（SCM）

随着项目工程进展组织设立，负责公司生产运营物资的采购。项目建设期间接受 CCC 的指导，由 CCC 将工程建设期间、设计方等的相关要求传递到 SCM 进行采购。前期由 CCC 负责采购，后期由 SCM 完成采购，这部分采购包括：硫磺、液氨、轮胎、重型卡车的备件供应维修服务等，炸药供货及爆破服务，燃油供应，首炉化学试剂（硫磺、树脂、絮凝剂等），化学实验设备设施，水/电供应，港口仓储和运输合同等调试生产所需物资长周期合同采购。

由于纳米比亚市场规模小、配套基础设施较差、人力资源匮乏，组织采购/物流等工作遇到了极大的困难，SCM 组建过程用了约 2 年时间才逐步走上正轨，生产期年度采购金额在 5 亿美元左右。

同时项目指定 PCC（Professional Cost Consultants）为项目的工程测量工程师（Quantity Surveyor），对工程量进行核算并加强成本控制。PCC 为注册的专业工程测量师（Quantity Surveyor），项目测量标准使用南非标准 SANS 1200（set）：Standardized specification for civil engineering construction。

3.2 采购过程控制

在工程采购开始之初，业主人员面临诸多困难，包括：在股东人员进入项目之前已经完成可研和主要采购的“预询价”，原股东出于“出售项目”的目的，之前工作及管理要求非常粗糙；EPCM 承包商对新股东/业主人员的介入极度“不适应”，认为业主只负责“付款”即可；EPCM 承包商人员全部是“现招聘”，对统一的项目采购管理要求不清晰；矿业相对于核电行业基本是粗放式管理，很多采购做不到“有据可依，有据可查”；南非矿业行业人才流失、商业环境极具挑战等。这些给如何对如此庞大的项目采购进行管控、采购，如何保障项目建设进展等，带来巨大的挑战。

为规范采购流程，加强股东方/业主方对项目采购过程的控制，斯科公司采购团队一进入项目，就与 HPJV 就采购流程进行了重新确认，通过“钉钉子”的方式将股东方/业主方的人员安排到采购的各个关键节点。主要控制节点及业主审批、关注事项见表 3.2.1。

表 3.2.1　业主人员采购控制节点

序号	控制节点	审批人员	意义
1	设计文件	业主的中方区域经理、设计经理审查批准	为中方团队提前介入设计过程创造了机会
2	采购申请	业主团队的设计经理、成本控制经理、采购经理、项目经理签字批准	对采购需求进行了控制，也避免设计方“过高”的采购需求

续表

序号	控制节点	审批人员	意义
3	投标商清单/评标准则	业主团队的设计经理、采购经理、项目经理签字批准	为中方控制采购渠道、引入中国承包商参与竞争创造了条件，事实证明业主的这一项批准权利非常重要
4	询价文件	需抄送业主的采购团队	了解采购进展
5	开标文件	需业主采购团队见证开标	业主第一时间了解采购情况，避免了不可控、废标、廉政等风险
6	短名单/快速评标	需要业主设计经理、采购经理、项目总批准	了解采购过程、控制采购风险
7	评标报告	需要业主设计经理、采购经理、区域经理、成本/进度控制经理、项目总批准	对采购最直接的控制，第一时间了解采购进度、成本、供应商、供应方案，避免采购不可控事件发生
8	采购推荐报告、合同文本	需要业主设计经理、采购经理、区域经理、成本/进度控制经理、项目总批准	业主参与采购谈判、合同文本谈判，避免采购不可控事件发生，控制合同商务风险

3.3　采购的基准文件

在项目一开始，根据项目三级进度计划，制订了采购基准计划，在项目推进过程中，根据进度调整，采购基准计划相应进行升版，成为指导采购工作开展的基准。任何有偏离此进度基准计划的采购都需要反馈到控制团队。

采购团队根据采购基准计划、设计进度和采购包划分等情况，建立起了采购执行计划POP（主要指设备采购类）、合同采购计划 COP（主要指施工安装类），共涉及采购合同 600 多份。在项目后期现场零星采购等建立 SP（Site Purchase Order，采购订单）进行跟踪，前后 600 多份。此 POP 和 COP 是 SU 采购团队与 HPJV 采购团队进行工作交流、进度检查、采购进度监测的主要文件。

采购工作开展的基准文件：

① 采购基准计划：Base line Schedule，Implementation Procurement Schedule

② 采购执行计划（主要指设备类）：POP（Procurement Operating Plan）

③ 合同计划（主要指施工安装类）：COP（Contract Operating Plan）

根据建立的采购基准计划和 POP/COP 文件，斯科公司采购团队建立合同采购“进展测量”方法，监测采购完成情况。通过图 3.3.1 能够清晰地掌握合同月度签订计划和实际进展、合同累计签订进度计划与实际进展情况。

以采购执行计划 POP（主要指设备采购类）为例，图 3.3.2 清晰展现了各个采购包的负责人、采购各个关键控制节点的进展计划、预测执行时间以及实际进展情况，良好的计划管理为控制合同签订进度、推进项目进展打下坚实基础。

	2012年10月	2012年11月	2012年12月	2013年1月	2013年2月	2013年3月	2013年4月	2013年5月	2013年6月	2013年7月	2013年8月	2013年9月	2013年10月	2013年11月	2013年12月	2014年1月	2014年2月	2014年3月	2014年4月	2014年5月	2014年6月	2014年7月	2014年8月	2014年9月	2014年10月	2014年11月	2014年12月	2015年1月	2015年2月	2015年3月	2015年4月	2015年5月	2015年6月
每月计划合同数	1	4	3	5	12	14	7	11	14	11	14	18	23	12	9	4	3	2	1	1	1	0	1	0	2	0	7	1	0	2	4	1	1
实际每月签订	2	6	2	5	2	8	11																										
累计计划签订	1	5	8	13	25	39	46	57	71	82	96	114	137	149	158	162	165	167	168	169	170	170	171	171	173	173	180	181	181	183	187	188	189
实际累计签订	2	8	10	15	17	25	36																										

图 3.3.1 合同采购“进展测量”

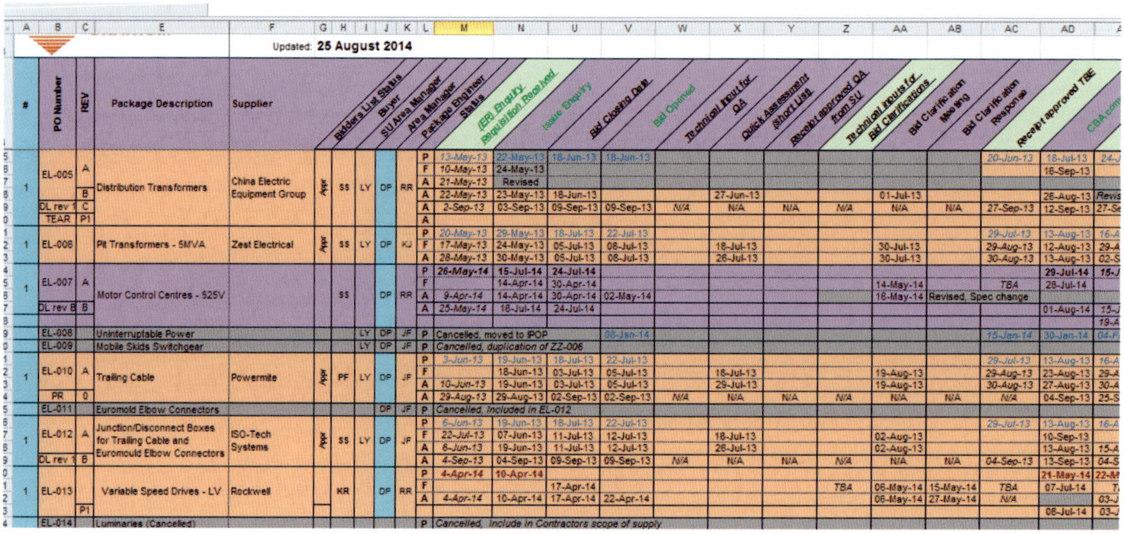

图 3.3.2 POP 截图

3.4 采购程序

在EPCM合同签订前，AMEC出版了项目管理程序（PMP，Project Management Program）来规范项目管理和采购工作，项目管理程序一共有7卷，涉及项目执行、设计、材料采购、施工管理、调试、安全环保、项目服务等方面，其中第三卷物资及采购管理执行大纲（Material Management Execution Plan）规范了采购流程和参考程序。

EPCM合同之后，HPJV升版了项目管理程序，并上报斯科公司批准。项目管理程序是项目采购工作的指导纲领（见表3.4.1）。

表 3.4.1　项目管理程序文件

编号	程序	备注
P2166－00000－00－011－010	Project Execution Plan	项目执行大纲
P2166－00000－00－011－002	Engineering Execution Plan	设计执行大纲
P2166－00000－00－011－003	Materials Management Execution Plan	物资及采购管理执行大纲
P2166－00000－00－011－004	Construction management Execution Plan	施工管理大纲
P2166－00000－00－011－007	Commissioning Execution Plan	调试执行大纲
P2166－00000－00－011－005	Project Services Execution Plan	项目服务执行大纲
P2166－00000－00－011－006	Health，Safety，Security & Enviroment Execution Plan	健康、安全、环境执行大纲

在 PMP 大纲的基础上，SU 采购团队与 HPJV 项目管理团队建立起了详细的项目采购程序和指引，同时借助 HPJV（主要为 AMEC）自身成熟的采购平台（Procurment Center）以及详细的工作指引和模板等，开展采购工作。主要的项目采购程序如表 3.4.2 所示，此为项目采购执行的准则和行为规范。

表 3.4.2　主要采购程序

编号	采购程序	备注
P2195－00000－26－014－001	Procurement and Contracting Strategy	合同采购策略（项目纲领性文件）
P2195－TP0xx－26－001－001	Filing Index	采购文件目录
P2195－TP0xx－26－001－002	Close－Out Checklist	合同关闭指引
P2195－TP0xx－26－011－001	Recommendation for Amendment/Contract variation	合同变更推荐程序
P2195－TP0xx－26－011－002	Amendment－Variation Requisition	合同变更申请
P2195－TP0xx－26－013－001	Purchase Order	合同订单流程
P2195－TP0xx－26－014－001	TEAR Report	评标报告指引
P2195－TP0xx－26－014－002	RTA	合同推荐报告指引
P2195－TP0xx－26－015－001	Purchase Requisition	采购申请
P2195－TP0xx－26－016－001	Commercial Bid Analysis	商务评标指引
P2195－TP0xx－26－018－001	Quick Assessment	快速评标指引
P2195－TP0xx－26－021－001	Bid Opening Report	开标报告指引
P2195－TP0xx－26－023－001	Enquiry	询价流程指引
P2195－TP0xx－26－023－003	Pricing Schedule Att 16	价格分析
P2195－TP0xx－26－024－001	Enquiry Requisition	询价申请
P2195－TP0xx－26－026－001	Bidders List	投标商清单
P2195－TP0xx－26－026－002	SS Bidders List	短名单确定
P2195－TP0xx－26－026－025	Exception to lowest Bid	排除最低价中标指引

3.5 采购系统和平台

HPJV 利用 AMEC 的采购平台（Procurement Center）进行采购，采购平台系统为 AMEC 全球采购系统，承包商可以实现线上下载招标文件、线上上传投标文件、线上开标等。

斯科公司采购团队通过账号登录进入相应采购包进行采购文件的下载和参与评标过程监督等。

采购平台也使 HPJV 在全球的设计团队能够参与到投标文件的审查并参与评标等。

3.6 采购的合同模板

项目合同均采用 FIDIC（国际咨询工程师联合会）合同模板，FIDIC 程序严谨，在合同工程量调整及项目延期的情况下，适用性和可操作性强，合同双方接受程度高。合同中工程量单（BOQ）详细列出了各个费用细项，包括固定费用、时间相关费用、价值相关费用等。

FIDIC 是国际咨询工程师联合会的缩写，FIDIC 作为国际上权威的咨询工程师机构，多年来所编写的标准合同条件是国际工程界几十年来实践经验的总结，公正地规定了合同各方的职责、权利和义务，程序严谨，可操作性强。如今已在工程建设、机械和电气设备的提供等方面，在非洲、美洲、欧洲等地区有广泛应用。主要的 FIDIC 合同模板如下：

① 红皮书：《施工合同条件》

② 黄皮书：《设备与设计－施工合同条件》

③ 银皮书：《EPC/交钥匙项目合同条件》

④ 白皮书：《顾客/咨询工程师模式服务协议》

⑤ 绿皮书：《简明合同格式》

在项目初期，项目团队聘请英国律师与 HPJV 共同对 FIDIC 合同条款按照湖山项目特色做了适应性修改，以最大程度地标准化合同文本，并最大限度地保护业主利益和降低风险。同时根据 EPCM 合同特点（引入了“工程师”），对合同争议处理机制进行了修订，删除了 FIDIC 合同中的争端裁决委员会（DAB，Dispute Ajudication Board）条款，引入了工程师判定（Engineer’s Decision）、裁判裁决（Adjudicaiton）、仲裁（Arbitration）的合同争议解决机制，实施证明此机制有利于快速解决合同争议，对项目进度、对合同双方都是有利的安排。

3.7 合同变更控制

由于设计修改/延误、工程量增加、资源限制等多方面原因，合同整体变更比例较大。项目工程监理 PCC 对施工工程量进行了统计，对比见表 3.7.1。

按照行业经验数据转化成施工工时，相对于基准（可研和签署 EPCM 合同时）增加了 224%，相对于签署各具体合同时（完成初步设计）增加了 41%。

工程量变化或者设计变化是合同变更的主要原因。由于矿业多非标设计，随着设计进展深度必将带来工程量的变化；土建、安装、大宗材料供货等，大多采取量单进行管理，在签订合同之初就已经预计到工程量单（BOQ）无法固定，FIDIC 合同对量单的管理和价格调整有比较清晰的约定。

实践经验证明，采用广泛使用的 FIDIC 合同文本，引入专业的工程测量工程师 PCC，对于工程量控制、合同变更控制起到了关键作用。另外业主团队的深度参与和控制，对于变更控制、成本控制起到了重要作用。

表 3.7.1 实际工程量与设计对比表

专业	单位	工程量			C/A	C/B
		A 基准（2012.11）	B 各合同签署	C 实际（2016.10）		
土石方	m^3	1 167 224	1 722 317	2 049 771	1.76	1.19
土建（混凝土）	m^3	43 504	96 824	161 377	3.71	1.67
钢结构	t	9 756	26 826	58 853	6.03	2.19
钣金	t	4 626	4 840	4 346	0.94	0.90
机械	个	1 468	1 267	1 589	1.08	1.25
管道	m	104 019	227 142	270 582.43	2.60	1.19
电缆	m	391 808	1 126 305	1 426 556	3.64	1.27
施工工时	h	8 124 511	18 625 719	26 322 112	3.24	1.41

3.8 合同争议和索赔管理

在合同争议发生之后，承包商正式通知业主以及工程师，工程师会做出“工程师决定”（Engineer’s determination），业主或者承包商任何一方对工程师决定不满意，可以提请正式的合同争议裁决程序（Adjudication），交由裁决员（Adjudicator）进行裁决。对于裁决仍有争议的，将进入仲裁（Arbitration）和司法程序。

湖山项目的“工程师－Engineer”由斯科公司（业主）进行指定，为保证 Engineer 在湖山项目中的权威，中广核对 FIDIC 合同标准条款中的 DAB（即争议避免与裁决委员会）进行了限制，其他按照标准流程进行设置。在此基础上承包商为避免合同争议进入到合同裁决或者仲裁程序，将会最大程度地相信和依靠工程师的独立裁决，可以减少合同争议进入无休止的裁决或仲裁程序中。事实证明绝大多数合同争议都能够在工程师决议这个层级得到解决。

同时，为避免发生合同争议影响现场进度，湖山项目雇佣具有专业资质的裁决员作为顾问，在项目现场进行协调给出专业意见，从源头避免合同争议，减少合同争议的发生率。

（1）承包商索赔

1）索赔的定义及特点

在国际工程承包合同中，索赔是指签订合同的一方，依据合同的有关规定，向另一方提出调整合同价格、调整合同工期，或其他方面的合理要求，以弥补自己的合理损失，维护本身的合法权益。

其中包含：

① 一方认为其应获得的；

② 一方对另一方提出申请或要求；

③ 双方尚未达成有关协议；

④ 索要的是一种权利或付款。

2）承包商索赔的原因

FIDIC 施工合同条件中，承包商索赔的原因大致可以分为以下三类：

① 业主的原因（通常情况下，承包商不但可以得到延长的工期，还可以得到费用加利润）；

② 工程师的原因（通常情况下，承包商不但可以得到延长的工期，还可以得到费用加利润）；

③ 业主负责的客观原因（通常情况下，承包商只能得到工期的延长，有时也可以得到费用补偿，但不能得到利润）。

3）索赔的依据

构成合同的原始文件：构成合同的原始文件一般包括合同协议书、中标函、投标书、合同条件（专有部分）、规范、图纸以及标价的工程量表等。

工程师的指示：承包商与工程师及业主之间来往信函、会议记录、施工现场记录、现场气象记录、市场信息资料（施工材料变化资料、外汇汇率变化资料等）、政策法令文件等。

4）承包商索赔的适用条款

从湖山项目合同管理经验以及对 FIDIC 施工合同条件中条款的研究，关于承包商向业主索赔，部分典型适用情形如表 3.8.1 所示。

表 3.8.1 承包商索赔适用条款

条款	事由	工期（T）	费用（C）	利润（P）	明示/默示
3.3 工程师的指示	工程师的指示超出合同范围或增加或修改图纸，均被视为变更，承包商有权提出索赔	√	√	√	默示
4.1 承包商的一般义务	永久工程的设计或规范发现错误或进行修改，造成承包商损失	√	√	√	默示
4.10 现场数据	业主提供的现场数据不准确造成误期及费用损失	√	√		默示
4.12 不可预见的物质条件	承包商遇到了不可预见的外界条件造成误期及费用损失	√	√		明示
4.20 业主设备和免费供应的材料	由于业主提供的设备或材料不符合合同约定，导致承包商误期及费用损失	√	√	√	默示

续表

条款	事由	工期（T）	费用（C）	利润（P）	明示/默示
8.4 竣工时间的延长	由于非承包商原因致使承包商对第 10.1 款中的竣工在一定程度上遭到或将要遭到延误，承包商可根据第 20.1 款要求延长竣工时间	√	√		明示
8.10 暂停时对永久设备和材料的支付	承包商有权获得未被运至现场的永久设备或材料的支付		√		明示
13.8 费用变化引起的调整	如在工程实施过程中，相关费用指数有涨落，则根据合同规定的公式，承包商有权得到相应费用		√		明示
14.8 延误的支付	如承包商没有收到第 14.7 款应付的款项，则有权就未支付款额按月所计复利收取利息		√		明示
15.5 业主终止的权利	业主为了自己的方便而终止合同，承包商可按 19.6 款的规定得到赔偿		√	√	明示
19.4 不可抗力的后果	如承包商因不可抗力的影响发生费用或造成工期延误，业主应对此进行赔偿	√	√		明示

注：

明示条款：合同中明确规定在相关情况下应给予承包商的经济（或）工期补偿；

默示条款：即虽然合同条件中没有明确规定给予承包商补偿，但根据该条款的含义，可以推定在某些情况下承包商有权向业主提出索赔的权利。

5）承包商索赔处理流程

索赔处理流程见图 3.8.1，简述如下：

① 在索赔事件发生后 28 天内，承包商要尽快按合同的规定告知工程师。

② 承包商同时保留能证明索赔的同期记录。

③ 在索赔事件发生 42 天内，承包商要向工程师提交正式的索赔书。

④ 如果索赔事件有持续影响，可以认为第一个 42 天内提交的索赔书是期中性质的，之后每月承包商根据情况的发展提交进一步的索赔书，事件影响结束后 28 天或工程师同意的时间内提交最终的索赔书。

⑤ 工程师收到索赔书 42 天内应答复承包商，说明是否批准承包商的索赔，或要求承包商提交进一步的索赔证明文件，并详细说明自己的意见。

⑥ 对于根据承包商的索赔书已能够证明的部分索赔款，应加入每月的支付证书中。

⑦ 工程师确定承包商索赔的工期及款项。

⑧ 如果承包商没有遵循本款和其他相关的索赔条件，承包商即失去一切索赔权。

（2）索赔费用计算依据——BOQ 简介

除了从正常的合同工作范围赚取利润外，承包商赖以创收的四大支柱是：工程变更、索赔、EOT 延长导致的管理费用和物价浮动时的价格调整。

FIDIC 合同属于单价合同，主张“量价分离”，以便通过程序公开、充分竞争、机会均等和一律公平对待承包商的方式，创造使得所有参与投标的承包商能在同一起跑线上公平竞争的机会。

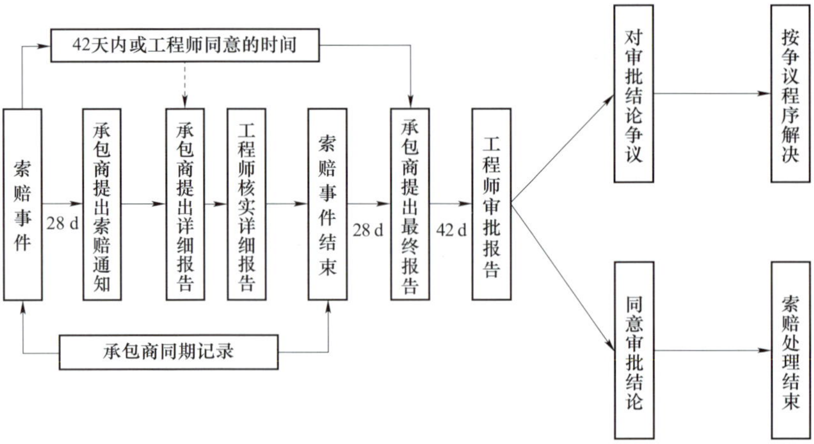

图 3.8.1 索赔处理流程

由于工程数量 BOQ 单（Bill of Quantities），是 FIDIC 合同的主要附件之一，合同中业主与承包商的经济关系几乎全部是通过 BOQ 单的形式联系起来的，因此 BOQ 单在 FIDIC 合同的文件中占有相当大的篇幅，几乎所有的费用、价值的确定都建立在其基础上。

1）BOQ 的形式

每个 BOQ 单的表格都是由若干个竖列构成，其中最左边的一列是项目序号，第二列是对需要填报单价的单项工程的技术性描述，第三列是该单项工程的规定数量（实际上是工程师的估算数量），第四列是该项工程的对应单价（发标时是空白的，应由承包商在投标时逐项计算并填上），在最右面的竖列是用第三列数量乘以第四列单价得出的小计价格（发标时也是空白的，要由承包商在投标时计算并填报）。最右面一列的数字之和列在每页 BOQ 单的下端，将各页下端的结果累计相加，即合同价格总额（见图 3.8.2）。

2/1/18	50mm2 x 3 core XLPE/SWA (33KV) (Rom Complex) Supply BA: 0 BB: 0 BC: 0 BD: 0 BE: 0 BF: 0 BG: 0 BH: 0 BI: 0 BJ: 0 BK: 0 BL: 0 BM: 0 BN: 0 BO: 0 BP: 0 BQ: 0 BR: 2000 BS: 0 BT: 0 BU: 0	m	2 000	1 300.62	2 601 240.00

图 3.8.2 BOQ 单示例

2）湖山项目合同 BOQ 组成部分：

管理费用 P&G（preliminary and general items）：

① 固定管理费用 Fixed Charge（offices and storage sheds，site establishment，tools and equipment etc.）；

② 价值相关管理费用 Value related（Bonds，etc.）；

③ 时间相关管理费用 Time related（Living Accommodation，transportation，etc.）；

④ 可计量工作量费用 Measured work items（supply，carrier forward，install，etc.）。

承包商根据业主在招标时提供的 BOQ 单，逐项填报单价并以此作为项目实施时的计价基础，而由给定工程数量算出的合同总额只是作为评比标价高低的依据，实际只是一个虚的数字。因为工程结算时是用签订合同时 BOQ 单中的单价乘以对应发生的实测完成工程数量，即所谓的“量变价不变”。一般出现的大部分变更，通常就是由于签订合同时设计的不充分导致预估的工作量与实际不符，后期实际工作量的变化直接导致承包商申请索赔或变更。

3）合同内 BOQ 单的功用

作为计量验工付款、评估工程变更的基础，作为得出一个最终的实际费用或核算最终合同价格的基础，而与工作数量是否发生变化无关。

验工计价时，都应该以实地复测完成的工程数量为准，承包商的实际收入是 BOQ 单的单价乘以实际完成的数量之和。

工程师在根据合同图纸编制 BOQ 单时，对于工程数量的估算不可能绝对准确，甚至难免出现各种错误，因而承包商实施的工程数量就难以与之吻合，这种情况在湖山项目上尤为突出。

4）BOQ 单的利弊

第一，极大地减少了业主和承包商投标时的费用。在土木工程合同领域中，几乎所有富于经验的承包商都有一批训练有素的测量师（Quantity Surveyor），他们通常是一方面先计算出整个项目的实际成本（Prime Cost），另一方面再据此与 BOQ 单进行比较和分析，有目的地填报 BOQ 单，一是可以审核所算实际成本是否正确，二是可以找出 BOQ 单中工程数量可能存在着的缺陷甚至错误，或者辨认相对可能发生的实质性工程变更项目或是否存在与最终工程数量有差异。如果能够找到这种项目，承包商就可在报价时进行适当技术处理，对于工程数量比实际发生有所夸大的项目报出较低单价，而对工程数量比实际发生的有所低估的项目报出较高单价，这样投标的总报价就会相当具有吸引力，可以战胜竞争对手，确保得标，而在实际的履约过程中，通过计量，使得合同实际收入有实质性上浮并增加承包商的利润。

第二，为比较标价、验工付款和评估工程变更及索赔提供了一个较为详细和准确的基础。

第三，当分析单价和验工付款时，由于在参照时间函数对区分初期费用与其他费用方面缺乏明确的准则，受承包商投标技巧各异的影响，主要是难以掌握加大初期金额比重的“头重脚轻”（Front Loading）报价方法具体分摊策略和比例，因此很难在同一基础上做出客观的分析比较，使得实际应用时并非十分有效，有时甚至可能出现误导。因为承包商从资金的角度考虑，一定会在报价时尽量加大初期金额的比重，以利于自己资金周转。

（3）承包商索赔案例

1）CC－035 土石方合同对方索赔

索赔背景：2013 年 6 月 10 日 7：00—10：30，平均风速达到 16.83 m/s，最高达到 18.24 m/s（而合同中所附的现场技术规范“Site Data”中，从 2008 年 10 月到 2011 年 3 月现场风速只是在 5～10 m/s 之间），WBHO 无法正常开展工作。就此 3.5 个小时，WBHO 就相关人员停工费及设备停工费提出索赔。

合同支持条款：红皮书第 17.3 条雇主的风险条款（h）。内容如下：

雇主的风险包含：不可预见的或不能合理预期一个有经验承包商已采取适宜预防措施

的任何自然力的作用。“any operations of the forces of nature which is Unforeseeable or against which an experienced contractor could not reasonably have been expected to have taken adequate preventative precautions。”

2）CC－035 土石方合同住宿、交通及午餐补助索赔

索赔背景：CC－035 WBHO 土石方合同于 2012 年 11 月签订，当时预期 2013 年 5 月份入住施工营地，因此 WBHO 将 P&G 费用中设定为前 5 个月由自己提供住宿、交通。其后以入住施工营地为基础收费，但由于当时还未确定营地收费标准，因此 WBHO 先行根据 HPJV 的指示将这部分营地食宿费用按照每人每天 110 纳元费率报价，等入住营地后再根据施工营地收费标准对不同类别的员工计费，可是施工营地直到 2014 年 2 月才开始入住。另外，在签订修订版 PLA（劳工协议）中规定，自 2013 年 5 月 1 日起需要给员工提供 25 纳元的午餐补助，而在签订合同时此 25 纳元的午餐补助并未考虑包含在合同中。

索赔金额：湖山项目计量工程师 PCC 在承包商工作日志的基础上完成审核确认，承包商索赔金额计算为实际发生金额和原 P&G 中相应金额的差额。

3）CC－026 供水储备池衬里、相关土建及可饮用水管线施工合同赶工索赔

索赔原因及内容：原合同计划规定原水池 1 和原水池 2 的开工时间分别为 2013 年 11 月 18 日及 2013 年 11 月 26 日，相应完工时间为 2014 年 3 月 27 日。为了确保圣诞节过后的 1 月可以充分满足现场用水的迫切需求，HPJV 指示中建将此两个水池的完工时间提前为 2013 年 12 月 13 日，中建同意此赶工。

水池相关施工材料是由中建分包商 Gundle Geosynthetics 提供，该分包商所有材料都是从中国进口。材料原计划也是由 Gundle Geosynthetics 从中国进口并海运至鲸湾港。但由于赶工需求，要求直接使用该分包商在南非的存货（也是从中国进口），并从南非直接陆运至纳米比亚现场。由此，中建索赔额外产生的运输费用。

3.9 合同的关闭和移交

湖山项目合同总数超过 300 个，还有数量众多的以现场订单方式的小金额采购。合同的关闭和移交是个系统工作，各类合同的关闭和移交或早或晚，时间跨度很大，斯科公司工程部成立了项目文件关闭移交小组（包括技术和合同文件），技术和合同文件分别由专人负责跟进关闭和移交。

3.9.1 湖山矿建合同的关闭

1）合同关闭的组织

湖山项目的合同由 EPCM 承包商负责执行，工程部（含合同商务部）对 EPCM 承包商的合同管理工作进行管理和审批。每一个合同的关闭，EPCM 承包商需要向业主提交合同关闭报告，以审核并检查所有合同项下的未决事项已经关闭，每一份合同关闭报告须经 EPCM 承包商和业主工程部的审核和审批签署。

2）合同关闭的内容

合同关闭报告的主要内容包括：① 合同情况简介，包括承包商、金额、工作范围简述、

合同期限等；② 合同关闭的检查清单，包括最终变更是否签署、货物及文件是否接收并签署、支付是否完成、是否有索赔事项及是否关闭、保函是否关闭及返还等；③ 遗留事项，包括缺陷清单及改正计划、文件移交等；④ 关闭报告的审核和审批，包括 EPCM 承包商的合同管理人、项目控制负责人（含进度和成本审核）、合同技术负责人、项目总监，以及业主的商务、成本、技术人员和项目总监的审批。合同关闭报告的质量关系到合同关闭的效率和质量，因此，合同关闭报告经过技术和商务的反复修改审核，以确保能全面反应合同执行和关闭的问题（见表 3.9.1）。

表 3.9.1 合同关闭的检查清单示例

检查项目	YES	NO	N/A	签字
合同和最终修正案已签署并退还	√			
货物，备件和文件已交付			√	Johan Swart
损坏报告已发布并完成			√	Liam McCauley
根据每份 VDR 完成文件	√			Tracy Florens
支付并收到最终发票，或已签发最终付款证明	√			Nico Van Der Merwe
拖欠费用和罚款已解决			√	Nico Van Der Merwe
退还预付款或履约保函			√	JennyHonsinger
质保函到位				JennyHonsinger

3.9.2 湖山项目合同的移交

1）合同移交的组织

合同的关闭报告经 EPCM 承包商和业主共同审批签署后，则该合同满足了向业主移交的条件。合同关闭和移交作为一个整体工作，EPCM 承包商和业主工程部指定专人负责并定期汇报进展。因 EPCM 承包商的办公室在南非约翰内斯堡，待关闭一批合同后，EPCM 承包商将该已关闭的合同文件运送移交到斯科公司的纳米比亚办公室，由斯科公司工程部专门负责合同关闭和移交的人员进行接收。到项目后期，每周定期召开合同关闭和移交的会议，跟踪合同关闭和移交的进展。

2）合同移交的内容

合同移交包括电子文档和纸质文档，电子文档存储在 EPCM 承包商的项目管理系统（Sharepoint System）中，待项目竣工结束后，一并向业主移交电子合同文档。在最终移交电子文档之前，业主有权进入项目管理系统，查看并下载合同文档。纸质文档如前所述，待关闭完一批合同后，由 EPCM 承包商安排快递从南非办公室托运至斯科公司纳米比亚办公室，由专门负责合同关闭的人员进行接收。

定期跟踪汇报合同关闭和移交进展方面，EPCM 承包商定期（项目后期每周汇报）向业主提交合同关闭和移交进展报告。合同关闭和移交进展报告为 Excel 文档，共有 4 个页面，第 1 页为合同关闭和移交的进展汇总；第 2 页为施工类合同的关闭和移交情况；第 3

页为设备类合同的关闭和移交情况；第 4 页为服务类合同的关闭和移交情况。其中，第 2～4 页包含每一个合同的合同编号、工作范围简述、承包商、合同关闭进展、索赔情况（含反索赔）、关闭百分比、遗留事项等内容。

3.9.3 湖山项目合同关闭和移交执行情况

基于良好的组织安排、明确的合同关闭和移交检查程序，湖山矿建合同关闭和移交工作平稳有序。在 2018 年 3 月 31 日 EPCM 承包商撤离时，完成了纸质合同文件的移交，斯科公司接手未关闭合同的后续合同执行工作。合同电子文档在项目竣工证书签署后一并由 EPCM 承包商向业主移交。

3.10 纳米比亚本土化要求

纳米比亚政府对本土化提出了要求，但其国家工业化程度以及资源匮乏，本土化企业基本只能通过劳务形式参与湖山项目。又由于大部分国际承包商都在纳米比亚本土进行注册，故以当地注册的公司名义开展项目合同。由于纳米比亚本土承包商普遍规模不大，无法承担较大工程，当地政府要求、鼓励国外承包商多分包给当地小承包商。

湖山项目工程采购总承诺金额的 43.12%授予在纳米比亚注册的公司，6.11%直接授予纳米比亚本土公司。考虑在纳米比亚当地的分包资源，实际授予纳米比亚本土公司的金额占湖山项目总承诺金额约 13.44%。

在湖山项目采购上，斯科公司对于纳米比亚本土公司的引入是积极的并且不遗余力的。但是实际采购过程中，由于湖山项目的规模以及复杂的专业性，很多纳米比亚本土公司未能直接参与湖山项目。在合同执行中，斯科公司仍不断鼓励敦促现场施工承包商尽可能将资源分包给纳米比亚本土公司，以便更好地推动湖山项目本土化建设，推进纳米比亚中小企业发展。

第四章 施工管理

4.1 施工管理综述

4.1.1 纳米比亚工程基础概况

在湖山铀矿周边 100 km 范围内，除有一个海水淡化厂、两个铀矿外，几乎没有任何工业设施。距现场 60 km 的斯瓦科普蒙德市是一个滨海旅游城市，镇上散布着零星的采矿设备供应商网点、一个小型轻钢结构加工厂；距现场约 100 km 的鲸湾港分布有与轮船维修相关的小型工厂和一家连锁建材商店。纳米比亚北部也仅有一家德国人设计修建的水泥厂，产能为 120 万 t/年，钢材都是南非供货，其他所有建设资材均来自南非。因此矿山周围开展大型项目的人、机、材十分匮乏。鲸湾港和斯瓦克普蒙德的民用建筑几乎都不超过三层，都是简单的两层砖混结构或者是轻钢结构，当地稍复杂一些的设施包括桥梁等均为南非建筑公司承建。

4.1.2 湖山项目施工的范畴

整个湖山项目施工可以分为厂外工程和厂内工程。厂外工程主要包括进厂道路和供水设施，场内则包括生活区和生产区，其中生产区分为采矿区、水冶区和尾矿区，主要项目建设设施基本在水冶区。进厂道路全长约 22 km，道路起点为斯瓦克普蒙德至首都温得和克的 B2 道路，终点为厂区大门，道路多为填方区，也包括部分挖方区，还有长约 150 m 的混凝土桥梁（15 跨，单跨 10 m 的板式桥）。道路为双向双车道，车道宽约 7.0 m，设计时速 80 km/h。湖山铀矿永久供水管线工程全长 65 km，起点为纳米比亚水务公司斯瓦克普蒙德基地水库，自西南向东北方向延伸，直达水冶厂蓄水池。合同范围包括供水管线、维修保养道路及相关配套设施（泵房和变电站）。供水管包括地上部分和地下部分，其中地上部分为直径 600 mm 的钢管，长 47.8 km，供货方为中国国内的新兴铸管。地下部分为直径 600 mm 的 GRP 管，全长 17.2 km，供货方为法国的一家公司在纳米比亚的代理公司。厂区内生活区为临时建筑，为项目建设期近 4 000 位现场施工人员提供生活用房（住宿、餐饮），建筑面积约 40 000 m^2，设置污水处理厂。采矿设施散布于全厂，包括采矿区、矿堆、连接初碎站厂房和储矿堆的输送皮带、采矿设施维修区等。

采矿区的主要设施包括：

① 采矿区综合办公楼（ROM complex）：该建筑为长约 58 m，宽 9.8 m 的单层砖石结构厂房，为采矿区值班人员综合功能用房，包括办公室、会议室、培训教室及储藏室等；

② 初破机除尘用的泵房及水箱；

③ 微型变电站；

④ 初破机用变电站；

⑤ 采矿区空气压缩站；

⑥ 采矿区加油站；

⑦ 采矿区炸药生产和储存区；

⑧ 矿体输送皮带（初破机厂房－矿堆）；

⑨ 原矿堆；

⑩ 矿车清洗场；

⑪ 轮胎修理厂；

⑫ 重卡维修车间；

⑬ 采矿人员更衣房；

⑭ 采矿生产技术办公楼；

⑮ 备件仓库；

⑯ 焊接维修车间；

⑰ 支持车间；

⑱ 电气车间；

⑲ 轻型车辆/辅助车间。

采矿辅助设施：包括卫生所、消防站、地质办公楼、岩心库、试验室等。

水冶厂区包括整个水冶工艺的所有设施，此外还包括一个年产 50 万 t 的硫酸厂。水冶厂年处理矿石量为 1 500 万 t/年，矿石经过破磨、浸出、澄清、淋萃、沉淀及煅烧等工序，最终每年生产 6 500 t U_3O_8 最终产品。

水冶厂主要设施包括：

① 初碎站机房：整个厂房高约为 30 m，共 7 层，全部位于地面以下，厂房长 25.25 m，宽 11.0 m，主要设置有初碎机、控制室、除尘系统、给料机、起始端皮带等设施；

② 矿石输送皮带：连接初碎站至储矿堆，全长约 3 km；

③ 储矿堆：设计有效储存能力 90 000 t 矿石，为轻钢屋面的大型桁架结构，能够保证水冶厂在上游矿石供应中断的情况下，可以正常运行 2 天；

④ 砾石破碎机；

⑤ 半自磨机（SAG Mill）及球磨机（Ball Mill）及不同磨机之间的皮带输送系统，还有对应的变电站，包括圆锥破碎机专用的变电站、SAG 磨机和球磨机共用的变电站；

⑥ 浸出浓密机、浸出灌区及辅助的浸出给料变电站、浸出区变电站；

⑦ 逆流洗涤罐、原液池、清液池和配套的变电站；

⑧ 离子交换塔；

⑨ 混合澄清器；

⑩ 终端产品区；

⑪ 水冶厂配套的硫酸厂；

⑫ 办公室；

⑬ 实验室等服务区；
⑭ 尾矿坝。

4.2 施工管理组织

4.2.1 概述

湖山项目施工分为业主直接管理区域和EPCM承包商管理区域。业主方是斯科公司，业主项目管理人员来自中广核工程公司（以派遣的方式）和中广核铀业公司，高峰期中方施工管理人员不到20人。业主直接管理尾矿区、炸药厂、硫酸厂、厂外设施（包括进厂道路、供水管线等）的施工。EPCM承包商HPJV管理的范围主要在采矿区和水冶区，业主通过管理HPJV间接管理EPCM承包商管理区域。HPJV的设计、采购团队在南非约翰内斯堡，现场仅为施工管理人员，负责对EPCM合同范围内所有子项的进度、质量、安全和成本管理。

4.2.2 EPCM管理的范围

EPCM负责管理的主要承包商及合同范围如下：

① 中建纳米公司：承担4个合同的施工，见表4.2.1。

表4.2.1 中建纳米比亚公司合同范围

编号	合同代号	合同内容	备注
1	CC－001	采矿综合设施	不含土方
2	CC－009	采矿综合设施土建部分施工	初破机厂房，不含开挖和支护
3	CC－026	水池衬里及厂区水管	不含土方
4	CC－059	变电站土建施工	不含土方

② 中水十一局公司：承担水冶厂土建施工，合同范围见表4.2.2。

表4.2.2 中水十一局合同范围

编号	合同代号	合同内容	备注
1	CC－040	水冶厂土建－1	不含土方
2	CC－050	采矿综合办公楼土建	不含土方
3	CC－054	水冶厂土建－2	不含土方

③ 中核建二三公司：承担水冶厂大型槽罐的预制，合同范围见表4.2.3。

表 4.2.3　中核建 23 公司合同范围

编号	合同代号	合同内容	备注
1	CC－003	大型槽罐预制安装	浸出区
2	CC－043	逆流洗涤槽预制安装	逆流洗涤区等

④ Group Five：合同号 CC－004，承担 IX 区、SX 区及产品区等的设备管道供货和安装。

⑤ 中冶 19 局（MCC19）：合同号 CC－007，承担初破机、输送皮带、矿堆及磨矿区域的设备管道安装。

⑥ WBHO：合同号 CC－035，为全厂土石方工程，包括初破机厂房的开挖，但不包括营地土石方开挖和重件道路土石方工作。

⑦ Concor：合同号 CC－008，为全厂矿车道路的施工。

⑧ Union：承担矿堆的屋面轻钢结构供货和安装，并同时承担水冶区部分车间的屋面轻钢结构供货和安装。合同包括 CC－011 水冶厂部分车间屋面供货安装及 CC－072 储矿堆屋面轻钢结构屋面供货安装。

⑨ ABB Namibia：合同号 CC－002，为项目早期承包商营地的架空线路安装。

⑩ B&W：合同号 CC－014，承担从初破机厂房、输送皮带一直到浸出区的电气仪控安装。

⑪ Murray and Roberts：合同号 CC－018，为 CCD/IX/SX 及产品区的电气仪控安装。

⑫ HHK：合同号 CC－016，承担全厂设备的接地工程。

⑬ A&T：合同号 CC－052，承担水冶厂的防酸施工。

⑭ E&I：合同号 CC－059，承担全厂变电站的电气安装。

湖山项目施工管理总体包括土石方、土建施工、机械安装、电气仪控安装、消防、防酸等，范围广泛。由于合同结构的原因，不同承包商之间的接口非常多，包括土石方承包商和土建承包商之间、土建承包商之间、土建承包商和机械/电气仪控承包商之间等，使现场管理复杂化，增加了合同管理的风险。

4.2.3　EPCM 施工管理

在项目初期，现场施工集中于承包商营地、EPCM 现场办公楼、厂区重件道路及粉碎机楼的土石方开挖。HPJV 配有施工经理、设计、劳工关系、合同、进度、安全、文档等人员，而 HPJV 项目总经理基本在约翰内斯堡办公。HPJV 由于习惯于传统的 EPCM 合同方式，几乎不让业主参与项目管理，而业主现场人员少、经验不足、语言有障碍，所以即使参加项目周会，也很难在项目推进上发挥作用，只能跟踪进展，并在适当时候反馈意见给 HPJV，同时全力保障现场施工用水、用电等。

随着项目的推进，业主注意到 HPJV 施工管理人员在颁布现场指令、推动施工承包商等方面不太关注业主的利益，在某些方面刻意回避 HPJV 自身的问题，特别是设计采购问题，利用安全等事项压制承包商，使现场施工承包商有苦难言。业主从中方承包商处了解到施工中的问题后，将其需求反馈给 HPJV 管理人员，但问题不仅没有妥善处理，还影响了施工承包商和 HPJV 管理人员的沟通，使现场施工进展明显滞后于进度计划。于是业主现场团队向业主高层反映 HPJV 现场施工管理问题，在业主高层的强力介入下，HPJV 更换了施工经理，并建立了更加有效的施工组织。

改进后施工管理结构分为三级，顶层是业主公司（斯科工程部），一方面对 HPJV 通过 EPCM 合同进行管控，同时还兼顾进厂道路、厂外供水管线及厂区内尾矿项目的管理；中间是 HPJV 现场管理团队，负责厂区内主要的土石方合同、土建合同、机电仪安装合同；基层是施工安装承包商，例如土建施工承包商中建、中水及 Group Five 等（见图 4.2.1）。

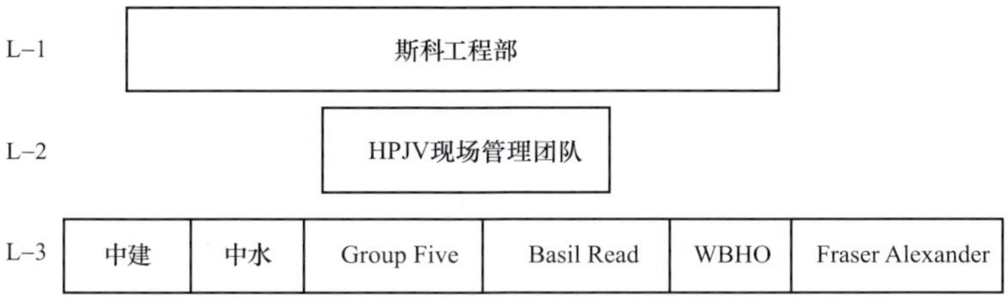

图 4.2.1 湖山矿建施工管理结构

在 EPCM 内部，设计承担方为 AMEC，施工管理多为 Bateman 人员。

HPJV 现场施工管理机构见图 4.2.2。

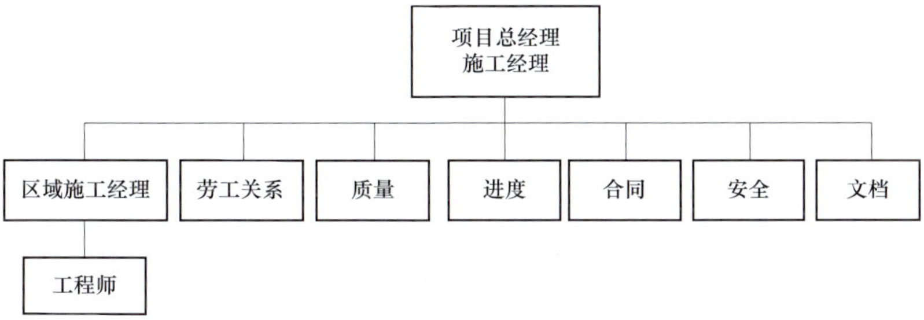

图 4.2.2 HPJV 现场施工管理组织机构

HPJV 项目总经理主要在南非约翰内斯堡抓设计和采购的管理，现场施工经理向项目总经理汇报，提供现场关于设计文件、人员、设备采购等的要求，以便项目总经理在约翰内斯堡提供支持。

初始的 HPJV 现场组织包括：顶层为施工经理（Construction Manager），下辖区域经理（Area Manager），每个区域经理有 2～3 位工程师辅佐。区域施工经理由共用的进度管理组、合同管理组、安全管理组、劳工关系组及文档组支持。区域施工经理通常负责数个合同的管理，比如一个区域经理负责中建纳米和 WBHO，即全厂土石方及采矿区的主要土建设施。机械、电气安装阶段又设立了专门的区域施工经理承担对应合同的管理，例如两个区域施工经理分别负责中核二三公司和 Group Five 合同的管理。与 HPJV 组织结构调整同步，业主工程部调整了施工管理人员的配置，对应于每一个区域施工经理，配备了 1 位中方人员协同工作，经过一段时间的磨合、专门的培训等，两个团队合作大有改善，双方能共享信息、听取彼此的意见，基本形成了一个团队。

到2015年年初，HPJV再次对施工管理组织进行调整，将所有合同集中到4个区域施工经理，由4位区域施工经理按照土建（1人）、机械安装（2人）和电仪安装（1人）管理。与此同时，设立了区域协调人负责协调各区域内不同承包商之间的接口，区域施工经理和区域协调人之间有个别重叠。

斯科工程部对应于每一位HPJV区域经理配备1名中方工程师，以掌握其工作状态和承包商进展。执行初期，斯科工程部发现同一个区域经理很难同时管理合同CC－003（中核23的合同）及CC－004（Group Five），现场电仪安装合同较多，也是项目的关键路径。在斯科工程部的强力介入下，HPJV将这2位区域经理增加为4位区域经理管理这些合同，并在施工中期更换了1名能力不足的区域施工经理。

HPJV通过以下方式进行项目管理：

① 工程师（包括安全、质量）的日常巡视：了解现场各合同进展情况，并跟踪、处理承包商及HPJV内部提交的变更要求；跟踪设计文件的出版、设备到货以满足施工承包商的要求。

② 施工承包商提交各合同进展日报：各合同承包商报告每天的计划和进展，以便跟踪各合同的进展并提供HPJV汇编周报的素材。

③ 周会：HPJV每周安排和承包商的周会，周会通常由区域施工经理主持，辅佐的工程师、合同、安全、进度、质量、劳工关系和文档人员均到会，斯科工程部对应的工程师与会。

④ 承包商的周报：反映每周各合同的进展、下周的计划及存在的问题。

⑤ HPJV的周报：HPJV提交项目周报供斯科公司了解项目进展等情况，周报首先按照合同汇报本周一些主要进展、关注项及下周的主要工作，同时介绍HSSE的行动项和事件统计，现场材料管理部分主要介绍设备采购到货，随后则根据合同汇报各承包商进展及现场各区域实际施工进展等。

⑥ HPJV的月报：月报形式和周报相似，内容则更丰富，包括HPJV总部设计、采购、成本、进度等的进展。

周会是HPJV对各合同进行管理的主要形式，会议的议程大致如下：

① 会议开始有一项和中国国内项目周会不同的议程，区域施工经理首先会提示参会人员注意不要行贿和受贿，并给出举报电话、邮箱，随后会有简短的安全事项分享，与会人员均可以分享当天或者最近几天身边发生的安全事件。

② HPJV安全管理人员会汇报承包商安全方面的状态、存在的问题、上次会议提出问题的整改进展等。

③ 斯科环境部门人员汇报承包商现场环境方面的事宜。

④ HPJV现场设计人员汇报HPJV澄清的回复状态，这些澄清包括承包商提出的澄清要求及HPJV人员提出的澄清要求，通常这些要求由现场设计人员回复，但部分需要约翰内斯堡的设计人员给出提示或者直接由约翰内斯堡设计人员回复。

⑤ HPJV质保人员反映承包商存在的质量问题。

⑥ HPJV进度人员汇报本周计划和完成的情况，并给出承包商在人员、机具等资源的状态；进度环节，HPJV和承包商会展开讨论，承包商通常会给出澄清方面存在的问题、图纸的问题、接口等影响现场施工进展的事项；HPJV会给承包商提出要求。

⑦ 商务事项：承包商和 HPJV 商务人员会就施工延误、赶工等引起的商务事项状态进行通报。

⑧ 其他关注项。

通过周会，斯科工程部可以掌握影响项目进展的因素、HPJV 管理人员的推进效率、承包商的资源配置等信息，以便跟踪并向斯科公司管理层汇报。

此外，斯科工程部中方人员每周召开一次周会，主要是沟通合同之间接口要求，列出行动要求，要求提出人、行动落实人、完成日期及状态。工程部的周会涵盖的范围较广，包括设计、进度、合同等所有和项目相关的事宜。

4.2.4　业主直接管理的项目

由业主直接管理的承包商及合同包括：

① Fraser Alexander：合同 CC－039，尾矿坝的土建施工；

② 中建/中广核工程公司联合体：合同 XX－010，为场外供水管线项目；

③ Basil Read Construction：合同 CC－030，进厂道路的施工。

④ 中建纳米：承担现场炸药厂的建设。

尾矿坝及炸药厂的施工管理均由中方工程师参照 HPJV 的管理方式进行管理。供水管线和进厂道路委派当地 1 名工程师负责，同时聘请了当地的监理工程师（设计方）协助管理。在这些子项的管理中，出现了部分水管混凝土支座质量问题以及施工方资源投入不足问题，经改进工艺、增加资源赶工后，供水管线总体上满足项目用水的要求。

4.2.5　湖山项目施工管理的体会

通过斯科工程部施工人员艰苦卓绝的努力，湖山项目工程建设取得了令人瞩目的成绩，以下几点是工程管理成功的基石：

① 当地政府的支持：斯科管理层高度关注和支持湖山项目建设，在整个项目期间，就项目的进展和面临的困难积极取得当地政府的支持，政府在施工用电、用水及承包商加班赶工方面给予了大力支持。

② 良好的工会关系：在纳米比亚开展项目建设，需要得到当地工会的支持。HPJV 聘请了当地有影响力的劳工关系人员，其与纳米比亚工会的沟通比较顺畅，能利用工会在当地劳工中的影响得到大部分劳工的支持，使劳工在加班、赶工等方面配合。同时我方还有充分考虑劳工的合理要求，不能激化和劳工的矛盾关系。

③ 中方承包商的引入：在湖山项目引入中方承包商是项目成功的关键因素之一。在资源匮乏的纳米比亚开展大型项目，引入中方承包商，一方面有利于承包商和业主的沟通，尤其是 EPCM 承包商是外方人员的情况下，业主通过和中方承包商的直接沟通，更有利于掌握最准确的信息；另一方面是在海外项目中，中方承包商和业主都具有强烈的主人翁意识，充分利用国内外资源齐心协力推进项目；需要关注的是推动中方承包商总部投入充足的资源，并对项目部提供全力支持，同时对项目部充分授权。

④ 核心团队艰苦卓绝的努力：在湖山项目施工管理团队中，中方人员不足 20 人，管理投资高达 20 多亿美元的项目，且项目接口复杂、现场资源匮乏、国内支援有限，另外 EPCM 承包商责任心不足，工程推进的难度很大。但全体中方人员齐心协力，克服各种困

难及压力，虽然工作非常辛苦，对承包商也有抱怨，但还是努力与 HPJV、施工承包商进行沟通协调，即使被误解、受委屈，也没有怨言，这种艰苦卓绝的努力确保了工程的顺利推进。

⑤ 当地资材供应：纳米比亚当地建设资材相对匮乏，对大项目的影响较大。湖山铀矿建设初期的骨料等材料的缺乏曾严重影响现场的进展，工程团队在当地四处找骨料，最终在距离现场 100 km 外找到了供应商。后来全力推动现场骨料破碎机的投产，满足了现场土建施工的需求。

⑥ 合同结构：由于矿山收购前部分采购已初步确定，合同的结构基本固化。湖山项目的合同大体上是按照同类项集合成为一个独立的合同，但由于现场施工子项进展不同，对于设备材料的需求时间不一致，原到货和接口安排制约了现场施工安排。故在后续开展大型项目建设时需要从各子项进度、供应商能力、接口等多方面考虑优化合同结构。

⑦ 设计评审和关键施工方案的评审：由于前期时间仓促，加上能力所限，未对设计成果及关键施工方案进行及时评审，导致施工中出现较多的设计问题、施工方案问题，对项目进度产生一定影响。

⑧ EPCM 合同管理中业主的作用：斯科公司工程部在公司管理层的指导下不断探索，既通过非正式的渠道提出业主的诉求，希望 EPCM 承包商予以重视，又通过正式的渠道使 EPCM 承包商和业主坦诚相待、相互支持、相互补台，共同推进项目。在这个过程中斯科工程部始终有理有节，得到了 EPCM 人员的赞赏，充分发挥了自己的作用。

4.3　现场部分区域施工管理

4.3.1　磨机基础施工

（1）工程概况

磨机土建施工单位是中国水电建设集团国际工程有限公司。磨矿系统共有 1 台 Φ10.77 m × 5.29 m 半自磨机和 1 台 Φ6.71 m × 10.36 m 球磨机，其中半自磨机是南部非洲最大的磨矿设备。半自磨基础总高 11.099 m，基础底板厚 2.1 m、长 22 m、宽 22 m。球磨机基础总高 11.176 m，基础底板厚 2.1 m、长 25 m、宽 16.5 m。设备基础垫层采用 C15 混凝土，基础底板及柱体采用 C30 混凝土，基础混凝土量共约 2 862 m^3，钢筋约 595 t，预埋螺栓和预留螺栓孔 200 个，其中深度 1～1.5 m 的预留螺栓孔占 89%。

（2）大型磨机基础施工难点

半自磨机基础底板钢筋量 164 t，球磨机基础底板钢筋量 102 t，Y40 钢筋占 85%以上，单根钢筋重量大，通过人工进行钢筋定位难度大，特别是竖向钢筋的定位，导致施工中钢筋绑扎效率低。

半自磨机基础底板混凝土浇筑量约 800 m^3，球磨机基础底板混凝土浇筑量约 660 m^3，基础底板属大体积混凝土浇筑，且需一次性浇筑完成，浇筑过程中对模板的强度、刚度、稳定性要求高。

大体积混凝土的浇筑和养护要求高，特别是在当地环境温度高的条件下，需采取多种措施，防止基础底板出现裂缝。

预埋螺栓、预留螺栓孔数量多、安装固定难度大。预埋螺栓和预埋螺栓孔共 200 个，其中大部分是 1.5 m 长螺栓，预留孔深度大，为提高后期安装螺栓的抗拔性能，预埋螺栓孔形状设计为下大上小的梯形，开口大小基本为 200 mm × 350 mm，预留孔模板安装固定难度大。预埋螺栓和预留孔布置密集，精度要求高，容许高程偏差±5 mm，水平偏差±3 mm。在保证混凝土浇筑质量的前提下，保证设计要求预埋精度难度大。

（3）大型磨机基础施工对策

1）底板钢筋安装

湖山铀矿磨机基础配筋大部分为 Y40 钢筋，单根钢筋重量大，垫层与底部钢筋之间的保护层厚度 10 cm，如果使用传统的预置混凝土块作为钢筋的支撑，很难保证整体稳定性。因此，利用木模现浇混凝土垫块可解决上述问题，具体为：沿底板长度方向每隔 1～1.5 m 安装两排高 10 cm 的木模板，木模板内部每隔 1～1.5 m 设置长 20～30 cm 的格挡，作为浇注垫块的模具，磨机基础所有垫块模板一次完成支护、一次完成浇筑。底板边缘的垫块需均匀分布，内部垫块可间隔分布。

对于高度达 4 m 的竖向钢筋的安装，通过搭设临时工作平台进行定位，防止钢筋在绑扎过程中发生位移，施工中还需通过安全施工技术交底、设置安全警示标志、安排专人监督等措施做好高空作业安全防护（见图 4.3.1）。

（a） （b）

图 4.3.1 底板钢筋安装

（a）底板钢筋底部垫块现场浇注；（b）利用搭设临时工作平台进行竖向钢筋绑扎

2）模板安装加固

混凝土在浇筑时会对模板产生非常大的侧压力，且基础高度大，产生的弯矩大，为防止发生涨模及模板位移等现象，在模板支护时，采用刚度较大的钢管作为背带，并在横向、竖向、斜向做了加密（见图 4.3.2）。具体为：沿长度方向，每隔 500～800 mm 设置通长竖向钢管支撑一道、竖向支撑与钢模板连接牢固。在竖向钢管支撑外侧设置 4 道通长横向钢管支撑，1 道位于模板底部，1 道位于模板顶部，中间 2 道等距离分布。并设置 4 道钢管斜支撑与横向支撑连接牢固，斜支撑间距与竖向支撑相同。

（a）　　　　　　　　　　　　（b）

图 4.3.2　模板固定结构安装

（a）模板及固定钢管架安装；（b）模板固定支架安装示意

3）底板混凝土浇筑和养护

底板混凝土浇筑量大，且需要一次性浇筑完成，需要做好混凝土浇筑和养护工作（见图 4.3.3）。

施工前准备：浇筑前制定了专项施工方案，并对所有施工人员进行技术交底。配备 2 台混凝土泵车，因拌合站和浇筑点距离近，配备 4 台 8 m^3混凝土运输罐车。为保证振捣及时、充分，准备 10 台振捣棒。为了预防高温天气对混凝土浇筑的不利影响，混凝土拌合站配备 1 台制冷设备，可制备 4～10° 的凉水用于混凝土搅拌。

混凝土浇筑：采用分层浇筑法，浇筑从短边开始，下料采用橡胶短管引至距离浇筑面 30 cm 的高度，每层厚度 30～50 cm，并且保证上层混凝土要在下层混凝土初凝前浇筑完毕。用振捣棒振捣时，2 个振捣棒之间的距离维持在 1.5 倍振捣棒影响半径范围内，振捣棒需插入下层混凝土 5～10 cm。浇筑时间选在气温最低点，如清晨或晚上。

养护：采用覆盖养护，混凝土收面后，及时在上表面覆盖土工布洒水养护；侧模拆除后，包括侧面的整个基础表面覆盖土工布进行洒水养护，养护期不低于 14 天。养护期结束后，及时回填底板周边土体至底板顶部。

（a）　　　　　　　　　　　　（b）

图 4.3.3　底板混凝土浇筑和养护

（a）底板混凝土浇筑；（b）覆盖土工布养护

4）预埋件和预埋孔模板安装

预埋件及预埋孔模板安装期间，要选派技术水平过硬的测量人员紧盯现场，及时发现问题及时修正。混凝土浇筑时，混凝土下料导管出口要避免直接对着预埋件或预埋螺栓孔模板，防止混凝土浇筑时的冲击力导致螺栓和预埋螺栓孔模板发生位移。同时，振捣混凝土时，要防止振捣棒和预埋螺栓、预埋螺栓孔模板直接接触。预埋螺栓和预埋螺栓孔出现问题时，要积极协调设计、监理、土建承包商、机械安装承包商共同协商制定修复方案，并严格按照批准后的修复方案执行。

（4）小结

湖山磨机基础施工准备包括精心策划组织、科学制定施工方案、合理配置人机料等资源；施工中，各方人员各司其职，施工人员严格按照指定的施工计划施工，技术和监理人员做好把关，及时发现问题，及时修正，做好全过程监督。施工完成后，及时梳理施工中遇到的问题和解决方案，并总结经验。总之，通过对各个施工环节的有效控制，湖山大型磨机基础施工在进度、质量、安全、费用等方面取得了很好的效果，为后续机械设备安装承包商顺利进场进行机械安装奠定了良好的基础。

4.3.2　大型双相不锈钢槽罐施工

（1）工程概况

湖山铀矿中浸出槽和浓密机均采用 LDX2404 双相不锈钢在现场预制和焊接而成，焊接施工面及工程量集中在 34 台预制罐、10 台现场预制浓密机（主要位于浸出区及逆流洗涤区）及约 5 000 m 钢管道预制，焊接量达 95 000 m，质量要求高，工期仅为 12 个月，由中广核工程公司与中核建二三公司组成 EPC 联合体（松散型）共同承揽，其中工程公司负责设计、采购，二三公司负责现场施工。

（2）设计特点及技术要求

LDX2404 双相不锈钢是奥托昆普（Outokumpu）公司近几年开发的经济型双相不锈钢。与传统的奥氏体不锈钢相比，LDX2404 双相不锈钢具有更低的镍（Ni）含量，在各项耐腐蚀性能方面表现更为出色。湖山铀矿各大型槽罐均采用 LDX2404 双相不锈钢建造。除此之外，LDX2404 还应用于大部分的管道系统、压力容器、管接头、板件等。但是，由于母材中含有较高的氮（N）含量，焊接近缝区不会形成单项铁素体区，奥氏体区一般不低于 30%，因此适用的方法仅有较为传统的钨极氩弧焊和焊条电弧焊。

纳米比亚当地焊接人才短缺、技能落后、工效低下，因此本项目焊工全部是中国工人。如果采用传统钨极氩弧焊和焊条电弧焊的焊接方式，焊工的数量预测需求在 110 人左右，大量焊工的动员受制于当地法律对外国劳工人员比例控制、国内焊工培训及考试周期、签证办理、焊工动员成本等方面的限制，可能会造成水冶厂施工进度的严重滞后。

为了在保证焊接质量的前提下提高焊接效率，通过采用合理的焊接参数、铆工工艺及 LDX2404 双相不锈钢药芯焊丝电弧焊工艺等行之有效的防变形和质量保证措施，并有效避免应力集中造成的变形，实现了满足工期的施工效率。

（3）LDX2404 双相不锈钢的焊接特性简介

LDX2404 双相不锈钢具有良好的焊接性能（见表 4.3.1）。与铁素体不锈钢及奥氏体不锈钢相比，LDX2404 双相不锈钢既无铁素体不锈钢焊接热影响区因晶粒严重会使塑韧性大幅降低的问题；也不像奥氏体不锈钢焊接对焊接热裂纹比较敏感。LDX2404 双相不锈钢焊接裂纹倾向很低，不需预热和焊后热处理。但要注意，该类钢在低于 950 ℃热处理时，由于σ相的析出，其耐应力腐蚀性能将显著降低。

表 4.3.1　LDX2404 双相不锈钢化学成分（质量分数/%）

奥特昆普名称	C	Cr	NI	Mo	N	其他	属类
双相，高强度，高耐腐蚀性，增强的抗应力腐蚀开裂性							
Forta DX 2205	0.02	22.4	5.7	3.1	0.17	—	D
Forta LDX 2101	0.03	21.5	1.5	0.3	0.22	5Mn Cu	D
Forta DX 2304	0.02	23.0	4.8	0.3	0.1	Cu	D
Forta EDX 2304	0.02	23.8	4.3	0.5	0.18	Cu	D
Forta LDX 2404	0.02	24.0	3.6	1.6	0.27	3Mn Cu	D
Forta SDX 100	0.02	25.4	6.9	3.8	0.27	W Cu	D
Forta SDX 2507	0.02	25.0	7.0	4.0	0.27	—	D
Forta FDX 25	≤0.05	19.0～20.5	0.8～1.5	0.1～0.6	0.16～0.26	2.0～4.0Mn	D
Forta FDX 27	≤0.04	19.0～22.0	2.0～4.0	0.6～1.4	0.14～0.24	≤2.5Mn	D

（4）LDX2404 双相不锈钢现场药芯焊丝电弧焊工艺

以浸出槽罐体现场焊接为例，介绍 LDX2404 双相不锈钢焊接制造工艺。其中，罐底为平焊 1G 对接位置，焊接方法为 GTAW 打底，FCAW 填充盖面，单面焊双面成形；罐体筒体环缝为横焊 2G，纵缝为立向上焊 3G，双面焊；罐抗风梁安装为角焊缝 1F、4F。本项目成功的重要经验为施工中采用了 LDX2404 双相不锈钢药芯焊丝电弧焊（Flux－Cored Arc Welding，FCAW）工艺，并局部采用焊条电弧焊（SMAW）和钨极氩弧焊（GTAW）配合使用的焊接工艺。

FCAW 焊接 LDX2404 双相不锈钢具有焊接质量稳定、焊接变形量可控、生产效率高、人因影响小、易操作等优点。受保护气体影响、药芯焊丝本身杂质、现场客观条件恶劣等原因影响，施焊过程中易出现密集气孔、单个大气孔、夹渣及层间未熔合等缺陷。通过合理化焊接工艺参数、改善焊接施工条件如严格焊前及层间清理、增加防风防尘措施，有效抑制了焊接缺陷的形成，焊缝射线检验 RT 探伤一次合格达到了 94%以上，符合生产质量要求。将 FCAW 技术应用于双相不锈钢储罐中，在焊接工艺、现场操作和焊接质量管理等方面积累了经验，达到了节约成本和提升效率的目的，同时也基本实现了按期完工。焊接过程中采取的主要措施如下：

① 适当调节气体流量，控制热输入，确保杂质有效析出。

② 合理优化电参数，适当调整电流、电压配比，施焊前清除坡口表面浮锈露出金属光泽，发现杂质及时清除。

③ 焊前增加吹扫步骤，用电吹风设备彻底清除组对及层间灰尘，增加挡板及现场防风、防尘设备。

（5）小结

首先，狠抓工程建设计划管理。中核建二三公司以及斯科公司工程部所选用的 FCAW 焊接工艺在焊接时焊丝熔敷速度快，是焊条的 3～4 倍，焊接效率高，焊工人力动员是 SMAW 焊工人力动员的 1/3 左右，如果采用 SMAW 方式，项目部动员焊工 110 人，远远高于当时的实际人力情况，在满足质量要求的情况下显著地提高了工效。

其次，提升整体管理水平，狠抓施工技术创新。特别在焊接工艺创新方面进行全方位的管理与控制，否则将很难圆满实现验收一次合格率保持在 94%以上的较高水平。例如，盘状药芯焊丝经过送丝机构输送，可以连续进行焊接，提高了焊丝的利用率，加快了流水化施工节奏。同时，由于药芯焊丝的利用率是 95%左右，比较而言，焊条的利用率仅为 50%～60%，进而节约了材料和造价。项目实际使用药芯焊丝约 32 t（单价 20.5 欧元/kg），如果使用 SMAW 焊接方式需采购焊条约 48 t。

回顾逆流洗涤、浸出浓密机、浸出槽等相关设施 3 年的安装工作，中核建二三公司在斯科公司工程部密切跟踪下，不仅提升了大型项目建设管理经验，还创建了融汇核电特色又与国际接轨的矿业施工新模式，提升了中国工程企业联合“走出去”承担世界级项目工程的能力。

4.3.3 大型水池防渗膜施工

（1）工程概况

湖山铀矿水冶厂中的尾矿坝、浸出液池、萃余液池、工艺水池、原水池等采用的是柔性地连墙构成的围堰。该围堰水池地上和地下均采用 HDPE 防渗墙，目的是容纳一定规模工艺需要的液体蓄存空间，并与地下水系统分隔开来。

各水池的主要空间参数见表 4.3.2。

表 4.3.2 各水池的主要空间参数

序号	名称	容积/m³	长×宽×高/（m×m×m）	防渗膜系统
1	浸出液池	75 600	122×52×8	防泄漏探测
2	萃余液池	74 600	122×52×8	防泄漏探测
3	工艺水池	7 600	40×30×4.5	防泄漏探测
4	1 号原水池	26 100	60×32×7	1.5 mm 厚 HDPE 膜
5	2 号原水池	26 100	60×32×7	1.5 mm 厚 HDPE 膜
6	水冶厂排洪池	26 540	79×54×6.6	1.5 mm 厚 HDPE 膜

（2）设计特点及技术要求

湖山铀矿各大型水池的布置和容量设计均由 HPJV 设计，水冶厂的地势为东北高、西北低的斜坡。根据规划总平面图布置，设计为 6 个水池，开挖至设计标高后，坡脚场坪高程 8 m，水池内外分部形成坡度为 1:3 和 1:2 的两种边坡，水池的四周均为永久性边坡，为消除边坡对周围设施的影响和威胁，需考虑水池防渗膜的锚固和溢流槽等治理措施。根据建设初期场平整体施工安排，水池的土石方开挖工程量大且运距远，加上项目建设初期现场水、电资源缺乏，施工道路为临时土石便道，为水池土石方作业增加了难度。

湖山铀矿各大型水池采用的由南非 Gundle 公司提供的 HDPE 防渗膜卷材，规格为 1.5 mm 和 2.0 mm 两种厚度，宽幅为 3 m 或 6 m，满足防渗膜敷设及应用的相关标准。关于 HDPE 膜，主要成分为 97.5%的高密度聚乙烯，约 2.5%的炭黑、抗老化剂、抗氧化剂、紫外线吸收剂、稳定剂等辅料，并根据美国 GRI 标准和 ASTM 测试标准执行生产的。具体的安装方法参见图 4.3.4。

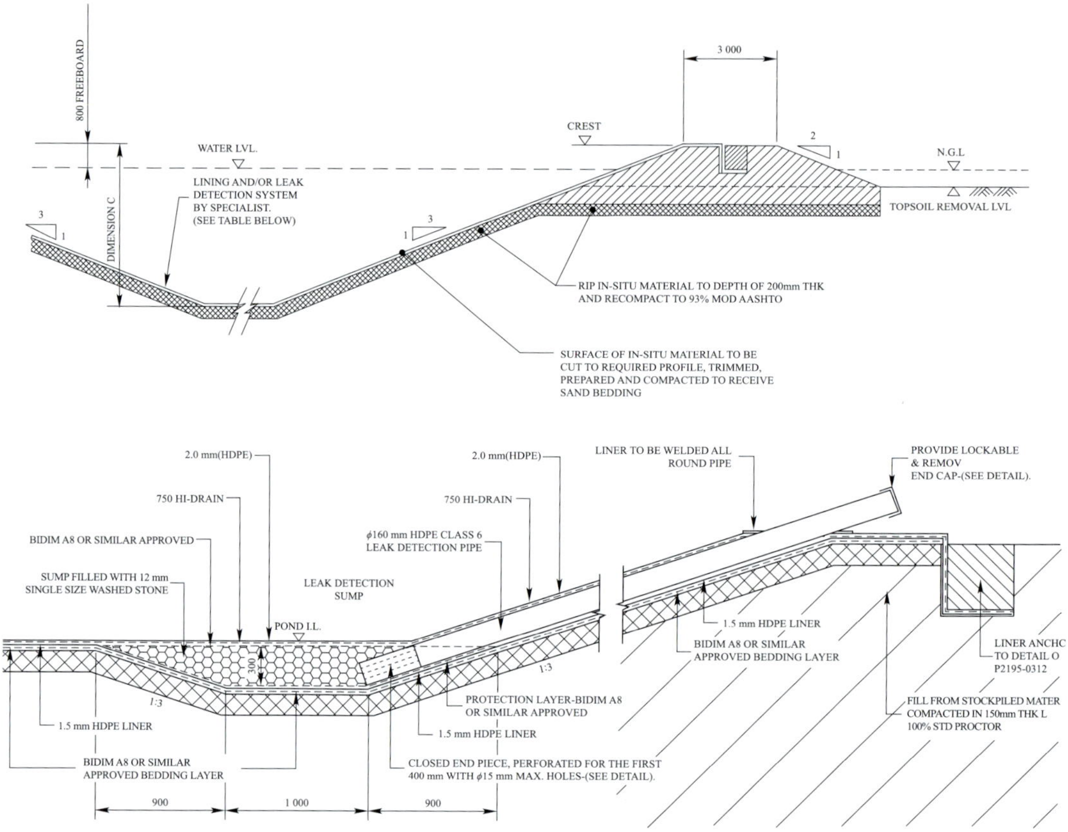

图 4.3.4　防渗膜安装方式

（3）HDPE 防渗膜的特点

水池的结构施工为表土剥离、土石方挖运、土石方碾压回填、地基夯实、阀门井土建及安装等过程，在此将本工程选用的重要的功能性材料——防渗膜卷材进行介绍：

① 防渗系数高：HDPE 防渗膜具有普通防水材料无法比拟的防渗效果，并且具有高强抗拉伸机械性，它优良的弹性和变形能力使其非常适用于膨胀或收缩基面，可有效克服基面的不均匀沉降。

② 化学稳定性：HDPE 防渗膜具有优异的化学稳定性，被广泛应用于污水池、化学反应池、垃圾填埋场。耐高低温、耐油及焦油、耐酸、碱、盐等 80 多种强酸强碱化学介质腐蚀。

③ 耐老化性能：HDPE 防渗膜具有有效的抗老化、抗紫外线、抗分解能力，可裸露使用，使用寿命可达 50～70 年。

④ 高机械强度：HDPE 具有优异的抗穿刺能力，可以抵抗大部分植物根系。其断面拉伸强度超过 28 MPa，断裂延伸率 700%。

⑤ 施工速度快：HDPE 防渗膜有很好的灵活性，一般采用热熔焊接，焊接强度高，施工方便、快速。

⑥ 环保无毒性：HDPE 防渗膜采用的材料均为无毒环保材料，防渗原理是普通的物理变化，不产生任何有害物质。

（4）防渗膜施工的交叉作业管理

大型水池的施工是一个防渗系统工程，为确保热熔焊接和敷设过程一次成功，在现场需完成焊缝和闭水多次试验，以满足水冶厂高防渗作业标准。此外，随着工程的推进以及生产试验对水池蓄水功能的迫切需求，大型水池的土建作业与安装工程并进，这就需要斯科公司工程团队有力推动多家承包商积极配合。具体措施如下。

1）水池按合同、按区域交付并投用

水池是按生产系统组织土建、安装、调试、交付等环节实施的，该交付进度必须满足系统安装及回路试压的工期、工序及工艺要求。但各施工单位往往依据场地进入顺序和合同进度来组织施工，业主方的需求和各施工单位往往存在较大差距，工程部必须提早及时调整好相关的配合及进度安排。

2）狠抓“返回区”移交计划及责任的落实

水池的施工存在多处交叉作业，包括土石方作业、防渗膜敷设、闭水试验、阀门井土建、设备及管道安装等。工程部依据设计及验收标准及总进度目标，制订了各水池土建、安装移交及“返回区”移交计划，明确同一作业空间相互移交的工作范围、条件、各方责任、移交步骤、期限及遗留项的处理等内容，较好地实现了各交汇处的交叉与接口管理。

3）针对施工单位人力资源准备不足，重点在组织分工种、分阶段调动上下功夫

湖山铀矿水冶厂的各大型水池与水冶工艺线的交接点是水冶各工艺系统冷试的关键节点，要提早安排移交。工程部根据工程进度的特点对各承包商施工不同工种进行统筹和调整，直至水池的交付和遗留项处理完毕。工程部不仅组建“水压试验队”统一管理，还设置了专职区域协调员，实施分区管理，减少了接口关系，避免了重复劳动。

4）施工区域主责人严格执行风险预警机制

设立了现场区域负责人，各区域主责人在工程项目总指挥下负责相关区域的专业、系统、设备、厂房、采购及到货的管理，当建设过程中出现对技术、安全、质量、环境、进度、成本有影响的偏差风险或问题时，通常情况下项目总会组织讨论及决策，还会对风险预警事件的处理效率进行跟踪考核。

（5）小结

湖山铀矿大型水池项目的顺利完成需持续关注受控环境下的项目管理。湖山铀矿建设期间不断探索优化施工区域主责人风险预警机制以及处理流程，工程部一方面提高自然环境和现场条件风险的应对措施，关注现场六大控制管控要素的符合度；另一方面，通过采取扁平化管理，加强业主工程部在项目管控中的核心位置，使区域施工管理责任更加明确，有利于加快问题的处理效率，顺利实现了进度控制目标。

4.3.4 大型矿用设备维修厂房主钢结构吊装

（1）工程概况

基于设备选购与使用相结合、日常维护与检修相结合、正确操作与精心保养相结合的矿用设备管理理念，湖山铀矿设计和建造了相配套的矿用设备维修厂房及配套的办公设施。以大型运矿卡车维修厂房为例，其钢结构布置如图 4.3.5 所示。

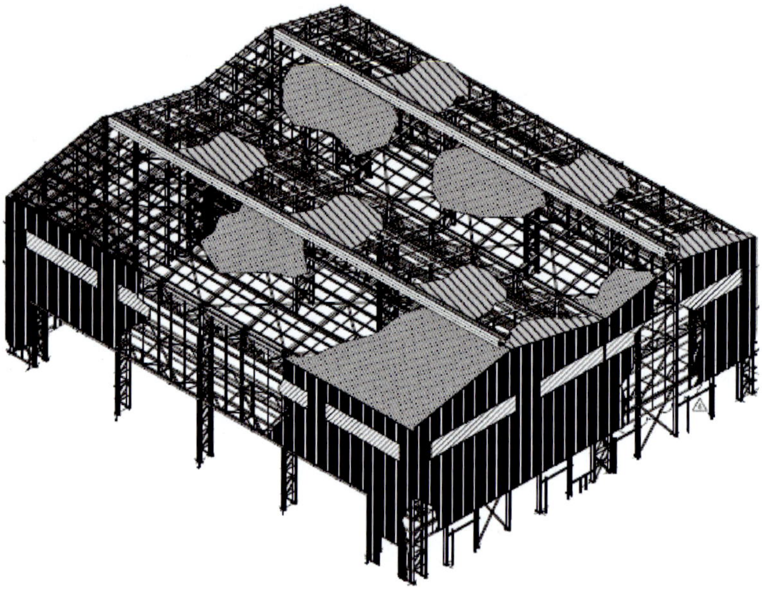

图 4.3.5 重型矿用卡车维修车间三维布置图

该维修厂房长度（纵向）为 72 m，宽度（横向）为 65 m。柱轴线数为 11 个横轴、7 条纵轴线。横向轴线间距分别为 6.5 m 和 6.8 m 两种，纵向轴线间距为 8 m 和 15 m 两种。主要构件包括：

① 维修车间主桁车梁及连接构件；

② 厂房屋架、上下弦水平支撑、垂直支撑、檩条、撑拉杆、风机口支架、天沟等；

③ 山墙钢柱、屋面钢梁；

④ 操作钢平台梁、柱及支撑；

⑤ 辅助桁车梁；

⑥ 屋面檩条、拉撑连接件、斜拉杆、垂直吊杆。

（2）厂房钢结构主要构件及技术要求

厂房混凝土基础标高 +0.23 m，上部主体结构全部为钢结构，最高点标高为 24.63 m，横向最大跨距为 59 m，纵向最大跨距为 60 m；钢结构由中建二局博茨瓦纳公司为主制作，经陆地卡车从博茨瓦纳运输至纳米比亚湖山铀矿现场，该厂房的钢结构总量为 4 785 t，钢结构中所有节点采用高强度螺栓连接，螺栓总用量达 1.5 万余套，螺栓强度级别有 8.8 和 10.9 两种，其主要构件及特点如表 4.3.3 所示。

表 4.3.3　大型运矿卡车维修厂房钢结构主要构件及其特点

序号	主要构件	顶标高/m	数量	单件最重/t
1	D、K 轴钢柱	+27.54	24	4.13
2	A、B、C、E、F、H、K、L 轴钢柱	+24.63	24	5.1
3	屋架梁	+27	22	3.5
4	跨屋面大梁	+27	16	3.4
5	桁车梁	+21.35	24	2.3
6	山墙柱	+27	22	4.1

经过严密组织和精心安排，该厂房钢结构安装工作均按时实现计划工期，一定程度上弥补了钢结构加工延误对项目造成的影响。

（3）钢构件的验收和施工现场管理

斯科公司工程部在监督施工单位完成钢构件验收工作主要包括两方面内容：

① 数量核对：到货构件数量与安装图所要求的数量必须一致，以满足现场安装需要。所以到货数量与图纸要求数量的对比工作必须在开工前尽早展开，如发现供货数量不足或配套不齐，及时联系现场和当地加工工厂紧急加工，以避免影响安装的顺利进行。

② 钢构件质量检查：首先检查供货清单中质量文件是否齐全，包括购进钢材和连接材料的出厂质量保证书和检测报告，并经订货单位（中建二局）与监理（HPJV）检查确认。对材料进行抽样复验，复验数量、方法及结果应符合现行南非国家标准和设计要求，未经检验或检验不合格不得入库，特别是针对桁车梁翼橼与腹板的钢板焊接严格执行 100%超声波检测。

钢结构堆场严格实行分类堆放，并采取标识措施，严禁混用。现场要求焊接应尽量在工厂出厂前完成，除对可能影响构件吊装的节点板、加劲板，采用现场焊接方式外，现场连接尽量采用螺栓。

工程部严把土建与安装交接的验收关。钢结构安装之前，土建与安装进行轴线、标高、地脚螺栓、剪力槽及预留孔交接验收。土建向安装提供书面资料，并提供标高基准点，由安装进行复核。在验收移交顺序上，综合考虑厂房需求紧迫程度和钢结构预制进度，使施工仓库、初碎站控制室以及重卡维修车间优先完成土建移交。湖山铀矿各大型钢结构厂房的钢结构吊装工作总体顺利，主要反映在：吊装计划紧凑，为工程追赶因预制产生的延误创造了条件；钢结构吊装过程中克服了高温、强风等恶劣气候条件下的高空作业，未出现过严重安全事件；未给生产运行带来太多影响功能的隐患；投产过程比较顺利。

（4）多榀屋架整体吊装的工艺与操作方法

1）试拼装

由于斯科公司自有 1 台 300 t 汽车吊，为现场大尺寸构件吊装提供了有利条件。因此，为保证 2 榀以上屋架在高空顺利对接，工程部要求在地面完成试拼装，拼装结果除极个别螺栓无法安装外，其他均可顺利安装。

2）相关构件定位及螺栓孔复查

与屋架直接相连的构件有：A1～A7、G1～G7、L1～L7钢柱。在屋架吊装之前，必须复查钢柱与桁车梁位置的标高、钢柱的轴线位移和顶标高等，确保偏差在允许的控制范围内，并复查所有相关部位的螺栓孔径和孔距。

3）现场条件

为确保吊装风险降至最低，现场施工道路全部做到了平整坚实、经常维护，并有足够的路面宽度和警戒安全距离（不小于 6 m）和转弯半径（不小于 20 m）。各厂房必要的道路要通畅宽阔，脚手架及操作平台要做到工完场清，吊车行走和回转范围内的模板、钢筋、缆风绳、电缆等及时清理。

4）施工道路

大型构件在运至现场时，保证运输车辆能够直接卸车并摆放在吊装位置。150 t 吊车自重约 160 t，加上负载总重量超过 200 t，因此施工时项目管理人员会对地面上土建预留的孔洞位置、承压强度不足的位置均采取铺钢板等措施进行保护。对于挠曲变形构件，在两挠曲变形点设置垫木支点，在两支点中间加设重物，使构件免受变形、油漆破损等影响，更重要的是减轻了二次倒运的工作任务。

5）轮胎式移动操作平台的使用

根据现场统一安全要求，在主钢结构吊装就位后进行螺栓连接以及防腐补漏过程，方便现场根据实际情况随时调整。为了减少现场吊、运等环节对构件造成变形，中小型构件也尽量安排卸车时摆放在吊装位置。

（5）小结

湖山铀矿大型钢结构厂房的主钢结构吊装自始至终坚持“安全第一”的方针。之所以取得成功，是因为工程团队汲取了大型核电工程建设经验。例如，钢结构吊装前的准备和实施工作，归结起来包括连接材料的选用、材料管理、构件焊接及焊缝的检查、运输与安装、防腐与涂装验收 5 个主要方面，均按制定的标准及衡虚实施进行。

2016 年各大型钢结构厂房相继移交生产部门投入使用，得到了使用单位满意的答复。在经过了行吊负载试验以及恶劣天气下的考验，各大型钢结构厂房在适用性和功能性方面取得成功。这一成功凝聚了全体施工管理人员的辛勤和汗水，是实现中广核海外承担大型工程项目的有益探索。

该模式有如下几个特点：

① 有一套完善的项目管理程序，分工明确、职责清楚，在技术管理方面管控有效。

② 重视计划与协调的权威性；有一个明确的施工准备思路，即明确目标、制定原则、编制计划、组织实施。

③ 重视培训，授权上岗制度健全；有一支素质高、团队意识强的员工队伍，特别是有斯科公司各级领导和各相关单位的大力支持。

但中国施工企业与南非优秀的施工企业比较，在法律、制造、资源掌控等方面还存在很多不足，需在管理效率、质量控制、进度控制、协调沟通等方面下功夫。

4.4　湖山项目建设期施工安全管理

4.4.1　施工安全管理概要

参与湖山项目的承包商包括数家央企、数十家南部非洲大型施工安装企业以及上百家供应商等，建设高峰期现场人员超过 4 000 人，建设期跨越 4 年（2013—2016 年）。

项目需要遵循当地的健康、安全及环境法律共数十种，主要包括：

①《纳米比亚劳动法》，2007

②《纳米比亚矿业健康安全规程草案》

③《矿业、健康和安全法》，1996

④《职业、伤害和疾病补偿法》，1993

⑤《空气污染防治法》，1965

⑥《环境保全法》，1989

⑦《灾害物法》，1973

⑧《国家环境管理法》，1998

⑨《国家道路交通法》，1996

矿建期间的安全管理制度是基于 HPJV 母公司 AMEC FW 的安全体系和管理程序。HPJV 还专门为湖山项目承包商编制了 HSSE 规程和要求（Swakop Uranium Husab Project HPJV HSSE specification and Requirements for contractors），现场的安全管理主要参照此规定执行。

此规定共分为 10 章，作为每一个施工安装合同的附件添加在合同中，以便承包商理解现场健康安全管理的要求。章节包括① 编制目的；② 适用范围；③ 参考文献，主要列明了使用的纳米比亚安全健康环境法律；④ 定义和缩写；⑤ 健康安全管理流程；⑥ 守规成本，明确安全健康环境管理的费用涵盖在合同中，特别是明确安全等原因引起的窝工全部由承包商承担，承包商不能索赔；⑦ 保险；⑧ 作业安全分析；⑨ 职业健康；⑩ 工作安全系统。其中第 5 章、第 8 章及第 10 章是核心，规定了安全管理的流程，同时对承包商安全作业、安全系统提出了明确的要求。

以下根据现场安全管理的实践对湖山项目安全管理进行介绍。

4.4.2　施工安全管理实践

（1）投标阶段的安全要求

湖山项目在招标时要求潜在承包商提交健康、安全和环境管理计划，充分理解项目对于健康、安全、环境的要求，并对招标范围内的施工活动做出健康、安全和环境方面的安排，对于安全方面的组织、资源做出规划，作为评标的依据之一，也作为项目执行阶段检查承包商是否按照投标时的承诺投入资源的依据。

中方承包商常常在投标阶段把各种安全措施都列入计划，而较少考虑其执行的可能性和安全成本，比如在组织机构、人员设备配置等方面都相当充分，以便在评标中得到高分。

而一旦中标，常常难以按照计划书配备相应的资源，导致在实施阶段多处于被动。

（2）安全管理的组织

根据纳米比亚法律，湖山铀矿建设期间项目安全管理责任主体是斯科公司，斯科总经理是项目安全第一责任人，通过斯科公司总经理授权 HPJV 的安全经理对湖山矿现场安全负责（见图 4.4.1）。

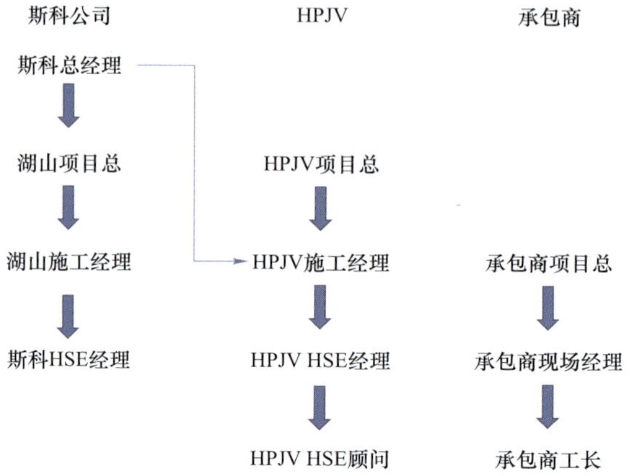

图 4.4.1 湖山项目安全管理组织

注：图中粗线箭头表示上下级关系，细线表示安全授权关系。

安全方面的职责分工如下：

① 斯科公司：法律上，总经理为安全责任人；总经理将安全管理授权给负责铀矿运行的副总经理，安全管理的实际承担者为 HPJV 的施工经理；

② 斯科施工经理：牵头安全事故调查；

③ 斯科 HSE 经理：负责和 HPJV HSE 经理接口，代表斯科参加现场安全会议；

④ HPJV 施工经理：负责组织现场巡视，签发现场通知等。

HPJV 在安全管理上有专门的 HSE 经理承担，根据工作区域由不同的安全顾问负责和承包商对接。

在承包商内部，项目总主要负责批准关键作业分析（JSA）。

承包商现场经理负责：① 收集关键作业分析（JSA）；② 协调 JSA；③ 日常巡视；④ 确保和现场其他承包商的安全接口。

承包商一线的工长职责包括：① 实施 JSA；② 日常巡视；③ 每天工作前和小组开展 JSA；④ 实施安全检查；⑤ 报告安全事件事故；⑥ 每周实施安全对话（Tool Box talk）；⑦ 每天作业前实施 JSTA。

（3）项目实施阶段的安全会议制度

1）项目启动会

在合同签订后 HPJV 组织项目启动会，确认招标期间承包商提交的安全要求、措施、资源及时到位，包括：

① 检查健康安全计划；

② 实施安全培训的证明；

③ 设备清单及与之相关的安全使用文件；

④ 安全人员任命文件。

此外，HPJV 要求承包商提交一份总经理签字的健康、安全政策文件，该文件需要在承包商内部传达，以便所有承包商内部人员明确对现场健康和安全负有的责任。

2）施工进展周会

HPJV 针对每个合同包召集施工进展周会，会上第一个议题就是安全。HPJV 的安全人员会和承包商就一些安全相关的统计数字进行确认，包括本周工时数、总工时数、加班工时数、现场工人/设备/工长数量、现场发生安全事故数量、现场经历的安全问题以及采取的改进措施等。

3）施工健康和安全高层会议

由 HPJV 的施工经理和 HSE 经理召集，斯科公司代表参加，每月一次会议。

4）执委会安全健康管理会议

由 HPJV 的施工经理和 HSE 经理组织的现场会议，承包商项目总参加，每月一次会议。

5）承包商安全评审会议

HPJV HSE 经理组织现场所有承包商 HSE 经理参会，每周一次，会议议程包括：本周的安全事件；HSE 事件的经验反馈；下一周的展望；下一周危险 TOP 5；项目安全趋势及其他 HSE 相关事项。

6）承包商需要建立自己的健康安全委员会，并不定期开会，讨论施工中的安全事项。

此外，HPJV 还组织每周现场安全巡视，巡视区域由 HPJV 的施工经理或 HSE 经理指定，业主的现场经理、承包商的现场经理和 HSE 经理参加巡视，巡视后由 HPJV 施工经理或者 HSE 经理组织总结，反馈巡视发现的安全不足并提出改进要求。

（4）安全作业程序

湖山项目针对现场各种作业安全，编制了 41 余份程序，对现场重物起吊、有限空间作业要求、电气设备使用、坠落物保护、高空作业、应急计划等做出了规定，有效指导了现场施工。

程序清单见表 4.4.1。

表 4.4.1　湖山现场安全作业程序清单

	程序名称	版本
1	起重和索具管理程序（Cranage and Rigging Procedure）	Rev 1
2	健康、安全、安保和环境管理（HSSE Volume 6）	Rev 2
3	承包商的 HSE 规范（HSE Specification to Contractors）	Rev 4
4	研磨砂轮管理程序（Abrasive Grinding Wheel Procedure）	Rev 0
5	挡墙管理程序（Barricade Procedure）	Rev 0
6	颜色代码管理程序（Colour Code Procedure）	Rev 1
7	压缩空气管理程序（Compressed Air Procedure）	Rev 1
8	密闭空间进入管理程序（Confined Space Entry Procedure）	Rev 1
9	施工现场车辆管理程序（Construction Site Vehicle Policy and Procedure）	Rev B
10	危险孔洞及开孔管理程序（Dangerous Holes and opening Procedure）	Rev 0

续表

	程序名称	版本
11	电气漏电保护管理程序（Electrical GFCI Procedure ）	Rev 0
12	电动工具管理程序（Electrical Tools Procedure）	Rev 1
13	应急准备管理程序（Emergency Preparedness Procedure）	Rev 0
14	挖掘管理程序（Excavation Procedure）	Rev 1
15	爆破工器具管理程序（Explosive Tools Procedure）	Rev 0
16	跌落防护管理程序（Fall Protection Procedure）	Rev 1
17	防火管理程序（Fire Protection Procedure）	Rev 1
18	急救大纲（First Aid program）	Rev 1
19	燃油输送管理程序（Fuel Transfer Procedure）	Rev 0
20	气瓶管理程序（Gas Cylinder Procedure）	Rev 1
21	气体设备管理程序（Gas Installation Procedure）	Rev 0
22	小工具管理程序（Hand Tools Procedure）	Rev 1
23	有害物质管理程序（Hazardous Materials Management Procedure）	Rev 1
24	动火作业管理程序（Hot Work Procedure）	Rev 0
25	记录，报告和调查（Recording, Reporting and Investigation）	Rev 0
26	OHL 清除管理程序（OHL Clearance Procedure OHL）	Rev 1
27	放射性检测管理程序（Radioactive Testing Procedure）	Rev 2
28	呼吸器管理程序（Respiratory Program）	Rev 2
29	风险评估管理程序（Risk Assessment Procedure）	Rev 1
30	安全作业管理程序（Safe Work Procedure）	Rev A
31	安全激励管理程序（Safety Incentives Program）	Rev B
32	脚手架搭设管理程序（Scaffold Erection Procedure）	Rev 0
33	防泄漏控制程序（Spill Prevention and Control Procedure）	Rev 1
34	HSM 的存储和处理管理程序（Storage and Handling HSM Procedure）	Rev 0
35	车辆维修管理程序（Vehicle Maintenance Procedure）	Rev 0
36	焊接管理程序（Welding Procedure）	Rev0
37	橡胶衬里设备的焊接（Welding Near Rubberlined Equipment）	Rev 0
38	高空作业管理程序（Work at Height Procedure）	Rev 0
39	工作场所检查（Workplace Inspection Inspection）	Rev 2
40	应急预案（Emergency Response Plan）	Rev 3
41	罢工管理指南（Strike Management Guideline）	Rev 1

4.4.3 安全管理特点

（1）承包商安全环境计划的编制

所有承包商在进场前需要制订安全健康和环境计划，供 HPJV 批准，并确保在现场开展安全生产的资源和能力；安全健康和环境计划需包含：① 项目安全管理组织图，明确安全人员的职责及上下级关系，作为安全健康文件予以保存；② 法律要求的关键人员任命文件，并签订公司内部协议确保每一个员工理解自己的职责；③ 承包商要明确施工阶段 HSSE 管理需要的预算；④ 承包商范围内的基准作业安全分析（Job Safety Analysis，简称 JSA）；⑤ 安全工作程序；⑥ 检查清单样本；⑦ 法律上要求的文件，比如爆破试验证书等；⑧ JSA 登记。

安全健康环境计划基本上涵盖了人员、机具、作业流程等所有要素，强制承包商在文件编制阶段就作业进行安全方面的梳理，有效地促进了承包商的安全作业。

由于安全健康环境计划是承包商进场的必要文件，而中方承包商前期不熟悉健康安全计划的要求，出现了进场受阻的问题，造成窝工并影响工程进展。

（2）人员进场许可制

所有人员包括现场参观者、承包商在进入现场前需要接受进场指导，进场指导内容非常丰富。由于湖山铀矿在纳米比亚国家公园，纳米比亚法律规定所有车辆和行人进入国家公园必须从当地市政府旅游办公室办理许可证，同时政府还规定天黑到天亮期间不许开车出入项目现场，担心影响沿途动物的活动；进场前需要提供健康的医疗证明，并在安保处照相才能获取进场证；进场人员必须配备完备的个人劳保用品（Personal Protection Equipment，简称 PPE）；此外对进场车辆、安全作业要求等都做了详尽的宣讲。

多数中国承包商开始难以适应现场安全要求，为了节省成本，在车辆配备、PPE 发放等方面不满足现场安全要求，后在严格要求下得以改善。

（3）承包商管理层和工人间关于安全的交流

承包商管理层和工人关于安全的对话包括两部分：

1）安全对话（Tool Box Talk）

每周至少一次，通用的安全对话材料应收集在承包商的安全管理计划中。

2）小组对话（Crew Talk）

每天或者工作地点变换后由工长对班组进行工作安全交底（JSTA），交底的内容包括：工作的步骤、工作可能涉及的危害和风险、安全施工的流程、工作许可要求、工作安全分析报告（JSA）或类似文件要求、使用的工具、需要的监督、围栏设置等其他安全事项。

（4）现场承包商间的对话

现场由于承包商众多，不同承包商之间有不少安全经验、安全信息需要共享，此外还有大量的通知需要传递给现场所有的承包商，因此湖山项目现场建立了以下机制，包括：

① 现场通知（Site Bulletin）：例如现场道路封锁，道路有关承包商必须在封路前三天向 HPJV 及其 HSE 部门提供工作计划及封路要求，如果封路计划得到批准，HPJV 应该在第二天 12:00 前将计划下发至所有供应商。

② 警示通知：当现场某个承包商发生安全事件，最晚在事件的第二天须向整个现场所有的承包商发出快速警示报告（First Alert Report），以便使其他承包商迅速掌握现场发生

的事件，引起注意。

警示通知通常会对事件的分类，发生安全事件的承包商信息，事件的描述、原因、采取的措施等予以通报。

4.4.4 小结

通过参与湖山项目工程阶段安全管理，并对照国内项目，总结如下：

① 国内承包商在投标阶段通常不太关注安全健康环境（HSE）管理的要求，更多关注技术方案、工程量清单，因此在投标价格中没有或者较少安全要素，导致实施阶段安全预算不够，投入的设备、资源因陋就简，难以满足项目对于安全管理的要求。

② 外方对于个人安全配置的重视远比国内要求高，例如在湖山项目中不容许穿短袖衬衣进入现场，包括参观人员；未戴手套不容许在现场搬运任何物品；不戴专门的劳保眼镜不容许到施工现场。这些安全规定在国内一般未严格执行，在湖山现场，中方施工及管理人员因为 PPE 不合格多次受到 HPJV 指责。

③ 湖山项目采用 EPCM 工程模式，EPCM 承包商 HPJV 负责设计、采购及施工管理，安全作为施工管理的一个重要部分在 EPCM 合同上有明确的指标要求。因此 HPJV 在安全管理上相当严格，全然不顾工程的进展。作为业主方，一方面不宜要求 HPJV 放松安全管理，为工程进度做一些让步；另一方面又希望 HPJV 切实加大工程管理力度，确保项目进度，特别是个别中方承包商关键人员因没有遵守要求被 HPJV 通知撤离现场时，业主方十分被动：从安全要求看，HPJV 的做法合情合理，但中方承包商关键管理人员一旦撤离将需要很长时间对应补充（因签证等关系），势必影响现场进展。

④ 真正有效的安全管理是让基层员工深刻理解作业中可能面临的风险，消除模糊区域，不宜在作业规程上留有需要工人自由裁量的地方，否则很容易由于基层员工把握不到位引起安全事故。

4.5 湖山项目施工管理对于海外工程的启示

湖山项目从 2013 年 4 月正式动工，到 2016 年年底产出第一桶铀，对于中广核集团这个矿业界的新兵，特别是在建设资源匮乏的非洲，完成大型项目建设，是个奇迹。能创造这种奇迹，总结起来，有以下几个关键因素，可以为中国企业投资开发海外大型项目提供参考。

（1）优秀的项目管理团队

任何项目的成功，项目管理团队是第一位的，是项目成功的关键。有了好的项目管理团队，即使项目上千难万险，项目团队会不畏艰难地想尽一切办法去克服，因此项目团队的责任心、主动性、能力是项目成功的关键。在湖山项目建设过程中，中广核选调了一批精干的项目管理人员，这些人员有丰富的核电项目管理经验，经历过大亚湾核电、岭澳一期核电及台山核电的洗礼，具有极强的责任性和高超的沟通能力，且善于和外方共事。在这个团队的带领下，中方年轻的项目管理人员整体战斗力强，能吃苦、能打硬仗，给在湖山项目上工作的外方人员甚至纳米比亚当地人留下了极其深刻的印象。

（2）后方的信任和支持

在湖山项目执行期间，中广核和铀业公司对于项目管理团队充分信任，放手让前方团队运作项目，不干预前方团队的决策，即使在项目出现困难的时候更多的是鼓励和支持，后方领导多次前往纳米比亚看望在前方奋战的员工，给予前方员工激励和支持。项目团队满怀主人翁意识，时刻把项目作为自己的项目、自己的事业，有强烈的担当意识，同时把自己作为湖山项目大团队的一员，在项目一线发现问题、解决问题，工作中一丝不苟，全力推动、配合承包商及 HPJV 的工作。

（3）中方承包商的引入

在建设过程中，由于斯科公司的强力介入，一些中方承包商包括中核建、中能建、中兵、中建、中冶等大型央企被引入湖山矿建项目。引入的中方企业在湖山项目上承担着主要设施的建设安装，其中有些企业是第一次在非洲承揽工程。由于在劳工管理方面经验欠缺、资源受限等的影响，项目开始时在工作程序准备、资源调配上显得十分被动。但中国承包商没有气馁，在工作中学习、在工作中提高、辛勤劳作，逐渐得到了当地人的认可，特别是项目出现延迟时，中国承包商能主动加班，力求将进度赶回来，各家央企在追赶进度方面都付出了努力，并且都取得了不俗的成绩。

湖山项目也有很多大型外国公司参与建设，这些公司以合同条款为基准，善于索赔，但不善于工作。在项目出现延误的情况下，国外公司不是首先想办法将进度赶回来，而是想尽办法多索赔。没有谈好合同变更，外国公司多数不会调动资源来赶工。但中国承包商以大局为重，在项目出现变更或者困难时，即使合同没完全敲定，但可以同步开展工作；另外，中方承包商的引入，让业主更清晰地掌握 HPJV 在设计采购和施工管理上出现的问题，便于业主推动 HPJV 采取行动。可以说，湖山项目的成功，离不开中国承包商的努力；当然湖山项目也为中国承包商提供了一个和外国大型建设企业同台竞技的舞台，中国承包商通过参与湖山项目，也吸取了国外企业在安全管理、劳工管理等方面的长处。

（4）当地政府、劳工关系的妥善处理

湖山项目建设期间，纳米比亚总统曾多次视察项目现场，还先后携马里总统夫妇、赞比亚总统视察湖山项目，并在“南南合作论坛”期间与习近平主席会晤时赞赏湖山项目是“中非合作的典范”。湖山项目能成为中纳两国外交的纽带，这是中广核集团的荣耀，也是湖山项目团队努力的结果。项目伊始，湖山业主高层非常重视和当地政府的关系，敦促团队恪守当地的法律，尊重当地的习俗，重视当地人的利益，在项目中逐步赢得当地人的信任。项目建设期间，当地政府在道路通行、供水等方面积极配合项目的需求，项目赶工期间，当地政府专门为湖山颁布了同意劳工超时加班的通告，为赴湖山参加项目建设的中国员工包括承包商员工办理签证亮绿灯等，为湖山项目的按时投产保驾护航。

纳米比亚的劳工秉承了西方国家强势的劳工风格，但湖山项目建设期间少有劳工罢工而影响项目进度的现象。湖山项目团队在现场建设了舒适的承包商营地、花大力气配置了员工食堂和娱乐设施，还组织了承包商之间的足球比赛等活动。公司高层还经常主动和工会沟通，了解劳工的动向，特别是发薪期间督促承包商按时发放工薪。这些行动赢得了劳工的理解，缓解了劳资的关系，对项目推进产生积极影响。

（5）比较合理的项目组织方式

HPJV 作为 EPCM 的承包商，承担着项目的管理工作。项目建设初期，业主项目管理人员难以进入项目组织中，难以管控项目。经公司高层介入，调整了项目管理流程，将业主工程管理人员融于 HPJV 管理团队中，共同承担项目管理，当 HPJV 管理人员不作为时中方员工可以顶上去，避免影响项目进展。同时也便于中方把握 HPJV 人员的工作情况，为调整 HPJV 人员提供支持；另外流程上要求项目的现场变更指令必须由业主人员签字生效，这样有力管控住现场的变更，对于控制造价效果明显。

公司高层不定期和 HPJV 高层召开项目会议，将项目中存在的设计、供货问题、现场管理人员不足的问题、组织的调整等进行商议，先后 3 次调整了 HPJV 现场施工经理、2 次调整了 HPJV 项目经理。

项目后期主要是梳理漏项，为调试做准备，形成了战斗室（War Room）的沟通方式。战斗室悬挂各区域梳理的漏项，每天早晨 7：30，各区域经理齐聚战斗室反馈各区域的进展和问题，并就各区域的接口进行协调。这种战斗室的方式，给各区域经理以压力，推动了各区域的收尾。

除此以外，湖山项目由于其本身的特点，推进中还有值得反思的地方，对于中国企业在国外开展项目也有一定参考。

1）项目合同方式

中广核接手湖山项目时，湖山项目在设计和采购方面已初具雏形，详细可研报告已经完成，但尚未开展施工设计，主要设备、建设安装合同的询价等已经有了相应安排。由于收购矿山已经投入了大量资金，作为业主方需要尽快开始项目建设，实现早日投运，收回投资。为此，业主只能充分利用已经形成的项目条件，采取非洲矿业界通用的 EPCM 方式与可研承担方 HPJV 签订 EPCM 合同。在这种合同模式下，设计、采购由 HPJV 承担，HPJV 同时负责施工管理。

湖山项目 EPCM 合同的选择具有被动属性，业主没有矿山的建设管理经验，因此短期内不具备单独管理矿山建设的能力；同时业主希望尽快开始项目建设以便早日投产，所以只好沿用项目已经取得的所有成果，包括合同结构、主要设备供应商、建设安装的合同承包商等。

回顾项目管理的全过程，该合同模式还可以进行适当优化，如设计、采购由 HPJV 承担，施工管理由业主团队承担，这样可以使业主和现场的承包商（主要为中方承包商）之间的沟通更顺畅，信息传递更快、更准确。对于部分外国承包商的管理，可以采取业主团队雇佣当地项目管理人员、业主中方人员最终决策的方式进行。

另外，合同结构方面也可以做些调整。在湖山项目中，所有设施中同类型物项被集中打包形成一个合同，比如采矿区、水冶区的所有基础开挖被集中在一个合同，所有设施中的钢结构被集中在一个合同，虽然从采购角度看是简单，但实施过程中增加了大量接口，使施工管理复杂化，容易产生大量索赔。比如基础开挖，当基础开挖没有完成而上部结构的安装承包商已经进场时，这些安装承包商由于无法开展上部结构安装从而产生索赔。因此在合同中减少合同之间的接口，将一些接口内化，可以减少实施中的接口，有助于项目建设。

2）EPCM 承包商的选择

湖山项目中选择了 AMEC 和 Bateman 组成的 JV 来承担 EPCM 合同，当时主要考虑到 AMEC 长于设计采购，而 Bateman 长于施工管理，希望取两者的长处，推进项目。

实施中发现 JV 内部由于分工不清楚，双方都希望多派出自己的人员，但又都不愿意派出精干队伍，且两者的职责、边界也不清楚，在现场的配合也存在不协调的现象。因此在可能找到一家承包商并且有能力承担设计、采购和施工管理的情况下，建议避免采用 JV 的模式。

3）设计施工方案的评审

湖山项目由于开工比较匆忙，未安排对原设计施工方案进行评审，在后续实施中出现了不少困难，特别是硫酸储罐。国内由于近些年来大量类似项目的开展，设计施工有比较成熟的方案，通过评审可以排除明显不成熟的方案，避免由于技术不成熟而导致项目实施困难的局面。因此建议在工期可能的情况下邀请国内同行对外方完成的设计施工方案进行评审。

第五章　水冶厂调试

5.1　试车总则

为保证合理工期和安全试车，指导各试车单位编制试车方案，确保试车各项工作有序开展，考核设计、施工、制造、设备安装和生产准备工作，实现项目持续稳定生产，尽快达到设计规定的各项技术经济指标。

试车指导原则：安全第一、分工合作、职责明确、充分准备、精心组织、确保成功。

5.1.1　定义

单体试车（C0 和 C1）：现场安装的较为复杂的机械类设备和其他大型复杂设备，需要进行传动调试和检验或者综合功能调试和检验；现场组装的压力容器和特殊介质的常压容器的压力试验；小区域的设备调试（如泵类不仅需要用水调试，还需要部分管道和阀门）；需要通电调试以检验传动方向和位置准确的设备。

空负荷联动试车（C2）：对规定范围内的机器、设备、管道、电气、自动控制系统等，在各自达到试车标准后，以水为介质所进行的模拟试运行，以检验其除受介质影响外的全部性能和制造、安装质量。空负荷试车包括冷水联动试车和热水联动试车，冷水联动试车以冷水为介质模拟运行，热水联动试车以热水为介质，模拟其除受介质影响外的全部工况条件。

负荷联动试车（C3）：对全部生产装置按设计文件规定的介质打通生产流程，进行各装置之间首尾衔接的试运行，以检验其除经济指标外的全部性能，并生产出合格产品。

5.1.2　试车目的和整体目标

试车的主要目的是衔接施工与生产，通过对设备运行的安全性、可靠性等有关性能的检测，考核设计、施工、制造、设备安装以及控制系统等工作质量能否达到预期要求。及时整改、完善试车过程中出现的各种问题，以满足后续生产要求。同时也使运行人员进一步熟悉生产工艺流程及设备性能，完成对前期设计、采购、安装、人员培训等的全面检查和测试。

试车的整体目标为按顺序完成单体调试（CO/C1）、空负荷联动试车（C2）、带负荷联动试车（C3），打通工艺流程，实现工艺流程畅通，工序连接合理，全系统安全、无障碍、无污染生产出合格产品。

5.1.3　试车内容

试车区域包括 14 个子区域、385 个子系统数和 22 611 个设备数。在试车期间需要完成的设备和子系统的单体调试，冷水联动试车和带料联动试车，运营团队、设计团队、设备供应商、现场承包商参与整个试车过程，同时在试车过程中完成操作人员的在岗培训工作。各区域及子系统、设备数见表 5.1.1。

表 5.1.1　试车区域及系统分类表

区域	名称	子系统数	设备数
1051	矿山综合设施	30	306
2020	尾矿库	6	669
3000	管理办公室	33	
3010	破碎区	20	1 596
3020	磨矿区	40	2 699
3030	浸出区	16	1 672
3040	CCD	11	2 432
3050	离子交换区	55	5 291
3060	溶剂萃取	20	2 358
3080	产品沉淀	8	1 098
3090	尾渣输送区	3	339
3100	试剂区	35	2 072
3120	公辅区	74	2 063
3200	水冶厂	34	16

5.1.4　试车组织架构

斯科公司组建了一体化的调试组织架构，明确了各团队和各负责人的工作职责，从施工到试车，从试车到运营，各层级、各区域、各专业之间严格安排报告线和工作关系开展交流、协调和汇报工作（见图 5.1.1）。

HPJV 作为 EPCM 总承包商，全面负责单体调试（C0、C1）和冷试工作（C2），斯科公司调试团队和生产、维修团队提供支持，斯科公司工程团队、设备供应商、现场承包商提供技术支持和现场技改工作。

斯科公司调试团队和生产、维修团队全面负责水冶厂的热试工作（C3），HPJV、设备供应商、现场承包商和斯科公司工程团队提供技术支持。

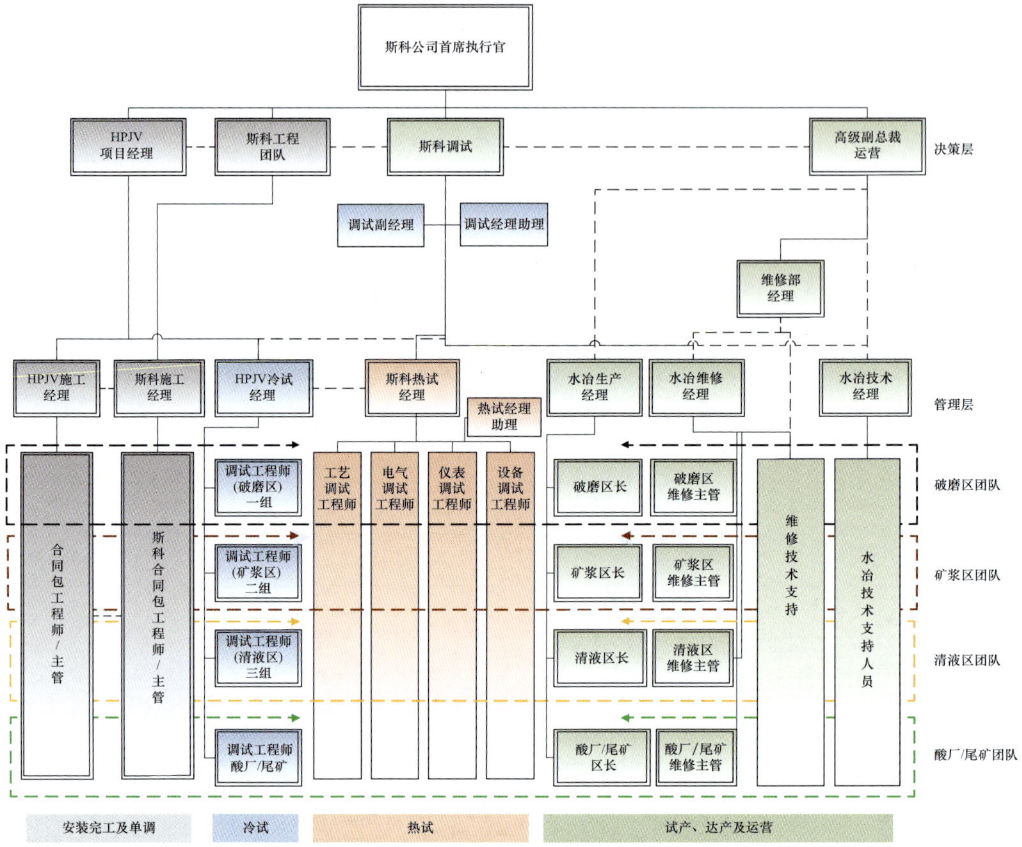

图 5.1.1　湖山水冶厂试车组织机构

5.2　试车组织实施

在工作团队层面，按破磨区、矿浆区、清液区和酸厂/尾矿区 4 个区域，分别每周定期召开试车协调会，HPJV 试车与施工人员、斯科公司工程团队和斯科公司的试车/运营/维修人员按时参加各区域试车协调会，讨论内容包括：

① 试车前的设备标识、安全隔离与上锁。

② 各区域试车风险识别，进行工作安全分析和危险及可操作性分析。

③ 各阶段试车检查表的准备和确认。

④ 单体调试、冷试和热试区域调试顺序的调整和调试时间的优化，以满足试车里程碑。

⑤ 各区 FAT 控制系统的出厂验货进度跟踪，协调解决存在的问题。

⑥ 试车前的安全培训和操作培训计划与安排。

⑦ 各阶段的界面和接口之间工作衔接和协调，减少障碍，缩短试车时间。

⑧ 试车策略和方案的细化讨论。

⑨ 设计缺陷的修改及设计缺漏的处理。

⑩ 试车文件和试车手册。

⑪ 试车操作人员和维修人员的需求计划。

⑫ 试车旁通计划和临时设施需求。

同时，工作团队层面根据实际需要，不定期召开专题研讨会和交流会，解决试车技术问题，商讨解决方案，具体的行动计划会落实至各责任人。工作层中急需协调和解决的技术和管理问题及时反映至管理层，由管理层协调各团队统一解决。

管理层面，每两周定期召开试车协调会，集中讨论解决工作层中需要跨部门协调的问题，将重要关注事项和工作进展情况展开汇总讨论，跟踪和管理各部门的工作，内容如下：

① 试车试剂和首料的计划与状态。

② 试车备品配件和工器具的准备情况。

③ 承包商服务与入场计划。

④ 试车安全、环境和作业许可。

⑤ 安全作业的入场与上岗培训的计划和安排。

⑥ 试车通勤和通信保障。

⑦ 试车人力资源保障与计划。

⑧ 移交程序和计划。

⑨ 工程进展跟踪，与试车计划和物资采购相匹配。

5.3　试车文件准备

冷试文件：按照 HPJV 文件编制出版计划，冷试手册应于 2015 年 7 月底完成，实际于 2015 年 9 月完成。最后两份冷试文件完工管理系统和冷试人员需求计划于 2015 年 10 月正式更新完成。

热试文件：斯科公司调试组根据 2015 年 4 月热试计划的安排和要求，于 2015 年 12 月完成了所有热试操作手册的编制工作。调试组并根据现场实际情况和最新的供应商文件更新热试操作手册，并完成准备和更新热试记录表格。冷热试文件类型及数量见表 5.3.1。

表 5.3.1　冷热试文件类型及数量

阶段划分	文件类型	计划完成	实际完成	完成率	备注
冷试	管理/策略	21	21	100%	
	操作手册	23	23	100%	2015 年 9 月完成
热试	总纲/策略	3	3	100%	
	操作手册	20	20	100%	2015 年 12 月完成

热试手册编制和出版都是严格按照热试计划大纲中规定的程序进行审查和审批。热试手册在编制过程中，就冷试和热试的接口界面与 HPJV 进行了充分讨论，使 C2 和 C3 做到无缝连接，同时收集各区/子系统的设计和设备信息，完成热试手册的初稿。与重要合同包供应商进行澄清，更新和补充试车程序。手册初稿在调试团队内部各专业间进行交叉会审，

会审更新后的手册发送至运营团队进行审查，并组织专题会议讨论。经过多方多次意见反馈和审查更新后正式出版签署。

5.4　两阶段热试方案的实施和调整

由于水冶厂后端（离子交换区、溶剂萃取区等）工程有一定延误，为加快调试工作，提出分阶段调试方案。第一阶段水冶厂干区和矿浆区采用低品位/废石进行热试，不加入硫酸；第二阶段进行全厂热试车。热试方案和手册基于两阶段调试方案进行调整。

图 5.4.1 所示为水冶厂两段热试的工艺流程简图。在第一阶段对矿浆区域进行调试，图中以棕色表示其工艺物料走向。通过一段临时管道，将清液浓密机的浸出液旁路通过到贫液池，以实现第一阶段独立调试而不受水冶厂后端仍在施工的制约。

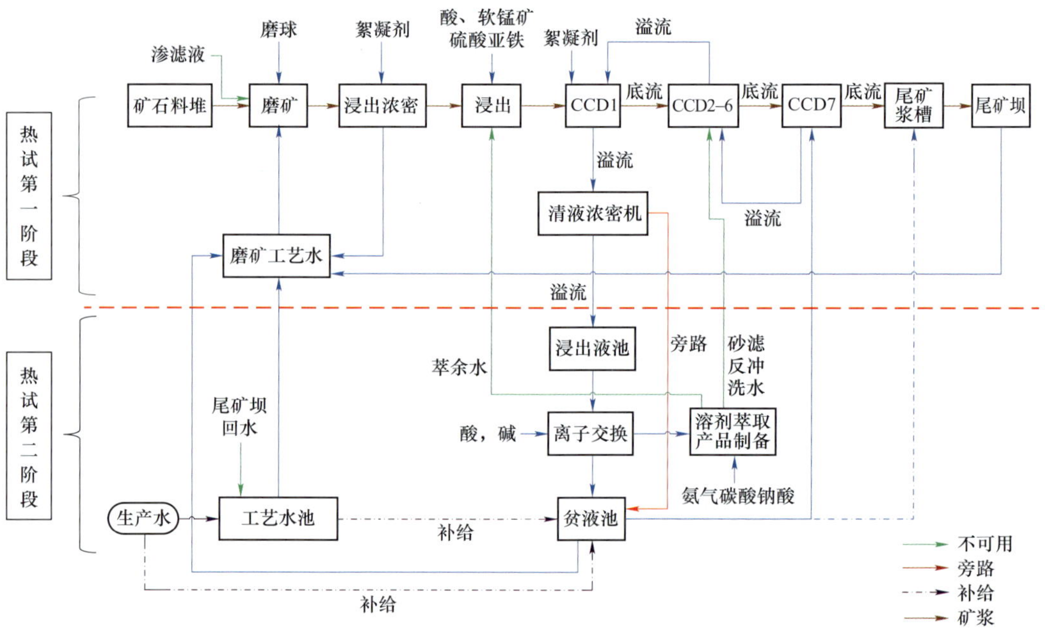

图 5.4.1　两阶段热试工艺流程

按照两阶段热试方案水冶厂各分区调整后的热试时间进行安排，实践证明调整后的时间安排更切合现场实际情况，充分利用两阶段热试的优势，降低调试风险，培训操作人员，同时缩短了第一阶段热试时间，减少了铀损失和电力与水的消耗。

5.5　热试里程碑节点

水冶厂热试分为两个阶段（HC1 和 HC2），第一阶段 HC1 以废石给料、加水打通前端系统流程，第二阶段 HC2 投入矿石并加酸，在系统压槽量达到 183 t U_3O_8 时，生产出第一桶 U_3O_8。

水冶厂热试经历了 74 天，其中第一阶段 25 天，第二阶段 59 天，整个热试过程分为

15 个里程碑节点，每个里程碑节点按照工艺流程顺序相串联，同时按照热试程序要求设置进入下一个流程的前提条件，保证热试车顺利展开。在热试前根据系统压槽金属量、各工序通量时间，估算热试里程碑节点的时间，保证现场资源的及时调配，制订精确至每班的工作计划，并在热试过程中根据现场情况及时调整。各里程碑情况简述如下（见图 5.5.1）。

（1） 里程碑节点 1：HC1 热试完成

HC1 从 10 月 18 日开始，至 11 月 11 日结束，共磨矿处理 75 788 t 废石，各槽罐浆体已灌满，相关设备经测试除阀门泄漏问题、地坑泵压头有待进一步解决外，其他设备运转正常，前端系统流程已全部打通，总共用时 23 天。

（2） 里程碑节点 2：含铀溶液进入吸附原液池

HC2 从 11 月 14 日开始，首先完成系统酸化，包括浸出槽、CCD、磨矿工艺水槽等罐槽，并于 11 月 22 日开始投入矿石（400×10^{-6}～700×10^{-6}），为了减少溶液金属损失，同时保证进入离子交换区吸附原液铀浓度，规定若尾矿溶液中铀含量超过 20×10^{-6} 时，浸出母液开始进入 PLS 池，时间为 11 月 25 日。

（3） 里程碑节点 3：吸附原液进入吸附塔

吸附原液池设计容量约为 70 000 m^3，最低工作液位为 25%，规定若 PLS 池液位超过 30%时，吸附原液开始泵送至吸附塔，时间为 12 月 8 日。

（4） 里程碑节点 4：饱和树脂进入淋洗塔

饱和树脂设计值为 27 g/L，为了保证淋洗合格液的浓度，规定若树脂吸附量大于 20 g/L 时，饱和树脂开始转移至淋洗塔。由于热试前期 PLS 池中铀浓度较低，树脂吸附时间较设计值明显增加，饱和树脂进入淋洗塔的时间为 12 月 15 日。由于试车期间进料不稳定，树脂转移操作全部按照手动模式进行。

（5） 里程碑节点 5：淋洗合格液进入淋洗合格液罐

吸附塔可装载树脂 216 m^3，淋洗塔可装载树脂 108 m^3，每批次树脂转移量为 18 m^3。为了保证淋洗合格液的浓度达到要求，规定当每一列饱和树脂转移达到四批次（72 m^3），淋洗合格液将进入淋洗合格液罐，时间为 12 月 22 日。

（6） 里程碑节点 6：淋洗合格液进入溶剂萃取进料槽

溶剂萃取工序需要保证稳定的进料量和铀浓度，规定当液位高于 50%，铀浓度达到 4 g/L 时，开始从淋洗合格液罐泵送至溶剂萃取进料槽，此过程中完成树脂筛的调试，时间为 12 月 24 日。

（7） 里程碑节点 7：淋洗合格液从进料槽进入混合澄清池

当溶剂萃取进料槽液位高于 50%，同时离子交换保证四列稳定运行时，淋洗合格液从进料槽泵送至混合澄清池，保证两列溶剂萃取工序中的一列稳定运行，时间为 12 月 25 日。

（8） 里程碑节点 8：反萃取合格液进入反萃取合格液罐

溶剂萃取区包括萃取、洗涤、反萃和有机相再生四个工序，在热试过程中，需要保证反萃取试剂浓度、相比、流比、各工序 pH 控制等关键参数，使得反萃合格液浓度符合要求，时间为 12 月 25 日。

（9） 里程碑节点 9：反萃取合格液进入沉淀罐

当反萃合格液浓度达到 5.7 g/L，反萃合格液液位高于 50%时，反萃合格液泵送至沉淀槽，时间为 12 月 26 日。

（10）里程碑节点 10：ADU 料浆进入产品浓密机

沉淀区域包括四个沉淀槽，每个沉淀槽的停留时间为 2 h，为了缩短产品产出时间，在充满两个沉淀槽时，将 ADU 料浆注入产品浓密机，时间为 12 月 26 日。

（11）里程碑节点 11：ADU 料浆进入离心机

产品浓密机经过底流循环和反晶操作，增加底流浓度至 25%后，将 ADU 料浆泵送至离心机，时间为 12 月 28 日。

（12）里程碑节点 12：ADU 料浆进入煅烧炉

经过两级洗涤离心机和一级脱水离心机，ADU 料浆浓度达到 75%后，注入煅烧炉开始煅烧，时间为 12 月 30 日 14:22。

（13）里程碑节点 13：八氧化三铀进入产品料仓

开启两条煅烧线中的一条，煅烧温度为 700～800 ℃，当煅烧炉压槽量达到 600 kg，煅烧后的八氧化三铀进入产品料仓，时间为 12 月 30 日 20:30。

（14）里程碑节点 14：开始产品包装

产品料仓可储存 72h 的产品，起到缓冲和降温的作用，其下为一条自动化包装生产线，在包装过程中自动取样器会抽取部分样品，用于产品的质量的测定，时间为 12 月 30 日 20:37。

（15）里程碑节点 15：第一桶产品下线

2016 年 12 月 30 日 21:56，第一桶八氧化三铀产品下线，该桶产品重量约为 350 kg，U 含量为 84.18%（国家标准为 80%及以上），杂质含量也符合国家标准要求，产品一次性合格。

随着第一桶合格的天然铀产出，预示着水冶厂热试工作全部完成，水冶生产流程全部打通，水冶厂已具备矿石处理及产品生产的条件。

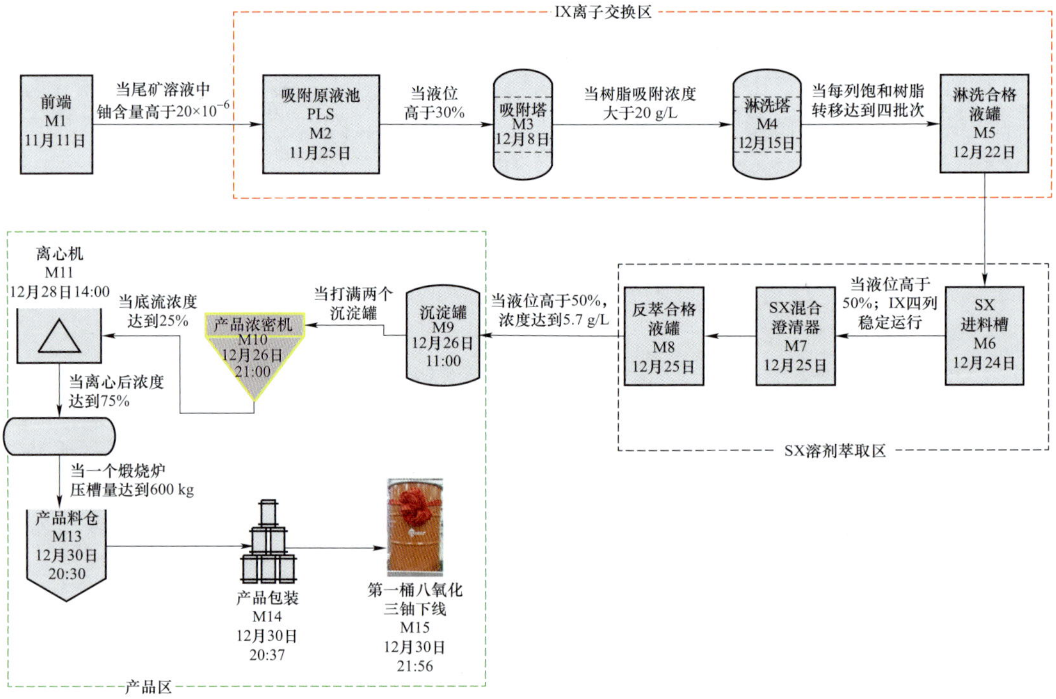

图 5.5.1　水冶厂热试里程碑节点示意图

第六章　进度控制

6.1 概　述

工程项目的进度控制，是针对工程项目建设各阶段的工作内容、工作程序、持续时间和衔接关系，根据进度总目标及资源优化配置的原则编制计划并付诸实施，在进度计划的实施过程中，经常检查实际进度是否按计划要求进行，对出现的偏差情况进行分析，采取补救措施或调整原计划后再付诸实施，如此循环，直到建设工程竣工验收交付使用。

湖山项目 EPCM 总承包商 HPJV 根据业主提出的投资意图和要求，通过招标为业主选择、推荐最合适的分包商，并对项目全过程实施管理。为避免多头管理，业主主要通过对 HPJV 的管理和监控间接实现对工程项目进度的控制。

由于 HPJV 在本项目可预期的稳定获利，且当时全球矿业建设市场不景气，导致 HPJV 缺乏按计划完成 EPCM 合同的动力和紧迫感，湖山项目进度控制难度有所增加。业主团队将核电项目进度管理经验以及国外项目进度管理经验融入湖山矿建工程，在项目实施过程中，从进度问题出发，分析原因，提升项目管理水平和国际项目建设的能力。

对 HPJV 的进度控制工作管理和监控主要围绕进度控制体系的建立和维护、进度计划编制、进展跟踪与纠偏三个方面进行，采取综合性措施实现对工程建设全过程的控制、项目结构的控制、进度影响因素的控制，同时加强内部沟通协作，提高索赔审核效果。

6.2 进度控制体系的建立和维护

项目伊始，业主团队与 HPJV 按照当地进度控制工作惯例建立进度控制体系。

6.2.1 组织结构

业主团队工程部设置专职进度管理人员，分别派驻 HPJV 南非办公室和项目现场，直接向业主工程部主管人员汇报。HPJV 设立进度管理部，由进度控制经理及多名计划专员构成，进度控制经理前期常驻 HPJV 南非办公室、中后期转移至项目现场，直接向 HPJV 项目总汇报。其计划专员前期分别派驻南非及项目现场、中后期全部转移至项目现场。

项目实施过程中，HPJV 按照工作量设置进度管理岗位，岗位增减和人员雇佣均需经过业主审核；HPJV 按照业主要求设置 AB 岗，确保员工休假时工作有人负责；业主发现 HPJV 人员工作效果低于预期且长期得不到纠正时，有权要求 HPJV 更换人员。

6.2.2 进度计划层级划分

按照当地惯例和 HPJV 多年来的实践经验，项目团队编制项目总体计划，经业主审核批准后作为项目进度控制依据；各供应商、承包商根据合同要求，编制供货计划及施工计划（又被称为“三级计划”），经业主和 HPJV 审核批准后用于具体指导施工（见图 6.2.1）。

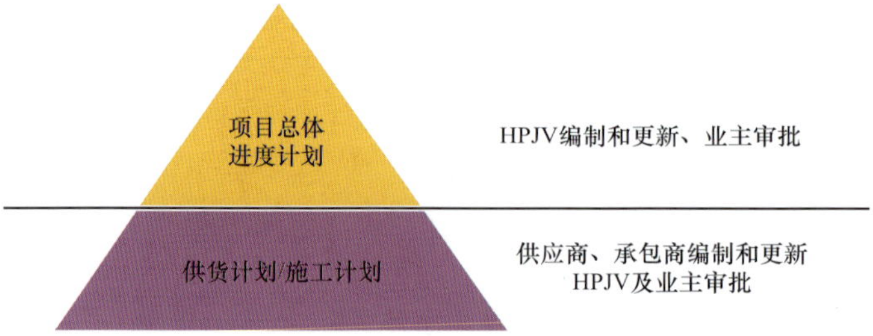

图 6.2.1　湖山项目进度计划层级（优化前）

6.2.3　问题与纠正

项目初期，进度控制工作按照上述层级开展，HPJV 试图在一份总体计划中囊括项目设计、采购、制造、施工、调试等所有内容，但由于项目内容过于庞杂，总体计划结构不够清晰，关键时间节点未得到突显，计划接口管理难以实施；同时，由于 HPJV 对承包商施工计划的编制方法未进行严格规范，各个承包商之间的计划接口不清晰，且部分承包商提供的施工计划详略程度难以满足要求。

为解决上述问题，业主参考中广核核电项目经验，分析湖山项目引入核电六级计划管理体系的可行性，编制引入方案并组织实施，以改善湖山项目的计划管理体系。

推动 HPJV 在项目总体计划的基础上建立一级、二级里程碑计划，突出关键时间节点，使得各级管理者需求的信息得到区分和满足。

推动 HPJV 针对关键环节建立专项计划，如设计专项计划、调试专项计划，在项目总体计划的基础上规范和细化各个活动的执行过程，理清各环节之间的接口。

推动 HPJV 规范对承包商所提施工计划的要求，如编制原则、内容、格式等，要求承包商根据项目实施阶段编写总体进度计划和年、月进度计划，对关键项目单独编制专项计划。

通过以上措施，湖山项目的进度计划层级逐渐向核电项目先进经验靠拢，计划管理得到加强。优化后的进度计划层级见图 6.2.2。

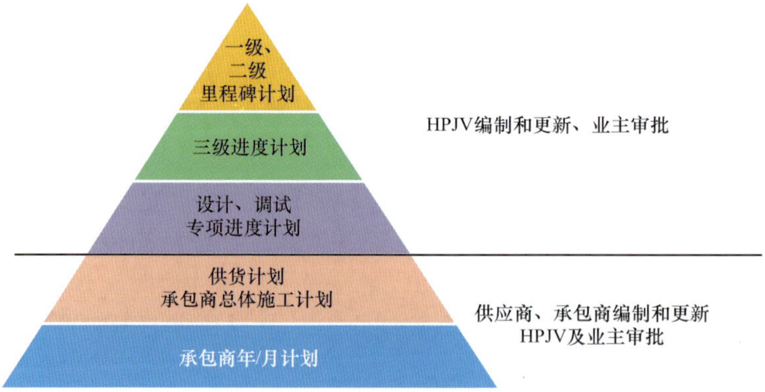

图 6.2.2　湖山项目进度计划层级（优化后）

6.3 进度计划的编制

进度计划是进度控制的依据，是实现工程项目工期目标的保证。HPJV 负责编制一级、二级里程碑计划，三级进度计划及专项计划，业主审批；供应商和承包商负责编制供货计划及施工计划（包括总体及年度、月度计划），HPJV 及业主审批。

湖山项目产生的进度计划从类别上可分为以下几类：

① 项目基准进度计划——由 HPJV 按照业主要求，结合项目实际情况编制，明确进度控制目标（包括总目标和各阶段、各部分的分目标），经业主审批后作为项目进度控制依据使用。

② 项目进展计划——由 HPJV 每月月底按照项目实际情况，在基准进度计划的基础上加入实际进展，并预测进度控制目标的完成时间。

③ 基准供货/施工计划——由供应商或承包商编制，是合同或合同变更的附件，作为供货或施工进度控制依据使用。

④ 供货/施工进展计划——由供应商或承包商按照约定的周期（一般为每周）及实际情况，在基准供货/施工计划的基础上加入实际进展，并预测进度控制目标的完成时间。

（1） 项目基准进度计划编制情况

1） 合同要求

湖山项目合同多采用 FIDIC 条款，在 FIDIC 合同条件下，对工程进度计划的要求节选如下：8.1 条款——承包商在接到工程师开工令后的 28 天内，应递交一份完整详细的施工计划表，由工程师批准。每份进度计划应包括：承包商计划实施工程的次序；每个指定分包商工程的各个阶段；合同中规定的检查和检验次序和时间；一份施工方法的说明文件。除非工程师在接到进度计划后 21 天内通知承包商该计划不符合合同规定，否则承包商应依照此计划履行义务。

工程师在审查进度计划时，应充分考虑合同进度计划、合同规定的各完工日期、合同谈判及协议书有关内容、承包商投标进度计划、已批复的施工措施等，并结合现场实际情况，对承包商提交的计划进行认真分析、研究，对不符合合同要求和不合理的部分，通知承包商进行修正，施工进度计划表一经工程师批准即成为合同的正式进度表。工程师在审查施工进度计划的过程中发现问题，应及时向承包商发出书面修改意见，并协助承包商修改。

2） 湖山项目基准进度计划升版情况

湖山项目基准进度计划总共进行过 13 次升版，其中项目实施初始阶段（2012.09—2014.08）升版 8 次，中后期升版 5 次，升版情况见表 6.3.1。

表 6.3.1 湖山项目基准进度计划升版情况

序号	计划版本	发布时间	说明
1	P2166（34 个月、36 个月）	2012－09－12	HPJV 最初建议的湖山项目实施计划
2	P2195（34 个月）	2012－10－30	EPCM 合同签订时依据的计划

续表

序号	计划版本	发布时间	说明
3	1 版	2013－03－21	P2195/00000/33/148/001
4	2 版	2013－07－25	HPJV 提交的以 2015－08－18 完成冷试为目标的计划
5	3A 版	2014－02－17	HPJV 提交的以 2016－03－24 完成冷试为目标的计划
6	3B 版	2014－02－24	HPJV 提交的以 2015－12－11 完成冷试为目标的计划
7	3C 版	2014－04－16	HPJV 提交的以 2015－12－11 完成冷试为目标的计划（与 3B 版相比优化了施工调试逻辑，增加里程碑）
8	3D 版	2014－07－11	HPJV 提交的以 2015－12－11 完成冷试为目标的计划（与 3C 版相比按照工时和 EDL 变化再度调整设计）
9	3E 版	2014－08－13	HPJV 提交的以 2015－12－18 完成冷试为目标的计划（与 3D 版相比修正了里程碑的错误）
10	基于调试系统的基准计划	2015－02－24	以调试系统为基础编制的施工调试计划，目标完成时间 2016－07－04
11	4 版基准计划	2015－08－13	基于两阶段冷试目标的基准计划（第一阶段 2015－12－18，第二阶段 2016－02－29）
12	4 版进展计划	2015－10－05	与 4 版基准计划相比修正了调试逻辑关系并补充工作内容
13	高层级完工计划	2015－12－11	2015－12－11 首次提交，后因缺少承包商冲洗打压试验信息一直未能更新，2016－02 该计划被取消
14	基于调试系统的施工收尾及冷试计划	2016－05－10	施工与调试剩余工作细化，目标冷试完成时间 2016－09－24

3）问题与纠正

项目初期阶段主要任务为设计和采购，本阶段基准计划的频繁升版引起了业主的高度重视，结合项目设计成果交付及采购合同审核环节发现的问题，业主团队将基准计划频繁升版的主要原因归纳如下。

① HPJV 设计能力不足

HPJV 从未承接过类似规模的总承包项目，未能预见项目的复杂程度，其团队设计力量明显不足、内部审查机制不系统、管理水平不高等综合原因导致出图慢、设计漏洞多、设计变更频繁，设计进度无法满足采购和前期施工的需要。设计是项目的基础，设计的不稳定导致后续采购、施工计划的混乱，使得项目基准计划无法指导工程，被迫升版。

② 计划的质量缺陷

项目前期，HPJV 安排两名计划员负责项目基准计划的编制工作，受计划员本身技能水平和工作量的影响，基准计划中存在质量缺陷，例如不包含大部分的设计交付成果、部分重要的采购包不在计划内、施工计划活动有开口作业、负浮时作业、间隔过长作业等，导致必须通过不停升版计划来改正上述缺陷。

等到项目进入中后期，为弥补前期损失的时间，现场团队要求承包商加大资源投入，安排交叉作业以挽回进度，此时造成基准计划升版的原因有以下几项：

a. 设计缺陷

HPJV 设计力量不足且部分设计师能力较差，施工过半时仍在不断进行图纸出版和升版，现场变更数量大，各采购包、各专业工程量经常出现大幅度变化，施工活动难以按照原定计划开展。

b. 计划质量缺陷

不同计划员编写习惯不同、对责任范围之间的接口关注度不足，导致不同专业、不同区域活动详略程度不一，逻辑关系混乱；且 HPJV 未提前考虑调试系统的划分，计划的 WBS 结构与调试运营所需结构不符等，必须通过不停升版计划来调整。

c. 施工效率低于预期

施工人员多为当地人员，技能不熟练，且部分工人工作态度散漫；承包商施工管理水平参差不齐，工作效率难以保障；再加上采购包工作范围频繁调整，接口复杂，上游条件不足继续导致延误发生，现场突发情况（火灾、罢工等）以及测试时出现的问题导致计划难以指导施工。

为减轻上述问题对基准计划的影响，业主团队借鉴核电经验，从以下点着手帮助 HPJV：

a. 联合办公

业主和 HPJV 的进度计划人员联合办公，参与其进度计划讨论会议，及时反馈业主的意见和建议给 HPJV，缩短流程时间。

b. 进度计划培训

矿业项目计划远没有核电计划复杂，业主依据核电建设的经验，对 HPJV 的计划人员进行进度计划知识培训，特别是设计、采购、施工的接口管理。

c. 管理程序升版

进度计划层级划分调整后，HPJV 并未及时升版相应管理程序，业主团队依据中广核核电项目管理经验，协助 HPJV 升版湖山铀矿项目进度控制大纲，项目一级、二级、三级进度计划管理规定。

d. 计划升版

在 HPJV 后期升版基准进度计划的过程中，业主计划人员加入 HPJV 的计划团队，协助编制计划、协助审核与承包商计划的接口。

e. 设计能力及管理水平

从 HPJV 设计可交付成果数目及其进展统计方式入手，推动 HPJV 按照核电经验明确设计可交付成果数目，帮助 HPJV 优化设计进展统计方式，避免进展统计信息错误的问题重复发生。同时，对于设计进展明显滞后的专业，提醒和协助设计管理人员寻找问题产生原因。

f. 施工效率

通过现场巡视，每周、每月进展对比，参加承包商周会等方式了解现场情况，帮助解决施工接口问题，对于进展延误较大的区域，及时协助主管人员查找问题发生的原因、制定解决措施。对于突发事件，及时分析对进度的影响，影响严重的，编制专项分析报告，协助 HPJV 编制专项计划。

通过上述方式，基准计划对施工的指导意义逐渐得到提高，升版频率下降，为 HPJV 及业主团队自身节约了大量时间，业主团队话语权得到提升。

（2）基准供货/施工计划编制情况

业主团队参与审批基准供货/施工计划，一般情况下，供应商或承包商的基准计划作为合同或合同变更的附件正式提交到业主处。审核过程中，发现存在以下问题：

1）承包商自身能力限制

设计、采购、施工承包商在招投标阶段，提交的仅仅是里程碑计划，在合同签订后，由于承包商（特别是非洲当地承包商）的能力等原因，往往无法提交满足要求的计划，而HPJV也无法在合理期限内提出完美的修改意见，必须通过不停补充来改正缺陷，导致“承包商提交计划→HPJV 反馈意见→承包商修改并提交计划”循环多次，合同签订延误，严重的则直接影响最终产品交付时间。

2）HPJV 自身的能力水平局限

HPJV 审核通过进度计划后，业主进行审批。由于 HPJV 自身进度人员水平参差不齐，经常出现 HPJV 批准的进度计划业主不同意的情况。在合同签订后，发出开工令的 2～3 个月内，基本处于“计划提交→HPJV 反馈意见→承包商修改再次提交→HPJV 批准→业主提出意见→承包商再次修改→业主同意”这样一个循环，无法进行有效实体工作，延误了工期。

3）HPJV 基于自身利益诉求的决策

由于 HPJV 在本项目可预期的稳定收益、全球矿业的不景气以及维护合作伙伴客户关系的需要，HPJV 在编制、审核、批准项目进度计划的过程中尺度特别宽松，在业主对计划提出反馈意见和质疑后，HPJV 甚至成为承包商的代言人帮助承包商解释和澄清，未充分行使 EPCM 总承包商的职能。

上述问题的存在较大程度上触动了业主的利益，为减轻其影响，从两个方面采取措施：

1）针对 HPJV 及承包商能力限制

首先，根据中广核核电项目的经验，在湖山项目各参与方实行统一的进度管理方式方法。

统一的进度计划编制方法。为了便于工程进度计划编制，业主建议 HPJV 编制、发布了《工程进度计划编制方法》，对湖山项目进度计划编制的原则、内容、编写格式、表达方式、进度计划提交、进度计划更新时间及进度计划编制软件作出了统一的规定。

统一的进度计划内容。根据项目实施的不同阶段，承包商分别编写总体进度计划和年、月进度计划，对关键项目单独编制专项计划。

统一进度计划提交、更新时间。

统一编制软件。由美国 Primavera 公司开发的工程项目管理软件 P6 不仅可以用于工程项目的进度管理与控制，还能进行费用的分析，为便于湖山项目进度计划的汇总和修改，湖山项目进度管理软件统一采用 P6。

其次，根据中广核的经验，在招投标阶段要求承包商提交足够详细的可执行的进度计划（例如三级计划），同时要求提交进度计划人员工作简历，借招投标阶段排除部分不合格的潜在承包商。

第三，在合同签订后，承包商在编制计划过程中预先提交计划草稿，业主和 HPJV 提前介入审核，业主、HPJV、承包商进度计划人员联合办公，在承包商编制计划的过程中实时监控，反馈意见和建议，业主提前和 HPJV 沟通协商，对反馈意见达成一致，以便于承包商按统一反馈要求提交计划，缩短计划编制和审核时间。

第四，根据中广核核电项目的经验，推动在湖山项目实行承包商进度联动。即承包商工程建设三、四级进度计划与 HPJV 的工程建设计划建立直接关联关系，实现进度动态管理。

最后，针对承包商计划编制中常见的问题，与核电项目一样，由业主组织 HPJV、承包商进度计划人员进行计划编制培训（P6 培训、核电计划编制、矿业计划编制等），共同分享各自领域编制计划的成功经验和教训，在交流中促进互相理解和共同进步。

2）针对 HPJV 自身利益诉求决策的对策

根据核电项目的经验，对 EPCM 合同进行修订，加大对按照 EPCM 合同进度完成的奖励并约定延期完工的责任承担和惩罚条款，用合同约束使 EPCM 承包商 HPJV 更努力替业主工作。

6.4 进度计划的跟踪与纠偏

项目基准计划发布、相关活动开始后，工程部及 HPJV 进度管理人员收集活动实际完成情况相关信息，与基准计划进行比较，识别进度偏差产生原因并分析其影响，及时预警并提出建议措施。对于湖山项目，进度计划的跟踪和纠偏从下述两个方面开展。

6.4.1 完成百分比

计算计划与实际完成百分比，并绘制成 S 形曲线，直观地显示两者间的偏差。

项目初始阶段，HPJV 于 2013 年 3 月发布 1 版基准计划用于指导施工，将整个项目进度完成情况拆分成 6 个分项（分别为环境、采矿、设计、采购、施工、调试），并设置权重（见表 6.4.1），分别统计各个分项的进展（计算公式见表 6.4.2），并加权得到项目整体完成百分比。

表 6.4.1 权重分配表

分项	权重
环境	1%
采矿	4%
设计	22%
采购	24%
施工	46%
调试	3%
总计	100%

表 6.4.2　统计方法

分项	1 版进度计划实际进展百分比计算公式
环境	实际工期/（实际工期＋剩余工期）
采矿	实际工期/（实际工期＋剩余工期）
设计	实际工期/（实际工期＋剩余工期）
	已完成设计可交付成果/设计可交付成果总数（2 920 份）
采购	实际工期/（实际工期＋剩余工期）
	斯科已批准的采购包数目/采购包总数（215 个）
制造与交付	无
施工	实际工期/（实际工期＋剩余工期）
整体	环境进展 × 1%＋采矿进展 × 4%＋设计进展 × 22%＋采购进展 × 24%＋施工进展 × 46%＋调试进展 × 3%

随着项目开展，这种统计方法的缺陷逐步暴露：

① 由于 HPJV 设计的工作量不清晰，1 版基准计划依据的核心设计文件仅为 3 000 份（来自 CONVERO 数据库），设计计划安排过于乐观。

② 在 1 版基准计划中，用工期持续时间（持续时间来自投标商的报价以及 HPJV 过去的经验值）为权重来进行进展统计，同时对设计、采购使用可交付成果进行统计。计划活动的持续时间不准确，导致实际进展统计结果严重失真（特别是设计进展虚高）。

③ 1 版基准计划采购部分，采购包数量为 215 个，很多重要的采购包未纳入计划（如首料的部分采购包），而不少简单的采购包却包含在计划中（如简单的顾问服务合同），无法反映采购的真实进展和难点。

④ 采购、制造计划和进展没有分开，无法对制造进展进行跟踪。

⑤ 施工进展同样由于对工期的估算不准，计算方法错误，导致结果失真。

由于上述计划缺陷和统计方法的错误，基准计划无法用来指导生产，项目进展统计信息的错误误导了项目决策层和利害关系人，使之无法及时对项目设计、采购、施工进展过程中出现的偏差进行纠正。

1 版基准计划执行过程中，业主团队通过对基准计划内容的分析和 HPJV 进展统计方式的研究，确认 HPJV 采用的完成百分比统计方式存在重大问题，并且怀疑设计可交付成果数量远少于最终结果。基于上述问题，业主团队协助 HPJV 进行基准计划升版，并参考核电点系统对完成百分比计算方式进行了修正。

① 改进了统计方法，用工时权重代替持续时间权重，并重新调整项目的划分和权重分配，见表 6.4.3 和表 6.4.4。

表 6.4.3 权重分配表（1 版 vs.2 版）

1 版分项	1 版权重	2 版分项	2 版权重
环境	1%	设计	20.20%
采矿	4%		
设计	22%		
采购	24%	采购	14.90%
		制造	15%
施工	46%	施工	49.90%
调试	3%		
总计	100%	总计	100%

表 6.4.4 实际进展计算方法（1 版 vs.2 版）

分项	1 版进度计划实际进展百分比计算公式	2 版进度计划实际进展百分比计算公式
环境	实际工期/（实际工期+剩余工期）	并入设计分项
采矿	实际工期/（实际工期+剩余工期）	并入设计分项
设计	实际工期/（实际工期+剩余工期）	求和（已达成里程碑百分比×单个可交付成果所需工期/完成所有设计成果所需工期）
	已完成设计可交付成果/设计可交付成果总数（2 920 份）	
采购	实际工期/（实际工期+剩余工期）	（已达成里程碑 1 的采购包数目×里程碑 1 权重+已达成里程碑 2 的采购包数目×里程碑 2 权重+…）/采购包总数（198）
	斯科已批准的采购包数目/采购包总数（215 个）	
制造交付	无	求和（已达成里程碑百分比×采购包资本价值）/所有采购包资本价值
施工	实际工期/（实际工期+剩余工期）	各采购包赢得工时的和/总施工工时
整体	环境进展×1%+采矿进展×4%+设计进展×22%+采购进展×24%+施工进展×46%+调试进展×3%	设计进展×20.2%+采购进展×14.9%+制造进展×15%+施工进展×49.9%

② 引入设计可交付成果清单的概念，根据设计进展，对设计可交付成果数量进行了更新，核心文件数量从 3 000 份左右变为 7 000 份。

③ 重新对采购包进行打包，并剔除部分简单采购包，采购包数量从 215 个变为 198 个。

④ 把制造进展从采购中拆分出来，可统计制造进展。

⑤ 根据施工工时来对现场施工进展进行统计。

经过此次调整，设计可交付成果数量向实际情况靠拢，进展统计方法由工期变为赢得值，统计所得完成百分比数据可靠性增强。后续对基准计划进行升版时，再次对设计可交付成果和采购包进行梳理，设计核心文件从 7 000 份上升为 9 000 份，机械及备品备件采购、服务合同、软件采购、电气安装等合同得到补充，项目完成百分比数据的可靠性进一步提高。

通过跟踪项目 S 曲线，分析 HPJV 进展统计方式，并与业主团队对设计进展、现场状态等的直观印象相对比，发现偏差并分析原因，结合核电系统经验，业主团队协助 HPJV 优化进展统计方式，实现完工百分比方面的纠偏。

6.4.2 计划、实际与预计时间

进度管理人员通过现场巡视、各类报告、工程例会和内外部沟通等形式获取项目实际执行情况，并与承包商、总包商提交的进展计划相互印证。

定期向业主团队施工管理人员提供计划与实际对照横道图，对基准计划、进展计划中活动的计划、实际和预计时间信息进行比较，发现进度偏离时，与相关人员沟通，检查活动相关前提条件是否具备，人员、设备、材料是否存在缺口，工作安排是否存在优化空间，帮助制定解决措施；对于存在工序先后顺序的不同承包商，重点关注两者施工计划匹配程度，尽量减少窝工、反复移交、资源配置有误等情况的发生；对于甲供设备材料，关注交付里程碑与施工计划的匹配性，避免到货延误影响安装调试、避免到货过早导致的存储压力；将对项目影响程度较大的偏离（例如关键路径出现较大延误、形成新关键路径等），形成报告提交领导层进行决策，留存详细记录并跟踪。

项目中后期，由于要消化前期设计延误，施工过程中交叉作业大幅增长，承包商内部资源的调度、承包商之间接口管理和信息传递面临巨大挑战。为减少工序之间的脱节，降低频繁调度和工序衔接对工期的影响，业主团队一方面加强现场巡视和承包商信息收集，掌握承包商资源投入和施工状态，提醒和帮助 HPJV 施工管理人员合理调度，特别是在中方承包商和 HPJV 之间起到沟通桥梁作用，有效提高了承包商工作效率；另一方面，业主团队分析进度计划及剩余工程量，研究承包商变更的可行性，建立承包商退出机制。

实际情况严重偏离基准计划时，项目基准计划进行升版，设立新的目标，进行下一轮计划、执行、检查、改进的循环。

6.5 进度控制与索赔

湖山项目建设周期较长、涉及多个承包商、设计延误和变更频繁，产生的索赔数量大，且多数与进度关系密切。

工程项目索赔的进度审核主要由 HPJV 的区域经理、进度控制、业主团队区域经理、进度控制配合完成。进度审核重点在于承包商诉求的原因与实际情况是否一致、进度计划是否合理、是否存在承包商自身原因导致的进度延误。

索赔流程见图 6.5.1。承包商发现非自身原因导致其遭受损失的因素时，向 HPJV 提交索赔意向书，此类因素积累一定程度或影响结束时，承包商向 HPJV 提交正式索赔报告。对于承包商提出的工期索赔，HPJV 对承包商的索赔报告进行分析，削减索赔工期和金额或否定其索赔要求，与承包商进行索赔细节澄清（包括索赔工期和索赔金额等），更正索赔报告和进度计划。对于审核通过的索赔，HPJV 起草合同推荐材料，签字后发业主团队审批，工程部内部的审核基本与 HPJV 审核相对应一致，主要包括相应的工程师、合同包商务负责人、进度控制经理、成本控制经理以及项目经理等，发现问题时反馈 HPJV，要求其进一步澄清或修改。业主团队进度人员重点关注索赔的工期计算、计划编制是否准确、

承包商自身原因导致的延期是否存在、双方责任范围界定是否准确等。

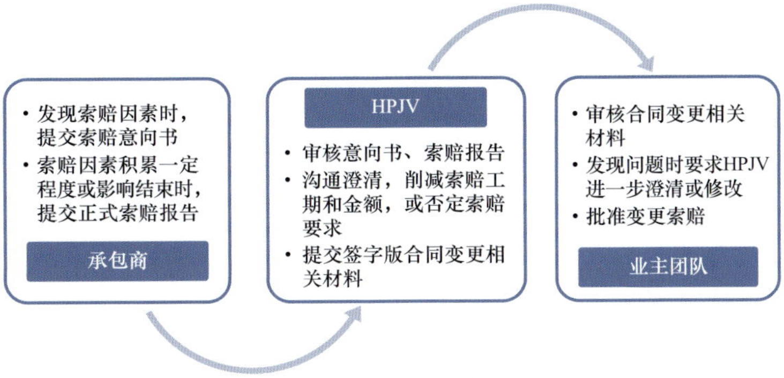

图 6.5.1 索赔流程

大量设计延误和设计变更导致工作面难以按照计划移交后续工序，为保证完工时间，施工过程中交叉作业大幅增长，图纸延误、工作面移交延误、工程量增加、窝工是承包商索赔的主要依据。以 2015 年 9 月电气承包商索赔为例，由于前期施工延误，电气承包商面临大量工作面移交延误，甚至需要暂停工作离场，工作不饱和状态一定程度上掩盖了承包商自身管理和工效问题，工作量调整则进一步增加了索赔审核工作难度（见表 6.5.1）。

表 6.5.1 电气类采购包阶段性索赔审核情况

合同包	合同签订日期	合同完工日期	合同工期/天	索赔工期/天	审核认为应延长工期/天	索赔费用/百万纳元	审核认为应补偿费用/百万纳元	工程量增加百分比	延期原因	索赔详情
CC014	2014－12－23	2015－10－28	309	182	暂无	39.8	暂无	暂无数据	工作面移交延误	承包商同时提出了窝工降效的索赔
CC016	2014－05－27	2015－10－26	517	219	暂无	暂无	暂无	暂无数据	新增工作量、工作面移交延误	就新增工作量及工作面移交延误进行工期索赔
CC018	2014－12－23	2015－11－15	327	72	51	20.8	13.3	暂无数据	工作面移交延误	承包商提出了针对全部 P&G 进行索赔，核实后认为仅应给与其时间相关 P&G 费用补偿
CC064	2014－03－31	2015－04－05	370	256	178	19.5	1.3	12.28%	图纸延误、工作面移交延误、曾离场暂停工作 5 个月	前期工作条件不具备，HPJV 下指令要求承包商暂停工作离场 5 个月。返场后仍受图纸及工作面移交延误影响，承包商提出索赔。审核后认为停工期间没有费用产生不应进行费用补偿，仅 24 天需要进行费用补偿

备注：
1）上述几个合同包进行过范围调整，基本上是拿出部分工作，再新增部分工作，表中 CC014/CC018/CC064 提出索赔中均未涉及新增工作量的影响，后续有可能提出相关索赔。
2）上述工期索赔均为阶段性索赔申请，由于现场实际情况，工作面移交仍不能完全满足承包商需求，不可避免地将收到进一步工期索赔。

基于 EPCM 合同的特点，HPJV 主人翁意识不强，业主团队在审核的过程中发现很多问题，进度管理模块与施工管理人员密切合作，注意工作面移交、工效等方面的证据留存，严格审查索赔报告，尽量减少承包商索赔带来的工期损失。

6.6 进度控制小结

业主项目进度控制团队在项目实施过程中，经历了被动等待、相互协商、积极主动介入的过程，伴随着对矿业的深入了解和 HPJV 的逐步接受，业主核电经验应用的越来越多，湖山项目进度管理体系更加合理、计划更加清晰、进展统计更加准确、进展跟踪更加有效，为管理层决策和基层员工按计划推进工作提供有力依据，项目进度控制效果提高。

在各方的一致努力下，湖山铀矿最终在 44 个月内完成建设，虽然比原计划延长了 8 个月，但在非洲纳米比亚这一建设资源相对匮乏之地，在这一时间段内完成此大型项目建设，也不失为海外工程项目的奇迹。

湖山矿的建设先后经历了签订 EPCM 合同、设计、采购、土石方、土建、安装、调试等阶段，计划矿建工期为 36 个月。

2012 年 11 月 8 日签订 EPCM 合同，EPCM 承包商开始进行人力动员，启动项目设计和采购工作，但随后经历的圣诞节及新年假期，其人力动员及设计工作进展缓慢。至 2013 年 3 月，现场主要进行临时管道铺设、临时道路开通、土石方开挖等前期准备工作。2013 年 4 月 18 日，现场举行开工仪式，宣布项目正式开工，中广核将此日期确定为项目开工日期，完工日期以完成热试、产出第一桶合格的天然铀产品为标志。

2013 年全年水冶厂基本为土石方工作，2014 年 2 月 8 日，水冶厂磨矿区开始浇筑第一罐混凝土，湖山水冶厂的土建施工才正式开始。2014 年 10 月，水冶厂各区域陆续由土建移交安装，设备的安装工作启动。2015 年 12 月—2016 年 6 月，各区域的设备安装工作相继完成。2016 年 7—10 月，进行水冶厂的冷试，2016 年 10—12 月，进行热试，至 12 月 30 日产出第一桶合格的天然铀产品，标志着矿山建设工作全部完成。从项目开工至完工先后经历了 44 个月，此为矿建的总工期，若从第一罐混凝土（2014 年 2 月 8 日土建启动）算起，则施工工期为 35 个月。项目建设的总工期比原计划延长了 8 个月，主要为前期设计、采购等的延误较多，可研设计深度不够、EPCM 承包商准备不足等是造成这些延误的重要原因。在后续的施工阶段，中方业主团队的深入参与、充分督促和协调，进度基本按计划推进，施工进度管理卓有成效。

第七章　成本控制

7.1　成本控制概述

工程项目的成本控制是企业根据预先建立的成本管理目标，由成本控制主体在其职责范围内，对各种影响成本的因素和条件采取的一系列预防和调节措施，以保证成本管理目标实现的管理行为。

湖山项目矿山建设采用国际通用的 EPCM 总承包模式，HPJV 作为 EPCM 总承包商，对项目进行成本控制管理。

项目成本控制重要内容包括项目的概算编制及管理、变化控制、支付审核、成本预测以及其他成本管理内容。HPJV 主要通过成本控制工具 Convero 系统对项目成本进行管理，高峰期 HPJV 团队成员 10 人，其中项目控制总经理 1 名、成本控制负责人 1 名、概算管理 1 名、变化控制 2 名、支付审核 3 名、Convero 系统操作及 HPJV 工时管理人员 2 名。

项目成本控制是项目的重要部分，但并非仅由成本控制模块人员实施，而是通过一系列程序使多方面的力量在成本约束、成本协同等方面发挥作用。

工程成本的直接控制措施包括：

① 严格执行合同招投标系统程序，完善招投标评分系统，在保证工程质量的前提下，确保每项工程科目获得全球范围内投标商的较低价格。

② 重点把握变化控制，控制不可预见费的使用，对发生的超预算、超范围的科目通过技术人员把关，验证超支预算的必要性。

③ 控制预算的准确性是成本控制工作的基础，湖山项目由于建设初期尚处于设计阶段，为确保预算能够更好地指导投资控制工作，预算的制定需要丰富的经验与极强的预见性。

④ 设计确定之后，采购设备及科目基本确定，在保证项目关键参数的前提下，尽量采用经济节省的流程及设备，节省投资。

南非及纳米比亚的通胀率一般较高，对工程建设投资影响大，矿建阶段对通胀进行了严格的控制。通胀率的变化不受人为控制，通胀准备金控制措施主要体现在合同签署方面。新合同的签署在价格评分上应尽可能结合供应商提出的基准价格以及通胀条款进行评判，同时在澄清阶段建议要求承包商：

① 对于不超过 1 年的合同，全部采用固定价格。

② 超过 1 年的长期价格争取固定价格，其次争取固定通胀率合同价格。

③ 在确实无法达成一致的情况，按货币种类分别计算通胀，南非及纳米比亚通胀主要绑定当地人工及其他成本上。

总体上讲，在纳米比亚/南非当地市场环境下，通胀是被公平处理的，湖山项目除早期签署的设备类合同外，其他合同如大量工程类合同都是统一应用当地惯例通胀公式进行计算，只是由于项目的延期使通胀有所增加，但综合考虑纳元的贬值情况，通胀实际上没有抵消我方在汇率贬值上的收益，通胀得到控制。

湖山项目的财务费用控制手段如下：

① 完善现金流预测，对工程现金流提前筹划，尽量降低闲散资金。

② 遵循优先使用便宜资金原则，在国开行贷款同意情况下，不提前偿还先期便宜资金。

③ 做好资金存储计划。我方资金成本普遍低于纳米比亚银行储蓄利率，虽名义利率较高，但产生差异利息收入，降低了实际财务费用。

7.2 概算编制及分包

湖山项目的概算编制主要基于直接的市场询价工作，少部分基于经验价格。湖山项目基准概算简称 CBE（Control Budget Extimate）概算，而 CBE 概算的前身则是 ATP（Authority to Proceed）概算，ATP 概算是湖山项目概算的根本。ATP 概算是基于可研阶段的设计成果及市场询价而来，CBE 概算的制定基本是在 ATP 概算上根据最新设计情况加上通胀再查漏补缺得出的。CBE 概算共 8 个大区域，各大区域的预算编制来源及与 ATP 预算金额变化简述如下。

7.2.1 采矿部分

（1） 1015 – 采矿系统

1015 – 采矿系统 CBE 预算金额相较于 ATP 预算增加约为 0.26 亿纳元，增加比例约为 92.72%，该部分变化为：

① 采矿系统区域中分布式系统（Dispatch system）费用从原 ATP 中 0.18 亿增加到 0.36 亿，增加金额为 0.18 亿纳元。

② 采矿系统 CBE 中新增采矿计划软件金额约为 0.05 亿纳元。

③ 燃料管理系统（Fuel Management Systems）的费用相比 ATP 增加了 0.03 亿纳元（注：主要是将卡车上的部分硬件与软件从卡车单位价格上转移到采矿系统中，此部分费用约为 0.26 亿纳元）。

（2） 1020 – 露天坑

露天坑预剥离金额较 ATP 预算金额减少约 0.17 亿纳元。

（3） 1041 – 重型采矿设备

重型采矿设备区域，CBE 预算中新增加 5.4 亿纳元费用（为此次预算增加最大的部分）。

① 与 Kamotsu 签署重型卡车合同卡车单价上升，26 台卡车预算上升 0.87 亿纳元，且该合同不包括原预算中应有的配件、轮胎。

② 与 Barloworld 签署电铲合同电铲价格上升，大小电铲价格上升 0.87 亿纳元。

③ 轮胎价格大幅上升，且较原预算增加 54 个轮胎，总计增加预算 1.12 亿纳元。

④ CBE 将 1042 的部分设备转移至 1041。

（4） 1042 – 辅助采矿设备

① CBE 预算中新增总金额为 2.5 亿纳元的破碎站，较原移动破碎站上升预算 2.3 亿

纳元。

② CBE 预算中新增总金额为 0.24 亿纳元的 250 t 吊车。

③ CBE 预算中新增总金额为 0.20 亿纳元的液压锤和挖掘机。

④ CBE 预算中 3 台平土机的总金额为 0.17 亿纳元，比 ATP 预算 1.69 亿纳元减少 1.52 亿纳元左右（原预算将采矿设备部分通胀均放在此科目内，CBE 将通胀平摊）。

⑤ CBE 预算中铲车发动机的总金额为 0.14 亿纳元，比 ATP 预算总额 0.57 亿纳元减少 0.43 亿纳元左右。

⑥ CBE 预算中服务卡车的总金额为 0.15 亿纳元，比 ATP 预算总额 0.56 亿纳元减少 0.41 亿纳元左右。

⑦ CBE 预算中燃料输送卡车的总金额为 0.12 亿纳元，比 ATP 预算总额 0.46 亿纳元减少 0.34 亿纳元左右。

⑧ CBE 中取消了原 ATP 预算中的 MMU 卡车，金额总计为 0.24 亿纳元。

⑨ 部分设备由 1042 转移至 1041。

（5）1050 – 采矿基础设施

采矿基础设施部分上升 0.37 亿纳元，主要为矿区道路因设计变更导致工作量增大，预算上升。

（6）1051 – 采矿综合设施

采矿综合设施中 CBE 预算中新增了空压机、矿车停靠平台、轮胎压机等，另外 CBE 中取消了轮胎安装中心等，变更部分车间以及顶棚的设计，总体上该区域合计预算金额增加 1.12 亿纳元。

（7）1052 – 爆破

爆破外包，现场只保留基本土建工作，减少约 0.2 亿纳元。

（8）1053 – 原矿综合设施

该部分降低 0.05 亿纳元。

（9）1080 – 资源勘探

该部分金额被转移到运营费用中。

7.2.2 尾矿库区域

CBE 预算总金额比 ATP 预算总金额增加 0.68 亿纳元。

主要原因为将原本 5 年建设的尾矿坝压缩至矿建期间建设完毕。

7.2.3 水冶厂

（1）3010 – 破碎与矿堆

破碎与矿堆部分 CBE 预算金额比 ATP 预算金额增加了 0.9 亿纳元，主要原因为设计变化，矿堆堆存时间（磨矿区矿石保障时间）从 24 h 增长到 48 h，从而相应调整部分预算。

（2）3020 – 磨矿

磨矿部分 CBE 预算金额比 ATP 预算金额减少了 1.2 亿纳元，主要为球磨以及半自磨设备的费用比 ATP 预算费用降低了 1.6 亿纳元（均使用招标价格）。

（3）3030 – 浸出

浸出部分 CBE 预算金额比 ATP 预算金额减少了 0.6 亿纳元，主要由于浸出区域紧急发电机转移至中心变电站，另外使用了已招标的钢材价格，使费用有所减少。

（4）3040 – 逆流洗涤（CCD）

逆流洗涤区域 CBE 预算金额比 ATP 预算金额减少了 0.19 亿纳元，部分设备及合同有所增减（CCD 的直径从 50 m 降低到了 40 m，供应商报出的价格有所下降）。

（5）3050 – 离子交换

离子交换部分 CBE 预算金额比 ATP 预算金额增加了 0.52 亿纳元。为提高吸附及淋洗效率，离子交换从原 8 列（train）改为 9 列，设备及管道费用相应调整。

（6）3060 – 溶剂萃取

溶剂萃取区部分 CBE 预算金额比 ATP 预算金额减少了 0.15 亿纳元，主要原因为混凝土浇注的价格下降，并且移除了一些重复的条目。

（7）3080 – 产品区

产品区 CBE 预算金额比 ATP 预算金额增加了 1.14 亿纳元。主要为设计变化，增加了产品煅烧设备和二级分包合同，总计 1.08 亿纳元。

（8）3090 – 尾渣

尾渣部分 CBE 预算金额比 ATP 预算金额增加了 0.13 亿纳元，主要为尾矿区部分设备转移至本区域。

（9）3100 – 试剂

试剂部分 CBE 预算金额比 ATP 预算金额增加了 0.16 亿纳元，原预算遗漏液氨的储存费用，约 0.14 亿纳元。

（10）3120 – 水冶厂公用工程

水冶厂公用工程部分 CBE 预算金额比 ATP 预算金额增加了 2.48 亿纳元，包括：

① 新增紧急发电机，增加预算 0.3 亿纳元，将发电机从水冶厂各区域集中移动到中央发电厂区域，费用转移。

② 因设计变更，水冶厂增加大量设备，增加预算约 1.4 亿纳元。

（11）3130 – 水冶厂控制系统

水冶厂控制系统部分 CBE 总预算金额比 ATP 预算金额减少 0.04 亿纳元。

（12）3140 – 软硬件

软硬件部分 CBE 总预算金额比 ATP 预算金额增加 0.15 亿纳元，主要原因为水冶运营人员的增加，导致软件系统需求上升。

（13）3150 – 管线布置

水冶厂管线部分 CBE 总预算金额比 ATP 预算金额减少 0.2 亿纳元，原因为钢材价格下跌。

（14）3180 – 配件

配件部分 CBE 总预算金额比 ATP 预算金额减少 0.22 亿纳元，原因为将该部分转入 1041、1042 采矿设备预算中。

（15）3190 – 首炉料

首炉料部分的 CBE 总预算金额比 ATP 减少了 0.08 亿纳元。

（16）3200 – 供应商辅助设备

供应商辅助设备 CBE 预算比 ATP 预算金额减少了 0.03 亿纳元。该区域取消了开关、初级破碎等设备。

7.2.4　场内基础设施

（1）4010 – 道路

道路部分 CBE 预算金额比 ATP 增加了约 0.05 亿纳元，其中 CBE 预算中新增了一项维护、升级进场控制站（access control station）以及浴室，费用为 0.12 亿纳元。

（2）4030 – 服务

服务部分 CBE 预算金额比 ATP 减少了约 0.8 亿纳元，主要内容为：

① 水冶厂场外变电站（132/33 kV）的费用增加了 0.19 亿纳元。

② 由于纳电 132 kv 的大电力系统供应，不再需要 90 MVA 的变压器，去除 ATP 中 220 kV 变电站（包括土建及安装），费用减少 0.43 亿纳元；去除 90 MVA 辅助变压器设备，费用减少 0.44 亿纳元。

（3）4040 – 损耗控制

损耗控制部分的 CBE 金额比原 ATP 金额减少 0.01 亿纳元。

（4）4080 – 污水处理

污水处理部分 CBE 预算费用比 ATP 预算费用增加了 0.04 亿纳元。CBE 中新增了几项不同直径的下水道以及长度较短的排水管线，费用为 0.03 亿纳元左右。

（5）4090 – 水冶厂综合区域

水冶厂综合区域 CBE 预算比 ATP 预算增加了 2.6 亿纳元。此部分为增加数额第二大的区域，主要原因为原设计 1 500 m^2 面积不足，CBE 修改为 7 000 m^2，其他原因如下：

① CBE 预算中新增了锅炉制造以及安装车间，费用为 0.82 亿纳元；

② CBE 预算中新增了粉碎车间，费用约为 0.28 亿纳元；

③ CBE 预算新增了水冶厂综合区内的吊车车间费用为 0.21 亿纳元；

④ CBE 预算新增了分析实验室，费用约为 0.17 亿纳元；

⑤ 将原 ATP 中的厨房、诊所以及管理人员大楼等重新组合分别变更为医护诊所、厨房与食堂、新管理人员大楼等。

（6）4100 – 燃料库

燃料库区域 CBE 预算比 ATP 预算略微增加。

7.2.5　场外基础设施

（1）5010 – 进场道路

进场道路部分 CBE 预算金额比 ATP 增加了约 0.28 亿纳元，主要原因为进场道路工作量有所增加。

（2）5030 – 供电（纳电）

电力部分 CBE 预算金额比 ATP 增加 0.07 亿纳元，增加了一个 Lithop 变电站平台，费用上浮约 0.18 亿纳元；建设用电以及永久用电总额调整，费用比 ATP 预算减少 0.11 亿纳元左右。

（3）5040－供水（纳水）

供水部分 CBE 预算金额比 ATP 减少了约 0.4 亿纳元，增加了从 Areva 采购的临时供水管线，费用约 0.13 亿纳元，永久管道费用降低 0.37 亿纳元，取消临时从 Swakop 河取水的管线费用 0.12 亿纳元，从 Swakop 河取水的管线费用减少 0.07 亿纳元。

（4）5050－IT 和通信

IT 和通信部分 CBE 预算金额比 ATP 增加了约 0.08 亿纳元。

（5）5070－硫磺处理

硫磺处理部分 CBE 的预算金额减少了 1.74 亿纳元，与 ATP 相比取消了港口的硫磺处理设施，金额总计为 1.74 亿纳元。

7.2.6 临时设施

（1）7010－营地建设

营地建设 CBE 预算金额增加约 0.49 亿纳元，主要原因为营地规模增加 2 000 人，相关费用约为 0.52 亿纳元。

（2）7030－承包商堆放区域

承包商堆放区域 CBE 预算金额减少约 0.03 亿纳元。主要取消了堆放区域围墙费用以及部分消防软管卷盘费用，另外增加了一些堆放区平台以及服务的费用。

（3）7040－临时服务

临时服务区域 CBE 预算金额增加约 0.9 亿纳元。主要增加的费用如下：

① 现场废物处理服务费用，比 ATP 预算增加了 0.29 亿纳元；

② 临时服务的 CBE 金额增加，EPCM 办公室的临时服务（维护、清扫等）费用、矿建用车辆、仓库运营服务、在营地可入住之前的临时住宿费用等，约 0.49 亿纳元；

（4）7060－安全和医护

安全和医护费用 CBE 预算金额增加约 0.11 亿纳元，主要为安保及消防费用增加了 0.1 亿纳元。

7.2.7 间接费用

（1）8140－环境

环境区域中 CBE 预算金额比 ATP 预算金额增加了 0.22 亿纳元。主要为 CBE 预算中增加尾矿坝咨询费，金额为 0.16 亿纳元。

（2）8200－业主团队

业主团队 CBE 总金额比 ATP 金额少 0.18 亿纳元，主要为通胀费用的变化。

（3）8300－EPCM 和咨询费

EPCM 和咨询的 CBE 预算金额比 ATP 预算金额增加 0.51 亿纳元，主要表现在：

① EPCM 合同预算基本维持不变。

② QS（工作量测量）服务费用用比 ATP 增加 0.18 亿纳元。

③ 新增部分咨询服务费用。

（4）8400－财务费用

财务预算金额比 ATP 预算金额增加了 0.79 亿纳元，其中水的费用增加了 0.86 亿纳元，主要为水价的增加。

（5）8900－不可预见费

部分合同已签订，不可预见费金额相对 ATP 预算金额减少了 4.4 亿纳元。

7.2.8　招聘费用

CBE 中取消了招聘费用 0.44 亿纳元，这部分费用被转移到运营费用中。

7.3　变化控制

变化控制（Change control）是项目投资控制内容的重中之重，变化控制的分类及控制流程如下：

① 变化控制的种类分 4 类，PCN（预测到变化且需要调整预算）、FCN（只是预测到变化）以及 ECN（EPCM 合同预测变化且需要调整预算）、EFN（EPCM 合同预测到变化），实际操作中 HPJV 并未严格划分，在提交的趋势预警报告（Trend Alert Form）以及趋势报告（Trend Form）里只分两类，一类是 PCN、FCN 代表的预算以及可能发生的变化，另一类是 ECN、EFN 专门提出 EPCM 合同预算及可能发生的变化。

② 变化主要包含以下 6 种：矿建范围变化（Scope Change，如新增设施）；客户要求变化（Execution Development change，如业主团队要求加速或放缓部分工作）；设计变化（Design Change）；估算变化（Estimate Change，如设备价格发生变化）；预算转移（budget transfer）；预测（Forecast，如某些变化可能影响到项目整体费用），通常报告会涉及两到三种类型。

③ 变化控制的过程：

a. 相应区域或专业负责人提出变化可能，或者是来自于业主要求的变化。

b. 准备趋势预警报告，简单预测对预算以及进度的影响。

c. HPJV 内部审核趋势预警报告，否定返回。

d. HPJV 审核趋势预警报告，否定返回。

e. 相应区域或专业负责人准备精度±25%的预可研级别的成本及进度影响报告，必要时准备风险评估报告以及其他估值报告，如影响预算额超过临界值，则准备精度±15%的可研级别的成本及进度影响报告。

f. HPJV 内部审核趋势报告，否定返回。

g. 业主团队审核趋势预警报告，否定返回，同意后执行。

④ 变化控制的状态：各阶段都可以对报告反对、同意或待定（On Hold），处于待定的状态即要求专业负责人作出更多的研究或其他工作。

HPJV 每月均会向业主团队提供月度趋势预警报告以及趋势报告的总结，便于我方了解项目变化控制情况。

可以说，项目的变化控制是项目成本控制工作乃至项目本身的重中之重，项目的每一个变化都是相对于预算，也是相对于设计、相对于基准计划的变更，这些均是需要业主团队管理的部分。

变化预警同样是极为重要的内容，当某项可能的变化尚处于预警状态时，意味着项目组还有时间对该变化进行研究，寻求最优的办法，以最低的成本去解决。

湖山项目前后共发生 1 500 余项变化及对应的控制报告，包括重大设计变化、重大超概以及其他与基准计划和基准预算不一致的内容，变化管理好，相应项目管理得好。湖山项目的不可预见费以及合同节省下来的预算都是通过变化控制被分配到所需要的合同包内。

7.4　支付审核

工程项目支付审核由斯科公司工程部成本控制模块组织，EPCM 承包商 HPJV 的成本控制模块、斯科公司财务部参与完成。付款审核重点在于支付的实际节点与合同支付条款相对应，例如施工合同主要依据工程监理出具的支付证书；货物、设备购买合同主要依据里程碑节点所需要的相关文件，例如出厂验收报告、提货单、交付报告等；服务合同根据用户出具的支付证书，体现服务完成量与质量。

审核的主要流程如下：

EPCM 承包商 HPJV 作为工程师代表斯科公司接收发票并进行内部审核，并向业主提交其审核通过的支付；对其审核不通过的发票，返回供应商进行沟通确认。

对于 HPJV 现场办公室管理的供应商，所有的发票直接提交到 HPJV 现场办公室进行处理，其他的供应商发票提交至 HPJV 约翰内斯堡办公室成本控制项目会计处理。发票提交需要在每月 25 日之前，所有的发票分发之前，需要在 HPJV 项目管理软件 Convero 中进行登记，记录发票收到日期，同时要求项目会计跟踪发票状态，使每张发票的审核可以追踪。支付需要 HPJV 的工程师、采购包商务负责人、施工区域经理、成本控制工程师以及项目经理依次进行审核并签字确认。

项目会计需要对支付文件（包括发票、支付证书等）的项目编码、支付条款、支付历史状态、审核状态等进行确认。对于工程部所批准的支付，项目会计需要进行扫描存档，做到可追溯，并寄往纳米比亚斯科公司财务部进行下一步的付款流程。同时，要求上述三个阶段均有文件交付记录，确保文件的可追溯性。

斯科公司工程部内部对 HPJV 提交的发票进行审核，通过工程部审核的发票，提交到财务部，发起最终付款流程。未通过工程部审核的发票，退回 HPJV 成本控制支付接口人，由其与供应商进行沟通确认。工程部内部的审核基本与 HPJV 审核相对应一致，主要包括相应的工程师、合同包商务负责人、成本控制经理以及项目经理等。

斯科公司工程部对支付的审核在支付流程中起到决定性的作用，基于 EPCM 合同的特点，项目中 HPJV 作为业主工程师的主人翁意识不强，斯科公司工程部在审核的过程中确实发现了很多问题，退回 HPJV 并责令其与供应商进行澄清。

斯科公司财务部在支付流程中负责项目供应商在系统中的创建登记和对工程部提交的发票发起最终付款流程，付款过程依据中广核集团付款审核流程要求进行线上审批。付款完成后，通常财务部会把支付凭证返回 HPJV，由 HPJV 通知承包商付款已完成，从而形成一个完整的付款周期或闭环。

7.5　合同执行晴雨表及成本预测

HPJV 在项目管理初期时是缺乏成本预测的，造成的后果就是尽管一些零散项目能够获得成本变化的通知或者信息，但无法知悉项目整体的成本控制状态，项目早期的成本预测应运而生，具体做法包括：

① 根据每月新签署合同更新预测。

② 对已签署合同，根据每月 PCC（总体工程测量服务商）、Lithon（进场道路工程测量服务商）、Merz（电气合同工程测量服务商）的成本预测报告以及 HPJV 的判断更新每个合同包预测值。

③ 对于未签署合同，在无重大因素变化情况下，仍以预算为预测。

④ IPOP（订单类采购）类合同以预算为预测。

⑤ 所有预测暂不考虑不可预见费因素，预测出的差值先使用不可预见费，如不可预见费无法覆盖，再更新总预测值，报告中不可预见费会单列。

随着项目的开展，项目成本信息越来越丰富，各个合同包陆续启动以后，项目按现场合同以及设备类合同两大类出具晴雨表，根据现场区域经理、采购经理反馈信息对所有合同每月进行预测，从而获得每月整体的预测情况，通过每月的成本预测对比，获知项目的成本突破点、关注点以及重大的预警，从而实现对项目成本的预防与管控。

以 2014 年 9 月成本预测为例：

（1）9 月预测总体情况

HPJV 根据截至 9 月底获得所有合同成本最新状态报告发布项目总成本预测，本月预测成本总额为 NAD15 272 897 577，占 CBE 总预算值（NAD15 763 938 494）比例为 96.89%，较上月上升 8 800 万纳元。HPJV2014 年 6—9 月预测情况见表 7.5.1。

表 7.5.1　2014 年 6－9 月成本预测情况（纳元，NAD）

	6 月预测值	7 月预测值	8 月预测值	9 月预测值
HPJV 预测	15 108 115 240	14 855 622 358	15 184 834 858	15 272 897 577

项目剩余可用预算见表 7.5.2。

表 7.5.2　剩余预算表　　纳元

	现有预算	预测	节省/超支
直接费用	15 180 492 716	15 272 897 577	92 404 861①
AA－001 不可预见费	506 399 625②		
AA－002 预算节省额	77 046 152③		
总计	15 763 938 494		
剩余可用预算	②＋③－①＝491 040 916		

根据表 7.5.2 显示，剩余可用预算为 4.91 亿纳元。

（2）本月预测具体变化

本月预测上升的主要原因如下：

① CC－003 现场预制 LDX 槽罐及浸出、CCD 区域 SMPP 合同（二三公司），HPJV/PCC 认为供应商因新增第 7 台 CCD 及额外管道工作量报价较高，建议将额外管道部分转移至 CC－004 离子交换、萃取、试剂区域 SMPP 合同（Group 5），PCC 根据新工作量按合同单价重新核算，合同总费用较上月预测下降 1.18 亿纳元。

② CC－004 离子交换、萃取、试剂区域 SMPP 合同（Group 5）接收由 CC－003 转移的新增管道工作，PCC 估计上升 6 600 万纳元。

③ CC－003 转移管道工作给 CC－004 只是批准了 Trend Alert，HPJV 的提议为 CC－003 仍然基本保持原管道工作量，因设计变化的新增管道工作量交给 CC－004。

④ CC－009 采矿土建工作（中建）本月预测上升 4 100 万纳元，主要为因新增炸药厂基础工作量。

⑤ CC－040 水冶厂前端区域土建工作（中水）因核算新工作量，本月预测上升 2 800 万纳元，包含此前所有确定新增的 1.68 亿纳元变更正在现场审核。

⑥ CC－054 水冶厂后端土建工作（中水）因图纸更新以及额外工作范围的可衡量工作量，预测上升 6 800 万纳元。

⑦ EL－006 矿区变压器运营团队要求新增变压器被拒绝，预测降低 800 万纳元。

⑧ ME－003 溶液泵合同新增溶液泵需求，预测新增 800 万纳元。

（3）项目主要成本风险

① 现场已签署合同因工作量上升、SVR（现场工程变化请求）、索赔等合同价值变化量较大，截取重大合同（承诺超过 5 000 万纳元）：其中已基本完结的现场合同（主要是土石方、营地）平均变化比例 46.4%，正在进行的土建合同平均变化比例 72.23%，已签署刚开始的安装合同平均变化比例 20.19%（主要是第 7 台 CCD 以及已识别的新增管道工作量），其他签署合同平均变更比例 9.49%。

② 新合同存在超概可能，主要是 CC－014 低压电器安装合同包（1.6 亿纳元），CC－043 尾矿区安装合同（5 700 万纳元）以及 CC－051 现场建筑物合同（5 100 万纳元）。

③ ZZ－029 EPCM 合同变更，预测超出预算 3.96 亿纳元。

成本预测是成本控制工作中的指路明灯，在项目进展中每个单体合同的超概或节省并不能代表项目整体，而每个月的成本预测工作其实是每个月的成本分析和总结，是对每个月矿建情况的反映。通过每月对项目成本进行预测，从而实现项目管理层对成本控制重点的把握，是对项目的预警和总体认识。

7.6 EPCM 承包商及业主共管的成本控制模式

湖山项目的成本控制的特点是 EPCM 承包商 HPJV 不完全负责全场所有合同，而主要负责水冶厂和公共部分的合同，业主主要负责采矿合同，但成本自身是覆盖全场的，故业主不可避免要与 EPCM 进行大量沟通和交涉。

总体上成本控制由斯科公司直接负责、直接统筹管理，HPJV 是业主工程师，HPJV 的成本控制部分是斯科成本控制部分的输入，斯科公司的成本控制以 HPJV 的成本控制为主，并借鉴 HPJV 的成本控制管理体系，以便于融合。

成本控制均以合同包为载体，湖山项目原计划 330 个合同包，最后增加了上千个订单，每个合同包都有对应的合同包工程师，合同包工程师如果属于 HPJV，则成本控制的责任在 HPJV，如果工程师属于斯科公司，则成本控制责任主体为斯科公司。以支付为例，涉及斯科公司管理的合同由斯科公司全权对合同支付进行审查，HPJV 只对发票进行审核。以变化控制为例，HPJV 的变化控制严格执行 HPJV 的控制变化流程，具体就是以 Trend 流程为载体。而斯科公司管理的合同同样采用 Trend 流程，只是签署人由 HPJV 工程师转变为斯科公司工程师，成本控制责任也相应转移到斯科公司。

特别需要说明的是尽管采矿部分的成本管理责任在斯科公司，但所有报告的统计责任在 HPJV，因此所有支付、变化控制都是利用 HPJV 的管理体系，使用统一的编号和统一的预算管理等，所以即使是斯科公司管理的合同，如果突破了成本控制原则，HPJV 也可以选择不接收。

对于项目的成本预测工作，由于 HPJV 仅对其管辖的合同负责，如上文所述，HPJV 每月会对项目的成本控制情况通过月度进展会议，对现场合同以及设备类合同分类进行成本分析，而斯科公司负责的采矿类合同同样需要相应的成本分析并反馈到 HPJV 进行统计。HPJV 在收到成本分析报告后，出具每月成本报告，对当月成本执行情况进行总结，对当月成本超支、变化事项进行重点解读。

成本控制中的预算管理工作尤其是不可预见费管理均是由斯科公司直接负责，HPJV 的任何预算要求都需要斯科公司进行审批，斯科公司对不可预见费及预算节省额进行管理，并对总预算变动负责。

7.7 以外币为承诺或结算货币的成本处理

湖山项目成本控制的难点，也是所有国际项目成本控制的难点即为不同货币的成本处理。由于纳元对美元汇率波动剧烈，湖山项目货币的成本处理显得更为棘手。2012 年，即预算制定年份，1 美元兑 7.5 纳元，而到 2015 年，1 美元兑换最高超过 16 纳元，相当于预算制定时翻倍。汇率的波动给成本的统计造成很大困难。

湖山项目采取固定汇率记账、实际支付汇率单独统计的模式。指定预算时将汇率固定为 1 美元等于 7.5 纳元，欧元、英镑、日元、人民币等常用货币均有固定的汇率。项目执行过程中，以外币承诺或支付的及以纳元支付但以外币为本位币浮动的，原则上均按外币承诺登记，如合同签署 100 万美元，则在成本内记承诺 750 万纳元，即使当时的汇率已经变更为 1 美元兑 9 纳元，支付也如此，当月支付 50 万美元，则在成本内记录已发生成本 375 万纳元，即使当时的汇率已经变动，而斯科公司财务部对每笔支付均有单独记录，也就是每笔支付的实际汇率得到统计，在湖山总成本计算时，既有以项目既定汇率计算的成本，又有实际成本，而成本控制过程中主要以既定汇率进行控制。

理论上通过上述操作，汇率对湖山项目的成本控制的影响已经降低到最小。但实际操作中对以纳元支付但受基准货币变化而变化的成本记录最为困难，尤其是部分合同体量大、成本控制人员不熟悉合同的情况下对合同的成本记账存在困难。斯科公司要求成本控制人员掌握合同内容，从每个合同的评标开始，成本控制人员均要求在合同报告上签字，成本人员对每个合同的谈判过程、特殊条件都十分熟悉，因此降低了上述问题的风险。

湖山项目最终的成本报告以项目汇率为基准，通过财务部实际汇率的调整，与实际成本数据几乎一致，更是证明了对汇率处理的有效性。

7.8 小　结

对湖山矿建工程成本控制工作总结如下：

① 成本控制手段缺乏。成本控制的核心主要依赖于严格的竞投标，在竞投标过程中选择出最佳供应商，大部分是价格最低的厂商。若超概，只有两种方法，一是降低技术要求，二是选择技术评分不高但在预算内的厂商，其他情况也只能被动接受。

② 对新的采购要求没有直接话语权，具体体现在：

a. 招投标价格有低价供应商，但实际的选择并不只看价格，更多的是技术一票否决；对关键设备的采购，选择价格更高、质量更好的，而成本模块无法以费用控制名义反对，均服从决定。

b. 经常出现不可或缺且非常紧急的新增采购范围，成本模块无法控制。

c. 对于整体有益但增加矿建成本的科目，如自主维修、采购模拟机等，无法拒绝。

d. 运营部门提出的新采购，成本控制是无法与运营部门技术人员接口的，更关键的是工程技术人员与运营部门沟通并最终确定，如硫酸储存规模上升等。

③ 由于 CBE 预算基于原 DFS/MORE 设计工作量，湖山项目的预算存在很大的不准确性，这为后来成本的控制带来较大困难。

④ 成本受进度的影响无法量化和预测，由于进度方面无法做出预测，成本预测受到极大的影响。

⑤ 现场合同的最终费用基于工作量变化的程度（原设计质量）以及现场管理衔接的水平，成本控制更多的是预警。

成本控制确实并非某个成本控制人员可以决定的，而是通过组织编制预算、提前预警、预算调配、支付审核、成本报告等一系列管理手段，通过控制预算这个中枢，以项目部总监为核心，技术与成本平衡，进度与成本平衡，群策群力，相互制肘。不是成本越低越好，而是在有限的预算内尽可能多快好省地完成项目，或者在既定的时间内完成好项目，同时成本最省。

第八章　专　题

8.1　技术专题

8.1.1　水冶厂土建设计变更

湖山项目水冶厂土建项目主要涵盖初碎站、磨矿区、浸出区、逆流洗涤区、离子交换区、溶剂萃取区、产品区、尾矿区及公用区的混凝土工程，设计图纸近 3 000 张次，混凝土浇筑量超过 10 万 m^3，但项目总工期仅为 3 年。水冶厂土建工程是整个项目的基石，设计、施工管理压力巨大，施工过程中，又发生大量的设计变更，为了保证项目按照既定的目标推进，HPJV 管理人员、业主管理团队都投入了大量的精力对土建设计管理工作进行严格管理，管理工作也取得了较好的效果，但同时也暴露出一些设计变更管理的问题。

（1）水冶厂土建设计变更管理的目的和特点

设计变更一般在工程建设过程较为常见，设计变更的目的是对原设计内容进行完善、修改及优化。而设计变更管理的目的是通过对设计变更审批流程的规范、流程化，有效控制因设计变更引起消极影响，确保变更的及时性、合理性和经济性，进而保障工程质量、进度、成本等内容的管理工作顺利进行。

湖山项目水冶厂土建设计变更流程也是基于上述目的建立，但该项目土建设计变更管理过程中又凸显出一些自身的特点：设计方和监理方是同一单位——HPJV。虽然 HPJV 内部也进行了职责划分，设计团队负责设计相关问题的管理，现场管理团队负责施工管理工作，管理团队的人员往往是有经验的专业人员，在面对现场一些小的技术问题时，往往会避开设计变更流程，直接给承包商下发指令，而承包商也会将 HPJV 管理团队下发的技术文件视为设计方出具的意见而执行。这些对后期的设计变更管理带来了挑战。

（2）水冶厂土建设计管理三大文件

水冶厂土建设计变更主要涉及三类文件：SVR、TQ、SI。这三类文件用于解决不同设计技术问题，适用范围不同、权限不同、审批流程也不同。一般来说，三类文件的审批权限依次降低，审批流程也逐次简单。

SVR，即 Site Variation Request，现场变更审批文件。该流程适用于现场所有的设计变更，审批过程中要求承包商预估该变更对费用和进度的影响，并且需要 HPJV 各专业部门、业主现场代表审批，审批流程比较冗长。因此，在实际应用中，现场管理人员为了能加快完成施工任务，往往对这一类技术文件有一定的抵触心理。SVR 的审批简要流程如图 8.1.1 所示。

TQ，即 Technical Query，技术澄清文件。该流程主要用于向承包商澄清设计深度不足、设计文件不清、有歧义的内容等问题。该流程可由承包商发起，也可由设计方发起，实际过程中，往往是由承包商发起，审批流程简化，由 HPJV 设计团队完成审批即可（见图 8.1.2）。表面上看，该类文件仅仅只是设计方对设计文件的澄清，但是在执行过程中，这类文件往往和设计变更交叉在一起，其内容往往涉及工程费用的变化，因此，该类文件也成为索赔过程中的一个重要争议点。

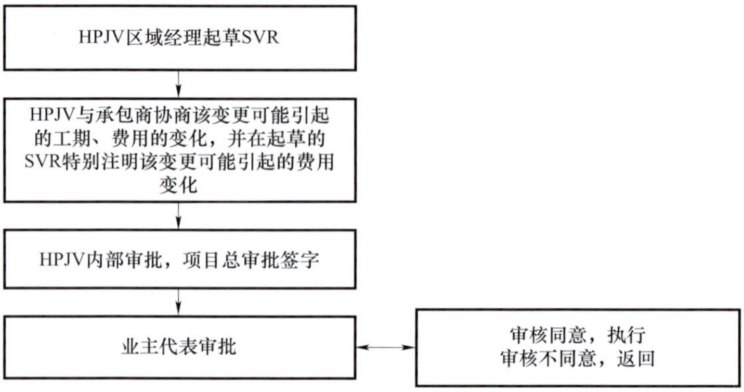

图 8.1.1　现场变更（SVR）简要流程

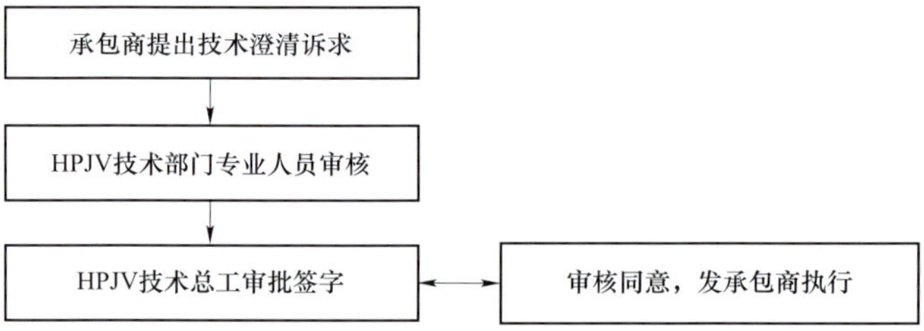

图 8.1.2　技术澄清文件（TQ）简要流程

SI，即 Site Instruction，现场指令。该流程主要是由 HPJV 现场管理人员直接签发，用于解决现场发生的较小的施工、技术问题（见图 8.1.3）。该类文件大部分是由 HPJV 现场管理人员结合现场的施工情况发起，流程简单、快捷，但也因为审批流程简单、施工及技术问题较小，该类文件引起的费用、进度往往易被忽略。实践中，HPJV 现场管理人员更倾向于使用这种直接的方式来解决现场问题，大量的现场指令的发出，伴随而来的是充满争议、琐碎复杂的承包商索赔。

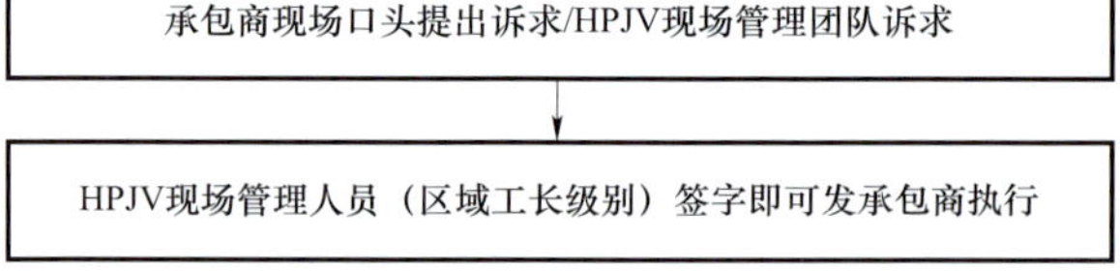

图 8.1.3　现场指令（SI）简要审批流程

（3）水冶厂土建设计变更管理中存在的挑战

设计变更未分类处理，且审批流程冗长。设计变更审批流程较冗长，也未结合不同等级的变更设计不同等级的审批流程，造成在实践过程中，即便是很小的技术问题也需要经历冗长的审批流程，不能快速解决问题。因此，单一等级、单一审批流程的设计变更实用性不高。现场管理人员为了达到施工目标，往往也会选择流程较为简化的 TQ 和 SI 来解决技术问题，这两种和设计相关的文件得到较为普遍的使用，特别是施工后期，给施工成本、进度管理带来一定的挑战。

管理团队内部人员责任不清，授权不明确。HPJV 管理团队内部虽然已明确了设计管理团队处理与设计相关的问题，现场施工管理团队处理与施工相关的问题，但是在实践过程中，这两类问题往往交织在一起，同时又存在 SVR、TQ、SI 三种技术文件可供选择来解决现场技术问题，因此，现场施工管理人员往往具有较大的自由决策空间，导致通过简单的 SI 流程来反推设计变更造成成本管理的漏洞。

（4）土建设计变更管理的几点建议

① 要明确职责、做好授权管理。要明确业主、设计方、监理方、承包商之间的职责，当设计方和监理方是同一单位时，更要明确好内部各部门之间的职责，同时结合设计变更引起的金额大小、施工工艺的复杂程度，在不同部门、同一部门的不同人员之间做好授权管理，明确不同岗位的职责权限。

② 要规范设计变更分类及审批程序。结合设计变更审批权限，考虑到正常的设计变更流程较为冗长，不易解决现场小的技术问题，可结合变更金额的大小，将设计变更流程进行分级，区别不同级别的变更的审批级别和流程，有效地将审批权限下放，降低管理难度的同时，也能做好因变更引起的费用管理。

③ 要通力合作，做好不同单位、不同部门之间的沟通和协调。设计变更管理不仅仅是设计、施工管理人员的责任，更是成本管理、进度管理、安全管理人员的职责，不同部门之间要做好沟通，及时发现问题，及时解决问题，做好设计变更工作的过程管理，将问题解决在过程中。

8.1.2　湖山铀矿项目硫酸罐修复

本部分介绍硫酸储罐的设计和施工中遇到的困难及问题，并就处理方法进行较为详细的介绍，希望对类似罐体的处理有参考价值。

（1）湖山铀矿酸罐概述

湖山铀矿项目设计有自备浓硫酸厂，酸厂产能为年产 50 万 t，生产的浓硫酸通过管道输送到浸出槽。考虑到硫酸厂维修时间及水冶厂连续生产的用酸量，现场设置了 3 个硫酸罐（TK－31、32、33），每个硫酸罐大约可以储存 12 000 t 浓硫酸。

酸罐的拼装示意图见图 8.1.4。

（2）酸罐的设计参数

罐体的主要设计参数如下：

① 罐内径 27.5 m，最大储酸高度 11.6 m，罐体材料为碳钢（南非材料 S355J0）。

② 单罐设计储酸 6 850 m^3，约 12 000 t。

③ 罐基础为钢筋混凝土圆环上覆近 500 mm 钢筋混凝土板，混凝土板表面设 40 条底宽 60 mm 放射状的检漏槽（见图 8.1.5），混凝土板顶面及检漏槽有 1%的坡自中心向外倾斜；在此基础上，对酸罐基础进行防酸处理，然后在防酸层上铺设 10 mm 的沥青砂浆。

④ 在罐区的周边设有高约 3.0 m 的混凝土墙体防止浓硫酸溢出。

⑤ 每个罐设有人孔一个，另有出酸口一个（D200）位于罐底板。

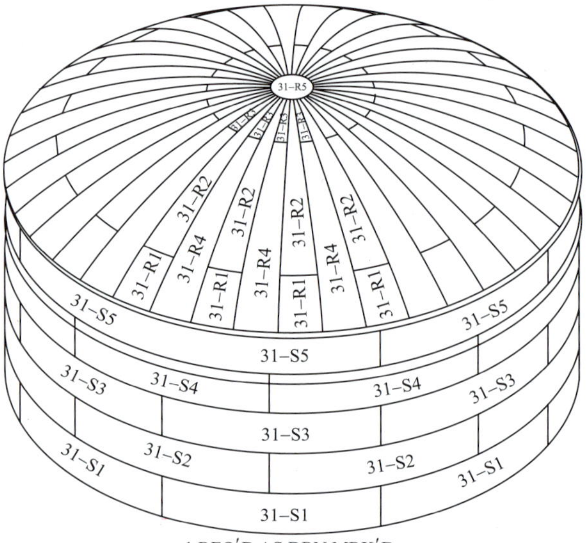

图 8.1.4　酸罐拼装示意图

图 8.1.5　混凝土面板检漏槽布置

⑥ 罐底板厚 10 mm，沿环向由 40 块异型钢板拼装组成，板之间的焊接方式为对接，见图 8.1.6 和图 8.1.7 所示。

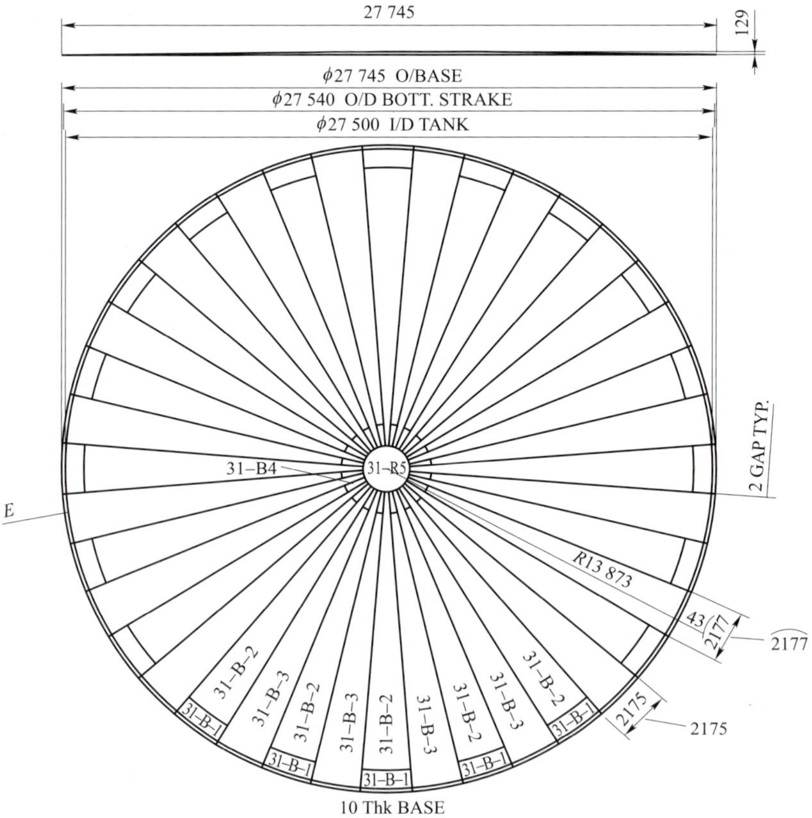

图 8.1.6　酸罐底板（钢板）拼装

图 8.1.7 酸罐底板的拼接现场

⑦ 侧壁分为 5 段，每段高 2 380 mm，侧壁厚度从底到顶分别为 20 mm、16 mm、12 mm、10 mm、10 mm；侧壁之间水平/竖向焊缝为对接，见图 8.1.8 和图 8.1.9。

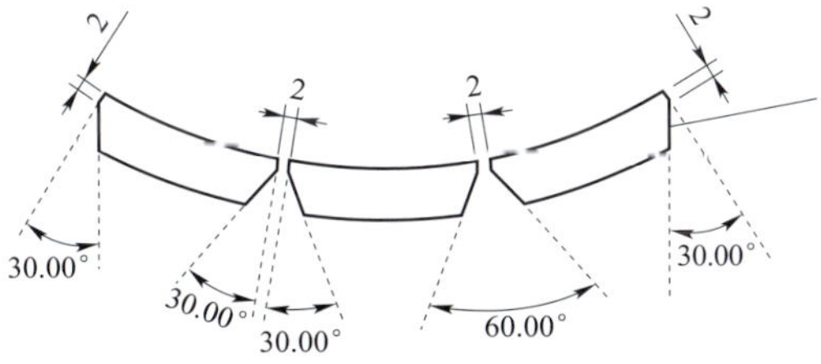

图 8.1.8 侧壁模块之间的竖向焊缝

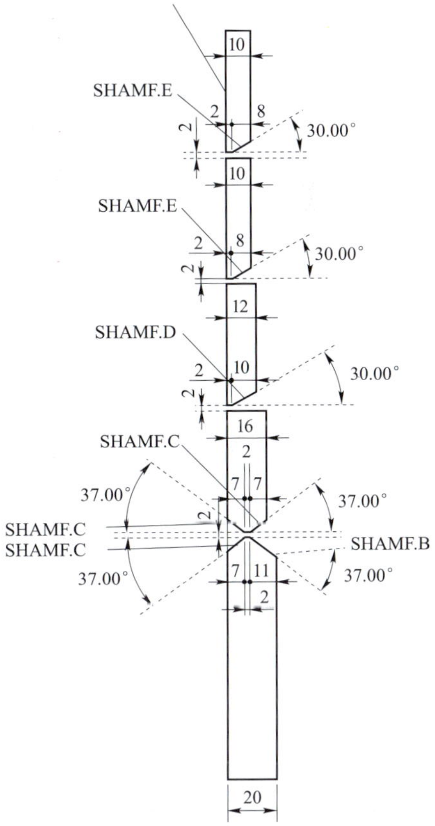

图 8.1.9 侧壁模块之间的水平焊缝

（3）酸罐设计、施工中存在的问题

酸罐设计过程中，业主方运行工程师建议在承台面设置排酸槽以及时发现储罐漏酸并通过排酸槽排出漏出的硫酸。设计方在接受以上建议提出在储罐基础表面设置 40 道排酸槽，通过设置 1%的坡度将可能泄漏的酸液排出承台，并依此方案将底板进行分块拼装。这种设计在业界未有先例，没有充分考虑拼装过程中形成的巨大焊接残余应力。

另外储罐设计标准 NACE－SP0294－2006 要求，考虑防腐层厚度后底板的最小厚度为 13 mm，但本储罐的底板厚度包括防腐层仅为 10 mm，低于标准要求。

再者原设计出酸口设置在罐底板靠近外缘位置，出酸口周围的基础端部留有一个径向宽 900 mm、切向最大尺寸 1 050 mm 的空间，以便布置出酸管道。设计时考虑到施工安装及后续的维护，该空间在罐体施工后未回填。由于该区域酸罐底部没有支撑，经验算运行时由于荷载大引起局部应力超出设计要求。

酸罐基础施工中由于设计要求过于严苛（设计方按照 API650 对土建施工要求：承台环向 9 m 范围误差不大于 3 mm，整个环形承台误差不超出 6 mm），施工后承台表面平整度没有满足以上要求。验收时承台表面误差最大超过 30 mm。EPCM 承包商 HPJV 建议在表面做防酸处理后铺 35 mm 厚的沥青砂浆（原设计为 10 mm）。

安装承包商为南非公司 GROUP 5 的分包商 Dormac，2015 年 11 月 3 个罐体安装完成，验收中发现酸罐底板大量向上突起，最大突起接近 100 mm，见图 8.1.10，为后续罐体运行安全带来较大隐患。

图 8.1.10　焊接完成的酸罐底板变形

（4）设计方的处理建议

在施工过程中设计方多次派人来现场检查施工进展，并处理施工过程中出现的基础误差问题。在酸罐完成拼装后，设计方发现酸罐钢底板出现大量凸起，担心酸罐在装酸后无法满足设计要求，特别是检漏槽附近及局部突起部位可能会出现当底板装酸量变化时上下变形的现象，从而引起疲劳破坏。为此设计方提出将已经拼装好的底板全部切除，重新用沥青砂浆将基础表面的开槽填平（保持基础中心向边缘的坡度），改变底板的拼接方式，加强底板和侧壁相接处的焊接等。业主方在考虑项目进度、造价等综合因素后，最终决定将两个酸罐（TK32/33）按照以下描述的方法处理，以保证现场储酸的要求，另一个酸罐 TK31 按照设计方建议的方式进行修复。

（5）酸罐修复的方法

酸罐 TK32/33 的修复主要考虑到现场储酸的需要，需要尽快提供储酸设施以满足水冶厂的调试需求。参照现场玻璃钢罐基础处理的方法，我们在充分试验的基础上采用类似的方法处理硫酸罐基础。工程部与现场十余家公司进行密切沟通，就酸罐的受力性能、可能的修复方案、修复材料、施工工艺、材料供应及检测等做了全方位的探讨，寻求安全可行、经济且满足项目进度要求的修复方案。

进行的试验如下：

① 填充材料（Trinicoat PU）对于浓硫酸的适应性：现场玻璃钢罐基础的处理采用填充 Trinicoat 的方式取得了比较好的效果。但玻璃钢罐储存的不是浓硫酸，同时玻璃钢罐容量小，基础上的荷载小。为此在现场对填充材料在浓硫酸作用下的性能进行了试验。试验表明，填充材料在浓硫酸作用下会被碳化，碳化后颜色变黑，承载能力降低。

② 填充材料的流动性试验：为保证灌浆的切实可行，使罐底部空间能灌实不留空腔，需要对填充材料在现场温度下的流动性进行试验。经试验，可以大体确定灌浆孔间距为 2.0 m。

③ 灌浆时周边围堰材料的力学性能试验：为保证填充材料充满酸罐底面以下的空间，需要在酸罐周边加做围堰，防止填充材料外溢。为避免罐底板应力集中，围堰材料在硬化后弹性模量不宜超过填充材料 Trinicoat PU 太多。

在现场还对运行工况下酸罐的应力、变形进行了模拟、复核，对已完工的酸罐进行了水压试验，发现若不处理酸罐底板下的空洞，无法满足储酸的要求。HPJV 提供的修复方案（切除底板重新拼接）在进度上无法满足项目后续调试的要求，另外成本较高。经过多方沟通、验证，斯科公司确定“底板灌浆”的修复方法，灌浆可以保证底板受到比较均匀的支撑，使酸罐受力合理，不出现局部应力集中问题，填充材料采用上述的 Trinicoat PU。

（6）酸罐修复施工

① 在明确修复方法后，在试验的基础上确定酸罐底板开孔位置，考虑填充材料的流动性，尽量控制孔间距在 2.0 m 以内，并采取酸罐中央密、周边疏的方式，整个底板布置 100 个孔径 40 mm 注浆孔，见图 8.1.11。

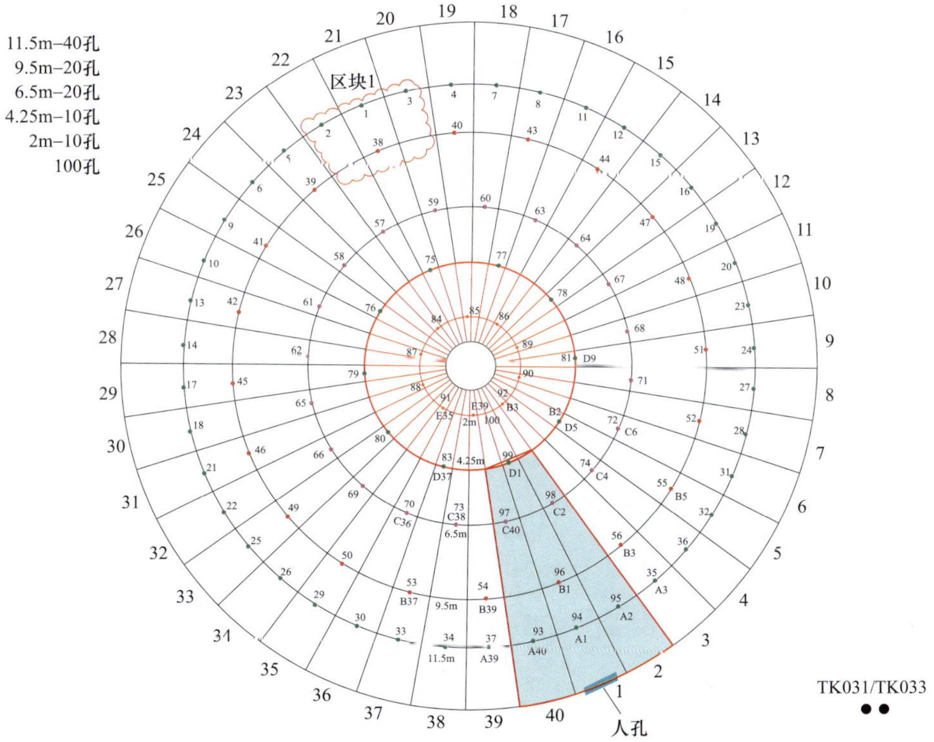

图 8.1.11　注浆孔的布置

② 为便于灌浆，在每个开孔上安装直径 50 mm、高 500 mm 注浆管，然后利用漏斗形容器将填充浆体灌入注浆管，见图 8.1.12 和图 8.1.13。灌浆作业比较关键，需要观察浆体的流动性，两种灌浆材料混合后尽量在 15 min 以内将浆体灌注完毕，否则会影响浆体的扩散。另外，注意灌浆时气体的排出，利用周围的开孔使气体尽可能完全地逸出，否则会出现罐底的空鼓区。

图 8.1.12　注浆管示意

图 8.1.13　注浆作业

③ 由于所采用的灌浆材料的流动性随着温度升高而降低，该材料在凝固过程中会放出热量。经反复试验证明温度低于 25 ℃是比较适宜的操作温度。

④ 灌浆完毕待浆体完全固化后移除注浆管并清理灌浆孔，在灌浆孔上面加焊一个直径 100 mm 厚 10 mm 碳钢板，圆板和酸罐底板的焊接采用 10 mm 高的角焊缝（见图 8.1.14）。

图 8.1.14　注浆完毕后注浆孔的盖板

⑤ 注浆效果的检验：在注浆完毕注浆孔封闭完成后，可以用敲击法检测是否还存在空腔，如有，则补充钻孔，注浆。对于修复后酸罐力学性能的检验，通过水压试验进行了最终检验，应力测试结果见图 8.1.15（测点 5～8 均为侧壁底部），在水位 12 m 是最大应力约为 120 MPa，换算成硫酸为 222 MPa，低于设计限制值 241 MPa，满足运营要求。

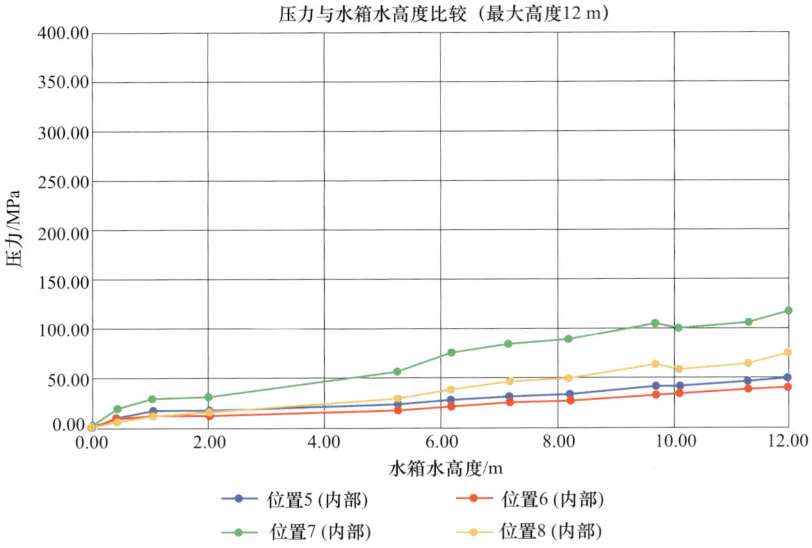

图 8.1.15 水压试验结果（储水高度 12 m）

（7）酸罐修复的体会：

通过酸罐的修复，有以下几点体会：

① 不能迷信外国知名公司，需要加强对于外国设计公司的设计管理。即使像 AMEC 这种超级工程公司，在酸罐设计方面仍然经验不足。因此，AMEC 将该酸罐的设计外包给了南非的另一家公司，在外包方设计过程中没有对设计方做必要的指导和管理。在酸罐设计中，基础的形式、基础表面的检漏槽及基础表面/检漏槽的坡度，这些都是设计方在和业主运行人员沟通时针对运行人员提出的要求创新性地提出的方案，确定的基础设计方案在业界没有先例，形成的基础方案无法达到设计方设想的检漏槽功能，相反削弱了基础对于底板的支撑，容易导致局部应力集中；另外设计方在罐体本身的设计中没有遵循规范的要求，例如在底板和侧壁的相接处焊缝的设计、底板的厚度、底板的拼接、甚至出酸口的位置等，导致焊接施工后底板残余变形大、起鼓严重。

② 湖山项目酸罐的设计方在设计过程中已经和后来确定的施工承包商进行了沟通，而整个过程业主无人参与，缺乏对施工方案的审查，导致酸罐焊接过程中由于底板分块、焊接顺序等的不合理而产生焊接后残余应力大、底板起鼓严重的问题，这一点在后续出酸口变更时出现侧壁翘曲得到印证。因此，对于非洲的项目，需要对当地公司的施工方案进行审查，多参照国内现成的方案，这样可以回避项目风险。

③ 设计方在出酸口设计上只考虑运行时酸罐泥浆等的排放，未考虑出酸管的检修等要求，特别是在出酸管周边形成空间，底板没有基础的支撑，计算中没有考虑该区域局部的应力，在实际投运时必然出现应力超出设计要求。因此，对于外方的设计，预留出设计审查的时间，以发现与常规做法不一致的地方并评估，这是减轻项目风险的有效对策。

④ 在处理酸罐的问题中，AMEC 和业主开过十几次会议，来往函件多达 30 余封，每一次来函都在推脱自己的责任，提出的解决方案无法满足现场热试的工期要求，最后基本无计可施，提不出一个可以满足现场工期要求的可行方案。无奈，业主方只有根据先期有限元计算的成果，参照现场玻璃钢罐修复的方法，在试验、论证以及多方寻求支持下，完成了两个酸罐的修复，并最终顺利通过水压试验，确认即使在装满浓硫酸的情况下酸罐应力不超过设计要求。试验成功后南非一家有名的设计咨询机构来现场参观，看到我们取得的成绩，不由得脱下帽，对我们敬礼！从这几年的使用情况看，我们的修复方案是科学的，不仅在经济上有明显的优势，也保证了项目投产的工期要求，是一次成功的尝试，为后续类似项目提供了参照。

8.1.3 水冶厂不锈钢酸腐蚀问题处理

（1） 概述

水冶厂广泛使用 316 L、SAF2205、20 号合金钢的金属材料，自 2016 年 11 月热试后，多个输酸管道及设备出现腐蚀，可分成以下三类：

1） 316 L 不锈钢腐蚀

① IX 淋洗剂制备槽（3100－TK－039）底板针孔腐蚀

② SX 稀酸排料管（SX bleed line）腐蚀

③ SX 萃余液管（SX raffinate line）腐蚀

2） SAF2205 双相不锈钢腐蚀

① IX 淋洗剂配置槽 98%硫酸管壁腐蚀

② SX 稀酸配置槽（3100－TK－036）槽壁腐蚀

③ 硫酸区地坑泵管壁腐蚀

3） 20 号合金钢溶液泵腐蚀

（2） 316 L 不锈钢腐蚀

1） IX 淋洗剂制备槽（3100－TK－039）底板针孔腐蚀

该槽位于离子交换区，用于制备树脂淋洗剂，内径 6.37 m、高 7.5 m，容量 239 m^3，槽壁和底板均是 316 L 不锈钢，槽顶是碳钢衬胶（见图 8.1.16）。原水管与 98%硫酸管分别

（a）

（b）

图 8.1.16 淋洗剂制备槽布置图

（a）淋洗剂制备槽位置；（b）淋洗剂制备槽

从槽顶直通槽内，在槽内搅拌制成 100 g/L 稀硫酸制成淋洗剂。

2015 年 12 月，该槽静力原水水压试验结果合格；2016 年 8 月 24 日—10 月 8 日冷试合格；10 月 10 日开始热试；10 月 19 日，槽底出现穿透针孔，稀酸液从槽底裙边与防酸层接缝处漏出，工程部随即对其停车并补焊；2017 年 2 月 20 日，底板再次出现穿透针孔，工程部安排补焊再投用，见图 8.1.17。

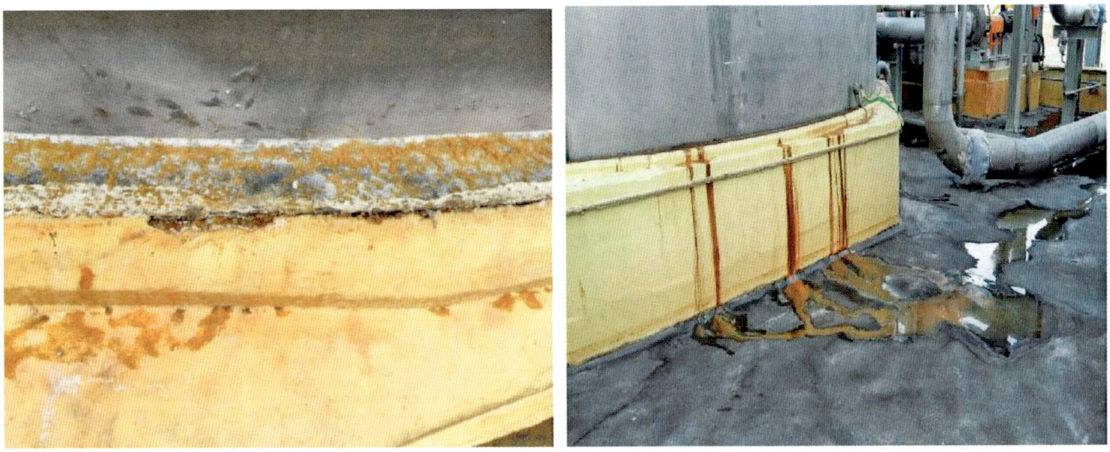

（a）　　　　（b）

图 8.1.17　硫酸槽渗漏

（a）裙边与防酸层接缝处开裂；（b）裙边与防酸层接缝处酸液漏出

在检查中发现槽底板焊缝与底板边界处出现多个孔状缺陷，见图 8.1.18。

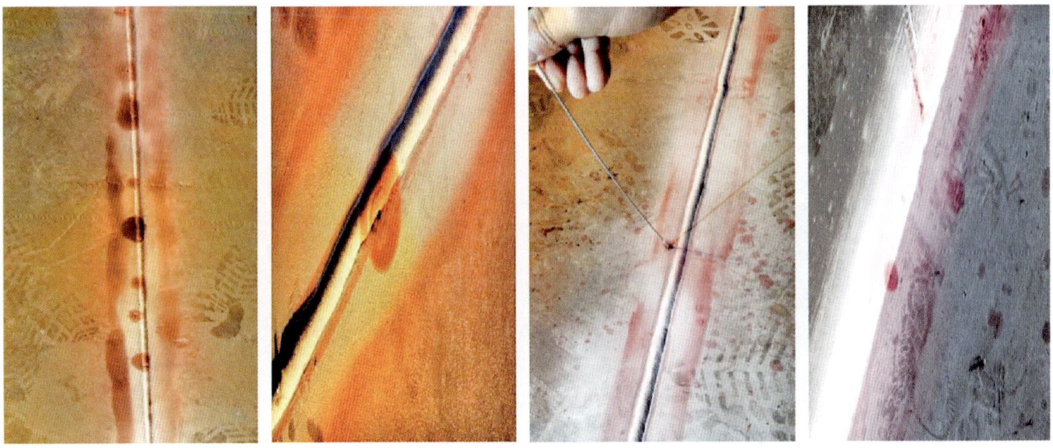

图 8.1.18　槽底针孔状腐蚀及探伤

底板个别焊缝出现孔状腐蚀，距离焊缝较远处也出现少量孔状缺陷，见图 8.1.18。

初步调查结果表明在冷试期间该槽未发生腐蚀，而在加硫酸后热试期间发生了腐蚀。对设计参数和运行参数进行对比，见表 8.1.1。

表 8.1.1　3100－TK－039 设计与运行参数

	设计参数	运行参数
硫酸浓度	100 g/L	73.56～120.62 g/L
操作温度	43 ℃	45 ℃
氯离子浓度	300 mg/L	418 mg/L

从表 8.1.1 可以看出，硫酸浓度超出了抗腐蚀设计参数，操作温度也略高于抗腐蚀设计温度，特别是氯离子浓度明显超出了设计浓度。

经过调研了解到 304 及 316 L 等奥氏体不锈钢在盐水中的腐蚀速度为 0.05～0.5 mm/a，有点蚀和应力腐蚀开裂倾向；随温度提高，316 不锈钢耐氯离子腐蚀性急剧下降；在酸性介质中，不锈钢耐氯离子腐蚀性加速下降，很容易发生点蚀，而且点蚀的发展速度非常快，造成罐体穿孔。3100－TK－039 在设计参数下属于可用，但腐蚀较重，由于溶液是由浓硫酸稀释而成，酸浓度在 60%～70%时不论温度高低，316 L 都会产生严重腐蚀，钝化膜会遭到破坏，同时溶液中含有过多氯离子，加剧破坏了 316 L 的钝化膜。

基于上述调研及讨论，初步提出腐蚀的原因是选材错误、设计缺陷导致局部过热以及氯离子浓度超标。

随即在补焊的同时，采用耐腐蚀的 ECTFE 材料将 2 根浓硫酸管分别延长至距槽底 500 mm 处，使原水与浓硫酸在液位以下临近搅拌桨的位置充分溶合迅速散热，实现了操作温度的下降，并积极准备永久解决方案。永久方案是利用 2017 年 5 月小修时机将该槽移至它处，在原处新建一台新的碳钢衬耐酸砖槽，在安装新槽期间，连接旧槽管道保持运行连续，至新槽就位后切换管道至新槽继续运行、旧槽退役。

在新槽材质选择方面，玻璃钢、塑料、双相不锈钢对硫酸浓度、温度、氯离子浓度有抵抗极限，超过了就会腐蚀，碳钢衬耐酸砖则可以应对本厂最恶劣的情况，故选用之。新槽于 2017 年 11 月投运，槽体再未发生腐蚀现象，见图 8.1.19。

图 8.1.19　新 3100－TK－039 槽

通过处理 3100－TK－039 腐蚀，有以下经验和教训：

① 正确选材是首要。这是典型的设计选材错误案例，给运行安全和成本控制带来巨大影响，也成为向 HPJV 追究缺陷服务的主要证据之一。

② 新建旧开，新旧切换。挪开旧设备、搭建临时设施，在原址新建新设备，能实现即不耽误生产又实现工改的目的。其他“永久方案”在运行波动时都是不能抵抗风险的，要保守决策。

2）SX 稀酸排料管（SX bleed line）腐蚀

SX 稀酸排放管是一根长 630 m、直径 150 mm 的 316 L 不锈钢管道，用于将 SX 萃余液从 SX 区输送至浸出区。在 2016 年 11 月下旬热试后，该管出现了 21 个针孔腐蚀缺陷，分布在焊缝、母材上，见图 8.1.20。

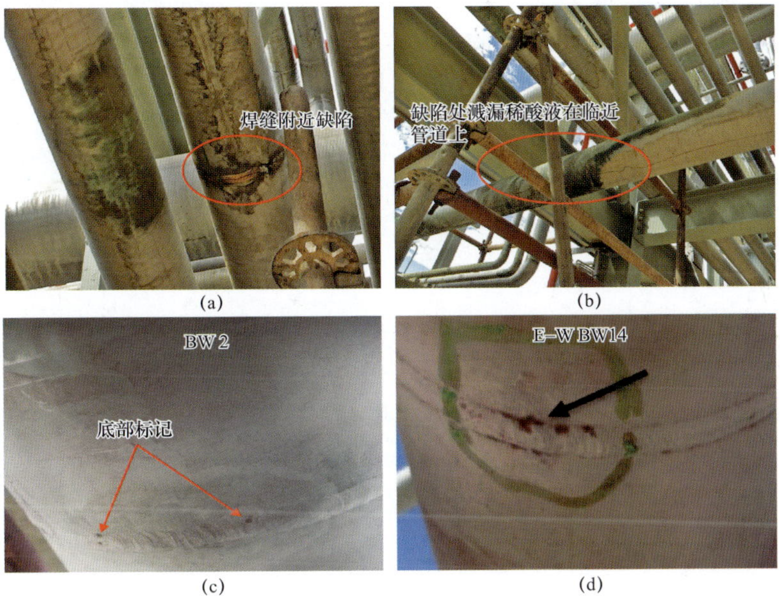

图 8.1.20　SX 稀酸排料管

工程部对该管的选材研究发现设计工况与选材标准不对应，主要为氯离子浓度超标，见表 8.1.2。

表 8.1.2　SX 稀酸管的选材标准与设计工况

	316 L 选材标准	设计工况
氯离子浓度	300 mg/L	700～800 mg/L

由表 8.1.2 可知，管道设计工艺参数显示超过选材工艺参数，这是导致管道快速腐蚀的主因，仍是选材问题。

基于以上分析，工程部一方面进行了临时补焊，维持运行，另一方面安装 HDPE 管道代替旧管，作永久处理。

（3）SAF2205 双相不锈钢腐蚀

1）IX 淋洗剂配置槽 98%硫酸管壁腐蚀

该管是 DN150 mm、将 98%硫酸从 3100－TK－039 槽顶接入槽内的一根 SAF2205 管。

98%硫酸从外部泵入，在弯头处形成一大一小两个分支流进入 3100－TK－039 槽内。腐蚀主要发生在 150 mm 临近弯头的直管段、50 mm 直管的弯头，见图 8.1.21。在腐蚀发生后工程部补焊了漏洞，同时研究永久方案。

（a）

（b）

图 8.1.21　IX 淋洗剂配置槽 98%硫酸管

调研发现，虽然双相不锈钢在防点腐蚀和应力腐蚀方面有一定优势，但抗均匀腐蚀能力不强，此处是由于介质流速过大破坏了钝化膜导致的腐蚀。双相不锈钢 2205 耐浓硫酸的区间很小（如图 8.1.22 所示），故微小浓度变动很可能增加 2205 的腐蚀速率。最终将该管更换成碳钢管。

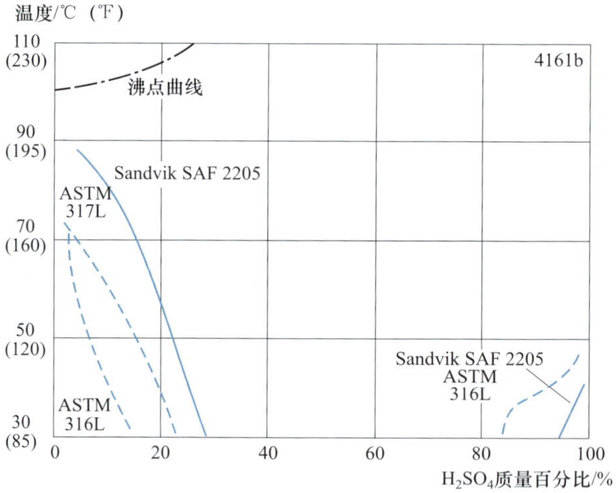

图 8.1.22　SAF2205 抗硫酸腐蚀曲线

2）SX 稀酸配置槽（3100－TK－036）槽壁腐蚀

该槽是一个直径 1.5 m、高 2 m、容积 2.9 m^3、材料为 SAF2205 的配酸槽，它将除盐水与 98%硫酸混合生成 412 g/L 的稀硫酸。

该槽壁厚 5 mm，允许腐蚀 1.5 mm，运行不到 2 个月壁厚最下部减至 1 mm，出口管壁厚也急剧减薄，见图 8.1.23。

图 8.1.23　3100 – TK – 036 罐体和管道腐蚀

操作温度有时骤升至 100 ℃，在 412 g/L 浓度、高温条件下，SAF2205 不适于在这样的极限条件下运行，发生了均匀腐蚀。工程部随后采取下列措施：

① 碳钢衬耐酸砖槽代替旧槽。

② 使用衬四氟管代替旧管金属材料。

③ 改间断配置为连续配置，从而降低温度。更换除盐水、浓硫酸进料泵为蠕动泵，在泵之前分别配置减压槽，降低混合热。

④ 建设改良的维修平台，方便维修。

从设计和运行角度考虑改造，使这项任务较好地完成。

3）硫酸区地坑泵管壁腐蚀

该管是浓硫酸泵送区一个地坑泵的排料管，SAF2205 材料。在热试不久后，弯头及直管出现 8 个针孔，见图 8.1.24。

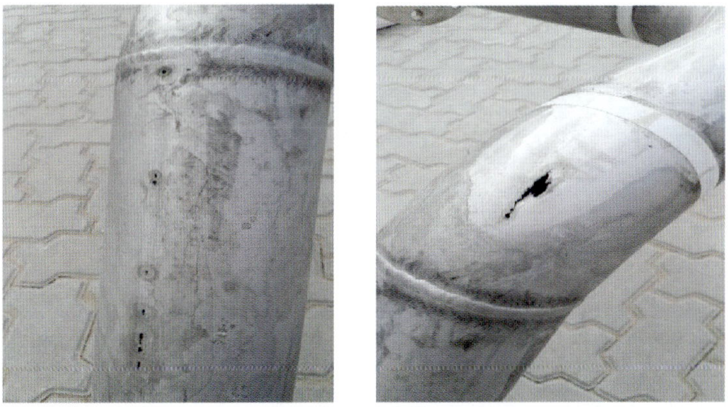

（a）　　　　（b）

图 8.1.24　硫酸地坑泵出料管腐蚀

流体对管道的冲刷损坏了钝化膜，工人在日常冲洗地坑中遗漏的浓硫酸时会将浓硫酸稀释，稀硫酸的腐蚀性更高，使该管腐蚀。鉴于此，决定采用衬四氟管道代替金属材料。

（4）20 号合金钢溶液泵腐蚀

水冶厂的 IX 区、SX 区稀酸系统中有一批 20 号合金钢溶液泵。热试不久，多个淋洗剂、淋洗液泵的螺旋体出口管壁、叶轮发生严重腐蚀，见图 8.1.25。

（a）

（b）

图 8.1.25　20 号合金钢泵腐蚀

调查发现系统运行时氯离子浓度显著超过设计氯离子浓度限值，见表 8.1.3。同时泵厂商的制造质量存在问题，如叶轮热处理不到位等。由于氯离子浓度过高的现状在短时间内难以改变，工程部采购了一批耐酸性较高的衬四氟溶液泵以代替旧泵，确保长期运行。

表 8.1.3　溶液泵氯离子浓度对比

	区域	设计值 Cl/（g/L）	运行值 Cl/（g/L）	泵名称
3050－PP－020	3050	0.36	1.13	ELUANT PUMP 1
3050－PP－021	3050	0.36	1.13	ELUANT PUMP 2
3050－PP－022	3050	0.69	1.09	ELUATE PUMP 1
3050－PP－023	3050	0.69	1.09	ELUATE PUMP 2
3050－PP－025	3050	0.69	1.09	ELUATE TRANSFER PUMP 1
3050－PP－026	3050	0.69	1.09	ELUATE TRANSFER PUMP 2
3050－PP－027	3050	0.36	1.13	ELUANT TRANSFER PUMP 1
3050－PP－028	3050	0.36	1.13	ELUANT TRANSFER PUMP 2
3050－PP－047	3050	0.36	0.873－1.514	ELUATE DRAIN PUMP 1
3050－PP－048	3050	0.36	0.873－1.514	ELUATE DRAIN PUMP 2
3050－PP－050	3050	0.86	1.01	SX BLEED DRAIN PUMP 2
3060－PP－151	3060	0.87	0.873－1.514	SX FEED PUMP 1　TRAIN 1
3060－PP－152	3060	0.87	0.873－1.514	SX FEED PUMP 2　TRAIN 1

续表

	区域	设计值 Cl/（g/L）	运行值 Cl/（g/L）	泵名称
3060－PP－251	3060	0.87	0.873－1.514	SX FEED PUMP 1 TRAIN 2
3060－PP－252	3060	0.87	0.873－1.514	SX FEED PUMP 2　TRAIN 2
3100－PP－047	3100	0.21	1.13	IX ELUANT TRANSFER PUMP 1
3100－PP－048	3100	0.21	1.13	IX ELUANT TRANSFER PUMP 2

（5）小结

经集中调研、收集、修复、替换，水冶厂的不锈钢硫酸腐蚀问题基本解决，运行安全明显改善。

总结认为，氯离子浓度过高是造成金属材料腐蚀的主因。纳水供水的氯离子设计值为 250×10^{-6}，但 2016 年 12 月—2017 年 5 月氯离子浓度超标，见图 8.1.26。

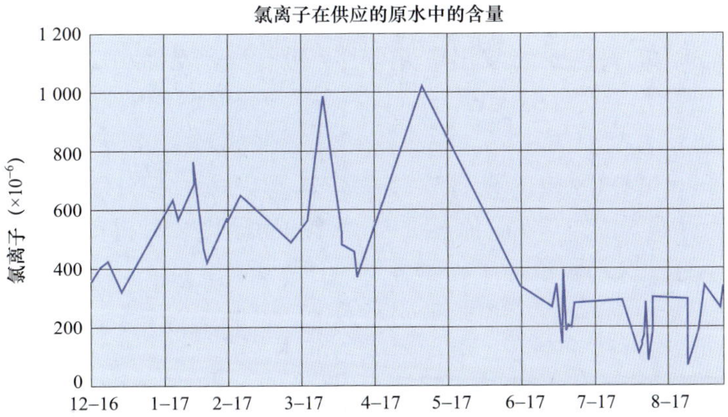

图 8.1.26　纳水供水氯离子变化图

同期尾矿回水氯离子也维持在较高浓度，见图 8.1.27。

之前水冶厂设计没有考虑氯离子“中和”或“排放”的方案，致使氯离子在水冶系统永久循环，加速金属材料的腐蚀。早在水冶厂冷试期间，系统内残留的原水中参杂了大量氯离子（主要来自地下水）。当时刻意将原水存放在槽罐、管道内，直至下个容器可用后转移，长期静置的原水缺氧，细菌化学腐蚀出现，增加了腐蚀。一些管道设计也没有考虑合适的排空口，造成“死水”长期在管内积存，造成腐蚀加剧。对此，斯科公司在研究“永久除氯方案”。

pH 降低、温度上升是金属腐蚀的另外原因。管材质量不过硬也容易造成腐蚀，通过研究 316 L、SAF2205 不锈钢管材的成分，发现抗腐蚀元素，如铬、钼在达标边缘，有时不达标，造成材料抗腐蚀裕量很小。

总之，虽然通过壁厚检测、探伤、更换更抗腐蚀的材料、控制温度和 pH 可以缓解腐蚀，但更要为正在系统中循环的氯离子寻找“出路”，力争降低其浓度，再配合钝化重大设备专项、管道容器排空口设计、焊接质控等，根除腐蚀问题。

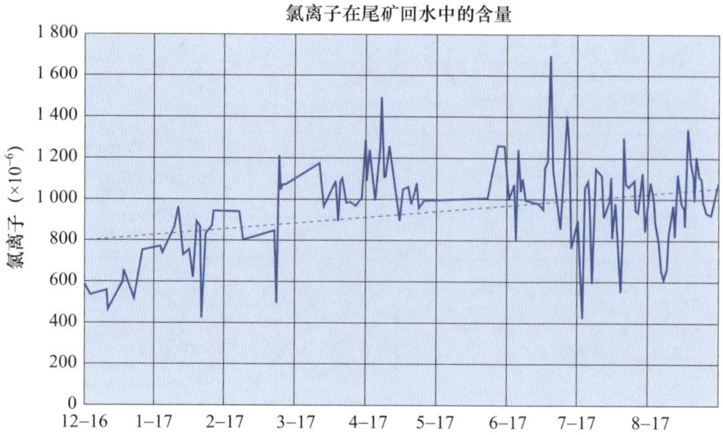

图 8.1.27 氯离子变化图

8.1.4 CCD 溢流槽顶高变更问题处理

CCD（逆流洗涤）的目的是将浸出矿浆分层，进行固液分离。CCD 区包括 7 台浓密机、6 台溢流槽、7 台进料槽、1 台澄清器、1 台溢流槽（或澄清母液槽）。

（1）问题原因

2016 年 1 月，CCD 区域的设备安装工作基本完成，但 HPJV 来函表示逆流洗涤（CCD）系统设计存在缺陷，即溢流槽的干舷标高低于浓密机的顶部标高，溢流槽有效容积设计不足，会造成正常运行、溢流泵切换、溢流泵不可用等工况下的冒槽（见图 8.1.28）。

图 8.1.28 浓密机与溢流槽

（2）溢流槽介绍

溢流槽尺寸为 5 000 mm × Φ4 500 mm，容积 79 m^3，有效泵送容积 50 m^3。溢流槽通过连通管与浓密机相连，连通管尺寸 899 mm × Φ900 mm，连通管加管口共长 1 630 mm。

按照 CCD 排布，n 级浓密机接收（$n+1$）级溢流槽溢流液，n 级溢流槽接收（$n+1$）级溢流槽旁路管，见图 8.1.29 红线。

（3）分析

溢流槽有效容积小（50 m^3），为避免溢流，平时液位不得不维持在低水平，但溢流槽内泵容量大，开启泵后容易出现干吸现象而急停（气蚀）；泵停后溢流槽液位迅速上升，易引发溢流，如此反复。

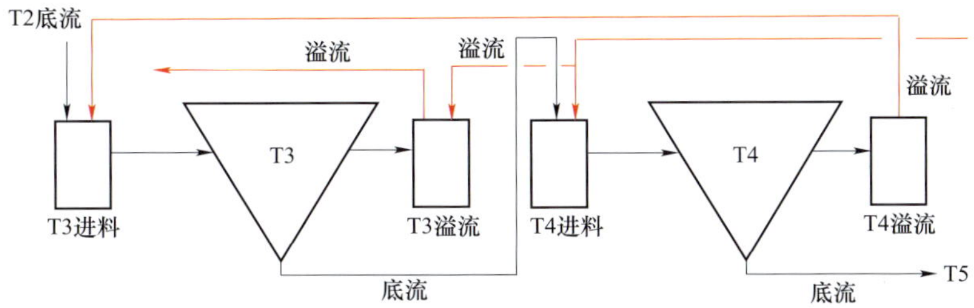

图 8.1.29　CCD 溢流管路排布

如果一备一用的两台溢流泵均不可用，会发生溢流槽冒槽。

当一备一用的溢流泵之间切换，因切换时间过长，容易发生溢流槽冒槽。

经常冒槽对金属回收率有影响，也影响操作稳定性、方便性；冒槽液腐蚀地面、钢结构等，对人员安全造成危险。

（4）解决方案

经过研究，初步提出以下解决方案：

方案 A：加高溢流槽 823 mm 与浓密机平齐，抬高泵及支撑钢结构 500 mm，加装弯管、管支撑等，抬高泵平台、换支梁等，重铺电缆，如图 8.1.30 所示。

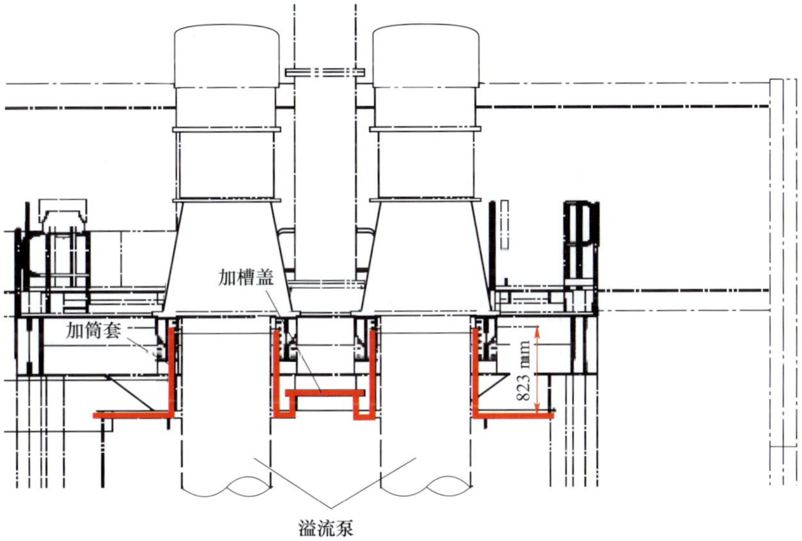

图 8.1.30　A 方案示意图

优点：彻底纠正设计错误，增加干舷，增大溢流槽有效容积，降低溢流风险；有利于系统稳定运行。

缺点：修改量大、涉及专业多（机械、结构、管道、电仪）；施工量大、周期长，需要修改 6 套；施工材料、人工成本高；施工场地有限，可施工性低。

方案 B：维持溢流槽高度，焊接槽盖及筒套（见图 8.1.31）至与浓密机平齐，获得 A、B 新增高度。浓密机溢流廊道容积（D）与浓密机堰至顶部容积（C）最终使溢流槽获得约 6.5 min 的缓冲时间。

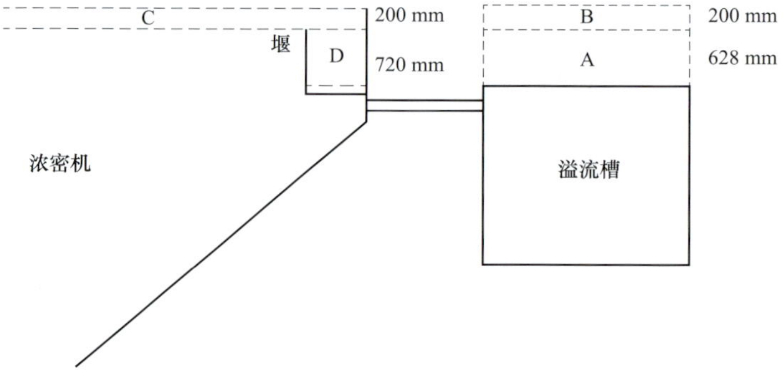

图 8.1.31　B 方案示意图

优点：通过加高的溢流槽干舷，变相提高了溢流槽液位，降低冒槽风险；工程量小，钢结构、管道、泵等改造少；密封性较好。

缺点：槽维护不便；槽盖焊接及安装不方便。

方案 B1：基于方案 B，再在浓密机与溢流槽连通管顶面加装一根立管，与联通管形成“三通”，通过立管将溢流液导入地坑泵。立管顶端弯头内侧高于浓密机堰顶，外顶与浓密机顶部平齐（见图 8.1.32）。

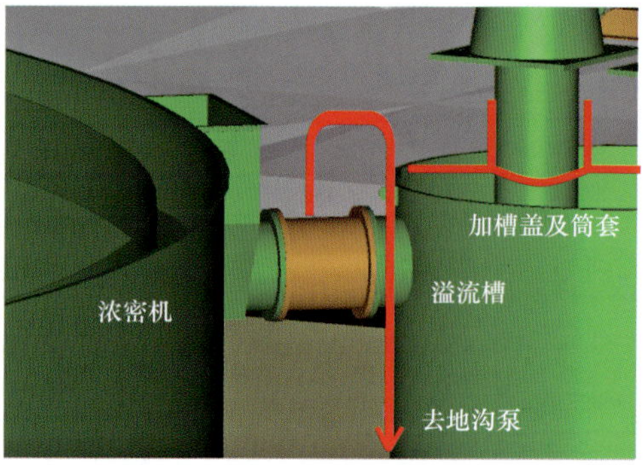

(a)

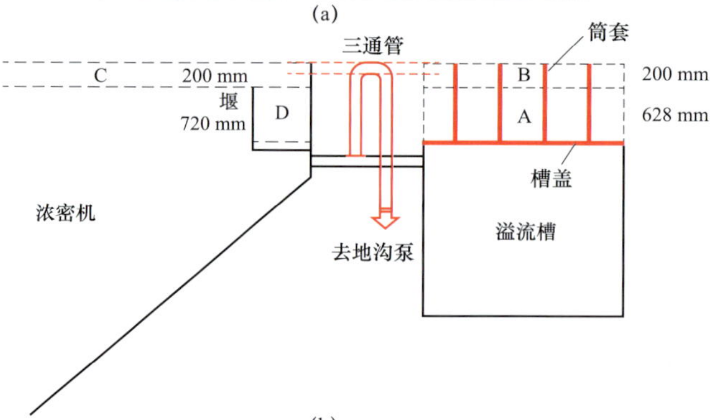

(b)

图 8.1.32　B1 方案示意图

优点：形成一个人造的溢流槽干舷，变相提高了溢流槽液位，降低冒槽风险；当液位超过立管弯头内底时，通过三通回收溢流液，避免了溢流槽冒槽。

缺点：立管输送溢流液的流速有限，依然有溢流槽冒槽风险；立管占用了部分有效干舷，会损失一定的浓密机干舷体积，增加了冒槽风险。

方案 C：加高溢流槽 300～400 mm，并在加高的筒体板材上加装溢流管导向地沟泵（见图 8.1.33）。

图 8.1.33　溢流管导向地沟泵

优点：通过溢流管将溢流液导出，能有效降低冒槽对周边环境的影响。由于仅将筒体高度增加 300～400 mm，故不需改造钢结构平台、管道、泵、电缆等，工程量小。

缺点：仅仅增加了 300～400 mm，不及增加 823 mm 高度的效果明显，冒槽风险大；需加高 6 台溢流槽，工程量大。

方案 D：不改动溢流槽，将浓密机上的集水槽顶部向下切，让集水槽优先冒槽，并用盛水盒围住集水槽（见图 8.1.34），在盛水盒上连接一个导管将任何冒出的料液导到地面。对集水槽向下切的高度进行了计算，计算结果显示集水槽需向下切 40 mm。这一方案会破坏 CCD 的容量，导致更多的矿浆从省水盒溢出。

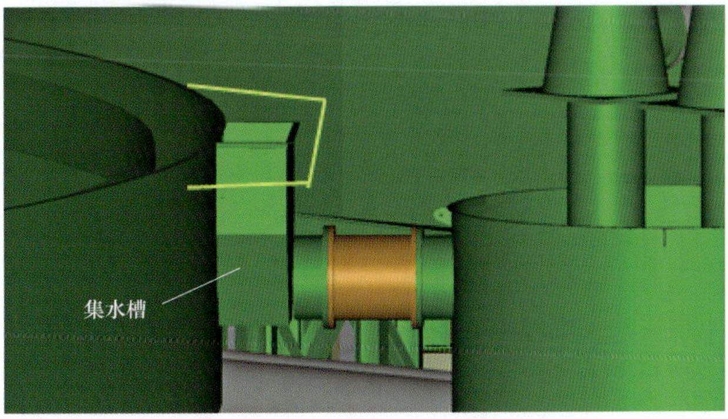

图 8.1.34　集水槽溢流方案

基于技术可行性、施工进度、施工成本、尽量保留多的干舷等，最终确定采用方案 B1。

工程部就方案 B 执行后的潜在问题也进行了校核。由于溢流槽两个泵的切换过程不能连续进行是引发溢流的最主要因素，故设计计算和校核主要是针对两个泵的切换过程对浓密机内液位的要求来进行的。计算结果显示在溢流泵切换时，浓密机液位上升的最大高度距离浓密机顶端 179 mm，故操作安全。

（5） 小结

CCD 溢流槽改造顺利完成，运行正常。

该事件的问题根源是设计失误，即厂商设计与 HPJV 溢流槽的设计错位，最后审图阶段 HPJV 没有把关。

问题出现后，斯科公司迅速动员，从设计、备料、施工等方面着手，按时完成，没有成为影响水冶厂调试的关键问题。该事件也是斯科公司追究 HPJV 设计缺陷的支撑材料之一。

8.1.5 水冶厂 IX 淋洗塔冒槽问题

水冶厂有 9 组离子交换塔，每组包括 1 台吸附塔和 1 台淋洗塔。含铀母液通过吸附塔将铀离子吸附到树脂上，含铀树脂再通过淋洗塔将铀离子解析到淋洗液中，实现铀离子的浓缩，见图 8.1.35。

图 8.1.35 离子交换系统现场

（1） 问题描述

2016 年 10 月热试期间，淋洗塔出现冒槽现象，见图 8.1.36。

淋洗塔冒槽液为酸性，有较强腐蚀性，对现场操作人员安全产生威胁；冒槽液夹带树脂流出，会造成金属损失。总体上需尽快解决。工程部与 HPJV 联合分析了冒槽的原因。

在淋洗塔操作步骤中，有一步是将被淋洗树脂向下排出至储存槽，空出淋洗塔上部空间，再从上部接收新的饱和树脂。正常操作时，进入淋洗塔顶部的饱和树脂溶液流量为 233 m^3/h，此时顶部溢流管流量为 27 m^3/h，9 组塔总溢流流量为 243 m^3/h，总流量通过一根总

（a）　（b）

图 8.1.36　淋洗塔冒槽

管输送到下游树脂筛。实际操作发现，树脂向下排放速度过快，带出的溶液量过小（排出溶液中树脂含量高，影响溶液的排出），导致淋洗塔顶部冗余空间变小，再接受从顶部转移来的饱和树脂时因顶部空间不够而发生冒槽（见图 8.1.37）。

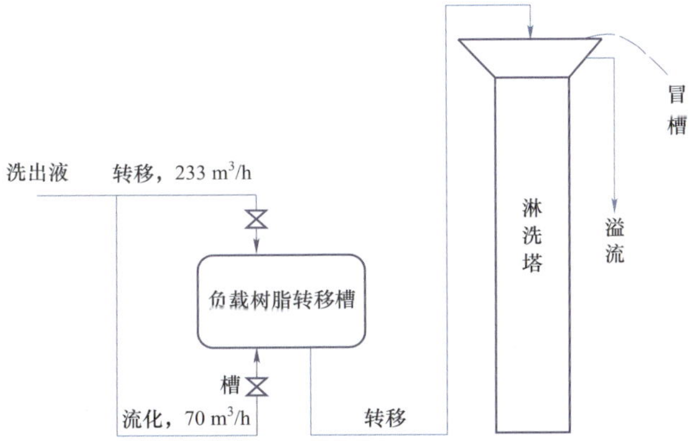

图 8.1.37　淋洗工艺图

（2）方案选择

减小树脂排放速度，增大塔顶冗余空间。设计要求 7.5 min 将 18 m^3 被淋洗树脂从塔底排向储存槽，但实际操作仅利用了 1.5 min 即将储存槽填满，与设计不符。由于树脂排放依靠重力，想通过延长树脂排放时间增大塔顶冗余空间是不可行的。

降低饱和树脂的输送时间，减小带入塔顶的溶液体积。设计要求 7.5 min 将 18 m^3 饱和树脂输向塔顶，但实际操作中需要 12～15 min，这样带入了过多的溶液。

为降低饱和树脂输送时间，工程部首先建议运营部强化饱和树脂在输送前的流化状态，实现尽可能短的后续输送时间。在现场发现饱和树脂容器底部残留了树脂，如果流化度不高，树脂将难以变成悬浮状态，最终饱和树脂向外输出的时间过长。运营部尝试将流化时间延长，但效果不佳。

工程部建议运营部打开转移和流态化阀门操作，实现流化和转移同时进行，减小死角压实，缩短树脂转移时间，取得了一定效果，但仍不能根除问题。

最终确定扩大淋洗塔的溢流管系统方案。原设计溢流管为 DN80，正常流量是 27 m^3/h。9 根溢流管均接入 1 根 DN 300 的总管，输送 243 m^3/h 溢流液。

（3）实施

1）设计方案

以 5 列塔进行饱和树脂转移（233 m^3/h）、4 列塔进行淋洗液对流（27 m^3/h）为基础进行溢流扩容设计，最大溢流量为 1 273 m^3/h（原设计是 243 m^3/h）。

原设计溢流管道系统分为 3 段，见图 8.1.38。

① 9 根 DN80 的溢流管接入 2 根 DN300 的集液管（1 根母管接入 4 根溢流管、1 根母管接入 5 根溢流管）。

② 2 根 DN300 母管水平对接，在交汇处垂直延伸出一根 DN 300 总管，整体呈“T”形。

③ DN 300 总管连接树脂筛。

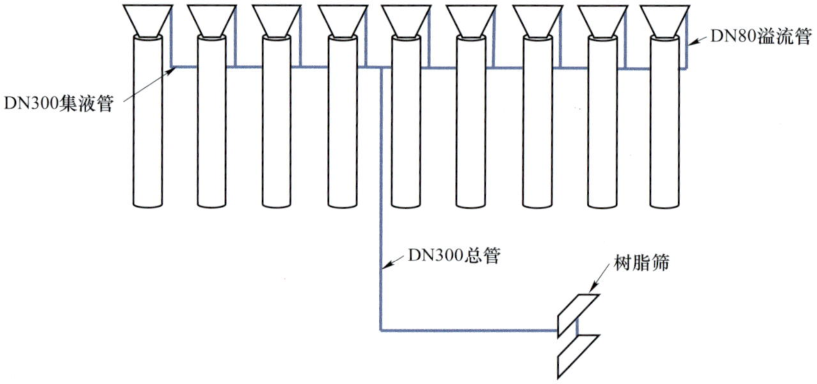

图 8.1.38　原淋洗塔溢流管道系统

新设计溢流管道系统分为 3 段：

① 将 9 根 DN80 的溢流管改成 9 根 DN 200 的溢流管。

② 将 DN300 的集液管改成 DN 630 的集液管。若不改动，原 DN 300 集液管内的反压会造成 2 列塔冒槽。

③ 将 DN300 的总管改成 DN630 的总管。若不改动，原 DN 300 总管的流动阻力将大于静压头，不能有效排放液体。

为避免水锤，在两根 DN630 集液管的两端分别安装 1 根 DN100 排空的呼吸管，故共有 4 根呼吸管。

2）施工方案

水冶厂正值生产爬坡阶段，工程技改必需减少对生产爬坡的影响且安全可行，故对施工方案调整如下：

① 溢流管安装。由于现有的取样点都分布在 DN80 溢流管上，如果将取样点都移到新的 DN200 溢流管上，取样通道不畅。故确定保持原来的 9 根 DN80 溢流管，新增 9 根 DN200 的溢流管。

② 集液管安装。若马上拆除在运的 DN300 集液管、安装 DN630 集液管，需长时间停车。故不拆除 DN300 集液管，旁边安装新的 DN630 集液管，待 DN630 集液管就位后短期停车将 DN630 集液管接入系统，节省 80%的时间；原来 DN80 溢流管还需使用，故保持原来的 DN300 集液管。最终保持 DN300、DN630 集液管同时运行。

③ 针对总管的安装，若拆除在运的 DN300 总管、安装 DN630 总管，需长时间停车。故不拆除 DN300 总管，在 DN300 总管上方安装门式支撑，将新 DN630 总管安装于上，利用短期停车将 DN300 与 DN630 总管切换。

④ 考虑 IX 钢结构承重能力限制，工程部确定采购轻质的 SDR17 OD630HDPE 管道。

⑤ 为进一步缩短停车，工程部确定在短期停车期间对 9 根 DN200 溢流管在 9 个淋洗塔的顶端廊道逐个安装 DN200 溢流管管口，立即用盲板封闭，恢复运行，在运行期间安装剩余材料。

⑥ 针对 DN630 集液管的铺设路径，工程部提出两种方案：

方案一：将 DN630 集液管铺设在现有钢结构的外面，安装新的角撑对集液管进行支撑；在集液管中间用钢架锚定，使 HDPE 管道沿南北方向热胀冷缩，如图 8.1.39 所示。这种路径简单但难施工，脚手架过多。

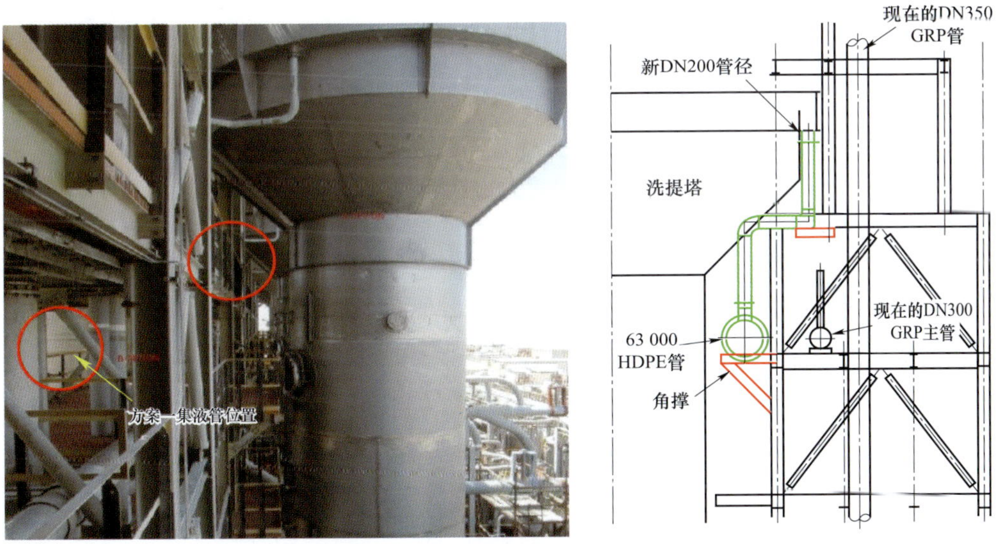

图 8.1.39　方案一集液管的位置（左图红圈、右图绿管）

方案二：将 DN630 集液管铺设在现有钢结构的里面，将倒置的门式支撑安装在现有的垂梁上，在门式支撑内部放置 DN630 集液管，在集液管中间用钢架锚定，使 HDPE 管道沿南北方向热胀冷缩，见图 8.1.40。这种方案不需要搭建脚手架，施工通道充足，避免了方案一的管道阳光暴晒。

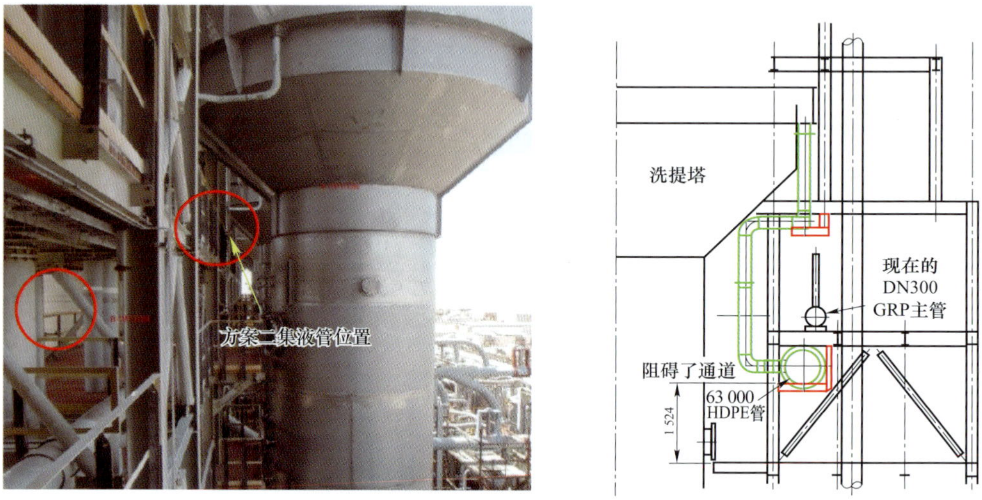

图 8.1.40　方案二集液管的位置（左图红圈、右图绿管）

确定按方案二施工。

⑦ 施工顺序如下：

a. 利用停车时间，提前安装各个法兰套管，再恢复运行，节省了后续端接所需的停车时间。

b. 运行期间，安装完新的 DN630 集液管、DN200 溢流管、DN100 呼吸管，利用短停车将各个接口端接上。

c. 铺设 DN630 总管，将 DN630 总管与 DN300 切换，完成整体安装。

经严密策划，积极备料，利用日常停车安装法兰套管，利用 2017 年 5 月整治性小修集中端接管道，最终顺利完成任务，较一般施工节约 2 个月。

（4）小结

在技改后淋洗塔冒槽消除。

冒槽根源是设计参数不准确。IX 系统操作复杂、步骤较多，各个步骤关联性较大，由于设计参数过于理论，没有考虑更多的裕量，导致偏差一环一环传导，最终体现在为淋洗塔的冒槽。

除设计外，运行也缺乏经验，对 IX 各个切换控制不佳。但经过各种尝试，冒槽问题得到了抑制。

工程部采用“提前安装法兰套管、维持长运行、集中端接”的方案，使整个工期较传统方法缩短 2 个月，提高了经济效益，也将技改对生产的影响降到最低。

8.1.6 HPJV 设计缺陷

在 2012 年 11 月斯科公司与 HPJV 签订 EPCM 合同后，设计工作正式启动，至 2015 年 3 月，水冶厂详细设计完成，HPJV 同步开展采购、施工管理工作，但在采购、施工及后期试生产阶段逐步暴露出很多设计缺陷，特别是在 2016 年 9 月—2017 年 8 月的调试及生产初期。据统计，设计缺陷修正量占技改量的 40%，给生产爬坡及效率、安全造成较大影响。

（1）设计缺陷原因分析

通过对设计缺陷的统计与分析，HPJV 的设计缺陷主要因设计能力不足、设计质量欠佳、供应商产品设计问题等。

1）HPJV 设计管理能力不足

HPJV 设计基于国际先进工艺和设计标准，但 HPJV 设计人员及设计管理人员的能力却有诸多不足，例如技术水平不强、设计经验缺乏、管理散漫等，其不能有效组织、部署设计工作的开展及跨文化沟通，其设计能力与湖山这一超大型铀矿山暂不匹配，给业主管理带来很大压力。

在水冶厂设计中，管道、机械、电气、仪控设计是其中重要的部分。以管道设计为例，工程师需建立 3D 模型，从中生成 2D 图纸及附带文件，用于采购和施工。3D 建模一般包括 4 个里程碑：

① 里程碑 1，完成 0%～30%，主体布局完成。

② 里程碑 2，完成 30%～65%，辅件设计、整体核算完成。

③ 里程碑 3，完成 65%～90%，可以签发 2D 施工图。

④ 里程碑 4，完成 90%～100%，可以签发 2D 布局图。

在实际设计工作中，因设计管理能力不足，造成上游设计变动频繁，影响了 3D 建模的全过程，对工期也造成一定影响。如在 2013 年 8 月 ME－002 的矿浆泵招标技术澄清中，由于 HPJV 设计不严谨造成泥浆浓度参数的改变，导致全部供应商撤回技术书，延期提交新的技术书。技术书不提交，下游电气设计无法进行，整体设计工期被延误。2013 年 9 月中旬，管道设计人员无法获得准确的设计输入而无法设计，计划部门又要求设计部门采购管材，致使管道设计人员粗略估算，发生设计错误，之后又停止采购，重新计算，费时费力。系统性的管理缺失导致信息不畅，延误了工期。

2）设计质量不佳

工艺、管道、机械、电仪等设计人员分别出版交付物，包括布局图纸、详细图纸、计算书、技术参数表、材料清单、自动化程序书等，很多交付物质量不高，影响进度。如曾发现 300 多张工艺图纸中的物流编号、箭头、辅件等信息存在差错，给管道、机械等下游设计造成困难。

工艺设计人员对槽体进出口流量平衡估算不足，在试车及生产初期多套设备出现冒槽，如 2016 年 10 月热试期间，IX 区贫液槽频繁冒槽，在 IX 区淋洗塔、吸附塔超过 5 列运行时冒槽尤为严重，主要原因是管道尺寸小、管口位置偏上，斯科公司及 HPJV 研究后增加了临时溢流管（见图 8.1.41），缓解了冒槽，后期安装了永久溢流管，才彻底解决了冒槽问题，这是由设计错误引起的典型问题。设计错误不但影响了水冶厂试车及生产，对其改造也增加了一定的成本。

图 8.1.41　IX 贫液槽冒槽及技改

3）供应商的产品设计缺陷

HPJV 为设备供应商提供设计边界、规范等，由设备供应商进行详细设计、制造，但在提供的设计边界、规范方面存在问题，或对供应商的设计审查、质量监督、验收等出现问题时，会对项目调试及生产造成较大影响。在 2016—2017 年调试、试生产期间，多个设备出现故障、问题，严重影响了调试及生产爬坡。以下从几个典型的案例进行说明。

一是 Emerson（原名 Pentair）刀闸阀设计缺陷。在 2016 年 11 月热试期间，多个区域的刀闸阀系统性地出现密封套管破损，造成大量矿浆泄漏，严重影响热试进程，见图 8.1.42。

图 8.1.42　Emerson 刀闸阀设计缺陷引起的矿浆泄漏

当阀门打开时，对称的弹性橡胶套管在高压缩负荷下相互挤压密封，阀门关闭时，橡胶套管抵住刀闸板面形成密封，隔绝上下游，见图 8.1.43。检查后发现松软的管道衬胶不能有效支撑橡胶套管伸缩，在刀闸板开关时，橡胶套管径向位移过大，被上下活动的刀闸切损，属于设计缺陷。经过与 Emerson 谈判，最终赔偿斯科公司 63 个新型 SU10R 阀门。

二是磨矿振动筛存在设计缺陷，该设计缺陷影响水冶厂前端的生产能力。振动筛承接磨矿料浆和浸出槽，使合格粒度（P80＝355 μm）的矿浆进入浸出区，HPJV 要求在满足该粒度下的处理量为 1 875 t/h（三开一备）。实际测试得出振动筛组仅满足 1 200～1 400 t/h（四开）的处理能力，或扩大矿浆粒度（P80＞355 μm）条件下 1 500～1 600 t/h（四开）的处理能力。但若提高矿浆粒度将降低后续浸出的效率和设备可用率。

为提高振动筛通量，2017 年进行了技改，包括：

① 延长振动筛进料橡胶挡裙，进一步降低进料矿浆的流速。

② 改变不同孔径筛盘在筛内的整体布局，以改善通量。

③ 挪动冲洗水管的位置，以改善筛分效果。

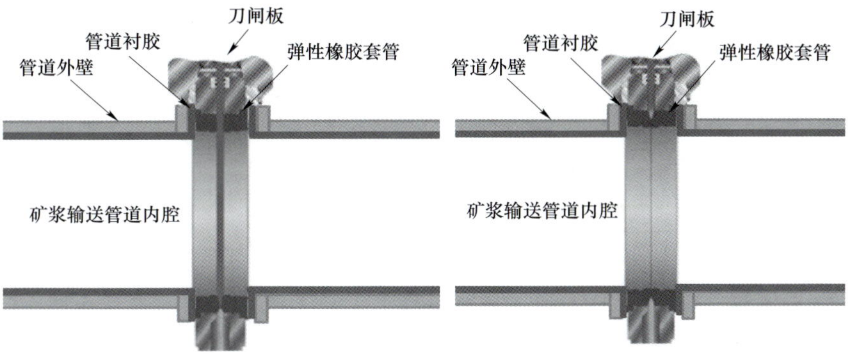

图 8.1.43　刀阀示意图（左图阀开启，右图阀关闭）

④ 降低筛板物料层床的厚度，以提高筛分通量。

⑤ 安装振动筛排空管，以减少共振对设备造成的危害。

但因振动筛从根本上存在设计能力不足的缺陷，以上技改并没有完全扭转现场的生产状况。后期通过对振动筛的技改、新筛板的应用及运行的优化，逐步实现了设计处理能力。

三是半自磨、球磨机的自动加球机。该设备能够自动加球，但控制不准确，对磨矿生产造成一定影响。加球机球孔设计位置无法准确地夹取钢球，滚筒转速与夹球量缺乏关联。后期技改时增加了导球板和垫铁、调整了滚筒转速，实现了在既定磨矿负荷下、自动准确加球的目标。虽然加球机的设计缺陷被纠正，但持续数月，给成本、安全、效率带来影响。

4）索赔

HPJV 因设计管理能力不足、设计水平有限、信息链不完整，其负责的可研设计、详细设计、竣工设计、调试设计等方面暴露较多缺陷，造成工程量增加、预算重审、场地移交不畅、运行能力不足等问题。

就 HPJV 的设计缺陷，斯科公司开展了索赔。2017 年 10 月，斯科公司与 HPJV 双方达成协议，HPJV 向斯科公司赔偿 7 750 万兰特，解决了从 2012 年 11 月 8 日—2016 年 10 月 31 日之间的全部争议事项。2018 年 4 月，斯科公司汇编了 2016 年 11 月 1 日之后 HPJV 发生的缺陷事项，继续向 HPJV 索赔 2 000 万兰特，弥补 2016 年 11 月之后给斯科公司造成的损失。

挖掘缺陷根源，搜寻内外关联因素，总结以下国际项目设计管理经验：

① EPCM 合同下，业主一定要重视对 EPCM 承包商的督促，督促得越快，进展就越快，要求越严格，质量就越高。还需深入了解细节后再督促，有理有据，不要浮于表面。

② 要督促承包商多做案头分析，如图纸消化、施工方案研究等。

③ 重视设计人员的即时调配，适时进行设计分包、设立区域设计经理，密切跟踪设计进展，严格控制设计变更。

④ 业主平时要收集一手证据，包括照片、邮件、技改单、性能测试表等，做到心中有数、手中有据，才能赢得谈判。

⑤ 业主要认知每一缺陷对工程和运行带来的潜在影响，分清主次，区别内外因，才能未雨绸缪，制定针对措施。

⑥ 设计还要考虑调试时的非稳定工况。

由于 EPCM 承包商按“人工工时”计费，责任有限，业主更要在以上方面加强管理。

8.2 商务专题

8.2.1 EPCM 合同模式

选择一个合适的项目管理模式是项目建设成功的前提条件。事实证明，选择 EPCM 合同模式（或称 EPCM 模式）是适合湖山项目的，EPCM 合同执行也是成功的。EPCM 合同模式是斯科公司湖山项目矿建工程管理的一大特色和创新。因此，分析、总结 EPCM 模式的特点、优劣势及在湖山的成功实践很有借鉴意义。

（1）什么是 EPCM 合同模式

EPCM 合同模式，即设计、采购与施工管理（EPCM——Engineering Procurement and Construction Management），是指承包商负责工程项目的设计、采购，并负责施工阶段管理的项目管理模式。这是一种目前在国际建筑业界通行的项目交付模式。EPCM 模式实质上是一个专业服务合同，承包商代表业主负责采购、施工管理、调试（负责冷试，支持热试）工作。需要注意的是在 EPCM 项目工期、投资和质量的主要风险仍然在业主，承包商不承担项目建设风险。这和 EPC 总承包模式下承包商承担项目建设风险有本质不同。

（2）EPCM 合同模式与其他主要项目建设模式的比较

在 EPCM 模式下，EPCM 承包商与业主签署 EPCM 合同，提供 EPCM 服务。其他施工承包商、供货供应商在 EPCM 承包商支持下与业主签署合同。EPCM 模式如图 8.2.1 所示。

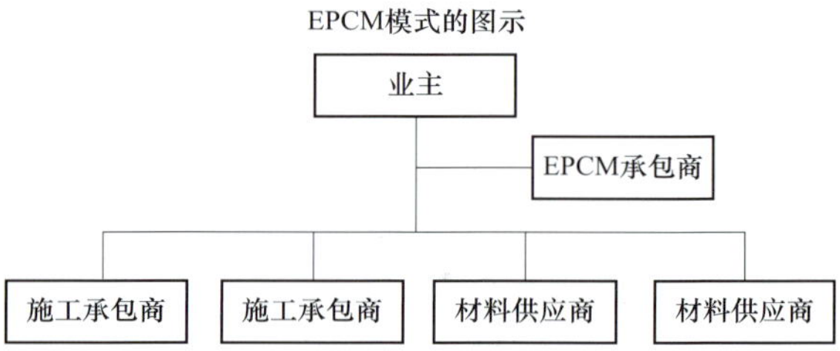

图 8.2.1　EPCM 模式

国内常见的项目管理模式为传统的工程承包方式（见图 8.2.2）即“大业主模式”，业主自行进行招投标，自身成立项目管理部，分别与设计单位签订设计合同，与监理公司签订工程监理合同，与工程承包商签订施工承包合同，承包商在工程监理的质量监督下按设计图纸的要求进行施工，业主的项目管理部直接参与项目的实施管理，协调设计、施工、监理关系。

另一个常见的项目管理模式是 EPC 模式（见图 8.2.3），即设计（Engineering）、采购（Procurement）、建造（Construction）模式，又称设计、采购和施工总承包。FIDIC 编制的《设计采购施工（EPC）/交钥匙工程合同条件》（银皮书）是典型的 EPC 模式。业主与 EPC 承包商签订 EPC 合同，EPC 承包商负责从项目的设计、采购到施工的全过程，总价固定（Lump－Sum Price），业主基本不参与项目的管理过程，只在竣工验收、成品交付时参与，EPC 承包商承担项目建设风险。

（3）湖山项目选择 EPCM 合同模式的考量

各种不同的项目建设模式（或称项目交付模式）本身无所谓优劣或高下，需要根据各个项目不同的条件和目标来选择适合的项目建设模式。如果一个项目管理模式不能适合项目本身的条件和目标，那么无论该模式设计多么精巧，都可能为项目后续的失败埋下隐患。湖山项目选择 EPCM 模式也是基于湖山项目的条件和目标来选择合适的项目建设模式，事实证明是成功的。湖山项目选择 EPCM 模式的考虑的因素如下。

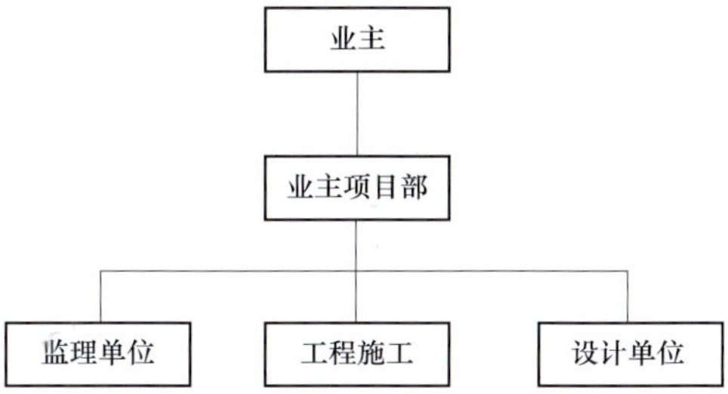

图 8.2.2　传统项目管理模式

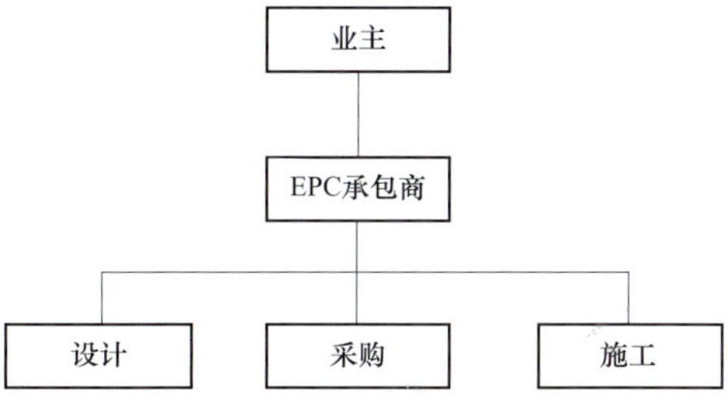

图 8.2.3　EPC 项目管理模式

1）湖山项目特点

在矿山建设领域，矿山建设周期长、设计复杂、风险高。在业主缺乏矿山建设管理经验，需要寻找 EPC 承包商，而大型土建工程公司缺乏矿山设计经验，无法独立完成，一般的设计顾问公司缺乏项目管理经验，也不能独立承担。因此，多采用 EPCM 模式。另外，由于 EPC 模式需要在详细设计做完、风险可控的条件下才能发包及签署合同，收购湖山项目时的设计完成程度不满足做 EPC 的条件。

2）业主对项目的控制

由于 EPCM 是管理服务性质合同，投资、进度、质量风险均由业主把控，因此，业主能够深入介入项目建设期的监督和管理，控制项目投资风险。

3）培养国际化的项目管理团队

因中广核缺乏矿山建设经验，通过 EPCM 模式，业主人员能够深入介入项目管理，积累建设经验，培养自己的国际化的矿山建设管理团队。

（4）湖山 EPCM 合同承包商的选择

湖山项目的 EPCM 承包商选择由 AMEC 和 Bateman 两家公司组成联合体（Husab Project Joint Venture，简称 HPJV）作为 EPCM 承包商，目的是充分发挥两家公司的特长，确保湖山矿建的成功。

1）选择 AMEC 公司的原因

从 2009 年 4 月开始，AMEC 澳大利亚公司就通过当时湖山项目控股股东 Extract 公司资源公司获得了开发成本研究的合同，开始参与初期可研。2010 年 5 月，由于地利优势，湖山项目可研报告交由 AMEC 南非公司负责，并于 2011 年 4 月完成可研报告（DFS）。完成 DFS 后，AMEC 又按照湖山项目公司要求，进一步完成了可研优化报告（MORE），成为矿山开发获得融资支持的重要报告。在中方收购前，湖山项目公司已经准备矿建，并把部分设计、采购和合同谈判交给 AMEC 负责。因此，选择 AMEC 公司能够确保在技术资源方面的延续。

2）引入 Bateman 公司的原因

虽然 AMEC 是世界知名的能源建设技术服务公司，在非洲拥有丰富的矿山建设项目经验，特别是铀矿建设领域。但是，斯科公司认为湖山项目规模巨大，仅靠 AMEC 公司有风险，因此要求 AMEC 与另一家南非知名设计顾问公司 Bateman 组建联合体共同承包。Bateman 在施工管理方面经验丰富，能与 AMEC 优势互补，最终结成联合体共同承担湖山铀矿 EPCM 合同。

8.2.2　湖山 EPCM 合同主要特色条款的介绍

湖山项目 EPCM 合同既是湖山项目建设的“上层”合同，也是项目的“基础”合同。

为尽早开工及保证EPCM合同的签署质量，合同谈判领导小组包括铀业公司主管副总经理、斯科公司总经理等，铀业公司法律部、财务部、中广核工程公司也提供了法律、商务、财务和技术方面的全方面支持。合同谈判历时3个多月，分别在北京、南非、纳米比亚等地进行，并最终达成合同条款并签订。下面对EPCM合同中有湖山“特色”的条件进行介绍。

（1）EPCM承包商的质量责任

EPCM项目建设的实质风险（包括质量、进度、成本等）由业主承担，因此，在合同中如何约定EPCM的服务质量以控制项目质量是关键问题。在合同中规定，EPCM承包商必须满足与湖山项目（包括规模、范围、性质和复杂程度和类似地点等方面）相匹配的，且在全球范围内运营并具备相关行业所应有能力和资格的承包商，在此基础上运用合理技能、关注和努力来提供服务。

服务质量标准条款的目的是确保EPCM承包商不能利用EPCM模式下业主承担项目风险的特点，来滥用不承担项目风险的权利。该质量标准条款从三个方面对服务质量进行了规定：一是行业标准，满足国际行业标准的承包商；二是规定与湖山项目相匹配的能力和资质；三是服务本身的努力程度。该服务质量标准既全面同时标准高，不但约束了承包商的履约行为，也为业主发现缺陷服务后主张索赔提供了合同条款依据。在EPCM合同执行过程中，业主通过缺陷服务索赔从承包商成功索赔9 750万兰特，事实证明该质量条款达到了条款的目的。

相对应于EPCM承包商上述履约标准责任，合同中规定假若EPCM承包商的服务质量满足了上述规定的技能水平和程度，但未实现合同规定的工期、投资等目标而导致工程成本增加或者未能按期移交或完工的任何工程延误，EPCM承包商对业主无需承担责任。这体现了EPCM合同原则，项目实质风险在于业主。

（2）人工费率调整机制

为控制EPCM合同费用成本，斯科公司在谈判过程中加入了“人工费率调整机制”来控制合同费用。在实际合同执行过程中，该调整机制为斯科公司节约了合同费用8 600万兰特。因此，该机制达到了谈判目的并具有可操作性，值得总结和借鉴。

人工费率调整机制的基础是EPCM合同的成本+利润的费用结构。因EPCM合同承包商不承担项目建设风险，所以在合同价款中加入不可预见费用，成本和利润应当是透明可控的。根据合同，业主根据合同费率乘以实际工作小时支付费用，但存在承包商雇佣低于合同标准的人员，造成人员的实际雇佣成本低于合同费率，导致承包商获取额外利润。为避免该风险，斯科公司提出了人工费率调整机制。

首先，合同规定人员单价不包含任何利润或不可预见费。具体的核对方法为EPCM承包商每3个月向业主提供一份对账单，列出合同人工单价超出和/或低于雇用人员的实际成本情况。如果实际成本低于合同人工费率，则该部分差额称为人工费率的利润。自合同签署日后6个月起，每隔6个月，业主可以向EPCM承包商收回每6个月的人工费率利润的50%，也就是人工费率的利润由业主和EPCM承包商各自分配50%。

作为人工费率调整机制的配套条款，若雇用人员的实际成本高于合同费率，则由EPCM承包商承担。这样就避免了业主承担超过合同费率的费用，鼓励EPCM承包商在雇用人员应本着节约成本的原则。

为保证EPCM提交的成本真实可靠，合同规定业主对EPCM承包商的审计权，业主保留对EPCM承包商与项目服务有关的账目（包括经审计的财务报表）、账簿和记录进行审计，或由业主指定的审计师事务所进行该等审计的权利，以核实人工费和实报实销费，核实EPCM承包商依照人工费率调整机制提交的任何信息以及从审计中所获信息的准确性和完整性。业主对EPCM账目的审计权利也是湖山EPCM合同的特色条款之一，对最终实际获得8 600万兰特的利润分享起到了保驾护航的作用。

（3）缺陷服务索赔条款

合同中对服务质量标准的条款约定，如果没有具备可操作性的索赔条款作为配套，则该质量标准很可能无法实现。湖山EPCM合同规定了详细的缺陷服务索赔条款，具备可操作性。因此，该缺陷索赔条款具有借鉴的意义。

缺陷服务（Defective Services）的定义：EPCM合同是一个专业服务合同（含技术和管理服务），EPCM承包商应当提供符合合同标准的“合格”的服务，缺陷服务是指不符合合同标准的“不合格”服务。合同规定了缺陷服务的认定标准，存在下面三种情形的服务就构成缺陷服务：① 服务存在错误；② 服务存在过失；③ 服务的专业水平不符合行业通常标准。

合同中还规定了主张缺陷服务的程序要求。如果业主认为EPCM承包商的某项服务构成缺陷服务，则业主有权单方提出。但应该在合理可行的情况下，以书面形式尽快提出，并对缺陷事项进行详细清楚的描述。承包商在收到缺陷服务的通知后，在合理时间内，对缺陷服务进行补救（含改正、返工或以其他方式修正等），补救完成的标准为业主满意。

合同还规定了缺陷服务的处理方法及后果：① 在缺陷补救令业主满意之前，缺陷服务本身的服务工时暂停支付；② EPCM承包商应自担成本进行补救，业主不支付补救的工时成本，如果已经支付可以扣除；③ 如果EPCM承包商未能对缺陷服务进行补救，则业主有权采取其认为必要的措施补救缺陷服务，费用和风险由EPCM承包商承担。但在业主找第三方补救前，应优先给予EPCM承包商进行补救的机会。

得益于EPCM合同对缺陷服务索赔的可操作性规定，斯科公司在合同执行过程中，共成功向EPCM承包商索赔缺陷服务金额达9 750万兰特。

8.2.3　FIDIC合同项下的合同争议解决机制

（1）FIDIC合同项下关于合同争议解决的机制

湖山项目使用FIDIC合同模板，FIDIC系列标准合同文本由国际咨询工程师联合会（法文缩写FIDIC，中文音译为“菲迪克”）编写，在南部非洲地区被广泛使用并被承包商所接受。

FIDIC合同的优点：① 脉络清晰，逻辑性强，承包人和业主之间的风险分担公平合理，不留模棱两可之词，使任何一方都无隙可乘；② 对承包人和业主的权力义务和工程师职责权限有明确的规定，使合同双方的义务权力界限分明，工程师职责权限清楚，避免合同执行中过多的纠纷和索赔事件发生，并起到相互制约的作用；③ 被大多数国家采用，世界大多数承包商对此合同模式较为熟悉，又是世界银行和其他金融机构推荐模式，有利于实行国际竞争性招标；④ 便于合同管理，对保证工程质量、合理地控制工程费用和工期产生良好的效果。

FIDIC合同中约定的“工程师－Engineer”的角色，其由业主指定，并负责合同的监督执行。为保证工程师在湖山项目中的权威，我们对FIDIC合同标准条款中的DAB（即争议避免与裁决委员会）进行了限制，其他按照标准流程进行设置。

在合同争议发生之后，承包商正式通知业主以及工程师，工程师会做出“工程师决定”

（Engineer's determination），业主或者承包商任何一方对工程师决定不满意，可以提请正式的合同争议裁决程序（Adjudication），交由裁决员（Adjudicator）进行裁决。对于裁决仍有争议的，将进入仲裁（Arbitration）程序。湖山项目 FIDIC 合同中对于合同争议的裁决处理流程如图 8.2.4 所示。

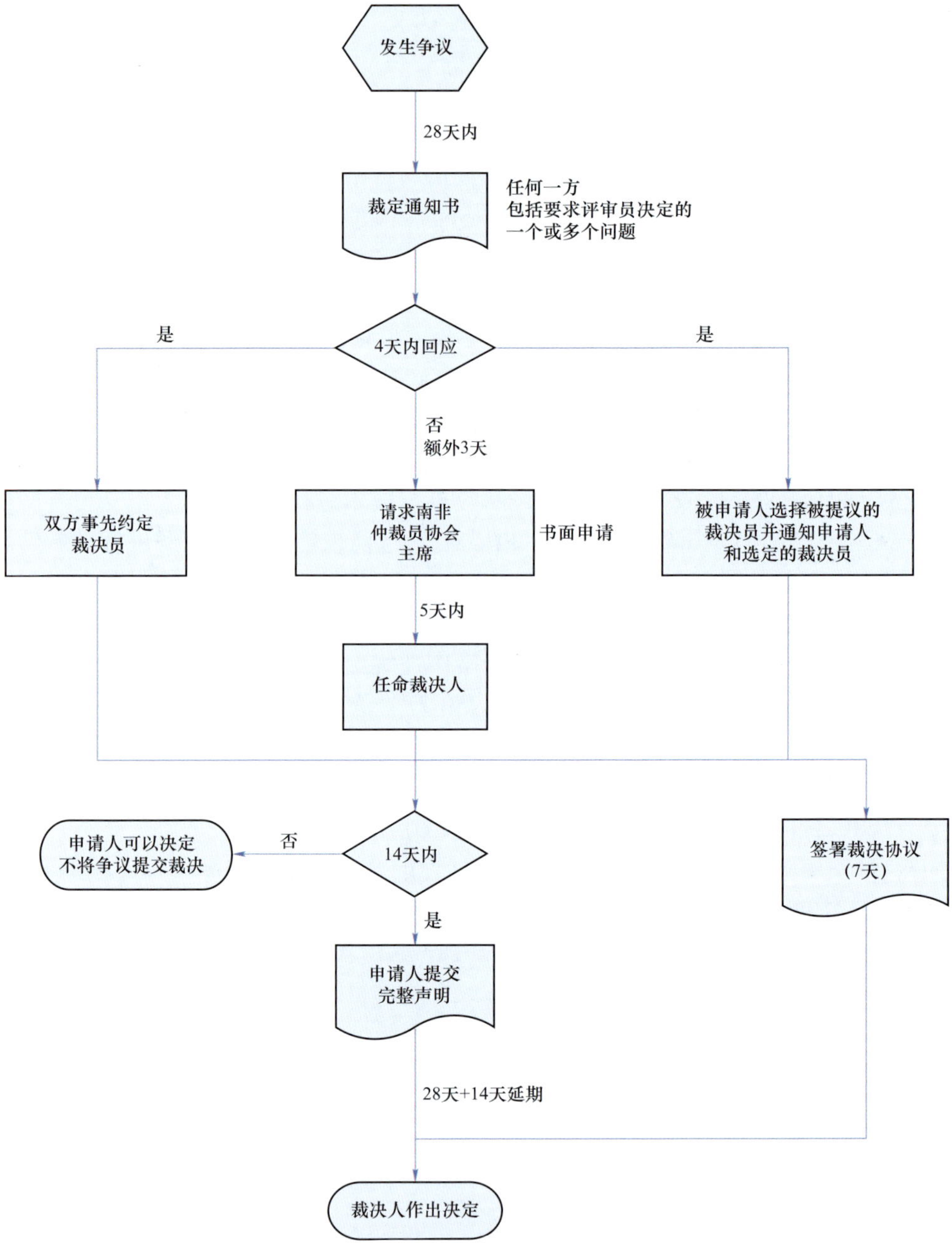

图 8.2.4　FIDIC 合同中对于合同争议的裁决处理流程

（2）为避免合同争议，采取的预防措施

通过对 FIDIC 合同标准条款中的 DAB（即争议避免与裁决委员会）进行的限制，树立了工程师在项目中的权威，这种情况下承包商为避免合同争议进入到合同裁决或者仲裁程序，将会最大程度地相信和依靠工程师的独立裁决，提高合同争议处理效率。实践证明绝大多数合同争议都基本能够在工程师决议这个层级得到解决。

同时，为避免合同争议发生影响现场进度，湖山项目雇佣具有专业资质的裁决员作为顾问，在项目现场进行协调提供专业意见，从源头避免合同争议，降低了合同争议的发生率。

（3）合同争议的处理手段

几起特别的案例见表 8.2.1。

表 8.2.1 湖山矿建项目几起合同争议案例

编号	合同包	合同争议	涉及金额	结论
1	CC－010（施工营地）	① 由于工期延误，承包商对进度及成本进行索赔，双方对工期延误期间的费用补偿、价格浮动机制等产生争议，经过近半年的沟通和谈判未果，双方同意按照合同中约定的“合同争议解决程序”进行裁决（adjudication，非 Arbitration），并据此指定了裁决员（adjudicator）和签署了裁决协议书。 ② 承包商最终提交的索赔争议金额为：3 131 万纳元，要求裁决员进行裁决；2014 年 12 月 3 日，在裁决员的协调下，双方就合同争议金额达成一揽子协议，双方接受 1 375 万纳元的补偿金额，承包商承诺放弃该合同项下所有其他未决事项的索赔。该合同争议未真正进入“裁决程序”。 ③ 最终的协议及合同变更按照 DOA 规定报 BEC 批准并执行	3 000 万纳元	合同争议已经达成一致，未真正进入“裁决程序”
2	CC－039（TSF 尾矿坝施工合同）	① 由于现场大风引起沙尘暴等恶劣天气，承包商就工期延长、成本费用等提出了索赔；双方对工期延长达成了一致，但对费用补偿没能达成一致。 ② 业主工程师及合同管理员对此费用做出了“工程师决议”，但承包商拒绝接受，对此“工程师决议”提出了异议并申请按照合同中约定的“合同争议解决程序”进行裁决，涉及金额约 400 万纳元	400 万纳元	业主胜诉
3	CC－064（中高压电气安装包）	① 由于前期项目延误，该采购包工作也相应延误，并根据工程师和业主要求，承包商开展了系列赶工措施。 ② 承包商对工期延误、赶工费用等提出了索赔。双方对工期延误时间达成了一致，但对工期延误产生的费用计算方式产生了争议，承包商主张合同中约定的工期与其投标书的工期并不一致；承包商对赶工费用不能提供非常合理的支持文件，业主工程师拒绝给予判定。针对这两个索赔，承包商提出要求按照合同中约定的“合同争议解决程序”进行裁决，涉及金额约 2 000 万纳元，合同后续继续延误，争议金额增加到约 4 000 万纳元。 ③ 承包商单方面发出了合同争议通知书及向南非仲裁协会申请指定了“裁决员”；其指定裁决员的程序并没有严格按照合同中约定的程序执行。 ④ 斯科公司指定法律顾问对相应的“裁决员”的管辖权等提出了异议，并正式通知裁决员及南非仲裁协会。并同时通知承包商要求其按照合同中约定的程序执行	4 000 万纳元	承包商撤销了合同争议“裁决申请”。最终通过工程师决议解决
4	CC－071（应急柴油机供货安装合同）	① 由于前期项目延误，业主工程师通知承包商推迟进场。 ② 承包商对由于项目延误导致其设备交货等引起的存储费用等提出了索赔，并对随设备交付的“首炉”柴油的供货责任等提出了争议。 ③ 双方对上述两部分费用的补偿未能达成一致，承包商提出要求按照合同中约定的“合同争议解决程序”进行裁决，涉及金额约 5 00 万纳元。 ④ 承包商单方面发出了合同争议通知书，双方同意根据合同程序向南非相应的仲裁机构申请指定“裁决员”	500 万纳元	业主胜诉

8.2.4 湖山项目施工类合同的计价模式和结算

湖山项目施工类合同采用的是 FIDIC 合同红皮书模板，在合同计价模式（或称价格模式）采取的是南非施工报价行业规范 SANS1200（South African National Standard）。该计价模式与国内通常采用的“包死价”或“固定价”最大的不同在于合同价格仅仅固定了“费率”，合同总价根据实际工程量乘以合同费率进行结算，因此合同总价是敞口价，非包死价。

（1）计价模式介绍

在施工类合同招标文件中含有临时工程量清单（Provisional Bills of Quantities，BoQ），BoQ 包含工程量结算的细项及工程量预估，为便于价格比较，各投标商基于 BoQ 报出每一细项的单价（Unit Price），工程数量（Quantities）仅是预估，实际合同支付根据实际测量的工程量乘以单价来结算。为报价准确，招标文件在 BoQ 外同时附有工作范围文件、图纸及规范等文件，作为投标商了解合同标的并给出报价的依据。

合同报价的第一部分是合同基础费用（Preliminary and General Items，P&G）。P&G 费用包含三个组成部分：① 固定费用部分（Bill No.1，Fixed Charge Items）；② 合同价值有关的费用（Bill No.2，Value Related Items）；③ 时间相关费用（Bill No.3，Time Related Items）。

固定费用部分为固定支付项目（不会随合同工期、合同价值的变化而变化），例如，保险、履约保函费用、启动费、现场办公室购置等一次性费用。

固定费用示例如表 8.2.2 所示。

表 8.2.2 固定费用示例

序号	项目	描述	单位	数量	单价	总价
		BILL NO.1（第 1 部分）				
	SANS 1200A.	FIXED CHARGE ITEMS（固定项目）				
	8.3.1	Contractual Requirements（合同要求）				
1/1		Insurances（保险）	SUM	1	0.00	0.00
1/2		Programming（设计）	SUM	1	50 000.00	50 000.00
1/3		Performance Security（履约保函）	SUM	1	250 000.00	250 000.00
1/4		Retention Guarantee（质保函）	SUM	1	0.00	0.00
	8.3.2	Establishment of Facilities on the Site（现场搭建设施）				
	8.3.2.1	Facilities for Engineer（工程师设施）				
1/5		Equipment for the Engineer’s Staff（工程师人员设备）	SUM	1	0.00	0.00
	8.3.2.2	Facilities for Contractor（承包商设施）				
1/6		Offices and storage sheds（办公室和仓库）	SUM	1	1 200 000.00	1 200 000.00
1/7		Workshops（车间）	SUM	1	500 000.00	500 000.00
1/8		Site Establishment（场地搭建）	SUM	1	600 000.00	600 000.00

P&G 的第二部分的费用是与合同价值有关的费用（Value Related Items），该部分的费用细项是随着合同价值发生变化而变化的费用，典型细项包括保函、现场增加的办公设施等。

P&G 的第三部分是与时间相关费用（Time Related Items），该部分的费用细项会随着工期变化而发生变化，典型如管理费支出、工人工资等。主要的与时间相关费用的人力费用，业主根据合同工期支付月度费用，如果因业主原因导致工期延长，则工期延长期间需要按照合同月度费率支付时间相关费用，一般将时间相关费用折合成每日费用，根据延长的天数计算延期时间相关费用。

需要指出的是，这些 P&G 价格细项是根据 SANS1200 的规范细目，而非 EPCM 承包商的设计，各投标商根据 SANS1200 的单价细项表进行报价。

合同报价的第二部分是工程量计量费用（Measured Work），该部分只有在实际完成并经计量确认后才支付。Measured Work 包含科目的多少与组成取决于合同的工作范围，例如表 8.2.3 所示，Bill No.4，Measured Work 包含 Earthworks、Concrete、Grouting、Brick Work、Metal Work 等项目。

表 8.2.3　工程量计量费用示例

序号	项目	描述	单位	数量	单价	总价
		MEASURED WORK（可计量的工作）				
		BILL NO.4（第 4 部分）				
	SANS 1200D.	EARTHWORKS（土石方）				
	SANS 1200D.8.3.3	Restricted excavation（有限区域的开挖）				
	SANS 1200D.8.3.3a	Excavate in all materials for restricted foundations,footings and trenches and use for backfill or embankment or spoil within 2 km for.（地基、沟槽的开挖及回填、路堤或 2 km 内的弃土工作）				
	SANS 1200D.8.3.3a	Note:These excavations will be measured nett. No provision shall be made for working space and formwork without an instruction from the Engineer.（注：开挖工作量以实际测量为准，未经工程师指令，不得更改作业区域）				
4/1	SANS 1200D.8.3.3a	Surface beds,including thickenings（浅基础）	m^3	5 642	65.00	366 730.00
4/2	SANS 1200D.8.3.3a	Raft Foundation（筏基）	m^3	631	65.00	41 015.00
4/3	SANS 1200D.8.3.3a	Bases not exceeding 1 m deep（基础不超过 1 m 深）	m^3	9 968	75.00	747 600.00
4/4	SANS 1200D.8.3.3a	Bases exceeding 1 m and not exceeding 2 m deep（基础超过 1m 不超过 2 m 深）	m^3	9 964	90.00	896 760.00

（2）合同价格结算

施工类合同价格的合同总价是根据预估工程量乘以合同费率得出的预估合同价格，实际支付的价格需要根据测量的已完成工程量乘以合同费率进行结算。因此，湖山项目执行过程中，由业主直接聘请专业工程量测量公司（Quantity Surveying）对承包商的完成工程量进行测量，并根据合同费率出具支付证明文件（Payment Certificate），业主根据工程量测量公司的 Payment Certificate 进行支付。假设最终合同结算价格超过合同预估价格，则业主和承包商签署合同变更对工程量进行调整，从而增加合同总价。

（3）湖山项目施工类合同计价模式的优劣势

湖山项目施工类合同计价模式的优势在于业主持有详细的工程量清单和单价表，它为比较标价、验工付款和评估工程变更及索赔提供了一个较为详细和准确的基础。同时承包商在报价过程中不需要考虑设计变更、工程量的不可预见等因素，报价费用相对 EPC 合同减少了风险溢价的成本。

但是湖山项目施工类合同的计价模式也存在着自身的“劣势”。最大的“劣势”在于合同价格不“包死”，不“固定”，容易导致个别承包商通过“低价中标”后谋求价格变更和争议。

8.2.5 湖山项目施工营地的特殊安排

（1）湖山现场承包商人员食宿的规定

斯科公司在现场自建营地设施给各承包商提供食宿。在营地设施启用前，由承包商自己解决食宿问题。根据业主文件（Employer's Project Requirement）规定，在现场施工营地启用前业主不提供食宿，由各承包商在现场外自行解决食宿，但食宿条件应满足当地社区及业主的健康和安全要求。在施工营地启用后，承包商入住施工营地并直接向营地服务商支付营地食宿费用。承包商不得在施工营地外的现场自建或安排食宿。

（2）湖山施工营地服务合同介绍

湖山施工营地服务合同由斯科公司与营地服务商之间签订。该合同采用的是 FIDIC 的服务类白皮书合同，合同分为两部分。

第一部分为由斯科公司直接支付给承包商的费用，包括营地固定资产的供应、安装和运营。

第二部分为服务商提供营地食宿的服务费用。由服务商分别与各个现场承包商按照规定的费率签订服务协议，直接向使用营地食宿的承包商收费。同时，合同中规定业主需在每年根据实际入住人数对服务商进行补贴，且如果服务商从现场承包商实际获取的服务费用若与服务合同中预估金额相差在±10%，对于超出 10%的部分业主需要扣回或补偿。

（3）施工营地食宿的费用

施工营地的食宿费用费率由业主与施工营地服务商之间的合同约定，业主将该食宿费率放到招标文件中，投标商根据该费率将现场食宿费用放到与业主合同的价款中（见表 8.2.4）。营地食宿费用由承包商直接向营地服务商支付。

表 8.2.4　施工营地的食宿费用（价格：纳元）

	2013 年	2014 年	2015 年
经理	113.30	118.28	130.38
主管	102.48	106.70	117.99
技工	75.50	77.77	86.98
非技工	75.50	77.77	86.98

8.2.6 服务合同的管理与控制

湖山项目是一个大型工程建设项目，涉及多学科、多专业的应用，需要其他专业公司的支持。在湖山矿建设过程中，斯科公司与多家技术单位签订服务合同，包括 EPCM 承包商合同、供水管线的设计监理服务合同、尾矿坝设计监理服务合同、环境咨询服务合同等。对这些服务合同的管理简述如下。

（1）湖山项目服务合同模式

与国内多数服务合同固定总价模式不同，湖山项目服务合同往往采用人工时单价模式，工时单价可分为不同档次，最常见的分为3个档次，如：经理、工程师及助理/行政。如果合同期较长，跨越的年度较多，人月单价在合同期内往往有价格调整机制，受物价、国家政策等因素的影响而有所调整。斯科公司商务部门为控制服务合同成本支出，曾多次尝试用封顶价模式去规避合同额外支出，但效果不尽人意，究其原因，主要受以下两个因素限制。

1）服务范围及期限不可控

在服务合同执行阶段，因现场多变因素影响，服务合同范围及期限往往会受影响而发生变化。

2）国外服务合同惯例模式影响

国外技术供应商通常不同意封顶价模式，若采用封顶价模式，供应商也会申请不可预见费及对应工时数放入合同中，与合同人工时单价模式并未有所不同。

（2）人工时单价模式的组成及计算公式

1）人工时单价组成

根据签订的湖山项目服务合同，归纳起来，人工时单价往往覆盖以下3部分费用，公式化表示如下：

$$C=A\times H+D+F$$

式中：A——人工时单价；

H——预估工时数；

D——实报实销费用；

F——价格浮动费用（跨年）。

2）人工时单价的参考

纳米比亚不同于中国国内，没有可供参考的当地项目每人每日单价的方法或指导性单价意见，通常具体服务合同费率都是由合同双方协商议定，在费率评审时，业主唯一参考的途径就是通过其他已签订技术合同的单价、当地人员收入水平作为参考，然后进行价格谈判，而结果往往很难争取供应商的价格让步。

（3）国外服务合同经验总结

针对如上服务合同价格模式研究，为严格控制服务合同成本，涉外商务采购人员应关注以下几个方面：

① 针对国外服务采购，尽可能在市场上通过竞争性采购价格比较选取供应商。并且尽可能引入国内供应商参与，但需特别关注引入国内技术服务采购产生的预提税。

② 商务人员在进行价格分析时，应通过横向和纵向两个维度进行分析：

a. 横向分析：与同类或类似服务供应商报价价格进行比较。

b. 纵向分析：将报价费率与以往签订价格进行对比，看浮动比例是否属于合理水平，另外应仔细研究合同中跨年浮动公式是否满足当地的物价水平涨幅范围之内。

③ 服务合同执行期间，应联合项目现场管理人员，严格把控服务范围以及服务期限的

变化，减少服务合同超出合同额的风险，降低项目成本。

④ 服务合同执行期间，合同管理人员应全流程跟踪合同执行，实时做好文件记录，周期性审核并与供应商确认实际发生工时数，做好工时数验收及相应支付审核工作。

8.2.7 湖山项目工程保险安排

湖山项目矿建工程工期超过 3 年，工程规模大，由于当地基础条件较差、人员效率低等，工程按期完工的风险较大，因此在项目开工之初，就对项目的整体保险做出了安排。保险的合同安排，给湖山项目的投资和建设带来了一定的保障。

湖山项目的保险由中广核财务有限责任公司统筹安排。相应的保险安排如下：

（1）建筑安装工程一切险（CONTRACT WORKS）

① 保险责任：保障项目公司由于自然灾害和意外事故导致工程受损所造成的损失；保障项目设备在内陆运输过程中受意外事故导致的损失。

② 被保险人：斯科公司/EPCM 承包商/承包商/分包商/贷款人。

③ 承保人：Hollard Insurance Company Namibia。

④ 保险标的：湖山项目建设工程。

⑤ 保险期限，包含：

a. 36 个月建设工期，若届时工程未完工可以再延期 3 个月或者其他延期至完工日期。

b. 维护期或缺陷责任期限，不超过 12 个月。

⑥ 保险覆盖范围：

保险人应该赔偿被保险人的在规定领土范围内财产的任何损害或损失。被保险的工程物质财产包含：永久工程、临时工程、所有的材料设备，还有其他如用在工程上面或将成为被保险的永久工程或临时工程的一部分或者属于那些应该负责或应该保险的关于湖山项目工程的相关资产。

（2）第三者责任险（CONTRACTORS LIABILITY INSURANCE）

① 保险责任：赔偿被保险人因发生与工程直接相关的意外事故造成对第三者人身意外伤害或财物损失，应由被保险人承担经济赔偿责任的，包括第三者追偿的法律费用及事先经保险人同意所支付的其他费用。

② 被保险人：斯科公司/EPCM 承包商/承包商/分包商。

③ 保险标的：湖山项目建设工程。

④ 保险期限：36 个月建设工期及 12 个月维护期。

⑤ 承保人：Stalker Hutchison Admiral（SANTAM）。

⑥ 保险金额：最高 1 亿纳元。

（3）完工延迟保险（DELAY IN START – UP）

① 保险责任：赔偿被保险人在保险期间由于发生属于建安工程险物质损失承保范围内的损失事件对工程的建筑、安装或测试的施工进度造成影响，从而导致被保险人的商业运营受到延误而造成额外增加的费用以及索赔准备费用的损失。

② 被保险人：斯科公司。

③ 保险标的：湖山项目建设工程。

④ 保险期限：同建筑安装工程一切险（CONTRACT WORKS）。

⑤ 赔偿期限：12 个月（是指从工程物质发生损失之日起 12 月内造成的损失影响进行赔偿）。

⑥ 承保人：Hollard Insurance Company Namibia。

⑦ 免赔额：累计 30 天的延误免赔（*Time Deductible：30 days in the aggregate*）。

（4）货物运输保险（MARINE INSURANCE）

① 保险责任：项目海外的设备和物资进行相关的运输（包括临时外部仓储），包括海运、空运、拖轮或驳船运输、公路、铁路运输和邮寄。

② 被保险人：斯科公司/承包商。

③ 保险标的：湖山项目建设工程。

④ 保险期限：从 2013 年 2 月 1 日—2016 年 1 月 31 日。

⑤ 保险覆盖范围：从开始装货、运输、转运、存储或者其他地方，直至卸货到安全的仓库或者最终的指定地点贮存或者直到货物被保险的相关风险终止。

（5）国家特殊风险保险（NASRIA，the National Special Risks Insurance Association）

保险标的：湖山项目建设工程。

保险范围：恐怖主义（和蓄意破坏），罢工、暴动、国内动荡、恶意破坏，战争、内战、革命、起义、叛乱等造成项目工程物质损失。

第四篇

治理与经营

开篇语

"'走出去'与国际化和本地化紧密结合"是湖山项目成功建设、运营的指导思想，也是海外资源开发行之有效的经验，在斯科公司的治理管控、组织建设、人力资源管理、财务管控等方面均严密执行这一指导思想，使斯科公司在中方介入后快速发展，并实现了平稳运行。

在项目成功收购后，斯科公司首先建立了国际化、本地化的董事会和经营管理层及其运作模式，董事会在保证中方话语权的基础上，引入原公司两名英国高管和两名本地人士加入董事会，并按国际准则和本地要求进行董事会的运作，保证了公司经营管理的顺利过渡。在中方主导下的经营班子，一半来自本地和国际化招聘，部门管理者也多为本地有经验的人员或周边国家如南非招聘人员，本地化有利于各方面工作在本地的顺利展开。业务部门的副经理一般为中方人员，部分职能部门经理一般由中方人员担任，这种模式有利于中方的管控，有利于中方股东意志的落实，能够保证各项工作既符合本地要求，也符合国内各项管控要求，在仅派出数十名中方人员的情况下实现了公司的稳定运行和矿山工程建设、运营的顺利进行。

纳米比亚人力资源市场狭小，从事矿业行业的人员仅有 1 万人左右，国家也希望普通员工尽可能在本地招聘，斯科公司在满足当地法律法规要求下，制定了符合本地情况的薪酬制度和招聘、培训流程，在招聘部分熟练工人、有经验的员工（仅占三分之一）外，投入大量精力开展岗前技能培训，在完成半年到一年的培训后方可上岗。对一些当地确实缺乏的技术工种，则扩大招聘范围，从纳米比亚周边国家进行招聘。合理的薪酬水平、国际化和本地化的招聘和培训使人力资源需求总体能够得到满足，为矿山平稳运行提供了保障。

财务管控历来是海外公司管控的重点，在中方接管斯科公司后，首先组建了一支满足国际化矿业公司的财务团队，并参考中广核和当地矿业行业惯例逐步完善财务管理程序，使公司财务管理体系逐步健全。为实现财务信息化管理，建立以 ERP 系统为基础的管理体系，相继上线 SAP 各系统功能、UPM 在线审批系统，实现了业务审批电子化，提升了工作效率及财务管理水平。在矿建阶段，财务团队加强资金管理、税务管理、汇率管控、工程成本控制，保证了工程建设资金，也确保工程概算控制在中广核下达的控制范围内。运营阶段建立了预算及成本管理体系对生产成本进行控制。通过财务体系和流程建设、财务管理职能体系不断创新和提升，为中广核集团后续项目"走出去"开展国际化运作创造了宝贵的经验。

除上述内容外，本篇还囊括信息化、工会关系、公共关系、采购和库存管理等方面的内容，对斯科公司从湖山铀矿工程阶段到运营阶段初期的经营管理相关内容进行了叙述，总结了一些经验，供读者参考。

第一章　董事会运作

1.1　接管及国矿入股

董事会接管的总体思路是将收购前以纳米比亚外的 Kalahari 公司、Extract 公司董事会运作为主调整为以纳米比亚斯科公司董事会为主，并对斯科公司董事会构成做出如下策划：

① 中方作为控股股东，在董事会中应有足够的话语权和控制权，贯彻股东意志，推动股东战略落地。

② 为将湖山建成国际一流的铀矿山，董事会中应有熟悉矿山经营、运作的专家。

③ 为满足纳米比亚《新经济平等赋权框架》（NEEEF）的要求，加强公司与政府和当地社区的关系，董事会中宜有一定数量并与政府关系较为密切的本地董事。

④ 为充分发挥董事会风险监督的职能，确保公司合法合规经营，董事会中应有熟悉纳米比亚法律、财税规定、知悉审计规则的董事。

⑤ 为确保公司经营运作符合国资委和集团管理规定，董事会中应有熟悉相关规定（尤其是财务、资产管理方面）的董事。

2012 年 5 月，在伦敦市场和澳大利亚市场分别完成了对 Kalahari 公司和 Extract 公司的收购后，中广核铀业公司迅速在伦敦召集 Kalahari 公司董事会，由中方人员全面替换原董事会成员。随即在南非的约翰内斯堡召开 Extract 公司暨斯科公司董事会，余志平替换原董事长 Steve Galloway 担任两家公司董事长。在此期间，余志平在北京、伦敦等地多次会见原公司董事 Mark Hohnen、Jonathan Leslie、Inge Zaamwani－Kamwi，商讨项目发展规划，讨论公司未来人员安排，并力挽各位董事继续留任，以保证公司的平稳过渡。最终除原董事长 Steve Galloway 转入银行业发展外，其余董事均得以保留。

2012 年 6 月 26 日，中广核入驻斯科公司后的首次董事会于纳米比亚温得和克召开，余志平作为新任董事长主持了会议。在本次董事会上，斯科公司董事会的基本职能得以明确，董事会的整体结构包括各委员会得以搭建，原总经理 Norman Green 进行了述职报告并介绍项目情况。中广核集团郑克平出任公司执行副董事长，中广核集团何祖元、罗军，中非基金提名的宋云松、吴新灵，斯科公司前任董事长 Inge Zaamwani－Kamwi 女士、Kalahari 公司前董事长 Mark Hohnen、Extract 公司前总经理 Jonathan Leslie 成为公司董事。会议审批通过了公司组织结构及相应的授权制度，任命了包括总经理（CEO）、首席财务官（CFO）、首席运营官（COO）、市场部总经理等在内的公司主要管理人员。会议听取了当时项目整体进展情况及项目工程建设模式的汇报，讨论确定了项目建设开工条件等。

2012 年 11 月，纳米比亚国矿公司入股斯科公司 10%股份，斯科公司股东变更为 Extract 公司和国矿公司，分别持股 90%和 10%，国矿公司派出 1 名董事。至此斯科公司第一届董事会共有10名董事，4名来自中广核，2名来自中非基金，1名来自国矿公司，外部董事3名。从国籍来看，中方董事6名，纳米比亚当地董事2名，另有2名外部董事分别来自英国和澳大利亚，董事分别来自矿业管理、财务、法律背景，真正组成了文化多元、背景多元的国际化董事会。

1.2　股东会运作

国矿公司入股后，Extract公司和国矿公司分别持有斯科公司90%和10%的股份。Extract公司是金牛矿业的全资子公司，铀业公司和中非基金分别持有金牛矿业60%和40%的股份。斯科公司股东会为公司的最高权力机构，根据纳米比亚《公司法》及斯科公司《公司章程》，通过召开年度股东大会及特别股东大会等形式，对公司重大经营事项（如批准分红、年度财务报告评估、董事选举等）做出决策。

除股东会平台外，三家股东之间保持良好的定期沟通。在国内，铀业公司管理层与中非基金管理层建立定期沟通机制，共同商讨湖山项目工程建设、生产运营、资金保障等重大问题，为前方斯科公司的经营运作提供有力的支持。铀业公司管理层赴纳米比亚期间，一项必不可少的议程是与国矿公司管理层进行沟通。股东间的紧密联系、精诚合作，是湖山项目得以顺利建成的重要保障。

1.3　董事会运作

1.3.1　定位与职责

斯科公司董事会对公司经营发挥战略推动及监督指导职责，按照纳米比亚《公司法》、斯科公司《章程》及《授权管理规定》，通过定期会议及传签决议的形式，对公司战略规划、生产经营、财务管理、重大商务合同、风险管理等进行决策控制。以工程建设期为例，斯科公司董事会高度关注安全、工程、生产、财务、市场及可持续发展。董事会会议每年召开4次，大多在纳米比亚召开。每位董事有1票表决权，议案按照“简单多数”原则通过，出现平局时董事长可再多投1票。

斯科公司董事会的功能定位如下：

① 与经营层共同努力，实现将湖山铀矿建设成为国际一流铀矿山的愿景（“国际一流”涵盖安全生产、成本控制、管理体系、工艺技术、人才培养和激励等各方面）。

② 遵循纳米比亚当地法律法规要求，确保合法合规经营；按照纳政府《新经济平等赋权框架》（NEEEF）政策要求，努力提升本地化水平；与政府及当地社区保持良好关系，实现可持续发展。

③ 作为中广核集团控股的海外子公司，确保经营运作符合国资委国资管理规定和集团有关规定，以战略推进和风险监控为核心落实股东意志。

④ 通过董事会平台，与各股东方保持良好的沟通和理解。

1.3.2 运作机制

斯科公司董事会每年召开3～4次定期会议，视需要召开战略务虚会和专题会，会议期间以书面传签决议形式审批相关事项。每位董事有1票投票权，议案审议按照“简单多数”原则通过。

工程建设期间，董事会下设4个委员会，即审批委员会、审计及风险委员会、可持续发展委员会、薪酬及提名委员会。各委员会每年不定期召开会议，对各自管理范围内的重大事项进行审议，并将审议意见及建议向董事会报告。根据董事会批准的《授权管理规定》，审批委员会对其授权范围内的事项进行审批，效力与董事会批准的效力相同。

总体而言，自2012年6月斯科董事会组建以来，在工程管理、财务监督、风险控制等方面发挥了重大的作用，尤其在公司组织机构、管理体系尚不健全的初期，实际扮演了全面引领公司各项业务推进的角色。进入生产运营期后，将实行进一步“后退”，由“全面引领业务开展”转型为“战略推动、监督指导”。

1.4 授权管理体系

基于纳米比亚《公司法》，斯科公司以铀业公司和台山核电合营有限公司的授权管理规定为参照，考虑斯科公司过渡期特殊的管理结构（外方人员担任CEO），建立了首版中英文授权管理规定，明确界定股东会、董事会、经营管理层等各层级的管理权限，建立起权限明确、界面清晰、授权合理的由股东会、董事会、经营管理层构成的法人治理结构。斯科公司股东会、董事会、经营管理层构成公司经营决策与管理的责任主体。后续根据经营管理实际情况适时审视与升版，保证了斯科公司的规范有效运作。

1.5 母子公司治理

按归口管理原则，铀业公司各部门对下属公司进行职能管控并提供专业的系统支持，包括：由资产经营部牵头的矿建、运营支持系统；由财务部牵头的财务管理支持系统；由人力资源部牵头的人力资源管理支持系统；由规划经营部牵头的战略规划、经营计划管理及风险管理支持系统；由法律部牵头的治理、法律管理及商务管理支持系统；由安全质保部牵头的安全与质量管理支持系统；由监察审计部牵头的内控管理支持系统；由综合管理部牵头的企业文化、档案及保密管理支持系统；由党群工作部牵头的下属公司党群工作管理支持系统等。

铀业公司对斯科公司的职能管控聚焦在经营、财务、人力资源、安全及风险等五条线，相应职能部门编制了“五条线”管控方案，针对性、系统性地提出对斯科公司的管理要求、控制要求、管控方式及支持服务方式等。

1.5.1　治理线管控

（1）通过委派股东代表、董事和高管参与斯科公司管理

结合境外法定要求、集团及铀业公司董事派任有关规定，铀业公司提出斯科公司股东代表、董事的选任建议、职责权限及报告程序等。铀业公司派出董事按照纳米比亚法律、斯科公司章程和授权管理规定履行职责，确保任职行为符合法律法规要求，并维护铀业公司利益。

铀业公司委派股东代表、董事参加斯科公司的股东（大）会、董事会会议，按照我方意见提出议案、发表意见、行使表决权，并将其履行职责的情况和结果在会议结束后及时报告铀业公司。铀业公司及斯科公司的职能部门给予股东代表、董事相应支持。

（2）股东会、董事会议案审议机制

铀业公司法律部负责组织对斯科公司股东会议案的预审。股东会议案经相关部门、分管领导审议后，提交铀业公司总经理审议并形成股东审议意见。如根据铀业公司授权管理规定，有关议案事项超出总经理决策权限，则提交铀业公司董事会或集团公司审议决策。股东授权代表按照股东审议决策意见，在股东会议上进行表决。

建立了斯科公司董事会议案预审工作机制，以确保斯科公司董事会规范、高效运作，发挥派任董事能动性，全面实现股东意志。铀业公司法律部负责斯科公司董事会预审会的筹备和组织工作，具体操作流程为斯科公司召开定期董事会前至少 1 周，董事会秘书将总经理签发的董事会议案发送给铀业公司派任董事，抄送铀业公司法律部；铀业公司法律部按照职能对口管控原则，将议案发送各部门进行审议，各部门出具书面审议意见后发送法律部汇总；法律部协调组织召开董事会议案预审会，斯科公司董事长主持会议，参会人员包括斯科公司董事、涉及议案审议的相关职能部门和外派团队负责人等。斯科公司董事会召开时，铀业公司派出董事参考预审会讨论情况，发表意见并进行表决。

（3）持续规范董事会运作

铀业公司指导斯科公司持续加强董事会规范运作，例如，建立董事会定期会议计划机制，确定董事会常规重点议题，规范董事会会议组织及召开全流程，规范董事会议案文件格式，规范董事会档案管理，定期对董事会秘书开展培训指导等。

1.5.2　职能线管控

（1）财务管控

铀业公司对斯科公司的财务管控主要关注如下内容：财务组织岗位及编制设置，财务人员派遣，对财务负责人的考核评价等；财务规章制度，包括会计政策和会计制度，授权管理规定中财务相关事项等；重大财务事项，如年度财务预算审批、决算报告审批及资金管理事项等。

斯科公司按照相关要求，定期向铀业公司进行各类财务信息报送，如会计报表、预算执行情况报告、资金计划执行情况等。斯科公司财务负责人参加铀业公司财务部组织的季度财务负责人会议，每年向铀业公司进行述职报告。

铀业公司财务部为斯科公司提供以下支持与服务：统筹、协调集团公司、财务公司为斯科公司融资业务提供保障；对斯科公司会计、预算、资金管理中的事项给予协调，如资

金计划、额度调配、共享业务处理规范等；对斯科公司的税务筹划、重大财务风险给予业务指导；组织相关财务人员参加会计、税务、预算等业务培训，组织铀业公司与斯科公司财务人员进行岗位经验交流等。

（2）人力资源管控

铀业公司人力资源部根据股东协议和公司章程，结合斯科公司的自身特点和铀业公司的管控需要，提出外派高管及人员方案，并建立外派斯科公司人员的定期述职和履职评估制度。

铀业公司对斯科公司的人力资源管控主要体现在以下方面：管机构，即部门级组织机构设立及调整；管干部，即高管的任免和解聘、任期考核、薪酬管理、绩效管理等；管政策，主要是薪酬、福利管理政策；管总额，包括人员编制计划、人工成本及工资总额、薪酬改革、优化方案及特殊激励方案等。

（3）经营和风险管控

对于规划，斯科公司在铀业公司的指导下编制五年商业计划书。

针对计划考核，将斯科公司纳入铀业公司统一计划考核体系中。在铀业公司统一部署下，斯科公司按时编制并提交年度经营业绩考核指标建议，以 PBA 月报方式提交年度经营业绩考核指标执行情况，编制并提交年度经营业绩考核自评报告；承接和分解铀业公司级的战略焦点任务，编制战略焦点方案并提交铀业公司分管领导审定；结合斯科公司发展阶段和业务特点，参照集团和铀业公司实践，建立符合斯科公司特点的计划考核管理体系（组织、人员和制度流程）。

风险管理方面，斯科公司定期向铀业公司报送《湖山项目风险管控季度评估报告》《年度全面风险管理报告》，铀业公司对斯科公司风险管理体系建设与运行情况进行不定期检查。

（4）安质环管控

铀业公司要求斯科公司按照集团安全管控标准建立安全管理体系。铀业公司对斯科公司安全管理手段包括：通过安质环绩效合约进行安质环考核、安全体系评估、管理巡视、专项监督检查、安全信息报送要求、安质环月度沟通会及安全培训等。

第二章　组织及人力资源发展

受属地国家的政治和法律等因素的制约及风俗习惯、价值观等文化差异的影响，“走出去”公司的人力资源管理必须面对更为复杂多样的人事决策环境。纳米比亚继承了南非统治时期的法律体系，完善的法律法规体系，加上“平权法案”“就业保护”和完善的工会组织体系等，构成了当地人力资源管理的制度背景。在这一复杂的制度背景下，建立标准化、程序化的人力资源管理流程，确保程序和流程合法合规、公平公正是人力资源管理的基础，也是妥善处理员工关系和工会关系的基本保障。

在人力资源策略方面，斯科公司审时度势，执行“走出去”和“国际化”“本地化”相结合的策略。一方面，中广核拥有丰富的项目管理人才资源，部分人才具备国际化工作经验；另一方面，虽然纳米比亚本地人才匮乏，而立足“本地化”，是纳米比亚政府对外来投资的一贯要求，中广核集团对项目团队也提出“本地化”的要求。选派经验丰富的核电项目管理人才“走出去”，将先进的核电项目管理经验带到矿山项目中，积极聘用本地和第三国“国际化”人才，克服了纳米比亚当地人力资源不足的问题，同时借鉴和学习优秀的国际化管理经验，将队伍锤炼成一支真正“走出去”的“国际化”队伍。

2.1　组织结构管理

组织管理是指通过建立组织结构、规定职务或职位、明确责权关系等，以有效实现组织目标的过程，主要包括组织设计、组织运作、组织调整等内容。组织结构要综合考虑公司的战略规划、业务流程、组织规模以及人员的素质等多项因素确定，对于纳米比亚复杂的政策环境，组织调整必然涉及部分员工合同的调整，因此，应提前做出组织发展规划，做好与员工沟通，并在签订劳动合同时明确，为后续可能的调整留下空间。

湖山项目自 2012 年被中广核收购以来，先后经历了工程准备和采矿生产准备阶段、工程建设和采矿生产阶段、全面生产运营阶段。2013 年湖山项目进入工程准备阶段，同时采矿进入生产准备阶段，这一阶段，工程建设是项目最重要的任务，斯科公司成立工程部，增设工程副总裁，专门负责工程建设；生产准备工作集中在运营部，运营部涵盖地质、采矿、水冶、维修等各专业，便于各专业在生产准备和工程设计审查工作中相互协调和配合。公司雇员以专业技术人员和管理人员为主，配合 EPCM 模式下的工程设计审查和管理工作，采矿操作人员的招聘和培训工作在这一阶段展开。

同时，为有效行使股东的权利和义务，保障项目的成功，总经理、人力资源副总裁、总会计师等高层管理岗位由中方外派干部担任。由于当地市场高级管理人才匮乏，公司其他高层管理人员多通过国际招聘形式，选拔优秀的国际人才，以促进“走出去”和“国际化”发展，同时也为“本地化”培养管理人才、引进经验。工程建设阶段的组织结构图见图 2.1.1，其中 8 名总经理部高管（总经理、副总裁、总会计师等）分别来自中国、纳米比亚、南非、法国和英国五个国家。

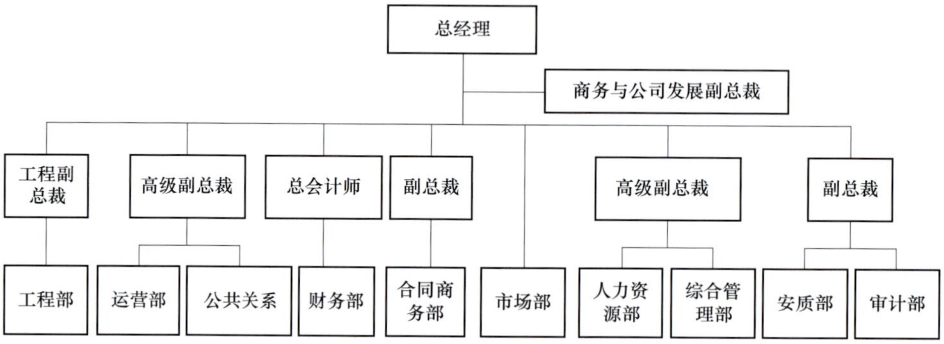

图 2.1.1　斯科公司工程阶段组织管理结构

随着 2016 年年底第一桶铀的产出，项目从工程阶段过渡到运营阶段，公司管理重点从工程转向运营，公司人员规模发展到 1 600 余人。斯科公司适时对组织机构进行了调整，工程部调整为计划与工程部，负责生产计划和技改工程，原运营部按专业分为采矿部、水冶部、维修部和地质部 4 个部门，并按照运营管理要求，调整职能部门设置。截至 2018 年年初，公司高管配置 4 名，部门设置为 11 个（见图 2.1.2）。

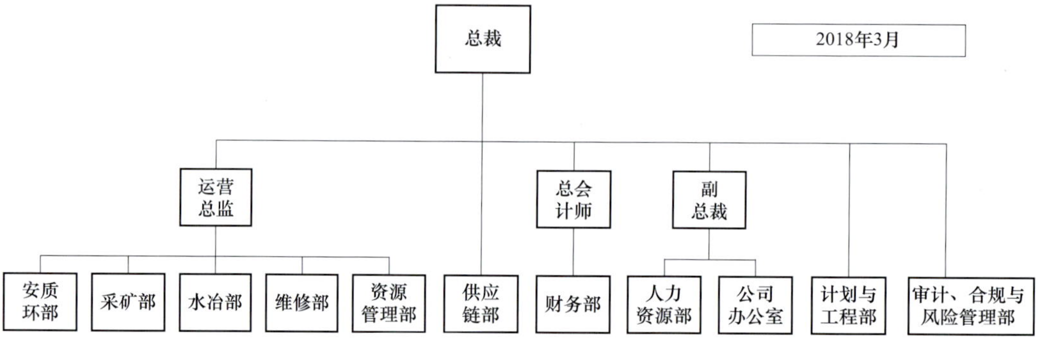

图 2.1.2　斯科公司 2018 年组织结构

2.2　招聘管理

对于管理层级人员的招聘，由于纳米比亚当地管理人才匮乏，公司前期的管理人才以“走出去”和“国际化”为主，本地化为辅，纳米比亚政府各部委对斯科公司寄予厚望，多次提出希望公司的经营管理有更多的本土人士参与，公司一方面在同等条件下优先聘用当地管理人才，另一方面，制订学徒计划，以“帮、带”形式对具有潜力的纳米比亚籍员工进行培训，逐渐提升为管理层。而对于工人层级的招聘，由于纳米比亚矿业人才市场只能满足斯科公司工人需求的 1/3 左右，且采购的采矿设备也是首次在纳米比亚出现，基于现状，公司在新员工培训方面做出巨大投入，在生产准备阶段开始招聘当地成绩优异的高中毕业生，进行半年至一年的岗前技能培训；同时关注行业动态，对裁员减员企业开展定向招聘，压缩招聘成本，加快人力资源准备进度；对于部分纳米比亚匮乏的技术工种，则扩大招聘范围，从周边国家招聘专业技术工人，离场减员的承包商，也是这类工种的主要招聘来源之一。

2.2.1 招聘风险

斯科公司的招聘管理风险主要在程序合法合规、人才测评、背景调查、健康体检等方面。纳米比亚被多次殖民统治，1990 年独立后主要沿用南非法律体系，法律法规健全，劳动法、雇佣法、平权法案等都对公司的招聘工作有着各种各样的要求，如在面试官的选择中，除了需要考虑公司组织管理要求外，还需要考虑面试官小组的肤色构成、性别构成等；纳米比亚法律为不符合岗位技能要求的员工提供了有力的保护，企业必须尽最大可能为员工提供培训，仍不能满足岗位需求，才可以解聘，且工会介入，也让难度再次加大。企业必须做好人才测评，如对操作工人进行聘前模拟实操测试，对管理人员进行心理测试等；在职业健康方面，斯科公司属于铀矿业，工作环境危险且具有放射性，需保证拟聘人员的身体条件符合行业要求。

2.2.2 招聘流程

公司制定并严格执行招聘程序，针对纳米比亚平等雇佣要求，为避免发生用工歧视、避免招聘腐败的发生，将招聘流程尽可能地细化和标准化，包括简历筛选流程、面试题目标准化、打分原则标准化等，做到管理有序、合法合规、公平公正。

招聘流程依次包括招聘需求审批、招聘广告发布、简历初选、复选、确定面试官团队和面试题目、面试（含初面和二面）、实操测试（含笔试）、心理测试、背景调查、体检、聘用、试用期跟踪反馈、转正等。斯科公司作为集地、采、冶为一体的综合性矿山企业，人员总规划达 2 000 余人，包括管理人员、技术人员、行政职能人员、操作工、维修工等，针对不同类别人员，制定差异化的人才测评办法，为了保证技能测试效果和公正性，一般采用第三方工具或委托第三方进行实操测试。

2.3 薪酬管理

纳米比亚企业薪酬结构较为简单，一般以基本工资为主，奖金为辅，且多数为 13 月月薪等类似固定奖金，激励效果差，同时缺乏约束。另一方面，工会的薪酬福利谈判主导了各行业的薪酬水平调整，而工会谈判多年以来以基本工资增幅为主，进一步提升了基本工资在整个薪酬结构中的核心地位，与企业效益脱钩的高工资，成为企业发展的瓶颈。公司薪酬管理中，不断尝试着绩效奖金、成本节约激励等多种激励形式，以期实现员工和公司共享利益、共担风险的目标。

2.3.1 纳米比亚矿业薪酬水平概况

矿业是纳米比亚的四大支柱产业之一，矿业对国家 GDP 的贡献率达到 12%左右，位居支柱产业之首；矿业对出口的贡献巨大，占全国出口额的 50%以上。同时，矿业也是纳米比亚工业和技术的主要支柱和基础，但其就业人口数量相对较小，到 2015 年年底，纳米比亚矿业全年长期雇员约 9 000 人，外籍雇员不到 400 人，占比 4%。与矿业相关的间接服务人员、承包商等大约 12 万人。

纳米比亚矿业行业的薪酬体系承袭南非矿业市场习惯，岗位职级采用帕特森职级法则（按照 A－F 的系列设计职级），制定行业薪酬标准。各公司在行业对标基础上自行设计自己的薪酬标准，没有国家或行业规定。纳米比亚政府对于低级劳动者，有最低工资标准要求，但几乎所有企业的薪酬标准均超出了最低工资标准要求。纳米比亚矿业行业的薪酬一般包括：基本工资、按政府要求交纳各类社会保险、企业补贴（福利）、短期激励、长期激励和其他特殊激励。

根据 PWC 统计报告，纳米比亚矿业薪酬在南部非洲处于较高水平，平均薪酬水平比南非高 15%，纳米比亚矿业薪酬水平较全行业平均薪酬水平高出约 30%。工会谈判也是纳米比亚矿业薪酬水平上升较快的原因之一，纳米比亚矿业工会代表矿业工人与雇主进行薪酬谈判，由于工人绝大多数是前弱势群体（PDN），矿业投资大多是外国资本，同时也由于政府积极推行的新经济平等振兴计划和黑人振兴计划，工会的行动往往得到政府的支持。

2.3.2 斯科公司薪酬体系

（1）薪酬标准与薪酬结构

斯科公司于 2012 年参考纳米比亚矿业行业内所发布的 P3 薪酬标准，定位斯科公司薪酬水平处于行业的 75 分位，以保证斯科公司的薪资水平具备一定的竞争性，作为新的企业，能够有效地从市场上争取人才资源。公司采用帕特森职级体系，执行以岗定薪，薪酬结构主要包含基本工资、福利、补贴和绩效激励。斯科公司总部位于纳米比亚西部沿海的斯瓦科普蒙德市，人口稀少，早期为吸引人才，公司设置搬家费和临时住房补贴，鼓励纳米比亚外地员工到斯科公司工作。早期的薪酬结构见表 2.3.1。

表 2.3.1 斯科公司早期薪酬结构

固定工资	基本薪资
法定福利	养老金
	医疗保险
	其他社保
企业福利	住房补贴
	搬家费及临时住房补贴（家住斯瓦科蒙市区 120 km 以外搬迁至 120 km 以内，3 个月周转期住房补贴）
补贴	倒班补贴；夜班补贴；代理补贴；待班补贴；电话补贴等
	加班费

续表

激励	短期激励
	长期激励
	专项奖励
	留任奖、合同签约奖

（2）调薪机制

纳米比亚几乎所有行业均执行年度调薪，年度调薪幅度一般根据纳米比亚行业调薪水平、CPI 指数增长水平、公司绩效、经营管理需要等确定。同时工会代表工人与公司进行薪酬福利谈判，一般包括但不限于薪酬标准、调薪幅度、相关福利标准，此部分员工的调薪幅度根据谈判协议执行，而非工会员工调薪幅度也必须适当考虑工会代表员工群体的调薪幅度，以平衡内部差异，维持薪级结构的合理性。

2.3.3　薪酬体系的发展与优化

项目由工程建设转为生产运营后，生产指标清晰，原有薪酬体系尤其薪酬调整和激励机制已不能满足生产阶段需要，薪酬体系优化和调整势在必行。

（1）薪酬体系的行业对标分析

根据 PwC 2015 年度薪酬报告和部分企业对标结果（见图 2.3.1），纳米比亚矿业行业基本薪酬结构和斯科公司早期薪酬结果一致，无明显差异；公司短期激励与行业的平均水平相当，管理层平均短期激励在总收入的 12%左右，基层（工人）在 7%左右；对于中长期激励，行业内有的企业以期权或限制性股票方式执行，也有以现金执行的，一般会采取多年周期兑现，斯科公司由于早期处于矿建阶段，中长期经营指标难以确定，长期激励采取了按年度发放的方式，实际上是以长期激励名义发放的年度奖金。

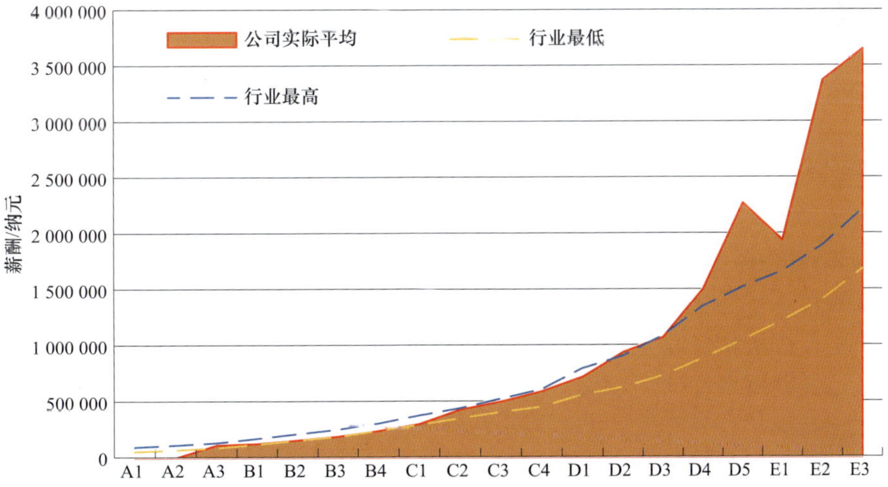

图 2.3.1　斯科公司薪酬标准、实际平均薪酬与行业（PwC 统计）比较

（2）早期薪酬体系评价

经过内、外部对比分析，对斯科公司薪酬体系评价如下。

1）薪酬结构

薪酬结构基本合理，与同行业企业基本一致。但当湖山项目从工程建设阶段过渡到生产运营阶段时，生产指标逐渐清晰，当前薪酬体系已难以满足生产阶段的需要，亟需调整优化。需要根据人才市场的实际，薪酬标准从“固定工资+法定福利”调整为“基本工资”，更直接地体现工资和岗位责任与能力；扩大薪酬带宽，保障吸纳优秀员工的能力，维持内部公平。

2）调薪

以基本工资作为激励基数，经公司绩效和员工绩效调节的激励机制，不能将激励总额与公司组织绩效直接挂钩，激励的绩效导向作用较弱；长期激励按年度执行，已不适用于生产运营阶段。工会员工工资刚性调增的谈判机制脱离了公司经营绩效，给公司带来了巨大的成本控制压力，同时工会员工与非工会员工不一致的调薪机制导致薪酬结构逐渐变形，不可持续。

3）短期激励

工程阶段短期激励未较好地和生产指标、成本指标挂钩，发放标准、方式相对简单，激励作用不明显。

4）长期激励

工程建设阶段，公司采矿生产处于爬坡期、水冶生产暂未启动，生产指标有待验证，公司生产和经营发展目标待逐渐量化，长期激励方案较为简单，且未按照长期激励的方式执行，成为变相的短期激励，难以满足公司转入生产阶段后的管理需求，不利于激励公司管理层关注公司中长期发展。

（3）薪酬体系优化的原则

① 本地化原则：需要充分考虑当地工会的影响及行业内有序竞争的要求。

② 国际化原则：需要充分考虑本地高端人力资源市场的稀缺性，保持引进国际化管理和技术人才的可实现性。

③ 行业优势原则：保持薪酬在纳米比亚同行中的竞争性优势和可持续发展的空间，即保持在 75 分位左右。

④ 成本优势原则：努力推进短期激励与年度绩效相结合，长期激励与年度绩效和公司长期发展相结合。通过调整激励方案，取代或抵免部分年度调薪，保障员工利益与公司利益相统一。

⑤ 集团化管理原则：考虑集团（母公司）薪酬体系的相关政策，符合其薪酬管理要求。

（4）薪酬体系优化方案

运营阶段，将从薪酬政策和制度优化、薪酬预算和成本管理、绩效改进和激励改进等方面全面实现薪酬体系优化，以推动公司生产和经营。

1）短期激励

优化和明确价值分配薪酬理念的内涵和外延，体现绩效表现在薪酬分配中的作用，将公司绩效与个人薪酬调整及激励核算直接关联，并适当加大激励性薪酬的比例。短期激励设定基准激励额度和浮动激励额度，基准激励额度为员工岗级对应月度薪酬范围最小值，并经过公司年度经营业绩进行调节，是员工完成工作任务的激励目标。浮动激励额度是根据公司年度生产成本节约的幅度，对员工进行的浮动短期激励，具体由公司根据当年成本节约额度、公司绩效指标完成情况和员工个人绩效进行测算。在公司年度生产成本持平或高于预算成本的情况下，仅发放基准的短期激励，基准短期激励按季度预发，浮动激励按年度核算发放。

2）长期激励

对公司关键岗位员工，考虑其对公司管理改进、队伍建设、文化建设和公司可持续健康发展的贡献，设立人才留任激励，进一步加大激励性薪酬的比重。

长期激励发放额度完全与公司产品成本节约（利润）挂钩，按照节省越多激励幅度越高的原则测算当年长期激励发放额度，并设置主要经营指标进行考核。激励额度不设基准值和封顶值，没有成本节约（利润）就没有长期激励，成本节约（利润）越多，则长期激励越多，激励分配与个人绩效挂钩。长期激励按年度核算，每年的核算结果分 3 年核发，每年发放 1/3，依此向前滚动发放，发挥留用人才的作用。该做法在西方矿业公司中有实践，具体操作办法各异，斯科公司目前仍处于探索/试行阶段。国际矿业公司通行的股权激励，目前斯科公司尚不具备应用条件。

3）调薪机制与可持续发展

优化薪酬管理的目标不仅仅是成为最佳雇主，同时要强调促进公司生产经营的可持续健康发展；通过调整激励方案，取代或抵免部分年度调薪，保障员工利益与公司利益相统一。优化后的薪酬结构见表 2.3.2。

表 2.3.2　优化后的薪酬结构

固定工资	基本薪资
法定福利	养老金
	医疗保险
	其他社保
企业福利	住房补贴
补贴	倒班补贴；夜班补贴；代理补贴；待班补贴；电话补贴等
	加班费
激励	短期激励（与成本节约/公司效益挂钩的激励机制）
	长期激励（与成本节约/公司效益和公司长期发展挂钩的激励机制）
	专项奖励
	留任奖、合同签约奖

2.3.4　股东派遣员工的薪酬管理方案

股东派遣到斯科公司工作员工的薪酬，目前由总部根据驻外管理规定核定标准，斯科公司考核、斯科公司发薪，年终由总部核算和提出结算方案，由斯科公司按照结算方案进行年度结算。考虑到地区差异，大多数央企通常采取这种做法，国际上也以这种方式为主。

2.4 绩效管理

绩效考评，是人力资源管理的核心职能之一，把人力资源管理实务的各项工作联结在一起，在人力资源管理实务中居于核心地位，招聘配置、培训开发、薪酬福利、职业发展、干部选拔等，都离不开绩效考评。

建立有效的绩效管理体系，可以提升团队、个人的执行力和工作效率，并将团队、个人的负面情绪降到最低或彻底消除。当地员工“大锅饭”思想严重，加上高基本工资的保障，员工对绩效考核和奖金发放不太看重，斯科公司从人力资源各项管理体系同步着手，坚决推行绩效管理，提升员工素质和能力，提升公司效益。斯科公司于 2013 年引入中广核全员 KPI 绩效考核理念；2014 年全面实施中广核全员 KPI 绩效考核体系；2015 年按照中广核全员 KPI 绩效考核规则，推进全员签订绩效合约 PPC。

斯科公司的绩效考核已经充分运用到员工激励、调薪、晋升等各个方面。绩效考核以生产经营为中心任务，按照员工分类、分级设计出责权利相结合的考核指标和激励手段：

① 基层工人采取与生产任务、安全指标挂钩的绩效指标进行考核。

② 基层管理者（班组长等），采取以生产任务、安全指标为主，与人员管理挂钩的方式（如所在班组出现违纪事件次数）进行考核。

③ 中层管理者（主管、经理、部分部门负责人）的绩效考核，在主要考虑生产、安全指标的同时，对其所负责的区域、部门的人员管理、计划管理、资产安全等方面均要考虑适当的权重。

④ 对公司高管和重要的部门负责人的绩效考核，在主要考虑生产、安全指标的同时，需要考虑各自负责的部门或者业务范围的人员管理、计划管理、资产安全、业务发展、文化建设等因素。

2.5 员工关系管理

广义上员工关系管理是在企业人力资源体系中各级管理人员和人力资源职能管理人员通过拟订和实施各项人力资源政策和管理行为，以及其他的管理沟通手段调节企业和员工、员工与员工之间的相互联系和影响，从而实现组织的目标并确保为员工、社会增值。从狭义上讲，员工关系管理就是企业和员工的沟通管理，这种沟通更多采用柔性的、激励性的、非强制的手段，从而提高员工满意度，支持组织其他管理目标的实现。

从广义的概念上看，员工关系管理的内容涉及了企业整个企业文化和人力资源管理体系的构建，包括企业愿景和价值观确立，内部沟通渠道的建设和应用，组织的设计和调整，人力资源政策的制订和实施等。所有涉及企业与员工、员工与员工之间的联系和影响的方面，都是员工关系管理体系的内容。现代的、积极的员工关系管理主要包含：劳动关系管理（指传统的签合同、解决劳动纠纷等内容）、法律问题及投诉等。

斯科公司人力资源部设有员工管理模块，建立了员工与公司管理层之间的沟通通道，其主要职责涵盖了劳动关系管理、员工纪律管理、员工投诉、处理员工之间/上下级之间矛盾等。

2.5.1　劳动关系管理

纳米比亚法制健全，只有充分遵守相关法律法规的前提下，才能有效避免用工风险。劳动关系的解除更是受到严格的法律限制，解除雇佣关系的情形主要有违纪处分、医疗退休、辞退、公司裁员、退休等。每一种情形都有详细的法律程序限制，一般而言，公司在辞退员工之前有义务尽最大努力为不胜任的员工提供在职培训，或尽最大努力为身体医疗状况不适合的员工寻找合适的岗位。解除劳动关系需要建立符合当地法律要求的严格的内部程序，遵照执行，尽最大可能避免劳动纠纷。

2.5.2　纪律管理

纳米比亚教育水平较低，公司违纪现象频发，没有良好的纪律管理制度，将直接影响生产运营。同时纳米比亚法制健全，主要沿用南非的法律体系，加上工会的参与，工人维权意识强烈，使得纪律处分变得非常敏感。

针对这一现状，公司的首要任务是发布完善的纪律管理制度，做到纪律处分有章可循、公开公平、不偏袒、无歧视，并保证制度本身需要符合法律要求，同时尊重当地的文化环境，不可照搬国内制度。对斯科公司纪律处分程序简述如下。

（1）听证程序

听证程序受法律保护，适用于情节较为严重的违纪事件，或者员工拒绝接受上级给以纪律处分的情形。

程序步骤：

① 直接管理人员向上级和员工关系处提出书面抱怨；

② 员工关系处组织并发出书面听证通知；

③ 通知被控者停职/调查，员工关系处进行调查并收集双方和证人书面陈述；

④ 进行听证会议并判定处分结果；

⑤ 书面通知处分结果。

参与听证人员组成一般包括：

① 主席（用人部门管理人员），负责主持听证会并进行处分判定；

② 提出抱怨者、被抱怨者（缺席视为放弃辩护）和证人；

③ 代表或陪同（被抱怨者的权利，必须为公司内部人员，一般为同一工作场所内的同事或工会代表），代表人有权进行辩护、发问和反问，但不得提供证据；

④ 员工关系处代表，监督并确保听证会按照程序规定进行。

（2）申诉程序

如员工不接受首次听证结果，则可以进行申诉。申诉程序如下：

① 2 个工作日内提出申诉，并书面提出申诉原因（包括无罪争议；量罚不公正；处分不符合内部公正；新的证据）。

② 更高级管理人员参与听证。

③ 对于情节较严重的纪律处分（如开除），需要部门负责人进行听证，并由公司纪律委员会进行最终审定。

④ 对于处罚不符合内部公正原则的申诉，经部门负责人和员工关系处审查后，可发回重新调查/听证，或进行最终听证（参照第②、③条）。

⑤ 对于新证据的申诉，由第一次听证会相关人员重新进行审查听证。

纪律处分程序复杂，违纪处理耗时费力，但需要严格执行，切实做到有章可循、有据可查、公开公正、不偏袒、无歧视，只有如此，才能维护制度的地位，避免徇私舞弊，给公司带来劳动纠纷风险。做好纪律管理除了一套完整的纪律管理制度外，更重要的是对员工进行宣贯和培训，加强员工遵纪守纪的意识，提升管理者纪律管理水平。

第三章　财务管理

作为对外特大型投资项目，中方对财务管理高度重视，不仅严格落实各个环节的责任，确保资产保值增值，还大胆创新管理，探索国际化财务管理模式，提高斯科公司在国际经济活动中的抗风险能力，确保有限资源在项目各个阶段得到最大程度的平衡。

3.1　国际化财务团队建立

3.1.1　收购前财务团队的历史情况

斯科公司在被收购前长期以项目勘探公司的模式运营，财务、人力资源等职能管理部门的日常管理都主要由其母公司——Extract 资源公司总体直接负责，纳米比亚当地全职员工很少。在中方 2012 年收购接管斯科公司时，财务部只有 2 名出纳人员，无法满足项目矿建和以后生产运营的财务管理需要。

3.1.2　矿建期国际化财务团队的初步建立

接管斯科公司后，招聘和组建一支满足国际化矿业公司的财务团队成为中方的首要工作。由于纳米比亚人力资源基础非常薄弱，有专业知识和熟练技能的财务人员更是奇缺，通过多种渠道和特殊人力薪酬政策，如通过国际招聘、留任原 Extract 公司财务人员及当地知名人士推荐等方式，斯科公司财务部逐步形成了一支拥有 25 名财务人员的队伍，人员构成来源于纳米比亚、英国、南非、澳大利亚、多哥和中国 6 个国家的国际化团队。派遣 4 名中方人员就职关键岗位，确保中方股东对财务的管控。同时按照国际化矿山矿建及运营的目标设置了会计核算、资金管理、管理会计三大职能模块，基本满足国内总部对斯科公司财务管理职能的监管要求。

同时在实践中逐步完善财务管理程序，参考核电和当地矿业行业惯例，编制了数十份涵盖财务组织和运作、财务授权、预算管理、成本管理、资金管理、资产管理等方面的程序，填补了公司制度与程序的空白，使公司财务管理体系逐步健全，确保凡事有章可循。这些财务管理程序既符合当地矿业特点，也符合中广核的财务管理要求，实现了“走出去”与“本地化”的有效结合。

3.1.3　生产运营期财务团队能力建设

自 2016 年 12 月 30 日，以湖山矿生产出第一桶铀为标志，斯科公司正式开启了由矿山建设为主到生产运营阶段的转换，公司业务的转型对斯科公司财务部的工作要求和管理核心提出了更高的要求。根据业务职能的需求和管理核心转变，斯科公司财务部需要全面加强对公司生产经营，尤其是资金管理、成本和预算及中长期经营战略分析等职能的管理和对生产业务部门的支持服务。同时，中方外派人员的能力经过几年的锻炼和提升，需要发挥更为关键的财务管控职能。因此，财务部通过细化内部岗位设置及职责梳理，识别了斯科整体财务团队的关键岗位及中方外派财务人员的关键岗位设置，根据现有队伍的结构和确保关键岗位人员合理配置的原则，通过积极引入专业技术强、岗位技能知识更为匹配的人员补充相关关键岗位，同时也适时对内部财务人员现有分工进行了调整。至 2018 年，斯科公司财务部共有编制 30 人，中方外派 5 人，分别在资金、会计核算、预算和成本控制模块等关键管控岗位。在纳米比亚当地招聘了会计核算模块主管和管理会计模块主管，均具有大学本科及硕士学历且有多年矿业从业经验，其中会计核算模块的合并报表岗位具有 CA（特许注册会计师）会计职业资格。

斯科公司财务团队提出能力建设目标：按照国际矿山惯例及公司运营管理要求设立合理且与业务需求匹配的财务职能模块；以建立和培养能融合中广核管理文化和要求的当地核心团队为主，在关键管控岗位配备中方外派人员加强职能和财务风险管控；三年内建成一支既认可并能融入中广核管理文化和要求，又满足国际化大型矿业公司业务需求的中外方协同工作的稳定的财务核心团队。

为了加强外籍员工对中广核文化的理解，斯科公司财务部通过各种努力，通过派遣外籍财务骨干到集团和铀业公司总部进行学习交流及和铀业公司财务部各职能模块的直接交流和日常业务直接对接，逐步提高了外籍财务人员的工作积极性和对中广核文化的认同，这对于斯科公司国际化财务团队内业务配合起到非常关键的作用，极大地促进了斯科国际化财务团队的建设。

3.2　财务核算和管理电子信息化建设

根据公司业务发展需要，在集团统一部署下，斯科公司于 2012 年启动了会计 ERP 系统实施，建立了一套以 ERP 系统为基础的高效管理体系，相继上线 SAP 各模块系统功能、UPM 在线审批系统，实现全面的财务信息化，业务审批电子化和网络在线化，提升了工作效率及财务管理水平。2015 年 8 月，斯科公司纳入中广核集团财务共享中心，成为集团首个实现境外财务共享的实体化运作公司，专业化的分工提升了会计核算工作水平。2017 年斯科公司与铀业公司及中广核共享中心经过反复沟通及讨论，制定出一套既符合本地税务、国际会计准则要求及矿业公司的特点，又利于集团财务集中管控的标准化会计科目，并成功应用于公司 SAP 系统中，实现了斯科公司与集团会计科目的统一。

同时着手 SAP 系统与久其报表的对接，并于 2018 年年底实现久其报表直接从斯科公司 SAP 系统取数功能。

3.2.1　中广核首个境外 SAP 项目实施

斯科公司从矿建开始起已着手建设会计信息系统的建设。经过项目团队反复沟通交流，充分调研并了解斯科公司所在矿业行业的生产业务特点，在此基础上，斯科公司 SAP 一期

FICO 模块于 2013 年 6 月上线试运营，SAP 二期于同年 9 月 9 日正式上线。系统开发结合矿山运营的实际需求，同时按照中广核会计科目进行部分修改，主要区别在于费用类科目分类标准及满足当地法律法规要求。

2014—2016 年，斯科公司已陆续上线采购、维修、仓储、财务、人力、安质环、项目管理等模块，同时配合 SAP 系统上线，实施了 UPM 在线审批，基本实现了公司会计信息系统 ERP 系统的全面覆盖，并持续对相关功能模块进行优化，以满足精益化国际矿山管理的需要。

3.2.2　成功实施中广核首个境外财务共享项目

从 SAP、UPM 上线开始，在中广核集团及铀业公司的支持下，斯科公司历时一年半，实现中广核首个海外项目财务共享，提升了斯科公司财务信息化水平，加强并进一步规范了中广核海外项目的财务管控。

自 2015 年 8 月 4 日纳入中广核财务共享以来，斯科公司共享业务实施顺利，UPM 系统运行平稳，实现了电子化流程审批和电子档案归档。期间斯科公司中方财务外派人员在集团和铀业公司的支持下，克服了重重困难，如中外税制、会计制度、业务操作方式不同，外方员工抵触、时差、国际链路不稳定等问题，最终圆满完成所有业务切分和协议签署实施。作为中广核首个海外项目财务共享系统，具有界面操作全部英文设计、中外共同开发、国际化流程创新实施等显著特点，为中广核集团后续“走出去”实现财务共享和会计信息化系统建设创立了示范标本。

3.3　资金和税务筹划管理

湖山矿建工程投资规模巨大，资金保障是关键。在中广核集团及铀业公司的大力支持下，财务团队历经一年多的谈判，成功签订了矿建长期贷款合同，保障了工程建设长期资金需求。同时积极协商国内单位，签订十几项股东贷款协议，作为短期资金补充，并根据融资情况使用低成本资金，盘活了短期资金补充池。也向当地银行积极推介项目，获取授信，以便开具银行保函和信用证，保障结算开展。在短期资金盈余时，和当地银行协商，采用竞价方式，使用多种理财产品取得盈余收益。在前后方统筹协调下，整个矿建阶段及运行初期未出现资金短缺的问题，保证了矿建工程和生产的顺利进行。

斯科公司财务部合法合规地进行税务筹划，积极通过政府渠道沟通，取得了一系列合理避税和减税的成功案例。在国矿入股贷款税务问题上，通过国矿贷款重提方案获得纳米比亚国家税务局同意国矿借款利息收入和利息支出相互抵免无需缴纳所得税的批准，成功解决国矿入股的 2.15 亿美元贷款税务遗留问题，每年节约税费约 5 000 万纳元。

在税务资本弱化问题上，获取纳米比亚央行发文豁免贷款和本金的 3:1 比例的外汇管制限制，同时也获得纳米比亚税务局批文同意对于国家开发银行的贷款部分全额扣除，不予计算在 3:1 资本弱化的比例限制内，从而排除了因国开行贷款金额巨大导致贷款和资本金比例高于 3:1 比例部分的贷款利息不能在税前扣除的风险，为斯科公司节省了巨额税费。

在关税计缴方面，获得了税务局关于斯科公司现场清关和矿建期间大型设备海关整批报关的特殊批准。2013 年 11 月 15 日纳米比亚海关签发正式文件同意斯科公司提出的大型矿山设备和备件整批报关且适用零关税税目和在现场设立海关办公室统一进行清关的申请，从而节省了进口大型采矿生产设备和备件产生的大额关税，同时大大加快了货物清关的速度和效率，为矿建进度节省了大量时间。

努力缩短增值税返还时间，通过多次与纳米财政部沟通，将斯科公司增值税返还周期从 2012 年的 1 年时间缩短到 2～3 月，大大节约了资金的时间成本。

斯科公司积极筹划燃油附加税退税，从纳米比亚政府申请燃油附加税退税，每升柴油可申请到将近 1 纳元的退税额，进入正常运营后每年退税额将达到 4 000～5 000 万纳元。

斯科公司还积极利用纳米比亚税收政策，通过母子公司签订办公室租赁协议，使斯科公司相对多增加可以抵免适用 37.5%的矿业应纳税所得额，同时最大程度利用子公司账面累计亏损额，可以无限期抵免应纳税所得额的税法规定，合法合规地减少了公司应纳税金。

实行资金管理精益化管理，积极推进优化资金结构，降低财务费用。

① 推进国家开发银行借款降息工作。

② 积极利用当地银行授信，减少资金占用，加速资金周转，利用公司信用杠杆减少资金占用。积极与当地银行协商，相继获得纳米比亚标准银行 2.6 亿纳元开立保函、信用证的专项授信，FNB 银行（纳米比亚第一国民银行）1 亿纳元开立保函的专项授信。

③ 贷款优化重组，降低因新征利息预提所得税产生的税务影响，广辟融资渠道，积极筹措多方可用资金，利用资本金注入等方式，在新税法变更生效前提前偿还股东贷款约 5.7 亿美元，为公司节省约 400 万美元预提所得税支出。

④ 优化资金结构，降低财务费用，积极协调利用中广核华盛公司内部优惠利率贷款置换国开行高息成本贷款，在短期内降低资金使用成本。

⑤ 利用南非兰特的汇率变化，在适当时机完成 80 亿兰特套期保值交易，锁定项目换汇汇率，与预算汇率相比节省 3.34 亿美元，并在美元汇率高点时换取兰特，获得收益超过 7 亿美元。汇率节约在控制矿建总成本方面发挥了关键作用。

⑥ 管理短期资金，增加短期收益。利用 80 亿兰特掉期临时溢余资金，精确利用支付时间差，累计为公司获得利息存款收入 400 多万纳元。积极利用当地银行产品（如 DCD 等）获取短期富余美元资金收益。积极引入 FNB 银行与纳米比亚标准银行合理竞争，使得公司短期溢余资金利息率由原来的 5.3%提高至 5.85%。

3.4 成本和预算管理

斯科公司在矿建阶段成本管理的重点工作为紧盯工程概算目标不突破，全方位、全要素、全过程控制工程概算支出。

3.4.1 工程建设概算

斯科公司对工程概算的支出建立了一套完整的、适应当地情况及要求的成本控制体系，对项目进展中的预算执行、变化控制以及合同支付等进行严格控制，项目概算基本可控。

湖山项目的概算主要分为工程概算和其他概算（财务费用、公司运营生产管理费用等），工程概算由斯科公司工程部门管理，其他概算由斯科公司财务部进行管理。

为做好工程概算的成本管理，在项目初期，斯科公司对矿山建设中需要采购的物项、服务以及相关行业的专业成本进行了广泛而深入的调查了解，对项目相关的物项和服务有了相对准确的估计，形成了可参考的基准概算。有了相对准确的基准概算后，对各物项和服务的具体成本控制再细分到合同包层面，即按照每个单独的合同包分别进行预算控制。在合同包预算下，通过严格的招投标程序，从多家承包商中选择性价比最高的承包商中标。

工程概算的制定是以当时的设计深度为基础的，随着项目施工设计的逐步开展，各专业的实物量发生了大量的变化，导致原有概算科目超支或变化。因此需要对项目各个物项和采购包的预算进行相应调整。斯科公司建立了一套预算变化控制程序和体系，将所有物项和采购包发生的与基准预算范围产生偏差的事务通过程序进行管理层决策。工程管理部门对造成预算超支的变化起草变更报告，对导致超支或变化的理由进行陈述，并对解决方案的经济性以及进度、质量等影响进行说明并按授权上报审查批准执行；对于新增的采购，严格审核其必要性，审核可选方案的经济性，综合进度、质量等情况，由项目管理层决策；严格执行预算管理程序，坚持预算先行原则，对预算转移进行不同层级的审批。项目变化控制是工程成本控制的重中之重，是针对概算偏差的决策平台，决定着项目概算如何滚动分配。

工程成本预测是工程概算控制工作中另一项重点工作，湖山项目基础预算科目上万条，分属 300 多个合同包，每个合同包预算根据实际情况有增有减。而项目整体的成本预测工作能使项目跳出个体合同包对项目总成本进行整体把握，有助于公司管理层在平衡进度、质量、成本中有所取舍。项目概算控制的预测情况，在董事会、经营活动分析会等定期会议中也进行反馈。

通过各个方面的一致努力，最终实现了矿山建设概算近 10%的结余，在矿建成本控制方面取得了难能可贵的成绩。

3.4.2　矿建期经营管理支出控制

矿建期公司经营管理活动支出主要是指矿建期内公司生产运营及行政管理部门发生的支出，主要通过公司内控程序、管理优化及信息管理系统来实现成本的有效控制。

（1）内控管理程序建设

斯科公司奉行中广核“按程序办事”的企业文化，结合矿业行业的实践及当地文化制定出包括授权管理、预算管理、成本管理、采购管理、资产管理、存货管理、资金管理等一系列管理程序，做到凡事有章可循、有据可依。此外，斯科公司还在项目评审、采购评审、税务筹划、内部控制等多个层面建立了一系列的跨部门委员会。通过借鉴全寿期运营财务模型的分析以及公司运作积累的数据，筛选出公司成本控制的关键路径，再通过授权管理、程序管理、专业委员会及归口管理等交叉管理手段，对各项成本支出做到了重点监控、兼顾全面的事前控制、事中控制及事后跟踪。

（2）生产成本控制

矿建期的生产运营活动主要为采矿生产，逐步剥离矿体上方地表的废石，并开采出水冶厂投产初期所需矿石，控制和降低成本的切入点主要是剥采过程中主要物料单耗以及易磨损备件成本的控制。

由于矿业行业的特殊性，世界上任何一座矿山都具有其特殊的地质条件及矿体结构，关键参数的同行业横向比较十分困难，公司对于关键技术成本参数的积累变得尤为重要。因此斯科公司非常重视生产作业工况指标的积累，分别按周、按月、按季、按年分析历史剥采成本，测定合理的技术参数，从而锁定矿岩钻爆单位消耗，不仅可以稳定采矿钻爆单位成本，而且也用于对承包商爆破矿岩质量及成本的检查和验收。

斯科公司采用了有效的全球招投标采购体系，避免受控于设备供应商的单一采购渠道，降低了备品备件采购成本。特别是高价值的易损易耗部件，如铲斗、铲齿、钻杆、钻头、车斗、履带等，在全球范围内进行招标采购，大幅降低了成本；对于易耗的标准通用部件，建立了母厂直接采购渠道；高价值核心零部件及总成部件寻求中国制造商国产化合作，突破原供应商的垄断及价格上的控制。通过备品备件采购渠道多元化，有效降低备品备件消耗成本，增强了备品备件供应和售后服务能力。

随着公司对矿山地质条件与设备磨损率之间关系的不断探索与数据积累，以及业务人员对设备操作及维修维护熟练程度的增加，未来将会有更多的技术及管理改进，湖山铀矿产品生产成本也将进一步降低。

（3）预算及成本管理体系

斯科公司运营预算管理职责由预算和管理会计模块承担，负责收集、协调和监督具体预算执行情况，同时合并工程、生产成本预算信息，汇总编制预算执行情况报告供总经理与总会计师批准。对于采矿、水冶、维修三大主要成本消耗部分，财务部分别安排 1 名常驻用户部门的专职成本会计，负责日常成本支出的采购审核，监督、成本节约措施的施行及预算编制协调等工作。

公司预算管理和成本管理方面还建立许多相应的制度和程序，包括《斯科公司矿山全寿期预算与预测管理程序》《斯科公司成本分析与控制程序》《斯科公司运营资本性支出管理程序》《斯科公司小金额资产内控管理程序》《成本节约激励政策》《斯科公司存货会计处理程序》等，建立了相对完整的预算和成本管理制度和流程体系。

斯科公司每年根据中广核集团的统一部署安排预算编制和预算调整。预算编制和调整的过程是先由下到上汇总，再由上到下下达。在接到财务部发布的预算编制通知后，各个部门按照成本明细编制预算上报财务部，财务部和各个部门进行多次讨论后确定预算初稿上报铀业公司及董事会，待董事会批准后，财务部按照成本要素将预算下达到各成本中心。

在 SAP 系统中，资本性预算做硬性控制，费用性预算做软性控制。财务人员参与到采购和支付的各主要环节，有效控制了公司预算的合理使用。在 UPM 和 SAP 系统中，将“预算—立项—支付”这一过程固化，确保预算管理不失控。

财务部将每月的预算执行情况反馈给各个部门及成本中心，并对预算控制的薄弱环节及风险点提示各部门关注。每个季度会将总体预算执行情况、重点项目预算执行情况、预算控制异常点及风险分析等汇报给董事会。预算执行情况是公司及公司对各个部门的考核指标之一，各部门及其负责人的绩效直接和预算执行情况挂钩。

（4）固定资产管理

纳米比亚当地矿业企业对固定资产管理模式较粗放，无法满足国资委及中广核集团的管理要求。斯科公司财务外派团队根据国内的要求并结合当地的实际情况，建立了一套既满足国内管理规定又能适应当地实际情况的固定资产管理体系：

① 制度与程序：先后发布了《固定资产账目处理规定》《斯科公司小金额资产内控管理程序》《资产处置程序》等管理程序。

② 固定资产采购：对于新固定资产的采购，斯科公司采用预算批准后专门立项的方式进行控制，立项需要总会计师和总经理批准才可以采购，对于当年已批准未完成采购的项目，在下一年度需要重新报备审批。

③ 固定资产实物管理：根据资产的性质不同，实物资产分别由生产、维修、IT、车辆管理、综合管理等部门分别负责，各个部门制定了相应的实物管理细则。报废的固定资产通过拍卖等方式回收资金。

④ 固定资产财务管理：财务部专门设置固定资产管理会计岗位 1 人，由其对管理资本性项目预算及固定资产采购申请的财务审核。根据斯科公司固定资产管理规定，在矿建期形成的资产，超过 2 000 万纳元的作为固定资产；在运营期，价值超过 100 万纳元的且符合固定资产定义的，作为固定资产，100 万纳元以下的作为当期费用进行核算。

3.5 小　结

斯科公司财务部经过从白手起家到组织健全、国际化团队建立，再经过从矿建阶段到生产运营阶段的全面转型历练，财务体系和流程建设、财务管理职能体系不断创新和提升改进，其中凝聚了中广核外派人员的智慧和艰苦创业精神，为中广核集团后续项目“走出去”开展国际化运作创造了宝贵的经验。正如 2018 年 4—6 月中广核集团财务部对斯科公司财务部的工作进行例行检查后，给予了如下积极评价：“近年来，斯科公司结合湖山铀矿建设运营的业务实践，克服工作环境复杂、管控难度较大、矿山经验缺乏等困难，按照集团财务管理要求初步建立了国际化矿山运营企业的财务内控和流程制度体系，组建了中外结合、分工明确的财务团队，在保障矿山建设运营、提升财务管控能力方面开展了较多创造性工作，发挥了积极作用。”

第四章　信息化

4.1　信息化管理概述

为满足斯科公司管理和运作的需要，确保斯科公司信息化工作满足中广核集团“统一领导、统一规划、统一标准、统一建设、统筹投资、集中运维”的基本原则，积极探索和开拓中广核 IT 国际化市场，中广核集团公司信息技术中心（CIT）在第一桶铀产出前的整个矿山建设期间（2012 年 10 月—2016 年 12 月底），长期派遣 8 人次，短期出差数 10 人次，在湖山矿现场开展信息化规划、实施和运维工作。在此期间，斯科公司完成了信息化总体规划编修、SAP 的成功上线、应用系统的建设与推广、网络服务器的建设、电话视频的多点开通、客服支持体系的搭建以及信息化组织队伍的建立，达到了信息化规划设计的预期目标，锻炼了一批 IT 国际化专业人才，同时与本地合作伙伴建立了紧密的工作联系，为后续支持打下了坚实的基础。斯科公司信息化是中广核海外信息化的良好实践和成功案例。

4.2　IT 规划与治理

4.2.1　IT“走出去”背景

斯科公司信息化的使命是“应用先进信息技术，打造世界一流数字化矿山”。打造世界一流数字化矿山是建立在数字化、信息化、虚拟化、智能化、集成化的基础上，由计算机网络管理的管控一体化系统，它综合考虑生产、经营、管理、环境、资源、安全和效益等各种因素，使企业运营实现整体协调优化，在保障企业可持续发展的前提下，达到提高其整体效益、市场竞争力和适应能力的目的。数字化矿山的特点是基础信息数字化、生产过程自动化、管理控制一体化、决策处理可视化（见图 4.2.1）。

为了将湖山矿打造为世界一流的数字化矿山，创新应用各种先进 IT 技术是手段，提前做好 IT 规划是基础工作，以便使信息化项目建设有章可循和有序运作。

4.2.2　制定 IT 解决方案

CIT 于 2012 年 12 月中旬开始组织人员编制《斯科公司信息化建设总体实施方案》，方案涵盖信息化目标与愿景、企业架构、应用系统、基础设施、通信系统、IT 治理以及工作计划与预算等各个方面。

图 4.2.1　斯科信息化使命：打造世界一流数字化矿山

为了组织好本次方案编制，CIT 中心领导亲自参与并督办各专业资源的投入支持，同时现场工作负责人协同外方 IT 顾问收集现场业务与需求并回国与团队共同讨论，最终完成了总体实施方案的编制工作。

方案编制历时近 2 个月，于 2013 年 2 月 5 日顺利通过了包括华为等外部专家的评审，为斯科公司后续全面开展信息化建设工作提供了清晰的顶层设计和指导。在《斯科公司信息化建设总体实施方案》的总体指导下，斯科公司的信息化建设按照业务需求分阶段、分步骤稳步推进，为公司的工程建设、生产运行、经营管理等提供了有力支撑。图 4.2.2 所示为斯科公司信息化工作实施路径，主要分为基础应用、矿山信息化、水冶信息化、数字化矿山 4 个阶段。

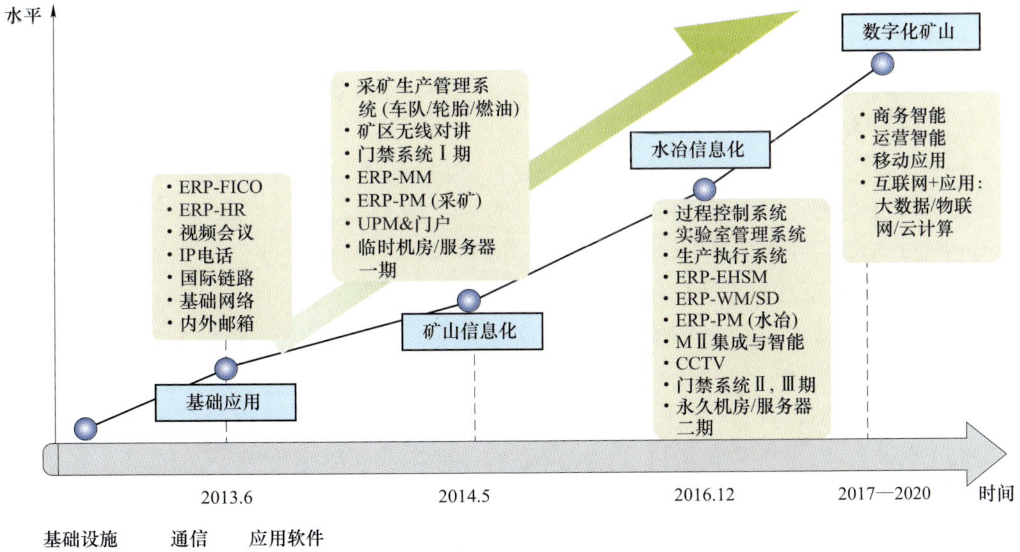

图 4.2.2　斯科公司信息化工作实施路径

4.2.3 IT 项目包的预算转移

矿建期间的 IT 相关项目包主要有 4 大类（见表 4.2.1），分别为水冶生产系统、采矿生产应用系统、管理应用系统、硬件/网络/通信系统。最初计划这些项目包均由 HPJV 负责，包括规划、招投标以及项目实施等工作，但考虑到 IT 项目结束后转运维的工作衔接问题，同时 CIT 对管理应用系统以及硬件/网络/通信系统有着丰富的实施和运维经验，而非洲 IT 资源相对匮乏，并且斯科公司 IT 部门最终要对 IT 系统负有总体建设、推广和运维职责，经公司管理层决定，IT 部门在矿建期提前介入项目的管理和实施工作，共有 10 个 IT 项目包（合计金额 1.47 亿纳元）从 HPJV 转移到 IT 部门，在 CIT 和本地合作伙伴的支持下，负责开展管理应用系统以及硬件/网络/通信系统的建设。

表 4.2.1 IT 相关项目类别

项目	主要类别	责任部门
1	加工厂系统	PJT（和 EPCM）
2	采矿应用系统	PJT
3	SU 商业系统（包括 ERP）	SU IT
4	IT 硬件，网络，连接性和通信包	SU IT

4.2.4 IT 团队组建

CIT 团队在斯科公司的角色定位主要有：政策与技术管控、公司 IT 部门职员、项目监理、项目实施商。

作为政策与技术管控者，需要评审斯科公司信息化建设总体实施方案，执行集团政策、提供技术服务、评审重大项目；作为公司 IT 部门职员，负责传递落实中广核对下属公司的要求，承担斯科公司职员职责；作为项目监理，要与斯科公司签署监理合同书，代表斯科公司行使项目监理权，参与重要项目的技术规范书审查、招投标过程规范，现场监理重要项目的实际进展、健康状况；作为项目实施商，以合同乙方身份参与斯科公司信息化项目的招投标与项目实施，接受斯科公司 IT 部门的项目检查与审核。

与此同时，CIT 外派中方团队与斯科公司 IT 部门一体化运作，外派的 IT 中方人员在斯科 IT 部门中担任部门经理和模块主管等关键岗位，为中广核的信息化政策和要求在海外的顺利贯彻和实施提供组织上的保障，同时这也是中广核信息化管理组织运作模式的创新，为中广核新成立子公司的信息化组织模式提供了参考。

斯科公司的 IT 部门包含应用软件、基础设施、通信、客户服务 4 个模块，各模块作为前台紧密联系 CIT 后台，依靠 CIT 的专业团队提供应用、基础设施、通信以及客服等方面的技术支持与服务，同时也与纳米比亚 IT 供应商建立合作关系，发挥本地资源优势。斯科 IT 部门、CIT、本地合作伙伴作为一个一体化运作的团队，为斯科公司的信息化建设保驾护航（见图 4.2.3）。

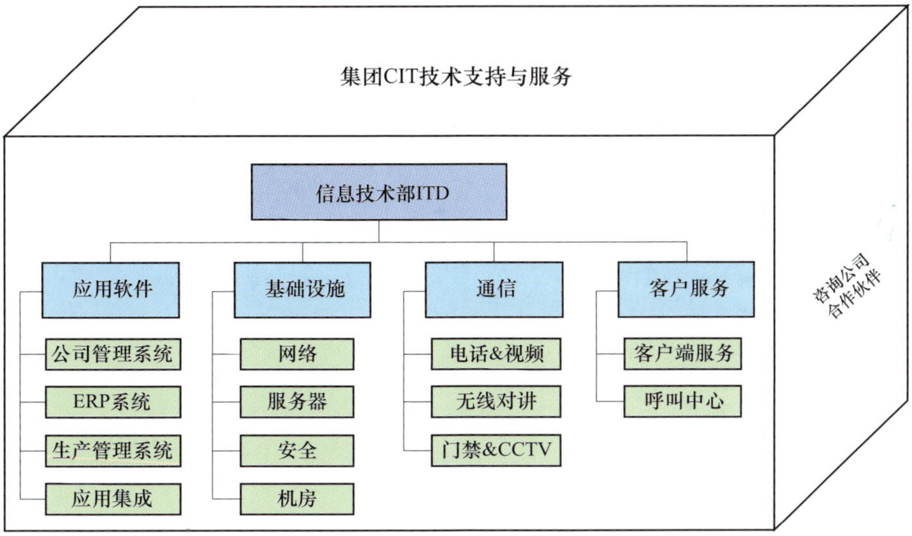

图 4.2.3　斯科公司一体化 IT 管理与服务团队

4.3　ERP 项目实施

4.3.1　实施背景

（1）评估背景

2012 年 6 月，斯科公司针对 ERP 实施内容，向非洲本地范围内潜在实施商发出招标文件（RFQ），9 月完成招标过程并推荐了一家实施供应商，进入决策流程。

2013 年 3 月，因斯科公司管理深化及中广核 ERP 建设管控要求，需对斯科公司前期的 ERP 项目招标的目标、范围、方法、技术进一步评估，明晰风险，支持下一步决策。

2013 年 3 月 15—20 日，CIT 成立 ERP 专家组，结合 SAP 行业和中广核集团 ERP 建设实践经验，针对斯科公司 ERP 项目招标文件、潜在供应商应标文件进行技术评估，提出独立的评估意见，供斯科公司参考。

（2）评估过程和方法

评估范围：斯科公司 TEAR1 潜在供应商：Barnstone、EOH、Gijima。

评估过程分为 4 个阶段：制定评分标准、专家分组初评、汇总综评、审定评估报告，采用的评估方法是百分制加权评分法。

（3）评估结论

上述三家供应商相比较，Barnstone 得分最高，EOH 次之，Gijima 第三。但如果结合 SAP 行业内和中广核 ERP 实施实践经验评估，上述三家供应商除非洲本地地理优势外，在目前所展示的公司实力、业务、技术、项目管理方法等方面均处于较低水平，后续实施风险较大，不建议在此基础上签约。

（4）后续选择

从斯科公司自身项目资源、ERP 项目建设管理实践、ERP 技术专业性考虑，建议采用业主委托 CIT 总承包的方式进行 ERP 实施建设。

CIT 总承包斯科公司 ERP 项目建设，协助业主承担 ERP 建设专业职责：

① 负责 ERP 项目 IT 基础设施建设（网络、硬件服务器、操作系统、数据库、SAP 产品软件等）。

② 负责 ERP 项目实施准备，业主负责最终决策（项目组织、进度计划、SU 公司 ERP 解决方案、质量管理方案等）。

③ 负责 ERP 项目实施建设，交付业主验收（项目实施组织、项目管理、系统建设、项目交付等）。

④ 负责 ERP 项目上线后，运维支持。

4.3.2 实施过程

斯科公司的 ERP 建设项目是中广核首个海外 ERP 实施项目，同时也是集团在采矿行业的首个 ERP 实施项目，整个项目周期持续 3 年。完成了人力资源（HR）、财务管理（FICO）、物料管理（MM/WM）、生产计划（PP）、工厂维护（PM）、安健环（EHSM）、销售（SD）等几乎覆盖斯科公司全部业务的 8 个模块，并且还实施了 SAP 的中间件智能制造（SAP MII）模块。通过 SAP MII 应用技术把 SAP ERP 系统和第三方专业生产系统，包括车队管理系统（Modular）、轮胎管理系统（Otraco）、燃油管理系统（Petroman）和生产执行系统（MES）等进行信息高度整合，提高公司的生产、财务、采购、运营、安全、环境等部门的管理水平和节约人力成本，并且提供各种各样的智能分析报表为公司的决策提供参考。

（1）根据矿山建设进程分阶段实施

湖山矿建设分为工程期、采矿、水冶、全面生产运营，ERP 项目实施为了满足湖山矿建设和运营的各个阶段，也灵活采用了分阶段实施来满足业务的需要（见图 4.3.1）。

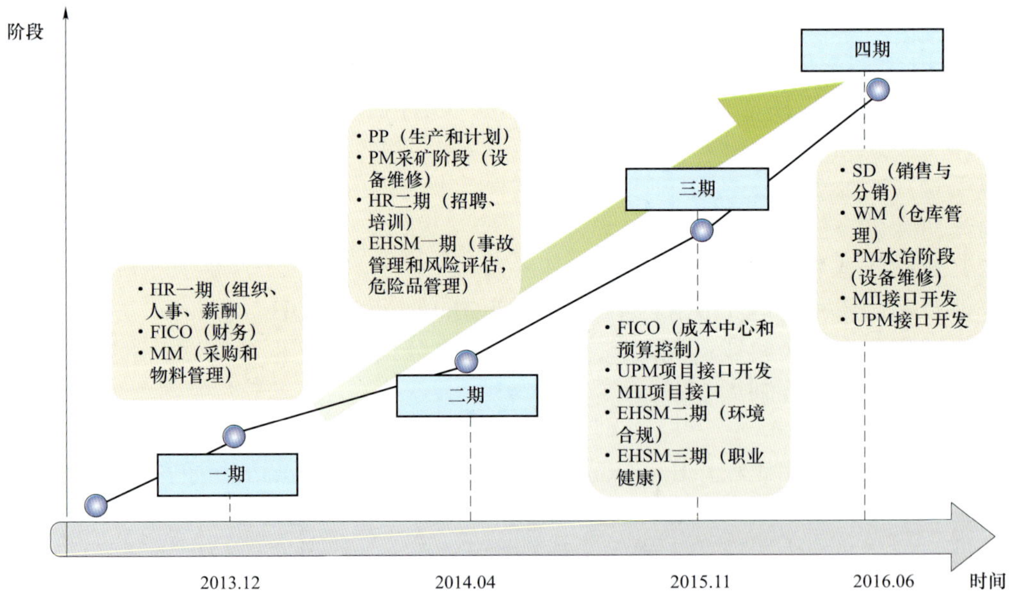

图 4.3.1 分阶段实施湖山矿建设和运营 ERP 系统

（2）ERP 实施的主要模块

斯科公司 ERP 建设项目实施中，除了实施 SAP 系统传统的 5 大主要模块——人力资源（HR）、财务管理（FICO）、物料管理（MM/WM）、设备维修（PM）等外，根据斯科公司业务需求和考虑到采矿行业的特殊性及当地的法律法规，还实施了安健环（SAP EHSM）和生产计划（SAP PP）等新的创新业务模块（见图 4.3.2）。

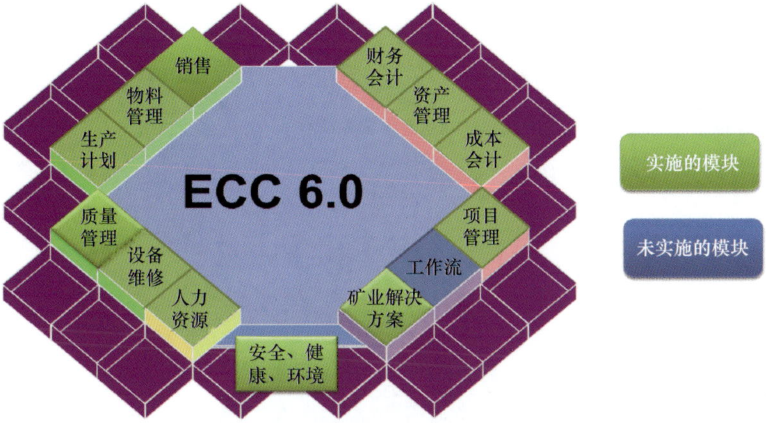

图 4.3.2　斯科公司 ERP 实施的主要模块

（3）ERP 实施的模块支持湖山矿的生产和管理业务

通过 ERP 项目的实施，实现了人、财、物的有效管理，同时还提供采矿和水冶生产过程中的设备维修、生产计划管理、安健环管理等业务的支持（见图 4.3.3）。

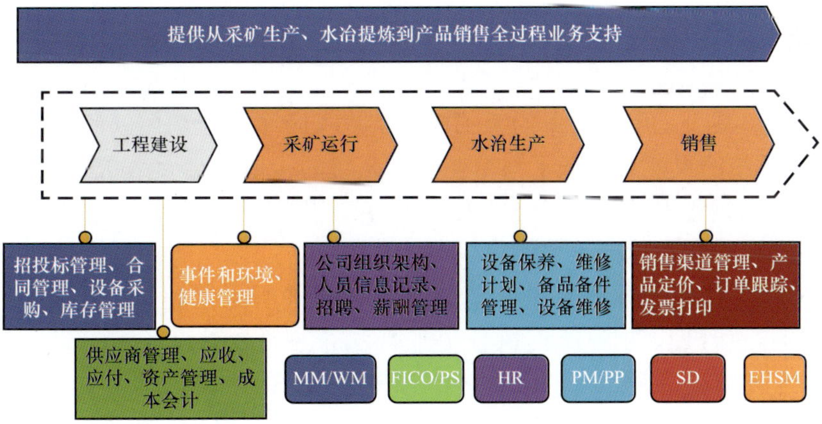

图 4.3.3　ERP 实施模块支持湖山矿的生产和管理业务

（4）ERP 实施项目的亮点

考虑纳米比亚当地的法律法规要求和湖山矿建设的环境、安全需要，本次项目还实施了 SAP 最新的安全、健康、环境产品（EHS Management 4.0）包，包括环境合规、职业健康、安全管理三部分。环境合规指废水、有害气体、尘埃和固体颗粒物排放、废弃物处理、地下水使用等业务；职业健康包括员工常规体检和特殊工种体检、辐射管理、危险因素管理等；安全管理包括危险品管理，事故报告、处理和调查及经验反馈等创新功能（见图 4.3.4）。

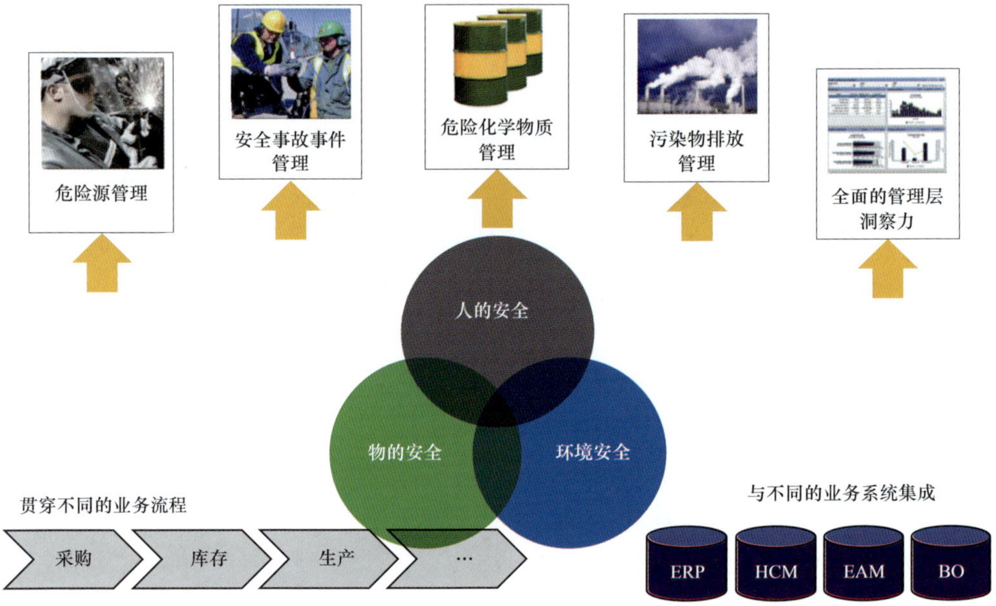

图 4.3.4　ERP 实施项目包括环境合规、职业健康和安全管理功能

4.3.3　实施效果及总结

斯科公司 ERP 建设完成后，公司的整个业务都在 SAP ERP 系统中正常运行和操作。系统的集成性不但减少了用户大量的手工操作，也保障了各个部门的信息不再是一个孤岛（见图 4.3.5）；系统的灵活性降低了与专业生产系统的接口难度，是 ERP 管理系统和生产系统高度整合；系统各种各样的实时报表功能为部门和公司决策提供参考；系统持续稳定运行为公司日常运行和管理提供了保障。

ERP 项目实施后对湖山矿的建设和运营业务带来明显增值，使企业管理方案落地，人员和安质环有效管理，业务流程执行更加合法合规、透明流畅和记录可追溯和跟踪，并且为管理层决策提供数据分析报表依据等（见图 4.3.6，取样周期为：2016.1—2016.6）。

斯科公司的 SAP ERP 建设项目是一个持续提高和改善的项目，使 ERP 项目建设始终满足斯科公司在工程、采矿、水冶、运营等各个业务发展阶段需求，为斯科公司建设国际化一流矿山目标提供信息化保障。

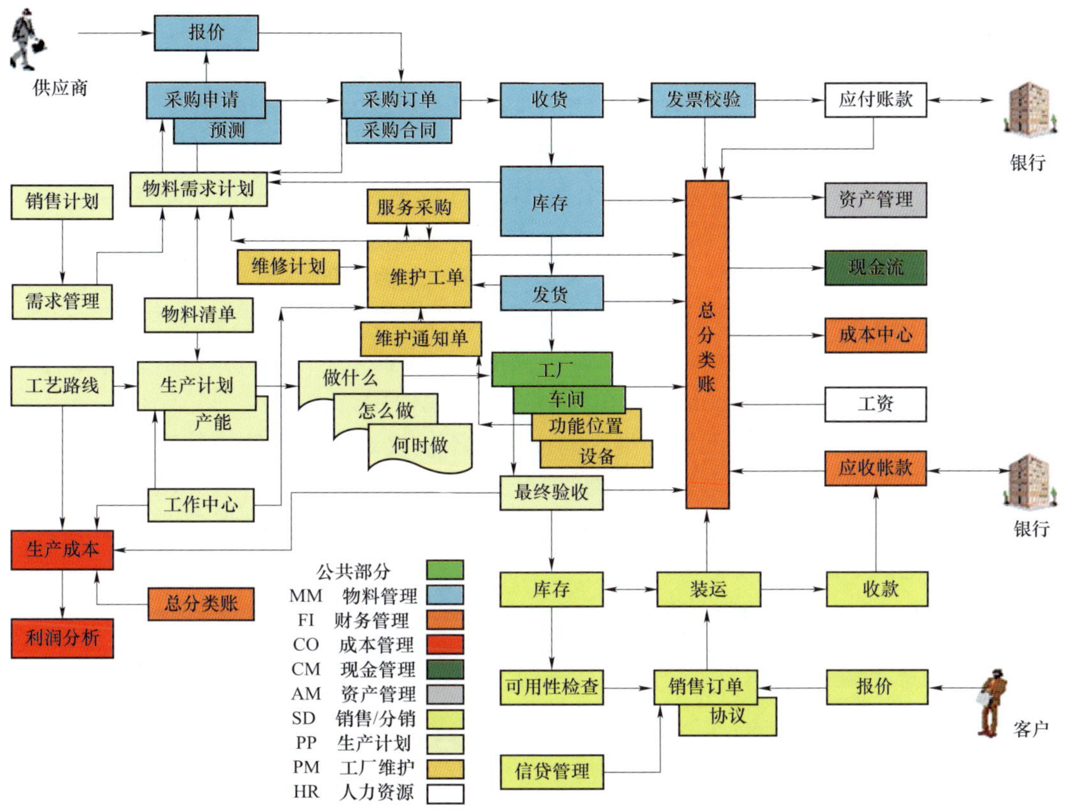

图 4.3.5　ERP 项目的集成化实施

人力资源

总记录**4 633**次

组织、人事、薪酬交易数据，管理公司**1 600**多位员工数据等。

财务

总记录**36 142**次

应收应付总账及资产管理数据及产生各种财务报表等。

物资采购和库存管理

总记录**99 564**次

采购申请、订单、合同管理、收货、发票校验等。

设备维修及安全环境管理

总记录**89 562**次

设备维修通知单、订单和维修任务，事故事件和环境监测等。

图 4.3.6　ERP 项目为管理层提供数据分析和报表等决策支持

4.4　中广核集团应用软件的推广

应用系统的总体建设思路是“引入中广核集团共建共享应用，支持矿山专业系统建设，实现系统间集成与智能，助力湖山矿数字化运营”。顾名思义，中广核共建共享类的应用系统采用引、消、吸的方式在斯科公司推广和应用，矿山类专项应用系统采用技术支持的方式参与辅助建设，各应用系统之间的集成交互以及报表智能展示由斯科 IT 与 CIT 主导实施，通过这些应用系统的建设助力湖山矿数字化运营。

图 4.4.1 所示为斯科公司的应用系统结构组成图，包括 SAP 应用、中广核集团共用系统、企业协同系统、专项应用系统和基础应用系统。其中专项应用系统中除了安防系统和无线对讲系统外，主要由 HPJV 和生产部门共同进行选型和建设，其他类系统均由 CIT 承接建设。除了已经上线的 SAP 应用和基础应用外，中广核集团共用系统办公自动化（OA 中文版）、统一工作流管理系统（UPM 英文版）、统一文档管理系统（Sharepoint 英文版）、电话黄页系统（TYS 英文版）、考勤系统（WAMS 英文版）、移动办公平台（中文版）、IT100 服务平台（中文版）、任务督办系统（TTS 英文版）和企业协同系统内部门户（SUP）、外部门户（www.swakopuranium.com）均在斯科公司上线使用。

集团应用系统在斯科公司的成功推广与应用，不仅仅是将集团的成熟应用系统推广到海外，还将集团在流程管理、办公、文档、宣传、考勤、任务管理等业务领域的先进管理理念和管理方式，成功推广至海外矿山的管理与运营业务中，为提升斯科公司管理水平和丰富管理手段提供了良好的工具和平台。

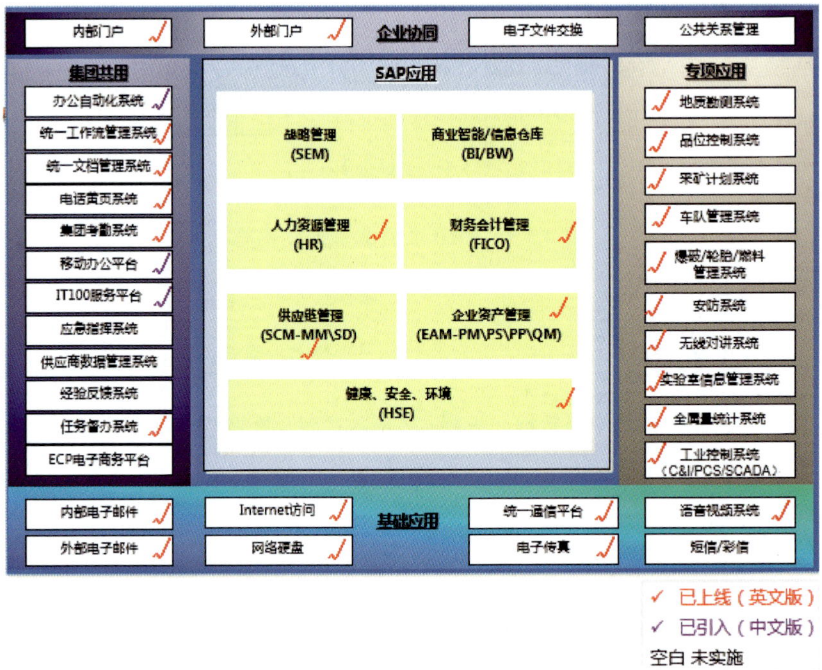

图 4.4.1　集团应用系统在斯科公司推广应用情况

4.5　生产系统建设与集成

4.5.1　背景简介

规模庞大的现代化矿山，需要使用数量众多的信息化系统，涵盖从企业管理到现场生产控制各个方面。例如，除了采用德国的企业资源管理软件 SAP，湖山项目还使用了美国的采矿调度系统 Modular，南非的油料管理系统 Petroman，澳大利亚的重型卡车轮胎管理系统 Otracom 和法国施耐德的冶炼生产执行系统 Ampla 等。这些系统功能专业全面，但分别隶属于不同部门，服务于特定业务。彼此间缺乏信息交换机制，数据往往需要依靠人工反复输入，费时费力，一致性也无法保证，最终造成信息及时反馈难、共享差，产生“信息孤岛”。目前国内类似的大型矿山很少同时应用这些先进的国外系统，更谈不上做到多系统的智能集成，所以无论从实际业务需求还是从技术创新方面，都需要构建一套系统智能集成平台。

基于上述背景，2013 年启动了基于 SAP MII 的系统智能集成项目，通过近两年的实施，初步完成了集成平台的搭建并投运，实现了横向跨越不同业务部门，纵向从生产现场到企业级管理的数据互传，同时通过对多系统数据进行综合分析，生成多维度的生产关键指标报表，为公司管理者提供了高效可靠的决策支持，成功践行了数字化矿山的理论与道路，该技术的应用也是中广核 SAP 应用的重要创新与实践，见图 4.5.1。

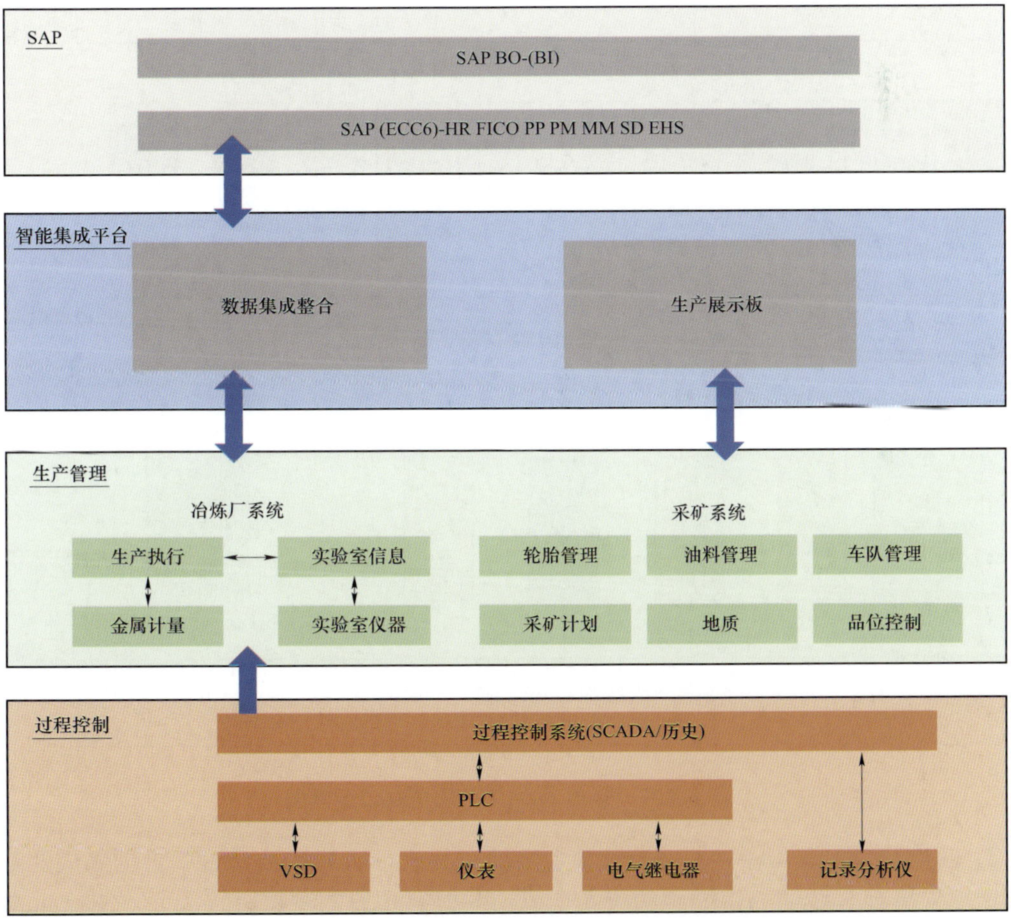

图 4.5.1　湖山矿 ERP 系统与生产专业系统的智能集成架构

4.5.2 主要工作

（1）与车队管理系统的智能集成

湖山项目的采矿车队管理系统选用的是 Modular Mining System（以下简称 MMS）。MMS 能够提供端到端的采矿车队管理方案，广泛应用于全球的多家大型矿山。系统由调度中心、通信网络、车载系统等部分组成，可对车辆的运行状态、安全状态、技术状态进行自动化统计、分析、调度，极大地提高了生产效率和安全性。

MMS 基于 Silverlight，使用 MS－SQL 数据库。该系统可以产生多种标准报表，也允许用户使用 SQL Views 自行开发。目前上线使用的是 Dispatch 和 Provision 两个模块，还可以部署 MineCare 模块。Dispatch 模块用于车队调度和设备工作节拍的计算和优化。Provision 模块则提供详细的 GPS 信息，确保设备的动作精确。

MMS 使用 SQL 数据库，为保证该系统的稳定运行，复制它的数据库进行数据采集，但是并不传入任何数据。将 MMS 与 SAP MII 集成，主要实现了以下功能（见图 4.5.2）。

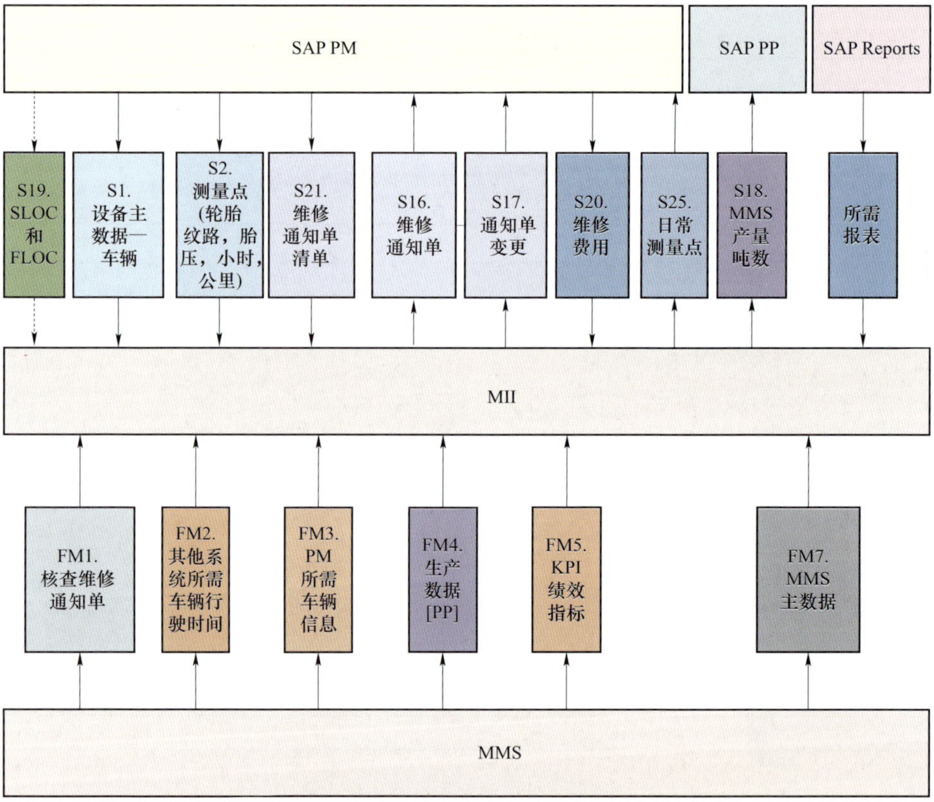

图 4.5.2　MMS 与 MII 的集成接口示意图

① 同步 MMS 与 SAP PM 中的设备主数据，并进行核对。这是设备数据集成的基础，在 MII 端采集到 SAP 和 MMS 中的设备信息，并根据预设的逻辑进行关联，使彼此的设备信息能够正确传到对方对应的设备上。

② 采集设备使用时间、行驶距离以及运矿量。现场设备的运行时间、行驶里程是对设

备按期做维修保养的重要依据，MII 实现了将现场数据每天进行采集上传给 SAP，进行设备管理。采矿运矿量信息是重要的生产指标，也是冶炼厂比较关切的数据，MII 能将产量信息生成生产报表并传给冶炼厂 Ampla 系统。

③ 自动创建 SAP PM 设备维修通知单。该接口实现了将 MMS 中生成的停机故障自动在 SAP 中触发维修通知单，并包含设备名称、事故时间、故障代码等有效信息。减少了调度部门和维修部门的沟通时间和设备维修的响应时间。

④ 按需求采集生产过程数据并传给 SAP。可以根据 SAP 或者冶炼厂系统的需要，将采矿过程中的矿石酸耗、各元素含量、矿石品位等信息加以采集及传输。

⑤ 在 MII 中整合 MMS、SAP PP、SAP PM 中的数据，以制订合理的 PM 维修计划。MMS 中包含全年的采矿产量计划，这些信息是 SAP PP 的重要输入信息，也是维修部门制订设备维修计划的重要参考因素。

（2）与油料管理系统的智能集成

湖山铀矿选用的是南非 Petroman 油料管理系统，该系统能详细记录每次加油的时间、地点、车辆 ID、司机信息、行驶速度、油箱容量等信息，生成基于网页端的 7×24 h 的油料详细使用报表。

Petroman 系统也使用 SQL 数据库，将其与 SAP MII 集成，主要实现了以下功能：

① 将现场车辆的加油信息自动上传 SAP，实现物料的发货管理。柴油消耗是采矿生产中支出最大的部分，对设备用油量的精细化管理可以直接影响采矿成本的控制。现场每月的设备加油多达几千次，数据的自动上传极大地减少了人员工作量，并保证了数据记录的准确。加油量信息还可以跟采矿量信息进行综合对比分析。

② 采集车辆的运行里程和发动机使用时间。通过搜集两次加油之间的里程或发动机使用时间，可以按照预设逻辑判断出车辆是否有漏油情况或者存在偷油事件，更有效地对柴油进行管理。

（3）与轮胎管理系统的智能集成

轮胎管理系统选用的是澳大利亚的 Otracom 系统，该系统负责轮胎整个生命周期内的库存管理，包括维修、转移、报废、轮胎费用分析、预算和预测、实时报警并通知、生成商业智能报告。

Otracom 系统的服务器在澳大利亚，访问其系统需要使用 Internet。与其集成使用的 Web service 的方式，主要实现了以下功能：

将轮胎、轮毂的安装拆卸信息自动上传到 SAP。大型采矿设备的轮胎费用占采矿成本的比例高居第二，在 SAP 中需要对轮胎和轮毂按照独立的设备进行管理，要求记录设备的安装拆卸历史，该接口实现了这些数据的自动采集上传。

（4）与生产执行系统的智能集成

冶炼厂的生产执行系统选用的是法国施耐德的 Ampla 系统，总体来说 Ampla 系统对于冶炼厂的作用相当于采矿车队管理系统 MMS 对于采矿生产的作用，或者更重要一些。该系统通过对生产信息的智能化分析和跟踪，为各级生产管理人员提供所需的实时生产数据，提高生产效率，持续改善管理目标，实现精益化生产。

集成接口方面与 MMS 大致一样，功能也基本相同，但是另外增加了最终成品质量信息的自动采集上传。

（5）多系统数据的综合智能展示

由于 MII 集成了各类主要生产管理系统以及企业级 ERP 系统，其数据库内容涵盖了产量、物料消耗、设备管理、产品质量等多方面数据（见图 4.5.3），将这些数据进行多维度综合分析，得到更全面、更具参照意义的生产报表，再利用网页端图表进行综合展示，为高层管理者提供了精确的决策依据，提高了全厂管理效率和工作执行力。

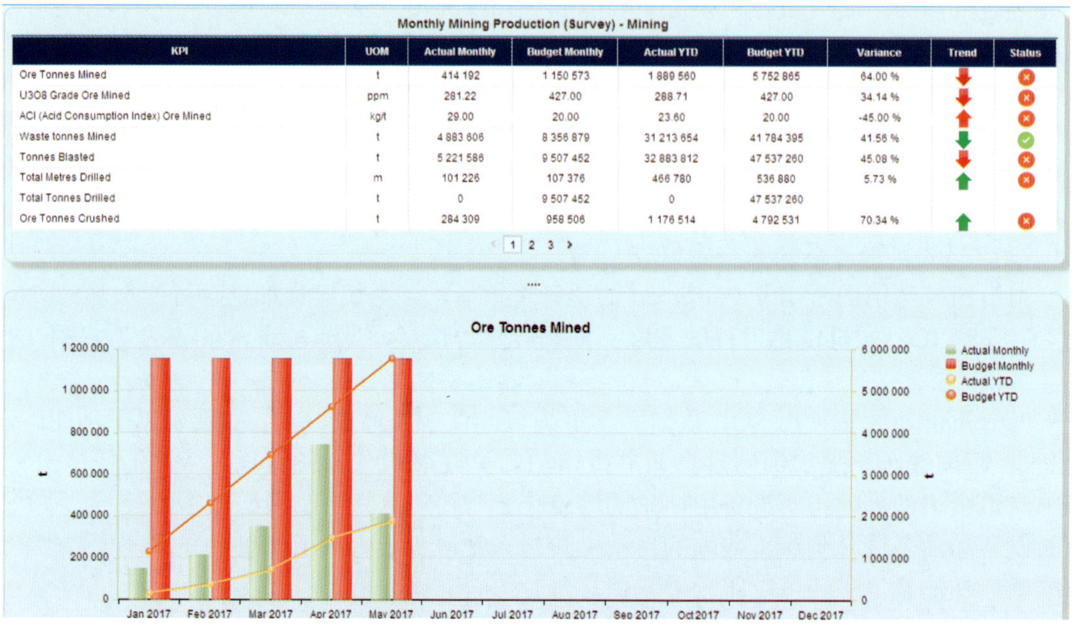

Monthly Mining Production (Survey) - Mining

KPI	UOM	Actual Monthly	Budget Monthly	Actual YTD	Budget YTD	Variance	Trend	Status
Ore Tonnes Mined	t	414 192	1 150 573	1 889 560	5 752 865	64.00 %		
U3O8 Grade Ore Mined	ppm	281.22	427.00	288.71	427.00	34.14 %		
ACI (Acid Consumption Index) Ore Mined	kg/t	29.00	20.00	23.60	20.00	-45.00 %		
Waste tonnes Mined	t	4 883 606	8 356 879	31 213 654	41 784 395	41.56 %		
Tonnes Blasted	t	5 221 586	9 507 452	32 883 812	47 537 260	45.08 %		
Total Metres Drilled	m	101 226	107 376	466 780	536 880	5.73 %		
Total Tonnes Drilled	t	0	9 507 452	0	47 537 260			
Ore Tonnes Crushed	t	284 309	958 506	1 176 514	4 792 531	70.34 %		

图 4.5.3　智能集成平台综合报表示例

4.5.3　项目应用情况

湖山项目采矿生产系统的智能集成及冶炼厂的智能集成均已投入使用，通过智能集成平台的上线投用，极大提高了日常生产数据的采集效率，并保证了数据的准确性，同时借助图形可视化的关键生产指标报表，为管理者提供了及时、全面的决策依据。

湖山项目是中广核在核燃料领域“走出去”的重要一步，可以说目前已经打造成为行业标杆。在可预见的未来，湖山铀矿的成功实践必将推广应用到中广核集团其他铀资源开发项目中，也会为国内同类企业提供宝贵经验。

（1）实现全厂主要生产系统与 ERP 集成

通过智能集成平台将湖山项目应用到的 SAP 系统、采矿车队管理系统、油料管理系统、轮胎管理系统、冶炼厂生产执行系统有机地联系起来，实现各系统间数据按需要互传，完成了数据的自动采集、处理、分析、互传、展示，减少了人工环节，将人从大量重复的手动工作中解放出来，并且能保证数据的准确性和统一性，打破了信息孤岛，实现了企业信息流从分散到集中、从人工到智能的全程管控。

（2）实现了多系统数据的及时综合展示

通过在智能集成平台上分析计算采集到的各系统数据，实现了在网页端的全厂重要指标的图形化报表展示，及时客观地反映出生产的总体情况，并对关键指标进行多维度、趋势性分析，有效地支持了业务处理过程的优化和企业战略决策，促进了企业管理水平进一步提升。

（3）快速整合现有系统并可持续扩展

智能集成平台具有多种预装接口，当前使用 BAPI 与现有 SAP FICO/MM/PM 等模块连接，利用 Web service 与轮胎管理系统通信，利用 JDBC 与其他生产系统连接。而且平台本身具有设备层接口，可以直接与过程控制层的罗克韦尔 PLC 通信，获取最基础生产数据。丰富的预制接口也保证了项目的快速部署，降低了实施难度与实施成本。

4.6　基础设施建设

4.6.1　国际链路需求

项目最初阶段，斯科公司总部设立于纳米比亚首都温得和克，项目设计人员办公地点设立在南非首都约翰内斯堡（Johannesburg），项目建设、管理人员主要在纳米比亚斯瓦科普蒙德市区办公。

在公司发文、邮件往来、内部电话、视频会议等诸多与国内互联互通需求推动下，开通非洲地区与深圳国际网络专线势在必行。

国际链路贯穿全球各国家、地区网络 POP 点，电信运营商需要协调各方资源，开通、运维难度很大，特别是在作为最后一环的纳米比亚电信基础设施处于比较落后的情况下。2012 年年底，斯科公司委托 CIT 开展斯科公司信息化规划建设。而作为数据传输“大动脉”的国际链路，势必克服困难完成开通。

CIT 网络专业人员调动中国联通、中国电信、中国移动三大运营商展开资源调研。对于纳米比亚，三大运营商均表示“陌生”“比较难找资源”。最终，中国移动联系其合作伙伴英国电信完成资源调研。

链路服务包括点对点，多点互通等连接方式。考虑斯科公司最初办公点布局情况，选取了多点互通的 MPLS VPN 链路服务。评估用户数、链路成本，分别开通了深圳 4 兆带宽链路，其余 3 个办公点 2 兆带宽链路（见图 4.6.1）。

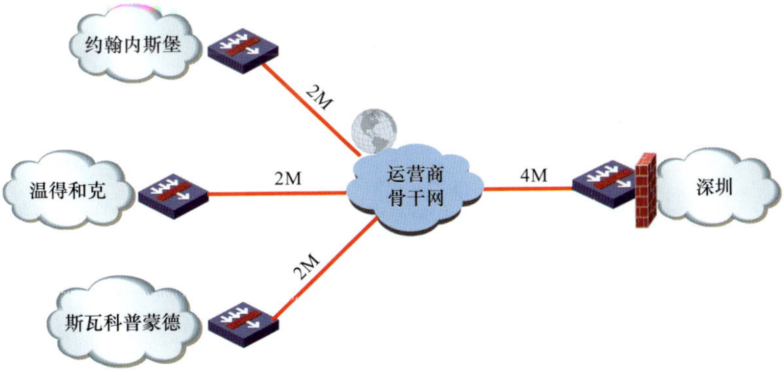

图 4.6.1　运营商骨干网

随着国际链路开通，与国内互联互通的 IP 电话、视频、办公邮件、OA 系统逐步在斯科公司推广开来，外方员工通过视频连线北京同事、中方员工随时通过 IP 电话联系总部及家人成为现实。

经验：开通企业分支办事处网络，广域网链路必须最早做筹划。

4.6.2 国际链路开通

2012—2014 年，斯科公司中方外派员工逐步由最初 20 人左右增加至 80 人左右。为方便沟通，外方员工开始统一使用 CGN 邮件等办公应用；与国内视频会议连线日渐频繁。诸多因素致使温得和克/斯瓦科普蒙德 2 兆专线带宽“捉襟见肘”，视频连线出现马赛克、IP 电话通话经常“喂、喂、喂”、邮件“半天”收不到发不出。扩容国际链路带宽，优化使用效率迫在眉睫。

相比于 2012 年年底对纳米比亚的陌生，对纳米电信运营商的难以沟通，2014 年开始，斯科公司已经逐步在纳米比亚土壤扎稳根，名声在外。斯科公司 IT 部门凭借公司的“名头”，积累了诸多电信运营商资源以及 IT 渠道商资源。进行诸多调研之后，开始意识到，只有再次引入竞争，才能“提速降费”。

通过公开招投标，斯科公司引入中国移动公司、中国电信南非公司、中国联通欧洲公司、纳米电信公司、法国电信公司等多家电信运营商竞标。

最后，IT 部门与采购部门综合考虑之后，选择了价格合理，具备良好服务实力的中国电信南非公司，并将斯瓦科普蒙德、深圳带宽扩容为 8 兆，切实做到了“提速降费”，如表 4.6.1 所示。

表 4.6.1 “提速降费”情况

地点	旧链路带宽	旧链路价格	新链路带宽	新链路价格
深圳	4 M	19 000 元人民币	8 M	17 000 元人民币
温得和克	2 M	52 000 元人民币	办公点取消	无
约翰内斯堡	2 M	19 000 元人民币	2 M	13 000 元人民币
斯瓦科普蒙德	2 M	70 000 元人民币	8 M	55 000 元人民币

经验：国际链路租赁费用昂贵，特别是链路最后一段贯穿于纳米比亚这样的电信基础设施落后的国家，租赁费用更是“天价”。国际链路跨洲跨国跨运营商，运维往往响应慢、变量多，选择可靠、有技术实力、国际电路资源丰富的大运营商很重要。

4.6.3 办公网建设、扩展和优化

2014 年，斯科公司（主要指斯瓦科普蒙德）网络基本处于“家庭网络”状态。CGN 办公内网由国际专线加 3 台交换机承担，Internet 外网由 ADSL 线路加几台家庭无线路由器组成。

此种规模网络，无论是稳定性还是容量，已经无法满足企业级用户需求。

2014 年 6 月，温得和克办公点取消，温得和克办公点员工陆续搬入斯瓦科普蒙德办公室，原本性能堪忧的网络环境，随着用户增多，暴露出的问题也越来越多。

网络扩展无法等待，网络性能优化也必须进行。2014 年下半年，推动完成斯瓦科普蒙德湖山办公楼网络扩展的同时，开始着手 CGN 内网国际链路扩容、Internet 外网整体“大换血”式优化。与此同时，斯瓦科普蒙德另一办公点 Kraal Street、湖山矿区临时办公点 Block A/B/C 网络需求也日渐增多。

艰难满足“内需”的同时，与布线承包商、网络设备渠道商、电信运营商的种种“外战”几乎每天重复上演。内忧外患让网络建设人员每天焦头烂额、举步维艰，2014 年对于 IT 基础设施建设人员来说，可以说是“水深火热”的一年。这一年，似乎纳米比亚常年阳光明媚的蓝天每天都是灰色的。

但在艰难的困境中会有超乎寻常的成长速度，随着得到内需用户逐步理解，随着与承包商、渠道商捋清责任关系，随着电信运营商慢慢加快响应速度，前进的脚步也稳步迈开。

2015—2016 年是湖山矿区如火如荼的建设年，将 CGN 办公网及 Internet 网延伸至湖山矿，并建设完成湖山矿 50 余处办公点局域网成为工作重点。

需求接踵而至，采购流程却艰难漫长，克服这之间矛盾一直是长期困扰 IT 网络建设的难题。所幸的是，经过 2014 年的挣扎，设备渠道商、布线承包商等环节已经打通，基础设施团队从多次合作过程中筛选出在纳米比亚值得信任的渠道商和承包商。

通过网络一期、二期总体建设项目以及多次批量采购、与布线承包商签订框架合同方式，湖山矿区网络建设所需设备、所需人力支持都得到很大程度的解决。加之进一步对于斯科公司网络规划的深入解读、在探索中总结阶段性建设经验，基础设施团队不仅稳步建成湖山矿区大规模的办公局域网，也对工控网建设、车队调度专用网建设、监控门禁网络建设给予了支持（见图 4.6.2）。

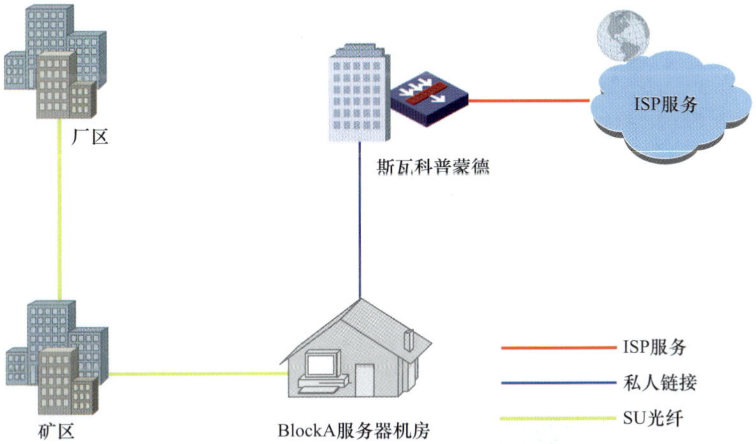

图 4.6.2　办公网建设、扩展和优化

经验：统筹规划、适时调整，宏观规划需要逐步实现。充分结合当地资源，获取值得信任的合作伙伴。满足需求优先，效果优化逐步实现。

4.6.4　城际链路及厂区通信

（1）城际链路开通

在将网络从斯瓦科普蒙德市区延伸至湖山矿区过程中，也发生了很多“纳米比亚式”

的故事。

湖山矿区地处斯瓦科普蒙德市区 60 km 以外的荒漠地区，2012 年基本无电信基础设施。纳米比亚电信光缆资源仅延伸到斯瓦科普蒙德市区 40 km 以外的 Arandis。为解决湖山矿区通信问题，纳米比亚电信在 Arandis 山顶部署微波基站，得以将专线服务延伸至湖山矿区。

基于微波的线路极不稳定，经常中断、抖动加剧，纳米比亚电信技术人员响应缓慢，经常表示“无能为力”。更甚者，有几次链路中断原因甚至是临时光缆、电线被盗。由此带来的结果是湖山矿区网络也是经常中断、卡顿，故障长时间得不到解决。用户起初表示极大不理解，经过多次解释，最终也只能被迫接受。

2015 年，至湖山矿区光缆终于在千呼万唤中开通，湖山矿至斯瓦科普蒙德办公点专线跑上了快车道。之后虽也偶尔发生因电信机房供电故障导致的网络线路中断，但相比之前的微波线路，已经得到很大改善。

（2）矿区通信方式选择及实现

按照规划，矿区局域网需通过光纤线路实现建筑之间的互联互通。湖山项目总承包商 HPJV 负责矿区总体光缆线路规划、敷设。由于种种原因，HPJV 光纤敷设进度严重滞后。采矿大楼等办公点建设、装修于 2015 年上半年完成，但 Block A 至采矿大楼光纤迟迟未能就位。

等待 2 个月之后，用户看着崭新办公家具、高端厨房用品逐步就位，已经迫不及待陆陆续续搬进采矿大楼新办公室，即便无办公网环境。每当公司领导询问用户为何不回复邮件，“没有网络”便是最好托词。

IT 网络人员面临巨大压力，不得不寻求解决方案。通过询问多方渠道商，选定了一款非常合适当时应用场景的产品：ubnt Airfiber。该产品稳定（24 Ghz，无干扰），传输距离远（最远可达 13 km，满足矿区 5 km 左右传输距离），吞吐量大（甚至高于一般 1G 光/电接口，可满足采矿大楼 100 个左右的用户需求）。得到产品后，安装调试又成了难题，渠道商很少用这款产品，对安装调试不熟悉，所以当斯科公司决定从渠道商购买该产品时，渠道商只承诺可以供货，但是不提供安装调试服务。

通过研究官方技术说明书，搜索论坛安装调试经验，斯科 IT 人员亲自爬上通信铁塔测试，终于完成矿区微波线路调试（见图 4.6.3），采矿大楼网络得以艰难开通。

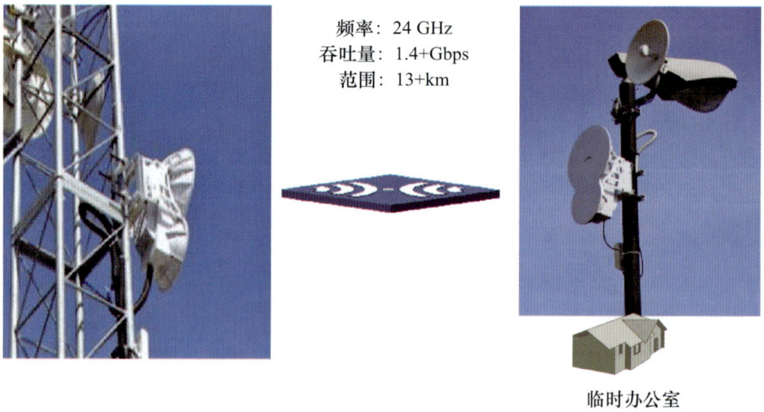

图 4.6.3　点对点微波无线骨干网

经验：因地制宜、敢于寻求新解决方案。不怕困难，迎难而上。露天矿区环境下，比较适合无线网络建设方案。要建设无线骨干网络，通信基站必须先行架设。

解决集中办公点无线骨干连接难题之后，矿区零散办公点（数量多、分布零散，办公点人数少）需求又大量涌现，光缆资源在短时间内仍然无法就位。而上述点对点微波无线网建设成本高，且为点对点形式，不适用零散办公点无线骨干网建设场景。

经过咨询、探索，点对多点无线骨干网络建设方案适时而生。完成 60 M 通信塔主基站架设之后，每当用户提出零星办公联网需求，IT 人员只需在相应办公点（散落在矿区各角落的无光纤资源办公点、临时集装箱、板房等）架设分站，即可快速实现用户联网需求（见图 4.6.4）。该方式虽然传输距离、吞吐量、稳定性均不如点对点微波线路，但就灵活性、快速满足用户需求、减小 IT 人员工作量方面而言，要强于点对点微波。

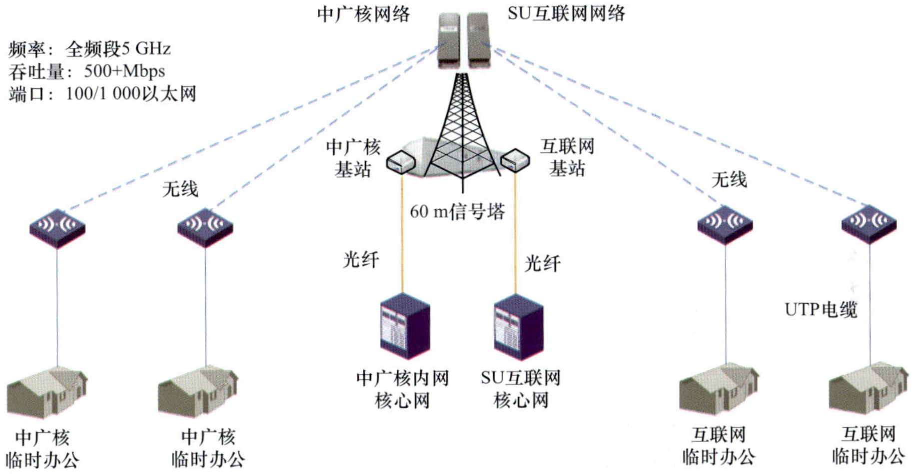

图 4.6.4　点对多点无线骨干网络

即使使用点对多点建设方案，由于临时办公点较多（从开始搭建无线骨干网到光缆资源就位，约架设 15 处分站），仍给网络人员带来不少工作量。特别是每次架设分站，都需要借调升降车，协调专业升降机操作员。为加速建设工作，外方网络工程师甚至不得不自行考取了升降机操作资格证。

4.6.5　服务器及机房（临时、永久）的建设

（1）机房/数据中心规划以及矿区过渡/永久数据中心建设

如果说网络是信息化的“血管”“神经”，那么数据中心便是信息化的“心脏”“大脑”。作为办公、业务、生产数据的处理、存储中心，根据业务种类、用户数量、实际情况做好机房、数据中心规划极为重要。

斯科公司信息化业务种类较多（前面应用章节已经介绍），用户数量也不少，相关生产类业务要求严格（基本不能接受数据丢失，业务中断）。

为保障办公、生产业务顺利进行，斯科公司建设初期委托 CIT 进行了专业的总体机房、数据中心建设规划。按照总体规划，并结合斯科公司发展过程、纳米比亚当地情况，IT 部门制定了总体建设思路。

① 建设初期，以湖山楼（Husab Tower）机房为主数据中心，部署核心网络，部署 EPR、办公类服务器平台，部署电话网关等（见图 4.6.5）。

图 4.6.5　湖山楼与湖山矿位置示意图

② 建设中期，满足矿区生产需求，选取临时机房作为矿区数据中心，部署急需上线的生产系统，同时完善湖山楼主数据中心。

③ 建设后期，建设完善的矿区采矿、水冶专项数据中心。湖山楼作为数据灾备中心（见图 4.6.6）。

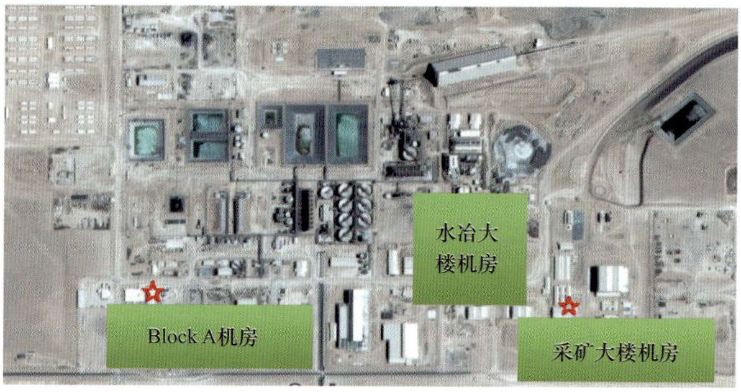

图 4.6.6　湖山矿区数据中心位置图

（注：图中实际距离约为长 5 km × 宽 3 km）

最初湖山楼机房的供电、制冷、防火等均存不满足企业数据中心要求。除了联系供应商改善制冷、修复防火系统、增加环境检测，最让 IT 人员头疼的是建造 UPS 配电房、牵头装配整栋楼的柴油发电机。但迎难而上一直是 IT 人员坚持的作风，通过努力，湖山楼机房逐步完成整体改造。

矿区临时机房，最初希望采购集装箱式可移动整体机房，但由于造价较高，在公司领导及其他部门支持下，将 Block A（临时办公板房）的一间办公室改造为矿区临时机房。

随着 HPJV 总承包商完成矿区永久机房（采矿水冶）建设，斯科公司数据中心架构逐步实现规划最终预想。

（2）服务器平台建设

对于承载业务的服务器平台建设，斯科公司 IT 部门也经历一番挫折。

一期硬件平台建设由斯科公司委托 CIT 进行建设，主要包括活动目录 AD、虚拟化平台、集团内部子邮局、SAN 存储、备份系统、防病毒服务器，防水墙系统、打印服务、ERP 服务器（部署 SAP、MII 等）。

经历到货延迟（中国境内供货），发货、运输、清关阻碍（中国运输至纳米比亚），实施人员签证过期、续签等困难，项目实施于 2014 年年中进行。因前期准备工作做得较为充足，实施过程中除了遇到机柜不匹配问题，其余过程均按预想完成。

有了一期硬件平台，大部分斯科公司专用业务均由国内迁移至了纳米比亚本地，用户访问相关业务不再受国际链路时延高、拥塞的影响，用户体验得到极大提升。

与用户体验极大提升随之而来的，是 IT 人员对服务器平台运维问题。纳米比亚境内，只有一家 IBM 服务器金牌合作商 Green，EMC 存储服务商只有南非才有。当斯科公司 IT 部门拿着国内采购的维保服务找 IBM 服务商支持时，IBM 告知，中国的维保服务，只有少部分能转移至纳米比亚，而其他部分，需要再采购。被逼无奈之下，IT 部门不得不忍气吞声，花高价购买了纳米比亚本地 IBM 维保服务。与此同时，培养 IT 部门服务器运维人员能力也成为 IT 团队建设的重中之重。

有了一期硬件平台建设经验，采矿、水冶服务器平台建设由 IT 部门自行主导，通过纳米比亚本地采购的建设方式完成。采矿、水冶服务器平台，分别部署于采矿、水冶数据中心机房，系统数据层面采取互备方式搭建。而采矿、水冶数据的整体灾备中心，位于斯瓦科普蒙德市区的湖山楼。

经验：大型 IT 项目，尽量采取本地采购及本地团队建设、运维方式。

4.7　现场通信系统建设

4.7.1　矿区通信系统实施背景

（1）系统布局

通信系统的设计与部署基于斯瓦科普蒙德市内办公楼以及矿区内不同功能区的生产运营要求，为终端用户提供语音、视频、数据交换服务，全天候及时保障生产运营的通信需求。

纳米比亚斯瓦科普蒙德市区到矿区再到中广核实现内部电话短号互通，实现“0”话费语音沟通；同时在各点建立视频会议系统，实现面对面“0”距离视觉效果。

自主运维的无线对讲通信网络，可承载数据和语音业务；分布式的基站，使整个湖山矿作业区和办公区实现“0”盲区全方位覆盖。

自主运维的门禁系统，利用车闸、十字旋转门、读卡器、控制器等终端设备，根据不同区域进行门禁分级授权刷卡权限，使全矿区车辆人流进行数字化、信息化的控制和管理，实现“0”缝隙，为矿区交通出行安全夯实了基础。

自主运维的数字模式 CCTV 视频监控系统可支持远程管理操控，超高清晰的视频解析、全方位的点面覆盖，实现“0”死角，实时保障矿区安全。

（2）骨干网络

从斯瓦科普蒙德市区至矿区，租赁纳米电信运营商两条光纤链路（80 MB&20 MB）和一条 10 MB 微波传输备用链路用于传输集团内网（CGNPC）和外网（Internet）（见图 4.7.1 和图 4.7.2）。

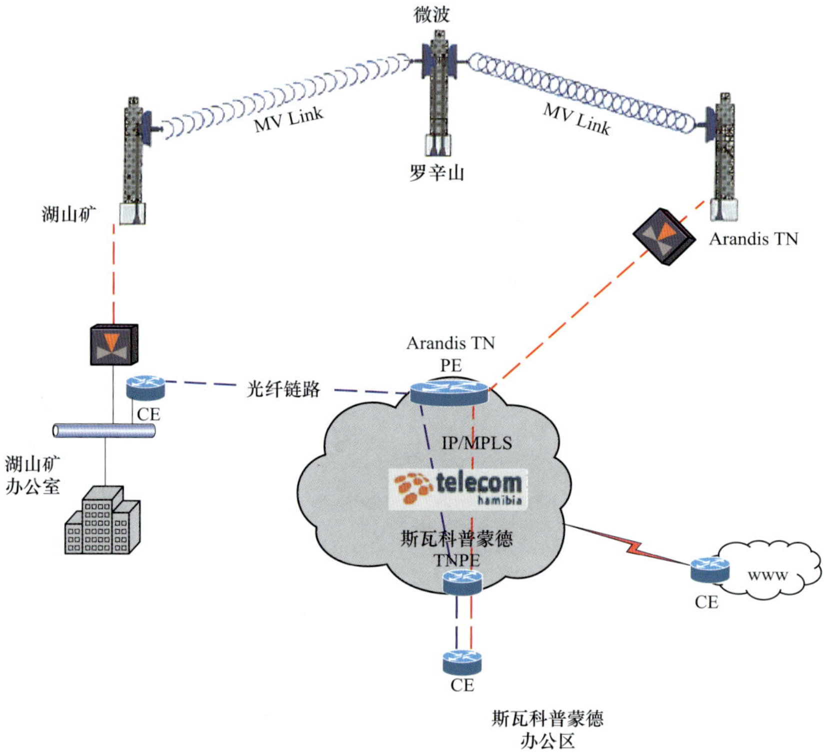

图 4.7.1　光纤链路图

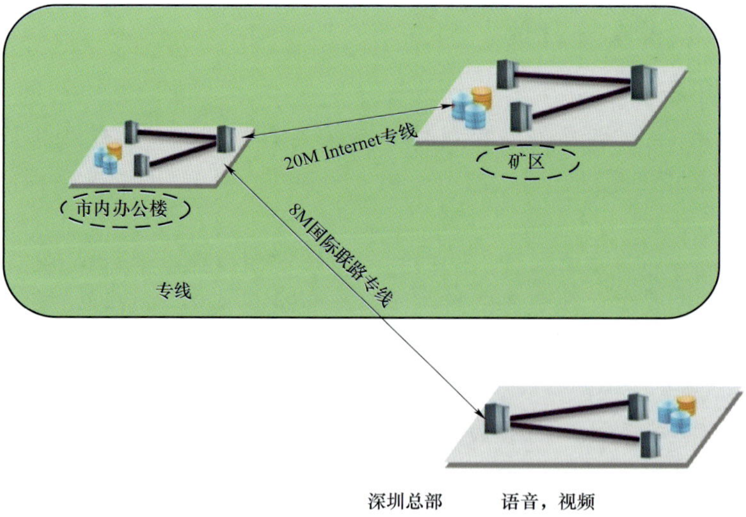

图 4.7.2　微波传输备用链路

4.7.2　矿区通信系统

（1）无线对讲

为实现整个湖山矿作业区以及办公区覆盖，系统采用了摩托罗拉数字双向对讲语音系统（Mototrbo Digital Two-Way Radio System），可承载数据和语音业务，建有分布式基站，使矿区和办公区实现“承载数盲区全方位覆盖”。

为实现矿区和办公区之间的通信要求，分别根据不同的地理特性，部署了 5 个中继站（不包括主服务器基站），其中因两个矿坑不断变化等因素，设计了 2 台装有太阳能供电系统的移动式拖车基站，可根据矿坑的变化，信号的覆盖情况灵活部署，利用本地充足的光照能源，安装太阳能供电系统，在非充电状态下设备运行时间可连续保持 20 h，保障了中继设备以及传输设备的稳定运行（见图 4.7.3～图 4.7.5 和表 4.7.1）。

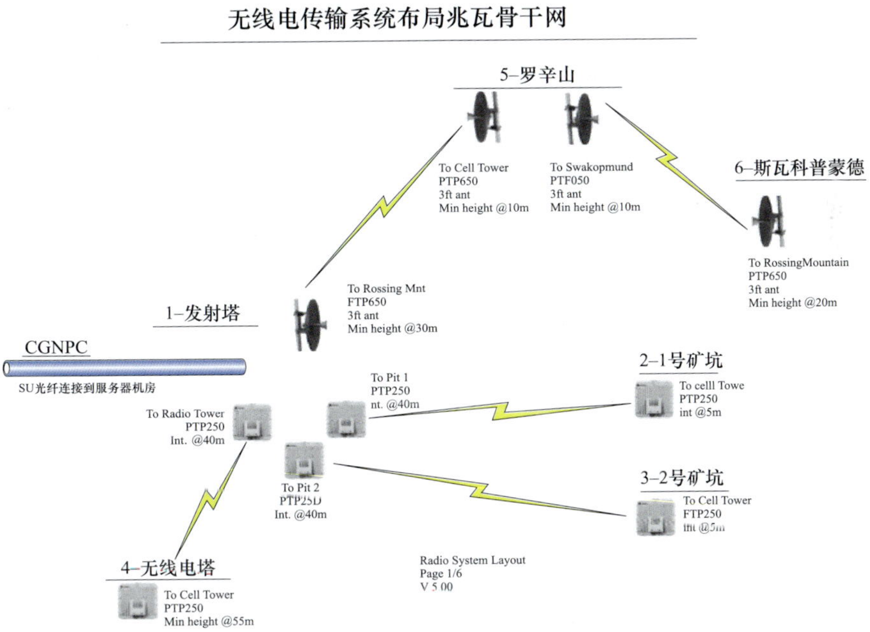

图 4.7.3　无线对讲系统

图 4.7.4　装有太阳能供电系统的移动式拖车基站

表 4.7.1　无线对讲系统类型及基站信息

系统名称	设备类型	主站和子基站信息
Mototrbo Digital System 摩托罗拉	① 手持终端（847 台） ● DP4401 ● DP4400 ● DP4801 ② 车载终端（256 台） ● DM4600 ③ 中继设备（24 台） ● DR－3000	主站：发射塔（高 60 m） Site 2：斯瓦科普蒙德 Site 3：1 号矿带移动拖车基站 Site 4：2 号矿带移动拖车基站 Site 5：罗辛山 Site 6：无线电发射塔（高 60 m）

图 4.7.5　通信系统设备

（2）语音视频系统

语音视频系统为实现全矿区以及与市区办公区之间，矿区与集团各基地之间的日常生产办公的通信联络，运用了业内三大主流系统设备，包括：

① Avaya IP 电话，利用总部系统服务器资源，市内部署 1 台中继服务器，100 部 IP 电话终端，系统稳定（见图 4.7.6）。

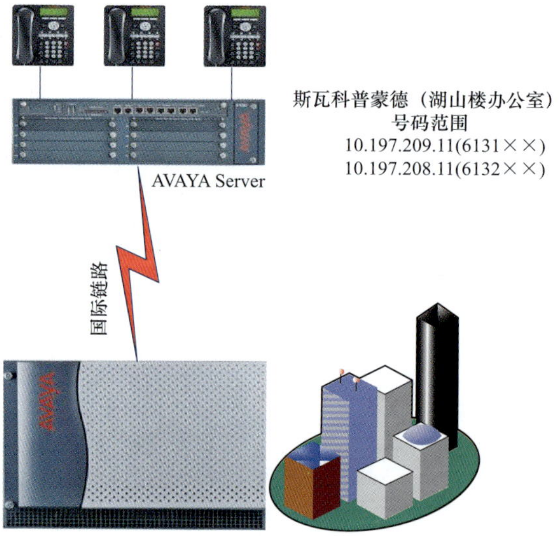

图 4.7.6　Avaya IP 电话

② Siemenz 西门子本地电话系统，分别在市区办公楼和矿区部署两套语音交换服务器（Hipath 3000），现使用 300 部 IP 电话终端（见图 4.7.7）。

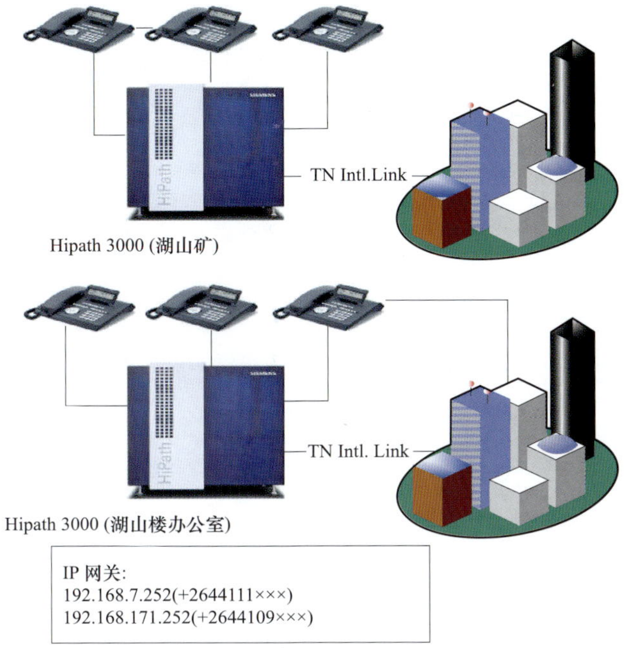

图 4.7.7　Siemenz 西门子本地电话系统

③ Polycom 视频会议设备采用桌面式和立地式终端设备，已部署 14 套视频会议系统（见图 4.7.8）。

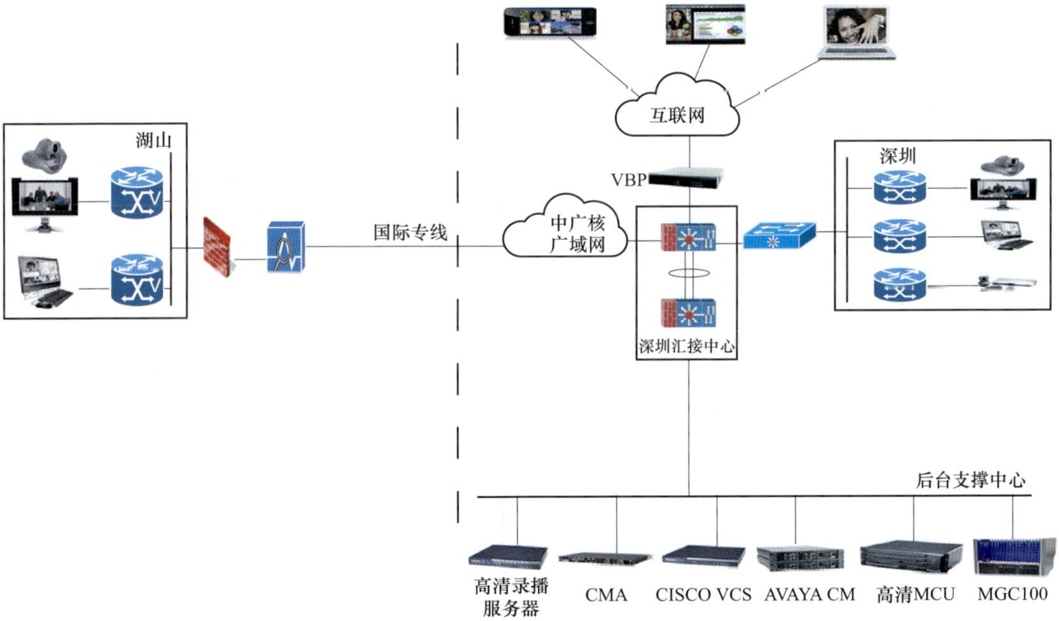

图 4.7.8　Polycom 视频会议设备采用桌面式和立地式终端设备

4.7.3 安防系统的建设

主要实现重要出入口人员和车辆的控制和管理，主系统采用南非生产的 Impro 系统及配套终端设备，如门禁控制器、读卡器、道闸、十字旋转门、工业级酒精测试仪等（见图 4.7.9）。

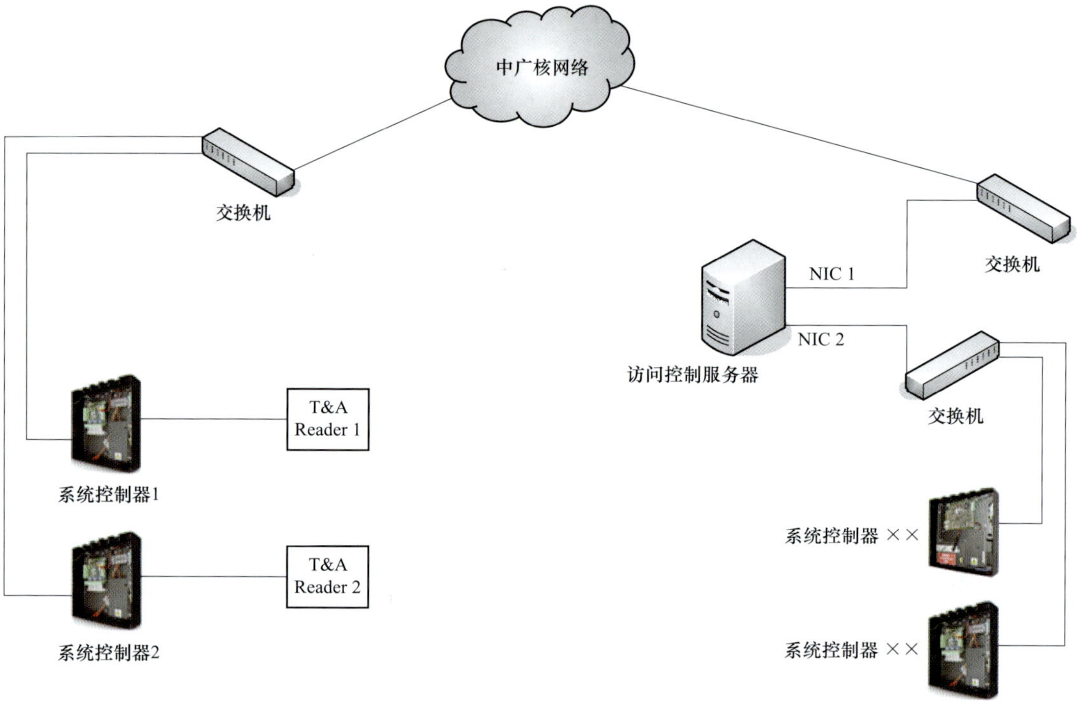

图 4.7.9 安防系统

安防系统使用情况见表 4.7.2 和图 4.7.10。

表 4.7.2 安防系统使用情况

系统名称	系统组件	已投入使用	
Impro IXP400i（厂家来自南非）	• 双向/单向十字旋转门 • 道闸 • 读卡器 • 门禁控制器 • 系统控制器 • 工业级酒精测试仪	• 营地 • A，B，C 座 • 厂区门楼 • 矿区门楼 • FPR 更衣室 • 采矿警卫室 • 厂区警卫室	• SX • 氨存储罐 • 起重机车间 • 矿石加工实验室 • 矿井正门 • 所有服务器机房 • 备用服务器等

湖山矿建设的通信及安防系统总体上运行稳定，故障率低，使用效果良好。通过各个系统的开发建设，IT 人员积累了宝贵的建设运营经验，为实现数字化矿山目标，奠定了夯实的基础。

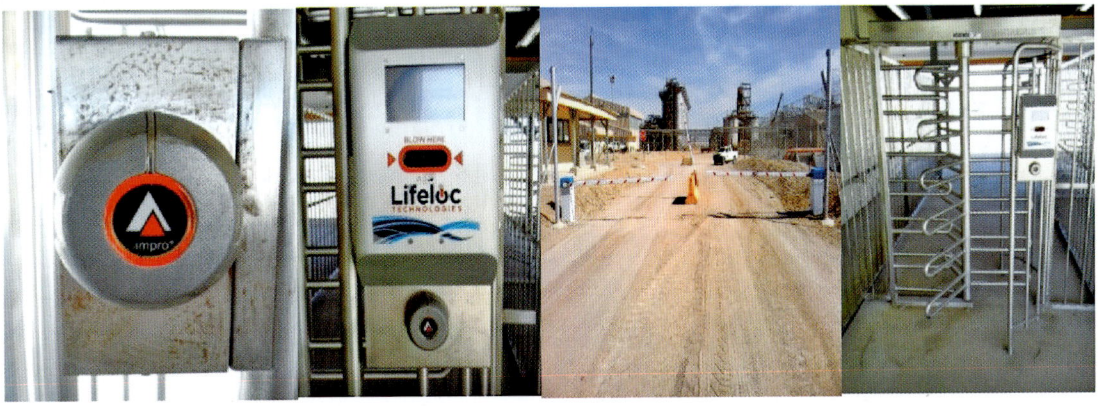

图 4.7.10　安防系统设备

4.8　客服体系建设

IT 客服是信息化部门对外服务的窗口，而客服的表现直接体现了 IT 部门的能力，所以客服人员技能的全面性和专业性十分重要。CIT 每个 IT 外派人员无论是基础设施、通信还是应用软件的人，都需要掌握基本的客服技能（如安装 Windows 操作系统和 Office 办公软件、解决用户电脑出现的各种疑难杂症），以便能够第一时间为公司用户提供及时有效的服务。

IT 客服的主要职责是客户端软件的安装及运维支持、电脑/打印机/投影仪的需求统筹和采购安装及支持、应用软件的一线运维支持、IT 资产管理和 IT 呼叫中心。

随着斯科公司人员规模的不断扩大，IT 电脑的需求也逐步增长，为了方便统一管理以及运维电脑客户端，在电脑采购时尽可能选择同一种品牌，考虑到联想是中广核战略合作伙伴同时也是国产品牌，为首选采购品牌。由于我们是大客户，也促进了本地 IT 供应商加大了联想电脑在纳米比亚的库存和售后服务点的增加。电脑品牌统一后对于电脑的系统安装，根据情况将同类型电脑使用统一的系统设置和统一的办公软件安装，再制作成克隆包，这样就可以高效完成电脑安装并送到用户手上。湖山现场办公地点较为分散，为了及时提供客服支持，每个较大的办公地点都会至少有 1 名客服工程师，同时保证 1 台客服车辆，保证能够将服务支持到现场的每个地方以及进行这些区域的会议室 IT 设备定期巡检。

在最初用户寻求 IT 支持的主要方式是发邮件或打 IT 客服工程师的电话，但对用户尤其是新用户存在一定难度，同时对于管理人员来说也很难跟踪 IT 服务请求以保证用户满意度，为了解决这个问题，IT 部门建立了 600 号呼叫电话和 IT600 客服管理系统（http://it600），给用户寻求 IT 支持提供了工具和平台。

第五章　风险管理、内部控制与内部审计

湖山项目是中广核跨境、跨界、跨市场的重大投资项目，具有国有企业“走出去”过程中的各种风险隐患。通过对项目风险管理、内部控制和内部审计等方面的总结，对于中广核及其他国内企业对外投资和国际市场开拓等具有重要的参考意义。

5.1　风险管理、内部控制与内部审计的关系

风险管理、内部控制和内部审计三者相互作用、相互影响、相互促进、相互渗透，三者都是公司治理的组成部分，如图 5.1.1 所示。

风险管理指识别、评估、管理和控制潜在事件的过程，目的是为实现组织的既定目标提供合理保证。内部控制是组织出于管理的需要而建立的既相互联系又相互制约的管理体系，是帮助组织实现目标而采取的各种措施，目的是强化和完善组织的内部管理。内部控制要控制的就是风险，内部控制通过风险评估来找出业务的关键风险点，选择对组织影响大的风险点进行管理，从而把风险控制在公司的风险能力范围内。内部审计通过改善组织在治理、风险管理和内部控制方面的有效性，帮助组织实现目标。

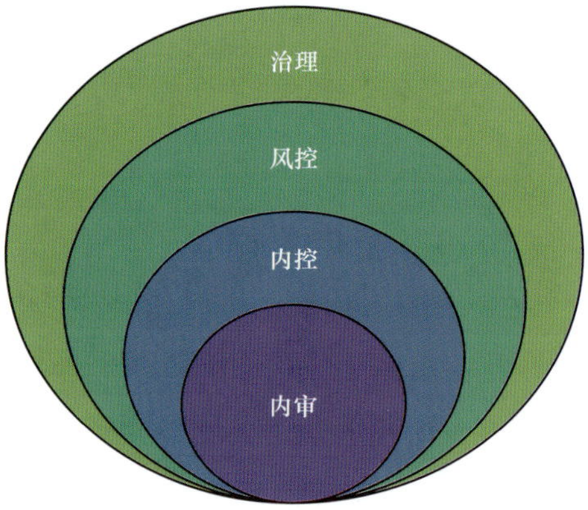

图 5.1.1　公司治理与风险管理、内部控制和内部审计关系

5.2　斯科公司风险管理、内部控制与内部审计的特点

斯科公司作为纳米比亚的一家矿业公司，也是新近发展起来的公司，职能部门之间的分工不像国内大型企业一样的精细化和明晰化，做到完全遵循不相容职务分离等内部控制原则有一定难度。斯科公司在组织构架上将内部审计、风险管理、内部控制建设与维护职能一体化，承担内部控制建设和风险管理的部门也同时负责内部控制评价和风险管理评价。中方接管公司后一直重视合法合规经营、审计及风险管理等方面的工作，2013 年上半年至 2016 年年底，设置了合规与风险管理副总裁及审计与风险管理部门推动审计与风险管理工作，合规与风险管理副总裁由曾在中广核工作过的法国电力公司人员担任，审计与风险管理部门由中方外派人员负责。

审计与风险管理和内部控制职能一体化办公的优点是能够节省人力成本，充分发挥风险与内控、与审计管理协同和联动效益，减少管理接口，提高工作效率，缺点是不符合内部控制不相容职务应分离的原则。根据斯科公司各级《授权管理规定》，内部审计、内部控制和风险管理方面的重要规章制度，以及定期的内部审计计划和内部审计报告、内部控制自我评估报告、风险管理报告等，均需上报董事会批准。

5.3　风险管理

在湖山项目工程建设期间，斯科公司风险管理借鉴中广核集团、法国电力公司和纳米比亚矿业行业等国内外企业开展风险管理的经验，逐步建立健全具有斯科公司特色的风险管理体系。

5.3.1　风险管理组织

2013 年 1 月召开的斯科公司第 3 次董事会批准成立了审计与风险管理部，风险管理职能是斯科公司最早设立的职能之一。中方接管斯科公司后就着力建立全面风险管理与组织体系和责任体系，把全面风险管理作为管理提升的一个重要内容，将风险管理与斯科公司日常管理及内部控制紧密结合，将各项风险管理控制措施落实到具体的业务管理活动中。

董事会是公司全面风险管理的最终决策机构，负责审批公司重大风险事项。董事会下设审计和风险管理委员会，斯科公司总经理是公司风险管理第一责任人，同时设立审计与风险管理部负责风险管理日常工作。铀业公司由规划经营部具体负责接口，对斯科公司风险进行监督、指导、追踪及管理工作。

斯科公司按“两级”“两层”搭建公司风险管理组织体系，“两级”是指部门级和公司级；“两层”是指项目层和经营层。“部门级”由各部门负责，开展本部门职责范围内的风险识别、风险防范工作，并进行职能监督，例如报销凭证不合规经财务审核后会被退回；“公司级”由特定的监督部门负责，包括安全质保部门和审计与风险管理部门。“项目层”以湖山项目工程建设投资、进度、安全和质量四大控制为总体目标进行风险防控；“经营层”从合法合规、人力资源、财务等方面进行公司层面风险的监控和防范，通过建立一套完整的风险监控指标，全方位反映公司经营运作的实际情况，对影响公司经营目标实现的各类风险进行预测和积极防范。

5.3.2　风险管理的原则及分类

根据斯科公司《全面风险管理程序》，斯科公司风险管理包括下述 7 个主要原则。

① 全面性原则：风险评估覆盖公司活动各个领域，考虑外部变化和影响。

② 分级分层原则：风险分析在公司、部门和项目层级开展，使得每个管理人员能够关注自身领域的重点风险。

③ 合议原则：风险分析报告反映管理人员和员工之间在面对各种意见后达成的共识。

④ 方法一致原则：各种风险分析采用同一工具和方法，以确保一致性。

⑤ 相关性原则：风险分析报告反映管理人员对风险的设想和实际情况。风险分析报告

被定期审查以适应业务的实际情况。

⑥ 风险归属性原则：风险责任领导和风险主管人负责控制风险，同时审计和风险管理部负责协调和推进风险分析以及风险控制活动的实施。

⑦ 有效性和持续改进原则：风险控制策略有效性通过相关性衡量，风险管理流程的有效性需针对改进情况定期进行自我评估。

湖山项目建设阶段风险按工程、生产、财务、管理、人力资源、法律/企业形象/声誉、市场/销售七大类分类进行管理。

5.3.3 风险管理汇报机制

斯科公司风险管理工作按照董事会批准的《内部控制和风险政策》和总经理部批准的《全面风险管理程序》开展工作。

根据斯科公司《全面风险管理程序》和各级《授权管理规定》以及斯科公司的实际情况，湖山项目矿建阶段斯科公司每年开展两次风险评估，这种不同于每年一次的常态风险评估方式，使斯科公司风险管理能够根据风险权重和风险水平及时调整内部控制策略和改进行动，更加突显斯科公司以风险动态管理提升整体风险管控能力的特点。

斯科公司每月在月度 PBA 报告中向铀业公司汇报重大风险监控情况，每半年向铀业公司报告重大和重要风险控制措施执行情况。

5.3.4 斯科公司风险管理的步骤

斯科公司风险管理步骤如下：

回顾公司背景→分析公司经营所处的阶段→识别公司危险点→识别薄弱点→审查已有风险，确定权重→识别风险点→评估风险→选择重大风险并指定总经理部的分管领导→确定风险控制策略→验证风险点与危险点的相关性→详细描述、验证、批准和分发风险管理报告→跟踪落实风险控制策略执行情况→定期进行风险分析。

5.3.5 危险

危险是由主要利益相关方或对其造成的、一旦发生会导致组织出现严重或致命危害的情况。危险是结果，风险是起因。一个风险对一个危险的影响结果可能或强或弱，一个风险可能会对几个危险产生影响。管理就是要研究风险、掌控危险，降低风险转化为危险的概率。

2013—2016 年工程建设期间斯科公司识别的危险点如下。

D1：与股东有关的危险（投资、进度、预算、盈利方面）；

D2：与纳米比亚政府有关的危险（法律法规、许可证、劳资关系、环境、税务、健康和安全）；

D3：与客户有关的危险（质量、进度、成本、灵活性、沟通）；

D4：与供应商有关的危险（质量、进度、成本、合作关系）；

D5：与纳米比亚社会有关的危险（履行社会责任、社会经济因素）。

经评估，D1 股东满意度是湖山项目建设期最主要的危险。

危险与风险映射关系举例如图 5.3.1（2015 年上半年风险管理报告）所示。

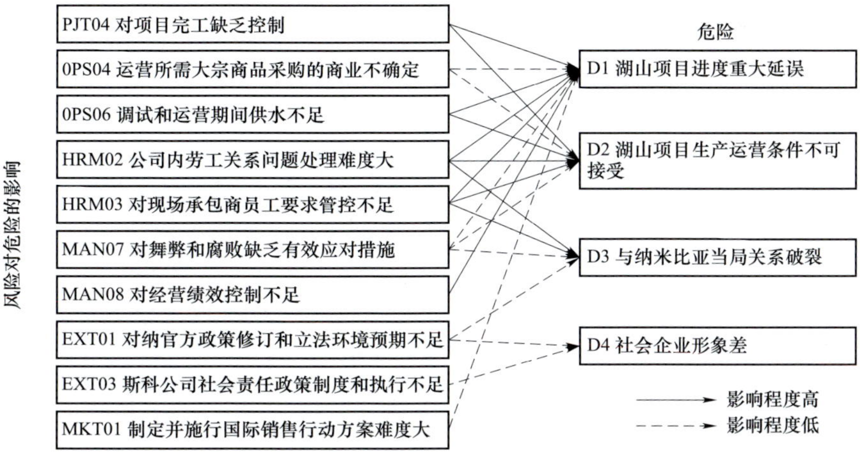

图 5.3.1 危险与风险映射关系

5.3.6 风险量化评估

斯科公司层面和部门层面的风险评估都采用 I－P－C 评价方法，并且评估都集中进行，以防止风险采用不同评价标准。部门风险分析从 2015 年开始在审计合规与风险管理部的推动和协助下开始实施。部门层级风险分析在部门的《管理程序》中有所描述。危险点和风险点相关性在每次风险分析后进行验证，验证图参见图 5.3.2。

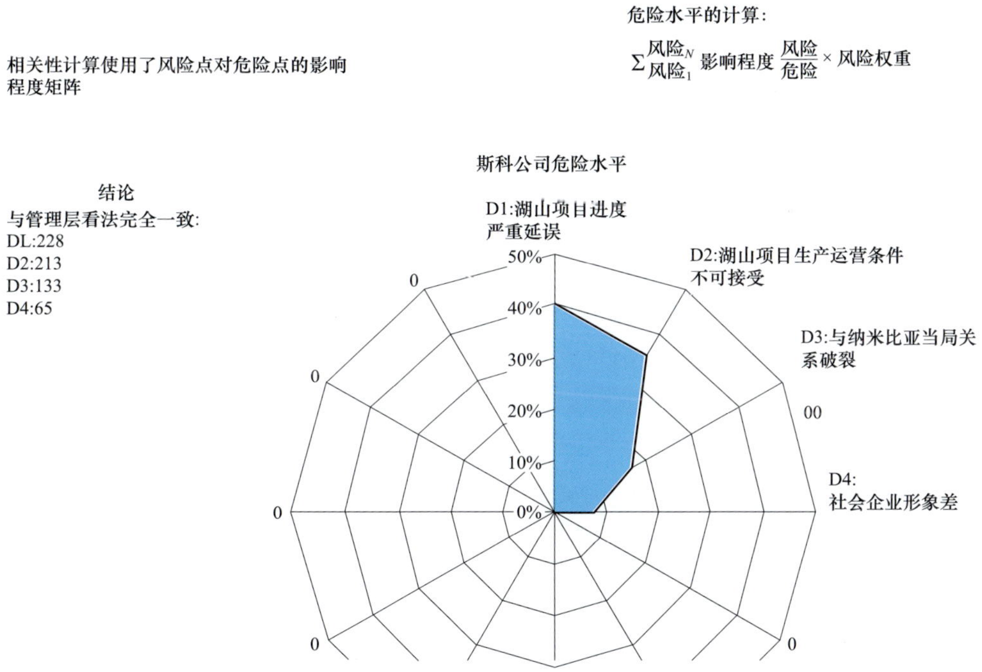

图 5.3.2 风险对危险影响程度验证图

风险评估使用风险权重＝影响程度×发生的可能性×控制级别（I－P－C）方法进行量化，这三者的等级分别从 1 到 5 排列，例如：I 为 3、P 为 4、C 为 3，则 $W=I\times P\times C=3\times 4\times 3=36$。

因此，采用此标准可能产生的最高风险等级为 $5\times5\times5=125$，风险权重分值范围为 1～125，分值越高代表风险越大。

斯科公司在湖山项目建设期间使用的风险评估标准（使用 I－P－C 方法）如图 5.3.3 所示。

项目＼评分	1	2	3	4	5
影响程度（I）	低（暂时性问题）	普通（会影响公司1年经营活动）	高（会影响公司3年经营活动）	主要（永久影响公司活动）	重大（关乎公司存亡）
发生可能性（P）	1%（极不可能）	5%（不可忽视）	25%（可能）	50%（非常可能）	75%（极有可能）
控制水平（C）	高 基于客观基础上的评价（如审计等）	恰当 经理人或专家给出的评价	不确定 和/或令人担忧	低	非常低/不存在

根据实现评估结果，实行风险分级管理

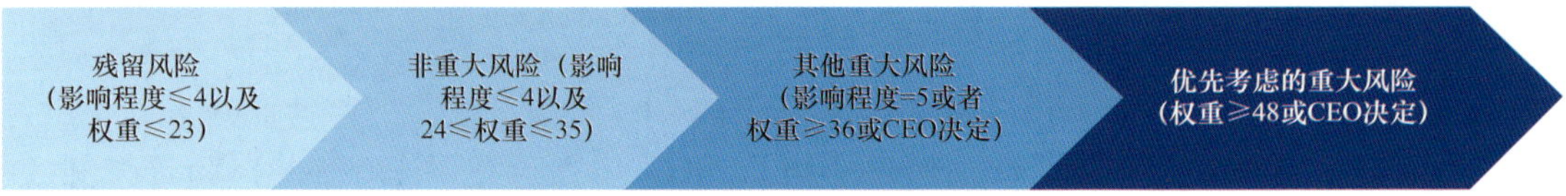

图 5.3.3　斯科公司风险评估标准

5.3.7　风险管理信息化情况

由于采用了适当的风险识别和评估流程，且斯科公司风险数量少（例如 2015 年上半年公司层面仅有 15 个），从成本和效益方面综合考虑，湖山项目建设阶段没有考虑采用信息化监督手段和措施协助风险管理。

在正常业务中，斯科公司通过信息系统规范并固化业务流程，在业务流程的关键环节设置风险监控点，控制关键结点的审批，确保关键风险通过信息系统的技术手段得到控制。

5.3.8　法律有关的风险

斯科公司法律顾问通过建立和持续维护“法律风险清单”对法律风险进行跟踪控制，有针对性地识别并管理斯科公司重大法律风险。铀业公司法律部门对斯科公司法律风险进行日常监督和指导，斯科公司每个季度向铀业公司提交最新的法律风险清单。

5.3.9　“走出去”国际化项目关注风险点

企业“走出去”开展国际化业务，在国内面临的各种风险在境外都可能遇到。但是由于所在投资项目所在国家、地区的政治经济、法律法规、国际规则、宗教信仰、风俗习惯等与国内不同，还可能遇到一些有别于国内的风险。

做好风险管控的根本是全面客观地识别风险源。铀业公司在湖山项目建设前期曾对非洲某中资铀矿项目进行了调研及经验反馈，总结了如下 9 个风险。

① 应高度关注 EPCM 模式下业主能力的建设，防范合同开口风险。

② 应高度关注工程设计，设计前应保证做足够的试验，避免设计缺陷带来隐患。

③ 做好资金保障的高、中、低几套方案，确保资金到位，避免资金风险。

④ 高度关注汇率风险。

⑤ 尽可能争取项目所在地政府对项目的税收优惠或稳定政策，防范税务风险。

⑥ 吃透当地劳动用工相关法律，严防出现用工及罢工等劳工问题。

⑦ 对供应链物流做到精细化管理，降低因不按计划进场而产生的影响工期或提高成本。

⑧ 评估重要水、电、大宗材料等生产资料的保障程度，做好预案。

⑨ 承担社会责任，避免陷入被摊派的陷阱。

斯科公司根据湖山项目建设实际情况，在铀业公司风险“清单”的基础上，进一步细化和总结了如下需关注的风险。

（1）工期延误风险

湖山项目背景复杂，尽管期望实现本地化，但纳米比亚施工企业不能适应湖山工程规模的要求，工程启动后公司管理的所有者发生重大变化，负责编写可行性研究报告的AMEC公司在项目执行中表现出较差的项目管理能力。

湖山项目建设阶段，HPJV 项目总监岗位一直缺乏连续性，执行阶段不断替换。虽然总体上斯科公司工程部人力充足，具备施工管理经验，但工程部人员大多不熟悉 EPCM 合作模式，缺乏矿业项目开发以及与非洲施工承包商合作的经验。HPJV 员工缺乏经验和专业技能，屡屡延迟交货，由于项目施工现场位于纳米比亚诺克卢福国家公园内，施工必须符合本地的环保要求，而缺乏问责机制等根深蒂固的当地文化使问题更加恶化。

上述这些原因导致湖山项目工期存在一定程度的延误。

（2）合法合规风险

中国企业在“走出去”过程中的合法合规风险已经引起越来越多的关注。2018 年 12 月，国家发改委、国资委等部委联合制定发布了《企业境外经营合规管理指引》，对企业“走出去”开展合法合规管理提出了明确的要求。

国内对合法合规风险通过相关制度和规定加以约束，国资委等监管机构强制性要求设立独立的法律部门管理和监督，并建立定期跟踪、汇报和检查，以确保公司合法合规运作。而境外公司可能没有设置专门的法律部门，仅配备了法务人员进行合法合规管理和监督，跟踪和监督力度不如国内，合法合规主要依靠员工自觉维护，因此国际化项目风险管理中需对合法合规风险加以关注。

（3）劳资关系风险

纳米比亚人口少、管理人才稀缺、劳动力技能不高，纳米比亚政府对当地劳工保护力度大，当地工会组织力量强，妥善处理劳资关系存在一定难度，请愿及罢工等劳资关系问题也一直是斯科公司关注的风险。

随着湖山项目建设的推进，HPJV 将湖山现场员工关系管理移交给斯科公司人力资源部。尽管斯科公司采取多种措施促进承包商与其劳工之间建立良好关系，但在 2015 年 11 月仍发生了一起承包商非法罢工事件、2017 年 11 月发生了一起员工和平请愿事件。由于斯科公司快速响应，借助当地警察力量控制局势，由当地人出面与工会谈判，罢工及和平请愿事件很快得以平息，未对湖山项目建设和运营造成影响。

（4）本地化及文化融合风险

2017 年 9 月，COSO（The Committee of Sponsoring Organizations）将 2004 年发布的《企

业风险管理——整合框架》修改为《企业风险管理——通过策略与绩效调整风险》，进一步强调了策略与绩效调整对于防范风险的重要性，建议企业在国际化中充分体现本地化要求，要考虑新的复杂商业环境对风险的影响，要考虑企业文化对风险的影响等。

斯科公司作为国际化企业，中方作为股东在开展公司经营管理时，首先要尊重当地的本土文化，再逐步将中广核企业文化引入当地，提高本地员工的责任意识、工作效率，并努力降低因文化冲突导致的各类风险，如中方管理者由于工作方法不当致使矛盾激化被当地人投诉或诉讼的风险，以利于公司及矿山在当地的稳定发展。

（5）与当地政府关系风险

由于境外企业在国外可利用资源有限，尤其是新成立公司，当地政府和居民对企业不熟悉、不信任，通常具有防御性，更无法获取当地政府对项目的支持。因此，政府关系风险对企业的生产与发展影响较大。可通过加强与政府的沟通联系、援助社区、支持社会活动等方式取得政府的信任、支持和合作，从而为企业建立良好的外部政治环境及更多有利的资源。例如：湖山项目建设期，斯科公司为提高湖山项目知名度和影响力，主动加强与政府的沟通联系，邀请纳米比亚领导人考察湖山项目，借助领导人会晤、高官访华、每年举办马拉松比赛等机会，提高企业知名度。

（6）经营环境防范风险

由于境外项目所在国经营环境（政治、经济形势、政策法律法规、税收等）变化均存在极大不确定性，对国际化项目后续经营都将产生较大风险，需提前做好预判和防范措施。例如：纳米比亚总理办公室于 2011 年颁布了“新经济平等振兴计划”（New Equitable Economic Empowerment Framework，NEEEF）。斯科公司对 NEEEF 执行情况及时响应，密切关注法案进展，并采取一系列措施维护公司利益。如：将 NEEEF 风险列入重大外部风险管理项目，实施动态监控与管理；整合各方资源向纳米比亚政府高管机构表达关注及合理诉求；通过斯科公司公益基金会对 NEEEF 涉及的领域进行管理等。

（7）境外矿产资源投资开发储量风险

由于矿产资源投资通常具有高风险、高回报、投资大、周期长、见效慢等特点，且矿产地质环境复杂多变，资源量的大小、矿石品位的高低决定矿产项目投资收益。因此，准确估算储量对境外项目投资影响重大。

不同国家甚至不同评估机构储量评估标准不同，导致储量评估结果也存在差异。境外矿产投资前，需做好尽职调查和可行性研究工作，邀请不同权威机构采用国际统一标准估算矿产储量，避免后续因储量评估标准不同、不准而导致的投资亏损风险。

（8）廉洁从业风险

纳米比亚工业基础薄弱，原材料市场和劳动力市场不发达，大型设备、易耗品不易采购，技术支持与服务难以及时保障。纳米比亚矿业行业圈子较小，利用亲戚和朋友关系做生意现象普遍，这些都很可能导致利益输送使公司遭受损失，增加了廉洁从业风险。另外，境外机构地处海外远离本部，存在着监督管理机制不健全、不规范，政策制度传导不畅，监管不到位和舞弊等风险。

（9）人员招聘风险

纳米比亚当地人口稀少，劳动力素质普遍较低，有经验的当地高级管理、技术人员和工人招聘困难，人员数量及质量保障都存在较大风险。

为提高当地人的就业及工作技能，纳米比亚政府要求外国投资方派驻的人员不超过企业总人数的 5%。斯科公司为了招聘到大量合适的当地员工，出现了熟人介绍、推荐熟人来公司应聘和工作的情况。如果招聘的流程和规则要求不清晰，不能有效掌握公司人员之间的亲属关系，可能存在亲属朋友在一起工作的情况，也可能发生部门内上下级直接或间接从属关系或者业务审批关系，对工作可能会造成一定的负面影响。

（10）国际业务监管风险

对于国有企业境外业务，由于行政和管理层级增多，物理距离加大，委托代理链条变长，出资人缺位现象更为严重，监管难度较国内更大。中方外派管理人员可能会认为国内上级监管机构的条条框框过多影响生产经营，在实际工作中过于强调项目所在国的客观因素设法突破制度底线，而上级监管机构对海外公司过渡放权或监管不到位可能会导致国有资产损失，给企业经营带来隐患和舞弊风险。

5.4　内部控制

自湖山项目矿建启动后，斯科公司就参考法国电力公司内部控制体系以及中广核早年在大亚湾核电厂借鉴的香港中华电力公司内部控制体系，根据纳米比亚矿业行业特点和公司所处的发展阶段，建立并不断完善内部控制体系，将其运用于湖山项目建设中。

斯科公司内部控制体系是在引进和消化国际上先进的内控体系基础上，结合自己的实际情况不断总结和改进建立起来的，因此无论是在其理念还是在具体方法上，都站在一个较高的起点上，经过几年的实践，形成了具有自身特色的内部控制体系。

5.4.1　内部控制概述

斯科公司内部控制总体目标是做到决策有依据、执行有标准、结果有评价；事前有计划、事中有监控、事后有检查。内部控制目标的实现有赖于斯科公司所有人员的参与。

斯科公司的内控体系首先从组织机构和制度上予以保证。在依据中国和纳米比亚有关法律法规并结合中广核和铀业公司管控需求的基础上，建立了相应的政策制度体系、各级授权体系等管理体系。2012 年 8 月，斯科公司出版《授权管理规定》，用于指导和规范公司经营管理活动，并作为实现公司发展经营目标的制度保障。在湖山项目建设期间，斯科公司以湖山项目工程安全、进度、质量、成本四大控制为重点开展工作，基本建立了涵盖公司各业务领域的管理制度（包括政策、管理程序和业务指导等），发挥内部控制体系在公司治理中的作用。

5.4.2　内部控制背景和目的

斯科公司在湖山项目建设期间，根据法律法规、管理体系标准等，基本建立以过程控制为方法、以任务绩效为基础的全员责任制的内部控制体系。

2013 年 6 月董事会批准了《斯科公司内部控制及风险管理政策》。公司管理体系是确保该政策有效实施的基础，内部控制涵盖了组织结构、政策、战略、权责、目标、资源管理、工作计划与执行、风险管理等方面的措施。

公司业务活动的内部控制措施包括自我检查、分层检查和专业人员根据个人业务经验提出的其他检查内容。这些检查根据中广核的安全、进度、质量、成本、环境、技术以及合法合规控制共七大控制措施进行。

5.4.3 内部控制方式

内部控制方式是指利用公司内部分工而产生的相互制约、相互联系的关系。斯科公司内部控制主要有以下基本方式。

（1）组织结构控制

通过组织机构设置，以实现不相容职务分离和相互牵制。任何一个部门或员工都应设置不能独自对交易和业务活动拥有全部的掌握和控制权。斯科公司组织机构根据需要持续进行优化和适应性调整。考虑到纳米比亚矿业行业特点和成本效益原则，斯科公司存在个别不相容岗位未进行职务分离情况。例如，审计发现个别备件领用存在整个流程由某个人通过 SAP 系统和纸质两个渠道创建（Creat）、预留（Reservation）、放行（Release）、审批（Approval）、领用（Receiving）情况。

（2）授权批准控制

通过对权限和审批流程的事先明确，在斯科公司内部建立一种分级授权管理的组织框架，以实现对权力的规范和限制。公司实行分权管理的组织形式，并按照岗位的需要进行授权，以实现岗位授权和责任相符，比如合同采购人员的授权就与其他部门的有所不同。根据斯科公司各级《授权管理规定》，斯科公司将审批权限的人员分为三个层级：第一层为总经理，第二层为总经理部成员，第三层为给予授权的其余人员。

（3）采购与合同管理控制

湖山项目建设初期斯科公司采购分别由公司商务与合同部（Company Contract and Commercial Department，CCC）以及运营部供应链分部（SCM）负责。在湖山项目采购组织上，公司商务与合同部门嵌入公司工程部（Project Department，PJT）运作，向工程部汇报。工程部负责监督管理 HPJV 关于项目的总体执行情况。

斯科公司与 HPJV 为合同委托关系，HPJV 承担项目整体采购工作，工程部对 HPJV 的采购组织和采购流程进行了规范管理，共同确定了采购程序和流程，通过程序和流程，斯科公司工程部对 EPCM 合同项下采购过程中的投标商清单批准、开标见证、评标报告、推荐报告、合同授予等关键节点进行了审查和控制。

湖山项目建设期间，斯科公司日常采购及生产运营采购由运营部供应链分部（SCM）负责，采购活动按照公司采购程序、授权制度进行监督和审批。日常采购包括行政办公物资、服务采购；生产运营采购主要包括首炉及长期化学试剂、大宗消耗材料、生产设备/工具、备件供应、维修服务、劳保用品采购等。公司统一采购平台为委托集团 CIT 开发的 ERP/SAP 系统及 UPM 审批流。湖山项目建设后期，供应链分部改名为供应链部。

斯科公司采购活动根据董事会批准的《授权管理规定》《合同与采购政策》以及据此制定的下游程序《合同与采购程序》等开展。已经建立起的公司三级采购程序体系是采购活动开展的具体依据：

① 层级一：董事会批准的程序、授权等顶层文件；

② 层级二：公司批准的授权、采购程序等；

③ 层级三：部门执行程序/细则等。

（4）财务控制

财务部门是内部控制重要的职能监督部门，对斯科公司的经济活动实施在线监控。

财务部门负责建立、完善公司的预算管理、会计核算、资产管理、资金管理、财务信息管理等内控制度和程序，并在线对执行情况进行监督检查。财务部门负责公司财务、资金、税务等活动的风险防范；编制公司各类经济活动的财务会计报告和统计报表，以满足各级监管部门的要求，并为公司各级管理层提供决策支持和依据。财务部门在湖山建设期间负责牵头对投资成本进行控制管理。

（5）目标、计划和预算控制

斯科公司按照铀业公司要求制定经营目标，并以此为依据制定各项业务的管理计划和预算。计划和预算的执行应得到严格的检查和控制。预算是各项开支的前提条件。

（6）程序控制

斯科公司在湖山项目建设期间努力用政策和程序规范并约束各项运作，明确分工，各司其职，互相协调，以求做到凡事有章可依、有章可循。斯科公司政策和程序制定时考虑了纳米比亚法律法规、中广核集团和铀业公司对内部控制的要求。

（7）文件记录控制

斯科公司在湖山项目建设期间努力通过建立和保存公司相关业务和交易的文件记录，并保证其安全性、及时性和准确性，对业务和交易能够进行追溯、复核及审查。

（8）员工素质和行为控制

斯科公司通过岗位描述（Job Description，JD）规定岗位要求，提高员工素质，规范员工行为来确保员工工作胜任能力，从而保证内部控制有效实施。斯科公司发布了《员工纪律处分规定》《员工道德准则和反腐败反贿赂程序》等规定，通过程序和文件明确员工在处理公司业务时的纪律守则和违纪处分规定，并不断对员工进行宣传和教育，以规范员工的行为，防止公、私利益冲突。

（9）风险控制

斯科公司通过对相关事项进行风险识别和评估，进而选择合理的应对策略，实现控制的目的。内部控制面临来自公司内外部的风险因素，必须对风险变化及时反映、评价和控制。控制措施的设计、范围与相关风险的性质和大小相对应，以满足控制成本与所获效益相匹配的原则。

（10）监督和评审控制

建立了人力资源、财务、质保、安保等的职能监督体系，形成在线监督和离线监督相结合的多重屏障的内部控制系统。

公司资源部、采矿部、水冶部、维修部、供应链部、财务部、人力资源部等部门在每个月的总经理部例会（MANCO）上汇报各自的工作；每年进行管理评审（Management Review）和内部控制自我评估，持续改进各项业务的质量和效率。湖山项目建设期间斯科公司内部控制综合检查和监督的职能部门和范围包括：

① 审计合规与风险管理部按照董事会批准的“内部审计计划”和管理层的要求，开展专项审计和内部控制验证。

② 公司一体化管理体系组（IMS Section）按照安质环监督监查计划和外部监管机构的

要求，对职业健康及安全、质量、环境进行监督监查。

③ 财务部负责检查预算和成本控制。

④ 人力资源部负责人力控制、纪律处分和绩效考核。

⑤ 外部评估单位为斯科公司管理情况发表评审意见，包括政府部门、安质环“三标一体”认证评估、NOSA 五星管理系统评估等。

⑥ 外部审计师为公司的财务会计报表发表审计意见，并有责任汇报在经济业务和资产相关环节中所发现的问题，提出改进建议。

5.4.4 内部控制自我评估方法

根据 COSO 定义，企业内部控制包括控制环境、风险评估、控制活动、信息与沟通、监督 5 个要素。湖山项目建设期间斯科公司内部控制自我评估包括了这 5 个要素和其 30 个子项。2013 年斯科公司首次开展内部控制评估，由合规与风险管理副总裁负责，审计与风险管理部协助。为了收集各部门的业务开展信息，合规与风险管理副总裁对各部门分别设计了调查问卷表格，要求各部门填写。根据各部门填写反馈的问卷调查，再对各部门负责人进行面对面访谈，两者的内容作为内部控制自我评估报告的重要输入。30 个子项每年会根据斯科公司所处的环境和阶段进行适应性调整和修改。

斯科公司内部控制自我评估报告中包含需整改的内部控制缺陷，由公司经营层即总经理部和管理层即各部门负责人商讨和决定改进行动完成日期，审计与风险管理部门进行跟踪检查。

5.4.5 需完善和改进方面的建议

与中广核集团的其他下属企业相比，斯科公司的内部控制体系一直处于探索的状态。跨国、跨行业的管理模式以及内部控制不同的评估标准和要求，即使到了湖山项目建设完工，斯科公司内部控制体系还没有完全准确定位，还存在着这样那样需要完善的方面。具体表现如下。

（1） 内部控制体系尚未健全

内部控制体系必须在相对较长的一段时间内是相对稳定的，以发挥其统一和规范的作用，但它又必须是动态发展的，尤其是湖山项目从矿建阶段进入调试、爬坡和生产阶段后，更需要进行适应性变化，当新管理者、新概念、新关系出现时，内部控制体系也必须能够适应这些新情况的变化，实现相对稳定和动态发展的均衡，但也不能过度变化，影响内部控制活动的连续性。斯科公司在湖山项目建设时期的内部控制体系不能完全适应生产阶段的需要，内部控制体系尚不健全，还需不断完善和健全。

（2） 对内部控制认识不全面

斯科公司部分人员对内部控制还缺乏正确的认识，甚至存在误解。有的人认为内部控制就是编写制度和程序；有的人将内部控制理解为是防止员工舞弊所采取的内部牵制措施；有的认为内部控制只与审计有关系，把内部控制建设当作是审计部门应该做的工作，与公司其他部门没有直接关系；有的经营者和管理者认为实施内部控制会造成工作效率低下，认为内部控制是束缚、是麻烦，从而心怀抵触；有人认为内部控制就是让人放不开手脚的条条框框等。这些片面的认识使不少人认为内部控制不是为了加强公司的管理，而是为了应付上级检查或股东的需要，造成内部控制制度残缺不全或缺乏合理性或制度无法实施。即使一些经营者和管理者了解内部控制的重要性，在现有公司治理还不够健全的情况下，由于对经营者和管理者未能形成完全有效的约束和激励机制，他们因此缺乏建立和完善内部控制的积极性和主动性。

（3）缺乏矿业行业内部控制的经验和制度

中广核通过多年的摸索和经验积累，已形成了一整套较为有效的内部控制体系，但面对纳米比亚的矿业行业，由于地域不同、文化不同、行业不同，斯科公司还缺少矿业行业的内部控制经验和制度，个别内部控制活动仍然依靠个人经验和判断来做事，通过具体问题具体分析进行灵活处理。

（4）内部控制设计不够系统、不够科学

首先，未能从斯科公司整体的角度进行内部控制的设计和规划，内部控制政策、程序的制定基本上是由执行内部控制的部门自行设计和编写，各部门很可能从有利于本部门执行和利益角度考虑而忽略内部控制全局，造成公司内部控制缺乏整体的规划和协调，内控制度的设计与各部门的业务风险的识别和评估还没有完全联系起来。其次，部分业务是待违规违纪行为或违反程序制度事件发生以后才设法堵塞进行事后控制，这样会导致成本高、控制效力不高。第三，重钱财等有形资源的控制，轻人员素质、信息等无形资源的控制，使得整体的控制效果打了折扣。

（5）已建立的一些控制措施、方法、程序不能有效执行

虽然斯科公司大部分部门已经建立了相关的内部控制制度，但还存在有章不循的现象，使内部控制流于形式。有些部门只将已建立的内部控制“写在纸上”就算基本完事，而对执行情况如何较少关注；有的在处理业务过程中，遇到具体问题，以强调灵活性、成本、效率为由不按照程序办事，使内部控制失去了应有的刚性和严肃性。

（6）内部控制的监督检查不力

和中广核的其他企业相比，斯科公司内部控制监督体系还不够健全。各部门之间、各岗位之间监督和制衡不够，综合监督体系未能发挥最大作用，内部控制的监督检查不力，员工执行内部控制缺乏自觉性和警觉性。

（7）应关注重点领域和内部控制关键环节

斯科公司虽然是大型矿业企业，但其业务复杂程度低于核电行业，因此针对矿业行业粗放式管理不同于核电精细化管理的特点，应关注权力集中和资源密集的重点领域和控制活动的关键环节，以便有的放矢，提高工作效率。

5.5　内部审计

斯科公司审计部门于 2013 年 1 月经公司第三次董事会批准成立。从其成立时起，就传承着中广核内部审计在监督体系中的“基因”，发扬着中广核监督文化，在广泛学习和吸收纳米比亚当地内部审计经验的基础上，斯科公司内部审计按照中广核集团和铀业公司的管理要求，结合纳米比亚矿业行业内部审计的实际情况，开展内部审计工作，逐步探索并建立起斯科公司特色的内部审计体系，为斯科公司提高合规运营水平、有效防范化解风险发

挥了一定作用。

5.5.1 内部审计特点

斯科公司经董事会批准的《内部审计章程》在制度上为内部审计提供了保证。斯科公司内部审计职能主要分为“确认”与“咨询服务”两类，其中确认主要是以日常采购开标见证、专项审计、内部控制验证、审计调查等形式开展，咨询服务的主要形式包括审计人员对其他部门的业务流程和程序提出建议等。

斯科公司内部审计工作执行“离线原则”不参与具体业务中，审计工作不是公司业务链上的一个环节，不参与决策。审计工作通过对各项管理活动遵循性和经济性进行独立监督和评价，提出改进意见和建议，促进斯科公司目标的实现。审计范围几乎涉及公司所有业务，包括对合同采购、财务管理、招聘、薪酬管理、资产管理、存货管理、人员培训等内部管理系统的各个方面。

斯科公司在湖山项目建设期间为内部审计创造了良好的工作环境，包括安排内部审计人员编制、招聘内部审计人员等。斯科公司支持审计人员开展培训，并提高培训层次，例如参加南非内部审计协会组织的培训，积极推动和鼓励审计人员参加国际内部审计师协会的认证考试等，并每年为内部审计人员缴纳协会会费。

与中广核集团其他企业的内部审计相比，斯科公司内部审计具有如下特点：

① 利用当地会计师事务所作为内部审计的技术支持。在审计部门成立之初，通过招标使用纳米比亚安永会计师事务所提供技术支持，以弥补中广核外派审计人员“人生地不熟”的问题。

② 内部审计与内部控制和风险管理职能融合在一起，审计部门同时负责内部控制建设和风险管理，从事反舞弊审计调查较多。根据投诉举报或其他部门要求，审计独立或协助人力资源部、安全质保部开展审计调查。

③ 以合规和遵循性审计为主。主要审计范围是斯科公司各部门对其负责业务领域的管理情况，着力于合规和查错纠弊，涉及效益性和效率性方面的审计较少。

④ 纠正行动要求（Corrective Action Request，CAR）在审计报告发出后经过与被审计部门充分沟通后发出。斯科公司刚开始使用 CAR 时，要求被审计部门签发 CAR 中的整改行动计划后随同审计报告一同发出，但在实践中由于各种原因导致审计报告迟迟不能发出，存在为了尽早发出审计报告而与被审计部门妥协审计发现问题的风险，随后根据实际情况进行了调整。

⑤ 审计项目的选取充分考虑公司风险评估的结果。审计报告中的审计发现按照风险高、中、低分类，审计结论根据审计发现中内部控制缺陷数量得出。

⑥ 内部控制验证（Internal Control Verification，ICV）是内部审计的主要方式。斯科公司成立之初，以开展专项审计为主。专项审计需对所涉及的所有方面进行详细审查，需要较长的时间和较多的人力，审计不能及时发现问题并解决问题。随着审计项目的增加，在审计人员有限的情况下，审计部门更多地采用了内部控制验证方式，针对性强，效率高，能够及时地发现问题、提出问题，推动各级管理层及时地解决问题。

5.5.2 内部审计管理

斯科公司每年向董事会报告年度内部审计情况以及内部审计计划。

湖山项目建设阶段签订了较多的专业化技术服务合同，由专业技术人员对湖山项目进行监控、对工程造价进行监理，因此在湖山项目工程建设期间斯科公司审计部门将有限人力资源投入到开展公司内部管理审计方面。2013 年 1 月—2018 年 6 月期间，审计开展了合同与采购、人力资源管理、财务管理、资产管理、库存管理、安全管理和费用等 20 多个审计项目。

（1）审计日常开标见证发现的主要问题

湖山项目建设时期，公司合同及商务部负责工程采购，供应链管理部负责公司和生产部门的采购。根据公司《合同与采购政策》和《合同与采购程序规定》，HPJV 负责的工程采购开标见证由工程团队人员负责，审计部门人员只参与公司和生产部门的采购开标见证。

斯科公司成立之初，合同数量少，审计部门只有 1 人，所有开标采购部门均通过邮件或会议邀请的方式提前通知审计参加，财务部作为成本控制牵头部门也参加开标。随着公司采购数量的增加，《合同与采购程序》规定超过 300 万纳元的采购才需审计参加开标见证，而且财务也不再介入开标环节。

在采购开标环节，审计发现了两起采购人员舞弊事件，其中一起是一名采购主管在开标截止日后，私自接收一家标书，开标记录也被篡改。另一起是一名采购人员将其中一家带有价格的投标文件转发给了另一潜在投标商。

（2）纳米比亚矿业行业内部审计情况

在纳米比亚矿业行业中，Namdeb 集团公司（Namdeb Holdings（Pty）Ltd）下属的 Namdeb 钻石公司（Namdeb Diamond Corporation（Pty）Limited）有少部分审计人员，戴比尔斯海上纳米比亚公司（De Beers Marine Namibia（Pty）Ltd）设立了独立的内部审计部门，除此之外，其他大部分矿业公司，如原罗辛铀矿、印度 Vedanta 资源公司下属的 Skorpion 锌矿、澳大利亚帕拉丁能源公司下属的兰格–海因里希铀矿等，均将内部审计业务外包给会计师事务所，由事务所每年定期开展一次内部审计，公司不设置独立的内部审计部门，也不配备专职的内部审计人员。

5.5.3 取得的主要经验和改进建议

新时代国企已经成为“走出去”战略、“一带一路”建设等重大战略的重要力量。国企要培育和打造具有国际竞争力的世界一流企业，均离不开现代化的企业治理作支撑，均需要强有力的内部监督来制衡，需要有效的内部审计来保驾护航。为了使内部审计对境外项目发挥更大作用，有以下建议。

（1）境外企业上级机构在制订审计计划时应充分考虑境外项目

2014 年 10 月《国务院关于加强审计工作的意见》，要求加强内部审计工作，充分发挥内部审计作用，同时要求审计“全覆盖”；2018 年 3 月起实施的《审计署关于内部审计工作的规定》，也要求审计“全覆盖”，这些要求使国企境外投资及境外资产的监督逐渐成为国家审计监督的重点内容。国务院国有资产监督管理委员会下发的《中央企业 2019 年度内部审计工作关注重点关注事项建议》中指出，“应重点关注境外重大经营投资决策的科学性和规范性，境外子企业内部控制机制有效性、境外子企业经营成果真实性和效益性，特别关注资金管控产权变动、法律诉讼、招投标管理、涉税管理等方面情况，境外资产规模较大、境外子公司较多的企业，应每年组织开展一次境外子企业的内部审计”。该建议在其特别关注事项中还提出，在内部审计工作中要重点关注湖山项目，督促企业全面防控投资风险。因此，无论从国家层面还是中广核集团可持续发展的角度，中广核境外企业的上级单位都应对投资并购金额大的境外项目定期开展审计，在制订审计计划时充分考虑境外项目。

（2）采用“上审下”的方式更具权威性和独立性

内部审计在本单位经营层领导下的组织模式，当经营和监督职能发生冲突时，这种模式对内部审计的独立性、权威性和审计人员具有不利影响，采用“上审下”的方式可以降低这种不利影响。

（3）境外项目应充分开展内部审计监督

内部审计是中广核监督体系的良好“基因”，这是中广核多年未出现严重腐败问题的原因之一。斯科公司从成立时就带有内部审计这个“基因”，中广核海外项目也要继承和发扬，即把中广核审计工作多年积累的良好实践、行之有效的方法带过来，应避免将内部审计定位为“成本中心”、是影响工作效率的条条框框而取消或削弱审计资源和力量的做法。

（4）建立内部审计与外部审计协同机制

充分与外部审计师合作，尤其是初次开展境外项目审计时，在内部审计人员缺乏特定的专业和技能领域，可以聘请懂当地语言、熟悉当地法律法规和行业特点的会计师事务所提供技术支持协助开展或将内部审计部分非涉密业务外包。

（5）审计部门负责人应为中方派出人员

内部审计虽然不参与公司决策，不是业务链上的一个环节，但审计人员在开展审计业务时，可以不受限制地接触任何相关人员、场所、物资、资料等，被审计单位必须毫无保留地将所需要资料和信息提供给审计部门。任命中方人员为审计部门负责人，可以充分保证股东代表的信息获取权，以便更有效地维护股东利益。

（6）审计监督中要避免使用双重标准

在境外开展审计时，应避免对中方人员和中资企业使用不同于项目所在国人员和企业的不同标准，采用不同标准的做法短期可能会对中方人员或中资企业有利，但长此以往会降低审计的权威性，降低当地人对中资企业的忠诚度和归属感，不利于境外企业的长期发展。

（7）境外审计必须要有创新

境外审计必须要结合所在国和所从事的行业特点进行创新，不能完全照搬照抄国内的审计政策程序，要在审计机制上创新、在审计理念上创新、在审计定位上创新，否则会“水土不服”，难以“生存”下去。境外内部审计首先要解决“有没有”（真实性）问题，再看“对不对”（合规性），然后才是“好不好”（效益性）。

（8）需加快国际化审计人才的培养

纳米比亚内部审计人才市场总量很小，有经验的内部审计人员流动性较大，招聘合适人员的难度大。应加快国际化审计人才的培养，增强海外项目的审计力量和实力，以解决当地审计人才不足的问题。

（9）采购领域是审计重点

由于采购是资源和资金密集的高风险领域，如果采购人员权力过于集中则更容易操控招评标结果，导致舞弊出现。审计应加大对采购人员包括技术组人员等重点敏感岗位的监督。

（10）建立内部监督部门协同机制

审计应与质保、员工关系等监督检查职能充分合作。斯科公司将内部审计监督与质保监督业务融合在一个部门，解决了这两个部门职能划分不清、监督范围交叉重复、信息和人力资源不能有效共享、效率低下等问题，在境外项目人力不足的情况下，斯科公司进行了有益尝试并取得了较好的效果。

（11）充分与法律事务合作

斯科公司将内部审计与法律事务业务融合在一个部门，通过在招评标监督、投诉调查、合法合规遵循性检查等领域充分合作，信息共享，取得了很好的效果。

（12）外派审计人员必须具有很高的外语水平和业务能力

由于审计工作是一项需要密切配合和协调的工作，审计人员要与不同审计对象打交道，必须具备较强的谈话沟通交流能力，通过沟通来确定审计重点，了解实际情况，通过审计发现问题。如果没有很高的语言水平，则难以正常开展审计工作。同样，没有良好的审计业务水平，不能对下属或同事提供及时指导和帮助，则得不到当地员工的认可和尊重，难以与当地人员长期共事与合作。

（13）内部审计对企业的信息应有知情权

内部审计应坚持“三个必须”，即“重大事项必须报告”“重要会议必须参加”“重要信息必须知情”，应避免以保密为由拒绝向审计提供信息的情况，否则内部审计由于信息不对称，加上自身的经验和专业不足等问题，将不能站在公司战略角度思考和解决问题，内部审计将很难发挥其应有作用。

（14）开展更多的内部控制验证审计

专项审计流程长、耗时长，在境外审计人力不足、时间短的情况下，应将“大”而“全”的合规性专项审计转向“小”而“深”的内部控制验证，往深里去、往实里走，这样可以逐渐从点到线、再从线到面发现管理中的系统性问题，找出问题的实质和根本原因，便于审计发现问题并彻底整改。

第六章　工会关系

和谐稳定的劳资关系为项目提供了有效的人力保障，也是项目成功的关键因素之一。纳米比亚工会覆盖各行各业，组织健全，且独立于政府组织，工会的目的在于组织工人向雇主争取更好的经济利益和工作条件，维护工人权利，工会享有代表工人与公司进行集体谈判和组织合法罢工的权利，且受法律保护，当地政府和企业、外来企业都不得不直面工会的诉求和挑战，在当地更有企业由于历史原因造成工会代表进入企业管理层，使得企业经营极大受制于工会，给企业发展造成重大不利影响。斯科公司从矿建到运营，先后经历了与纳米比亚金属行业工人工会、矿业行业工人工会的斡旋和谈判。工会关系敏感且涉及面广，稍有不慎都有可能导致难以修复的后果，公司始终保持如履薄冰的心态，通过缜密计划、友好协商、大胆实践，使得工会组织在矿建期的活动较为平稳和理性，发生工会事件的严重性和后果远低于当地同行水平。

6.1　纳米比亚工会组织

纳米比亚所有工会均隶属于纳米比亚总工会（NUNW）。纳米比亚总工会成立于 1971 年，由斯瓦普党（即西南非洲人民组织，也称人组党）劳工部指导组建，代表斯瓦普党的劳工力量。

总工会和其所属的各工会是斯瓦普党的战略伙伴，在大选中支持斯瓦普党，并于 2014 年宣布效忠于斯瓦科普党。尽管总工会与斯瓦普党关系密切，但各下属工会依然独立与资方公司交涉，并不需要得到斯瓦普党的许可。

纳米比行业工人工会旨在组织联合相关行业工人，向雇主争取更好的经济利益和福利，维护工人权利。工会一般设有中央委员会、全国执行委员会、区域执行委员会、分支执行委员会，并通过全国代表大会、区域双年度会议、分支双年度会议进行组织管理和交流。一般公司层面的工会称为“某某公司分支工会”，设有执行委员会和工人代表委员，主要由主席、副主席、秘书、副秘书、出纳、副出纳、宣传秘书、宣传副秘书、专职工人代表、工人代表委员会的主席和秘书等组成，由全体加入工会的职工选举产生，每届任期两年。工会会员由工人自愿选择加入。在纳米比亚，有众多不同工会组织，一旦在同一地点有大部分工人加入某一工会组织，其余人员一般会自然参加，而且工人必须从个人工资中出钱缴纳工会费，拥有会员最多的工会可以和资方签订“互认协议”，代表劳方与资方进行沟通和谈判。

斯科公司人力资源部设有员工关系/行业关系管理模块，模块经理是工会与公司的联络人，向人力资源部经理汇报。同时设有定期会议，人力资源部主管领导参会，以期促进沟通交流，及时发现并处理问题，维持劳资关系稳定。

6.2 矿建时期工会关系

矿建施工期，高峰期现场施工工人数量超过 5 000 人，以纳米比亚当地人为主，也有来自中国、南部非洲特别是南非等国人员。纳米比亚金属行业工会组织代表项目的劳方，代表施工工人与雇主谈判、争取利益。从雇佣关系上，项目资方主要为各级承包商，斯科公司并不是劳资双方的一员，但作为最终的雇主/业主，斯科公司难以置之度外，与其出现问题给项目造成被动，不如主动扛起调和工会和施工单位矛盾的大旗和协调责任，保障项目劳资关系稳定，为矿建提供人力保障和工时保障。为此，公司主动干预并积极协调斡旋，促进矿建时期承包商与工人的劳资关系和谐稳定。公司先后组织签订适用于业主、施工企业、雇员（以工会为代表）的《湖山项目劳工协议》《湖山矿建期项目劳工协议》《互认协议》《实质协议》等，涵盖劳资双方的权利和义务、集体谈判结构、争端解决流程、劳动用工方式、劳动报酬和调薪机制、劳动纪律、工作时间、许可加班时间上限、非法罢工处置办法等，为营造良好的用工环境起到了有力促进作用。协议还特别设置了与施工损工事件、死亡事故挂钩的奖励和惩罚机制，对保障项目安全作业发挥了重要的积极作用。矿建时期工会关系主要工作历程大致如下。

① 2011 年 5 月 30 日，签订《湖山项目劳工协议》。纳米比亚建筑行业联合会与金属行业工人工会（本段下文简称“工会”）签订《湖山项目劳工协议》（PLA），作为湖山项目劳资关系处理的基础依据，涵盖劳资双方的权利和义务、集体谈判结构、争端解决流程以及劳动用工方式、劳动报酬、劳动纪律和工作时间等约定。

② 2013 年 11 月 22 日，签订《湖山矿建期项目劳工协议》。协议确定了双方共同目标、共同价值以及共同协商原则，同时确定双方认可已获劳工部批准的湖山项目工人每月加班小时数上限由 40 h 调整为 80 h，为项目建设提供了有效的人工时保障，也是项目能够按期完成的关键因素之一。

③ 2014 年 4 月 9 日，签订《互认协议》。斯科公司与金属行业工会签订《互认协议》，进一步明确谈判原则、结构和流程，同时规定工会罢工不得使用暴力、不得威胁、阻碍未参与罢工人员正常劳动等，确保在不可避免的罢工发生后，项目可以迅速恢复施工。

④ 2014 年 9 月 1 日，签订《实质协议》。协议平衡了工会的调薪诉求和项目的安全施工诉求，设置分层调薪机制，激励工人提高生产力，同时特别设置了与施工损工事件、死亡事故挂钩的奖励和惩罚机制，提高了工人安全意识，对保障项目安全作业发挥了重要的积极作用，整个矿建期未发生人员死亡事故。

⑤ 2015 年罢工事件。工会以项目承包商聘用南非籍及其他外籍工人过多，损害纳米当地员工利益为由，进行罢工，在工会代表的煽动下，罢工迅速扩大为全场 5 000 人同时罢工，且部分工人暴露暴力倾向，危险一触即发。南非籍和外籍工人包括部分中方承包商的工头，是项目工程建设的所必需的技术保障和效率保障，向工会妥协意味着项目延期甚至无法进行。对此，斯科公司主动作为，积极协调各承包商和工会进行沟通谈判，同时协调当地政府、警察，最终罢工被认定为非法罢工，数十名警察赴现场维持治安，罢工持续

数天后，双方协商一致，迅速恢复了施工作业。

6.3 运营期工会关系

随着2014年采矿生产的开始，斯科公司作为雇主、运营工人作为雇员的运营期劳资关系摆在了公司面前，到2015年2月，在雇员人数达到法律规定的数量后，公司与代表劳方的纳米比亚矿业工人工会签订《互认协议》，自此后的2～3年内，斯科公司将同时面对金属行业工会和矿业工人工会两大工会，同时处理矿建和运营的劳资关系。矿业低迷环境是天时，地利、人和是经营好海外项目必须最大程度创造和利用的必要条件，稳定的劳资关系就是“人和”的重要内涵之一，而合作是维护劳资关系谐稳定的唯一出路。

2015年10月，首次薪酬福利谈判正式提上议程，这次谈判的结果不仅直接关系到公司近期的生产经营目标，更将对公司未来长达二十多年的运营期劳资关系产生深远的影响，公司高度重视、充分谋划，以积极的态度组织和参与谈判，表达合作的诚意；以矿业环境低迷、湖山矿尚未产生任何经济效益，薪酬福利应低于正在运营的其他矿山企业为基本诉求；以主张员工和公司共同发展，共享利益，但工会的权力不能影响到公司的经营管理为基本立场，确定了谈判的基调和框架。同时，湖山项目作为中国在非最大实体投资的铀矿项目备受部分国际媒体“关注”，部分媒体编造出“中国对非洲的新殖民主义论”以及“资源掠夺论”，试图影响中资企业形象，扼制湖山项目的建成。面对舆论情势，为将不利因素限制到最低，最大程度发挥当地人、经理人的积极因素和作用，公司决定中方人员担任的总经理、分管人力资源和综合管理的高级副总裁均不直接参与谈判，而由主管人力资源的副总裁（属地员工）作为首席谈判代表，避免将矛盾转移至中纳关系上或“中”资企业上，使谈判变得更加复杂和敏感。在谈判进行的同时，公司则积极协调向当地政府进行沟通汇报，得到政府的支持，包括劳工部长、埃龙戈省长、警察局长等。经过三个月的谈判、调解，2016年1月29日，首次谈判顺利结束，双方签订了三年期《实质协议》，不仅工会参与公司的招聘管理、参与制度制定等影响公司正常经营管理的权力诉求被公司驳回，且相对于当地其他两大主要矿业雇主，协议的加薪水平和所承诺成本是最低的，且存在着一定的差距，如第一篇表3.3.1所示。

尽管薪酬福利谈判十分成功，双方也均拿出了合作的诚意，但劳资关系也并非一帆风顺，2017年11月也发生了工会组织的和平游行请愿活动，但其后果的严重性和后果远低于当地同行水平。运营期工会关系主要工作历程大致如下。

① 2015年2月，公司与矿业工会签订《互认协议》。在雇员人数达到法律规定数量后，矿业工会与公司签订《互认协议》，协议确定了斯科公司工会分支的构成，规定了工会与公司的权利和义务、集体谈判结构、争端解决流程和双方沟通和谈判机制。尤其重要的是明确了工会代表谈判的员工范围，确定了争端解决的双方磋商及再磋商、第三方仲裁、诉诸法律的三阶段程序，为谈判争取了充分的时间和机会。

② 2015年10月，双方展开首次薪酬福利谈判，并于2016年1月签订三年期《实质协议》。协议拒绝了工会参与公司的招聘管理、参与制度制定等影响公司正常经营管理的权力诉求，加薪水平和所承诺成本相对于当地其他两大主要矿业雇主也是最低的，且存在着

一定的差距。

③ 2016 年 4 月，签订《专职工人代表协议》，双方经过沟通协商一致，从斯科公司现有工人中，由全体工人选出一名专职工人代表，作为工人和公司双向沟通的路径之一。

④ 2016 年 10 月，签订《倒班补贴协议》。斯科公司从工程建设逐渐转为生产运营，也开始从白班作业转为连续倒班作业，根据纳米比亚法律要求，连续作业需要经过劳动部批准。但是由于劳动法中对于每周工作小时数，连续休息小时数等均有明确规定，连续倒班生产将对工作时间带来直接影响，工会据此提出补偿要求，主要包括：将超出劳动法规定的小时数按加班支付加班薪酬；员工上下班路程时间应视同为加班；倒班为员工带来诸多不便，尤其影响员工正常作息和生活安排，应给以补偿。经过多轮谈判，最终经过劳工部调解，公司支持了法律规定范围内的加班费补贴，对于倒班带来的生活不便，参照行业水平给予员工适当补贴，但上下班时间视同加班未予支持，双方签订《倒班补贴协议》，公司所承诺的倒班补贴符合法律法规要求，同时在同行业处于较低水平。

⑤ 2017 年 11 月 15 日，工会请愿事件。由于多次沟通谈判未果，工会组织近 250 名非当班工人进行了和平游行请愿活动，并向斯科公司递交了请愿书。工会请愿主要诉求均为之前劳资双方多次沟通未果事项，起因也包括公司内新当选的工会主席（团）无法兑现竞选时对工人所做承诺后所采取的过激行动。其主要诉求包括“路程加班费”、参与公司招聘流程、参与公司程序制定、反对中方股东人员长期在斯科任职等。按照双方协议约定，工会在请愿前一天下午对行动计划进行了通报，公司及时采取应对措施，通报并安抚在岗员工坚守岗位，并向当地劳工部、矿能部、地区政府进行了汇报，同时请求警察局出面维持治安，请愿事件中未发生冲突。公司对请愿书进行了详细答复，并积极与工会开展沟通。随后双方进行了多轮会议沟通，将争议诉诸于劳工部调解。

第七章　公共关系

自中方介入项目以来，一直注重在纳米比亚当地的公共关系建设，与当地国家领导人、政府部门、地方政府、社区等建立了良好的关系，为项目的成功收购、建设及运营提供了有力的保障。

7.1　社区关系建设

斯科公司历来重视当地社区关系建设，并通过斯科公司基金会开展对当地社区及社会的支持，多年来已累计投入约 1 500 万纳元支持社区发展，获得了当地政府及民众的好评。在开展社区支持工作的同时，也积极与当地各级政府沟通，加强当地媒体关系建设，扩大斯科公司在当地的宣传，展示公司在社区建设方面做出的努力，提升项目在当地的影响力及知名度。

7.1.1　基金会的宗旨

成立基金会的主要目的是履行企业社会责任、开展社区支持工作，与纳米比亚各利益相关方建立并保持良好的关系，树立良好的企业社会形象，为斯科公司实现在纳米比亚长期稳定经营和可持续发展提供保障。通过捐助等形式促进当地社区发展，是纳米比亚矿业界支持当地社区发展通常的做法，也是纳米比亚政府对企业提出的要求。

参考纳米比亚《矿业宪章》、《新经济平等赋权框架草案》（NEEEF）、《共同繁荣计划》（HPP）等的要求，确定了基金会的 5 大支柱，各支柱主要支持的项目及领域如下：

① 支柱 1：社区支持

国家抗旱/抗洪救灾、家庭农场、总统基金、矿业工人工会活动支持、太阳能项目等。

② 支柱 2：健康、福祉、运动和文化

当地医疗机构支持、艾滋病防控、湖山马拉松、家庭日活动等。

③ 支柱 3：促进中小企业发展、扶贫

社区技能培训中心、埃龙戈发展基金、家庭工厂、农场、菜园等的支持，御寒衣物、毛毯、食品等捐赠。

④ 支柱 4：促进教育、关爱儿童

当地教育理事会、社区技术发展中心、地方政府、地区青少年及学校、幼儿园发展、大学生资助等。

⑤ 支柱 5：环境保护

纳米比亚自然基金、环境旅游部、地方政府等与环境保护相关的项目，国际水日、环境日、地球日宣传等支持。

7.1.2 基金会的运作

斯科公司基金会最早成立于 2009 年，为斯科公司的原母公司 – 澳大利亚 Extract 公司成立的委托机构，开展在纳米比亚的社区关系建设工作，2014 年更名为斯科公司基金会。

斯科基金会是在公司董事会及董事会下属可持续发展委员会的指导下，开展系列工作履行企业社会责任。

每年基金会提出捐赠计划及预算，经公司总经理、董事会批准后提交铀业公司批准，年度捐赠事项及计划还要经过铀业公司、中广核集团的审批。

斯科公司按批准的预算每季度将资金转入基金会账户。

基金会是在纳米比亚注册的非盈利机构，下设委员会，负责捐赠项目的筛选、审批，委员会由 6 人组成，主席为与斯科公司关系密切、在当地有一定影响力、政府关系能力强的当地人担任，委员为公司 2 名中方管理层、1 名当地管理层及阿兰蒂斯镇议会议长、1 名国矿公司人员组成。委员会在股东和董事会批准的预算范围内，集体对每笔对外捐赠进行决策。当地人员的参与有利于各项社会活动的展开，中方人员的参与有利于控制成本及选择更符合公司利益的项目。

基金会接受斯科公司的监督和管理，同时斯科公司董事会可持续发展委员会每季度听取基金会工作报告，并指导基金会工作。

除积极开展社会活动外，管理层还积极与当地总统、总理、各级政府部门等进行社区支持活动的汇报、沟通，扩大在政府层面的影响力。部分活动也邀请媒体参加，增大对外宣传的力度，提高企业在当地的知名度。

7.1.3 主要捐赠及支持的项目

2013—2017 年先后支出约 1 500 万纳元开展社区支持活动。部分规模较大的捐赠项目及开展的活动如下。

（1）太阳能援建项目

2015 年 8 月，中广核援建奥塔维镇光伏发电项目启动建设，2016 年 4 月项目完成，共耗资 565 万纳元，为奥塔维镇建设 90 kW 仓库式屋顶光伏电站，为稳定当地电力供应发挥了作用。

（2）斯瓦科普蒙德 Pro ED 小学捐赠项目

为解决员工子女入学问题并支持当地教育事业，经与 Pro Ed 小学沟通，达成 150 万纳元捐赠资金支持学校扩建的意愿，学校承诺为斯科公司员工子女预留 100 个入学席位，斯科公司按学校扩建进度支付捐赠资金，并在 2016 年年底前全部完成。

（3）向当地基金会捐赠

斯科基金会每年向总统基金会、开国总统基金会、总理基金会、地方政府基金会等捐赠 5 万～20 万纳元不等，通过这些基金会支持减灾、扶贫等活动，获得了从国家领导人、中央政府到地方政府的一致好评，拉近了与当地政府的关系，对项目顺利建设及运营有积极影响。

（4）湖山马拉松

从 B2 国家公路到矿山现场约 22 km，往返接近马拉松比赛的距离，从 2015 年开始，斯科公司每年举办一次马拉松活动，邀请当地民众参与，马拉松筹办资金主要来源于基金会及外部募集、赞助资金。每年有近千人参加全程、10 km、5 km 的比赛及相关活动，这项活动在当地引起了较大的关注，也逐步吸引纳米比亚及周边国家的专业选手参加。斯科公司也邀请当地媒体、政府官员参加活动，较好地宣传了矿山的社区建设活动，进一步融洽了与当地政府的关系（见图 7.1.1）。

图 7.1.1 “湖山杯”马拉松起跑

7.1.4 当地政府及民众的反响

通过斯科公司基金会开展社区支持活动，获得了当地政府及社区、媒体的一致好评。

如 2016 年 7 月 5 日，纳米比亚国家电视台播放斯科公司总经理拜访根哥布总统的新闻报道中提到斯科公司修订了相关政策支持当地中小企业参与湖山运营服务、增加员工住房补贴，斯科公司基金会划拨 80 万纳元专款支持青年就业、食物供应、抗旱救灾、提高公共卫生、职业教育培训和农村企业发展等领域。为了响应根哥布总统发起的“应对寒冬行动”，斯科公司又向总统发起的慈善机构捐赠价值 1 万纳元的毛毯，帮助贫困人群渡过寒冬。根哥布总统对中广核投资开发湖山矿、积极响应“共同繁荣计划”表示感谢，对斯科公司给当地员工提供的技能培训、住宿条件、本地化政策、中国承包商分包培养当地中小企业模式大为赞赏，并表示纳米比亚需要像斯科公司这样的大型公司给社会提供支持，期待中广核对纳米比亚加大投资力度。

7.2 政府关系建设

20 世纪中国对纳米比亚独立解放运动中提供过支持，双方老一辈领导人建立了非常友好的关系，纳米比亚独立后双方也在第一时间建立了外交关系，近些年来中纳经贸往来逐年增长，合作关系不断深化。2018 年 3 月，根哥布总统访华并与国家主席习近平会谈，两国元首一致决定建立中纳全面战略合作伙伴关系，使中纳关系更为密切。

两国的友好关系有利于当地政府关系的建设，中广核也一直致力于与纳米比亚政府建立并保持良好的关系。在多方努力下，纳政府一贯支持湖山项目的各项事务，从收购阶段项目采矿权证的颁发，到工程建设及运营阶段的各项许可，如产品销售许可、环境许可、工作许可、道路通行许可、生产倒班许可等，为湖山项目的顺利建设和稳定经营提供了保证。

7.2.1　项目收购前的政府关系建设

中广核在纳米比亚开展政府关系建设最早可追溯到 2010 年，近年来也密集拜访纳国家领导人及相关部门，双方建立并保持着密切的友好关系。

萨姆•努乔马（Sam Nujoma）是纳米比亚独立运动的主要领导人，在 1990 年 3 月 21 日纳米比亚独立时就任总统，并一直任职至 2005 年。努乔马早期曾在中国留学，对中国有着深厚的感情，一贯保持着对中国的友好态度。中广核在开展湖山项目收购时就在驻纳使馆的帮助下与努乔马进行接触并建立了良好的关系，同时也开展在任总统、总理及关键部委的工作。

2010 年 11 月，中广核集团贺禹董事长陪同国家能源局副局长钱智民访问纳米比亚，并参加与开国总统努乔马及矿能部的会谈，努乔马及矿能部对中广核开发纳米比亚铀矿资源表示支持。

2011 年 4 月，中广核集团副总经理兼总会计师施兵出访纳米比亚，先后拜访了开国总统努乔马、总统、总理、矿能部部长、外交部部长等，寻求对项目收购、采矿权证颁发的支持，同时讨论纳国家矿业公司合作事宜。

2011 年 5 月，铀业公司董事长周振兴出访纳米比亚，先后拜访了开国总统努乔马及矿能部部长，推动湖山项目采矿权证的审批。

除在纳米比亚当地开展政府公关工作外，也利用纳政府访问中国期间开展沟通工作。2011 年 5 月，在纳总统波汉巴对中国进行国事访问期间，通过中国驻纳使馆、纳外交部以及纳驻华使馆等多方工作，中广核集团总经理张善明在北京拜会了纳总统。同时，邀请纳外长 Utoni Nujoma 参观了大亚湾核电厂并会见贺禹董事长和张善明总经理。

2011 年 9 月，中广核集团副总经理兼总会计师施兵赴纳拜访总统、矿能部部长，重点讨论国矿公司入股事宜。

2011 年 11 月 25 日，中广核集团副总经理高立刚、铀业公司总经理余志平拜会开国总统努乔马，与矿能部部长进行会谈，在矿能部部长与中国驻纳大使见证下余志平与国家矿业公司签订合作谅解备忘录。2011 年 11 月 31 日，纳矿能部向斯科公司颁发采矿权证，此为收购湖山项目决策的必要条件之一，经过密集的政府沟通及关系建设，最终在决策前得以完成。

在项目收购阶段，中广核始终加强与开国总统、在任总统、总理等国家领导人及主要政府部门的沟通，与纳政府建立了良好的关系，并就纳国家矿业公司入股项目基本达成一致，推动政府批准湖山项目的采矿权证，是项目成功收购的关键。

7.2.2 项目收购后的政府关系建设

项目成功收购后，中方管理层、工作人员迅速入驻斯科公司，及时完成了对斯科公司经营管理的接管，斯科公司步入了在中方主导下的新阶段，项目也进入了矿山建设的准备和实施阶段，政府关系建设以推动矿山建设涉及的各项审批、中国及其他国家人员在纳的工作许可审批、贷款及资金安排、税务优化等政府支持工作。斯科公司继续加强与纳国家领导人、矿能部、内政部、财政部、贸工部、外交部、劳工部、环境旅游部等的沟通，也通过支持当地社区发展、中小企业发展、扶贫减灾等获得了政府的好评，与各级政府均保持良好的关系，确保了项目工程建设的顺利开展。

（1）国内总部支持纳米比亚政府关系建设

2012 年 6 月，铀业公司总经理余志平率团拜会了纳米比亚总理、矿能部部长、外交部部长、内政部常务秘书等，寻求政府对湖山项目工程建设的支持。

2012 年 10 月 18—21 日，中广核集团公司总经理张善明访问纳米比亚，与矿能部部长等共同见证了纳国家矿业公司入股斯科公司协议签字仪式（见图 7.2.1），并拜访了开国总统努乔马，努乔马支持中广核开发湖山铀矿，并要求斯科公司支持当地社会发展。

图 7.2.1 张善明出席纳国矿公司入股斯科公司签字仪式

2013 年 4 月 17 日，中广核集团贺禹董事长分别拜访纳米比亚总统波汉巴及开国总统努乔马（见图 7.2.2）。

2013 年 9 月，铀业公司总经理余志平、斯科公司总经理郑克平等一行拜会了纳米比亚总理根哥布。

2013 年 11 月 27 日，中广核集团副总经理郑东山、铀业公司董事长周振兴、斯科公司总经理郑克平一行拜会了纳米比亚总统希菲凯普涅·波汉巴，汇报项目进展，并邀请总统出席 2014 年 5 月举办的湖山采矿生产启动仪式。

2013 年 6 月 26 日，铀业公司总经理余志平带队拜访矿能部常务秘书 Kahijoro Kahuure 先生，希望矿能部尽快批复湖山项目贷款矿权质押及股权质押。

图 7.2.2　贺禹拜访纳米比亚总统

2014 年 4 月 9 日，在中国国务院总理李克强、纳米比亚总理根哥布的见证下，中国广核集团董事长贺禹在海南三亚分别与纳米比亚国家水务公司首席执行官 Dr.Shivute 及纳米比亚金属业工人工会秘书长 Justina 签署湖山项目永久水管电力供应升级协议、建设期工会关系合作协议（见图 7.2.3）。

图 7.2.3　在中纳两国总理见证下贺禹与纳方签订合作协议

2014 年 5 月 7 日，集团公司董事长贺禹陪同中国国家原子能机构副主任王毅韧、中国驻纳米比亚大使忻顺康分别拜会了纳米比亚矿能部部长及卫生部部长。

2014 年 10 月 27 日—11 月 3 日，在铀业公司的组织和协调下，纳米比亚矿能部部长卡塔里访问中国，先后拜访了国家能源局和国防科工局，并参观了大亚湾核电基地。

2016 年 9 月 5—7 日，集团公司副总经理兼总会计师施兵拜会了纳米比亚总理莎拉 · 库贡盖卢瓦－阿马蒂拉（见图 7.2.4），并与国土资源部副部长张德霖一行拜访了纳米比亚矿能部、考察湖山项目现场。

图 7.2.4　施兵、余志平一行拜会纳米比亚总理

（2）斯科公司政府关系建设

斯科公司管理层通过定期拜访纳米比亚国家领导人、政府总理、相关部长及埃龙戈省省长及斯瓦科普蒙德市、阿兰迪斯镇等地方政府、议会，同时通过捐赠支持当地社区发展、扶贫等，邀请相关部长、当地省长参加斯科公司的活动，如开工仪式、各种庆祝仪式、马拉松比赛等，与政府部门建立了密切联系和良好关系。

斯科公司也聘请多名熟悉当地政府关系的人员专职开展政府沟通工作，政府关系建设较为顺畅。同时也请斯科公司董事、纳国矿公司总经理 Eliphas Hawala 开展当地政府工作，帮助斯科公司了解政府需求、政策等。聘请原纳米比亚钻石公司总经理、后任总统特别顾问的 Inge Zaamwani－Kamwi 女士作为斯科公司外部独立董事，并作为斯科公司董事会可持续发展委员会的主席，可以及时了解政府相关政策，并向政府反馈斯科公司的相关诉求等。

近年来斯科公司开展的主要政府工作如下：

2015 年 3 月 18 日，斯科公司总经理郑克平向根哥布总理汇报湖山项目进展及施工生活营地。根哥布表示湖山项目对纳米比亚意义重大，对当前铀价低迷、企业举步维艰的情况下，斯科公司继续推进湖山项目建设并取得重要进展表达高度赞扬，并提出将考察湖山项目，同时鼓励斯科公司对湖山项目促进纳米经济发展和就业进行宣传。

2015 年 5 月 20 日，斯科公司总经理郑克平拜会了纳米比亚矿能部、劳工部和总理府，向新任总理 Saara Kuugongelwa Amadhila、新任矿能部部长 Obed Kandjoze 及新任劳工部部长 Erkkir Nghimtina 汇报项目工作。

2016 年 1 月 21 日，斯科公司总经理郑克平拜会纳米比亚总理，向总理汇报了湖山项目进展、球磨机火灾事故处理等事宜。

2016 年 6 月 2 日，斯科公司总经理郑克平拜访纳米比亚第一夫人莫妮卡·根哥斯，报告斯科公司支持纳米社区发展、教育、中小企业发展和减贫等工作进展。

2016 年 7 月 5 日，斯科公司总经理郑克平率团拜访纳米比亚总统，向根哥布总统汇报斯科公司情况，重点报告了斯科公司在根哥布总统主导的“共同繁荣计划”中做出的努力与贡献。根哥布总统对中广核投资开发湖山矿、积极响应“共同繁荣计划”表示感谢，对斯科公司给予当地员工的技能培训、住宿条件、本地化政策、中国承包商分包培养当地中小企业模式表示赞赏。

2017 年 12 月 26 日，斯科公司总经理郑克平、副总经理蔡于胜及首席运营官 Angula Kalili 拜访开国总统努乔马，介绍项目进展，邀请努乔马访问湖山现场（见图 7.2.5）。

图 7.2.5　斯科公司管理层拜会开国总统努乔马

7.3　重要来访

湖山项目为中国在非洲、在纳米比亚最大的实体投资项目，对中纳、中非关系建设意义重大，同时对纳米比亚的经济建设贡献巨大，并已成为纳米比亚对外的一张名片，因此一直得到中国政府、纳米比亚政府及其他国家政府、机构的高度关注，每年有大量的国内外团组到项目现场考察、访问，也有多个国家总统、纳米比亚及中国政府高层访问斯科公司及项目现场，对于宣传中广核集团及中国企业在当地投资、为当地发展做出的贡献有积极影响。

7.3.1　高端访问

（1）纳米比亚政府高端访问

1）采矿生产启动仪式高端访问

2014 年 5 月 7 日，湖山项目永久进场道路和桥梁正式通车。纳米比亚开国总统努乔马宣布湖山项目永久进场道路正式通车，并为道路路标揭幕，为道路开通剪彩。中国驻纳大使忻顺康、集团公司董事长贺禹、中非发展基金副总裁王勇及纳米比亚交通部常秘（代表交通部部长）出席了仪式。

2014 年 5 月 8 日，斯科公司在湖山现场举办采矿生产启动仪式。纳米比亚总统波汉巴、开国总统努乔马，纳米比亚上下议院议长、相关政府部长、埃龙戈省省长、中非基金及纳国企领导、利益相关方代表，中国国家原子能机构副主任王毅韧，集团公司董事长贺禹等，参与建设的中央企业领导、合作伙伴以及天然铀用户代表等 160 多名嘉宾参加了启动仪式。纳米比亚总统波汉巴向中广核集团董事长贺禹授牌，宣布湖山铀矿正式进入采矿生产阶段（见图 7.3.1）。

图 7.3.1　湖山现场举行道路开通仪式及采矿生产启动仪式

2）纳米比亚、赞比亚总统访问项目现场

2015 年 8 月 27 日，纳米比亚总统根哥布陪同赞比亚总统埃德加・伦古考察湖山铀矿项目，这是纳米比亚总统首次和他国总统一起访问企业（见图 7.3.2）。

图 7.3.2　纳米比亚总统、赞比亚总统访问湖山现场并签名留言

两国总统参观现场后，分别向斯科公司留言，盛赞湖山项目取得的巨大成绩及对中非合作的贡献，根哥布总统写道：斯科公司在如此短时间内所取得的成就给我留下了深刻印象，斯科公司劈山建路，施工营地内 2 000 名员工安居乐业，成绩斐然，可喜可贺。赞比亚伦古总统题词：项目投资巨大，令人折服，它是中国人民对非洲承诺的象征。

3）纳米比亚总统、马里总统访问

2016 年 3 月 19 日，纳米比亚总统根哥布携马里共和国总统凯塔访问湖山项目采矿生产和水冶厂建设现场。访问结束前，两位总统在留言簿留言，根哥布总统：这是我第二次陪同来访总统参观湖山铀矿，感谢湖山，你们的巨额投资给我留下了深刻的印象；湖山路化天堑为通途，希望你们再接再厉，纳米比亚为有你们这样的珍贵伙伴而感到骄傲（见图 7.3.3）。

马里总统凯塔：此次到访湖山项目给我留下了十分深刻的印象和重大的收获！非常感谢能有机会亲眼目睹一个全新的纳米比亚在崛起的道路上迈出的重要一步。纳米比亚万岁！伟大的纳中两国合作万岁！中非合作万岁！

图 7.3.3　纳米比亚总统、马里总统访问湖山现场并签名留言

4）纳米比亚总理访问

2016 年 7 月 29 日，纳米比亚总理 Saara Kuugongelwa Amadhila 率团访问湖山项目现场，先后考察了营地食堂和宿舍、二号矿坑、采矿设备模拟机、实验室和水冶厂，并登上国产矿车、模拟机亲身体验。

5）开国总统努乔马访问湖山现场

2018 年 1 月 5 日，纳米比亚开国总统萨姆 • 努乔马第二次访问湖山铀矿，参观了采矿生产现场、水冶厂主控室及水冶厂厂区（见图 7.3.4）。

图 7.3.4　开国总统努乔马访问湖山现场

（2）中国政府高级代表团来访

2015 年 3 月 22 日，中华人民共和国主席特使、交通运输部部长杨传堂在参加根哥布总统就职典礼后前往湖山项目考察，听取了项目进展汇报，参观了采矿生产和水冶厂工程建设现场，并亲切看望了中资企业人员，鼓励员工团结协作，继续为顺利实现湖山项目投

产而奋斗。

2015 年 3 月 28 日，中国国务委员兼国防部长常万全上将访问纳米比亚，在斯科公司听取了湖山项目进展汇报。

2016 年 9 月 25 日，中共中央书记处书记、全国政协副主席杜青林率团访问斯科公司。

2017 年 8 月 27 日，中共中央政治局常委、国务院副总理张高丽视察中广核湖山铀矿项目现场（见图 7.3.5）。张高丽在视察中对中广核集团“走出去”实施国际化运营取得的成绩给予肯定，代表党中央、国务院向湖山项目全体员工致以亲切问候。张高丽表示，中广核从收购铀矿到建成投产，短短三年多的时间达到今日规模实属不易，在“走出去”方面，“中广核是有实力、靠得住的企业”。张高丽强调湖山铀矿要时刻把安全放在首位，保证人才队伍的高端稳定，解决关键性技术问题，确保生产万无一失。

图 7.3.5　张高丽一行访问湖山项目现场

7.3.2　纳米比亚政府相关来访

2013 年 4 月 18 日，湖山现场举行项目开工仪式，纳米比亚矿能部部长 Katali、中国驻纳米比亚使馆代办李意钢、中广核集团董事长贺禹等 110 余名嘉宾参加仪式（见图 7.3.6）。

图 7.3.6　矿能部部长 Katali、贺禹董事长出席项目开工仪式

2013 年 11 月 14 日，纳米比亚劳动与社会福利部部长 Doreen Sioka 女士参观了湖山项目现场。

2014 年 10 月 8 日，纳米比亚环境旅游部副部长 Pohamba Shifeta 考察湖山项目矿山建设及生产现场。

2015 年 6 月 15 日，纳米比亚矿能部新任部长坎乔则率团访问斯科公司及湖山项目现场。

2015 年 7 月 21 日，纳米比亚新任劳工部部长厄奇・恩穆提纳率代表团访问斯科公司，参观现场承包商营地、技术培训设施、矿坑和水冶厂等。

2016 年 4 月 9 日，湖山铀矿采矿生产装运总量突破 1 亿 t，4 月 15 日，纳米比亚矿能部部长坎乔则、埃龙戈省省长穆恰维夸、总统高级顾问/斯科公司董事英鸽等与斯科公司员工庆祝湖山项目采矿剥采量突破 1 亿 t 及采矿运行 2 年无损工安全事件里程碑。

2016 年 9 月 14 日，纳米比亚水利部部长约翰・穆托瓦、驻中国候任大使艾拉・乔治・凯亚莫、纳水总经理维亚诺・习武特等访问湖山项目。

7.3.3　中国政府代表团重要来访

2012 年 11 月，国土资源部总工程师钟自然访问湖山项目现场并指导工作。

2014 年 8 月 17—19 日，国务院国资委副主任孟建民率团考察湖山项目。

2015 年 8 月 29 日，国家能源局副局长刘琦一行专程赴纳米比亚考察斯科公司。

2016 年 9 月 7 日，国土资源部副部长张德霖一行考察湖山铀矿项目现场。

2017 年 4 月 4 日，外交部副部长张明访问湖山现场。

2017 年 7 月 31 日—8 月 3 日，国务院国有资产监督管理委员会国有重点大型企业监事会部风涛主席一行访问斯科公司并考察湖山现场。

2017 年 11 月 17 日，商务部副部长钱克明访问斯科公司，先后到湖山现场的露天采矿、水冶厂主控室、水冶厂厂区及尾矿坝、斯科公司办公大楼进行考察。

2018 年 10 月 16 日，国务院国资委党委副书记、主任肖亚庆到湖山铀矿采矿生产现场和水冶厂进行调研，在听取中广核董事长贺禹的工作汇报后，肖亚庆指出湖山项目是中国在非洲投资建设的标志性大项目，落实了中非合作论坛北京峰会的主旨和要求，要求湖山项目要守住标杆地位。

7.4　公共宣传及媒体关系建设

纳米比亚媒体自由度较高，与西方媒体类似，媒体关系至关重要。斯科公司与纳米比亚主要媒体均保持密切联系，将公司及项目的重要里程碑事件及时通报给媒体，对媒体一般采取开放的政策。斯科公司在纳联系的媒体主要有纳米比亚国家电视台（NBC）、《纳米比亚人报》（The Namibian）、《纳米布时报》（The Namib Times）、《共和报》（Republikein）、《纳米比亚太阳报》（The Namib Sun）、《新时代报》（New Era）等，均为国家级媒体。重要事件一般均邀请媒体参加，如生产启动仪式、总统来访、总理来访、重要捐赠仪式、马拉松比赛等，媒体均能够给予正面的报道，有助于湖山铀矿在当地的宣传，提升在当地的影响力。对于在媒体上出现的负面报道，斯科公司也会积极和媒体沟通，及时进行解释、说明，总体上当地媒体对斯科公司及湖山铀矿的报道均较为正面，负面信息较少。斯科公司也定期出版宣传季刊《湖山之声》（Husab Voice），并发送给纳米比亚国家政府部门、地方政府、相关行业协会、新闻媒体、中国驻纳使馆等，报告项目进展及重大事项。

近年来涉及斯科公司及湖山铀矿的主要报道和主要媒体活动如下。

7.4.1 当地媒体

2012 年 10 月，在纳国矿公司入股斯科公司签字仪式后，向纳米比亚主要媒体发出国矿入股斯科公司的联合新闻通稿，《纳米比亚人》等主要报刊给予了显著篇幅的报道。

2013 年 6 月，斯科公司管理层会见《The Namibian》《Republikein》《The Informante》和《Namib Independent》等纳米主要媒体记者，介绍湖山项目的最新进展，进行积极的舆论引导，同时与这些媒体明确了相互合作机制。

2013 年 8 月 5—6 日，纳米比亚主流媒体如《The Namibian》《New Era》和《Sun》等报纸纷纷以《湖山项目建设进展良好》等为题介绍了中资企业与纳方代表交流会的情况，从正面积极地报道了湖山项目建设的情况。

2013 年 9 月，接受国际媒体《South Africa Mining Review》《Mining Mineral Africa》和《Business World Africa》的采访，介绍了湖山项目工程建设的最新进展，同时就斯科公司的可持续发展政策进行了阐述。

2013 年 9 月，纳米比亚主流媒体如《The Namibian》《New Era》等报纸报道了斯科公司与纳米水务公司签署临时供水协议及与阿海珐海水淡化厂的供水仪式。

2015 年 2 月，斯科公司和矿业工人工会（MUN）签订《互认协议》在各大新闻媒体报道。

2015 年 2 月 24 日，斯科公司举行媒体日活动，邀请纳米比亚广播公司（NBC）、纳米比亚太阳报（《The Namib Sun》）等 10 家当地主流媒体记者参加，向记者介绍了公司综合情况、运营及工程进展等，并就记者关于人力招聘等关切问题进行回答。

2015 年 2 月 27 日，《New Era》报道“湖山矿水冶厂将在今年启动试车”。

2015 年 5 月 21 日，斯科公司基金会向纳米比亚紧急减灾基金捐款 20 万纳元，总理、总理府副部长、总理府常秘出席捐赠仪式，纳米比亚各媒体进行了报道。

2016 年 1 月，就球磨机火灾事件与本地电视台和报社进行积极沟通。

2016 年 1 月 29 日，邀请媒体参加斯科公司与纳米比亚矿业工人工会《雇佣条件实质协议》签约仪式，发放新闻稿。

2016 年 7 月 5 日，纳米比亚国家电视台播放斯科公司总经理拜访根哥布总统的新闻报道。

2016 年 8 月 3 日，《纳米比亚人报》报道纳米比亚总理考察湖山矿：已投入 270 亿纳元的湖山矿即将建成，未来达产后将使纳米比亚 GDP 增长 5%，每年将缴纳 17 亿纳元的税收，工程阶段将合同总额的 48.9%授予纳米比亚公司及在纳米比亚注册的公司，并创造了 4 500 个临时岗位，运营阶段将有 1 600 个永久工作岗位，其中 92%是纳米比亚当地人，未来将增长到 95%，其中 10%是女性。

2016 年 8 月 16 日，《纳米比亚人报》《纳米比亚经济学人》等报道斯科公司组织的第二次马拉松比赛。

2016 年 12 月 23 日，《纳米比亚经济学人》报道湖山铀矿将拯救下滑的纳米比亚经济：

纳米比亚经济将从新铀矿的投产中受益，并使纳米比亚成为全球第三大天然铀生产国。

2017 年 1 月，《纳米比亚人报》《新时代报》等报道“湖山铀矿产出第一桶铀”。

2017 年 2 月 16 日，《纳米比亚人报》报道“湖山铀矿将在 2018 年 8 月达产”。

7.4.2 国内媒体

（1）新华社及其他中国国家级媒体

早在 2012 年，斯科公司与新华社温得和克分社达成合作协议，斯科公司可以访问新华社多媒体数据库，同时新华社非洲总分社也提供半月刊《中非财经专供信息》，使斯科公司能及时了解中非之间的最新经贸动态。

项目重大里程碑也及时联系新华社温得和克分社，近年来在新华社中英文网站多次刊出项目相关报道，有效地扩大了项目在国内外的宣传和影响力。

2016 年 6 月 20 日，新华网刊出“纳米比亚中国湖山铀矿夜景（高清组图）”，在国内网站得到大量转载。

2017 年 1 月 26 日，中国日报网报道“中国在纳米比亚投资的铀矿成功产出铀产品”。

2017 年 2 月 23 日，新华网报道“纳米比亚总统给湖山矿第一桶铀发贺信”。

2018 年 5 月 8 日，新华网、人民网等报道“中广核湖山铀矿成为纳米比亚国家名片”。

2018 年 5 月 15 日，新华网报道“湖山铀矿已成为纳米比亚第一大雇主”。

（2）中国中央电视台

2017 年 3 月，中央电视台记者赴湖山现场采访，对湖山项目的成就和“湖山模式”的内涵进行了全方位报道，展现了中广核在纳米比亚开发湖山铀矿并带动其他央企“走出去”的风采。2017 年 3 月 13 日中央电视台财经频道《环球财经连线》播出《中国企业在海外：开创“湖山模式”，中广核在非开发全球最大铀矿》新闻节目，在国内达到了较好的宣传效果。

（3）其他国内媒体

2006 年 9 月，《21 世纪经济报道》派出记者考察湖山矿；2017 年 2 月 28 日，纸质媒体及网站报道——《世纪的中国与非洲：走进纳米比亚》；专访中广核铀业斯科有限公司总经理——《湖山铀矿：中国在非洲投资的旗舰项目》；专访中广核斯科公司党委书记、高级副总裁彭新建——《中广核铀业将跨入世界天然铀生产前五名》。

第八章　生产采购及库存管理

8.1　斯科公司生产采购概述

8.1.1　组织结构、职责分工

斯科公司生产采购由供应链部门负责，部门编制为 80 人。为满足湖山铀矿生产需求，供应链下设 4 个分部：采购分部、物流分部、仓储分部和服务分部，其中在采购、仓储的关键核心岗位配置有中广核外派员工，实现对采购、仓储的有效管控。

采购分部负责执行斯科公司所有部门发起的采购申请，编制 27 人。根据采购职能分工的不同，采购分部下属 4 个采购模块，其中在招投标和合同管理模块配置中方员工 3 名，实现对公司重大采购（例如试剂、零部件、成套设备等）的全流程参与、管控。

（1） 物料和试剂采购模块

主要负责采矿大设备（卡车、铲车与钻机等）零部件以及水冶厂化学试剂消耗品的采购。水冶厂化学试剂每周通过周例会与水冶厂相关运行人员进行沟通，根据水冶厂的生产消耗水平，更新需求计划，制订采购计划。大宗物料主要包含化学品（碳酸钠、氢氧化钠、硫酸亚铁、硫磺等）、钢球（用于半自磨、球磨机）等。

（2） 日常采购模块

主要负责斯科公司各部门小额零散采购申请的处理、询比价、订单签发以及后续的支付申请、订单关闭。

（3） 水冶支持模块

主要负责斯科公司水冶厂设备备件的采购。在水冶厂生产初期，设备运行不稳定，备件的需求计划不明确，备件的采购不确定性大、变化多。针对上述现状，水冶支持模块与水冶厂运行人员积极沟通，包括参与水冶厂运行每天的例会，及时掌握最新的需求及计划，沟通已采购重要零部件的生产、运输至现场的进度，确保采购能够及时支持生产。

（4） 招投标和合同管理模块

依据合同和采购管理程序以及斯科公司需要进行招投标的采购申请需求，开展相应的招投标工作、合同谈判，直至合同签订。同时负责签订后的合同管理工作，包括合同变更、索赔以及后续支付申请的处理。

对于单纯比较价格不能满足对供应商方案进行评审要求的采购，采购模式为招标流程。受限于纳米比亚当地市场规模较小的实际情况，招标多采用邀请招标的模式，较少采用公开招标的模式。

8.1.2 生产采购合同模式/类型

（1）采购主要形式

斯科公司的正常生产采购主要以发出订单（Purchase Order）、签订合同（Contract）、签订框架协议（Framework Agreement）三种形式为主。

1）订单分为两类：库存物资采购和非库存物资采购

库存类物资采购流程：如果某项物资需要作为库存件，用户部门提交库存申请（Stock Application），供应链仓储分部在SAP系统中登记。一旦实际库存低于SAP最低库存，SAP自动生成采购申请。已有采购框架协议的物资，供应链采购人员直接依据协议价格下订单进行采购。对于未签订采购框架协议的采购，供应链采购人员依据采购流程完成采购。

非库存物资：用户部门提交采购申请（Purchase Requisition），采购申请依据财务授权批准后，采购申请自动流转到采购分部，由采购分部执行后续的采购流程、签署订单。

2）合同模板

合同主要有两种模板，采用标准合同文本的合同及"一页纸"合同（或称简式合同）两种模板。通常较简单的设备或服务采购采用"一页纸"合同模板附加斯科公司标准采购条款（Swakop Uranium Standard Purchasing Terms and Conditions）。

不论采用"标准文本"还是"一页纸"合同，合同签订的流程是一致的：用户部门联合采购部门提交采购申请（PAR），采购申请中明确预算出处、工作范围、技术规格、采购小组成员、供应商清单、采购执行计划以及评标标准。采购申请批准后，采购部门准备相应的招标文件并发标。

采购工作一般采用两阶段评标方式，先对技术标进行评标，后进行商务标评标。商务标评完后，采购人员综合评标结果，撰写评标报告。依据授权提交审批，其中金额大于300万纳元的采购，评标报告需要提交评标委员会进行审议。评标报告审批后，就合同具体条款与推荐供应商进行谈判，主要包括合同的价格、供货周期、工作范围、技术规格、运输条款、支付条款、违约条款等。根据谈判的具体结果，拟定合同文本，做出合同推荐报告，依据公司财务授权报批，直至合同签署。

3）框架协议

斯科公司目前签订的框架协议主要是以设备的零部件以及部分技术支持服务合同为主。

设备零部件框架协议：包括采矿设备，例如钻机、卡车等。水冶厂涉及的设备、仪器，例如阀门、仪表，框架规定单价以及价格调整机制，框架协议的供货范围覆盖供应商为斯科公司所有可能供货的零部件。目前大多数供应商每年会对协议的价格进行调整。

技术支持服务合同：规定人员单价以及相应的工作范围等。湖山矿运行阶段，与部分国内供应商签订了技术支持服务协议，调动国内成熟的资源力量，协助矿山运行，并对相应岗位的当地员工进行培训。例如与陕西运维电力签订的硫酸厂余热发电厂技术支持服务协议，与中煤平朔集团签订的采矿重型设备技术支持协议等。

（2）非正常采购

1）紧急采购

紧急采购分为非正常工作时间的采购和正常工作时间内的紧急采购。

非正常工作时间的采购：用户部门通知供应链的部门经理，经供应链部门经理和副经理批准后进行紧急采购；用户部门 24 h 内提交紧急采购申请表（Exception Request），根据公司财务授权进行审批。

正常工作时间内的紧急采购：用户部门提交紧急采购申请表，根据公司财务授权进行审批。

2）议标采购

用户部门提交议标采购申请报告（Exception Request），50 万纳元以下由供应链经理和副经理联合批准，超过 50 万纳元，由公司总经理批准。议标采购申请报告审批后，根据采购程序，草拟合同并提交合同推荐报告报批。议标报告需明确采购的工作范围、采购金额、成本中心以及推荐供应商等信息，同时，议标报告要详细阐明议标的主要理由并附带相关支持证明材料。

8.1.3 合同的执行管理

合同签订后的执行管理主要包含合同支付管理（Payment）、合同的变更管理（Contract Amendment），其中合同的索赔、反索赔工作体现在合同变更管理中。

（1）合同变更管理

用户部门提交合同变更申请（Amendment Request），阐述需要合同变更的理由。通常在用户部门提交申请之前，需要与负责此合同商务人员进行充分的沟通、协调。合同变更申请依据财务授权批准后，商务人员联合用户部门就变更内容与供应商进行谈判（包括前述提及的合同索赔、反索赔等），确定合同变更细节，商务人员起草合同变更文本并准备合同变更推荐报告（Contract Amendment Recommendation Approval Form）。报告批准后，签订合同变更。

（2）支付管理

斯科公司的审核、支付流程主要涉及用户部门、供应链部以及财务部，由供应链部主导发票接收、审核流程。由于供应链部每月需要处理的发票数量大，发票接口不清、延时支付等现象时有发生，为规范发票审核、支付路径，确保支付能够按照合同、订单的支付条款按时、准确执行，斯科公司供应链部于 2017 年 4 月签发发票验证支付工作流程备忘录，对原有支付审核流程进行补充规范。备忘录规定了发票登记流程，实现了发票审核处理过程可追溯；界定了各部门的职责分工以及不同类型发票的审核处理流程。

8.1.4 采购渠道多元化、国际化

鉴于纳米比亚当地工业资源匮乏、供应能力有限的特点，斯科公司的供应以在纳米比亚注册的代理商以及国外供应商为主，同时兼顾当地企业，体现了采购供应多元化和国际化的特点。例如 2017 年前十大供应商中，既有卡特彼勒、小松等行业巨头在南部非洲或者纳米比亚当地的代理公司，也有类似中国企业北方爆破在当地的注册公司。以 2017 年为例，纳米比亚公司合同额占比 68%，包括纳米比亚当地公司以及在纳米比亚当地注册的外国公司（其中纳米比亚当地公司合同额约占 26%，在纳米比亚注册的外国公司约占 42%），国际化采购合同额占比 32%。

2017 年斯科公司订单金额超过 150 万纳元的供应商共 155 家，其中前几大供应商如图 8.1.1 所示，主要为采矿零部件供应、柴油供应、矿区用电用水、采矿爆破、水冶试剂采

购等，前十大供应商采购金额占比 64%，其余供应商金额占比 36%。

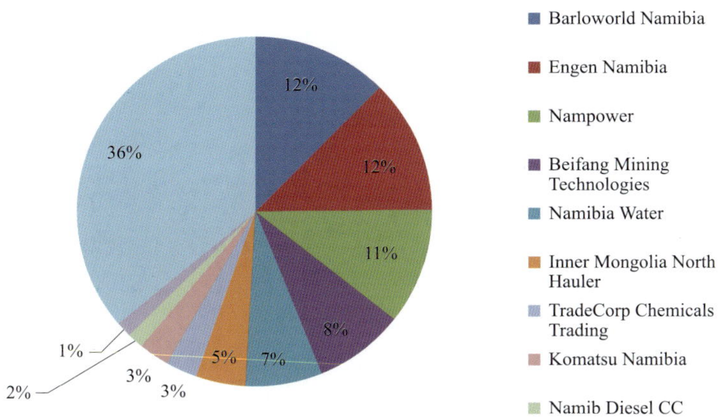

图 8.1.1　斯科公司十大供应商采购金额占比分布

8.2　生产采购管理

8.2.1　管控概述

斯科公司采购管理涉及的主要文件包括公司级的授权管理制度、采购程序、以及部门签发的备忘录/工作指引。斯科公司供应链部从 2013 年成立，工作过程中根据实际工作需要，组织机构职能不断调整、完善，对应的采购流程同样随之不断补充、优化。

例如，斯科公司于 2013 年发布《合同和采购程序》，至 2017 年 9 月，根据采购的实际需求变化累计进行了 4 次升版；供应链部在 2017 年 1 月签发了《招投标流程工作指引备忘录》对原有的《合同和采购程序》进行了补充，作为供应链内部招投标流程的详细工作指引；2017 年 3 月供应链部签发《设备损坏或紧急采购临时方案备忘录》，对紧急采购在《合同和采购程序》的基础上进行了内部规范。斯科公司于 2015 年颁布《合同管理程序》，对合同签订后的归档管理、变更管理、支付管理等进行了规定；根据支付处理的实际执行情况以及针对执行过程中面临的具体问题，于 2017 年 4 月签发《发票验证支付工作指令备忘录》，对《合同管理程序》的支付具体执行做了规定，形成了具体的工作指引。

通过公司管理程序和部门工作备忘录/工作指引相结合，对相关流程在部门的具体实施进行约束。保证生产采购有据可依、有据可查，体现生产采购的合法合规性。

8.2.2　合同和采购管理

合同和采购管理主要通过严格规范的程序进行过程管控。

斯科公司目前颁布的主要程序有《合同和采购程序》《合同管理程序》《招标委员会批准程序》《供应商道德规范》《归档程序》《供应商前置审核程序》《供应商清单和开标记录

程序》《供应商申请和维护程序》等。

同时，除上述主要程序外，供应链采购模块为保证部门重要工作的顺利进行，根据自身实际运作情况，签发内部备忘录作为工作指导书，规范重要的工作节点和流程，对程序形成补充。例如《招标程序备忘录》《设备损坏或紧急采购临时方案备忘录》《发票验证支付工作指令备忘录》和《报价邀请流程备忘录》等。

（1）合同和采购

《合同和采购程序》对货物及服务采购提供工作指引，在采购的竞争性和成本优化的原则基础上，确保采购过程的公平、公开，从而获得高质量的产品和服务。《合同和采购程序》规定了公司内部各部门的相关职责、合同和采购执行策略、合同和采购的过程控制以及合同的管理等相关内容。

1）各部门的主要职责

用户部门：预算方面，对于资本性支出的，在采购活动开始之前，需要批准“资本性支出申请”，确保采购活动的预算出处；负责采购活动的技术规范、工作范围编制；发起采购申请，采购申请应包含技术规格、标准，对货物或者服务的安质环要求，货物或者服务的时限要求。

采购部门：供应链采购部主导整个采购流程，确保采购按照上述采购程序执行；现有供应商的询源和新供应商的引入；引领与供应商的谈判以及后续的合同报批推荐；合同签订后的执行管理等。

2）采购策略

所有的采购都应遵循竞争性采购的原则，其中一些非竞争性采购的特殊情况需要依据公司的相关批准程序进行批准。同时，如果在采购执行过程中偏离了既定的初始采购策略，同样需要按照公司授权进行审批。一些常见的非竞争性情形包括：通过合同变更的形式购买额外更多的货物或服务；市场竞争性不足；单一来源采购；原始设备制造商以及紧急采购等。所有上述特殊情形的采购需要通过例外需求单（Exception Request Form），根据公司财务授权，进行逐级审核批准，从而对非竞争性的采购活动进行严格把控。

收到采购申请需求，供应链部相应的采购员需要对采购需求进行核实，比如是否可以通过变更现有合同进行采购，确认采购产品的规格及需求等。采购申请得到批准后，供应链负责组织并引领整个采购小组的采购工作，实施既定的采购策略。采购策略总体上按照预估的采购金额作为依据进行制定，但也考虑个别特殊情况。

3）采购过程

《合同和采购程序》对采购过程中各环节的采购活动进行了详细的规定，包括采购的紧急性和优先顺序、“两阶段”评标、供应商的审核、供应商现场勘查、招标/报价文件要求、招标文件澄清、招标时限、评标标准的规定、评标过程、评标报告、合同谈判、合同相关条款及签订、合同管理（变更、索赔）等。

《合同管理程序》是斯科公司采购合同管理的基本原则文件。规定了相关方在合同管理中的职能，包括合同授权签署人：依据公司授权管理规定签署合同、确保合同在执行及后续的变更等过程中依据公司的相关政策执行等。合同的管理者（用户）：负责监督合同的执行情况，例如合同工作量的完成情况等。合同的商务负责人：负责合同签订到关闭的全流程跟踪，包括合同签订后的管理活动，包括合同变更、索赔处理等；确保合同的执行符合公司的相关管理规定制度；负责引领合同签订及执行过程中的相关报批；执行合同关闭流程。

4）合同存档管理

采用共享网盘的存储：合同所有的相关过程文件（招投标文件、评标文件、报批文件、合同签订文件、相关执行管理文件）的电子版都存储到共享网盘中。纸质文档存储：上述的所有文件按照对应的顺序，整理存储在对应文件夹中。SAP 系统：签订过的合同需要上传到 SAP 系统中，方便后续的在线管理，例如变更、支付等的执行。

5）合同变更管理

当合同原工作范围发生增减或者工作量相对于原先的预估有偏差，造成合同价格或者合同完工日期发生变化，用户部门可以按合同规定对实际发生的偏差提请变更。

（2）评标委员会

《评标委员会批准程序》是评标委员会运作的依据。相关方依据程序对评标报告进行审核、讨论，评标委员会依据程序对评标结果进行最终的判定。需要评标委员会对评标结果进行讨论，判定的采购主要是资本性支出及运营预算项下的货物和服务采购。评标委员会的人员构成主要包括：总经理（CEO）、运营副总裁（COO）、供应链部经理、财务经理、相应的用户部门经理、法律顾问、采购小组核心成员、审计经理等。

供应链部根据实际的评标进展状况，组织定期或特别评标委员会会议。会议召开时评标委员会需要对提交评标委员会的材料进行审核，包括评标报告以及评标过程的审核。对通过会议审核的采购推荐报告进行签字审批；同时，会议对供应链在采购过程中遇到的难以决断的疑难复杂问题进行讨论，形成工作指引；采购小组负责对会议讨论内容形成会议纪要；会议中形成的工作指引、通用规则同样适用于之后的采购工作。

（3）供应商管理

依据颁布的《供应商前置审核程序》与《供应商申请和维护程序》进行供应商管理工作，期间伴随着程序的更新与完善，斯科公司供应商选择、合格供应商入库与供应商定期评估管理运作也不断地规范。通过上述的供应商选择与管理，最大化地降低了供应商管理的成本与风险。

供应商的初步审核主要是通过发放前置审核的调查问卷，验证评估供应商的信息反馈、现场核查（如有必要）等几个步骤对潜在供应商进行前置审核。审核通过后，由供应链部专职人员对供应商在 SAP 系统内进行登记注册。

斯科公司对所有签订协议的供应商进行定期评估，评估至少每年进行一次。供应商评估得分表是用来考核供应商的重要手段。采购部门负责对所有的过程文件进行归档保留。

（4）工作指引

工作指引是对程序的补充，是合同及采购人员的执行规范。

《招标程序工作指引》是对《合同和采购程序》的补充，同样也是对招标工作的具体规范和详细要求。对招标全过程包括前期工作的准备、采购申请的审核、招标文件的发出、开评标、评标推荐报告、合同推荐和合同签署等工作的详细步骤、相关人员的职责、工作的先后顺序与时限的控制等关键点进行了明确的说明和规范；对招标过程文件的归档进行详细的要求。通过此备忘录的签发，对公司最重大的合同签署关键环节进行流程上的详细规范指导，从而严格把控、降低了招标采购的商务风险。

供应链内部根据每月实际的发票处理情况，基于人员有限、工作量大的情况，发布《发票验证支付工作指令》备忘录，对供应商发票的通知提交、发票的分类、供应链与财务部的接口、发票处理的“六步走”流程以及发票的登记追踪进行了明确的规定。做到发票可在规定的时间内及时处理，发票处理的过程可追溯。

结合现场生产运行维护过程中出现的紧急状况，供应链联合维修部门发布了《设备损坏或紧急采购临时方案》备忘录，作为应对设备损坏造成紧急采购的临时解决方案，供应链采购模块指定专人负责跟踪紧急采购申请，做到及时处理。通过填写《紧急采购申请单》做到过程追踪。同时对工作时间内及非工作时间的紧急采购流程做了明确且详细的规定，并强调了紧急采购中的成本节约意识。

8.3 库存管理

湖山现场的仓库包括斯科管理的仓库及供应商管理的仓库，供应商仓库主要为小松及卡特彼勒的备件仓库，满足现场部分采矿设备的备件需求。斯科的仓库包括室内仓库（包括部分采矿设备备件及水冶厂设备备件）、室外堆场及试剂仓库、化学品仓库，均为供应链部门仓储分部进行管理。

8.3.1 仓储分部简介

仓储分部负责管理斯科公司所有采购物资的到货确认、验收及库存物资的入库和发货，同时负责库存物资的数据库管理，编制 34 人。

根据分工的不同，仓储分部又分为 4 个模块，其中仓储主管为中方员工。

（1）数据库模块

数据库模块主要负责 SAP 系统中物料管理模块的物料主数据的管理，包括物料信息的审核、创建和修改，物料 MRP（需求计划）参数的优化。同时负责库存物资采购申请的审核和释放。

（2）收货模块

收货模块主要负责斯科公司所有采购物资的到货确认和验收，所有采购订单的发票录入，及到货的非库存物资的发货。

（3）货架管理模块

货架管理模块主要负责到货库存物资的上架、货位调整及日常盘点。

（4）发货模块

发货模块主要负责按库存物资提货单发放库存物资及退库物资的处理。

8.3.2 库存类型

斯科公司主要通过 SAP 物料需求计划（MRP）管理库存和采购申请。目前库存物资的 MRP 类型如表 8.3.1 所示。

表 8.3.1 库存物资的 MRP 类型

MRP 类型	管理逻辑	适用对象	占斯科公司全部库存编码的比例
PD	不设置最低库存，根据需求发出采购申请	需求不确定且缺货风险小的生产物资	26%
V1	根据最小库存值和需求触发采购申请，每次补货至最大库存水平	缺货后有影响，或是需求较稳定且持续的生产物资	36%
ND	人工管理，MRP 不纳入计划	可维修备件及 VMI 备件	38%

8.3.3 库存构成

截至 2017 年年底，斯科自有库存价值为 7.07 亿纳元，包括以下几大类，详见表 8.3.2。

① 水冶厂生产所需全部化学试剂，如硫磺、硫酸亚铁、软锰矿、絮凝剂等；

② 水冶厂备件和消耗品；

③ 采矿备件和消耗品；

④ 其他备件，包括轮胎/电力系统/灭火设备/办公耗材/劳保用品等。

表 8.3.2 斯科自有库存分类占比情况

库存项	库存金额/百万纳元	比例
采矿备件和消耗品	142	20.1%
水冶厂化学试剂	184	26.0%
水冶厂备件	325	46.0%
其他	56	7.9%
总计	707	100%

第五篇

安全与环境

开篇语

“安全质量”历来是中广核集团的“金字招牌”，是中广核赖以生存的生命线。中广核一路发展到如今的规模和效益也是始终把“安全第一、质量第一、追求卓越”作为企业经营管理的基本原则的必然结果。

斯科公司负责建设、运营的湖山铀矿作为中广核积极响应国家“一带一路”倡议的旗舰项目，始终将中广核对安全质量的要求摆在项目投资决策、矿山建设和生产运营的首要位置。在项目投资决策前，铀业公司组织国际化的专业公司开展了详尽的职业安全健康和环境尽职调查，识别了所在国家和地区职业健康与安全法律法规要求，特别是在纳米比亚国家公园内建设和运营铀矿山活动相关的环境保护法律法规要求，这些要求直接决定了项目投资额度、全寿期运营风险和投入、矿山关闭阶段的资本支出等重要投资和回报指标。详尽的尽职调查为中广核做出科学的决策提供了充足的依据。

在矿山建设合同谈判初期，铀业公司秉承“一次把事情做好”的核心价值观，坚持全球视野和国际标准筛选总承包商，制定了科学合理的 EPCM 总承包模式，而该模式也奠定了湖山项目取得总体成功的基础，职业健康安全和环境则是非常重要的一个组成部分。

国际化的 EPCM 承包商为斯科公司矿山建设带来了国际化的管理理念、工具和标准。在矿山建设初始，EPCM 管理团队便开展详尽的基线危险源识别和风险评估，识别出了矿山建设活动相关的危险源和环境影响因素，评估了各项危险源和环境影响因素的风险等级，制定了需要采取的控制措施，并在后续分包商选择过程中，将各个区域的风险评估情况与投标人进行充分的沟通，评估投标人 HSE 管理能力和绩效，制订帮扶和支持计划，选择胜任的合作伙伴，为达成矿山建设 HSE 管理指标奠定了坚实基础。

另外在矿山设计初始阶段，EPCM 设计团队便着眼长远运营安全管理期望，利用 HAZOP 分析方法，从工艺和系统角度出发，分析主要工艺参数异常以及导致各项异常的原因、可能导致的后果，并用系统化的方法解决工艺过程操作安全问题，将相关控制措施通过数字控制系统加以解决，实现了工艺全流程数字化监控和远程操作，极大地提升了水冶厂数字化、自动化水平和本质安全水平，减少了员工暴露于各类危险源的时间，降低了员工遭受人身伤害和职业健康疾病的风险以及环境被污染的概率。

与水冶厂建设并行的是采矿生产。为了向水冶厂冷试和热试活动提供充足的矿石，采矿团队自 2014 年开始采矿生产活动，成功实施了第一次爆破并在后续的生产运营中，实现了连续四年无损失工时事件的安全绩效。采矿生产活动 HSE 管理是由斯科公司自主实施，承担全部安全管理责任。良好的 HSE 绩效也充分说明了采矿领域 HSE 管理体系建设的有效性和适用性，通过劳氏船级社 ISO 三标认证便是最有力的佐证之一。水冶厂进入运营阶段后，系统本质安全水平高的优势得以体现，连续安全生产运行得以实现，但维修领域风险在这一阶段逐渐显现，针对高风险维修活动制定控制措施是确保运营阶段安全生产的关键。为此，斯科公司针对九项高风险作业实施许可证制度，并对高风险作业实施分级管理。

总之，EPCM 总承包商的国际化管理经验和全球标准为湖山项目 HSE 管理体系建设和运营打下了坚实的管理基础。在项目建设具体实施过程中，中广核外派团队的核安全素养、主人翁精神对安全质量管理和绩效起到了至关重要的作用。在整个项目建设和初期运行过程中，中广核集团安全质量管理理念和思想贯穿项目建设全过程，多年积淀下来的安全质量理念、良好实践和管理工具也在国外项目得到了传承，并与当地矿山行业相融合，确保了良好的安质环绩效，在非洲大地上擦亮了中广核集团的“金字招牌”。

此外，对于如何做好境外个人安保，合法合规地对属地员工进行奖与罚，充分发挥工会在 HSE 管理中的作用也值得“走出去”企业深思。

本篇主要内容包括矿山建设主要 HSE 风险及控制措施、矿山运营主要 HSE 风险及控制措施、环境管理、辐射防护管理等内容，并进行系统性的经验总结，对海外工程项目、矿山运行在安质环方面管理有一定的参考价值。

第一章　矿山建设主要 HSE 风险及控制措施

矿山建设主要包括矿山基础设施建设（三通一平）、水冶厂主工艺系统和辅助设施（排土场、尾矿坝、硫酸厂）的设计、采购、施工和调试。中广核在矿山建设领域属于新军，经验不足，技术和人才储备无法满足矿山设计、采购、施工和调试管理的需要。在这种情况下，铀业公司选择 AMEC 和 Banneman 组成的联合体（HPJV）组建 EPCM 管理团队，成为斯科公司大工程团队的重要组成部分。该团队履行业主职责，对矿山基础设施、主体工程和辅助设施进行设计，对矿山建设活动相关的危险源进行辨识并评估风险等级、制定控制措施。协助斯科公司完成物项和服务采购工作，将各项活动涉及的危险源及风险评估结果以及需要采取的控制措施通过合同包的形式传递至承包商，审查承包商的程序文件是否满足风险控制要求，并在必要时与承包商一起制订支持和帮扶计划，履行业主职责对承包商安全质量环境进度进行管理，开展日常安全巡视和高风险作业管控。这些措施的制定和落实确保了在矿山建设阶段未发生重伤及以上人身伤害事故和重大环境影响事件，达成矿山建设初期设定的安健环目标。

在项目建设过程中，共发生 8 起损失工时事件，11 起限工事件，35 起医学处置事件和 265 起急救事件，详见图 1.0.1。

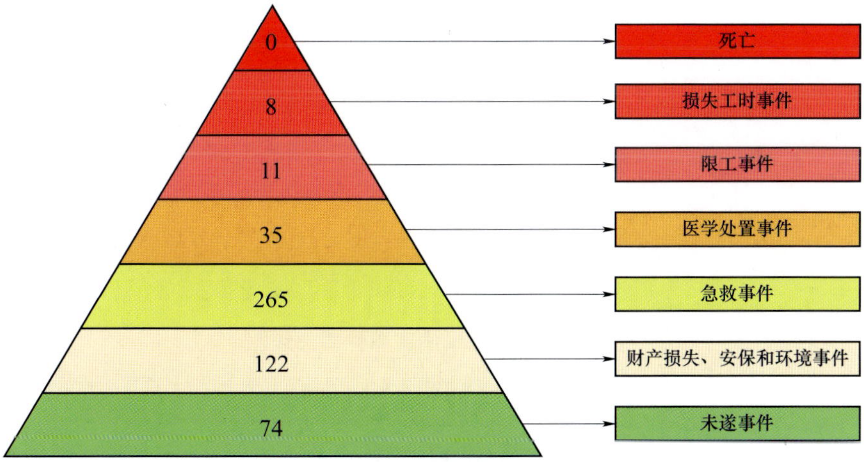

图 1.0.1　事件金字塔图

总体上，损失工时事件和可记录伤害事件控制较好，整个矿建周期为 20 万工时，损失工时事件率为 0.08，可记录伤害事件率为 0.51，处于行业领先地位（见图 1.0.2 和图 1.0.3）。

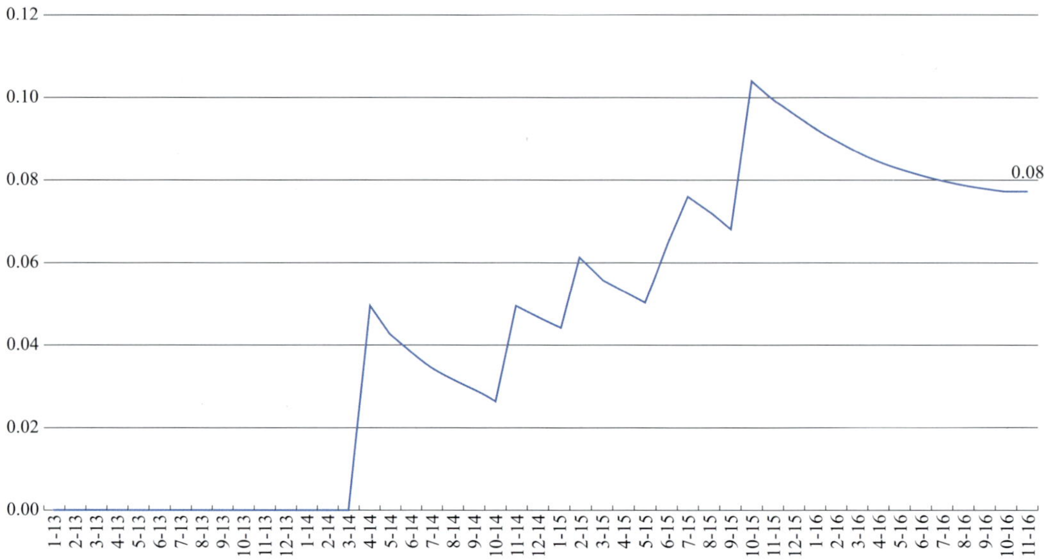

图 1.0.2　损失工时事件率曲线图

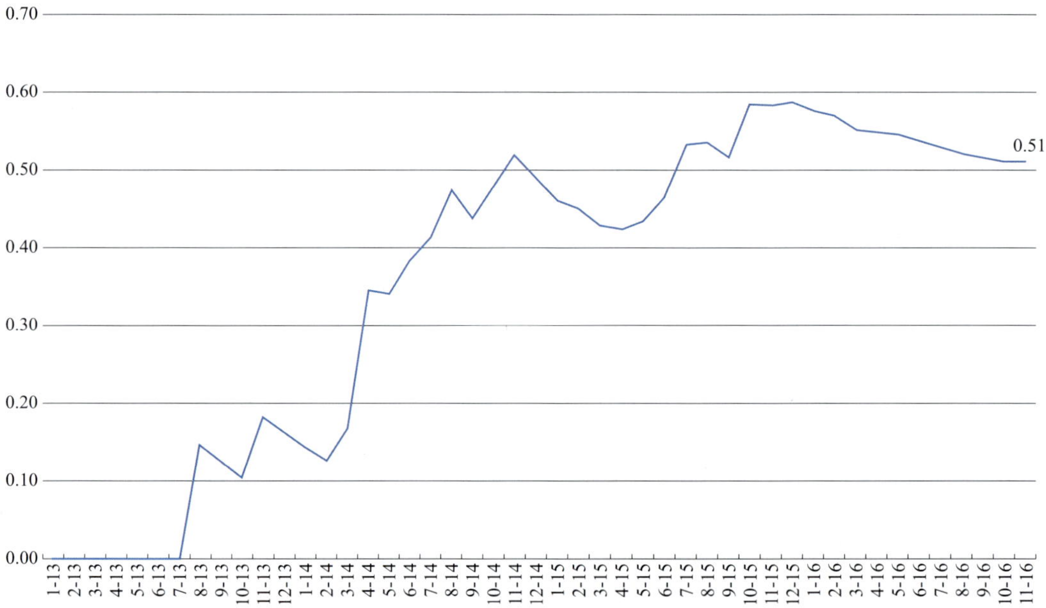

图 1.0.3　可记录伤害事件率曲线图

1.1　矿山建设 HSE 责任边界、组织机构和管理网络

湖山项目矿山建设采用 EPCM 总承包模式。EPCM 合同模式下，斯科公司组织机构设置如图 1.1.1 所示。

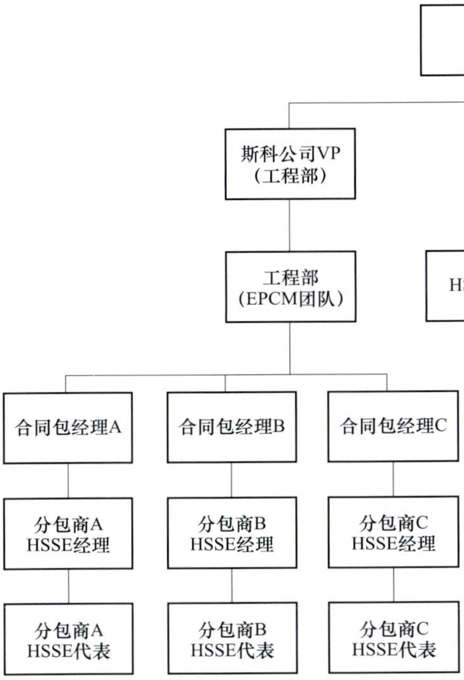

图 **1.1.1**　矿建阶段组织机构

与矿山建设有关的合同由 EPCM 管理团队负责，按照流程完成分包商的资格筛选和推荐，由业主与分包商直接签订合同，EPCM 总承包团队行使业主工程师职责。但现场职业健康和安全与环境管理责任由业主和分包商根据合同约定负相应的法律责任。责任边界见图 1.1.2。

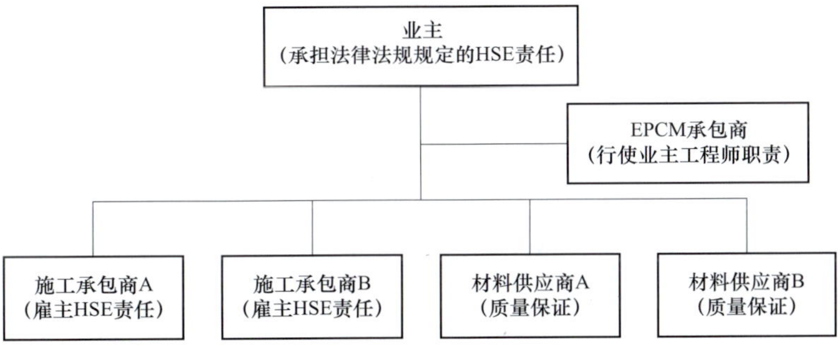

图 **1.1.2**　责任边界示意

CEO 是湖山项目的法人代表和第一责任人，通过正式法律文书的形式任命一名高级副总裁担任矿山经理，矿山经理的资质和任命书需要上报纳矿能部备案，矿山经理在其职责范围内代 CEO 履行矿山安全管理职责。矿山经理再以正式法律文书形式与各生产部门经理签订具备法律效力的任命书，将 HSE 管理职责以这种形式逐级落实到各部门和分包商。矿山建设 HSE 管理组织机构和管理网络见图 1.1.3。

分包商员工推荐产生 HSE 代表，经培训合格后由分包商签订 HSE 代表任命书，作为 HSE 管理网络的一个重要结点在现场 HSE 管理中发挥作用。HSE 代表具备相对专业的 HSE

知识，作为承包商管理层和一线员工的桥梁与纽带，其负责定期开展现场 HSE 检查和巡视，收集现场与 HSE 相关的问题和关注事项，并汇总提交至管理层决策。公司定期召开 HSE 代表会议，找出各承包商共同的 HSE 关注问题统一解决。

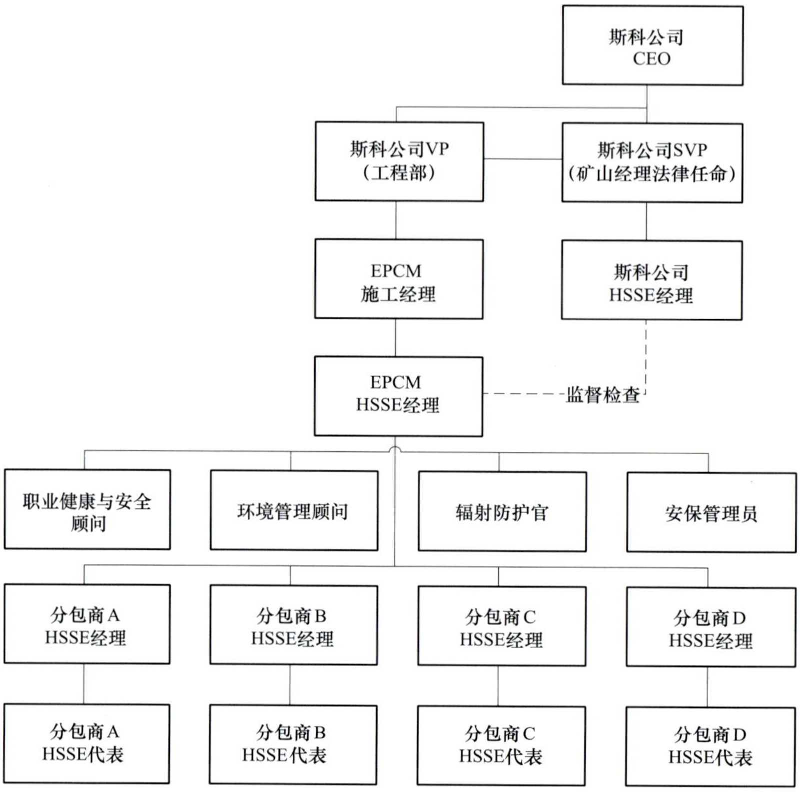

图 1.1.3　矿山建设 HSE 组织机构和管理网络

1.2　施工与调试阶段基线 HSE 风险评估模型及应用

危险源与风险评估是湖山项目矿山建设阶段安健环绩效得以保证的关键措施之一，其采用了国际上较为通用的风险矩阵分析法，分区域针对施工活动开展，识别出每个工作步骤存在的危险源并评估其风险大小，针对不可接受风险制定控制措施，使残余风险降至可接受水平。这是宏观层面的风险评估和整个矿山风险基础数据库。基于宏观层面的风险评估，项目对总体风险有了比较全面的了解和掌控。在日常开展各项作业活动时，再对具体工作进行微观的评估，制定相应的风险控制措施并执行。

湖山项目采用的风险评估方法为风险矩阵分析法，该方法将后果严重程度和发生可能性依次从高到低分为五档，通过评估危险源造成事故的可能性大小和造成事故的严重程度来判定具体危险源的风险等级。风险等级共分红、黄、蓝和绿四个等级，红色为最高级，严重影响企业安全生产目标达成，必须立即采取措施降低风险，黄色和蓝色居中，绿色为最低级别风险。后果严重程度参照表 1.2.1，发生事故可能性大小见表 1.2.2，风险色标对应的含义见表 1.2.3。

表 1.2.1　后果严重程度参照表

	严重程度				
	安全和健康	环境影响	业务持续性	合法合规	名声
风险评分关键点	急救事件/细微职业危害暴露风险	最低限度的环境影响，对环境或公众的影响可忽略	对项目持续性没有损坏，预计损失 50 万～500 万纳元	轻微合法合规问题	轻微影响，没有引起公众关注
	医学处置事件/主要职业危害暴露风险	次要环境损害，环境事件局限于发生地附近区域，一段时间即可修复	对项目执行有短暂中断，损失 500 万～5 000 万纳元	次要合法合规问题，不符合和轻微违反法律	局部有限的公众关注
	损失工时事件/可逆的职业伤害	中等环境损害，环境事件引起分布较广的生态和社会法律责任风险，中期可修复	项目部分关停，损失 5 000 万～5 亿纳元	值得考虑违法事件，调查报告报送至政府，可能引起诉讼或中等处罚	对公众有相当大的影响，引起区域性关注
	单一死亡事件或不可逆的职业健康伤害（生活质量受影响）	重要的环境损害，环境事件引起分布较广的生态和社会法律责任风险，长期可修复	项目执行能力部分丧失，损失 5 亿～50 亿纳元	严重违法事件，值得考虑的诉讼和处罚	引起国家公众关注
	多人死亡事件/职业病因病死亡	极端严重的环境损害，环境事件引起广泛、长期和不可逆转的负面社会影响，有高的法律责任风险	项目执行能力实质性的或全部丧失，损失大于 50 亿纳元	非常严重的处罚和诉讼，有判刑风险	引起国际社会关注

表 1.2.2　可能性及分级矩阵

可能性	范例	风险等级				
5 几乎确定	异常事件已经频繁地发生；1 年内多次发生且未来 1 年仍可能发生	11（H）	16（H）	20（Ex）	23（Ex）	25（Ex）
4 可能	异常事件已经不是很频繁地发生，小于 1 年 1 次且未来 5 年可能发生	7（M）	12（H）	17（H）	21（Ex）	24（Ex）
3 中等	事件在某一时间发生过；或者未来 10 年可能发生	4（L）	8（M）	13（H）	18（Ex）	22（Ex）
2 不太可能	异常事件在某一时间发生过；或未来 20 年可能发生	2（L）	5（L）	9（M）	14（H）	19（H）
1 稀少	异常事件从来没有在项目上发生过；或发生可能性极小，估计未来 20 年可能发生	1（L）	3（L）	6（M）	10（H）	15（H）
后果严重程度		无关紧要 1	轻微 2	中等 3	高 4	重要 5

表 1.2.3　风险色标含义

影响分级及需采取的措施		
E：18～25	非常高	存在极高的风险，管理目标可能无法达成；需要立即采取恰当的防范措施
H：10～17	高	存在高风险，管理目标可能无法达成；需要尽快采取恰当的防范措施
M：6～9	中等	存在中等风险，管理目标可能无法达成。日常管理流程中需要考虑恰当的管理策略来降低风险
L：1～5	低	存在低风险，也有可能影响公司目标达成；恰当的减轻策略、监控风险，无需进一步行动

风险评估结果汇总成为项目风险登记表，模板如表 1.2.4 所示。

表 1.2.4　项目风险登记表模板

风险序号	影响	风险描述	可能性	后果	既有风险等级	减轻措施	责任人	可能性	后果	残余风险等级
1	社区和职业健康	艾滋病毒——增加/蔓延/影响劳动力和履职能力	5	4	20	开发和执行艾滋病毒管理计划	HSSE 经理	3	4	12
2	职业健康和安全	异常天气——雾、强风、太阳暴晒、暴风雨、闪电等	4	5	20	开发和执行异常天气行动计划并纳入相关程序中	项目经理	4	3	12

1.3　施工与调试典型风险及其控制措施

1.3.1　土建施工主要风险

根据上述风险评估模型，识别出土建阶段的主要风险为：

① 基础施工作业阶段挖掘作业、临边防护、坍塌、人员出入通道等；

② 脚手架搭建及使用；

③ 临边、空洞和高处作业；

④ 永久和临时用电；

⑤ 手动和电动工具及其配件；

⑥ 模板安装与拆卸、存放等；

⑦ 钢筋绑扎；

⑧ 危险化学品的采购、使用与储存；

⑨ 各类起重吊装设备管理与吊装作业；

⑩ 物料提升装置；

⑪ 施工车辆与交通安全；

⑫ 打磨与切割；

⑬ 模板倒塌等。

1.3.2　安装调试主要安全风险

根据上述风险评估模型，识别出安装调试阶段的主要风险为：

① 动火作业、焊接及其设备、气瓶管理；

② 能量隔离与上锁；

③ 作业许可的签发；

④ 受限空间作业；

⑤ 压力测试；

⑥ 电气安全。

湖山项目绝大多数现场作业活动由分包商实施，承包商管理水平的高低直接决定了项目 HSE 绩效的好坏。为了减少承包商和供应商人员受伤风险，EPCM 管理团队在编制合同招标文件时，将合同范围内包括的建设活动以及与其相关的危险源和风险等级、需要采取的控制措施一并纳入发标文件中。在分包商选择阶段，湖山项目会对承包商进行全面评估，对分包商 HSE 管理水平评定为绿色、黄色和红色。

绿色表示分包商满足所有 HSSE 要求，批准为合格的分包商，可以进入人员动员和执行阶段。

黄色表示分包商满足部分 HSSE 管理要求，但分包商和总承包需联合编制支持和参与计划，以充分地解决评估过程中发现的不足之处。在执行过程中，总承包商工程管理团队必须核实和监督改进行动落实情况。

红色表示分包商不具备资格被筛选进入投标清单。唯一的例外是该分包合同属于议标，没有可替代的潜在服务提供商。在这种情况下，总承包商和分包商联合编制支持和参与计划以充分解决评估过程中发现的不足之处。在执行过程中，项目经理将负责监督该合同包的执行。

1.3.3　承包商选择步骤

承包商选择和管理分为关键的七步。

（1）策划阶段

目标：量化与工作范围相关的风险，且该工作范围有可能采取的采购策略（见表 1.3.1）。

表 1.3.1　策划阶段

关键步骤	是	否
确保清晰地界定工作范围和其他具体的、需要潜在承包商满足的 HSSE 要求	☐	☐
针对工作范围开展正式 HSSE 风险评估	☐	☐
决定采购策略	☐	☐
界定甲乙双方与 HSSE 相关的职责	☐	☐
识别安全管理体系接口文件要求	☐	☐

（2）资格预审阶段

资格预审阶段将评估和选出潜在合适的承包商。

目标：筛选潜在的承包商，确立投标人是否具备相关经验、能力和必要的资质来完成发标的工作（见表 1.3.2）。

表 1.3.2　资格预审阶段

关键步骤	是	否
邀请未来被管理的承包商完成资格预审流程	☐	☐
未来被管理的承包商完成在线资格预审流程，该流程由供应链专业从业人员管理	☐	☐
识别承包商是否需要支持以及需要支持的强度	☐	☐

（3）评标选择阶段

目标：确保承包商满足 HSSE 计划和评标标准，向中标的承包商发出正式决定（见表 1.3.3）。

表 1.3.3　评标选择阶段

关键步骤	是	否
开展详细的审计或审查，提供更进一步的证据和验证材料	□	□
审查将来被管理的承包商的 HSSE 计划和体系，确保相关风险及其控制措施包括在其体系文件中	□	□
根据对提交材料的审查结果做出授予或不授予的决定	□	□
如有必要，对评估结果为“黄”和“红”的承包商开发适当的支持和帮扶计划	□	□

（4）预动员阶段

目标：确保在相关工作开始之前，与合同包相关的风险评估和其他 HSSE 相关的方面得以充分的沟通并被所有参与人员理解（见表 1.3.4）。

表 1.3.4　预动员阶段

关键步骤	是	否
召开有组织的入口会，识别、提出和澄清任何当前合同文件中未覆盖的 HSSE 问题	□	□
最终确定和共同签订 HSSE 执行计划和详细的程序	□	□
确定 HSSE 目标，包括过程指标和结果指标	□	□
共同审查和批准任何支持和参与计划	□	□

（5）动员阶段

目标：开发和执行定稿的 HSSE 执行大纲和沟通计划。策划一系列的动员审计计划并监控、支持和识别任何其他需要额外支持或管理层关注的事项（见表 1.3.5）。

表 1.3.5　动员阶段

关键步骤	是	否
制订 HSSE 审核计划，包括审核内容、频率	□	□
确保承包商所有员工预先完成项目情况介绍	□	□
开发和执行 HSSE 入场和专项培训计划，包括作业人员和管理人员	□	□
必要情况下，承包商需要在起始阶段配备额外的关键人员	□	□
施工管理团队审查动员阶段 HSSE 审计发现以及后续行动	□	□

（6）绩效管理阶段

目标：建立系统的监测方法确保按照 HSSE 大纲和体系有效运作。识别并向承包商反馈任何改进的机会。适时地介入承包商的管理，纠正其不符合规范的管理行为（见表 1.3.6）。

表 1.3.6　绩效管理阶段

关键步骤	是	否
建立绩效监测、保证和复核流程	□	□
建立一套科学合理的过程和结果指标衡量 HSSE 绩效	□	□
积极参与承包商管理，做承包商的管家	□	□

（7）退场和关闭阶段

目标：识别与退场和关闭活动相关联的风险，制定并落实控制措施将风险最小化。评估承包商绩效水平并给予反馈，相关评估结果作为将来合作意向参考（见表 1.3.7）。

表 1.3.7　退场和关闭阶段

关键步骤	是	否
承包商制订退场和关闭计划，制定与退场相关的风险控制措施	□	□
对照预动员阶段设定的目标和指标对承包商 HSSE 绩效开展联合评估	□	□
编写关闭报告并存档，以备后续采购参考	□	□

1.3.4　施工与调试安装主要控制措施

（1）HSE 管理体系建设

为控制上述风险，湖山项目从建立 HSE 管理体系着手（管理体系层级见图 1.3.1），编制 HSE 管理程序和主要作业操作程序，规范现场 HSE 管理行为和员工操作行为。

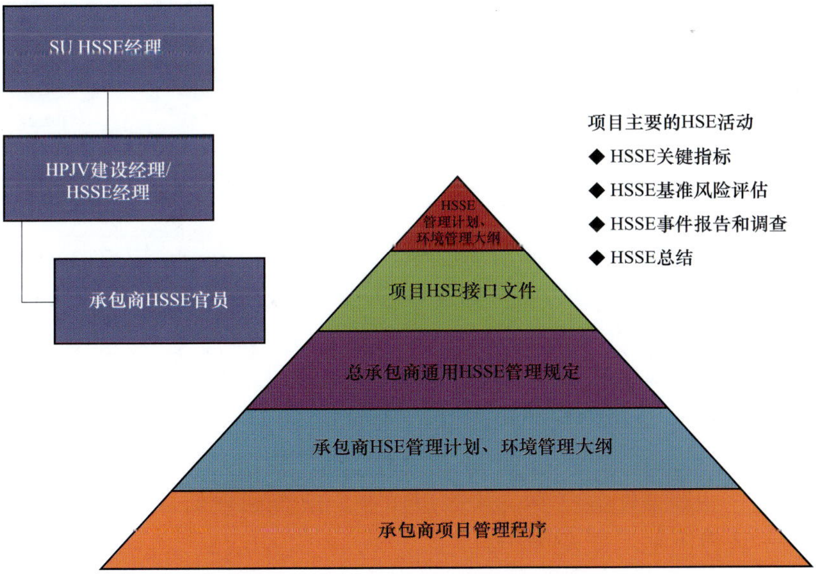

图 1.3.1　管理体系文件层级示意图

HSE 管理体系文件共分五级。

第一级：项目 HSSE 执行计划，作为湖山项目 HSSE 管理的指导方针和协调项目 HSSE

管理的主要文件，每年例行更新。当对执行计划中的 HSSE 安排有重大影响事件发生时，随时变更。

第二级：项目 HSSE 接口文件，致力于识别、解决潜在的冲突、争议，以及和项目 HSSE 管理各方面相关的不确定性。

第三级：总承包公司通用 HSSE 程序，这是项目 HSSE 管理体系的基础，HPJV 团队将对其进行适当变更和量裁，以适用于客户具体要求和工程工作范围。

第四级：HPJV 项目专用 HSSE 程序，该程序体系详细注明了安全预期、安全标准、安全操作规程等，是相关项目工作的执行文件。

第五级：承包商 HSSE 程序。每个项目的分包商同时制订自己的 HSE 计划和项目规范及程序。

（2）关键作业活动和高风险作业控制

为控制施工和调试活动中的关键风险，斯科公司还编制了十大安全准则，树立安全红线，规范员工行为。

安全红线要求任何人不得触碰，否则会受到纪律处分；任何看到有人违反以下安全规则，都有权利和义务干涉并纠正。这十项安全准则如图 1.3.2 所示。

图 1.3.2　十项安全准则

每一项安全规则均有 5 项基本要求：

① 风险评估——开始作业前，须先完成风险评估，并传达给所有相关人员，所有控制措施必须落实到位。

② 培训和能力——执行任务的所有相关人员必须经过培训，并且有能力完成各自的任务。

③ 个人防护用品——必须按照风险评估或项目现场规定中的说明正确穿戴和使用个人防护用品。

④ 变更管理——如果任务有变，须停止作业，审查和重新评估风险。

⑤ 时间——从容不迫，安全第一。

每个人都需理解：

① 必须遵守安全规则，否则可能导致自己或同事重伤或死亡。

② 如果认为安全规则未被遵守，且存在任何程度的伤害或死亡风险，可停止作业。

③ 如您认为项目中有未遵守安全规则的情况，即使未参与项目，也必须在保证安全的

情况下进行干预，并将事件上报，这一举动可能拯救一条生命。

④ 违反安全规则的行为将依照纪律处分程序进行处理。

主管和经理必须理解：

① 绝对不允许违反安全规则——无论任务如何紧急或重要。

② 有义务确保执行任务的工作人员获得正确的指令、设备和培训，以遵循全球安全规则。

③ 领导要以身作则——以身作则、树立典范是您的责任。

④ 对违反安全规则的行为采取零容忍的态度。

⑤ 须积极创造一种良好的氛围，使人们能够畅所欲言地讨论安全问题，提出对安全方面的顾虑。

⑥ 违反或参与违反安全规则的行为将依照纪律处分程序进行处理。

十项安全准则的具体内容如下。

1）受限空间

任何人必须获得许可后方可进入受限空间，容器、贮存罐、隧道或管道等受限空间可能含有爆炸性气体、有毒气体或者其他危险，例如缺氧或隔离问题。经许可后再进入受限空间能够保障安全。必须：

① 同主管或作业负责人确认是否可以安全地开始作业；

② 同经许可的监护人员确认您可以进入受限空间；

③ 遵守作业许可证和风险评估的要求。

如果是经许可的监护人员，必须：

① 批准和控制人员进入受限空间；

② 理解作业许可证、风险评估和应急安排的要求；

③ 具有与受限空间内的人员进行通信的工具。

如果是主管或作业负责人，必须：

① 确定落实和传达作业许可证和风险评估的要求，并且整个作业团队都充分理解这些要求；

② 确定有人进入受限空间时，始终有合格的监护人员在场；

③ 确定依照作业许可证中的详细要求进行气体检测，落实隔离措施；

④ 确定可安全地开始作业；

⑤ 确保落实适当的应急安排，并且所有相关人员都理解这些安排；

⑥ 确保当授权监护人员不在现场时，其他人员不得进入受限空间；

⑦ 在情况或行动有变时，停止作业，并确保作业许可证和风险评估仍然有效。

2）高处坠落

尽量避免高处作业，有坠落风险时，要始终使用防坠落保护装备。必须：

① 了解正在执行的作业有关的高处作业风险；

② 如果正在使用防坠落保护装备：

a. 选择和使用正确的锚固点，做好高挂低用；

b. 使用全身式双挂钩安全带，并确保始终 100%系挂；

c. 高空作业或者使用防坠制动器时，使用合适的缓冲减震安全系绳。

如果是主管或作业负责人，必须：

① 查看是否使用适当的设备，例如固定平台、移动平台、个人防坠落保护装；
② 准备安全网或气囊；
③ 设备适用；
④ 落实风险评估，传达给整个作业团队，并得到充分理解。
3）起重吊装
不要在悬吊物下方经过，严禁从悬吊物下方通过，或在其下方作业。必须：
① 严禁进入悬吊物作业隔离区域；
② 遵照起吊负责人的指示；
③ 始终注意周围环境，确保不要使自己陷入危险之中；
④ 注意到有人进入或即将进入作业隔离区域时，立即干预。
如果是主管或起吊负责人，必须：
① 确保经批准的吊装方案按要求落实到位；
② 标记吊装区域，妥善放置警示围挡和警示标识；
③ 确保悬吊物下方无人经过；
④ 检查是否落实适当的风险评估，传达给整个作业团队，并得到充分理解；
⑤ 检查所有的吊装设备能够满足作业要求并处于良好状态；
⑥ 检查起重司索人员具有合格的作业资质。
4）驾驶车辆
驾驶时不要使用手机，不要超速。
无论是驾驶员或是乘客，每个人都应采取基本步骤以降低驾驶风险。包括（租赁）汽车、出租车、（小）客车、卡车、起重机或叉车，也包括为了公司业务而搭乘行驶车辆的人员。
驾驶员必须：
① 提前规划好行程；
② 行驶过程中始终系牢安全带，也要求乘客系好安全带；
③ 驾驶时不要使用手机、呼机或免提式移动通信设备；
④ 保持或低于道路的最高限速，不要超过所驾驶车辆的安全车速；
⑤ 根据当时的条件调节速度；
⑥ 根据天气情况使用合适的车灯；
⑦ 根据具体情况或风险评估要求使用监护人员。
如果是乘客，必须：
① 如果驾驶员在车辆行驶过程中使用电话，必须进行干预；
② 如果驾驶员超速行驶，必须进行干预；
③ 如果其他乘客没有系好安全带，必须进行干预；
④ 除非必要，不要分散驾驶员的注意力，特别是在紧急情况下。
5）作业许可
开展作业时按要求持有有效的作业许可证。
作业许可证描述了必须落实的安全措施，根据作业许可证要求实施作业。必须：
① 理解并遵照作业许可证的要求；
② 确定作业许可证有效；

③ 确定您在进入受限空间和开始作业前拥有所有必要的设备，且能够熟练使用；

④ 同主管或作业负责人确认是否可以安全地开始作业。

如果是主管或作业负责人，必须：

① 确定是否需要获得作业许可证才能执行作业；

② 开始作业前检查工作场所，包括任何交叉作业，确保满足作业许可证要求；

③ 确定作业许可证经过正式审批和签字；

④ 向整个作业团队传达作业许可证的要求，确保得到充分理解；

⑤ 确定可以安全地开始作业；

⑥ 作业任务或现场情况发生变化时，重新获得新的作业许可证；

⑦ 确定作业已完成，并通知相关部门。

6）隔离

开始作业前，先检查隔离措施，并使用规定的生命保护装备。

为了保护人员安全，采用隔离措施隔离危险，例如电气、压力、气体、高温液体或辐射危险。必须：

① 了解保护您不受危险的隔离措施；

② 了解哪些是作业规定的个人防护装备及其使用方法；

③ 同主管或作业负责人确认隔离措施是否已经落实到位，可以安全地开始作业。

如果是主管或作业负责人，必须：

① 检查是否已对将要执行的作业进行适当的风险评估，且已传达给整个作业团队，确保得到充分理解；

② 确定隔离措施已落实到位，例如开关上锁、盲板隔离管道，或者检修门上锁；

③ 确定没有残留能量或其他危险物质；

④ 确定可以开始安全地作业。

7）物体坠落

使用工具和便携式设备时，物体坠落的风险很大。必须：

① 将所有工具和设备摆放牢固，防止掉落或坠落；

② 在可能发生物体坠落的区域周围放置警示围挡和警示标识；

③ 始终按要求佩戴安全帽。

如果是主管或作业负责人，必须：

① 形成物体掉落风险意识，理解必要行动，在小组会议或工具箱会议中举例说明；

② 确保在进行风险评估时考虑物体坠落的风险，包括交叉作业，并且在每次作业开始前传达给整个作业团队；

③ 存在物体坠落风险时，确保周围区域放置好适当的屏障和指示牌；

④ 定期检查现场，确保防止高空坠物的预防措施、警示围挡和警示标识落实到位。

8）挖掘

开始挖掘作业前先获得授权。

挖掘是指通过移土，例如挖土，形成人工挖口、空洞、沟渠或洼地。为尽量避免地面干扰，必须：

① 同主管或作业负责人确认是否可以安全地开始作业；

② 动土作业前，检查是否已经确定全部的地下危险；
③ 遵守作业许可证的要求；
④ 遇到未探明的物体或危险时，停止作业，通知主管；
⑤ 进入坑洞前，须先获得主管或负责人的许可。

如果是主管或作业负责人，必须：

① 落实所有作业许可证要求，例如受限空间、隔离措施；
② 在动土作业现场设置警示围挡和警示标识；
③ 检查是否已对将要执行的作业进行适当的风险评估，且已传达给整个作业团队，确保得到充分理解；
④ 控制动土作业以防止坍塌，例如，在开始作业前及经过恶劣天气影响后；
⑤ 检查支护、斜坡、土壤位置和地基稳定性；
⑥ 安排充足的通道和出口，应急响应方案落实到位，并传达给整个作业团队；
⑦ 确保动土作业不会妨碍应急响应服务组织进入作业现场提供应急服务。

9）架空电力

不要在架空电缆下方或附近开展作业。

在架空电缆下方或附近操作设备十分危险，即使不触碰架空电缆，也可能被电流或电弧击毙。保持经许可确认的有效安全距离。必须：

① 禁止在架空电缆下方或附近操作设备，除非风险评估中确认可以安全作业；
② 注意周边环境和区域内可能造成伤害的架空电缆，尤其是操作和移动设备时，例如提升挖掘机或起重机的起重臂。

如果是主管或作业负责人，必须：

① 禁止在架空电缆下方或附近作业，除非已采取防范措施，例如隔离；
② 禁止设备进入规定的架空电缆隔离范围内，例如起重机、翻斗车、推土机、移动气象塔；
③ 检查是否已对将要执行的作业进行适当的风险评估，且已传达给整个作业团队，确保得到充分理解；
④ 确定已采取适当的防范措施，可以安全地开始作业。

10）个人安保

须知：在全球部分地区开展作业时，可能会遇到武装或暴力犯罪、恐怖袭击和国家动乱的危险。

如果在出差，必须：

① 了解该地区的安保风险；
② 遵守出差安保规程；
③ 报告出差情况；
④ 随时注意周围形势；
⑤ 时刻留心，报告任何可能威胁自己或他人安全的可疑情况；
⑥ 识别并避免进入已知的高风险的地区；
⑦ 如果当地安全顾问建议仅可乘坐出租车出行，且经过入住的酒店同意，则只乘坐出租车（在高风险国家和地区，咨询所在地区的安全顾问）；
⑧ 避免形成规律，考虑更改日常行走路线和出行时间；

⑨ 确保别人知道自己将要去往哪个地方，预计何时返回或到达目的地；

⑩ 将贵重物品藏好，例如手表和珠宝；

⑪ 避开隔离、荒废、黑暗或能见度有限的区域；

为了使 HSE 管理更加简洁易懂且容易被不同知识结构和专业背景的人员掌握，湖山项目还把 HSE 管理活动抽象成六项要素，分别是：

① 始终关注安全；

② 必须遵循规定；

③ 必须做风险评估；

④ 必须进行干预；

⑤ 对变更进行管理；

⑥ 穿戴正确的个人防护用品。

为了便于理解，每一项安全要素都有各自的图标，见图 1.3.3。

图 1.3.3　安全六要素图标

每一项要素的含义是：

① 细心观察，冷静思考——始终将安全放在第一位，任何事都不及安全重要。

② 安全程序的目的是防止受伤。绝对不能视而不见。如果程序不清晰或不切实际，必须告知主管。

③ 开始作业前，必须先落实风险评估，确定潜在危险，选择控制措施，并定期检查。

④ 认为自身的安全或别人的安全受到威胁时，有权进行干预，停止作业。支持个人行使该项权利，不用担心会受到任何影响。

⑤ 行动计划有变或有偏差时，必须停止作业，重新评估风险，落实预防措施。

⑥ 必须确保在工作的时候，穿戴风险评估所识别的该工作所需的全套个人防护用品（PPE）。

作为经理，需要：

① 设定基调，以身作则——始终遵守安全要素；

② 实施安全要素，为他人树立 HSSE 典范；

③ 与团队讨论安全问题和安全要素；

④ 谈论自身责任和个人职责；

⑤ 参加实地考察，给予支持；

⑥ 亲身参与，寻求反馈。

作为主管，需要：

① 以身作则，根据安全要素设定期望值；

② 示范正确的安全要素行为，对他人也同样要求；

③ 强调安全要素中的干预职责；

④ 花时间巡查作业现场；

⑤ 挑战风险认识；

⑥ 鼓励时刻保持警惕，特别是执行日常任务时。

每个人需要：

① 每天遵循安全要素；

② 宣传安全要素；

③ 如果认为某些事情不安全，则实施干预，这样可能会拯救一条生命；

④ 遇到危险情况，要敢于喊“停”；

⑤ 将任何安全顾虑告知主管。

（3）直线管理和独立监督分离

1）工作负责人作业安全分析

每开展一项具体工作之前，作业负责人必须开展作业安全分析（JSA），识别作业活动每一步的危险源，评估风险大小并执行控制措施。随后，班组长会召开班前会，将作业安全分析的要求传达至班组所有作业人员。这是“管生产、管安全”的原则落实到现场的直接体现。作业安全分析模板见表 1.3.8。

表 1.3.8 作业安全分析模板

工作描述：	

作业许可证签发之前，相关人员必须在作业区域完成作业安全分析

步骤序号	作业步骤	危险源	影响	控制和减轻措施	责任人
	按照顺序列举即将开展的作业步骤	辨识可能潜在的危险源（第三页为指引）	如果没有控制措施或控制措施失效，危险源如何影响人员、设备或者环境（范例：受伤、疾病、污染、设备损坏）？	计划采取哪些必要的措施消除或降低风险（遵循控制优先级原则）？	确保空盒子措施得以执行的责任人是谁？
1					
2					
3					

工作负责人/作业票接收人：我确认相关作业许可证、MSDS 化学品安全技术说明书、隔离计划等已经实施完成且经过审查，对结果满意。我负责承担确保作业活动按照作业计划执行。

姓名（作业负责人/许可证接收人）	签字	日期

作业票签发人：我确认相关作业许可证、MSDS 化学品安全技术说明书、隔离计划等已经实施且经过审查，对结果满意。

姓名（许可证签发人/区域负责人呢）	签字	日期

作业安全分析规定

☐ 作业安全分析向作业人员传单（每个人理解工作内容、危险源、工作方法和防护措施）

☐ 所有作业人员签字（包括迟到者）

☐ 把作业安全分析附在作业许可证之后（如果作业安全分析和作业许可证不在现场，作业将被暂停）

☐ 工作前、工作中和工作后审查作业安全分析（如果作业过程发生任何变化，应更新作业安全分析）

作业人员：我确认我已经参与，或者被通知到作业安全分析相关要求，我理解个人的职责和工作要求。

姓名（作业人员）	签名	日期

辨识与作业相关的任何潜在危险源

重要危险源											
	储存的能力/压力（非电能）	□		挖掘	□		危险物料	□		辐射和电离	□
	动火作业 –焊接/切割/打磨	□		受限空间	□		重要吊装	□		车辆倾翻	□
	地下或隐蔽电缆/管道	□		带电系统	□		压力测试	□		塌方	□
	车辆/人员碰撞	□		爆破和爆炸物	□		高空坠物	□			

其他通用危险源						人因	
高处作业	□	拥塞/移动受限	□	切割	□	新员工或经验不足的员工	□
极端天气	□	路面不平	□	陷阱	□	未经授权的员工	□
车辆运动	□	开放水面	□	卷入	□	不正确使用和操作设备	□
移动到设备	□	火	□	摩擦或磨损	□	沟通和指令不充分	□
梯子和脚手架	□	工作场地混乱	□	打击	□	资源不足	□
吊装	□	噪声	□	扎、刺	□	胜任性不足	□
人孔半圆	□	照明不足	□	载荷不平衡	□	疲劳（倒班员工或长时间工作）	□
不舒服的姿势/重复性动作	□	野生动物	□	弹射—物料被弹入作业场所	□	非例行工作（无程序和工作指导书）	□
物体坠落	□	挤压	□	损坏或失效的设备/工具	□	重复性/枯燥的工作	□
滑倒、跌倒	□	振动	□	围堵失效（溢出/溢流/泄漏）	□	疲劳（肌肉/工作负荷）	□
交叉作业	□			废弃物产生和处理（无毒）	□	其他（请注明）	□
其他危险源							

2）超越零隐患排查卡

安健环部门人员是监督线。执行人员按照工作流程开始工作后，监督人员可以利用下面的卡片赴现场开展行为观察，随后交由总承包商汇总并进行隐患趋势分析。隐患排查卡见表 1.3.9。

表 1.3.9 BZ 卡示例

湖山项目	HSE 观察系统	
题目（请简要描述观察到的情况）		
日期		
观察到的安全行为和条件		
鼓励安全行为采取的行动		
不安全行为和条件		
立即采取的纠正措施		
完成时限		
避免重复发生采取的行动和达成的一致意见		
现场关闭本次观察		
是	否	

观察分类		
详细信息（例如驾驶＝安全带、超速）		√
沟通		
受限空间准入		
驾驶行为		
应急程序		
能源隔离		
环境		
外部事件反馈		
土地扰动		
职业健康		
工余安全		
文明施工		
吊装		
管理变更		
人工搬运		
办公室安全		
作业许可系统		
劳动保护用品		
人员站位		
程序质量		
工艺安全		
交叉路口		
安保		
楼梯		
工具和设备		
旅途安全		
滑倒、跌倒		
访客		
高处作业		
其他		
完成人：		

HSE 顾问会对所有收集到的隐患排查卡片进行统计分析，统计分析样本见图 1.3.4。根据图示，管理人员可以聚焦主要问题并采取针对性的预防措施。

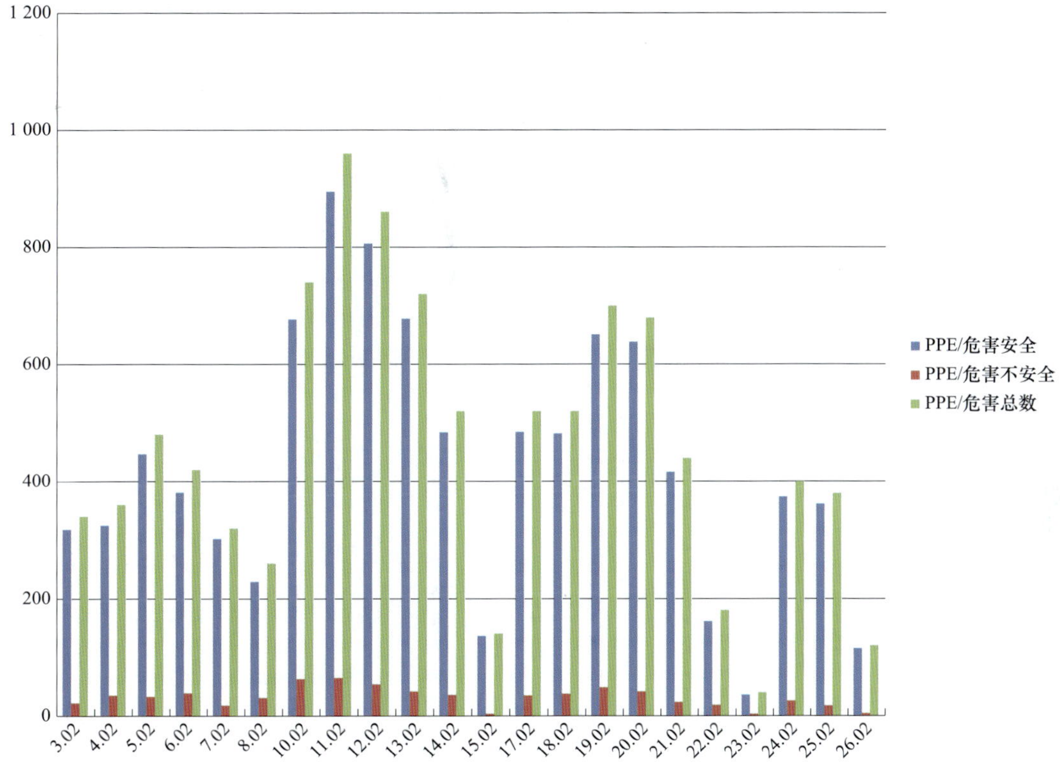

图 1.3.4 隐患排查统计分析

第二章　矿山运营主要 HSE 风险及控制措施

矿山运营主要包括全部采矿生产和水冶厂热试后的生产运行活动，在这些活动中，斯科公司承担管理职责，也维持了较为良好的安全绩效，在纳米比亚当地矿业协会公布的两项主要人身伤害指标即损失工时事件率和总伤害事件率排名中，斯科公司两项指标高于平均水平。详见图 2.0.1 和图 2.0.2。

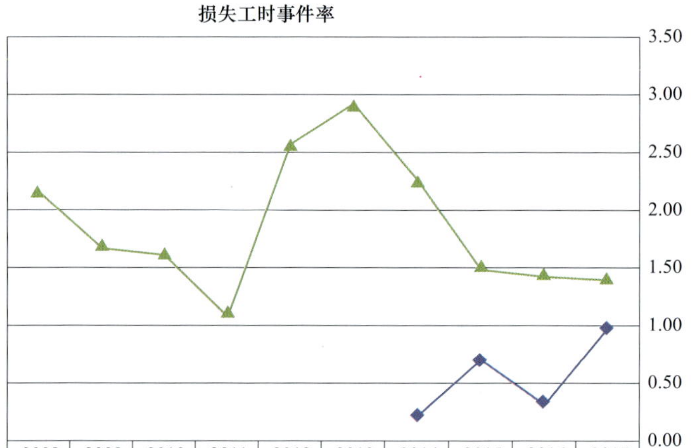

	2008	2009	2010	2011	2012	2013	2014	2015	2016	2017
LTIFR	2.15	1.67	1.61	1.08	2.57	2.92	2.26	1.48	1.42	1.39
SU LTIFR							0.21	0.70	0.31	0.98

图 2.0.1　损失工时事件率

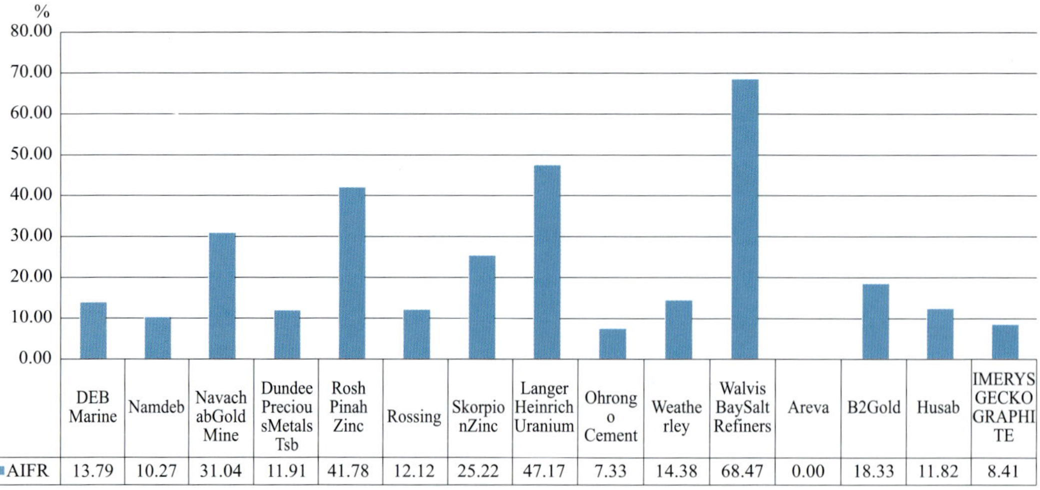

	DEB Marine	Namdeb	Navach abGold Mine	Dundee Preciou sMetals Tsb	Rosh Pinah Zinc	Rossing	Skorpio nZinc	Langer Heinrich Uranium	Ohrong o Cement	Weathe rley	Walvis BaySalt Refiners	Areva	B2Gold	Husab	IMERYS GECKO GRAPHI TE
AIFR	13.79	10.27	31.04	11.91	41.78	12.12	25.22	47.17	7.33	14.38	68.47	0.00	18.33	11.82	8.41

图 2.0.2　2017 年总伤害事件率

自独立承担 HSE 管理责任后，斯科公司调整了组织机构，工程管理团队骨干部分分流至生产部门，完善了生产运营组织机构和管理网络，采用数字化控制系统运行和控制水冶厂日常操作，24 小时不间断监控各项工艺参数和指标状态，对任何系统异常作出及时响应。重新识别了运营阶段基线安健环危险源并开展了风险评估，根据评估结果建立了 HSE 管理体系和相关程序文件，制定和落实了控制措施。

2.1　矿山运营 HSE 责任边界、管理模式和组织机构

EPCM 总承包商自调试完成后便陆续退场，斯科公司完全独立承担运营阶段 HSE 管理责任。安全生产责任落实仍然本着“管生产、管安全”“管业务、管安全”的原则，由 CEO 任命矿山经理并报当地矿山和能源部备案。矿山经理为公司高层分管安全生产工作的重要管理人员，矿山经理再通过法律文书的形式与采矿经理、水冶经理、维修经理、工程部经理等任命各生产部门负责人，责任链条由部门负责人以相同的方式逐级落实至一线生产人员，责任链条通过此种方式从公司高层传递至一线班组工作人员。责任链条和组织机构见图 2.1.1。

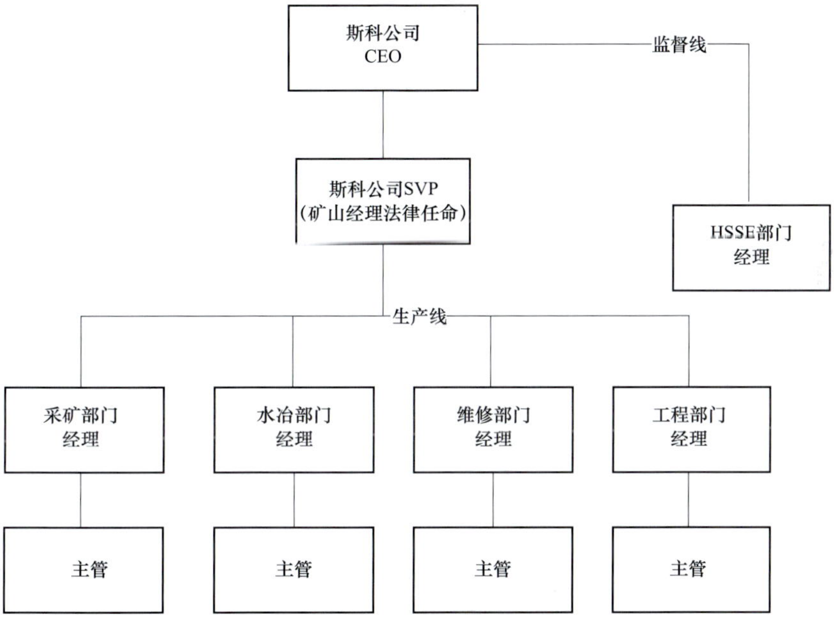

图 2.1.1　运营阶段初期 HSE 组织机构

2.2　矿山运营 HSE 管理体系建设

在矿山设计和施工的同时，湖山项目于 2013 年启动矿山运营 HSE 管理体系建设。公司成立了生产运营管理体系建设项目组，由时任分管内审副总裁担任项目组组长，各部门

抽调业务骨干进入项目组。项目组主要职责为搭建公司程序体系框架结构，组织梳理各业务流程和程序清单，组织制订各业务程序出版计划，跟踪程序出版计划完成情况并督促各部门按期完成程序出版工作，避免耽误实际生产需要。

运营管理体系初始阶段聚焦在采矿生产和维修领域，随后扩展至水冶厂乃至整个矿山。运营管理体系建设使公司各项活动有章可循，为采矿领域初始阶段取得的良好绩效奠定了坚实基础。

在斯科公司管理体系建设中，充分吸收了纳米比亚矿业管理体系的良好实践，通过使用国际通行的 ISO 标准实现了跨文化管理体系融合，2016 年 11 月和 2017 年 5 月的两次分阶段认证，地质、采矿、水冶、维修等所有领域均是一次性通过了认证专家的审核认证，使斯科公司成为中广核海外第一家获得“三标一体”认证的单位。斯科公司是纳米比亚获得“三标一体”认证规模最大的企业，为中国企业在纳米比亚社会树立更好的品牌和形象。

2.3 运营阶段主要 HSE 风险及控制措施

2.3.1 矿山开采主要风险及控制措施

（1）炸药及爆破作业

1）风险描述

湖山项目达到设计产能后，炸药库最多可储存 3 333 箱孔内和地表导爆雷管、240 箱导爆索、5 000 箱起爆弹、4 166 箱包装炸药。其中，地面站储存的是炸药原材料硝酸铵颗粒和乳胶基质，上述炸药原材料和起爆装置在运输、储存、使用过程中，对人和设备构成较大风险。

爆破作业中有较多的安全风险，包括装药、起爆、早爆、爆后检查、盲炮处理等，爆破地震波、冲击波、飞石也有可能对人和设备产生危害，爆后检查和盲炮处理不当还可导致严重的人身伤害等安全事故。

另外，爆破效果直接影响台阶形状和稳定性、岩土松动效果、底板平整程度等，从而间接影响后续台阶和边坡的稳定性、铲装作业工作面布置以及铲装作业安全等。

2）控制措施

① 地面站和炸药库简介

地面站作为生产单元，主要用来将铵油炸药的原材料——多孔粒状硝酸铵装入炸药混装车，生产乳化炸药原料乳胶基质。

多孔粒状硝酸铵直接装入混装车，至装入炮孔前仍为原材料，期间不经过加工。乳化炸药主要生产工艺产品为乳胶基质，原材料主要为粒状硝酸铵及硝酸钠。

乳胶基质生产由以硝酸铵溶液为主的水相溶液和以机油、柴油为主的油相材料通过乳化器完成。严格执行生产线上定员定量要求，生产过程主要由 PLC（自动控制系统）自动控制，在工艺中设置安全联锁，对系统或设备超温、超压、断流等进行自动停机并报警，并在关键设备如螺杆泵设置机械泄压装置、生产系统各环节均设置视频监控，在主控室可观察现场情况。乳胶基质泵送至乳化炸药车内，在装入炮孔前才使用敏化剂敏化成具备相应感度的炸药。

炸药库的库区分为雷管库、起爆具及导爆索库、成品炸药库。库区与地面站距离为 2 km。

② 地面站及炸药库法律法规许可

地面站和炸药库均按照当地法律法规进行设计和建设，储存设施（消防、防雷、静电、通风等）、炸药使用均获得了纳米比亚炸药局的验收和许可。

③ 炸药原材料和起爆器材的运输

铵油炸药主要原材料为多孔粒状硝酸铵。雷管、起爆器材、炸药均由炸药局许可的专用运输车辆单独运输，不得混装。

④ 地面站和炸药库出入口控制及警示标志

对地面站及炸药库进行围挡和隔离，设置严禁明火、严禁吸烟等危险警示标志，人员出入要将手机、打火机等物品存放到出口处的指定地点存放。

⑤ 炸药原材料和起爆器材的储存与出入库

炸药原材料和起爆器材库均按照当地炸药库管理要求对材料定量、堆放高度、出入库控制统计、温度湿度记录等进行管理。起爆器材库按照许可范围内的储存量单独储存，不超过设置的红线高度，退库的器材专门存放。

库房管理采用双人双锁制度。由两人分别保管库门上下两处钥匙，并进行爆材的分发。器材分发和退库必须由经纳米比亚矿能部首席巡视员和承包商总经理正式任命的炸药库管理员进行管理，分发按照先进先出的原则。定期盘点库存，确保账目相符。详细参照炸药及其起爆器材发送与运输程序执行。

⑥ 装药和起爆器材网络连接

装药区用红色路锥和绳子在装药区周界钻孔外围 15 m 处设置隔离区，只有经过授权的人员才可进入该区域。在装药区每个方向设置适当的警示标志，对进入装药区的各个入口进行警戒保护，详细参照区域划界程序执行。

装药作业由取得爆破资格证并获得授权的爆破员按照装药作业程序执行。

只有所有装药作业完成后，才可开展网络连接。爆破网络连接只能由爆破员及其助理按照设计的顺序实施。网络连接完成后，将由 2 名不同的人员分别逐孔检查。详细按照爆破区块地面连接程序执行。

⑦ 爆破清场、警戒与警报

爆破前半小时进行现场清场、人员设备撤离至安全距离确认。设备的安全距离为 300 m，人员的距离为 700 m，均大于当地法律法规要求的最低安全距离。每次爆破前，均通过 Outlook 邮件发出爆破通知，告知清场区域和警戒范围，安排胜任的员工手持红旗在各个入口处进行交通管制，采矿监督人员必须确保矿山 4 个点位的警戒员在岗，直至爆破活动结束。

爆破前 30 min 拉响预爆破警报，持续 30 s；爆破前 15 min 拉响最终爆破警报，直至起爆和场地清理结束。详细按照爆破警戒程序执行。

⑧ 盲炮管理

爆破 15 min 后，由爆破员进入爆破作业区检查。如发现盲炮，在登记薄上记录后，根据盲炮类别，按照盲炮处理程序处理。爆破员确保无误后解除爆破警戒。鉴于盲炮事故潜在的危险性，斯科公司在预防和识别盲炮上下足了工夫。从装药环节开始，到放置起爆弹、填塞炮孔、起爆网路连接与检查（双人双检制）、爆前检查、爆后检查（高速摄像机、规定巡视路线），每一个步骤都开发了严格的规定和检查清单，并对人员执行情况进行监控。

（2）台阶和边坡

1）风险描述

矿坑设计采用水平台阶开采工艺，在开采过程中会形成高度不等、作用不同的台阶和边坡，包括采矿台阶（临时被爆破和采矿的高端帮）、过渡端帮、永久边坡、装载面等，台阶高度分为 7.5 m、15 m 和 30 m。人员和设备靠近高台阶和最终边坡的稳定性是矿山开采环节的一个主要风险，而影响台阶和边坡稳定的因素又相对较多。

露天矿台阶和边坡形成过程中，它的几何形状（高度、宽度等）一直处于动态变化过程，边坡岩土体的应力与开采活动密切相关，也处于不同变化状态。同时，采矿活动、降雨、地下水位、爆破震动、风化、岩层破碎带及断裂带等外因对岩土体的扰动也会对台阶和边坡的稳定性造成一定的影响。台阶和边坡一旦发生岩石滚落、垮塌和滑坡，将对采矿设备、人员安全构成较大威胁。

2）控制措施

① 台阶的定义

台阶是指任何垂直高度超过 2.5 m 的岩壁，包括临时爆破和采矿台阶、永久边坡、计划装载的爆堆等。

② 高风险区域划分

高风险区域划分的依据是台阶的高度、角度和端帮岩石稳定性。

a. 30 m：分别距坡底线和坡顶线水平 15 m 和 5 m 的范围为高风险区；

b. 15 m：分别距坡底线和坡顶线水平 10 m 和 5 m 的范围为高风险区；

c. 7.5 m：分别距坡底线和坡顶线水平 5 m 和 5 m 的范围为高风险区。

③ 台阶和边坡巡视小组

斯科公司组建了台阶和边坡巡视小组，负责监控和采取适当的措施以降低露天矿坑台阶、高端帮和边坡方面的风险。台阶和边坡巡视小组法定至少由 3 人组成，必须包括一名地质师，其他人员可以包括：采矿监督员、安全员和钻爆工程师。

④ 高风险区域进入许可

只有持有有效许可的人才允许进入高风险区域，取得该许可之前，申请人必须经过必要的培训并经考试合格后方可授予许可证。斯科公司还规定了必须取得高风险区域进入许可的岗位，其中，巡视小组的人员必须时刻持有有效许可证。

⑤ 采矿设备和通用保障车辆

除炸药器材和移动炸药混装车之外，任何通用保障车辆（除主采矿设备和辅助采矿设备之外的车辆）都不允许进入上述高风险区域（在已经建设好的运输道路上行驶除外），应急或设备故障的情况除外。

任何通用保障车辆和采矿设备禁止在坡道上停车，除非有采矿监管人员引导、参加应急演练或设备故障车辆等。所有主采矿设备和辅助采矿设备允许进入高风险区域，但必须遵守培训要求和各项生产标准操作程序。各设备接近台阶和边坡的关注点参照程序人员和设备在接近高台阶的区域作业及采矿标准操作程序执行。

⑥ 高风险区域的设备故障

当设备在高风险区域出现故障时，应尽最大努力移动该设备到安全区域。

当无法转移至安全区域时，开始工作之前必须先开展安全风险评估。维修主管、采矿主管和 1 名持有高风险区域准入许可的人员联合开展风险评估。

⑦ 高风险区域划界

关于临时和永久台阶坡顶线，除了最终矿坑的地表外不需要划界和警戒。

关于临时和永久台阶坡脚线高危险区域的安全距离也不需要划界。采矿台阶的坡顶线需要用安全挡墙隔离。安全挡墙的中心线需要距离坡顶线至少 5 m。采矿台阶坡脚线高危险区域的安全距离不需要划界。

⑧ 台阶和边坡检查及其稳定性监测

巡视小组将根据相关程序（Geotechnical Inspections Procedure DI－OPS－MRM－402）开展台阶和边坡安全检查工作。

安全巡视工作每周至少开展 1 次，必要时根据需求缩短检查频率。巡视结束后将编制正式报告并由巡视员署名。每周编制月度地质危害地图，告知相关人员主要风险区域，提醒按照作业规程靠近或进入。

斯科公司还聘请外部专业顾问公司（SRK 公司）对湖山铀矿矿坑和排土场边坡管理提供全面技术支持服务，依据现场巡查监测信息和数据以及边坡位移和形变监测系统获取的数据，对矿坑和排土场边坡稳定性进行分析，定期到现场进行现场检查，出具安全检查报告，对发现的隐患及时整改。

⑨ 培训

将接近或进入台阶和边坡附近作业安全要求纳入采矿特殊培训课件中，所有在矿坑从事日常工作的人都必须接受采矿特殊安全培训。

（3）交通安全

1）风险描述

露天采场交通历来是风险较高的一个方面。湖山项目露天矿坑的交通参与者主要包括重型采矿设备、采矿辅助设备和工程指挥车辆。

采矿重型设备以铲车、矿石运输卡车和钻机为主，选用的都是世界一流的设备，其特点是设备庞大，存在较大范围的视觉盲点。

采矿辅助设备以装载机、推土机、平地机、挖掘机等为主，其主要为铲车和运输卡车服务，负责清理和平整铲装联合工作面。

工程指挥车辆方面，主要是频繁出入矿坑的轻型运送车辆、维修保养、工程改造、爆破器材和炸药混装车方面的车辆。

交通方面的主要风险是上述设备和车辆之间的剐蹭、碰撞和车辆失控，尤其是电铲、液压铲和围绕其作业的各类生产辅助车辆之间的碰撞较为频繁，运输卡车与轻型指挥车辆之间的碰撞则更加致命。

2）控制措施

为了更好地管理参与交通的各种车辆和设备，斯科公司编制了交通管理大纲（Traffic Management Plan DD－OPS－HS－003－S13）从以下几个方面对交通和车辆进行管理。

① 减少和规范地面交通流量

最低限度地使用轻型运送车辆（LDV），以减少地面交通流量。在道路交汇处，设置符合当地法律法规要求的道路标识，以合理引导交通流量。

② 提高车辆辨识度

对 LDV 进行适当改装，装配车顶警示灯、夜间反光条、倒车报警器、旗杆等设施，以提高辨识度。

③ 规定司机和乘客安全行为

任何司机在开车过程中不得使用手机，除非将车辆停靠在安全的位置。每天启动前，必须对车辆和设备进行日常检查并记录。

所有乘客必须时刻系紧安全带，皮卡车斗上不得装载任何人。

④ 规定装卸和吊装活动

所有装卸和吊装活动必须设定专属工作区域，关键吊装作业必须进行隔离，避免人员和车辆误入作业区域。大件货物的运输必须由其他车辆在前方引导和护卫。

⑤ 规定路权和超车行为

应急车辆在打开红色闪光灯和鸣响警笛的情况下享有最高路权。

除非提前和重型采矿设备操作员主动沟通，否则所有 LDV 跟随重型采矿设备时，必须时刻保持 50 m 开外。LDV 必须时刻为重型采矿设备和其他大型移动设备让路。必要情况下，对特定区域制定标准操作程序以明确该区域的路权，并通过培训传达至所有现场驾驶员。

除 LDV 外，其他交通工具超车前必须进行主动沟通，直到获得被超车辆的许可。对重型移动设备和进入矿坑的轻型运送车辆加装无线对讲系统，便于双方的沟通。

⑥ 优化道路设计和维护

定期对现场道路洒水，降低现场灰尘。道路施工必须设置封路标识。加大采矿区域交通设施和标识投入力度，提供矿坑可视化水平。

⑦ 加强车辆驾驶意识和技能培训

所有 LDV 驾驶员必须获得纳米比亚当地合法驾驶许可。

对现场区域交通实行分级管控，LDV 驾驶许可分为绿色、紫色和红色 3 个类别进行分级管理。绿色只允许在水冶厂驾驶；紫色允许在水冶厂和初碎站驾驶；红色除上述区域外，还允许进入矿坑。申请上述 3 个类别的现场驾驶许可必须接受不同类别的理论、安全意识培训和考核，由现场考官实操考核后才给予通行证。

采矿重型设备及其辅助车辆的操作员必须经过理论、模拟机和实操培训，并经考试合格后方可上岗。

另外，鉴于员工班车的极端重要性，公司还对所有大巴车司机开展防御性驾驶、灭火与应急逃生和急救知识培训。

⑧ 运输卡车失控防护

在长坡道、排土场坡顶线边缘建立挡土墙，防止车辆失控驶离坡道。

沿着排土场的长坡道和顶部建设安全挡墙，以防止失控。

（4）排土场

1）风险描述

湖山项目排土场紧邻 1、2 号矿坑东侧，采用地表堆存方式，排土场外轮廓尺寸长度约为 6 km，宽度约为 1.3 km，设计最大高度为 260 m，采用运矿卡车自卸排土方式。排土场的主要风险是滑坡和卡车司机倾倒废石时发生事故。

2）控制措施

① 排土场的设计

湖山项目排土场位于广袤的沙漠平地中，排土场周边一片开阔地，没有居民与工业设施，也不是在沟壑中贮坝，加之现场终年雨水极少，发生泥石流的概率较低，排土场设计还考虑了地质、河流等因素。排土工艺、排土顺序、排土场的阶段高度在设计中有明确规定。最终总堆置高度在 200 m 以上、边坡角不高于 26.4°。目前，斯科公司正在进行设计变更以降低排土场最终高度，增强项目经济性。该变更已经提交了环境影响评价，正在按照流程开展审批手续。

② 排土场作业管理

排土场平台平整，排土线整体均衡推进，坡顶线应呈直线形或弧形，排土工作面向坡顶线方向有 2%～5%的反坡。

排土卸载平台边缘设置安全车挡，其高度大约为 2 m（轮胎直径的 1/2）。车辆按规定顺序排弃土岩。在同一地段进行卸车和推土作业时，推土机必须与卡车保持至少 15 m 的距离。或者与卡车主动沟通后方可接近。卸土时，卡车垂直于排土工作线，卡车倒车速度小于 5 km/h。

推土时，在排土场边缘严禁推土机沿平行坡顶线方向推土。

排土场作业区夜间提供照明设施。

③ 排土场排水和防洪

在已有地面铺设 2 m 左右的缓冲层。在自然地势最低点的缓冲层顶层设置盲沟，引导雨水向南部地势较低处排放。排土场顶部渗流的水将汇导至盲沟的低洼处，然后导入排土场南端，进而进入外部径流水道。

净水引水系统将把所有雨水径流和近地表水汇集到排土场的东侧，随之导入下游。

污水收集系统将汇集所有排土场的径流水并储存在一个水池中，用以矿山降尘或蒸发。

④ 排土场安全检查

排土场的稳定性和日常作业安全检查由专业工程师负责，主要内容包括排土参数、变形、裂缝、底鼓、滑坡、台阶高度、排土场设施等。

a. 排土参数检查

测量各类型排土场段高、排土线长度：实测的排土参数应不超过设计的参数，特殊地段应检查是否有相应的措施。

测量排土场安全车挡的高度：测量排土机排土外侧履带与台阶坡顶线之间的距离，安全距离应大于设计要求。

检查排土场变形、裂缝情况：排土场出现不均匀沉降、裂缝时，应查明沉降量，裂缝的长度、宽度、走向等，并判断危害程度。

检查排土场地基是否隆起：排土场地面出现隆起、裂缝时，应查明范围和隆起高度等，判断危害程度。

检查排土场滑坡：排土场发生滑坡时，应检查滑坡位置、范围、形态和滑坡的动态趋势以及成因。

检查排土场周边环境是否存在危及排土场安全运行的因素。

b. 排土场安全设施检查

安全设施检查的主要内容包括照明设施、安全警示标志牌等配置及完好情况。

c. 排土场监测

至 2018 年，采矿生产进行了 4 年多，排土场高度已达 70 多 m。现阶段，斯科公司对排土场的监测主要为地质工程的定期检查，以及外部机构定期对排土场进行的专业、独立稳定性分析。随着排土场高度的升高，斯科公司将适时建立排土场监测系统，实现适时在线监测。

2.3.2 水冶厂

（1）水冶厂运行风险及其控制

为取得良好绩效，充分有效的风险评估必不可少，HAZOP（危险与可操作性研究）是对化学工艺流程最适合的风险评估方法。危险与可操作性研究用于分析和识别出工艺过程中工艺参数（温度、压力、流量、成分等）的偏差，采用引导词加工艺参数的方式分析界定偏差，分析导致偏差的原因，推测可能造成的后果，列出已经采取的措施，提出改善建议。引导词及其含义见表 2.3.1。

表 2.3.1　引导词及其含义

序号	引导词	含义
1	空白	设计或操作要求的指标和事件完全不发生；如无流量，无催化剂
2	过量	同标准值相比，数值偏大；如温度、压力、流量等
3	减量	同标准值相比，数值偏小；如温度、压力、流量、含量等
4	伴随	在完成既定功能的同时，伴随多余事件发生；如物料在输送过程中发生分组及相变化
5	部分	只完成既定功能的一部分；如组分的比例发生变化，无某些组分
6	逆流	出现和设计要求完全相反的事或物；如流体反向流动，加热而不是冷却，反应向相反的方向进行
7	异常	出现和设计不相同的事或物；如发生异常或状态，开停车、维修、改变操作模式

湖山项目在设计阶段对水冶厂进行了端到端的 HAZOP 分析，覆盖水冶厂从投料到尾渣全流程。表 2.3.2 所示为采取 HAZOP 方法对硫酸厂某个工艺节点的危险与操作性研究分析案例。

工艺危险和操作性研究是从日常操作上加强工艺本质安全管理，识别出工艺参数异常对运行、设备和安全影响，作为水冶厂运行数字控制系统设计的输入。

表 2.3.2　HAZOP 分析样本

流程和图纸号 031			管线、通道、节点 3100 区域–浓硫酸储存和分配		颁布： 日期：24/10/2012	6/15
序号	偏离	原因	后果	已有防范措施	改进建议	完成时间
1	流量偏高	速度过快	管道磨损		管道直径与装载速率相匹配	
2	流量偏低	空储罐阀门失效、泵失效	硫酸转移速度不足	维修和操作程序	开发操作程序，包括个人防护装备	
3	无流量	空储罐阀门失效、泵失效	生产停滞无法转移硫酸	分配线路设计冗余泵，安装液位计	所有酸管道必须自由疏干，可以在储罐之间倒运	

（2）重大危险源及其主要控制措施

1）液氨储存区

① 风险描述

液氨储存区安装有 6 个 60 t 的液氨储罐，通过专用管道向产品区提供氨气。

氨只有在纯氧条件下才会与氧发生化学反应，其自燃温度为 650 ℃，空气中不会燃烧。但氨气与空气的混合物容易发生爆炸，爆炸下限 15.7%（v/v），爆炸上限 27.4%（v/v），一般容易发生在密闭容器中液氨上方蒸发出来的氨与空气的混合物。氨极易溶于水，吸入一定浓度的氨气，呼吸会困难，吸入高浓度氨气将会导致呼吸系统痉挛；眼睛暴露于氨气中会腐蚀眼睛生疼痛感并且很难睁开眼睛；皮肤接触液氨会导致轻微或重度烧伤，受伤程度取决于浓度和暴露在其中的时间。

② 控制措施

a. 警戒围栏和出入口控制

液氨储存区已经用 2.7 m 高的围栏进行封闭，在封闭区的南北两侧各开有一扇门（用于不同风向下的应急），日常运输和应急时开启。只有经过授权的人穿着规定的防护服装才能进入该区域。

b. 危险警示标志

在南北两侧门的旁边张贴危险品、未经授权勿入等危险警示标志，在液氨储罐的罐体外表张贴受限空间、有毒气体等危险警示标志。当液氨接卸进行过程中，在 2 个入口处分别树立操作进行中，未经授权勿入的警示牌。

c. 操作和管理程序

斯科公司开发了液氨接卸、输送、储存等程序，对氨气接卸人员开展理论和实操培训，并将相关程序张贴在现场接卸平台处供操作员阅读和使用。

d. 氨气罐监控与报警措施

氨气储罐安装了各类监控设施。在液氨储存区的顶部和底部，共安装有 5 个氨气浓度探测和自动报警装置。当氨气泄漏浓度达到 50×10^{-6} 时，该装置会自动发出警报。

液氨储罐还安装有高低液位仪，以探测液氨储罐内液体不高于和低于液氨储存上、下限。安装压力表和安全阀等仪器仪表，指示系统状态。

以上报警装置、仪器仪表数据均可通过 PCS 系统传递至控制室操作员，以第一时间响应和处理。

e. 消防措施

液氨的风险主要是氨气与气体混合遇明火发生爆炸和泄漏，但着火的风险极低。

在液氨储罐的四周和上部，安装消防水喷淋系统（氨气极度亲水，故用水来吸收泄漏的氨气或液氨）。消防水系统主要用来稀释和吸收泄漏的液氨，以降低氨气浓度，避免对周围环境造成影响。同时，还配备有适当型号的便携式灭火器，用于装卸过程中其他火灾的扑灭。

f. 应急准备与响应

斯科公司编制了应对氨气事件的专项应急预案，在现场 200 m 范围内，设置应急逃生舱，配备必要的应急物品；200 m 以外的不同区域设置了应急集合房间，便于应急警报响起时员工就近集合。斯科公司还对现场所有员工开展了氨气泄漏事件的应急响应培训（中英双版），告知员工氨气泄漏事故时警笛的声音和应急情况接触的声音。

为救援队伍配置处理氨气事件的专业防护服、呼吸器等 PPE 并对救援队伍进行专项培训。

g. 液氨接卸时间安排

2016 年 9 月 11 日，斯科公司运营团队和应急队伍各司其职，在液氨储罐施工方和液氨供应商的指导下，根据接卸程序顺利完成首车液氨的接卸。9 月 12 日，运营团队和应急队伍对接卸过程进行了总结，并固化到后续接卸程序中。

运营期，液氨接卸一般安排在下午 5:00 之后，避开现场人员高峰期，降低氨气泄漏可能造成影响的范围。

2）尾矿坝

① 风险描述

湖山项目尾矿坝占地面积 5 km^2，设计容量为 3 亿 t，最大高度为 65 m，最终边坡角为 14.04° 左右。

尾矿中接近 50%的水可被回收利用，年回水量 500 多万 m^3，尾矿回水分为上层回水和下层回水，上层回水杂质较多，回收后部分用于尾矿输送管线的冲洗，其余泵送至工艺水池做磨矿工艺用水；下层回水杂质较少，回收后用作尾矿输送相关泵的轴封水。尾矿坝的主要风险包括地质滑坡、辐射、对地下水的污染等。

② 控制措施

a. 尾矿坝设计

尾矿坝南北宽 2.1 km，东西长 2.2 km，最终高度为 65 m 左右。尾矿坝同排土场一样，位于沙漠平地中而非山岭沟壑地带，终年降雨极少，发生泥石流的可能性较低。

b. 入口及其控制

尾矿坝周界树立标准 2.7 m 高的围栏，只有经过授权的人员可以进入尾矿坝区域。其他人员（包括访客）经过必要的培训流程后，由相关人员陪同方可进入。

c. 明确责任人

斯科公司根据当地法律法规要求，书面任命了尾矿坝主管，负责尾矿坝的安全和运行。

d. 日常操作和管理

尾渣通过管道（2 套管道，1 备 1 用）输送到尾矿坝。管道铺设在 1 条衬有防渗膜的沟渠中，防止输送尾渣的管道液体泄漏渗入地下，影响地下水质。沿管道路线最低处设置集水泵，将溢出或泄漏的尾渣泵送到尾矿坝。

尾渣输送管道在尾矿坝的分配中心槽终止，随后，尾渣将被导入环绕尾矿坝坡顶的两个环形主系统，随着尾矿坝的升高，这两个主系统也将随之抬升。尾矿坝边坡角为 14.04°（垂直高度与水平距离的比值为 1:4）。

尾矿坝日常运行按照操作程序（TSF Operational procedure DI－PRO－PR－30）进行，需要隔离操作时，按照尾矿坝挂牌上锁和隔离程序（TSF Lockout and Isolation procedure DI－PRO－PR－31）执行。

e. 环境污染预防和监控措施（Environmental Monitor Measures）

尾矿坝中的上清液通过渗水井渗流到管道中进行疏排。积累过多形成水池的，将通过浮船泵送系统疏排，从尾矿坝中泵出的水直接导入位于尾矿坝北端的回水系统。

底部衬管渗流收集系统用来收集上部尾渣渗流的液体，并直接导入尾矿坝外围，汇流进入高密度聚乙烯管道后排进位于尾矿坝西南角的内衬渗流收集泵，然后输送至回水坝。回水坝有 2 个高密度聚乙烯内衬隔间防止向地下渗漏。

污水收集系统收集所有从尾矿坝边坡径流下来的水，进入位于尾矿坝低洼处的污水控制坝，这些污水用来降尘或水冶厂使用，或者蒸发。

为防止尾渣中的水深入地下，在尾矿坝底部衬有 1 mm 厚的复合高密度聚乙烯衬膜。同时在尾矿坝四周和下游布置了监测水孔，定期取样并送至有合法资质的实验室进行分析，主要包括以下核素：^{238}U、^{234}U、^{230}Th、^{226}Ra、^{210}Po 和 ^{210}Pb。

3）硫酸厂

① 风险描述

湖山项目铀浸出工艺为酸浸，生产高峰期日消耗硫酸量约为 1 500t。为了满足日常用酸需求，现场建设了硫酸厂，并配套建设了 3 个浓硫酸储罐，每个储罐的容量约为 12 000 t。

硫酸厂部分设备温度较高，管道压力较大，生产硫酸的中间产品（SO_2 和 SO_3）毒性较高，最终成品（硫酸）具有很强的腐蚀性。另外，为更好地利用制酸余热蒸汽，还建设了配套的发电装置。

整个硫酸厂是全场风险较高的区域之一，高温可对人造成灼烫，有毒有害气体可使人中毒窒息，触电可对人造成伤害，稀酸与管道反应生成的氢气可引起爆炸，压力容器操作不当可引起设备爆炸，转动装置防护不当可造成机械伤害等。

② 控制措施

a. 周界围堰

硫酸储罐周界设置围堰，围堰容量可达 3 个储罐最大存储量（36 000 t），防止硫酸泄漏后影响到其他区域。

b. 有毒有害气体探测

在硫酸厂设备的人孔周边，安装 SO_2 和 SO_3 气体探测装置，并与主控室控制系统保持联动，确保气体浓度超过限制时第一时间发现和处理。

c. 危险警示标志

在硫酸厂区域，高温管道、受限空间、高压蒸汽、电气设施、酸性液体等均张贴符合国际标准的危险警示标志。

d. 操作和管理程序

斯科公司编制了硫酸厂标准操作和维修规程，并对操作员、维修员工进行上岗前培训和考核。

e. 监控措施

硫酸厂压力、浓度、液位等仪器仪表参数及阀门状态均通过传感器将信号输送到中控室自动控制系统。中控室由运营人员 24 h 监控各类参数和系统状态，定期记录相关数据，及时发现异常并处理。

f. 带压系统管理

硫酸厂带压系统按照特种设备安全管理执行。

4）有害物质

风险描述：

在水冶工艺流程中，先后要加入软锰矿、硫酸、树脂、氢氧化钠、氢氧化铵、煤油等化学试剂，不同化学试剂具有不同的属性，需要采取不同的运输、储存、输送和处理措施，不恰当的处理方式可能会给人的身体带来不同程度的伤害。

控制措施：

① 总体管理措施

在相关危险品采购和运入现场前，根据法律法规必须获得相关的许可，斯科公司按要求先后获取了燃油、放射源、炸药等许可。

矿山各相关区域和承包商将保持和维护 1 份危险物质清单，包括带入现场所有危险物质的说明书，以确保与其相关的危险特性、对人和环境的危害、控制和应急措施等易于理解和掌握。

危险物质目录及其说明书同时向项目现场诊所提供备份，以供应急处理时参考。

相关主管负责确保其管理下的员工经过充分的培训并胜任所从事操作危险物质的工作。

实验室各危险物质运输、储存、操作和处理等已采取适当的应急措施，包括溢流工具包、吸收剂、溢流滴灌盘等。

任何与该程序偏离的事件必须在 8 h 内报告。

危险物质泄漏时，必须根据物料安全说明书（MSDS）的相关规定和指引采取适当的清理和处理措施。

② 采购

采购前，需求部门必须评估需采购物质特性，如果可行，要找到合适的替代品。不允许采购明令禁止的危险物质。第一次采购某种危险物质时，斯科公司将从供应商或制造商索取符合法律法规要求和格式的 MSDS。

采购的危险物质必须严格按照相关法律法规要求包装、备有证明文件、标识。主管和现场经理根据用量来确保采购最小需求数量的危险物质。在收到危险物质的第一时间登记入册，并将相关信息通知安健环管理部门。

③ 运输

相关危险物质必须按照相关法律法规和标准规定的措施运输。目前，矿山开采所使用的炸药和起爆器材、燃油、放射源、液氨等均有持有资质的运输企业承担。运输工具必须适于道路行驶，持有资质证书，装备应急设备，张贴适当的危险警示标志。集装箱运输必须张贴正确的标识、铅封和上锁，车辆驾驶员必须持有规定的驾驶许可。现场各区域主管在接受相关危险物质时，将核实上述法律法规要求的资质和相关文件。

④ 储存

危险物质将按照 MSDS 的指引储存，实验室存储区域分为干区和湿区，不相容的物质分开储存并保持一定的距离。斯科公司现场为硫酸亚铁、软锰矿等用量较多的化学试剂建设了专用的储存场所和仓库。储存场所和仓库均采用水泥混凝土地面，筑堤防止渗漏。

储存区域还配置溢出工具包和应急冲洗液体，为员工配备必要的劳保用品（手套、呼吸器、防酸服等）。盛装危险物质的容器均贴有相关标签。

使用单位根据需求量优化采购量，确保现场最低储存量。

⑤ 操作

所有使用和操作危险物质的员工都接受专业的培训并经过主管的批准后，方可使用和操作适用的危险物质。使用和操作任何危险物质之前，必须先开展风险评估，并根据风险评估结果采取控制措施，佩戴必要的劳保用品。

操作过程和清理泄漏过程必须严格遵守 MSDS 中描述的操作指南和相关程序规定。

⑥ 处理

现场所有的危险物质（放射源除外）都运输到场外经政府批准登记和受控的危险物质储存场所进行处理，一般在鲸湾。

实验室排出的废液通过管道输送到尾矿坝进行处理。

液体和固体危险废物采用适当的包装方式包装后，贴上废物标签显示废物内容，分别处置。具体处置措施根据废物管理程序（Waste management procedure DD－ENV－ENV－PR－003）执行。

⑦ 培训

对所有现场工作的员工开展水冶厂特殊安全培训，内容包括总体危险物质安全意识，由拥有足够知识技能和经验的人员开展专业培训。所有培训记录按照规定的期限保管。

⑧ 监控和检查

现场各区域主管负责保存和维护其负责区域的危险物质清单，并定期对该清单进行更新，便于内外部检查和审计。

环境部门定期对所有危险物质储存区域、工作现场与环境保护大纲、法律法规和本程序的符合性进行例行检查。

承包商自身使用的危险物质由自身负责登记和维护，斯科公司定期对承包商危险物质管理情况进行审计。

⑨ 易燃易爆物品

易燃易爆等危险品（硫磺、硫酸、油脂）设置周界围栏，张贴警示标志，控制出入口防止未授权人员进入。详见消防重点区域安全管理措施。

⑩ 强腐蚀性物品

在二氧化硫、硫酸的生产、储存区域，泵及取样点等位置设置冲洗和洗眼设施，生产、储存区域设置安全警示标志。硫酸等储罐安装液位计，同时将液位信号传至控制室。储罐区设置符合标准的围堰，配备相应的消防设施与器材。硫酸输送管道及法兰处设防泄漏保护和泄漏显示装置。

为操作员配置适当的 PPE。接触二氧化硫等有毒有害气体操纵岗位的每个操纵职员配备型号合适的滤毒罐式防毒面具，接触硫磺等固体粉尘的操纵员每人配备防尘口罩；接触酸碱操纵岗位的操纵员配备防酸碱工作服、橡胶手套、工作鞋及防护镜或防护面罩。为防止跑冒滴漏可能对员工造成的伤害，进入水冶厂的所有员工必须穿防酸服。

同时，斯科公司还编制了针对硫酸厂运行期间酸泄漏、有毒有害气体泄漏的应急预案。

（3）消防重点区域

1）主要风险

采矿区域，消防重点区域为润滑油和燃料油储存区域、固定和移动加油站等。水冶厂区域，消防重点区域为硫磺堆场、溶剂萃取区。

2）控制措施

① 周界围栏和出入口控制

消防重点区域均设置周界围栏加以隔离，出入口设置专门进行值守和控制。

② 危险警示标志

在周界围栏出入口处张贴易燃易爆物品标志、禁止明火、禁止吸烟、未经授权禁止入内等危险警示标志。结合 SX（溶剂萃取区）和油库区的特点，张贴禁止无线电、禁止使用手机等标志。

③ 操作和管理程序

在重点防火区，斯科公司编制了标准操作规程，并对相关操作员开展上岗前培训，用以规范油品、硫磺和煤油等的装卸、输送、存储处理等。

④ 火源控制措施

在油库区、加油站、溶剂萃取区、硫磺堆场等区域，通过进出口对出入员工携带火源进行控制。部分区域除明火外，还禁止手机和无线对讲机。各个防火重点区域的固定设施（电气设备、照明、防雷电）和移动设备选型（硫磺堆场的装载机、清扫用的笤帚和簸箕、运输皮带）已考虑防火防爆要求，具备本质安全的属性。

⑤ 消防设施设备

a. 油库区和加油站

油库区和加油站均配备泡沫灭火和水喷淋降温系统、便携式干粉灭火器。按照防雷要求设计和建造避雷针。

b. 硫磺堆场

针对硫磺化学性质及燃烧特点，斯科公司在硫磺堆场周界 4 个点位配置消防栓和水雾喷头。在场内作业区域配置便携式干粉灭火器，布料皮带卸料端设置水喷淋降尘抑尘系统，防止粉尘聚集。

c. 溶剂萃取区

根据溶剂萃取区溶剂的性质和 MSDS 指引，斯科公司安装了水喷淋和高密度泡沫 2 种类型的灭火介质。水喷淋是独立消防高压消防管线，按照相关标准设计和建设。泡沫存储量达 2 t，备货 1.8 t。

（4） 高风险作业管控

1） 主要风险

在采矿设备和水冶厂的日常运行和维修过程中，经常存在动火作业、高处作业、受限空间作业、压力测试、管线打开、能源隔离等典型高风险作业，控制措施执行不到位将对人造成较大的伤害，甚至死亡。

2） 控制措施

斯科公司目前识别出的典型高风险作业包括储存能量、危险吊装作业、动火作业、挖掘作业、压力测试、受限空间作业、电气作业、辐射防护和有害物质。以上高风险作业通过作业许可证系统来管理（Permit To Work procedure DD – SHE – OHS – PR – 002）。

高风险作业的管理体现了“管生产、管安全”的原则。每个生产区域经理（legal appointment）要识别其管辖范围内的高风险作业活动，任命该区域的许可证签发人员和接收人。要审计、评估和监控上述高风险作业过程，确保现场控制措施与许可证内容的符合性。

同时，对作业许可证的签发人、作业许可的接收人、作业团队等相关人员的职责、接受的培训、能力等要求都作出了详细的说明。为了改进办公室签发许可证的情况，程序规定许可证的签发人和接收人必须到现场面对面讨论作业活动、开展风险评估、识别作业限制以及应急情况采取的措施。

改进许可证每日沟通和巡视制度，确保对高风险作业的动态管控。

作业许可证签发后，每项作业还必须按照标准操作程序（Standard Operation Procedure）来执行。

（5）特种设备

1）主要风险

① 承压类

在湖山项目现场，承压类特种设备包括压力容器、压力管道和锅炉，主要分布在水冶厂、维修制气车间等。

上述容器和管道在运营期间，用于储存和输送气体、液体或蒸汽，有些介质具有腐蚀性（硫酸）、易爆（氨气）、毒性（SO_2 和 SO_3）等，或带有较大能量（硫酸厂高温高压管道），泄漏或突然无控制地释放会对人身安全造成较大危害。

② 机械类

湖山项目现场使用的机械类特种设备包括移动式起重机、桥式起重机（分布在各维修车间和仓库）、塔式起重机（位于水冶厂磨矿和浸出区）。主要风险为起重吊装作业附件识别、吊装过程或维修保养不当、对相关人员造成的伤害或对财产本身造成的损失。

2）控制措施

① 压力容器和管道

a. 设备登记

在 SAP 资产管理系统中，所有压力容器和管道被登记在册并维护。

b. 法定检查计划和安排

所有检查和测试任务都规定详细检查项目，所有任务都纳入斯科公司计划系统跟踪和安排，并确保检查和监测任务在到期日前进行。

c. 金属容器的标准检查和测试项目

- 对所有容器内部表面开展全面外观检查；
- 移除所有隔热、保温层后，对所有容器和管道外表面开展全面外观检查；
- 容器和管道所有附件的外观检查；
- 对所有涂层进行外观检查；
- 测量特定地点容器的厚度；
- 见证容器所有隔间的静态水压试验，按照静态水压试验程序执行；
- 验证所有隔间配备压力或安全泄压阀按照压力释放装置程序，在正常运行期间能够时刻保护压力过高对隔间造成的影响；
- 探测其他由于容器和管道运行环境造成的退化。

d. 非金属管道标准检查和测试项目

- 对所有容器内部表面开展全面外观检查，尤其是化学防护层；
- 对所有容器和管道外表面开展全面外观检查；
- 见证容器所有隔间的静态水压试验；

- 验证所有隔间配备压力或安全泄压阀，在正常运行期间能够时刻保护压力过高对隔间造成的影响；
- 探测其他由于容器和管道运行环境造成的退化。

e. 延迟检查和检测

申请延迟检查和检测必须基于风险评估结果。

f. 修理

为满足将设备恢复到设计状态而开展的修理工作按照原始设备制造商（OEM）的规范执行。

g. 修改

对承压设备和系统的修改按照斯科公司变更管理程序执行，所有文件都经过必要的审批流程并归档。

h. 重新认证

当原始证书（例如铭牌）丢失时，聘请法定检测机构重新认证。

i. 检查报告

每次检查结束后都发布书面检查报告。要求检查员在检查后 5 个工作日完成检查报告。如果检查过程中发现任何偏差，检查员必须立即向主管工程师提交书面检查发现。

j. 失效调查

当下列情况出现时，主管工程师开展正式失效调查：

- 容纳液体的容器失效，例如泄漏；
- 探测到需要维修的退化；
- 探测到裂缝；
- 预先风险评估没有识别到的退化。

k. 安全和压力附件

- 所有安全和压力附件在计划系统中登记在册；
- 所有安全和压力附件根据正式维修大纲的规定开展有计划的维修确保可靠性；
- 所有泄压阀、安全阀和预留通风口根据法律法规要求由经批准的供应商或原始设备厂商提供大修服务。

l. 色码标识

斯科公司在所有输送管道上涂有色环，用以标识管道内输送介质的名称，便于操作和维修人员进行辨别，色环标识及其对应的介质如表 2.3.3 所示。

表 2.3.3 管道色环标识及其对应的介质

仪表气		氢氧化纳（5%～50%）	
厂区气		稀释	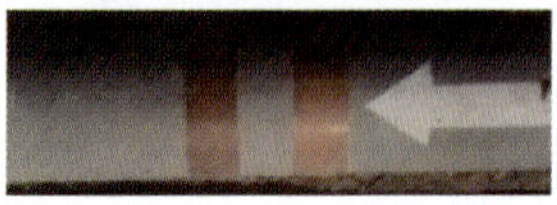

续表

氢氧化氨		有机加工	
硫酸铵		杂质	
氨气		酸性浆液	
凝结剂	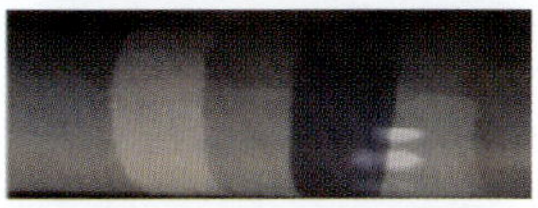	中性浆液加工	
液氨		软锰矿	
萃取胺 336		树脂	
絮凝剂		冷却水	
硫酸亚铁		清水	

m. 文件材料

在上述检查、监测、修理、修改、失效调查等所有管理过程中产生的相关文件，都将按照文档管理程序保管并维持最新版本。

② 锅炉

a. 影响锅炉安全的主要因素

影响锅炉安全主要因素包括位置、设计、安全系统、控制系统、压力测试、日常运行、维修、检查、监督、管理、培训等 12 个要素。详见图 2.3.1。

b. 锅炉运行执照申请

纳米比亚法律法规要求任何锅炉使用前必须向政府提出申请，审查合格并登记备案后方可投入使用。斯科公司现场有 3 台锅炉，已全部通过矿能部首席巡视官的现场审查（包括锅炉摆放位置、锅炉设计和出厂文件、锅炉各项附属装置、锅炉现场打压试验等），获得了法定的登记备案文件，说明锅炉的位置、设计、安全系统、控制系统、压力测试、锅炉管理人员的资格等 6 项因素已经符合安全相关要求。

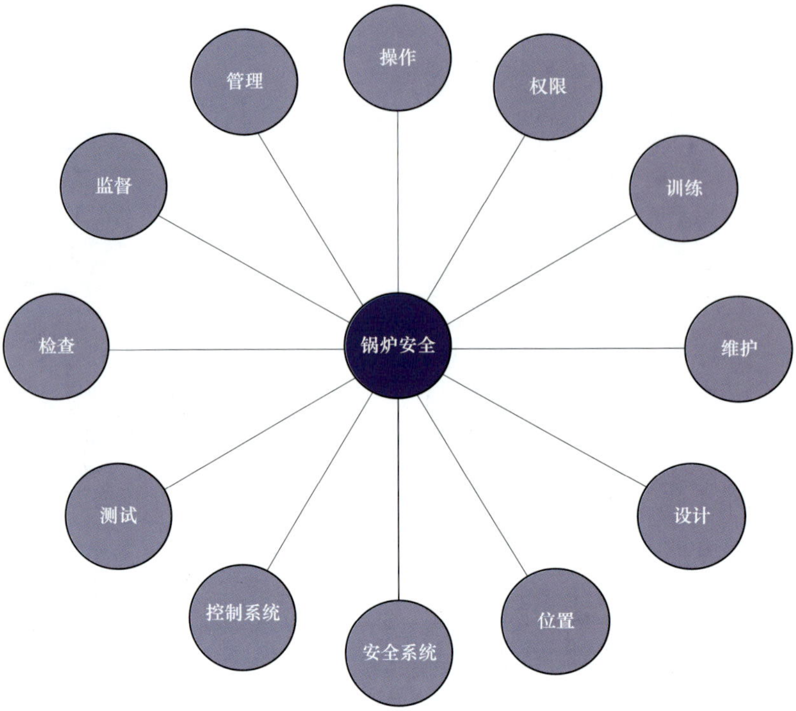

图 2.3.1　影响锅炉安全运行的主要因素

c. 锅炉控制系统

斯科公司使用的 3 个锅炉均安装相关控制设施，主要包括液位感应器（玻璃液位计，机械和电气独立以避免日常运行失效）、燃烧控制装置（火苗探测和安全系统、送风和抽风扇系统、空气和烟道位置系统、融合监控火苗探测和调校燃料与空气比例一体化系统）、压力和温度装置、显示和报警装置（现场锅炉所有仪器仪表信息均可在远程控制系统获取，当出现异常时，控制室会发出警报）。

d. 运行

斯科公司编制了锅炉标准操作程序，用以指导司炉工开展工作。在日常运行中，做好以下几点：

- 例行检查（每小时记录），包括控制系统（高低液位监测、压力表读数）；
- 给水系统检查（水量和水质量）；
- 水位控制和限制器检查。

以上检查项目均编制完成例行巡检表，规定巡检频率和项目。

e. 维修

维修时按照厂家运行和维修手册开展。涉及压力试验、法兰、阀门、施焊等作业，均按照标准操作规程执行。

f. 定期检查和鉴定

按照纳米比亚当地法律法规要求，锅炉必须每年开展 1 次检查和认定，所有仪器仪表每年校核，已将相关要求纳入锅炉定期检查程序中。

根据纳米比亚当地法律法规要求，斯科公司编制了锅炉设备定期检查程序，对所有锅炉设备每年定期开展 1 次检查和认定相关工作，同时，锅炉的所有仪器仪表每年进行 1 次校核。

g. 水处理

斯科公司锅炉介质均为除盐水，在日常运行过程中，还要加入相应的化学试剂，维持锅炉内液体 pH 在允许的范围，避免加热过程中产生水垢，从而影响锅炉使用效率、锅炉过早失效甚至其他事件。

h. 培训

编制运行和维修程序、对运维人员开展培训。培训内容包括以下方面：

- 锅炉操作，包括启动和关停；
- 锅炉和燃烧器的控制与失效模型，包括使用的燃料；
- 给水/锅炉水分析；
- 冷凝排水/水锤声；
- 应急情况下采取的措施和不正当操作造成的后果；
- 所有相关方的职责和法律责任；
- 现场培训、文件培训和考核；
- 通风/燃烧；
- 中控控制/仪器仪表；
- 锅炉及其附属设施；
- 培训记录完好保存。

3）机械类

斯科公司机械类特种设备主要包括移动式起重机械、车间行车、塔式起重机。对于起重机械种类特种设备及其作业，斯科公司主要从以下几个方面加以管理。

① 计划

a. 普通吊装作业，按照吊装程序执行。

b. 重要吊装作业，斯科公司编制专项吊装方案。吊装方案至少包括：

- 吊装数据：设备重量、吊索具重量、总重量、起吊高度、吊装半径、设备表面面积、重心；
- 设备数据：制造厂商、类型、大小、吊臂长度、悬臂长度、载荷垫块、材料尺寸；
- 吊索具数据：吊索直径、长度、吊索具配置、载荷、吊钩类型、卸扣大小和载荷；
- 吊装计算：吊臂长度、吊装半径、设备能力、悬梁臂踏板大小、风速；
- 与电力线和工艺区域的距离：高压线附件吊装必须设置专属区和监护人；
- 局部危险和其他控制措施：起重机路线、地面稳定性、人和设备之间的距离、达成一致的沟通方式。

c. 起重机操作员和司索工参与制定吊装方案，并提供专项意见。

② 操作

在吊装前，所有重要吊装作业的组件都要检查到位并交付使用。只有符合季度色码识别标签的设备和组件才能用于吊装作业。如果安全设备存在缺陷或不可操作，任何人不得操作起重机。

每个班次使用前，起重机的操作员必须开展操作前安全检查，检查结果应记录并保存在起重机上。检查内容包括起重机的各种液压系统、油系统、车身结构、灯等。

对吊装前检查和吊装过程还包括如下内容：

a. 起吊前，必须检查所有吊索具的连接是否到位；

b. 操作员便于获取不同吊装距离对应的最大安全载荷对照表；

c. 检查载荷是否在起重机和吊装附件的额定载重量和吊装专项计划的限值之内；

d. 检查所有安全设备或过载限制器；

e. 所有吊钩必须安装安全闭锁装置，以预防载荷脱钩；

f. 吊装作业区域必须警戒隔离，载荷严禁在人头顶摆动，存在重物坠落风险的区域严禁站人；

g. 载荷悬停时，操作员不得离开起重机；

h. 桥式起重机已安装声音报警装置或类似警报设备；

i. 在载荷上系溜绳以确保起吊和下降过程平稳。

③ 维修和检查

建立各类起重机、吊索具附件登记册。所有起重机都具有唯一的识别编码和标签，标签上显示起重机的安全工作载荷。

每台起重机都具备满足法律法规的检测证书。移动起重机的吊臂上显示最大额定安全工作载荷，悬梁臂贴反光条。

桥式起重机的行走方向在下垂物上用色码显示。

斯科公司已经建立检查、维修和吊装设备管理的专项程序和标准，主要要求如下：

a. 检查人员的资格要求（必须经培训、考核和书面授权后方可开展检查工作）；

b. 检查频率（所有设备必须由授权的工程师开展月度检查并将检查结果记录在册；总体情况的外观检查以季度为最小间隔；载荷测试必须每年由独立授权检测机构检测并提供检测证明）；

c. 机械和电气组件；

d. 每项起吊和锁具的控制，包括损坏的设备；

e. 起重机电缆和所有起重附件；

f. 起重机结构组件，制动，车轮，吊钩和滑轨等；

g. 载荷限制装置、安全装置、限制开关和控制系统的完整性。

对起重机、电缆和起吊设备的检查、维修都以制造厂商提供的规范和法律法规要求为最低要求。

所有维修检查和电缆测试都记录在册。检查合格的组件根据季度不同，贴上不同颜色的色码识别标签（第一季度是红色，第二季度是绿色，第三季度是蓝色，第四季度是黄色）。色码标签上将显示序列号和安全工作载荷。

每年将委托独立法定检测机构对起重设备和附件进行载荷测试，测试合格后办理相关证书。

程序还明确了所有起重设备和吊索具的检查标准。

④ 培训

所有移动起重机、塔吊和桥式起重机的操作员必须经过培训、考取驾照和授权后方可使用适用型号的吊装载荷的设备。

第三章　环境管理

3.1　前　言

湖山项目地处纳米比亚诺卡洛福（Naukluft National Park）国家公园，独特的地理环境和气候条件造就了世界稀有的植物活化石千岁兰生长地，并孕育了丰富多样的动植物物种，在世界上最古老的纳米布（Namib）沙漠维持着独特的生态平衡。鉴于上述独特和脆弱的生态系统以及纳米比亚国民经济对旅游业的依赖，在国家公园建设和运营矿山面临着严格到近似苛刻的法律法规要求，时刻需要面对环保意识强烈的利益相关方（政府、社区、游客和市民等）以及积极的环保主义者和非政府组织。

面对如此严格的法律法规和舆论环境，斯科公司严守合法合规经营底线，加大对环保设施和管理经费的投入，在项目设计、施工、调试和运行各个阶段的全部环节中，任何活动开展前都按照法律法规要求进行环境有害因素识别，评估有害因素对环境的影响并制定控制措施。在环境影响评价过程中，斯科公司从建设、运营、退役和关闭四个阶段，到地形与地势、土壤、大气、文物古迹与地质、动植物生物多样性、地下水和地表水、空气质量、社会经济、社区人文、本底辐射、噪声、视觉景观等十多个方面开展了大量的基础数据采集、调研、统计和分析工作，分析了建设、运营、退役和关闭各阶段生产活动对环境的影响，绘制生成了生物多样性敏感地图，编制了环境管理大纲并报当地政府审批。在后续各项设施设计、施工和运营活动中避开了生态环境脆弱区域，严格落实环境管理大纲中的各项承诺和控制措施，向当地政府、社区和民众交上了一份满意的答卷，履行了央企职责，使环境管理成为整个湖山项目建设和运营的一大亮点。

3.2　从项目设计开始考虑环境管理

卓越有效的环境管理必须从项目设计阶段就着手考虑项目对环境的影响以及提前策划需要采取的措施。湖山项目在设计阶段尽可能多地收集环境影响因素及参数，并以这些信息和参数为基础进行有效的设计，以尽量避免出现新的环境信息时再进行返工或修改。重要考虑因素如下：

① 必须遵守的环境参数（例如排放限制、噪声等级、排放物），包括将来可能对项目产生影响的可变因素。

② 评估可行的环境方案选项，尽量避免对设计和规划中的环境产生影响，使项目具有未来应对更严格的法律要求的“前瞻性”。

③ 在项目早期使所有相关利益人参与进来，确保清楚确定潜在的环境问题，制定合适

的预算，寻求具备资格的有关环境专家的建议，寻求专家支持。

④ 在项目风险管理流程中纳入重要环境风险和机遇，跟踪解决方案和缓解措施直至项目结束。

⑤ 要在现场设置临时现场办公室或住宿时，须做好适当安排，包括但不限于：

a. 清洁水供应；

b. 废物管理；

c. 废水处置（灰水和黑水）；

d. 能源（可再生能源、电网供电或发电机）；

e. 规定的执照或许可证；

f. 污染物质储存；

g. 规定经许可的交通路线。

⑥ 妥善设计临时现场排水系统，以控制和管理现场径流（包括考虑暴雨条件或消防水径流），防止泥沙污染自然水资源。

⑦ 检查负责处理现场废水的承包商是否具有合格的资质并经过当地法律要求的相应许可/授权。

⑧ 尽早确定项目或场址范围内的受保护和/或敏感性栖息地，确保成本预测和计划中涵盖所有必要的研究、减轻危害措施和设计要求。

⑨ 环境研究（例如生态、保护、考古）必须由具有合格资质和能力的专业人员进行。

⑩ 识别受保护和/或敏感性环境区域，在其中作业须遵守所有当地许可证、执照的要求（例如，在受保护栖息地、地质公园或考古遗址范围内或附近开展作业）。

⑪ 所有减轻危害的程序，包括迁移（迁移栖息地），必须与重要的相关利益人（例如监管机构、客户）进行讨论并达成一致，并依照当地监管要求获得许可。

⑫ 应将受保护和/或敏感性栖息地和场址告知员工和分包商，以防止意外干扰。

⑬ 员工和分包商必须了解受保护和敏感性环境标准以及与相应场址采取的保存和保护措施有关的当地规程和/或要求。

3.3 环境影响评价

在铀业公司收购湖山项目之前，斯科公司已经获得纳米比亚 171 区块采矿证、采矿活动及其附属基础设施的环境许可。截至 2018 年年底，湖山项目共提交了三版环境影响评估报告和相应的环境管理大纲修订版。2010 年，湖山项目首次提交环境影响评价报告，该报告包括了项目最初设计和项目现场基础设施。2011 年，湖山项目提交了第二版环境影响评价报告，该报告包括了厂外线性基础设施，例如入场道路、输水管线、电线等。环境旅游部在收到上述环境影响报告后，经过评估向斯科公司颁发了两个环境许可：2011 年 1 月，采矿活动环境许可；2011 年 6 月，线性基础设施环境许可。

随着 2012 年 2 月环境管理法的颁布，所有先前已经批复的环境许可需要申请延续，斯科公司于 2013 年 1 月向环境和旅游部提交了上述申请。

随后，斯科公司基于矿山优化和资源评估研究结果对原有矿山设计和线性基础设施提出了一些变更。这些变更最主要的部分是：水冶厂工艺、矿石颗粒度、独立的尾矿储存设施以及两个露天矿坑形状和大小。因此，在 2012 年和 2013 年之交，斯科公司再次对环境影响评价报告进行了修订，以评估这些变更可能带来的环境影响。环境影响评价报告修订版于 2013 年 3 月完成并开始征求公众意见。

由于在 2013 版环境影响评价报告修订过程中识别到了一些新的问题，斯科公司针对这些问题制定了环境管理措施，主要包括尾矿坝设计和建造、尾矿坝边坡稳定性维护、地下水监测网络等。至此，2011 年编写并被环境旅游部批准的环境管理大纲必须升版以反映上述变更相关的额外控制和减轻措施。2011 版环境管理大纲中推荐的措施不再适合，特别是尾矿的堆积方式以及其他特定的领域。

随着矿山开采和水冶厂处理矿石活动的开展，斯科公司于 2018 年再次提交了环境影响评价变更申请。最新的一次申请聚焦在三个领域。

① 排土场占地面积扩展申请。该申请主要目的是降低排土场高度，一是提高排土场的边坡稳定性，二是提高矿山经济性。但对环境的主要影响是：扩展后的排土场可能会破坏下游千岁兰的供水渠道，影响千岁兰种群的生长和生态作用。

② 永久入场道路信号塔。由于入场道路大部分路段位于可汗河谷，沿途通信信号较差，公司很难在应急的情况下保持畅通的沟通、确保高效决策和指挥。公司计划在永久道路部分路段搭建通信信号塔，覆盖通信盲区。

③ 废品焚烧炉。矿山生产运营活动中过程产生大量的废品，受制于纳米比亚废物回收和处理设施的局限性，相当大体量的废物只能堆存在现场，这形成了一定的安全隐患，也不利于废品处理。公司提议在废品中间分拣站建立一座废品焚烧炉，处理产生的废品，降低公司废品处理成本。

目前，针对上述三个设施的环境影响评价报告已经提交至环境旅游部，该部门正在联合政府其他部门进行会审。

从矿山勘探、矿山建设到矿山运营，斯科公司每开展一项新的活动都会按照当地法律法规开展环境影响评估，并严格按照流程征询公众意见、修订、提交政府审查等步骤开展相关工作。同时，斯科公司承诺将法律法规要求作为底线，尽可能采用国际最佳实践，显现公司主动、积极地参与土地管理和生物多样性保护。

3.4 环境许可

纳米比亚共和国有五级法律和若干与环境评估和保护有关的政策，其中包括：

① 宪法

② 成文法

③ 普通法

④ 惯例法

⑤ 国际法

目前有效的相关政策包括：

① 纳米比亚可持续发展和环境保护的环境评估政策（1994 年）

② 生物多样性保护和栖息地防护政策（1994 年）
③ 环境影响评估政策（1995 年）
④ 保护区和国家历史遗迹探矿和矿山开采政策（1999 年）
⑤ 国家环境卫生政策（2002 年）
⑥ 纳米比亚国家气候变化政策（2010 年 9 月）
⑦ 纳米比亚矿物政策（2004 年）

纳米比亚根据其宪法通过了许多旨在保护自然环境和减轻不利环境影响的法律。

矿山开采活动的管理和监管属于矿业和能源部的管辖范围，环境条例由环境和旅游部环境事务局指导和实施。

以下为湖山铀矿的各种适用法律和政策：

① 水资源法（1956 年）
② 国际原子能机构不扩散条约（1970 年）
③ 危险物质条例（1974 年第 14 号）
④ 自然保护条例（及相关修订）（1975 年第 4 号）
⑤ 拉姆萨尔公约（1975 年）
⑥ 大气污染预防条例（1976 年第 11 号）
⑦ 控制危险废物越境转移及其处理巴塞尔公约（1989 年）
⑧ 纳米比亚共和国宪法（1990 年）
⑨ 石油产品和能源法案（1990 年）
⑩ 矿物（探矿和矿山开采）法（1992 年第 33 号）
⑪ 劳动法，特别是关于工作场所雇员健康和安全的条例（1992 年）
⑫ 联合国生物多样性公约（1992 年）
⑬ 纳米比亚可持续发展和环境保护的环境评估政策（1995 年）
⑭ 纳米比亚水公司法案（1997 年第 12 号）
⑮ 森林法（2001 年第 12 号）
⑯ 国家遗产法（2004 年第 27 号）
⑰ 原子能和辐射防护法（2005 年第 5 号）
⑱ 环境管理法和条例（2012 年第 7 号）
⑲ 公园和野生动物管理法案（2009 年）
⑳ 诺克卢福国家公园管理和旅游发展计划（2009 年）
㉑ 水资源管理法（2013 年第 11 号）
㉒ 诺克卢福国家公园规章制度

上述许多法律已经出台较长时间，需要更新/修正，以使其适用于当前的世界行业实践。因此，在缺乏立法或立法过期的地方，对于世界级的矿山斯科公司遵循国际金融公司（IFC）相关赤道原则、国际矿山开采和金属理事会（ICMM）和相关的世界核协会（WNA）要求以及矿山开采良好实践指南所采用的内部最佳方法标准。这些标准包括世界卫生组织（WHO）、南非标准等。

由于湖山铀矿位于纳米布－诺克卢福国家公园中，在开始勘探钻井之前，必须收到许可证申请，才能获得排他勘探许可证（EPL）。

首先，在颁发许可证之前，必须为每个排他勘探许可证（EPL）获得环境许可证书（ECC）。随着所有新活动的不断开展，在批准之前，需要发布环境影响评估和调查报告（包括公众参与）以及环境管理计划（EMP）以满足要求。目前，环境许可证书（ECC）的有效期为3年，是公司和政府之间的法律文件。排他勘探许可证（EPL）也有3年的有效期。斯科公司于2011年对矿坑设计和线性基础设施设计进行了环境影响评估，矿坑设计于2013年进行修订以满足新的要求。

外部第三方每年对湖山铀矿环境管理计划执行情况进行单独审计，并向相关当局提交两年进度报告。当局可以随时对斯科公司生产活动进行合规性检查。由于斯科公司在纳米布－诺克卢福国家公园运行，所有相关的公园规定都适用。斯科公司当前已经获得的环境许可清单见表3.4.1。

表3.4.1　环境许可清单

环境许可证书		
1	环境管理大纲	
2	环境影响评价	
3	环境许可证书—湖山矿	
4	环境许可证书—湖山矿线性基建	
5	环境许可证书—3138远景勘查许可	
6	环境许可证书—3439远景勘查许可	
7	环境许可证书—乳化炸药加工厂	
8	环境许可证书—商品存储—鲸湾港	
9	湖山永久供水管线和北部电线	
10	通信信号塔桅杆高度从30 m增加至60 m环境许可	
11	建设第二座通信塔环境许可	
水务相关许可		
1	抽采地下水许可	从可汗河三个水孔抽采地下水用于矿山建设
2	可汗河钻地下水监测水孔许可	
3	打钻活动许可	
4	运行期露天矿地下水疏干许可	
植物相关许可		
1	千岁兰科研收集许可	用于移动任何千岁兰物种
2	其他植物科研收集许可	用于移动任何其他受保护植物物种
3	植物外运许可	用于外运厂区内任何植物物种
废物		
1	废水和污水处理豁免许可	
2	处理钻孔废物许可	

续表

文物古迹		
1	遗产/遗迹许可	扰动和移动任何历史文物发现
国家公园及相关许可		
1	施工营地	国家公园居住
2	日落后国家公园行车	
3	爱达和湖山勘查营地	
4	入场道路 24 小时出入许可	
燃料和能源		
1	加油站设施安装许可	

3.5 地表水污染防治

水在纳米布沙漠和湖山铀矿是一种稀缺资源，降雨通常以雾或零星降雨事件的形式出现，或以地表水蒸发或渗入地下。在极少数情况下，强降雨事件会导致临时水流，特别是在排水渠道、非常年河流和低洼地区的水池中。水是沙漠环境中生物多样性的关键因素。

湖山铀矿雨水管理有两个目的：管理降雨径流和控制污染。雨水管理是一项土木工程，土地的表面已经被施工活动改变，因此自然排水系统和地表径流模式也发生了改变，自然径流减少了。不透水的表面，如道路和屋顶，会增加径流量，从而导致洪水泛滥、侵蚀和损坏矿山道路和其他基础设施。雨水管理目的是防止被污染的水扩散至铀矿边界外，并将其引向雨水收集设施（例如污染控制坝），储存在坝体中被再利用、处理或蒸发。雨水分离系统就是通过保持干净和污染水的分离来防止水污染，管理良好的雨水系统减少了对生产效率（如被淹坑）和基础设施维护成本的影响。保持清洁和受污染的水分离减少了污染水源的体量，从而降低了处理成本，也降低了处理污染土壤和/或地下水和地表水系统的潜在补救措施和关闭矿山的成本。

现场雨水系统最初设计基准是百年一遇的降雨，因此设计了三座污染控制坝。目前，只有一座大坝是根据原始设计要求建造的。与 2011 年最初的环境影响评估和 2013 年的环境影响评估修正案相比，当前的雨水计划在 2016 年进行了更新，以更准确地反映现场情况。根据设计，水冶厂区域内的雨水将收集在位于水冶厂内的径流坝中，用于容纳工艺用水和百年一遇降雨水量。水冶厂区域收集到的雨水将和其他区域收集到的雨水分离处理，工厂道路和辅助沟渠/基础设施将被用作引水和分流的主要设施，这些设施表面具有不可渗透性，以防止土壤和地下水被污染。所有采矿区域的污水和清洁水将分别处理。来自矿坑、排土场和运输道路的污水将通过专用沟渠系统分流到单独的污染控制大坝或储存设施。清洁的水将被转移到天然的千岁兰平原。公司已经建立地表水径流和污染模型，在矿山寿命结束以及超过 200 年的时间里，受污染的地表水应该通过下降锥效应被自然转移到两个露天矿坑。2018 年开始在铀矿执行污水控制活动，北部和西部作为优先重点区域。由于排土场占地面积可能扩展，东部和南部地段暂时被搁置，与之相关的环境影响评估过程正在进行中。

管理潜在雨水污染的不同策略取决于污染源位置和地理轮廓。考虑到百年一遇的暴雨事件和当地降雨量，湖山铀矿已经建立了特定的雨水管理模型。2016 年 6 月矿山经历了一次强降雨，这次事件使我们认识到百年一遇的洪水事件在沙漠中的危害以及可能的污染途径，防止污染径流下游还需持续关注。

在特定区域防污管理方面有着特定的附加要求。所有危险物质和化学品、潜在被污染的水、危险流出物、矿化废物和非矿化废物的处理方式应确保地表和近地表径流不受污染。这主要通过设计（如集水池、油水分离器、不透水表面）、防溢措施（如滴水盘、堤岸区、吸收材料）、有效的溢漏清理管理和文明施工管理实践来实现。任何可能引起外部机构关注的“三废排放”将事先监测水质和其他相关指标。一旦引起外部关注，公司都会立即采取措施。

环境管理团队从项目设计的早期阶段就参与到项目中来，以协助提供意见和建议。2013 年环境影响评估修正版本中规定了各种承诺和要求，以实施有效的雨水管理。

3.6　尾矿坝设计、运维及地下水监测

3.6.1　尾矿坝总体设计信息

湖山铀矿项目最初提议的矿化废物储存设施设计为“干尾矿”方案，这些尾矿将被沉积到位于废石内的单元中（2011 年联合处理设施）。2013 版设计改为湿尾矿，这些湿尾矿通过管道系统排放到独立的合成材料衬底尾矿坝。从工厂到尾矿坝的沟渠也将衬底，防止管道破裂导致泥浆外漏。根据最新设计方案，公司建设完成了新的污染防治措施并投入运行，该设计基准为百年一遇的暴雨事件。

尾矿坝面积约 420 ha，位于水冶厂的南面。大坝的最终总高度在南部为 63 m，北部为 45 m。尾矿坝底部有复合材料衬底，该衬底为 1 mm 的高密度聚乙烯，下面衬有 250 mm 的选定细粒压实填料层。湿尾矿有可能吸引野生动物，因此在尾矿坝的周边安装了 2.7 m 高的周界安全围栏以防止大型动物误入。在回水池和倾析池衬层上安装网兜，当野生动物意外跌落至池塘内部时，可以通过该网离开池塘。矿山关闭后，最后一层尾矿将由普通表土覆盖，阻止动物直接进入尾矿，也可以在上面恢复植被。

边坡覆盖层使用非酸材料可确保不产生酸，并最大限度地降低溶解的酸随径流水中转移的风险。初起坝墙体高度根据尾矿坝的周边自然高度的变化而变化。初起坝的最小高度为 2 m。尾矿坝将以每垂直抬升 1 m、水平向内推进 4 m 的比例在起始坝体上持续向上升高，从长远来看这将减少径流侵蚀的影响。尾矿坝将通过建造堤岸来抬高坝体，堤岸用先前沉积的尾矿材料来施工。新堤岸建好之后，将在其外坡覆盖一层由岩石和干净的碎石组成的覆盖层，防止雨水径流携带放射性物质流入周边环境中。

暴雨管理划分为不同的区域。尾矿顶部的工艺水将由自然重力作用自流至倾析池，倾析池中的水由两台潜水泵输送至回水坝。倾析池回水与尾矿坝主回水系统在回水坝混合，

再输送至水冶厂回收利用。尾矿堆积的坡度和大坝墙体的不断升高确保了在暴雨期间，降雨地点和雨水流向得到管理。来自尾矿坝边坡的径流进入位于尾矿坝周边的污染水渠道，这一径流被引向位于尾矿坝北部的污染控制坝，该污染水渠道将尾矿坝内外隔开。

3.6.2 衬层系统的信息

尾矿坝底部衬膜指定使用 1.0 mm 厚的线性低密度聚乙烯土工膜，表层防紫外线的白色涂层，可以反射阳光，减少降解。为了确保稳定性，土工膜还铺设在起始坝体下方，并从坝底延伸到尾矿坝基础坡脚。在主要排水管道、管道、倾析塔和堤道下方也铺设纹理土工膜。土工膜衬层被放置在 0.3 m 厚的保护层上，保护层由来自原尾矿坝区域的剥离表土材料制成。形成保护层最终表面的材料用以防止铺设在其上面的合成膜免受刺穿。土工合成材料覆盖起始坝、主排水管、管道沟渠、倾析塔或通路等区域，对环境提供了进一步的保护屏障。在具有高损坏风险的区域，公司采取了额外的保护措施，包括次土工布直接铺设在土工膜上方，在土工膜上方覆盖 0.5 m 厚的填充材料缓冲层。在这些地区土工膜下面的土工合成粘土衬层提供了进一步的水力密封。如果土工膜受损，尾矿坝中的水泄漏，合成粘土层遇水就会膨润，有效地“堵塞”土工膜中的任何缺陷。为了防止风力损坏，公司按照 20 m × 20 m 的网格密度在土工膜上面放置 1 t 的骨料袋。

3.6.3 矿山关闭承诺

尾矿坝的边坡将覆盖 0.3 m 厚的无酸废石层，这种设计使得尾矿坝在未来 200 年内保持尾矿坝废料不暴露于空气中。闭矿阶段，坝体顶部将覆盖同样的岩石，倾析池也将退役并装满合适的无酸废石。最后一层将由 1 m 厚的无酸材料层（级配岩石和/或土壤）组成，允许雨水渗入尾矿坝，收集的水会随着时间的推移而蒸发。蒸发层减小了渗入下面的尾矿矿床的水流量，这也减低了尾矿坝的渗漏，防止污染地下水和近地面水系统。同时还将建造小护堤，以减少径流路径长度。这些护堤将起到风排的作用，减少尾矿坝顶部表面的潜在风蚀。收集到回水大坝中的渗流水将泵送到 2 号矿坑。只有当尾矿坝的渗漏完全停止后，尾矿坝正式关闭。粗糙的岩石将被放置在最终“盖子”上的低点，以防止形成池塘并吸引动物。斯科公司在闭矿后的 200 年内持续监测渗漏/污染。

3.6.4 监测

由地下水钻孔和空气质量网络组成的密集环境监测网络有助于识别和确定潜在污染源（如果发生泄漏）。了解尾矿的成分也很重要，以便在出现异常事件时确定是否发生了污染，或者如果发现溢出立即采取正确的清理措施。湖山铀矿尾矿是酸性的，因此需要通过中和处理。

尾矿坝的运行人员必须理解和掌握尾矿坝设计和运行要求。运行团队负责尾矿坝的日常运行、监测和报告，每天测量的运行参数包括：渗水池站水位和泵状态、倾析泵流量和体积累加器读数、倾析池水位、不同区域运行和应急排放阀门、渗透和倾析回水的 pH、降雨量、环境最低温度和最高温度、倾析泵运行时间、沉积时间以及泥浆和其他管道上观察到的泄漏。

3.6.5 地下水监测

根据法律要求，公司于2010年建立了地下水位和质量监测网络，本地样本首次由第三方顾问于2010年9月采集。湖山铀矿钻孔网络分为合规钻孔（由第三方进行）和内部监控钻孔（由环境部门团队成员进行）。第三方抽样结果汇编成半年度报告，并上报相关政府部门（如纳水务局和环境旅游部）。这些报告详细描述了监测网络中每个钻孔的地下水质量随时间的变化。

整个斯科公司地下水钻孔网络由70个钻孔组成，所有钻孔都在特定位置钻孔，并根据地质解释进一步划分为多个区域，有助于分析数据和趋势，因为每个地点都有可能具有不同的含水层特征，可能会影响钻孔水参数。

在斯瓦科普河和可汗河，合规性钻孔分为季度性和半年性监测。在15个监测点按照每季度抽样，监测数据包括水位和水质监测（例如，EC、pH、Eh、现场采集的温度以及在第三方经认证合格的实验室方法中分析的主要离子和总金属）。环境管理团队用低流速潜水泵吹扫和取样，这是专为湖山铀矿的取样井设计的。采样过程中必须使用现场记录表来记录读数，并使用泵（带有支持设备）来收集采集到的1 L和500 mL的水样，收集的所有样品都将贴上标签便于正确识别。如果水孔被清洗，则只有当水孔恢复原水位并且泵水一小段时间以去除任何会扭曲数据读数的积水时，才能采集水样。

另外选择了20个钻孔每年取样一次，测量的参数保持不变，因此每年总共选取35个监测点。

作为质量控制检查的一部分，每季度在随机选择的钻孔收集空白样品，通常每10个钻孔取样一个质量对比样本。

在每年两次的取样活动中，每年从35个钻孔中取样检测放射性核素（每年两次和每季度一次的钻孔相结合），遵循Hydroisotop GmbH laborator（德国）的运输和保存建议。测量以下参数：

① ^{232}Th 系列：^{232}Th、^{288}Ra

② ^{238}U 系列：^{238}U、^{234}U、^{230}Th、^{226}Ra、^{210}Pb、^{210}Po

③ ^{235}U 系列：^{235}U

3.6.6 水位测量

每月月底，公司使用水位仪测量70个地下水钻孔的水位，获得的现场数据输入到数据表中，并和本底值比较以确定水位变化。监测水位和变化的目的是尽早发现任何意外的、异常的和/或突然的上升或下降。水位的升高可能意味着更多自然补给，或者矿山水源（即水池、管道、尾矿等）的漏水。当抽取河流中的地下水时，监测水位特别重要，理想情况下，水位单月下降不超过10 cm，否则将可能会影响河谷中的植被。

3.6.7 每月地下水质量监测

每月对12个早期监测污染水孔进行采样并送往矿山实验室进行分析。在每次取样活动之前，环境管理人员首先校准带有pH、温度和EC探头的水表。现场实验室将每6个月或根据制造商的使用说明书进行一次更详细的校准。样品按照第三方程序规定的要求准备，大多数相同的参数由斯科公司现场实验室测量和分析。采用容器为 1 L 塑料样品瓶，采样后放入冷藏箱内用于储存、保护和运输样品。在重复使用采样工具之前，必须用去离子水冲洗提桶和样本瓶，以避免取样器被污染。取样从水柱中间取，同时在现场进行计算并使用现场登记表记录任何异常或其他相关信息，随后样品被带到现场实验室进行进一步分析。监测人员为每次监测活动准备质量控制样品，以评估取样方法和实验室分析的可靠性和有效性。以 1:10 的比例准备空白样品（去离子水）和实际样品进行分析，对质量控制样品贴不同的标签以避免与实际样本混淆。

需要强调的是，公司内部取样程序与第三方独立取样程序有很多相同之处，仅有少量的不同点，但不妨碍结果的客观性。公司还将分析结果与先前的活动结果和顾问的结果进行比较，以确定是否存在差异。

3.7 废物管理

废物产生于采矿的所有阶段，这些废物必须以安全、负责和符合法律的方式进行管理。斯科公司固体废物将按照国际同行最佳实践进行管理，以防止水、土壤和空气被污染。

因此，湖山铀矿实施了有效的废物管理体系。废物管理分为非矿化废物（可回收、通用等）和矿化废物（废石、尾矿等）。从“摇篮到坟墓”的原则适用于现场产生的所有废物，从源头上分离出来，移至临时废物转运站，然后移至其永久处理设施（如填埋、回收、焚烧、排土场堆放、临时垃圾处理场等）。在最后阶段，公司将收到所有已处理的危险/碳氢化合物污染废物的安全处理证书或证明。当废物可以重复使用的时候，这些材料将被保存在废品场，而不是作为废料处理。在可行的情况下，所有放射性污染废物将在最终处理前去污。如果辐射部门清理和检查后证明去污措施合格，它可以在场外处理；否则需要留在现场，并在矿化废物设施处理。

废物管理办法优先级为：

① 最小化（通过规划、设计、使用批准的供应商、受控采购、分离等减少产生的废物量）；

② 废物回收再利用（实际上，废物必须再利用）；

③ 处理（如果上述任何一项都无法实现，那么废物必须在管理良好且受控的废物处理场所安全处理）。

图 3.7.1 显示了废物处理措施优先级。

图 3.7.2 显示了湖山铀矿的废物管理流程：

公司设计并提供各种容器来现场管理废物。这包括以下内容：

① 收纳所有废物的垃圾桶（240 L）；

② 垃圾箱（6 m^3 或 9 m^3），以容纳较大体积的垃圾或无法在垃圾箱中处理的垃圾；

③ 可回收盒笼等；

④ 归档办公废纸；

⑤ 卫生废物回收设施；

⑥ 为处理荧光灯管而设计的盒；

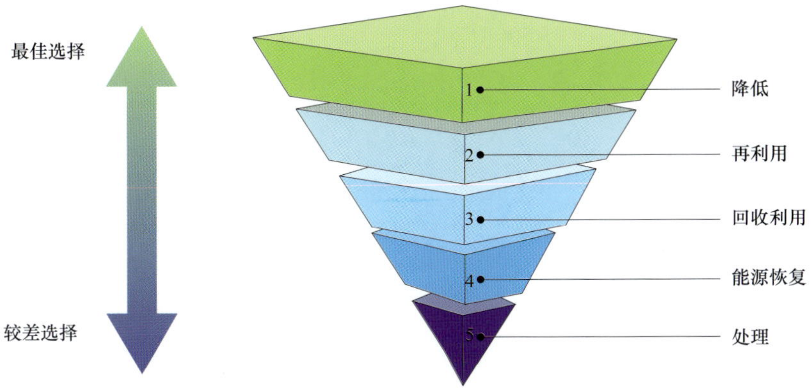

图 3.7.1　废物处理措施优先级

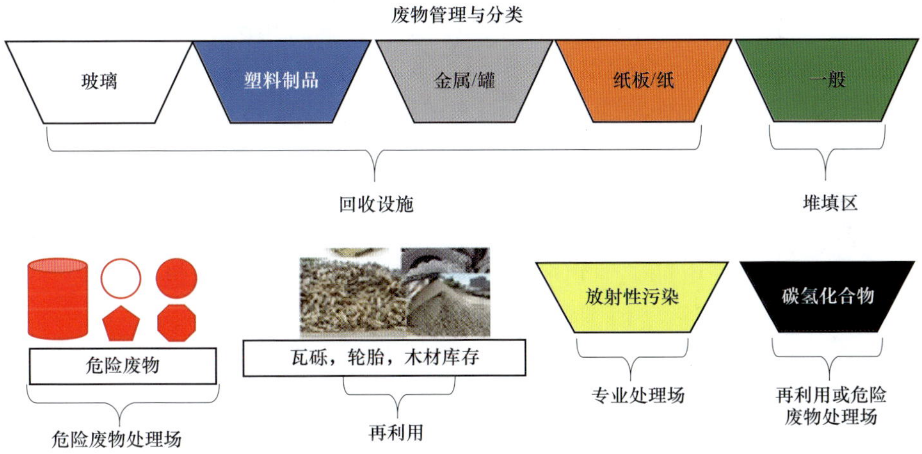

图 3.7.2　湖山铀矿的废物管理流程

⑦ 废油和/或润滑油收集围堰；

⑧ 从车间和/或洗涤间临时存放碳氢化合物的污水槽（最好带有淤泥和油水分离器）；

⑨ 储存放射性污染废物的特定钢桶（可根据需要密封）；

⑩ 用于从现场清除可回收物或一般废物的压实车；

⑪ 容纳厨房湿垃圾的瓶子；

⑫ 管理废物转移和包装的辅助设备；

生活污水的管理和移除不在此项垃圾处理范围。

现场设计和建造了废物转运站，其在管理不同种类的废物中发挥着关键作用。公司需要不断提高员工环境意识，尽可能实现垃圾分类管理。

另外，生物修复场地将有助于处理现场污染的土壤和其他材料，尽可能重复使用，减少不必要的处理。目前公司正在调研建造一个现场焚化炉的可行性，以帮助减少现场放射性污染和其他废物，从而减少斯科公司的废物排放总量。

混凝土和碎石将在特定设计和建造的用于处理这些废物的场所进行管理，混凝土储存区域将衬底，因为水泥添加剂对土壤性质和参数有负面影响。

3.8 生物多样性监测

国际采矿和矿物理事会进行了多项研究，为采矿的发展提供了良好实践指南。指南中的相关信息提供了对洞悉生物多样性相关问题的最佳实践。湖山铀矿开发可能产生的各种潜在影响包括：对动植物的物理破坏、对动植物的普遍干扰以及作为生态驱动因素的水资源减少。

减轻湖山铀矿生物多样性对环境影响的管理不是一项简单的任务，无论是过去还是现在。2011 年湖山铀矿环境影响评估为纳米比亚有史以来最大规模的科学生物多样性影响评估，历时 6 个多月，覆盖了周围和支持环境区域的一系列样本。这项研究的目的被分成 6 个不同的部分，重点是更好地了解地质、气候、土壤、植被和树木（植物群）、生境和支持动物活动的生态系统。这项研究指出任何需要关注的具体生物多样性（如被列为受威胁的）、敏感的生态系统、可能的迁徙路线和潜在的关键物种。知识差距将永远存在，为了缩小这一差距，斯科公司通过额外的观察、科学监测和研究获得源源不断的新信息。观察到的所有异常都遵循控制措施的优先级来处理，这意味着应该尽量避免所有影响。如果不能做到这一点，影响必须最小化。在这一活动中应该努力实现恢复；如果不能恢复，则必须建立抵消和补偿机制。确保湖山铀矿生物多样性管理有效性的一般要求包括：

① 将矿山基础设施和活动范围限制在绝对必要的范围内；

② 尽可能避免干扰不可替代的生物多样性区域和这些区域之间的重要关联；

③ 由于工作需要扰动土地，必须对生物多样性进行有效审查（桌面推演和现场检查）；

④ 根据需要重新安置动植物；

⑤ 必要时，从不同部委获得相关许可证；

⑥ 将不再需要使用的区域恢复到干扰发生前的功能状态；

⑦ 如果无法做到完全功能性恢复，则修复到表面特征和干扰前一致；

⑧ 定期短期和长期的跟踪审计和监控，以确定修复和复原活动的成功；

⑨ 如果不可替代的生物多样性将永久丧失，并且不可能恢复，将调查生物多样性补偿；

⑩ 将使用灯光保持在最低限度，如果需要，尽可能使用黄色灯光，脊椎动物通过周界围栏隔离在此区域以外；

⑪ 所有电源线将配备适当的鸟类威慑措施，以限制鸟类死亡；

⑫ 对任何生物多样性的伤害、杀害或采集行为采取零容忍态度；

⑬ 噪声设备需要进行良好维护，以控制噪声污染水平；

⑭ 所有水坝用围栏隔开，以防止大型动物进入，大坝将配备动物逃生网措施，协助落入水中的动物逃离；

⑮ 在国家公园实施严格的速度限制；

⑯ 落实粉尘控制措施；

⑰ 有效管理污染水和清洁水；

⑱ 实施污染预防措施。

生物多样性影响评估识别出了对特定重要物种的影响（以及积极贡献），研究机构

Gobabeb/NERMU 开发了五年的监测和研究方案，重点关注特定的物种和地区。该研究方案还包括对斯科公司环境团队员工的培训和技能发展，以便将来进一步接管该方案。需要进一步研究/监测的重点领域包括但不限于：千岁兰、生石花、湖山沙蜥和哈特曼山斑马。

总的来说，该项目的目标是根据环境管理计划的需要，为斯科公司建立一个长期的监测和研究框架，特别是：

① 提高对仍存在不确定性环境因素风险的理解，提高重要性评级。

② 收集数据以监测预测或预期的影响，进而采取管理实践，减轻或避免这些影响。为实施上述框架确定和获得必要的资源。

3.8.1 千岁兰

湖山铀矿及其基础设施有可能影响千岁兰生长的部分区域。历史上已经进行了研究，但是对这些植物以及矿业公司开采活动对它们的影响还未进行过多研究。国家环境旅游部批准了 2013 年修订的环境管理计划，其中包含了研究千岁兰栖息地动态变化的承诺，以便为斯科公司提供管理工具，避免或减少管理可能对千岁兰所在区域的影响。这项工作将与专家和利益相关方协商进行，以确定研究范围并设计一个基线项目，该项目至少应考虑：

① 当前种群规模和结构；

② 种群生存能力；

③ 生态和种群动态；

④ 千岁兰的水生理学（即它们从哪里补充水分以及它们的根系分布）；

⑤ 千岁兰植物健康监测；

⑥ 了解地面和地下水动态以及对土地的潜在影响。

公司将尽量避免对千岁兰造成影响，如果无法做到这一点，公司获得的相关许可证将予以移除。本着可行和实际的原则，斯科公司避免干扰向千岁兰种群供水的渠道，并酌情将分流的水流重新引回千岁兰平原。启动地表、近地表和地下水的研究，以确定采矿和相关基础设施活动可能对千岁兰产生的影响。通过实施地表水管理计划，确保改道的雨水被重新引导到主要的千岁兰种群中。

在湖山铀矿的勘探阶段，对湖山的采矿许可证和独家资源勘查许可证批准地区的 52 200 多株千岁兰植物进行了广泛普查。普查记录了每株千岁兰相对健康状况、植物大小、性别和位置，并对每种植物进行地理位置标定和拍照。需要注意的是，这项研究代表了大部分千岁兰的生存地。然而，并非所有的植物都可以在诺卡洛福公园这一整段中取样，更小的植物可能会被遗漏。千岁兰分布见图 3.8.1。

在 2012—2014 年间，几株千岁兰以科学的手段挖掘并通过机械方式移除（施工前已从环境部门获得移除许可），均移植在附近或千岁兰平原中。这些植物要么种植在它们原来的位置附近（远离基础设施），要么种植在纳米布植物园。考虑到根系的不同性质和硬度，以及生长处坚硬的岩石，将植物从土壤或基岩中移除通常会破坏许多更细的根，因此重新安置植物的存活率非常低。总共移除 14 株植物，只有 2 株植物显示出良好的健康/存活状态。这两处栖息地位于永久通道附近。不同的因素在这方面发挥作用，例如挖掘方法、浇水方法、修剪树叶等。

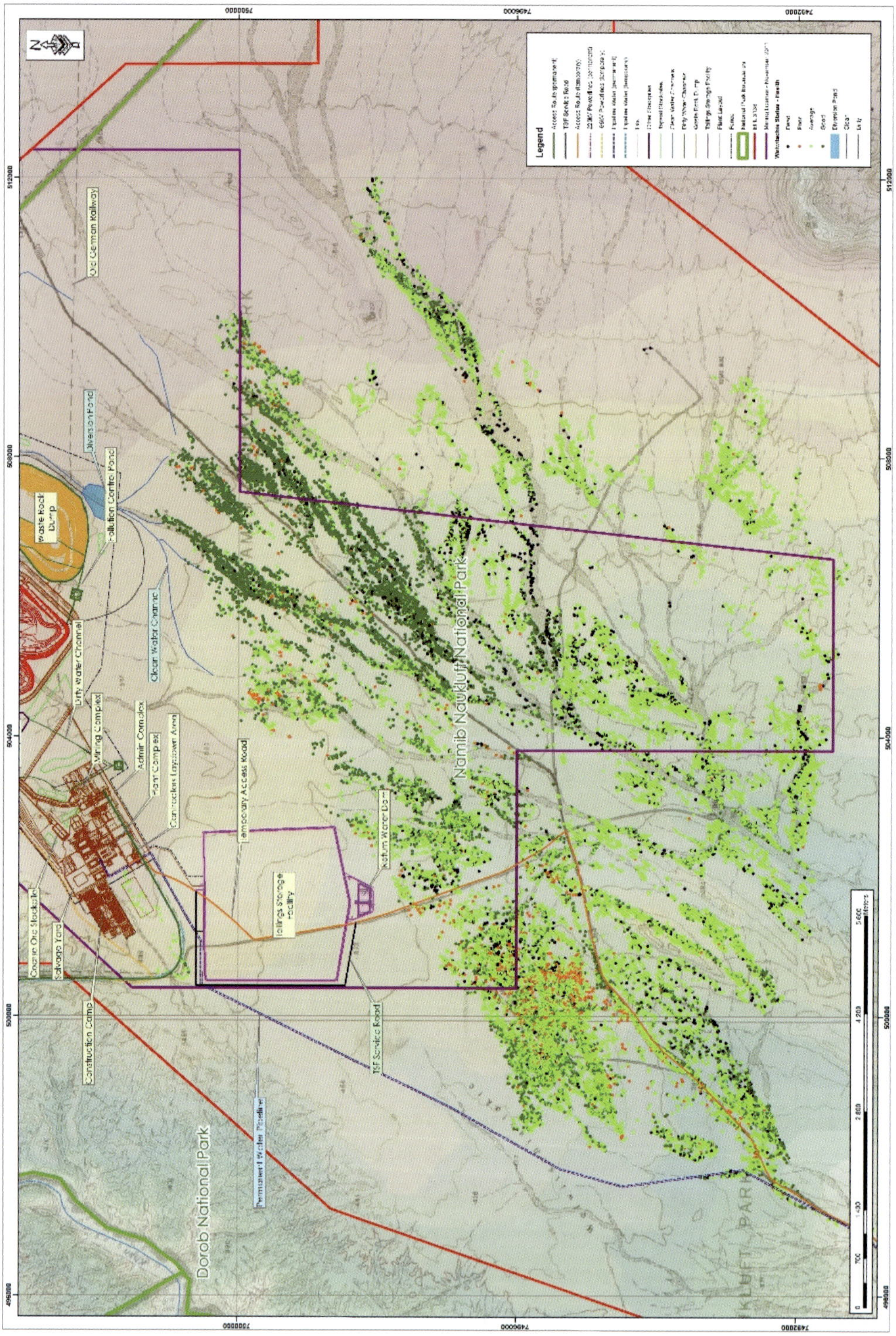
Legend
Old German Railway
Diversion Pond
Waste Rock Dump
Pollution Control Pond
Clean Water Channel
Dirty Water Channel
Mining Complex
Admin Complex
Plant Complex
Construction Laydown Area
Temporary Access Road
Tailings storage facility
Return Water Dam
TSF Service Road
Coarse Ore Stockpile
Salvage Yard
Construction Camp
Permanent Water Pipeline
Namib Naukluft National Park
Dorob National Park

图 3.8.1　千岁兰分布图

需要注意的是：移植未成功的千岁兰也在当初许可的条件下被再次挖掘并重新安置。

2012 年年末，依据政府批准的研究采集许可证，从永久和临时入场道路的预占地土地上科学挖掘了 5 株植物。相关科研成果已经作为论文发表在相关杂志上。

2014 年 6 月，斯科公司获得了环境和旅游部的研究许可证，通过挖掘千岁兰进行研究，并在不同的研究采集许可证下进行。这些野外挖掘是在 2014 年 7 月进行的，在永久水管旁挖掘了 2 株千岁兰，主要研究的是对根和叶结构、叶绿素荧光以及时空生长模式的研究。

在建造 C28 至湖山铀矿的永久水管之前，估计有 30～40 株千岁兰生长地可能会受到干扰，但是斯科公司采取绕道、填埋等措施避免干扰其中的许多生长地，最终总共只有 3 处生长地被重新安置（不属于研究挖掘的一部分）。

自 2014 年至今，Gobabeb 和斯科公司选取三个监测点持续监测千岁兰生长情况，调查这些植物的相对健康状况与千岁兰平原水源地关系。研究团队用一种方便的豌豆装置来测量颜色较深的叶子的叶绿素荧光。此外，每月测量一次叶片生长长度，并提供植物健康状况的信息。研究团队在 2017 年又选取了另外两个点和更多的个体植物。

为了确定千岁兰植物的水分来源，SLR 团队在 2012 年挖掘的千岁兰栖息地附近的不同土壤深度测定了地下水的稳定同位素。这些地点位于铀矿东南偏南的不同集水区。报告的研究结果表明，较大的降雨事件和洪水在更新深层地下水方面发挥了重要作用。另外，雾和局部小雨形成了植物更频繁的土壤水源，但深度只有 10～20 cm。

对千岁兰及其周边的生物多样性监测方案仍在持续进行，斯科公司下一步将改善现有研究方案并识别任何新的研究成果。

3.8.2 生石花

为保护生石花，斯科公司尽量缩小矿山和水冶厂建设占地面积。施工前，识别并绘制所有可能受到采矿和基础设施干扰的敏感植被，特别是沿线基础设施和大理石山脊上的岩石，施工和采矿活动都尽可能避开这些区域。同时与相关专家协商，评估救援和移位操作的有效性，获得植物毁坏或救援及搬迁许可证。

在纳米比亚，生石花是一种值得关注的保护物种。在生物多样性影响评估期间，一名植物专家进行了植被调查，以确定研究区域内不同的岩生植物种类的范围。沿着永久道路对不同的大理石山脊进行了计数，并记录了物种。

从环境和旅游部获得研究采样许可证后，一些生石花从永久道路旁边移走。2012 年和 2015 年，这些标本被重新移植到永久通道旁边的一个专用区域进行重新安置。在第一项研究中，所有的植物都正常浇水；在第二项研究中植物不被浇水，目的是确定未浇水植物和浇水植物的迁移成功率。这项研究分两个阶段进行，一旦试验期结束，就会编写一份报告。由于不同的原因，这两项试验都没有成功。

公司针对那些在大理岩脊岩石露头上的个体也进行了相同的研究，这些岩石被重新安置到预定的地点，持续观测了 5 年，即 2012—2017 年。场地范围包括了不同的斜坡和不同的基底。有些地方被浇了水，有些没有。随后进行了监测，并确定了哪些部位的生石花更喜欢水或移植后存活率更高。

为了观察 5 年内自然种群的成功/健康状况，从项目施工开始，每年都会对大理石山脊上记录的生石花个数进行统计。种群的所有个体和生存地点都纳入国家植物档案登记簿。

这些档案将有助于弥补知识缺口，协助将来开展成功的复原试验。

从最初2012—2017年开始，对生石花的监测是在室内进行的，此后植物专家在2015—2017年进行了2次现场观测。

此外，新发现的个体需要及时保存，采集这些种群个体需要获得一般研究采样许可证，并遵循环境旅游部的指示。通常来讲，这些植物不是用来移植的，而是提供给纳米布植物园的。

专家已经起草了一份最终报告，并就湖山矿在生石花追踪研究方面的前进方向提出了意见和建议。生石花对干旱条件非常敏感，只有在大雨和大雾中才会繁盛。

3.8.3 湖山沙蜥

对湖山沙蜥的初始研究是用来确定该物种的空间分布，确定它对采矿开发造成的累积破坏效应的反应，以及与毗邻的西方沙蜥的互动（如果有的话），确定矿山开采活动和土地扰动对物种动态的影响，必要时制订管理计划。避免开发和干扰已经发现湖山沙蜥活动踪迹的区域，特别是岩石地区和山脊，最小化矿坑建设占地面积。

纳米布中部沙漠是爬行动物高度多样性的家园，许多物种是特有的且其活动范围很小。湖山沙蜥尤其特别，因为它们的活动范围集中在可汗河和斯瓦科普河之间。人们对这些物种的生存环境要求、种群动态和迁徙以及影响它们的环境因素知之甚少。因此，在生物多样性影响评估期间启动了两项研究，这些研究相当地消耗体力。长途跋涉地研究沙蜥是为了更好地了解它们的生存环境需求以及人类相关因素对它们的影响。已经完成的研究包括确定了其范围内的空间密度变化以及它们明显的生存环境偏好和活动周期。所有实地踏勘工作都已经完成了。

为了更好地了解种群动态的风险，还有两个重点领域需要研究。第一个将从沙蜥尾巴末梢采集基因样本（组织）获得的遗传数据，研究子群体在他们的活动范围内的相关性。第二个重点是物种在其栖息地的耐热性。

3.8.4 哈特曼山斑马

调查采矿活动和相关基础设施对哈特曼山斑马大型有蹄类动物移动的潜在影响。出于安全和安保目的，采矿周界均设置了围栏，防止大型动物误入矿坑和水池等危险区域。但如果可能的话，应尽量减少现场围栏的数量，并尽量避免在已知的迁移路线上安装围栏，调查提供通往矿区北部可汗河的通道条件。“三通”基础设施尽量避开生态敏感区、动物迁移路径、哺育区和泉水水域。如果不可能，调查适当的缓解措施。例如，陆上管道建设帮助动物迁移的地下通道或立交桥；监控斑马的运动和空间组织的变化。

在最初生物多样性影响评估期间开展了多项研究，这些研究是为了确定在建造和运营之前，研究区内受保护的哈特曼山斑马的一般运动和活动。这些动物活动范围局限在纳米布沙漠中岩石露头/山区。研究人员还跟踪了通用移动路线、水坑和其他斑马经常停留的地方。公司已经把这些信息纳入到日常环境管理活动中去，以限制对这些受保护动物的影响。

在2017年年底和2018年年初，公司环境管理人员开展了斑马通用迁徙足迹、移动和其他可能的迁徙路线研究，以确定动物最常去的地方和可能的饮水地。这项研究的目的是观察公司的采矿活动和基础设施对斑马的活动是否有影响。这项研究将贯穿矿山建设和整个运营寿命周期。迄今为止，没有发现采矿活动和基础设施建设对斑马产生负面影响。

3.9　利益相关方参与

利益相关方（IAP）是任何大型项目开发过程中一个非常重要的组成部分。这些群体或个人直接或间接受到项目开发的影响或对项目有兴趣，包括国际上的其他组织。作为环境影响评估的一部分，关键的利益相关方在项目开始时就已经识别出来并告知相关建设和运营活动。任何觉得自己是利益相关方的人都可以申报，然后成为数据库的一部分。利益相关方的关注和/或评论/建议从早期设计阶段就被记录并保存下来，在调查报告和评估阶段被纳入到更大范围的研究中。任何公司都要确保建立直接受影响的人员群组，在环境影响评估过程中收集到的评论要提交至环境旅游部，这符合公司的最佳利益，也有助于理解公众和周围社区的观点，一些专家也可能识别出环境影响评估专家在开展此项研究时忽略的领域。

一旦项目被批准、开发、运营并经历退役/关闭，公司将确保有一个平台供 IAP/外部利益相关者与提议者保持联络。因此，公司建立了一个具有内部指导原则的平台，并利用该平台收集信息、正式评论，必要时记录（例如投诉登记簿）上述信息并向外部利益相关者提供反馈。

社区和可持续发展倡议对于回馈社区和利益相关者的参与很重要。项目并不总是能够实现自我可持续发展，因此，直接或间接受影响地区的社区会受益于他们向项目提出的建议，这也有助于改善他们的生计，特别是在项目关闭阶段。在矿山关闭规划期间，公司将在社会经济影响的社会方面开展更详细的研究。

媒体也是一个重要的利益相关方，与媒体的持续交流（例如报纸）提供了一个平台来展示项目的良好形象，并向公众传达任何需要关注的重大问题或领域。因此，公司促进了与媒体的定期接触，以确保媒体不会披露不正确的事实而对公司形象造成负面影响。公众也希望持续参与和沟通，以便更好地了解大型项目的进展情况。与公众分享项目进展和相关信息的最初平台是通过《湖山之声》，这是斯科公司网站分发的免费小册子。

湖山铀矿所在的地方位于一个受保护的原始区域，拥有不同的官方管辖区。因此，公司积极推动相关政府部门官员定期联络和实地访问，以便他们掌握公司业务进展，这也有助于向项目的支持者展示在颁发和/或更新新的环境许可证书的阶段和环境影响评估中做出的承诺，以及公司环境管理计划中计划开展的控制措施执行情况。如果社区对公司有负面的印象，并持续向政府强调这些负面影响，它可能会导致环境许可证书无法签发甚至被撤销。因此，持续透明地分享信息是关键环节。

3.10　空气质量

在勘探、建设、运营到退役的所有阶段都存在许多空气污染源。有些污染源甚至从临时污染源变成了长期的污染源。重要的是，在可行性研究期间尽早确定所有空气污染因素的来源，以及在关闭时确保最终土地形式能够限制辐射造成的污染。

在所有阶段，空气质量管理的目标是降低对员工、第三方和周围环境的空气质量污染。在环境影响评估期间开展的专家研究确定了最重要的监测领域和其他相关要求。本底研究和持续监测对于使矿山管理层真实了解污染现状以及能够准确监测趋势来确定关注/污染的领域非常重要。

由于湖山铀矿位于国家公园，最近的第三方是附近的农民、经常光顾公园的游客、其他铀矿（罗辛铀矿等）、最近的阿兰迪斯镇永久居民。空气监测网络考虑了与合规性相关的监控站点，这包括运营区域的周界、距离第三方以及采矿许可证边界的其他点，以审查直接来源的合规性。气象数据必须始终根据空气质量数据进行核实，以确定主导风向和其他干扰因素。根据数据分析要求、基础设施的变化或环境管理大纲中的承诺，监测网络可以随时扩展。某些微粒是可吸入的，而其他微粒则更多是让人感到不适，并非直接损坏健康。

斯科公司致力于监测以下参数（粉尘和气体排放管理）：

① 总悬浮颗粒或更常见的放射性粉尘；

② 尺寸小于 2.5 μm（PM2.5）的可吸入颗粒物；

③ 尺寸小于 10 μm 的可吸入颗粒物（PM10）；

④ PM10 和总悬浮颗粒（包括铀和钍在内的金属分析）和 1 kg 相关放射性粉尘源土壤样品的放射性成分；

⑤ 总悬浮颗粒 α 石英分析；

⑥ 气体扩散模型（氮氧化物、二氧化硫和挥发性有机化合物）；

⑦ 硫酸厂排放（二氧化硫、三氧化硫）和氨气泄漏（应急小组）；

⑧ 氡气浓度；

⑨ 任何其他主要污染源；

⑩ 来自尾矿坝和硫酸厂的酸雾。

3.10.1 TSP（总悬浮颗粒）—放射性粉尘

放射性粉尘监测网络由 33 个监测点组成，样本采集和分析方法按照美国测试和材料协会（ASTM）制定的标准方法（ASTM D1739－98）执行。监测地点位于铀矿内和周围，包括潜在的第三方暴露风险区。每个装置包括一个圆柱形容器，暴露在监测区域 1 个月。监测设备由 2 m 镀锌钢杆支撑，在监测桶边缘的水平位置用空气动力学挡风板标记。为了获得额外的支撑，支架可以用绳索/钢丝捆绑。每个支架有 3 个清晰标记的监测桶。因此，监测网络总共有 99 个监测桶，其中 33 个监测桶仅在监控期间使用一次。粉尘收集桶储存在大型容器中，该容器可以关闭。在现场运输期间，桶盖关闭并送往南非的实验室进行分析。在实验室，操作人员用去离子水冲洗以去除桶侧面的残留物，然后用粗过滤器过滤桶中存储物质以去除昆虫和其他过程中的有机碎屑。然后，样品通过预先称重的纸质过滤器过滤，以去除不溶部分或灰尘。将残余物和过滤器干燥，并进行重量分析，以确定不溶性部分（放射性粉尘），操作人员随后起草报告。该项监测自 2010 年开展以来一直持续到现在。空气质量检测内容如表 3.10.1 所示。

表 3.10.1　空气质量检测项目和标准

污染物	平均周期	所选标准	来源
PM2.5	24 小时平均（μg/m^3）	37.5	世界卫生组织 IT3&SA 标准
	年度平均（μg/m^3）	15	世界卫生组织 IT3
PM10	24 小时平均（μg/m^3）	75	世界卫生组织 IT3&SA 标准
	年度平均（μg/m^3）	30	世界卫生组织 IT3
降尘	30 天平均［（mg/m^2）/d］	600	SA NDCR&博茨瓦纳居住限制
		1 200	A NDCR&博茨瓦纳非居住限制
二氧化硫	1 小时平均（μg/m^3）	350	EC 限制&SA 标准（非世界卫生组织指导方针）
	24 小时平均（μg/m^3）	50	世界卫生组织 IT2（按照 SA 和 EC 限制）
	年度平均（μg/m^3）	50	SA 标准（非世界卫生组织指导方针）
二氧化氮	1 小时平均（μg/m^3）	200	世界卫生组织 AQG&EC&SA 标准
	年度平均（μg/m^3）	40	世界卫生组织 AQG&EC&SA 标准
挥发性有机化合物（苯）	年度平均（μg/m^3）	5	SA 标准（非世界卫生组织指导方针）
挥发性有机化合物（甲苯）	1 小时平均（μg/m^3）	640	TCEQ 短期 ESL
挥发性有机化合物（乙苯）	1 小时平均（μg/m^3）	2 560	TCEQ 短期 ESL
挥发性有机化合物（二甲苯）	1 小时平均（μg/m^3）	350	TCEQ 短期 ESL
氟化氢（HF）	1 小时平均（μg/m^3）	18	TCEQ 短期 ESL
	年度平均（μg/m^3）	8.7	TCEQ 短期 ESL

3.10.2　化学分析（放射性粉尘）

实验室每季度对所有 33 个集尘桶滤器进行铀和钍的金属分析，以 10^{-6} 为单位，在分析的同时会使用一个空白样品用作对照。在放射性粉尘分析和判定［（mg/m^2）/d］后，对每个集尘桶过滤器进行金属含量的分析。另一名第三方顾问也对所有 33 个集尘桶过滤器（自 2016 年以来）进行 ICP－MS 分析，每半年进行一次交叉检查。该项监测自 2015 年实施以来一直在执行，目前没有异常。

3.10.3　Alpha 石英分析（落下灰尘）

每季度，实验室对 3 个预先确定的放射性粉尘采集点的过滤器进行 α 石英的二氧化硅分析（以（g/m^3）/d 或 10^{-6} 为单位），一个空白样品用作对照。职业卫生员和环境模块讨论确定分析哪些桶，并向实验室提供样本编号。分析结果汇编成独立报告，包括简短的讨论。结果显示，选取的取样点分析值低于检测阈值。后续还将持续开展监测以确保符合性。

3.10.4　PM10 和 PM2.5 监测

湖山矿利用 2 个工作平台采集 PM10 和 PM2.5 的数据，一个 MiniVol 采样器和一个 GRIMM 365 气溶胶采样器。前者需要每周更换过滤器和电池，后者需要每月更换一次过滤器，并且实时检索数据。MiniVol 采样器设定为 24 小时内以恒定速率抽吸空气通过预称重过滤器。这两种过滤器都被送到第三方顾问，由经认证的实验室进行进一步分析。PM10在小型过滤器上进行分析，包括每年2台过滤器的电感耦合等离子体质谱分析，分析元素包括铀和钍，与粉尘收集桶过滤器同步审查。电感耦合等离子体质谱分析（包括铀和钍）是在所有GRIMM过滤器上进行的。从PM10/PM2.5数据中可以得出月度和年度平均值，也考虑峰值。另外，公司定期对设备进行内部维护，尤其是GRIMM设备，因为这些设备均比较敏感。

3.10.5 酸厂烟囱监测

酸厂的运行团队全天定期监测烟囱排放尾气的 SO_2。烟囱中安装了监测设备并定期校准，监测到的数据每月提供给环境模块。

3.10.6 计划开展新的监测运动

目前，公司正在采购额外的设备来扩展监测网络，包括硫酸厂、尾矿坝和控制点的酸雾（挥发性和非挥发性酸），酸厂周围将设置更多的监测点。目前已经申请采购了4个电子采样器，这些新的采样器具备实施监测功能，可以完善公司的气象和PM10/PM2.5监测网络。设备到厂后原有的MiniVol设备将被淘汰。气象站将监测其他天气情况，如东风季、酸厂排放的 SO_2 等。

2018年，雨量计网络得到了扩展，从工程建设阶段的12个扩展到33个，与采矿证和勘探证批准边界内的所有集尘桶位置相一致。这有助于更好地了解整个场地的降雨分布情况，并为生物多样性监测方案提供输入。

3.10.7 其他

湖山铀矿污染较大的排放来自于日常采矿活动（装载和运输、爆破和钻孔、燃烧爆炸物相关材料等），设备维护，建筑相关活动（如配料，运输，储存等），加工活动（涉及粉碎、材料处理点、试剂储存点、来自尾矿坝的风吹粉尘、酸厂烟囱和柴油燃烧器、最终产品回收烟囱、氨厂、泥浆溢出转移等）和一般车辆排放。

目前，粉尘抑制活动/项目正在实施中，以限制粉尘溢出量，如矿坑道路养护、路面硬化、洒水降尘等。

根据运营起始阶段的主要变化，湖山铀矿定期更新扩散模型。根据气象站数据和数据可用性，每月编制空气质量监测符合性报告。一年两次的报告分析过去6个月的趋势，并与本底数据进行比较，确定是否需要采取进一步的措施。由于纳米比亚缺乏立法，所使用的标准是针对纳米比亚沙漠和整个纳米比亚条件类似地区采用的标准。

当收到数据报告/日志表时，环境管理团队会对数据进行审查、上传数据和分析趋势以作出进一步的管理和降低风险决策。每日气象日志考虑了矿山发生的可能影响监测结果的“异常事件”，例如东风季天气异常事件。目前有3个气象站，可以提供实时数据（本底可分别从戴维斯2008年和坎贝尔2012年获得）。

第四章　辐射防护管理

4.1　前　言

纳米比亚是国际原子能机构的成员国之一，其于 2005 年 5 月颁布了《原子能和辐射防护法》，即 2005 年第 5 号法，通过控制和管理辐射源和放射性材料的生产、加工、处理、使用、持有、储存、运输和处理，保护环境并使当地民众免受辐射的有害影响。通过该法案，纳米比亚政府旨在：

① 最大程度地降低辐射对纳米比亚民众和环境的影响；

② 确保在核材料持有、生产、加工、销售、进出口过程中对辐射源采取充分的控制措施；

③ 促进纳米比亚遵守与核能、核武器和保护免受辐射有害影响有关的国际协议规定的义务。

根据该法，2011 年 11 月公布了《辐射防护和废物处理条例》（2011 年第 221 号），规定了保护人民和环境免受电离辐射照射的最低要求，以及辐射源和辐射性材料的安全保障。

国家辐射防护局是根据《原子能和辐射防护法》第 33 条成立的，是负责确保监督该法贯彻落实的监管机构，监管对象包括斯科公司，对涉及核与辐射相关活动和设备进行授权、许可、检查和执行，以确保遵守法律。

斯科公司致力于安全、环保、经济地生产铀产品，将员工职业健康和安全、环境保护和防止核扩散作为最重要的事项加以考虑。为此，斯科公司制订了辐射防护计划，并于 2015 年获得国家辐射防护局批准，许可从事矿山开采和矿物加工活动。该辐射大纲描述了斯科公司铀矿开采和加工活动涉及的放射源项、强度、放射类型和潜在危害，员工的暴露途径以及预防和控制措施，斯科公司辐射防护管理组织机构，工作场所和员工职业健康剂量监测和监护，放射源和产品实体安保措施，产品泄漏应急等。作为许可条件的一部分，公司每年向纳米比亚国家辐射防护局提交报告，说明辐射防护大纲实施进度和符合程度。监管机构每两年对矿山进行一次检查，以核实辐射防护大纲的执行情况。斯科公司会立即处理检查过程中的任何发现或发布的指令。自矿山开采作业开始以来，在纳米比亚监管机构监管下，斯科公司一直保持着良好社会和政府信誉。

4.2　湖山项目放射源项

斯科公司在湖山铀矿的主要活动包括资源钻探、含铀矿石的爆破、爆破矿石材料的装载和运输、矿石的破碎、储存和碾磨、矿石中氧化铀的浸出和浓缩，以及氧化铀精矿的回收、沉淀和萃取。

与矿山开采和加工活动相关的潜在辐射性危害是由于天然含铀矿石，其中含有铀 – 238（^{238}U）、铀 – 235（^{235}U）和钍 – 232（^{232}Th）衰变系列的元素。作为操作过程的一部分，该矿还拥有几个铯 – 137 密封辐射源，用于加工厂不同位置的流量密度和液位测量。这些放射源因为有较高的伽马辐射活性，可能会对人员产生有害影响。

斯科公司拥有并操作几台 XRF 机器，用于分析其地质和矿石样品的化学成分。XRF 机器是受纳米比亚法律管制的 X 射线发生器。

因此，湖山铀矿暴露于电离辐射的途径包括以下几个方面：

① 直接暴露于例如含铀矿石、浓缩铀和密封来源的伽马射线；

② 直接暴露于 X 射线发生器发出的 X 射线；

③ 吸入或摄入矿山开采和加工活动（如爆破和粉碎）产生的辐射性粉尘；

④ 吸入 ^{238}U 自然衰变产生的氡及其子体。

电离辐射的来源、它们的暴露途径和辐射类型见表 4.2.1。

表 4.2.1 电离辐射来源

<table>
<tr><th>辐射源</th><th>潜在辐射性危害</th><th>辐射类型</th></tr>
<tr><td rowspan="3">含铀矿
• 浓缩物
• 矿石
• 泥浆
• 废石
• 尾矿
• 土壤</td><td>直接暴露于伽马辐射</td><td>外部伽马辐射</td></tr>
<tr><td>空中辐射性尘埃
被辐射性尘埃污染的表面区域</td><td>内部、α 和 β 辐射</td></tr>
<tr><td>氡及其子体</td><td>α 和 β 内照射</td></tr>
<tr><td>密封辐射源</td><td>直接暴露于伽马辐射</td><td>外部伽马辐射</td></tr>
<tr><td>X 光机</td><td>直接暴露于 X 光</td><td>外部 X 光</td></tr>
</table>

4.3 辐射防护组织机构

斯科公司的辐射防护模块负责现场的辐射防护工作，模块主管是公司指定的辐射安全官。辐射安全官负责与纳米比亚辐射防护局的联络工作，并就斯科公司业务活动的所有辐射相关事宜与监管机构联络。

3 名辐射防护专员和 1 名辐射防护助理向辐射防护模块主管汇报，协助实施矿山辐射管理大纲。

辐射安全官向安健环部门负责人报告，以确保所有相关信息和与辐射相关的活动都得到系统地沟通并迅速采取行动。

部门负责人直接向斯科公司的首席执行官报告，建立这种报告机制是为了确保与辐射相关的事项迅速有效地传达给公司的主要决策者。

4.3.1　辐射防护从业人员的培训

斯科公司的辐射防护从业人员定期接受培训课程，例如纳米比亚铀研究所提供的培训课程，以确保他们了解辐射防护行业的最佳方法。专业辐射防护从业人员必须取得相应的资质证书才能上岗从事相关工作。辐射防护专业人员还要定期接受复训，以不断学习新知识、掌握新技能、了解行业新动态。

4.3.2　普通员工的培训

斯科公司的新员工和承包商在辐射相关事项上的培训是通过入职培训来实施的。入职培训包括书面评估，书面评估要求达到 100 分才能通过，确保员工有能力在现场辐射监控区和控制区执行相关工作。

成功完成培训后，员工获得一张附有照片的现场准入卡。湖山铀矿的门禁卡只授予完成基本安全授权并持有有效体检证明的员工和承包商。

后续复训每年进行一次。复训中介绍各个特定区域的风险以及相关注意事项。辐射防护模块每年审查各种特定工作区域的风险评估结果，以确保风险登记单是最新的，并包括工作区域辐射相关事项的任何变化。

4.4　职业照射管理

4.4.1　辐射防护区域分类

为了优化职业接触监测，斯科公司将湖山铀矿的工作区划分为三类。

（1）控制区

控制区是用实体围墙或围栏隔离起来的。控制区潜在平均辐射剂量预计介于 6 mSv 和 20 mSv 之间。

（2）监督区域

除控制区外，现场其他所有区域被划分为监督区。监督区的潜在辐射剂量预计位于 1 mSv 和 6 mSv 之间。

（3）公共区域

公共区域是不受控制或监督的工作区域，该区域自动被认为是电离辐射潜在暴露剂量预计低于 1 mSv/a 的区域。

区域划分见图 4.4.1。

4.4.2　辐射防护控制措施

斯科公司在辐射防护区采取管理和技术多种控制措施，以减少或防止人员暴露于放射性环境中的时间。控制措施基于控制级别，主要用来将危险最小化或消除危险。

控制措施包括但不限于：

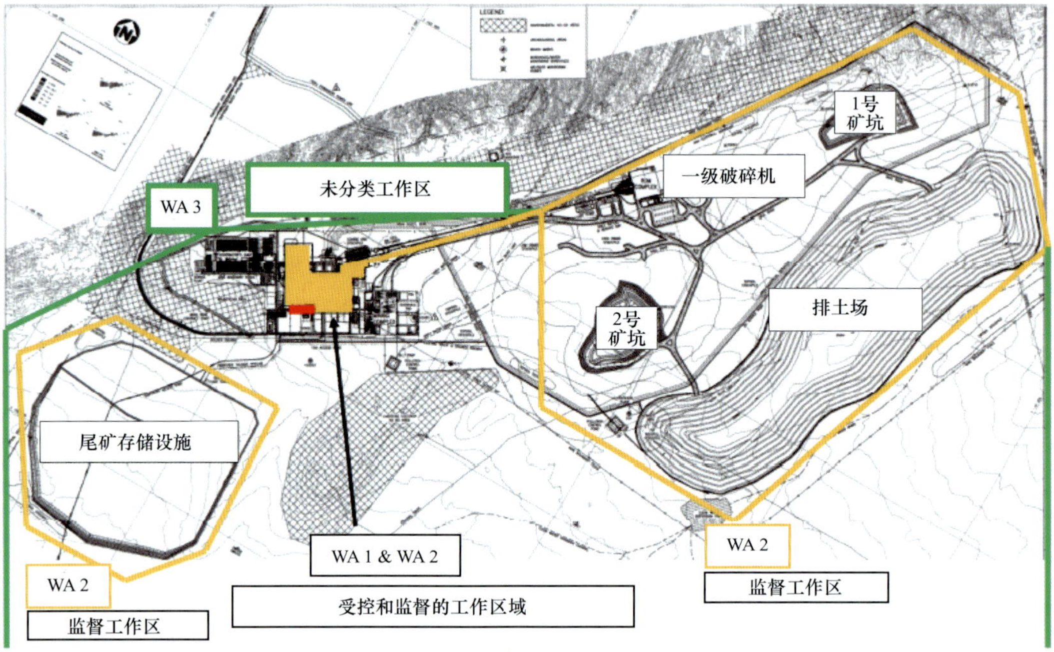

图 4.4.1　湖山铀矿辐射防护分区

（1）采用时间—距离—屏蔽原则，这是辐射防护的主要控制

① 时间：限制在辐射源附近工作时间以减少暴露。

② 距离：增加人员和辐射源之间的距离以减少暴露。

③ 屏蔽：在人员和辐射源之间建立屏障以减少暴露。个体防护设备例如防尘口罩，可以用来防止吸入放射性粉尘。

（2）个人卫生和行为控制

① 提供清洁厨房、更衣室和厕所等设施。

② 提醒员工只能在指定区域进食、饮酒和吸烟，而且必须洗手洗脸。

③ 提醒员工保持食品和饮料适当密封以防止污染，例如封闭的午餐盒、拉链袋等。

④ 提醒员工要待在灰尘影响范围的上风向等。

（3）工程控制

① 在产生过量粉尘的区域应用抑尘和吸尘措施。

② 增强在氡及其子体潜在积聚区域的通风设施。

③ 隔离区域，例如在矿井周边和控制区设置围栏。

（4）管理控制

① 安全工作程序；

② 工作许可制度；

③ 入口及其控制；

④ 去污设施；

⑤ 标志（警告、警示、强制性等）；

⑥ 培训；

⑦ 根据已识别的区域风险发放工作区域专用个体防护设备。

4.4.3 职业接触监测

（1）通过相似暴露组进行职业剂量监测

由于斯科公司的生产活动，员工和公众可能会受到高于正常本底水平的辐射。因此，公司制订了一项监测计划，以确保员工接受例行的辐射暴露评估。

斯科公司职业健康监测计划目的是：

① 证明低于 20 mSv 的年均剂量限值；

② 建立基线数据和参考水平以优化辐射剂量管理；

③ 确认限制放射性危害所采取的控制措施的有效性；

④ 提供关于工作场所的条件以及工作活动导致的放射性危害程度的信息。

辐射暴露监测是对现有辐射防护控制措施有效性的验证，并量化各种暴露群体和工作区域的暴露风险。

职业剂量测定监测方法要求监测和记录斯科公司工作人员和承包商的所有相关职业辐射照射，监测、管理和控制职业照射剂量，并使其尽可能降低。

斯科公司的职业剂量测定监测计划为通过三条主要途径监测电离辐射职业暴露提供了系统的程序，即：

① 伽马射线外照射；

② 吸入长周期放射性粉尘（LLRD）引起的内部照射；

③ 吸入氡及其衰变产物引起的内部照射。

斯科公司员工职业辐射暴露监测的主要方法是监测相似暴露组。在这种方法中，公司所有员工根据他们的工作活动和相关的职业健康危害被分配到 24 个相似暴露组之中。

其中 23 个相似暴露组工作地点为湖山项目现场，并受到辐射暴露的监测。而 1 个相似暴露组位于斯瓦科普蒙德市，这一群体中的员工被视为非职业暴露人员。

在相似暴露组监控中，不单独监控每个员工。这种方法从特定部门随机选择人员，然后将记录的平均剂量应用于该部门的所有成员。

监测方法于 2016 年施工阶段开始，现已经全面实施。表 4.4.1 列出了三年来员工的最大辐射接受剂量。正如预期的那样，从 2016 年的调试阶段到 2018 年的全面运行，辐射剂量稳步增加。这些结果与纳米比亚其他运行铀矿的暴露相当，远低于 20 mSv/a 的法定职业暴露限值。

表 4.4.1　自调试以来最高记录的年度辐射暴露结果

年份	最高剂量/（mSv/a）	职业照射限值/（mSv/a）
2016	0.38	20
2017	1.97	
2018	3.66	

（2）工作区监控

例行工作区监测用于补充上述职业监测方法。工作区暴露用于识别和警告管理层和各个工作区员工的任何潜在有害暴露危险，从而及时采取纠正措施，将实际职业暴露剂量保持在合理可达到的最低水平。

日常工作场所监测计划基于对工作区域和相关辐射暴露水平的评估，具体如下：

① 直接伽马辐射；

② 空气中氡/氡子体浓度；

③ 空气中长寿命放射性粉尘的浓度。

（3）尿液铀测试

尿液铀含量测试可以被用作间接量化吸入铀颗粒导致内照射的一种手段，也可以用来检查工作场所防治摄入铀颗粒的控制措施的有效性。

2017 年年初，公司对矿山开采和水冶厂生产活动中可能暴露于铀矿粉尘或铀浓缩物区域的员工进行了基线尿液铀含量测试，以评估各个区域防止摄入铀颗粒而采取的控制措施的有效性。

作为研究的一部分，总共测试了 376 个样品，其中 132 个来自矿山开采，244 个来自水冶厂。记录的最高值是：矿山开采 3.6 μg/L，水冶厂 3.3 μg/L。矿山开采和水冶厂员工的平均值分别为 1.6 μg/L 和 0.8 μg/L。所有抽检样品的铀浓度都远远低于 20 μg/L 的警告水平或 40 μg/L 的干预水平，从而证明了矿山现有的防止摄入铀颗粒的控制措施是有效的。

2017 年 3 月至 2018 年 2 月，对最终产品回收和沉淀区的员工以及矿物实验室处理最终产品样品的选定人员进行了每月尿液铀含量测试，因为这些员工被认为摄入铀颗粒的风险最高。

在此期间，总共测试了 741 个常规尿液样品。记录的最高浓度值为 4.31 μg/L，平均浓度值为 1.46 μg/L。结果与正常背景浓度水平相当，也与矿山开采和加工基线研究结果相似。这再次证明了为防止工作场所摄入铀颗粒而采取的控制措施的有效性。

由于现有控制措施在正常操作条件下有效防止铀颗粒的摄入，因此决定停止公司例行尿液铀含量测试，但对可能有过度暴露担忧的员工进行测试的渠道是畅通的。

4.5 公众和环境照射

4.5.1 公众暴露监测

湖山铀矿附近没有永久的人类居住区。与厂矿最近的人类居住区距离矿山还有一段距离，如图 4.5.1 所示，主要由斯瓦科普河的各种小农场以及位于矿坑东部和东北部的农场组成。

上述关键群体的成员可能会通过以下暴露途径接收来自湖山铀矿采冶作业活动的电离辐射：

① 吸入放射性粉尘；

② 吸入氡/钍子体；

③ 通过食用被湖山铀矿放射性核素污染的食物和/或水摄入放射性核素；

④ 由于接触浓缩铀、含铀矿石、样品和废料、矿浆和源自湖山铀矿的污泥，直接暴露于伽马辐射。

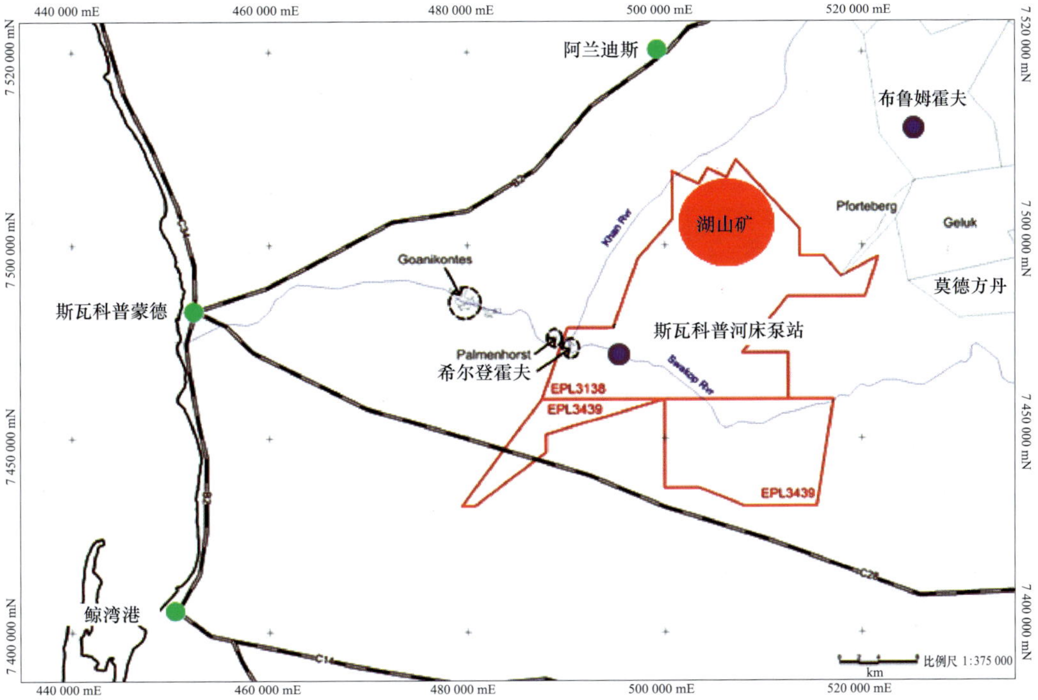

图 4.5.1　湖山铀矿及其周围最近的永久人类居住区

湖山铀矿矿山开采和加工活动引起的公众暴露剂量限制在规定的 5 年内为 5 mSv，平均每年 1 mSv。这种剂量不包括本地照射，而是严格归结于生产活动而自然累计的剂量。

从 2017 年第一季度开始，斯科公司开始实施公共监测活动，评估公众暴露于湖山铀矿运行活动产生的电离辐射的情况。公众接触的监测点是：

① 湖山承包商营地——监控住在营地的承包商的暴露情况；

② 主要入场道路通道——监控矿坑周边的暴露情况；

③ 布鲁姆霍夫农场（位于铀矿东北方，见图 4.5.1）——监测处于主导风向的关键群体的暴露情况；

④ 斯瓦科普河水（矿坑西南，见图 4.5.1）——用于监测位于斯瓦科普河西南的小型农田暴露情况（主导风向为西南—东北）。

表 4.5.1 总结了 2017 年的平均年度公众监测结果。局部剂量包括其他来源的本底剂量，例如来自邻近铀矿的本底剂量。尽管如此，剂量率的差异仍低于适用于公众的 1 mSv/a 的监管限制，因此，无法确定有多少差值是由于湖山项目的业务活动造成的。

表 4.5.1　公共监测点监测路径的平均年暴露量

位置	伽马/（mSv/a）	氡/（mSv/a）	长寿命 α 和 β 衰变核素/（mSv/a）	总暴露剂量/（mSv/a）	埃龙戈平均剂量/（mSv/a）	总暴露剂量和埃龙戈平均剂量之间差值
布鲁姆霍夫农场	1.29	0.65	0.01	1.95	1.80	0.15
湖山承包商营地	1.23	0.77	0.02	2.01		0.21

续表

位置	伽马/（mSv/a）	氡/（mSv/a）	长寿命 α 和 β 衰变核素/（mSv/a）	总暴露剂量/（mSv/a）	埃龙戈平均剂量/（mSv/a）	总暴露剂量和埃龙戈平均剂量之间差值
斯瓦科普河床泵站	1.23	0.70	0.01	1.94	1.80	0.14
矿坑安全入口	1.12	0.49	0.01	1.62		−0.18

4.5.2 环境钻孔监测

安健环部环境模块每年对监测水孔的水样进行放射性核素分析，评估斯科公司的业务活动释放的放射性核素对地下含水层的影响。自 2010 年 9 月以来，已经雇佣了一家咨询公司对湖山铀矿进行地下水监测。

迄今为止，在数据中没有观察到显著的异常值，钻孔样本的 $^{234}U/^{238}U$ 比率没有显示出湖山铀矿开采对地下水的污染迹象。样本分析观测到主要离子、金属和放射性核素以及静止水位的总体季节变化，监测水孔的浓度水平保持在预定的自然基线内。

4.5.3 污染监测

斯科公司采取放射性污染控制措施来防止或限制污染在不同工作区域之间或矿山与公共区域之间的扩散。公司还制定了一个标准操作程序来指导对人员、设备和车辆实施辐射污染监测和控制，以防止污染物品从矿山扩散到公共区域。

公共区域的适用污染阈值为 0.40 bq/cm^2，在任何 300 cm^2 的选中对象面积上测量。超过该阈值的选中人员或物体被转移到授权的现场净化设施，在移动到公共区域之前清除污染物。达不到去污效果的物品保留在现场。

4.6 放射源的安保和控制

4.6.1 安保措施

（1） 围栏和入口及其控制

建立周界围栏是为了限制来自纳米诺卡洛福国家公园的公众和/或野生动物未经授权进入生产区。

厂区内部也建设了用于划分各种工作区域的内部围栏。根据区域风险级别设置门禁点，并由安保人员管理。检查站安保人员的职责包括防止未经授权将放射源，例如铀矿石浓缩物和密封源在内的物品从矿场移走。

（2） 放射源存储库

该掩体位于最终产品回收区的容器存储库，该区域有严格的入口控制措施，进一步增强了放射源的安全性。

4.6.2　辐射源的安全和安保

（1）铀矿石浓缩物

斯科公司在湖山铀矿的主要业务重点是生产铀矿石浓缩物（UOC），向多个转化厂供应产品，将其转化为燃料棒用于核能发电。

矿山生产的铀矿石浓缩物在最终产品回收区装桶、包装并暂时储存。产品回收区安装闭路监控系统来探测和防止未经授权将铀矿石浓缩物产品从设施中移走。安保系统包括周边安全围栏、由安保人员把守的出入点、门禁、旋转门和闭路电视摄像机。

此外，在整个萃取过程中将对铀进行金属盘点，这使得任何无法解释的大量铀矿石浓缩物损失都可以被迅速检测到并介入调查。

（2）天然放射性矿物质

天然放射性矿物质包括普通矿石和中间储矿堆、排土场、尾矿、矿石样品以及含铀矿浆和污泥。所有天然放射性矿物质都是未密封的辐射源，因此容易排放并扩散到加工环境中。

除了适用于整个矿山开采许可区的一般安全保障措施之外，没有针对任何天然放射性矿物采取特殊的安全保障措施。

与密封辐射源和铀矿石浓缩物相比，这些天然放射性矿物的辐射性风险较低，因为这些材料中铀浓度很低。

（3）尾矿坝

斯科公司的尾矿坝有不渗透衬层，以防止污染物包括放射性核素泄漏到周边土壤中，避免污染环境和地下水资源。

在尾矿坝位置周围布置了一系列监测钻孔，用于监测钻孔中地下水放射性核素成分的变化，探测污染源是否渗流和渗透到下面的土壤和基岩裂缝中。

此外，尾矿坝回水设施也会将尾矿中暂存的水泵回水冶厂回收利用，以补充水冶厂工艺用水需求。

（4）放射源

斯科公司拥有 ^{137}Cs 密封辐射源，用于测量加工厂不同位置的液位或流量密度。所有放射源都向纳米比亚国家辐射防护局登记注册，以合法拥有和使用。安装密封放射源的位置被视为控制区域。因此，放射源被封闭在可锁定的铁箱中，并张贴适当的辐射警告标志，警告工作人员相关的辐射暴露风险。

所有密封的放射源和电离辐射发生器每隔 6 个月进行一次泄漏测试，以确保辐射源密封且不污染周围环境。

这些放射源可能对工作人员有害，因为它们具有相对高的伽马辐射活性。如果工作人员长时间直接接触辐射源，过度吸入剂量的风险很高。

公司采取多项控制措施来降低这种风险，包括：

① 可上锁的铁箱。放射源被锁闭在铁箱中，以防止未经授权的人员接触放射源。铁箱还用来增加辐射源和附近工人之间的距离。距离辐射源 1 m 处的剂量率通常小于 1 mSv/h，考虑到 2 000 h 的工作年，超过 20 mSv/a 的适用职业暴露极限的过度暴露风险不大。

② 安装位置。放射源通常安装在人员工作出入频率通常较低的区域，从而限制了接触

源的时间。

③ 工作许可证。工作许可证制度已经建立，要求开始在源头附近进行维修工作之前有效锁定放射源。

④ 泄漏测试。在运行过程中对所有密封源进行一年两次的泄漏测试，以评估源的密封性。

⑤ 每月库存检查。每月进行库存盘点，以验证现场是否账目与实物相符。

辐射安全官保存了湖山铀矿使用的所有密封源的登记册，内容包括：

① 放射源的注册号；

② 源特性/类型；

③ 源活度；

④ 每个源的位置；

⑤ 国家辐射防护局注册/许可证号；

⑥ 许可证到期日期。

（5） X 射线发生器

斯科公司拥有并操作两台 XRF 机器，用于分析地质和矿石样品的成分。两个 XRF 安装在分析实验室，该区域按照控制区落实安保措施。每月进行库存检查，以核实账目和实物是否相符。

（6） 校准源

校准源用于对现场使用的作业设备（如井下伽马探测器和辐射性卡车扫描仪）进行功能测试。放射源活度超过适用放射性核素的监管豁免限制的校准源已正式向纳米比亚国家辐射防护局注册。

4.7 放射性物品运输

铀矿石浓缩物划分为 7 类危险材料，其联合国危险材料编号为 2912，这表明它是一种放射性较低的放射性材料，即 LSA－1。

铀矿石浓缩物既有毒又有放射性。但需要注意的是，与其他放射性材料相比，例如密封辐射源中包含的源材料，其危险性相对较低。

铀矿石浓缩物的运输遵循原子能机构运输条例以及各种其他国际标准和条例的规定，这些标准和条例规定了托运人和承运人的责任，纳米比亚监管机构完全授权该公司向各种海外转换厂出口铀矿石浓缩物。

4.8 放射性事件应急准备与响应

所有辐射性材料的现场泄漏都是按照斯科公司的泄漏管理程序来处理的，该程序概述了湖山铀矿运行期间管理有害材料溢出和泄漏的一般要求，以减少对环境的影响。该程序还确定了安全遏制和处理危险溢出和泄漏的操作控制措施，以确保斯科公司的承诺和立法要求得到满足。

斯科公司的应急程序涵盖了场外泄漏的场景，并为所有员工、承包商和访客提供了指南，指导他们在铀矿石浓缩物从矿场泄漏到各种海外转换厂的过程中应遵循的步骤。该程序旨在确保在紧急情况下参与处理和应对活动的每个人都知道正确的处理方式以及他们在紧急情况下尽可能减少风险的责任。

公司每年进行紧急演习，目的是测试和优化其应急准备和响应能力。

4.9　放射性废物处置

纳米比亚目前没有授权处理辐射性废物的场所。因此，湖山的所有辐射性废物都被就地弃置在排土场或尾矿坝。

根据斯科公司的废物分类和分离以及废物管理程序，放射性废物（包括标准废物和来自矿山和工厂的污染废物，视其形式而定）被堆存在指定的废物处理场的排土场或尾矿坝中。

第五章　湖山项目建设和运营阶段 HSE 管理

无论矿建还是运营，斯科公司都将 HSE 管理融入到管理核心思想中。斯科公司的核心价值观 STARIC（安全、透明、担当、尊敬、诚实、合作）是安全第一的直接体现并融入到企业日常决策和管理活动中，也是中广核集团“安全第一、质量第一、追求卓越”基本原则在国际项目上的践行与传承。因此，斯科公司 HSE 管理思想是国际化工程管理公司与中广核 HSE 管理理念的高度融合，两个体系在对待职业健康与安全、质量、环境上的态度高度一致，抓住决定 HSE 绩效的关键少数即管理者和一线班组长与员工，落实属地责任，管生产必须管安全，强调执行线和监督线的独立，严格控制可能导致重大事故的关键风险，不断提高 HSE 管理标准化水平并向国际标杆迈进。

5.1　湖山项目 HSE 管理思想

5.1.1　中广核集团核安全文化简介

中广核集团安全质量管理理念起源于大亚湾。在长达 20 多年的核电厂运营管理经验中，总结出了一整套安全质量理念和实践工具，形成了具有中广核特色的核安全文化体系。该体系以“安全第一、质量第一、追求卓越”为基本原则，追求“一次把事情做好”的核心价值观，做事情倡导“四个凡事”，事故事件和缺陷报送上秉承透明理念和不责备文化，要求领导者要率先垂范，管理者要公开对安全的承诺，员工要有质疑的工作态度和严谨的工作作风，关键操作要执行“三段式”沟通和防人因失误工具。上述对领导、管理者和员工的要求已经体现在中广核生产经营和决策活动中。

5.1.2　AMEC 安全文化理念

斯科公司负责建设和运营的湖山项目矿建阶段 HSE 管理思想的核心是 AMEC 倡导的“胜任的人做正确的事”，围绕如何打造胜任的队伍建立了一整套 HSE 管理体系。公司核心价值观和政策为建立 HSE 管理原则奠定了深层次的思想基础。在基本原则的基础上，明确了 HSE 管理策略和全球强制 HSE 管理程序。全球 HSE 管理标准演变为不同地区、不同项目的管理标准，这些标准包括安全六要素、十大安全黄金法则、环境和安保标准等。同时，HSE 管理基本原则也加强了项目安全领导力。湖山项目矿山建设时期针对提高安全领导力创建了两个课程，分别为 Heart 和主管第一步。另外，认可并主动将基本安全管理原则内化于心还是胜任的队伍必备的基本素质。

领导力培训计划是管理者认知培训，告知管理者日常 HSE 管理过程中应当履行的职责、必要的行为要求、示范效应和作业、控制和影响范围等。而项目管理标准则为管理者提供履行职责必备的技能，引导管理者充分、有效履行 HSE 管理责任。同时，项目管理标准还是人人参与生产活动的最低基本要求，明确了各项活动的管理流程、制定了各项作业活动的操作程序。这些都为最终人人参与 HSE 管理并做出应有贡献提供了基本安全意识和技能，使得不同层次的承包商和不同技能水平的员工尽可能在同一的标准框架下开展工作，不会使项目 HSE 标准受到威协和挑战，从而达成良好 HSE 绩效。详细思维导图见图 5.1.1。

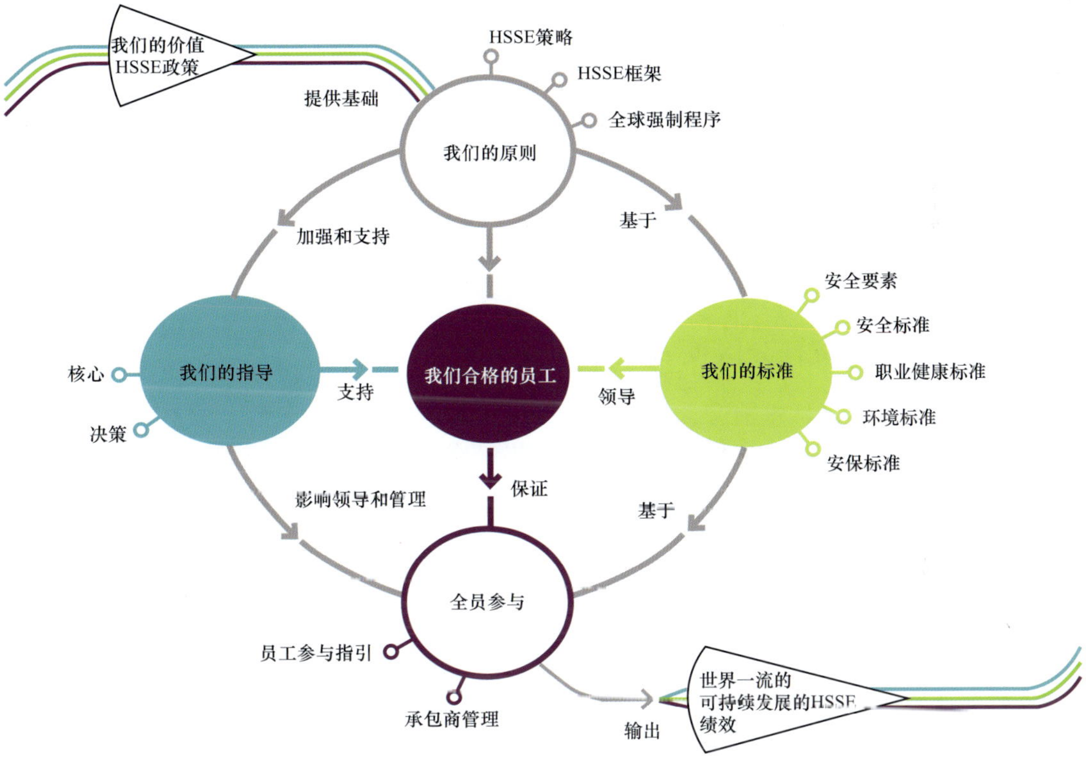

图 5.1.1 湖山项目 HSE 管理思想导图

5.1.3 中广核集团安全理念与 AMEC 管理体系在湖山项目的融合

中广核集团核安全文化的理念得到了湖山项目 EPCM 总承包商 AMEC 的高度认同，产生了思想上的共鸣，双方对 HSE 管理的态度和管理实践也基本一致，即任何活动都要有程序作支撑，倡导安全领导力在体系执行过程中的示范作用，强调一线班组能力建设对 HSE 绩效的支撑作用，员工的胜任程度与 HSE 绩效息息相关，任何小的事件和缺陷都要报告（透明）等。

我们也看到了中广核集团安全理念与 AMEC 集团的安全文化在第三国（纳米比亚）项目上得到了传承和发扬。在这个过程中，斯科公司还与项目所在地的文化和实践相结合，充分遵守纳米比亚当地法律法规，尊重纳米比亚国民文化和技能水平，借鉴和融入了纳米比亚当地矿业行业的 HSE 管理方法和实践。

5.2 中广核集团“四项基本安全制度”在湖山项目落地

5.2.1 领导带班下现场是有感领导力直接体现

中广核集团历来将领导带班下现场作为安全领导力建设的一种基本内涵和直接体现。为推动领导带班下现场，中广核集团还推出了领导下现场排名机制，定期发布单月排名和年度总排名。随着领导干部下现场成为常态化，又将领导干部下现场、在现场发现和解决的实际问题作为新时期、新形势下有感安全领导力的新要求。下现场不是走形式，也不是走马观花，必须发现问题并推动解决安全问题。

斯科公司有感安全领导力也秉承集团“将领导干部赶到现场”的理念，制订了总经理部和部门层面的有感领导力执行计划，包括月度最低下现场次数、主持或参与事件调查次数、主持安全会议次数、参与和输出安全培训课时数等，每双周安全会议上曝光承诺人总体执行率，促进安全领导力建设，为员工起到良好的示范和带头作用。

5.2.2 最小网格化责任分区使安全责任无死角

斯科公司将采矿区、水冶厂、维修车间、仓库等划分为若干大的一级区域，在一级区域的基础上根据生产活动再次划分为若干二级子区域，进而形成一幅安全责任地图。每个二级子区域任命一名直接安全责任人，向一级区域责任人负责并签署安全责任书，一级区域责任人向 COO 负责，与 COO 签订安全责任书。安全责任以这样的方式从高层管理者逐级落实至基层一线班组，体现直线安全管理和“管生产管安全”的要求，做到安全责任落实全覆盖、无死角。同时，每个区域还会由该区域的基层员工推荐选举产生一名 HSE 代表，负责收集和向管理层反馈该区域的 HSE 问题和关注事项，定期开展 HSE 巡视并跟踪发现问题的整改情况，定期参与 HSE 代表会议等。

与直线管理并行的是监督线。HSE 监督部门在每个大的区域设置了一名 HSE 顾问，协助责任部门开展 HSE 管理工作，对相关活动涉及的危险源识别和风险评估活动给予指导和支持，定期检查和巡视风险控制措施落实情况并及时发现和纠正人的不安全行为、物的不安全状态和次标准的作业环境。

5.2.3 高风险作业申报与控制为管理者描绘风险地图

高风险作业申报与控制也是中广核集团安全管理的一大亮点。高风险申报与控制起源于良好的工作计划和安排。无论是在矿建阶段和运营阶段，斯科公司都会定期制订建设施工计划或维修计划（通常以周为最小单位），在周计划中标明施工活动和维修活动中的高风险作业项目，识别这些作业项目中的安全危害，并制定减轻措施，明确责任人和监督人。汇总各区域的周高风险作业登记表后（示例见表 5.2.1），一张清晰的全厂高风险作业地图便浮现在管理者面前。管理者可以根据高风险作业地图制定自己的巡视路线，对高风险作业给予特别关注，预防严重安全事故发生。

表 5.2.1 周高风险作业申报表

每周高安全风险活动登记册							
承包商	地点	高安全风险自然活动描述	安全隐患	缓解行动	承包商监管	HPJV监管	备注
WACO	Sag mill	脚手架架设	掉落物，锋利边缘，无标签	整个团队要穿着正确的个人防护装备，脚板、扶手要到位，安全带要随时挂上并需封锁的区域。无人在正在搭建的脚手架下。在检查员/主管宣布安全之前，对脚手架进行红色标记	Innocent Magagula	Buks	
WACO	Sag mill	高空作业	安全带未固定在固定结构上，工具和材料未固定	确保从 1.8 m 处钩住安全带，并确保使用工具的挂绳。确保工作区域封锁	Innocent Magagula	Buks	
WACO	Laydown Area	设备位于堆放区	绊倒危险	确保按照 WACO SWP 的要求堆放和存放设备损坏的设备要清楚标记	Innocent Magagula	Buks	

5.2.4 隐患排查与治理让隐患无处藏身

隐患排查与治理是安全管理的一项基本工具，企业只有消除了大量的安全隐患，才能避免事故的发生。该工具的理论基础是海因里希法则，即发生一起严重事故，都会有数十起小事故发生和隐藏着不计其数的隐患。如果抱有侥幸心理，默认低标准在现场蔓延，则严重事故便会成为大概率事件。

斯科公司在矿建和运营阶段均把隐患排查作为 HSE 管理体系的一个基本要素。矿建阶段，月度平均隐患排查数量可达 5 000 条左右。运营初期受多种因素影响，隐患排查与治理执行效果不理想。但随着生产流程逐渐捋顺，组织结构逐步固化，隐患排查与治理重新步入正常轨道，特别是管理层积极参与，大大地带动和鼓舞了普通员工参与的热情，事件数也逐渐减少。

5.3 做企业 HSE 管理的“优生儿”

5.3.1 HSE 管理初始于投资并购尽职调查

在投资并购阶段，项目开展了非常详细的尽职调查，特别是在环境方面。

首先，尽职调查组聚焦合法合规方面。并购前，该项目共包括两个环境影响评价报告，分别是湖山铀矿社会环境影响评价报告和湖山铀矿场外路线类基础设施环境影响评价报告。其中湖山铀矿社会环境影响评价报告于 2010 年 11 月 26 日提交纳米比亚环境旅游部审批，2011 年 1 月 25 日，获得纳米比亚环境旅游部（MET）颁发的环境许可证书。湖山铀矿场外路线类基础设施环境影响评价报告于 2011 年 5 月上旬提交环境旅游部（MET），2011 年 7 月 14 日获得环境许可证书。其次，项目组还雇佣当地顾问公司开展了详尽的适用法律法规调查，为项目建设和后期运营提供依据。

其次，在环境影响评价过程中，湖山项目投入巨大人力、物力和财力采集、分析和研究各方面环保相关信息，包括地形地貌、岩石和土壤性质、生物多样性、生态敏感区域、大型动物迁徙路线、植物种群和数量、区域气候特征、文物古迹、地表和地下水特征等，为后续矿山建设选址和运营阶段环境监测提供了本地数据。

最后，尽职调查阶段还调研了纳米比亚当地劳动力市场和员工技能水平，针对当地劳工特点设计了一整套员工技能培训体系，投入数亿元对员工技能进行培训。

没有科学严谨的尽职调查，就不会有科学严谨的决策。正是投资并购组在尽职调查阶段艰苦卓绝的付出，才建立了后续 HSE 管理“优生儿”的基础。

5.3.2 HSE 管理取决于科学严谨的设计和先进的工艺控制

湖山项目矿物加工采用金属湿法冶炼工艺，主要工艺流程为破矿—磨矿—浸出—浓密—离子交换—萃取—沉淀—离心—煅烧等，在国际众多铀矿生产企业中应用广泛、工艺成熟。在初步设计过程中，管理团队应用 HAZOP 工具识别了系统操作运行过程中的参数偏离、可能造成偏离的原因、偏离可能造成的后果、需要采取的控制措施等，并将控制措施集成至数字控制系统，实现远程化操作、自动化控制、全天候监控、第一时间干预等功能。随着工业化、自动化和数字化时代的发展大大降低了人员暴露于危险环境中的频率，从而大大降低人员受伤和环境污染的概率。

5.3.3 HSE 管理依赖于成熟和先进的管理体系

一套成熟且国际领先的 HSE 管理体系可以比作“优生儿”的保姆，借助积淀百年的企业文化和理念、经受国际检验的 HSE 管理体系和全球标准，全方位照料和管理湖山项目建设阶段的 HSE 工作。这体现在以下几个关键环节。

（1）迅速建立了矿建 HSE 管理体系文件

矿建准备阶段，总承包商 AMEC 组织人员迅速制定完成了 HSSE 执行大纲和主要 HSSE 管理程序、高风险作业控制程序和主要操作程序，与当时的 OHSAS18001 管理标准无缝衔接，项目 HSE 管理体系文件基本就位。短时间完成整个项目主要文件的编制工作正是基于 AMEC 全球标准、强大的项目管理能力和丰富的项目管理经验。

（2）狠狠抓住了 HSE 管理中的关键人员，即管理层和承包商

管理层起示范带头作用，承包商是真正一线执行人员，这一头一尾对 HSE 管理的态度、能力、技能和意识对 HSE 绩效达成情况至关重要。为此，AMEC 在项目初期即开展了针对中高层和基层管理的两门安全领导力课程，强调管理层应当履行哪些职责、如何体现有感领导力、如何影响和感染身边的其他人等。对承包商进行了严格的筛选、全面的 HSE 管理体系评估、管家式的支持和帮扶，在纳米比亚匮乏的劳动力市场条件下，走出了一条湖山特色的培训之路。

（3）统一了现场 HSE 管理标准

湖山项目矿建承包商来自五湖四海、多个民族、不同文化背景，必然会将自身工作实践、文化习惯等带到湖山项目建设现场。面对此局面，AMEC 建立全场统一 HSE 管理和执行标准，所有承包商统一 HSE 管理语言和实践，在同一个管理平台共享信息、开展经验反馈，避免了在现场多套标准并行、信息共享壁垒、不同文化冲突等现象的发生。

这是湖山项目矿建阶段取得无重伤及以上人身伤害事故良好安全绩效的基础。

5.3.4　HSE 管理成长于足够的资源投入

没有足够的资源投入，再好的管理体系也无法发挥作用。湖山项目在人力、物力和财力等方面均确保了充足的投入。

（1）人力资源投入

人力资源投入体现在 HSE 专职人员数量和不同层级管理人员精力投入两个方面。一是湖山项目矿建阶段特别是高峰期配备了十多名 HSE 专职管理人员，他们按照职责分工每天扑在现场各个施工区域，负责现场验证程序执行符合性、收集现场 HSE 管理第一手资料并进行分析和统计、向管理层提出针对性的改进意见和建议等。二是董事会、经营层等对 HSE 管理投入了极大精力。在投资并购阶段就投入大量精力开展尽职调查，在总承包商选择阶段又明确了湖山项目建设和运营必须走国际化路线，即全球采购，引入国际化管理团队、采取国际化管理标准、应用国际最佳实践。在项目建设过程中，定期听取 HSE 管理绩效报告、分析安全生产形势、确保足额安全健康环境管理投入等。

（2）财力和物力投入贯穿矿山开采和水冶全流程

湖山矿致力于成为国际一流的天然铀生产商。在采矿设备选型过程中，斯科公司在充分调查研究的基础上，选定小松和卡特彼勒为主要铲装和运输设备供应商。这两家供应商在国际矿业领域久负盛名，产品线成熟、口碑好、可靠性高，可以持续高效率地完成采矿生产工作。

水冶厂主要设备和容器也采用了同样的思路。在容器防腐蚀、电气设备可靠性等方面均选取质量可靠的优质产品，确保企业做 HSE 管理的“优生儿”。

5.3.5　HSE 管理成功于胜任的人做正确的事

人作为最关键的因素在 HSE 管理和良好绩效达成过程中扮演着不可替代的作用。斯科公司 HSE 管理理念的精髓就是“胜任的人做正确的事”，并为达到此目标而开展多层次、全方位的培训。首先是管理层。领导力是火车头，对 HSE 管理起引领作用。在矿山建设伊始，斯科公司便开展“管理者第一步”安全领导力培训，协助管理者找准自身职责和定位、理解自身行为对 HSE 管理的影响、掌握彰显有感领导力方法、学会使用安全行为观察技巧。对于操作员，斯科公司则投入上亿元的培训费用按照培训—考核—授权—上岗的流程不折不扣地执行。每名操作员都驾驶着上千万的设备，胜任的操作员无论对财产保全和人身安全都非常重要。培训阶段又划分为理论、实操、模拟机和考核。严格的培训确保了每名操作员具备相应的能力驾驭各种疑难险情，确保人身和财产安全。

5.4 海外安全质量“双标”建设管理

5.4.1 安全质量标杆班组建设

斯科公司 2017 年开始探索海外安全质量标杆班组建设，试图把中广核集团在核电领域积累的班组建设良好经验推广至海外项目并促进一线班组的 HSE 管理水平。

2017 年年初，斯科公司出版了第一版安全质量标杆班组建设评比标准，并在同年上半年和下半年各开展了一次评估。该评估是淘汰性质的，即第一轮被淘汰的将无法进入第二轮。经过两轮评估选出了年度的标杆班组并推荐至中广核集团参与全集团的评估。最终斯科公司标杆班组 Otraco 成功获得中广核集团安全质量标杆班组称号。但该评估机制只聚焦于选拔先进，对落后班组的帮扶力度不足，同时评估指标设计、结构设计和评分规则也存在一定不足。

基于上述问题和经验总结，2018 年斯科公司标杆班组建设总思路和基调是选标杆与提后进并举，提高整体管理水平，而不单单是选出先进。因此，斯科公司在第一版评估标准的基础上重新设计了第二版评估指标体系，包括结果指标和过程指标两大部分，覆盖职业健康和安全、环境和质量三大领域。评估过程不仅看重最终绩效，还特别强调了班组组织机构、班组管理过程的规范性和先进性。此外，斯科公司还重新设计了评估结果档次，共划分为优秀、良好、及格和待改进。

（1） 培训与宣贯

由于与第一版标准和评估机制存在较大差异，斯科公司安健环部门内部首先对指标体系和评估标准进行了宣贯，达成一致意见和判断尺度。随后，召集模块主管和各班组安健环代表消化、吸收新标准，为启动评估做准备、打基础。

（2） 高效组织落实评估

2018 年参与安全质量标杆班组建设的班组数量达到 60 余个，安健环部门制订了周密的评估计划。为了体现公平性，安健环部门将合格的评估人员放入总盘抽签决定对哪个班组进行评估，每个班组评估组由两个安健环部门人员和被评估班组安健环代表组成。每个班组的评估时间为两天。在紧锣密鼓的安排下，第一轮评估历时 1 个月，评估结果如图 5.4.1 所示。

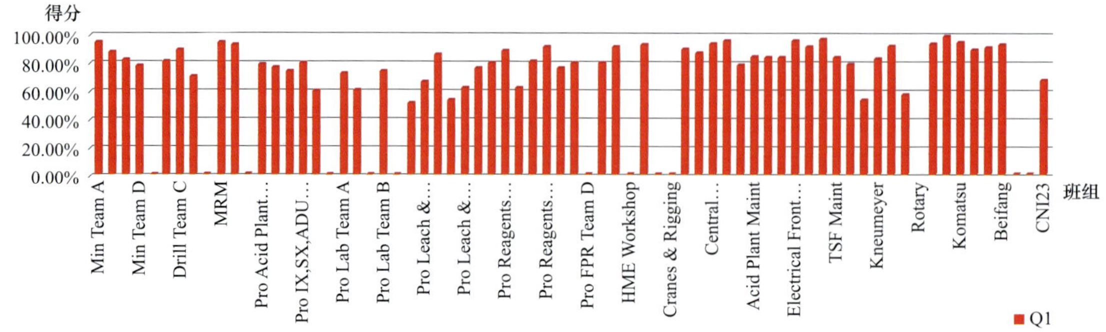

图 5.4.1　2018 年第一季度安全质量标杆班组评估结果

为了帮扶待改进班组提升管理水平，公司特意安排了向先进学习活动。邀请所有班组长和主管到先进班组 Otraco 参观学习，并与 Otraco 的管理人员交流管理经验。同时，安健环部门人员还与待改进班组结对一帮一，提出改进建议、制订提升计划。

三个月后开展第二次评估，评估结果如图 5.4.2 所示。

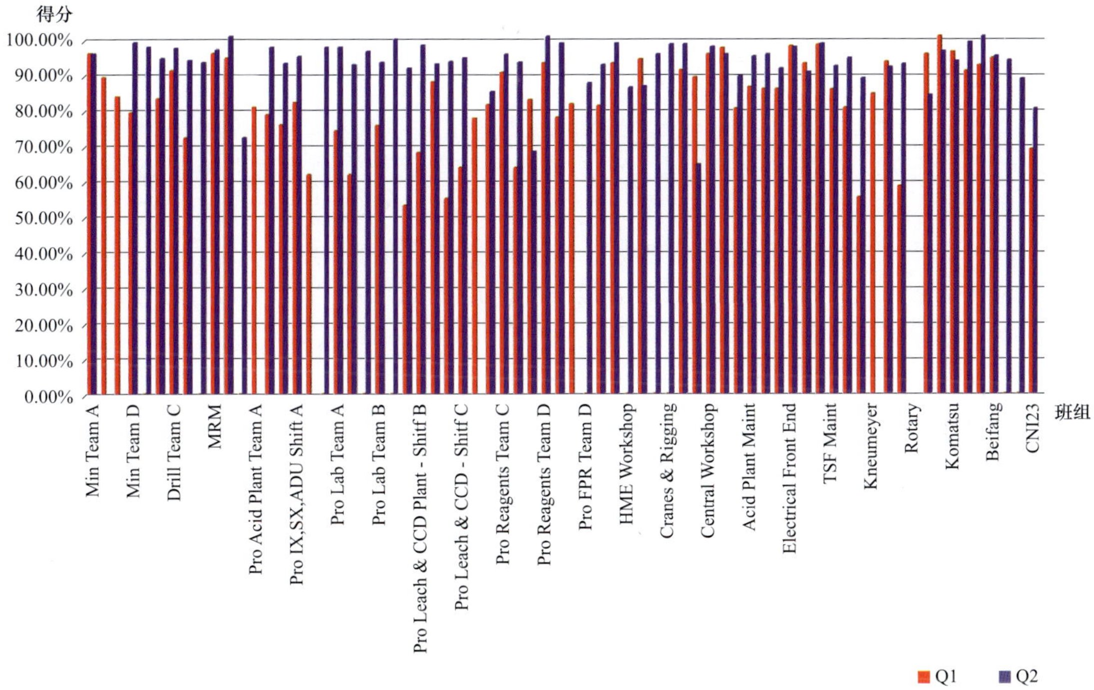

图 5.4.2　2018 年第一季度和第二季度评估结果对比

从两幅图的对比中可以看出，优秀班组从 8 个增长到 27 个，待改进班组从 21 个降低到 4 个，如图 5.4.3 所示。

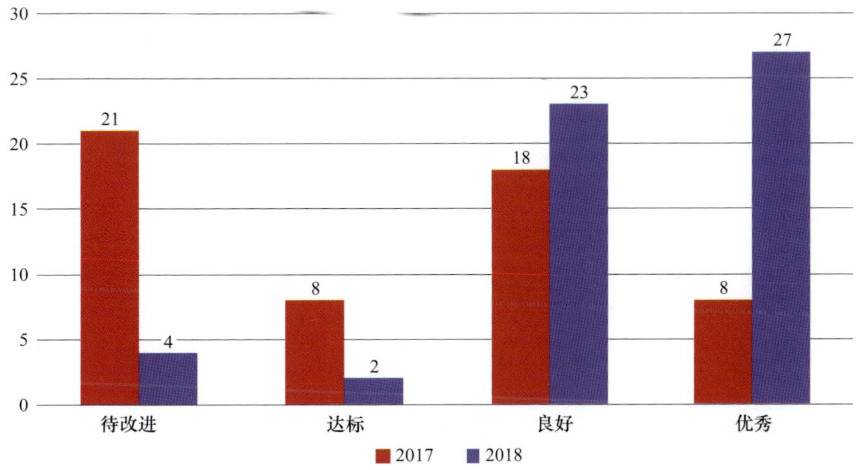

图 5.4.3　2018 年第一季度和第二季度不同级别班组数量对比

（3）奖励

在两轮评估的基础上，斯科公司最终对所有优秀班组进行了奖励，颁发了奖状。奖励形式也非常具备当地特色。“在非洲土地上，没有什么是一瓶可口可乐解决不了的”。公司为不同名次的获奖班组奖励了不同数量的冷饮，兄弟们喜笑颜开。从以上实践可以看出，只要设计合理，国内安全管理实践可以很好地移植到海外项目并取得实质的效果。

5.4.2 对照国际标杆，不断提高 HSE 管理水平

21 世纪第二个十年，国内安全管理标准化工作开展得如火如荼，各行各业都在建标、贯标、对标、评级，有些行业甚至将安全标准化评定等级作为衡量管理体系成熟度的一个标尺。中广核集团工程板块率先在 HSE 管理标准化建设工作上发力，联合 DNV－GL 开发了核电工程 HSE 管理国际标杆评估手册，有效地推动了核电工程 HSE 管理工作，极大地促进了现场安全管理、规范了过程管理，最终全面提升了 HSE 管理绩效，核电工程实现了连续多年无重伤事故的业绩。

为了尽快推动中广核集团核燃料板块标准化建设工作，铀业公司选取 NOSA 作为合作伙伴。NOSA 起源于南非矿业行业，20 世纪八九十年代对南非矿业安全管理绩效的提升发挥了很大的促进作用。鉴于纳米比亚和南非的历史渊源以及两个国家多方面的相通性，NOSA 是铀业公司 HSE 管理标准建设的最佳选择。2017 年，铀业公司联合 NOSA 制定了 HSE 管理标准化评估手册。该手册包含 74 个元素，鲜明地体现了矿山 HSE 管理特色，同时也融入了西南部非洲的 HSE 管理实践和法律法规要求，可以说是为湖山项目定制的一份评估手册。

（1）宣传和贯彻标准

手册出版完成，公司邀请 NOSA 南非总部到现场开展为期两天的手册元素培训。培训结束后，公司从各部门各专业选定人员任命为元素协调员，每个元素协调员根据专业情况负责一个或多个元素，理解和消化该元素的要求，并结合该元素的状况对公司管理现状开展评估，找出差距，制订改进计划并跟踪改进计划的完成情况。

（2）现场评估

2017 年和 2018 年，为了配合评估更好地完成现场评估工作，斯科公司与联合评估组保持紧密沟通，制订了周密的评估计划并与现场各部门、各专业开展了充分的沟通和动员工作。现场评估正式启动前，斯科公司按照联合评估组提供的程序清单收集了相关程序文件并发送至评估组提前审阅，节省了大量的现场阅读程序文件时间。

现场评估工作共分为三个阶段：

第一阶段为文件和记录审查。评估组在提前审阅体系文件的基础上，分组与体系文件的责任人进行充分的沟通和交流，进一步理解程序文件内容和要求，切实做到按照斯科公司的程序审核斯科公司的执行情况。同时，对于程序质量问题也进行了充分的沟通和交流。

第二阶段为现场符合性验证阶段。在体系文件和记录审查的基础上，评估组分三个小组分别赴不同的区域开展符合性验证工作。这是评估的重中之重。安全措施重在落实，这是审查安全工作停留在纸面上还是落实到现场的关键一步。

第三阶段是打分评级阶段。评估组根据文件和记录审查、现场符合性验证收集到的证据和样本进行综合打分，并给出最终评估等级。

（3）反馈和改进

现场评估完成后两周，评估组向斯科公司反馈了现场评估报告征求斯科公司意见，给予被评估方充足的时间研究和讨论发现的问题，并澄清其中发现的问题，双方达成高度一致。后续，斯科公司针对评估发现的问题进行分类，制定改进措施并每两周跟踪完成情况。

（4）再评估

HSE 管理不可能一蹴而就，是一个螺旋式上升、持续提升的过程。只要坚定管理目标、保持战略定力，安全管理的投入一定会迎来喜人的产出。斯科公司的 HSE 管理标准化评估工作还将继续推行下去，持续提升湖山项目 HSE 管理水平，向世界一流矿山迈进。

（5）NOSA 评估标准特色

与三标一体认证相比，NOSA 五星评估体系更加强调危险源识别和充分性、控制措施制定的有效性和现场落实的符合性，并对 4 个维度分别赋予了 10%、20%、30%和 40%的权重。可以看出 NOSA 五星评估体系是非常重视控制措施在现场落实情况的符合性，即是否真正执行了程序规定的控制措施。这一要求在 NOSA 评估指南运行控制的 34 项要素中体现得淋漓尽致。34 项要素覆盖了采矿和水冶厂运行和维修活动的典型高风险作业活动，包括爆破、交通运输、受限空间、动火作业、高处作业、脚手架、压力容器和管道、压力测试、隔离上锁等。

5.5　核电防人因失误工具在海外的应用

中广核所属电厂为了防止人因失误，开发了明星自检（STAR）工具并推广至全电厂实施。该工具在预防人因失误工作中发挥了非常重要的作用。斯科公司引用的核电厂预防人因失误相同的概念和理念，并结合当地文化和习俗开发了斯科公司自身的防人因失误管理工具：TAKE 5，图解及流程见图 5.5.1 和图 5.5.2。

当开展工作之前，第一步停下来想一想工作流程。

第二步识别工作过程相关的任何危险源是什么？

第三步如果作业过程中可能会发生什么意外的事情？

第四步如果发生意外，可能造成的后果是什么？控制该危险源的措施是否已经执行？

第五步安全地开展工作。

现场还将 TAKE 5 做成口袋大小的小册子，便于员工随身携带并随时开展风险评估工作。

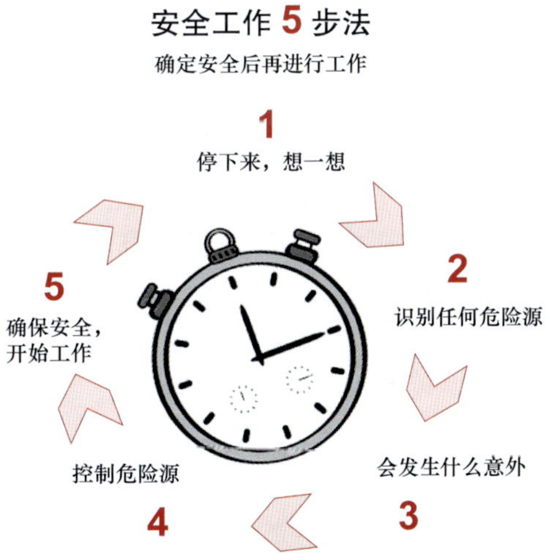

图 5.5.1　TAKE 5 图解

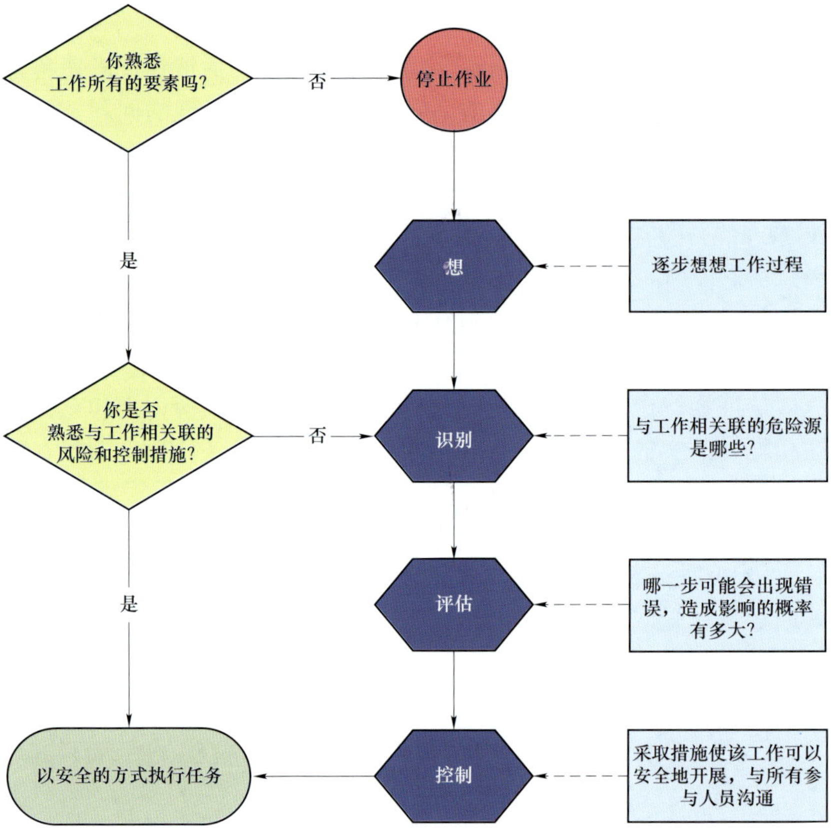

图 5.5.2　TAKE 5 流程

5.6　经验反馈助推 HSE 管理体系更加完善

5.6.1　球磨机火灾事故对作业许可系统的影响

2015 年 12 月 28 日，斯科公司发生了矿山建设阶段最严重的一次事故。在球磨机动火作业的过程中引燃了球磨机内部的橡胶内衬，火灾持续 5 个小时，球磨机内衬基本烧毁，对项目工期造成了一定程度的负面影响。造成该事故的根本原因是：

① 动火作业人员安全意识薄弱，在焊接过程中，未严格遵守动火作业安全规定以及球磨机施焊技术要求。

② 施工方对球磨机橡胶内衬火灾风险认知不足，未能对橡胶内衬火灾风险制定严格有效的球磨机施焊技术要求及措施。

③ 施工方安全管理松散，内部沟通、作业安全风险分析、技术交底等工作流于形式。

④ 施工方管理人员技能不足，对现场作业安全风险分析、重要作业方案、动火作业许可等缺乏有效的审查和管理。

⑤ 总承包商相关人员存在责任心不强以及技能不足，未能严格执行安全管理程序，落

实安全监督管理职责。

事故发生后，现场采取了一系列措施开展经验反馈，修订动火和作业许可程序，加强火灾应急能力建设等。

其中最明显的变化是对动火作业实施了分级管理和控制，将动火作业分为一般动火和在特定管道、区域实施的动火作业。将易燃易爆区域、运输酸性介质的管道等特定区域划分为红色动火作业区域，需要公司兼职消防队介入并审查动火许可。另外，斯科公司还特地出版了在有内衬的管道或容器上动火的程序，确保此类火险事件不再重复发生。

这一惨痛的教训改变了斯科公司对待高风险作业的态度和管理，分级管理有了初步的雏形，为后续作业许可系统的持续改进和高风险作业控制提供了依据。

5.6.2 硫磺堆场火险事件改变了斯科公司对安全低标准现象的容忍程度

矿山湿法冶炼过程中需要用到大量的酸，考虑到经济性和大量可能对环境造成的影响，斯科公司建设了自备硫酸厂，通过硫磺生产浓硫酸。但硫磺的燃点较低，斯科公司自第一批硫磺入场后，陆续发生十余起硫磺火险事件。

前四起发生在硫磺堆场内部，当时自动布料皮带系统尚未投用，硫磺通过卡车到达现场后由起重机吊起，用尖锐的工具刺破硫磺吨袋使其溢出，这样频繁的设备出入和人员工作加大了火情发生的概率，同时清理空袋时使用无防护措施的叉车也是引起火情的一个主要原因。随着布料皮带的投运，大部分火险事件均发生在布料皮带系统上，主要原因是硫磺粉尘集聚、硫磺含有坚硬杂质撞击卸料斗产生火花引燃集聚的粉尘。

为了彻底根除硫磺卸料和布料系统的火险事件，铀业公司与斯科公司共同调研了国内外国家标准和企业最佳实践，找到了根除火险事件的命脉，在卸料端安装了自动喷淋降尘系统，在布料皮带中转端增加了额外的消防设施和设备。此后再未发生过火险事件。

一系列的火险事件都被及时扑灭，虽然没有造成较大的经济损失，但对低标准的容忍就是对安全的妥协。这一系列事件让斯科公司清醒地认识到对安全的态度决定了安全的绩效，对安全低标准的容忍就是对血淋淋教训的漠视。只有时刻保持高标准、严要求并严格落地，才能做好安全管理工作。

5.7 矿建转运营（生产准备）管理体系延续性不足

矿山建设向运营准备转化阶段，斯科公司采取自主建设 HSE 管理体系的方式。由斯科公司自身员工组成 HSE 管理体系建设项目组，按照 ISO9001/14001 和 OHSAS18001 标准的要求和条款建设湖山项目生产运营 HSE 管理程序体系，梳理各部门业务范围、编制程序文件清单并根据各项业务进展起草和发布相关文件。由于斯科公司在矿山建设阶段人员规模迅速发展壮大，各级管理层和一线员工来自五湖四海，程序文件质量完全取决于相关人员的管理水平和现场经验，这造成了一部分程序文件质量水平参差不齐、高低不一，没有建成层次分明、职责清晰、可操作性强、系统化的管理体系。而矿建阶段的 HSE 管理体系则相对成熟，总承包商在 AMEC 全球 HSE 管理标准的基础上，根据纳米比亚实际情况加以适应性修订便应用在湖山项目现场，各要素协调员明确、各区域施工负责人和安全监督人员职责清晰、承包商筛选过程严格且将候选人 HSE 管理情况统筹考虑、全场采用 AMEC 全球统一标准，这在一定程度上从源头确保了进入现场的人员、设备、程序文件、物料等符合现场管理要求，确保了安全绩效。

另外，运营阶段管理过多强调属地责任，但特定管理要素的管理要求在不同车间的落实情况则因人而异，很大程度上取决于班组长的个人经验，没有形成全矿统一的标准，即相关要素没有集中管理，这在后续的标杆班组评比和标准化建设评估过程中体现得较为明显。按区域划分、落实属地责任是法律法规要求，但一些要素缺乏集中管理的概念，导致管理比较松散，比如起重和吊装设备、手动和电动工具、车间文明施工、承包商管理等。

综上，运营阶段的 HSE 管理体系建设延续性不强。矿山建设阶段采用的世界水平的 HSE 管理体系未能适用性地移植到运营阶段，导致了管理体系的延续性不强，对班组长和管理人员的 HSE 培训标准没有延续、对承包商的选择过程没有延续、对元素统一要求和标准的实践没有延续等。这在运营初期逐渐暴露出来。

5.8 法律法规、文化、理念差异性解决措施

5.8.1 法律法规差异性

纳米比亚环境法律法规体系完善，当地居民环保意识非常强烈，非政府组织影响力广泛。湖山项目又位于生态环境比较独特且脆弱的国家公园，环境保护要求严格到近乎苛刻。相比 10 年前，中国在环境保护法律法规完善性和法律法规严肃性方面的差距有很大不同。

为了避免重蹈中国企业“走出去”过程中因不了解当地环保要求导致投资失败的覆辙，斯科公司在尽职调查阶段开展了充分的当地环境法律法规研究，识别了适用的环境相关法律法规清单和国际惯例，聘请国际化咨询公司开展了大量的基础环境数据调研和收集工作，特别是对土壤成分、生物多样性、生态敏感性、植物种群和数量、动物种群和数量、大型动物迁徙规律和路线等。在数据统计和分析的基础上，绘出了矿区周界生态敏感性地图，为整个矿区总体布局设计、施工和运营打下了坚实基础。后续，斯科公司严格按照法律法规要求开展环境影响评价，根据环境影响评价结果编制环境管理大纲，所有法律效力的文件报政府备案。敏感数据均由独立第三方采集、收集、分析并与政府保持密切沟通，每年还必须对环境管理大纲开展符合性审查，以确保公司切实履行对政府的承诺。另外，公司还投入重资资助相关企业开展针对有植物活化石之称的千岁兰的研究，并一直持续到运营阶段。

总之，针对法律法规方面的差异性，斯科公司每开展一项重要活动之前都会充分识别相关领域的法律法规，评估法律风险并制定针对性的措施，确保合法合规底线不被突破。

5.8.2 文化差异性

受西方文化影响，纳米比亚国民崇尚言论自由、尊重民主、发扬个性，但民风又相对淳朴，表达方式温和而不激进，生长环境鼓励大于批评、褒奖大于处罚。应用到 HSE 管理

实践上，则不能片面只盯着不足和缺陷。在日常安全检查过程中，既要看到问题又要看到员工做得对的一面，尊重一线员工的工作，与被观察人进行充分的沟通，而非责怪式的谩骂和处罚。在管理体制上，设置奖罚并举的举措，既要开展常态化的公开奖励，又要适时地曝光不良安全行为，但不可以侵犯个人权利。

5.8.3 对工会角色和势力认知不足

国外的工会和国内的工会在企业中扮演着迥然不同的角色，发挥着截然不同的作用。国外不同行业有不同行业的工会，他们由工人自发组织，分会主席、秘书长均由工会会员选举产生、对工会会员负责，代表员工和资方开展薪酬谈判、出席纪律处分听证会并为员工辩护、保护工会人员的合法权益等。表面上看，双方是处于对立面的。在员工违规违纪处理中，工会发挥了掣肘作用，没有很好地利用工会参与 HSE 管理。

对员工的处罚则必须按照《劳工法》和公司的纪律处罚规定来实施。经济处罚（违章罚款）基本是不被允许的，其他纪律处分则需要遵循严格的流程并收集足够的证据。中方人员对当地劳工法普遍缺乏足够的理解、对员工投诉处理和处罚流程不清楚、如何举证以及举哪些证等都存在不同程度的认知不足，而听证会上中国管理者则往往需要面对工会中经验最丰富的员工代表，他们往往对法律研究非常透彻、对纪律处罚流程熟稔于心、举证材料准备充分，而且具备“精湛”的辩护技巧。其往往利用无厘头的方式使投诉人失去理智，从而抓住对方的漏洞或把柄进行再次攻击以达到其替被投诉人辩护的目的。

鉴于此，中国“走出去”企业和主管层面必须深入学习当地劳工法、深刻理解所在国的种族矛盾和民族心理特点，掌握听证会的流程，日常注意自身言行，不留书面把柄给对方。同时还要掌握公司纪律处罚规定中的纪律处罚措施和前提条件，日常注意收集最直接和有力证据，听证会过程中要临危不乱、保持冷静、注意言行。

但是，在 HSE 管理过程中工会又是可以争取的合作方。工会的职责还包括与管理层沟通确保为员工提供安全健康的工作环境，也有责任约束自己的会员保护公司财产、遵守公司安全管理规定。在充分了解当地其他矿业企业的实践后，公司与工会签订了 HSE 共管共建协议，共同约束员工安全行为规范。这样，把双方从谈判桌的对立面坐到了一起，共同参与到 HSE 管理工作中来。

5.9 湖山项目 HSE 管理思想总结

湖山项目 HSE 管理思想起源于矿建阶段 AMEC－FW 的管理哲学和理念，以“胜任的人做正确的事”为核心建立了一套 HSE 管理体系和标准，针对领导层、一线管理者和员工的胜任能力开发了相关课程并对相关人员进行了培训，确保胜任。同时还针对项目危险源识别和风险评估结果建立了一套程序文件，确保所有人员做正确的事。其管理思想强调管理者带头示范、作业风险评估与控制、一线人员意识与技能、落实直线安全管理责任、强调独立监督的作用等。这些理念与中广核集团 30 年来积淀的核安全文化叫法不同，但实质内涵没有本质差别。因此，中广核外派工程团队与 AMEC 管理团队在安全管理语言上处于一个频道，中广核的安全文化和理念顺利地被广为接受并迅速在现场落地。最终形成了现阶段斯科公司以危险源识别、风险评估与控制为基础、以领导力建设和一线班组建设为保障、以发现和解决现场问题为中心任务，业务围着现场转，职能围着业务转的管理体系，并引入外部对标机制，不断评估、完善和改进这套系统，使之成为一套层次分明、无缝衔接、自我革新、不断完善的有机生命体，支撑着斯科公司 HSE 管理水平持续提升，再创佳绩。

参考文献

[1] Anderson，H.，Nash C.，Integrated lithostructural mapping of the Rössing area，Namibia，using high resolution aeromagnetic，radiometric，Landsat data and aerial photographs[J]. Exploration Geophysics，1997，28：185－191.

[2] Husab Uranium Life of Mine Plan 2014 Schedule and Mining Cost Estimation [R]. ORELOGY，Austrilia，2014.10.

[3] Husab Uranium Project Definite Feasibility Study（DFS）Report [R]. AMEC Minproc，South Africa，2011.

[4] Husab Uranium Project M.O.R.E v.DFS-Summary Report [R]. AMEC Minproc，South Africa，2012.5.

[5] Mario E. Rossi, Clayton V. Deutsch. Mineral Resource Estimation [M]. Berlin：Springer Netherlands，2014.

[6] Swakop Uranium-Husab Uranium Project 2013 Life of Mine（LoM）Technical Report [R]. VBKOM Consoulting Engineers，Namibia，2013.8.

[7] 崔斌，李忠. 成矿空间初探 [J]. 地质与勘探，2000，36（6）：6－8.

[8] 邓金灿. 广西大厂 100 号矿体矿床模型与矿山生产动态管理研究 [J]. 中国优秀硕士学位论文全文数据库，2012：1－22.

[9] 高阳，范洪海. 白岗岩型铀矿床：构造和岩浆作用耦合的产物 [J]. 地质与勘探，2012，48（5）：1058－1066.

[10] 王家华. 克里金地质绘图技术 [J]. 测井技术，2012：84－112.

[11] 叶天竺. 矿产资源储量计算方案汇编 [J]. 国土资源部矿产资源储量司，2000：1－26.

[12] 于润沧. 采矿工程师手册 [M]. 北京：冶金工业出版社，2009.

